Geschichte der
Universität Unter den Linden
1810 – 2010

6

Geschichte der Universität Unter den Linden
1810–2010

Im Auftrag des Präsidenten der Universität

Herausgegeben
von Rüdiger vom Bruch
und Heinz-Elmar Tenorth

Biographie einer Institution

Band 1
1810–1918

Band 2
1918–1945

Band 3
1945–2010

Praxis ihrer Disziplinen

Band 4
Genese der Disziplinen
Die Konstitution der Universität

Band 5
Transformation der Wissensordnung

Band 6
Selbstbehauptung einer Vision

HUMBOLDT-UNIVERSITÄT · ZU BERLIN ·

6

Geschichte der Universität Unter den Linden
1810–2010

Selbstbehauptung einer Vision

Herausgegeben
von Heinz-Elmar Tenorth

in Zusammenarbeit
mit Volker Hess
und Dieter Hoffmann

THEORIA CUM PRAXI

Akademie Verlag

Bibliografische Information der Deutschen Nationalbibliothek
Die Deutsche Nationalbibliothek verzeichnet diese Publikation in der Deutschen Nationalbibliografie; detaillierte bibliografische Daten sind im Internet über http://dnb.d-nb.de abrufbar.

ISBN 978-3-05-004671-6

Das eingesetzte Papier ist alterungsbeständig nach DIN/ISO 9706.

Foto auf Schutzumschlag: Jens Bösenberg
Einbandgestaltung: NORDSONNE IDENTITY, Berlin
Satz, Druck und Bindung: Druckhaus »Thomas Müntzer« GmbH, Bad Langensalza

Printed in the Federal Republic of Germany

Inhaltsverzeichnis

Philologien

Mathematik und Naturwissenschaften

Heinz-Elmar Tenorth

Selbstbehauptung einer Vision. Zur Einleitung

„Die Universität ist eine Trinität von Lehre, Forschung und Erziehung", so schreibt der Rektor Kurt Schröder in nahezu religiöser Zuspitzung im Eröffnungsbeitrag der Festschrift zur 150-Jahr-Feier der Universität zu Berlin[1], die seit 1949 den Namen der Brüder Humboldt trägt. „Forschen und Wirken" ist der Titel der dreibändigen Festschrift, in der die Universität sich selbst und ihre Disziplinen als den wahren Erben der Traditionen präsentiert, die mit dem Namen Humboldt verbunden sind. Ausdrücklich im Blick auf die Konkurrenz im westlichen Dahlem bekräftigt der Staatssekretär für Hoch- und Fachschulwesen Wilhelm Girnus in seinem Geleitwort diesen Anspruch: „Die Humboldt-Universität – und sie ganz allein – ist in der Hauptstadt des ersten Arbeiter-und-Bauern-Staates deutscher Geschichte die legitime Bewahrerin der Traditionen, denen sie ihre Entstehung verdankt; sie beharrt nicht im Überlieferten, sondern führt es auf höherer Stufe weiter."[2] In der Trinität, so darf man lesen, ist der aktuelle Anspruch an die Universität formuliert und zugleich die Tradition Humboldts aufgehoben.

Das geschieht 1960 selbstverständlich auch im Blick auf die konkurrierende „Gedenkschrift", in der die Freie Universität Berlin an die „150. Wiederkehr des Gründungsjahres der Friedrich-Wilhelms-Universität zu Berlin" erinnert[3], also an die Gründung der Uni-

[1] Vgl. Schröder, Kurt, 150 Jahre Humboldt-Universität zu Berlin. Das Werden einer jungen Universität, in: Forschen und Wirken, im Auftrag von Rektor und Senat hrsg. v. Göber, Willi/Herneck, Friedrich, 3 Bde., Berlin 1960, Bd. 1: Beiträge zur wissenschaftlichen und politischen Entwicklung der Universität, S. 1–13, hier: S. 13.

[2] Girnus, Wilhem, Zum Geleit, in: ebd., S. VIII; die religiöse Metaphorik zeigt sich auch hier, wenn Girnus auf Karl Marx eingeht, der als „der größte Sohn der Berliner Universität" (S. VIII) bezeichnet wird und in seiner Lehre die „Alternative" zum Kapitalismus „offenbarte" (VII).

[3] Vgl. Weischedel, Wilhelm (Hrsg., in Zusammenarbeit mit Müller-Lauter,Wolfgang/Theunissen, Michael), Idee und Wirklichkeit einer Universität. Dokumente zur Geschichte der Friedrich-Wilhelms-Universität zu Berlin, Berlin 1960 (Gedenkschrift der Freien Universität Berlin zur 150. Wiederkehr des Gründungsjahres der Friedrich-Wilhelms-Universität zu Berlin); für den Kontext des Jubiläums und die Gedenkkultur von 1960 auch Leussink, Hans/Neumann, Eduard/Kotowski, Georg (Hrsg.), Studium Berolinense. Aufsätze und Beiträge zu Problemen der Wissenschaft und zur Geschichte der Friedrich-Wilhelms-Universität, Berlin 1960 (Gedenkschrift der Westdeutschen Rektorenkonferenz und der Freien Universität Berlin zur 150. Wiederkehr des Gründungsjahres der Friedrich-Wilhelms-Universität).

versität zu Berlin, die seit 1827 den Namen des Königs trägt. Die Freie Universität und die Westdeutsche Rektorenkonferenz „und mit ihnen die akademische Welt Deutschlands" erinnern 1960 auch nicht einfach nur an die Gründung, sondern berufen sich in kritischer Abgrenzung gegen die östliche Selbstdarstellung auf das offenbar überzeitliche „Wesen der Universität", wie der Rektor Eduard Neumann in seinem Geleitwort sagt. Im Vorwort des Herausgebers, des Philosophen Wilhelm Weischedel, wird im Blick auf die Tradition und die Quellen, die dann präsentiert werden sollen, auch die Frage gestellt, ob die gegenwärtige Universität diese Tradition „als ein verpflichtendes Erbe" anerkennen kann.[4] Dieses Erbe ist offenbar nicht selbstverständlich gegeben, Weischedel schreibt schon der Gründung der Universität 1810 zu, „dass die anfänglich nur praktischen Erwägungen rasch durch eine tiefgründige Besinnung auf das Wesen der Universität überhaupt abgelöst werden", und erwartbar beruft er sich dabei auf „die grundlegenden Entwürfe Fichtes, Schleiermachers, Humboldts."

Für Weischedel sind allerdings die Leitbegriffe, mit denen sich das Wesen der Universität beschreiben lässt, von denen verschieden, die der Rektor der Humboldt-Universität 1960 gebraucht. Weischedel sieht zwar schon bei Fichte, dass sich „der eigentliche Ernst und die eigentliche Tiefe"[5], auch die „spekulativ-praktische Gewaltsamkeit" durchsetzen, die für Universitäten bedeutsam werden, aber erst bei Schleiermacher und Humboldt erkennt er die wirklich grundlegenden Texte. Mit diesen Referenzen denkt er das Wesen der Universität nicht in der „Trinität", sondern von der Theorie des Wissens und der Philosophie aus, und dann vorrangig im Blick auf die Philosophische Fakultät.[6] Das führt 1960 sehr stark zur Betonung von „Freiheit" und zum Dual der „Einheit von Forschung und Lehre", nicht zu „Erziehung", wie sie Fichte intendiert hatte. Die binären Formeln, die – wie „Einsamkeit und Freiheit" – aus der Debatte über „Idee und Gestalt der deutschen Universität" und den „Mythos Humboldt" bis heute vertraut sind, bestimmen im Westen die weitere Debatte. Im funktionalen Imperativ der „Forschungsuniversität", der schon die Gründung kennzeichnete (vgl. Tenorth i. Bd. 4), programmatisch und analytisch bestätigt, definieren diese Duale der Diskussion die Tradition der Universität bis heute. Von den Selbstdeutungen der Universität, wie sie an der Humboldt-Universität 1960 vorgetragen werden, sind sie jedenfalls eindeutig zu unterscheiden.

Im Blick auf die Tradition wird damit aber nicht nur ein Problem der Klassiker-Exegese aufgeworfen, sondern auch die Frage, aus welcher Perspektive die Geschichte der Universität Unter den Linden nach 1945 zu schreiben ist, aus den konflikthaften Selbstbeschreibungen der Akteure, aus den historisch präsenten Selbstbildern oder aus historiographischer

[4] Vgl. Weischedel, Wilhelm, Vorwort, in: ders., Idee und Wirklichkeit, 1960, S. VII–X, hier: S. VII, auch für das folgende Zitat.

[5] Zitate aus ebd., S. XIII, XV.

[6] Weischedel, Wilhelm, Einleitung, in: ebd., S. XI–XXXIV.

Distanz. Die in diesem Band gewählte Option schließt nicht primär an die zeitgenössischen Konflikte an, schon gar nicht an die Formeln des Kalten Krieges, die bis heute gelegentlich genutzt werden, sondern wählt einen Weg, der Selbstbeschreibungen von Institutionen ernst nimmt, ohne ihnen normativ zu folgen oder sie gar mit der Realität zu verwechseln. Diese Selbstbeschreibung, klassisch für die Zeit nach 1945 im Namen „Humboldt-Universität" verdichtet, wird zugleich als funktionaler Imperativ der universitären Arbeit betrachtet, als eine normative Vorgabe, die eigene Dynamik entfaltet, deren Wirkung sich allerdings nicht in politisch-programmatischen Vorgaben erweist, sondern in der Realität der Universität und vor allem in der Praxis ihrer Disziplinen. Die leitende Frage ist daher, wie die Humboldt-Universität mit ihrer eigenen Selbstbeschreibung gelebt hat, und natürlich vorab, wie sie diese Selbstbeschreibung, die der Name ausdrückt, selbst konstruiert hat.

„Humboldt" – oder die Selbstdefinition einer Universität

Für das Selbstverständnis der Humboldt-Universität nach 1945 und für die von ihr propagierte Leitidee ist die Debatte über Humboldt, die im Westen intensiv geführt wurde[7], natürlich auch 1960 nicht fremd, im Gegenteil. Die Universität ordnet sich dieser Diskussion unter Berufung auf Humboldt eindeutig und gelegentlich politisch gegen den Westen scharf abgrenzend[8] ein, so wie sich die DDR-Diskussion auch des bekannten Titels in der Referenz auf „Idee und Gestalt der deutschen Universität"[9] zu ihrer Selbstverständigung

[7] Bei Bartz, Olaf, Bundesrepublikanische Universitätsleitbilder: Blüte und Zerfall des Humboldtianismus, in: Die Hochschule 2 (2005), S. 99–113 wird die Debatte in der DDR leider ganz ausgeklammert – und der „Zerfall des Humboldtianismus" wohl etwas voreilig verkündet.

[8] Exemplarisch dafür in der von der SED-Parteileitung der Universität herausgegebenen Zeitung: Hundt, Monika, Rufmord an Wilhelm v. Humboldt. Zu einigen Versuchen des Rheinischen Merkur, den Gründer unserer Universität vor den Karren des Kalten Krieges zu spannen, in: Humboldt-Universität 4 (1960) v. 04. 09. 1960, S. 4, der Abschluss des Beitrags in ebd., v. 11. 09. 1960, S. 4.

[9] Die westdeutsche Debatte nach 1960, selbst national zentrierter Teil einer international intensiver werdenden Analyse der Situation der Hochschulen, schließt an eine ältere Reflexion über das „Wesen" der Universität an (vgl. Tenorth i. Bd. 4, S. 10); vgl. für den Neueinsatz nach 1945 u. a. die Diskussion der Rektoren, z. B. das so genannte „Blaue Gutachten" von 1948, das aus den Marburger Hochschulgesprächen und dem Studienausschuss für Hochschulreform hervorging, mit der zentralen These, die Universität sei im „Kern gesund" (in: Neuhaus, Rolf [Hrsg.], Dokumente zur Hochschulreform 1945–1959, Wiesbaden 1961, S. 346f.), dann, aus der Literatur, u. a. Anrich, Ernst (Hrsg.), Die Idee der deutschen Universität. Die fünf Grundschriften aus der Zeit ihrer Neubegründung durch klassischen Idealismus und romantischen Realismus, Darmstadt 1956; Schelsky, Helmut, Einsamkeit und Freiheit. Idee und Gestalt der deutschen Universität, Reinbek 1963, 2. Aufl., Düsseldorf 1971 sowie, für eine quasi westlich-sozialistische Humboldt-Rezeption, Nitsch, Wolfgang u. a., Hochschule in der Demokratie. Kritische Beiträge zur Erbschaft und Reform der deutschen Universität, Berlin 1965.

versichert.[10] Die Trias von 1960 ist deshalb auch nicht zufällig, sondern seit Beginn signifikanter Ausdruck der Interpretation – und Umdefinition – des Humboldtschen Erbes zu einer eigenen Tradition der Universität. „Forschung, Lehre und Erziehung" schreiben fest, welchen Erwartungen sich die Universität als Korporation und die Lehrenden und Studierenden nach 1945 gegenübersehen.[11]

„Humboldt" fungiert dabei als Chiffre für Zuordnung und Abgrenzung, Kontinuitätsbehauptungen und Innovationsunterstellungen, ideologischen Kampf und theoretische Ambition im Diskurs über die Universität. Die Brüder Wilhelm und Alexander liefern in ihren Schriften allerdings primär nur die historische Semantik für die Idee der Universität, wobei Wilhelm als der „Gründer" in der Debatte über die „Aufgabe" und das „Wesen" der Universität intensiv bemüht wird, während Alexander vor allem für das Selbstverständnis der Naturwissenschaften, als Beleg für die universitas litterarum und die Internationalität der DDR und ihrer Wissenschaften zitiert wird.[12] Diese Debatte setzt bereits mit der Wiedereröffnung der Universität 1946 sein, sie wird in der umweghaften Namensgebung bis zur Bezeichnung als „Humboldt-Universität" 1949 intensiviert, erreicht 1960, zum 150-jährigen Jubiläum der Universität neue Dynamik, wird 1967 anlässlich des 200. Geburtstages von Wilhelm von Humboldt[13] breit erörtert und auch auf die ideologisch zentralen Fragen der „Philosophie des Menschen" bezogen. Wilhelm Girnus[14] nimmt dieses Thema intensiv auf, um die Historizität Humboldts dadurch zu zeigen, dass seine Anthropologie den Status der Marxschen Lehre nicht erreiche, aber bedeutsam in den Vorarbeiten bleibe. Das Gedenken und die Auseinandersetzung werden 1967 auch in einem Symposion an der Universität zu

---

10 Der Greifswalder Rektor schreibt jedenfalls unter dem traditionellen deutschen Gattungstitel einen einschlägig sozialistisch inspirierten Diskussionsband, vgl. Rühle, Otto, Idee und Gestalt der deutschen Universität. Tradition und Aufgabe, Berlin (DDR) 1966.

11 Vgl. als Überblick die vor allem an der Relation von Staat und Universität ansetzenden, ganz auf die Geschichte der Humboldt-Universität seit 1945 konzentrierten Analysen bei Jarausch, Konrad, Wandlungen des Selbstverständnisses der Berliner Universität, in: Jahrbuch für Universitätsgeschichte 2 (1999), S. 121–135.

12 Für die Wirkungsgeschichte Alexander von Humboldts jetzt umfassend Rupke, Nicolaas, Der Wissenschaftler als Nationalheld. Die deutsche Alexander von Humboldt-Biographik 1848–1871, Frankfurt a. M./New York 2002; ders., Alexander von Humboldt. A Metabiography, Frankfurt a. M. u. a. 2005; für seine Rolle in der Universität die Hinweise bei Tenorth in der Einleitung zu Bd. 4.

13 Vgl. Hartke, Werner/Maskolat, Henny (Hrsg., im Auftrage des Rektors Heinz Sanke), Wilhelm von Humboldt 1767–1967. Erbe – Gegenwart – Zukunft. Beiträge vorgelegt von der Humboldt-Universität zu Berlin anlässlich der Feier des zweihundertsten Geburtstages ihres Gründers, Halle (Saale) 1967. Der Band bietet im ersten Teil Beiträge „Zum Leben und zum politischen Wirken Wilhelm von Humboldts", im zweiten Abhandlungen über „Philosophische Auffassungen und sprachwissenschaftliche Leistungen Humboldts" und im dritten zu „Wilhelm von Humboldt und die Universität".

14 Vgl. Girnus, Wilhelm, Wilhelm von Humboldts Philosophie vom Menschen, in: Hartke/Maskolat, Wilhelm von Humboldt, 1967, S. 65–100; Girnus war 1957–1962 Staatssekretär für das Hoch- und Fachschulwesen, dann HU-Professor für Allgemeine Literaturwissenschaft und Herausgeber von „Sinn und Form"; Dainat (i. d. Bd.) nennt ihn „diesen ehernen Parteisoldaten".

Wilhelm von Humboldts Geburtstag inszeniert[15] und anlässlich der weiteren Jubiläumsdaten, v. a. 1985, jetzt u. a. im „Überblick“ zur Geschichte[16] und in den Festreden zur Jubiläumsfeier[17], wird in Berlin und an der Universität die Referenz auf Humboldt immer neu reflektiert. Und selbstverständlich, Selbst- und Fremdbilder der Universität werden nicht nur vor und nach 1960 von „Humboldt“ aus konstruiert, auch die Berliner Debatte über die Identität der Universität nach 1990/91 findet in Humboldt ihre zentrierende Referenz.[18] Das neue „Leitbild“ der Universität wird im Jahr 2000 aus der preußischen Gründungstradition heraus erarbeitet[19], auch die Selbstinszenierungen zum 200-jährigen Jubiläum werden selbstbewusst – sowie gegen alle möglicherweise ernüchternden Diskussionen[20] über den „Mythos“[21] Humboldt – an die Gründungsintentionen zurückgebunden und in der Formel „Das Moderne Original“ verdichtet.

Selbstbeschreibungen[22] dieser Art haben neben ihrer historiographischen Problematik natürlich institutionell ihre eigene Funktionalität und argumentativ einen Status zwi-

---

15 Die Konferenz fand am 22. 06. 1967 in der Universität statt, die Beiträge sind in der Wissenschaftlichen Zeitschrift der Humboldt Universität zu Berlin, Gesellschafts- und Sprachwissenschaftliche Reihe 17 (1968), H. 3 publiziert.

16 Klein, Helmut (Hrsg., in Zusammenarbeit mit Autorenkollektiv), Humboldt-Universität zu Berlin. Überblick 1810–1985, Berlin 1985.

17 vgl. Klein, Helmut (Hrsg.), 175 Jahre Alma mater Berolinensis, 275 Jahre Charité 1985, Berlin (DDR) 1986, dort v. a. ders., Festrede des Rektors Prof. Dr. Dr. h. c. Helmut Klein, S. 17–30, Falk, Waltraud, Wilhelm von Humboldt und die Humboldt-Universität zu Berlin im Jubiläumsjahr, S. 102–109 (die in der Literaturliste auch Helmut Schelsky, Einsamkeit und Freiheit, in der Erstfassung Münster 1960 nennt, ohne im Text explizit auf ihn einzugehen) sowie Klein, Helmut, Die Entwicklung der Berliner Universität seit 1946 (Sonntagsvorlesung), S. 110–121.

18 Vgl. Henningsen, Bernd (Hrsg.), Humboldts Zukunft. Das Projekt Reformuniversität, Berlin 2007.

19 Der Philosoph Volker Gerhardt hat dafür in der inneruniversitären Debatte die entscheidende Arbeit geleistet, für seine Humboldt-Interpretation vgl. Gerhardt, Volker, Humboldts Idee. Zur Aktualität des Programms Wilhelm von Humboldts, in: Henningsen, Humboldt, 2007, S. 55–76, aber auch die weiteren Beiträge in diesem Band, die explizit „Humboldts Vermächtnis“ aktualisieren.

20 Vgl. exemplarisch Ash, Mitchell G. (Hrsg.), Mythos Humboldt. Vergangenheit und Zukunft der deutschen Universitäten, Wien/Köln/Weimar 1997; zu den Thesen von Sylvia Paletschek unter anderem dies., Verbreitete sich ein ‚Humboldt'sches Modell‘ an den deutschen Universitäten im 19. Jahrhundert? in: Humboldt International. Der Export des deutschen Universitätsmodells im 19. und 20. Jahrhundert, hrsg. v. Schwinges, Rainer Ch., Basel 2001, S. 75–104; dies, Die Erfindung der Humboldtschen Universität. Die Konstruktion der deutschen Universitätsidee in der ersten Hälfte des 20. Jahrhunderts, in: Historische Anthropologie 10 (2002), S. 183–205 sowie die Diskussion dieser Reinterpretation der Rolle Humboldts in Tenorth, Heinz-Elmar, Wilhelm von Humboldts (1767–1835) Universitätskonzept und die Reform in Berlin – eine Tradition jenseits des Mythos, in: Zeitschrift für Germanistik 20 (2010), H. 1, S. 15–28.

21 Bei Ash, Mitchell G., Mythos Humboldt gestern und heute, in: ders., Mythos Humboldt, 1999, S. 7–25 wird schon zu Recht festgehalten, dass diese Rede nicht den alltagssprachlichen Sinn von „Legenden“ hat, „die einer eingehenden Überprüfung nicht standhalten“, also nahe bei der Lüge platziert sind (hier: S. 9). Ash selbst interpretiert Mythos ethnologisch, als Teil der Möglichkeiten, die Mitgliedschaft in einer Kultur zu markieren.

22 In der Interpretation als „Selbstbeschreibungen“ ist erkennbar, dass meine Lesart der „Humboldt“-Erzählung systemtheoretisch inspiriert ist, als die Notwendigkeit einer Institution, im Prozess ihre eigene Einheit zu reflektieren, und nicht nur normativ, wie man bei einem „Leitbild“ vielleicht unterstellen kann, sondern auf der Basis von Selbstbeobachtung.

schen Ideologie, Mythos und systemtheoretisch diskutierbarer und operativ notwendiger Einheitssemantik – solche systematischen Fragen können an dieser Stelle nicht eigenständig diskutiert werden. Die Kontinuität von Humboldt als Referenz provoziert für die hier vorgelegte Disziplingeschichte der Universität zuerst ein historiographisches Problem, die Frage nämlich, aus welchen Gründen – und mit welchen Folgen – die Universität Unter den Linden sowohl innen als auch außen wie selbstverständlich als „Humboldt-Universität“ bezeichnet wird – auch als sie noch gar nicht so heißt oder selbst dann, wenn sie dem Ideal nicht entspricht.[23] Das ist schon politisch für die Zeit nach 1945 und für die Machtlagen in der SBZ durchaus überraschend; denn der Rekurs auf einen preußischen Beamten und liberalen Staatstheoretiker ist in einem sozialistischen Kontext nicht selbstverständlich, wie sich ja auch schon an den Abwehrreaktionen des mächtigen Präsidenten der Deutschen Zentralverwaltung für Volksbildung, Paul Wandel, ablesen lässt.[24] Dennoch erhält die Universität diesen Namen 1949 auch mit Zustimmung der SED, und sie diskutiert und beansprucht dieses Erbe, aber auch die Last dieses Namens kontinuierlich.

Zuerst lassen sich hier natürlich Klassikerpflege und Legitimationsbedarf erkennen, aber sie allein erklären solche Anhänglichkeit nicht, vor allem dann nicht, wenn die Selbstbeschreibung sich uno actu auf Humboldt beruft und von ihm löst, und zwar in einer signifikanten Weise. Diese rhetorische Praxis hat systematische Ursachen, diese bestehen in den zunächst unklaren, dann widersprüchlichen und zwischen Politisierung und Funktionalisierung bzw. wissenschaftlicher Eigenlogik schwankenden Universitätspolitik. Humboldt, vor allem Wilhelm, ist in all diesen Texten nach 1945 sowohl im Kontext der Debatte über die Universität als auch in der gesamten Bildungsdebatte der DDR[25] wie selbstverständlich präsent – weil es eine diskursfähige Alternative offenbar schon damals nicht gab. In der Berliner Universität wird Humboldt natürlich zuerst als der „Gründer der Universität

---

[23] Das belegen z. B. die hochschulpolitischen Artikel im „Tagesspiegel“ von 1946 (vgl. Hansen, Reimer, Von der Friedrich-Wilhelms-Universität zur Humboldt-Universität zu Berlin. Die Umbenennung der Berliner Universität 1945 bis 1949 und die Gründung der Freien Universität Berlin 1948, Berlin 2010, S. 79).

[24] Für die historischen Umstände, Konflikte und Probleme der Namensgebung nach 1945 vgl. jetzt umfassend ebd.; Hansen widerlegt dabei auch nachdrücklich die These, es habe sich nach 1945 um eine „Neugründung“ gehandelt.

[25] Einen ersten, von pädagogischen Referenzen bestimmten Überblick über die Diskussion der klassischen Bildungstheorie aus DDR-Perspektive liefert Ahrbeck, Rosemarie, Die allseitig entwickelte Persönlichkeit. Studien zur Geschichte des humanistischen Bildungsideals, Berlin 1979; eine Analyse der Humboldt-Rezeption in der DDR aus westdeutscher Perspektive gibt Srokar, Wendelin, Die Bildungskonzeption Wilhelm von Humboldts in der DDR. Ein Beitrag zur Rezeptions- und Wirkungsgeschichte des Neuhumanismus, München 1984, für die Publikationen im Kontext der Universitätsjubiläen nach 1960 die bibliographischen Hinweise S. 49ff., für ihre knappe Interpretation S. 151ff.

Berlin“[26] vorgestellt, dann aber der Gehalt seiner Reflexionen für die Aufgabenbestimmung der Universität in den Vordergrund gerückt. Die überlieferte Tradition wird dabei seit 1945 zeitdiagnostisch reinterpretiert und die Funktion der Universität zugleich auf die gesellschaftliche Aufgabe ihrer Absolventen bezogen, auf die Eliten also, die sich dem Nationalsozialismus nicht widersetzt haben und damit zugleich den Anspruch der Universität dementierten. Die Prinzipien des „antifaschistisch-demokratischen“ Handelns zur Geltung zu bringen, das bestimmt die politische Codierung dieser Situation in Berlin und in der SBZ, und dazu gehört auch, die Universität deutlich als „Volksuniversität“ aufzufassen. Auch dafür wird Humboldt bemüht.

Bei der Feier zur Wiederaufnahme des Lehrbetriebs am 29. 01. 1946[27] – mangels verfügbarer universitärer Räume übrigens in der Staatsoper – spricht der Rektor Stroux über den Begriff der Kultur und bekräftigt den Anschluss an Humboldt[28]; der ebenfalls anwesende Paul Wandel dankt in seiner Rede – „Unsere Universitäten und die Idee der Humanität“ – der sowjetischen Besatzungsmacht, beruft sich auf den Leitgedanken eines „kämpferischen Humanismus“ und plädiert für die soziale Öffnung der Universität, eher gegen die Humboldtsche Tradition der leistungsbezogen-selektiven Elitenrekrutierung. Humboldt spielt für ihn erst bei der Namensgebung 1949 eine Rolle und er platziert ihn dann in den Kontext von 1946; denn Wandel sieht in der Namensgebung ein Zeichen der „gemeinsamen Gesinnung der Humanität und der Völkerverständigung“.[29] Wandel nimmt mit dem Verweis auf Humanität eine Begrifflichkeit für Humboldt auf, die Eduard Spranger, der kommissarische Rektor der Universität 1945, bereits in seiner Habilitationsschrift von 1909 genutzt hatte, als er *Wilhelm von Humboldt und die Humanitätsidee* darstellte.[30] Aber selbstverständlich wird Spranger von Wandel nicht unverkürzt akzeptiert, sondern von dessen politisiertem Begriff der Humanität aus eher ausgegrenzt. Sprangers Humboldt-Lesart wird später sogar explizit abgewehrt[31], vor allem seiner bildungspolitischen Anschauungen wegen, die als „elitär“ gelten, weil sie zwischen Volks- und Gelehrtenbildung scharf unterscheiden. Dieses Urteil über die Humboldtsche Bildungspolitik ist aber in der DDR-Diskussion selbst kontrovers, wie

26 Deiters, Heinrich, Wilhelm von Humboldt als Gründer der Universität Berlin, in: Forschen und Wirken, Bd. 1, 1960, S. 15–39.

27 Vgl. Hansen, Von der Friedrich-Wilhelms-Universität, 2010, bes. S. 40ff., für die Binnenwahrnehmung auch Maskolat, Henny, Die Wiedereröffnung der Berliner Universität im Januar 1946, in: Forschen und Wirken, 1960, Bd. 1, S. 605–627.

28 „Auch heute ist das Programm, das Wilhelm von Humboldt entworfen hat, eine Quelle der Kraft und eine Wegleitung in unsere Zukunft“ (zit. n. Maskolat, Die Wiedereröffnung, 1960, S. 619).

29 Jüngst erst noch zit. vom HU-Präsidenten Markschies, in: Hansen, Von der Friedrich-Wilhelms-Universität, 2010, S. 9 u. ö.

30 Spranger, Eduard, Wilhelm von Humboldt und die Humanitätsidee, Berlin 1909.

31 Bimberg, Ortrud, Zur Rezeption der Humboldtschen Bildungsidee durch Eduard Spranger, in: Wissenschaftliche Zeitschrift der Humboldt-Universität, Gesellschafts- und Sprachwissenschaftliche Reihe 17 (1968), H. 3, S. 371–373.

sich an den Debatten zwischen dem späteren Präsidenten der Akademie der Pädagogischen Wissenschaften, Gerhart Neuner, und dem Erziehungshistoriker der Humboldt-Universität, Helmut König, schon 1967 nachhaltig zeigt.[32]

Sieht man diese bildungspolitischen Rahmungen und damit auch die Konsequenzen, die mit der Forderung der „Brechung des Bildungsmonopols" und der zu diesem Zweck eingerichteten Arbeiter- und Bauern-Fakultät verbunden sind, dann ist die Humboldt-Rezeption also von Beginn an in sich politisch spannungsreich. Aber auch, wenn sie sich auf die Universität und deren Funktionsprobleme und Aufgabenzuschreibungen zuspitzt, wird die Debatte über Humboldt an der Universität keineswegs im Konsens geführt. Heinrich Deiters z. B., Dekan der Pädagogischen Fakultät seit 1946 und eher ein reformpädagogisch inspirierter Sozialist, erinnert noch im Humboldt-Gedenkjahr 1967 – in einem posthum abgedruckten Text – an die quasi klassischen Elemente der Humboldt-Deutung der deutschen Universität: die Einheit von Lehre und Forschung, Bildung durch Wissenschaft, die Gemeinschaft der Lehrenden und Lernenden (etc.). Deiters analysiert „Wilhelm von Humboldts Ansichten vom Wesen der Universität"[33] also in traditioneller Weise, auch wenn er im Blick auf die Autonomie der Universität den neuen Machthabern schon früh gefolgt war und bereits unmittelbar nach 1945 einen Konsens zwischen Staat und Universität unterstellt hatte.[34] Deiters kommt im Blick auf Humboldt und die Universität jedenfalls vollständig ohne Erziehungsimpetus und ganz ohne einen Begriff wie „Sozialistische Menschenformung" aus, die – ebenfalls im 1967-er Humboldt-Gedenkbuch – einen Gastbeitrag des Greifswalder Rektors Otto Rühle bestimmen.

Otto Rühle[35] betont dabei selbst und explizit, dass die Debatte in der DDR und sein Beitrag, „Humboldts Universitätsidee – Tradition und Aufgabe", die übliche Lesart der Re-

[32] König, Helmut, Die Bildungsidee Wilhelm von Humboldts und ihre Verwirklichung, in: ebd., S. 341–348; König nimmt hier Humboldt, Schleiermacher und Süvern als Theortiker eines nationalen Einheitsschulsystems in Anspruch, wie es auch spätere Interpretationen in der Bundesrepublik getan haben, die Humboldt von seinen drei Stufen des Unterrichts aus in die Vorgeschichte von Gesamtschulstrukturen einrücken (vgl. u. a. Friedeburg, Ludwig von, Bildungsreform in Deutschland, Frankfurt a. M. 1989, S. 62ff.).

[33] Deiters, Heinrich, Wilhelm von Humboldts Ansichten vom Wesen der Universität, in: Hartke/Maskolat, Wilhelm von Humboldt, 1967, S. 129–161.

[34] In seinem Referat über „Grundlagen der Hochschulpolitik" auf der Tagung des SED-Hochschulausschusses am 22. 11. 1947 betont Deiters einerseits mit klarem Bewusstsein für die rechtliche Garantie der Hochschulfreiheit, „so ist es selbstverständlich, dass eine solche Freiheit eben eine gesetzlich geregelte Freiheit ist (...) [und dass sie] damit (...) garantiert und gewährleistet [ist], wie sie auch gleichzeitig vor Missbräuchen durch die politischen Organe der Gesamtheit behütet"; aber er räumt auch ein, dass die Freiheitsidee der Universität eine „Auslegung durch die (...) ideologischen Bedürfnisse erfährt" (S. 200). Seine Prämisse ist jedenfalls, dass jetzt der Konsens der Interessen von Universität und Staat erreicht sei (in: Malycha, Andreas [Hrsg.], Geplante Wissenschaft. Eine Quellenedition zur DDR-Wissenschaftsgeschichte 1945–1961, Leipzig 2003, S. 199–217).

[35] Rühle, Otto, Idee und Gestalt, 1966 sowie – im Band der Universität zu Humboldts Geburtstag – ders., Humboldts Universitätsidee – Tradition und Aufgabe, in: Hartke/Maskolat, Wilhelm von Humboldt, 1967, S. 162–194 (im Wesentlichen ein Auszug aus Rühle, Idee und Gestalt, 1966).

flexion über „Idee und Gestalt der deutschen Universität" erweitert, jedenfalls über Humboldt hinausgeht. Es ist der Gedanke der „Erziehung", in dem Rühle diese DDR-spezifische Erweiterung sieht[36] und der es ihm möglich macht, „Sozialistische Menschenformung"[37] als integralen Teil der universitären Aufgabe zu sehen. Rühle formuliert das in einer Terminologie, z. B. der „weltanschaulich-sittlichen Erziehung"[38], die sich mit Humboldts Abwehr einer staatlich verordneten Gesinnungsbildung so wenig in Übereinstimmung bringen lässt, wie mit dessen Bild von der Freiheit und Autonomie der Universität und der Gemeinschaft der Lehrenden und Lernenden. Rühle grenzt auch scharf die „Erziehungsfunktion" von der „Bildungsfunktion" ab und hält die akademische Lebens- und Lehrform der Universität für ungeeignet, solchen Erziehungserwartungen zu entsprechen.[39] Der Titel seiner Überlegungen – „Humboldts Universitätsidee" – wird also explizit für Anschauungen eingeführt, die mit Humboldts Universitätsidee nichts zu tun haben. Nicht Deiters, sondern die von Rühle kontrovers dazu vorgetragene Lesart der Idee der Universität dominiert; die Differenzen, die schon Humboldt zwischen den Erziehungsambition Fichtes und seiner eigenen sowie Schleiermachers Vorstellung von „Einsamkeit und Freiheit" markiert hatten, gehen unter.

Es wird Rühles Bild der Universität, das ihre Selbstdefinition in Berlin bestimmt und, durch die Tradition scheinbar legitimiert, eine „Lebensform" erzeugt, die nicht mehr allein oder zuerst vom Forschungsimperativ oder den traditionellen Dualen geprägt wird, sondern von der Trinität von Forschung, Lehre und Erziehung – mit einem Primat der Erziehung und, vor allem seit 1968, auch der Erziehungsfunktion des Hochschullehrers. Das wird DDR-weit erwartet, aber nur in Berlin so deutlich als Humboldts Tradition ausgegeben. Erziehungsambitionen, das kann man andererseits natürlich auch nicht übersehen,

---

[36] Rühle, Idee und Gestalt, 1966, S. 233ff.: „Die Erziehung als Funktion der sozialistischen Universität zielt weiter und ist komplizierter als die Bildungsfunktion. Gewissen zu formen ist schwieriger als Wissen zu gewinnen. Zum Erwerb fester Überzeugungen bedarf es meist längerer Zeiträume als zur Entwicklung von Fähigkeiten, auf die Erziehung wirken mehr Einflüsse ein als auf die Bildung. Außer dem Unterricht und Leben auf der Universität sind die Faktoren produktiver Arbeit, gesellschaftliche Tätigkeit, Familie, Kollektive, Kultur, Öffentlichkeit u. a von Bedeutung. Das erzieherische Wirken dieser Faktoren braucht nicht übereinzustimmen, es kann Widersprüche geben. Schließlich greift die Erziehung in den innersten Kern der Persönlichkeit ein, erfordert zum Teil tiefgehende Änderungen der Persönlichkeitsstruktur." (hier: S. 233)

[37] Rühle, Humboldts Universitätsidee, 1967, S. 188ff.

[38] Rühle, Idee und Gestalt, 1966, S. 244.

[39] Vgl. ebd., S. 269: „Sozialistische Erziehung unterscheidet sich in Klasseninhalt, Ziel und Methode von der klassischen bürgerlichen Bildungsauffassung. Sozialistische Überzeugungen, Charaktereigenschaften, Verhaltensweisen können *nicht allein* durch den persönlichkeitsbildenden Charakter der Vorlesungen, Seminare und Übungen erreicht werden. Sie setzen bewusst gestaltete Verbindung von Erziehung und Bildung auf der Grundlage der marxistisch-leninistischen Theorie voraus." (Hervorh. dort)

waren den westdeutschen Universitäten nach 1945 auch nicht fremd.[40] Die Debatte über das *studium generale* lässt sich z. B. als der Versuch lesen, auf das politische Versagen der deutschen Eliten nach 1933 inneruniversitär mit Lebens- und Arbeitsformen neuer Art zu antworten. Aber nicht nur, dass diese Versuche randständig bleiben und in die „Idee" der Universität nicht eingehen, die Pädagogisierung und Ideologisierung der Universität durch eine explizite Ambition der Erziehung, ja „Umerziehung"[41], wie sie die Selbstdeutung der Humboldt-Universität charakterisiert, wird unter Berufung auf Bildung – als Form der Selbstkonstruktion mündiger Subjekte – im Westen eindeutig abgewehrt.

In der triadischen Konstruktion dagegen wird das Selbstbild der Universität in Berlin jenseits der Duale von Lehre und Forschung, von Bildung und Wissenschaft durch die Erwartung der „Erziehung" erweitert und in der „Einheit von Ausbildung, weltanschaulicher Bildung und kommunistischer Erziehung"[42] kontinuierlich tradiert, z. B. anlässlich des Jubiläums von 1985. Humboldt gilt hier zwar als ein „verpflichtender Name"[43], aber die Universität wird durch Helmut Klein „zu einer Heimstatt der Idee des wissenschaftlichen Sozialismus" erklärt.[44] Die Jubiläumsschrift dokumentiert damit den umfassenden pädagogisch-politischen Anspruch der Universität, der ihr – gegen die Tradition Humboldts, allenfalls beziehbar auf Fichte – zugeschrieben wird. Das reicht bis in den Alltag universitärer Arbeit; denn selbst die Verpflichtungen zu außeruniversitärer gesellschaftlicher Arbeit, denen die Studierenden unterworfen werden, z. B. in produktiver Arbeit in Betrieben, werden in ihrer Praxis dem Humboldtschen Modell integriert, wie beim Rektor Schröder schon in der Festschrift von 1960: „Damit leistet das Volk selbst und unmittelbar seinen Erziehungsbeitrag für die Ausbildung seiner Studenten. In einem neuen vertieften und direkten Sinn

---

40 Eine „Resolution Deutscher Hochschulvertreter bei den Marburger Hochschulgesprächen" formuliert am 23. Mai 1948 ebenfalls einen „Erziehungsauftrag" der Hochschulen („Die Hochschule hat auch den Auftrag, die ihr anvertraute Jugend zu erziehen."), betont aber zugleich in der alten Tradition: „Die Hochschule erfüllt ihren Erziehungsauftrag in erster Linie dadurch, dass sie die Jugend durch wissenschaftliche Arbeit zu kritischem Denken, zu vorurteilsfreier Untersuchung der Wirklichkeit und zu selbständigem Urteil anleitet.", sowie: „Die Hochschule soll der allgemeinen Bildung im wesentlichen durch die Fachbildung hindurch dienen." (zit. n. dem Abdruck der Resolution in Neuhaus, Dokumente zur Hochschulreform, 1961, S. 261–262).

41 Maskolat, Wiedereröffnung, 1960, S. 623 sieht den „Umerziehungsprozeß" unmittelbar 1946 beginnen.

42 Klein/Autorenkollektiv, Überblick, 1985, S. 150; in gleicher Weise bekräftigt Klein als Rektor „drei Orientierungen", die „den Kern der in den 60er Jahren eingeleiteten Maßnahmen [bildeten]: Erstens ging es um die Gewährleistung der Einheit von sozialistischer Erziehung und wissenschaftlicher Ausbildung in höchster Qualität, zum zweiten um eine effektivere, konzentriertere Gestaltung der Forschungsarbeit und drittens um die Herausbildung von leistungsfähigeren Leitungsformen an den Universitäten" (Klein, Die Entwicklung der Berliner Universität seit 1946, 1986, S. 117f.).

43 Klein/Autorenkollektiv, Überblick, 1985, S. 109 – im Rückblick auf 1949.

44 Klein, Helmut, Zum Geleit, in: ebd., S. 5f., hier: S. 5; dort auch – erneut triadisch – „durch wissenschaftliche Leistungen, durch gute Studienergebnisse und wirksame Beiträge für die Produktion und die gesellschaftliche Praxis" (S. 5) – und (Klein/Autorenkollektiv, Überblick, 1985, S. 150) „Humboldts Prinzip der Einheit von Lehre und Forschung, das die Bewährung in der Praxis einschließt", hier, exemplarisch, z. B. die „Einführung industriemäßiger Produktionsmethoden in der Landwirtschaft".

wird damit dem Wunsch Humboldts entsprochen, dass die Erziehung Sache des Volkes sein müsse."[45]

Für die weitere Geschichte der Universitäten der DDR und für die Humboldt-Universität insbesondere bleibt bedeutsam, dass sie mit einer Funktionserwartung ausgestattet wird, die von Beginn an kontrovers ist und in der nicht nur zwei, sondern drei Referenzen zur Symbiose gezwungen werden, die in den Gründungstexten ausdrücklich nicht verbunden waren, weil sie zumindest Humboldt und Schleiermacher als widersprüchlich[46] galten. Die Gründer argumentierten gegen solche Erweiterung, weil – wie man bei Humboldt und Schleiermacher lesen kann – Erziehungsambitionen die Freiheit der Korporation ebenso beeinträchtigen wie sie den autonomen Forschungsimperativ begrenzen und eine Hierarchie zwischen den Mitgliedern der Universität etablieren, die ihren eigenen Kompetenzen widerspricht. Die jetzt, nach 1945, politisch erwartete und in der Selbstbeschreibung der Universität akzeptierte Trias von Funktionen lebt auch in der Folgezeit spannungsreich weiter. „Humboldt" ist also primär als eine Chiffre gegenwärtig, die in sich Widersprüchliches zu bündeln sucht: Forschung nach eigener Gesetzlichkeit, die zugleich der Produktion unmittelbar verbunden sein soll, eine Lehre, die im Blick auf diese widersprüchliche Erwartung funktionalisiert wird, und eine Organisation, die neben Forschung und Lehre auch Erziehung und die Konstruktion des sozialistischen Kaders bis in den „innersten Kern der Persönlichkeit" verbinden soll.[47]

Kontext, Struktur und Wandel der Humboldt-Universität seit 1945/1949

Perspektiven einer Analyse – Disziplingeschichte

Mag es auch eine Kontinuität in der Berufung auf Humboldt gegeben haben, es ist selbstverständlich nicht zuerst ein spezifisches Humboldt-Verständnis das in der konkreten Geschichte der Universität seit 1945 die Realität bestimmt, es sind zuerst die externen Rahmendaten, die von der Politik gesetzt werden, und ihre je konkrete Umsetzung in den Alltag der Universität hinein, und dann nicht ohne aktive Mitwirkung der Universität, die folgen-

45 Schröder, 150 Jahre Humboldt-Universität, 1960, S. 13.

46 Buck-Bechler, Gertraude, Die Idee der Hochschule in der DDR, in: Pasternack, Peer (Hrsg.), DDR-bezogene Hochschulforschung. Eine thematische Eröffnungsbilanz aus dem HoF Wittenberg, Weinheim/Basel 2001, S. 13–30 spricht von einer „in sich sehr widersprüchlichen Gemengelage" wenn sie die Traditionen, Funktionen, Erwartungen sowie die politischen und ökonomischen Zuschreibungen analysiert, die sich als „Idee" der Universität in der DDR unterscheiden lassen – ohne dass sie, wie in Berlin, in Humboldt eine Einheitsformel findet.

47 Rühle, Idee und Gestalt, 1966, S. 233.

reich werden. Mag ein solcher politischer Zugriff für die Universität prinzipiell nicht neu sein, die gesamtstaatlichen Vorgaben sind von Beginn an eindeutig, und sie sind eindeutig aus der sozialistischen Tradition genommen, sie stehen jedenfalls in Spannung zur eigenen Selbstbeschreibung.

Man kann die Geschichte der Humboldt-Universität für die Zeit bis 1990 deshalb auch in mehrfacher Gestalt schreiben, nicht nur als Kontinuität einer Selbstbeschreibung oder als die Erzählung einer politischen Überwältigung und Fremdkontrolle, sondern auch als Historie einer selbstständigen Praxis in den Grenzen einer Diktatur. Aus der Perspektive des Gesamtstaates und seiner Ambitionen stellt sich die Geschichte der Berliner Universität dann primär als Fall einer allgemeinen Geschichte der Universitäten und Hochschulen in der DDR dar: Geordnet durch die verschiedenen bildungs- und gesellschaftspolitischen Vorgaben, die im Prozess retrospektiv als die Phasen der ersten, zweiten und dritten Hochschulreform – 1945/46, 1951/52, seit 1967/68 – dargestellt wurden, und die neben der radikalen Zäsur des Anfangs zuerst die „Sowjetisierung" der Universität markieren, ereignet sich die versuchte Transformation im Kontext ökonomischer und modernisierend-gesellschaftlicher Erwartungen, bis schließlich, seit 1968, die Gestalt der Universität und ihrer „Sektionen" erzeugt werden, wie sie bis 1989/90 bestanden haben. Eine solche Ordnung der Darstellung – sozialistische Hochschule als bestimmendes Thema, die Berliner Universität als ein Fall neben anderen – wäre nicht falsch, ja sie stellt notwendige Rahmungen dar, die für die Arbeit der Universität prägend waren, Eingriffe und Vorgaben, denen sie sich nicht entziehen konnte, und Muster der Politisierung und Ideologisierung, die ihre Dignität beschädigt haben, wie immer erzwungen oder selbst akzeptiert und auferlegt.[48]

Aber eine solche Geschichte ignoriert das Eigenleben einer Institution, sie fragt primär nach den politischen und organisatorischen Kontexten und sie blendet die Praxis der Institution, den Alltag ihrer Disziplinen ebenso aus wie die konkrete Umsetzung der staatlichen Vorgaben, damit auch die Verschränkung von staatlichen Aktivitäten und inneruniversitärer Praxis, von lokalen Prämissen, wie sie schon im Blick auf die „Universität der Hauptstadt" immer wieder behauptet werden, und gesamtstaatlichen Ordnungen. Eine solche Geschichte ist deshalb nicht nur für die Biografie der Institution wenig aufschluss-

[48] Für die Geschichte dieser Rahmenvorgaben im gesamtstaatlichen Kontext vgl. u. a. Malycha, Geplante Wissenschaft, 2003, bes. die Einleitung, S. 7–86; ders., Wissenschaft und Politik in der DDR 1945 bis 1990. Ansätze zu einer Gesamtsicht, in: Burrichter, Clemens/Diesener, Dieter (Hrsg.), Reformzeiten und Wissenschaft, Leipzig 2005, S. 181–205; Kaiser, Tobias, Staat und Wissenschaft in der DDR. Zu den Organisationsformen von Forschung und Wissenschaft in einer modernen Diktatur, in: Hüntelmann, Axel C./Schneider, Michael C. (Hrsg.), Jenseits von Humboldt. Wissenschaft im Staat 1850–1990, Frankfurt a. M. u. a. 2010, S. 287–300 sowie, komparativ, Connelly, John, The Sovietization of Higher Education in the Czech Lands, East Germany, and Poland During the Stalinist period (1948–54), in: Péteri, György/David-Fox, Michael, Academia in Upheaval, Greenwood, 2000, S. 141–178.

reich (und in den Beiträgen von Bd. 3 wird sie in dieser Perspektive deshalb auch nicht geschrieben), sie ist auch – und vor allem – in disziplinhistorischer Perspektive völlig unangemessen. Weder für die Institution insgesamt noch für die einzelnen Einheiten, bis hin zu den Hochschullehrern und ihren Arbeitsgruppen und -formen, sind die nicht selten bei einer solchen Darstellung assoziierten Begriffe der politisch umfassenden Kontrolle und Beherrschung und die damit scheinbar eindeutig und ausweglos verbundene Praxis vom „Geist im Dienst der Macht“[49] kaum hinreichend. Nicht dass hier für radikale Gegenbilder plädiert würde, für Formeln der Resistenz und Widerständigkeit oder für Bilder von Freiheit und Selbstbestimmung, aber dennoch liegen eher paradoxe Formulierungen nahe, z. B. „Beherrschte Normalwissenschaft“ (Sabrow). Die leitende Annahme ist jedenfalls die Gestalt einer Universität, in der sich im historischen Prozess die Gleichzeitigkeit von Unterwerfung und Beherrschung, von „Repression und Kollaboration“[50] ebenso spiegelt wie die fortbestehende Eigenlogik der Institution und der wissenschaftlichen Argumentation, in den Grenzen, die eine Diktatur erlaubt, aber auch nicht vollständig versperren kann, weil sie wissenschaftliches Wissen benötigt.

Das bedeutet selbstverständlich nicht, dass sich in der Struktur der Universität und in der Organisation von Lehre und Forschung die staatlichen Vorgaben (die sich nicht zufällig und dominant zuerst von der Lehrverfassung aus zeigen) nicht bemerkbar gemacht hätten, die in den verschiedenen Etappen der Hochschulreform seit 1945/46 vorgegeben wurden[51], im Gegenteil. Ihre Spuren sind unübersehbar: das obligatorische gesellschaftswissenschaftliche Studium bzw. die im Grundstudium verpflichtend verankerten Veranstaltungen im Marxismus-Leninismus oder Russisch als obligatorische Fremdsprache; eine Lernorganisation nach Studienjahren und festen Jahrgangs-/Seminargruppen, die Verpflichtung zu außeruniversitärer produktiver Arbeit; Absolventenbilder, die selbst den Anspruch der „Kader“-produktion verkünden und die „Kader“ so erziehen und qualifizieren wollen, dass sie auch die Praxis, in der sie tätig sein werden, wiederum pädagogisch gestalten können; schon innerhalb der Universität die Verbindung mit ideologischer Erziehung, die interne Hierarchisierung der Studienorganisation nach Grund-, Fach- und Forschungsstudium, die Ordnung der Lehre nach ökonomischen Bedarfskriterien, deren Wirkung auch in der

---

49 So Kowalczuk, Ilko-Sascha, Geist im Dienst der Macht. Hochschulpolitik in der SBZ/DDR 1945–1961, Berlin 2003.

50 So für die Universitäten der DDR insgesamt Jessen, Ralph, Zwischen diktatorischer Kontrolle und Kollaboration: Die Universitäten in der SBZ/DDR, in: Connelly, John/Grüttner, Michael (Hrsg.), Zwischen Autonomie und Anpassung: Universitäten in den Diktaturen des 20. Jahrhunderts, Paderborn u. a. 2003, S. 229–263, hier: S. 259.

51 Einen Überblick über die Vernetzung der gesamtstaatlichen Ebene und der Hochschulpolitik mit den Strukturen der Humboldt-Universität und ihrer Leitung und Verwaltung gibt in seiner noch unveröffentlichten Dissertation jetzt Schulz, Tobias, Zur Praxis „sozialistischer Wissenschaft“. Das Beispiel der Humboldt-Universität seit den sechziger Jahren, Diss. Phil., Universität Potsdam 2009.

Zulassung für die zentral definierten und universitär erwarteten Ausbildungsgänge galten, die Doppelstruktur der Verwaltung zwischen universitären Gremien und den Partei- bzw. FDJ-Organisationen, die damit gegebene Einschränkung der universitären Autonomie und Selbstverwaltung durch die Unterstellung unter die politische Zentralverwaltung, die Veränderung in der Rolle der Professoren und im Status der Studierenden, die Mechanismen der zentralen Forschungsplanung und Leistungsbewertung (etc.).

Das alles sind politische Vorgaben, die lokal nicht ignoriert werden konnten, aber die daraus folgenden Konsequenzen für die alltägliche Arbeit in Forschung und Lehre sind ohne die je eigenen, lokalen Praktiken der aktiven Umsetzung, ja Akzeptanz in der Institution nicht darstellbar oder zu erklären. Das gilt im Übrigen nicht allein für die Geschichte der Universität in SBZ und DDR, sondern auch für die Zeit seit 1989/90. So wenig wie die diversen Hochschulreformen hinreichend die Gestalt, Praxis und Leistung der Humboldt-Universität nach 1945 und bis 1990 erklärbar machen, so wenig lässt sich z. B. aus dem Einigungsvertrag und den begleitenden Maßnahmen und Gesetzen oder aus den staatlich durchgesetzten Etatkürzungen seit 1994 die Humboldt-Universität in ihrer jüngsten Phase bis 2010 ableitend darstellen. Die Erforschung dieser Veränderungen beginnt gerade erst[52], eine distanzierte Analyse dieser zwei Dekaden ist noch kaum möglich und kann hier auch nicht geboten werden. Aber sicher ist auch hier, dass die Biografie der Institution, wie sie die politischen Prozesse innerhalb und außerhalb der Universität erzeugen, ohne einen gleichzeitigen Blick auf die Praxis ihrer Disziplinen nicht angemessen zu schreiben ist, weil sich die Geschichte der Universität erst in Relation und Verschränkung dieser Faktoren ergibt, als Resultat eines Prozesses, der durch Selbständigkeit in der Abhängigkeit gekennzeichnet war.

Lehrende und Studierende – Strukturwandel der Humboldt-Universität seit 1945

In der Perspektive einer lokal zentrierten Disziplingeschichte, die hier vorgelegt wird, betreffen solche strukturellen Veränderungen zunächst die Wissenschaftslandschaft Berlin. Die Universität sieht sich zunehmend eingebunden in eine Formation von wissenschaft-

[52] Vgl. für das Thema insgesamt, neben der Darstellung in Bd. 3 unserer Universitätsgeschichte, und dort vor allem den Beitrag von Jarausch für die Zeit seit 1985, u. a. Pasternack, Peer, „Demokratische Erneuerung". Eine universitätsgeschichtliche Untersuchung des ostdeutschen Hochschulumbaus 1989–1995. Mit zwei Fallstudien: Universität Leipzig und Humboldt-Universität zu Berlin, Weinheim 1999; Vollrath, Sven, Zwischen Selbstbestimmung und Intervention. Der Umbau der Humboldt-Universität 1989–1996, Berlin 2008 sowie in't Groen, Adriaan, De Wende en Humboldts Erfenis: De Utopie vorbij. De gevolgen van de Duitse vereniging voor de beroepspraktijk van *Ostprofessoren* van de Humboldt-Universität zu Berlin, Leiden 2009.

licher Arbeit, in der das Akademie-System selbst umfassende Forschungsfunktionen übernimmt, Spezialakademien wie die Akademie der Pädagogischen Wissenschaften für den Bildungsbereich politiknah eingerichtet werden ebenso wie parteinah eigene Institute z. B. für Gesellschaftswissenschaften. Spezialhochschulen, z. B. für Ökonomie, oder Spezialinstitute wie das für Hochschulforschung – die als Hochschulpädagogik DDR-weit führend an der Humboldt-Universität präsent war – entstehen im Berliner Umfeld und bedeutsam wird schließlich auch die außeruniversitäre betriebliche Forschung. Nachdem schon mit der Gründung der Kaiser-Wilhelm-Gesellschaft 1911 die dominierende Stellung der Universität in der staatsfinanzierten Forschung geschmälert worden war, sieht sie sich jetzt weiter in ihrer genuinen Rolle in der Forschung bedroht.

Wesentlich für ihre eigene Wissenschaftspraxis werden dann die personellen Ressourcen und die Adressaten der universitären Arbeit. Dabei ist das lehrende und forschende Personal nach 1945 weitgehend neu konstituiert, ablesbar zuerst an den Verfahren der Entnazifizierung nach 1945 und kontinuierlich an den Praktiken der Berufungen bis 1990 (vgl. im Einzelnen die Beiträge von Hansen, Vogt und Middell i. Bd. 3). Sowohl der Einschnitt von 1945 als auch die Muster der Rekrutierung für die Folgezeit bis 1990 sind zugleich radikal und umfassend: Verglichen mit dem letzten gut dokumentierten NS-Semester, dem Sommersemester 1944, sind von den damaligen Mitgliedern des Lehrkörpers im Wintersemester 1948/49 nur noch 10 % im Amt[53], 90 % aller früheren Hochschullehrer und 83 % der Ordinarien sind nicht mehr präsent – mit großer Varianz nach Fakultäten. Neue Fakultäten wie die Pädagogische oder die Wirtschaftswissenschaftliche haben verständlicherweise keine Kontinuität, relative Stabilität findet sich z. B. in der Medizinischen Fakultät. Insgesamt gilt, dass statt 547 Professoren, 205 Dozenten und 188 Lehrbeauftragten, wie im Winter 1944/45, dann im Winter 1946/47 nur noch 147 Professoren, 13 Dozenten, 11 Lehrbeauftragte und Lektoren lehrten; 120 Professoren hatten bis zum 31. März 1946 die Entnazifizierungsverfahren erfolgreich überstanden und blieben in der Universität.[54] Bis 1967 erlebte die Universität in der Ordnung ihrer Fakultäten ihre erste Expansion, der Personalbestand an Wissenschaftlern in den seit 1968 eingerichteten Sektionen dokumentiert dann die Gestalt der Humboldt-Universität, wie sie vor 1990 bestand (vgl. Tab. 1).

---

[53] Vgl. Hubenstorf, Michael/Walther, Peter Thomas, Politische Bedingungen und allgemeine Veränderungen des Berliner Wissenschaftsbetriebes 1925–1950, in: Exodus von Wissenschaften aus Berlin. Fragestellungen – Ergebnisse – Desiderate, hrsg. v. Fischer, Wolfram u. a., Berlin/New York 1994, S. 5–100, bes. Tab. 1, S. 69, bzw. S. 62ff. für die Erläuterungen.

[54] Maskolat, Wiedereröffnung, 1960, S. 621.

Tabelle 1 Wissenschaftler an der Humboldt-Universität, 1967–1989

Fakultäten und selbständige wiss. Einrichtungen (1967) bzw. ihnen funktional äquivalent zugeordnete Sektionen (1989)	Wissenschaftler, nach Status innerhalb der Universität					
	Professoren		Dozenten		Wissenschaftliche Mitarbeiter	
	1967[a]	1989	1967[b]	1989[c]	1967[d]	1989[e]
Institut für Marxismus-Leninismus	2	19	2	58	o. A.	$162^{61/48/1/17/35}$
Institut für Fremdsprachen	2	1	6	14	o. A.	$137^{22/6/1/10/98}$
Philosophische Fakultät	79^{12}	109	15	263	208^{40}	$686^{307/136/14/44/185}$
Mathematisch-Naturwissenschaftliche Fakultät	$71^{13/17}$	78	26^{1}	237	86	$507^{207/221/16/34/29}$
Juristische Fakultät	16^{2}	39	15	66	23	$119^{51/45/20/2/1}$
Wirtschaftswissenschaftliche Fakultät	19^{4}	35	$12^{0/1}$	66	54	$81^{42/25/0/7/7}$
Pädagogische Fakultät	28^{11}	10	21	37	91^{20}	$71^{65/3/2/1/0}$
Theologische Fakultät	13^{6}	8	6	12	8^{1}	$8^{1/5/1/\text{o.A.}/1}$
Medizinische Fakultät	86^{12}	88	31	108	104	421
Veterinärmedizinische Fakultät	44^{11}	40	19^{1}	114	113	$120^{56/58/6/0/0}$
Landwirtschaftlich-Gärtnerische Fakultät	44^{8}	66	19	201	113	$221^{144/58/11/5/3}$
Gesamt	404	493	172	1.176	800	2.533

Legende:
a: Erste Hochzahl = davon Emeriti, Zweite Hochzahl = davon Akademie der Wissenschaften
b: Erste Hochzahl = davon Emeriti, Zweite Hochzahl = davon nebenamtlich Beschäftigte
c: Dozenten & Oberassistenten zusammengefasst
d: Erste Hochzahl = zusätzlich: Lektoren
e: Hochzahlen: davon unbefristete Assistenten/befristete Assistenten/wissenschaftliche Sekretäre/Lektoren/Lehrer im Hochschuldienst (LHD)

Quelle: Zahlen auf der Basis des Personal- und Vorlesungsverzeichnisses 1967, für die Medizinische Fakultät nach David, Heinz, „... es soll das Haus Charité heißen ...“, 2 Bde., Hamburg 2004, hier: Bd. 2, S. 775 (mit den Zahlen dort für 1988), sowie nach Raiser, Thomas, Schicksalsjahre einer Universität. Die strukturelle und personelle Neuordnung der Humboldt-Universität zu Berlin, Berlin 1998. Ich danke Aljoscha Peters für die Erstellung der Tabelle.

Berlin zeigt als Arbeitsplatz von Wissenschaftlern dabei durchaus einige Besonderheiten unter den Universitäten[55], schon deswegen, weil bis zum Mauerbau von 1961 eine Lehrtätigkeit an der Universität mit der Wohnung im Westen durchaus vereinbar war. Eine besondere Rolle spielen in der gesamten Universität, v. a. aber in den historischen und sozialwissenschaftlichen Disziplinen, die nach Berlin zurückkehrenden Emigranten, u. a. Alfred Meusel oder Jürgen Kuczynski. Wie in der gesamten DDR wiederum sind auch an der Humboldt-Universität die Rekrutierungsprozesse sehr stark von hochschuleigenen Rekrutierungswegen bestimmt, „Hausberufungen" dominieren. Unverkennbar sind schließlich auch der starke Zuwachs der Mitarbeiter seit 1967 und die sehr günstige Ausstattung der Universität mit wissenschaftlichem Personal.[56] Dabei ereignet sich der Aufwuchs vor allem bei den nicht-professoralen Statusgruppen. Während die Zahl der Professoren von 404 auf 493 anwächst, also um ca. 22 % zunimmt, steigt die Zahl der Dozenten auf 1.004 (das 6,8-fache), bei den wissenschaftlichen Mitarbeitern auf 1.416 (gut das Dreifache).

Auch die Zahl der Studierenden, der ersten Adressaten von Forschung und Lehre, verändert sich, insgesamt und nach der Zuordnung zu den einzelnen Fächern. Im Blick auf die Gesamtzahlen (vgl. Tab. 2) findet sich zunächst ein kontinuierlicher Anstieg bis 1970, dann – nach dem politischen Stop der Expansion der Universitäten – angesichts international kontinuierlicher Expansion überraschende Stabilität, ja der tendenzielle Rückgang der Studierendenzahlen bis Ende der 1980er Jahre. Dabei rekrutiert die Humboldt-Universität konstant ca. ein Drittel aller Studierenden der Universitäten der DDR. Seit 1990 explodiert die Zahl der Studierenden, nahezu in einer Verdoppelung bis 2000; sie steigt an bis 2005, bevor die Konsequenzen der Kürzungen beim Personal sich auch in den rückläufigen Zulassungszahlen spiegeln. DDR-typisch ist die mit etwa einem Drittel relativ große Zahl der Studierenden, die nicht in Direktstudien, sondern in Fern-, Abend- und sonstigen Studiengängen immatrikuliert sind (die als Studienkategorien ihre Bedeutung nach 1990 verlieren). Bei der Zahl der weiblichen Studierenden verdeckt die kontinuierlich hohe Zahl und – spätestens seit den 1970er Jahren und bis zur Gegenwart – das Anwachsen über die Hälfte hinaus, dass die Verhältnisse der alten Bundesrepublik deutlich hinter den DDR-Zahlen bis 1970 zurückstanden.

---

55 Für den gesamten Kontext der Entwicklung der Hochschullehrerschaft vgl. vor allem Jessen, Ralf, Akademische Elite und kommunistische Diktatur. Die ostdeutsche Hochschullehrerschaft in der Ulbricht-Ära, Göttingen 1999, bes. S. 286ff. für Berlin.

56 Bierwisch, Manfred, Wissenschaft im realen Sozialismus, in: Kursbuch 101, Berlin 1990, S. 112–123 hebt die starke Diskrepanz hervor, die zwischen dem „Mangel an elementarer Ausstattung" in sachlichen Ressourcen und der „Überdimensionalität des Personalbestandes" zu sehen war (hier: S. 121).

Tabelle 2 Studierende der Humboldt-Universität zu Berlin nach Geschlecht und Studienformen, 1955–2009

Jahr	Studierende insgesamt	Davon	
		weiblich %	Direktstudium %
	1	2	4
1955	9.536	k.A.	97,9
1960	11.352	43,0	87,3
1965	14.101	36,6	72,7
1970	18.458	44,9	62,2
1975	16.915	54,1	67,1
1980	17.681	53,7	68,9
1985	18.285	57,9	68,2
1990	19.288	54,7	68,0
1995	30.129	55,0	91,7
2000	36.026	57,8	92,9
2005	38.960	58,7	89,0
2009	35.226	58,8	84,0

Quelle: Eigene Berechnungen auf der Grundlage von BArch DR 3/1044, 1051 sowie BArch DE 2/20140, 20266, 22136, 22154, 23043, 23058, 30655. Im Interesse der Vollständigkeit wurden stellvertretend für das Jahr 1955 statistische Angaben des Folgejahres herangezogen. Ich danke Anne March für die Erhebung und Auswertung der Akten sowie für die Konstruktion der Tabelle.

Disziplinhistorisch signifikanter als die Gesamtzahlen sind die Muster der Verteilung der Studierenden nach Fächern bzw. Fächergruppen. Vor allem hier zeigen sich die Gewichte und die Veränderungen, die dabei im Prozess den einzelnen Fächern von 1945/46 bis 1990 zugemutet wurden; denn die Zahlen spiegeln ja bis 1990 nicht die studentische Nachfrage, sondern die politisch definierten Planvorgaben und die damit festgesetzten Zulassungszahlen für die einzelnen Disziplingruppen (vgl. Tab. 3): Der Bereich Medizin hat zwar schon rasch die vorher dominierende Stellung verloren, die er im NS-Staat hatte, wo der Anteil 1940/41 bei nahezu 60 % lag (vgl. Tenorth i. Bd. 5, Tab. 9), aber er bleibt noch bis 1965 der größte Bereich. Nach den Veränderungen, die in der Folge des Bildungsgesetzes von 1965 dann auch die Universitäten bis 1990 betreffen, treten nicht nur „Technische Wissenschaften", v. a. Schlüsseltechnologien wie Elektronik, neu in den Fächerkanon ein (bleiben dort allerdings nur bis 1990). Das Gewicht der Sprach- und Kulturwissenschaften und der Agrarwissenschaften steigt, Jura erholt sich im relativen Anteil erst nach 1985, die Medizin bereits nach 1980, erstaunlicher Weise nimmt das Gewicht von Mathematik und Naturwissenschaften von 1950 an kontinuierlich ab, bevor die Zahlen seit 2000 wieder deutlich zunehmen.

Nach 1990 und angesichts der jetzt bestimmenden studentischen Nachfrage sind die Sprach- und Kulturwissenschaften – gemessen an der Zahl der Studierenden – mit bald der Hälfte aller Studierenden die dominierende Disziplingruppe, sowohl die Agrar- als auch die Wirtschaftswissenschaften und Jura verlieren bei den Studierendenzahlen relativ eindeutig, die Naturwissenschaften wachsen bis 2009 ebenso an wie die Medizin. Neben den politischen und fiskalpolitischen Vorgaben und den Konjunkturen der Nachfrage spiegelt sich in diesen Zahlen dann auch die neue bildungspolitische Lage: Die Humboldt-Universität hat neben der Freien und der Technischen Universität das universitäre Monopol verloren, das sie bis 1990 in der Stadt besaß, die Binnenstruktur der Fächer innerhalb der großen Disziplingruppen schichtet sich um, sie bleibt zwar „Volluniversität" mit allen Fakultäten, ihr Fächerspektrum ist seit 1990 aber reduziert, disziplinäre Profile werden zwischen ihr und der Freien Universität neu ausgehandelt.

Tabelle 3 Fächerverteilung der Studierenden an der Humboldt-Universität zu Berlin, 1950–2009

Jahr	ins-gesamt	Davon in %							
		Theologie	Jura	Medizin	Sprach-/Kultur wiss.	Mathematik/Naturwiss.	Agrarwiss.	Wirtschaftswiss.	Techn. Wiss.
	1	2	3	4	5	9	10	11	12
1950	5.723	2,8	5,8	31,9	22,6	15,1	7,8	13,2	0,8
1960	9.773	1,5	2,1	35,2	28,9	12,5	12,2	7,6	0
1965	14.101	1,0	16,0	32,3	21,3	12,3	11,5	5,6	0
1970	18.458	0,7	19,6	14,6	21,1	11,5	13,4	9,5	9,0
1975	16.915	0,4	15,8	14,1	26,0	12,0	15,0	10,8	5,8
1980	17.681	0,4	14,8	15,9	25,1	9,8	16,6	12,2	5,3
1985	18.285	0,6	11,3	18,1	27,7	9,2	16,2	11,8	5,1
1990	19.288	0,7	14,4	18,9	28,1	9,6	13,2	9,5	5,5
1995	30.130	2,3	8,8	19,9	49,2	9,6	4,0	5,7	0,6
2000	36.026	1,3	10,5	14,4	51,2	13,0	4,4	5,2	0,0
2005	38.960	1,5	7,9	19,4	47,0	14,3	3,9	5,5	0,0
2009	35.226	2,1	8,2	19,8	43,5	15,2	4,5	5,3	0,0

Quelle: Eigene Berechnungen auf der Grundlage von BArch DR 3/1044, 1047 sowie BArch DE 2/20140, 20266, 22136, 22154, 23043, 23058, 30655. Im Interesse der Vollständigkeit wurden stellvertretend für die Jahre 1950 und 1960 Zahlen aus dem Vor- bzw. Folgejahr herangezogen.

Tribut an die allgemeinen politischen Vorgaben entrichtet die Universität nicht nur in der Gewichtung der Disziplinen, sondern auch in den Formen ihrer inneren Verfassung. Schon vor der Hochschulreform von 1968 zeigt die Universität ein durchaus eigenes Ensemble an Fakultäten. Es hatte sich im Wesentlichen bis 1945 entwickelt und bestand dann weiter, wobei allein die auslandswissenschaftliche Fakultät aufgelöst wird: Neben die klassischen vier

Fakultäten war erst spät, verglichen mit anderen Universitäten, seit 1937 die Mathematisch-Naturwissenschaftliche Fakultät aus der Philosophischen Fakultät ausgegliedert worden; daneben bestanden als weitere Fakultäten die Veterinärmedizinische und die Landwirtschaftlich-Gärtnerische Fakultät, dazu kamen neu die Wirtschaftswissenschaftliche, die Pädagogische und die Arbeiter- und Bauernfakultät, letztere 1949 gegründet und Anfang der 1960er Jahre wieder aufgelöst.

Mit der III. Hochschulreform und der Gründung der Sektionen als der zentralen Arbeitseinheiten für Lehre und Forschung werden die mehr als 130 bestehenden Institute und Seminare (etc.) der Fakultäten und mit ihnen die privilegierte Position der Professoren aufgehoben. Zwar bestehen in der Struktur der Universität (vgl. Abb. 1) und zur Wahrnehmung akademischer Aufgaben, u. a. der Selbstrekrutierung und Graduierung, auch weiterhin Fakultäten, jetzt in reduzierter Vierzahl – der Gesellschaftswissenschaftlichen, Mathematisch-Naturwissenschaftlichen, Agrarwissenschaftlichen und Medizinischen Fakultät – und bei deutlich reduzierter Bedeutung, allerdings mit einem fachspezifischen Prorektor in der Hochschulleitung vertreten. Die Universität hat seit 1968/70 eine neue Leitungsstruktur, die neben den akademischen Gremien und Instanzen – Rektor, Prorektoren und einen Verwaltungsdirektor, Konzil, Wissenschaftlicher Rat/Senat, Fakultäten, Sektionen – über den „Gesellschaftlichen Rat" auch in die außeruniversitäre Wirklichkeit von Produktion und Politik eingebunden ist und auch weiterhin über die SED- und FDJ-Organisationen in der Universität eine wissenschaftlich-politische Doppelstruktur aufweist.

Mit dem Strukturwandel seit 1968 und der Gründung von Sektionen verändert sich auch das Gefüge und die inneruniversitäre Einbindung der Fächer. Die Geschichte der Sektionsgründungen kennt Überraschungen – sieht man die Sektionen, die nicht eingerichtet wurden, wie z. B. die Sektionen Marxistisch-leninistische Soziologie, Biochemie-Molekularbiologie, Informationsverarbeitung oder Polytechnik[57] – und Schwierigkeiten in der praktischen Umsetzung, aber auch klare und eindeutige Indizien für die Gewichtung der Disziplinen und die Rolle der neuen Disziplinen, wie sie – politisch-ideologisch – in den Sektionen Marxismus-Leninismus oder Marxistisch-Leninistische Philosophie oder – unter dem Aspekt der Wissenschaftsanalyse und -planung – in der Sektion Wissenschaftstheorie und Wissenschaftsorganisation ablesbar sind. (vgl. Abb. 2). Im Fächerkanon der Universität finden sich Besonderheiten wie die universitär in Deutschland singulären Bibliothekswissenschaften oder die – jetzt nicht mehr in der Pädagogischen Fakultät, sondern bei den Fachwissenschaften angelagerten – breit entfalteten Fachdidaktiken, bis zur Didaktik von Musik und Kunst. Ein Ergebnis der Hochschulpolitik und der zeitweise starken

[57] Vgl. Vorbereitung und Durchführung von Sektionsgründungen, 1968–1969, 1971, in: Universitätsarchiv der Humboldt-Universität (UAHU), Bestand Rek. 1, Nr. 812; für die je disziplinären Hintergründe vgl. die Beiträge von Wollmann, Laitko, Rückl/Zahn und Tenorth i. d. Bd.

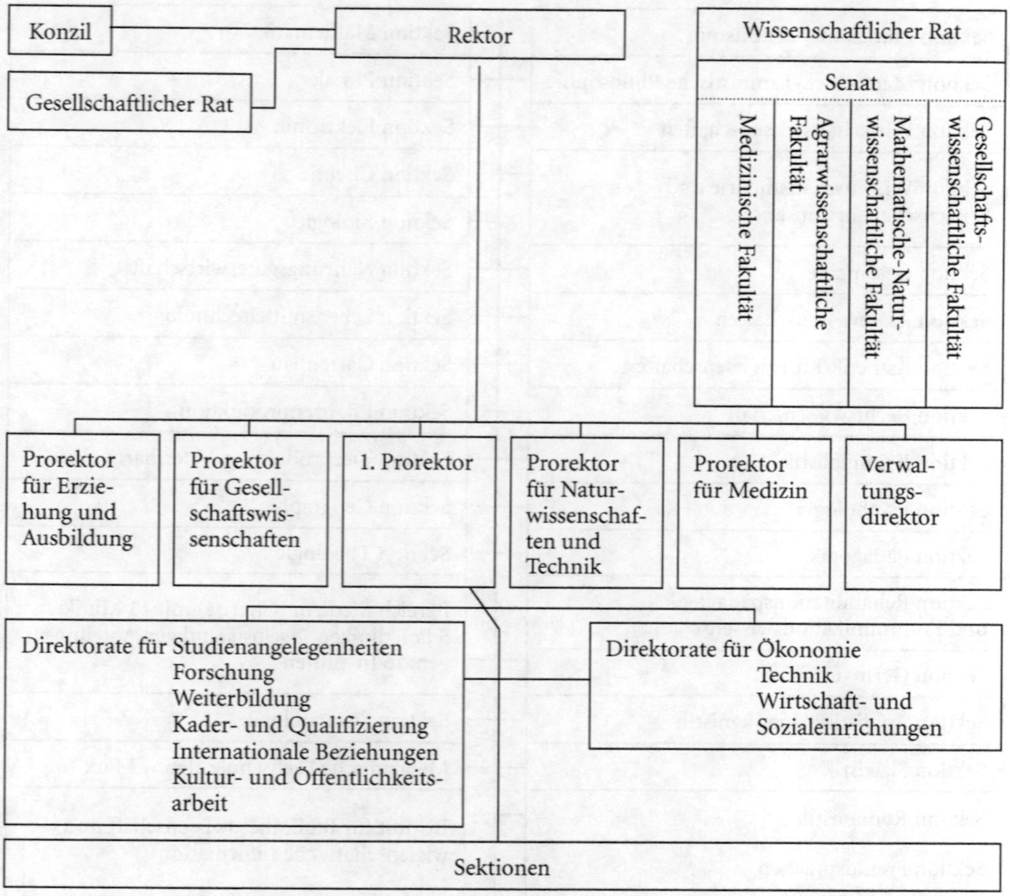

Abb. 1 Übersicht über die Leitungsstruktur der Humboldt-Universität (Stand: Ende 1984)
Quelle: Klein, Helmut (Hrsg., in Zusammenarbeit mit Autorenkollektiv), Humboldt-Universität zu Berlin. Überblick 1810–1985, Berlin 1985, S. 143

Orientierung an den Erfordernissen der „wissenschaftlich-technischen Revolution“[58] stellt die Einrichtung einer Sektion Elektronik dar (die in der Studierendenstatistik als „Technikwissenschaften“ sichtbar ist). Medizin bleibt als eigener „Bereich“ erhalten, die Charité ist seit DDR-Zeiten auch erstmals insgesamt, mitsamt ihren Kliniken, Teil der Universität, aber relativ selbstständig in ihrer inneren Verwaltung.

[58] Laitko, Hubert, Das Reformpaket der sechziger Jahre – wissenschaftspolitisches Finale der Ulbricht-Ära, in: Hoffmann, Dieter/Macrakis, Kristie (Hrsg,), Naturwissenschaft und Technik in der DDR, Berlin 1997, S. 35–57.

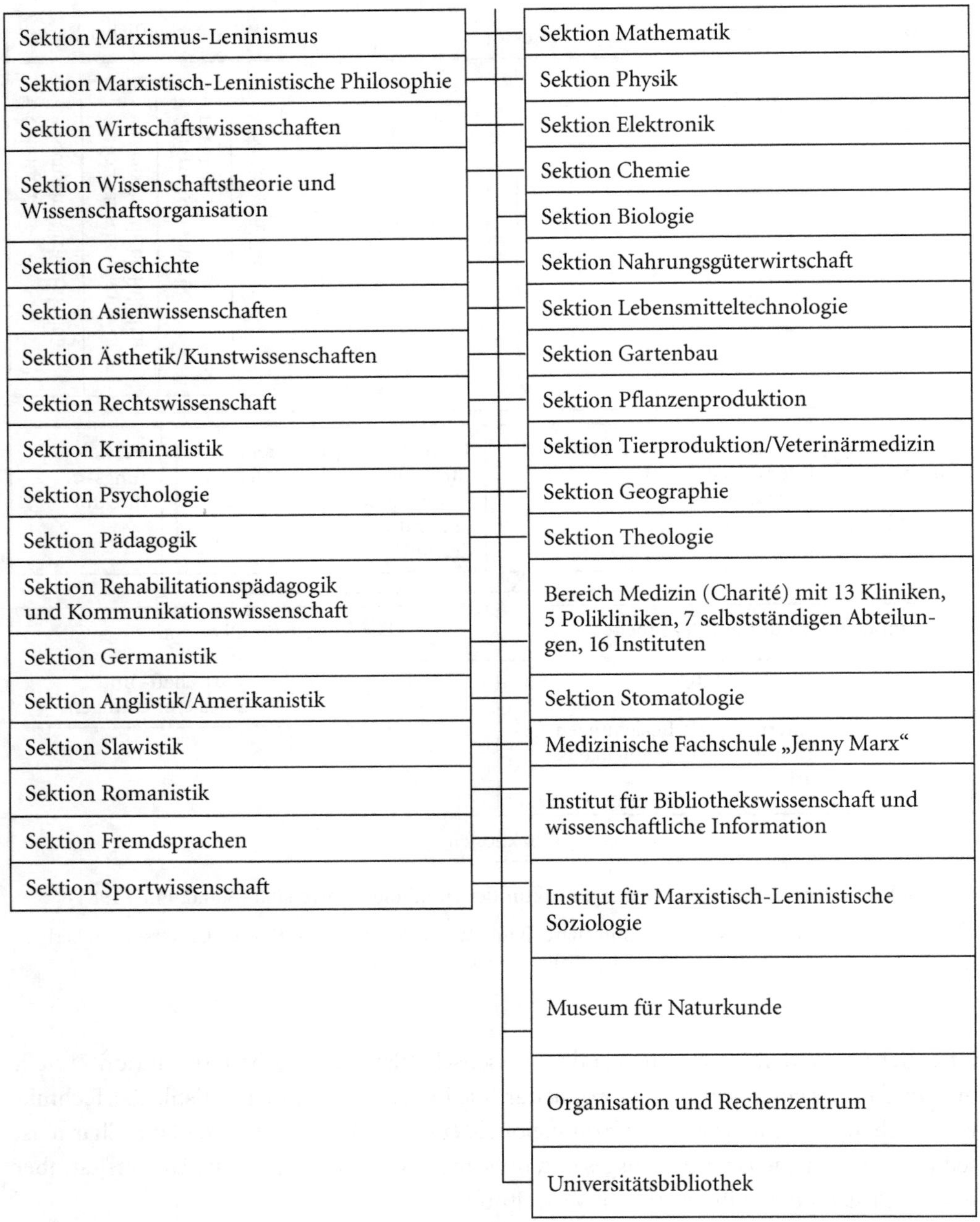

Abb. 2 Übersicht der Sektionen der Humboldt-Universität (Stand: 1984)

Quelle: Klein, Helmut (Hrsg., in Zusammenarbeit mit Autorenkollektiv), Humboldt-Universität zu Berlin. Überblick 1810–1985, Berlin 1985, S. 143

Mit der Neuordnung der Universität nach 1990 verändert sich die Struktur erneut. Die wissenschaftliche Arbeit wird zuerst in mehr als 20 Fachbereichen, seit 1994 in elf Fakultäten geleistet: Dazu zählen die klassischen und neuen Monofakultäten – Theologie, Jura, Medizin[59], Landwirtschafts- und Wirtschaftswissenschaften – sowie die – in sich in vier Fakultäten ausdifferenzierte – Philosophische Fakultät und die – jetzt zwei – Mathematisch-Naturwissenschaftlichen Fakultäten (vgl. Tab. 4). Die Universität war – ohne die Medizinische Fakultät – zunächst für mehr als 400 Professoren geplant, sie umfasst nach finanziellen Kürzungen aktuell 318 Professoren und ihre Forschungs- und Lehrgebiete. Dieses Fächergefüge im Einzelnen bildet den organisatorischen Rahmen, in dem sich die Praxis der Disziplinen entfaltet, vor 1990 wie danach. Hier wird die Wissenschaft gemacht, die Lehre realisiert, der wissenschaftliche Nachwuchs rekrutiert.

Tabelle 4 Fakultäten/Disziplinen/Personal der Humboldt-Universität, 2009*

Fakultäten		Mitarbeiter nach Statusgruppen		
a) *Monofakultäten*		Professoren (Juniorprofessuren)	Wissenschaftliche Mitarbeiter	Sonstige Mitarbeiter
Theologische Fakultät		11 (2)	19	6,25
Juristische Fakultät		20 (5)	35	17,5
Wirtschaftswissenschaftliche Fakultät		20 (6)	39	17
Landwirtschaftlich-Gärtnerische Fakultät		15 (3)	34	48,5
b) *Pluridisziplinär*	Disziplinen			
Mathematisch-naturwissenschaftliche Fakultät I	Biologie	18 (5)	48,5	54,5
	Physik	18 (4)	46	40
	Chemie	14 (2)	47,75	37,5
Mathematisch-naturwissenschaftliche Fakultät II	Geografie	8 (2)	15	8,9
	Informatik	11 (3)	28	17,7
	Mathematik	17 (4)	28,8	14
	Psychologie	11 (4)	15,64	13

59 Seit 2005 in einer gemeinsam mit der Freien Universität Berlin getragenen Medizinischen Fakultät, die alle universitären Medizinstandorte in Berlin umfasst.

Tabelle 4 Fortsetzung

Fakultäten		Mitarbeiter nach Statusgruppen		
a) *Monofakultäten*		Professoren (Junior-professuren)	Wissenschaftliche Mitarbeiter	Sonstige Mitarbeiter
Philosophische Fakultät I	Philosophie	8 (1)	11	4
	Geschichte	13 (3)	21,17	10,5
	Europäische Ethnologie	3 (0)	4	3
	Bibliotheks-wissenschaft	2 (0)	4,5	4
Philosophische Fakultät II	Deutsche Literatur	9 (2)	14,8	4,5
	Deutsche Sprache und Linguistik	8 (2)	12,16	5
	Nordeuropa-Institut	3 (0)	6,75	2
	Romanistik	6 (1)	22,3	3
	Anglistik/ Amerikanistik	8 (2)	19,6	4,5
	Slawistik	8 (1)	22,9	3
	Klassische Philologie	3 (1)	7	1,5
Philosophische Fakultät III	Sozialwissenschaften	13 (3)	19	12,17
	Kultur- und Kunst-wissenschaften	20 (3)	27,5	17,92
	Asien- und Afrikawis-senschaften	11 (2)	26	6,55
Philosophische Fakultät IV	Erziehungs-wissenschaften	12 (2)	21,5	9,33
	Sport-wissenschaften	5 (1)	13,5	5
	Rehabilitations-wissenschaften	10 (1)	17,7	7,12
c) *Zentrale Einrichtungen*				
Zentrum für Trans-disziplinäre Ge-schlechterstudien		3 (0)	2	6,4
Großbritannien-Zentrum		3 (0)	3	4
Museum für Naturkunde**		7 (0)	47	101,7
Summe		318 (65)	679,85	490

* Daten nach den Zielzahlen der Strukturplanung der Humboldt-Universität für 2009, ohne S-Professuren.
** Das Museum für Naturkunde gehört seit 2009 zur Wissenschaftsgemeinschaft Gottfried Wilhelm Leibniz.

Praxis der Disziplinen

Disziplinhistorisch sind indes weder die Strukturen für sich allein interessant noch die offiziell und politisch geäußerten Erwartungen, sie definieren allerdings den Möglichkeitsraum, in dem sich die Praxis der Disziplinen entfalten kann. Dann interessieren primär die Formen und Ergebnisse der wissenschaftlichen Arbeit. Auch in dieser Perspektive existieren unterschiedliche Lesarten der Geschichte der Universität nach 1945 und bis 1990, mit unterschiedlichen Annahmen über die bestimmenden Faktoren der wissenschaftlichen Praxis. Das zeigt sich in Begriffen wie „Sowjetisierung" und „Kaderschmiede"; denn damit wird der Eindruck erzeugt, als ließe sich die Disziplingeschichte der Universität als Geschichte ihrer politischen Kontrolle hinreichend schreiben. Auch der Begriff der „Sowjetisierung" wird gelegentlich in dieser Weise genutzt, sogar verbunden mit der Annahme, dass sich nicht allein in den Disziplinen für Marxismus-Leninismus, sondern im gesamten Alltag der Universität, vielleicht sogar unterschiedslos nach den Disziplinen, eine vollständige politisch-ideologische Formierung der wissenschaftlichen Arbeit durchgesetzt hätte.

Nach 1990 werden vor dem Hintergrund solcher Annahmen jedoch Disziplinen bzw. Fächergruppen nach der ihnen unterstellten Nähe und Ferne zum politisch-ideologischen System unterschieden und eine Gruppe ideologisch besonders belasteter Fächer definiert. In dieser Zuschreibung wurden neben den Sektionen für Marxismus-Leninismus und Wissenschaftstheorie und Organisation (WTO), die ersatzlos aufgelöst wurden, auch die Sektionen Wirtschaftswissenschaften, Geschichte, Pädagogik, Jura und die Institute für Philosophie und Soziologie zunächst vollständig personell aufgelöst, bevor auch hier eine personenbezogene Einzelevaluation vor dem – vorher bereits geplanten – Neuaufbau stattfinden musste. Diese Unterscheidung von Fächergruppen manifestiert sich folgenreich auch in den Wieder- und Neubesetzungen der Professorenstellen nach 1990: In den ideologisch als belastet geltenden Fächern können deutlich weniger Professoren verbleiben bzw. wurden aus dem Personal der alten Humboldt-Universität in die neue Struktur berufen als in anderen Fächern. Während im Durchschnitt 43 % der Stellen mit Personal aus der alten Humboldt-Universität bzw. aus der Akademie der Wissenschaften und den neuen Ländern besetzt wurden, waren das in den Wirtschaftswissenschaften, der Philosophie, in Jura oder den Kunst- und Kulturwissenschaften jeweils nur eine Stelle (von insgesamt 25 bzw. 20 bzw. 24 oder 12), in den Erziehungswissenschaften von 21 nur drei.[60]

Wie immer man diese Relationen nach ihrem Zustandekommen interpretiert, sie sprechen einerseits für einen auch theoretisch radikalen Wechsel, für eine Veränderung der dis-

[60] Daten nach Vollrath, Zwischen Selbstbestimmung und Intervention, 2008, bes. S. 327ff. sowie nach Raiser, Thomas, Schicksalsjahre einer Universität. Die strukturelle und personelle Neuordnung der Humboldt-Universität zu Berlin, Berlin 1998.

ziplinär gepflegten Theorien und Methoden und für eine radikale Zäsur gegenüber den Denkweisen und Forschungsperspektiven, die in den betroffenen Fächern vor 1990 dominierten – und es sind dann nicht die Naturwissenschaften, die von solchen Zäsuren betroffen sind. Disziplinhistorisch sind das andererseits aber auch sehr einfache Zuschreibungen an die Praxis der Wissenschaften und ihre Ideologieanfälligkeit. Bei solchen Unterscheidungen bleiben z. B. Fächer wie die Psychologie, die Biologie oder die Sprachwissenschaften unthematisiert, die sich nach 1945/50 durchaus mit der Erwartung spezifisch sozialistischer Disziplingestalten und Ideologeme konfrontiert sahen, wie man sie in der Theorie Pawlows für die Psychologie, im Lyssenkoismus für die Biologie[61] oder in Stalins Äußerungen zur Sprache vorgegeben fand.

Gleichzeitig wird ein Dualismus von Naturwissenschaften vs. Gesellschafts- bzw. Geisteswissenschaften unterstellt, der suggeriert, in den ideologisch als unbelastet geltenden Fächern habe es – anders als in den anderen Disziplinen – so etwas wie normale, von der Politik unberührte Wissenschaft gegeben, und die Gruppierung suggeriert auch, dass die Störung der wissenschaftlichen Praxis primär von außen und ideologisch-politisch erzwungen worden wäre. Dabei gab es aber politische Vorgaben für Forschungsthemen schon sehr früh, wie sie die Gründung des „Forschungsrates" in den 1950er Jahren öffentlich macht, und zwar für alle Disziplinen; für alle Disziplinen existierten auch die Beschränkung von Ressourcen oder die Einschränkungen in den Möglichkeiten zur Teilhabe an der internationalen Kommunikation, und in allen Disziplinen war Politisierung und Ideologisierung Teil der Alltagsarbeit selbst, keineswegs nur von außen erzwungen, und dieses „System wissenschaftsspezifischer Gängeleien"[62] und selbst auferlegter Unterwerfung kannte keine disziplinspezifischen Ausnahmen oder systematische Resistenz; auch Naturwissenschaftler waren betroffen und nicht aufgrund disziplinärer Prämissen widerständig gegen die Verführung zur politischen Selbstgleichschaltung und Politisierung. Robert Havemann, um nur dieses Beispiel zu geben, gehörte in den 1950er Jahren zu den ideologischen Scharfmachern, wie relegierte Studenten erfahren mussten, bevor er eine „Dialektik ohne Dogma" zu entwickeln versuchte.

Es ist das Ziel der hier vorgelegten Disziplingeschichte, für die Humboldt-Universität seit 1945 die Gestalt und Differenz dieser Problemlagen sichtbar zu machen und nicht allein den Codierungen zu folgen, die 1990/91 retrospektiv oder bezogen auf die konstruktive Neuordnung dominierten. Die leitende und übergreifende Frage an die Autoren war, zu analysieren, ob und wie es den Disziplinen gelingt, zwischen den politisch-ideologischen und weltanschaulichen Vorgaben einerseits und den Leitbegriffen der eigenen Tradition

---

[61] Vgl. dazu generell Diesener, Gerald, Lyssenkoismus in der DDR. Anmerkungen zum Verhältnis von Wissenschaft und Politik in der SBZ/DDR, in: Deutschland Archiv 32 (1999), S. 953–962 sowie den Beitrag von Schulz i. d. Bd..

[62] So die Charakterisierung bei Bierwisch, Wissenschaft, 1990, S. 117.

und der internationalen Forschung andererseits eine eigene Disziplingestalt in Forschung und Lehre zu entwickeln und dabei vielleicht sogar die politische Erwartung einzulösen, die einzelnen Wissenschaften „marxistisch-leninistisch" neu zu entwerfen.

Dabei ergibt sich für die Praxis ihrer Disziplinen in der gesamten Geschichte der Universität seit 1945 ein vielgestaltiges Bild. Das erste und wichtigste Ergebnis der disziplingeschichtlichen Beiträge in diesem Band ist nämlich, dass diese Geschichte nicht darauf reduziert werden kann, primär die politische Intervention in eine wissenschaftliche Praxis zu beschreiben, sondern dass diese Praxis zwischen politischen Zumutungen von innen und außen und der genuinen wissenschaftlichen Arbeit selbst ihr eigene Gestalt und Dynamik entwickelt hat. Das ist auch keine Praxis, die sich nur als Lehre darstellen ließe, etwa in Bestätigung der These, dass in der neuen Ordnung der Wissenschaftslandschaft in Berlin die Forschung aus den Universitäten an die Akademien oder an die anderen zentralen Institute ausgewandert sei. Es gibt vielmehr deutliche Indizien dafür, dass Forschung ein wesentlicher Teil der universitären Praxis bleibt[63], trotz aller dirigistischen Lenkung über die Prämissen von Politik und Ökonomie und trotz der Vorgaben, die aus der Lehr- und Erziehungserwartung auf die Universität einwirken.

Die disziplinhistorischen Beiträge zeigen insofern in ihrer Gesamtheit, dass Forschung eine stabile Erwartung und ein Gütekriterium der Arbeit in der Universität bleibt – wenn auch nicht für alle ihre Mitglieder und nicht für die Institution in allen Zeiträumen in gleicher Intensität. Die Beiträge zeigen darüber hinaus, wie die Disziplinen mit dem Selbstbild der Universität und der „Trinität von Lehre, Forschung und Erziehung" umgehen, rhetorisch und in innerdisziplinären Kontroversen und Kontrollpraktiken, dass sich aber auch die Eigenlogik disziplinärer Arbeit, der funktionale Imperativ der Universität als einer Einrichtung der Forschung und damit die Humboldtschen Prinzipien der „Einsamkeit und Freiheit" und der Einheit von „Forschung und Lehre" trotz aller Restriktionen immer neu Geltung verschaffen. Auch wenn das sicherlich nicht flächendeckend realisiert wurde, sondern in disziplinärer Differenz, es bleibt ein wesentlicher Befund, dass sich die Beharrungskraft wissenschaftlicher Praxis nicht zufällig dann bemerkbar macht, wenn sich die universitäre Arbeit der Sache der Wissenschaft selbst widmet und nicht den sozialistischen „Absolventenbildern" und politischen Ermahnungen unterwirft. Dann brechen die Widersprüche und Spannungen auf, die unter der Chiffre „Humboldt" scheinbar zur Einheit versöhnt, aber in der Praxis als fortwirkende Tradition in ihrer eigenen Gestalt präsent waren.

63 Vgl. auch die gleichlautende Argumentation für die gesamte DDR bei Middell, Matthias, Auszug der Forschung aus der Universität? sowie – auf der Basis retrospektiver szientometrischer Analysen der DDR-Wissenschaftsproduktion – Pasternack, Peer, Erneuerung durch Ausschluss? Der ostdeutsche Fall ab 1990, beide in: Gebrochene Wissenschaftskulturen. Universität und Politik im 20. Jahrhundert, hrsg. v. Grüttner, Michael u. a., Göttingen 2010, S. 279–299 bzw. 309–326.

Im Einzelnen zeigen sich für diese Thesen natürlich sehr disziplinspezifische Geschichten. Betrachtet man auch hier zunächst die Situation in der *Theologischen Fakultät* (Krötke i. d. Bd.), dann macht sich auch nach 1945 bemerkbar, dass die Universität Teil der Wissenschaftslandschaft Berlins geblieben ist. Theologie gibt es an mindestens drei Orten in der Stadt, nicht allein in der Universität, sondern auch im so genannten Sprachenkonvikt, in dem die Evangelische Kirche selbst ihren Nachwuchs ausbildet, ohne dass die Einrichtung Hochschulstatus erhält, und daneben – in Westberlin – in der kirchlichen Hochschule in Lichterfelde. In Relation zu diesen Orten gibt es deshalb auch nicht nur eine Theologie, sondern mehrere, sie sind präsent in den theologischen Debatten, sie haben ihre politisch-gesellschaftliche Referenz, u. a. auf die SED und ihre Kirchenpolitik, auf die (Ost-)CDU und die davon unterscheidbare Kirchenpolitik oder in der internationalen Kommunikation der protestantischen Kirchen. Die Theologie in der Universität spiegelt konflikthaft diese Referenzen, immer näher an Staat und Politik als an der Kirche, aber bereits die Studierenden bringen – mit der Folge von Relegation und Verfolgung – eigene, theologieimmanente Gütekriteren für die Reflexion in Lehre und Forschung ein. Die universitäre Theologie im Sozialismus nur von 1989 oder von Heinrich Fink aus zu sehen, verbietet sich. Aus guten Gründen kann sich die Theologie nach 1990 vielmehr aus den autonomen Traditionen speisen, die außerhalb der Universität überlebt hatten.

Die *Rechtswissenschaften* (Markovits i. d. Bd.) kennen, anders als die Theologie, keinen Raum eigenständiger wissenschaftlicher Reflexion neben der Juristischen Fakultät, sie leben hier, die Fakultät wird nach 1945 radikal umgewälzt. Mit der Rekrutierung und dem in eigenen parteinahen Lehrgängen qualifizierten und ganz jungen Personal wird eine neue Denkform der Jurisprudenz durchgesetzt. Sie wird von Hochschullehrern vertreten, die dem Recht eine Gestalt und theoretische Interpretation geben, die den Erwartungen des sozialistischen Staates entspricht, aber gleichzeitig noch eine Form juristischer Argumentation bewahren, immer auch im Blick der *Akademie für Staats- und Rechtswissenschaften der DDR* in Babelsberg, die politisch dem Fachressort unterstand.

In der radikalen Umwälzung des Personals der Jurisprudenz vergleichbar, auch den politischen und ideologischen Vorgaben ebenso eindeutig ausgesetzt, existiert die universitäre Praxis der *Philosophie* (Herzberg i. d. Bd.) dennoch sehr viel ambivalenter als die nach 1990 vollzogene Zuschreibung als ideologisch belastet erwarten lässt. Sicherlich, es gibt kuriose Versuche, die Logik marxistisch neu zu erfinden, es gibt den Ausschluss von philosophischen Traditionen und die Unterwerfung unter doktrinäre Erwartungen. Aber Studierende erleben sich nicht nur als „Glückskinder der neuen philosophischen Bildungsmöglichkeit“[64], sie erinnern den SED-Chefideologen Kurt Hager, Mitglied der Professorenschaft der Philosophie, durch ironisierendes Nachsprechen der Lehrbuchtexte, die er vorliest, an die Gü-

[64] Herzberg (i. d. Bd.) zitiert so die biographischen Erinnerungen von P. Ruben an sein Studium.

tekriterien von Wissenschaft; junge Dozenten, z. B. Wolfgang Harich, leben die Faszination der Philosophie vor, im Logiker Georg Klaus z. B. oder in den eigenständigen, für die Kulturwissenschaften insgesamt bedeutsam werdenden Arbeiten von Wolfgang Heise, im methodisch reflektierten Rekurs auf die philosophische Tradition bei Gerd Irrlitz oder in den Arbeiten zur Philosophie der Naturwissenschaften bei Hermann Ley oder Karl-Friedrich Wessel bleibt im Fach bewusst, was Philosophie als autonome Denkbewegung sein kann. Die Neugründung des Faches nach 1990 (Gerhardt i. d. Bd.) lebt deshalb auch zugleich aus scharfer Distanz und begründeter Würdigung solcher Arbeit.

Die *Sozialwissenschaften* haben in einer Gesellschaft, die sich selbst auf Wissenschaft, zumal die Gesellschaftswissenschaften, meint begründen zu können, natürlich besondere Probleme, ihre disziplinäre Identität zu behaupten. Denn die „wissenschaftliche Weltanschauung" kann autonome Konkurrenz nicht anerkennen, interveniert besonders dort intensiv, wo die Wissenschaften zugleich als Medien der Steuerung der gesellschaftlichen Entwicklung gesehen werden, die Absolventen, nicht nur die Lehrer, als die Konstrukteure der neuen Welt erzogen werden sollen. Die einzelnen Sozialwissenschaften gehen sehr unterschiedlich mit diesen Prämissen um und mit der Erwartung, ihre Disziplin als eine „marxistisch-leninistische" Wissenschaft zu begründen. Die *Psychologie* (Ebisch/Ash i. d. Bd.), geprägt von dominierenden Forschergestalten wie Kurt Gottschaldt und Friedhart Klix, zugleich eingebunden in die Gütekriterien, die das international geltende Handwerk der psychologischen Methoden und Theoriestandards darstellt, kann offenbar am besten eine gesellschaftlich akzeptierte Forschung mit den autonomen Standards guter Wissenschaft verbinden und sogar selbst als innovative Instanz sichtbar werden. Die *Pädagogik* (Tenorth i. d. Bd.) bindet sich dagegen selbst sehr viel enger an die Bildungspolitik und hat in externen Einrichtungen – v. a. in der Akademie der Pädagogischen Wissenschaften seit 1970 – Instanzen der Steuerung und Kontrolle ihrer Arbeit, die als einschränkend wahrgenommen werden und wirken. Ihr gelingt es, außer in Randgebieten, jedenfalls nicht, in gleicher Weise wissenschaftlich anerkannt zu agieren wie die Psychologie. In den Subdisziplinen der Sonderpädagogik/Rehabilitationswissenschaften und auch in der Sozialpädagogik ist zudem die Nähe zu Theorie- und Denkformen der Sowjetunion, der Defektologie z. B. in der Stigmatisierung von Behinderung oder der Kollektiverziehung Makarenkos im Umgang mit abweichendem Verhalten, eine schwere Hypothek. Für *Soziologie* (Wollmann i. d. Bd.) und *Wirtschaftswissenschaften* (Hesse/Rischbieter i. d. Bd.) ist die theoretische und institutionelle Konkurrenz zum eigenen theoretischen und politischen Anspruch der marxistischen Lehre, wie sie in der SED, in deren Institut für Gesellschaftswissenschaften und auch in der Spezialhochschule für Ökonomie vertreten werden, besonders belastend. Sie müssen dem Eigenrecht disziplinärer Arbeit überhaupt erst Anerkennung verschaffen, die ganze Breite der Wirtschaftswissenschaften, auch die Betriebswirtschaftslehre, darstellen und nicht nur gegen Staat und Partei, sondern z. T. auch gegen die Studierenden durchsetzen, die westliche Wirtschaftswissenschaften attackieren. Eigenständigkeit, so überraschend es klingt, gewinnen die Soziologen z. B., wenn auch spät, dadurch, dass sie selbst den marxistischen Wissenschaftsanspruch akzeptieren, aber Theorie und Methode autonom darstellen wollen, wenn sie die Realität der Kultur und Lebensweise der DDR untersuchen. In den Wirtschaftswissenschaften werden z. B. Theorien entwickelt, die sich retrospektiv als durchaus zukunftsfähig erweisen, aber zu DDR-Zeiten ohne Resonanz blieben. Die *Ethnologie* (Kaschuba/Scholze-Irrlitz i. d. Bd.) nimmt marxistische Ansprüche zwar ebenfalls auf, arbeitet aber mit einem Begriff der Kultur, der es erlaubt, die Relation von Ideologie und Forschung auf der Basis von Differenzen des Wissens und gesellschaftlicher Praxen relativ distanziert zu organisieren.

Lokale Besonderheiten der universitären Disziplinstruktur zu DDR-Zeiten sind ebenfalls nicht zufällig in den Sozialwissenschaften zu finden; denn sie reagieren ja immer eng und rasch auf unterschiedlichen gesellschaftlichen Bedarf. Dazu zählt die *Sportwissenschaft* (Franke i. d. Bd.), die sich aus den Bestrebungen für einen allgemeinen Hochschulsport seit der Weimarer Republik entwickelt und nach 1945 ihren Ort in der Universität, vor allem in der Lehrerbildung, aber auch in der Forschung, sowohl in der schulbezogenen als auch im Leistungssport, hier: im Kontext des international höchst erfolgreichen DDR-Rudersports, gefunden hat. Universitär neu und singulär in Deutschland ist die Etablierung der *Bibliotheks- und Informationswissenschaften* (Rückl/Zahn i. d. Bd.). Sie suchen und finden ihre Identität zwischen der Ausbildung von Bibliothekaren, traditionellen Forschungsthemen in der Bibliotheksgeschichte und neuen Fragen in der informationswissenschaftlichen Forschung in eindeutiger Weise dann erst nach 1990. Schon zu DDR-Zeiten schließlich war als Forschungsthema, nicht disziplinär zentriert, sondern in mehreren Disziplinen im Kontext der Sozialwissenschaften präsent, was als *Gender-Forschung* (Jähnert i. d. Bd.) nach 1990 selbstständig – und „transdisziplinär" – institutionalisiert wird. Das Bild aller Sozialwissenschaften entwickelt sich nach 1991/92 dann wie selbstverständlich – und erfolgreich – dem Standard gemäß, den diese Fächer international zeigen.

Die *historischen Disziplinen* sind ebenfalls von den Vorgaben der marxistischen Großdenker unmittelbar betroffen, denn die herrschende Ideologie hat ihre eigene These über den Verlauf und die aus dem Gesetz von Klassenkämpfen interpretierten Triebkräfte der Geschichte, von denen alle historischen Disziplinen betroffen sind. Sie sehen sich gleichzeitig mit der politisch wie ideologisch erzeugten Aufmerksamkeit für besondere Epochen und Ereignisse der Geschichte konfrontiert, etwa mit dem Sklavenhalterproblem der Antike, dem Feudalismus des Mittelalters, der Reformation und den Bauernkriegen, der Revolution im Ursprung der modernen Welt, der Industrialisierung, der Nationenbildung im Kontext von Klassengesellschaften, der Entstehung der Arbeiterbewegung, den Weltkriegen und dem „Faschismus" als internationalem Phänomen neben der Geschichte der Sowjetunion seit 1917 (etc.). Die *Geschichtswissenschaften* von der alten bis zur neueren Geschichte (Nippel, Hardtwig/Thomas, Borgolte i. d. Bd.), aber auch die *Kunstgeschichte* (Reinisch; Bredekamp/Labuda i. d. Bd.) und die *Archäologien* (Wrede i. d. Bd.) sehen die

Herausforderung, die in solchen Themen liegt, die ja auch international bearbeitet werden und die Frage nach neuen Quellen, Methoden und Theorien intensiv aufwerfen. Der Ertrag der Forschungen in diesen Bereichen ist sehr heterogen, inspirierende Forschungsleistungen wie in der Kunstgeschichte oder in der Sudan-Archäologie, und innovative Debatten, wie sie z. T. die Mediävistik kennt, stehen neben ideologischen Blockaden, die verhindern, dass die neuen und international bald als wichtig erkannten Themen auch die historischen Disziplinen international oder auch nur im deutschsprachigen Forschungskontext sichtbar und führend werden lassen. Das sind die historischen Disziplinen, einzelner früherer Leistungen ungeachtet, mehrheitlich erst nach 1991/92, als sie die interessanten Fragen ohne ideologische Blockaden bearbeiten können.

Die *philologischen Disziplinen* waren schon immer von ideologischen Zumutungen und Selbstzuschreibungen bedroht; den vor 1945 erwarteten nationalen Deutungen sollen jetzt gesellschaftliche, sozialistische, Bilder der Literatur folgen, schon um die Lehrer zu bilden, die als Multiplikatoren der Ideologie das Bildungssystem zu betreuen haben. Entsprechend sind Literaturgeschichte und – theorie in allen Philologien z. B. im Zeichen des sozialistischen Realismus stärker ideologischer Zudringlichkeit ausgesetzt als die Sprachwissenschaft. Die *Germanistik* (Dainat i. d. Bd.) zeigt die Folgen solcher Erwartungen u. a. in internen Kontroversen, im Bedeutungsverlust der Mediävistik oder in der „Marginalisierung“ (Dainat) von klassischer Philologie oder Nordistik; hier ist auch die Konkurrenz zu Leipzig, dem philologisch zunächst bedeutsameren Standort, stark, aber es gibt auch in Berlin Versuche, ein sozialistisches Selbstverständnis mit den Kriterien der philologischen Methode zu verbinden. Die *Neueren und slavischen Philologien* (Bott i. d. Bd.) zeigen in sich ein gespaltenes Bild. die Slavistik findet sich, neben der Germanistik, in der Rolle der zweiten „Nationalphilologie“, eine „Vorzugslage“, die wegen der ideologischen Kontamination „fatal“ wird (Bott); Anglistik und Romanistik sind daneben zunächst an den Rand gedrängt, in der Literaturgeschichte Teil des ideologischen Kampfes, dann u. a. produktiv in der „Erschließung der demokratischen und progressiven Tradition“ z. B. der USA-Literatur. Die Sprachwissenschaften sind, auch hier, bald von Stalins Vorgaben emanzipiert, auch international in ihrer linguistischen Arbeit sichtbar und anschlussfähig. Im Alltag der Universität wird auch die politische Dimension manifest, wenn z. B. Dozenten Studierende in ihrer Distanz gegen die obligatorischen ML-Vorlesungen stützen. Innovatives theoretisches Potential, obwohl aus politischen Erwartungen der Kulturpolitik geboren, bringen die *Kulturwissenschaften* (Brohm i. d. Bd.) in die Philologien ein. Inspiriert durch die Arbeiten des aus der Philosophie gedrängten Wolfgang Heise entstehen hier aus einer im Ursprung als politisch und sozialistisch verstandenen Problematik eigenständige, um einen weiten Begriff der Kultur zentrierte Forschungstraditionen, die in die gesamte Universität hineinwirken. In den außereuropäischen Philologien, die in Berlin erhalten bleiben, der *Afrikanistik* (Eckert i. d. Bd.) und der *Orientalistik* (Heine i. d. Bd.), besteht nach wie vor ein großes Stellenpotential, die Fächer sind auch, wie früher, intensiv eingebunden in die Außenpolitik, verlieren aber ihre prominente Stellung zugunsten anderer DDR-Universitäten, z. B. Leipzig in der Afrikanistik.

In den *Naturwissenschaften*, befreit von den Zumutungen „Deutscher Physik", die allerdings in der universitären Praxis bis 1945 marginal war, oder einer „Deutschen Mathematik", müssen sich die Naturwissenschaften nicht etwa mit „sozialistischen" oder „marxistisch-leninistischen" Nachfolgekonzepten der Physik oder Mathematik auseinandersetzen, aber es gibt ebenfalls politisch brisante Problemvorgaben: in der Biologie und für die Forschung in der Genetik gehört die Lehre von Lyssenko dazu, für die Psychologie die Herausforderung durch die Pawlowsche Lehre und für die Praxis der Forschung zeigen sich, stärker als in den Geisteswissenschaften, die Konsequenzen des Akademiesystems für die universitäre Arbeit. Vom Verlust ihre alten großen Institutsgebäude zunächst stark betroffen, kann die *Physik* (Hoffmann i. d. Bd.) dennoch neues Forschungspotential aufbauen. Gemessen an den internationalen Indikatoren für die Leistungsfähigkeit der Naturwissenschaften können die Physiker der Universität gute Werte aufweisen. In der *Chemie* (Laitko i. d. Bd.) sind die Beziehungen zum Forschungspotential der Akademie der Wissenschaften und zur DDR-weiten Forschungsplanung wichtig, die Universität behält theoretisch, methodisch und in ihren Forschungsschwerpunkten eigenes Gewicht, Chemiker und Physiker, z. B. der Prorektor Auth, argumentieren offen gegen die Erziehungsambition und für den Primat fachlicher Kriterien bei der Auswahl der Studierenden. In der *Biologie* (Schulz, Ronacher i. d. Bd.) wahren lokale Spezialitäten die Forschungsambition, z. B. in der Wissenschaftsgeschichte der Biologie, die aus der Vernetzung mit dem Museum für Naturkunde entspringt, in der Verhaltensforschung und Tierpsychologie, die eine bis heute bestehende Tradition aufbaut, in der Kontinuität ernstzunehmender genetischer Forschung gegenüber den Zumutungen, die aus den Theorien von Lyssenko und aus der Sowjetunion kommen. Nach 1991/92 entwickelt sich die Biologie bald zu einer der forschungsstärksten Naturwissenschaften. Diese weltweit sichtbare Stellung und Vernetzung, vor 1990 eher nach Osten, seither weltweit, charakterisiert auch die *Mathematik,* die seit 1990 zudem in der Praxis der Forschung und in großen Forschungsvorhaben auch intensiv interdisziplinär vernetzt ist, mit den Naturwissenschaften genauso wie mit den Wirtschafts- und Sozialwissenschaften (Koch/Kramer i. d. Bd.). Die *Landwirtschaftswissenschaften* (Kirschke u. a. i. d. Bd.) belegen vielleicht am stärksten die Verbindung universitärer Forschung, auch Grundlagenforschung, und Lehre mit der Produktion, die in der DDR-Landwirtschaft ja ihre eigenen Probleme hatte. Die *Geographie* (Schultz i. d. Bd.) bleibt in der Tradition des Dualismus zwischen den – früher – nationalpädagogischen, jetzt klassenspezifischen Erziehungsaufgaben einerseits, den Forschungserwartungen zumal in der Naturgeographie andererseits. Sie hat dabei nicht nur in Heinz Sanke einen der auch politisch prägenden Rektoren der Universität lange Zeit an ihrer Spitze, sondern liefert auch Beispiele für die innerdisziplinären Kämpfe, die aus dem Konflikt zwischen ideologischen Erwartungen und wissenschaftlichen Erkenntnissen erwachsen und im Fach selbst – zu Lasten der Forschung – gelöst werden.

Die Geschichte der *Medizin* und die Praxis der Charité nach 1945 (Frömmel i. d. Bd.) kann hier selbstverständlich in der ganzen Vielfalt der beteiligten Bereiche, der Grundlagendisziplinen und der angewandten und klinischen Fächer sowie in ihrem ganzen Potential an Kliniken, Instituten und Einrichtungen und der damit verbundenen klinischen und experimentellen Forschung nicht annähernd dargestellt werden – dazu gibt es auch die eigene Festschrift der Charité. Im Kontext der Universität ist es aber von Bedeutung zu sehen, wie sich die universitäre Medizin als Forschungsfeld, exemplarisch in den Grundlagenfächern, entfalten kann. Neben den Themen der Forschung und den Schwerpunkten der Arbeit der Charité versucht der Beitrag vor allem zu zeigen, wie sich die wissenschaftliche Praxis zwischen politischen Vorgaben und alten Traditionen, ökonomischen und sozialen Restriktionen und der Eigenlogik der Arbeitsgruppen entwickelt, einerseits sehr stark personenabhängig, in eigenartiger Weise vernetzt mit dem internationalen Diskurs, gleichzeitig durch die politische Nutzung und Erwartung auch immer gestützt und gefördert.

Selbstbehauptung einer Vision

Kann man aber, dass ist die kritische Rückfrage an den Titel dieses Bandes, im Kontext einer eindeutig politisch bestimmten, durch Vorgaben aus Partei und Staat normierten, in den eigenen Gremien und Satzungen solchen Vorgaben offenbar auch intern explizit verpflichteten, sowie einer in der Praxis höchst ambivalenten disziplinären Realität der Universität noch Humboldts Tradition aufrufen? Darf man gar von der Selbstbehauptung einer Vision sprechen? Der Titel dieses abschließenden Bandes der Geschichte der Universität Unter den Linden formuliert eine solche Selbstbehauptung natürlich nicht ohne Kenntnis der historischen Tatsachen, auch nicht naiv oder gar triumphalistisch, als sei die Vision der Berliner Universität, wie sie von Humboldt und Schleiermacher entworfen wurde, nach 1945 in der Humboldt-Universität zur reinen Entfaltung gekommen, oder, und das wäre ja die andere, allein der „Wende" verpflichtete Lesart des Titels, als habe sie sich erst nach 1990 und dann mit der Neuordnung der Universität tatsächlich ihrem „Wesen" gemäß Geltung und Anerkennung verschaffen können.

Der Titel bezieht sich zwar auf die Realität seit 1945, aber er unterstellt der Vision im historischen Prozess einen Modus der Selbstbehauptung, der für die gesamte Geschichte der deutschen Universität und ihrer Idee nicht neu ist. Als Grundproblem hat bereits im Jubiläumsjahr von 1960 Wilhelm Weischedel diesen Existenzmodus schon für die Zeit unmittelbar nach der Gründung behauptet, dass nämlich trotz aller politischen Friktionen und der von Beginn an unverkennbaren Differenz zwischen Idee und Realität der Universität

„auch die entfremdete Realität noch Erscheinung der Idee bleibt. Die Berliner Universität lebt aus den Gedanken ihrer geistigen Urheber, wenn auch unvermeidlich in der Weise der widerspenstigen Realität."[65] Es ist die Selbstbehauptung der Vision in einer solchen widerspenstigen, in sich gebrochenen, ambivalenten Realität, die den Titel des Bandes begründet, dann allerdings auch für die Universität nach 1945. Die Gestalt der Universität, das ist die These, ist nicht zu verstehen, ohne sie vor dem Hintergrund der Selbstbeschreibung zu sehen, die sich die Universität gegeben hat, und zwar als Prämisse ihrer Arbeit in Lehre und Forschung, zugleich, und das ist neu nach 1945 und verändert die Humboldtsche Tradition, unter expliziter Erziehungserwartung und politischer Funktionalisierung, also in einer insgesamt nur zur widersprüchlichen Einheit formierten Gestalt und Selbstbeschreibung. Die Selbstbehauptung einer Vision erweist sich unter den historisch-politischen Bedingungen der Ideologisierung und Erziehungsambition dann nicht als vollendete Erfüllung, sondern als die Beharrungskraft der Tradition, d. h. in der Eigenlogik von Forschung und Lehre, als politisch unerwünschte, aber systematisch offenbar nicht vermeidbare Wirkung funktionaler Imperative in einer Welt ihrer brüchig-widersprüchlichen Realisierung.

Weischedel sieht diese „widerspenstige Realität" für das 19. Jahrhundert vor allem in Gestalt der Philosophie, dann bei Wissenschaftlern wie „Savigny, Böckh, Ranke", die „aus philosophischem Geiste (leben)". Wenn für die Humboldt-Universität seit 1945 von der Selbstbehauptung einer Vision gesprochen wird, dann geschieht das nicht im Blick auf eine dominierende Disziplin, gar allein für die Philosophie oder für eine Praxis im philosophischen, etwa dem „Berliner Geist"[66], sondern vor dem Hintergrund der universitären Praxis. Humboldts binäre Schemata von „Forschung und Lehre", von „Einsamkeit und Freiheit" und von der „Gemeinschaft der Lehrenden und Lernenden" bewahren offenbar selbst unter den Bedingungen der Diktatur ihre Kraft – in der theoretischen Anstrengung von Lehrenden oder im kritischen Blick von Studierenden. Die triadisch formulierte Umdeutung, zumal in der ideologisch-politischen Übersteigerung des „Erziehungsanspruchs", lässt sich offenbar weder zwanglos noch ohne gravierende Folgeprobleme verordnen. Wer meinte, Forschung und Lehre, Studium und Wahrheitssuche ideologisch und pädagogisierend überformen zu können, der erlebte die intendierte Wirklichkeit als ‚widerspenstig'. Damit ist nicht primär die Existenz politisch dissidentischer Positionen gemeint. Sie waren in der Universität nach 1945 natürlich zu finden, nicht nur beim späten Havemann, sondern in zahlreichen Disziplinen schon sehr viel früher. Von Selbstbehauptung wird im Blick auf die zentralen Dimensionen universitärer Arbeit gesprochen, in der Forschung und im Studium, in Theologie und Philosophie, in der Geschichte, den Philologien wie in den Sozial- oder Naturwissenschaften.

---

65 Weischedel, Vorwort, in: ders., Idee und Wirklichkeit, 1960, S. VIII.

66 Das ist ein Begriff, den Spranger prägte, vgl. die Aktualisierung bei Gerhardt, Volker/Mehring, Reinhard/Rindert, Jana, Berliner Geist. Eine Geschichte der Berliner Universitätsphilosophie, Berlin 1999.

Die Selbstbehauptungsthese ruht insofern auf dem historischen Befund, dass sich die wiederkehrenden Eingriffe des Staates als Sequenz von Antworten auf selbst erzeugte Probleme lesen lassen, d. h. als die trotz allen Scheiterns wiederkehrenden Erziehungsambitionen[67] und Kontrollphantasien. Dann erweist sich die Kraft der ursprünglichen Vision als funktionale Eigendynamik des Forschungsimperativs und in der Beharrungskraft, die der sachorientierten Interaktion von Lehrenden und Lernenden innewohnt – nicht generell und in allen Disziplinen, nicht selbstverständlich, aber doch immer wieder, und vorzugsweise dann, wenn der eigenständige Impetus der Forschung die disziplinäre Praxis regierte. Das erklärt auch die eigentümliche Koinzidenz, dass sozialistisch überzeugte Lehrende und Lernende 1898/90 den Erziehungsambitionen abschwören, aber an dem Anspruch festhalten, dass es auch in Freiheit sozialistische Wissenschaft geben kann. Gleichwie, man kann vielleicht sogar, rückblickend, die Hochschulpolitik der DDR, ihre zentralen Themen, ihren Verlauf und die Iteration der Vorgaben als den trotz allen Zugriffs und aller Selbstunterwerfung letztlich scheiternden Versuch lesen, der Trinität zur Geltung zu verhelfen – Erziehung zu einem gleichgewichtigen Funktionsimperativ neben Forschung und Lehre zu machen, und Forschung und Lehre zu organisieren, ohne ihnen Einsamkeit und Freiheit zuzugestehen.

Es war deshalb nach 1990 programmatisch auch leicht, der Universität eine nachdiktatorische Gestalt zu geben. Man musste nur an Humboldts Duale neu anschließen, Vision und Realität im Modus einer Herausforderung statt des Widerspruchs verbinden und den Status der Universität als wissenschaftliche Einrichtung eigener Art, zwischen Schule und Akademie, nicht ignorieren. Für Einrichtungen dieser Art behält die Humboldtsche Vision offenbar ihre eigene Kraft und Geltung, widerspenstig selbst gegen Diktaturen. Nur die Realität, die entspricht ihr auch heute nicht, sie lässt jetzt nur den Raum zur Gestaltung.

---

[67] Jessen, Akademische Elite, 1999, S. 229–246 gibt weitere Belege, auch aus der Humboldt-Universität und für Professoren aller Disziplinen, für die Kontinuität und das Scheitern der Erziehungsambition.

Theologie

Wolf Krötke

Die Theologische Fakultät der Humboldt-Universität zu Berlin 1945–2010

„Die Theologischen Fakultäten, die seit 1933 weithin zerstört und ihres wissenschaftlichen Ansehens beraubt worden sind, sind als Ausbildungsstätten für den Pfarrernachwuchs unter Mitwirkung der Kirchenleitungen neu zu ordnen"[1]. Das hatte Dietrich Bonhoeffer, dem die Berliner Universität 1936 die Lehrbefugnis entzogen hatte, im Namen der „Bekennenden Kirche", aber auch im Geiste der Zukunftsvorstellungen des Widerstandes gegen Hitler schon 1942 gefordert. Eine derartige „Neuordnung" war im Falle der Berliner Theologischen Fakultät im Spätsommer 1945 in Angriff zu nehmen.[2] Sie lag zunächst in den Händen von vier an dieser Fakultät verbliebenen Dozenten, nämlich der drei Kirchenhistoriker Kurt Aland, Walter Eltester und Walter Dreß sowie des Neutestamentlers Johannes Schneider. Sie versuchten in einem Zehlendorfer Gemeindehaus einen notdürftigen Lehrbetrieb in Gang zu setzen und im Januar 1946 mit dem Angebot von Sprachkursen und „Kolloquien" die Lebensfähigkeit der Fakultät zu signalisieren. Walter Eltester ernannte der Rektor der Universität am 27. 10. 1945 kommissarisch zum Dekan. Aufgrund des Befehls Nr. 4 der Sowjetischen Militäradministration in Deutschland (SMAD) konnte am 1. 3. 1946 in den Nebenräumen des Berliner Doms – das Seminargebäude war zerstört – für 51 Studierende (darunter 40 Anfänger) das Sommersemester eröffnet werden. Dazu wurden neben Eltester auch die drei anderen Dozenten zu Professoren berufen. Hinzu kamen aus den Reihen der „Bekennenden Kirche" Martin Albertz (Neues Testament) und Heinrich Vogel (Systematische Theologie). Nach der Besetzung des alttestamentlichen Lehrstuhls durch Leonhard Rost aus Greifswald konnte im Wintersemester 1946 ein Lehrangebot in allen theologischen Disziplinen gemacht werden.

In der Kirche von Berlin-Brandenburg aber war nach den Erfahrungen der NS-Zeit ein tiefes Misstrauen verbreitet, ob sich die Theologie und damit die Theologenausbildung an einer staatlichen Institution wirklich in guten Händen befindet. Dem verdankt sich der

[1] Bonhoeffer, Dietrich, Entwurf für eine Neuordnung der Kirche nach „Beendigung des Kirchenkampfes", in: Dietrich-Bonhoeffer-Werke (DBW), Bd. 16: Konspiration und Haft, hrsg. v. Glenthøj, Jørgen/Kabitz, Ulrich/Krötke, Wolf, München 1996, S. 595.

[2] Vgl. zum Folgenden Elliger, Walter, 150 Jahre Theologische Fakultät in Berlin, Berlin 1960, S. 135–150.

Beschluss der Synode dieser Kirche vom 31. 7. 1945, die *Kirchliche Hochschule Berlin*, die 1935 errichtet worden war, um eine freie Theologenausbildung im NS-Staat zu garantieren, aufrecht zu erhalten und auszubauen.[3] Noch bevor die Theologische Fakultät ihre Arbeit wieder aufnahm, hatte die Kirchliche Hochschule mit Genehmigung der Alliierten am 12. 11. 1945 das Wintersemester eröffnet. Wissenschaftliche Theologie in Berlin gab es seither in zweierlei Gestalt, nämlich als an der Universität und in einer kirchlichen Institution verantwortete Wissenschaft.

Was die Theologische Fakultät im Ostteil Berlins betraf, so fand sie sich aufs Neue dem Druck einer Weltanschauung ausgesetzt, in deren System der Durchdringung der Gesellschaft und so auch der Wissenschaft diesmal mit den Grundsätzen des Marxismus-Leninismus eine „Theologische Fakultät" eigentlich überhaupt keinen Ort hatte. Die eher pragmatisch zu nennende Zulassung der Theologischen Fakultät durch die SMAD hatte aber ein Faktum geschaffen, mit dem die für diese Fakultät zuständigen politischen Instanzen und Parteigremien nun umzugehen hatten. Ihr Interesse war dabei durch die ganze Zeit der „Ostzone" und der DDR hindurch die Heranbildung einer staatstreuen Pfarrerschaft und damit einer diesem Staat dienstbaren Kirche. Die Geschichte der Disziplin Theologie in jener Zeit ist deshalb nur zu verstehen, wenn die konkreten Umstände berücksichtigt werden, unter denen sich die Theologie in jener Zeit zu behaupten hatte.

Der Neubeginn in relativer Autonomie 1946–1952

Die ersten Jahre der neu errichteten Theologischen Fakultät sind nicht zu Unrecht zu einer Phase „relativer Autonomie" der sechs Theologischen Fakultäten im Osten Deutschlands gerechnet worden, die sich neben Berlin in Greifswald, Halle/Saale, Jena, Leipzig und Rostock befanden.[4] Das bedeutet für die Berliner Fakultät zunächst: Die für sie zuständigen politischen Instanzen vermochten nicht, Lehrstühle mit sog. „fortschrittlichen" Theologen zu besetzen. Weder der Reformationsforscher Walter Elliger, der im Frühjahr 1950 anstelle des nach Halle/Saale gewechselten Kurt Aland berufen worden war, noch Otto Haendler, der 1951 den Lehrstuhl für Praktische Theologe bekam, passten in dieses Schema. Insbe-

[3] Vgl. Fischer, Martin, Die Kirchliche Hochschule Berlin 1948, Sinn und Auftrag, in: ThViat (Jahrbuch der Kirchlichen Hochschule Berlin) 1 (1949), S. 1–25; Harder, Günther, 20 Jahre Kirchliche Hochschule Berlin, in: Junge Kirche (JK) 17 (1956), S. 172–174.

[4] Stengel, Friedemann, Die Theologischen Fakultäten der DDR als Problem der Kirchen- und Hochschulpolitik des SED-Staates bis zu ihrer Umwandlung in Sektionen 1970/71, Arbeiten zur Theologie und Kirchengeschichte, Bd. 3, Leipzig 1998, S. 15.

Abb. 1 Heinrich Vogel (1902–1998)

sondere Walter Elliger geriet bald in schwere Konflikte mit der Staatsmacht[5], welcher der „konservative Fakultätswille" bei der Besetzung der Lehrstühle missfiel.[6] Als „konservativ" galt dabei das Bestreben, der Fakultät im Geiste einer liberalen Wahrheitsverantwortung des christlichen Glaubens wieder zu wissenschaftlichem Ansehen zu verhelfen.[7] Die staatlichen Organe aber mutmaßten hinter dem von ihnen missbilligten „Konservativismus"

5 Zum „Fall Elliger" in seinen verschiedenen Phasen vgl. Bräuer, Siegfried, „Kein Freund unserer Republik, sagt aber, was er denkt". Der Berliner Kirchenhistoriker Walter Elliger (1903–1985), in: Zeitschrift für Theologie und Kirche (ZThK) 102 (2005), S. 435– 471.

6 Vgl. die Belege bei Stengel, Die Theologischen Fakultäten, 1998, S. 26.

7 Vgl. hierzu Elliger, 150 Jahre, 1960, S. 139.

den Einfluss der Kirche. Das war auch nicht ganz unberechtigt, sofern die Kirche gemäß dem Preußischen Staatsvertrag vom 11. 5. 1931 ihr Mitspracherecht bei der Besetzung der Lehrstühle wahrnahm und sich z. B. 1947 für die Berufung von Heinrich Vogel, der nicht habilitiert war, zum ordentlichen Professor für Systematische Theologie einsetzte. Doch das hat auch Bedenken in der Fakultät wach gerufen, die – wie das Gutachten zur „Reform des Theologiestudiums" von 1953 zeigt[8] – sich eher der theologischen Tradition im Geiste Harnacks verpflichtet wusste, als dem Theologieverständnis der „Bekennenden Kirche", das Heinrich Vogel als Mitstreiter Karl Barths in der NS-Zeit repräsentierte. Für Vogel war die wichtigste Aufgabe der Theologie an der Universität das „Herrengeheimnis der Wahrheit" gegenüber allem wissenschaftlichen Forschen zur Geltung zu bringen.[9]

Doch die Vorstellungen einer wissenschaftlichen Oase einerseits und einer vorrangig dem Geheimnis Gottes verpflichteten Theologie andererseits erwiesen sich im Geflecht der weltanschaulichen Interessen des Staates bald als schwierig. Das Staatssekretariat für das Hoch- und Fachschulwesen (SHF), das der Kirche das Mitspracherecht in Berufungsfragen entzog, wurde jetzt zur Instanz, an der sich die Fakultät zu orientieren hatte. Von dort her aber wurde Druck ausgeübt, sich den Vorgaben für das Studium zu fügen, wie sie die 2. Hochschulreform des Jahres 1951 zugunsten der Inanspruchnahme der Universitäten für den „Aufbau des Sozialismus" vorsah. Dazu gehörten z. B. die Einführung eines dreijährigen marxistisch-leninistischen Grundlagenstudiums, die Festlegung einheitlicher Studienpläne und die Schaffung von Seminargruppen mit einem der FDJ zugeordneten „Seminargruppensekretär". Die Realisierung alles dessen sollte sich weit in die folgende Fakultätsgeschichte hinein ziehen. Vorerst vollzog sich das Studium im Grundsatz so, wie auch an der Kirchlichen Hochschule in West-Berlin, mit der auch kooperiert wurde. Heinrich Vogel lehrte dort und hier. Mitglieder der Fakultät boten auch in Zehlendorf Lehrveranstaltungen an. Probleme bereitete jedoch der numerus clausus, welcher der Fakultät verordnet wurde und ein im Juni 1951 verfügtes Immatrikulationsverbot für Studierende der Kirchlichen Hochschule, an der sich viele Studierwillige aus dem Osten Deutschlands einschreiben ließen. Dem verdankt sich letztlich die Gründung des „Sprachenkonvikts" in der Borsigstraße. Die Kirche wollte die Studierenden aus dem Osten auf den Osten orientieren. Deshalb wurden sie dort mit Sprachkursen und einem schmalen Lehrangebot auf ihren künftigen Beruf im Osten verwiesen, erwarben aber ihre eigentliche theologische Ausbildung in Zehlendorf.[10] Diese Konstruktion trug alle Merkmale eines Provisoriums und die Fakultät, die durch

---

[8] Vgl. Zur Reform des Theologiestudiums. Ein Gutachten der Theologischen Fakultät Berlin, in: Theologische Literaturzeitung (ThLZ) 78 (1953), Sp. 183–188.

[9] Vgl. Vogel, Heinrich, Die Stellung der Theologie im Raume der Universität, in: ThLZ 82 (1957), Sp. 728.

[10] Vgl. zur Entstehungsgeschichte des Spachenkonvikts Mau, Rudolf, Das „Sprachenkonvikt". Theologische Ausbildungsstätte der Evangelischen Kirche Berlin-Brandenburg („Kirchliche Hochschule Berlin-Brandenburg"), 1950–1991, in: Der Wahrheit Gottes verpflichtet. Theologische Beiträge aus dem Sprachenkonvikt Berlin für Rudolf Mau, hrsg. v. Köckert, Matthias, Berlin 1993, S. 11–16.

Walter Elliger im Kuratorium des Sprachenkonvikts vertreten war, hatte auch ein Interesse daran, dass das so blieb.

Aber die DDR schuf der Theologischen Fakultät noch ein langfristig schwerwiegenderes Problem. Sie verwehrte Kindern christlicher Eltern und insbesondere Pfarrerskindern den Zugang zum Abitur und nahm ihnen damit die Voraussetzung für ein Hochschulstudium. Die Kirche eröffnete daraufhin am 5. Mai 1950 das Kirchliche Oberseminar in Potsdam-Hermannswerder. Das war faktisch ein Evangelisches Gymnasium. Das SHF genehmigte im September 1952, dass Absolventen dieses Seminars an der Fakultät immatrikuliert werden konnten. Auf den Parteietagen aber herrschte eine andauernde Unzufriedenheit über die Fakultät und die Verselbstständigung der Schul- und Hochschulausbildung im Raum der Kirche. Darum überrascht es nicht, dass die Regierung der DDR versuchte, endlich in ihrem Sinne klare Verhältnisse bei der Theologenausbildung zu schaffen.

Ministerpräsident Otto Grotewohl bezeichnete in einem Schreiben vom 14. 8. 1952 an den Ratsvorsitzenden der Evangelischen Kirche in Deutschland die Theologischen Fakultäten als mit dem Verfassungsrecht der Deutschen Demokratischen Republik unvereinbar. Er schlug vor, die Theologischen Fakultäten aufzulösen und eine „Theologische Akademie" zu schaffen.[11] Sowohl die Kirche wie alle Theologischen Fakultäten im Osten haben das abgelehnt. Sie machten vor allem den Schaden geltend, der dadurch dem wissenschaftlichen Ansehen der Universität und der Ausbildung einer wissenschaftlich gebildeten Pfarrerschaft erwachsen würde. Merkwürdigerweise ist der Grotewohl-Vorschlag dann irgendwie versandet. Er ist später auf Partei- und Regierungsebene zwar immer wieder erwogen worden, aber offenkundig hat sich dort stets aufs Neue das Argument durchgesetzt, dass man auf die Kirche langfristig am besten Einfluss nehmen könne, wenn ihre Theologenausbildung staatlicher Aufsicht und Kontrolle unterliege.

Zunächst jedenfalls konnte sich die Theologische Fakultät Berlin inmitten jener Anfangsturbulenzen verhältnismäßig stattlich präsentieren. Sie war in ihren fünf Hauptdisziplinen nach dem bewährten Prinzip der Doppelbesetzung jeder Disziplin mit angesehenen Wissenschaftlern auf dem Plan. Sie hat sich mit speziellen Forschungsgebieten und -fächern ein Profil gegeben. Leonhard Rost und Fritz Maas erweckten das Institutum Iudaicum wieder zum Leben. Das Fach „Christliche Archäologie und Kirchliche Kunst" wurde im Lehrangebot verankert. „Kirchenkunde und Orthodoxie" vertrat von 1946–1949 Fritz Lieb aus Basel, ehe Karl Rose 1952 diese Aufgabe übernahm. Liselotte Richter, eine Kierkegaard-Spezialistin, die von der Philosophischen an die Theologische Fakultät übergewechselt war, hatte eine Professur für Religionsphilosophie inne.

[11] Vgl. Dokument 6 bei Stengel, Die Theologischen Fakultäten, 1998, S. 685f.

Zunehmender Druck 1953–1961

Zu der Zeit, in der Otto Grotewohl sein Angebot der Gründung „Theologischer Akademien“ unterbreitete, warf der „Kalte Krieg“ schon seine Schatten auf die Verhältnisse im Inneren der DDR. Außerdem gab es eine parteiinterne Linie, welche auf die Liquidierung der Kirchen mit ihrem ca. 90 %-igen Anteil in der ostdeutschen Bevölkerung zielte. Die Mächtigen in Partei und Staat hatten sich deshalb darauf kapriziert, in den „Jungen Gemeinden“ der Kirche und – was die Universität betrifft – in den „Studentengemeinden“ „Agentenzentralen des anglo-amerikanischen Imperialismus“[12] zu entdecken. Die Verfolgungswelle von jungen Christinnen und Christen, Jugendwarten und Studentenpfarrern, welche dieser abstruse Vorwurf in der ganzen DDR zur Folge hatte, und die Fluchtwelle, die das auslöste, sind eine Geschichte für sich.[13] Die Theologische Fakultät in Berlin betraf das alles insofern direkt, als auf „Foren“ und „Protestversammlungen“ in der Humboldt-Universität im April und Mai 1953 Theologiestudierende namentlich mit der Forderung ihrer Exmatrikulation an den Pranger gestellt wurden. Der Prorektor Robert Havemann hat diese Forderung auch prompt exekutiert.[14] Kurz vor dem Aufstand des 17. Juni 1953 wurden dergleichen Willkürakte zwar wieder rückgängig gemacht, aber der politische Druck auf alle Theologischen Fakultäten von Seiten der SED und der Regierung wurde dennoch intensiviert.

Die „Wegweisung“ von 1958 und ihre Hintergründe

Markant für die damalige Situation ist der Plan für die Theologischen Fakultäten, den das Sekretariat des ZK der SED am 15. 12. 1955 verabschiedete.[15] Dem SHF wurden in 16 Punkten teils administrative, teils „bewusstseinsbildende“ Maßnahmen aufgegeben, um auf die Theologischen Fakultäten einzuwirken. Speziell für die Berliner Fakultät wurde angeordnet, „den überwiegend reaktionären Lehrkörper (...) zu schwächen“.[16] Dieser Lehrkörper war unterdessen durch zwei weitere Berufungen wiederum aus Greifswald verstärkt worden. Um in der Systematischen Theologie ein Gegengewicht zu Heinrich Vogel zu schaffen, wurde 1953 der schon 66-jährige Rudolf Hermann berufen, der über seine Emeritierung hinaus mit seiner eigenständigen Verantwortung der christlichen Wahrheit

---

12 Zeitschrift des Zentralrats der FDJ: Forum v. 25. 4. 1953, S. 1.

13 Vgl. Greschat, Martin/Kaiser, Jochen-Christoph (Hrsg.), Die Kirchen im Umfeld des 17. Juni 1953, Stuttgart 2003.

14 Vgl. die Darstellung der Geschehnisse bei Linke, Dietmar, Theologiestudenten der Humboldt-Universität. Zwischen Hörsaal und Anklagebank, Neukirchen 1994, S. 83–89.

15 Bundesarchiv (BArch), DR 3, 1446; vgl. Stengel, Die Theologischen Fakultäten, 1998, S. 695–697.

16 BArch, DR-3, 1446.

viele Studierende dieser Fakultät geprägt hat.[17] Geeigneter für die Beförderung der Parteiinteressen als dieser feinsinnige Wissenschaftler erschien dem SHF dagegen der 1954 berufene Neutestamentler Erich Fascher. Das SHF hat ihn 1956 ausdrücklich als eine „Ausnahme“ in einem sich „in politischer Hinsicht (...) fast geschlossen ablehnend“ verhaltenden Lehrkörper bezeichnet.[18] Daran änderte sich auch durch die Berufung des schon 62-jährigen Gottfried Quell aus Rostock auf den Lehrstuhl für Altes Testament nichts. Dieser Lehrstuhl war frei geworden, weil Leonhard Rost 1956 auf eine Professur in Erlangen wechselte und die Berufung des Dozenten Fritz Maas, der in West-Berlin wohnte, abgelehnt wurde. Maas schied daraufhin 1958 aus der Fakultät aus. Auf seine alttestamentliche Stelle wurde zunächst Gerhard Wallis und nach dessen Überwechslung nach Halle Siegfried Herrmann aus Leipzig berufen. Quell aber ließ sich schon 1962 emeritieren und lehrte danach mit großem Erfolg am Sprachenkonvikt.

Partei und Regierung aber wollten sich mit der immer wieder konstatierten Rückschrittlichkeit der Professorenschaft nicht zufrieden geben. Von ihr wurde eine Bekundung der „Loyalität“ gegenüber der Staats- und Gesellschaftsordnung der DDR verlangt, was lange Diskussionen zwischen den Fakultäten auslöste.[19] Als jedoch die Dekane aufgefordert wurden, sich von dem am 28. 11. 1957 wegen „Boykotthetze“ und „Staatsverleumdung“ zu fünf Jahren Zuchthaus verurteilten Leipziger Studentenpfarrer Georg-Siegfried Schmutzler zu distanzieren[20], legte der Berliner Dekan Heinrich Vogel im Februar 1958 eine „Wegweisung“ in 12 Punkten für das Theologiestudium vor, die von allen Dekanen der Ost-Fakultäten unterschrieben wurde.[21] Kern dieser „Wegweisung“ war die Anerkennung der Regierung der DDR, die „im Glauben an Gottes Wort unter Gottes gnädiger Anordnung“ steht, deren Gesetze „zu respektieren“ sind und welcher der Christ helfen will, „das wahre Wohl des Menschen“ zu verwirklichen. Kirchenpolitischer und theologischer Hintergrund dieser „Wegweisung“ war die in der Kirche im Gange befindliche Auseinandersetzung darüber, inwiefern ein Staat, der seine Macht gebraucht, um den Atheismus in der Gesellschaft durchzusetzen, gemäß der protestantischen Staatslehre noch als von Gott legitimierte

---

17 Zur Theologie Rudolf Hermanns vgl. Mau, Rudolf, Theologie als Fragen nach der Wahrheit. Zum theologischen Weg und Profil Rudolf Hermanns, unveröffentlichte Abschiedsvorlesung am 14. 2. 1992.

18 Zit. n. Linke, Theologiestudenten, 1994, S. 104. Fascher war aufgrund dieses Eindrucks der Einzige unter den damaligen Professoren, mit dem das Ministerium für Staatssicherheit (MfS) eine Zusammenarbeit suchte. Er wurde 1956 mit korrumpierenden Dokumenten aus der Nazi-Zeit regelrecht erpresst, mit dem MfS Gespräche zu führen (vgl. Die Bundesbeauftragte für die Unterlagen des Staatssicherheitsdienstes der ehemaligen Deutschen Demokratischen Republik [BStU], ZA, AIM 2849/59, P., Bll. 36–48) und wohl ohne sein Wissen unter dem Decknamen „Fred“ als „Gesellschaftlicher Informant“ (GI) geführt. Doch an seiner nachlässigen Mitarbeit verlor das MfS bald sein Interesse.

19 Vgl. Stengel, Die Theologischen Fakultäten, 1998, S. 299–308.

20 Vgl. Schmutzler, Georg-Siegfried, Gegen den Strom. Erlebtes unter Hitler und der Stasi, Göttingen 1992, S. 137–201.

21 Text der Wegweisung bei Stengel, Die Theologischen Fakultäten, 1998, S. 724.

„Obrigkeit", welcher Christen zum Gehorsam verpflichtet sind, verstanden werden könne. Heinrich Vogel vertrat in der „Wegweisung" bis in den Wortlaut hinein die Position, welche die Synode der Evangelischen Kirche in Deutschland bezogen hatte. Sie lautete: Der Staat wird vom Evangelium „unter die gnädige Anordnung" Gottes gerückt, die in Geltung bleibt „unabhängig vom Zustandekommen der staatlichen Gewalt und ihrer politischen Gestalt"[22]. Das war auch die Linie, die Karl Barth in seinem berühmten offenen „Brief an einen Pfarrer in der DDR" von 1958 vertreten hatte[23] und die Heinrich Vogel dann im so genannten „Obrigkeitsstreit" von 1959/60 vehement zur Geltung brachte. Dieser Streit wurde durch eine kleine Schrift des Berliner Bischofs Otto Dibelius ausgelöst, in der er die Ansicht vertrat, nur einem Rechtsstaat und nicht einem Machtstaat gelte Gottes Anordnung.[24] Der Christ sei einem Staat wie der DDR deshalb nicht zum Gehorsam verpflichtet. Heinrich Vogel bezichtigte Dibelius daraufhin regelrecht der „falschen Lehre" und forderte seinen Rücktritt.[25] Dazu kam es nicht. Eine Berlin-Brandenburgische Synode vom Januar 1960 bekräftigte, dass Christen die Gesetze der DDR respektieren. Leider sind die echten Probleme dieses Streites damals nicht zum Austrag gekommen. Zum einen lagen nämlich Karl Barth und Otto Dibelius gar nicht so weit auseinander, weil beide voraussetzten, dass der Staat eigentlich ein Rechtsstaat sein solle.[26] Zum anderen blieb das Problem bestehen, dass die Kirche wie auch die Theologische Fakultät sich bei staatlichen Willkürmaßnahmen nicht auf einen Rechtsrahmen beziehen konnten, so dass von Fall zu Fall nur an den guten Willen der Funktionäre zu appellieren war.

Unter solchen Willkürmaßnahmen hatte die Theologische Fakultät auch weiter zu leiden. Um das „reaktionäre" Erscheinungsbild der Studierenden zu ändern, wurde das Zulassungskontingent in den Jahren 1956–1958 kontinuierlich herabgesetzt. Statt 40 durften nur noch 20 Neuimmatrikulationen im Studienjahr vorgenommen werden. 1957 verbot man die Aufnahme von Absolventen des Kirchlichen Oberseminars. Die Folge war, dass die Zahl der Studierenden drastisch sank. Der Einfluss der FDJ tendierte gegen Null. Denn diejenigen, die in der Schule in die FDJ eingetreten waren, gaben in der Regel nach der

---

22 Vgl. Friebel, Thomas, Kirche und politische Verantwortung in der sowjetischen Zone und in der DDR 1945–1969. Eine Untersuchung zum Öffentlichkeitsauftrag der Evangelischen Kirche in Deutschland, Gütersloh 1992, S. 221.

23 Vgl. Barth, Karl, An einen Pfarrer in der Deutschen Demokratischen Republik, in: ders., Offene Briefe 1945–1968, Karl Barth, Gesamtausgabe V, Zürich 1984, S. 401–439.

24 Vgl. Dibelius, Otto, Obrigkeit?, Berlin 1959.

25 Vgl. Stupperich, Robert, Otto Dibelius. Ein evangelischer Bischof im Umbruch der Zeiten, Göttingen 1989, S. 558.

26 Vgl. Krötke, Wolf, Karl Barths Lehre von „Evangelium und Gesetz" als Einübung in die Freiheit der Kirche. Von den Möglichkeiten und Grenzen dieser Einübung unter den Bedingungen in der DDR, in: ders., Die Kirche im Umbruch der Gesellschaft. Theologische Orientierungen im Übergang vom „real existierenden Sozialismus" zur demokratischen, pluralistischen Gesellschaft, Tübingen 1994, S. 141–162.

Immatrikulation ihre Mitgliedsbücher zurück. Daran konnte auch die „Verpflichtungserklärung" nichts ändern, die alle Neuimmatrikulierten vom Studienjahr 1957/58 an zu unterschreiben hatten. In ihr mussten sie sich verpflichten, „jederzeit die Politik der Regierung der DDR aktiv zu unterstützen", während des Studiums „am sozialistischen Aufbau in Industrie und Landwirtschaft tatkräftig mitzuwirken" und „zur Stärkung der Verteidigungsbereitschaft der DDR" beizutragen.[27] Heinrich Vogel hat diese Erklärung mit dem Zusatz entschärft, „daß die Bindung des Theologen an das jeden Christen im Glaubensgehorsam verpflichtende Evangelium von Jesus Christus in Kraft bleibt". Damit war eine absolute Geltung dieser Verpflichtung ausgeschlossen. Sie verhinderte zudem nicht, dass sich Studierende die Freiheit nahmen, zu Maßnahmen des Staates Stellung zu beziehen. In einem offenen Brief an den Ministerpräsidenten wandten sie sich z. B. zwei Jahre später gegen die Verfahren bei der Kollektivierung der Landwirtschaft. Walter Elliger hat dieses Anliegen mit großem Mut zur Wahrheit unterstützt. Er hat auch erreicht, dass den Unterzeichnern dieses Briefes nichts geschah.[28] Aber das war nur ein kleiner Erfolg gegenüber den Anstrengungen, die der Staat unternahm, um die Theologische Fakultät in den Griff zu bekommen.

Der Nachwuchs

Für die Partei und die Regierung gab es eigentlich nur eine Schlussfolgerung aus dem in ihren Augen resistenten Erscheinungsbild von Professoren und Studierenden. Es musste ein wissenschaftlicher Nachwuchs befördert werden, der zukünftig in der Lage war, die Studierenden „fortschrittlich" zu orientieren. Zu diesem Zwecke war ein ganzes Aufgebot von untereinander vernetzten Kräften am Werke. Allen voran waren das die Arbeitsgruppe (AG) Kirchenfragen beim ZK der SED und das SHF. Auch das Staatssekretariat für Kirchenfragen (SfK) wollte ein Wort mitreden. Außerdem suchte die Ost-CDU Einfluss zu gewinnen. Und schließlich war in diesem Netzwerk der Staatssicherheitsdienst am Werke, der gerade in der Theologischen Fakultät Berlin einen großen Einfluss gewinnen sollte. Friederun Fessen vom SHF als IM „Irene" sprach alle ihre Maßnahmen mit dem Geheimdienst ab. Im SfK assistierte Manfred Wilke als IM „Wächter". Der Dozent für das marxistische Grundlagenstudium war Helmut Dressler mit dem Decknamen „Harry".

Die Spezialität, die dieses Aufgebot von parteipolitischer und staatlicher Macht schuf, war merkwürdig. Es entstanden nämlich zwei äußerst verfeindete „Fraktionen", deren Par-

27 Zit. n. Linke, Theologiestudenten, 1994, S. 125.

28 Vgl. Bräuer, Kein Freund, 2005, S. 462f.

teigänger beide Anhänger des DDR-Sozialismus waren.[29] Der Grundstein dafür wurde gelegt, als das SHF 1952/53 dem aus Göttingen gekommenen Ehepaar Hanfried Müller und Rosemarie Müller-Streisand „Aspiranturen" in der Systematischen Theologie und in der Kirchengeschichte verschaffte. Beide Müllers haben sich vorbehaltlos zum Marxismus-Leninismus und zur Politik, wie sie die DDR praktizierte, bekannt. Hanfried Müller wurde darüber hinaus am 3. 11. 1954 unter dem Decknamen „Hans Meier" IM der Staatssicherheit.[30] Als solcher hat er extensiv über Vorgänge und Personen in der Fakultät und in der Kirche berichtet, Aufträge der Stasi ausgeführt und versucht, mit den „Freunden vom MfS" (wie er sie noch 2006 nennt[31]) Fakultäts- und Kirchenpolitik zu betreiben. Die theologische Grundlegung für sein Tun lieferte er 1956 in einer Dissertation über Dietrich Bonhoeffers Theologie.[32] Danach bejaht ein Christ die Gesetzmäßigkeit von Natur und Geschichte, wie sie allein der Marxismus-Leninismus erkennt. Er ist insofern *Atheist* und Vertreter der Ethik und Politik, die aus dieser Gesetzmäßigkeit folgt. Sofern er aber an Gott glaubt, tut er das verborgen vor der Welt. Er versucht niemals, seinen Glauben in weltlichen Zusammenhängen ins Spiel zu bringen. Nimmt die Kirche aus Glaubensgründen zu gesellschaftlichen, ethischen und politischen Fragen Stellung, ist das als religiöses Machtstreben des „Klerikalismus" zu beurteilen. Sie verrät damit das unsichtbare Wesen des Glaubens und muss fortwährend aufgefordert werden, „Buße" zu tun.

Es ist heute schwer vorzustellen, dass diese groteske Konstruktion, die ein christliches Leben im Grunde unmöglich machte und als Bonhoeffer-Interpretation abseitig war, die Berliner Fakultät in Atem gehalten hat. Das hängt vor allem damit zusammen, dass sie zugleich ein massiver Angriff auf die Ideologie der Ost-CDU war. Deren Credo bestand darin, dass es trotz weltanschaulicher Verschiedenheit zwischen atheistischem Marxismus und Christentum ein gemeinsames „humanistisches Anliegen" gebe, welches Gläubige le-

---

29 Ich mache im Folgenden Gebrauch von einer unveröffentlichten Darstellung der Fakultätsgeschichte, die aus eigenem Erleben weitgehend auf die Auseinandersetzung zwischen beiden „Fraktionen" fixiert ist. Hans-Hinrich Jenssen hat sie unter dem Titel „Wegsuche in vermintem Gelände. Autobiographisch orientierte Darstellung zur Geschichte der Theologischen Fakultät der Humboldt-Universität zu Berlin vor allem zwischen 1960–1990" verfasst. Ich danke Herrn Dr. Martin Jenssen, dass er mir das Typoskript der Ausarbeitung seines Vaters zur Verfügung gestellt hat.

30 Kleinere Auszüge der Akte dieses IM sind veröffentlicht bei Linke, Theologiestudenten, 1994, S. 450–472.

31 Vgl. www.weissenseerblätter.de, 3/2006. Die seit 1982 erscheinenden „Weißenseer Blätter" sind das Sprachrohr der von Hanfried Müller vertretenen Theologie. 2006 hat Müller geschildert, wie sie mit Hilfe von SED und MfS aus der Taufe gehoben und gesponsert wurden. Sie sollten die Anliegen des so genannten „Weißenseer Arbeitskreises" fortführen, der sich seit 1958 darum bemühte, die Situation in der DDR als Chance für Verkündigung und Leben der Kirche zu begreifen. Müller hat versucht, diesen Arbeitskreis für seine Anliegen zu funktionalisieren, so dass schließlich nur noch eine Gruppe seines Geistes übrig blieb (vgl. zum eigentlichen Sinn dieses Arbeitskreises: Schönherr, Albrecht, ... aber die Zeit war nicht verloren, Berlin 1993, S. 196–205).

32 Vgl. Müller, Hanfried, Von der Kirche zur Welt. Ein Beitrag zu der Beziehung des Wortes Gottes auf die societas in Dietrich Bonhoeffers theologischer Entwicklung, Leipzig 1961.

gitimiert, sich am Aufbau des Sozialismus zu beteiligen. Darum rief Müllers Konstruktion den Widerstand der CDU wach. Ein Zensor theologischer Literatur, Christoph Haufe von der Leipziger Theologischen Fakultät, versuchte die Veröffentlichung dieser Dissertation zu verhindern. Sie stifte „ideologische Verwirrung". Er unterlag aber einem Machtwort aus dem ZK der SED. Dieser Vorgang hatte zur Folge, dass die Zensur vorrangig in die Hände von Rosemarie Müller-Streisand und der sich bildenden „Müller-Fraktion" überging.[33] Hanfried Müller, der nicht habilitiert war, aber wurde ohne Mitsprache der Fakultät vom SHF zum Dozenten für Systematische Theologie ernannt. Außerdem bekam Rosemarie Müller-Streisand eine Dozentur für „Neuere Kirchengeschichte", obwohl das Fach Kirchengeschichte mit den Professoren Elliger und Dreß sowie dem Dozenten Gert Haendler, der dann 1960 nach Halle/Saale wechselte, gut besetzt war. Dekan Fascher protestierte dagegen ebenso vergeblich wie gegen die Deklaration der Vorlesungen der Müllers zu Pflichtveranstaltungen. Die Studierenden aber boykottierten diese Vorlesungen.

Die Beförderung der Karrieren der Müllers bedeutete jedoch nicht eine Abkehr des SHF von der „Blockpolitik" mit der CDU. Deren Protagonisten zählten ja auch zu den „fortschrittlichen" Kräften. Dementsprechend wurde Hans-Hinrich Jenssen, der von 1964–1968 zum Hauptvorstand der CDU gehörte, 1960 zum Professor und Hans-Martin Schenke, ein Spezialist für das gnostisch-koptische Schrifttum, der als „fortschrittliche Nachwuchskraft" galt, zum Dozenten berufen. Eine besonders absurde Zuspitzung erfuhr das Gegeneinandertreiben von Theologen, die beide den Partei- und Staatsinteressen dienstbar waren, aber 1960 durch die Berufung des CDU-Mannes Hans-Georg Fritzsche zum Professor für Systematische Theologie „mit Lehrstuhl". Fritzsche hatte sich 1957 als „IM Fritz" zur Zusammenarbeit mit dem MfS verpflichtet. Er verdankt seine Karriere fast ausschließlich dem MfS.[34] Da ihm die Rolle eines „reaktionären" avant provocateur zugedacht war, wurde er zur Zielscheibe der „Müllerfraktion". Auch das SHF misstraute ihm. Er hatte immerwährende Schwierigkeiten, seine Bücher zu veröffentlichen.[35] Vielleicht kann man das ganze Szenarium, welches das MfS hier geschaffen hat, als den Versuch deuten, durch das Gegeneinandertreiben von Menschen und Meinungen das, was sie doch verbinden sollte – nämlich die Theologie – zu zersetzen.

---

[33] Vgl. Krötke, Wolf, Der zensierte Bonhoeffer. Zu einem schwierigen Kapitel der Theologiegeschichte in der DDR, in: ZThK 92 (1995), S. 328–356; außerdem: Bräuer, Siegfried/Vollnhals, Clemens (Hrsg.), „In der DDR gibt es keine Zensur". Die Evangelische Verlagsanstalt und die Praxis der Druckgenehmigung 1954–1989, Leipzig 1995.

[34] Vgl. die Darstellung des Berufungsvorganges bei Stengel, Die Theologischen Fakultäten, 1998, S. 403–411.

[35] Dazu zählt ein vierbändiges „Lehrbuch der Dogmatik", Berlin 1964–1988; vgl. zum „Doppelleben" von Hans-Georg Fritzsche auch Beyrich, Tilmann, Der Gutachter: Hans-Georg Fritzsche. Theologie, Wahrheit und Legende, in: ders., Unerwartete Theologie, Münster 2005, S. 41–66.

Diesem Szenarium ist es schließlich auch zu verdanken, dass der theologische Nachwuchs, der keiner der beiden „Fraktionen" zuzuordnen war, an dieser Fakultät keine Zukunft mehr hatte. Hartmut Aschermann, der Assistent von Johannes Schneider und zugleich Ephorus des Sprachenkonvikts, musste gehen. Joachim Rogge, dem habilitierten Assistenten von Walter Elliger, setzte man den Stuhl vor die Tür. Er wurde Dozent des kirchlichen Lehramts für Kirchengeschichte am Sprachenkonvikt. Auf diesem Wege sollten ihm zu Beginn der sechziger Jahre Rudolf Mau, ein Schüler Rudolf Hermanns, der Alttestamentler Günther Morawe, der doppelt promoviert war, und eine zeitlang der Neutestamentler Günther Baumbach folgen.

Von der Fakultät zur „Sektion" 1961–1970

Die neue Situation

Mit dem Bau der Berliner Mauer am 13. 8. 1961 war die Berliner Theologische Fakultät mit einem Schlage ein Problem los. Die Beeinflussung der Studierenden durch die Kirchliche Hochschule in West-Berlin hörte auf. Es war nämlich längst selbstverständlich geworden, dass an der Fakultät Immatrikulierte auch in Zehlendorf Lehrveranstaltungen besuchten und an dem Aufschwung partizipierten, dessen sich dort die Theologie durch die hermeneutische Arbeit von Gerhard Ebeling und Ernst Fuchs[36] erfreute. Damit war jetzt Schluss. Die Theologische Fakultät wurde nun erst einmal genötigt, sich im Sinne eines „Kampfauftrages" der FDJ zum Mauerbau zu verhalten. Das geschah mit einer Erklärung des Rates der Fakultät vom 26. 10. 1961, die im Wesentlichen von Hanfried Müller verfasst war. In dieser Erklärung wird der Bau der Mauer „um der Sicherung des Friedens willen" als „unvermeidlich" bezeichnet und behauptet, dass der Christ beim „Dienst in den nationalen Streitkräften der DDR" ein „gutes Gewissen" haben könne. Die in West-Berlin wohnhaften Professoren (Vogel, Richter, Schneider) wurden bei der Sitzung, auf der diese Erklärung beschlossen wurde, ausgeschlossen. Walter Elliger enthielt sich der Stimme. Gegen ihn war unterdessen schon die Einleitung eines Disziplinarverfahrens im Gange, weil er auf einer Veranstaltung aus Anlass der Volkskammerwahlen vom 17. 9. 1961 die Losung „Wer nicht wählt, wählt den Krieg" als falsch und an die „Zeiten des Faschismus" erinnernd apostrophiert hatte.[37] Ein Student, Manfred Schulze, der seine Kommilitoninnen und Kommilitonen bewegen wollte,

[36] Vgl. Hüffmeier, Wilhelm, Ernst Fuchs, in: Neutestamentliche Wissenschaft nach 1945. Hauptvertreter der deutschsprachigen Exegese in der Darstellung ihrer Schüler, hrsg. v. Cilliers Breytenbach/Rudolf Hoppe, Neukirchen 2008, S. 217–231.

[37] Vgl. Bräuer, Kein Freund, 2005, S. 462f.

nicht zur Wahl zu gehen, aber wurde verhaftet und wegen „fortgesetzter staatsgefährdender Hetze" zu 14 Monaten Gefängnis verurteilt.[38]

Vor Probleme eigener Art stellte der Mauerbau dagegen das Sprachenkonvikt.[39] Es musste sich von einem Tag auf den anderen als selbstständige theologische Ausbildungsstätte konstituieren. In aller Eile wurden drei Assistenten der Kirchlichen Hochschule aus dem Osten (Christoph Demke, Hans Jürgen Hermisson, Eberhard Jüngel) mit Lehraufträgen versehen. Joachim Rogge vertrat die Kirchengeschichte und Ilse von Loewenclau das Alte Testament. Den Part in der Praktischen Theologie übernahm Oberkonsistorialrat Schröter. Letzterer war auch „Direktor" dieser werdenden Hochschule mit ihrem improvisierten Start in das Wintersemester 1961/62. Obgleich sie sich nicht „Hochschule" nennen durfte und in der ganzen Zeit der SED-Herrschaft niemals Hochschulrechte (wie z. B. das Recht zur Verleihung von akademischen Titeln) bekam, hat sie sich von 1962 an wie eine Theologische Fakultät als akademisch-wissenschaftliche Ausbildungsstätte konstituiert. Sie bekam eine Kuratorialverfassung, die sie zum selbstständigen Gegenüber der Kirchenleitung im Raum der Kirche machte. Sie hatte doppelt besetzte Lehrstühle. Sie gab sich eine Promotions- und Habilitationsordnung. Denn ihre jungen Dozenten haben damals entschiedenen Widerstand geleistet, als Friederun Fessen vom SHF versuchte, die Kirchenleitung zu überreden, das Sprachenkonvikt auf eine Art Erbauungsschule zurück zu schrauben.

Der „neue Typ von Pfarrern", der Fessen vorschwebte, wurde hier in der Tat nicht geformt. Das waren nach ihren Vorstellungen Pfarrer, „die den Friedenskampf und den Aufbau des Sozialismus in Worten und Taten unterstützen, (…) Pfarrer, die das religiöse Opium denjenigen reichen, die seiner noch bedürfen, aber nicht mehr Starke durch dieses Opium zu schwächen versuchen"[40]. Den Angehörigen der Fakultät, die diesen Typ befördern sollten, wurde darum verboten, am Sprachenkonvikt Lehrveranstaltungen zu halten. Bei Heinrich Vogel, von dem man sich nützliche Dienste in der Kirchenpolitik versprach, machte man allerdings eine Ausnahme. Diese Konzession hat das andauernde Schmieden von Plänen, wie dem Sprachenkonvikt das Lebenslicht auszublasen sei, freilich nicht beeinträchtigt. Es sollte die Geschichte dieser „illegalen" Hochschule bis Mitte der 80er Jahre kontinuierlich begleiten und hat sich in mannigfachen Schikanen auch bemerkbar gemacht. Z. B. wurde den Studierenden jener Zeit untersagt, sich nach zwei Jahren, die man für die Sprachausbildung braucht, länger als drei Tage in der Woche in Berlin aufzuhalten. Der Lehrbetrieb musste deshalb zeitweilig auf die Zeit von Dienstag bis Donnerstag zusammen gedrückt werden.

[38] Vgl. Linke, Theologiestudenten, 1994, S. 174–187.
[39] Vgl. zum Folgenden Mau, Sprachenkonvikt, 1993, S. 17–21.
[40] Vgl. den Perspektivplan des SHF für die Theologischen Fakultäten vom 10. 4. 1958, BArch, DR-3, 5595.

Real-sozialistisches Personalkarussell

Die Theologische Fakultät hatte unterdessen mit den Verhältnissen zurechtzukommen, die durch den zerstrittenen Lehrkörper entstanden waren. Einen ersten Höhepunkt erreichten die Auseinandersetzungen, als bekannt wurde, dass Hanfried Müller in Absprache mit Friederun Fessen einen „kaderpolitischen Perspektivplan" entwickelt hatte, demgemäß alle, die zur „CDU-Fraktion" gehörten, an andere Fakultäten abgeschoben oder emeritiert werden sollten. Die Berliner Fakultät sollte ein „ausgeprägtes linksbruderschaftliches Gesicht" bekommen.[41] Ein Teil dieses Plans konnte auch verwirklicht werden. So wurde z. B. Hans-Georg Fritzsche 1963 nach Jena versetzt. Aber Fritzsche war auf Wunsch der Fakultätsmehrheit und mit Hilfe des MfS schon 1966 wieder in Berlin zurück und der „CDU-Fraktion" gelang es, sich mit dem Argument zu behaupten, der Plan einer an der SED orientierten „Richtungsfakultät" verletze die Prinzipien der „Blockpolitik". Friederun Fessen musste im Sog dieses Vorwurfs Ende 1965 ihren Sessel im SHF räumen. Bis es dazu kam, aber haben sich beide „Fraktionen" in Berufungsfragen teils gegenseitig blockiert, teils Kompromisse erreicht, die beiden Seiten nutzten.[42] Beide Müllers wurden, wie auch Hans-Martin Schenke, 1963/64 zu Professoren „mit Lehrauftrag". Die „CDU-Fraktion" erreichte, dass dem alttestamentlichen Dozenten Siegfried Herrmann das Gleiche widerfuhr und Hans-Hinrich Jenssen in der Praktischen Theologie zum Professor „mit vollem Lehrauftrag" wurde. Die einzige Neuberufung in dieser Zeit war die von Traugott Holtz aus Greifswald zum Dozenten für Neues Testament, der aber nur ein Jahr in Berlin blieb.

Das alles spielte sich unter dem langen Dekanat von Erich Fascher ab (1958–1964). Ihm folgte in diesem Amt Hans-Hinrich Jenssen. Er hatte es im Vergleich zum Dekanatsbeginn seines Vorgängers mit einem personell sehr veränderten Lehrkörper zu tun. Der West-Berliner Walter Dreß war nicht mehr da. Gottfried Quell, Johannes Schneider, Otto Haendler, Erich Fascher und Lieselotte Richter waren emeritiert. Walter Elliger ließ man 1963 an die Theologische Fakultät in Bochum ziehen.[43] Ihm folgte dorthin 1966 Siegfried Herrmann. Berufungen die Fülle standen also an. Sie wurden auch vollzogen und sie hatten sogar einen positiven Effekt. Weil jede „Fraktion" darauf drängte, dass ihr Favorit das Rennen machte,

[41] „Bruderschaften" nannten sich Vereinigungen von Theologen in der Bundesrepublik, die in den fünfziger Jahren unter Berufung auf Karl Barth gegen die Atomrüstung protestierten und deren „linker" Flügel durch den Göttinger und ab 1952 Bonner Theologieprofessor Hans-Joachim Iwand (1899–1960) geprägt war. Iwand, in der NS-Zeit ein entschiedener Vertreter der Bekennenden Kirche, war der Hauptverfasser des „Darmstädter Wortes", eines Schuldbekenntnisses der Kirche. Er wandte sich im „Kalten Krieg" gegen die Verteufelung des Kommunismus, kann aber schwerlich für das theologische Programm von Hanfried Müller in Anspruch genommen werden.

[42] Vgl. zur folgenden Darstellung ausführlich Stengel, Die Theologischen Fakultäten, 1998, S. 348–355.

[43] Vgl. Bräuer, Kein Freund, 2005, S. 466f.

kamen alle beide in die Spur. Die Berliner Fakultät war darum am Ende der sechziger Jahre im Vergleich mit anderen Ost-Fakultäten personell am Besten ausgestattet. Dabei kam es zu Berufungen, welche die CDU-Fraktion teils zeitweise, teils länger stärkten. Günther Kehnscherper wurde Dozent für Praktische Theologie, wechselte 1970 aber nach Greifswald zurück. Alfred Raddatz bekam eine Dozentur für „Christliche Archäologie und Kirchliche Kunst". Er durfte jedoch 1971 einen Ruf nach Wien annehmen. Günther Baumbach wurde eine Professur versprochen, so dass er seine Dozentur am Sprachenkonvikt fahren ließ. Doch mit der Professur wurde es aufgrund einer Kürzung des Stellenplans nichts. Hans-Dieter Döpmann schließlich, ein gediegener Spezialist für die ostkirchliche Orthodoxie, erhielt eine Dozentur für Kirchengeschichte.

Im Gegenzug zu dieser Stärkung der „CDU-Fraktion" wurden Karl-Heinz Bernhardt aus Rostock 1966 Professor und Ludwig Wächter 1967 Dozent für Altes Testament. Auch Bernhardt stand im Hintergrund zunächst als „IM Förster" und dann als „IM Jäger" dem MfS zur Verfügung und war unter dem Deckmantel seiner archäologischen Forschungen im Nahen Osten sogar als Auslandsspion tätig.[44] Er wurde 1968 Dekan und hat die Geschicke der Fakultät 12 Jahre maßgeblich bestimmt. Unter seinem Dekanat wurde Heinrich Fink im Jahre 1970 Dozent für Praktische Theologie. Fink war aufgrund seines politischen Engagements beim SHF und in Müllers Plan schon als Professor vorgesehen, als er noch nicht einmal promoviert war. 1968 hatte das MfS auch ihn laut IM-Akte „Heiner" zur konspirativen Zusammenarbeit gewonnen.[45] Vervollständigt wurde die personelle Aufstellung der Fakultät, die bis Mitte der achtziger Jahre Bestand hatte, durch die Einrichtung eines neuen Faches. Auf politischer und geheimdienstlicher Ebene war schon 1960 die Einrichtung eines Lehrstuhls oder Instituts für Ökumenik geplant worden. Man wollte in die internationalen Beziehungen der Kirche Einblick zu gewinnen und sie beeinflussen. Dafür hatte das MfS den in ökumenischen Dingen kundigen CDU-Funktionär Herbert Trebs (IM „Anton") vorgesehen. Für ihn machte sich natürlich die „CDU-Fraktion" stark. Die „Müller-Fraktion" wollte dagegen Gerhard Bassarak (im Hintergrund als IM „Buss" auch mit dem MfS verbandelt) auf diesem Lehrstuhl haben. Bassarak war seinerzeit Internationaler Sekretär der Christlichen Friedenskonferenz (CFK). Diese Organisation wurde 1958 in Prag gegründet, um die „Friedenspolitik" der Sowjetunion zu befördern und die „atomare Aufrüstung" des Westens anzuprangern. Dem Regionalausschuss für die DDR, dessen Vorsitzende von 1965 bis 1986 Karl-Heinz Bernhardt und dann Heinrich Fink waren, aber hatte das SfK die Aufgabe zugedacht, die Kirchen in der DDR zur Mitgliedschaft oder wenigstens zur Zusam-

44 Vgl. Auszüge aus der IM-Akte von Bernhardt bei Linke, Theologiestudenten, 1994, S. 472–500.

45 Vgl. BStU, AIM 26211/91, Bd. 1, Bl. 13. Fink hat bekanntlich bestritten, dass er wissentlich als IM tätig gewesen sei, obwohl er „nichts dagegen sagen" könne, dass er „als IM in den Akten des MfS erfasst gewesen sei" (so gegenüber Maleck, Bernhard, Heinrich Fink: „Sich der Verantwortung stellen", Berlin 1992, S. 84).

menarbeit zu gewinnen.[46] Als schließlich sowohl Trebs wie Bassarak je einen Lehrstuhl für Ökumenik bekamen, war dieses Anliegen durch Letzteren in der Theologischen Fakultät verankert. Der Auftrag für das am stärksten politisierte theologische Fach aber sollte es sein, den Studierenden „Hilfe zur Standortfindung in der eigenen sozialistischen Umwelt" zu geben und der „Weckung internationalistischer Solidarität mit den ‚jungen' Kirchen" im Kampf gegen „Unterdrückung und Neokolonialismus" zu dienen.[47]

Das Erscheinungsbild der Theologischen Fakultät in der Öffentlichkeit

Es gibt einen denkwürdigen Bericht über die Fakultätswirklichkeit in dem uns hier beschäftigenden Zeitraum. Er ist aus Anlass des 175. Universitätsjubiläums 1985 von Hans-Jürgen Gabriel im Geiste der „Müller-Fraktion" verfasst worden.[48] Mit dem besten Willen, die Erfolge dieser Gruppierung herauszustreichen, berichtet er in reinstem Klassenkampfstil davon, wie die „progressiven" Kräfte nach und nach obsiegt haben sollen, wie der nicht „gesellschaftlich aktive" Nachwuchs ausgeschaltet, Studierende verhaftet bzw. diszipliniert wurden und die sozialistische „Erziehungsaufgabe" mit Hilfe von FDJ-Arbeit und militärischer Ausbildung immer besser in Gang kam. Diese Schilderung machte auf die Öffentlichkeit einen ausgesprochen abschreckenden Eindruck. Als westliche Medien auf dieses Schauerszenario einer Theologischen Fakultät aufmerksam wurden, verbot die Universitätsleitung den Verkauf der Wissenschaftlichen Zeitschrift der Humboldt-Universität, in der das geschrieben stand.

Ohne Zweifel aber macht jener Bericht verständlich, warum die zunehmende sozialistische Politisierung der Fakultät weiter eine Abnahme der Bewerberzahlen zum Studium zur Folge hatte. 1963 wurde darum den Absolventen des Kirchlichen Oberseminars Hermannswerder und vergleichbarer Einrichtungen der Kirche durch die Einführung einer „Sonderreifeprüfung", die auch Nichtabiturienten ablegen konnten, der Zugang zur Fakultät wieder ermöglicht. Jedoch half diese Maßnahme auch nicht, über die Hürde hinwegzukommen, welche die Kopplung der Zulassung zum Studium an die Ableistung des Wehrdienstes in der Nationalen Volksarmee (NVA) geschaffen hatte. Selbst die Wahrnahme der Möglichkeit, waffenloser „Bausoldat" zu werden, welche 1964 eingeräumt wurde, genügte

[46] Vgl. Mau, Rudolf, Eingebunden in den Realsozialismus? Die Evangelische Kirche als Problem der SED, Göttingen 1994, S. 115–118.

[47] Trebs, Herbert, Die Geschichte des Berliner Lehrstuhls für Ökumenik, in: Zur Geschichte der Theologischen Fakultät Berlin, Wissenschaftliche Zeitschrift der Humboldt-Universität 7 (1985), S. 566.

[48] Vgl. Gabriel, Hans-Jürgen, Die Theologische Fakultät in den Jahren 1961 bis 1971, in: Zur Geschichte der Theologischen Fakultät, 1985, S. 604–610; ders., Die Sektion Theologie von ihrer Gründung bis zur Gegenwart (1971–1984), in: ebd., S. 611–615.

zunächst nicht, um zum Studium zugelassen zu werden.[49] Männliche Studierende, welche den Militärdienst ganz verweigerten oder „Bausoldaten" wurden, sammelten sich darum am Sprachenkonvikt. Die Theologische Fakultät aber drohte zu „verweiblichen" und die Studierendenzahlen erreichten bis 1975 einen Tiefstand von 60.[50] Dazu trug wesentlich bei, dass an der Basis der Kirche natürlich nicht verborgen blieb, welchen Repressionen Studierende an der Berliner Fakultät ausgesetzt waren. Der Versuch z. B., sie zu nötigen, zur Wahl zu gehen, sprach sich herum. Aufsehen erregte im Zusammenhang mit der Volksabstimmung über die neue Verfassung der DDR im Jahre 1968 auch die Inhaftierung und folgende Exmatrikulation von sieben Studierenden, von denen zwei zu langjährigen Haftstrafen verurteilt wurden. Sie hatten auf die Möglichkeit, gegen diese Verfassung zu stimmen, hinweisen wollen, indem sie mittels „Kartoffeldruck" Flugblätterchen hergestellt und in Berlin „wie die Geschwister Scholl" verstreut hatten.[51] Hinzu kam, dass öffentliche Äußerungen aus der Fakultät zu kirchlichen und politischen Vorgängen Abbilder staatlicher Positionen waren, die nicht den Eindruck machten, von genuin theologischer Verantwortung veranlasst zu sein.[52] Unter dem Gesichtspunkt der Werbung für ein Theologiestudium war das Erscheinungsbild dieser Fakultät für die Gemeinden, aus denen die Studierenden kamen, also alles andere als einladend. Gemeindepfarrer empfahlen Studierwilligen deshalb lieber das Sprachenkonvikt oder andere Fakultäten. Denn an den anderen Fakultäten gab es, obwohl auch dort „Kompromisse" mit den staatlichen Vorgaben geschlossen wurden[53], keine Vertreter der Position von Müller und damit auch nicht die Art von Kämpfen, die in Berlin stattfanden. Die Situation hier war insofern einzigartig. Besonders übel aber wirkte auf die kirchliche Öffentlichkeit das aus Anlass der 3. Hochschulreform entworfene „Absolventenbild", das 1970 im Zuge der Umwandlung der Theologischen Fakultät in eine „Sektion" von

---

[49] Das änderte sich 1971 – allerdings so, dass auch „Bausoldaten" an der militärischen Ausbildung teilnehmen und damit ihre Entscheidung für die Bausoldaten widerrufen mussten.

[50] Vgl. zur rückläufigen Entwicklung der Studierendenzahl an den Theologischen Fakultäten und Sektionen überhaupt Stengel, Die Theologischen Fakultäten, 1998, S. 667–669.

[51] Vgl. Linke, Theologiestudenten, 1994. Einige dieser Studierenden hatten in einem „Arbeitskreis von Theologiestudenten der Theologischen Ausbildungsstätten in der DDR" mitgearbeitet und wurden der illegalen Gruppenbildung und der Vorbereitung „konterrevolutionärer Aktionen" beschuldigt (ebd., S. 202).

[52] Vgl. Gabriel, Die Theologische Fakultät, 1985, S. 606–608. Gabriel lobt, dass die Wahl von Bischof Scharf als Bildung des „Brückenkopf[s] einer flexibel vorgetragenen Annexionspolitik seitens der BRD" entlarvt, die „Annexionspolitik Israels" verurteilt und die Niederschlagung des „Prager Frühlings" im Jahre 1968 mit der „Dringlichkeit" von „Hilfsmaßnahmen" gerechtfertigt wurde.

[53] Vgl. Hildebrandt, Bernd, „Wir alle mussten Kompromisse schließen". Integrationsprobleme Theologischer Fakultäten an staatlichen Universitäten der DDR, in: Protestantische Revolution? Kirche und Theologie in der DDR: Ekklesiologische Voraussetzungen, politischer Kontext, theologische und historische Kriterien, hrsg. v. Rendtorff, Trutz, Göttingen 1993, S.121–136. In der Diskussion zu diesem Vortrag hat Hildebrandt, der Assistent Hans-Georg Fritzsches in Berlin gewesen war, und dann Professor für Systematische Theologie in Greifswald wurde, erklärt: Der „Virus, der in Berlin grassierte", ist „von der Art gewesen, daß die anderen Sektionen beizeiten Abwehrmaßnahmen aufgebaut haben", (ebd., S. 142). Ihm assistierte Kurt Nowak: „In der Lehre hat Leipzig (…) nie Restriktionen erlebt und Auflagen erhalten" (ebd., S. 144).

allen Mitgliedern des Lehrkörpers verabschiedet wurde. Es klingt in seinem ersten Teil wie die Anweisung für einen FDJ-Funktionär und in seinem zweiten wie die Karikatur eines Pfarrers.[54] Dieses „Absolventenbild" ist nach ernsten Protesten aus dem Raum der Kirche heraus zwar öffentlich nicht mehr verbreitet worden, war aber (auch wenn es zwischenzeitlich Modifikationen erfuhr) bis 1989 in Geltung.[55]

Die Sektionsgründung und das Profil des Sprachenkonvikts

Am 25. 3. 1971 wurde im Senatssaal der Humboldt-Universität feierlich die Berliner Sektion Theologie gegründet. Die Theologie verlor damit ihren Fakultätsstatus, d. h. den Status einer *sich selbst* nach wissenschaftlichen Erfordernissen und ihren Ausbildungsaufgaben für die Kirche organisierenden Einrichtung in der Universität. „Akademische Freiheit" sollte es nicht mehr geben. Demokratische Meinungsbildung galt als zu beseitigender „formaler Parlamentarismus". „Studentische Selbstverwaltung" wurde ausgeschlossen.[56] Die Grundidee für eine Sektion Theologie war, dass sie die Vorstellungen, die sich Partei, Regierung und Universitätsleitung von einem Theologiestudium gebildet hatten, durchsetzen sollte. Die Schwierigkeit war nur, dass sich dieses Anliegen keiner der Fakultäten der sozialistischen Universität zuordnen ließ. Dieses Problem wurde so gelöst, dass dem „Sektionsdirektor", in dessen Person als „sozialistischer Einzelleiter" die ganze Sektion konzentriert war,

---

[54] Vgl. Zur Geschichte der Theologischen Fakultät, 1985, S. 609f. Es heißt dort: „Der Absolvent der Sektion Theologie fühlt sich mit der sozialistischen Staats- und Gesellschaftsordnung, der ersten wahrhaft menschlichen Gesellschaftsordnung in der Geschichte, fest verbunden. (...) Er hat erkannt, daß der Imperialismus der erwiesene Feind von Frieden und gesellschaftlichem Fortschritt in unserer Epoche ist. Er hat aus der Geschichte gelernt, daß sich nur die Arbeiterklasse konsequent für Frieden und gesellschaftlichen Fortschritt eingesetzt hat und einsetzt. Von daher ist ihm klar, daß der Sozialismus nur dort verwirklicht wird, wo die Arbeiterklasse im festen Bündnis mit allen Werktätigen durch ihre marxistisch-leninistische Partei die Gesellschaft führt. (...) Er studiert nach Abschluß seiner Hochschulausbildung intensiv die wissenschaftlichen Erkenntnisse des Marxismus-Leninismus von der Gesetzmäßigkeit der gesellschaftlichen Entwicklung, um sich einen begründeten parteilichen Standpunkt in der Klassenauseinandersetzung zwischen Sozialismus und Imperialismus ständig neu erarbeiten zu können. Dies befähigt ihn, seinen Gemeindegliedern (...) auf ihrem Wege in der sozialistischen Menschengemeinschaft zu helfen und dem Mißbrauch von Kirche und Theologie durch die imperialistische Globalstrategie, insbesondere der Verbreitung antikommunistischer Parolen und konvergenztheoretischer Spekulationen wirksam entgegenzutreten. Im gesellschaftlichen Engagement für den Sozialismus wird er seiner Gemeinde ein Beispiel geben." Es folgt dann eine Aufzählung von Kenntnissen und Fertigkeiten, die im engeren Sinne zur Theologie und Gemeindearbeit gehören. Das Alles ist freilich zurückbezogen auf die ersten Aussagen und gipfelt in dem schönen Satz: „Vor innerkirchlichen Anfeindungen, die ihn deshalb treffen könnten, schreckt er nicht zurück!"

[55] Das „Absolventenbild" war die Richtlinie für die Theologenausbildung und nahm darum wörtliche Formulierungen auf, welche sich in der „Führungskonzeption der Veränderung der Theologischen Fakultät" des Rektors der HUB vom 21. 1. 1970 finden (vgl. Stiftung Archiv der Parteien und Massenorganisationen der DDR [SAPMO], IV B2/9.02/645).

[56] Vgl. ebd.

die Funktion eines „Dekans“ im Wissenschaftlichen Rat der Universität zuerkannt wurde. Durch diese Einbindung der Sektion Theologie in die Leitungsstruktur der Universität konnte einer Kommission der Sektion Theologie auch die „Durchführung von Promotionen“ übertragen werden.[57]

Formal gesehen entsprachen die Strukturen, in welche die Sektion Theologie jetzt eingepasst wurde, den Standards der 3. Hochschulreform für alle Sektionen. Schon vor der offiziellen Sektionsgründung wurde Dekan Karl-Heinz Bernhardt am 1. 9. 1970 als Sektionsdirektor und seine Stellvertreter Heinrich Fink (Erziehung und Ausbildung) sowie Hans-Dieter Döpmann (Forschung) eingesetzt. Die Instrumente sozialistischer Leitung wie die „Dienstbesprechung“, der „Sektionsrat“, die Vollversammlung und die diversen „Kommissionen“ wurden installiert. Das alles war von scharfen Auseinandersetzungen zwischen den beiden geschilderten „Fraktionen“ begleitet. Z. B. gelang es der CDU-Gruppierung nicht, durchzusetzen, dass mehr als drei Professoren dem Sektionsrat angehörten. Außerdem gewann sie keinen nennenswerten Einfluss auf die FDJ, deren Funktionären in den Gremien der Sektion eine große Bedeutung zugedacht war. Hans-Hinrich Jenssen versuchte deshalb, seinen politischen Einfluss auf die Studierenden durch die Gründung einer Gruppe der „Gesellschaft für deutsch-sowjetische Freundschaft“ geltend zu machen.[58] Im Übrigen zählt es zu den Merkwürdigkeiten dieser Sektion, dass sich unter dem Einfluss der Müllers eine kleine FDJ-Zelle *im Verborgenen* gegründet hatte, die um ihrer ideologischen Reinheit willen gar keine große Mitgliedschaft haben wollte, dafür aber umso aggressiver in den Sektionsgremien auftrat. Unterstützung erfuhr sie durch den seit 1968 für das marxistisch-leninistische Grundlagenstudium zuständigen Dozenten Hinrich Römer (IM „Tiber“). Er hat sich in abschreckender Weise für die Durchsetzung der politischen und weltanschaulichen Vorgaben für die Sektion stark gemacht. Das war auf Grund der Abwehrreaktionen, die er hervorrief, selbst der SED zu viel. Sie hat ihn im Oktober 1971 wieder durch Helmut Dressler alias IM „Harry“ ersetzt.

Für das Studium brachte die Umwandlung der Fakultät in eine Sektion wichtige Veränderungen mit sich. Den Studienjahren wurde für die Dauer des Studiums je ein „Studienjahresleiter“ verordnet, der das, was sich in ihnen zutrug, zu bestimmen und zu kontrollieren hatte und der dem Sektionsdirektor rechenschaftspflichtig war. „Parallelvorlesungen“, welche Studierende herausfordern, sich aufgrund unterschiedlicher Positionen der Lehrenden eine eigene Meinung zu bilden, wurden verboten. Zweitstudien waren nicht möglich. Ein einheitlicher Studienplan für alle Sektionen Theologie in der DDR sollte gewährleisten,

---

57 Vgl. ebd.

58 Vgl. die Selbstdarstellung dieser Aktivität von Jenssen, Hans-Hinrich, Von aktiver politischer Tätigkeit überdeckte Distanz, in: Spuren in der Vergangenheit – Begegnungen in der Gegenwart. Glauben, Lehren und Leben in orthodoxen, altorientalischen und evangelischen Kirchen. Festschrift für Hans-Dieter Döpmann, hrsg. v. Gaede, Katharina, Berlin 1999, S. 92–99.

dass die spezifischen theologischen Erfordernisse in den Rahmen der ideologischen Vorgaben für den Pfarrberuf im Sozialismus passten. Eine unter dem Vorsitz von Karl-Heinz Bernhardt eingesetzte Kommission aller Sektionen arbeitete jahrelang an einem solchen Studienplan. Sie kam schließlich 1975 zu einem Ergebnis, das summa summarum gegenüber einem herkömmlichen Theologiestudium gar nicht viel Neues enthielt. Denn der Fünf-Fächer-Kanon eines herkömmlichen Theologiestudiums zuzüglich der Spezialgebiete stellte ein Eigengewicht mit einem Potenzial dar, das den Versuch seiner Zügelung wie etwas Äußerliches, Aufgesetztes erscheinen ließ. Viele, die meisten Studierenden haben es so gesehen. Man konnte deshalb, wenn man die Rahmenbedingungen des Studiums – so weit das ging – für sich selbst zu relativieren vermochte, an der Berliner Sektion tatsächlich ordentlich Theologie studieren.

Die Berlin-Brandenburgische Landeskirche hat es auch so gesehen und von einem Studium an der Berliner Sektion Theologie offiziell nicht abgeraten. Die Einführung des diakonischen Praktikums und des Gemeindepraktikums signalisierte ihr wie die Einladung des Bischofs zum Zuhören bei „Hauptprüfungen" zudem, dass die Sektion Theologie ihre Ausbildungsaufgabe im Kontakt mit der Kirche wahrnehmen wollte. Die „Ordnung der Beziehungen zwischen der Sektion Theologie der Humboldt-Universität zu Berlin und den Kirchen" vom 1. 3. 1971, in der das festgelegt wurde[59], ist ansonsten freilich eher ein Dokument der ängstlichen Scheu vor Berührungen mit der Kirche. Dass die Kirche ihrerseits ein Theologiestudium nicht von den Bedingungen abhängig machen konnte, an die es die Sektion Theologie band, versteht sich von selbst. In einem Kirchenleitungsbericht auf der Synode vom 7. bis 11. 5. 1971 wurde darum unterstrichen, dass das Sprachenkonvikt notwendig bleibt, solange das Theologiestudium in solche Vorgaben gezwängt werden soll, wie sie im „Absolventenbild" zum Ausdruck kamen.[60]

Es entstand deshalb in Berlin die einigermaßen paradoxe Situation, dass die Universität die seit ihren Gründungsjahren durch Friedrich Schleiermacher entwickelte Vorstellung von einer Theologischen Fakultät beerdigte und stattdessen eine kirchliche Einrichtung großen Wert darauf legte, sich wie eine Fakultät an der Universität zu profilieren. Insbesondere Eberhard Jüngel hat dafür gesorgt, dass bei aller Bezogenheit auf die Kirche die akademische Freiheit des Forschens, Denkens, Lehrens und Lernens zur Selbstverständlichkeit für alle wurde, die an dieser „illegalen" Hochschule wirkten.[61] Theologisch lag dem kein eigens für diese Hochschule entwickeltes „Programm" zu Grunde. Forschung und Ausbildung vollzogen sich vielmehr selbstverständlich in der Teilnahme am wissenschaftlichen Diskurs in ganz Deutschland und im internationalen Raum. Dafür sorgte nicht zuletzt der

[59] Vgl. Universitätsarchiv der Humboldt-Universität (UAHU), Rektorat 838.
[60] Vgl. SAPMO, DY, 30 IV/A2/14/20.
[61] Vgl. Eberhard Jüngel, Die Freiheit der Theologie, ThST 88, Zürich 1967.

Aufbau einer Bibliothek, die – auf weithin abenteuerliche Weise – auf den jeweils neuesten Stand der Forschung „jenseits der Mauer" gebracht wurde. Außerdem konnte der wissenschaftliche Kontakt zur Kirchlichen Hochschule in Berlin-Zehlendorf auch unter den Bedingungen der „Mauer" aufrechterhalten werden. Es wurde später regelrecht eine einmal im Semester stattfindende „Sozietät" beider Kollegien eingerichtet.

So nimmt es nicht Wunder, dass die in den sechziger Jahren von der Auseinandersetzung zwischen Karl Barth und Rudolf Bultmann geprägte Diskussion um die „existenziale Interpretation" und die „Entmythologisierung" biblischer Texte auch am Sprachenkonvikt eine wichtige Rolle spielte. Eberhard Jüngel und Christoph Demke stammten als Schüler von Ernst Fuchs aus der „Bultmann-Schule", waren aber durch Heinrich Vogel und Helmut Gollwitzer, der an der Freien Universität Berlin lehrte, zugleich durch Karl Barth geprägt. Jüngel hat sich sowohl mit seinen exegetischen wie mit seinen systematisch-theologischen Leistungen[62] um die Überwindung unfruchtbarer Alternativen in diesem Streit sehr verdient gemacht. Er wurde aufgrund dessen im Alter von 31 Jahren auf den Lehrstuhl für Systematische Theologie an die Theologische Fakultät Zürich berufen. Entgegen ihren Zusagen verwehrten ihm die DDR-Behörden bei seiner Berufung nach Tübingen 1970 die beabsichtigte Rückkehr in die DDR. Sein theologisches Anliegen, sowohl den freien Grund von Kirche und Theologie im „Worte Gottes" zur Geltung zu bringen, wie das biblische Zeugnis davon dem Verstehen von Menschen zu erschließen, die dem Staatsatheismus ausgesetzt waren, blieb jedoch bei seinen Schülern lebendig. Im Übrigen war das Sprachenkonvikt in dieser Zeit so aufgestellt, dass es in allen Fächern für eine freie, qualifizierte, wissenschaftlich-theologische Forschung und Ausbildung, die immer mehr auch jenseits der DDR bekannt und geschätzt wurde, mit unterschiedlichen Akzentuierungen und Positionen gut stand. Ilse von Loewenclau, Günther Morawe und Gottfried Quell im Alten Testament, Christoph Demke und Wilhelm von Rhoden im Neuen Testament, Rudolf Mau und Joachim Rogge in der Kirchengeschichte, Ulrich Kühn und sein Nachfolger Ingo Klär in der Systematischen Theologie sowie Jürgen Henkys und Friedrich Winter in der Praktischen Theologie haben das Profil des Sprachenkonvikts als Stätte freien wissenschaftlichen Austausches und situationsbezogener Lehre entscheidend befördert.

[62] Vgl. Jüngel, Eberhard, Paulus und Jesus. Eine Untersuchung der Frage nach dem Ursprung der Christologie, Tübingen 1962 sowie ders., Gottes Sein ist im Werden. Verantwortliche Rede vom Sein Gottes bei Karl Barth. Eine Paraphrase, Tübingen 1965.

1971–1989: Der Weg in die Akzeptanz zweier Wege theologischer Hochschulausbildung

Verschärfter „Klassenkampf"

Das Jahr 1971 stand für die Kirche von Seiten der SED unter keinem guten Stern. Erich Honecker löste am 3. 5. 1971 Walter Ulbricht als 1. Sekretär des ZK der SED ab. Ulbrichts Vorstellung von einer „sozialistischen Menschengemeinschaft" setzte der 8. Parteitag der SED vom 15.–19. 6. 1971 die Notwendigkeit entgegen, den Klassenkampfcharakter der marxistisch-leninistischen Weltanschauung in der Praxis zu intensivieren. Das implizierte auch die Absicht, „stärker und in vielfältiger Weise" den atheistischen Charakter dieser Weltanschauung zur Geltung zu bringen.[63] Für die Sektion Theologie aber bedeutete diese Parteilinie, dass die CDU-Gruppierung wieder stärker unter Druck geriet. Für einen schärferen Kurs im Sinne der SED sorgte seit November 1971 im Ministerium für Hoch- und Fachschulwesen (MHF)[64] Jürgen Janott (IM „Student"). Die „Müller-Fraktion" fühlte sich dadurch ermutigt, noch offensiver zu werden. Ermittlungsverfahren über Vorlesungen, Predigten, Andachten, Adventsfeiern, Beurteilungen von Examensarbeiten, etc., die zu elenden Auseinandersetzungen führten, wurden vom Zaune gebrochen.[65] Einen traurigen Höhepunkt stellte in dieser Hinsicht die Denunziation des Dozenten Günther Baumbach dar.[66] Ein Student hatte dem Vorsitzenden der Grundorganisationsleitung (GOL) der FDJ, Dieter Kraft, von einem „offenen Abend" am 18. 4. 1974 im Hause von Baumbach berichtet, in dem „negativ" über die NVA diskutiert und Kritik an den Verhältnissen an der Sektion geübt worden war. Besonders wurde in diesem Bericht der Satz eines Studenten hervorgehoben, „die Arbeiter hätten nur Flüche für diesen Staat." Der von Kraft informierte Hanfried Müller ließ daraufhin ein Verlaufsprotokoll des Gesprächs im Hause Baumbach anfertigen, das er dem ZK der SED, dem MfS und der Universitätsleitung zukommen ließ. Die beklemmenden Verhöre, die das für Baumbach und für die betroffenen Studierenden zur Folge hatte, sind ebenso wie die „Auswertungen" des Vorgangs in den Gremien der Sektion ein Lehrstück für Aus

[63] Vgl. hierzu Heise, Joachim, „... die Arbeit auf dem Gebiet des Atheismus intensivieren und qualifizieren." Zum Wandel in der atheistischen Propaganda und Lehre in der DDR von den Anfängen bis Ende der siebziger Jahre, in: „Und führe uns nicht in Versuchung ...". Jugend im Spannungsfeld von Staat und Kirche in der SBZ/DDR 1945 bis 1989, hrsg. v. Dähn, Horst/Gotschlich, Helga, Berlin 1989, S. 150–167.

[64] Das SHF war 1967 in ein Ministerium umgewandelt worden. Zu Janotts Aktivitäten, die zu wiederholten Beschwerden aus den Theologie-Sektionen führten, vgl. Besier, Gerhard, „Politische Reifeprozesse". Zum Engagement des MfS an den theologischen Fakultäten bzw. Sektionen, in: Die Kirchenpolitik von SED und Staatssicherheit. Eine Zwischenbilanz, hrsg. v. Vollnhals, Clemens, Berlin 1996, S. 286–292.

[65] Vgl. die Schilderungen bei Jenssen, Wegsuche in vermintem Gelände, S. 400f., 417–422, 431–446.

[66] Vgl. hierzu die Dokumente und Berichte bei Linke, Theologiestudenten, 1994, S. 351–372; vgl. auch Jenssen, Wegsuche in vermintem Gelände, S. 422–431.

wüchse von menschenverachtender Gesinnungsschnüffelei. Für Baumbach aber hatte sich damit die von der CDU-Seite erstrebte Beförderung zum Professor erledigt. Der hauptbeschuldigte Student floh in den Westen.

Die politischen Einstellungen der Studierenden blieben jedoch auch in der Folgezeit wie ehedem das Grundproblem für die Absichten ihrer sozialistischen Erziehung. Zwar nahmen nicht wenige an den „FDJ-Jugendobjekten" und an den „Wettbewerben" teil, die den einzelnen Studienjahren verordnet wurden. Aber da Arbeiten zu Themen wie „Theologie und Antikommunismus" (1975/76) oder „Frieden und Revolution" (1977/78) auch als Seminararbeiten anerkannt wurden, war das Anfertigen solcher Arbeiten faktisch kein besonderer Ausweis sozialistischen Bewusstseins. In einer MfS-Information über die Situation an der Sektion Theologie vom 28. 3. 1977 wird die politische Erziehungsarbeit durch den Lehrkörper denn auch als ein einziges Desaster dargestellt.[67] Unter den Studierenden würden sich die „reaktionären Kräfte sammeln". Hingegen seien die „progressiven Kräfte" im Lehrkörper zwar „in der Überzahl". Aber ihnen wird angelastet, dass sie sich „durch persönliche Streitereien und Intrigen soweit paralysieren, daß (…) die positive Wirkung nahe Null ist"[68]. Sektionsdirektor Bernhardt (IM „Jäger"), IM „Michael" (Dieter Kraft) und IM „Bersarin" (Horst Willenberg) sollten darum „verstärkt zu orientieren" sein, diese Situation zu ändern und besonders auf das Studentenwohnheim Johanneum Einfluss zu nehmen. Die Diskussionen unter den Studierenden über die Konsequenzen der Unterzeichnung der KSZE-Schlussakte von Helsinki für die Menschenrechtssituation in diesem Lande, über die Selbstverbrennung des Pfarrers Brüsewitz, die Ausbürgerung von Wolf Biermann im Jahre 1976 und die Einführung des Wehrkundeunterrichts im Jahre 1978 waren freilich mit diesen Maßnahmen nicht zu unterdrücken.

Das Sprachenkonvikt in den siebziger Jahren

Natürlich spielten Diskussionen der eben geschilderten Art auch im Sprachenkonvikt eine erhebliche Rolle – und nicht nur die Diskussionen. Studierende nahmen das aus der Schlussakte von Helsinki abgeleitete Recht für sich in Anspruch, Anträge auf Ausreise aus der DDR zu stellen. Als die Zahl solcher Ausreiseanträge gegen Ende des Jahres 1975 sprunghaft anstieg, sah sich die Leitung des Sprachenkonvikts von Seiten der Behörden dem Vorwurf ausgesetzt, „Drehscheibe" für die Ausreise in den Westen zu sein.[69] Es wurde darum der Beschluss gefasst, alle Studierenden eine Verpflichtungserklärung unterschreiben zu lassen,

67 Vgl. das Dokument bei Linke, Theologiestudenten, 1994, S. 377–379.

68 Ebd., S. 378.

69 Vgl. hierzu die Darstellung bei Winter, Friedrich, Die politischen Beziehungen des „Sprachenkonvikts" in Berlin. Abhängigkeit und Freiheit (Evangelisches Zentralarchiv [EZA], Z 1504-62, S. 16).

die besagte, dass sie ihr Studium als Ausbildung für den Pfarrerberuf in der DDR betrachten. Wer einen Ausreiseantrag stellte, wurde darum – außer bei evidenten Fällen von Familienzusammenführung – exmatrikuliert. Gasthörerschaft war damit nicht ausgeschlossen. Eine solche Konzession an die staatliche Machtausübung hat viel Kritik erfahren. Aber man muss bedenken, dass diese theologische Ausbildungsstätte nach wie vor als Zentrum „reaktionärer Kräfte und feindlicher Ideologie" galt.[70] Schon viel harmlosere Anlässe wie ein „Kerzenmarsch" der Studierenden oder eine lustig gemeinte Hochzeit in Barockkleidern reichten[71], um eine Drohkulisse aufzubauen, der unter der Perspektive der Unabsehbarkeit real-sozialistischer Herrschaft irgendwie Rechnung zu tragen war.

Zur „feindlichen Ideologie" zählte im Verlauf der siebziger Jahre vor allem die Öffnung von Teilen westdeutscher Theologie für den Neo-Marxismus und damit für Formen politischer Theologie, die in „revisionistischer" Weise auf den „Sozialismus" abzielten. Die Namen von Jürgen Moltmann, Dorothee Soelle oder Helmut Gollwitzer durften darum z. B. in Veröffentlichungen nicht erwähnt werden. Am Sprachenkonvikt aber waren sie wie auch die Publikationen von Ernst Bloch oder Milan Machoveč in Vorlesungen und Seminaren präsent. Die Beschäftigung mit ihrem Verständnis des Sozialismus hat einerseits die Vorstellungen von einem „Sozialismus mit menschlichem Antlitz" belebt, dem in der Realität 1968 in Prag ein Ende bereitet worden war. Es ist kein Zufall, dass diese Vorstellungen, die in westlichen Publikationen begegneten und in der DDR rezipiert wurden, bis hin zur „friedlichen Revolution" und nach der „Wende" in der Kirche eine ziemlich große Rolle gespielt haben. Auf der anderen Seite lösten die theologischen Berufungen auf Karl Marx und Lenin und der Ruf nach einer „Revolution" in der Bundesrepublik, wie er im Gefolge der „Studentenbewegung" von 1968 z. B. von Helmut Gollwitzer am Institut für Theologie der Freien Universität Berlin laut wurde[72], auch Kopfschütteln und Unverständnis aus. Als ein Schüler von Gollwitzer, Friedrich-Wilhelm Marquardt, in seiner von der Kirchlichen Hochschule in Zehlendorf abgelehnten Habilitationsschrift über „Theologie und Sozialismus" Karl Barth für dergleichen in Anspruch nahm[73], widerlegte der Assistent und spätere Dozent am Sprachenkonvikt, Michael Jacob, das auf scharfsinnige und eigentlich vernichtende Weise.[74] Das ist sicherlich auch ein Grund, warum das FU-Institut in der DDR-Zeit den Kontakt zum Sprachenkonvikt gemieden, aber den zur Sektion gesucht hat.

---

70 So in einer Information der AG Kirchenfragen beim ZK der SED v. 17. 12. 1976 (Institut für Geschichte der Arbeiterbewegung [IfGA], Zentrales Parteiarchiv [ZPA] IV B2/14/139).

71 Vgl. ebd.

72 Vgl. Gollwitzer, Helmut, Umkehr und Revolution. Aufsätze zu christlichem Glauben und Marxismus, Bde. 1 u. 2, hrsg. v. Keller, Christian (Ausgewählte Werke, Bde. 6 u. 7), München 1988.

73 Vgl. Marquardt, Friedrich-Wilhelm, Theologie und Sozialismus. Das Beispiel Karl Barths, München 1971.

74 Jacob, Michael, … noch einmal mit dem Anfang anfangen … Antibarbarus zur Methode der Barthinterpretation, in: Evangelische Theologie (EvTh) 32 (1972), S. 606–624.

Währenddessen hat sich das Sprachenkonvikt des Ansinnens der Staatsmacht zu erwehren, eine Marxismus-Leninismus-Ausbildung durch Staatsvertreter zu installieren. Ein Hinweis am schwarzen Brett, dass sich die Studierenden darüber in der Volkshochschule informieren können, war das äußerste Zugeständnis, das gemacht wurde. Im Übrigen sorgte das Sprachenkonvikt selber für die Philosophieausbildung. 1977 wurde Richard Schröder auf die mit dem Katechetischen Oberseminar in Naumburg/Saale geteilte Philosophische Dozentur berufen. Schröder interpretierte nicht nur Marx und Lenin selbst, sondern ließ den Studierenden eine in der DDR einzigartige philosophische Bildung zuteil werden.[75] Auf seine Berufung konnte der Staat ebenso wenig Einfluss nehmen wie auf die anderen, die in den siebziger Jahren nötig wurden. Christian Wolff (1972) und Martin Behnisch (1979) wurden auf die neutestamentlichen Lehrstühle berufen. Wolf Krötke (1973) und Michael Jacob (1978) – die beiden ersten im Kollegium, welche am Sprachenkonvikt ihre wissenschaftlichen Qualifikationen erworben hatten – vertraten jetzt die Systematische Theologie. Günter Krusche (1974) kam in der Praktischen Theologie und Wolfgang Ullmann (1978) in der Kirchengeschichte hinzu. Was aber die Studierenden betrifft, so schützte sie eine Schweigeerklärung, die sie zum Ärger des MfS bei ihrer Immatrikulation zu unterschreiben hatten und auf die sie sich bei Anwerbungsversuchen berufen konnten.[76] Zu starken Erschütterungen führte dagegen 1982 die Verhaftung von Ephorus Gerhard Lorenz. Er hatte, um dringend nötige Bauaufgaben durchzuführen, westliche Spendengelder in Ostmark umgetauscht und wurde nach mehrmonatiger Untersuchungshaft schließlich „frei gekauft" und samt seiner Familie in die Bundesrepublik abgeschoben.[77]

Theologie in der Baracke

Der Sektion Theologie brachten die siebziger Jahre indessen eine für ihr äußerliches Erscheinungsbild einschneidende Veränderung. Sie wurde 1975 in eine schäbige Baracke in der Nähe des Bahnhofs Friedrichstraße verlegt. Die Bibliothek kam in die dafür ungeeignete Kirche Johann Evangelist in der Auguststraße. Der Anlass dazu war der Beginn des Wiederaufbaus des Berliner Doms. Sektionsdirektor Bernhardt willigte außerdem ein, dass die beiden repräsentativen Dekanatsräume 1042 und 1043 im Parterre des Hauptgebäudes aufgegeben wurden. Dergleichen hat die Sektionsleitung aber nicht gehindert, die Wohl-

75 Beispiele dafür siehe bei Schröder, Richard, Denken im Zwielicht. Aufsätze und Vorträge aus der Alten DDR, Tübingen 1990.

76 Für die ganze Zeit des Sprachenkonvikts sind sechs Fälle geglückter Anwerbung von Studierenden bekannt. Leider aber hat sich Günter Krusche auf geheime Gespräche mit einem MfS-Offizier eingelassen und wurde als IM „Günter" geführt, hat aber wenig über das Sprachenkonvikt berichtet; vgl. Winter, Die politischen Beziehungen des „Sprachenkonvikts", S. 9.

77 Vgl. ebd., S. 8.

taten der Regierung in den höchsten Tönen zu preisen. Ilse Bertinetti – unterdessen zum „stellvertretenden Direktor" für Erziehung und Ausbildung in der Nachfolge von Heinrich Fink avanciert – veröffentlichte zum 30. Jahrestag der DDR im Oktober 1979 im „Standpunkt" ein „politisches Bekenntnis", das den Titel trug: „Die Deutsche Demokratische Republik – unser Staat, den wir lieben".[78]

„Liebe" war jedoch gewiss nicht das, was von diesem Staatswesen auf die Sektion Theologie abfärbte. Das war vielmehr seine Machtpolitik. Ein markantes Beispiel dafür ist die Installation Heinrich Finks als Sektionsdirektor und Nachfolger von Karl-Heinz Bernhardt. Fink musste, um in diese Position zu kommen, zunächst einmal Professor werden und also seine „Promotion B" in der Praktischen Theologie abschließen. Doch damit haperte es. Er legte nach jahrelangen Verzögerungen eine Arbeit über „Karl Barth und die Bewegung freies Deutschland in der Schweiz" vor, die mit der Praktischen Theologie nichts zu tun hatte. Die Sektionsgewerkschaftsleitung (SGL) legte gegen das ganze Verfahren, an dem kein Fachvertreter der Praktischen Theologie beteiligt war, wie gegen die Ernennung Finks zum Professor für Praktische Theologe Einspruch ein.[79] Das war vergeblich. Fink wurde am 1. 9. 1979 ordentlicher Professor und am 1. 3. 1980 Sektionsdirektor. Ihm zur Seite gestellt war schon vom 1. 12. 1978 an Carl-Jürgen Kaltenborn als stellvertretender Direktor für Erziehung und Ausbildung. Er hatte sich mit einer Arbeit über „Nützliche Gewalt" die Promotion B erworben und wurde am 1. 2. 1979 Dozent für Ökumenik. Ansonsten waren die Veränderungen im Lehrkörper für die vorhandenen Personal-Konstellationen nicht gravierend. Ilse Bertinetti wurde am 1. 2. 1973 Dozentin für Systematische Theologie und Karl-Wolfgang Tröger am 1. 2. 1980 Dozent für „Missionswissenschaft".

Entkrampfungen

Als Heinrich Fink Sektionsdirektor wurde, hatte sich im Verhältnis von Staat und Kirche ein gewisser Klimawechsel gegenüber dem Anfang der siebziger Jahre vollzogen. Er verdankte sich u. a. dem „Spitzengespräch" zwischen dem Vorstand des Bundes der Evangelischen Kirchen in der DDR und Erich Honecker vom 6. 3. 1978. Dieses Gespräch hatte einige Erleichterungen für die kirchliche Arbeit zur Folge. Wesentlicher war jedoch, dass die Kirche fortan – jedenfalls offiziell – nicht mehr als Zielscheibe des „Klassenkampfes" galt. Unter dem

---

[78] Standpunkt 9 (1979), S. 238.

[79] Vgl. die Texte der gewerkschaftlichen Stellungnahmen bei Jenssen, Wegsuche in vermintem Gelände, S. 483–491. Die Arbeit Finks kam im Übrigen unter Verschluss und war bis zum Ende der DDR nicht mehr zugänglich.

Dach der seit 1971 von beiden Seiten gebrauchten Formel „Kirche im Sozialismus“[80] war die DDR bereit, die Zugehörigkeit der Kirche zur sozialistischen Gesellschaft zu akzeptieren und mit ihr zu kooperieren. Jene Formel blieb zwar in der Kirche stark umstritten und wurde hier weithin anders verstanden, als sie die SED verstand.[81] Bischof Albrecht Schönherr, seinerzeit Vorsitzender des Bundes der Evangelischen Kirchen in der DDR, hat es im Nachhinein einen „Fehler“ genannt, „diese Formel gebraucht zu haben, ohne sie klar zu definieren“.[82] Von Seiten der Kirche konnte sie nur bedeuten, dass die Kirche eine „Zeugnis- und Dienstgemeinschaft von Kirchen in der sozialistischen Gesellschaft“ sein wollte.[83] Von Seiten des Staates aber wurde in die Formel auch eine Bejahung der Ideologie des Sozialismus hinein gehört. Trotz dieser oder vielleicht gerade wegen dieser Unklarheit ermöglichte es der neue Ton im Verhältnis von Staat und Kirche, der in dieser Formel konzentriert war, dass sich die Kontakte der Sektion Theologie zur Kirche und damit zum Sprachenkonvikt belebten.

Einige Beispiele können das belegen. Aus Anlass des von der DDR groß gefeierten 500. Geburtstages des neu entdeckten Martin Luther im Jahre 1983 arbeiteten Wissenschaftler aus den theologischen und historischen Sektionen sowie den Theologischen Ausbildungsstätten eng und mit bemerkenswerten Ergebnissen zusammen.[84] Das schon davor begonnene „Handbuch der Praktischen Theologie“[85] war wie der „Theologische Handkommentar zum Neuen Testament“ gleichfalls ein Produkt solcher Kooperation. Selbst Hanfried Müller und die Anhänger seiner Theologie-Konzeption fanden sich 1985 mit Theologen aus dem Raum der Kirche in einem Band mit „Bonhoeffer-Studien“ zusammen.[86] Teilweise arbeiteten sie auch in dem 1977 beim Bund der Evangelischen Kirche in der DDR gegründeten „Bonhoeffer-Komitee“ mit. Bischof Albrecht Schönherr und sein Nachfolger Gottfried Forck luden einmal im Semester die Kolleginnen und Kollegen von der Sektion

80 Vgl. Thumser, Wolfgang, Kirche im Sozialismus. Geschichte, Bedeutung und Funktion einer ekklesiologischen Formel, Tübingen 1996.

81 Vgl. Schröder, Richard, Was kann „Kirche im Sozialismus“ sinnvoll heißen? (1989), in: ders., Zwielicht, 1990, S. 49–54.

82 Schönherr, … aber die Zeit, 1993, S. 374.

83 Ebd., S. 375; vgl. auch Stolpe, Manfred, Schwieriger Aufbruch, Berlin 1992, S. 99: Es ging „nicht um eine ideologische oder gar theologische Rechtfertigung dieses SED-Sozialismus, wohl aber um das volle Hineingehen in die uns vorgegebene Wirklichkeit dieser Gesellschaft“.

84 Vgl. Mau, Rudolf, Der wissenschaftliche Ertrag des Lutherjahres, in: Kirchliches Jahrbuch 1983, Bilanz des Lutherjubiläums, Gütersloh 1985, S. 163–178; außerdem Junghans, Helmar (Hrsg.), Leben und Werk Martin Luthers von 1526–1546. Festgabe zu seinem 500. Geburtstag, Bde. 1 u. 2, Berlin 1983.

85 Vgl. Handbuch der Praktischen Theologie, Bde. 1–3, Berlin 1975–1978 und Handbuch der Seelsorge, Berlin 1983.

86 Vgl. Bonhoeffer-Studien. Beiträge zur Theologie und Wirkungsgeschichte Dietrich Bonhoeffers. Im Auftrag des Bonhoeffer-Komitees beim Bund der Evangelischen Kirchen in der DDR hrsg. v. Schönherr, Albrecht/Krötke, Wolf, Berlin 1985. Zu den Problemen, welche die Bonhoeffer-Rezeption in der DDR bereitete, vgl. Krötke, Wolf, Dietrich Bonhoeffer als „Theologe der DDR“ – ein kritischer Rückblick, in: ders., Die Kirche im Umbruch, 1994, S. 163–177.

und vom Sprachenkonvikt zu Gesprächen und zum wissenschaftlichen Austausch ein. An den Begegnungen von Fach-Wissenschaftlern aus Ost und West am Sprachenkonvikt und anderen Orten nahmen Kolleginnen und Kollegen der Kirchlichen Hochschulen und der Sektionen teil. Es war ein Interesse des Staates zu spüren, so etwas wie Liberalität des sozialistischen Systems gegenüber Wissenschaftlern aus der Bundesrepublik und Europa zu demonstrieren. Dem war auch der Umstand geschuldet, dass nicht nur den Angehörigen der Sektionen, sondern zunehmend auch Lehrern der Kirchlichen Hochschulen Reisen zu Kongressen und Vorträgen ins „westliche Ausland" genehmigt wurden.

Umgekehrt konnten zu Gastvorlesungen, Kongressen und Symposien sowohl an der Sektion wie am Sprachenkonvikt jetzt unkomplizierter Kolleginnen und Kollegen „aus dem Westen" eingeladen werden. Die Symposien, die z. B. 1984 aus Anlass des 150. Todestages von Friedrich Schleiermacher sowohl an der Sektion (29.–31. 10.) wie am Sprachenkonvikt (12.–14. 2.)[87] veranstaltet wurden, hatten dennoch ein ziemlich unterschiedliches Gesicht. Der Sektionsleitung war bei solchem Anlass daran gelegen, die Zuordnung der Theologie zur sozialistischen Ideologie hoffähig zu machen. Das gilt vor allem für das vom 7.–9. 5. 1985 aus Anlass des 40. Jahrestages der „Befreiung vom Faschismus" veranstaltete Symposium „Antifaschistischer Widerstand von Christen in Europa".[88] Auf der anderen Seite konnte das Symposium aus Auslass des 100. Geburtstages von Karl Barth, das vom 9.–11. 5. 1986 am Sprachenkonvikt mit Referenten aus Ost und West stattfand[89], ohne größere Probleme über die Bühne gehen.

Letzte Berufungen

Nicht nur auf die Außenbeziehungen der Sektion Theologie, sondern auch in ihrem Inneren wirkten sich die neuen Töne aus dem ZK der SED gewissermaßen besänftigend aus. Im MHF war unter ihrem Eindruck seit dem Herbst 1980 Berndt Winkler für die Theologischen Sektionen zuständig. Das war zwar ein „Offizier im besonderen Einsatz", aber er hatte offenkundig die Direktive, mit den Sektionen Theologie moderater zu verfahren als sein Vorgänger. Man muss dem neuen Sektionsdirektor Heinrich Fink auch zubilligen, dass er versuchte, ausgleichend auf die verhärteten Fronten an der Sektion einzuwirken. Unter Finks Direktorat erhielten Hans-Dieter Döpmann eine Professur und der viel geprüfte Günther Baumbach sowie Ludwig Wächter jeweils eine außerordentliche Professur. Gerlinde

[87] Vgl. Jacob, Michael, „Kirchliches Interesse und wissenschaftlicher Geist". Vom Schleiermacher-Gedenken am Sprachenkonvikt Berlin (DDR), in: Berliner Theologische Zeitschrift (BThZ) 1 (1984), S. 353–356.

[88] Vgl. zur politischen Inszenierung dieser Veranstaltung Besier, Reifeprozesse, 1996, S. 293– 295.

[89] Vgl. Köckert, Heidelore/Krötke, Wolf (Hrsg.), Theologie als Christologie. Zum Leben und Werk Karl Barths. Ein Symposium, Berlin 1988.

Strohmeier-Wiederanders wurde Dozentin für „Christliche Archäologie und Kirchliche Kunst" und Karl-Wolfgang Tröger außerordentlicher Professor für „Missionswissenschaft". Für das Fach Kirchengeschichte erreichte Fink 1983 die Berufung des CDU-verpflichteten Walter Bredendiek, der aber schon nach knapp einem Jahre seiner Wirksamkeit verstarb. Vom neuen Klima zeugte auch die Berufung von Joachim Rogge, der unterdessen Bischof der Görlitzer Landeskirche geworden war, zum Honorarprofessor – allerdings unter dem Gesichtspunkt, dass dies dem Sprachenkonvikt schade.

Am 29. 5. 1986 starb Hans-Georg Fritzsche, so dass sein systematischer Lehrstuhl zu besetzen war. Die Anregung von Hanfried Müller beim ZK der SED, den als Realsozialisten geschätzten Andreas Pangritz vom Institut für Theologie an der Freien Universität Berlin zu berufen, verlief im Sande.[90] Fink hat aber durchgesetzt, dass der Schüler von Hanfried Müller, Dieter Kraft, der von 1980–1984 bei der CFK in Prag tätig war, am 1. 2. 1984 gegen den wiederum lahm gesetzten Protest der SGL zum Dozenten für Systematische Theologie berufen und 1985 stellvertretender Direktor für Erziehung und Ausbildung wurde.[91] Vor dem Mauerfall ist dann nur noch die Einsetzung der Müller-Schülerin Brigitte Kahl am 1. 2. 1989 zur Dozentin für Ökumenik zu registrieren.

Währenddessen war es auch im Lehrkörper des Sprachenkonvikts zu einigen Veränderungen gekommen. Die durch Pensionierung vakant gewordenen Lehrstühle für Altes Testament nahmen Matthias Köckert (1984) und Dieter Vieweger (1989) ein. Auf den praktisch-theologischen Lehrstuhl von Günter Krusche, der Generalsuperintendent von Berlin geworden war, wurde 1986 Harald Schultze (eigentlich ein Systematiker) berufen. 1989 löste Traugott Vogel, ein Schüler von Heinrich Vogel, Michael Jacob in der Systematischen Theologie ab. Niemand konnte damals ahnen, dass dies die letzten Berufungen am Sprachenkonvikt sein würden. Aber die Wandlungen, die sich seit Michael Gorbatschows Politik der „Perestroika" im politischen Bewusstsein vieler Teile der DDR-Bevölkerung vollzogen, machten sich seit 1985 in zunehmender Weise sowohl an der Sektion wie am Sprachenkonvikt bemerkbar.

Die „Wende"

An der Sektion waren es fast ausschließlich die Studierenden, welche die Wandlungen im politischen Bewusstsein in den gewohnten Betrieb hinein trugen. Es gab z. B. schon 1985

---

90 Vgl. Besier, Gerhard, Der SED-Staat und die Kirche 1969–1980. Die Vision vom „Dritten Weg", Frankfurt a. M. 1995, S. 588f.

91 Schon um die Anerkennung von Krafts Promotion B („Theologie der Religionen". Eine motivanalytische Kritik) hatte es unerfreuliche Auseinandersetzungen gegeben; vgl. Jenssen, Wegsuche in vermintem Gelände, S. 510–519.

Proteste gegen die Unterdrückung missliebiger Positionen.[92] Eine Eingabe vom 20. 2. 1987 wandte sich im Namen des „Neuen Denkens“ gegen die Art und Weise der militärischen Ausbildung.[93] 1987 protestierten Studierende beim Generalstaatsanwalt gegen den Einsatz von Polizei und Stasi bei der Durchsuchung der Umweltbibliothek in der Zionskirche.[94] Ein aus Anlass des Vorgehens des Staates gegen Umwelt- und Menschenrechtsgruppen verfasster offener Brief vom Februar 1988 forderte durchgreifende gesellschaftliche Veränderungen.[95] Im Juni 1989 protestierten über 50 Studierende beim Botschafter der Volksrepublik China gegen die Massaker auf dem Pekinger Platz des Himmlischen Friedens.[96] Nach den Ereignissen beim 40. Jahrestag der DDR wurde am 9. 10. 1989 ein von 63 Studierenden unterzeichneter offener Brief verfasst, der die Gewaltanwendung gegenüber den Demonstranten verurteilte. Eine Woche später konstituierte sich eine unabhängige Studentenvertretung und berief eine Vollversammlung ein.[97]

Das vielfältige Engagement von Studierenden und von einzelnen Dozenten des Sprachenkonvikts in jener Zeit für gesellschaftliche und politische Veränderungen in der DDR zu schildern, würde hier zu weit führen. Es gehört in die Geschichte der bürgerbewegten Opposition in der DDR. Die politisch nachhaltigste Wirkung zeitigte die Vorbereitung der Gründung der Ost-SPD (SDP) durch Markus Meckel und Martin Gutzeit, sowie die unter maßgeblicher Beteiligung von Wolfgang Ullmann erfolgte Gründung der Initiative „Demokratie jetzt“. „In den dramatischen Tagen des Oktober 1989 erschien das Sprachenkonvikt zeitweilig als ein Zentrum von Aktion und Konspiration“.[98] Als die Mauer gefallen war und die Zeit der „runden Tische“ anbrach, wurde Wolfgang Ullmann Minister „ohne Geschäftsbereich“ im Kabinett Modrow und nach der ersten freien Wahl in der DDR am 19. 3. 1990 Vizepräsident der Volkskammer. Er schied aus dem Lehramt aus. Richard Schröder dagegen ließ sich für sein Volkskammermandat nur beurlauben, wurde Fraktionsvorsitzender der SPD und kehrte nach der Auflösung der Volkskammer in sein Lehramt zurück.

Die auffälligste Veränderung, welche sich nach dem Mauerfall mit dem „Sprachenkonvikt“ vollzog, war, dass es sich auf Beschluss der Kirchenleitung vom Sommersemester 1990 an „Kirchliche Hochschule Berlin-Brandenburg“ (KiHoBB) nannte und am 1. 9. 1990 von der Regierung der DDR als Hochschule anerkannt wurde. Deshalb konnten rückwirkend

---

92 Vgl. den MfS-Bericht über die „Wissenschaftliche Studentenkonferenz“ am 23. 4. 1985 (BStU ZA , HA XX/4, 312, Bll. 87–89).

93 Vgl. den Text der Eingabe bei Jenssen, Wegsuche in vermintem Gelände, S. 537.

94 Vgl. ebd., S. 545.

95 Vgl. Linke, Theologiestudenten, 1994, S. 385–389.

96 Das veranlasste selbst die GOL der FDJ, beim ZK der SED zu protestieren; vgl. Jenssen, Wegsuche in vermintem Gelände, S. 538–450.

97 Vgl. Linke, Theologiestudenten, 1994, S. 393–397.

98 Mau, Rudolf, Vom Hinterhof ins Herz der Hauptstadt. Der Beitrag des „Sprachenkonvikts“ zur Erneuerung der Theologischen Fakultät der Humboldt-Universität, in: Hochschule & Kirche. Theologie & Politik. Besichtigung eines Beziehungsgeflechts in der DDR, hrsg. v. Pasternack, Peer, Berlin 1996, S. 210.

auch alle wissenschaftlichen Qualifikationen, die hier erworben wurden, als Dissertationen bzw. Habilitationen Anerkennung finden. Außerdem wurde den Dozenten am 18. 9. 1990 vom Minister für Bildung und Wissenschaft der Titel „Professor" verliehen. Das aber geschah schon im Horizont der ins Auge gefassten Fusion mit der Theologischen Fakultät.

Die Fusionen von 1991 und 1993

Die erste Fusion[99]

Nachdem die deutsche Vereinigung im Horizont stand, war klar, dass – abgesehen vom Institut für Theologie an der Freien Universität – die kleinste der drei Berliner Institutionen für die Theologische Hochschulausbildung sich nicht würde halten können. Auf den ersten Blick wäre es wohl naheliegend gewesen, eine Fusion mit der Kirchlichen Hochschule Berlin-Zehlendorf (KiHoB-Z) anzustreben. Aber es war ungewiss, ob und wie das zu realisieren sei. Deshalb wurde (nach Gesprächen im Vorfeld) der von der Theologischen Fakultät am 30. 5. 1990 unterbreitete Vorschlag einer Fusion von Theologischer Fakultät der Humboldt-Universität und KiHoBB aufgegriffen.

Den Sektionsstatus hatten die Theologen an der Universität unterdessen abgeschafft. Nachdem Sektionsdirektor Heinrich Fink am 3. 4. 1990 zum Rektor der Universität gewählt worden war[100], agierte Karl-Wolfgang Tröger als „Amtierender Dekan" und der unterdessen zum Dozenten für Kirchengeschichte ernannte Hartmut Ludwig als „Amtierender Prodekan". Am 9. 5. 1990 beschloss eine Vollversammlung das „Vorläufige Statut der Theologischen Fakultät". Die erste Sitzung des neuen Fakultätsrates fand am 30. 5. 1990 statt. Hans-Dieter Döpmann wurde zum Dekan und der Oberassistent für Praktische Theologie, Karl-Heinz Bieritz, zum Prodekan gewählt. Auf der gleichen Sitzung kam es zum Beschluss, der Evangelischen Kirche von Berlin-Brandenburg den Vorschlag der Fusion mit der KiHoBB zu unterbreiten, um auf diese Weise einen „wirklichen Neuanfang zu wagen".[101] Als Gründe für diesen Vorschlag wurden die langsam intensivierten Beziehungen zwischen dem Lehrkörper und den Studierenden, die Vergleichbarkeit der Studienform, die (allerdings sehr erklärungsbedürftige) „gemeinsame Geschichte" in der DDR und nicht zuletzt die räumliche Nähe beider Einrichtungen geltend gemacht. Was Letzteres betrifft, so war

[99] Vgl. zum Folgenden Mau, Rudolf, Der „Fachbereich Evangelische Theologie" in Berlin. Die Fusion der Kirchlichen Hochschule Berlin-West und -Ost mit der der Theologischen Fakultät der Humboldt-Universität, in: Informationes theologiae Europae. Internationales Ökumenisches Jahrbuch für Theologie, hrsg. v. Nembach, Ulrich, Frankfurt a. M. 1995, S. 301–316.

[100] Vgl. die Schilderung dieses Vorgangs durch Heinrich Fink selbst bei Maleck, Heinrich Fink, 1992, S. 79–81.

[101] So in einem Schreiben vom 30. 5. 1990 an Konsistorialpräsident Stolpe.

die Theologische Fakultät seit dem Februar 1989 in der Burgstraße 25 untergebracht und der Einzug der KiHoBB in den Berliner Dom stand bevor, so dass man sich dann gewissermaßen gegenseitig in die Fenster sehen konnte.

Nach der Einverständniserklärung von Regierung, Kirche und Universität mit dem Fusionsvorschlag ging dann alles ganz schnell. Die Verhandlungen auf den verschiedenen Ebenen wurden zügig geführt, so dass der Minister für Bildung und Wissenschaft am 17. 9. 1990 den Fusionsvertrag zwischen der Humboldt-Universität und der Evangelischen Landeskirche Berlin-Brandenburg unterzeichnen konnte, der zum 1. 3. 1991 in Kraft trat. Am 8. April 1991 wurde das erste gemeinsame Semester in der Französischen Friedrichstadtkirche eröffnet. Das war angesichts der Geschichte, die beide Seiten in der DDR hinter sich hatten, alles andere als ein selbstverständlicher Vorgang. Denn hier wurde gewissermaßen der zweite Schritt vor dem ersten gemacht. Statt erst zu klären, was mit der Theologie an der Fakultät/Sektion in der DDR-Zeit geschehen war, begaben sich beide Seiten ohne solche Klärung auf den Weg eines „vorsichtigen Miteinanders".[102] Dabei sollte und musste sich erst herausstellen, welches Einverständnis der neun Professoren (Gerhard Bassarak, Herbert Trebs, Rosemarie Müller-Streisand und Hanfried Müller waren aufgrund ihrer Pensionierung nicht mehr dabei) und der acht Dozenten[103] der Theologischen Fakultät sowie der neun Professoren der KiHoBB[104] über diese Frage zu erzielen war. Der doppelte Verdacht stand im Raum, dass sich die KiHoBB entweder dazu hergebe, jene Geschichte zu verkleistern oder sich als Besserwisserin aufzuspielen. Atmosphärisch schuf das eine nicht ganz einfache Situation.

Trotzdem bleibt diese Fusion für die Fakultätsgeschichte ein bedeutsames Ereignis. Das Sprachenkonvikt wurde kurz nach der Gründung der DDR nötig, weil die Fakultät die freie, wissenschaftlich-theologische Wahrheitsverantwortung nicht mehr hinreichend garantierte. Am Ende der DDR erkannte die Universität an, dass das, was das Sprachenkonvikt geleistet hat, zu ihr gehörte. Umgekehrt wurde am Sprachenkonvikt gearbeitet, wie an einer Universität. Deshalb waren dort ein lebendiges Interesse am Geschick der Theologie an der Universität und damit die Bereitschaft vorhanden, am gewünschten Neuanfang mitzuwirken. In 40 Jahren der Umklammerung dieser Fakultät/Sektion durch die Macht eines sozialistischen und atheistischen Weltanschauungsstaates hatte das Ansehen der Theologie aufs Neue ziemlichen Schaden genommen. Es zeigte sich noch einmal, dass die Theologie ihr Gesicht und ihre wissenschaftliche Leistungsfähigkeit verliert, wenn sie sich von Machtin-

---

[102] Vgl. die Rede des Dekans anlässlich der Übernahme der Lehrräume im Berliner Dom vom 1. 10. 1991: „Die Theologische Fakultät im Wandel der Gesellschaft", in: Krötke, Die Kirche im Umbruch, 1994, S. 264–267.

[103] Neben den erwähnten Dozenten wurden noch vor der Fusion Hans-Gebhard Bethge (Neues Testament), Käte Gaede (Kirchengeschichte) und Stephan Schreiner (Altes Testament und Judaistik) zu Dozenten berufen.

[104] Martin Behnisch, Jürgen Henkys, Matthias Köckert, Wolf Krötke, Rudolf Mau, Richard Schröder, Dieter Vieweger, Traugott Vogel, Christian Wolff.

teressen funktionalisieren lässt, die außerhalb der ihr durch die Beziehung auf die Kirche aufgegebenen Wahrheitsverantwortung liegen. Die Hoffnung war damals, dass alle, die in Zukunft einmal an dieser Fakultät lehren und lernen würden, sich *an diesem Ort* dessen bewusst sein möchten.

Zwischen den Fusionen

Als die beschriebene Fusion beschlossen wurde, war noch nicht klar, dass auch die KiHoB-Z danach strebte, mit der Theologischen Fakultät der Humboldt-Universität zu fusionieren. Diese KiHo hatte in West-Berlin Fakultätsstatus und wurde zu 70 % vom Staat mitfinanziert, weshalb es an der Freien Universität keine Theologische Fakultät gab, sondern nur das schon erwähnte Institut für Magisterstudiengänge und für die religionspädagogische Ausbildung. Nach der deutschen Vereinigung wurde aber zunehmend deutlich, dass es im Interesse von Politik und Kirche lag, die KiHoB-Z mit der Theologischen Fakultät zusammenzuführen. Eine weitere Fusion mit einer theologischen Institution in Berlin stand also im Blickfeld, als sich die neu zusammengesetzte Theologische Fakultät, an der jetzt 249 Studierende immatrikuliert waren, im Frühjahr 1991 auf den Weg machte. Sie wählte am 24. 4. 1991 mit Wolf Krötke einen aus der KiHoBB stammenden Theologen zum Dekan und Hans-Dieter Döpmann zum Prodekan. Sie brachte durch die am 1. 1. 1991 erfolgte Ernennung von Jürgen Henkys zum Universitätsprediger gegenüber der ganzen Universität zum Ausdruck, dass ihre Verpflichtung durch die Wissenschaft unlöslich mit ihrer Verpflichtung durch die Kirche verbunden ist.

Als dies alles geschah, arbeitete im Rahmen der unter dem Rektorat von Heinrich Fink angestrebten Selbsterneuerung der Universität noch eine „Personal- und Strukturkommission" (PSK). Sie sah sich aber nicht in der Lage, die geforderten Bewertungen der „politischen und moralischen Integrität" sowie der „fachlichen Qualifikation" einzelner Personen abzugeben.[105] Die Arbeit der PSK blieb darum folgenlos. Dagegen versuchte eine im Wintersemester 1991/92 öffentlich und wöchentlich tagende Sozietät sowie eine der Verantwortung des Dekans zugeordnete Kommission die „Aufarbeitung" der Vergangenheit in Angriff zu nehmen. Das war nur schwierig in Ruhe zu bewerkstelligen, als Rektor Heinrich Fink am 25. 11. 1991 vom Senator für Wissenschaft und Forschung gekündigt wurde. Ihm wurde angelastet, unter dem Decknamen „Heiner" seit 1969 entgegen seiner Versicherung wissentlich als IM für das MfS tätig gewesen zu sein. Es ist hier nicht zu erörtern, inwieweit die unterdessen aufgefundene, sechs Bände umfassende IM-Akte „Heiner" diesen Kündigungsgrund bestätigt. Die junge Theologische Fakultät stürzte die Kündigung Finks jedoch

[105] Schreiben der Vorsitzenden der PSK, Gerlinde Strohmaier-Wiederanders, v. 12. 6. 1991.

in eine ernste Zerreißprobe. Ein Teil des Lehrkörpers und der Studierenden beteiligten sich trotz der Aufforderung des Dekans, das zu unterlassen, am „Streik" der Studierenden der Humboldt-Universität, die damit die Rücknahme der Kündigung Finks erzwingen wollten. Im erweiterten Fakultätsrat war am 2. 12. 1991 keine Einigung darüber zu erzielen, Heinrich Fink aufzufordern, sein Amt bis zur gerichtlichen Klärung der Vorwürfe gegen ihn ruhen zu lassen und das Geschick der Universität nicht an seine Person zu binden.

Für Beunruhigung und Anspannung sorgte aber auch, dass im Wintersemester 1991/92 die auf der Grundlage des Ergänzungsgesetzes zum BerlHG vom Mai 1991 eingesetzte „Struktur- und Berufungskommission" (SBK) ihre Arbeit aufnahm. Sie evaluierte unter dem Vorsitz von Trutz Rendtorff (München) das gesamte wissenschaftliche Personal. Dabei waren ausschließlich wissenschaftliche Gesichtspunkte maßgebend. Im Ergebnis dessen veränderte sich das Gesicht der gerade konstituierten Fakultät noch einmal gravierend. Karl-Heinz Bernhardt ließ sich schon vor seiner Evaluierung vorzeitig pensionieren. Zwei Dozenten (Bieritz, Schreiner) zogen es vor, dem Ruf an andere Hochschulen zu folgen. Martin Behnisch und Traugott Vogel von der KiHoBB übernahmen verantwortliche Stellungen im kirchlichen Ausbildungswesen. Negative Evaluierungen hatten Kündigungen zur Folge. Manche Hoffnungen der Berufung auf eine Professur wurden enttäuscht. Am 27. 7. 1992 trugen der Vorsitzende der SBK und der Dekan die Berufungsvorschläge für zehn C4-[106] und drei C3-Professuren[107] im Akademischen Senat vor. Nach einer von Ressentiments gegen die Theologische Fakultät erfüllten Diskussion wurde in geheimer Abstimmung völlig willkürlich den meisten Vorschlägen die Zustimmung verweigert. Der Senator für Wissenschaft und Forschung sprach diese Berufungen dennoch aus.

Eine Rolle spielte bei diesem Vorgang auch, dass den Berufungsvorschlägen der SBK schon der Strukturplan für den „Fachbereich Theologie" zugrunde lag, der im Hinblick auf das Hinzutreten der KiHoB-Z zur Theologischen Fakultät mit 22 Professuren und der ihnen zugeordneten wissenschaftlichen und nichtwissenschaftlichen Mitarbeiterstellen Vielen viel zu opulent erschien. Von Seiten der Vorstellungen der damaligen politischen Instanzen in Berlin lag dem die Absicht zugrunde, die Theologische Fakultät der „Hauptstadt" zur bedeutendsten Fakultät in Deutschland werden zu lassen. Die SBK arbeitete darum auch nach Abschluss der Evaluierungen weiter, um den Prozess der Fusion mit der KiHoB-Z zu befördern.

[106] Günther Baumbach, Hans-Dieter Döpmann, Jürgen Henkys, Hans-Hinrich Jenssen, Matthias Köckert, Wolf Krötke, Hans-Martin Schenke, Richard Schröder, Karl-Wolfgang Tröger, Christian Wolff.

[107] Hans-Gebhard Bethge, Gerlinde Strohmaier-Wiederanders, Dieter Vieweger. Letzterer nahm einen Ruf an die KiHo Wuppertal an.

Die zweite Fusion

Wenngleich politisch und universitätspolitisch die Weichen für das Aufgehen der KiHoB-Z in die Theologische Fakultät der Humboldt-Universität gestellt waren, stand dem ein zunächst als unüberwindbar erscheinendes Hindernis im Wege. Es gab in der Universität keinen Ort für eine derartig große Fakultät. Sowohl in Zehlendorf wie an der Universität fanden deshalb starke Kräfte Beifall, welche die Theologische Fakultät auf dem Campus der KiHoB-Z am Rande Berlins ansiedeln wollten. Die Theologische Fakultät hat dem hartnäckig Widerstand geleistet, weil das praktisch eine Ausgliederung der Theologie aus der Universität bedeutet hätte. Es ist das Verdienst des ehemaligen Assistenten am Sprachenkonvikt und nachmaligen Pfarrers der Georgen-Parochialgemeinde, Hartmut Scheel, dass er der Universität angeboten hat, Räume dieser Gemeinde in der Waisenstraße für die Theologische Fakultät herzurichten und die Baukosten über die Miete der Humboldt-Universität abgelten zu lassen. So geschah es denn auch. Ohne diesen Einsatz für die Theologische Fa-

Abb. 2 Fusion der Theologischen Fakultät mit der Kirchlichen Hochschule Berlin-Zehlendorf am 1. Juni 1993 im Hörsaal der Theologischen Fakultät im Berliner Dom (erste Reihe von links nach rechts: Prof. Cilliers Breytenbach, Prof. Trutz Rendtorff [München], 1. Vizepräsident Prof. Hasso Hofmann, Senator Prof. Manfred Erhardt, Präsidentin Prof. Marlis Dürkop, Bischof Dr. Martin Kruse, Prof. Richard Schröder)

kultät wäre ihre folgende Geschichte gravierend anders verlaufen. Leider ließ sich aber ein Erweiterungsbau mit Vorlesungs- und Lehrräumen nicht mehr verwirklichen, so dass die Fakultät nun drei Standorte hatte: Burgstraße 25, Berliner Dom und Waisenstraße.

Der ausgehandelte 2. Fusionsvertrag wurde am 1. 6. 1993 vom Regierenden Bürgermeister Eberhard Diepgen und von Bischof Martin Kruse im Berliner Dom unterzeichnet. Die Universität trat diesem Vertrag durch die Unterschrift der Präsidentin Marlis Dürkop bei. Der „Fachbereich Evangelische Theologie an der Humboldt-Universität" erfuhr dadurch eine staatskirchenrechtliche Verankerung, die für die Fakultät an der Universität bisher nicht bestand. Nach Artikel 1[2] des Vertrages ist dieser Fachbereich „die für die wissenschaftliche Vorbildung der Geistlichen bestehende evangelisch-theologische Fakultät im Sinne des Artikels 11 des Vertrages der Evangelischen Landeskirchen mit dem Freistaat Preußen vom 11. Mai 1931." Da ansonsten viele Bestimmungen des so genannten „Preußenvertrages" aber gar nicht mehr zutrafen, verhandelten die Kirche und das Land Berlin jahrelang über einen neuen Staat-Kirche-Vertrag. Er wurde schließlich am 20. Juni 2006 unterzeichnet. Dieser „Evangelische Kirchenvertrag Berlin" erneuert in Artikel 3 die Bestandsgarantie für die Theologische Fakultät an der Humboldt-Universität.

1993–2010: Einkehr in die Normalität einer Theologischen Fakultät in der Bundesrepublik Deutschland

Die große Theologische Fakultät

Die Fusion mit der KiHoB-Z stellte eine eminente Bereicherung des Ausbildungspotenzials und der wissenschaftlichen Leistungsfähigkeit der Fakultät dar. Dafür sorgten nicht nur die elf hinzugekommenen Professoren[108], die zu ihnen gehörende wissenschaftliche Mitarbeiterschaft sowie Honorarprofessoren, Privatdozenten und Lektoren. An der Fakultät gab es jetzt zusätzlich zu den Lehrstühlen drei Institute: Das „Institut für Religionssoziologie und Gemeindeaufbau" (Leiter: Klaus-Peter Jörns), das „Institut für Christentum und Antike" (Leiter: Cilliers Breytenbach) sowie das An-„Institut Kirche und Judentum" (Leiter: Peter von der Osten-Sacken). Durch dieses Institut wurde der Dialog mit dem Judentum ein wesentliches Anliegen der Theologischen Fakultät. Die „Sommeruniversitäten" zogen zudem Studierende in großer Zahl aus ganz Deutschland und dem Ausland an. Der Forschung und der Lehre kam die der Universitätsbibliothek übereignete und auf dem neuesten Stand befindliche Bi-

108 Heinrich Balz, Peter C. Bloth, Cilliers Breytenbach, Christoph Gestrich, Klaus-Peter Jörns, Rüdger Liwak, Peter von der Osten-Sacken, Kurt-Victor Selge, Peter Welten, Ulrich Wickert, Johannes Wirsching,

bliothek der KiHoB-Z zugute, die in der Waisenstraße untergebracht wurde.[109] Die Berliner Theologische Zeitschrift (BThZ) wurde wissenschaftliches Organ der Fakultät. Die von einer Stiftung getragenen, interdisziplinären Werner-Reihlen-Vorlesungen wirkten in den universitären und öffentlichen Raum hinein. Der Stifterverband für die Deutsche Wissenschaft hatte überdies eine Stiftungsprofessur zur Verfügung gestellt, auf die bedeutende Wissenschaftlerinnen und Wissenschaftler für ein Jahr berufen werden konnten. Den Anfang machte Eberhard Jüngel aus Tübingen, der damit dem Ort seiner Anfänge die Reverenz erwies.

Im Wintersemester 1993 begann für die Theologische Fakultät nach vier aufregenden Jahren gewissermaßen die Normalität der Arbeit einer Theologischen Fakultät. Ermutigend war, dass Studierende aus ganz Deutschland die Attraktivität der Theologischen Fakultät bestätigten. 1994 waren 774 Immatrikulationen zu verzeichnen.

Abwärtstrend und Behauptung

Fusionen der dargestellten Art bringen es mit sich, dass man sich das theologische Profil der einzelnen Inhaberinnen und Inhaber eines Lehrstuhls nicht aussuchen kann. Die Besetzung der Lehrstühle der zweimal fusionierten Fakultät hatte deshalb etwas Zusammengewürfeltes. Zur gezielten Berufung von Personen mit einem bestimmten Profil konnte es deshalb erst kommen, als durch Emeritierung bzw. Pensionierung die „Überhänge" gegenüber dem Strukturplan abgebaut und Neuberufungen erforderlich wurden. Allerdings machte dabei in den folgenden zehn Jahren ein *Trend* zu schaffen, welcher der Vorstellung einer führenden „Hauptstadt-Fakultät" schwer zusetzte. Im Zuge der Sparmaßnahmen, die der Berliner Senat der Humboldt-Universität in rhythmischen Abständen auferlegte, kam es zu einem drastischen Stellenabbau.[110] Schon 1995 musste auf vier Lehrstühle verzichtet werden. 1998 wurden vier weitere gestrichen. Am 17. 2. 2004 schließlich beschloss der Akademische Senat, die Theologische Fakultät in Berlin – verglichen mit anderen Theologischen Fakultäten in Deutschland – auf das unterste Niveau der Ausstattung mit Professuren zusammenzuschrumpfen. Ihr wurden zehn Lehrstühle in den Hauptdisziplinen mit einer vagen Option auf einen elften religionswissenschaftlichen Lehrstuhl zugebilligt.[111]

---

[109] Die Bibliothek des Sprachenkonvikts, die sich im Dom befand, wurde dadurch überflüssig. Sie befindet sich heute in Ziesar. Leider gelang es nicht, die traditionsreiche Bibliothek der Theologischen Fakultät zu integrieren. Sie befindet sich heute (bis auf einige Teile) in einem Außenmagazin in Berlin-Reinickendorf und soll künftig im Grimm-Zentrum untergebracht werden.

[110] Vgl. zum Folgenden in den Dekanatsakten der Theologischen Fakultät die „Stellungnahme der Theologischen Fakultät zu den Vorschlägen des Präsidiums zum Strukturplan" vom 19. 12. 2003.

[111] Der „Evangelische Kirchenvertrag Berlin" von 2006 trägt dem Rechnung, indem er in Artikel 3 festhält, dass „die angemessene Vertretung der Fächer einschließlich Schwerpunkt- und Profilbildung (…) mindestens 11 Professuren" beträgt.

Nach Kenntnisnahme der jüngeren Geschichte der Theologischen Fakultät könnte man vielleicht versucht sein, darauf hinzuweisen, dass dies exakt die Personalstruktur ist, die das Sprachenkonvikt einmal hatte. Aber das wäre eine ungerechte Geschichtsklitterung. Denn die komfortable Ausrüstung der Professuren, die Einrichtung von Juniorprofessuren, das Wirken von Honorarprofessoren, Privatdozenten, Lehrbeauftragten und des zahlreichen wissenschaftlichen Nachwuchses, die Arbeit der Institute und die Finanzierung von Forschungsprojekten durch Universitäts- und Drittmittel machen die Realität der Theologischen Fakultät mit jener Notmaßnahme der Kirche in schwerer Zeit völlig unvergleichbar.

Außerdem durfte sich die Theologische Fakultät gerade nach jenen Eingriffen in ihre Personalstruktur eines besonderen Ereignisses ihrer Verankerung in der Universität erfreuen. Die Gebäude Burgstraße 26/Anna-Louisa-Karsch-Str. 1 wurden zum Sitz der Theologischen Fakultät ausgebaut. Die vorübergehende Verlagerung von Verwaltung, Lehrstuhlbüros und Lehrräumen in die Invalidenstraße bescherte Studierenden und Lehrenden noch einmal ein unruhiges „Wanderleben". Doch als am 9. 5. 2007 das neue repräsentative und funktionale Gebäude mit den großzügigen, für Studierende idealen Räumen der Bibliothek eingeweiht wurde, kam zum Ziel, was 1993 angestrebt war. Wer sich zudem noch an die Existenz der Theologischen Wissenschaft in einer schäbigen Baracke einerseits und auf einem „Hinterhof" andererseits erinnert, kann dieses Gebäude nicht anders als in beschwingter Weise betreten.

Generationenwechsel

Auch wenn der beschriebene Trend und der Abbau von „Überhängen" zum Wegfall von Professuren führten, erforderte die Altersstruktur der Fakultät ab 1995 Neuberufungen. Den Anfang machte nach dem Ausscheiden von Jürgen Henkys die Praktische Theologie. Michael Meyer-Blanck wurde 1995 auf eine C3-Professur für Religionspädagogik, Homiletik (Predigtlehre) und Liturgik berufen, nahm aber zu aller Bedauern schon 1997 einen Ruf nach Bonn an. Durch zeitweilige Stellenbesetzungsstopps behindert zögerte sich nach der Emeritierung von Peter C. Bloth im Jahre 1996 und von Klaus-Peter Jörns die Besetzung der beiden praktisch-theologischen Lehrstühle bis 1999 bzw. 2002 hinaus. Wilhelm Gräb aus Bochum wurde 1999 berufen und übernahm das Institut für „Religionssoziologie und Gemeindeaufbau" sowie die Funktion des Universitätspredigers. Rolf Schieder bekam 2002 den Lehrstuhl für Praktische Theologie und Religionspädagogik.

Noch in die 1990er Jahre fallen die Berufungen von Karl-Heinz Ohme (1996) auf die Professur für Kirchen- und Konfessionskunde und von Andreas Feldtkeller (1999) auf die Professur für Religions- und Missionswissenschaft sowie Ökumenik. Im Bestreben, exzellente Wissenschaftlerinnen und Wissenschaftler für die Humboldt-Universität zu gewinnen, wurden die im Fach Kirchengeschichte aufgrund der Emeritierungen von Ulrich Wickert und Curt-Victor Selge entstandenen Lücken auf beachtenswerte Weise gefüllt. 2002 nahm Dorothea Wendebourg aus Tübingen den Ruf auf den Lehrstuhl für Mittlere und Neuere Kirchengeschichte an. 2004 besetzte der Leibniz-Preisträger Christoph Markschies aus Heidelberg den Lehrstuhl für Ältere Kirchengeschichte und Patristische Theologie. Markschies wurde 2006 zum Präsidenten der Humboldt-Universität gewählt und trägt seither eine besondere Verantwortung für den Weg der ganzen Universität.

Ansonsten stand die Theologische Fakultät jetzt im Zeichen eines *Generationenwechsels.* Nach und nach erreichten die Lehrstuhlinhaber mit DDR-Erfahrung das Ruhestandsalter. Seit Mitte des Jahres 2009 lehrt kein Professor „aus dem Osten" mehr an dieser Fakultät. Von denen, die durch die Fusion von 1993 aus West-Berlin an die Fakultät gekommen sind, ist dann nur noch Cillliers Breytenbach da. Den traditionsreichen, 1849 eingerichteten Lehrstuhl für „Christliche Archäologie und Kirchliche Kunst"[112] gibt es seit der Pensionierung von Gerlinde Strohmaier-Wiederanders (2006) nicht mehr. Statt Wolf Krötke und Christoph Gestrich vertreten die Systematische Theologie jetzt Notger Slenczka (Dogmatik) und der 2008 berufene Juniorprofessor Friedrich Lohmann (Ethik). Der philosophische Lehrstuhl, dessen Wurzeln im Sprachenkonvikt liegen, ist mit der Pensionierung von Richard Schröder 2009 in Wegfall gekommen. Die alttestamentlichen Lehrstühle von Rüdiger Liwak und Matthias Köckert werden – nachdem die Stelle von Peter Welten erlosch – hoffentlich zum Universitätsjubiläum 2010 wieder besetzt sein. Diese Hoffnung besteht auch für eine von den beiden neutestamentlichen Professuren, die noch zur Verfügung stehen. Nach dem Ausscheiden von Christian Wolff, dem geschätzten Kommentator der Korintherbriefe, von Peter von der Osten-Sacken, dem Direktor des Instituts für „Kirche und Judentum", sowie von Hans-Gebhard Bethge mit seinen Verdiensten um die Erforschung des gnostisch-koptischen Schrifttums, ist zu vermuten, dass ein Hochschullehrer alleine das nicht wird leisten können, was jene drei geleistet haben.

Erfreulich und bereichernd aber ist, dass der Theologischen Fakultät im Jahre 2005 die Guardini-Stiftungsprofessur für Religionsphilosophie und Katholische Weltanschauung zugeordnet wurde.[113] Nach Ludger Honnefelder wird sie seit 2007 von Edmund Runggaldier wahrgenommen. Diese Professur erinnert wenigstens daran, dass es in der Hauptstadt Deutschlands eigentlich auch eine katholisch-theologische Fakultät geben sollte.

---

112 Vgl. Strohmaier-Wiederanders, Gerlinde, Geschichte des Faches und des Lehrstuhls „Christliche Archäologie und Kirchliche Kunst" (Christliche Archäologie, Denkmalskunde und Kulturgeschichte) an der Theologischen Fakultät der Humboldt-Universität, in: dies., Theologie und Kultur. Geschichten einer Wechselbeziehung. Festschrift zum einhundertfünfzigjährigen Bestehen des Lehrstuhls für Christliche Archäologie und Kirchliche Kunst an der Humboldt-Universität zu Berlin, Halle 1999, S. 9–17.

113 Romano Guardini hatte von 1923 bis 1939 eine Professur für Religionsphilosophie und Katholische Weltanschauung an der Berliner Universität inne. 1939 wurde diese Professur von den Nationalsozialisten aufgehoben.

Ausblick

Der skizzierte Generationenwechsel, der in der hier nötigen Kürze der Darstellung etwas Atemberaubendes hat, provoziert natürlich die Frage, wofür die Theologische Fakultät im Jahre 2010 gut steht. Von der Fakultät/Sektion zu DDR-Zeiten wusste man das damals einigermaßen genau und von den beiden Kirchlichen Hochschulen in Ost- und West-Berlin auch. In der Generation, die seit 1993 die Theologische Fakultät prägte, war verhältnismäßig einfach Einverständnis darüber zu erzielen, dass die Evangelische Theologie auch an der Universität eine Funktion der Kirche bleibt, die um der kritischen Verantwortung der von ihr vertretenen Wahrheit und um der Ausbildung der Pfarrerschaft sowie der Religionspädagogen willen nötig ist. Der 2006 aktualisierte staats-kirchenrechtliche Status der Theologischen Fakultät legitimiert auch heute die Wahrnahme dieses kirchlichen Anliegens durch die Theologie an der Universität. Dieser Vertrag legt ihr aber andererseits auch eine Verpflichtung durch die Universität auf. Sie hat jene Verantwortung in ihren einzelnen Disziplinen mit den Methoden und unter der Leitung wissenschaftlicher Forschung und Reflexion wahrzunehmen. Die Theologische Fakultät steht der Kirche deshalb auch in kritischer Distanz gegenüber, indem sie z. B. die Quellen, Texte und Zeugnisse des christlichen Glaubens in Vergangenheit und Gegenwart der historischen Forschung aussetzt und die Glaubensaussagen über Gott, die Welt und die Menschen aus dem Horizont derjenigen Wissenschaften reformuliert, welche diese Aussagen tangieren.

Man kann wie bei aller freien wissenschaftlichen Arbeit nicht in abstracto dekretieren, was dabei herauszukommen hat. Noch weniger ist zu erwarten, dass in der Theologischen Fakultät je nur eine Ansicht über die Aufgaben einer wahrheits- und zeitgemäßen Theologie herrschen wird. Es wird vielmehr auch in Zukunft normal sein, dass die Forschung in den Einzeldisziplinen zu unterschiedlichen Ergebnissen und zu verschiedenen Akzentuierungen der Wahrheit des christlichen Gottes-, Welt- und Menschenverständnisses angesichts der Herausforderungen der Theologie durch den religiösen und weltanschaulichen Pluralismus unserer Gesellschaft einerseits wie durch den Atheismus andererseits kommt. Die Geschichte der Fakultät/Sektion in der DDR-Zeit ist ein extremes Beispiel dafür, welchen Schaden der Versuch der Ausschaltung dieser Normalität anrichtet. Jede lebendige Theologische Fakultät weiß die Vielfalt begründeter wissenschaftlicher Positionen, die Auseinandersetzung darüber und den Streit um die Wahrheit zu schätzen. Sie fordert damit die Studierenden zur eigenen Urteilsbildung heraus, weshalb man abwarten muss, wie sich Tendenzen zur Verschulung des Studiums auswirken, die in den 2004 und 2006 eingeführten Bachelorstudiengängen „Evangelische Religion“ und „Evangelische Theologie (mit Lehramtsoption)“ zu erkennen sind.

Der „normale Streit“ einer Theologischen Fakultät kann jedoch auch brisant werden. Das ist der Fall, wenn einem der wissenschaftlichen Erkenntniswege, deren sich die Theologie bedient, begründende Funktion für die in der Praxis der Kirche vertretene Wahrheit zugesprochen wird. Das geschieht z. B., wenn diese Wahrheit vollständig unter das Reglement historischer, anthropologischer, philosophischer, weltanschaulicher, kultureller, ethischer oder allgemein „religiöser" und religionsvergleichender Sichtweisen gerät. Da die neuzeitlichen Wissenschaften in allen diesen Hinsichten nur relative Erkenntnisse haben können, wird auf diese Weise die von der Kirche keinesfalls als relativ verstandene Wahrheit, dass die Welt und die Menschheit im biblisch bezeugten Gott gründen, in diese Relativierung hinein gezogen bzw. auf das Maß einer nur subjektiv-religiösen oder ethischen oder kulturellen Anschauung zurückgenommen. Kommt dergleichen zur Herrschaft, zieht sich die Theologie die kirchliche Legitimation ihres Daseins an der Universität selbst den Boden unter den Füßen weg und wandert – je nach ihrem Involviertsein durch eine der für sie nötigen Wissenschaften – innerlich in eine andere Fakultät ab.

Die Berliner Theologische Fakultät ist im Grunde in allen ihren Phasen von diesem Problem bewegt gewesen. Der Name, der mit diesem Problem verbunden ist, ist der von Friedrich Schleiermacher. Er ist, als sich die Theologische Fakultät 1991 und 1993 neu konstituierte, immer wieder aufgerufen worden. Denn er steht in der Geschichte dieser Fakultät in gleicher Weise für eine mit Hilfe der Wissenschaften dem neuzeitlichen Bewusstsein zugängliche Theologie wie für die wissenschaftliche Unverrechenbarkeit der Lebenskraft des christlichen Glaubens. Das Zweite zu unterschlagen, ist angesichts dessen, dass Schleiermacher schon in seinen berühmten „Reden über Religion", welche die „Religion" als ein selbstständiges „Drittes" gegenüber dem Wissen und der Moral (und damit auch der „Kultur") charakterisiert hat, nicht geraten.[114] Noch weniger gestattet das die „Glaubenslehre", die bei aller Einbettung von Glaubensaussagen in „Lehnsätze" aus anderen Wissenschaften doch einprägt, dass die „geschichtliche Urthatsache", aus der das Christentum hervorgegangen ist, „nicht aus dem früheren geschichtlichen Zusammenhang zu begreifen ist" und deshalb „Offenbarung" zu heißen verdient.[115]

In der jüngeren Geschichte der Theologischen Fakultät der Humboldt-Universität zu Berlin ist das wissenschaftliche Bemühen zweifellos mit dieser Einsicht verbunden gewesen. Dazu bestand nach dem Zugriff zweier unterschiedlicher, sich „wissenschaftlich" gebärdender Weltanschauungen auf die Theologie auch aller Grund. Es ist der Theologischen Fakultät zu wünschen, dass sie das nicht vergisst; aber noch mehr, dass sie in der ihr eigentümlichen Freiheit, in der sie zugleich der Universität wie der Kirche verpflichtet ist, den Weg zu einer wahrheits- und zeitgemäßen Verantwortung evangelischer Theologie findet.

---

[114] Schleiermacher, Friedrich Daniel Ernst, Reden über die Religion an die Gebildeten unter ihren Verächtern (1799). Kritische Gesamtausgabe (KGA) I/2, Schriften aus der Berliner Zeit 1796–1799, hrsg. v. Meckenstock, Günter, Berlin/New York 1984, S. 211.

[115] Ders., Der christliche Glaube nach den Grundsätzen der evangelischen Kirche im Zusammenhange dargestellt. Zweite Aufl. (1830/31), Teilbd. 1, hrsg. v. Schäfer, Rolf, KGA I/13, Berlin New York 2003, S. 89f., 106.

Rechtswissenschaft

Inga Markovits

Die Juristische Fakultät im Sozialismus[1]

Wie erzählt man die Geschichte einer Fakultät? Die Chronistin ähnelt einem Photographen, der eine Gruppe porträtieren soll, die nicht nur ständig in Bewegung ist, sondern deren Zusammensetzung sich bei jedem neuen Klick der Kamera schon wieder verändert hat. Fakultäten sind schwer festzunageln: eine Charakterisierung, die auf das eine Mitglied zutrifft, verfehlt das andere. Eine Fakultät ist mehr als die Summe ihrer Teile, weil sie auch die Geschichte und Hoffnungen der Universität verkörpert, der sie angehört. Aber eine Fakultät kann auch weniger als die Summe ihrer Teile sein, wenn sie die Vorhaben ihrer Mitglieder so sehr einengt und beschneidet, dass das Arbeitsprodukt der Gruppe enttäuschender ausfällt, als die Fähigkeiten jedes Einzelnen erwarten ließen. Allerdings erhoffte der Sozialismus sich von der Zusammenarbeit vieler Wissenschaftler gerade das Gegenteil: dass ihre Kreativität im Kollektiv erblühen und rational koordiniert und gefördert werden würde. Aber kann das für ein Arbeitsgebiet gelten, dem die Partei gleichzeitig so eingefleischten Argwohn und so unrealistische Erwartungen entgegenbrachte, wie dem Recht?

Es erleichtert die Aufgabe der Chronistin, dass die DDR nur vier Jahrzehnte lang existierte. So hat ihre Geschichte einen klaren Anfang und ein klares Ende: zwei nationale Katastrophen, zwischen denen sich die sozialistischen Lebensjahre der Juristischen Fakultät der Humboldt-Universität wie zwischen zwei Buchstützen aneinanderreihen. Man kann diese Geschichte als eine vierzig Jahre lange Kette bekannter und unbekannter Juristen-Namen beschreiben: die wenigen vom Nationalsozialismus unbefleckten bürgerlichen Professoren, die nach Kriegsende in den Trümmern Berlins eine Fakultät nach ihrem Bilde aufzubauen versuchten; die hoffnungsvolle neue Garde (und die drei oder vier Vertreter der alten Garde), die eine sozialistische Rechtswissenschaft erfinden wollten; die nicht mehr so optimistische, aber dafür praktischere Generation von DDR-Juristen, die ihnen folgte; die Realisten, Bürokraten und Mitläufer der Jahre, in denen sich der Sozialismus zu konsolidieren schien; die vorsichtigen Reformer der Wendezeit. Man kann meine Geschichte auch als

[1] Ich bin vielen Angehörigen der ehemaligen Sektion Rechtswissenschaft für hilfreiche und offene Gespräche zu Dank verpflichtet: Tatjana Ansbach, Uwe-Jens Heuer, Hermann Klenner, Johannes Klinkert, Karl Mollnau, Felix Posorski, Wera Thiel, Gerwin Udke, Arthur Wandke, und vor allem Anita Grandke und Rosi Will.

eine Reihe sozialistischer Reformversuche erzählen: die erste DDR-Hochschulreform in den späten 1940er Jahren, die das Bildungsprivileg der bürgerlichen Mittel- und Oberklassen brechen sollte; die zweite Hochschulreform von 1951, die das Studium verschulen und den Marxismus-Leninismus im Bewusstsein der Studenten verankern wollte; die dritte Hochschulreform von 1967/68, die die Universitätsleitung straffen und die Wissenschaft, Ideologie und Praxis endlich miteinander verschmelzen sollte, und schließlich die Routine der Universitätsverwaltung in den 1970er und 1980er Jahren, die ihren revolutionären Ehrgeiz aufgegeben zu haben schien. Oder man kann die Geschichte der Berliner Juristenfakultät an den politischen Ereignissen ihres Lebenslaufes aufhängen: an der Wiederaufbauarbeit unmittelbar nach dem Zusammenbruch, dem 17. Juni 1953, dem XX. Parteitag der KPdSU, der berüchtigten Babelsberger Konferenz vom April 1958, dem Mauerbau und der Beruhigung der Lage, die ihm folgte und schließlich erst dem Aufstieg und dann dem Verfall der DDR in den Jahren Honeckers und Gorbatschows.

Alle diese historischen Marksteine werden eine Rolle spielen. Aber mein eigentliches Ziel ist es, die Juristische Fakultät der Humboldt-Universität als eine intellektuelle Gemeinschaft zu porträtieren, deren beruflicher Ehrgeiz und Diskurs von den Ereignissen geprägt wurde, denen sie im Laufe ihrer Lebenszeit ausgesetzt war. Ich will zuerst die Umstände und Fakten sammeln, die auf das wissenschaftliche Klima einen Einfluss hatten, in dem meine Protagonisten ihre Arbeit taten. Dann will ich versuchen, ihre Reaktionen auf die Wetterwechsel aus ihrem Verhalten und den Äußerungen abzulesen, die ich in den Sitzungsprotokollen der Fakultät[2] und in den Veröffentlichungen ihrer Mitglieder finde. Das intellektuelle Gruppenbild, das ich aus meinen Daten zusammensetzen kann, ist spekulativ: ich versuche, mir an Hand meiner Daten *vorzustellen,* wie die Juristen der Humboldt-Universität ihre wissenschaftliche Identität im Spannungsfeld von Recht, Politik und Glauben an den Sozialismus definierten. Auch wenn ich mein Portrait der Fakultät auf deren eigene Worte stützen will, ist es kein Selbstportrait, sondern das Produkt einer Außenstehenden; auf Interpretationen, Deduktionen und Unterstellungen gestützt. Aber wie anders kommt man an eine vergangene Welt heran, die nicht die eigene war?

[2] Die Protokolle des Wissenschaftlichen Rates der Juristischen Fakultät und, ab 1968, der Dienstbesprechungen beim Sektionsdirektor befinden sich, zusammen mit vielen anderen unvollständigen Fakultätsunterlagen (Bereichsbesprechungen, Diskussions-Vorlagen, gelegentliche Jahresberichte des Sektionsdirektors etc.), im Archiv der Humboldt-Universität. Die Unterlagen sind in Schachteln mit jeweils mehreren dicken Aktenordnern aufbewahrt, deren Inhalt nicht durchgehend paginiert ist. Alle in diesem Beitrag nicht näher identifizierten Zitate entstammen diesen Unterlagen und sie sind über die Zeitangaben identifizierbar. Ilona Kalb, Mitarbeiterin des Archivs, leistete freundliche und sachkundige Hilfe als Führerin durch seine Schätze.

Daten und Ereignisse

Wiedereröffnung der Fakultät

Es ist dem Erneuerungsdrängen der sowjetischen Besatzung zu verdanken, dass die Berliner Universität so bald nach Kriegsende aus den Ruinen auferstehen konnte. Der Festakt zur Neueröffnung fand am 29. Januar 1946 im Aushilfsquartier der Staatsoper in der Friedrichstraße statt: mit dem Rektor in goldener Amtskette, dem 2. Brandenburgischen Konzert zur musikalischen Untermalung des Programms, und einer Professorengruppe in Talaren, die die ausgebombten Berliner von der Universität Jena hatten borgen müssen.[3] Die Regie der Feier verrät die Sehnsucht der Beteiligten nach einer bürgerlichen Normalität, auf die auch die Besatzungsmächte bauten: die *sozialistische* Umformung der Universität unter den Linden (zur „Humboldt-Universität" wurde sie erst im Februar 1949) begann mit den Bemühungen *bürgerlicher* Professoren um ihren Wiederaufbau.

Das galt auch für die Juristische Fakultät. Weil die sowjetische Bedingung für die Beteiligung von Bürgerlichen an der Erneuerung der Universität eine von Nazi-Assoziationen unbefleckte Vergangenheit war, hatten nur zwei Juristen der Universität den Anschluss an die ostdeutsche Gegenwart gefunden: Eduard Kohlrausch, Strafrechtler und früher Rektor der Berliner Universität, der 1933 im Protest gegen Gewalttätigkeiten von SA-Studenten von seinem Amt zurückgetreten war, und Hans Peters, außerordentlicher Professor für öffentliches Recht, Mitglied des Kreisauer Kreises und bei Kriegsende Soldat. Die meisten Träger anderer großer Namen, die noch im Wintersemester 1944/45 im Berliner Vorlesungsverzeichnis gestanden hatten – Justus Hedemann, Carl Schmitt, Paul Gieseke, Wolfgang Siebert – fanden an westdeutschen Universitäten Unterkunft. Im Wintersemester 1946/47 gab es bei den Juristen Unter den Linden nur vier ordentliche Professoren: Kohlrausch, Peters, Heinrich Mitteis (Rechtshistoriker, der von Rostock gekommen war) und den Arbeitsrechtler Hermann Dersch, der bis 1937 Arbeitsrecht gelesen hatte.

Dazu kamen in diesem und den nächsten Nachkriegsjahren noch eine Reihe anderer bürgerlicher Juristen an die Berliner Universität, oft nur für ein oder zwei Semester; vielleicht vom Ruf der alten Friedrich-Wilhelms-Universität angelockt, vielleicht von patriotischen Hoffnungen beseelt. Sie sahen sich um; erschraken wahrscheinlich angesichts der Trümmerlandschaft, die sie umgab; machten sich Sorgen über den wachsenden Einfluss der SED, die schon im Herbst 1948 eine Grundorganisation an der Juristischen Fakultät gebildet

[3] Maskolat, Henny, Die Wiedereröffnung der Berliner Universität im Januar 1946, in: Forschen und Wirken. Festschrift zur 150-Jahr-Feier der Humboldt-Universität 1810–1960, 3 Bde., Berlin 1960, Bd. 1, S. 605–627.

hatte[4]; und gingen wieder. Ludwig Raiser (bürgerliches Recht) blieb nur ein Semester, weil ihm die bürokratischen Praktiken der Universitätsbibliothek zuwider waren. Richard Lange (Gastprofessor für Strafrecht) ging, kaum dass er einen regelrechten Ruf erhalten hatte, „aus zwingenden Gründen des Gewissens und der wissenschaftlichen Überzeugung" nach Kiel zurück. Günter Brandt (bürgerliches Recht) und Wilhelm Wengler (Völkerrecht) wechselten an die Freie Universität, Brandt sogar noch im laufenden Semester. Auch Heinrich Mitteis ging, sobald es sich machen ließ, nach München.

Zwar stießen schon in den ersten Anfangsjahren verschiedene Juristen zu der Fakultät, die zwar nach Herkunft und Lebensstil privilegierte Angehörige der Mittelklasse waren, die sich aber ihrer politischen Überzeugung nach schon früh auf die Seite des Sozialismus geschlagen hatten. Arthur Baumgarten war der bekannteste unter ihnen, marxistischer Philosoph und Nationalpreisträger, der im Sommer 1947 zunächst als Gast aus Basel und ab Winter 1949 als ordentlicher Professor und Mitglied der Akademie der Wissenschaften Rechtsphilosophie und Strafrecht lehrte. Er fungierte Zeit seines Lebens als hoch geehrtes Aushängeschild der Fakultät. Hans Nathan, von Haus aus Rechtsanwalt, war auf der Flucht vor Hitler zum Kommunisten geworden. Er kam schon 1946 aus der England-Emigration nach Deutschland zurück, arbeitet zunächst im DDR Justizministerium, stieß 1952 zur Humboldt-Universität und war von 1954 bis 1962 Dekan der Juristischen Fakultät. Ihm ging es vor allem um praktische Gerechtigkeit und er verdient es, dass wir in dieser Geschichte noch öfters zu ihm zurückkommen werden. Der schillerndste unter den ersten Sozialisten an der Fakultät war der Völkerrechtler Alfons Steiniger, auch Nazi-Verfolgter und frühes Mitglied der Partei und nach der Beschreibung von Hans Peters „ein älterer, intelligenter und gewandter Mann." Steiniger war 42 Jahre alt, als Peters 1947 dieses Urteil abgab (und neun Jahre jünger als Peters selbst), aber er scheint etwas Weltmännisches und Wendiges gehabt zu haben, das dem unverstellten und pragmatischen Peters altväterisch und irritierend vorgekommen sein mag.

Vielleicht ist Hans Peters die Figur, mit deren Hilfe sich die Schwierigkeiten und Widersprüche der Anfangsjahre der Berliner Juristenfakultät am ehesten beschreiben lassen. Peters wurde im Herbst 1946 Dekan, als der bisherige Dekan Eduard Kohlrausch bezichtigt wurde, 1938 mit zwei Aufsätzen zu Hitlers „Blutschutzgesetz" die Rassenpolitik der Nazis legitimiert zu haben (vgl. Werle i. Bd. 5). Die Rechtfertigung des Beschuldigten – dass er, ein lebenslanger Gegner der Analogie im Strafrecht, die aggressive Rechtsprechung des Reichsgerichts zu dem Gesetz habe eindämmen wollen - verhinderte nicht seine Suspendierung, und Kohlrausch starb im Zorn, bevor ein Untersuchungsausschuss die Sache klären konnte. So übernahm Hans Peters den undankbaren Posten.

[4] Klein, Helmut (Hrsg., in Zusammenarbeit mit Autorenkollektiv), Humboldt-Universität zu Berlin, Überblick 1810–1985, Berlin 1985, S. 108.

Was konnte er für seine Fakultät tun? Das erste Ziel der ostdeutschen wie der sowjetischen Autoritäten – die Öffnung der Universitäten für die Kinder unterprivilegierter Gruppen der Bevölkerung – wurde in Berlin erstaunlich schnell verwirklicht. Zunächst wurden an der Juristischen Fakultät vor allem diejenigen Studenten zugelassen, die der Krieg aus der Bahn geworfen hatte. Im Sommer 1947 waren unter den 45 Studenten, denen von rund 500 Bewerbern für das Jurastudium die Aufnahme gelang, 20 % Schwerkriegsbeschädigte und ehemalige Kriegsgefangene, 10 % höhere Semester, 10 % Bewerber aus den anderen Zonen, und – „bei gleicher Leistung" – bevorzugt Arbeiterkinder. Die „gleiche Leistung" verlor als Zulassungskriterium bald an Bedeutung. Die Bildung von „Vorstudienanstalten" im Mai 1946, die 1950/51 zu „Arbeiter-und Bauern-Fakultäten" umgestaltet wurden[5], ermöglichte die zielstrebige Förderung von jungen Leuten, für die Universitäten bisher eine unerreichbare Welt gewesen waren, und ihr Nachhilfeunterricht war so erfolgreich, dass 1951 schon 45 % aller Jurastudenten der Universität aus der Arbeiterklasse kamen. Die radikale Umverteilung von Bildungschancen erlaubte die Begünstigung von der Partei genehmen Kandidaten und muss auch auf Kosten begabter Kinder aus der Mittelklasse gegangen sein. Im April 1948 beschwert sich Dekan Peters einmal bei der Zentralverwaltung für Justiz, weil sie die Zulassung von drei Studenten (aus politischen Gründen?) „zurückgezogen" hatte. Aber im großen Ganzen scheinen sich weder Hans Peters noch seine bürgerlichen Kollegen gegen die Öffnung ihrer Fakultät für bisher faktisch Ausgeschlossene gewehrt zu haben. Sie wird, nach dem Zusammenbruch der Werte in den Nazijahren, vielleicht auch ihrem eigenen Gerechtigkeitsgefühl entsprochen haben. Die andere politische Neuerung der frühen Jahre – gesellschaftswissenschaftliche Pflichtvorlesungen im ersten Studienjahr – scheint bei den Juristen schon an mangelnden Kapazitäten gescheitert zu sein. Immerhin las Arthur Baumgarten in seiner Philosophievorlesung im Sommer 1947 auch über „die Ideologielehre von Karl Marx." Zu dieser Zeit gibt es an der Juristischen Fakultät 13 unbesetzte Professorenstellen.

So ist ein großer Teil der Arbeitszeit von Dekan Peters mit der Suche nach neuen Lehrern ausgefüllt. Er verschickt hartnäckige Werbebriefe an Kollegen in Westdeutschland und im Ausland; die meisten von ihnen ergebnislos. Gerhard Leibholz, Rudolf Smend, Leo Rosenberg lehnen die Einladung ab. Berufungsverhandlungen erfordern nicht nur die Hofierung des Erwählten, sondern auch die Lösung vieler praktischer Probleme: Wohnungen, Kohlezuteilungen, Interzonenpässe; die gerechte Verteilung eines CARE-Pakets unter den Kollegen. Der Viermächte-Status Berlins und die Pläne der sowjetischen Besatzung machen vielen Kandidaten Sorgen. Erich Genzmer, zum Beispiel, will im Dezember 1946 nur aus Hamburg kommen, wenn er „als eine Art Rückversicherung" außer seiner Professur auch

[5] Grunert, Annemarie/Jakl, Erika/Klinner, Manfred, Die Arbeiter-und-Bauern-Fakultät als Institution zur Erziehung und Bildung der sozialistischen Intelligenz, in: Forschen und Wirken, 1960, Bd. 1, S. 647–669.

eine Rechtsberater-Stellung bei den Amerikanern erhält. Auch aus dieser Berufung wird nichts.

Zwar verteidigt Peters seine Fakultät gegen die „seines Erachtens völlig ungerechtfertigten Anfeindungen gegen die Berliner Universität in Süd- und Westdeutschland." Er protestiert nach dem Ausmarsch rebellierender Studenten aus der Linden-Unversität im Frühjahr 1948 auch gegen die Gründung einer „Freien Universität" in Westberlin: „Wie eine Kampfuniversität, die den unergiebigen Auftrag hat, eine andere in derselben Stadt zu zerstören, politisch wirklich frei sein [kann], ist das Geheimnis der Verteidiger dieses Gedankens."[6] Aber er kann sich nicht verhehlen, dass sein eigener Spielraum immer enger wird. Als im September 1947 Alfons Steiniger seine Habilitationsschrift einreicht, beschreibt Peters sie in einem Brief an Heinrich Mitteis als „niveaumäßig gut." Aber „sie weicht in der Grundauffassung sehr stark von Ihnen und mir ab." Nicht nur in der „Grundauffassung", sondern auch in der Gedankenfreiheit, die der neugebackene Professor Steiniger seinen Kollegen einräumen will. Im Februar 1950 erklärt er, nur dann für eine Neuberufung stimmen zu können, wenn der Kandidat eine Erklärung unterschreibt, dass er „mit den Zielen der Nationalen Front des demokratischen Deutschlands übereinstimmt." Zu der Zeit ist Hans Peters schon nicht mehr Dekan. Er hatte es 1948 abgelehnt, sich an Ulbrichts Deutschem Volkskongress zu beteiligen, hatte seinen Dauer-Interzonenpass nicht mehr verlängert erhalten, und war im Juli 1948 auf einer Konferenz in Werder persönlich in ein Wortgefecht mit Walter Ulbricht geraten[7], das Ulbricht später selbst erwähnte. „An der Berliner Universität vertritt der Staatswissenschaftler Professor Peters die traditionelle Klassentheorie der Bourgeoisie", schrieb er.[8] Der Vorwurf war zu simpel. Peters wollte eine praktische Reform, die aus der schlechten und der guten Vergangenheit der Deutschen lernen sollte und war bereit, auch Andersdenkenden in der dafür nötigen Debatte zuzuhören. Aber die SED wollte keine offene Debatte, sondern einen Diskurs, der ohne Zweifel straks auf ein vorgegebenes Ziel zuschritt. Im März 1949 schreibt Peters an Arthur Nussbaum in New York: „Die Fakultät hat sich völlig verändert. Nur noch Dersch und ich sind aus der alten Zeit übrig geblieben (...) Viele der Vorwürfe, die heute gegen die Berliner Universität (...) erhoben werden, sind Verleumdungen; andererseits würden wir naturgemäß fast alle eine andere politische Konstellation wünschen." Im September 1949 folgt er einem Ruf nach Köln. Hermann Dersch übernimmt das Dekanat, bis auch er 1951 Gastprofessor an der Kölner Universität wird.

---

[6] Der Tag v. 26. Mai 1948; zit. n. Klein, Überblick, 1985, S. 106.

[7] Benjamin, Hilde, Einige Gedanken zur Einheit von Praxis und Wissenschaft in Lehre und Forschung, in Neue Justiz (NJ) 14 (1960), S. 705–708, hier: S. 706.

[8] Ulbricht, Walter, Zur Geschichte der deutschen Arbeiterbewegung. Aus Reden und Aufsätzen, Bd. III: 1946–1950, Berlin 1963, S. 243.

„Hochschulreform" seit 1949/50 – Sozialistische Rechtswissenschaft

Das heißt nicht, dass mit dem Auszug der „Bürgerlichen" die Juristische Fakultät sich über Nacht dem Sozialismus verschrieben hätte. Die Lehrveranstaltungen folgen immer noch der Struktur und den Methoden der bürgerlichen Gesetzgebung, die ihnen meistens noch zu Grunde liegt. Vorlesungen, die in den Anfangsjahren die abstrakte Beschreibung von Doktrin zum Inhalt hatten („nicht der leiseste Versuch, hinter den Normen des Rechts und ihrer Anwendung Interessen zu suchen"[9]), bleiben auch in der Folgezeit bei dem bewährten Muster. Im Juli 1949 meldet die Fakultät „erhebliche Bedenken" gegen den Plan der Deutschen Verwaltung für Volksbildung an, das erste juristische Semester mit gesellschaftspolitischen Vorlesungen anzufüllen, und im Dezember 1950 wehren sich die Juristen noch einmal gegen ein gezieltes politisches Unterrichtsprogramm für ihre Studenten, weil das juristische Studium ja ohnehin „zahlreiche gesellschaftliche Pflichtvorlesungen" vorsehe. Offenbar wollen auch die Marxisten Baumgarten und Steiniger den Politunterricht nicht gerne übernehmen. So werden im Winter 1950/51 zwei Lehrbeauftragte für diese Aufgabe angestellt: Hilde Benjamin (Vizepräsidentin des Obersten Gerichts) liest über „politische und soziale Probleme der Gegenwart", Dr. Günter Scheele vom Justizministerium über „die Entwicklung der Gesellschaft und ihre Gesetze."

Aber schon im nächsten Jahr wird Scheeles Lehrauftrag auf „Marxismus-Leninismus" umgetauft, als mit der 2. Hochschulreform auch das Jurastudium in der DDR grundlegend umgekrempelt wird. Ideologie wird nicht nur Pflichtfach, sondern zur Basis jeder Universitätsausbildung. Der neue Studienplan vom September 1951 sieht für das ganze erste Jahr des Jurastudiums fast ausschließlich Vorlesungen und Seminare vor, die den Studenten die Theorie und Denkweise des Marxismus vermitteln sollen.[10] Traditionelle Rechtsgebiete wie Zivil- und Strafrecht werden erst im zweiten Studienjahr in Angriff genommen. Zwar hätte ein sozialistischer Verteidiger des neuen Vorlesungsprogramms die Unterscheidung zwischen „ideologischen" und „juristischen" Lehrveranstaltungen schon deswegen zurückgewiesen, weil *jede* Rechtsordnung mit politischen Werturteilen saturiert sei und der DDR Studienplan von 1951 daher nur ehrlicher in seiner Akzeptanz des politischen Charakters allen Rechts sei, als sein bürgerliches Gegenstück. Aber der Einwand hätte nichts daran geändert, dass nach den neuen Regeln Jurastudenten zumindest in ihrem ersten Jahr an der

[9] Heuer, Uwe-Jens, Im Streit, Baden-Baden 2002, S. 24.

[10] Hier ist die Aufteilung der insgesamt 1405 Unterrichtsstunden im ersten Studienjahr: Grundlagen des Marxismus-Leninismus: 416 Stunden; Politische Ökonomie: 312 Stunden; Theorie der Geschichte des Staates und der Rechts: 312 Stunden; Geschichte des Staates und des Rechts in Deutschland: 104 Stunden; Deutsches Staatsrecht: 104 Stunden. Die restlichen 157 Stunden sind mit Sprachunterricht und Sport belegt. Zahlen bei Haferkamp, Hans-Peter/Wudke, Thorsten, Richterausbildung in der DDR, in: forum historiae iuris, Artikel v. 25. 10. 1997, in: www.forhistiur.de/zitat/9710haferkamp-wudke.htm, abgerufen am 24. 8. 09.

Universität ihre Berufsausbildung nicht als die Erlernung eines Handwerks erleben sollten, sondern als die Bekehrung zu einem Glauben.

Die 2. Hochschulreform bringt noch eine Reihe anderer wichtiger Neuerungen: die Einführung eines 10-monatigen Studienjahrs (um die ablenkende Zersplitterung des Unterrichts in zwei Semester zu vermeiden); die Gründung eines Staatssekretariats für Hochschulwesen (das die zentrale Anweisung und Kontrolle der Universitäten erleichtern soll); neue Zwischenprüfungen und Praktika; die Einführung von obligatorischen Russischkursen (um von den sowjetischen Freunden lernen zu können); Sport- und Literaturunterricht für jedermann und – mit der Stipendienordnung von 1951 – die Finanzierung fast jedes DDR-Studenten durch den Staat. Anfangs der 1950er Jahre wird 88 % aller DDR-Studenten, nach Leistung und politischer Loyalität gestaffelt, ihr Studium durch den Sozialismus finanziert.[11] Die 1. Hochschulreform hatte das bürgerliche Bildungsprivileg beenden sollen; nun, wo die Studentenschaft die soziale Zusammensetzung der Bevölkerung zu reflektieren beginnt, soll die 2. Hochschulreform den „Prozess der grundlegenden weltanschaulichen Umerziehung“[12] in die Wege leiten (vielleicht der Grund, warum nur die Theologen, als die Vertreter einer anderen Religion, von den obligatorischen Marxismus-Leninismusstudien ausgenommen sind).

Die geistige Umschulung der Studentenschaft war mit der gegebenen Besetzung der DDR-Universitäten und mit den vorhandenen bürgerlichen Lehrbüchern nicht zu erreichen. Vor allem die Juristen, sozusagen schon beruflich auf Wortklauberei, Widerspruch und Zweifel trainiert, mussten unsichere Kantonisten sein. An der Universität gab es im Winter 1950/51 vier ordentliche Professoren (die zwar dem Sozialismus wohl gesonnen, aber alle noch in der Weimarer Republik oder unter dem Kaiser ausgebildet waren), zwei Gastprofessoren, und 13 Lehrbeauftragte, die meisten von ihnen Praktiker aus dem Ministerium der Justiz oder aus anderen Behörden, die zwar als Lückenbüßer nützlich waren, aber mit denen auf die Dauer kein akademischer Unterricht zu machen war. So sann die Partei auf Abhilfe. Zusammen mit der Neuorganisierung der Universitäten im Februar 1951 wurde an der damaligen Verwaltungsakademie in Forst Zinna ein Schnellkurs eingerichtet, in dem 14 ausgewählte Nachwuchswissenschaftler in einem 6-monatigen Internatskurs zu sozialistischen Juraprofessoren herangezogen werden sollten.

Es war ein erstaunliches und waghalsiges Unternehmen. Die jungen Leute hatten alle nach dem Krieg studiert und waren, was man damals nach sowjetischem Vorbild „Aspiranten“ nannte: Doktor-Kandidaten mit noch nicht abgeschlossener Promotion. Der Jüngste

[11] Krönig, Waldemar/Müller, Klaus-Dieter, Anpassung, Widerstand,Verfolgung. Hochschule und Studenten in der SBZ und DDR, Köln 1994 S. 88. Zum Vergleich: in der Bundesrepublik erhielten in den frühen 1950er Jahren 5 % –6 % aller Studenten ein Stipendium.

[12] Teumer, Elfriede, 25 Jahre Studium der Grundlagen des Marxismus-Leninismus an den Universitäten, Hoch- und Fachschulen, in: Staat und Recht (StuR) 25 (1976), S. 937–942.

unter ihnen war 23 Jahre alt. Sie waren alle überzeugte Sozialisten, auch Stalinisten, denn dies waren die Jahre des Kalten Kriegs, der XX. Parteitag sollte erst sechs Jahre später kommen, und 1951 galt Stalin noch als „großer Lehrmeister"[13] und weiser Vater. Aber sie waren keine Ja-Sager und Mitläufer. Einer von ihnen, Karl Bönniger, kam aus Westdeutschland, wo er als Mitglied der KPD keine Referendarstelle erhalten hatte und nun im „besseren Deutschland"[14] Raum für seine Kräfte und Talente finden wollte. Wie er waren auch alle anderen Mitglieder des Forst-Zinna-Lehrgangs begierig, ihre Intelligenz und Energie der Schaffung einer neuen und gerechteren Gesellschaft zur Verfügung zu stellen. Auch wenn diese Gesellschaft am Ende anders ausfiel, als sie planten, würden sie doch alle eines Tages zur juristischen Elite der DDR gehören. Drei spätere HU-Professoren waren mit dabei: Hermann Klenner, Hans Kleine und John Lekschas.

Das von der Partei gestellte Ziel war es, auf vier Gebieten (Staats- und Rechtstheorie, Zivilrecht, Strafrecht und Verwaltungsrecht) Vorlesungsprotokolle zu entwickeln, die an allen juristischen Fakultäten der DDR das bisher bürgerliche Jurastudium in ein sozialistisches Wissensfeld verwandeln sollte. Die Forst-Zinna-Gruppe stürzte sich auf diese Aufgabe mit dem Elan der Jugend und der Begeisterung von Gläubigen.[15] Ihnen waren eine Reihe erfahrenerer Konsultanten mitgegeben worden (unter ihnen auch Peter Steiniger und der spätere HU-Professor Hans Nathan), aber das Verhältnis zwischen Alten und Jungen in Forst Zinna schien wenig Status- und Autoritätsgefälle zu enthalten und die Debatten aller drehten sich darum, wie eigene marxistische Positionen zu Rechtsfragen in der DDR entwickelt werden könnten, was dabei von den bürgerlichen Traditionen noch zu brauchen sei (nicht sehr viel), und wie sich sozialistische Werte (etwa: der demokratische Zentralismus oder die Mitwirkung von Bürgern im Verwaltungsrecht) in rechtliche Begriffe übersetzen ließen. Die rund 80 Schreibmaschinenseiten, die jede Untergruppe wöchentlich erarbeitete, wurden am Wochenende mit den Konsultanten diskutiert und umgearbeitet; dann ging es am nächsten Montag weiter auf dem Weg zu einer „marxistisch-leninistischen Rechtswissenschaft." Wenn das einzige der auf diese Weise produzierten Vorlesungsmanuskripte, das mir vorliegt – Herman Klenners, Rudolf Arzingers und K. H. Schöneburgs „Theorie und Geschichte des Staates und des Rechts" – als Beispiel gelten kann, war das Ergebnis von sechs Monaten intensiver und euphorischer Arbeit bemerkenswert: intellektuell ebenso wie politisch rigoros, gründlich und sachkundig in der Benutzung seiner Quellen, gebildet und einfallsreich (die marxistischen Klassiker gehören ebenso zum Lesestoff für die Studenten wie Balzac und Brecht), rabiat anti-bürgerlich und durch keine Zweifel an der Möglichkeit utopischer Veränderung belastet. Wer heute, mehr als 50 Jahre später, das Manuskript stu-

[13] Steiniger, Peter Alfons, Zum Geburtstage J. W. Stalins, in: NJ 6 (1952), S. 593–594.
[14] Markovits, Inga, Die Abwicklung, München 1993, S. 260.
[15] Zur Arbeit des Forst-Zinna Lehrgangs siehe Bönninger, Karl u. a., Von den Anfängen der marxistisch-leninistischen Rechtswissenschaft in der DDR, in: NJ 43 (1989), S. 351–355.

diert, fragt sich nicht nur, wie Recht in der sozialistischen Zukunftswelt eine Rolle spielen konnte, sondern auch, wie so viel Lehrstoff selbst bei sechs Wochenstunden in nur einem Studienjahr in mürrische Studentenköpfe zu trichtern war.

Die Neuerungen der II. Hochschulreform wurden zum ersten Mal im Herbst 1951 durchgesetzt. Die Absolventen von Forst Zinna waren gerade noch rechtzeitig als Dozenten für ihre frischgebackenen Vorlesungsprogramme auf die juristischen Fakultäten der DDR verteilt worden. Hermann Klenner und Hans Kleine kamen an die Berliner Universität, zusammen mit zwei anderen Vertretern der neuen Garde unter den Juristen: Hans Gerats, ursprünglich Volksrichter, der Strafrecht las und, und der Arbeitsrechtler Rudolf Schneider. Vor allem Hermann Klenner muss ein eindrucksvoller Lehrer gewesen sein: jung, scharfzüngig und witzig, mit enormem Wissen, gesundem Selbstbewusstsein, und hohen Ansprüchen an seine Studenten. Einer von ihnen war Karl Mollnau, Klenners Assistent und später ebenfalls HU-Professor, und wie sein Lehrer lange Zeit „bekennender Marxist."[16] Der Forst-Zinna-Lehrgang blieb nicht der einzige DDR-Versuch, neue juristische Lehrprogramme sozusagen im Eigenbau durch hoffnungsvolle sozialistische Nachwuchswissenschaftler ausarbeiten zu lassen. 1953 zum Beispiel wurde Uwe Jens Heuer, damals ein 26 Jahre alter Doktorand (und späterer Professor), beauftragt, zusammen mit einigen anderen eine „marxistische Vorlesung ‚Staats- und Rechtsgeschichte'" zu entwerfen[17] und 1954 arbeitete ein fünfmonatiger Prozessrechtslehrgang von „zehn jüngeren Kollegen" Lehrpläne für Straf- und Zivilprozessrechtsvorlesungen aus.[18] Die ostdeutsche Universitätsverwaltung brauchte die jungen Leute, weil genug alte nicht vorhanden waren. An der Juristischen Fakultät waren im Frühling 1952 unter inzwischen 16 Professoren und Lehrbeauftragten, soweit ich sehen kann (und ich muss in manchen Fällen raten), nur gut die Hälfte einigermaßen zuverlässig dem System verschworen. Natürlich hatten auch die Neuen ihre Risiken: ihnen fehlte Erfahrung, Praxis, Wissen und vielleicht die nötige Parteidisziplin. Einer der neuen Garde, Rudolf Schneider, würde später seine Professur verlieren, weil er bei seiner Anstellung frühe Nazi-Bindungen verschwiegen hatte. War das der Nährboden, auf dem eine neue Generation sozialistischer Juristen herangezogen werden konnte?

Einige der Neuerungen, die die 2. Hochschulreform an der Juristischen Fakultät einführte, waren ein Erfolg. Die institutionellen Änderungen, die eine intensivere Anleitung und Studienbegleitung der Studenten anstrebten (wie etwa die Zwischenprüfungen, die Praktika, und bald auch die sorgfältige Planung des Fortschritts wissenschaftlicher Nachwuchskader) scheinen sich im Laufe der Jahrzehnte bewährt zu haben. Zumindest gab es an der Fa-

16 Der Ausdruck stammt von Klenner, Hermann, Vorwärts, doch nicht vergessen: Die Babelsberger Konferenz von 1958, in: UTOPIE kreativ (April 2005), H. 174, S. 291–305.

17 Heuer, Im Streit, 2002, S. 34.

18 Marga, Paul/Schindler, Richard, Über die Arbeit und die Ergebnisse eines Lehrgangs zur Entwicklung wissenschaftlicher Kader auf dem Gebiet des Prozessrechts, in: StuR 4 (1955), S. 477–494, hier: S. 479

kultät nicht die Vereinzelung und Anomie, mit der westdeutsche Studenten oft zu kämpfen hatten. Allerdings wurde der Gewinn an Gemeinschaft durch die Belastung der Studenten durch FDJ-Mitgliedschaft, Seminar- und Studiengruppen und allerhand andere politische Kollektivunternehmungen bald wieder abgewertet. Aber das Hauptziel der Reform – durch die fast ausschließliche Beschäftigung mit Ideologie im ersten Studienjahr den angehenden DDR-Juristen den Marxismus-Leninismus nicht nur ans Herz zu legen, sondern ihn auch zur Grundlage all ihrer späteren juristischen Überlegungen zu machen – schien unerreichbar. Die Klage, dass den Jurastudenten der Marxismus-Leninismus „unermüdlich anerzogen" werden müsse[19], dass die Ideologie „bei einer ganzen Reihe von ihnen reines Bücherwissen" bleibe, dass es „trotz des neuen Studienplans bei den Studenten sogar ausgeprägte Tendenzen nach „positivem Wissen" im bürgerlichen Sinne" gebe[20], zieht sich wie ein Leitmotiv durch die Aufsätze und Sitzungsprotokolle der Fakultät nicht nur der 1950er Jahre, sondern auch der folgenden Jahrzehnte. Wir kommen noch darauf zurück.

Und wie sah es bei den Professoren aus? Die ideologische Kopflastigkeit des neuen Studienplans vom September 1951 enthielt auch eine Botschaft der Partei an die Rechtswissenschaftler in der DDR: „Der Marxismus-Leninismus muss im Zentrum eurer Arbeit stehen." Zum mindesten dem äußeren Anschein nach bemühen sich die Juristen der Universität, dieser Aufforderung zu folgen. Ab 1951 beginnen Fakultätssitzungen in der Regel mit dem Kurzreferat eines Mitglieds zu einem politisch aktuellen Thema; etwa „Die Stellungnahme der Sowjetunion zur Frage eines deutschen Friedensvertrages" oder „Die Bedeutung der Arbeit Stalins *Ökonomische Probleme des Sozialismus* für die Rechtswissenschaft". Im März 1953 wird beschlossen, dass Mitglieder des Rats der Fakultät abwechselnd über die neuesten Beschlüsse der SED und der Regierung vor der erweiterten Fakultät Bericht erstatten sollen. Im folgenden Oktober bestätigt der Fakultätsrat einen „politisch-erzieherischen Aktionsplan": „Es wird Zeit, dass wir in der juristischen Fakultät nicht länger hinter dem Vorbild, dass wir von den Kollegen in der Produktion in Fragen der sozialistischen Arbeitsmoral erhalten, zurückbleiben." Fakultätsangehörige demonstrieren in ehrerbietigen Aufsätzen ihre politische Loyalität.[21] Auch außerhalb von Wissenschaft und Lehre dienen sie mit allerlei Aktionen der Partei. 1954, zum Beispiel, schließt die Juristische Fakultät einen Patenschaftsvertrag mit der LPG „Einheit" ab, der unter anderem „Rechtsausspracheabende" in der LPG verspricht, und etwas später kritisiert sie „die rechtswidrige Durchführung des KPD-Prozesses" in einem Protesttelegramm an das Bundesverfassungsgericht.

---

19 Nowack, Franz/Rudolph, Peter, Die ersten Zwischenprüfungen des 10-Monate-Studienjahres – ein Beitrag der Hochschulen im Kampf um den Frieden, in: NJ 6 (1952), S. 359–362.

20 Schneider, Rudolf/Falk, Gerhard, 150 Jahre Humboldt-Universität, in: NJ 14 (1960), S. 701–704, hier: S. 706.

21 So z. B. Steiniger, „Zum Geburtstage J. W. Stalins," oben, Fn. 13; Klenner, Hermann, Über das Verhältnis von juristischen zu historischen Gesetzen. Zu Stalins Arbeit „Ökonomische Probleme des Sozialismus in der UdSSR", in: NJ 7 (1953), S. 4–9; Baumgarten, Arthur, Zum Monat der deutsch-sowjetischen Freundschaft, in: NJ 7 (1953), S. 696–697.

Aber es gibt auch Anzeichen ideologischer Unlust und Absonderung. Die Polit-Referate, die die Humboldt-Juristen der Partei verbunden halten sollen, werden meistens auf junge Kollegen abgeschoben und müssen vom Dekan (seit 1952 ist es Hans Nathan) immer wieder angemahnt werden. Die Fakultät wehrt sich gegen die Belastung durch die vielen politischen Aktivitäten und stimmt im September 1953 einstimmig gegen eine Präsenzpflicht für Wissenschaftler an der Universität (um jedenfalls zu Hause eigene Arbeit machen zu können). Zum selben Zweck schlägt der wissenschaftliche Rat dem Staatssekretariat für Hochschulwesen im November die verbindliche Festlegung eines „Forschungstages" für alle juristischen Fakultäten in der DDR vor. Und immer wieder bemühen sich die Juristen unter der Leitung Nathans (dem selbst 1955 in einen „Einzelvertrag" mit der Universität „die bevorzugte Versorgung mit wissenschaftlicher Literatur" zugesagt wird) um besseren Zugang zu rechtswissenschaftlichem Material aus Westdeutschland. Dieselbe Ratssitzung, die im Oktober 1953 den „politisch-erzieherischen Aktionsplan" ausheckte, verlangte auch, dass „westdeutsches normatives Material der Fakultät vollständig in einem Exemplar zugänglich zu machen" sei. Und in einer Beschlussvorlage vom Januar 1954 noch einmal: man müsse „alle Möglichkeiten ausschöpfen, Material aus Westdeutschland und Westberlin zu erhalten."

Zwar ließ sich das Verlangen nach westdeutscher juristischer Literatur in diesen Jahren auch mit den Bemühungen der Sowjetunion und der DDR um einen gesamtdeutschen Friedensvertrag[22] rechtfertigen, den die Humboldt-Juristen durch „Verbrüderung mit westdeutschen Wissenschaftlern" und die „Einwirkung auf die westdeutsche Öffentlichkeit" unterstützen wollen – so jedenfalls eine Beschlussvorlage, die Hermann Klenner und Bernhard Graefrath (seit 1954 Dozent für Völkerrecht) im Oktober 1955 dem Wissenschaftlichen Rat der Fakultät unterbreiten. Das mit der „Verbrüderung" mag ein nützlicher Vorwand gewesen sein. Es ist wahrscheinlicher, dass der Tod Stalins am 5. März 1953 und das Tauwetter, das ihm folgte, die Fakultät zu ihren Forderungen nach mehr Westliteratur bewog. Aus den Kontakten mit westdeutschen Kollegen wird nichts. Aber nach dem XX. Parteitag der KPdSU im Februar 1956 werden die Humboldt-Juristen auch in eigener Sache mutiger. „Wir alle spürten, dass der Wind sich drehte", schreibt Uwe-Jens Heuer viele Jahre später.[23] Die Ideen Wolfgang Harichs, der im Herbst 1956 in seinen Vorlesungen zur Geschichte der Philosophie einen Weg zur Demokratisierung des Sozialismus in der DDR sucht (vgl. Herzberg i. d. Bd.), kursieren auch unter einigen Rechtswissenschaftlern an der Universität.[24] Im September 1956, „nach lebhafter Diskussion", entscheidet der wissenschaftliche Rat dass „unter Abkehr von der bisher angewandten formalen Methode" Fakultäts-Projekte nicht mehr in

[22] Weber, Hermann, Die DDR 1945 –1990, München 1993, S. 44.

[23] Heuer, Im Streit, 2002, S. 54.

[24] Dreier, Ralf/Eckert, Jörn/Mollnau, Karl A./Rottleuthner, Hubert, Rechtswissenschaft in der DDR 1949–1971, Baden-Baden 1996, S. 94, Anm. 2.

einem Arbeitsplan, sondern nur noch nach Schwerpunkten festzulegen seien, über deren Durchführung dem Dekan die Kontrolle überlassen werden könne. Vier Wochen später kommt der Beschluss, westdeutsche Literatur nicht mehr in den Instituten zu verwahren, sondern sie im Lesesaal der Fakultät allgemein zugänglich zu machen und die Studenten in Vorlesungen und Seminaren auf diese Literatur in Zukunft hinzuweisen. Im Anschluss an die Sitzung (die einen Tag vor Beginn des Ungarn-Aufstands stattfindet) unterhalten sich einigen Kollegen über die Tragweite der Entscheidung. Peter Steiniger (Professor mit Lehrstuhl) fragt Uwe Jens Heuer (noch ohne Dr.-Titel), wo denn nun die Grenzen des Meinungsstreites lägen. „Im Strafgesetzbuch", sagt Heuer. Sein Kollege Bernhard Graefrath (gerade promoviert) fügt etwas vorsichtiger hinzu: „Und im Partei-Statut." „Jetzt, wo man gerade angefangen habe, zu diskutieren, solle man nicht schon Fragen nach den Grenzen stellen", sagt Heuer.[25]

Verglichen mit dem, was der DDR-Führung im Jahre 1956 sonst noch Sorgen machte – Edward Kardeljs sozialistische Demokratie in Jugoslawien, der Ungarn-Aufstand, die Unruhen in Polen, das Verbot der KPD in der Bundesrepublik – war das, was sich an der Juristischen Fakultät abspielte, unbedeutend. Ein paar Bücher sollten umgestellt werden, ein paar Lehrer hofften auf eine offenere Diskussion. Die Juristen waren nicht die Hauptakteure in der Tauwetter-Revolte der Humboldt-Angehörigen gegen die Partei. Die grundlegende Kritik an der ostdeutschen Version des Sozialismus kam an der Universität von akademischen Vertretern des Marxismus selbst: dem Philosophen Wolfgang Harich und den gesellschaftswissenschaftlichen Dozenten Herbert Crüger und Heinrich Saar.[26] 1957/58 erhielten alle drei Strafverfahren wegen „staatsfeindlicher Gruppenbildung" und wurden zu langen Zuchthausstrafen verurteilt. Die Juristen waren, auch wenn sie mit dem Sozialismus unzufrieden waren, zu staatsverbunden, um sich mit dem System, das sozusagen das tägliche Material für ihre Arbeit abgab, ernstlich anzulegen. Von ihnen kam am Ende keiner ins Gefängnis.

Aber für die Partei war auch die nur unwillige Mitarbeit ihrer juristischen Fakultäten ein Alarmsignal. Rechtswissenschaftler legitimieren einen Staat, sie helfen, seine Gesetze zu formulieren, sie bilden seine Richter und Verwaltungsfunktionäre aus. Ein Rechtssystem, das von seinen eigenen Berufsvertretern angezweifelt wird, kann diese Aufgaben nur schlecht erfüllen. Und das Verhalten der Juristischen Fakultät im Herbst 1956 verriet, dass die Berliner den Erwartungen ihrer Auftraggeberin nicht mehr entsprachen. Die Humboldt-Juristen waren politisch lustlos. Sie funktionierten ungern im Kollektiv. Sie wollten mehr Kontrolle über ihre eigene Arbeit haben. Sie schafften es nicht, die ihnen anvertrauten Studenten zu freudigen Sozialisten zu erziehen. Im Juni 1958 beklagt ein Fakultäts-Bericht

---

[25] Heuer, Im Streit, 2002, S. 50.

[26] Crüger, Herbert, Verschwiegene Zeiten – Vom geheimen Apparat der KPD ins Gefängnis der Staatssicherheit, Berlin 1990.

zur ideologischen „Lage im III. Studienjahr" die „ausgesprochene ideologische Windstille" unter den Studenten, denen eine „prinzipielle Einstellung zur Frontstadt Westberlin" fehle und bei denen Besuche von Kino, Theater oder Grüner Woche im Westteil der Stadt „an der Tagesordnung" seien. Bei den Medizinstudenten an der Universität war es zu Unruhen wegen des obligatorischen Russischunterrichts gekommen.[27] Sollte man sich nicht einmal auf die Juristen mehr verlassen können? Wenn die SED nach der Verunsicherung durch den XX. Parteitag das Staats-Ruder wieder sicher in den Griff bekommen wollte, brauchte sie eine Rechtswissenschaft, die keine Fragen stellte, sondern der Partei zu Diensten war.

Der Vorwurf, dass ihre Arbeit nicht genügend für den Sozialismus tue, galt auch anderen Rechtswissenschaftlern in der DDR; vor allem Karl Bönniger (dem der Rechtsschutz der Bürger gegen die Verwaltung am Herzen lag) und Heinz Such (der sich über das Verhältnis von Plan und Vertrag im Sozialismus seine eigenen Gedanken machte), beide an der Leipziger Universität. In Berlin richtete sich das Misstrauen der Partei (und vielleicht auch ihr Wunsch, unter den schwankenden Kollegen abschreckende Exempel zu statuieren) vor allem auf Hermann Klenner, Bernhard Graefrath und Uwe Jens Heuer. Klenner ist der bevorzugte Sündenbock unter den Dreien. Er stand schon eine Weile unter dem Verdacht, Revisionist zu sein. Im Dezember 1956 hatte das Zentralkomitee den Druck eines Aufsatzes von ihm verhindert, der, wenn auch in vorsichtiger Umschreibung, zu viel Gesetzlichkeit von der Verwaltung zu verlangen schien.[28] Die neue Kampagne gegen ihn beginnt im Ernst am 26. Februar 1958 mit einem Aufsatz von Annemarie Helmbrecht (wissenschaftliche Aspirantin an der Universität) im Neuen Deutschland[29], der einen neuen Aufsatz Klenners, diesmal in einer Festschrift zum 40. Jahrestag der Oktoberrevolution[30], aufs Korn nimmt und ihn neben vieler anderer Sünden der Spontaneität, des Dogmatismus, der mangelnden Dialektik und der Beleidigung der Sowjetunion bezichtigt. Ein ähnliches Papier von Helmbrecht, nur länger, folgt im Märzheft der Zeitschrift Staat und Recht.[31] In der Fakultät war Klenners „Oktober"-Artikel schon zehn Tage vor dem Angriff im Neuen Deutschland diskutiert worden; vielleicht in der Hoffnung, die Angelegenheit noch intern regeln zu können. In einer mehr als sieben Stunden langen Sitzung vom 17. Februar 1958 diskutiert der

---

[27] Kubitschek, Helmut//Lemke, Wolfgang/Steiner, Helmut, Zur Rolle der Freien Deutschen Jugend im Kampf um die Herausbildung des sozialistischen Typs des jungen Wissenschaftlers, in: Forschen und Wirken, 1960, Bd. 1, S. 671–683, hier: S. 678.

[28] Dreier u. a., Rechtswissenschaft in der DDR, 1996, S. 116. Hermann Klenners Aufsatz „Rechtssetzung und Gesetzlichkeit" wurde nach der Wende in: StuR 39 (1990), S. 372–381 veröffentlicht.

[29] Annemarie Helmbrecht, Professor Klenner und der Revisionismus, in: Neues Deutschland v. 26. 2. 1958, S. 4.

[30] Klenner, Hermann, Zur ideologischen Natur des Rechts, in: Staat und Recht im Lichte des Grossen Oktober, Festschrift zum 40. Jahrestag der Großen Sozialistischen Oktoberrevolution, ohne Hrsg., Berlin 1957, S. 82–101.

[31] Helmbrecht, Annemarie, „Zur ideologischen Natur des Rechts" im Lichte des Großen Oktober, in: StuR 7 (1958), S. 244.

Rat den umstrittenen Aufsatz und beschließt: „Der Rat ist der Meinung, dass der Artikel objektiv feindlicher Natur ist; er ist idealistisch, unhistorisch und verlässt den Klassenstandpunkt (…) Diese Feststellung besagt nicht, dass Prof. Dr. Klenner bewusst diese objektiv-feindliche Wirkung hervorrufen wollte." Am 4. März gibt es eine Fakultätsveranstaltung im Hörsaal 2002 zu Klenners Schrift – „Teilnahme für Studenten des 1.–4. Studienjahres ist obligatorisch" – in der sich der Wissenschaftliche Rat noch einmal über Klenner öffentlich empört und von ihm abrückt. Aber es reicht nicht; die Partei will mehr; will vielleicht auch so nützliches Anschauungsmaterial wie Klenners ideologische Verfehlungen nicht nur im kleinen Kreis der Humboldt-Fakultät vergeuden. Zwar setzt die Fakultät, auf Druck von oben[32], am 31. März noch eine Untersuchungskommission zur Klärung der Affaire Klenner ein, die auch das „parteischädigende Verhalten" von Graefrath und Heuer (und das in dieser Sache „unkämpferische" Benehmen des Parteisekretärs der Fakultät, Rudolf Schneider) untersuchen soll. Aber schon zwei Tage später beginnt die Babelsberger Konferenz, auf der Walter Ulbricht selbst die Attacke gegen Klenner und andere Revisionisten übernimmt und auf die Spitze treibt.

Die Babelsberger Konferenz und ihre Folgen

Nach der Wende ist viel über die Babelsberger Konferenz geschrieben worden: von westdeutschen Juristen, weil die Konferenz so perfekt dem Bild entspricht, das man sich in der Bundesrepublik von der DDR-Rechtswissenschaft machte; von ostdeutschen Juristen, weil sie das Trauma dieser Konferenz auch nach dem Untergang des Sozialismus nicht abschütteln können. Das Treffen, vom Zentralkomitee geplant und vor rund 500 geladenen Gästen an der Akademie für Staats- und Rechtswissenschaft in Babelsberg veranstaltet, gab sich offiziell als wissenschaftliche Konferenz, auf der die Elite der Juristen in der DDR über die nächsten Aufgaben der sozialistischen Rechtswissenschaft diskutieren sollte. Walter Ulbricht selbst hielt das Eingangsreferat über „Die Staatslehre des Marxismus-Leninismus und ihre Anwendung in Deutschland." Aber was folgte, war nicht eine akademische Debatte, sondern ein sorgfältig choreographiertes Kesseltreiben gegen mögliche Dissenter. Es gab vor allem zwei Probleme, die die Zweifler an den juristischen Fakultäten in der DDR beschäftigt hatten: die Frage nach der so genannten „Spezifik" des Rechts, das heißt, die Frage, ob Recht unabhängig von seiner Definition als Machtausübung durch das Volk (und die Partei) relativ selbstständige Kriterien und Aufgaben habe (vielleicht sogar die, den Staat zu überwachen?), und die Frage nach dem Wert und der Verwendbarkeit der Rechtsgeschichte, vor allem der bürgerlichen Traditionen. Da hätte es, auch für Marxisten,

32 Dreier u. a., Rechtswissenschaft in der DDR, 1956, S. 220, Anm. 106.

schon einiges zu diskutieren gegeben. Die Antwort, die Walter Ulbricht in Babelsberg auf beide Fragen gab, war die gleiche und schloss alle weiteren Debatten aus: im Sozialismus sind Staat und Recht identisch. Um mit Karl Polak, Ulbrichts *ghostwriter* und Verbündetem in Babelsberg, zu sprechen: schon der Versuch, über das Verhältnis von Staat und Recht nachzudenken, sehe beide als „getrennte Größen“ und sei daher „sinnlos, antimarxistisch, antiwissenschaftlich.“[33] Also hatte Recht nicht den Staat zu kontrollieren, sondern ihm zu dienen. Und weil der Staat von der Partei geleitet wird, ist Recht ein Instrument und eine Waffe der Partei. „Das Kriterium für die Wissenschaftlichkeit unserer Staats- und Rechtslehre ist ihr Nutzen für die Praxis des sozialistischen Aufbaus.“[34]

Von Ulbrichts Zuhörern in Babelsberg kamen etwa 200 aus der Wissenschaft; davon rund 25 von der Juristischen Fakultät der Humboldt-Universität. Klenner, Graefrath und Heuer waren nicht darunter; man hatte ihnen die schon zugeteilten Einladungen rechtzeitig wieder abgenommen. Es war eine makabre „Diskussion“, die Ulbrichts Vortrag folgte. Die Konferenzteilnehmer aus der Wissenschaft wussten ja, warum man sie nach Babelsberg beordert hatte. Schon im März 1957 hatte die Partei ihnen mit der Verurteilung der „Harich-Gruppe“ die Instrumente gezeigt. So begannen die Beiträge fast aller Rechtswissenschaftler, die in Babelsberg zur Sprache kamen, mit Schuldbekenntnissen des Sprechers selbst und endeten mit Denunziationen von Kollegen. Hermann Klenner spielte, *in absentia,* eine eindrucksvolle Rolle als negativer Held. Nur Karl Bönninger, sein Leben lang naiv und unerschrocken, wagte es, Ulbricht zu widersprechen und erntete dafür das Schweigen der versammelten Kollegen. Von den Humboldt-Vertretern waren drei Sprecher in das Programm eingeplant. Arthur Baumgarten, der die Eröffnungsrede hielt und in ihr den Satz „Selbstständigkeit, Spontaneität, Freiheit des Denkens braucht der Marxismus bei seinen Wissenschaftlern“ unterbrachte, war zu alt und würdevoll, um vor aller Augen korrigiert zu werden; seine Rede wurde in der Veröffentlichung der Konferenzbeiträge ausgelassen.[35] Gregor Schirmer, Parteisekretär der Juristischen Fakultät und gerade 26 Jahre alt, beklagte das „schlechte Verhältnis“ seiner Fakultät zur SED und ihr „Nachlaufen hinter der bürgerlichen Rechtswissenschaft.“[36] Alfons Steiniger, der als Leiter des Instituts für Staats- und Rechtstheorie für dessen Mitglieder Klenner und Graefrath verantwortlich war, entschuldigte sich mit seiner „kleinbürgerlichen Erziehung“ und versprach nachträgliche Wachsamkeit: man werde alle Institutsarbeiten überprüfen, „die ohne Diskussion herausgegangen sind, meine eigenen natürlich nicht ausgeschlossen.“ Für die Zukunft bat Steiniger um eine

---

33 Polak, Karl, Zur Dialektik in der Staatslehre, 3., erw. Aufl., Berlin 1965, S. 394.

34 Walter Ulbricht in: Protokoll der staats- und rechtswissenschaftlichen Konferenz in Babelsberg am 2. und 3. April 1958, Berlin 1958.

35 Sie erschien nach der Wende in Eckert, Jörn (Hrsg.), Die Babelsberger Konferenz vom 2./3. April 1958, Baden-Baden 1993, S. 41.

36 Protokoll der staats- und rechtswissenschaftlichen Konferenz, 1958, S. 99.

bessere Überwachung der Wissenschaft durch die Partei: „Schaut uns auf die Finger!" Das Protokoll notiert „Beifall" im Publikum.[37]

In der Zeit unmittelbar nach der Babelsberger Konferenz verstärkt sich der politische Druck (und der politische Gehorsam) an der Fakultät. Klenner und Graefrath werden, nach „Aussprachen über ihren Einsatz" im ZK, für zwei Jahre in die Verbannung geschickt: Klenner als Bürgermeister in das kleine Dorf Letschin (das schon Fontane als das „Kleinsibirien Preußens" bezeichnet hatte); Graefrath, ebenfalls als Bürgermeister, in die Kreisstadt Zossen. Beide erhalten Hausverbot an der Juristischen Fakultät[38] und Hermann Klenner wird nicht mehr an die Universität zurückkehren. Uwe-Jens Heuer, damals erst Dozent und bei seiner Vernehmung nachgiebiger als die anderen, darf sich einen Job in der Praxis aussuchen und findet Unterkunft am Zentralen Staatlichen Vertragsgericht. Karl Mollnau, der als Klenners Assistent fünf Vormittage lang zu den Vergehen seines Lehrers verhört wird, geht an einem dieser Tage nach Hause und verbrennt im Waschhaus in seinem Garten eine Reihe von Büchern, deren Besitz jetzt zu riskant erscheint (Trotzki, Bucharin, Stuschka). An der Universität werden die Büsten von Savigny und Dernburg aus der juristischen Bibliothek in den Keller gebracht.[39] Zwei Wochen nach Babelsberg verspricht der Fakultätsrat in einer Sitzung, an der auch Justizministerin Benjamin teilnimmt, „den ständigen Kampf gegen Revisionismus, Formalismus und Dogmatismus" in der wissenschaftlichen und erzieherischen Arbeit der Juristen. Es „sei zu klären", heißt es auch in dem Beschluss, ob im Studienplan Staats-und Rechtstheorie „den ihnen gebührenden Platz" einnehmen und ob nicht das Zivilrecht „zu breiten Raum innehat." Diese Überlegung gilt dem in Babelsberg als bürgerlich verdammten Verwaltungsrecht, das nach der Konferenz offiziell zu existieren aufhört und als Unterrichtsfach an ostdeutschen Universitäten erst 1977 wieder eingeführt wird.[40] Im Mai 1958 beschließt der Rat auch die Prüfungskriterien an der Fakultät zu politisieren und bei der Bewertung der Studenten-Leistungen vor allem „gute Kenntnisse im M/L", „Verständnis der Politik von Partei und Regierung" und „Anwendung dieser Kenntnisse in der Praxis" zu honorieren. Periodische Selbstbeschuldigungen, die Babelsberger Konferenz nicht richtig „ausgewertet" zu haben, sind Routine. Und im März 1960 warnt ein Ratsbeschluss: „Institutsleitungen tragen die Verantwortung dafür, dass die den Dissertationen zugrunde liegenden Konzeptionen den Erkenntnissen der Babelsberger Konferenz entsprechen."

Trotzdem: das Murren in der Fakultät verstummt nicht. Ein Aufsatz des Rektors der Deutschen Akademie für Staat und Recht in Babelsberg, Herbert Kröger, im Neuen Deutschland,

---

37 Ebd., S. 114, 116.

38 Dreier u. a., Rechtswissenschaft in der DDR, 1996, S. 241, Anm. 149, 150.

39 Markovits, Die Abwicklung, 1993, S. 176, 160.

40 Bönninger, Karl, in: Eckert, Die Babelsberger Konferenz, 1993, S. 203–208, hier: S. 206; Stolleis, Michael, Sozialistische Gesetzlichkeit. Staats- und Verwaltungsrechtswissenschaft in der DDR, München 2009.

der jede Eigenständigkeit des Rechts verneint[41], führt schon im Juni 1958 zu einer leidenschaftlichen Diskussion im Wissenschaftlichen Rat, zu der zwei Seiten handschriftlicher Notizen in den Akten liegen. Hans Nathan erklärt in seiner Einführung zu der Debatte, dass Krögers Konzeption die „Aufhebung der Rechtswissenschaft" bedeute und „an die rechtsnihilistischen Tendenzen der 30er Jahre in der Sowjetunion erinnere." Professor Kleine: sie würden „nicht nur zur Auflösung der Rechtswissenschaft, sondern auch des Dialektischen Materialismus" führen! Ein Oberassistent, beschwichtigend: „Das Primäre ist das Ausgehen von der Praxis. Man solle das Kind nicht mit dem Bade ausschütten." Zum Glück wird Herbert Kröger in diesen Tagen auch von Karl Polak angefeindet[42], sodass die Berliner ihren Widerstand auch mit der Berufung auf eine Autorität begründen können, die ihnen normalerweise eher Sorgen machte. Das Lavieren zwischen gegensätzlichen Fraktionen in der Partei ist eine nützliche Methode für die Wissenschaftler, um sich zwischen den Fronten ein wenig Spielraum zu verschaffen.[43] Auch sonst laviert die Juristische Fakultät, so gut es geht. Im Juli 1958, zum Beispiel, bespricht man „die Verschmelzung" des jetzt verfemten Verwaltungsrecht mit dem Staatsrecht (wobei die Stundenzahl der neuen Vorlesung zu erhöhen wäre), zusammen mit der Frage, ob einige Aspekte des ehemaligen „Verwaltungsrecht – Besonderer Teil" jetzt vielleicht im Zivilrecht untergebracht werden könnten. Wenn auch nicht unter der früheren Bezeichnung scheinen die Studenten der Fakultät jedenfalls teilweise in verwaltungsrechtlicher Materie weiter unterrichtet zu werden. Lehrbeauftragte für „Verwaltungsrecht" gibt es im Vorlesungsverzeichnis der Fakultät noch bis zum Frühling 1960. Auch ideologische Suppen werden nicht so heiß gegessen, wie gekocht.

Das hatte auch noch andere Gründe. Die Babelsberger Konferenz galt und gilt noch immer als das Schlüsselereignis in der Rechtsgeschichte der DDR; Karl Mollnau nennt sie den Beginn des „Niedergangs" der ostdeutschen Rechtswissenschaft.[44] Aber sie war Ende der 1950er und Anfang der 1960er Jahre nicht das einzige Projekt, durch das Ulbricht die DDR der sozialistischen Zukunft näher bringen wollte. Babelsberg steht für die kalte, einschüchternde, ausgrenzende, diktatorische Seite des ostdeutschen Sozialismus. Aber beginnend mit der *Programmatischen Erklärung* Walter Ulbrichts vom 4. Oktober 1960 begann die Partei auch eine Reihe warmer, inklusiver, väterlich-umarmender Rechtsvorschriften zu erlassen, die im Bewusstsein noch zurückgebliebene Bürger in das einbeziehen sollten, was Ulbricht gern „die sozialistische Menschengemeinschaft" nannte. In der Programmatischen Erklärung heißt es: „Wir verstehen unter Gerechtigkeit, dass wir solche Menschen geduldig überzeugen und erziehen, die noch nicht in vollem Umfang ihre Verantwortung gegenüber der Gesellschaft erkannt haben; dass aber jene hart bestraft werden, die das Leben unse-

---

41 Kröger, Herbert, Schluss mit dem bürgerlichen Rechtsformalismus, in: Neues Deutschland v. 21. 5. 1958.
42 Dreier u. a., Rechtswissenschaft in der DDR, 1996, S. 143.
43 Ebd., S. 321ff.; Stolleis, Sozialistische Gesetzlichkeit, 2009.
44 Mollnau, Karl A., Über die Wyschinski-Rezeption der Babelsberger Konferenz, in: NJ 45 (1991), S. 94–96.

res Volkes, den Bestand unserer Nation bedrohen."[45] Und im *Beschluss des Staatsrates der DDR über die weitere Entwicklung der Rechtspflege* vom 30. Januar 1961[46] (immer noch vor der Mauer!): „In der sozialistischen Gesellschaft braucht keiner zum Verbrecher zu werden." Das dritte Kettenglied in dieser Reihe, der Staatsrats-Erlass vom 4. April 1963 *Über die grundsätzlichen Aufgaben und die Arbeitsweise der Organe der Rechtspflege*[47] legt fest, auf welche Weise die versprochene gesellschaftliche Harmonie erreicht werden soll: durch die Wahl der Richter durch die örtlichen Volksvertretungen, die Einbeziehung der Bevölkerung in die Rechtspflege, die Mitwirkung von Arbeitskollegen in Gerichtsverfahren, erzieherische Strafen, Kollektiv-Bürgschaften und dergleichen.

Um es überspitzt zu sagen: Die Babelsberger Konferenz wollte die Gesellschaft mit dem Staat verschmelzen. Die Programmatische Erklärung (und ihre Nachfolgegesetze) wollten den Staat in der Gesellschaft aufheben. Beide wurden von Ulbrichts Chef-Ideologen Karl Polak unterstützt und in beiden Fällen gab es für die bürgerliche Gewaltenteilung und ihre *checks and balances* keinen Raum. Aber die Babelsberger Version der sozialistischen Zukunft in der DDR, der es vor allem um die Macht des Staates ging, erschien bedrohlicher als die der Programmatischen Erklärung. Das erklärt auch, warum das Babelsberger Trauma vor allem die Rechtstheoretiker, Staatsrechtler und Verwaltungsrechtler belastete. Die Rechtswissenschaftler, die sich vorwiegend mit konkreten Alltagsproblemen der Bürger beschäftigten – Familien- und Arbeitsrechtler oder Prozessrechtslehrer – wurden durch die Babelsberger Konferenz nicht aus dem Gleis geworfen. Praktiker waren weniger erschüttert als Theoretiker. Als Uwe-Jens Heuer, von der Juristischen Fakultät der Universität herausgeworfen, seine Arbeit am Vertragsgericht beginnt, „interessieren sich die Kollegen dort in keiner Weise für seine Blessuren."[48]

Rechtswissenschaft nach dem Mauerbau

Und dann kommt der Mauerbau vom 13. August 1961, der *beide* Versuche untergräbt, mit Hilfe des Rechts in der DDR eine sozialistische Gesellschaft aufzubauen – den von Babelsberg ebenso wie den der Programmatischen Erklärung. In den Protokollen des Wissenschaftlichen Rats der Juristischen Fakultät hat der 13. August zwar keine Spuren hinterlassen. Ein Bericht an den Staatssekretär für Hochschulwesen, Wilhelm Girnus, über die Lage an der

[45] Aus der programmatischen Erklärung des Vorsitzenden des Staatsrates der DDR, Walter Ulbricht, vor der Volkskammer am 4. Oktober 1960, in: NJ 14 (1960), S. 665–672, hier: S. 669.

[46] Beschluss des Staatsrates der DDR über die weitere Entwicklung der Rechtspflege v. 30. 1. 1961, in: GBl. I, 1961, S. 3.

[47] Erlass des Staatsrates der DDR über die grundsätzlichen Aufgaben und die Arbeitsweise der Organe der Rechtspflege v. 4. 4. 1963, in: GBl. I, S. 21.

[48] Heuer, Im Streit, 2002, S. 70.

Juristischen Fakultät nach dem 13. August attestiert dem Lehrkörper „gute Einsatzbereitschaft;“ meldet dass „nach anfänglichen Unklarheiten“ auch die Studenten keine Probleme machten; erwähnt die Exmatrikulation eines einzigen Studenten und findet nur unter den jüngeren Angestellten eine „zweifelnde und z. T. ablehnende Haltung“ zum Mauerbau. Das Bild wird durch die heutigen Erzählungen von damals Dabeigewesenen bestätigt, die jedenfalls ihrer Erinnerung nach vom 13. August nicht schwer erschüttert wurden. Die Rechtswissenschaftler der Humboldt-Universität waren 1961 schon Sozialisten genug, um trotz möglicher Bedenken auch nach der Mauer willig in Ostberlin zu bleiben.

Aber die Mauer bewirkt die Abgeschlossenheit und Stickigkeit in der politischen Atmosphäre in der DDR, das Im-eigenen-Saft-Köcheln der ostdeutschen Gesellschaft, das am Ende die utopischen und die diktatorischen Pläne der Partei gleichermaßen versanden ließ. Die vielen gesellschaftlichen Aktivitäten, die für die Durchsetzung der Programmatischen Erklärung nötig gewesen wären, erweisen sich bald als so zeitraubend und mühsam, dass das Oberste Gericht schon 1965 die in vielen Fällen „nur formale Einbeziehung gesellschaftlicher Kräfte“ kritisiert.[49] In einem Staat, der seine Bürger nur mit Hilfe einer Mauer im Lande halten kann, ist es schwer, parzipatorische Energien zu entfachen und am Leben zu erhalten. Zunächst hat es allerdings den Anschein, als ob mit dem Stopp des Flüchtlingsstroms nach Westen radikale Veränderungen im Inneren des Landes leichter werden würden. In einer Fernsehansprache vom 15. 9. 1961 versichert Ulbricht der Bevölkerung, dass die optimistischen Versprechungen der Programmatischen Erklärung weiter gültig seien.[50] Und auch der Babelsberger Druck hält fürs erste weiter an. An der Juristischen Fakultät werden im Herbst 1961 eine Reihe öffentlicher Ratssitzungen veranstaltet, in denen bei Anwesenheitspflicht des gesamten Lehrkörpers im abstraktesten Parteichinesisch über die Lehren des XXII. Parteitag der KPdSU gesprochen wird, um so die Humboldt-Juristen auch nach dem Mauerbau an ihre politischen Pflichten zu erinnern. Annemarie Helmbrecht, die bei der Verbannung Hermann Klenners mithalf, ist unter den Sprechern.

Das war unmittelbar nach dem Mauerbau. Bald lässt der Druck nach. Die DDR-Regierung muss nicht mehr um ihr eigenes Überleben bangen und kommt daher mit weniger Unterdrückung aus als vor der Mauer; der ideologische Eifer, den eine Weltveränderung erfordert, ist auch an der Juristischen Fakultät der Humboldt-Universität nicht vorhanden, und die Lage in der Rechtswissenschaft der DDR entspannt sich. „Entspannt“ ist relativ zu verstehen. Die Partei wacht immer noch über die politische Korrektheit ihrer Wissenschaftler. Abweichler werden immer noch zur Ordnung gerufen. Aber als ein Autorenkollektiv unter der Leitung von Hans Nathan im Frühjahr 1962 „Thesen über das deutsche staats-

---

[49] „Über die unmittelbare Mitwirkung der Bevölkerung im Strafverfahren“, Beschluss des Präsidiums des Obersten Gerichts v. 21. 4. 1965, in: NJ 19 (1965), S. 337–344.

[50] Neues Deutschland (Ausg. B) v. 16. 9. 1961, S. 3.

und rechtswissenschaftliche Erbe“ veröffentlicht[51], in denen der bürgerlichen Rechtsgeschichte jedenfalls „teilwissenschaftliche“ Erkenntnisse zugebilligt werden, kommt es zwar zur Empörung im Politbüro[52] und zur Kritik von parteitreuen Kollegen (darunter auch Angehörige der Humboldt-Universität), aber der Artikel konnte immerhin erscheinen und wurde ohne schlimme Folgen lebhaft diskutiert. Hermann Klenner und Uwe-Jens Heuer, die gerade aus der Verbannung in der Praxis wieder an die Universität zurückgekehrt waren (Klenner an die Hochschule für Ökonomie, Heuer an die Humboldt-Universität), waren ostentativ in die Arbeitsgruppe für die „Thesen“ eingeladen worden.[53] 1963 beklagt sich Karl Polak, Ulbrichts Inspiration und böser Geist von Babelsberg, dass viele Rechtswissenschaftler in der DDR, „nach mancherlei Verbeugungen vor der Babelsberger Konferenz auf (…) alten Pfaden“ weiterwandelten.[54] Das gilt auch für die Juristische Fakultät der Humboldt-Universität.

Aber man hat den Eindruck, dass nach dem Mauerbau die Art und Weise, in der die Politik die Humboldt-Juristen dirigiert und einengt, sich geändert hat. Die Partei regiert die Rechtswissenschaft weniger durch krude Eingriffe von oben, als durch Missbilligungen, Manipulationen und Intrigen. Dass im Zentralkomitee die Abteilung „Staats- und Rechtsfragen“ und die Abteilung „Wissenschaft“ sich in den Haaren liegen und unterschiedliche Anforderungen an die Juristen stellen, macht die Situation unübersichtlicher, aber schafft auch unerwartete Freiräume. Ein wenig kann die Juristische Fakultät sich auch selbst regieren, indem sie auf Einflüsse von oben horcht oder nicht horcht. 1962 ist die Stimmung gegenüber den Stalinisten an der Juristischen Fakultät so kritisch, dass die Abteilung Wissenschaft am ZK, um des lieben Friedens willen, die Emeritierung der mit Babelsberg identifizierten Dozentin Annemarie Helmbrecht in die Wege leitet.[55] Ein Sieg für die Anti-Babelsberger in der Fakultät? Helmbrecht, die unter Hitler im KZ gelitten hatte und die erst spät in ihrem Leben zur Universität gestoßen war, war 61 Jahre alt, als sie ohne Promotions-Abschluss ihren Job verlor, und war auf ihre Weise wahrscheinlich auch ein Opfer der Politiker.

Ihr Ausscheiden bedeutet nicht das Ende der Polit-Intrigen. Als 1968 Generalstaatsanwalt Josef Streit in einer Rede auf dem 9. Plenum des ZK eine lange Reihe revisionistischer Verfehlungen verschiedener namentlich genannter Humboldt-Juraprofessoren aufzählt, führen die Anschuldigungen zu einer Untersuchung der SED-Kreisleitung der Universität, die nach der Schilderung von Karl Mollnau an der Juristischen Fakultät „ein Klima irrwitziger und hektischer Suche nach Revisionismus und Abweichungen“[56] auslöst. Aus der Distanz

51 Thesen über das deutsche staats- und rechtswissenschaftliche Erbe, in: StuR 11 (1962), S. 830–837.
52 Dreier u. a., Rechtswissenschaft in der DDR, 1996, S. 341, 346.
53 Ebd., S. 329, Anm. 22.
54 Polak, Zur Dialektik in der Staatslehre, 1965, S. 382.
55 Dreier u. a., Rechtswissenschaft in der DDR, 1996, S. 370, Anm. 94.
56 Ebd., S. 507, Anm. 81.

von mehr als vierzig Jahren ist diese Hektik nur noch schwer verständlich. Die derartigen Aufregungen folgenden Strafmaßnahmen hielten meistens nicht sehr lange vor. Im Sozialismus wurden begabte Kinder des Systems für ihre Unarten zwar streng zurechtgewiesen, aber in der Regel auch bald wieder aus der Ecke hervorgeholt. Hermann Klenner, der als „rückfälliger Revisionist" sogar zweimal eine Position verlor, erhielt am Ende auch den Nationalpreis, und sogar Annemarie Helmbrecht wurde nach ihrer forcierten Emeritierung für ihre Dienste mit einem Vaterländischen Verdienstorden dritter Klasse belohnt. Warum war Missfallen und Tadel der Partei für die Fakultät so wichtig? Weil die meisten Leute gern Karriere machen? Weil auf engem Raum auch kleinere Zusammenstöße viel Lärm und umgefallenes Mobiliar verursachen? Weil auch die Zweifler unter den Juristen genug an den Sozialismus glaubten, um den Gedanken nicht abschütteln zu können, dass die Partei mit ihrer jeweiligen Kritik vielleicht doch recht hatte?

Die Sektion Rechtswissenschaft – Entwicklung seit 1968

In mancher Hinsicht waren die politischen Manipulationen und Kabalen an der Fakultät nicht unähnlich den Intrigen in einem Betrieb mit undurchsichtigem und schlechtem Management. Auch die SED war mit dem Management ihrer Universitäten unzufrieden. So unternahm sie noch einmal einen Anlauf auf die Umstrukturierung des ostdeutschen Wissenschaftsbetriebs: die 3. Hochschulreform von 1967/68, die die alten Fakultäten und Institute, die sich bis dahin „mehr oder weniger spontan entwickelt" hatten[57], durch Sektionen und Bereiche ersetzte, die nach dem Prinzip der Einzelleitung verwaltet wurden. In der Juristischen Fakultät sollte nicht mehr der „Wissenschaftliche Rat" („im Grunde ein Professorenkollegium"[58]) das Sagen haben, sondern der *Sektionsdirektor*, dem seinerseits der kollektive Ratschlag aller Sektionsangehörigen zur Seite stehen würde. Die verschiedenen Bereiche der Sektion (für Zivilrecht, Strafrecht und dergleichen) waren ihrerseits einem *Bereichsleiter* unterstellt, der selbst in grader Linie dem Sektionsdirektor und durch ihn der zentralen Universitätsverwaltung verantwortlich war. Die straffe Leitung sollte die Forschungsplanung verbessern, Kapazitäten rationeller koordinieren, Beziehungen der Rechtswissenschaft zur Praxis intensivieren und die Ausbildung der Studenten fester in die Hand nehmen.[59] Gleichzeitig wurde das Jurastudium nach dem geplanten Einsatz seiner

[57] Büchner-Uhder, Willi, Die Hochschulreform an den juristischen Bildungsstätten der DDR, in: StuR 18 (1969), S. 249–260, hier: S. 252.
[58] Ebd., S. 257.
[59] Rohde, Günther/Schönefeld, Rolf/Schulz, Peter-Bernd, Sozialistische Hochschulreform und wissenschaftlich-produktives Studium der Rechtswissenschaft, in: NJ 22 (1968), S. 737–741.

Absolventen spezialisiert und geographisch aufgeteilt: die Humboldt-Universität würde in Zukunft nur noch Richter und Rechtsanwälte ausbilden.

Die bisherige Konzentration zu Beginn des Jurastudiums auf Themen des Marxismus-Leninismus wurde durch die 3. Hochschulreform eher noch verstärkt. Der neue Lehrplan von 1968 sah ein zweijähriges Grundstudium vor, das den Studenten „umfassende Kenntnisse" über „das entwickelte gesellschaftliche System des Sozialismus in der DDR", „marxistisch-leninistische Philosophie", „marxistisch-leninistische Staats- und Rechtsgeschichte", „die Geschichte der deutschen Arbeiterbewegung", „die führende Rolle der Partei" etc. vermitteln sollte. Erst dann folgte das „Fachstudium" mit Staatsrecht, Zivil- und Strafrecht usw. in den beiden nächsten Studienjahren.[60] Es zeugt für die weltanschauliche Unnachgiebigkeit der Ulbricht-Jahre, dass die Partei auch weiterhin an der ideologischen Kopflastigkeit des Jurastudiums festhielt. Nach den Sitzungsprotokollen des Wissenschaftlichen Rats zu urteilen, war es zum mindesten an der Juristischen Fakultät der Humboldt-Universität bis dahin nicht gelungen, Jura-Studenten durch anfängliche ideologische Übersättigung zu praktischen Marxisten zu erziehen. Zitate, die den Misserfolg belegen, sind in den Protokollen der Fakultät leicht aufzutreiben. 1959: „Für alle Studienjahre muss gesagt werden, dass die organische Einheit von Studium des Marxismus-Leninismus und konkretem Fachstudium nicht hergestellt wurde." 1962: „Es ist nicht gelungen, die Mehrheit der Studenten des III. Studienjahres zu befähigen, politische und ökonomische Aufgabenstellungen und Einschätzungen juristisch zu verarbeiten." 1965: Klagen über „mangelnde Parteilichkeit" und „politische Hilflosigkeit" unter den Studenten. 1965 spricht ein wissenschaftlicher Mitarbeiter auch einmal aus, was das pädagogische Problem ist: „Eine Vermischung von Philosophie und Juristerei [ist] nicht gut." Erst müsse die systematische Ausbildung in den Fachdisziplinen kommen.

Aber das hieße, Recht als politisch neutral und klassenlos zu sehen und damit zu einem bürgerlichen Formalismus zurückzukehren, den Karl Polak 1963 als „Handwerkelei"[61] verdammt hatte und der in der Tat die Einheit von sozialistischem Staat und Recht und damit den Anspruch der Partei, eine bessere Art von Gerechtigkeit zu vertreten, geleugnet hätte. Bis zum Ende der DDR tat kein juristischer Studienplan diesen Schritt. Um das Gelernte zu verfestigen, werden Marxismus-Leninismus Kurse auch in späteren Studienphasen hinzugefügt und 1983 stehen an der Humboldt-Universität im ersten Studienjahr auch Verfassungsrecht (deutlich marxistisch-leninistisch eingefärbt) und Kriminologie auf dem Programm.[62] Aber bei der ideologischen Grundausbildung bleibt es bis zum Schluss.[63]

---

60 HUB Wegweiser 1969, VEB Werkdruck Gräfenhainichen.

61 Dreier u. a., Rechtswissenschaft in der DDR, 1996, S. 382.

62 Meador, Daniel, Impressions of Law in East Germany, Charlottesville 1986, S. 81f.

63 Zum Studienplan von 1974 siehe Buchholz, Erich, Probleme der juristischen Ausbildung, in: NJ 32 (1978), S. 512–515.

Erst 1988 stellt das Politbüro Überlegungen darüber an, wie diese Grundausbildung durch die Hinzufügung interdisziplinärer, methodischer und ethischer Inhalte weltoffener und flexibler werden könnte, um „die Theorie nicht als Lehrgebäude, sondern – wie es dem Marxismus-Leninismus entspricht – als Anleitung zum Handeln" zu vermitteln.[64] Aber der 3. Hochschulreform geht es noch darum, die Universitäten besser in den Griff zu kriegen. Daher die neue Rolle des Sektionsdirektors (bei den Juristen der Strafrechtler John Lekschas), der als „staatlicher Leiter" im Autoritätsgefüge der Universität nach oben für die Sektion verantwortlich und nach unten seinen Bereichen gegenüber weisungsbefugt ist.

Wenn man Zeitzeugen fragt, was sich 1968 durch die Umwandlung der Fakultät in eine Sektion veränderte, so ist die Antwort meistens: „nichts". Die regelmäßigen „Dienstbesprechungen" (DB) oder „erweiterte Dienstbesprechungen" (EDB) beim Sektionsdirektor scheinen (mit etwas vergrößerter Besetzung) die bisherigen Sitzungen des Wissenschaftlichen Rates fortzusetzen. Beide Gremien waren abhängig von der Universitätsleitung und der Partei. Zwar gibt es jetzt keine Abstimmungen mehr, sondern nur noch die „Beratung" des Direktors durch die Sektionskollegen und einmal im Jahr die Vollversammlung der Sektion im Kinosaal der Universität. Aber auch vorher waren die seltenen Abstimmungen, die sich in den Fakultätsakten finden, in der Regel einstimmig. Auch unter dem neuen Prinzip der Einzelleitung werden die wichtigen Entscheidungen informell *vor* einer Sitzung ausgehandelt. Trotzdem verändert sich der Ton der Sitzungsprotokolle. Die Themen werden praktischer, die Sprache sachlicher und amtlicher. Auch wenn es um Parteibeschlüsse geht, ist nicht von der korrekten Linie, sondern von konkreten Aufgaben die Rede. Das Protokoll einer Erweiterten Dientbesprechung (EDB) beim Sektionsdirektor im Januar 1975 beginnt zum Beispiel so: „Genosse Dr. Pogodda informiert die Mitglieder der EDB über die Grundorientierung der Sektionsparteileitung zur Auswertung der 13. Tagung des ZK und erläutert die der Sektion in diesem Rahmen gestellten spezifischen Aufgaben." Es geht nicht mehr um Glaubensfragen, sondern um Marschbefehle und wie sie auszuführen sind.

Das wird weniger an der 3. Hochschulreform als an der Tatsache liegen, dass im Mai 1971 auf der 16. Tagung des ZK Walter Ulbricht durch Erich Honecker abgelöst wird und damit der ideologischen Intensität der Ulbricht-Jahre der vergleichsweise gelassene Pragmatismus der Honecker-Zeit folgt. Auch die Besetzung der Juristischen Fakultät hat sich verändert. Unter Ulbricht, dessen Denken um Machtfragen kreiste, standen vor allem die Juristen an der Fakultät im Rampenlicht (und meistens auch im Feuer der Kritik), die sich mit Staats- und Rechtstheorie beschäftigten: Hermann Klenner, Uwe-Jens Heuer, Karl Mollnau, und (als Völkerrechtler durch seine internationalen Verbindungen ein wenig besser insuliert) Bernhard Graefrath. Aber Klenner war nach seiner Verbannung nie an die Universität zu-

[64] Buchholz, Erich, Überlegungen zur künftigen rechtswissenschaftlichen Ausbildung, in: NJ 43 (1989), S. 176–178, hier: S. 178.

rückgekehrt; Heuer geht 1968 ans Zentralinstitut für sozialistische Wirtschaftsführung beim ZK; Mollnau (dem ein Stein nach dem anderen in den Weg gelegt wurde) flieht 1972 an die Akademie der Wissenschaften, und sogar Bernhard Graefrath, der 1964 juristischer Dekan wird und ab 1973 in verschiedenen internationalen Gremien für Menschenrechte die DDR vertritt, zieht 1982 an die Akademie der Wissenschaften um. Statt ihrer dominiert eine neue Generation von etwas jüngeren und sehr viel pragmatischeren Juristen das Bild, deren Arbeit sich nicht um das theoretische Verhältnis von Staat und Recht dreht, sondern um solche Rechts-Probleme, die auch die DDR-Justiz beschäftigten: Horst Kellner, zum Beispiel (Zivil- und Zivilprozessrecht), der 1974 Sektionsdirektor wird; Erich Buchholz (Strafrecht und Strafprozessrecht), der Kellner 1977 als Sektionsdirektor folgt; die Arbeitsrechtlerin Wera Thiel (besonders an der Haftung von Arbeitnehmern interessiert) und Anita Grandke (die eine wichtige Rolle bei der Einführung der Gütergemeinschaft im DDR Familiengesetzbuches von 1965 gespielt hatte[65]). John Lekschas, der erste Sektionsdirektor nach der Reform von 1968, macht vor allem Strafrechts*theorie* und steht, seinem intellektuellen Temperament nach, zwischen den Theoretikern der Ulbricht- und den Praktikern der Honecker-Jahre.

Das heißt nicht, dass unter Honecker die Politik aus den Sektionsberatungen verschwindet. Aber sie ist zur Routine und damit von einer Glaubensangelegenheit zu einer Sache der Verwaltung geworden. Im Februar 1978, zum Beispiel, mahnt Direktor Buchholz an, dass in der Forschungsarbeit der Sektion „ein unvertretbarer Rückstand zur Auseinandersetzung mit der bürgerlichen Ideologie und imperialistischen Gesellschaftsauffassung eingetreten ist." Berater des wissenschaftlichen Nachwuchses sollen bitte dafür sorgen, „dass sich diese Auseinandersetzung in den betreuten Arbeiten niederschlägt." Schon zwei Monate später werden an der Sektion „Fortschritte in der Imperialismusauseinandersetzung" konstatiert. Anscheinend ließen sich die „Fortschritte" mit ein paar Umformulierungen und Ergänzungen leicht realisieren. Im März 1978 werden die bei einer EDB anwesenden Professoren aufgefordert, die Rede Honeckers vor den Ersten Kreissekretären der Partei in ihren „Bereichskollektiven auszuwerten" und anschließend dem Sektionsdirektor eine „Kurzinformation mit angesprochenen Themen und Schlussfolgerungen" zukommen zu lassen. Auch eine Aufgabe, die ein in sozialistischer Geschäftigkeit erfahrener Lehrstuhlinhaber wahrscheinlich an einen Assistenten weitergeben und so bald wie möglich abhaken wird. Man wird beim Lesen dieser Sitzungsprotokolle an das Fontane-Gedicht von dem chinesischen Würdenträger erinnert, der einen französischen Hofball kommentieren soll. „Wir lassen es andere machen", sagt der Besucher angesichts der Tanzenden. An der Juristischen Fakultät wurde die politische Alltagsarbeit, so weit es ging, an Untergebene delegiert.

---

65 Schneider, Ute, Hausväteridylle oder sozialistische Utopie? Die Familie im Recht der DDR, Köln 2004, S. 131, 232.

So wie früher die Sitzungen des Wissenschaftlichen Rates, sorgen auch die Sektionsberatungen immer noch dafür, dass die Mitglieder der Juristischen Fakultät politisch nicht aus der Reihe tanzen. Aber die nötige Reverenz für die Partei wird jetzt gewissermaßen bürokratisch erledigt und kommt so ohne persönliche Appelle an das ideologische Engagement jedes Einzelnen aus. 1974, zum Beispiel, berichtet Sektionsdirektor Kellner in einer Dienstberatung beim Rektor über die erfolgreiche marxistisch-leninistische Propaganda und Lehre in der Sektion Rechtswissenschaft. Er preist „die bewährte Praxis" der Juristen, auf Plenartagungen des ZK und andere wichtige Parteiereignisse „koordiniert zu reagieren," das heißt, geschlossen als Sektion die Verlautbarungen abzugeben oder die Aktionen durchzuführen, die von der Partei erwartet werden. Kellner zählt keine Beispiele für die so erreichten ideologischen Erfolge auf. „Jede Vorlesung muss dem Grundsystem der Wissenschaft entsprechen", heißt es auf einer EDB von 1978. Auch das lässt vieles offen. Man hat den Eindruck, dass Sektions- und Bereichssitzungen dazu dienen, im sicheren Kreise der Kollegen von den Produkten jedes einzelnen die Ecken abzuschleifen, die bei höheren Instanzen Ärger auslösen könnten. Im Januar 1978 weist Sektionsdirektor Buchholz „aus gegebener Veranlassung" darauf hin, dass „zur Einhaltung der Gesetzlichkeit" bei Promotionsverfahren „vor der Eröffnung des Verfahrens Rücksprache mit dem Sektionsdirektor" genommen werden solle. Zwei Monate später, wieder „aus gegebener Veranlassung", ermahnt er die Bereichsleiter in der Sektion, „sich über wissenschaftliche Publikationen der Mitarbeiter ihres Bereichs vor dem Erscheinen der Beiträge, gegebenenfalls im Rahmen einer Bereichsdiskussion, zu informieren und die Veröffentlichung zuzulassen oder Überarbeitungsaufträge zu geben." Veröffentlichungen sind nur „in Abstimmung mit der Sektionsleitung vorzunehmen, um jeglichen Unstimmigkeiten vorbeugen zu können." Die Ermahnungen verraten zweierlei: dass diese Vorsichtsmaßnahmen Ende der 1970er Jahre an der Fakultät offenbar nicht immer eingehalten werden und dass Konflikte mit der Partei – jedenfalls unter den Sektionsangehörigen – von Sündenfällen zu „Unstimmigkeiten" herabgewertet worden sind.

So überrascht es nicht, dass die politische Temperatur der Sektionsbesprechungen abkühlt. Nicht alle Professoren kommen gewissenhaft zu allen Sitzungen und die verschiedenen Sektionsdirektoren drängen wiederholt auf bessere Präsenz. 1975 wird beschlossen, „dass alle im Verteiler der DB genannten Genossen künftighin an der DB teilzunehmen haben bzw. Vertreter entsenden." Politische Routine und Verwaltungsarbeit langweilen, und Akademiker, die lieber zu Hause arbeiten, gehen ihnen gerne aus dem Weg. 1977 wird auf einer EDB daran erinnert, dass Lehrkräfte „für dienstliche Belange während der normalen Arbeitszeit erreichbar sein müssen." Jemand hat neben das Wort „normal" ein Fragezeichen an den Rand des Protokolls gekritzelt. Die Dienstberatungen beim Sektionsdirektor koordinieren vor allem die Praxis an der Fakultät und informieren die Bereiche über das, was sich in der Welt der Politik und Wissenschaft ereignet hat. Sie besprechen die Förderung von Nachwuchswissenschaftlern und Studenten; die Verteilung von Auslandsreisen und die Zuteilung von Autos; den Büchermangel (1976 wird den anwesenden FDJ-Vertretern mitgeteilt, dass die Studenten sich ihre Lehrbücher möglichst selber kaufen sollten) und die „Sicherheitsbestimmungen im Briefverkehr mit dem kapitalistischen Ausland“; zukünftige Konferenzen und Parteiaktionen – was eben an einer sozialistischen Fakultät so alles ansteht und ordentlich geregelt werden muss.

Auch die Haltung zu den Studenten verändert sich in den 1970er Jahren. An der Juristischen Fakultät wurde das Unterrichten immer ernst genommen; sehr viel ernster als an einer bürgerlichen Universität, die ihre Studenten nach dem Studium in die Welt schickt, damit sie ihren eigenen Lebensplänen folgen. In der DDR wurde der zukünftige Einsatz eines Jurastudenten schon vor Beginn des Studiums vom Ministerium der Justiz geplant. Weil sie alle einmal als Repräsentanten der sozialistischen Gerechtigkeit den Staat vertreten würden, mussten Jurastudenten nicht nur unterrichtet, sondern auch erzogen werden. Daher die Sportstunden, der Russischunterricht, der im ersten Studienjahr veranstaltete Besuch der Gedenkstätte Sachsenhausen. Für Jurastudenten war die sozialistische Rundum-Erziehung fast noch wichtiger als für ihre Kommilitonen in den Geisteswissenschaften. Sie würden einmal ein engeres Verhältnis zur Macht haben als andere Bürger und sollten, wie Hefe im Brotteig, schon während ihres Studiums die träge Masse unentschlossener Studenten ideologisch in Bewegung bringen. Als 1972 ein neues Studenten-Wohnheim der Humboldt-Universität am Ostbahnhof eröffnet wird, das vor allem für Naturwissenschaftler und Jurastudenten bestimmt ist, haben die Juristen als vermutlich verlässlichste Gruppe unter den neuen Bewohnern „eine bedeutsame politische Ausgabe zu erfüllen.“ Eine erweiterte Dienstbesprechung beim Sektionsdirektor beschließt, „zur ideologischen Vorbereitung der Studenten“ mit ihnen noch vor dem Umzug „kollektive Aussprachen“ zu führen. Nach dem Umzug soll eine Arbeitsgruppe von sechs Jura-Dozenten und sechs FDJ-Vertretern die Anpassung der neuen Heimbewohner weiterhin im Auge behalten.

Aber die Sorgen der Fakultät um die politische Korrektheit ihrer Schüler wurden in den 1970er Jahren bald durch Sorgen um ihre Fachausbildung abgelöst. Im November 1971 berichtet Professor Lekschas, dass wegen Kadermangel in der Sektion Marxismus-Leninismus (die die M/L-Ausbildung der Juristen bisher bestritten hatte) die Sektion Rechtswissenschaft von nun an „die lehrmäßige politisch-ideologische Arbeit vornehmlich durch eigene Kräfte bestreiten“ müsse. Weil die Juristen seit 1969 keine Vorlesungsverzeichnisse mehr veröffentlichten, weiß ich nicht, wer die undankbare Arbeit übernimmt. Die Beschwerden der Professoren ändern sich jedenfalls. In einem Sitzungsprotokoll von 1972 findet sich zwar noch das ironische Lob, dass bei den jüngsten M/L-Examen „eine Reihe von Studenten in der Lage waren, zu den formulierten Prüfungsfragen einige zusammenhängende Gedanken darzulegen.“ Aber dann kommen Klagen von weiterreichender Bedeutung: die Studenten „lernen nur für Noten“; sie nehmen „eine Konsumentenstellung“ ein; sie erwarten, dass ihnen etwas „beigebracht“ wird. Ein Protokoll von 1974 berichtet, dass in allen vier Studienjahren ein „gutes politisches Fundament vorhanden“ sei, aber dass das „Niveau der fachlichen Kenntnisse recht reduziert“ ist. Ein Kommentar von 1975: Es wird „oft zu wenig gestritten, diskutiert und argumentiert.“ Von 1977: „Erneut wurde bei den Hauptprüfungen ersichtlich, dass die Argumentationsfähigkeit unserer Studenten unzureichend entwickelt ist.“ Von 1978: „Es hat sich gezeigt, dass durch die Studenten die Hochschullehrbücher nicht systematisch verarbeitet werden.“ Das alles sind Klagen, die auch von bürgerlichen Professoren stammen könnten. Sie zeigen, scheint mir, dass an der juristischen Sektion der Universität die Politik allmählich von der Rechtswissenschaft verdrängt wird.

Wie die Geschichte der Sektion in den 1980er Jahren weitergeht, lässt sich aus ihren Sitzungsprotokollen nicht entnehmen: sie sind im Archiv der Humboldt-Universität nicht aufzutreiben. Vielleicht wurden sie dem Archiv gar nicht mehr zugeleitet. So muss ich mich für die Endphase meiner Geschichte auf Veröffentlichungen in der juristischen Literatur und auf die Berichte von Zeitzeugen verlassen. Was die staatliche Universitätsverwaltung anbetrifft, kommt es zu keinen strukturellen Veränderungen mehr an der Sektion. Auch sieht es so aus, als ob die Humboldt-Juristen bei den Debatten, die die ostdeutsche Rechtswissenschaft in den letzten Jahren vor der Wende bewegen, jedenfalls öffentlich keine große Rolle spielen. Die Rechtswissenschaftler, die für eine ostdeutsche Verwaltungsgerichtsbarkeit kämpften, kommen vorwiegend aus Leipzig und aus Jena; die Menschenrechtler aus Halle; die Rechtsstaats-Theoretiker von der Akademie der Wissenschaften. Wissenschaftliche Konferenzen, die sich um intellektuell ausschweifenden und riskante Themen drehen, scheinen sich in den letzten Jahren eher an anderen Orten als der Juristischen Fakultät der Humboldt-Universität abzuspielen: so etwa ein rechtshistorisches Kolloquium über Rudolf von Ihering an der Karl-Marx Universität in Leipzig im Februar 1986[66] oder eine Tagung zu „verwaltungsrechtlichen Problemen bei der Leitung komplexer gesellschaftlicher Prozesse“ an der Akademie der Wissenschaften im November 1988.[67] Wenn den Berichten über diese Treffen Glauben zu schenken ist, sind die Beiträge der Humboldt-Vertreter zu derartigen Diskussionen eher vorsichtig und linientreu. Bei der 1988er Verwaltungsrechts-Konferenz an der Akademie, zum Beispiel, argumentiert Professor Joachim Göhring (jetzt Sektionsdirektor der Juristen an der Humboldt-Universität) gegen jede Gewaltenteilung in der DDR und schlägt stattdessen einen Rechtsschutz gegen die Verwaltung vor, der auf dem „arbeitsteiligen Zusammenwirken staatlicher Organe in Ausübung der einheitlichen Staatsmacht“ gegründet sein soll.[68] Das klingt nicht nach Rebellion.

Zum Teil mag das niedrige Profil der Humboldt-Juristen in den Jahren des Zerfalls der DDR auch daran liegen, dass die Berliner Fakultät auf die Ausbildung von Justizjuristen ausgerichtet war und dass ihre Vertreter (nach der Abwanderung ihrer bekanntesten rechtstheoretischen Kollegen an die Akademie der Wissenschaften) daher meistens über praktische Probleme des Straf- oder Zivilrechts schreiben, denen der aufrührerische Glanz von

[66] Siehe den Konferenzbericht in: StuR 35 (1986), S. 500–502.
[67] Siehe den Konferenzbericht in NJ 43 (1989), S. 9.
[68] Ebd.

Staats- und Verwaltungsrechtsreformen fehlt. Jedenfalls liegt es nicht daran, dass die Universität von den politischen Ereignissen der letzten Jahre unberührt bleibt (vgl. Jarausch i. Bd. 3). Die Protokolle des Wissenschaftlichen Rates der *Universität* (seit 1968 ein Beratungsgremium des Rektors) verraten, dass im Februar 1986 zum ersten Mal ein frischer Wind durch eine Sitzung fährt, die in der Vergangenheit nur eine Propaganda- und *public relations* Angelegenheit gewesen wäre. Zum ersten Mal waren die Diskussionsbeiträge der Sektions-Vertreter nicht vorher vom Rektorat bestellt und abgesegnet worden. Stattdessen kommt es zu einer offenen, nicht choreographierten Diskussion über die besorgniserregende Unzufriedenheit der Studenten. Es brodelt also auch an der Humboldt-Universität.

Zeitzeugen aus der ehemaligen Sektion Rechtswissenschaft datieren den Wetterwechsel nicht erst mit dem Aufstieg Gorbatschows, sondern schon mit der Ernennung Juri Andropows zum Generalsekretär des ZK der KPdSU im November 1982. Die Tatsache, dass in der Sowjetunion Reformen plötzlich möglich schienen, weckte auch Hoffnungen in der DDR. Politische Unterhaltungen an der Sektion wurden mutiger und gingen direkter auf ihr Thema zu. Überlebende des Systems berichten heute alle, dass sie schon immer wussten, mit *wem* unter den Kollegen man damals offen reden konnte. Vor 1968 waren das oft die Mitarbeiter im Institut, nach 1968 die Kollegen im Bereich; natürlich immer mit Einschränkungen hinsichtlich des einen oder anderen; eher in kleinen als in großen Gruppen; oft auch über Fachgrenzen hinweg und durchaus nicht nur auf Leute außerhalb der Partei beschränkt – es waren ja nahezu alle Sektionsmitglieder in der Partei. Eher hing das Miteinander-Reden-Können von den persönlichen Eigenschaften und Beziehungen der Gesprächspartner ab: von Ehrlichkeit, Loyalität, Vertrauen. Es war auch eine Frage des Instinkts. Jetzt, in den 1980er Jahren, weitet sich der Kreis der möglichen Gesprächspartner. Auch mit Studenten werden Unterhaltungen offener. Bei den jungen und kritischen Dozenten laufen plötzlich die Karrieren besser. Sie dürfen Dinge sagen oder schreiben (immer noch sozusagen unter sich, denn akademische Veröffentlichungen brauchen in der DDR noch länger als an West-Universitäten), die man ihnen vorher nicht hätte durchgehen lassen.

Weil es in einer so straff durchherrschten Institution, wie es die Universität war, nur wenig Einstiegsluken für Rebellen gibt, kam der Anstoß für den Aufstand unter den Juristen (oder besser: für die offene Artikulierung ihrer Unzufriedenheit mit der Partei) am Ende doch von oben. Professor Dieter Klein, Ökonom und Prorektor für Gesellschaftswissenschaften, ermutigte eine Gruppe junger Sozialwissenschaftler zu einem Forschungsprojekt über die Demokratisierung des politischen Systems der DDR. Man brauche dringend „Diskontinuitäten und Brüche, um Bewahrenswertes fortführen zu können", sagte Klein auf einer Sitzung der Gesellschaftswissenschaftler im Oktober 1989. Von den Juristen stieß als Erste die Staatsrechtlerin Rosemarie Will zu dem Unternehmen. Das Projekt wurde 1988 verteidigt und in den so genannten M-Plan des Ministeriums für Hochschulwesen aufgenommen; ein Zeichen, dass auch die Sektion und die Bereichsleitungen der Verfasser bereit waren, die Auflehnung zu unterstützen. Die Wende kam zu schnell, um das Projekt als Ganzes auszuführen; nur Teilergebnisse wurden vor dem 9. November 1989 in der DDR gedruckt.[69] Aber als auch das Regime der Humboldt-Universität zusammenbrach, wurde Rosi Will, Vertreterin des „Dritten Wegs“ und die Jüngste und Reformfreudigste unter den Juraprofessoren, zur Dekanin gewählt und schaffte es mit Hartnäckigkeit, Energie und der Bereitschaft, wenn nötig Brücken abzubrechen, ihre Fakultät in den Kapitalismus und den Rechtsstaat hinüberzuführen. Am 18. Mai 1990 wird durch Beschluss der gesellschaftswissenschaftlichen Fakultät die „Sektion Rechtswissenschaft“ durch den „Fachbereich Rechtswissenschaft“ ersetzt. Eine vom neuen Fachbereich selbst gewählte „Personalstrukturkommission“ überprüft im Frühjahr 1991, wie viele der Kollegen aus dem Sozialismus auch im Rechtsstaat in der Lehre noch Verwendung finden können. Von 28 Professoren werden 10 als persönlich nicht geeignet eingestuft.[70] Fast alle der die Überprüfung Überlebenden sind Mitte der 1990er Jahre bereits emeritiert und haben westdeutschen Kollegen Platz gemacht.

Diskurse und Projekte

Das also war das Terrain, auf dem die Juristische Fakultät der Humboldt-Universität im Sozialismus operierte. Um zu verstehen, welchen Einfluss ihre Umwelt auf die Arbeit der Juristen hatte, müssen wir noch einmal am Anfang unserer Geschichte beginnen.

Dabei wird es jetzt nicht mehr um die äußere Situation der Fakultät, sondern um ihren inneren Zustand gehen: um ihren Ehrgeiz, ihre wissenschaftlichen Standards, ihre Strategien im Umgang mit der Macht, ihren politischen Glauben. Die Fragen danach sind anmaßend (wie will ich wissen, was in anderen Köpfen vorgegangen ist?) und die Daten, auf die ich meine Überlegungen stützen werde, sind unzuverlässig und lückenhaft. Am Wortlaut der *Veröffentlichungen* der Juristen vor der Wende lässt sich zwar nicht mehr deuteln, aber dass die Verfasser damals, schwarz auf weiß, immer mit unverstellter Stimme sprachen, ist in einem vormundschaftlichen Staat sehr unwahrscheinlich. Die Unterhaltungen im Freundeskreis und in der Professorenmensa sind nicht aufgezeichnet. Die Erinnerungen daran sind durch die Prismen späterer Erfahrungen gebrochen. Die Protokolle der Fakultätssitzungen sind wahrscheinlich für den Gebrauch von Vorgesetzten editiert und nur Zufallsfunde in den Akten erlauben gelegentlich auch einen Blick hinter die Kulissen. Hier ist – zur Illustration der Schwierigkeiten, nach vielen Jahren an die politische Stimmung in der Fakultät heranzukommen – ein Beispiel eines solchen Zufallsfunds. Es zeigt die Art von Kontroverse,

[69] Siehe z. B. Brie, Michael/Land, Rainer/Petsch, Hannelore u. a., Studie zur Gesellschaftsstrategie, Berlin 1989.
[70] Markovits, Die Abwicklung, 1993, S. 192.

die bei geschriebenen Berichten gerne ausgelassen wurde. Von einer Sitzung des Wissenschaftlichen Rates der Fakultät vom Juni 1962 finden sich *zwei* Protokolle in den Akten: ein vom Protokollführer Hans Pogodda (wissenschaftlicher Mitarbeiter im Erfindungsrecht und damals noch nicht promoviert) unterschriebener Entwurf und die von Dekan Lekschas abgesegnete Endfassung des Berichts. In der Debatte geht es unter anderem um das damals diskutierte Verhältnis von Wirtschaftsrecht und Zivilrecht; ein Thema, bei dem Heinz Such in Leipzig und Uwe-Jens Heuer in Berlin die sowjetische (und zunächst auch ostdeutsche) Entscheidung für eine einheitliche zivilrechtliche Regelung beider Rechtsgebiete für falsch hielten. Folgender Austausch in Pogoddas Protokoll-Entwurf wurde vom Dekan gestrichen:

„Prof. Nathan: Die Entwicklung des Meinungsstreits hängt von der Auffassung der Redaktionen unserer Publikationsorgane über diese Frage ab. Das bezieht sich vor allem auf die Redaktion von Staat und Recht. Obwohl Beiträge von Heuer und Such zur Wirtschaftsrechtskonzeption vorliegen, werden sie abgelehnt. Das ist genau das, was Genosse Hager kritisiert hat.

Prof. Lekschas: Es geht doch vielmehr darum, dass in der Fakultät selbst der Meinungsstreit entwickelt wird (...)

Prof. Nathan: Was hier zum Meinungsstreit gesagt wird, ist nicht befriedigend. Was soll man davon halten, dass Arbeitsergebnisse nicht veröffentlicht werden, nur weil sie möglicherweise falsch sind. Außerdem muss der Meinungsstreit doch über das Institut in die Öffentlichkeit dringen. Wenn man das verhindert, wird den Verfassern von Publikationen der Mut genommen (...)

Prof. Lekschas: Man soll prüfen, ist das richtig, was wir tun. Es geht um die theoretische Fundierung einer bestimmten Linie.

Prof. Nathan: Wenn es Einwände gibt, muss man sich damit auseinandersetzen. Deshalb sollte Genosse Heuer schreiben."

Es werden noch viele ähnliche Sätze aus den Sitzungsprotokollen der Fakultät gestrichen oder, wahrscheinlicher, gar nicht erst aufgeschrieben worden sein. Außerdem sind die vermutlich ehrlicheren Protokolle der 1980er Jahre im Archiv der Humboldt-Universität nicht aufzufinden. Um das intellektuelle Klima an der Fakultät und seine Veränderungen zu erraten, kann ich mich daher nicht allein auf Aussagen der Dabeigewesenen verlassen. Ich muss in anderen Ecken suchen. Das in Diskussionen benutzte Vokabular ist aufschlussreich. Verwaltungsstrukturen können etwas über die geistige Verfassung der Verwalteten verraten. Ich werde die Planung der wissenschaftlichen Arbeit an der Fakultät beschreiben, um zu sehen, wieweit sich aus der Forschungssteuerung Rückschlüsse auf Forschungsabsichten und -methoden ziehen lassen. Wenn wir zu der politischen Glaubensfestigkeit der Humboldt-Juristen kommen, befinden wir uns allerdings auf besonders unsicherem Terrain. All diese Vorbemerkungen nur, um Leser darauf aufmerksam zu machen, dass was hier folgt, auf vielen Unterstellungen beruht.

Kontroversen über die Ablösung vom Bürgerlichen Recht

Die erste wissenschaftliche Auseinandersetzung unter Beteiligung von Humboldt-Juristen fand im Frühjahr 1947 statt, als sich Heinrich Mitteis (damals noch Professor an der Berliner Universität) und Karl Polak (damals schon führender SED-Rechtspolitiker) in der *Neuen Justiz* über den Wert der Rechtsgeschichte nach dem deutschen Zusammenbruch stritten. Mitteis sah Rechtsgeschichte als ein Medium für die Suche nach einem besseren und menschenwürdigen Rechtsverständnis.[71] Polak sah Recht als Klassenrecht, das keinen von der Geschichte unabhängigen Werten dienen könne.[72] Trotz aller weltanschaulichen Gegensätze zwischen den Kombattanten folgte ihr Austausch den bisher geltenden Regeln für einen akademischen Disput: klare Darstellung der eigenen Position und keine Verzerrung der Position des Opponenten. Auch als sich das wissenschaftliche Klima in der DDR zunehmend politisierte und Mitteis schon nach München geflüchtet war, hielten diese Regeln noch eine Weile vor. In den späten 1940er und frühen 1950er Jahren war die juristische Debatte in der DDR zwar eindeutig sozialistisch, oft auch scharf, aber auf ihre Weise sachlich und ohne absichtliche Verdrehungen und drohende Untertöne. Hans Nathan (damals noch nicht an der Universität, sondern beim Ministerium der Justiz) schrieb vor allem sorgfältige Anmerkungen zu Gerichtsentscheidungen, in denen er die Gleichberechtigung von Frauen und die Rechte unehelich geborener Kinder verteidigte. Hans Kleine (einer der Teilnehmer am Forst Zinna Lehrgang und Dozent an der Humboldt-Universität) sezierte Begriffe des bürgerlichen Rechts mit Hilfe marxistischer Methoden: den abstrakten dinglichen Vertrag des BGB[73], die ökonomische Natur von Grundpfandrechten.[74] Als Hans Gerats (ebenfalls Forst Zinna Absolvent) und 1952 schon Professor in einer kleinen Schrift zur „strafrechtlichen Verantwortung in der Deutschen Demokratischen Republik" auf die „gesellschaftsgefährdende Handlung" des Verbrechers abstellt[75], wird er zwar wegen seines angeblichen Disrespekts für gesetzliche Tatbestände von John Lekschas (später ebenfalls Humboldt-Universität) und Joachim Renneberg heftig kritisiert, aber beide Seiten scheinen „den Kampf der Meinungen" zu akzeptieren.[76]

---

[71] Mitteis, Heinrich, Rechtsgeschichte und Gegenwart, in: NJ 1 (1947), S. 27–29.

[72] Polak, Karl, Wesen und Wert der Rechtsgeschichte, in: NJ 1 (1947), S. 54–58.

[73] Kleine, Hans, Die historische Bedingtheit der Abstraktion von der causa, Berlin 1953.

[74] Kleine, Hans, Praktische Folgerungen aus der Erkenntnis der realen Natur der Grundpfandrechte, in: NJ 7 (1953), S. 321–324.

[75] Gerats, Hans, Die strafrechtliche Verantwortlichkeit in der Deutschen Demokratischen Republik, Berlin 1952.

[76] Lekschas, John/Renneberg, Joachim, Die strafrechtliche Verantwortung in der Deutschen Demokratischen Republik, in: NJ 7 (1953), S. 129–132; Gerats, Hans, Die strafrechtliche Verantwortung in der Deutschen Demokratischen Republik, in: NJ 7 (1953), S. 326–333, hier: S. 333.

Aber was anfangs der 1950er Jahre noch an Liberalität vorhanden war, verflüchtigt sich angesichts der Babelsberger Konferenz. 1961/62 kommt es wieder zu einer Auseinandersetzung zwischen Strafrechtlern; diesmal mit Lekschas (inzwischen Direktor des Instituts für Strafrecht an der Universität) und Renneberg in der Rolle der Beschuldigten und einer Reihe junger Akademiker (der Avancierteste unter ihnen ist Dozent an der Parteihochschule beim ZK, die anderen sind alle Assistenten) in der Rolle der Ankläger.[77] Vielleicht sind die Kontrahenten von Lekschas und Renneberg auch deswegen so jung, weil ältere Kollegen derartige Aufgaben nur ungern übernahmen („wir lassen es andere machen"). Es geht um Argumente, die heute kaum noch nachvollziehbar sind, und um die politischen Ereignisse, die bei ihrer Formulierung jeweils Pate standen. Lekschas und Renneberg (und mit ihnen Hans Gerats, ebenfalls Humboldt-Angehöriger, der Mitautor eines gemeinsam verfassten Strafrechtslehrbuchs) werden beschuldigt, in ihrem Lehrbuch und in einem Artikel über die Lehren des XXII. Parteitags der KPdSU jede Straftat unabhängig von ihren Ursachen und der Persönlichkeit des Täters als eine Erscheinungsform des Klassenkampfes bezeichnet zu haben. Damit hätten sie sich in Widerspruch zu Ulbrichts *Programmatischer Erklärung* vom Oktober 1960 und dem *Staatsratsbeschluss zur weiteren Entwicklung der Rechtspflege* vom Januar 1961 gesetzt (der dritte Teil des Gesetzes-Trios, der *Rechtspflege-Erlass* des Staatsrats vom April 1963, war zur Zeit der Kontroverse noch nicht erschienen), die zwischen antagonistischen Straftaten von Klassengegnern und nicht-antagonistischen Straftaten von nur im Bewusstsein zurückgebliebenen Bürgern unterscheiden. Allerdings erklärt keiner der an der Debatte beteiligten Autoren, welche Bedeutung die jeweilige Charakterisierung einer Straftat als klassenkampf-verursacht oder nicht in der Praxis haben könnte. Keiner zitiert ein einziges – angeblich richtig oder falsch entschiedenes – Gerichtsurteil. Es ist auch nicht ersichtlich, welcher der Kombattanten Straftätern gegenüber größere Strenge oder Milde befürworten würde, denn alle betonen, dass zwischen einzelnen Gesetzesbrechern unterschieden werden müsse. Zur Erinnerung: die *Programmatische Erklärung* und die ihr folgenden Erlasse befürworteten harte Strafen für unerziehbare Klassenfeinde und die geduldige Umerziehung von nur Irregeleiteten und konnten damit, allein durch die Klassifizierung eines Täters, Härte ebenso rechtfertigen wie Milde.

Worum es bei dem Zusammenstoss wirklich zu gehen scheint, ist nicht das sozialistische Verständnis von Gerechtigkeit, sondern das Vertrauen der Autoren in den transformatorischen Einfluss der Partei. Hans Lekschas und seine Mitautoren hatten mit ihrer

[77] Zu der Debatte siehe Lekschas, John/Renneberg, Joachim, Lehren des XXII. Parteitags der KPdSU für die Entwicklung des sozialistischen Strafrechts in der DDR, in: NJ 16 (1962), S. 76–91; Melzer, Helmut/Klotsch, Helmut, Zu einigen Grundfragen des sozialistischen Strafrechts und der Strafrechtswissenschaft, in: NJ 16 (1962), S. 208–217; Rutsch, Helmut/Blühtner, Heinz/Kerst, Heinz, Zur Verantwortung und zu den Aufgaben der Strafrechtswissenschaft, in: NJ 16 (1962), S. 476–480; Lekschas, John/Renneberg, Joachim, Zur Überwindung von Dogmatismus und Sektierertum in der Strafrechtswissenschaft, in: NJ 16 (1962), S. 500–505.

These von der Klassenkampf-Genese aller Kriminalität die DDR als noch von der kapitalistischen Vergangenheit gezeichnete Gesellschaftsform bezeichnet. Sie sprachen in ihrem Aufsatz von der „Zählebigkeit des reaktionären Erbes der Ausbeutergesellschaft“[78] in der DDR. Damit hatten sie „die ständig wachsende Kraft und Wirksamkeit der sozialistischen Gesellschaftsverhältnisse“[79] in der DDR geleugnet, die Ulbricht mit der Programmatischen Erklärung verkündet hatte. Es ging bei diesem Streit nicht um die tatsächliche Kriminalitätsrate in der DDR und wie sie zu verringern sei, sondern darum, dass in der DDR unabhängig von allen in ihr noch vorhandenen Gesetzesbrechern schon eine neue Zeit begonnen hatte, und dass der Partei für diese neue Zeit zu danken war. Lekschas und Renneberg widerrufen ihre Irrtümer unter vielen Huldigungen an die Partei: „Wir müssen heute anerkennen, dass wir unserer Verantwortung als Wissenschaftler, dem Neuen in der gesellschaftlichen Entwicklung den Weg zu ebnen, nicht genügt haben.“[80]

Sozialistisches Recht – Sozialistische Rechtspflege

Also ein Religionsstreit („Dies ist mein Leib“ – „Dies bedeutet mein Leib“), bei dem schon ein verbaler Fehlgriff einen Sprecher bereits als Jünger oder Apostaten verraten kann. Es ist erstaunlich (und zeigt die Künstlichkeit dieser theologischen Debatte), dass der Streit sich an der Programmatischen Erklärung und dem Rechtspflegeerlass entzündete. Außer den Strafrechtslehrern (und auch diese nur begrenzt) schien sich kaum jemand an der Fakultät für die in diesen Texten enthaltenen Versprechungen zu interessieren. Was die Partei mit ihrer Hexenjagd in Babelsberg bezweckte, war allgemein verstanden worden: die heilige Dreifaltigkeit von Staat, Partei und Recht bedeutete, dass die Rechtswissenschaft der Partei zu dienen hatte. Erich Buchholz schrieb 1961: Die „Verletzung unserer Gesetzlichkeit bedeutet letztlich [die] Verletzung von Parteibeschlüssen.“[81] Aber das andere, menschlichere Antlitz der Gewalteneinheit, die mit der Programmatischen Erklärung geplante Übernahme von Rechtsprechungsfunktionen durch die Gesellschaft selbst, wurde kaum zur Kenntnis genommen. Ende Oktober 1960 wird die Programmatische Erklärung an der Universität zum ersten Mal auf einer gemeinsamen Sitzung der Parteileitung mit den Institutsdirektoren propagiert. Als die Fakultät darauf nicht reagiert, ordnet Dekan Nathan Diskussionen über die Erklärung in den Instituten an, über die innerhalb eines Monats zu berichten ist. Wieder allgemeines Schweigen. Im März 1961 wird eine geplante Sitzung des Wissenschaftlichen Rates, in der der neue Rechtspflegebeschluss des Staatsrats diskutiert werden

[78] Lekschas/Renneberg, Lehren des XXII. Parteitags, 1962, S. 78.
[79] Rutsch/Blühtner/Kerst, Zur Verantwortung und zu den Aufgaben, 1962, S. 478.
[80] Lekschas/Renneberg, Zur Überwindung von Dogmatismus, 1962.
[81] Buchholz, Erich, Legalität und Gleichheit, in: NJ 15 (1961), S. 745–749, hier: S. 747.

soll, verschoben, um einen Artikel zu dem Thema von Karl Polak abzuwarten, der demnächst erscheinen soll – den Humboldt-Juristen selbst fällt zum Rechtspflegeerlass nichts ein. Als im Dezember 1962 der Wissenschaftliche Rat – nunmehr im Zusammenhang mit dem Entwurf des Rechtspflegebeschlusses von 1963 – die „breitere Einbeziehung der gesellschaftlichen Kräfte“ in Justizangelegenheiten diskutiert und jemand einen „Plan zu inhaltlichen Behandlung“ dieser Fragen vorschlägt, melden sich wieder keine Volontäre, die die Sache übernehmen wollen. „Wir können das nicht auf ein paar Kollegen abwälzen“, sagt Horst Luther. Erich Buchholz, wie Luther Strafrechtler, sagt beschwörend: „Der Entwurf [des Rechtspflegebeschlusses] sei in seiner Bedeutung schwer zu *unter*schätzen.“ Obwohl der Freudsche Schnitzer vielleicht nicht Buchholz, sondern nur dem Protokollanten zuzuschreiben ist, scheint er mir doch etwas über die Ambivalenz der Debatte auszusagen. Trotz allen Drucks von oben haben sich im April 1963 nur ein Viertel der Kollegen offiziell zur neuen Rechtspflege-Gesetzgebung geäußert.

Die Humboldt-Juristen sind mit ihrem Desinteresse nicht allein. Im Juni 1962 beklagt eine „Information“ der Abteilung Staats- und Rechtsfragen des ZK, dass die DDR-Rechtswissenschaft „vollkommen am Rechtspflegebeschluss vorbeigegangen“ sei. „Er passte nicht in ihre Linie und wurde deshalb ignoriert.“[82] Was war „die Linie“, die die Juristen der Universität die Bedeutung der warmen und inklusiven Aspekte der Ulbrichtschen Rechtspolitik nicht erkennen oder akzeptieren ließ? Auf einer öffentlichen Fakultäts-Debatte zu dem Gesetzes-Trio vom Mai 1963 beklagt Dr. Michas (Arbeitsrecht), dass die bisherigen Veröffentlichungen zu dem Thema nicht über die „Entfaltung sozialistischer Beziehungen“ oder „die Entwicklung sozialistischer Persönlichkeiten“ redeten, sondern nur über technische Nebenfragen des Erlasses: die Voraussetzungen für die Übergabe einer Sache an ein gesellschaftliches Gericht, zum Beispiel, oder die Frage, wann eine Gesetzesverletzung „geringfügig“ zu nennen sei. In anderen Worten: die Schreiber hatten nicht als Jünger, sondern als Juristen reagiert. Die Professoren Graefrath und Nathan melden in der Tat juristische Bedenken an. Nathan: würden „mit der Übertragung staatlicher Aufgaben an gesellschaftliche Organe diese zu staatlichen Aufgaben oder würden sie gesellschaftliche Aufgaben bleiben?“ Ein Assistent: das sei die falsche Frage. „Der sozialistische Staat ist ein Halbstaat, in dem sich die staatliche und gesellschaftliche Seite vereinige.“ Das klingt nach der politisch korrekten Antwort der Partei. Dozent Mollnau gibt ihr eine Wendung ins Hoffnungsvoll-Utopische: „Rechtsnormen, die durch gesellschaftliche Organe durchgesetzt werden, haben dann keinen Rechtscharakter mehr.“ Es handele sich zunehmend um „moralische Methoden der Rechtsverwirklichung.“ Darauf Professor Nathan: „Die Auffassungen der Arbeitsrechtler über die Vorbeugung latenter Widersprüche [durch gesellschaftliche Kräfte] würden zum Chaos führen.“ Wie den Humboldt-Studenten, gelingt es auch den Professoren

82 Dreier u. a., Rechtswissenschaft in der DDR, 1996, S. 353.

nicht, die Juristerei mit dem Marxismus-Leninismus zu einem einheitlichen Ganzen zu verschmelzen.

Wie schwer den Juristen die von der Partei geforderte Fusion von Glauben und Professionalismus fällt, ist auch aus anderen Sitzungsprotokollen ersichtlich. Oft ist es Karl Mollnau, der versucht, die Kollegen an die humanistischen Ziele des sozialistischen Rechtsdenkens zu erinnern. Aber es sind gerade die warmen, integrativen Züge des Rechtspflegeerlasses, die ihn für die Mehrheit der Juristen uninteressant erscheinen lassen. Er ist zu ungenau, zu unjuristisch. Der Einwand wird auch gegen andere marxistische Reformvorschläge an der Fakultät erhoben. Als in einer Sitzung im Oktober 1963 die „Sicherung der Grundrechte" durch die „ökonomischen Hebel" im neuen ökonomischen System besprochen wird, wendet Nathan ein, „bevor man mit Begriffen arbeite, müsse man Klarheit über deren Inhalt haben." Was sei eigentlich „unter Hebelwirkung zu verstehen?" Auf Vorschlag Graefraths beschließt der Rat: „Der Begriff ‚neues ökonomisches System' sollte nicht als total verständlich vorausgesetzt werden." Dagegen bemüht sich die Fakultät in den letzten Ulbricht-Jahren um eindeutigere wissenschaftliche Standards. Im Dezember 1962 gibt es Kritik zur Praxis so genannter „Gesamtleistungshabilitationen", bei denen verschiedene kleinere Produkte eines Kandidaten summiert und zur Habilitationsschrift aufgewertet werden. Im nächsten Jahr weist die Fakultät die Habilitationsschrift von Joachim Hemmerling (der 1958 auf Drängen Ulbrichts vom Staatlichen Vertragsgericht an die Humboldt-Universität gekommen war) als „zu untheoretisch" zurück: es sei „keine juristische Arbeit." Alfons Steiniger nennt sie „eine popularisierende Orientierungsskizze."

Aber auch wenn die Fakultät sich gerne juristischer und professioneller gäbe, kommt sie doch um die Erfüllung ihrer politischen Aufgaben nicht herum. Noch elf Jahre nach der Babelsberger Konferenz preist John Lekschas (nunmehr Sektionsdirektor) die „weitsichtige Rede" Walter Ulbrichts in Babelsberg und fordert „die Vertiefung der Verbindung zwischen dem Marxismus-Leninismus und der Rechtswissenschaft."[83] Zwar gibt es verhältnismäßig unpolitische Oasen im juristischen Wissenschaftsbetrieb, in denen es leichter ist, derartigen Forderungen auszuweichen: zum Beispiel das Völkerrecht (dessen Vertreter auch international parkettfähig sein sollten und die mehr und weiter reisen durften als die meisten anderen Kollegen) oder das Erfinder- und Urheberrecht (1967 etwa wird an der Humboldt-Universität ein internationales Seminar zum Thema „Patentrechtsintegration und Pariser Verbandsübereinkunft" veranstaltet, von dessen 250 Teilnehmern eine Reihe aus dem Westen kommen).[84] Auf Rechtsgebieten, die der Macht ein wenig ferner stehen, erlaubt die Rechtstatsachenforschung unpolitische Ausflüge in die Wirklichkeit – zum Beispiel im Familienrecht, bei dem auch der Partei daran gelegen ist, neue Gesetze wie das Fa-

83 Lekschas, John, 20 Jahre DDR – 20 Jahre Studium marxistisch-leninistischer Rechtswissenschaft, in: StuR 18 (1969), S. 1601–1618, hier: S. 1612.

84 Winklbauer, Ernst, Internationales Patentrechtsseminar in Berlin, in: StuR 17 (1968), S. 283–285.

miliengesetzbuch (FGB) auf die tatsächlichen Beziehungen unter Bürgern zuzuschneiden. Die Rechts*geschichte* enthält ungefährlichere Themen für Autoren als die Rechts-*Gegenwart* in der DDR. Auch die Auseinandersetzung mit dem Recht kapitalistischer Staaten ist ein verhältnismäßig sicheres Terrain, auf dem die Regeln lockerer und die Fallstricke leichter zu erkennen sind, als zum Beispiel in der Rechtstheorie oder im Staatsrecht. In der *Wissenschaftlichen Zeitschrift der Humboldt-Universität* kann ein Wissenschaftler unverhüllter sprechen als in der Zeitschrift *Staat und Recht,* und selbst in *Staat und Recht* bietet ein Dissertations-Bericht oder eine Buchbesprechung am Ende eines Hefts mehr intellektuellen Auslauf als ein juristischer Artikel auf den Anfangsseiten.

Widersprüchliche Erwartungen – Forschungsplanung

Aber das sind Enklaven, die die Forderungen der Politik außerhalb ihrer engen Grenzen nur noch fühlbarer machen. Die Humboldt-Juristen sollen gleichzeitig zwei Herren dienen: ihrem beruflichen Selbstverständnis und der Politik der SED. Mehr noch: sie sollen beide Autoritätsfiguren durch einen Kraftakt des Glaubens und der Wissenschaft zu einer einzigen verschmelzen. Weil das nicht zu gelingen scheint, klingt ein Unterton von Schizophrenie durch das, was an der Fakultät gesagt oder geschrieben wird. Viele Fakultätsvertreter sprechen abhängig von Ort und Zeit mit verschiedenen Stimmen, sodass ein Leser nur darüber spekulieren kann, welche der Stimmen des Verfassers denn nun wirklich seine eigene ist. Vielleicht alle? „Wir fallen immer von einem Extrem ins andere", sagt Hans Nathan.[85] Anders als die traditionelle Fachsprache von Juristen (knapp, detailliert, präzise; mit einem Vokabular, dessen Begriffe genau von einander abgegrenzt sind, um Doppeldeutigkeiten zu vermeiden) ist die Rechtssprache an der Humboldt-Universität vor allem in den Ulbricht-Jahren vage und flexibel und operiert absichtlich mit Begriffen, deren Bedeutung sich den Umständen anpassen kann. Kürzel wie „Babelsberg", „Erbe" oder „Hermann Klenner" werden in der Hoffnung niedergeschrieben, dass keine weiteren Erklärungen nötig sind und die Partei sie schon so verstehen werde, wie es ihr genehm ist. Worte, die eigentlich zu definieren wären, wie „Rechtsstaat", werden absichtlich undefiniert gelassen, um ihren guten Klang auch für den Sozialismus auszunutzen. Die Anhängung von „ismen" verwandelt neutrale Worte automatisch in Beschimpfungen: „Dogmatismus", „Empirismus", „Praktizismus". Auch „Demokratismus" und „Ökonomismus" sind Sünden, die man an der Universität vermeiden möchte. 1960 erfindet jemand das Wort „Faktologie", um in einer Ratssitzung einen Vorlesungsentwurf zu kritisieren, der offenbar zu sehr in Tatsachen befangen ist. Vielfach dient Sprache nicht zur Erklärung, sondern zur Verhüllung eines Sachverhalts.

---

[85] Dreier u. a., Rechtswissenschaft in der DDR, 1996, S. 331.

1962 sagt Erich Buchholz in einer Ratsbesprechung, in der es um den Entwurf eines neuen Zivilgesetzbuchs geht: „Nicht richtig durchdacht worden sind die Auffassungen hinsichtlich der Einschätzung bestimmter Widersprüche." Er braucht drei Worte, die allen einen Denkprozess bezeichnen – „durchdenken", „Auffassung", „Einschätzung" – um einen explosiven Kern – die „Widersprüche" – gleichsam in drei Gedankenschichten einzuhüllen und so ungefährlicher zu machen.

Aber dann, in den Honecker-Jahren, wird der Arbeitsalltag der Juristen kontrollierbarer und die Rechtssprache an der Fakultät einfacher und direkter. Zusammen mit der 3. Hochschulreform zentralisierte und straffte ein Politbürobeschluss vom Oktober 1968 auch die Forschungsstrukturen in der DDR und passte die Planung der Arbeit an den Universitäten gewissermaßen der Planung der volkswirtschaftlichen Arbeit an. Es lag für sozialistische Wissenschaftler schon immer nahe, ihre Projekte einem gemeinsamen Plan zu unterstellen. 1952 sagte Hans Nathan auf einer Zivilrechtskonferenz in Berlin: „Es versteht sich, dass die vor uns liegende große Arbeit nur dann fruchtbar geleistet werden kann, wenn sie von einer organisierenden, anleitenden, ordnenden, zentralen Stelle her gelenkt wird."[86] Es brauchte eine Weile, die Forschungsplanung an der Fakultät erfolgreich zu koordinieren und zu zentralisieren. Zwar gab es schon 1955 Klagen darüber in der Partei, dass die Rechtswissenschaft in der DDR „zu sehr dem Selbstlauf überlassen" sei.[87] Nach der Babelsberger Konferenz wurde an der Deutschen Akademie für Staat und Recht (DASR) ein „Prorektorat für Forschung" gebildet, das als „rechtswissenschaftliche Leiteinrichtung"[88] diesem Selbstlauf abhelfen sollte. An der Juristischen Fakultät der Humboldt-Universität wurde in den 1950er und 1960er Jahren auch viel geplant: Institute stellten Forschungspläne auf; Kaderpläne bestimmten, wer von den Nachwuchsforschern in den nächsten Jahren promoviert und befördert werden sollte; 1960 entwirft die Fakultät einen Plan „zur Durchführung des systematischen Klassikerstudiums" mit Anwesenheitslisten und Nachholseminaren für verhinderte Kollegen, und auch die Teilnahme der Fakultät an gelegentlichen „Protestmeetings" im Kinosaal einschließlich der Zahl der anwesenden Juristen wird geplant (die Fakultät schickt in der Regel 50 Leute). Aber die Forschungskoordinierung funktioniert nicht. Versuche von Forschungsinstituten an der Fakultät, sich mit verwandten Forschungsinstituten an anderen Universitäten abzusprechen, sind nicht sehr erfolgreich. Im April 1963 kritisiert Prodekan Graefrath die an der Fakultät „herrschende Zersplitterung" der Forschung. Es gebe keine kollegiale Zusammenarbeit: „(...) auf 47 Mitarbeiter entfallen 24 Forschungsthemen." Die Institutsdirektoren könnten „die Vielzahl der Themen nicht mehr übersehen." Es wird bezweifelt, dass die Institutsdirektoren allein der Lage Herr werden könn-

---

86 Nathan, Hans, Bericht über die theoretische Zivilrechtskonferenz in Berlin am 15. März 1952, in: NJ 6 (1952), S. 155–159.

87 Dreier u. a., Rechtswissenschaft in der DDR, 1996, S. 86.

88 Ebd., S. 248.

ten: „Die Gesamtverantwortung des Rates darf nicht untergehen." Im Juni 1964 klagt auch Dekan Lekschas über das Fehlen einer effektiven zentralen Forschungsleitung: „Das wirkt sich auf die planmäßige und systematische Entwicklung der Rechtswissenschaft äußerst ungünstig aus." Er schlägt eine Forschungskommission beim Staatsrat vor. Im März 1967 wiederholt der neue Dekan Erich Buchholz die Beschwerden: „Das schwächste Kettenglied ist – nach wie vor – die perspektivische Planung und Leitung der Wissenschaft."

Als das Politbüro im Herbst 1968 die Gründung des „Rates für staats- und rechtswissenschaftliche Forschung" bei der DASR unter dem Vorsitz Reiner Arlts beschließt, der eben diese Leitung übernehmen soll, folgt es also nicht nur den eigenen Plänen für eine bessere Kontrolle der Juristen, sondern erfüllt auch den Wunsch zum mindesten der Führungskräfte in der Fakultät, die sozialistisch genug sind, um Planung für rationeller anzusehen als Spontaneität (und die außerdem wahrscheinlich so genau wie möglich wissen wollen, was von ihnen erwartet wird). Zwar galt die DASR (die nicht umsonst den Beinamen „Walter Ulbricht" trug) und der Rats-Vorsitzende Reiner Arlt zunächst noch als Vertreter der Babelsberger Ideologie und der damit verbundenen Enge und Rigidität. Aber schon nach ein paar Jahren wurde Ulbricht durch Honecker abgelöst; die DASR verlor ihren Beinamen „Walter Ulbricht" ebenso wie den „Rat für staats- und rechtwissenschaftliche Forschung" (der an die Akademie der Wissenschaften verlegt wurde), und die Forschungsplanung der Juristen nahm die sachlicheren und ideologisch gelasseneren Züge an, die die Honecker-Jahre kennzeichneten. Aus Forschungsplanung wurde Forschungsverwaltung und -routine. Wie funktionierte sie und welchen Einfluss hatte sie auf das wissenschaftliche Leben an der Fakultät?

Wie auch die Wirtschaftsplanung, kombinierte die Forschungsplanung in der DDR die Leitung von oben mit dem Input der Geleiteten. Grundlage aller wissenschaftlichen Planung waren die Parteibeschlüsse. Durch sie gesteuert, gab der Rat für staats- und rechtswissenschaftliche Forschung die Forschungsrichtung an, auf deren Basis die Sektion Rechtswissenschaft, ihre Bereiche und jeder Mitarbeiter im Bereich „Planangebote" machten, die jeweils vor der nächst höheren akademischen Verwaltungseinheit verteidigt und von ihr bestätigt werden mussten. Es gab den Zentralen Forschungsplan (den „Z-Plan", der die Vorhaben enthielt, die dem Zentralkomitee besonders wichtig waren, wie Lehrbücher, Monographien und größere Forschungsprojekte wie etwa Untersuchungen zur Jugendkriminalität) und dessen Aufgaben unter den juristischen Fakultäten in der DDR verteilt wurden. Es gab den M-Plan des Ministerrats mit Aufgaben, die die einzelnen Ministerien interessierten. Es gab die Arbeitspläne der Sektion und der verschiedenen Bereiche bis hin zu den individuellen Arbeitsplänen jedes Mitarbeiters. Auch Promotionen waren in die Forschung eingeschlossen und dienten oft der Teilerfüllung eines Planziels. Über die Erfüllung des Forschungsplans der Sektion Rechtswissenschaft musste der Sektionsdirektor jedes Jahr berichten, wobei nach dem Bericht von 1974 (der in den Akten liegt) auch Fragen nach dem „Erkenntniszuwachs", der „Effektivität der erbrachten Forschungsleistungen" und deren

„Überführung in die Praxis" zu beantworten waren. Wie in der Wirtschaft gab es finanzielle Anreize zur Förderung der Planerfüllung: Gehaltserhöhungen für Hochschullehrer waren an ihre Arbeitsleistungen gekoppelt, und „Forschungsprämien" sollte die Bearbeitung erwünschter Themen stimulieren.

Zwar war das Netz der Forschungsplanung nicht so feinmaschig, dass nicht auch die Interessen einzelner Wissenschaftler in den Gesamtplan Einlass finden konnten. Die Planvorgaben, die von der Spitze kamen, waren oft so allgemein gehalten, dass alle möglichen Projekte darunter fallen konnten. Zum Beispiel schrieb der letzte vom Politbüro im Juni 1986 bestätigte Zentrale Forschungsplan 1986–1990 den Gesellschaftswissenschaften als juristische Themen unter anderem „Staat und Recht im politischen System des Sozialismus" und „die weitere Vervollkommnung der sozialistischen Demokratie" vor[89] – das gab viel Spielraum. Die Fakultät lebte nicht unter ständigem Leistungs- und Termindruck. Solange es nicht um konkrete Planziele (wie etwa die Fertigstellung eines Lehrbuchs) ging, konnte ein gut geschriebener Jahresbericht des Sektionsdirektors viel wissenschaftlichen Eigensinn und viel Gemächlichkeit verhüllen. Die Plankriterien für Gehaltssteigerungen waren milde (1976 mussten Hochschullehrer mindestens eine Veröffentlichung oder ein Forschungsergebnis innerhalb von zwei Jahren vorweisen können) und die Prämienverteilung wurde, scheint es, im Bereich egalitär besprochen. Im Sozialismus wurde niemand gerne ausgelassen.

Aber ganz unabhängig von dem Inhalt der wissenschaftlichen Planvorgaben schuf der Prozess der kollektiven Planerfüllung Abhängigkeiten und Beschränkungen, die die intellektuelle Arbeit an der Fakultät entscheidend beeinflussen mussten. Niemand konnte bei seiner Arbeit nur der eigenen Stimme folgen. Auch wer allein an einer Sache schrieb (und kleinere Arbeiten konnten gelegentlich am Rande des Bereichs- oder Sektionsplans unternommen werden), musste das Ergebnis mit Kollegen diskutieren und im Bereich und der Sektion verteidigen. Vor allem für junge Wissenschaftler konnte die Besprechung eines Arbeitsentwurfs in einer Gruppe von Kollegen oft sehr hilfreich sein. Aber sie lehrte auch, sich anzupassen. Weil viele Projekte Kollektivprojekte waren, war Anpassung auch meistens sinnvoll: natürlich kann bei einem Gruppenunternehmen der Einzelne nicht aus der Reihe tanzen. Auch Dissertationen und Habilitationen (seit 1968 B-Dissertationen genannt) wurden an der Juristischen Fakultät oft von mehreren zusammen geschrieben. Der Forschungsplan (als Super-Kollektivprojekt) und die Partei (als Super-Ego jedes Bürgers) verstärkten die Neigung, nichts alleine zu riskieren. Selbst die Kritik an herrschenden Verhältnissen unternahm man lieber mit der Rückendeckung und dem Ratschlag von Genossen. Das Resultat war eine Arbeitsatmosphäre, in der es legitim war, anderen in die Arbeit hineinzureden, und überheblich, sich derartigen Einmischungen zu widersetzen.

---

89 Zentraler Forschungsplan der marxistisch-leninistischen Gesellschaftswissenschaften der DDR 1986–1990, in: Einheit 41 (1986), H. 8, S. 681–692, hier: S. 686.

Modifizierungspraktiken – Lehrbücher, Zeitschriften, Publikationen

Die aus der Sicht des Staates wichtigsten Ergebnisse der Forschungsplanung waren die juristischen Lehrbücher der DDR. Sie zeigen besonders deutlich, wie die Herstellungsmethode eines Wissenschaftsprodukts auch seinen Geist und seinen Ehrgeiz formen kann. Lehrbücher wurden von der Partei bestellt und von den für die Arbeit ausgewählten Fakultäten nach Anweisungen des Staates und unter Berücksichtigung von vielen Extrawünschen der Partei geschrieben. Ein Lehrbuch basierte immer auf Gemeinschaftsarbeit: es sollte keine neuen und originellen Theorien propagieren, sondern den Benutzern eine zuverlässig Übersicht über ein bestimmtes Rechtsgebiet verschaffen. Am zweibändigen Lehrbuch für Zivilrecht von 1981, zum Beispiel, unter der Leitung von Joachim Göhring (Berlin) und Martin Posch (Jena) geschrieben, arbeiteten zusammen 14 Leute, eine Mischung aus Lehrstuhlinhabern, Nachwuchswissenschaftlern und Praktikern. Jeder Schritt dieser Arbeit – vom Entwurf bis zu seiner Fertigstellung – wurde im Kollektiv besprochen, kritisiert, umformuliert, und schließlich entlang der Leiter der Autoritäten in der Universität auch abgesegnet: angefangen mit dem Bereich der jeweiligen Mitarbeiter und endend mit der erfolgreichen Verteidigung beim Rat für staats- und rechtswissenschaftliche Forschung bei der AdW und mit dem Placet des Zentralkomitees.

Wie viel Raum blieb in diesem Herstellungsprozess für die Einsichten und Wünsche der einzelnen Verfasser? Jeder Gedanke musste mit Vorgesetzten abgesprochen werden. Wenn auch die Arbeit von Nachwuchsforschern in ein Lehrbuch einfließen sollte (was durch die Benutzung von Promotionen oft geschah), wurde die Dissertation des Betreffenden als „Dienstsache" eingestuft und wahrscheinlich auch so behandelt. Schon bei den Diskussionen zu den verschiedenen Entwicklungsstadien eines Lehrbuchs in der Fakultät spielte die Partei mit: im Juni 1975, zum Beispiel, gab es in der SED-Kreisleitung an der Universität eine „Kontrollberatung" zu dem Stand des geplanten Strafrechtslehrbuchs. Als das Lehrbuch ein Jahr später noch einmal im Bereich beraten wird, heißt es im Protokoll der Sitzung: „Kapitel des Lehrbuchs dürfen nicht mit nach Hause genommen werden." Die Warnung ist nicht ungewöhnlich: im selben Jahr erhalten die Teilnehmer einer Bereichssitzung, auf der die „Konzeption" zu einer Monographie über die Kriminalitätsursachen im Sozialismus diskutiert werden soll (auch ein Projekt des Z-Plans) zusammen mit dem Manuskript den Hinweis: „Keine Bemerkungen an den Rand schreiben, da [Konzeption] wieder eingezogen wird." Dies sind Staatsaffairen. Die Arbeit an einem Lehrbuch gehört nicht denen, die es schreiben, sondern ihrem Auftraggeber. Nur auf der Rückseite des Titelblatts verraten die klein gedruckten Namen der Verfasser, wer welchen Abschnitt eines Buchs geschrieben hat, und manchmal nicht einmal das: im Staatsrechtslehrbuch von 1978, zum Beispiel (an dem, so viel ich sehen kann, von 20 Mitarbeitern nur ein Vertreter der Humboldt-Universität beteiligt war), bleibt die Zuordnung der Texte zu Autoren anonym.

Auch die Mitarbeiter an einem Lehrbuch dürfen ihre Beiträge nicht ohne Genehmigung des Justizministeriums für ihren eigenen Unterricht benutzen. Oft müssen nach einem Parteitag und dergleichen Lehrbücher noch in letzter Minute der neuesten Linie angepasst und umgeschrieben werden. Und manchmal dürfen sie überhaupt nicht erscheinen, so wie ein 1968 von Hermann Klenner und Karl Mollnau geplantes Lehrbuch der Rechtstheorie, denn (so damals der Kommentar von Justizminister Wünsche) „Lehrbücher, die – gleichgültig, ob das von den Autoren gewollt ist, oder nicht – absolut gesicherte marxistisch-leninistische Grunderkenntnisse in Frage stellen, brauchen wir nicht."[90]

1983 erklärte ein Mitarbeiter des Ministeriums für Hochschulfragen einem amerikanischen Besucher einmal auf andere Weise, was die ostdeutsche Justizverwaltung „brauchte." Er klagte darüber, dass die juristischen Lehrbücher in der DDR zu umfangreich geworden seien; sie wögen zusammen etwa 70 Pfund. Das Ministerium würde eine Lehrbuchproduktion vorziehen, die ein Gewicht von 45 Pfund nicht überschritte.[91] 45 Pfund klarer, verständlicher, lebensnaher, parteitreuer Anleitungen und Erklärungen für Jurastudenten und Justizfunktionäre: das war es, was sich die Partei von den juristischen Lehrbüchern ihrer Rechtswissenschaftler erhoffte. Das ist – von der Parteitreue einmal abgesehen – kein geringes Ziel: eine gut funktionierende, zugängliche, bürgerfreundliche Justizverwaltung ist für jede Gesellschaftsordnung wichtig, und die DDR war diesem Ziel trotz allem näher als manch anderer Staat. Aber den Wissenschaftlern, die an dieser Aufgabe mitwirkten, fehlte das, was Wissenschaft auch aufregend und zu einem Medium der Freiheit macht: Spielraum, Kritik, Widerspruch, Spekulation, Wagnis. 1968, anlässlich der Verwerfung des Mollnau/Klenner-Manuskripts für das geplante Lehrbuch der Rechtstheorie, erwähnte Justizminister Wünsche auch „die hier und da ausgesprochene Sorge" unter den Rechtswissenschaftlern in der DDR, dass mit der Unterdrückung falscher Ausfassungen „wertvolle schöpferische Potenzen unfruchtbar werden könnten." Aber „ganz im Gegenteil", erklärte der Minister. Falsche Auffassungen führten nur zu „Irrwegen" und „unfruchtbarem Verschleiß."[92]

Was für Lehrbücher galt, galt – abgemildert – auch für andere Wissenschaftsprodukte. Aufsätze boten zwar mehr Raum für Abweichungen als die Z-Projekte, aber es gab (vom Wirtschaftsrecht abgesehen, das Sache der Hallenser und der Leipziger Juristen war) praktisch nur zwei juristische Zeitschriften in der DDR, und es war schwierig, in ihnen etwas auf eigene Faust zu platzieren. So half die Planung der Sektion, das Geschriebene unterzubringen: 1970, zum Beispiel, werden in einer Bereichssitzung der Strafrechtler „entsprechend der Anforderung des Direktors der Sektion für 1971 Autoren für ca. 200 Seiten Gesamtmanuskript benannt" und im Oktober 1978 werden die Bereiche gebeten, „ihren Bedarf an Publikations-

[90] Wünsche, Kurt, Zur rechtswissenschaftlichen Forschung und zur Ausbildung der Juristen in der Rechtspflege, in: NJ 22 (1968), S. 679–681, hier: S. 681.

[91] Meador, Impressions of Law in East Germany, 1986, S. 186.

[92] Wünsche, Zur rechtswissenschaftlichen Forschung, 1968.

raum für die Zeitschrift Staat und Recht im Jahre 1979 anzumelden." Es kam auch vor, dass *Staat und Recht* und *Neue Justiz* ihrerseits den Humboldt-Juristen Aufsatzthemen anboten, die Planprojekte unterstützten und zu denen die Zeitschriften gerne etwas publizieren wollten. Und viele Forschungsprojekte an der Humboldt-Universität, auch Projekte des Z-Plans (etwa zum Jugendstrafrecht oder zu Familienrechtsproblemen), dienten zur Untermauerung der Rechtspolitik der DDR-Regierung und wurden nur begrenzt veröffentlicht.

Wissenschaftliches Selbstverständnis – vor und nach der „Wende"

Es gab weniger Eitelkeit, weniger Glanz und weniger Wettbewerb an der Juristischen Fakultät der Humboldt-Universität als an einer Fakultät im Westen – weniger jedenfalls, als eine Beobachterin aus einer fernen Welt entdecken kann. Das Sich-selbst-Erfinden eines Wissenschaftlers, das Entdecken der eigenen Interessen und der eigenen Stimme, und das Sich-Vergleichen-mit-den-Anderen, waren nicht zentral im Wissenschaftsbetrieb der DDR. Viele der jüngeren Juristen an der Universität scheinen sich vor allem deswegen habilitiert zu haben, weil es von der Sektionsleitung „an sie herangetragen wurde." 1972 waren sechs der Ordinarien in der Sektion Rechtswissenschaft nicht habilitiert und 19 unter 21 Dozenten ohne ihren Doktor. Die Zahlen verbesserten sich wesentlich in den 1980er Jahren, aber auch später blieben die Sektionsmitglieder ohne Habilitation wertvolle Kollegen. Es gab auch außerhalb der Lehre und des Publizierens genug zu tun. 1960 sind 25 % des Lehrkörpers in Gesetzgebungsarbeiten eingespannt[93], und es gibt keinen Grund zur Annahme, dass dieser Prozentsatz in den nächsten Jahrzehnten sinkt. 1963 ist der Strafrechtler Dr. Luther sich nicht zu schade, fürs Ministerium des Inneren eine Schrift zur Jugendkriminalität zu produzieren, die für 2,40 M durch die örtlichen VP-Kreisämter zu beziehen ist. 1965 macht das Institut für Zivilrecht 123 Stichworte = 1560 Zeilen für ein „Wirtschaftslexikon" und ein paar jüngere Mitarbeiter (denen solche Arbeit gerne zugeschanzt wird) kommen deswegen im Planjahr nicht zum Schreiben. 1974 produziert die Sektion ein Lexikon für Urheberrecht, wahrscheinlich unter ähnlichen Bedingungen. 1977 plant die Sektion die Organisierung eines Schießwettbewerbs unter den Studenten, um sie auf diese Weise für die sozialistische Wehrerziehung zu gewinnen.

Manche dieser Aufgaben wird man an der Sektion Rechtswissenschaft nur ungern übernommen haben. Aber alle ihre Angehörigen waren Arbeiter im Weinberg der Partei und taten, was von ihnen erwartet wurde. Und auch wenn die Partei ihnen im letzten Jahrzehnt der DDR mehr Spielraum ließ als in früheren Jahrzehnten, ließ sich doch jederzeit ihr Zorn

93 Benjamin, Hilde, Einige Gedanken zur Einheit von Praxis und Wissenschaft in Lehre und Forschung, in: NJ 14 (1960), S. 705–708, hier: S. 107.

erregen, weswegen man ihr immer noch hofieren musste. Noch 1985 wird Professor Anita Grandke ins ZK beordert, weil eine von ihr herausgegebene Broschüre zur Familienunterstützung nicht von „Mütterförderung," sondern von „Elternförderung" gesprochen hatte – ein schlimmer *faux pas* für emanzipationseifrige Genossen, die Müttern den besonderen Schutz des Staates zugestehen wollten. Wenn das Wort „Elternförderung" nicht aus der Schrift verschwinde, werde sie nicht veröffentlicht werden, erklärte man Professor Grandke. Und hatte sie nachgegeben? „Natürlich!", sagt Frau Grandke, über die Frage erstaunt. Sonst wäre die Schrift doch nicht gedruckt worden! Rechtswissenschaftler in der DDR hatten gelernt, mit der Macht zu leben. Im selben Jahr schreiben die Teilnehmer der 3. Staats- und Rechtswissenschaftlichen Konferenz in Berlin einen Huldigungsbrief an Honecker, in dem es heißt: „Wir versichern Ihnen, lieber Genosse Honecker, dass sich die SED auf die Staats- und Rechtswissenschaftler der DDR jederzeit verlassen kann." Professor Joseph von der Humboldt-Universität war mit dabei und berichtet später: „Wir stimmten alle zu."[94]

Als dann die Wende kommt, ist die Fakultät auf eine intellektuelle Rebellion gegen die Partei nicht vorbereitet. 1969 hatte John Lekschas (damals Direktor der neu gegründeten Sektion Rechtswissenschaften an der Humboldt-Universität) einen ungeheuren Schub an Energie vorausgesagt, den die Rechtswissenschaft der DDR durch die marxistische Dialektik erhalten werde, „die keinen Stillstand, keine Ruhepause, keinen Selbstlauf, keine Passivität oder Inaktivtät, kein apolitisches Beiseitestehen oder Zuschauen kennt."[95] An der Humboldt-Universität war genau das Gegenteil der Prophezeiung eingetreten: eine Juristische Fakultät, die sich durch diplomatisches Geschick, Routine, Pragmatismus, Vorsicht und dem Ausweichen vor Konflikten über Wasser hielt. Auch die Reformbemühungen in den letzten Jahren vor der Wende konnten nicht über ihren ideologischen Schatten springen. Ein Forschungsprojekt zum Rechtsbewusstsein, bei dem viele Wissenschaftler über viele Jahre hin die Rolle des Rechts bei der Erziehung der Bürger zu gesellschaftskonformem Handeln untersuchen wollten, scheiterte am Ende daran, das „Recht" immer nur als objektives Recht gesehen werden durfte und der Bürger unsichtbar blieb, der auf seinem eigenen „Recht" bestehen wollte. Ein Symposium über „Demokratieentwicklung und Gestaltung des Verfahrens der staatlichen Rechtsanwendung", das die Sektion Rechtswissenschaft im März 1989 veranstaltete, schaffte es nicht, das, was die Thesen der Veranstaltung „objektiv gegebene Interessenbeziehungen in ihrer tatsächlichen Differenziertheit"[96] nannten, als ehrliche Interessengegensätze anzugehen. Und die von Prorektor Klein ermutigte und von Professor Rosemarie Will mitgeschriebene „Studie zur Gesellschaftsstrategie," veröffentlicht zur Zeit des Mauerfalls, verlangte Verfassungsänderungen zu einer Zeit, als die Politik den Reformern weit voraus gelaufen war.

---

94 Joseph, Detlef, Zum Schicksal der Rechtstheorie in der DDR, in: StuR 39 (1990), S. 515–522, hier: S. 517.

95 Lekschas, 20 Jahre DDR, 1969.

96 Demokratieentwicklung und Verfahren der Rechtsanwendung, Teil I, hrsg. v. Der Rektor, Humboldt-Universität zu Berlin 1990.

2006 wurde Rosemarie Will, juristische Dekanin in den Umbruchsjahren 1990 bis 1993, in einem Interview gefragt, was von der sozialistischen Rechtswissenschaft denn nun geblieben sei. „Ich sehe nichts, was geblieben ist", war ihre Antwort.[97] Die Frage „was bleibt" ist für Juristen überall ernüchternd. Was ihnen bleiben kann, ist nicht das Recht – das immer in Gefahr ist, durch den Strich des Gesetzgebers zu Makulatur zu werden – sondern das Nachdenken darüber, wie Recht Gerechtigkeit bewirken kann und, wenn man seine Sache gut gemacht und etwas Glück hat, ein paar Ideen, die spätere Arbeiten an einem neuen Recht ein wenig weiter bringen können. Blieb etwas von der Arbeit der Humboldt-Juristen an dem Recht? Die Staats- und Rechtstheoretiker waren selbst als Kritiker der Partei so sehr in ihrem begrifflichen Netz verfangen, dass schwer zu sehen ist, wie ihre Arbeit heute dem Nachdenken über Staat und Recht noch dienen kann. Aber die Praktiker, die Wissenschaftler, die über die möglichst vernünftige Lösung alltäglicher Probleme nachdachten und das betrieben, was Karl Polak 1963 abfällig als „Handwerkelei" bezeichnete[98], mögen uns heute mehr zu sagen haben. Hier ist ein Beispiel:

Als die Mauer fiel, dachten DDR- Familienrechtler wie Anita Grandke darüber nach, wie die neue Offenheit und Weltläufigkeit auch in ihrer Arbeit juristisch umzusetzen sei. Inspiriert durch die UN Konvention über die Rechte des Kindes – erlassen im Wendejahr 1989! – schlugen sie vor, den Umgang zwischen Kind und Eltern nach der Scheidung nicht als Recht des nicht-sorgeberechtigten *Elternteils* auf Kontakt mit seinem Kind zu konzipieren, sondern als Recht des *Kindes* darauf, auch nach der Scheidung mit beiden Eltern so eng wie möglich verbunden zu bleiben. Westdeutsche Zweifler machten geltend, dass so ein Recht unmöglich durchzusetzen sei. Aber das Erste (und letzte) Familienrechtsänderungsgesetz der DDR, erlassen am 20. 7. 1990 und am 1. 10. 1990 in Kraft getreten und begierig, die neue Autonomie des DDR-Gesetzgebers so lange es noch ging, zu nutzen, erschuf trotzdem in § 27 FGB ein neues Recht: das Recht des Kindes, nach der Scheidung „regelmäßige persönliche Beziehungen und unmittelbare Kontakte zu beiden Elternteilen zu pflegen." Das neue Recht blieb nur drei Tage lang in Kraft, bis die Wiedervereinigung ihm am 3. Oktober 1990 ein Ende machte. Es wurde erst 1997 wieder auferweckt, als eine Neufassung des § 1684 BGB das eigene Recht des Kindes auf Umgang mit jedem Elternteil auch nach der Scheidung etablierte.[99] Inzwischen hat das Bundesverfassungsgericht das neue Kindesrecht auch gut geheißen.[100] Was ist geblieben? Vielleicht die Bereitschaft von juristischen Handwerkern in beiden Teilen Deutschlands, ihre Energie und ihr Talent für die vernünftige und menschenfreundliche Lösung von Konflikten einzusetzen.

---

97 Interview, in: Der Freischüssler, Ausgabe 14, 2006, S. 18–22, hier: S. 22.
98 Dreier u. a., Rechtswissenschaft in der DDR, 1996, S. 384.
99 Kindschaftsrechtsreformgesetz vom 16. 12. 1997, BGBl. I 2942.
100 BVerfG. v. 1. 4. 2008, BvR 1620/04.

Philosophie

Guntolf Herzberg

Philosophie an der Humboldt-Universität 1945–1990

Für die Humboldt-Universität kann eine Geschichte ihrer Philosophie seit 1945 nur zweigeteilt werden – zu gewaltig ist der Bruch, der mit dem Ende der SED-Diktatur und seiner staatlich verordneten marxistisch-leninistischen Weltanschauung einsetzte und nach 1990 zu einem thematisch, strukturell und personell völlig erneuerten Institut führte. In der Zeit von 1945–1990 gab es nur wenige bedeutende Lehrer und noch weniger große Leistungen, trotzdem soll der Versuch gemacht werden, das philosophische Profil und das wissenschaftliche (und untrennbar damit verbunden: das politische) Leben in diesem Institut darzustellen.

Für *alle* Philosophischen Institute der DDR (Berlin, Leipzig, Jena mit Studiengängen, Halle, Greifswald und später Dresden ohne Direktstudium) traf dasselbe zu: dass es ab 1951 zentral festgelegte Vorgaben und Kontrollen gab, für die erstgenannten drei Institute etwa Studentenzahlen, Lehrpläne, Prüfungsordnungen, dass die politisch-ideologische Aufgabenstellung die wissenschaftliche weit überwog, dass Lehre und Forschung von der Abteilung Wissenschaften des ZK der SED *angeleitet*, d. h. kontrolliert wurden, während der Einfluss des Staatssekretariats für Hochschulwesen eher formal war. Lokale Abweichungen waren vorhanden, aber nur temporär wirksam.

Eine umfassende Geschichte des Philosophischen Instituts der Humboldt-Universität bis 1990 müsste die von der Politik der SED ausgehenden Vorschriften für Lehre und Forschung sowie die staatlichen Lehrpläne mit den festgelegten Inhalten der Philosophie darlegen, die einzelnen zentralen Krisen mit ihren ursächlichen Herausforderungen und daraus resultierenden Kursänderungen verfolgen (also u. a. die politischen Ereignisse von 1953, 1956, 1961, 1968, den Übergang 1971 von Ulbricht zu Honecker) – und käme damit in die Gefahr, sehr stark zu einer politisch akzentuierten Geschichte zu werden, der das philosophische Tun in Lehre und Forschung mehr oder weniger abhängig und gehorsam folgt. Um es klar zu sagen: Genau dieses Abhängigkeitsverhältnis existierte auch bis in die einzelne Lehrveranstaltung, in den einzelnen Aufsatz hinein – von den Büchern oder größeren Veranstaltungen ganz zu schweigen. Unter der weiteren Voraussetzung, dass an allen Philosophischen Instituten in der DDR ausschließlich der Marxismus-Leninismus als „einzige wissenschaftliche Weltanschauung der Arbeiterklasse" zugelassen war, die marxistische Philosophie damit eine Monopolstellung innehatte und die Lehrkräfte zu einem großen Anteil nach ihrer politischen Einstellung zum Sozialismus und zur Politik der SED ausgewählt wurden (und fast der gesamte Lehrkörper wie der größte Teil der Studenten Mitglieder der SED waren) könnte die Geschichte dieser Philosophie beinahe ohne spezielle Kenntnis der konkreten Bedingungen und der Praxis philosophischer Arbeit geschrieben werden – ohne falsch zu sein. Nur wäre dies keine besonders lesenswerte Darstellung.

Deshalb versuche ich, ohne die überbordende politisch-ideologische „Erziehung" ständig zu wiederholen, einen Überblick über die Arbeit des Philosophischen Instituts, seines Lehrkörpers und der Studenten zu geben.[1] Es hat in der Tat einige außergewöhnliche marxistische Professoren gegeben, in chronologischer Folge zähle ich dazu Wolfgang Harich, Georg Klaus, Wolfgang Heise und Gerd Irrlitz. Doch das philosophische Niveau war insgesamt unzureichend, das hat sich – bis auf Ausnahmen – nach den tiefgreifenden politischen und wissenschaftlichen Veränderungen ab 1989/90 bestätigt. Der Bruch und der Übergang zum heutigen Institut für Philosophie hätte nicht größer sein können.

Kriegsende und Neuanfang

Das Philosophische Seminar – seit 1931 von Nicolai Hartmann zusammen mit Eduard Spranger auf hohem Niveau in Forschung und Lehre geleitet (vgl. Geßner/Schwemmer i. Bd. 5) – war bei Kriegsende keine arbeitsfähige wissenschaftliche Einrichtung mehr, weder hinsichtlich des Lehrkörpers noch des baulichen Zustandes, noch der Bibliothek. Letztere war ausgelagert und ein Teil der Bestände verloren, von den sieben Räumen (Universitätsstraße 3b) nur einer benutzbar. Vor allem fehlte es an Lehrkräften: In einer Art von „Selbstreinigung" wurde der dritte Ordinarius, Alfred Baeumler (vgl. Tenorth i. Bd. 5), auf dem schnellsten Wege entlassen und sein Institut für politische Pädagogik für immer geschlossen, ihm folgten die anderen NS-nahen Extraordinarien Erich Hochstetter, Rudolf Odebrecht und Ernesto Grassi, wie auch die Privatdozenten Gerhard Lehmann, Bruno Liebrucks und Hermann Wein.[2]

---

[1] Als Materialgrundlage stütze ich mich auf ein intensives Aktenstudium im Universitätsarchiv der Humboldt-Universität zu Berlin (UAHU), Gespräche mit ehemaligen Mitarbeitern und Studenten, die eigene Studienzeit und auf meine eigenen Veröffentlichungen: Abhängigkeit und Verstrickung. Studien zur DDR-Philosophie, Berlin 1996; Aufbruch und Abwicklung. Neue Studien zur Philosophie in der DDR, Berlin 2000 sowie Anpassung und Aufbegehren. Die Intelligenz der DDR in den Krisenjahren 1956/58, Berlin 2006.

[2] Von den Genannten waren Hochstetter, Odebrecht, Liebrucks und Wein Mitglieder der NSDAP, Grassi war der Leiter eines Gruppo Regionale Fascista; Lehmann war kein Parteimitglied, arbeitete aber neben seiner Stelle an der Akademie der Wissenschaften für das Amt Rosenberg und in Baeumlers Institut. Günther hatte seit 1941 eine Stelle in Prag. Vgl. auch Spranger, Eduard, Die Universität Berlin nach Kriegsende 1945, in: ders., Gesammelte Schriften, Bd. 10, Heidelberg 1973, S. 273–321.

Gleich nach Kriegsende begann der Griff der Kommunisten auf die Universität. Der im Juli 1945 als kommissarischer Rektor eingesetzte Eduard Spranger wurde in einer Art Handstreich schon am 12. Oktober abgesetzt, nachdem zwei Tage vorher die Universität der Deutschen Zentralverwaltung für Volksbildung unterstellt worden war. An deren Spitze stand der in Universitätsangelegenheiten völlig unerfahrene Kommunist Paul Wandel, womit bereits vor der Wiedereröffnung der Universität im Januar 1946 deren Sowjetisierung, also die funktionale, strukturelle und verwaltungsrechtliche Anpassung an die sowjetischen Hochschulen, einsetzte (vgl. Hansen i. Bd. 3).

Nicolai Hartmann zog sich unter diesen Bedingungen sofort zurück, hielt auch keine Vorlesungen mehr. Nach der Absetzung Sprangers befürchtete er auf einer Fakultätssitzung zu Recht, dass es zu Beeinträchtigungen des akademischen Unterrichts kommen würde, und trotz der „beruhigenden Auskunft" des neuen Rektors Johannes Stroux verließ er wenige Tage später die Stadt. Spranger blieb für ein paar Monate noch der kommissarische Direktor des Philosophischen Seminars, doch der Abteilung Volksbildung der Sowjetischen Militäradministration in Deutschland (SMAD) galt er nur als Vertreter einer „reaktionären philosophischen Weltanschauung". Nachdem klar war, dass die Alliierten die Universität in jeder Hinsicht der sowjetischen Besatzung überließen, ging Spranger im September 1946 von Berlin nach Tübingen. So bestand das Seminar vor seiner Wiedereröffnung allein aus dem 23-jährigen philosophischen Anfänger Hans-Joachim Lieber, dem späteren Rektor der Freien Universität.

Anders als beim Bruch 1989/90 mangelte es 1945 insgesamt in Deutschland an Philosophen, die wissenschaftlich integer und politisch nicht durch ihre NS-Nähe belastet waren. So ging die Fakultät folgende Kandidaten durch und verwarf sie: Hans Leisegang (Jena), Erich Franck (lebte in den USA), Emil Utitz (Halle), Otto Friedrich Bollnow (jedoch NSDAP und SA), Heinz Heimsoeth (auch NSDAP). Es war nur eine Frage der Zeit, dass die SMAD und die KPD- (ab April 1946: SED-)Führung im Osten Deutschlands das sowjetische Modell: Philosophie als Marxismus-Leninismus installieren würden. Aber auch hier entstand das Problem, dass es keine ausgewiesenen marxistischen akademischen Lehrer gab. Der Ungar Georg Lukács – dessen Bücher schnell in der SBZ/DDR verbreitet wurden und großen Ruf genossen – ging nach dem sowjetischen Exil zurück nach Budapest, Ernst Bloch (übrigens *kein* ausgewiesener Lehrer) blieb noch in den USA und kam erst 1949 – und dann nach Leipzig. Jürgen Kuczynski – Promotion 1925, im selben Jahr erschien sein Buch *Zurück zu Marx* – wurde von der Administration in den Wirtschaftswissenschaften eingesetzt (vgl. Hesse/Rischbieter i. d. Bd.). In dieser Situation wurden in Schnelllehrgängen in der neu gegründeten SED-Parteischule Kleinmachnow (später: Parteihochschule „Karl Marx") die ersten Dozenten für Marxismus-Leninismus ausgebildet und an den Universitäten eingesetzt.[3]

[3] Die ersten Professuren für dialektischen und historischen Materialismus erhielten 1948 Gerhard Harig, 1950 Hermann Ley und Georg Klaus, 1951 Kurt Hager, Georg Mende, Robert Schulz, 1952 Rugard Otto Gropp und Erhard Albrecht.

Zu ihnen gehörte auch Georg Klaus, der sich im Frühjahr 1950 an der Berliner Universität habilitierte, aber dann für drei Jahre als Professor nach Jena ging, um danach als Direktor zurückzukehren.

Wiederaufnahme der Lehrtätigkeit

Der Dekan der Philosophischen Fakultät, Alfred Meusel, berief den aus dem Londoner Exil zurückgekehrten Arthur Liebert, doch der, erster Dekan der Pädagogischen Fakultät, starb, ohne die Lehre begonnen zu haben, bereits im November 1946. Die von den Nazis verdrängten Paul Hofmann und Alfred Vierkandt wurden wieder eingestellt, ersterer starb 1947 und Vierkandt (seit 1900 an der Berliner Universität) war fast 80 Jahre alt. Aus dieser Notlage heraus wurde, trotz starker Bedenken wegen ihres wissenschaftlichen Könnens, im Oktober die Heidegger-Schülerin Liselotte Richter (1945 Eintritt in die KPD, 1946 als erste Frau in Berlin habilitiert)[4] zur Dozentin und kommissarischen Leiterin des Seminars berufen.

Nachdem die Universität im Januar 1946, zuerst ohne Wiederzulassung der Philosophie als Lehrfach, eröffnet wurde, begann bereits nach der schnellen Entnazifizierung mit dem WS 1946/47 ein Philosophiestudium, geleitet von einem arg reduzierten und unattraktiven Lehrkörper, d. h.: Liselotte Richter hielt mit großem Erfolg im überfüllten Audimax ihre Vorlesungen zur Geschichte der Philosophie, und auf Grund dieser Leistungen wurde sie im April 1948 zur Professorin berufen. Aus Protest gegen die Hochschulpolitik der SMAD trat sie Ende desselben Jahres aus der SED aus, konnte aber – obwohl keine Marxistin und nun auch politisch abgestempelt – weiterhin bis zum Frühjahrssemester 1951 ihre Lehrtätigkeit am Institut fortsetzen. Da es noch keinen Studiengang Philosophie gab, waren die Studenten in anderen Fächern immatrikuliert und konnten nur am Rande die philosophischen Lehrveranstaltungen belegen. Zu den frühen Hörern gehörten Wolfgang Harich[5], Wolfgang Heise (Geschichte, Germanistik, Kunstwissenschaft, Philosophie) und Alfred Kosing (Geschichte und Philosophie in Halle, Wechsel nach Berlin 1950, Examen 1951) – die alle die spätere Philosophie in der DDR mitgestaltet haben.

1949 wurden Kurt Hager (philosophischer Autodidakt) und Klaus Zweiling (promovierter Physiker)[6] als Dozenten an die Humboldt-Universität berufen – damit begann der Einstieg von Marxisten ohne philosophische Ausbildung. Hager hielt Einführungen in den

[4] Wenzel, Catherina, Von der Leidenschaft des Religiösen. Leben und Werk der Liselotte Richter (1906–1968), Köln/Weimar 1999.

[5] Bereits als Schüler Gasthörer bei Hartmann und Spranger 1940–1942, Dozentenlehrgang Kleinmachnow Mai bis Oktober 1948, Humboldt-Universität 1946–1951 Germanistik und Philosophie.

[6] Ruben, Peter, Klaus Zweiling, der Lehrer, in: Anfänge der DDR-Philosophie, hrsg. v. Gerhardt, Volker/Rauh, Hans-Christoph, Berlin 2001, S. 360–387.

dialektischen und historischen Materialismus[7], Zweiling – der sich bereits 1948 mit einer Arbeit *Philosophie und Naturwissenschaften* habilitierte – Vorlesungen zu dieser Thematik. Hier tat sich bereits ein jahrzehntelang dauernder Widerspruch auf: Das Wissen, das an einem Philosophischen Institut produziert und gelehrt werden sollte, kann sui generis nur ein philosophisches Wissen sein. Nicolai Hartmann hat dies bis 1945 paradigmatisch geleistet. Doch für alle marxistischen und kommunistischen Lehrer war klar: primär ging es ihnen nicht um die Gesamtheit der philosophischen Tradition und eine genaue Kenntnis aller philosophischen Disziplinen, sondern um etwas ganz anders Geartetes: Es galt, in der Lehre eine völlig neue Generation von Studenten zu erziehen – antifaschistisch, demokratisch, sie politisch auf eine neue Gesellschaft jenseits des Kapitalismus vorzubereiten. Sie sollte auf schnellste Weise den Marxismus und dessen kommunistische Perspektive kennen lernen sowie vor dem „Gift reaktionärer Philosophie" bewahrt werden. So erklären sich das aus heutiger Sicht ungenügende philosophische Wissen der akademischen Lehrer, der politische Ton der Vorlesungen und die Tatsache, dass von den Veröffentlichungen der Nachkriegszeit (mit Ausnahme von Bloch und Lukács) nichts geblieben ist. Rechnet man das tatsächliche Unwissen über die Gesamtheit der Philosophie – mit Ausnahme einiger Grundlehren des Marxismus – der meisten marxistischen Lehrer dieser Zeit dazu, so muss das akademische Niveau des Studiums äußerst niedrig genannt werden.

Dies bestätigt auch Dieter Wittich (Student von 1953–1956 am Institut, bis 1966 Assistent und Oberassistent): „Die zwangsläufige Unerfahrenheit unserer philosophischen Lehrer hingegen in wissenschaftlicher und hochschulpädagogischer Arbeit hat besonders methodisch die Arbeit noch Jahrzehnte beeinträchtigt. Unsere damaligen Lehrer bauten mit großem persönlichen Elan sozusagen auf der grünen Wiese eine marxistisch-leninistische Philosophie auf. Manche von ihnen waren dabei auch wegen ihrer geringen wissenschaftlichen Erfahrungen viel zu stark auf ‚unerschütterbare Wahrheiten' oder ‚hehre Vorbilder' angewiesen, als dies theoretischem Denken eigentlich zuträglich sein konnte. Im strengen Sinne hatte deshalb in der jungen DDR auch kein, wie man es mitunter vernimmt, philosophischer Paradigmenwechsel stattfinden können. Es wurde vielmehr ein vorwissenschaftliches und deshalb vorparadigmatisches Denken mühevoll in ein lehr- und denkmäßig einigermaßen handhabbares Muster überführt."[8] Das Literaturangebot, aus dem Lehrkörper wie Studenten dieser Universität nach dem Weggang der bürgerlichen Philosophen ihr Wissen

[7] Unter Berufung auf einen damaligen Studenten schreibt Siegfried Prokop in seiner Harich-Biographie, dass Hager seine Vorlesungen wortwörtlich nach einer Übersetzung eines sowjetischen Lehrbuches vortrug, bis dieses Buch kapitelweise in der Zeitschrift „Sowjetwissenschaft" veröffentlicht wurde, die Studenten es während Hagers Vortrag laut mitlasen, bis er es merkte, sich entschuldigte und die Vorlesungen insgesamt damit abbrach (Ich bin zu früh geboren, Berlin 1997, S. 64, Anm. 92). Um welches Jahr es sich handelt, geht aus der Quelle nicht klar hervor.

[8] Wittich, Dieter, Erfahrungen an zwei ostdeutschen Nachkriegsuniversitäten: Jena und Berlin, in: Gerhardt/Rauh, Anfänge der DDR-Philosophie, 2001, S. 492–505, hier: S. 499.

beziehen mussten, umfasste außer einigen Werken der als Klassiker stilisierten Stalin, Lenin, Engels, Marx (in dieser Reihenfolge!) Broschüren von Mehring, Plechanow, Shdanow und einer Stalin verpflichteten Schrift von Victor Stern.

Das Ziel des philosophischen Studiums war eine wissenschaftliche Deutung der Welt und eine praktische wie theoretische Orientierung auf eine klassenlose, ausbeutungsfreie kommunistische Überflussgesellschaft. Philosophie sollte Weltanschauung – aber nicht der Intelligenz, sondern der Arbeiterklasse oder, noch enger: der Partei[9] – und zugleich Wissenschaft sein. Der Kern dieser Lehre war, dass es in der Natur, in der Gesellschaft und im Denken gesetzmäßig zugehe, und die entsprechende Theorie und Methode sei die Dialektik, die zwar der Idealist Hegel entwickelt habe, die aber dann von Marx „vom Kopf auf die Füße" gestellt worden sei. Damit war die marxistische Philosophie auch die *einzige* wissenschaftliche Philosophie. Diese Überzeugung strukturierte in der Lehre und im Selbstverständnis der Lehrenden der Universität auch das Verhältnis zur Gesamtheit der Philosophie von den frühesten Anfängen bis zur Gegenwart: Wissenschaftlich und damit zugleich fortschrittlich war allein der Materialismus von Demokrit über Holbach und Feuerbach zu Marx, Engels, Plechanow und Lenin. Die Geschichte der Philosophie wurde als eine Art von Klassenkampf verstanden, in dem der Idealismus immer der Verlierer und bis auf Ausnahmen auch politisch reaktionär war. Platon und Aristoteles hatten als Ideologen der Sklavenhaltergesellschaft keine Verdienste – immerhin suchte man bei den einzelnen Idealisten nach materialistischen und/oder dialektischen Elementen und konnte so unter Vorbehalten einige Anerkennung verteilen. Für die klassische deutsche Philosophie galt jedoch das Verdikt Stalins, demzufolge sie der „Ausdruck der aristokratischen Reaktion gegen die französische bürgerliche Revolution und gegen den französischen Materialismus" sei. Dem Konzept des hoch gebildeten Lukács vom *Kampf des Fortschritts gegen die Reaktion* zufolge ging es nach 1848 außerhalb des marxistischen Denkens mit der Philosophie nur noch abwärts – in den Sumpf des Irrationalismus. Für Jahrzehnte wurden *alle* philosophischen Strömungen und Denker der Moderne als „imperialistische Philosophie" und deren Ideologen verurteilt.

In dieser Situation schien es ein Glücksfall, dass der zum Wiener Kreis gehörende Philosoph und Psychoanalytiker Walter Hollitscher[10] im Oktober 1949 eine einjährige Gastprofessur erhielt und über *Dialektik der Natur* las. Er kannte Wittgensteins *Tractatus logico-philosophicus* und die Schriften Freuds, hatte neben der Philosophie auch Medizin und Biologie studiert, war als Psychotherapeut in England tätig und hätte vielleicht am Institut einen Paradigmenwechsel initiieren können. Doch ausgerechnet er fand die wissenschaftliche Grundlage des dialektischen Materialismus in der aus den Hundeversuchen

---

9 Vgl. Stalin: „Der dialektische Materialismus ist die Weltanschauung der marxistisch-leninistischen Partei." So der Eingangssatz der kanonischen Schrift „Über dialektischen und historischen Materialismus" (1938).

10 Laitko, Hubert, Walter Hollitscher und seine Naturdialektik-Vorlesung in Berlin 1949/50, in: Gerhardt/Rauh, Anfänge der DDR-Philosophie, 2001, S. 420–455.

Pawlows hervorgegangenen Sinnesphysiologie und glaubte Lenin und Stalin als philosophische Vorbilder lehren zu müssen.

Neben Hollitscher gab es eine zweite Ausnahme: Wolfgang Harich.[11] Er hielt bereits als Student Vorlesungen mit wachsendem Erfolg in überfüllten Hörsälen, sprühend vor Witz und Kenntnis. Neben seinen Vorlesungen über Dialektischen und Historischen Materialismus an der Pädagogischen Fakultät bot er folgende Vorlesungen fakultativ an: Leibniz und seine Zeit (WS 1949/50), Christian Wolff, Reimarus und die deutsche Religionskritik des 18. Jahrhunderts (SS 1950), über den jungen Kant, Hamann, Herder, Goethe, Schiller (WS 1950/51), Kant, Fichte, Schelling und die Weltanschauung Schillers und Hölderlins (SS 1951), die Jugendentwicklung Hegels bis zur „Phänomenologie des Geistes" (WS 1951/52).[12] Doch prägend für die Nachkriegsgeneration der Lehrer und Studenten war die heute nicht mehr nachvollziehbare, geradezu religiöse Verehrung und die zu einer unfehlbaren Größe hochstilisierte Autorität Stalins, der als größter Philosoph der Menschheit selbst über Lenin, Marx und Engels gestellt wurde. Sein Schriftchen *Über dialektischen und historischen Materialismus* (1938) galt als die Grundschrift dieser Philosophie, die Broschüren *Der Marxismus und die Fragen der Sprachwissenschaft* (1951) und *Ökonomische Probleme des Sozialismus* (1952) wurden in der DDR als tiefschürfende und maßstabsetzende Werke gefeiert. Der Stalinismus – mit dem Höhepunkt 1949 (dem 70. Geburtstag des Diktators) und der Dauerwirkung bis zu seinem Tode 1953, ganz langsam abflauend 1956 mit dem XX. Parteitag der KPdSU und Chruschtschows so genannter Geheimrede über Stalins Verbrechen – hat der Universität insgesamt schweren Schaden gebracht und das Niveau der marxistischen Philosophie gegenüber ihren Begründern erheblich gesenkt.[13]

Beginn des Studienganges Philosophie

Das Institut wurde offiziell 1950 gegründet, mit der internen Auflage, dass Liselotte Richter ihren Posten zu räumen habe, sie wechselte zur Theologischen Fakultät (vgl. Krötke i. d. Bd.). Direktor des Instituts von 1951 bis 1953 war Walter Hollitscher, der bereits 1950 zum Ordinarius ernannt wurde. Um den Zugriff der SED auf das Institut zu verstärken, wurde ihm der inzwischen zum Professor für dialektischen und historischen Materialismus ernannte Kurt Hager (seit 1950 Kandidat des ZK, ab 1952 Leiter der Abteilung Wis-

---

11 Dazu Prokop, Siegfried, Ich bin zu früh geboren. Auf den Spuren Wolfgang Harichs, Berlin 1997, S. 59–72: Philosoph an der Humboldt-Universität.

12 Harich hat hierzu als Lektor der Schriften Lukács' dessen Werk „Der junge Hegel" (Zürich 1948), das 1954 auch im Aufbau-Verlag erschien, ungehemmt ausgebeutet.

13 Zu dem hier nicht nachzugehenden Weg der deutschen marxistischen Philosophie in den zwanziger und dreißiger Jahren vgl. Ruben, Peter, Von der Philosophie und dem deutschen Kommunismus, in: Gerhardt/Rauh, Anfänge der DDR-Philosophie, 2001, S. 22–60, bes. S. 52ff.

senschaft und Hochschule beim ZK der SED) zur Seite gestellt. Mitarbeiter wurden (die späteren Professoren) Götz Redlow, Alfred Kosing, Klaus Schrickel (Philosophiestudium in München und Jena 1940–1948), Wolfgang Heise und Hermann Scheler, Lehrbeauftragter wurde Wolfgang Harich. Auguste Cornu aus Paris erhielt eine Gastprofessur „für Fragen der Entstehung der marxistischen Philosophie" (und arbeitete an seiner umfangreichen Biographie über Marx und Engels[14]). Das Institut bestand, wie alle DDR-Institute, aus drei Abteilungen: für Dialektischen und Historischen Materialismus (Hager), für Logik und Erkenntnistheorie (Hollitscher), für Geschichte der Philosophie (Schrickel).

Das Philosophiestudium wurde auf fünf Jahre festgelegt – auf der alleinigen Grundlage des dialektischen und historischen Materialismus. Der erste *Studienplan Philosophie* trat am 1. September 1951 in Kraft[15]: Die obligatorischen Lehrgegenstände waren Grundlagen des Marxismus-Leninismus, Dialektischer und Historischer Materialismus, Logik, Geschichte der Philosophie, Allgemeine Geschichte, Geschichte der ökonomischen Lehren, Psychologie, Grundlagen der Politischen Ökonomie, dazu die Grundlagen der modernen Physik, der modernen Mathematik, der Chemie, der modernen Astronomie, der modernen Biologie, der modernen Sprachwissenschaft, der modernen Literaturwissenschaft, der modernen Pädagogik, weiterhin Deutsche Sprache und Literatur, Russische Sprache und Literatur; verlangt wurden zudem mehrere Sprachen und Teilnahme am Sportunterricht. So umfangreich und disparat sah es der von einer Kommission unter Georg Klaus erarbeitete Plan vor; unklar blieb (neben der Aufnahmefähigkeit eines durchschnittlichen, oft nicht einmal das normale Abitur vorweisenden Philosophiestudenten) die Umsetzung an einem Institut von so beschränkten Ausmaßen. Von den späteren Grundlagenfächern fehlten noch Wissenschaftlicher Sozialismus, Ethik und Ästhetik.

Logik las vom WS 1951/52 bis zu seinem Weggang im Frühjahr 1953 Hollitscher, dann kam Georg Klaus aus Jena und hielt seine Vorlesungen nach dem damals wohl modernsten Logik-Lehrbuch von Hilbert/Ackermann.[16] Harich promovierte bereits im Herbst 1951 mit einer Arbeit über Herder und hielt einen 3-jährigen Zyklus zur Geschichte der Philosophie von der Vorsokratik über Platon und Aristoteles bis zur französischen Aufklärung

---

[14] Dieses rein theorieimmanente Werk über die Jahre 1818 bis 1846 erschien sukzessiv in drei Bänden 1954, 1962, 1968 und bildet eines der wenigen in der DDR entstandenen philosophiehistorischen Werke von Bestand.

[15] Detailliert für jedes Studienjahr mit insgesamt 22 bis 30 Wochenstunden pro Semester vgl. den Abdruck in: Gerhardt/Rauh, Anfänge der DDR-Philosophie, 2001, S. 519–521.

[16] Die Quellenlage zur Berliner Logik ist dürftig, der grundlegende Beitrag von Kreiser, Lothar, Logik – Lehre und Lehrinhalte an den philosophischen Fakultäten der Universitäten der SBZ/DDR (1945–1954) in: Gerhardt/Rauh, Anfänge der DDR-Philosophie, 2001, S. 119–159 enthält für Berlin gerade einmal eine Tabelle der Vorlesungen und Übungen ohne weitere Angaben; vgl. deshalb meinen Exkurs zur Jenenser Logik-Konferenz (s. u.).

und zur klassischen deutschen Philosophie (Kant, Hegel, Feuerbach).[17] Das Niveau muss beträchtlich gewesen sein, der junge Harich ließ „im Auf- und Abgehen und in freier Rede, seinen Gegenstand souverän beherrschend und ihm leidenschaftlich zugetan, die Gedankensysteme der klassischen deutschen Philosophie vor seinen Hörern entstehen" – erinnert sich eine Studentin.[18] Ergänzt werden muss dies allerdings durch die ernüchternde Feststellung, dass Harich die französische Aufklärung ohne eigene Quellenkenntnis – was er auch zugab – einzig im direkten Ablesen aus Hettners *Literaturgeschichte des 18. Jahrhunderts* (1855–1870) vortrug.[19] Was die Studenten vermutlich nicht wussten und auch vom Institut nicht gefördert wurde: Im benachbarten Institut für Altertumskunde hielt der anerkannte Altphilologe Ernst Grumach vom WS 1949/50 bis zum HS 1956/57 durchgehend Seminare und Übungen zu den Vorsokratikern, zu Platon und Aristoteles ab – das hätte den Marxisten helfen können, die tiefsten Wurzeln der europäischen Philosophie zu verstehen.

Abb. 1 Wolfgang Harich (1923–1995), um 1947

[17] Ausführlicher: Warnke, Camilla, Der junge Wolfgang Harich. Seine Vorlesungen zur Geschichte der Philosophie 1951–1954, in: ebd., S. 469–491.

[18] Ebd., S. 469.

[19] Die Quelle für diese wissenschaftliche Eskapade: Wittich, Erfahrungen an zwei ostdeutschen Nachkriegsuniversitäten, 2001, S. 502.

Von den ersten Nachkriegsstudenten legten einige bereits frühzeitig ihr Examen ab, unter ihnen die späteren Professoren Heise 1949, Kosing 1951, Gottfried Stiehler 1954. Ein erstes Studienjahr mit 14 Studenten wurde 1952 immatrikuliert, von denen die meisten (ergänzt durch mit Georg Klaus aus Jena gekommene Studenten) 1955 und 1956 das Examen ablegten.

Das schwerwiegendste Ereignis jener Jahre war wohl die im Geiste des Stalinismus vollzogene provozierende Vernichtung eines Manuskriptes von Hollitscher über „Naturdialektik" durch Kurt Hager und weitere Dogmatiker am 23. Dezember 1950.[20] Diese so genannte philosophische Diskussion fand zwar außerhalb der Universitätsräume statt, war aber als Exerzitium für „ideologische Wachsamkeit" und die „Reinerhaltung des Marxismus-Leninismus" inszeniert. Es war ein ungleicher Zweikampf zwischen den beiden Institutsdirektoren, von denen der unterlegene Hollitscher ein umfangreiches philosophisches Manuskript geschrieben hatte und der ZK-Mann Hager kaum auf den Text einging, sondern durch eine generell politische Kritik seine eigene „Prinzipienfestigkeit" als vorbildlich für diese und für zukünftige Auseinandersetzungen gegen „Abweichungen" demonstrierte. Hollitscher musste „Selbstkritik" üben – und diese erzwungene Demütigung war der folgenreiche Sieg der Parteimacht und Parteidisziplin über das philosophische Denken.

Um das am Institut praktizierte philosophische Niveau der Logikbeschäftigung vor deren Umbau durch Georg Klaus zu charakterisieren, muss ein kurzer Ausflug nach Jena zur Konferenz über Fragen der Logik (17./18. November 1951) unternommen werden, auf der auch drei Vertreter des Instituts sprachen.[21] Während eines der beiden Hauptreferate von dem unpromovierten Parteifunktionär Ernst Hoffmann gehalten wurde und die beiden Logiker vom Fach, Günter Asser und Karl Schröter, in der Diskussion darauf verzichteten, den Sachverstand der über Logik redenden Philosophen zu prüfen, sollen die Beiträge des Berliner Instituts hier ausführlicher vorgestellt werden.

Klaus Zweiling versprach von vorn herein, nur Binsenwahrheiten zu sagen – blieb aber nicht dabei: Um die Grenzen der Mathematik und mathematischen Logik zu zeigen, wählte er nach dem ersten Beispiel 1 Stuhl + 1 Stuhl = 2 Stühle die *dialektische* Betrachtung der Welt, nämlich 1 Mensch + 1 Mensch (wenn Mann und Frau) = 3 Menschen (mit Kind), und wörtlich: „Unter diesen Bedingungen wird die Beziehung 1 + 1 = 2 sinnlos, leer, falsch; unter diesen Bedingungen wird 1 + 1 = 3." Damit wandte er sich triumphierend gegen den Logiker Schröter und dessen „leeren Formalismus" und ahnte nicht, wie er damit seine Unkenntnis formaler Logik demonstriert hatte. Walter Hollitscher dagegen sprach über die große Bedeutung Pawlows für die Logik, baute eine mehr als zweifelhafte Brücke von

[20] Zu den Einzelheiten vgl. Laitko, Walter Hollitscher und seine Naturdialektik-Vorlesung, 2001, bes. S. 442–448.

[21] Vgl. Protokoll der philosophischen Konferenz über Fragen der Logik, Berlin 1953 (= 1. Beiheft der Deutschen Zeitschrift für Philosophie [DZfPh]).

den durch Pawlow erforschten physiologischen Grundlagen der Denkleistungen zu den so zu verstehenden psychischen Leistungen und von dort zur Logik – womit vermutlich die führende Rolle der Sowjetunion auch auf diesem Gebiet erwiesen werden sollte. Klaus Schrickel setzte sich in seinem Beitrag mit einem relativ neuen Feld der Logik auseinander – der Semantik – doch dies tat er *ausschließlich* in der Sprache des Kalten Krieges. Sein Text wimmelte nur so von „Mißbrauch", vom „Sumpf des subjektiven Idealismus", von der „ideologischen Apologie des amerikanischen Imperialismus" – doch ging es dabei um Carnap, Morris, Chase. Er prügelte auf die Vertreter der Semantik ein bis zu dem Satz: „Wer den Mißbrauch der Semantik duldet, leistet in letzter Instanz den verbrecherischen Zielen des amerikanischen Imperialismus objektiv Vorschub." Der reine Gegenpol war natürlich Stalin: Er habe mit seinen genialen Arbeiten „hier volle Klarheit geschaffen", erst Stalin „hat eine zutiefst wissenschaftliche Einschätzung von Wesen und Bedeutung der Semantik gegeben".

In der sich an diese Konferenz anschließenden und über sieben Jahre (!) erstreckenden Diskussion über Logik spielten diese drei Institutsmitarbeiter keine Rolle. In der ersten Phase bis 1956 war es Harich, der mit zwei Beiträgen[22] das Niveau der Diskussion erhöhte und die wissenschaftlich naiven Vorstellungen zur philosophischen Logik widerlegte. Dann war es Georg Klaus, der in insgesamt sieben Beiträgen und seiner *Einführung in die formale Logik* (1958) seine philosophische Auffassung zur modernen Logik gegen marxistische und nichtmarxistische Kontrahenten explizierte und für etwa zwei Jahrzehnte zur führenden Lehre in der DDR machte.[23]

Nach der unphilosophischen Attacke von Hager gegen Hollitscher ging es am Institut selbst um den Sieg der Stalinschen Doktrin – jetzt als Auseinandersetzung mit Harich über den philosophischen Rang Hegels. Streitpunkt war die inhaltliche Aufbereitung der Geschichte der Philosophie: Was sollte gelehrt werden: Platon und Aristoteles, die klassische Philosophie von Kant bis Hegel – das war die Konzeption von Harich – oder der als fortschrittlich deklarierte deutsche Materialismus von den noch unerforschten Anfängen bis zu Feuerbach und Dietzgen – das war die Auffassung von Hager und Hollitscher. Mit Stalin-Zitaten wurde die klassische deutsche Philosophie philosophisch als marginal bewertet. Nach einem Angriff in der Partei-Zeitschrift *Einheit* auf das maßstabsetzende (und in der DDR nicht wieder ereichte) Hegel-Buch von Georg Lukács reagierte Harich mit einem Gegenartikel und trug damit die Kontroverse direkt ins Institut. Überliefert ist das Protokoll einer Sitzung (April 1952), in der es um Harichs Hegel-Auffassung ging, die – weil im

22 Harich, Wolfgang, Über einige Probleme der Logik, in: Sinn und Form 4 (1952), H. 6, S. 78–114; Beitrag zur Logik-Debatte, in: DZfPh 1 (1953), H. 1, S. 175–208.

23 Zur Logik-Diskussion in den 50er Jahren vgl. Gethmann, Carl Friedrich, Formale Logik und Dialektik. Die Logikdiskussion in der DDR 1951 bis 1958, in: Ein kurzer Frühling der Philosophie, hrsg. v. Burrichter, Clemens, Paderborn/München 1984, S. 75–155.

Widerspruch zu Stalin stehend – von Hager, Hollitscher und Schrickel ohne Diskussion (und ohne Sachkenntnis) verworfen wurde.[24] Harich wehrte sich: „Ich weiß, daß ich in dieser Sache recht habe, und ich werde meinen Standpunkt weiter sachlich vertreten. (...) Aber ich habe Angst, daß die jungen Menschen, die hier zu marxistischen Wissenschaftlern erzogen werden sollen, eines Tages keine marxistischen Wissenschaftler sind, sondern Talmudisten, charakterlose Kriecher und Doppelzüngler."[25]

Die fünfziger Jahre bis 1956/58

1953 verließ Hollitscher mitten im Semester und geradezu fluchtartig die Universität und die DDR (es gibt die begründete Vermutung, dass er vorübergehend in Haft saß) und kehrte nach Wien zurück. Direktor von 1953 bis 1958 war Georg Klaus, er kam aus Jena ans Institut (mit Studenten als seinen Assistenten, darunter Herbert Hörz und Wittich) und übernahm die Abteilung Logik und Erkenntnistheorie. Neu waren eine Gastprofessur für den ehemaligen Jesuiten Alighiero Tondi (der später wieder zurück nach Rom ging!) und andere Gastprofessuren, darunter weiterhin der Marx-Forscher Auguste Cornu. Zum Wintersemester 1954/55 wurde eine Abteilung Ästhetik eingerichtet, unter der Leitung von Walter Besenbruch.[26] 1955 wurde Zweiling (von 1950 bis 1955 zur politischen „Bewährung" von der Universität entfernt und als Chefredakteur und Leiter des Verlages Technik tätig) zum Professor für dialektischen Materialismus berufen und hielt eine umfassende Einführung *Der marxistische philosophische Materialismus*[27] bis zum Sommersemester 1958 (1960 geht er als Nachfolger Blochs nach Leipzig). Der Lehrkörper umfasste zu dieser Zeit insgesamt sieben Professoren (zusätzlich nebenamtlich Hager), einen Dozenten, vier Wahrnehmungsdozenten, zwei wissenschaftliche Mitarbeiter, zwei Oberassistenten, 16 Assistenten – dazu 20 Aspiranten.

Der bedeutendste und mit Abstand produktivste Wissenschaftler am Institut war Georg Klaus, der auf den Gebieten der Logik, Erkenntnistheorie, des dialektischen Materialismus und der Geschichte der Philosophie lehrte und publizierte. Er sah die Mathematik (später die Kybernetik) in Denkweise, Methode und Theoriebildung als Vorbild der Philoso-

---

[24] Harich, Wolfgang, Bericht über die Sitzung des Philosophischen Instituts, in: Prokop, Siegfried, Ich bin zu früh geboren. Auf den Spuren Wolfgang Harichs, Berlin 1997, S. 248–259.

[25] Harich, Wolfgang, Ahnenpaß. Versuch einer Autobiographie, Berlin 1999, S. 256. Dazu auch seine Hegel-Denkschrift an Politbüromitglied Fred Oelßner in: Prokop, Ich bin zu früh geboren, 1997, S. 195–220 (allerdings in den meisten Ausgaben auf Verlangen der Witwe geschwärzt!).

[26] Vgl. Herzberg, Guntolf, Schwierigkeiten mit der Erinnerung. Porträt des Kommunisten und Philosophen Walter Besenbruch, in: ders., Aufbruch und Abwicklung. Neue Studien zur Philosophie in der DDR, Berlin 2000, S. 76–96.

[27] Die Gliederung seines umfangreichen Vorlesungsmanuskripts – soweit noch vorhanden – bei Ruben, Klaus Zweiling, 2001, S. 377f., Anm. 43.

phie und hatte damit das Verdienst, gegenüber einem großen Teil des Lehrkörpers seinen Lehrveranstaltungen einen möglichst wissenschaftsbetonten Charakter zu geben. Selbstbewusst konnte er im Anhang zu seinem wissenschaftlichen Lebenslauf, als er seine Lehrveranstaltungen aufführte, schreiben: „Ich glaube, daß sowohl meine Vorlesungen als auch meine Übungen zur Logik eine ausgeschliffene Form haben und dem modernsten Stand der Wissenschaft entsprechen." Im Gegensatz zu den meisten Philosophen im Lande verfolgte er die Entwicklung der Semantik und Kybernetik aufgeschlossen und allein unter dem Aspekt, mit deren Ergebnissen die marxistische Philosophie zu bereichern.

Neben Klaus trat Zweiling hervor; über ihn schwärmt sein Student Peter Ruben: „Wir wurden von einem Mann in die Philosophie eingeführt, der die Göttinger Physikschule mit einer materialistischen Hegelinterpretation verknüpfte, Einsteins Relativitäts- wie Plancks Quantentheorie genau kannte und einen pädagogischen Eros mit dem Zitieren der *Ilias* in der Originalsprache ausstrahlte, daß wir uns als Glückskinder der neuen philosophischen Bildungsmöglichkeit verstanden, die mit dem Eintritt Zweilings in die Hochschullehre gegeben war."[28]

Eine größere Zahl unpromovierter Assistenten führte die meisten Lehrveranstaltungen durch. Die Vorlesungen wurden in den Abteilungen zu Beginn des Semesters diskutiert, denn es waren keine persönlichen Auffassungen, die vorgetragen wurden, sondern stets sprach die Institution. Die Lehre musste politisch korrekt und ausdrücklich parteilich sein (es gab schriftliche Denunziationen, wenn Abweichungen vernommen wurden). Die Schwerpunkte waren in Abhängigkeit von sowjetischen Lehrbüchern festgelegt, bis in die sechziger Jahre gehörten zur Pflichtliteratur auch die Broschüren von Mao Tse-tung.

Neben der offiziellen wissenschaftlichen, seit 1957 wenig veränderten Struktur des Instituts, gab es eine immer stärker wachsende politische Struktur. Sie wurde extern über die Abteilung Wissenschaft und Hochschule (später umbenannt in Abt. Wissenschaften) des ZK der SED sowie die Parteileitung der Universität gebildet sowie intern über die Parteileitung des Instituts, die Grundorganisation und die einzelnen Parteigruppen im Lehrkörper und in den Studienjahren. Damit war die Rolle der SED am Institut fest etabliert und neben der wissenschaftlichen Arbeit immer stärker die politisch-ideologische Erziehung durchgesetzt. Von Lehrkörper und Studenten wurde das regelmäßige Studium der Parteipresse gefordert, die Tagungen des ZK, die Parteitage und Parteikonferenzen mussten in langen Veranstaltungen ausgewertet und die politische Linie der Lehre damit in Übereinstimmung gebracht werden. Studenten gingen mit Flugblättern zu politischen Einsätzen nach Westberlin, fast jedes Mitglied des Lehrkörpers hatte noch politische Funktionen außerhalb des Instituts zu erfüllen (weshalb oft bei wissenschaftlichen Arbeiten über Zeitmangel und Überlastung geklagt wurde). Zum damaligen Klima schrieb Jahrzehnte später Rudolf

[28] Ruben, Klaus Zweiling, 2001, S. 360.

Bahro: „Die Inquisition, die wir uns in der Seminargruppe und in der Parteiorganisation gegenseitig veranstalteten, war schlimm genug, aber wir lebten doch inspiriert, und es gab freien Raum zur Selbstentfaltung."[29] Der Volksaufstand am 17. Juni 1953 berührte das Institut nicht. Die Studenten, 1953/54 insgesamt 140, waren in der Mehrzahl in Betriebspraktika, vom Lehrkörper ist nichts zu berichten. Es gilt für sie uneingeschränkt der Lagebericht: „Am 16. und 17. Juni haben von der Universität keine Wissenschaftler und Studenten an den Ausschreitungen teilgenommen."[30]

1954 promovierte, nach Harich (1951), als nächster Wolfgang Heise, es folgten bis 1958 14 weitere Promotionen. Wirklich geforscht wurde in jenen Jahren – das zeigt sich an den Veröffentlichungen – jedoch nur wenig. Statt Geschichte der Philosophie zu untersuchen, wie es ein weit gespanntes Programm über sämtliche Epochen versprach, beschäftigte sich die Abteilung mit der „bäuerlichen und plebejischen antifeudalen Opposition", auch wenn sie für die Entwicklung der Philosophie keinerlei Bedeutung hatte.

Auch das Verhältnis zu den Wissenschaften war widersprüchlich: Laut Definition war die Philosophie selbst eine – „die Wissenschaft von den allgemeinsten Gesetzen in Natur, Gesellschaft und Denken" (Engels und alle Lehrbücher) –, damit beanspruchte sie die Oberaufsicht über sämtliche anderen Wissenschaften und verlangte, die gesamte natürliche und menschliche Welt unter der Perspektive ihrer Gesetzmäßigkeit zu sehen. Damit war der Zufall ebenso ausgeschlossen wie Spontaneität und Individualität, wobei Freiheit lange Zeit im Wesentlichen als „Einsicht in die Notwendigkeit" verstanden wurde. Die naturwissenschaftliche Grundlage der zur Erkenntnistheorie erklärten Leninschen Widerspiegelungsauffassung wurde in der Pawlowschen Physiologie gesehen (sie spielte in Vorlesungen und Seminaren eine wichtige Rolle), die Leitwissenschaft für den dialektischen Materialismus bildete die Physik (als Inbegriff der Gesetzlichkeit in der Natur), doch gab es erhebliche Missverständnisse der Relativitätstheorie und der Quantenmechanik und entsprechende Vorbehalte, weil diese den durch Engels und Lenin kanonisierten Raum- und Zeitvorstellungen und dem damals geltenden Kausalbegriff widersprachen.

In der nach der Jenenser Logik-Diskussion gegründeten *Deutschen Zeitschrift für Philosophie* gab es – höchstwahrscheinlich auf Initiative von Harich – drei große und sich über Jahre hinziehende Diskussionen: *Über das Verhältnis des Marxismus zu Hegel* (1953–1956), *Über Fragen der Logik* (1953–1958) und *Über philosophische Fragen der modernen Physik* (1953–1957). Die erste Thematik wurde in 27 Beiträgen behandelt, vom Institut für Philosophie gab es nur einen einzigen Beitrag (allerdings den gehaltvollsten) – von Harich selbst;

29 Bahro, Rudolf, … dunkle Spiegel der Zustände …, in: Herzberg, Guntolf, Überwindungen, Schubladentexte 1975–1980, Berlin 1990, S. 12–17, hier: S.14.

30 Sektor Gesellschaftswissenschaften [der Abteilung Wissenschaft und Hochschulen des ZK der SED]: Information über die Lage der Universität Berlin, 19. 06. 1953, in: Stiftung Archiv der Parteien und Massenorganisationen der DDR im Bundesarchiv (SAPMO-BArch) IV 2/9.04/426.

die Logik-Diskussion wurde bereits behandelt (s. o.); an der dritten Thematik beteiligten sich 21 Philosophen und Naturwissenschaftler – jedoch keiner vom Berliner Institut. Dies bedeutet schlicht, dass dieses Institut in den großen philosophischen Auseinandersetzungen der fünfziger Jahre bis auf Harich und Klaus keine Rolle spielte.

Tauwetter und Repressionen 1956 bis 1958[31]

Direktor blieb bis 1958 Georg Klaus. Die Struktur erweiterte sich um neue Abteilungen und Lehrstühle: Der Historische Materialismus (Scheler) wurde eine eigene Abteilung, die Abteilung Dialektischer Materialismus umfasste jetzt die drei Lehrstühle Dialektischer Materialismus (Hager), Logik und Erkenntnistheorie (Klaus), Philosophische Probleme der modernen Naturwissenschaft (Ley). Ab 1. September 1957 trat DDR-weit ein neuer Studienplan für die Fachrichtung Philosophie (ausgearbeitet von einer Kommission unter Vorsitz von Ernst Bloch) in Kraft.[32] Zum Studienziel heißt es: Die Fachrichtung Philosophie bildet aus (a) Lehrkräfte für philosophische Disziplinen, (b) Wissenschaftliche Mitarbeiter mit philosophischem Aufgabenbereich an wissenschaftlichen und kulturellen Einrichtungen. Der Lehrplan wurde drastisch von den allgemein bildenden Fächern (Astronomie, Chemie, Deutsche Sprache und Literatur usw.) befreit und auf rein philosophische Fächer beschränkt: Dialektischer Materialismus, Historischer Materialismus, Logik, Geschichte der Philosophie, jetzt kamen auch Ästhetik und Ethik dazu, weiterhin Politische Ökonomie und Fremdsprachen, ab dem 3. Studienjahr vervollständigten Spezialveranstaltungen und einzelwissenschaftliche Ergänzungsfächer das Studium.

Durch das erste DDR-Lehrbuch *Einführung in die formale Logik* von Georg Klaus (1959, in der zweiten Auflage: *Einführung in die moderne Logik*) verbesserte sich das Studium dieser Disziplin. Ebenso verbesserte sich die Ausbildung in der Philosophiegeschichte durch die Spezialisierung von Marie und Heinrich Simon, Stiehler und Heise. Neben den weitgehend sich wiederholenden Vorlesungen und Seminaren zur Logik, zum Dialektischen und zum Historischen Materialismus gab es bis hin zu den „Grundprinzipien des marxistischen Atheismus" oder den „Grundfragen der Politik der Partei" ein breit gefächertes Angebot (als Pflichtveranstaltungen), das sich von den Anfangsjahren des Instituts deutlich unterschied – und in den 60er Jahren noch einmal erweitert wurde.

Die theoretische Philosophie sah ihre Aufgabe in dem Nachweis, dass es überall in der Welt dialektisch zugehe, dass die Welt außerhalb und unabhängig vom menschlichen Bewusstsein existiere (eine Dauer-Kultübung), dass die gesellschaftlichen Verhältnisse materi-

31 Zu den Ereignissen dieser Zeit vgl. Herzberg, Guntolf, Anpassung und Aufbegehren. Die Intelligenz der DDR in den Krisenjahren 1956/58, Berlin 2006.

32 Der detaillierte Plan ist abgedruckt in: Gerhardt/Rauh, Anfänge der DDR-Philosophie, 2001, S. 522–529.

ell bedingt seien usw. Der dialektische Materialismus sah dabei seine spezielle Aufgabe darin, den Naturwissenschaften zur Einsicht zu verhelfen, dass sie die Welt nach dem Vorbild von Engels' *Dialektik der Natur* und Lenins *Materialismus und Empiriokritizismus* von 1908 (das eigentliche Philosophielehrbuch des Marxismus) zu sehen haben. Dass diese Werke aus dem 19. und frühen 20. Jh. von den Naturwissenschaftlern nicht zur Kenntnis genommen wurden, ist von den Philosophen als deren Mangel (und Rückständigkeit) gesehen worden. Dass schließlich der dialektische Materialismus entgegen seinem Selbstverständnis den Naturwissenschaften keine Anstöße gegeben hat und die Fortschritte der Wissenschaften außerhalb der marxistischen Philosophie stattfanden, wurde allein von dem Dozenten im Grundstudium Friedrich Herneck 1956 ausgesprochen – dafür ist er in schlimmer Weise erniedrigt und zum Widerruf gezwungen worden.[33]

Der erste reguläre *Absolventenjahrgang 1956* nach fünf Jahren Studium bestand aus 25 Diplomanden, die bis auf wenige Ausnahmen auf verschiedene Institute verteilt wurden, am Philosophischen Institut verblieben sieben, darunter Hahn, Hörz, Wittich, in der Folgezeit waren es 33: 1957, 39: 1958 und 38: 1959. Damit hatte die Berliner Universität in den ersten vier Jahrgängen 135 marxistische Philosophen mit einem Abschluss versehen, von denen etwa 20 im Laufe der Jahre Professuren am Institut, an der Akademie der Wissenschaften oder im Grundstudium erreichten – unter ihnen auch für die Logik Horst Wessel als einziger nach 1990 am Institut weiterhin tätig. Zu den für die Geschichte der DDR-Philosophie wichtigen Absolventen gehörten neben den bereits genannten Hahn, Hörz und Wittich die Philosophiehistoriker Wolfgang Mönke und Siegfried Wollgast, die Ästhetiker Lothar Kühne und Günter Mayer, der Spezialist des Historischen Materialismus Wolfgang Eichhorn (I), der Kulturwissenschaftler Dietrich Mühlberg – und der große Außenseiter Rudolf Bahro.[34]

Das Jahr 1956 war eines der bewegendsten Jahre für die Intelligenz an den Universitäten, Hochschulen und der Akademie der Wissenschaften, ausgelöst durch die von Chruschtschow auf dem XX. Parteitag der KPdSU in Moskau in einer „Geheimrede" (die dann doch schnell bekannt wurde) an Stalin geübte Kritik, die zu großen Verunsicherungen in den stalinistischen Parteiführungen der sozialistischen Staaten und zu politischen Veränderungen in Polen und in Ungarn führten, die von Ulbricht mit größtem Misstrauen und von der SED-Führung voller Abwehr betrachtet wurden. In der Absicht, den auf Stalin fixierten Marxismus aus seiner geistigen Erstarrung zu lösen, erschienen bis zum Sommer aus der Humboldt-Universität insgesamt vier mehr oder weniger kritische Artikel von Kuczynski, Besenbruch, Harich und Havemann, in denen u. a. zum Meinungsstreit und zur Überwin-

---

33 Vgl. Herzberg, Guntolf, „Dr. Herneck auf der Linie unserer Feinde". Von der Zerstörung eines Philosophen durch die SED, in: ders., Aufbruch und Abwicklung, 2000, S. 50–67.

34 Zu Rudolf Bahro vgl. die Biographie von Herzberg, Guntolf/Seifert, Kurt, Rudolf Bahro. Glaube an das Veränderbare, Berlin 2002.

dung der geistigen Enge aufgerufen wurde.[35] Die Philosophen reagierten darauf mit einer Ersatzdiskussion über die Engelssche Bestimmung des Gegenstandes der Philosophie und hielten sich aus allen politischen Auseinandersetzungen heraus. Intern gab es jedoch auch Unruhe und Diskussionen am Philosophischen Institut.

Mit einem halben Jahr Abstand, als Ulbricht einen harten Kampf gegen jegliche – „Revisionismus" genannte – Opposition führte, blickte die Parteileitung des Instituts auf die Ereignisse von 1956 zurück, und dieser Vorgang soll hier als exemplarischer Fall für viele andere nicht genannte ideologische Verwerfungen stehen: „Nach dem XX. Parteitag der KPdSU und der 3. Parteikonferenz der SED kam es in der Parteiorganisation des Philosophischen Instituts (unter den Genossen Studenten wie unter den Genossen Lehrern) zum Ausbruch von Fehlerdiskussionen." Diese waren so heftig, dass die eigene Parteileitung sie nicht unterdrücken konnte, weshalb alle höheren Ebenen (Bezirksleitung der SED, ZK und Politbüro) sich einschalten mussten. Nach dem so bekämpften „Abbiegen" (so im Original) tauchten zu Beginn des Herbstsemesters, wie die Parteileitung berichtet, „die Fehlerdiskussionen erneut auf und nahmen dann vor allem im Zusammenhang mit den Ereignissen in Polen und Ungarn immer schärferen und gefährlicheren Charakter an. Es wurde z. B. vom Gen[ossen] Bahro die Auffassung vertreten, das Wesentliche, Neue am XX. Parteitag sei die Kritik an den Fehlern des Gen. Stalin gewesen, und die 3. Parteikonferenz habe einen Fehler gemacht, als sie diese Frage nicht in den Mittelpunkt rückte. Eine Reihe von Genossen verlangte ‚freie' Diskussionen über die innerparteilichen Beziehungen, die Politik des ZK, das Verhältnis zwischen Partei und Massen usw. In der Dozentengruppe gab es lange Auseinandersetzungen über die Ursachen des Personenkultes (…) Viele Genossen bildeten sich etwas darauf ein, eine ‚eigene', von der Politik des ZK abweichende Meinung zu haben. (…) Für kurze Zeit wurde sogar die Parteiwandzeitung zum Sprachrohr der Verirrung, an der ein Artikel des Gen. Bahro erschien, in dem dem ZK alles Vertrauen abgesprochen und die Partei und das ZK mit üblem Schmutz beworfen wurden." Nach dem „besonders schweren Fall des Studenten Michael Franz", und der „Auseinandersetzung mit Prof. Besenbruch" hieß es in den Schlussfolgerungen: „Es ist eine bessere politische Auswahl der Philosophiestudenten wie auch der jungen wissenschaftlichen Kader zu erreichen. (…) Prinzipiell sind in Zukunft nur noch solche parteilosen Bewerber am Philosophischen Institut zu immatrikulieren, bei denen die reale Gewähr besteht, daß sie während ihres Studiums als Kandidaten in unsere Partei aufgenommen werden können."

Bei der Einschätzung des Niveaus der Studenten musste nämlich festgestellt werden, dass nur ca. 40 % „eine sehr gute fachliche und politische Qualifikation besitzen", 50 % seien „unserem Staat und unserer Partei treu ergeben", haben aber fachliche Mängel, die verblei-

[35] Zu den Einzelheiten vgl. Herzberg, Anpassung und Aufbegehren, 2006, bes. S. 147–205, 424–430.

benden 10 % seien „vor allem politisch sehr schlecht und als völlige Versager anzusehen".[36] Zu den 40 % der Studenten, die „eine sehr gute fachliche und politische Qualifikation besitzen", gehörte auch Rudolf Bahro, der im Oktober in der Tat „dem ZK alles Vertrauen abgesprochen" hatte. Sein Aufruf an der Wandzeitung („Protest!") führte zur Überwachung durch die Staatssicherheit – er galt als „Parteifeind" und einer der Studenten, die sich „mit der Konterrevolution in Ungarn solidarisch erklärt haben". Ein weiterer Student, Peter Langer, forderte in einem Brief an die Parteileitung des Instituts mehr Demokratie und Meinungsfreiheit und diskutierte mit einigen Kommilitonen die Chruschtschow-Rede. Im März 1958 wurde er mitten aus einer Versammlung mit zwei anderen Studenten, Karl-Heinz Messelken und Heinz-Dieter Schweikert, von der Staatssicherheit verhaftet und alle drei wurden im Oktober zu Zuchthausstrafen (6 – 5 – 3 Jahre) verurteilt. Andere Studenten sind in diesen Monaten relegiert oder zur „Bewährung" in die Produktion geschickt worden. Mindestens dreißig mussten aus politischen Gründen das Institut verlassen.

Doch der eigentliche Schock für die Lehrkräfte und Studenten war schon 1956 die Verhaftung Wolfgang Harichs am 29. November, dem bald weitere Verhaftungen folgten. Er war zwar nicht mehr am Institut tätig, hatte aber dort tiefe Spuren gezogen und war mit seinem Artikel *Hemmnisse des schöpferischen Marxismus*[37] einer der wenigen öffentlichen und anerkannten Streiter gegen den Dogmatismus.[38] Genau zwei Wochen vorher hatten noch die Feierlichkeiten zum 125. Todestag von Hegel im Audimax mit westdeutscher und internationaler Beteiligung stattgefunden. Die Festrede von Ernst Bloch *Hegel und die Gewalt des Systems* erschien sofort in Heft 5 der *Deutschen Zeitschrift für Philosophie*, aber die Öffentlichkeit bekam die Beiträge nicht zu Gesicht, weil das Heft mit der Verhaftung Harichs konfisziert und einen Monat später durch ein anderes ersetzt wurde. In diesem Heft waren die Aufsätze von Bloch und Harich durch Redeteile von Ulbricht und Hager auf der 30. Tagung des ZK der SED als „Kampf gegen den Revisionismus" ausgetauscht worden – damit war die allzu kurze „Tauwetter"-Periode im Nachklang des XX. Parteitages der KPdSU für die Philosophie und insgesamt beendet.

Seit Ulbrichts rücksichtslosem Kampf gegen jede politische und philosophische Abweichung von der Linie des Politbüros, der im Februar 1957 begann und mit dem V. Parteitag im Juli 1958 seinen inszenatorischen Höhepunkt fand, war die *Wende zur Redogmatisierung* auch am Berliner Institut deutlich spürbar (wenn auch nicht so brutal wie die mit der Ab-

---

36 Die Lage am Philosophischen Institut der Humboldt-Universität und die weiteren Aufgaben. Entschließung des Instituts vom 18. 06. 1957 (Dokument im Besitz des Autors).

37 In: Sonntag, v. 15. 04. 1956.

38 Ein weiterer grundsätzlicher Essay *Zur Frage der Weiterentwicklung des Marxismus* vom Sommer 1956 ist frühzeitig konfisziert worden und landete vor dem so verhinderten Erscheinen bereits bei der Staatssicherheit, wo er erst lange nach der Revolution von 1989 aufgefunden und von Hans-Christoph Rauh in der DZfPh 54 (2006), H. 5 publiziert wurde – mit fünfzigjähriger Verspätung.

setzung Blochs verbundenen Leipziger Vorgänge). Demonstriert wurde diese Wende durch den Beschluss der Parteileitung des Instituts vom 8. April 1958 *Über die Ausarbeitung eines Programms der Entwicklung des Philosophischen Instituts zu einem marxistischen Institut.* Darin hieß es: „Das philosophische Institut kann den Anforderungen nur gerecht werden, wenn es alle bürgerlich-akademischen Rudimente beseitigt und sich zielstrebig zu einem wirklich marxistisch-leninistischen Institut entwickelt", d. h. „zu einem ideologischen Zentrum an der Universität, zu einer Ausbildungsstätte für Parteiarbeiter". Weitere Kernsätze waren, „daß die Hauptaufgabe der theoretischen Arbeit die wissenschaftliche Begründung der Politik der Partei und die Erziehung der Massen im Geiste der sozialistischen Ideologie ist", „die individualistische, dem Zufall, der Anarchie, dem Belieben der einzelnen Genossen überlassene und vom politischen Kampf losgelöste Arbeitsweise muß überwunden werden", „Träger der philosophischen Wissenschaft ist die Partei" und „daß das philosophische Institut Kämpfer der Partei erziehen muß, die die Politik und die Weltanschauung der Partei beherrschen". Praktisch bedeutete das: „Im Programm sind die Grundzüge eines neuen Studienplanes, der diesen Anforderungen entspricht, festzulegen. Dabei ist darauf zu achten, daß die Werke von Marx, Engels und Lenin und die Dokumente der Arbeiterbewegung das hauptsächliche Material des Philosophiestudiums sind."

Mit diesem Programm (das bezeichnenderweise von der Parteileitung und nicht von der Institutsleitung beschlossen wurde) und besonders mit den Sätzen, dass das Institut „zu einer Ausbildungsstätte für Parteiarbeiter" wird und die Partei der „Träger der philosophischen Wissenschaft ist", hatte die SED die Definitionsmacht errungen und inhaltlich jede eigenständige philosophische Lehre und Forschung behindert. Dementsprechend änderte sich das Profil des Instituts und das Bild von Philosophie, wie der *Perspektivplan des Instituts für Philosophie bis 1965* (1958/59) belegt: „Das Institut für Philosophie stellt sich das Ziel, sich bis zum Jahre 1965 zu einem wissenschaftlichen Zentrum der marxistisch-leninistischen Philosophie zu entwickeln, das zu einem immer größeren aktiven Helfer der Sozialistischen Einheitspartei Deutschlands und der Arbeiter- und Bauernmacht bei der sozialistischen Bewußtseinsbildung der Werktätigen wird und dessen Wirksamkeit nicht nur in Berlin, sondern darüber hinaus in ganz Deutschland spürbar werden muß."

Die Forschungsarbeit des Instituts sollte entsprechend drei zentrale Schwerpunkte umfassen: „Philosophische Auseinandersetzungen mit der Ideologie des westdeutschen Militarismus und Imperialismus; Erforschung der philosophischen Problematik der Entwicklung des sozialistischen Menschen; Philosophische Probleme der Perspektiven der Naturwissenschaften im Sozialismus sowie im Kapitalismus." Zu den Absolventen heißt es jetzt: „Am Philosophischen Institut werden Kader ausgebildet, die politisch bewußte Funktionäre der Arbeiter- und Bauernmacht, Propagandisten der marxistisch-leninistischen Philosophie sind."

Da man nur noch „politisch bewußte Funktionäre" und Propagandisten ausbilden wollte, hätte das Institut nach diesen Plänen nur ein Abklatsch des Instituts für Gesellschaftswissenschaften beim ZK der SED werden können. Peter Ruben, Student und Mitarbeiter am Institut, schreibt dazu rückblickend, dass das Jahr 1958 als ein „Wendepunkt in der Geschichte der DDR-Philosophie" gelten müsse. „Die nach 1956 möglich scheinende Gestaltung eines partnerschaftlichen Verhältnisses zwischen den DDR-Philosophen und der regierenden Partei zerbarst am polizeistaatlichen Eingriff. Für die weitere Entwicklung war geklärt, daß jede künftige philosophische Bemühung mit der Anpassung an die artikulierten Interessen der Parteiführung zu rechnen hatte."[39] Dazu gehört, dass auf einer Fakultätssitzung am 07. 05. 1958 auf Antrag des Dekans, der einen Beschluss der Institutsparteileitung, unterschrieben von Eichhorn I, aufnahm, dem im Zuchthaus Bautzen II einsitzenden Häftling Harich der Doktortitel aberkannt wurde – eine Schande für die Fakultät.

So wie die Studenten zu „Kadern" ausgebildet werden sollten, so sollte auch der Lehrkörper stärker mit der Arbeiterklasse verbunden sein, im Idealfall aus ihr rekrutiert werden – als „sozialistische Intelligenz"[40]: „Kaderfragen: Die gegenwärtige soziale Zusammensetzung des Lehrkörpers (soziale Herkunft) ist folgende: Professoren und Dozenten: 6 Arbeiter, 4 Nicht-Arbeiter (...) Die Institutsleitung stellte fest, daß auf die allmähliche und planmäßige Verbesserung der sozialen Zusammensetzung größtes Gewicht seitens der Institutsleitung und des Institutsdirektors gelegt werden muß." Damit wird unmissverständlich gesagt, dass die soziale Herkunft aus der Arbeiterklasse wichtiger sein konnte als die wissenschaftliche Leistung.

Eine für das Institut dagegen profilverändernde und folgenreiche Innovation – womit man sich von einem reinen Parteiinstitut wieder entfernte – wurde der durch eine Dienstanweisung des Staatssekretärs Wilhelm Girnus (04. 05. 1959) geschaffene Lehrstuhl „Philosophische Probleme der modernen Naturwissenschaft", der Absolventen aus verschiedenen naturwissenschaftlichen und technischen Disziplinen aufnehmen und ausbilden sollte. Der Lehrstuhl sollte bestehen aus einer halben Professorenstelle für Ley (der hauptamtlich der Vorsitzende des Staatlichen Rundfunkkomitees der DDR war), einem Dozenten (der Mathematiker G. Schulz) und zwei Oberassistenten (D. Müller, Hörz). Die Anfänge des Lehrstuhls – tatsächlich kamen statt der vorgesehenen 25 nur neun Aspiranten – waren bescheiden und ähnelten in den eher ideologischen als wissenschaftlichen Themenstellungen stark dem Lehrstuhl Dialektischer Materialismus, doch in den sechziger Jahren (vgl. den folgenden Abschnitt) wurde der Ley-Lehrstuhl der produktivste Bereich des gesamten Instituts und führte eine erstaunliche Zahl junger Naturwissenschaftler zur Promotion und zu schnellen Veröffentlichungen.

Wenige Wochen nach dieser Dienstanweisung von Girnus gab es eine weitere Auflage des Staatssekretariats für das Hoch- und Fachschulwesen (vom 14. 07. 1959), nämlich einen

---

[39] Ruben, Peter, Die DDR und ihre Philosophen, in: DZfPh 39 (1991), H. 1, S. 50–58, hier: S. 56.

[40] Protokoll der Institutsleitungssitzung am 27. 09. 1958, in: UAHU, Phil. Fak. 134.

Themenplan, um als neue Pflichtveranstaltung das Fach „Wissenschaftlicher Sozialismus" einzuführen. Zentral wurde allen Philosophie-Instituten ein Plan mit dreißig Vorlesungen vorgegeben mit den Schwerpunkten „Grundfragen des Klassenkampfes im internationalen Maßstab", „Der Kampf für Frieden und Sozialismus in Deutschland", „Die Sowjetunion auf dem Wege zum Kommunismus", mit der krönenden Schlussvorlesung „Die Kräfte des Friedens und des Sozialismus bestimmen die Entwicklung der Menschheit". Dazu wurde angewiesen: „Den Seminaren liegen die Werke der Klassiker des Marxismus-Leninismus bzw. Parteibeschlüsse zugrunde. Bei der Behandlung aller Fragen ist von den gegenwärtigen Kampfaufgaben der Partei auszugehen." Dieses Fach hielt sich innerhalb des Berliner Instituts unter wechselndem Namen (Wissenschaftlicher Sozialismus bzw. Kommunismus) über Jahrzehnte im Lehrplan (und war oft der Ablageplatz für unfähige Institutsmitarbeiter).

Die Abteilung Dialektischer Materialismus bewegte sich auf eingefahrenen Gleisen, vom Abteilungsleiter Zweiling gingen keine Impulse aus, ähnliches gilt für die Abteilung Historischer Materialismus mit ihrem Leiter Scheler.

Nach fünfjährigem Studium wurden im Sommer 1959 38 Staatsexamensarbeiten geschrieben, von denen selbst nach marxistischen Maßstäben die Hälfte kaum als philosophisch bezeichnet werden könnte. Einige Beispiele: „Welche Bedeutung hat die Einbeziehung der Frau auf dem Lande in das gesellschaftliche Leben für die sozialistische Bewusstseinsbildung", „Ideologische Probleme der Neuererbewegung und ihre Widerspiegelung in der Bezirkspresse", „Die Umerziehung der kapitalistischen Unternehmer beim Aufbau des Sozialismus". Auf der Sitzung des Wissenschaftlichen Rates vom 21. 10. 1959 wurden neue Diplomthemen für 16 (von 18) Diplomanden des nächsten Jahres beschlossen: kein einziges Thema zur theoretischen Philosophie, zur Erkenntnistheorie, zur Geschichte der Philosophie o. ä.

Eine kleine Auswahl von Veröffentlichungen für das Jahr 1959 zeigt aber auch, wie weit die Arbeit der Wissenschaftler vom zentralen Thema der Philosophie entfernt war[41]: Pracht: Der Aufbau des Kommunismus sichert den Frieden, in: Zeitschrift *Bekleidung*; Eichhorn: Bei der Arbeit wächst der sozialistische Mensch, in: Zeitschrift *Die Arbeit*; Heise: Bonns psychologische Kriegsführung, in: Zeitung *Humboldt-Universität*; Redeker: Chemie gibt Schönheit, in der Zeitschrift des Instituts für angewandte Kunst. Dieser Output und die oben genannten Themen von Staatsexamensarbeiten können als Spiegelbild der inneren Verfasstheit des Instituts dienen, in der die Philosophie trotz ihrer Bezeichnung als „Wissenschaftliche Weltanschauung" mehrheitlich nur noch Ideologiefunktion besaß.

41 Jahresbericht 1959 (05. 02. 1960), in: UAHU, Phil. Fak. 135.

Die sechziger Jahre bis zur III. Hochschulreform

Mit Beginn der sechziger Jahre trat eine neue Generation in Lehre, Forschung und Publikation ein, vorerst noch im Status der Assistenten und Aspiranten. Der Lehrkörper bestand 1960 aus den Professoren Besenbruch, Klaus, Scheler (Direktor bis 1962), Tondi (G.), Hager[42], Heise und den Dozenten Eichhorn I, Pracht, G. Schulz, Marie Simon (die einzige Frau), Stiehler, den Oberassistenten Hörz, Hahn, Kosing, Wittich, dazu 20 Assistenten, 25 Aspiranten (darunter die späteren Professoren Kreiser, Kuchling, Laitko, Löther). Die Zahl der Aspiranten nahm schnell zu: im Februar 1961 waren es 30, im Oktober desselben Jahres bereits 34 planmäßige und neun außerplanmäßige Aspiranten. Mit den sieben technischen Kräften umfasste das Institut 1960 insgesamt 87 Mitarbeiter. Neu war die Bildung eines Wissenschaftlichen Rates. Vorsitzender wurde Scheler; Mitglieder waren die sechs Abteilungsleiter und sechs Professoren, ferner ein Sekretär. Die für die fünfziger Jahre maßgeblichen Professoren (Hager, Besenbruch, Klaus, Scheler, Zweiling) verließen allmählich das Institut, es blieben Heise[43] und der neu hinzugekommene Ley (Direktor 1962–1968). Im Verlauf des Jahrzehnts waren beide die profilbestimmenden Lehrer, nach ihnen auch Hörz und Stiehler. Nach der politischen Verdrängung Heises ans Institut für Ästhetik gab es am Institut im Juli 1968 nur jene drei Professoren.

Mit dem Ausscheiden der ersten Lehrergeneration verwissenschaftlichte sich der Lehrkörper, indem – mit Ausnahme Leys – die Lehrkräfte ein abgeschlossenes Philosophiestudium aufweisen konnten. Jedoch war nur ein Teil der Assistenten promoviert und hielt trotzdem Vorlesungen und Seminare (teilweise unbeholfen und mit wenig Wissen). Einige dynamische Wissenschaftler wie Wittich, Erich Hahn oder Eichhorn I hoben das Niveau an, kamen schnell voran, habilitierten sich und wurden bald Professoren, einige waren gut in der Lehre wie Walter Jopke und Walter Hofmann, ohne sich zu habilitieren und ohne zu publizieren, andere versagten in der Lehre und publizierten auch nicht.

Insgesamt verschlechterte sich aber das Lehrangebot rapide. Eine unter Ley angefertigte umfangreiche und kritische Analyse des Instituts vom Oktober 1964[44] signalisierte den personellen Notstand: Zusammengerechnet wurden alle Vorlesungen und Seminare in den Abteilungen Diamat, Histmat und Logik/Erkenntnistheorie ausschließlich von Assistenten und Oberassistenten bestritten, und 72 % des gesamten Lehrkörpers bestand aus dem wissenschaftlichen Nachwuchs. Nur der Lehrstuhl „Philosophische Probleme der modernen

[42] Hager leitete als Sekretär des ZK der SED weder die Abteilung noch hielt er Vorlesungen, noch betrat er das Institut – doch er sollte seinen Professorentitel nicht verlieren.

[43] Zu Heise vgl. Warnke, Camilla, Abschied von den Illusionen. Wolfgang Heise in den 60er Jahren, in: Denkversuche, hrsg. v. Rauh, Hans-Christoph/Ruben, Peter, Berlin 2005, S. 307–336.

[44] UAHU, Phil. Fak. 48e.

Naturwissenschaften" war mit einem Professor und vier Mitarbeitern gut ausgestattet und hatte etwa 30 Aspiranten zu betreuen, d. h. zur Promotion zu führen. „Struktur und Besetzung der Fachrichtung Philosophie", so Ley, „entsprechen in keiner Weise den an sie gestellten Anforderungen und wahrzunehmenden Verpflichtungen."

In den sechziger Jahren veränderte sich auch die Struktur des Instituts: Eine Arbeitsgruppe für Soziologie wurde durch Eichhorn I 1962/63 gebildet – sie ging später mit ihm zur DAW über. Am 01. 01. 1965 kam es zur Gründung der Abteilung Philosophische und methodologische Probleme der Gesellschaftswissenschaften, Leiter: Scheler – die es aber an Kapazität und Bedeutung nie mit dem Ley-Lehrstuhl aufnehmen konnte. 1966 wurde als weitere Neuerung das Institut für Ästhetik gegründet und aus dem Institut für Philosophie ausgegliedert, d. h., der Lehrkörper und die ersten Studenten kamen aus der Philosophie.

Die markanteste Abteilung des Instituts bildete zweifellos der Lehrstuhl „Philosophische Probleme der modernen Naturwissenschaften" unter Leitung Hermann Leys (1911–1990). Der war eine zwiespältige Gestalt, saß während der Nazizeit als Antifaschist im Gefängnis, war Sanitätsoffizier, hatte 1944 als Zahnarzt über den Zusammenhang von Zahnerkrankungen und Rasse promoviert, besaß keine philosophische Ausbildung, konnte jedoch als Autodidakt einiges Ansehen erlangen – und es ging das Gerücht, dass er über jedes Thema mindestens eine Stunde aus dem Stand reden könne. So gibt es zu seiner Person auch sehr differente Einschätzungen[45]: ein „unglaublich souveräner Mann", „für den es keine auswegslosen Lagen und keine unbezwinglichen Probleme gab", aber auch: als Wissenschaftler von unsystematischem Wissen und Denken, eine „Flut heterogenster Wissensfragmente" verbreitend – in einem „assoziativen Denkstil" ein ungewöhnlicher Vertreter eines „Patchwork-Marxismus" (so Laitko). Ergänzend muss gesagt werden, dass er im Institut herrisch, arrogant und eitel auftrat, gefürchtet war, sich als weltoffen ausgab, dabei jedoch jede ideologische Wende mitmachte und in den fünfziger Jahren sowohl Stalin wie Lyssenko als große Theoretiker anerkannte, ebenso wie er vom dogmatischen Standpunkt aus gegen Bloch und Havemann zu Felde zog.

Als Gründer und Leiter des bald nach ihm genannten Lehrstuhls hat er jedoch eine wichtige Rolle gespielt. Dafür stehe das Urteil zweier Aspiranten. Hubert Laitko erinnert sich: Am Lehrstuhl herrschte eine „einzigartige Atmosphäre geistiger Freiheit und Toleranz", und für Peter Ruben war Ley ein „unikaler Schutzherr", der „seinen Anempfohlenen zugesichert hat, mit ihm nie ein Parteiverfahren riskieren zu müssen".[46] Allein von 1962 bis Dezember 1966 wurden an diesem Lehrstuhl 37 Dissertationen verteidigt, insgesamt hat Ley in 18 Jahren rund 200 Doktoranden und Habilitanden zum Abschluss geführt (zusammen mit Hörz

45 Laitko, Hubert, In memoriam Hermann Ley, in: Rauh/Ruben, Denkversuche, 2005, S. 367–378.

46 Ruben, Peter, Von den Chancen, Kaderphilosoph zu werden, in: Innenansichten ostdeutscher Philosophen, hrsg. v. Kapferer, Norbert, Darmstadt 1994, S. 7–29, hier: S. 28.

und Wessel), dazu glänzte der Lehrstuhl durch seine umfangreiche Publikationstätigkeit. Ab 1968 existierte eine eigene Arbeitsgruppe für Operations Research.

In den sechziger Jahren kam in der Philosophie eine Anzahl neuer Lehrveranstaltungen hinzu. Neben den Standardvorlesungen oszillierte das Lehrangebot zwischen der Vermittlung eines *modernen naturwissenschaftlichen Weltbildes* (philosophische Fragen der Psychologie, der Biologie, der Kybernetik und Systemtheorie, Raum-Zeit-Problematik, Wissenschaftstheorie, für spezialisierte Studenten auch zu den mathematischen Grundlagen der klassischen Mechanik und zur allgemeinen Relativitätstheorie), *philosophischen Vorlesungen* (Ethik, Geschichte der Ästhetik, Sinn des Lebens) und einem *Kanon politisch-ideologischer Pflichten* (Übergang vom Kapitalismus zum Sozialismus, Rolle der Volksmassen, Aufbau des Sozialismus in der DDR, Geschichte der deutschen Arbeiterbewegung, Geschichte der KPdSU, Krieg und Frieden usw.). Eine für die Grundlagen wichtige Neuerung: Wurde bislang am Lehrstuhl Logik/Erkenntnistheorie ausschließlich Logik gelesen, konnte im WS 1960/61 erstmals eine durchgängige Vorlesungsreihe zur Erkenntnistheorie vorgetragen werden – von Dieter Wittich.[47] Damit war eine Breite erreicht, die das Berliner Institut über alle anderen im Lande heraushob und einem interessierten Studenten die reale Möglichkeit bot, innerhalb gegebener politischer Bedingungen sich philosophischen Interessen zu widmen.

Während im dialektischen Materialismus bei grundsätzlichem Festhalten an den Auffassungen von Engels und Lenin eigene Überlegungen entwickelt wurden – etwa eine zutreffendere Theorie des Determinismus und des Gesetzesbegriffes durch Herbert Hörz – und Havemann an seinem Institut rückständige Positionen der Marxisten öffentlich kritisieren konnte, war die Situation für die Fächer Historischer Materialismus, Wissenschaftlicher Sozialismus oder Ethik ungleich schwieriger. Hier konnte es wegen der Nähe zur politischen Macht keine ergebnisoffene Forschung geben, denn das Grundgerüst der Geschichts- und Gesellschaftsauffassung lag für die Marxisten seit der *Deutschen Ideologie* (1845/46) und dem *Kommunistischen Manifest* (1848) vor und verpflichtete Lehrende und Studierende. Die SED, präsent schon im Institut, wachte auf allen Ebenen, bis zum Zentralkomitee, darüber, dass die ideologische Kopplung von Macht- und Wissensstrukturen nicht angetastet wurde; denn die Politik der SED-Führung galt als direkt von der wissenschaftlichen Weltanschauung des Proletariats begründet und inspiriert, wodurch philosophische „Abweichungen“ zwangsläufig auch als politische galten.

Selbst der politisch der Macht sehr zugeneigte Hörz konnte rückblickend formulieren: „In den 60er Jahren verstärkte sich die Politisierung der Philosophie. Die Dialektik des Sozi-

[47] Dazu Wittich, Dieter, Die erste Jahresvorlesung zur marxistisch-leninistischen Erkenntnistheorie in der DDR, in: Rauh/Ruben, Denkversuche, 2005, S. 177–202. Wittich ging 1966 an die Karl-Marx-Universität Leipzig und baute dort programmatisch die marxistisch-leninistische Erkenntnistheorie auf, die bis dahin kaum über Lenins naive Abbildtheorie hinausgekommen war.

alismus trat in den Mittelpunkt philosophischer Forschung. (...) Philosophie hatte den politischen Dogmen von der führenden Rolle der Partei, vom Hineintragen des sozialistischen Bewußtseins zu folgen." Philosophie wurde das „ideologische Instrument zur Rechtfertigung des Bestehenden, zur Disziplinierung Andersdenkender (...) Dem kam das Selbstverständnis vieler Philosophen entgegen, Bewahrer der reinen Lehre zu sein. Die politischen Philosophen dieser Art wurden zu Gralshütern."[48]

Im Juni 1966 wurde vom Fachrichtungsleiter Stiehler festgelegt: Die Ausbildung soll „auf drei Säulen ruhen, die für alle fünf Studienjahre durchgehend gültig sind: 1. Theorie und Geschichte der Politik der Partei; 2. Dialektischer und historischer Materialismus; 3. Ein ständiges politisches bzw. pädagogisch-politisches Praktikum."[49] Das Studium war streng reglementiert: Für jedes Studienjahr wurde eine Studienjahresleitung von vier Mitarbeitern, den FDJ- und Parteiorganisatoren und den Seminarsekretären der Studenten installiert. Obligatorisch hatte jeder Student mehrere Praktika zu absolvieren. Das von der SED nunmehr vorgegebene Bildungsziel des Philosophiestudiums war[50]: „Es muß die in den Instituten weit verbreitete Vorstellung überwunden werden, die vom derzeitig geltenden Studienprogramm fixiert wird, wonach die Philosophie-Institute primär Nachwuchs für die Lehre und Forschung ausbilden." Der Student wird „in erster Linie zum politischen und ideologischen Funktionär ausgebildet". In den Ausbildungsprinzipien wurden damit schwer vereinbare neue Schwerpunkte festgelegt: Grundlagen der Mathematik und Kybernetik; Grundlagen der modernen Logik und Semiotik; Grundzüge einer modernen Agitation und Propaganda (Informationspsychologie, kybernetische Soziologie) – offensichtlich stießen hier externe Widersprüche aufeinander.

Ein Problem war es, junge Menschen für dieses nicht sehr attraktive Studium zu gewinnen, die Auswahlkommission des Instituts durfte nicht wählerisch sein. Nur so erklärt sich folgender Text: „Die Studentenwerbung erfolgt über Bezirksleitungen [der SED], Betriebsakademien, Rundfunk und Fernsehen, Zentralrat und Bezirksleitung der FDJ, Direktorenkonferenz der Berliner Oberschulen, ABF für 1961."[51] Doch Armee und Polizei delegierten aus ihren Reihen Studenten, die teilweise sogar in Uniform im Institut erschienen; das MfS warb unter den Studenten (wie auch im Lehrkörper) inoffizielle Mitarbeiter (IM) und hatte dabei große Erfolge, wie sich nach der Aktenöffnung 1992 erwies. Damit wurde ein festes Netz geschaffen, in dem das Studium politisch durch Studenten mit jenem

48 Hörz, Herbert, Wissenschaftsphilosophie in der DDR. Versuch einer kritischen Betrachtung, in: DZfPh 39 (1991), H. 1, S. 59–70, hier: S. 66.

49 Stiehler, Gottfried, Zur Analyse der Ausbildung und Erziehung im Institut für Philosophie (Dokument im Besitz des Autors). Die „drei Säulen" werden darin weiter präzisiert.

50 Aus [Abt. Wissenschaften des ZK der SED] Sektor Gesellschaftswissenschaften (12. 07. 1966): Schlussfolgerungen und Vorschläge zur weiteren Entwicklung der Ausbildung in der Fachrichtung Philosophie.

51 Protokoll der Institutsleitungssitzung vom 23. 03. 1960, in: UAHU, Phil. Fak. 134.

Hintergrund genau kontrolliert wurde. Bei ideologischen Abweichungen und politischen Verstößen gab es Exmatrikulationen, „Bewährung in der Praxis“ (für ein bis zwei Jahre Produktionsarbeit), Verhaftungen. Ein spektakulärer Fall war Wolf Biermann, der auf Weisung oberhalb der Universität aus dem Kandidatenstand nicht in die SED aufgenommen wurde und nach erfolgreichem Staatsexamen und Diplomarbeit keinen Abschluss erhielt. Das Diplom wurde ihm erst 45 Jahre später anlässlich seiner Ehrenpromotion im November 2008 überreicht.

Immer wieder wurde in den Rechenschaftsberichten, Außendarstellungen und Arbeitsplänen behauptet, dass die Lehrenden von den „neuesten Ergebnissen der Wissenschaft“ ausgehen, sie verallgemeinern sollen und dass auf diese Weise die Aussagen des dialektischen und historischen Materialismus bestätigt oder weiterentwickelt würden. Tatsache ist, dass in der Regel keinerlei Veränderungen an diesen Grundlagen der marxistischen Philosophie vorgenommen wurden und die „neuesten Ergebnisse“ eine Floskel waren, da die Zusammenarbeit mit Einzelwissenschaftlern eher die Ausnahme darstellte und selbst die Aspiranten des Ley-Lehrstuhles nicht die erste Qualität des wissenschaftlichen Nachwuchses bildeten und nur sporadisch wegen der mangelnden Verbindungen mit der westlichen Wissenschaft die Forschungsfront kennen konnten. Jedoch überwand der Lehrstuhl die Fixierung des dialektischen Materialismus auf die Physik und bearbeitete auch die komplizierteren Gesetzesbeziehungen (und die Rolle des Zufalls) in der Biologie und speziell der Evolutionstheorie.

Das wichtigste Ereignis bis 1968 war der versuchte philosophische Neuanfang nach dem zweiten Entstalinisierungsschritt – ausgelöst durch die Rede Chrustschows auf dem XXII. Parteitag der KPdSU, Oktober 1961: Diese Rede musste sich das ganze Institut – Mitarbeiter und Studenten – im Hörsaal als Radioübertragung anhören. Hierbei erfuhr (anders als im Februar 1956) die gesamte Öffentlichkeit von den Verbrechen Stalins, und nach dieser in atemloser Spannung angehörten Rede gab es einen nie wieder so gehörten moralischen Aufschrei, eine tiefe Abscheu vor dem „blutbefleckten Verbrecher“ – und in kürzester Zeit wurde Stalin aus allen Vorlesungen, Seminaren und Manuskripten entfernt, es gab ein Gefühl der philosophischen Freiheit am Institut, das bis zum so genannten Kahlschlag-Plenum (11. Plenum des ZK der SED, Dezember 1965) anhielt.[52]

Das zweite große Ereignis war die Herausforderung der Philosophen durch Robert Havemanns Vorlesungen *Naturwissenschaftliche Aspekte philosophischer Probleme* im Winter-

[52] Und ich hatte das Glück, genau vom Oktober 1961 bis November 1965 studiert zu haben. Auch Ruben sieht die Jahre zwischen 1962 und 1965 als einen Höhepunkt der „Reformdebatten“, vgl. Ruben, Die DDR und ihre Philosophen, 1991, S. 56.

semester 1963/64.[53] Wurden sie anfangs vom Institut nicht beachtet[54], mussten später auf Anordnung der Parteileitung auf dem Umweg über die Parteizeitung *Humboldt-Universität* ab Jahresbeginn 1964 polemische bis verurteilende Artikel von Heise, Eichhorn, Stiehler, K.-F. Wessel, Löther, Ley und Hörz geschrieben werden, bis erst der Parteisekretär der Universität (am 3. Februar) und bald darauf Havemann (am 14. März) fristlos entlassen wurden. So wurde aus seiner Herausforderung des marxistischen Denkens ein politisches Strafgericht und für die Philosophen des Instituts ein disziplinarischer Vorgang, verbunden mit anhaltender Selbstkritik wegen „fehlender Wachsamkeit".

Zum I. Philosophiekongress in der DDR (April 1965) meldete das Institut 69 Teilnehmer und erhob damit auch den Anspruch auf eine Führungsrolle innerhalb der Philosophischen Institute. Mit einigem Recht konnte dies durch die wachsende Publikationstätigkeit – vor allem durch die Arbeiten von Hörz, Heise, Ley und Stiehler – beansprucht werden. Mehrere Professoren der Universität wechselten an das Akademieinstitut (angefangen mit Georg Klaus, später Scheler, Eichhorn I, Hörz), umgekehrt gab es so gut wie keine Wechsel; erst in den 70er Jahren kamen Gerd Irrlitz und Heinz Pepperle von der Akademie an die Universität.[55] Zu dem erst informell, dann offiziell als Leitinstitut für die Philosophie anerkannten Institut (seit 1976: Akademie) für Gesellschaftswissenschaften beim ZK der SED gab es bis auf Kosings Wechsel in den 50er Jahren und dem späteren von Redlow keinen personellen Austausch. An die Leipziger Karl-Marx-Universität ging 1960 Zweiling als Direktor (und Nachfolger Blochs), in den 60er Jahren kam Hollitscher aus Wien als Gastprofessor, Wittich und Kreiser kamen aus Berlin und bauten dort die Erkenntnistheorie und die Logik auf hohem Niveau auf.

Umwandlung des Instituts in die Sektion marxistisch-leninistische Philosophie

Das Dokument zur Gründung der Sektion (24. Juli 1968) beginnt mit den *Aufgaben in Ausbildung und Erziehung*: „Grundlage der Ausbildung und Erziehung ist die Einheit von marxistisch-leninistischer Philosophie und Politik der Partei der Arbeiterklasse. An der

---

[53] Gedruckt unter dem Titel: Dialektik ohne Dogma?, Reinbek 1964. Zu den Vorlesungen selbst und den Folgen vgl. Herzberg, Guntolf, Robert Havemanns Probleme mit der marxistischen Philosophie, in: Rauh/Ruben, Denkversuche, 2005, S. 337–366, bes. S. 349–360.

[54] Ich saß mit H.-C. Rauh als einzige Philosophiestudenten im Auditorium, niemand vom Lehrkörper war anwesend.

[55] Die Beziehungen zwischen beiden Instituten waren nicht gut (doch konnte ich Ende der 60er/Anfang der 70er Jahre als Akademie-Assistent Lehrveranstaltungen im Grundstudium der Humboldt-Universität an verschiedenen Fakultäten durchführen).

Sektion marxistisch-leninistische Philosophie werden sozialistische Persönlichkeiten herangebildet, die fähig sind, Aufgaben als politische Funktionäre der sozialistischen Gesellschaft, insbesondere auf dem Gebiet der Leitung ideologischer Prozesse zu erfüllen. (...) Die Studenten werden zu kämpferischen sozialistischen Persönlichkeiten erzogen, die der Arbeiterklasse und ihrer Partei treu ergeben sind."

Haben frühere Pläne noch Philosophen für Lehre und Forschung ausbilden wollen, so soll dies mit der Sektionsbildung komplett wegfallen (was natürlich praktisch gar nicht funktionieren kann); statt um künftige Wissenschaftler geht es programmatisch nur noch um „politische Funktionäre" und „ideologische Prozesse". Weiter im Text: „Neben den besonderen Praktikumsabschnitten leisten die Studenten während des gesamten Studienablaufs praktische politisch-ideologische Arbeit innerhalb und außerhalb der Sektion entsprechend den Anforderungen der Partei." Im Abschnitt zur *Forschung* stehen an der Spitze die „Prinzipien der Forschungstätigkeit", deren erstes unmissverständlich den Verlust selbst bestimmten philosophischen Denkens deklariert: „Die philosophische Forschung ist ein Bestandteil des politischen und ideologischen Kampfes der Arbeiterklasse der DDR unter Führung der SED. Sie wird in ihrem Inhalt und ihrer Entwicklungsrichtung grundlegend durch die Beschlüsse der Partei bestimmt."

Die Arbeit der Sektion wurde auf wenige Themen konzentriert, an der Spitze „Philosophie und Sozialismus", das als neu zu entwickelnde Lehrdisziplin „Philosophische Probleme der sozialistischen Gesellschaftsformation" konzipiert war. Philosophie sollte nach dem Muster betrieblicher Organisation nur noch im Kollektiv betrieben werden: Insgesamt gab es sechs Forschungsvorhaben, an denen 84 Wissenschaftler und 25 Studenten arbeiten sollten.[56] Das bei der Sektionsgründung noch vorgesehene Thema „Kritische Auswertung und Durchdringung der klassischen deutschen Philosophie unter besonderer Berücksichtigung der Dialektik und der tätigen Seite in der klassischen deutschen Philosophie" wurde zugunsten methodischer Aspekte der „Naturdialektik" aufgegeben – womit die gesamte philosophische Forschung der Sektion sich auf die sozialistische Gegenwart, vor allem auf die Politik und Sichtweise der SED zu beziehen hatte. Der Bruch mit den eigenen Traditionen konnte nicht größer sein.

Neben dem Direktor Herbert Hörz (1968–1972) umfasste die Sektion die Professoren Ley, Stiehler, einen Dozenten, neun Oberassistenten, zwölf Assistenten, neun Wissenschaftliche Mitarbeiter, vier Forschungsmitarbeiter – insgesamt 38 Mitarbeiter. 1968 wurde auch ein *Wissenschaftlicher Rat der Sektion marxistisch-leninistische Philosophie* gegründet (21. 10. 1968). Er bestand aus einem Vorsitzenden, dem Direktor Hörz, drei Stellvertretern: für Ausbildung und Erziehung, für Fernstudium und Weiterbildung, für Forschung und

---

56 Inhaltliche Analyse der geplanten Forschungsvorhaben der Sektion „Marxistisch-leninistische Philosophie" für das Jahr 1969, Berlin, 03. 10. 1968.

Entwicklung (!) und 25 Mitgliedern, dazu zwölf Vertretern der Kooperationspartner bzw. gesellschaftlicher Organisationen und fünf Vertretern anderer Sektionen der Humboldt-Universität – ein aufgeblähter Apparat von max. 43 Personen. Aus den Abteilungen wurden Bereiche, neu hinzukamen: Wissenschaftlicher Sozialismus, Ethik, Soziologie (die erst 1979 ausgegliedert wurde). Zum Selbstverständnis ein monströser Satz aus dem Papier *Funktion und Struktur der Sektion Philosophie*: „Die Sektion ist als eine produzierende Einheit aufzufassen, deren Hauptaufgabe die Ausbildung von marxistisch-leninistischen Philosophen für den Einsatz in der Lenkung und Leitung des entwickelten Systems des Sozialismus in der Deutschen Demokratischen Republik ist."

Zum Studium zugelassen wurden im Zwei-Jahres-Rhythmus (und alternierend mit Leipzig) 1964 = 16 Studenten, 1966 = 30, 1968 = 30, 1970 = 35. Dazu kamen für das Fernstudium insgesamt 75 Studenten. Am Institut studierten 1964 insgesamt 86 Studenten mit dem Ziel des Diplomphilosophen, die niedrigste Anzahl betrug 1965 67 Studenten, die höchste 1970 95 Studenten. 1968 wurde auf zentralen Beschluss das Studium auf vier Jahre verkürzt, 1974 wurde dies rückgängig gemacht. Im Zeitraum von 1964 bis 1970 verließen insgesamt 94 Diplomanden das Institut (im Vergleich: von 1956 bis 1959 waren es in vier Jahren 135 – der Bedarf an Absolventen ging also deutlich zurück).

Für das politische Klima – nicht nur am Institut – war die Drangsalierung Wolfgang Heises durch die SED bezeichnend. Er war die geistig überragende und wissenschaftlich hoch geachtete Persönlichkeit am Institut, ein überzeugter Marxist (und sicher auch Utopist), der jegliches Unrecht verabscheute. Deshalb stimmte er als Mitglied der Universitäts-Parteileitung *nicht* für die Entlassung Havemanns (1964), unterschrieb er *nicht* den Brief „führender Philosophen" gegen den Protest italienischer Philosophen, die sich mit Havemann solidarisierten (1966), deshalb unterstützte er *nicht* den Einmarsch der Sowjetarmee zur Unterdrückung des „Prager Frühlings" (1968), später wandte er sich an Politbüromitglied Hager gegen die Ausbürgerung Biermanns (1976) und die Verhaftung Bahros (1977). Seit 1966 galt er als politisch schwankend und wurde zwei Jahre später zur Sektion Ästhetik und Kulturwissenschaften versetzt (vgl. Brohm i. d. Bd.). Für Heise war dies ein Schritt nach vorne, weil er dort produktiver und freier arbeiten konnte als bei den Philosophen, für deren Sektion war sein Weggang ein irreparabler Verlust.[57]

[57] Heise starb 1987, er wurde von Philosophen und Kulturwissenschaftlern – und Rudolf Bahro – mit zwei Colloquien an der Humboldt-Universität (November 1990 und November 1992) sowie durch die Einrichtung eines Wolfgang-Heise-Archivs in den Räumen der Universität geehrt.

Die siebziger und achtziger Jahre – Auflösungserscheinungen

Ein starker Wandel in der Struktur des Lehrkörpers ereignete sich unter den Direktoren Wolfgang Eichhorn II (1972–1976), Friedrich Kumpf (1976–1985), Anneliese Griese (1985–1987,) Helga E. Hörz (1987–1989) und repräsentierte damit im Vergleich zu den 60er Jahren eher einen Niedergang. Die Direktoren hatten keine einflussreichen wissenschaftlichen Leistungen aufzuweisen, wichtige Lehrer und Forscher waren allein der Logiker Horst Wessel sowie Stiehler und der neue Leiter des Lehrstuhls Philosophische Probleme der Naturwissenschaften K.-F. Wessel. 1972 kam Gerd Irrlitz vom Zentralinstitut für Philosophie der AdW nach langen Mühen ans Institut und verstärkte den Bereich Geschichte der Philosophie.

Wie stark die Forschung unter der durch die Umwandlung erzeugten philosophischen Engführung beschnitten wurde, zeigt vielleicht am deutlichsten das Beispiel des Bereichs Geschichte der Philosophie: Er bestand nur aus zwei Forschungskollektiven: zu Problemen der klassischen deutschen Philosophie und zur Imperialismusforschung. Also die gesamte Geschichte der Philosophie – von der Antike bis ins 19. Jahrhundert – war damit „planmäßig" auf eine einzige Periode zusammengeschrumpft (und für die Philosophie von Kant bis Hegel gab es bis 1972 an der Sektion keinen wirklichen Spezialisten). Die Philosophie des 20. Jahrhunderts verschwand unter der Bezeichnung „Imperialismus". Vorgesehen war aber eine Veranstaltung zum 200. Geburtstag Hegels (1970) unter dem martialischen Titel „Die bewußte Verwirklichung der Dialektik des entwickelten Systems des Sozialismus in der DDR und das Hegelsche philosophische Erbe".

Erst mit Irrlitz, einem ehemaligen Bloch-Schüler, änderte sich die Situation nachhaltig: In seinen Vorlesungen und Seminaren von der Vorsokratik bis zu Feuerbach wurden solide Kenntnisse vermittelt – und eine Anzahl der intelligenteren Studenten zog es zu diesem Lehrer, der bald einen Kreis von Forschungsstudenten um sich sammelte.

Der offizielle Ton lag jetzt auf „straff organisierter sozialistischer Großforschung" mit den Schwerpunkten „Prognose, Perspektivplanung, der wissenschaftlichen Planung und Leitung aller Bereiche des gesellschaftlichen Lebens". Diese Themenstellung unter dem Leitthema „Marxistisch-leninistische Entwicklungstheorie" wurde in exakt 23 Längsschnittuntersuchungen aufgeteilt – vom „Entwicklungsprozeß sozialistischer Kollektive" bis zur „Entwicklung von Produktionsverfahren (Technologien)". Die gesamte Forschungstätigkeit der Sektion sollte darauf konzentriert werden.[58] Doch außerhalb der Sektion wurden deren Philosophen kaum wahrgenommen.[59]

---

[58] Forschungsprogramm der Sektion Marxistisch-leninistische Philosophie der Humboldt-Universität für den Zeitraum 1970–1975 (Entwurf, Text im Besitz des Autors).

[59] Vgl. die Befragung von Wissenschaftlern in Herzberg, Guntolf/Meier, Klaus, Karrieremuster, Berlin 1992.

1974 wird vom Ministerium für Hoch- und Fachschulwesen ein für alle Universitäten verbindlicher *Studienplan für das Philosophiestudium* herausgegeben – mit genauer Stundentafel (ausgearbeitet von Stiehler): Als Ziel des Studiums wird „eine umfassende weltanschauliche Begründung der welthistorischen Mission der Arbeiterklasse" genannt, zu diesem Zweck werde „die Philosophie als der Interessenausdruck der Arbeiterklasse" gelehrt. Den „wesentlichen Bezugspunkt aller philosophischen Darlegungen bildet die sozialistische Gesellschaft, der Nachweis ihrer historischen Überlegenheit über die antagonistische Klassengesellschaft des Kapitalismus". Wie allein aus einer solchen Perspektive das Studium der Philosophie gerechtfertigt werden könnte, bleibt auch retrospektiv ein Rätsel.

Für das politische Klima unter den Studierenden in Berlin ist das zahlenmäßige Verhältnis von SED-Mitgliedern zu Nichtmitgliedern interessant: 1. Studienjahr 24 : 28; 2. Studienjahr 28 : 39; 3. Studienjahr 27 : 43; 4. Studienjahr 32 : 30; allerdings bei den Forschungsstudenten 22 : 4 (!!); gesamt 135 : 144. Etwas überraschend, dass die Mehrheit der Studenten Mitte der siebziger Jahre nicht SED-Mitglieder waren. Nicht überraschend dagegen, dass unter den zur schnellen Promotion bestimmten Forschungsstudenten das Auswahlverfahren starken Ausschlag zugunsten der Parteimitglieder hatte. Die Seminare waren überschaubar klein (11 bis 22 Studenten) und durch die Institutionen SED-Organisator, FDJ-Organisator, Seminarsekretär, Studienjahresleiter pro Studienjahr (und mehrere IM des MfS) unter genauester politischer und ideologischer Kontrolle. Es gab Jahr für Jahr *Erziehungspläne* und ausführliche so genannte *Komplexe Pläne* zur Erziehung, Ausbildung, Weiterbildung. Damit nicht genug, gab es eine *Studienjahreskonzeption der Grundorganisation [der SED]*, die folgende Schwerpunkte (mit weiteren Unterteilungen) umfasste: politisch-ideologische Arbeit; Wehrerziehung; Kultur, Sport, Touristik; Freundschaft zur Sowjetunion; Internationale Solidarität; Kampfkraft – dazu gehört etwa der Kampf um den Titel „Kollektiv der DSF" oder die „Durchführung einer Kontrollpostenaktion Sowjetwissenschaft".

Doch Teile der Studentenschaft waren in den 70er Jahren interessierter und aufgeschlossener als große Teile des Lehrkörpers. In ihrer Zusammensetzung konnte man drei Gruppen unterscheiden: die von der SED und von staatlichen Institutionen (MdI, MfS, Staatsapparat) Entsandten; diejenigen, die keine spezielle Bindung an Philosophie hatten und auch etwas anderes hätten studieren können; dann dasjenige Drittel, „das wußte sehr genau, was es wollte: wirklich Philosophie".[60] Diese Studenten interessierten sich wenig für die obigen Studienkonzeptionen und das vorgeschriebene Pensum ewig gleicher Literatur – sie suchten sich eigene Wege und fanden sich bei drei sehr unterschiedlichen

60 Hans-Peter Krüger in: Herzberg, Meier: Karrieremuster, 1992, S. 377.

Lehrern zusammen[61]: bei Wolfgang Heise am Institut für Ästhetik, bei Gerd Irrlitz und bei Horst Wessel.

Heise repräsentierte (mit vielen Korrekturen) die Konzeption von Georg Lukács. „In seinen Vorlesungen wohnte man einer epochenhistorisch konkreten und komparativen Geschichtsschreibung bei, die Ästhetik als Philosophie ernst nahm, Philosophie als den intersubjektiven Vermittlungsversuch zwischen wissenschaftshistorischer Objektivierung und kunsthistorischer Subjektivierung vorführte sowie den Rückbezug auf wirtschafts-, staats-, rechts- und politikhistorische Kontexte herstellte."

Die (jetzt in Leipzig völlig verschüttete) Bloch-Tradition wurde am Institut von dessen bedeutendstem Schüler Gerd Irrlitz repräsentiert: „Irrlitz war im Vergleich zu Heise der jüngere, dynamischere, kämpferischere Geist, der mit Blochscher Rhetorik schneller den Nerv der Gegenwart traf, ohne einem die Mühen und Freuden am historisch-konkreten Medium der Selbsterkenntnis zu ersparen. (...) Irrlitz war einer, der alles dem das Denken befreienden Kontingenzdruck aussetzte und inmitten der historischen Praxisbezüge die problemgeschichtliche Autonomie der Philosophien rigoros herausarbeitete." Schließlich Horst Wessel, dessen logische Schulung interessierten (und begabten) Studenten die am Institut sonst verpönte „Rezeption konstruktivistischer und sprachanalytischer Strömungen der westlichen Philosophie" eröffnete. Dazu Krügers scharfes Urteil: „Wer Leute vom Schlage eines Heise, Irrlitz oder Wessel hörte, konnte mit dem Gros der Lehrveranstaltungen in Sachen Marxismus-Leninismus (M.-L.), dieser sinnlos die Lebenszeit kostenden Beschäftigungstherapie, nichts mehr anfangen. Man steckte sie aus dem einzigen Grund, Prüfungsscheine zu erhalten, ins Kurzzeitgedächtnis".

Studenten waren interessiert auch an den Nachteilen des Systems – so diskutierten sie die Biermann-Ausbürgerung (Oktober 1976) und einige auch Bahros *Alternative.* Unbemerkt vom Lehrkörper bildeten sich zwei studentische Gruppen mit eigenen philosophisch-politischen Zielvorstellungen. Zur einen gehörten neben Klaus Wolfram u. a. Wolfgang Templin, Sebastian Kleinschmidt und Arno Schölzel (der als IM später die Gruppe verraten hat) – alle drei haben das Diplom mit „Auszeichnung" gemacht –, sie trafen sich nach dem Studium wieder und bildeten eine trotzkistische Gruppe (von der Staatssicherheit registriert und überwacht als OV „Kreis"). Die andere bildete sich 1974 um Bernd Gehrke, zu ihr gehörte auch H.-P. Krüger (von der Staatssicherheit registriert und überwacht als OV „Opposition").

---

[61] Ich folge hier den Erinnerungen von Krüger, Hans-Peter, Rückblick auf die DDR-Philosophie der 70er und 80er Jahre, in: ders., Demission der Helden, Berlin 1992, S. 79–103, in der Reihenfolge der Zitate S. 82, 86, 84, 86, 88. Krüger erzielte bei der Diplomverteidigung 1975/76 das beste Ergebnis, bekam das Karl-Marx-Stipendium und wurde später mit dem Hermann-Scheler-Preis ausgezeichnet. Nach einem politisch bedingten „Karriereknick" wurde er 1988 Bereichsleiter an der Akademie der Wissenschaften und 1989 Professor für Wissenschaftstheorie.

Die Publikationstätigkeit hielt sich durch die Arbeiten von Stiehler und des Lehrstuhls Philosophische Fragen der Naturwissenschaften etwa auf der Höhe der 60er Jahre. Neue Wege wurden in der Logik durch Horst Wessel beschritten: Seine Bücher *Quantoren – Modalitäten – Paradoxien* (1972), *Logik und Philosophie* (1976) beendeten faktisch die Dominanz der Logikkonzeption von Georg Klaus und dessen jahrzehntelang versuchte Anbindung an den dialektischen Materialismus. Durch seine Studienaufenthalte in Moskau und den USA sowie durch Kontakte zu Paul Lorenzen (Erlangen) hatte er die engsten Verbindungen zu führenden Logikern und konnte seinen eigenen Bereich innovativ entwickeln.

Ende 1984 bestand die Sektion aus 14 Professoren (darunter Irrlitz, Kuchling, Ley, Redlow, Stiehler, H. Wessel, K.-F. Wessel), sechs Dozenten und 25 weiteren Lehrkräften. Der ehemalige Lehrstuhl von Ley erweiterte sich unter K.-F. Wessel und benannte sich nun: Bereich Philosophische Probleme der Natur-, Technik- und mathematischen Wissenschaften. Im Auftrag des Instituts für Marxismus-Leninismus beim ZK der SED (IML) hatte die Sektion auch Anteil an der Marx/Engels-Gesamtausgabe (MEGA). Hierzu wurde eine Arbeitsgruppe unter Anneliese Griese gebildet, die als Band I/26 die Engelssche *Dialektik der Natur* (1873–1886, erstmals veröffentlicht 1927) erneut entzifferte und mit umfangreichen quellen-historischen Untersuchungen 1985 veröffentlichte.

Das theoretische Gewicht des Instituts lag in den Bereichen Logik, Geschichte der Philosophie und beim Bereich Natur-, Technik- und mathematische Wissenschaften; für den dialektischen Materialismus entwickelte Redlow ein Kategoriensystem wie Stiehler ein analoges für den historischen Materialismus – womit den Studenten ein systematisches Wissen angeboten wurde (was allerdings nach 1990 schnell verschwand). Letzterem kommt das Verdienst zu, in der alten Form und Schreibweise der unlesbaren Histmat-Texte neue Inhalte und notwendige politische Überlegungen untergebracht zu haben.

Als die Abteilung Wissenschaften des ZK der SED im Mai 1988 von den Universitäten eine Analyse über „Stand, Probleme und Aufgaben der Forschungen über die BRD“ verlangte und ausdrücklich hervorhob, dass es erforderlich sei, „daß wir über mehr sachkundige und aktuelle Analysen zu Entwicklungsprozessen auf den unterschiedlichen Gebieten der BRD verfügen“, kam es zu erstaunlichen Offenlegungen. In der Antwort vom Bereichsleiter K.-F. Wessel heißt es dazu: „Seit Jahren [bestehen] gute wissenschaftliche Beziehungen zu den Fachvertretern dieser Disziplinen [Wissenschafts- und Philosophiegeschichte] an den Universitäten Hamburg, Mainz und Düsseldorf. Dadurch sind wir in der Lage, durch kontinuierlichen wissenschaftlichen Kontakt einen Überblick zu diesem Gebiet der Forschung zu haben.“ Ebensolche Beziehungen existierten für das Projekt *Biopsychosoziale Einheit Mensch* mit dem Bonner Institut für Psychologie und dem Heidelberger Institut für Gerontologie. Für die Forschungen zur Entwicklungstheorie „wurden vielseitige wissenschaftliche Kontakte zu führenden Einzelwissenschaftlern und anderen Forschern in der BRD hergestellt“. Derselbe Lehrstuhl führte als Kooperation mit amerikanischen Philosophen und Wissenschaftstheoretikern 1988 erstmals eine Sommerschule zur Wissenschaftsgeschichte, Wissenschaftstheorie und Methodologie durch und demonstrierte damit seine (von der Sowjetunion unabhängige) internationale Anbindung und Zugehörigkeit zur scientific community.

Großer Wert wurde auf die politische Initiation der neuen Studenten gelegt, dies zeigt etwa der Ablaufplan der 1. Studienwoche (12. 08. 1981): Vor der feierlichen Immatrikulation im Palast der Republik (8. September) erwartete die neuen Studenten ein kaum philosophisch zu nennender Vortrag von A. Griese mit dem pompösen Titel „Die Verantwortung der Wissenschaften bei der Bewältigung der vom X. Parteitag der SED formulierten Anforderungen an die weitere Gestaltung der entwickelten sozialistischen Gesellschaft (unter besonderer Berücksichtigung der Aufgaben der Universitäten und Hochschulen für die Verwirklichung der ökonomischen Strategie der Partei)" und nach der Immatrikulation ein Vortrag von Hans Kölsch „Die weitere Entwicklung der politischen Organisation der sozialistischen Gesellschaft; die wachsende Rolle der marxistisch-leninistischen Partei".

Die Sektion umfasste 67 Nachwuchswissenschaftler (!) – davon 20 Assistenten, 22 Aspiranten und 25 Forschungsstudenten. Mit diesem Nachwuchs gab es bereits einige Schwierigkeiten: Es fehle, so sagt es ein Bericht der Sektionsleitung, am Verständnis der Politik der SED, besonders treten Fragen zur ökonomischen Politik, zur Kultur- und Informationspolitik auf, die politische Argumentation in der Presse wird nicht mehr hingenommen. Das theoretische Niveau in der Aneignung der Klassiker und der Parteibeschlüsse soll sich [trotzdem!] erhöht haben, dagegen „mangelt es an der notwendigen Breite der philosophischen Allgemeinbildung". Große Teile „blieben in der Mittelmäßigkeit stehen (unzureichendes Niveau der A-Dissertation, zu wenig B-Dissertationen, unzureichende Publikationstätigkeit, mittelmäßige Lehrveranstaltungen)."[62] Die Mehrheit des Nachwuchses hat im Laufe der Jahre etwa einen bzw. mehrere Artikel bzw. Rezensionen publiziert, andere noch gar nichts.

Wegen der auftretenden Schwierigkeiten wuchs offensichtlich das Bedürfnis nach einer verbesserten Philosophieausbildung. Dazu gibt es vom Mai 1988 das Papier *Das Absolventenbild der Fachrichtung marxistisch-leninistische Philosophie aus der Sicht des Jahres 2000:* Neben den stereotypen Versatzstücken aller früheren Absolventenbilder („Der Absolvent muß in vielgestaltiger Form Parteiarbeiter, Lehrer und Propagandist des Marxismus-Leninismus sein") treten nun Forderungen wie „die internationale Entwicklung des eigenen Fachgebietes zu überblicken und selbst forschend dazu beizutragen", „innerhalb der eigenen Disziplin auf nationaler und internationaler Ebene" zu kooperieren und kommunizieren, aber auch „den Dialog mit Andersdenkenden kenntnisreich, aufgeschlossen und zugleich parteilich zu führen". Höhepunkt des Papiers ist zweifellos eine lange Liste von Kenntnis-

[62] Nachwuchsanalyse der Sektion Marxistisch-leninistische Philosophie vom 15. 02. 198 ... (letzte Ziffer fehlt; Manuskript im Besitz des Autors).

sen, die der Absolvent auf den Gebieten der Philosophie, Wissenschaftsentwicklung, der Politik der SED, des revolutionären Weltprozesses, der Geschichte der Arbeiterbewegung, der Technik- und Technologieentwicklung, der globalen Probleme der Menschheit, der modernen Informations- und Kommunikationstechnologien *haben muss*, dazu „fundierte Kenntnisse und Fertigkeiten (mit Kenntnisnachweis) auf einem einzelwissenschaftlichen Fachgebiet". Ganz sicher kann man sagen, dass dieser einem einzelnen Absolventen zugemutete Kenntnisse-Berg vom gesamten Lehrkörper der Sektion nicht erbracht werden und damit die Sektion ihren eigenen Anforderungen niemals entsprechen konnte.

Einen letzten Versuch zu einer Neuausrichtung des Studiums – mit unserem Blick auf das bevorstehende Ende der DDR-Philosophie wie eine Rettungsaktion aussehend – unternahm Gottfried Stiehler (als Vorsitzender des Beirates für Philosophie beim Ministerium für Hoch- und Fachschulwesen) auf einer Tagung dieses Beirats im September 1988.[63] Ganz deutlich ging es ihm darum, alte Lehrprogramme zu ersetzen, neue Fragen der Politik-, Gesellschafts- und Wissenschaftsentwicklung in die Lehre hinein zu nehmen; neu war auch das Thema Friedenserhaltung und Friedenswirtschaft, sogar die Ökologie als drängende Herausforderung sollte berücksichtigt werden. Doch das eigentliche Problem für Stiehler war wohl die Verkrustung der an den Instituten gelehrten Philosophie selbst. Unter der Rubrik „Realitätsnähe als Grundprinzip der Ausbildung" kritisierte er nicht nur die Beschränkung der Philosophie auf Kategorien und Gesetze, sondern verlangte auch die Berücksichtigung der internationalen Entwicklung der bürgerlichen Philosophie (was bisher nur als Imperialismuskritik geschah) und des Marxismus (dessen Entwicklungen außerhalb der Sowjetunion bislang ausgeblendet wurden). Einschneidend war auch der Vorschlag, Marx, Engels und Lenin nicht mehr als kanonische Texte zu lesen, sondern sie zu historisieren, d. h. „bezogen auf die damalige Zeit und den damaligen Wissensstand, der auch durch das Entwicklungsniveau der Naturwissenschaften bestimmt war". Klassikertexte sollen also „historisch kontextuell interpretiert werden". Noch einen Schritt weiter geht er mit dem Satz: „Ob es richtig ist, bei der Pflichtlektüre für die Studenten sich auch fernerhin wesentlich nur auf Klassiker-Texte und Parteidokumente zu beschränken, erscheint zweifelhaft." In einem letzten Schwerpunkt fordert er die Selbstständigkeit und Eigenverantwortung der Studenten, etwa mit der Begründung, dass der wissenschaftliche Fortschritt die „Ausprägung eines kritisch-produktiven Denktypus" verlange. Deshalb müssten die Studenten an den Sektionen einen kritischen und schöpferischen Geist erleben, der keine „unbequemen" Fragen scheut und die den Fortschritt fördernden Fragen ohne „falsche Rücksichtnahme aufwirft und beantwortet". Seine Schlussfolgerung lautet, dass wir uns das Ziel stellen, „ein umfassend neu gestaltetes System der Ausbildung in der Grundstudienrichtung Philoso-

[63] Stiehler, Gottfried, Wie muß die marxistisch-leninistische Philosophie an der Schwelle des nächsten Jahrhunderts gelehrt und studiert werden?, in: DZfPh 37 (1989), H. 2, S. 97–109.

phie mit dem Jahre 1990 einführen zu können". Tatsächlich ist dieser von Stiehler geforderte Studienplan vom Ministerium für Hoch- und Fachschulwesen in Teilen auch erarbeitet worden und sollte am 01. 09. 1991 in Kraft treten. Wegen der politischen Veränderungen seit 1989 wurde dieser Plan dann zum Relikt vergangener Zeiten.

Das geistige Klima zwischen versuchtem Aufbruch und Beharrungskraft in der Endphase der DDR lässt sich an einigen signifikanten Ereignissen verdeutlichen: Einen über den Rahmen der Universität hinausgehenden Anstoß zu einer überraschenden Nietzsche-Diskussion gab es durch einen Aufsatz von Heinz Pepperle *Revision des marxistischen Nietzsche-Bildes?* (*Sinn und Form* 5/1986): Die bisher einhellige Ablehnung Nietzsches sollte darin vorsichtig abgetragen werden, doch durch Harichs Beitrag einer totalen Verdammung dieses Denkers wurde die weitere Diskussion allein bestimmt durch die Auseinandersetzung mit Harichs Sektierertum (u. a. seitens Buhr – Irrlitz – Hermlin – Schottlaender – eines Schlusswortes von Pepperle).

Nachdem Gerd Irrlitz in derselben Zeitschrift ebenfalls einen Vorstoß unternommen hatte, um den seit 1957 in der DDR verfemten Ernst Bloch anlässlich seines 100. Geburtstages zu rehabilitieren[64], bekam er 1986 statt der erhofften Wiedergewinnung seines Lehrers ein Parteiverfahren. Aus dem Zentralinstitut für Philosophie an der AdW kamen – dies als Beitrag zum eifersüchtigen Verhältnis seines Direktors Buhr zur Universität – drei ihrem Direktor verpflichtete Gegenartikel (1985 bis 1987). Der dogmatische Vorwurf hieß, er habe Bloch falsch als *marxistischen* Philosophen dargestellt (was er nach der Anti-Bloch-Konferenz von 1957 auf keinen Fall mehr sein durfte), dadurch die politisch wichtige Bündnisfrage missachtet, schließlich mit einem beigefügten Originalaufsatz Blochs über Schelling die Schwerpunkte marxistischer Philosophiegeschichte verzerrt. Zur Abschreckung gegen ähnliche Erneuerungsversuche wurde ein Tribunal mit den Direktoren sämtlicher Philosophie-Institute und Vertretern des „Leitinstituts" an der Akademie für Gesellschaftswissenschaften beim ZK der SED einberufen.

Es spricht für (oder gegen) das ideologische Klima an diesem Institut, dass das erste und das letzte abstrafende Parteiverfahren gegen seine couragiertesten Philosophen geführt wurde: gegen Harich (1952) und gegen Irrlitz (1986). Zum Eindämmen kritischer Stimmen (es war die gebremste Aufbruchstimmung des Glasnost) kam das Politbüromitglied Günter Schabowski ans Institut und hielt eine scharfe Rede zur Einschüchterung der Genossen – daraufhin sind Irrlitz und H. Wessel aus der SED ausgetreten, doch die Parteibasis schickte erwartungsgemäß eine selbstkritische „Stellungnahme" ans Zentralkomitee der SED.

Im Sommer 1989 wurde es auch in der Sektion Philosophie unruhig: Es gab Sympathien für die Perestroika, Übersetzungen sowjetischer Artikel kursierten unter Studenten und dem Lehrkörper, man interessierte sich unter der Hand für das Neue Forum. Es entstanden

[64] Irrlitz, Gerd, Ernst Bloch – der Philosophiehistoriker, in: Sinn und Form 37 (1985), S. 838–855.

einige Papiere von der Gruppe um Rainer Land, Parteisekretär Dieter Segert und Michael Brie, die sich bald darauf „Reformsozialisten“ nannten und einigen Einfluss in der geistig zerbröckelnden SED gewannen.

Die im November beginnende Revolution zerbrach den als ideologischen Höhepunkt gedachten VII. Philosophiekongress der DDR und führte innerhalb von wenigen Wochen zum Ende des politischen Systems der SED-Diktatur und der von ihr monopolisierten und privilegierten marxistischen Lehre an den Universitäten und anderen Lehr- und Forschungsstätten. Die Philosophen an der Humboldt-Universität haben während der Herbstrevolution keine Rolle gespielt, sahen aber die Notwendigkeit, jetzt zwar nicht die Welt zu verändern, doch wenigstens ihre Sektion. Sie wurde im Frühjahr 1990 wieder zurückbenannt in Institut, auf die Bezeichnung „marxistisch-leninistisch“ wurde verzichtet.

Ein neuer Sektions- (dann Instituts-)rat wurde gebildet, die Umstrukturierung eingeleitet – zuerst mit der Wahl Heinz Kuchlings zum Direktor, dann mit einigen Positionspapieren zur Umgestaltung des Studiums bei Erhalt des dialektischen und historischen Materialismus. Irrlitz als der treibende Reformer stellte in einem der ersten Papiere stenogrammartig die neuen – d. h. an westlichen Maßstäben orientierten – Aufgaben der Sektion Philosophie vor, in einem Halbsatz etwa „also mehrere Philosophien als Grenzpunkte notwendig differierender Konzepte“. Unter den aufgezählten Lehrstühlen gab es weiterhin den dialektischen und historischen Materialismus, nun aber unter Berücksichtigung *aller* marxistischen Richtungen des 20. Jahrhunderts (davon war die DDR bislang Lichtjahre entfernt).

Wie das Vorlesungsverzeichnis für das Sommersemester 1990 ausweist, blieben die Themen äußerlich unverändert, der Lehrkörper bestand ausschließlich aus den bereits etablierten Professoren und Mitarbeitern. Eines der ersten Ziele war deshalb die Selbstreinigung (etwa wie sie auch 1945 versucht wurde) und die Aufrechterhaltung der Lehre nach dem Wegfall der politischen Steuerung. Gab es am 1. Januar 1990 am Institut 44 Wissenschaftler in allen Statusgruppen insgesamt, so schieden in den nächsten Monaten und im Laufe des Jahres 1991 fünf Professoren durch Übergang in den vorzeitigen Ruhestand aus (zu den weiteren Veränderungen vgl. Gerhardt i. d. Bd.).

Für das WS 1990/91 erschien erstmals seit rund 40 Jahren wieder ein kommentiertes Verzeichnis der Vorlesungen und Seminare. Insgesamt neun Professoren, sechs Dozenten und 23 Assistenten bzw. wissenschaftliche Mitarbeiter breiteten mit 49 Vorlesungs- bzw. Seminarangeboten ein geradezu unerhört breit gefächertes Programm aus. Von Themenstellung und Kommentierung gab es weiterhin marxistische Lehrveranstaltungen, einige Marxisten versuchten sich bereits an westlichen Lehrveranstaltungen zu orientieren und lasen über Wittgenstein, Hans Jonas, Nietzsche, Carl Schmitt, Habermas, über Religionsphilosophie und Religionsstifter. Ausführliche Behandlung erfuhr in verschiedenen Vorlesungen und Seminaren die in Berlin konkurrenzlose Logik. Dazu kamen bereits die ersten „Lehrveranstaltungen von Gästen“: u. a. Dietrich Böhler und Wilhelm Schmidt-Biggemann von der

Freien Universität sowie der Rechtsphilosoph Hasso Hofmann von der Universität Würzburg. Im SS 1991 befanden sich alle verbliebenen östlichen Lehrkräfte auf dem Weg zu für sie neuen Themen und demonstrierten damit, dass sie sich von ihren bisherigen Paradigmen schnell abgelöst hatten, um sich einen Platz in einer westlich veränderten Universität zu sichern – geschafft haben das nur wenige.

Volker Gerhardt

Philosophie an der Humboldt-Universität nach 1990

Der gescheiterte Versuch einer Selbsterneuerung

Für die Selbstdarstellung des Kommunismus war die Philosophie ein zentrales Fach. Der Marxismus-Leninismus hielt sich für den Erben der klassischen deutschen Philosophie. Er hatte mit der Dialektik das älteste Methodenprogramm des philosophischen Denkens übernommen und glaubte, die einzig richtige praktische Konsequenz aus der philosophischen Überlieferung zu ziehen. Dass die SED-Parteileitung die von Karl Marx flüchtig hingeworfene elfte These gegen Feuerbach in Messing gießen und auf den aus Hitlers Reichskanzlei stammenden roten Marmor im Foyer des Hauptgebäudes schlagen ließ, belegt den hohen Stellenwert der Philosophie in der Hierarchie des sozialistischen Wissenschaftssystems. In ihm allerdings sollte die Philosophie nur noch interpretieren und nichts verändern. Dennoch sollte sie auf dem Vorrang der Praxis bestehen. Als ein Philosoph der Humboldt-Universität in seiner Vorlesung beiläufig davon gesprochen hatte, zur Philosophie gehöre vorrangig die Nachdenklichkeit, wurde er von der Parteileitung der SED zwangsweise zum Ernteeinsatz geschickt.

Unter der Herrschaft der kommunistischen Ideologie wurde die Philosophie mit dem Marxismus-Leninismus gleichgesetzt. Es war daher ein Zeichen von hohem symbolischem Wert, dass die Mitarbeiter in der Zeit der Wende ihrer Einrichtung einen neuen Namen gaben: Aus der „Sektion für marxistisch-leninistische Philosophie" wurde das „Institut für Philosophie". Durch Rückgang auf die Tradition hoffte man, dem Denken wieder eine Zukunft geben zu können. So geschah es im Januar 1990. Die bald darauf von den Mitgliedern gewählte Personal- und Strukturkommission legte im Dezember 1990 einen Strukturplan vor. Ehe das von Gerd Irrlitz geleitete Gremium weitere Schritte zur Selbsterneuerung einleiten konnte, hatte der Wissenschaftssenator auch für das Fach Philosophie eine Struktur- und Berufungskommission eingesetzt, die im Mai 1991 ihre Tätigkeit aufnahm. Sie hatte den Auftrag einer umfassenden Revision des Fachs und einer Neugründung des Instituts. Die neue Kommission war für das aktuelle Lehrangebot zuständig und veranlasste eine Überprüfung der Mitarbeiter bei der so genannten Gauck-Behörde. Der erst 1990 in dieses Amt gelangte Direktor des Instituts, Heinz Kuchling, konnte seine Geschäfte nur in Absprache mit dem Kommissionsvorsitzenden führen.

Der von der Senatsverwaltung personell unterstützten Kommission gehörten in der Gruppe der Mitarbeiter und der Studierenden jeweils ein Vertreter aus der Humboldt-Universität an. In der Gruppe der Professoren kam ein Vertreter (Werner Stelzner) aus Jena. Ein weiterer (Hans-Peter Krüger) hatte seine Ausbildung an der Humboldt-Universität absolviert und am DDR-Institut für Theorie, Geschichte und Organisation der Wissenschaften gearbeitet. Die anderen drei waren aus dem Westen gewonnen worden: Der bereits als Vorsitzender bestimmte Carl-Friedrich Gethmann aus Essen, Ludger Honnefelder aus Bonn und Ludwig Siep aus Münster. Ursprünglich war Jürgen Mittelstraß (Konstanz) als Vorsitzender vorgesehen. Doch er hatte die Leitung der für Berlin insgesamt zuständigen Landeshochschulstrukturkommission übernommen. In den 1993 vorgelegten Empfehlungen dieser Landeskommission ist das Konzept für den Neuaufbau der Philosophie nachzulesen.

Die Struktur- und Berufungskommission, zu der wenige Monate später noch die Akademie-Professoren Manfred Naumann und Martin Fontius hinzugezogen wurden, arbeitete mit großem Konsens und einem für Berufungskommissionen atemberaubenden Tempo. Schon auf der ersten Sitzung wurde über die „erste Welle“ der Ausschreibung von fünf Professuren befunden. Schwierigkeiten gab es in der Abstimmung mit dem Rektorat, dem Akademischen Senat und der seit Sommer 1992 amtierenden Präsidentin Marlis Dürkop. Strittig waren der Umfang des Stellenplans und die Kompetenzen der Kommission, die auf ihrer Eigenständigkeit in der Personalauswahl und in Verhandlungen mit der Senatsbehörde bestand. Das brachte Verzögerungen mit sich, die dazu führten, dass die Berufungen in der Philosophie deutlich später als in den Geschichts- und den Erziehungswissenschaften erfolgten.

Für die Reformer um Irrlitz und Kuchling bedeutete die Installation der Struktur- und Berufungskommission eine Enttäuschung. Der Versuch einer Selbsterneuerung aus eigener Kraft war beendet. Tatsächlich wäre eine Reform der DDR-Philosophie aus eigener Kompetenz aussichtslos gewesen, was allein die Tatsache belegt, dass von 1990 an zahlreiche Lehrkräfte aus West-Berlin verpflichtet werden mussten. So war es am Ende auch im Interesse der Reformer, dass die Ergebnisse der Selbstevaluierung von der Struktur- und Berufungskommission aufgenommen und bei der Bewertung der wissenschaftlichen Mitarbeiter berücksichtigt worden waren. Auch die Tatsache, dass Gerd Irrlitz und Horst Wessel in ordnungsgemäßen Verfahren neu berufen wurden und Heinz Kuchling, Heinz Pepperle sowie dem im Bereich der Ästhetik arbeitenden Horst Redeker ein Angebot zur Fortführung ihrer Arbeit gemacht werden konnte, belegt, dass die Bemühungen um eine Selbsterneuerung zwar institutionell gescheitert waren, personell aber positive Konsequenzen hatten.

Die institutionelle Reorganisation des Instituts für Philosophie

Die Struktur- und Berufungskommission für das Fach Philosophie hatte immense Lasten der Prüfung und Begutachtung zu bewältigen. Sie hatte über die Weiterbeschäftigung von Nachwuchskräften zu befinden, sollte eine zukunftsweisende Struktur festlegen und schließlich Personen zur Besetzung der von ihr vorgeschlagenen Professuren finden.

Dabei stand sie auch noch vor der besonderen Schwierigkeit, dass sich 1990 eine Institutsgruppe um Karl-Friedrich Wessel mit sechs Mitarbeitern abgespalten und, in Abkehr von der historischen Ausrichtung der anderen Fachvertreter, ein „Interdisziplinäres Institut für Wissenschaftsphilosophie und Humanontogenetik" gegründet hatte, in dem der Mensch als „bio-psycho-soziale Einheit" untersucht werden sollte. Diese Initiative konnte die Struktur- und Berufungskommission philosophisch nicht überzeugen. In ihrer Stellungnahme empfahl sie eine interdisziplinäre Evaluierung, die aber erst nach 2000 stattfand, nachdem Wessel durch einen Hungerstreik auf seine Lage aufmerksam gemacht hatte. Die Arbeit der Kommission endete mit der Empfehlung der Auflösung des Instituts.[1] Am Ende verblieb nur eine nicht im Stellenplan verankerte Professur für Karl-Friedrich Wessel, der bis zu seiner Pensionierung 2003 im Amt blieb. Die anderen Mitarbeiter, die sich der Abspaltung angeschlossen hatten, waren längst ausgeschieden.

Die Struktur- und Berufungskommission war zunächst davon ausgegangen, ein Institut aufbauen zu können, das bereits in seiner Größe international konkurrenzfähig sein könnte. Von den vorgesehenen zwölf Professuren wurden aber nur acht bewilligt, deutlich weniger z. B. im Vergleich mit dem Philosophie-Institut der Freien Universität, das damals 15 Professuren hatte. Die von der Struktur- und Berufungskommission vorgeschlagene und weitgehend realisierte Ausrichtung war systematisch orientiert. Drei Professuren waren in der Theoretischen Philosophie angesiedelt und sollten Schwerpunkte in der Rationalitäts- und Erkenntnistheorie, in der Anthropologie und Kulturtheorie sowie in den Wissenschaftstheorien der Natur- und Kulturwissenschaften bearbeiten. Zwei Professuren waren der Praktischen Philosophie zugeordnet – eine mit dem Akzent auf der Ethik, die andere mit dem auf der Politischen Philosophie. Die Geschichte der Philosophie sollte durch zwei Stellen vertreten werden. Die eine wurde im Zuge der Erstbesetzung mit dem Schwerpunkt „Deutscher Idealismus" versehen. Die andere erhielt die aufwändige Bezeichnung „Professur für Philosophie unter besonderer Berücksichtigung der Philosophischen Propädeutik und der

[1] Die Kommission wurde vom Präsidenten Hans Meyer einberufen und ihre Arbeit von Heinz-Elmar Tenorth, dem Dekan der Philosophischen Fakultät IV, der Karl-Friedrich Wessel angehörte, koordiniert; ihr gehörten die Professoren Paul Baltes (Max-Planck-Institut für Bildungsforschung, Berlin), Wolfram Hogrebe (Universität Bonn, zugleich Vorsitzender der Allgemeinen Gesellschaft für Philosophie) und Dietrich Kurtz (Universität Bielefeld, Sportwissenschaft) an.

Philosophie der Philosophiegeschichte". Auf sie wurde Gerd Irrlitz berufen. Die Professur für Logik erhielt Horst Wessel, der sein Fach bereits in der Sektion für marxistisch-leninistische Philosophie vertreten hatte. Alle anderen Neuberufenen kamen von Universitäten aus dem Westen.[2]

Die Pläne für eine Neugründung der Philosophie nach 1989 haben zunächst keine Rücksicht auf die Geschichte der Philosophie an der alten Berliner Universität genommen. Erst nach dem Vollzug der ersten Berufung im Jahre 1992 konnte sichergestellt werden, dass eine Professur für die Geschichte des Deutschen Idealismus, der mit Fichte, Schelling und Hegel für die Berliner Universität so wichtig geworden war, zur Verfügung stand. Die Besetzung im Jahre 1995 stellte sicher, dass die Forschungen sich in einem weit gespannten internationalen Rahmen vollzogen. 1994 gelang es, die kritische Nachlass-Edition der Werke Ernst Cassirers an die Humboldt-Universität zu holen. Das war ein Stück Wiedergutmachung, denn Cassirer hatte fast zwei Jahrzehnte als Privatdozent an der Berliner Universität gelehrt, ohne von seiner Fakultät wirklich anerkannt worden zu sein. Wie Georg Simmel hatte er unter dem Antisemitismus des damaligen Kollegiums zu leiden.

Aufgrund der Empfehlung der institutsinternen Prüfungskommission wurde drei weiteren Ost-Kollegen das Angebot gemacht, ihre Professur im Rahmen einer Sonderregelung (des so genannten „Überhangs") bis zur absehbaren Pensionierung fortzuführen. Doch alle drei zogen die Möglichkeit des Vorruhestands vor. Zwölf Nachwuchswissenschaftlern wurde die Chance zur befristeten Weiterbeschäftigung geboten. Nur einer, der zeitweilig in den Vereinigten Staaten beschäftigt war, schlug die Gelegenheit aus. Von den elf Personen haben sich in der Folge drei habilitiert, freilich ohne bislang berufen worden zu sein. Ein bereits 1989 (mit einer so genannten B-Promotion) habilitierter Spezialist für die Philosophie des Austromarxismus konnte sich auf einer Mitarbeiterstelle zu einem weithin anerkannten Husserl-, Simmel- und Cassirer-Interpreten entwickeln. Es handelt sich um Christian Möckel, der heute als Hochschullehrer in der Cassirer-Edition tätig ist und im Institut den Prüfungsausschuss leitet.

Verjüngung und Wachstum nach zehn Jahren

Kaum war der Aufbau des Instituts bewältigt, mussten die Kürzungen des Universitätshaushalts abgewehrt und der Personalbestand gesichert werden. Das war in der Philosophie besonders schwierig, weil mit dem Übergang ins neue Jahrtausend die ersten Emeritierungen

[2] Berufen wurden Volker Gerhardt (Rechts- und Sozialphilosophie), Rolf-Peter Horstmann (Geschichte des Deutschen Idealismus), Michael Heidelberger (als Nachfolger von Lorenz Krüger), Lorenz Krüger (Naturphilosophie und Wissenschaftstheorie der Naturwissenschaften), Herbert Schnädelbach (Theoretische Philosophie), Oswald Schwemmer (Kulturphilosophie) und Jay R. Wallace (Ethik).

der Neuberufenen anstanden und zwei Kollegen wegberufen wurden. Hier erwies es sich als Vorteil, dass der Stellenplan der Philosophie noch vor der Neugründung reduziert worden war. Da der Lehr- und Forschungserfolg des Instituts offenkundig war, konnte ein Personalabbau verhindert werden.

Mit dem neuen Jahrhundert begann die zweite Phase des Ausbaus des Instituts. Eine kurzfristig eingeworbene Stiftungsprofessur machte es möglich, die bis 2009 verhängte Sperre der Professur für Antike Philosophie zu überwinden (durch die Berufung von Christof Rapp). Dadurch gelang es, die Antike Philosophie zu einem weit über die Universität hinaus wirkenden Schwerpunkt auszubauen, so dass die Humboldt-Universität – in Kooperation mit der Freien Universität, der Akademie und den Museen – nunmehr als Zentrum der Antikenforschung gelten kann, sichtbar u. a. in dem von Altphilologen und Kulturwissenschaftlern getragenen Sonderforschungsbereich „Transformationen der Antike“ und dem im Rahmen der Exzellenzinitiative eingerichteten Cluster „Topoi“. Auch die Einrichtung einer Junior-Professur für Antike Philosophie (2009 mit Jonathan Beere besetzt) ist diesen Aktivitäten zu verdanken. Als Nachfolger auf der Professur für Theoretische Philosophie konnte Dominik Perler 2003 berufen werden; er wurde 2006 mit dem Leibniz-Preis der DFG ausgezeichnet. Nachfolger von Michael Heidelberger im Bereich der Naturphilosophie und der Wissenschaftstheorie der Naturwissenschaften wurde 2003 Olaf Müller, für die Ethik wurde Thomas Schmidt 2007 berufen, der als Vorsitzender der vom Schulsenator eingesetzten Kommission für die Erarbeitung der Lehrpläne für den Ethik-Unterricht die bereits durch andere Institutsvertreter vorbereitete Einrichtung des Schulfachs Ethik mitbestimmt. Kirsten Meyer ist seit 2008 im Institut für die Didaktik der Philosophie sowie für Theorien der Bildung verantwortlich. Nach langer Vakanz wurde 2008 die Professur für Logik und Sprachphilosophie mit Karl-Georg Niebergall neu besetzt. Im Rahmen einer vorgezogenen Neuberufung lehrt bereits seit dem Sommersemester 2009 auf der Professur für Rechts- und Sozialphilosophie Rahel Jaeggi. Vom Frühjahr 2010 an wird die unter dem neuen Titel „Klassische Deutsche Philosophie“ stehende Professur für Deutschen Idealismus neu besetzt sein, mit Tobias Rosefeldt. Die Fragen nach den Leistungen und den Funktionen des Bewusstseins stehen im philosophischen Fokus der Forschungen in der aus Exzellenzmitteln finanzierten Graduierten-Schule *Mind and Brain.* Diese seit 2007 arbeitende Einrichtung kam unter wesentlicher Beteiligung der Philosophie zustande. Über *Mind and Brain* konnte eine weitere Professur für das Institut gewonnen werden: Sie ist der Philosophie des Geistes gewidmet und seit 2008 mit Michael Pauen besetzt. Die Besetzung der ebenfalls zum Exzellenzcluster „Topoi“ gehörenden, aber (wie alle anderen philosophischen Professuren aus Mitteln der Exzellenzinitiative) fest etatisierten Position für Wissenschaftstheorie der Antike steht noch aus. Die Neuberufung der Professur für Kulturphilosophie und Anthropologie steht kurz bevor. Damit dürfte dann auch die Fortsetzung der Nachlass-Edition der Werke Ernst Cassirers gesichert sein. John Michael Krois, der dafür weiterhin verantwortliche Begründer der Ausgabe, leitet als Seniorprofessor das vom Institut mitgetragene

Forschungskolleg „Bildakt und Verkörperung". Nach dem Stellenplan hat das Institut für Philosophie mit zwölf Professoren nun die Ausstattung, mit der es 1992 beginnen sollte. Rechnet man die wissenschaftlichen Mitarbeiter mit, hat sich das Personal seitdem mehr als verdoppelt.

Einer innovativen Tradition verpflichtet

Blickt man auf die Zeit zwischen 2001 und 2009 zurück, kann man den Eindruck haben, das Institut für Philosophie sei ein zweites Mal gegründet worden. Es hat sich in Größe und Zusammensetzung von den reduzierten Vorgaben der Struktur- und Berufungskommission gelöst. In seiner Präferenz für die analytische Methode, für den starken Ausbau historischer Schwerpunkte sowie in der sachlichen Konzentration auf Probleme der Philosophie des Geistes hat es ein Profil gewonnen, das es weltweit anschlussfähig macht. International wirksam war es von Anfang an. Das Interesse der Studierenden aus Polen und Ungarn, aus Skandinavien und den baltischen Ländern, aus Italien und Frankreich, aus den Vereinigten Staaten, Lateinamerika und vor allem aus dem Fernen Osten war und ist groß und wächst weiterhin.

Das Gleiche gilt für die Gastwissenschaftler aus allen Teilen der Welt. Die Gäste kommen, weil sie die Berliner Bibliotheken schätzen und die Nähe zu den philosophischen Klassikern suchen. Man möchte Leibniz, Kant, Fichte, Wilhelm von Humboldt, Hegel, Schopenhauer, Kierkegaard, Nietzsche und ihren großen Schülern geographisch, kulturell und sprachlich nahe sein. Folglich erwarten sie vom Institut für Philosophie Anleitung, Hilfe und Orientierung in der Auseinandersetzung mit der Überlieferung. Dieser Erwartung darf sich das Fach nicht entziehen. Im Gegenteil: Es muss in Forschung und Lehre zur Erschließung, Sicherung und Vergegenwärtigung des europäischen Denkens beitragen und die Tradition der Philosophie an der Humboldt-Universität pflegen.

Zu dieser Tradition gehört an erster Stelle das Denken der Gründer, die durch ihre Schriften sowie durch ihre Tatkraft die Institution errichtet und damit den Impuls zur weltweiten Erneuerung der Idee der Universität gegeben haben. Fichte, Schleiermacher und Wilhelm von Humboldt nahmen Anregungen von Kant, Schiller und Schelling auf. Liest man Hegels Berliner Antrittsrede vom 22. Oktober 1818 und bewertet sie mit Blick auf seine eminente akademische Wirksamkeit, muss man auch ihn zu den ingeniösen Erneuerern rechnen. Ihre für die Wissenschaft und für die Universität erbrachte Leistung sollte die Berliner Philosophie verpflichten, die Beziehung ihres Fachs zu Fragen der Erziehung, der Bildung und der Wissenschaftsorganisation historisch und systematisch im Auge zu behalten.

Es gibt eine Reihe allgemein vernachlässigter Themen, die in der Tradition der Berliner Philosophie eine besondere Aufmerksamkeit gefunden haben. Das gilt vornehmlich für das Problem der *Individualität*, das bei Fichte, Schleiermacher, Hegel, Schopenhauer, beim späten Schelling und dann wieder bei Dilthey, Simmel, Cassirer und Spranger im Blickpunkt stand, ehe es von der Existenzphilosophie überfrachtet und dann vergessen wurde.

Die gleiche Folge von Namen lässt sich nennen, wenn man kenntlich machen will, wer sich mit dem Problem des *Lebendigen* beschäftigt hat. Zu ergänzen ist die Reihe durch Adolf Trendelenburg, der durch seine Aristoteles-Studien der Befassung mit dem Leben historische Tiefe gegeben hat. Das gilt insbesondere für seine über das Fach hinaus wirkende *dynamis*-Lehre, deren Spuren sich in der Debatte über die Reichweite des Kraftbegriffs sowie über den Umfang und Aufbau der Wirklichkeit finden.

Das dritte Problem, in dem die Berliner Philosophie eine auffällige Gemeinsamkeit hat, ist das der *Geschichtlichkeit*. Natürlich ragen hier Hegel und Dilthey – auch durch ihre methodologischen Interessen – heraus. Aber man hat Grund, erneut die Namen Wilhelm von Humboldts, Schleiermachers, Simmels, Cassirers und Sprangers zu nennen. Hinzu kommt Eduard Zeller, der durch seine historischen Forschungen ein Beispiel für einen souveränen Umgang mit der Geschichte gegeben hat.

Mit den Hinweisen auf Trendelenburg und Zeller ist die eminente Leistung der Berliner Philosophie zur Erschließung des Altertums in Erinnerung gebracht. Sie hat Anteil am Aufschwung der Altphilologie, der Alten Geschichte und an der kritischen Erforschung des Alten und Neuen Testaments. Heute muss ihre Leistung auch in Verbindung mit dem Aufbau der Berliner Museen gesehen werden. Also stößt man auf eine einzigartige historische Konstellation, der sich das Institut für Philosophie schon deshalb verpflichtet wissen sollte, weil hier offenkundig ist, dass die Berliner Philosophie des 19. und des frühen 20. Jahrhunderts ihre Einsichten einer selbstverständlich praktizierten Interdisziplinarität verdankt.

Eine anders angelegte und bis heute offene Reihe von Fragen ergibt sich aus der Rolle der Philosophie in einer Stadt, die zur Zeit der Universitätsgründung nur noch nominell die Hauptstadt Preußens war, nach dem Sieg über Napoleon wieder reale Hauptstadt wurde und in dieser Stellung später für das deutsche Kaiserreich, die Weimarer Republik, die NS-Diktatur, die DDR und heute für die Bundesrepublik Deutschland zuständig ist. Was die in der kurzen Spanne von zweihundert Jahren erfolgten Wechselbäder der Geschichte für die Philosophie bedeuten, ist bis heute nicht erforscht. Es wäre ein Versäumnis, sich dieser historischen Erfahrung nicht zu stellen, zumal sich in Aufstieg und Fall einer Metropole ein moderner Zivilisationsprozesses in exemplarischer Verdichtung darstellt.

Vor diesem Hintergrund hat sich die Berliner Philosophie selbst zum Thema zu machen. Dass dabei die besonderen Beziehungen zur Politik, zur Kultur und insbesondere auch zur Kunst Beachtung finden müssen, sollte sich von selbst verstehen.

Ein letztes Themengebiet, das die Berliner Philosophie zu besonderen Anstrengungen herausfordert, ist durch den Marxismus vorgegeben. Marx hat in Berlin studiert und in dem hier tobenden Kampf zwischen den rivalisierenden Hegel-Schulen seine politischen Überzeugungen ausgebildet. Ein Großteil der theoretischen Auseinandersetzungen innerhalb des Marxismus wurde im Berlin des Kaiserreichs und der Weimarer Republik geführt.

Von Berlin aus wurde ein Krieg entfesselt, der mit dem Judentum auch den Kommunismus ausrotten wollte. Hier hat es nach 1945 ein nach marxistischen Prinzipien gelenktes Staatswesen gegeben; hier erhielt die Humboldt-Universität ihren Namen; sie sollte unter diesem Namen die Eliteeinrichtung einer ideologisch gelenkten Wissenschaft sein. Das seit 1953 in ihrem Foyer angeschlagene Marx-Zitat zieht bis heute Tausende von Besuchern an.

Auch dieser Geschichte kann sich die Philosophie an der Humboldt-Universität nicht entziehen. Zwar kann man den Unwillen verstehen, sich mit einer Lehre auseinanderzusetzen, die mit einem programmatischen Missverständnis der Philosophie anhebt, doch die realpolitischen Folgen dieser Verleumdung berühren die Philosophie keineswegs bloß in ihrer gesellschaftlichen Geltung. Sie betreffen sie in ihrem Selbstverständnis. Also hat die Philosophie in ihrer Haltung gegenüber dem Marxismus unter Beweis zu stellen, wie abwegig es ist, von einem Gegensatz zwischen „Interpretation“ und „Veränderung“ zu sprechen. Mit ihrer Revision eines hartnäckigen Vorurteils kann sie aber nur überzeugen, wenn sie sich zugleich mit den Voraussetzungen, Inhalten und Folgen der Lehre von Marx und Engels auseinandersetzt. In Berlin sollte es ihr auch gelingen, ein ständiges Forum für die Debatte über die Rolle des Marxismus in Geschichte und Gegenwart zu schaffen.

Vor allem aber hat die Philosophie zu zeigen, wie sehr die von Marx mit Recht gestellte „soziale Frage“ ihre eigene Frage ist. Das soziale Problem ist von Anfang an mit der Suche nach der Gerechtigkeit und mit der theoretischen wie praktischen Bemühung um die beste Verfassung des Staates verknüpft. Das Problem ist gegenwärtig, wann immer sich die Philosophie um das gute Leben und um die Erkenntnis des Guten bemüht. Und es gelangt in eine die Philosophie als Ganze tragende Position, wenn sich das Denken dem „Primat der praktischen Vernunft“ unterstellt. Eine Analyse der philosophischen Gründungsdokumente der Berliner Universität kann dartun, dass sie unter dem Anspruch dieses „Primats der praktischen Vernunft“ errichtet wurde.

Sozialwissenschaften

Sven Ebisch/Mitchell G. Ash

Psychologie an der Humboldt-Universität

Wiederaufbau unter Kurt Gottschaldt 1945–1962

Das Ende des Dritten Reichs bedeutete auch das Ende des Psychologischen Instituts im Berliner Stadtschloss, der ehemaligen Königlichen Residenz. Während ein Teil der Bibliotheksbestände unbeschadet im Oderbruch diese Zeit überstand[1], blieb von den forschungsrelevanten Ressourcen lediglich die Werkstatt. Personell gab es ebenfalls Veränderungen, primär in der Psychologie in der Philosophischen Fakultät: Oswald Kroh wurde Ende 1945 als ehemaliges NSDAP-Mitglied entlassen[2]; Eduard Spranger wurde kommissarischer Rektor, jedoch bereits mit seiner Ablösung als Rektor bekam er die Eingriffe der sowjetischen Alliierten und des kommunistisch dominierten Magistrats zu spüren und nahm Mitte 1946 einen Ruf nach Tübingen an.[3] Alle Assistenten bis auf Hans Rupp, der altersbedingt ausschied, fanden sich bald im Psychologischen Institut der Freien Universität unter Oswald Kroh wieder. Somit stand der Philosophischen Fakultät weder für die psychologische Ausbildung von Pädagogen noch für die Ausbildung von Psychologen eine erfahrene Fachkraft zur Verfügung.

Anders sah dies in der Mathematisch-Naturwissenschaftlichen Fakultät aus. Dort wurde Kurt Gottschaldt im August 1945 wieder aufgenommen.[4] Gottschaldt war in den 1920er Jahren Schüler und Assistent Wolfgang Köhlers und arbeitete ab 1929 als einer der ersten klinischen Psychologen Deutschlands in der ‚Rheinischen Landesprovinzialanstalt für seelisch abnorme Kinder' in Bonn. Dort entwickelte er auf Basis der gestaltpsychologischen Theorie und der Arbeiten Kurt Lewins eine eigene Form der Diagnostik.[5] Im Mittelpunkt seiner Methode stand die experimentelle Untersuchung von Kindern in lebensnahen Situationen. Diese ganzheitliche Handlungs- und Verlaufsdiagnostik kontrastierte er schon früh mit psychologischen Tests, die aufgrund abstrakter, lebensferner Aufgaben lediglich

1 Universitätsarchiv der Humbodt-Universität (UAHU), Verwaltungsdirektor nach 1945 21 Bl. 113–119.

2 In den folgenden Semestern wurde Kroh zeitweilig mit einem Forschungsstipendium der Universität alimentiert. UAHU, Personalia vor 1945, K 361 Bd. 1 Bl. 45, 2. 8. 1945.

3 UAHU, UK, Personalia, S 224 Bd. 2 Bl. 66–70.

4 Landesarchiv Berlin, C Rep 120–1024, 7. 8. 1945.

5 Waibel, Annette, Die Anfänge der Kinder- und Jugendpsychiatrie in Bonn. Otto Löwenstein und die Provinzial-Kinderanstalt 1926–1933, Köln 2000, S. 104–115.

in einem eng umgrenzten Eigenschaften- oder Fähigkeitsbereich Aufklärung leisten könnten.[6] 1933 wurde er als Kommunist denunziert und trotz Entlastung in einer Untersuchung entlassen.[7] Es gelang seinem Habilitationsbetreuer Erich Rothacker, damals ordentlicher Professor für Philosophie in Bonn, ihn Eugen Fischer zu empfehlen. Unter dessen Leitung baute Gottschaldt im ‚Kaiser-Wilhelm-Institut für Anthropologie, Eugenik und menschliche Erblehre' ab April 1935 eine erbpsychologische Abteilung auf.[8] In Berlin wurde er auf eigenem Wunsch nicht als Dozent der Philosophischen Fakultät, sondern der Mathematisch-Naturwissenschaftlichen Fakultät umhabilitiert.[9] Auf der Basis seiner diagnostischen Methoden führte er ab 1937 zwei Zwillingslager auf der Insel Norderney durch, in denen er das Verhalten der Kinder ganztägig beobachten ließ und deren Daten er, unterbrochen vom Kriegsdienst als Wehrmachtpsychologe, bis in die Nachkriegszeit hinein zur Fragestellung von Anlage- und Umwelteinflüssen der Persönlichkeitsentwicklung auswertete.

Mitte 1945 war Gottschaldt an der Fortsetzung seiner wissenschaftlichen Karriere an der Universität nicht interessiert. Er plante den Aufbau von vier Polikliniken sowie einer koordinierenden Forschungsstelle, die ihm im Oktober 1945 das Gesundheitsamt Steglitz zur Verfügung stellte. Erst nachdem sein Versuch eines berlinweit arbeitenden Netzwerks zur Bekämpfung der Jugendverwahrlosung durch psychoanalytisch orientierte Kräfte in der Gesundheitsversorgung torpediert wurde, entschloss sich Gottschaldt, seine bisherige Strategie der parallelen Forschungs- und Praxistätigkeit mit den ihm zur Verfügung stehenden Ressourcen fortzusetzen.[10]

Innerhalb der Universität, aber auch gegenüber der Deutschen Zentralverwaltung für Volksbildung und den sowjetischen Alliierten etablierte sich Gottschaldt bald als alleiniger Ansprechpartner für Psychologie.[11] Mit seiner biologisch-naturwissenschaftlich orien-

---

[6] Gottschaldt, Kurt, Der Aufbau kindlichen Handelns, Leipzig 1933 (fertiggestellt 1932).

[7] Ash, Mitchell G., Gestalt Psychology in German Culture, 1860–1967. Holism and the Quest for Objectivity, Cambridge 1995, S. 355; Forsbach, Ralf, Die Medizinische Fakultät der Universität Bonn im „Dritten Reich", München 2006, S. 391ff.

[8] Briefwechsel Rothacker Gottschaldt, Universitäts- und Landesarchiv Bonn, Sonderbestände, Nachlass Rothacker, Rothacker I und IV sowie Archiv der Max-Planck-Gesellschaft (AMPG) II ZA 115–2 Nachlass Gottschaldt. Vgl. zum Folgenden Ash, Mitchell G., Die Erbpsychologische Abteilung des Kaiser-Wilhelm-Instituts für Anthropologie, menschliche Erblehre und Eugenik 1935–1945, in: Geschichte der Psychologie in Berlin, hrsg. v. Sprung, Lothar/Schönpflug, Wolfgang, 2., erw. Aufl., Frankfurt a. M. 2003, S. 401–428, hier: S. 407f.

[9] Ebisch, Sven, Über den Fakultätenwechsel des Psychologischen Instituts der Berliner Universität 1935–1949, unveröff. Diplomarbeit, Humboldt-Universität zu Berlin 2004, S. 55f.

[10] Die Forschungsstelle sowie seine seit 1935 bestehende Leitungstätigkeit in der Poliklinik für nervöse und schwer erziehbare Kinder des Kinderkrankenhauses im Wedding sicherte ihm eine Anstellung des Magistrats. AMPG I Rep/A 3026 26. 8. 1945, 3. 9. 1945; UAHU, Nachlass Gottschaldt, Brief an A. Ohm, 3. 11. 1945.

[11] Ash, Mitchell G., Kurt Gottschaldt (1902–1991) und die psychologische Forschung vom Nationalsozialismus zur DDR – konstruierte Kontinuitäten, in: Naturwissenschaft und Technik in der DDR, hrsg. v. Hoffmann, Dieter/Macrakis, Kristie, Berlin 1997, S. 337–359, hier: S. 345f.

tierten Psychologie konnte er sich in deutlichem Kontrast zur dominanten Ausrichtung der Psychologie der NS-Zeit positionieren und musste unter anderem aufgrund seiner Nichtmitgliedschaft in der NSDAP als hervorragender Kandidat für die kommunistischen Machthaber erscheinen.

An der Universität konnte Gottschaldt seine Position festigen und Ressourcen hinzugewinnen. So war es ihm in der Mathematisch-Naturwissenschaftlichen Fakultät möglich, die nach dem Ausscheiden Eugen Fischers geschaffene institutionelle Anbindung des KWI an die Universität, das „Rassenbiologische Institut", zum „Institut für Experimentalpsychologie" umzuwidmen und kommissarisch fortzuführen. Es war ebenso wie das Psychologische Institut ausgebombt, beinhaltete jedoch in der Bibliothek und den Personalstellen wichtige Ressourcen.[12] Gottschaldt bemühte sich darum, die noch verfügbaren Materialien des Psychologischen Instituts der Philosophischen Fakultät zur Verfügung gestellt zu bekommen, was ihm mit Unterstützung des Rektors auch gelang.[13] Versuche der anderen Fakultäten zur Einstellung weiterer, von ihm unabhängiger psychologischer oder psychoanalytischer Fachkräfte konnte er mithilfe negativer Gutachten verhindern.[14] Mit dem intakten Gebäude der Forschungsstelle war ein provisorischer Sitz des Psychologischen Instituts vorhanden, in dem alle Ressourcen gebündelt wurden.

Den Rahmen der Umstrukturierung der Universität nach sowjetischem Muster nutzte Gottschaldt ebenfalls zur Ressourcenerweiterung. War im Protokoll zur Gründung der Pädagogischen Fakultät noch davon die Rede, Gottschaldt eine Professur mit vollem Lehrauftrag (entsprechend einer früheren außerordentlichen Professur) zu vergeben, so steht doch in verschiedenen Dokumenten, dass er eine volle Professur der Pädagogischen Fakultät erhielt.[15]

Exkurs: Psychologie in der Pädagogischen Fakultät

Die Pädagogische Fakultät warf die Frage der Besetzung der eigenen psychologischen Professur immer wieder auf. Der erste von der Fakultät im Jahr 1947 vorgeschlagene Kandidat, Werner Straub, war als Rektor der Universität Dresden unabkömmlich; im Februar

---

12 Ebisch, Fakultätenwechsel, 2004, S. 139f.

13 UAHU, Rektorat nach 1945, 550, 13. 7. 1946; ebd., Philosophische Fakultät 94 Bl. 171ff.; ebd., Peronsalakten nach 1945, Kurt Gottschaldt, Bd. 1, Bl. 25, 13. 7. 1946.

14 Ash, Kurt Gottschaldt, 1997, S. 346f.; Retter, Hein, Oswald Kroh und der Nationalsozialismus. Rekonstruktion und Dokumentation einer verdrängten Beziehung, Weinheim 2001, S. 65, 174; UAHU, Rektorat nach 1945, 550, 30. 7. 1946.

15 Bundesarchiv (BA), DR 2/1042 Bl. 56–58, 12. 9. 1946; BA, DR 2/640, 1. 11. 1946.

1948 schlug die Fakultät dann Oswald Kroh einstimmig für eine Professur vor.[16] Innerhalb der Deutschen Zentralverwaltung für Volksbildung gab es jedoch wegen der politischen Vergangenheit Krohs Uneinigkeiten; während dieser Diskussionen war Kroh schon in die Gründungsvorbereitungen der Freien Universität involviert, wo er bis zu seinem Tode 1955 ein Institut für Psychologie in der Philosophischen Fakultät leitete.[17]

Insbesondere der Bereich der Pädagogischen Psychologie war dem Druck der Machthaber und politisch gesteuerter Nachbardisziplinen wie den Gesellschaftswissenschaften massiv ausgesetzt.[18] Während an den anderen Psychologischen Instituten der DDR, am später gegründeten Deutschen Pädagogischen Zentralinstitut sowie an den Fachhochschulen die pädagogisch-psychologische Ausbildung stärker im Sinne der Parteilinie betrieben wurde, stellte Gottschaldts Institut mit seiner streng naturwissenschaftlichen Ausrichtung nach späteren Schilderungen eine erhebliche Gefahr für die sozialistische Erziehung der zukünftigen Lehrerschaft dar.[19] Der dialektische Ansatz seiner Begabungstheorie, in dem sowohl erb- und konstitutions- als auch umweltbedingte Beeinflussungsfaktoren, wie etwa aus den Herkunftsmilieus, in der Persönlichkeitsentwicklung berücksichtigt wurden, stand im deutlichen Gegensatz zum Klassenstandpunkt des Marxismus-Leninismus. Gottschaldts Weigerung der Ideologisierung seiner Disziplin in der frühen DDR-Zeit hatte eine Reduzierung der Pflichtstundenzahl des Bereichs Psychologie im 1952 erstellten Studienplan der Pädagogen zur Folge. Dies veranlasste ihn zum Rücktritt von seiner ordentlichen Professur in der Pädagogischen Fakultät, er blieb jedoch weiterhin Vorlesender und Prüfender im Fachgebiet Psychologie.[20] Die Fakultät blieb mit den Leistungen Gottschaldts unzufrieden, da er keine direkt auf angehende Lehrer zugeschnittene Lehrveranstaltungen anbot. Auch die durch ihn bestimmten Lehrbeauftragten folgten dieser Linie. 1954 finden sich Belege dafür, dass Gottschaldt den Rückzug von den Anforderungen der Pädagogischen Fakultät erwog, indem er dort die Gründung eines eigenständigen Psychologischen Instituts nach einer Übergangsphase vorschlug.[21] 1956 wechselten zwei seiner Assistenten in die neu ge-

---

[16] UAHU, Pädagogische Fakultät 645, 11. 12. 1947. Gottschaldt beschrieb in der Fakultätssitzung sowohl Krohs Qualitäten wie auch seine politischen Verwicklungen und hielt in höchstem Falle eine Professur mit vollem Lehrauftrag für möglich. Zum entsprechenden Vorschlag der Pädagogischen Fakultät: UAHU, Pädagogische Fakultät 645, Protokolle und Einladungen von Fakultätsratssitzungen Bd. I (ohne Seitennummerierung) o. D.: Protokoll 12. 2. 1948.

[17] Zur Auseinandersetzung in der Deutschen Zentralverwaltung für Volksbildung siehe Ash, Mitchell G., Denazifying scientists and science, in: Technology Transfer out of Germany, hrsg. v. Judt, Matthias/Ciesla, Burghard, Amsterdam 1996, S. 71f.

[18] Kowalczuk, Ilko-Sascha, Geist im Dienste der Macht. Hochschulpolitik in der SBZ/DDR 1945–1961, Berlin 2003, S. 175ff.

[19] UAHU, Pädagogische Fakultät 653, 20. 1. 1961.

[20] UAHU, Abgabe Psychologisches Institut 1962, 3. 7. 1952.

[21] UAHU, Pädagogische Fakultät 646, 1. 11. 1954.

gründete pädagogisch-psychologische Abteilung, gleichwohl wurden die Vorlesungen bis 1960 weiterhin durch Gottschaldt und seine Assistenten bestritten.[22]

Bereits Mitte 1946 stellte Gottschaldt sein Konzept für ein neues Institut für Psychologie vor, das auf von jeweiligen Fakultätsvertretern getragenen Abteilungen basierte und somit für die Anforderungen aller relevanten Fakultäten gewappnet sein sollte. Hierfür schlug er den Umbau des ehemaligen Studentenhauses vor, da dies neben relativ geringen Bombenschäden auch die Möglichkeit bot, im parkartigen Hinterhof einen Spielplatz für den institutseigenen Kindergarten und auch Tiere in Außengehegen für tierpsychologische Untersuchungen unterzubringen.[23] Der Kampf der Philosophischen Fakultät um Erhalt eines eigenen Psychologischen Instituts und Lehrstuhls endete den überlieferten Akten nach im ersten Quartal 1947, nachdem die Philosophische Fakultät gegen die Vereinigung der Etats beider Psychologischer Institute protestierte.[24]

Gottschaldts Position in der Mathematisch-Naturwissenschaftlichen Fakultät war zu jener Zeit noch unsicher. Obwohl bereits seit 1946 Professor mit vollem Lehrauftrag und einziger Kandidat zur Besetzung des psychologischen Lehrstuhls, konnte er seine endgültige Berufung nur durch eine Eingabe an die Leitung der Deutschen Zentralverwaltung Ende 1947 durchsetzen.[25] 1948 war für Gottschaldt ein schwieriges Jahr. Die Berufung zum Professor und Institutsdirektor klärte zwar die Frage der beruflichen Situation, das fehlende eigene Gebäude machte die Ausbildung von zeitweise 1.200 Studenten, davon 120 Psychologiestudenten, jedoch sehr problematisch, da für nicht einmal die Hälfte der Psychologiestudenten ein Laborpraktikum im Dahlemer Provisorium angeboten werden konnte.[26] Die Berlinblockade war noch ein weiteres Problem für den noch in West-Berlin lebenden Professor, da dieses Gebäude nicht versorgt wurde; seiner Korrespondenz nach verfolgte Gottschaldt damals die Lehrstuhlsituation innerhalb Deutschlands und war einer Berufung in die Besatzungszonen der westlichen Alliierten nicht abgeneigt.[27]

Gleichwohl trieb Gottschaldt die Entwicklung der Psychologie an der Universität voran, indem er schließlich die Genehmigung der Studienordnung für Psychologie sowie die Forcierung des Institutsumbaus und den anschließenden Umzug in das Haus in der Oranienburger Straße Ende 1948 bis Mitte 1949 erwirkte.[28] In Zusammenarbeit mit der Zoologie begannen tierpsychologische und verhaltensbiologische Studien. Während der geplante

22 UAHU, Pädagogische Fakultät 653, 20. 1. 1961.
23 UAHU, Rektorat nach 1945, 550, 26. 7. 1946.
24 Zu beachten sind hierbei auch die personellen Veränderungen innerhalb der Philosophischen Fakultät mit dem Wechsel von Dekan Hartung zu Dekan Meusel; Ebisch, Fakultätenwechsel, 2004, S. 152f.
25 Ash, Kurt Gottschaldt, 1997, S. 346.
26 UAHU, Rektorat nach 1945, 550, 16. 11. 1948.
27 AMPG II ZA 115; ULB Nachlass Rothacker, Rothacker I, Briefwechsel Gottschaldt.
28 UAHU, Mathematisch-Naturwissenschaftliche Fakultät nach 1945, 37, 19. 10. 1948.

Kindergarten eingerichtet und in der diagnostischen und methodischen Ausbildung der Studenten genutzt wurde, konnte die Einrichtung für Hortkinder nicht verwirklicht werden. Die für die Ausbildung notwendige biologisch fundierte Anthropologie unter Hans Grimm fand bis 1955 im Psychologischen Institut ihre provisorische Bleibe. Ausreichende Labor-, Arbeits- und Veranstaltungsräume und eine gut ausgestattete Bibliothek vervollständigten das Gesamtkonzept.[29]

1949 konnte Gottschaldt gegenüber einer Anfrage des Bundesverbands Deutscher Psychologen als Institutspersonal drei Assistenten und drei wissenschaftliche Mitarbeiter benennen[30], in den Haushaltsplanungen finden sich demgegenüber drei Assistenten und sieben nichtwissenschaftliche Mitarbeiter.[31] Überdies konnten Lehraufträge aus den verschiedenen Fakultäten gewonnen werden.[32] Die Aufnahme von Doktoranden und später von Aspiranten stellte eine zusätzliche Erweiterung des Personals dar. Diese Ressourcen dienten in den folgenden Jahren vor allem zur Ausbildung eigener Schüler- und Assistentengenerationen und der Schaffung einer komfortablen Basis zur Wiederaufnahme eines geregelten Forschungsbetriebs am Psychologischen Institut, wobei die Ausbildung und Prüfung von mehreren Hundert Pädagogikstudenten pro Jahr ebenfalls bewältigt werden musste.

Kurt Gottschaldt prägte die Psychologie der DDR in der Zeit des Wiederaufbaus nachdrücklich. In den Jahren 1951–1954 stellten die von ihm geleiteten Aspirantentagungen das wichtigste Instrument der Ausbildung wissenschaftlichen Nachwuchses der Psychologen in der DDR dar.[33] Das Referendariat Psychologie im Staatssekretariat für Hoch- und Fachschulwesen besetzten seine Assistenten und Aspiranten[34], er selbst war Vorsitzender des Wissenschaftlichen Beirats für Psychologie. Aufgrund seiner Kontakte organisierte er Praktika und Anstellungen in allen Praxisfeldern.

Den teils politisch gewollten, teils auf seinen autoritären Führungsstil zurückzuführenden Verlust der Ressourcen in West-Berlin konnte Gottschaldt somit größtenteils kompensieren; ein erneuter Antrag zur Aufnahme der Forschungsstelle für Psychologie in die Max-Planck-Gesellschaft scheiterte aber unter anderem auch daran, dass er als Professor

---

[29] Mehl, Jürgen, Das Psychologische Institut der Humboldt-Universität zu Berlin. Fachmitteilungen, in: Zeitschrift für Psychologie 157 (1954), H. 1–2, S. 149–155; Ash, Kurt Gottschaldt, 1997, S. 348.

[30] UAHU, Nachlass Gottschaldt, 3. 8. 1948; zusätzlich wurde eine wissenschaftliche Mitarbeiterin der Forschungsstelle aufgeführt.

[31] UAHU, Verwaltungsdirektor nach 1945, 5 und 9; während 1946 lediglich fünf nichttechnische Mitarbeiter aufgeführt sind, finden sich ab 1947 drei wissenschaftliche, ab 1948 drei wissenschaftliche und sechs nichtwissenschaftliche Mitarbeiter.

[32] UAHU, Mathematisch-Naturwissenschaftliche Fakultät nach 1945, 1; ebd., Pädagogische Fakultät 645.

[33] Hiebsch, Hans, Die Ausbildung der wissenschaftlichen Aspiranten des Faches Psychologie, in: Zeitschrift für Psychologie 157 (1954), H. 1–2, S. 156–162.

[34] Zunächst Heinz Gast, später Gretel Junge; letztere wandte sich jedoch gegen Gottschaldt (s. u.).

der Humboldt-Universität treu blieb.[35] Während er seine Forschungsstelle durch Mittel der Deutschen Akademie der Wissenschaften in Kleinmachnow reduziert erhalten und dort seine zwillingspsychologischen Untersuchungen – unterstützt durch die Abteilung Fach- und Hochschulwesen des Volksbildungsministeriums und die westdeutsche DFG – als Längsschnittstudie fortsetzen konnte[36], ersetzte eine Poliklinik genannte medizinisch-psychologische Abteilung die gleichnamige Einrichtung im Weddinger Kinderkrankenhaus.

Insbesondere die wissenshungrigen Assistenten des Abschlussjahrgangs 1953, die überwiegend aus der in den letzten Kriegstagen eingezogenen Generation mit Notabitur kamen, profitierten von der Erweiterung der Assistentenstellen und bildeten den personellen Grundstock für die rasante Entwicklung der verschiedenen Forschungsbereiche des Instituts. Während Gottschaldt in Sachen theoretischer Ausrichtung ausschließlich gestaltpsychologische Ansätze zuließ, bei der Qualität der Qualifikationsarbeiten hohe wissenschaftliche Ansprüche stellte und auf weitestgehenden Verzicht auf politische Bezugnahmen

Abb. 1 Zwillingsforschung im Psychologischen Institut

[35] UAHU, Abgabe des Psychologischen Institutes 1962; AMPG 1 Rep 1 A 9/1 Bd. 1/2; 1–1 A 3030; 1 A 9 36 II, 4. 12. 1950. Gottschaldt war inzwischen in den Ostsektor gezogen, wo er nach kurzer Zeit in Kleinmachnow schließlich in den Hessenwinkel, Wohnort für viele Parteigrößen, Hochschullehrer und andere Privilegierte, umzog.

[36] Ash, Kurt Gottschaldt, 1997, S. 348.

bestand, konnten die Assistenten ihren jeweiligen Arbeitsbereich selbst gestalten.[37] In der Aus- und Weiterbildung wurden internationale Entwicklungen der Psychologie verfolgt und diskutiert. Diese relative Freiheit, aber auch der von Gottschaldt stimulierte Korpsgeist als führendes Institut einer jungen, sich ihrer Daseinsberechtigung noch unsicheren Wissenschaft, führte in einigen Arbeitsbereichen zu herausragenden wissenschaftlichen Resultaten. Hierbei sind insbesondere die Bereiche Wahrnehmungs- (Klix), Denk- (Helm), Motivations- (Mittag, Müller), Tier- (Schmidt), Entwicklungs- (Gast), aber auch Persönlichkeits- und Sozialpsychologie mit der eigenständigen Fortsetzung der gruppenpsychologischen Untersuchungen Lewins (Prillwitz, Birth) sowie die Arbeiten von Gottschaldt selbst zum von ihm so genannten „Persona-Phänomen“ (d. h. zum subjektiv-individuellen Körperschema) zu benennen.

Gottschaldts Position war unumstritten, jedoch nicht unangreifbar, wie im Exkurs zur Situation an der Pädagogischen Fakultät bereits angedeutet. Zwar ließ er sich durch die Pawlow-Tagung 1953 in Leipzig nicht dogmatisieren, doch bewirkte der politisch-ideologische Druck so viel, dass er nach außen behauptete, „Untersuchungen der theoretischen Grundlagen der bedingten Reflexe im Sinne der Schulen Pawlows und Bykows“ an seinem Institut durchzuführen.[38] Der Versuch, die Lehren Pawlows durch einen sowjetischen Gastprofessor an Gottschaldts Institut vertreten zu lassen, scheiterte aber kläglich.[39] Was den Inhalt und die methodologische Basis seiner Arbeit anbetraf, zeigten sich bereits zu diesem Zeitpunkt deutliche Diskrepanzen zwischen Gottschaldts Gestaltpsychologie und der von den Machthabern gewollten Annäherung an die Sowjetpsychologie und den Marxismus-Leninismus.

Im Gegensatz zu anderen Direktoren Psychologischer Institute hatte Gottschaldt in den frühen Nachkriegsjahren keine leitende Position in der Selbstverwaltung der Universitäten inne. Er konnte kontinuierlich seine Position festigen, ohne – wie bei allen anderen Psychologischen Instituten der DDR – mit der Frage der Auflösung oder Verlagerung seines Instituts konfrontiert zu sein.[40] Den Vergleich mit der Entwicklung der westdeutschen Psychologie brauchte Gottschaldt nicht zu scheuen. Wenn sich für die Partei die Überlegenheit des Sozialismus anhand dieser Situation zeigte, so spielte dies für die Handlungsfreiheit Gottschaldts eine nicht unerhebliche Rolle. Auch sorgten Gottschaldts spätere Beteiligung

---

37 Schmidt, Hans-Dieter, Erinnerungen an Kurt Gottschaldt, in: Psychologische Rundschau 43 (1992), H. 1, S. 252–260, hier: S. 255ff.

38 Ebd., S. 257; Ash, Kurt Gottschaldt, 1997, S. 350; Mehl, Das Psychologische Institut, 1954. Wenigstens eine solche Arbeit ist tatsächlich erschienen: Klix, Friedhart, Die Auffassungen Pawlows und Bykows von den Beziehungen des Organismus zur Umwelt und Fragen der neueren Wahrnehmungspsychologie, in: Zeitschrift für Psychologie 158 (1955), H. 1–2, S. 1–39.

39 BA, DR 3 1. Schicht 5838 Abschlussbericht Prof. Saprykin 23. 9. 1955, H. Gast Arbeitsbericht über Prof. Saprykin 10. 8. 1955.

40 BA, DR 3 1. Schicht 355 und 5838.

an öffentlichen Aufrufen gegen die atomare Aufrüstung Westdeutschlands, sein Einsatz für eine Friedenspolitik und die Wiedervereinigung Deutschlands dafür, dass er als einer derjenigen bürgerlichen Professoren angesehen wurde, die sich aktiv am Aufbau des Sozialismus beteiligten.[41]

Erst nach der Etablierung eines von ihm ausgebildeten Assistentenkreises wirkte Gottschaldt in verantwortlicher Position in der Universität mit: Ende 1952 wurde er Prodekan, 1955–1959 Dekan der Mathematisch-Naturwissenschaftlichen Fakultät.[42] Mit der Wahl in die Akademie der Wissenschaften erklomm Gottschaldt Ende 1953 eine weitere Stufe der wissenschaftlichen wie wissenschaftspolitischen Karriereleiter.[43] Dies ermöglichte ihm wie anderen „bürgerlichen" Wissenschaftlern den Aufbau einer eigenständigen Forschungsbasis ohne starke parteipolitische Einflussnahme, in diesem Fall die Einrichtung einer mit der Akademie formal affiliierten, in Wirklichkeit in den oberen Etagen des Psychologischen Instituts lokalisierten Arbeitsstelle für experimentelle und angewandte Psychologie 1955.[44] Zum kleinen Königreich gehörte auch seit 1954 die Übernahme der Herausgeberschaft der „Zeitschrift für Psychologie". Pläne zur Gründung eines Akademieinstituts für Psychologie trieb Gottschaldt energisch voran.[45] Als Vorsitzender des Wissenschaftsrates für Psychologie legte er die Grundlagen für ein verstärkt anwendungsbezogenes Studium mit jährlichen Berufspraktika, das nach dem Grundstudium in ein Spezialstudium übergehen sollte; dabei sollte das Berliner Institut die Spezialisierungen in medizinischer und klinischer Psychologie sowie Arbeitspsychologie anbieten.[46]

Kampf um die Autonomie: Die Interaktion von Politik und Wissenschaft seit 1958

In den Jahren bis 1958 vermochte es Gottschaldt, sich eine in Europa einmalige Ansammlung von Ressourcen in der psychologischen Forschung gezielt zunutze zu machen, ohne sich mit größeren politischen Eingriffen auseinandersetzen zu müssen, da sowohl seine Studenten als auch seine Mitarbeiter sich weitgehend daran hielten, Fragen der Politik nicht

41 UAHU, Rektorat nach 1945, 550, 27. 11. 1953; Personalakten nach 1945, Gottschaldt, Kurt, Bd. IV; Ash, Kurt Gottschaldt, 1997, S. 348ff.

42 UAHU, Personalakten nach 1945, Gottschaldt, Kurt, Bd. I.

43 Archiv der Berlin-Brandenburgischen Akademie der Wissenschaften (ABBAW), Bestand Klassen, Signatur 19, Bl. 40.

44 Ash, Kurt Gottschaldt, 1997, S. 348.

45 ABBAW, Bestand Akademieleitung Naturwissenschaftliche Einrichtungen 91, Beschluss vom 10. 8. 1955.

46 BA, DR 3 1. Schicht 5839, 24. 6. 1955; die Änderung der Studienordnung hin zu Spezialstudiengängen mit den Abschlüssen Arbeits- und Ingenieurpsychologe, Klinischer Psychologe, Sozialpsychologe und Pädagogischer Psychologe erfolgte jedoch erst 1962 (s. u.).

in das Institut und die Arbeit hineinzutragen.[47] Zudem konnte Gottschaldt in Berlin ein dichtes Netzwerk mit politischen Verantwortungsträgern knüpfen, das es ihm mittelfristig ermöglichte, parteipolitische Einflussnahme auf sein Wirken zu minimieren. Sein internationales Ansehen stellte ebenfalls einen Schutz vor Eingriffen der Staatsmacht dar.

Mit der zunehmenden Qualifizierung der Assistenten und Aspiranten setzte jedoch auch innerhalb des Psychologischen Instituts und der Arbeitsstelle der Akademie Kritik an der Gestaltpsychologie gottschaldtscher Prägung ein. Viele Forschungsresultate waren nur noch schwer oder gar nicht mit gestaltpsychologischen Ansätzen und der Persönlichkeitstheorie Gottschaldts in Übereinstimmung zu bringen. Seine Reaktionen auf eigenständige Untersuchungen, die gerade diese Lücken und Schwächen verdeutlichten, waren heftig und ablehnend. Neben dem vorhersehbaren Generationskonflikt kam zusätzlich auch die seit Anfang der 1950er Jahren obligatorische gesellschaftswissenschaftliche Ausbildung zum Tragen; eine philosophische Betrachtung durch die Brille des Marxismus-Leninismus führte zur scharfen Kritik der angeblich idealistischen Wurzeln der Gestaltpsychologie.[48] Gerade die sichtbaren Erfolge im Praxiseinsatz ließen auf Assistentenebene Zweifel daran aufkommen, ob Gottschaldts Konzentration auf die Grundlagenforschung und seine methodischen Ansätze nicht die effektive Beteiligung der Psychologie am Aufbau des Sozialismus einschränkten. Die relative Freiheit der Assistenten und Aspiranten, sich auch verstärkt mit diesen Fragen, anderen theoretischen Ansätzen sowie praktischen Untersuchungsansätzen zu befassen, stieß nun auf harte Grenzen.[49]

Die Situation eskalierte, als Gottschaldt einer arbeitspsychologischen Forschungsgruppe der Arbeitsstelle der DAW nach jahrelanger eigenständiger Forschungsarbeit seine eigene Methodik oktroyieren wollte und diese mit ihrem Protest beim Staatssekretariat und anderen Stellen offene Türen einrannte. Die Partei sah nun die Chance gegeben, ihren Einfluss auf das Institutsgeschehen zu stärken. Gottschaldt ließ diese Nebenregierung in Form einer Parteigruppe in seinem Institut nicht mehr zu, sah sich hintergangen.[50] Dass seine Vorlesungen gezielt durch ideologisch geschulte Studenten gestört wurden[51], musste ihn an seine Erlebnisse von 1933 erinnern[52], und er sprach auch deutlich aus, dass er Parallelen zur NS-Zeit darin sehe, dass die Psychologie nun erneut aus der Philosophie heraus definiert und somit ruiniert werden sollte.[53]

---

47 Schmidt, Erinnerungen, 1992, S. 256f.

48 Vgl. z. B. Ihlefeld, Ulrich, Zur ideologischen Situation in der Pädagogischen Psychologie, in: Pädagogik 13 (1958), S. 503–512, hier: S. 508.

49 Schmidt, Erinnerungen, 1992, S. 257f.

50 UAHU, Personalakten nach 1945, Gottschaldt, Kurt, Bd. IV, 24. 11. 1958.

51 Diesen Fakt bestätigten alle Zeitzeugen, z. B. H.-D. Schmidt, Lothar und Helga Sprung.

52 Forsbach, Die Medizinische Fakultät, 2006, S. 121, 390ff.

53 UAHU, Personalakten nach 1945, Gottschaldt, Kurt, Bd. IV, 9. 6. 1960, 5. 12. 1960; Forsbach, Die Medizinische Fakultät, 2006.

Bei der seit der 3. Hochschulkonferenz der SED im Februar 1958 nunmehr in aller Deutlichkeit intendierten Ausrichtung der DDR-Psychologie, insbesondere der beschleunigten Entwicklung einer marxistisch-leninistischen Psychologie eigener Prägung und der Stärkung der Parteigruppen innerhalb der Institute, war Gottschaldt im Wege.[54] Seine Orientierung an der westlichen und postpawlowschen sowjetischen Psychologie[55], die 1960 in seiner unabgesprochenen Aufnahme in den Vorstand der westdeutschen Gesellschaft für Psychologie gipfelte, war Parteikreisen ein Dorn im Auge. In den relativ zu Berlin zu kurz gekommenen anderen DDR-Instituten fanden sich Partner, die mit den „fortschrittlichen" Mitarbeitern Gottschaldts wie ihren Alliierten in Partei und Staat ein gemeinsames Interesse an einer Verringerung seines Einflusses hatten. Bereits 1958 löste der international renommierte Arbeitspsychologe Werner Straub Gottschaldt als Vorsitzenden des Wissenschaftlichen Beirats ab.

Einzig die Akademie der Wissenschaften konnte Gottschaldt fest an seiner Seite wissen. Eine zeitweilige Lösung der Konflikte führte der Akademiepräsident Hartke herbei, indem er für die Koexistenz verschiedener psychologisch-methodischer Ansätze entschied.[56] So wechselten 1959 neben vier Assistenten aus der Arbeitsstelle weitere drei aus dem Psychologischen Institut in die psychologische Abteilung der Pädagogischen Fakultät, „um erwähnten Varianten eine bessere Möglichkeit der Entwicklung und Bewährung zu geben".[57] Im Frühjahr 1960 konnte Friedhart Klix seine Experimente zur Habilitation abschließen, die Habilitation selbst vollendete er aber 1961 in Dresden unter Straub, woraufhin er vom kommissarischen Leiter des Jenaer Psychologischen Instituts zum ordentlichen Professor dort ernannt wurde.[58]

Für Gottschaldt folgten weitere Auseinandersetzungen auf der Ebene des Staatssekretariats und der Abteilung Wissenschaften des ZK der SED[59], in der sich die geplante Reduzierung seines Ressourcenensembles auf ein kleines Forschungsinstitut immer deutlicher abzeichnete. Die Neugründung der von Gottschaldt unabhängigen psychologischen Zeitschrift „Probleme und Ergebnisse der Psychologie" 1961 stellte ebenfalls ein deutliches Zeichen dar. Gottschaldt musste dem Entzug der Vorlesungen für Pädagogen zustimmen und Räume des Psychologischen Instituts der Pädagogischen Fakultät zur Verfügung stellen, doch weder die angekündigte Teilung des Etats für Psychologie mit der psychologischen Abteilung in der Pädagogischen Fakultät noch die Anstellung aller von Gottschaldt

54 Vgl. hierzu Busse, Stefan, Gab es eine DDR-Psychologie?, in: Psychologie und Geschichte 5 (1993), S. 40–62; ders., Psychologie in der DDR, Weinheim 2004.

55 Ash, Kurt Gottschaldt, 1997, S. 355f.

56 UAHU, Rektorat nach 1945, 550, 15. 6. 1959.

57 Ebd.

58 Klix, Friedhart, Friedhart Klix, in: Psychologie in Selbstdarstellungen, Bd. IV, hrsg. v. Lück, Helmut, Lengerich 2004, S. 175f.

59 UAHU, Personalakten nach 1945, Kurt Gottschaldt, Bd. IV; BA, SAPMO DY 30/IV 2/9.04/150.

gewechselten Assistenten wurde umgesetzt.[60] Das 1961 gegründete Psychologische Institut der Pädagogischen Fakultät erhielt weder finanziell noch materiell die versprochene Unterstützung.[61]

Gottschaldts eigenmächtige Abänderung seines Arbeitsvertrags dahingehend, dass er nun bei der Akademie angestellt war und die Professur an der Universität zur Nebenbeschäftigung deklariert wurde, bedeutete weiteren Gegenwind für seine Gegenspieler.[62] Aus der Akademie gab es immer deutlichere Warnungen, dass Gottschaldt sich dazu entschließen könnte, einem eingegangenen Ruf nach Göttingen zu folgen; deshalb erklärte sich die Akademie bereit, ihm mehr Personal und endlich auch ein eigenes Psychologisches Institut in einem anderen Gebäude zuzuerkennen, wogegen die Wissenschaftsabteilung des ZK der SED und das Staatssekretariat allerdings heftig protestierten.[63]

Nachdem Gottschaldt nach diesen Schwierigkeiten von der Halbierung seiner ohnehin verringerten Studienanfängerzahl erfuhr, teilte er den zuständigen Stellen am 8. August 1961, fünf Tage vor dem Mauerbau, die Annahme des Rufs nach Göttingen mit „in der Kenntnis, dass ich in der Forschung und Lehre meinem Fach dort mehr nützen kann".[64] Seiner Kündigungsempfehlung an Institutsmitarbeiter und Aufforderung der Studierenden zum Studienortwechsel folgte postwendend die Entpflichtung von der Leitung des Universitätsinstituts. Inzwischen stand jedoch die neue „Staatsgrenze"; das Staatsekretariat entband Gottschaldt zwar von der Professur, erlaubte ihm aber nicht, die DDR zu verlassen.[65] Seine Position als Leiter der Arbeitsstelle der Akademie ermöglichte Gottschaldt weiterhin den Zutritt zum Institut.[66] Er begann mit der Verlagerung seines zwillingspsychologischen Untersuchungsmaterials und konnte trotz Mauerbaus etwa ein Drittel seiner Materialien nach Göttingen senden.[67] Das chaotische Wintersemester 1961/62 unter der Leitung von drei parteipolitisch gebundenen Direktoren schien Gottschaldts düsteren Voraussagen zur Zukunft der Psychologie in der DDR nur zu bestätigen. Erst mit der „Republikflucht" Gottschaldts im Frühjahr 1962 war der Weg für einen Neuaufbau frei.[68]

---

60 UAHU, Personalakten nach 1945, Kurt Gottschaldt, Bd. IV, 22. 4. 1960, 31. 5. 1960; ebd., Pädagogische Fakultät 666, 18. 10. 1960. Innerhalb der Mathematisch-Naturwissenschaftlichen Fakultät hatte die Partei noch wenig Einfluss gewonnen. Die Konstitution einer Kommission zur Untersuchung der Vorgänge konnte sie nicht unterbinden. UAHU, Personalakten nach 1945, Kurt Gottschaldt, Bd. IV, 9. 6. 1960.

61 UAHU, Pädagogische Fakultät 653, u. a. 14. 7. 1961, Gründungsurkunde.

62 UAHU, Personalakten nach 1945, Kurt Gottschaldt, Bd. 1, 3. 2. 1961.

63 Ash, Kurt Gottschaldt, 1997, S. 356f.

64 UAHU, Personalakten nach 1945, Kurt Gottschaldt, Bd. 2, 8. 8. 1961, Bd. 4, 13. 8. 1961.

65 Ash, Kurt Gottschaldt, 1997, S. 357f.; BA, SAPMO DY 30/IV 2/9.04/150.

66 UAHU, Verwaltungsdirektor nach 1945, 57, 21. 9. 1961.

67 Ash, Kurt Gottschaldt, 1997, S. 358; AMPG II ZA 115–13, 8. 3. 1962, Gottschaldt an die DFG.

68 Lt. Aussagen seiner Schwiegertochter konnte Gottschaldt mitsamt seiner Familie im Winter 1961/62 mit einem Fischkutter über die Ostsee fliehen. Interview mit Edda Gottschaldt, 18. 8. 2008.

Das Psychologische Institut zwischen Mauerbau und Mauerfall

Nach der Entpflichtung Gottschaldts gab es bei Partei und Universität unterschiedliche Vorstellungen zur Neubesetzung der Professur. Während der Genosse Hans Hiebsch, ein Sozialpsychologe aus Leipzig, sowohl bei den Mitarbeitern des Instituts als auch bei der Mathematisch-Naturwissenschaftlichen Fakultät wegen seiner stark parteipolitischen Prägung durchfiel, konnte der Genosse Friedhart Klix mit seiner naturwissenschaftlichen Psychologie genügend Rückhalt von Seiten der Fakultät gewinnen und sich als in der experimentalpsychologischen Tradition Berlins stehender Kandidat 1962 durchsetzen.[69] Klix konnte Anfangserfolge erzielen, so etwa die Herausgeberschaft der „Zeitschrift für Psychologie" übernehmen und die aufgelöste Arbeitsstelle der Akademie ins Institut überführen. Stärker noch als Gottschaldt war er an der naturwissenschaftlichen Grundlegung der Psychologie interessiert.[70]

Das Psychologische Institut gliederte sich seit 1962 in die Abteilungen Grundlagen der Psychologie, Arbeits- und Ingenieurpsychologie, Entwicklungspsychologie und klinische Psychologie. Es spiegelte damit die zu jener Zeit auch international zu beobachtende zunehmende Expansion und Ausdifferenzierung der Disziplin in wissenschaftlicher und professioneller Hinsicht wider.

In der *Abteilung Grundlagen der Psychologie* versammelte Friedhart Klix ein interdisziplinäres Forschungsteam um sich, in dem Psychologen, Mathematiker, Physiker, Biologen, Ingenieure, Mediziner und später auch Sprachwissenschaftler gemeinsam an der Formalisierung menschlicher Informationsverarbeitung forschten. Mit dem Aufgreifen der aufkommenden Kybernetik und Informationstheorie begab sich das Berliner Institut nun in ein Forschungsgebiet, dessen naturwissenschaftliche und mathematische Grundlegung gerade erst erfolgte und just zu jener Zeit auch in der DDR als mögliche ideologische Stütze einer Modernisierung der Planung, Leitung und Produktion im Sozialismus angesehen wurde.[71] Während die Untersuchungsansätze zur Algorithmisierung von Denkanforderungen und Begriffsbildungsprozessen, der Mess- und Entscheidungstheorie zur Analyse von Erkennungsleistungen, zu Behaltenseffekten, vor allem also zur Darstellung der Eigenschaften menschlichen Denkens mit Hilfe eines strukturallogischen Ansatzes bei eng umgrenzten, einfachen Aufgaben erfolgreich waren, konnten komplexere Problemlösungsprozesse hiermit nicht erfasst werden.

69 BA, DY /30/ IV 2/9.04 217 Bl. 45–50, 6. 2. 1962.
70 Ebd.; UAHU, UPL 17, 25. 6. 1962.
71 Ségal, Jérome, Kybernetik in der DDR: Dialektische Beziehungen, in: Cybernetics/Kybernetik: The Macy-Conferences 1946–1953, hrsg. v. Pias, Claus, Zürich/Berlin 2004, Bd. 2, S. 227–251.

Die Ergebnisse seiner Untersuchungen und die Darstellung seiner Vorstellung von Psychologie legte Klix 1971 in der Monographie „Information und Verhalten" nieder.[72] Dieses Buch wurde im deutschen Sprachraum eines der Standardwerke in der Ausbildung zum Diplompsychologen. Als eine der ersten Forschungsgruppen der kognitiven Psychologie weltweit wandte man sich experimentellen Untersuchungen der Semantik bei der Begriffsbildung zu, konnte dabei verschiedene Klassen von Begriffen, die Bedeutung der Relationen zwischen ihnen sowie verschiedene Formen von Relationen differenzieren. Den besonderen Reiz übte die Vielseitigkeit dieses Forschungsansatzes aus. Neben breiter Grundlagenforschung über psychophysische Probleme, Wahrnehmungspsychologie, mathematische Modellierung und Untersuchungen zur Begriffsbildung standen anwendungsbezogene Projekte der Ingenieurs- und Arbeitspsychologie, der Entwicklungspsychologie und Diagnostik. In den Büchern „Erwachendes Denken" (1980) und „Die Natur des Verstandes" (1992) bettete Klix die Ergebnisse seiner Forschungsgruppe und des aktuellen internationalen Forschungsstandes in einen evolutionspsychologischen Rahmen, der archäologische und neurophysiologische Kenntnisse einschloss.

Klix legte seine wissenschaftspolitische Arbeit im Psychologischen Institut darauf an, aufgrund internationaler Spitzenleistungen im Bereich der Psychologie in der inhaltlichen Forschungsarbeit freie Hand zu haben und ausreichende Forschungsressourcen zu bekommen. Er konnte als langjähriges Parteimitglied mit guten Kontakten zum ZK der SED seine Forschungsarbeit mit marxistisch-leninistischer Theorie verknüpfen, ohne die Inhalte derselben dogmatisieren lassen zu müssen. Als Mitglied der Akademie der Wissenschaften seit 1965, Vorstandsmitglied der Gesellschaft für Psychologie der DDR und Institutsdirektor des bestausgestatteten Psychologischen Instituts der DDR war er eine sehr einflussreiche Größe, doch konnte er – wieder im Unterschied zu Gottschaldt – keinen Alleinvertretungsanspruch für die DDR-Psychologie stellen. Nach wie vor bot Berlin durch die Konzentration vieler wissenschaftlicher Einrichtungen wie etwa der Akademie der Wissenschaften[73] oder das Deutsche Pädagogische Zentralinstitut (DPZI), aber auch der staatlichen wie parteilichen Leitungszentralen sowie wegen seiner internationalen Erreichbarkeit bedeutend bessere Voraussetzungen zur Vernetzung innerhalb der scientific community und mit politischen Entscheidungsträgern als die anderen Psychologischen Institute der DDR. Ähnlich wie Gottschaldt begründete Klix seine Forschung als engagierte Beteiligung am Aufbau des

---

72 Klix, Friedhart, Information und Verhalten, Berlin 1971.

73 Blauwitz, Julia, Von Affen, Tönen und Problemen – Verflechtungen des Instituts für Psychologie mit der Akademie der Wissenschaften, in: Entwicklungen der Experimentellen Psychologie an der Humboldt-Universität zu Berlin, hrsg. v. Krause, Bodo, Berlin 2008. Hier insbesondere das Zentralinstitut für Kybernetik und Informationsprozesse, bei dem Klix die Leitung der Abteilung Kybernetik inne hatte und 1984 der Gründung des Bereichs Psychologie als Vorstufe eines zu errichtenden Psychologischen Instituts vorantrieb.

Sozialismus, die er anhand erfolgreicher Forschungskooperationen mit der Industrie belegte.[74]

Die *Abteilung für Arbeits- und Ingenieurpsychologie* war eng mit der der allgemeinpsychologischen Grundlagenforschung verwoben. Ihre Untersuchungen umfassten die gesamte Bandbreite arbeits- und ingenieurpsychologischer Wissenschaft. Mit dem Anwachsen der Erkenntnisse über Prozesse der Informationsverarbeitung entwickelte sich ein Paradigma zur Untersuchung von Mensch-Maschine-Systemen, deren Kenntnisse in der Praxis sowohl unter ergonomischen wie auch Gesichtspunkten der Softwaregestaltung angewandt wurden.

Somit leistete das Berliner Institut Forschung in Bereichen, die weniger unter politischer Einflussnahme standen. Diese relative Ideologieferne hatte insofern keine negative Auswirkung, weil die Lehrerausbildung durch das Institut für Psychologie an der Humboldt-Universität nicht mehr geleistet wurde. Dieser Umstand änderte sich durch die auf die 3. Hochschulreform 1968 zurückgehende Sektionsgründung nur temporär.[75] Die geplante Zusammenlegung aller psychologischer Einrichtungen der Humboldt-Universität scheiterte; bereits 1970 wechselte die pädagogisch-psychologische Abteilung in eine andere Sektion. So blieb das Psychologische Institut alleiniges Mitglied in der Sektion Psychologie.[76] Klix hatte seine uneingeschränkte Führungsrolle auch in der neuen Organisationsform gesichert.

Verglichen mit den Entwicklungen der internationalen Psychologie war die DDR nicht in der Lage, ähnlich zu expandieren wie westliche Industrieländer. Während in der Bundesrepublik der oben erwähnten Ausdifferenzierung der Psychologie durch eine entsprechende Vermehrung der Lehrstühle Rechnung getragen wurde, musste die DDR-Psychologie mit deutlich geringeren Ressourcen auskommen. So hatte 1965 beispielsweise allein das Psychologische Institut der Universität Münster mit sechs psychologischen Professuren ebenso viele, wie alle Universitäten der DDR zusammen.[77] Obwohl sich die Anzahl an Professuren steigerte, blieb sie in allen Fünfjahresplänen unter den Planungsvorstellungen, jeweils mit Verweis auf die volkswirtschaftliche Situation.[78] Das Ostberliner Psychologische Institut konnte bis zur Wende fünf ordentliche und zwei außerordentliche Professorenstellen erhalten.[79]

---

74 Hierzu zählen u. a. die Forschungskooperationen mit der VBB Elektroenergieversorgung, der Regler- und Apparatebau Teltow, der Staatsbank, der Sparkasse, der Verkehrsleitstelle Berlin, der Abteilung für Volksbildung Stadtbezirk Berlin Mitte, PCK Schwedt, Stickstoffwerk Priesteritz, Robotron, NAGEMA, Post usw. UAHU, Mathematisch-Naturwissenschaftliche Fakultät nach 1945, 62, 27. 6. 1968; BA, DR 3 2. Schicht 2882, 16. 12. 1975 sowie ebd., 2878, o. D., Entwicklungskonzeption 1986.

75 UAHU, Rektorat nach 1945, 835, Bl. 100, 17. 9. 1968.

76 UAHU, Verwaltungsdirektor nach 1945, 85, 8. 7. 1970.

77 BA, DY/30/IV A 2/9.04 212.

78 Ebd.

79 Plansoll 1990: 9 Professuren, 12 Dozenturen, 13 Oberassistenten, 18 unbefristete, 14 befristete Assistenten; 1988 gab es 5 Professuren, 6 Dozenturen, 10 Ober-,13 unbefristete, 15 befristete Assistenten; BA, DR 3 2. Schicht 2886.

Die *Abteilung für klinische Psychologie* wurde anfangs in den mathematisch-naturwissenschaftlichen Forschungsbereichen der Diagnostik, vor allem bei Fragen der Standardisierung psychometrischer Verfahren weiterentwickelt. Neben Arbeiten zur Intelligenz- und Begabungsdiagnostik wurden bereichsübergreifend auch Fragestellungen zur Neurosendiagnose und -klassifikation, Lernfähigkeit, klinischen Fehlentwicklung wie z. B. der Lese-Rechtschreibschwäche, Schulfähigkeit, aber auch zur Beanspruchungs- und Belastungsdiagnostik im arbeitspsychologischen Bereich bearbeitet, zum Teil entsprechende Tests entwickelt. In der forensischen Psychologie führten die Psychologen des Instituts das Konzept der Entscheidungsfähigkeit in die Diskussionen ein, so dass der Begriff der Entscheidung Eingang in die Abfassung des DDR Strafgesetzbuches fand und eine zentrale Rolle bei der Begutachtung der Schuldfähigkeit spielte.[80] Der später hinzukommende Bereich der Psychotherapie stellte ein eigenständiges Praxis-, Forschungs- und Ausbildungsfeld des Instituts dar. Die Forschung und Weiterentwicklung der Gesprächspsychotherapie, aber auch bei verhaltenstherapeutischen wie Entspannungsverfahren sowie die durch Johannes Helm angestoßenen Untersuchungen zur Wirksamkeit psychotherapeutischer Prozessvariablen setzten Maßstäbe im deutschsprachigen Bereich.[81]

Der klinisch-diagnostische Bereich hatte aber stärker als andere Arbeitsgruppen des Instituts mit Einschränkungen zu kämpfen. Die zur Verfügung stehenden Ressourcen flossen vor allem in die Grundlagenforschung, die Entwicklungspsychologie und den Bereich Arbeits- und Ingenieurpsychologie, während die „Sanitäter" – wie Klix die Kliniker angeblich genannt hat – deutliche materielle und personelle Zurückstellungen erfahren mussten.[82] So wurde das 1973 konzipierte Psychodiagnostische Zentrum (PDZ) erst im September 1981 gegründet.[83] Es stellte sich bald heraus, dass die Konkurrenzsituation zum Psychologischen Institut unerwartete Probleme hervorrief. Zwar war der Leiter des PDZ direkt dem Rektor unterstellt, bei Personal- und Sachfragen war jedoch das Psychologische Institut involviert.[84] Die vorzeitige Emeritierung Helms 1986 verschärfte die Situation im klinisch-psychologischen Arbeitsbereich zunehmend und führte zur zeitweiligen Personalunion der Leitung des PDZ und der Abteilung für klinische Psychologie.[85] Der Vorschlag der Sektion für die Leitung

---

80 Ebd., S. 61ff.

81 Helm, Johannes, Psychotherapieforschung – Fragen, Versuche, Fakten, Berlin 1974.

82 „Sanitäter" war die auf Klix zurückgehende interne Bezeichnung für den Bereich der Klinischen Psychologie. Er selbst behauptete, diese abwertende Bezeichnung nie getätigt zu haben. Busse, Stefan, Psychologie im Real-Sozialismus. DDR-Psychologen im Interview, Pfaffenweiler 1996, S. 61, 143f.

83 BA, DR 3 2. Schicht 2874, 3. 12. 1973; 2878, 17. 2. 1982.

84 Beispiel dafür die Eingabe eines PDZ-Assistenten (31. 7. 1984), bereits zum vierten Mal bei der Beförderung übergangen worden zu sein. Politisch wurde ihm ideenreiches Bemühen in der Vertretung der Parteipolitik, aber mangelnde Abstimmung mit anderen zugebilligt (14. 9. 1984), von der Institutsleitung die Nichterfüllung formaler Leistungskriterien (21. 5. 1984) betont, obschon die Erfüllung aufgrund der gegebenen Aufgabe im PDZ nicht gewährleistet werden konnte (13. 12. 1984). BA, DR 3 2. Schicht 2878.

85 BA, DR 3 2. Schicht 2878, 29. 9. 1989, 24. 10. 1989.

der klinisch-psychologischen Abteilung lief auf einen Nachwuchskader hinaus, der aus der Grundlagenforschung kam und engere Verbindungen zu dieser Forschungsrichtung entwickeln sollte.[86] Von der günstigen Reisekaderposition der Berliner Psychologie konnte der klinisch-psychologische Bereich kaum profitieren.[87] Noch deutlicher zeigte sich das Missverhältnis zwischen institutsinterner und gesellschaftlicher Bedeutung bei der Betrachtung der Absolventenanstellungen, da mehr als die Hälfte der ausgebildeten Arbeits- und Ingenieurpsychologen ebenfalls im klinischen Bereich arbeiteten.[88] Obwohl Klix für seine Forschungsgruppe die meisten Ressourcen vereinnahmte, setzte er sich dennoch für die gesamte Berliner Sektion einschließlich der Abteilung für klinische Psychologie ein.[89]

Die *Abteilung für Entwicklungspsychologie* unter der Federführung von Hans-Dieter Schmidt nahm im deutschsprachigen Raum seit den 1970er Jahren eine Spitzenposition auf diesem Gebiet ein. Klinische Entwicklungsdiagnostik, Forensik, kognitive Entwicklungspsychologie, tierpsychologische und evolutionspsychologische Fragestellungen gehörten zu diesem Bereich. Neben diesen Arbeiten sind Schmidts persönlichkeitspsychologische Überlegungen von herausragender Bedeutung, stellen sie doch den Versuch dar, nicht nur einen handlungsregulatorischen Ansatz empirisch, sondern auch den Persönlichkeitsbegriff von dialektisch-materialistischer Position aus theoretisch und methodologisch zu umreißen.[90] In gewisser Weise nimmt Schmidt als Nichtgenosse und überzeugter Marxist eine interessante Zwischenposition ein, die es ihm ermöglichte, eine geistige Unabhängigkeit zu bewahren und eigenständige Wege zu gehen. Gerade in seinem Fall gab es allerdings mehrere Zusammenstöße mit der Staatsmacht, bei denen wir annehmen müssen, dass allein Klix genug Einfluss hatte, sonst übliche Strafmaßnahmen zu verhindern. 1982 entfachte er mit dem Artikel „Das Bild des Kindes – eine Norm und ihre Wirkung"[91] von Seiten der Ministerien für Volksbildung und Hochschulwesen eine Lawine von Protesten und Aussprachen, weil er die negativen Auswirkungen der Widersprüche zwischen psychologischen Erkenntnissen und realsozialistischer Erziehung unverblümt nachzeichnete. Während wir eine In-

---

86 BA, DR 3 2. Schicht 2886, 18. 6. 1988.

87 BA, DR 3 2. Schicht 2871, Anträge 1. 9. 1990: Die Ernennung der langjährigen Oberassistentin Frohburg zum Reisekader erfolgte erst 1989, die Einstufung als Dozentin wurde erst 1990 als Rehabilitation beantragt. Ebd., Eingabe 22. 10. 1989, Hänsgen über eine plötzliche und von verschiedenen Seiten unterschiedlich begründete Verweigerung eines 3-monatigen Forschungsaufenthalts in den USA.

88 BA, DR 3 2. Schicht 2874, 4. 1. 1977; Rösler, Hans-Dieter, Professionalisierung zwischen gesellschaftlicher Utopie und Wirklichkeit – Rückblick auf 40 Jahre Psychologie für die Praxis in Ostdeutschland, in: Report Psychologie, November 1991, S. 25f., er beziffert die Hälfte aller 2000 im Gesundheitswesen arbeitenden Psychologen als Absolventen der Richtung Klinische Psychologie und zählt 1.600 der 2.600 Psychologen der Gesellschaft für Psychologie dieser Sektion zu. Er führt ebenfalls Reisebeschränkungen an.

89 BA, DR 3 2. Schicht 2871, 14. 12. 1987: Frohburg als fähigste Wissenschaftlerin benannt und Reisekaderzulassung erbeten.

90 Schmidt, Hans-Dieter, Grundriss der Persönlichkeitspsychologie, Berlin 1982.

91 Schmidt, Hans-Dieter, Das Bild des Kindes – eine Norm und ihre Wirkungen, in: Neue Deutsche Literatur 30 (1982), H. 10, S. 71–81.

tervention Klix' bei Schmidts Biermann-Protest 1976 nur vermuten können, stellte er sich bei der Auseinandersetzung infolge des NDL-Artikels deutlich vor Schmidt.[92] Von der Seite der Praktiker gab es jedoch Lob für Schmidt; der Artikel wurde wieder abgedruckt.[93] Weitere Nischen fand Schmidt im Zentralen Arbeitskreis Friedensforschung, in dessen Rahmen seit 1986 auch Diplomarbeiten über die Konzeptbildung der Begriffe Frieden bzw. Krieg bei Kindern experimentell erarbeitet wurden. Zunehmende Differenzen zwischen den einst eng befreundeten Kommilitonen und Wegbegleitern Klix und Schmidt zeichneten sich bereits vor der Wende ab: auf der einen Seite stand der angepasste Parteigenosse, der seine Forschungsthematik jenseits politischer Einflussnahme entwickeln konnte, auf der anderen Seite der marxistische, aber parteilose Persönlichkeits- und Entwicklungspsychologe, dessen Forschungen den Widerspruch zwischen der Theorie des historisch-dialektischen Materialismus und realsozialistischer entwicklungshemmender Wirklichkeit offen zutage treten ließen.

Das Berliner Institut und die internationale Anerkennung der DDR-Psychologie

Die Positionierung des Berliner Psychologischen Instituts trug durch ihre moderne Wissenschaft Wesentliches zur Anerkennung der Gesellschaft für Psychologie der DDR als eigenständige psychologische Gesellschaft bei.[94] Dass vor allem Klix den XX. Internationalen Kongress für Psychologie 1980 in die DDR holte, sorgte für eine Phase der Verbesserung der Ressourcenbereitstellung. Dem reibungslosen Ablauf als politisch kaum vereinnahmte Veranstaltung, trotz kritischer Fragen im Vorfeld aus dem Ausland wegen der sowjetischen Invasion Afghanistans, wurde international hohe Anerkennung gezollt. Dies dankte die Führung der DDR mit hohen Auszeichnungen und mit besonderer Förderung der Forschung[95] von Klix, die internationalen psychologischen Gesellschaften mit seiner Wahl zum Vorsitz der Internationalen Vereinigung der Psychologie. Unter seiner Präsidentschaft wurde die ICPsyS 1982 in den Weltverband der Naturwissenschaftlichen Gesellschaften (ICSU) aufgenommen. Diese wissenschaftspolitische Hauptleistung von Klix ist in ihrer weit reichenden Bedeutung für die gesamte Disziplin bis heute prägend. Sie hatte auf das Forschungsprofil der Berliner Sektion Psychologie eine direkte Rückwirkung mit der Or-

---

92 BA, DR 3 2. Schicht 2871, 5. 11. 1982 u. a.

93 Schmidt, Hans-Dieter, Texte zwischen Ja und Nein, Bielefeld 1997, S. 79, 132.

94 1966 erfolgte die Aufnahme der GfP der DDR in die Internationale Vereinigung der Psychologie-Gesellschaften. Klix, Friedhart u. a., Psychologie in der DDR, Berlin 1980.

95 U. a. 1980: Die Anschaffung eines Rechners von Hewlett-Packard (HP 9845b) zur Steuerung und Datenauswertung, beispielsweise bei EEG-Untersuchungen, später Geräte zur Pupillographie und Kleinrechner, BA, DR 3 2. Schicht 2878b, 25. 7. 1988.

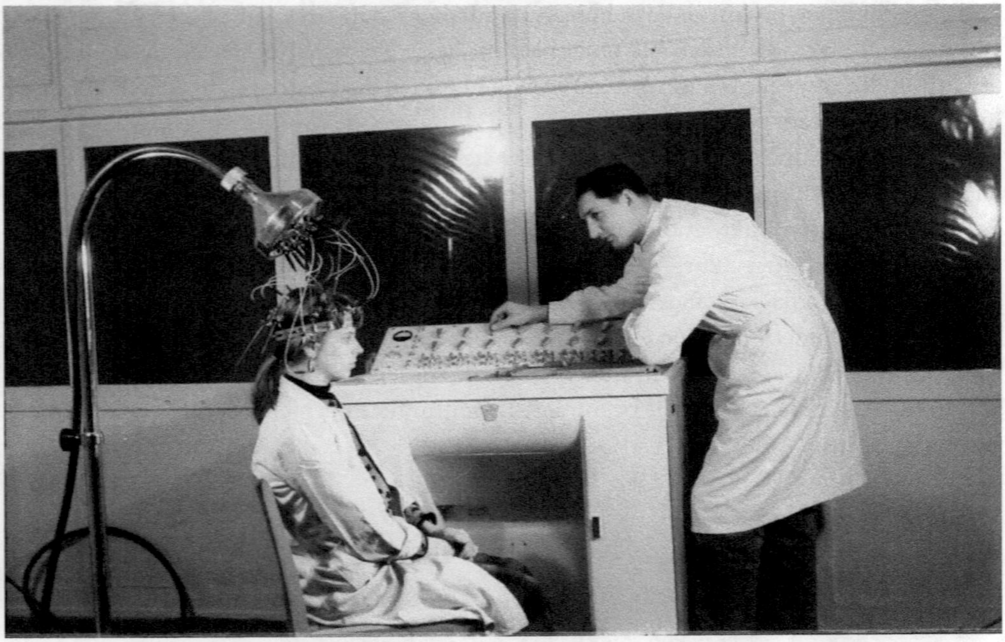

Abb. 2 EEG-Untersuchung im Psychologischen Institut

ganisation und Beteiligung an „MACINTER", einem ICSU-finanzierten Schwerpunktprogramm zur Untersuchung der Mensch-Rechner-Interaktion.

Trotzdem konnte von einer uneingeschränkten Förderung der Berliner Sektion keine Rede sein. Für die staatlichen Entscheidungsträger war die Psychologie in Berlin als internationales Aushängeschild nicht der Nabel der Welt, zumal auch Friedrich Hacker in Dresden und Hans Hiebsch in Leipzig über die Grenzen der DDR hinaus Beachtung fanden.[96] Ebenso bedeutend war es für die staatlichen Stellen, die pädagogisch-psychologische Ausbildung der Lehrer in Übereinstimmung mit den politischen Vorgaben abzustimmen und die Weiterentwicklung einer marxistisch-leninistischen Psychologie voranzutreiben.[97] Als funktionierender Bereich der Spitzenforschung, in dem regelmäßig wissenschaftliche Höchstleistungen erzielt wurden, gab es für die Berliner Psychologen jedoch eher Handlungsfreiheiten

96 So erhielt Leipzig eine Gastprofessur, die aufgrund der Schwerpunktlegung Sozialpsychologie kaum mit hochkarätigen ausländischen Interessenten besetzt wurde. Eine gleiche Stelle wurde Berlin mit dem Verweis auf die schlechte Ausnutzung verweigert, obwohl das Berliner Forschungsprofil und viele weitere Gründe für die stete Auslastung einer solchen Stelle sprachen, BA, DR 3 2. Schicht 2878, 14. 4. 1982, 22. 12. 1982, 27. 7. 1984.

97 Vgl. hierzu Busse, Psychologie in der DDR, 2004.

und Unterstützung bis hin zu Forschungsaufenthalten im nichtsozialistischen Ausland. Die vielen Berufungen, die durch die Qualifikation des wissenschaftlichen Nachwuchses erst zeitaufwändig ausgeglichen werden mussten, schränkten die Leistungsfähigkeit des Berliner Instituts andererseits wieder ein.[98]

Im Gegensatz zur Entwicklung in der BRD stellte die Geschichte der Psychologie in der DDR auch offiziell eine eigene Forschungsrichtung dar, die sich beispielsweise im Rahmen des eben erwähnten Internationalen Psychologenkongresses auch international profilieren konnte. Untersuchungen zur Geschichte der experimentellen Psychologie und ihrer materialistischen Grundlagen standen im Vordergrund.[99] Am Berliner Institut entstanden so ein Historisches Kabinett und eine Forschungsgruppe um Lothar und Helga Sprung.[100] Dabei war die Lehre und Forschung in diesem Bereich ausdrücklich zusätzlich zum Hauptaufgabengebiet zu leisten[101], weil die beantragte Dozentur für Geschichte der Psychologie nicht genehmigt wurde.

Nach der Wende

Mit der Neuorientierung der Humboldt-Universität nach 1990 blieb der Fachbereich Psychologie als solcher erhalten. Das PDZ wurde abgewickelt. Die unter der Leitung Hans Spadas stehende Struktur- und Berufungskommission entwickelte eine Konzeption für ein neues Psychologisches Institut, das in der Tradition der naturwissenschaftlich orientierten Experimentalpsychologie stand und eine wertvolle Ergänzung der Psychologischen Institute an FU und TU sowie des MPI für Bildungsforschung darstellen sollte. Diese Konzeption fand Zuspruch von der Landesstrukturkommission und wurde 2000 bei der Evaluation durch den Wissenschaftsrat bestätigt. Somit konnte das Psychologische Institut die Anzahl seiner Professuren zur Vervollständigung des Ausbildungsprofils auf 13 erweitern, um die jährlich 100, später 120 Neuimmatrikulierten auszubilden.

Mit der Neugründung der Mathematisch-Naturwissenschaftlichen Fakultät II wurde auch das Psychologische Institut wieder gegründet. Unter den 12 neu berufenen Professoren und Professorinnen befanden sich vier ehemalige Mitarbeiter aus Klix' Forschungs-

98 BA, DR 3 2. Schicht 2878, 24. 5. 1988.

99 Vgl. z. B. Eckart, Georg u. a., Zur Geschichte der Psychologie, Berlin 1979.

100 Sprung, Helga/Sprung, Lothar, Zur Geschichte der Psychologie an der Berliner Universität (1850–1922), in: Psychologie für die Praxis 3 (1985), H. 1, S. 5–21; dies., Hermann Ebbinghaus (1850–1909) – Marginalien zu einem Zentenarium, in: Zeitschrift für Psychologie 193 (1985), H. 4, S. 313–323; dies., Zur Geschichte der Psychologie an der Berliner Universität (1922–1935), in: Psychologie für die Praxis 5 (1987), H. 4, S. 295–306.

101 Hammer, Steffi, Die Psychologie in der DDR – in der Zerreißprobe zwischen Naturwissenschaft und Marxismus?, in: Psychologie im soziokulturellen Wandel – Kontinuitäten und Diskontinuitäten, hrsg. v. Jaeger, Siegfried u. a., Frankfurt a. M. 1995, S. 165ff.

gruppe und weitere drei frühere Sektionsmitglieder. Hinzu kamen weitere international bedeutende Forscherpersönlichkeiten. In dieser Neuorientierungsphase mussten die Koordinierung von mehreren Standorten und Planungen für den bevorstehenden Umzug der Mathematisch-Naturwissenschaftlichen Fakultäten nach Adlershof und die im Rahmen des neu konzipierten Reformstudiengangs notwendige Modularisierung bewältigt werden. Mit der Finanzkrise Berlins und den damit zusammenhängenden Haushaltskürzungen verengte sich der Verhandlungsspielraum für die Humboldt-Universität. Negative Rückwirkungen im Psychologischen Institut waren und sind, dass Änderungsanträge bezüglich des Umzugs nach Adlershof, aber auch Neuberufungen und Bleibeverhandlungen nicht in jedem Fall erfolgreich sind. Planungen zur Verlagerung der Lehrstühle der Pädagogischen Psychologie aus der Philosophischen Fakultät an das Institut fanden keine Konkretisierung, die damit verbundene Kürzung von Lehrstühlen wurde jedoch umgesetzt und konnte nur teilweise durch Juniorprofessuren aufgefangen werden.

Es etablieren sich ein kognitions- und neurowissenschaftlicher, ein klinisch- und persönlichkeitspsychologischer sowie ein arbeits-, ingenieurs- und organisationspsychologischer Schwerpunkt. Als positive Rückwirkung lässt sich festhalten, dass die Kooperation zwischen den Lehrstühlen eine neue Qualität erreicht hat, eine verstärkte Zusammenarbeit der Institute der Mathematisch-Naturwissenschaftlichen Fakultät zu verzeichnen war und bestehende Forschungs- und Ausbildungskooperationen sich intensivierten und erweiterten. 2001 erhielt die Ambulanz des Psychologischen Instituts die Ermächtigung zur Teilnahme an der kassenärztlichen Versorgung; mit der Neuberufung des Professors für Psychotherapie und Somatopsychologie wurde ein postgradualer Ausbildungsgang zum Psychologischen Psychotherapeuten zugelassen. Aufgrund der erweiterten Drittmitteleinwerbung wurden Einbußen des Haushalts kompensiert, zusätzliche Lehrkapazität gewonnen, vor allem jedoch Voraussetzungen dafür geschaffen, in vielen Forschungsbereichen national wie international Akzente zu setzen. Dies zeigte sich unter anderem in der Aufnahme von Graduiertenschulen und interdisziplinären Forschungsprojekten in den Runden der Exzellenzinitiative des Bundes und der Länder, aber auch in der Vergabe der Präsidentschaft für Kongresse, wie etwa des 43. Kongresses der Deutschen Gesellschaft für Psychologie 2002 sowie des XXIX. Internationalen Kongresses für Psychologie 2008 an Professoren des Psychologischen Instituts.

Heinz-Elmar Tenorth

Pädagogik seit 1945: Sozialistische Tradition, ideologisierter Alltag, forschende Sozialwissenschaft

Die universitäre Karriere der Pädagogik in Berlin nach 1945 liest sich zunächst wie eine Erfüllung aller alten Träume der liberalen und linken Lehrerbewegung und ihrer Theoretiker in Deutschland: Die Pädagogische Fakultät, noch 1920 in Preußen von Eduard Spranger und der Universitätspädagogik entschieden bekämpft und von den Politikern abgelehnt, wird 1946 als neue Fakultät dem Corpus der Berliner Universität eingefügt. Die Lehrerbildung wird zum zentralen Thema der wissenschaftlichen Arbeit, erziehungswissenschaftliche Fragestellungen im Kontext sozialistischer Reflexionstraditionen, die früher verachtet und ausgegrenzt waren, bestimmen das disziplinäre Theoriepotential, pädagogische Arbeitsfelder, die vor 1945 an deutschen Universitäten nicht institutionalisiert waren, z. B. die Sonderpädagogik oder die Rehabilitationspädagogik, aber auch die Sozialpädagogik, bekommen in der Humboldt-Universität eigenen disziplinären Status; Vertreter der Pädagogik – Spranger 1945 kurzzeitig kommissarisch, Helmut Klein von 1976–1988 – amtieren als Rektoren und signalisieren zumindest in der Öffentlichkeit, dass der universitären Pädagogik ein Rang zugesprochen wird, den sie vorher institutionell nicht kannte.

Gleichzeitig zeigt der weitere Verlauf ihrer akademischen Karriere, dass die „Pädagogischen Wissenschaften“ – der Ausdruck „Erziehungswissenschaft“ ist in der DDR weniger gebräuchlich – weder in ihren Forschungsleistungen noch in ihrer politisch-sozialen Funktion und akademischen Reputation die Anerkennung finden können, die sie sich erträumt hatten. Im politisch-gesellschaftlichen und administrativen Rahmen nehmen die außeruniversitären Einrichtungen wie das Deutsche Pädagogische Zentralinstitut (seit 1949) und vor allem seine Nachfolgerin seit 1970, die Akademie der Pädagogischen Wissenschaften der DDR (APW), die Rolle des Beraters in der Bildungspolitik und auch die Funktion der Differenz setzenden Entscheidungsinstanz ein, die vor 1945 der Berliner universitären Pädagogik, zunächst durch Spranger, dann durch Baeumler, zugekommen waren. In der Forschung fehlt nach anfänglichem Enthusiasmus nicht nur der internationale Status, sondern inneruniversitär auch die Gleichrangigkeit mit den anderen Sozialwissenschaften, etwa der Psychologie; die Lehrerbildung schließlich bleibt trotz universitärer Institutionalisierung nicht nur bei Studierenden ein ungeliebtes Kind. Als 1990 die DDR endet, war auch die *Sektion Pädagogik* an ihr Ende gekommen. Die Mehrzahl ihrer Professoren hatte das Ende ihrer beruflichen Laufbahn erreicht, die sie häufig als Neu- oder Junglehrer in der DDR um 1950 begonnen hatten; die wissenschaftlichen Mitarbeiter sahen sich den neuen Strukturen und Erwartungen allein gegenüber, nachdem sich auch der letzte verbliebene Hochschullehrer mit einem kleinen Zettel am Schwarzen Brett verabschiedet hatte, offenkundig, um seiner Entlassung als Stasi-Mitarbeiter zuvorzukommen. Die Erziehungswissenschaft wurde als Sozialwissenschaft neu gegründet, eindeutig dem Forschungsimperativ verpflichtet, nicht mehr der nationalen Bildungspolitik, und in dieser Rolle hat sie seither gearbeitet.

Die Pädagogische Fakultät der Humboldt-Universität – die Eingliederung der wissenschaftlichen Pädagogik in die akademische Kultur

Die Wiederaufnahme der Arbeit in der Universität nach dem Ende des NS-Regimes sieht den als unbelastet geltenden Pädagogen Eduard Spranger bis zum Herbst 1945 kurzzeitig als kommissarischen Rektor, Alfred Baeumler dagegen wird im Entnazifizierungsverfahren entlassen und lebt nach einer dreijährigen Internierung bis zu seinem Tode 1968 in der Bundesrepublik, ohne in eine Universität zurückzukehren. Die institutionelle Zäsur für die wissenschaftliche Pädagogik an der Berliner Universität wird mit der am 12. 09. 1946 vollzogenen Gründung der Pädagogischen Fakultät gesetzt.[1] Spranger ist dann schon in Tübingen, der Remigrant Arthur Liebert, als Philosoph 1933 in die Emigration gezwungen, amtiert bis zu seinem frühen Tod 1946 als erster Dekan. Friedrich Siegmund-Schultze kehrt 1946 zwar nach Deutschland zurück, lehnt aber die Erneuerung seiner alten Honorarprofessur als „ordentliche Professur für Sozialethik und Sozialpädagogik" an der Berliner Universität ab, wohl deshalb, weil Staat und Universität seine Bitte nicht erfüllen wollen, die Soziale Arbeitsgemeinschaft Berlin-Ost ebenfalls wieder zu gründen. Siegmund-Schultze lehrt bis 1958 als Honorarprofessor für Sozialethik und Sozialpädagogik an der Universität Münster.

Die Protagonisten der neuen Pädagogik sowohl intellektuell und theoretisch als auch organisatorisch und politisch sind zwei Gelehrte, die für mehr als zwei Jahrzehnte Forschung

---

[1] Universitätsarchiv der Humboldt-Universität (UAHU), Päd. Fak. 645, Bll. 517–519, Protokoll der Konstituierenden Sitzung. Zentral ist die Begründung, dass jetzt „das Spezifische der Lehrerausbildung zu seinem Recht kommen soll" (Bl. 517), deren Organisation „bisher weder dem allgemeinen Wissensdrang noch dem Bildungsbedürfnis des Lehrers" entsprochen habe. – Ich danke Marcel Post und Anne March für ihre engagierte Unterstützung bei der Erschließung der Archivbestände der Humboldt-Universität, die ich für die Arbeit an diesem Beitrag habe nutzen können.

und Lehre, aber auch die wissenschaftspolitischen Auseinandersetzungen prägen: Robert Alt und Heinrich Deiters. Sie sind deshalb auch nicht allein biographisch von Interesse, sondern verkörpern die Strukturprobleme der Pädagogik in der Universität eines sich sozialistisch verstehenden Staates und in einer Fakultät, die in den Augen der SED die „fortschrittliche Kerntruppe der Universität"[2] darstellen sollte. Robert Alt steht dabei für den ambitionierten Versuch, eine marxistische Erziehungswissenschaft nicht allein als Ideologie, sondern als Wissenschaft zu begründen, Heinrich Deiters arbeitet kontinuierlich daran, die neue sozialistische Gesellschaft und ihre Universität mit dem Erbe Humboldts und den für ihn besseren Traditionen der bürgerlichen Pädagogik zu versöhnen. In ihren Programmen sind beide nur begrenzt erfolgreich, aber noch in ihrem Scheitern wird ihre Arbeit gleichermaßen aufschlussreich für die Universität Unter den Linden wie für ihre Pädagogik.[3]

Wie viele der neuen Professoren an der Berliner Universität werden Robert Alt und Heinrich Deiters aus den 1933 entlassenen bzw. von den Nazis verfolgten alternativen Eliten rekrutiert.[4] Beide hatten zwar an der Berliner Universität studiert, Deiters 1910 sogar die studentische Rede zur Jahrhundertfeier gehalten[5], sie hatten nach 1933 aber keine Chance mehr im Bildungsbereich tätig zu sein.

Robert Alt (1905–1978), nach dem Studium von Philosophie und Soziologie in Breslau und Berlin, hier u. a. bei Thurnwald, 1927–1929 an der Pädagogischen Akademie in Frankfurt/Oder als Volksschullehrer ausgebildet, war Lehrer an der reformerischen Karl-Marx-Schule in Neukölln, nach 1933 an jüdischen Privatschulen und Kinderheimen und schloss 1937 seine Promotionsschrift über die „Industrieschulen" ab (die er dann 1948 in Berlin auch einreichen konnte). 1941 als Jude von den Nazis deportiert, überlebt er nach einer Odyssee über das Ghetto in Lodz, ein Arbeitslager in Posen und ein Außenlager von Auschwitz 1945 den Untergang der „Cap Arcona". Zurück in Berlin arbeitet er zunächst seit 1945 als Dozent am Institut für Lehrerbildung in der Ausbildung von Neulehrern, wird 1946 an die im Westen liegende Pädagogische Hochschule berufen, entscheidet sich dann aber 1948 für die Arbeit in der Pädagogischen Fakultät der Berliner Universität, wo er 1958 bis

---

[2] So die gemeinsame Formel der Sowjetischen Militäradministration in Deutschland (SMAD) und des Ministeriums für Volksbildung im August 1948, vgl. Geißler, Gert, Geschichte des Schulwesens in der Sowjetischen Besatzungszone und in der Deutschen Demokratischen Republik 1945 bis 1962, Frankfurt a. M. u. a. 2000, S. 239.

[3] Die Beiträge in Horn, Klaus-Peter/Kemnitz, Heidemarie (Hrsg.), Pädagogik Unter den Linden. Von der Gründung der Berliner Universität im Jahre 1810 bis zum Ende des 20. Jahrhunderts, Stuttgart 2002 sind auch für die Zeit bis 1990 nützlich.

[4] Für Biographie und Selbstwahrnehmung stütze ich mich v. a. auf die Personalakte UAHU, PA Robert Alt; für die Forschungslage zu Alt vorzüglich Wiegmann, Ulrich, Robert Alt und Heinrich Deiters. Die Anfänge universitärer sozialistischer Pädagogik und Lehrerbildung, in: Horn/Kemnitz, Pädagogik Unter den Linden, 2002, S. 253–270.

[5] In ihrem liberalen Duktus nicht nur zur Freude der deutschnationalen Professoren, vgl. Deiters, Heinrich, Bildung und Leben. Erinnerungen eines deutschen Pädagogen, Köln/Wien 1989, S. 188.

1961 Deiters im Amt des Dekans nachfolgt. Alt wird, trotz seiner Mitgliedschaft in KPD und SED sowie – von 1954 bis 1958 – im ZK der SED, in politische Auseinandersetzungen verstrickt und in Revisionismusdebatten zur unbeliebten Person, gegen den Willen der Redaktion scheidet er aus der Leitung der führenden Fachzeitschrift „pädagogik" aus. Dessen ungeachtet geht seine kontinuierliche politische und publizistische Unterstützung der SED-Bildungspolitik weiter. Aber er ist insgesamt weniger als Universitäts- und Lehrerbildungspolitiker denn als Wissenschaftler hervorgetreten, und er war einer der wenigen Pädagogen, die auch Mitglied der Akademie der Wissenschaften und nicht nur der APW waren.

Alt sucht die marxistische wissenschaftliche Begründung der Pädagogik – und der Bildungspolitik der DDR – in einer historischen und sozialwissenschaftlichen Argumentation, theoretisch und methodisch durchaus noch beeinflusst von seinen Vorkriegsstudien in Berlin und gelegentlich sogar in verfänglicher Nähe zu alten Theorien funktionaler Erziehung, wie sie sich u. a. bei dem Nationalsozialisten Ernst Krieck finden.[6] Er liefert mit seinen zahlreichen Arbeiten aber die folgenreichen Muster der Wahrnehmung der pädagogischen Welt und ihrer Geschichte: Dafür steht eine neue, parteilich-sozialistische Deutung des tschechischen Pädagogen Comenius (*Der fortschrittliche Charakter der Pädagogik Komenskýs*, 1954[7]), er gibt Texte zur Bildungspolitik der französischen Revolution heraus, leitet seit 1955 die Kommission für deutsche Erziehungs- und Schulgeschichte, ediert mit den *Monumenta Paedagogica* und dem *Jahrbuch für Erziehungs- und Schulgeschichte* die wesentlichen traditionsstiftenden Schriftenreihen, mit dem *Bilderatlas* zur Erziehungsgeschichte eine bis dato wenig beachtete Quelle und publiziert seine *Vorlesungen über die Erziehung auf frühen Stufen der Menschheitsentwicklung* (1956).[8] Tradition in neuer Perspektive, der Zusammenhang von Erziehung und Gesellschaft als zentrales Thema, das grundierende Bewusstsein, auf der richtigen Seite der historischen Entwicklung zu stehen – das macht seine Erziehungstheorie und pädagogische Wirksamkeit aus.

Heinrich Deiters (1887–1966) dagegen bleibt in seinen Argumenten eher ein kritischer bürgerlicher Gelehrter, nahe bei der sozialdemokratischen Tradition, ein engagierter Lehrerbildner und in der Systematik ein eher traditioneller Erziehungsphilosoph. 1887 in Osnabrück geboren, in einem höheren Beamtenhaushalt aufgewachsen, nach dem Studium der Germanistik, Geschichte und Philosophie in Heidelberg, Münster und Berlin 1911 hier

[6] Wiegmann, Ulrich, Über vergessene, verschwiegene und verdrängte Ursprünge des marxistischen Erziehungsbegriffs bei Robert Alt, in: Jahrbuch für Historische Bildungsforschung 10 (2004), S. 75–100; für die Debatte auch Rang, Brita, Pädagogische Geschichtsschreibung in der DDR. Entwicklung und Entwicklungsbedingungen der pädagogischen Historiographie 1945–1965, Frankfurt a. M./New York 1982, zu Alts schultheoretischen Begründungen S. 23ff.

[7] Bereits die Titelthese wird stilbildend für den Umgang mit der pädagogischen Tradition, vgl. z. B. Schuffenhauer, Heinz, Der fortschrittliche Gehalt der Pädagogik Schleiermachers, Berlin 1956.

[8] Eine Edition wesentlicher Schriften bei Günther, Karl-Heinz u. a. (Hrsg.), Robert Alt. Pädagogische Werke, 2 Bde., Berlin 1985; für die Interpretation seiner Leistung ist allerdings Wiegmann, Über vergessene, verschwiegene und verdrängte Ursprünge, 2004 ergiebiger als die hier beigegebenen Erläuterungen.

Abb. 1 Heinrich Deiters, Gertrud Rosenow, Robert Alt (v. li.)

promoviert, ist er seit 1912 im Schuldienst, Gründungsmitglied der Deutschen Demokratischen Partei und im radikalen Bund Entschiedener Schulreformer[9], seit 1920 SPD-Mitglied und seit 1927 Schulaufsichtsbeamter in Hessen-Nassau. Deiters wird von den Nazis im September 1933 aus dem Staatsdienst entlassen, überlebt in Berlin und wird als unbelasteter Pädagoge zunächst für drei Monate Lehrer an einem Gymnasium in Dahlem, dann in die Zentralverwaltung für Volksbildung berufen. 1946 wird er noch in der Gründungssitzung der Fakultät zugleich mit vollem Lehrauftrag für ‚Geschichte der Pädagogik' zum Professor der Pädagogischen Fakultät berufen[10], als deren Dekan er, nach dem Tode des zweiten Dekans, des früheren kommunistischen Stadtschulrates Wilhelm Heise, von 1949 bis 1958 amtiert. Deiters ist nach 1946 Mitglied in allen wichtigen politischen und wissenschaftlichen Gremien oder Beiräten zur Planung von Pädagogik und Lehrerbildung, er liefert Grundsatzreden zu Prinzipien der Hochschulorganisation, z. B. zur aktuellen Deutung der „Freiheit der Lehre und Forschung"[11], er ist Abgeordneter der Volkskammer, und zwar für

9 Für dessen Gründungsimpulse und die Mitgliedschaft, die Lehrer, Schulverwaltungsbeamte und sozialistische Politiker umfasst, vgl. Oestreich, Paul (Hrsg.), Entschiedene Schulreform. Vorträge gehalten auf der Tagung entschiedener Schulreformer am 4. und 5. Oktober 1919 im „Herrenhause" zu Berlin, Berlin 1920.

10 Personalakten zu Deiters finden sich in UAHU, für die gleichzeitige Berufung und Ernennung, die Theodor Brugsch, damals Vizepräsident der Zentralverwaltung für Volksbildung, in der Gründungssitzung der Fakultät vornimmt, vgl. UAHU, Rek. 1 sowie Päd. Fak. 643, Protokolle der Pädagogischen Fakultät, hier zur Fakultätsgründung am 12. 09. 1946 (Bll. 513ff.).

11 Vgl. sein Referat über „Grundlagen der Hochschulpolitik" auf der Tagung des SED-Hochschulausschusses am 22. 11. 1947, in: Malycha, Andreas (Hrsg.), Geplante Wissenschaft. Eine Quellenedition zur DDR-Wissenschaftsgeschichte 1945–1961, Leipzig 2003, S. 199–217, mit der Pointierung, „(…) so ist es selbstverständlich, dass eine solche Freiheit eben eine gesetzlich geregelte Freiheit ist (…) damit (…) garantiert und gewährleistet, wie sie auch gleichzeitig vor Missbräuchen durch die politischen Organe der Gesamtheit behütet", aber auch eine „Auslegung durch die (…) ideologischen Bedürfnisse erfährt" (S. 200); und seine Prämisse ist dann der endlich erreichte Konsens der Interessen von Universität und Staat (S. 203f.).

den Kulturbund. In seinen wissenschaftlichen Arbeiten dominieren historische und systematische Fragen der Erziehung, immer begleitet von literatur- und kulturhistorischen Studien[12]. Seine Schüler[13] – unter ihnen Gertrud Rosenow und Karlheinz Tomaschewsky – bleiben in den Bahnen der historischen und theoretischen Arbeiten, die Deiters inspiriert hatte. Sie bearbeiten Themen wie den „Humanismus", eine unorthodoxe Deutung des Prinzips der polytechnischen Erziehung oder Grundlagenfragen der Allgemeinen Erziehungswissenschaft.

Für die Universität und die Pädagogik zentral war Deiters' Kampf für die Pädagogische Fakultät. 1946 zunächst an allen SBZ-Universitäten eingerichtet, geraten sie schon bald unter kritischen Beschuss, nicht nur wegen einer als zu stark unterstellten Theoretisierung, für die u. a. Deiters verantwortlich gemacht wurde, und aus der politischen und universitären Abwehr eines „Einheits"-lehrerkonzepts, das Deiters durchaus unterstützte, sondern vor allem, weil sie den notwendigen Nachwuchs an Lehrern nicht liefern können, der nach der Entnazifizierung der Lehrerschaft und der massenhaften Abwanderung von Lehrern in den Westen sowie angesichts des Fortbildungsbedarfs der Neulehrer dringend gesucht war. Die Zulassungszahlen an den Pädagogischen Fakultäten sind so gering wie die Nachfrage, aber auch das Geld fehlt, entsprechend universitär die notwendigen neuen Einrichtungen für die Lehrerbildung zu gründen. Deiters kämpft wie ein Löwe, seit sich 1953 abzeichnet, dass der Platz der Pädagogischen Fakultät DDR-weit in den Universitäten nicht gesichert ist.[14] Gleichzeitig zeichnet sich ab, dass die geplanten Universitätsneugründungen, z. B. in Potsdam, nicht realisierbar sind und die stärkere Orientierung an Fachhochschulen auch für die Pädagogischen Hochschulen gilt, die erneut die Lehrerbildung der Sekundarstufen übernehmen sollen, während die Grundstufenlehrer an Instituten für Lehrerbildung (IfL), also an Fachschulen, ausgebildet werden. Nur in Berlin konnte die Pädagogische Fakultät bis 1967/68 für die Ausbildung der Sekundarlehrer überdauern, bevor sie mit den Sektionsgründungen aufgelöst wurde und die Pädagogik sich in der Gesellschaftswissenschaftlichen Fakultät wiederfand.

In den Auseinandersetzungen über die Pädagogische Fakultät wird gleichzeitig auch dokumentiert, dass die Pädagogik an der Berliner Universität nach 1945 die politisch einflussreiche Rolle nicht behaupten kann, die – jeder auf seine Weise – Spranger und Baeumler vor 1945 gehabt hatten. Die Machtlagen sind zwischen Staat, Universität und Pädagogischer

---

12 Ergänzend zu den Hinweisen bei Wiegmann, Robert Alt und Heinrich Deiters, 2002 nenne ich in dieser Gattung die schöne Arbeit von Deiters, Heinrich, Charles-Augustin Sainte-Beuve. Kritiker und Humanist, Berlin 1947 (Wolf Lepenies hat in seinem Sainte-Beuve Buch Deiters leider ignoriert).

13 Die Festschrift zu Deiters' 70. Geburtstag versammelt sie, vgl. Heinrich Deiters zum 70. Geburtstag. Beiträge zur systematischen Pädagogik, Berlin 1957.

14 U. a. UAHU, Schreiben von Deiters vom 16. 11. 1953 gegen die Auflösung der Pädagogischen Fakultäten, für den gesamten Komplex Wiegmann, Robert Alt und Heinrich Deiters, 2002 sowie Geißler, Geschichte des Schulwesens, 2000, bes. S. 89, Anm. 391.

Wissenschaft neu verteilt. 1946 nehmen Alt – zustimmend – wie Deiters – verhalten distanziert – noch Stellung zum Schulgesetz von 1946; Alt, Liebert und Deiters waren auch am 11. Oktober 1946 bei der ersten vorbereitenden Beratung des Programms beteiligt[15], Alt allein auch an der zweiten am 25. Oktober 1946, 1947 fragt die Deutsche Zentralverwaltung für Volksbildung noch bei der Fakultät nach einer Beurteilung dieses „Entwurfs eines Deutschen Demokratischen Erziehungsprogramms".[16] Aber sowohl die Beratungen wie der Duktus des Ergebnisses werden zentral und politisch, nicht universitär oder von der Pädagogischen Fakultät und schon gar nicht mehr „kultur- und staatswissenschaftlich" bestimmt, wie Spranger das bis 1933 konnte. Die prominenten Akteure in der Debatte arbeiten im Wesentlichen außerhalb der Berliner Universität. Die Pädagogen-Tagung vom 5. und 6. Mai 1947 hat schon Paul Wandel unter Kontrolle, die alternativen wissenschaftlichen Positionen werden von anderen vertreten, u. a. von Theodor Litt aus Leipzig und Albert Reble aus Halle, die beide bald in den Westen gehen. Die Berliner Universitätsvertreter, Deiters eingeschlossen, nehmen die SED-Positionen zustimmend auf.

Schon in diese frühe Phase fallen auch Versuche der SED, die erziehungswissenschaftliche Forschung umfassend zu bestimmen und zu planen. Die Universitäten protestieren, aber die „Pädagogische Zentralstelle" wird doch gegründet[17], mit eigenen Machtbefugnissen, die Pädagogische Wissenschaft der DDR verliert ihre autonome Stellung und fügt sich, soweit sie nicht in den Westen geht. Die Pädagogische Fakultät in Berlin berücksichtigt die politisch erwarteten Kriterien schon von Beginn an bei ihren Berufungen. Für „die Wahl des Lehrkörpers", so wird bei der Gründung der Fakultät festgehalten, sollen drei „Gesichtspunkte" gelten: „wissenschaftliche Tätigkeit, Lehrtüchtigkeit und politische Zuverlässigkeit".[18] Opposition gegen politische Vorgaben ist den Fakultätsmitgliedern jedenfalls fremd. Die Fakultät schließt sich 1947/48 dem Protest gegen die studentischen Aktivitäten im Vorfeld der FU-Gründung an[19], Berliner Universitätspädagogen stehen nicht auf der Seite der Aufständischen vom 17. Juni 1953, sie gehen auch nicht in den Westen, sondern bleiben.[20] Für

---

15 In: Benner, Dietrich/Sladek, Horst, Vergessene Theoriekontroversen in der Pädagogik der SBZ und DDR 1946–1961, Weinheim 1998, S. 63ff. für die Beratungen des Erziehungsprogramms, dort auch S. 201–204 die Beratungen von 1946, S. 206–259 die Mai-Beratung von 1947 (in Auszügen).

16 UAHU, Rek. 281, Bl. 46 am 12. 03. 1947 zu der Anfrage der ZVW: „Uns liegt an einer Gesamtbeurteilung, an konkreten Anregungen und formulierten Vorschlägen."

17 Geißler, Gert, Zur Gründungsgeschichte des Deutschen Pädagogischen Zentralinstituts (DPZI), in: Außeruniversitäre Erziehungswissenschaft in Deutschland, hrsg. v. Geißler, Gert/Wiegmann, Ulrich, Frankfurt a. M. 1996, S. 137–148.

18 UAHU, Päd. Fak. 645, Bl. 518, Protokoll der Pädagogischen Fakultät vom 12. 09. 1946.

19 Ebd., Bl. 484.

20 Wiegmann, Ulrich, Der 17. Juni 1953 und die pädagogische Wissenschaft der DDR; Häder, Sonja, Kollektiver Protest. Das „Memorandum der Pädagogischen Fakultäten in der DDR zur Lehrerbildung" vom 9. 12. 1953 im Kontext der Ereignisse vom Juni 1953; beide in: „Am Rande des Bankrotts …" Intellektuelle und Pädagogik in Gesellschaftskrisen der Jahre 1953, 1956 und 1968 in der DDR, Ungarn und der ČSSR, hrsg. v. Häder, Sonja/Wiegmann, Ulrich, Baltmannsweiler 2004, S. 17–37, 39–67.

Deiters und Alt ist es sicherlich zu scharf zu sagen, dass sich die Pädagogische Wissenschaft seit der Mitte der 1950er Jahre nach dem Rückschrauben einer zu starren Sowjetisierung in Terminologie und Theorie zwar „von den Anmaßungen der herrschenden Doktrin“ befreit, dafür aber „gleichsam besinnungslos – als marxistisch-leninistisch fundierte Wissenschaft etabliert“ habe.[21] Aber in generalisiert-wohlwollender bzw. engagierter Unterstützung haben sie beide dazu beigetragen, dass die Theoretische Pädagogik auch an der Humboldt-Universität im Zweifelsfall den Marxismus und die politisch herrschende Doktrin dem Eigengesetz der Wissenschaft vorzog.

Pädagogik in der Universität

In ihrer organisatorischen Verfassung und in der Praxis ihrer Arbeit spiegelt die Pädagogische Fakultät bis 1968 die dominierende Rolle der Lehrerbildung für das Selbstverständnis im Fach und für die Forschung in der universitär neu konstituierten Disziplin. Das Fach weitet sich allerdings disziplinär aus, u. a. durch die Sonderpädagogik oder durch die Integration der Berufspädagogik, nachdem die Wirtschaftspädagogik ja schon mit der Integration der Handelshochschule vor 1945 in die Universität einbezogen und durch Friedrich Feld (1887–1945) seit 1930 vertreten worden war. Die wissenschaftliche Pädagogik hat aber auch konstant Probleme, v. a. mit der Pädagogischen Psychologie und der vom Institut für Psychologie, zumal von Kurt Gottschaldt vertretenen, in der Methode naturwissenschaftlichen Psychologie (vgl. Ebisch/Ash i. d. Bd.). Zunächst hier eingerichtet, dann in der Mathematisch-Naturwissenschaftlichen Fakultät institutionalisiert, lebt Gottschaldt wegen seines Verständnisses der Psychologie und ihrer Rolle in der Lehrerbildung kontinuierlich im Streit mit der Pädagogischen Fakultät, bis er 1961/62 nach Göttingen geht.

Mit der 3. Hochschulreform gewinnt auch die Pädagogik seit 1968 an der Universität die organisatorische Gestalt, die sie bis zum Ende der DDR behalten sollte. Als eigene *Sektion Pädagogik* am 10. 10. 1968 gegründet[22], in den Vorpapieren der Fakultät erst als „Sektion marxistisch-leninistische Erziehungswissenschaft“ bezeichnet, bald – wie schon vorher das Institut für Allgemeine Pädagogik – nach Friedrich A. Diesterweg, dem prominenten liberalen Lehrerbildner des 19. Jahrhunderts benannt, umfasst sie bis 1989 mit – zuletzt – 14 Professoren, ebenso vielen Dozenten und insgesamt 78 wissenschaftlichen Mitarbeitern (Oberassistenten und Assistenten) insgesamt 12 Wissenschaftsbereiche.

---

[21] Wiegmann, Der 17. Juni, 2004, S. 37.

[22] UAHU, Rek. 816, Gründung der Sektion Pädagogik (an der im Übrigen die eingeladenen Vertreter des DPZI nicht teilnehmen); gleichzeitig stimmt der Rat der Fakultät der „Gründung einer Sektion Sonderpädagogik“ zu. Die Fakultät legt ihren Vorschlag in einem Schreiben vom 26. 04. 1968 vor.

In ihrer eigenen konzeptionellen Planung[23] erhält die Sektion ein Bündel an „Aufgaben", die insgesamt auch „der Bedeutung der Humboldt-Universität als hauptstädtischer Universität" entsprechen sollen. Das betrifft zuerst Aufgaben in der „Aus- und Weiterbildung" von Lehrern und anderen pädagogischen Kadern, dann, zweitens, in der „Forschung" sowie drittens in der „Praxisverbindung", die vertraglich (i) mit dem Magistrat von Berlin für die schulpraktische Ausbildung, (ii) mit den eigenen Forschungsschulen, (iii) für die Weiterbildung, (iv) mit dem Zentralvorstand der Gewerkschaft Unterricht und Erziehung, (v) dem Ministerium für Volksbildung und dem DPZI sowie (vi) mit „wirtschaftsleitenden Organen" und Betrieben im Blick auf die Berufsbildung abgeschlossen werden sollen. Ihre „Struktur" spiegelt diese Aufgabenfülle der Sektion: In drei „Gruppen" wird die Arbeit thematisiert und subdisziplinär untergliedert: „1) (...) grundlegende und übergeordnete Bereiche der Erziehungswissenschaft" sowie „der sozialistischen Bildungspolitik"; entsprechend werden hier nicht nur die traditionellen Disziplinen der Allgemeinen Pädagogik genannt, d. h. Erziehungstheorie, Geschichte der Erziehung, Vergleichende Pädagogik, Theorie des Lehrens und Lernens, der Didaktik und die in das Umfeld der Pädagogik zurückgekehrte Pädagogische Psychologie, sondern im Blick auf die Bildungspolitik wird auch erwartet, dass „Spezialisten für philosophische, mathematische und kybernetische Grundlagen, Bildungssoziologie, Bildungsökonomie, Betriebspädagogik u. a. arbeiten". Zur zweiten „Gruppe" werden pädagogische Themen und „Bereiche (...) in verwandte[n] Lehrgebieten" gerechnet, d. i. im Wesentlichen die Fachdidaktik, sowohl schulisch wie beruflich, die zugleich die Verbindung der Sektion in die Universität hinein und zu den Fachwissenschaften stiften soll; die dritte „Gruppe" bezieht sich auf die Probleme „einzelner Stufen des Bildungssystems und damit verbundener Institutionen", von der Familie über die Vorschulerziehung, die Unterstufe und die Oberschule bis zu den Jugend- und Kinderorganisationen und die „Theorie der Bildung und Erziehung an der sozialistischen Hochschule". Neben den erwartbaren und bekannten Arbeitsfeldern der Pädagogik zwischen Schule und Berufsbildung und der jeweiligen Lehrerbildung sind jetzt also auch die Hochschulpädagogik sowie die Pädagogik der Familie und der Kinder- und Jugendorganisationen zum disziplinären Thema geworden.[24] Dazu kommt – relativ bald – auch die Sozialpädagogik, d. h. Jugendhilfe und Heimerziehung; die Kontrolle abweichenden Verhaltens findet damit als wissenschaftliches Thema ebenfalls ihren Platz in der Universität.[25]

---

[23] Ebd. findet sich in der Anlage zur Gründungseinladung der „Vorschlag für die Gründung einer Sektion Erziehungswissenschaften an der Humboldt-Universität zu Berlin".

[24] Daten bei Horn, Klaus-Peter/Kemnitz, Heidemarie/Kos, Olaf, Die Sektion Pädagogik F. A. W. Diesterweg 1968 bis 1991, in: Horn/Kemnitz, Pädagogik Unter den Linden, 2002, S. 277, zu den Lehrenden, die in diesen Wissenschaftsbereichen seit 1968 und bis 1991 gearbeitet haben, ebd., S. 274f.

[25] Im Entwicklungskonzept vom Juni 1975 (UAHU, Rek. 850, Bll. 62–112) werden bei den „Spezialstudien für leitende Kader" auch schon die Direkt- und Fernstudien der Kader für „Jugendhilfe und Heimerziehung" genannt.

Die leitende gesellschaftliche Prämisse unter der die als „Wissenschaftsbereiche" institutionalisierten Teildisziplinen arbeiten, ist eindeutig, die Annahme nämlich, dass es notwendig sei, „die Vermittlung und Aneignung erziehungswissenschaftlicher Kenntnisse auf alle Werktätigen auszudehnen."[26] Die Erwartungen an die Forschung nehmen diese vielfachen Referenzen auf und zeichnen ein Bild der Funktion von Erziehungswissenschaft, dass sie als Instrument der Rationalisierung und Effektivierung des pädagogischen Gesamtsystems der Gesellschaft in allen Dimensionen interpretiert. Auch in der Forschung sollen deshalb (i) Grundlagen bearbeitet werden, allerdings zuerst „Grundlagen der wissenschaftlichen Führungstätigkeit in Teilsystemen des gesellschaftlichen Systems des Sozialismus", dann (ii) Fragen der „Erhöhung der Effektivität der ideologischen Bildung und Erziehung", (iii) der „Intensivierung und Rationalisierung von Lehr- und Lernprozessen" im Bildungssystem sowie (iv) der „Erhöhung der Effektivität der Berufsbildung" und schließlich (v) „der Effektivität von Bildungs- und Erziehungsprozessen in der Familie, in der Vorschulerziehung, in der sozialistischen Jugend- und Kinderorganisation und an den Hochschulen."

Man erkennt die politisch und ideologisch zentrale Stellung der Pädagogik als Wissenschaft, und man versteht zugleich auch, dass der universitären Pädagogik damit zwar eine prominente Rolle im DDR-System zugeschrieben wurde, dass es aber primär eine prominente Stelle in der Sozialisationsordnung, im „Erziehungsstaat" der DDR[27], nicht im Wissenschaftssystem ist und dass sie nicht zufällig in der Planung ihrer Forschung immer noch der APW untergeordnet war und mithin dem Ministerium für Volksbildung, nicht der Administration für das Hochschulwesen. An der Fülle der Fachgebiete lässt sich zugleich absehen, dass neben der Lehrerbildung, an der „Geschichte und Grundlagen der Pädagogik", „Erziehungstheorie" und „Didaktik" sowie die Pädagogische Psychologie beteiligt waren, weitere Studiengänge im außerschulischen Bereich existierten. Neben der Ausbildung der Fachlehrer steht gleichgewichtig die Ausbildung von pädagogischen „Leitungskadern (Diplom-Pädagogen)" für das gesamte Bildungssystem.[28] Diese Zuschreibung der Aufgaben an die wissenschaftliche Pädagogik erhält sich bis zum Ende der DDR. Themenschwerpunkte im Einzelnen, Forschungsthemen der einzelnen „Gruppen" der Erziehungswissenschaft werden von der Universität mit der APW ausgehandelt, die Ausbildungserwartungen an die Lehrer und die Funktion von Lehrbüchern spielen dabei ebenso eine eigenständige Rolle wie die Konjunkturen der Bildungs- und Wirtschaftspolitik. Dabei entstehen viele

---

26 Vgl. den „Vorschlag für die Struktur und Aufgaben der Sektion vom 26. 4. 1968", Ziff. I.1.

27 Für diese Zuschreibung vgl. die DDR-spezifischen Beiträge von Tenorth, Benner/Sladek sowie Geißler/ Wiegmann in: Erziehungsstaaten, hrsg. v. Benner, Dietrich/Schriewer, Jürgen/Tenorth, Heinz-Elmar, Weinheim 1998.

28 UAHU, Rek. 850, Bl. 63, hier wird in einem Bericht der Sektion für die Zeit von 1975/76 und bei der Vorlage einer neuen Entwicklungskonzeption diese traditionell zweiseitige Aufgabe bekräftigt.

Planungsmaterialien, viel Korrespondenz zwischen den beteiligten Akteuren, auch viele Berichte über geplante und erbrachte Leistungen. Eine Bilanzierung der wissenschaftlichen Leistungen im Detail, vielleicht sogar, wie man es wünschen könnte, nach Publikationen und Graduierungsverfahren quantitativ dargestellt, ist hier nicht möglich[29], aber auch nicht notwendig. Für die disziplinäre Praxis der universitären Pädagogik in Berlin kann man exemplarisch argumentieren, um ihre schwierige Realität zwischen den Vorgaben der Politik und der Eigenlogik erziehungswissenschaftlicher Forschung zu verstehen.

Forschung und Lehre – die Praxis universitärer Pädagogik

Für Forschung und Lehre, aber auch für die gesellschaftliche Einbindung der universitären Pädagogik ergeben sich aus den vielfältigen und zugleich heterogenen Erwartungen von Ausbildung, Effektivitätserwartungen und Analysethemen durchaus eigene Probleme. Für die Lehre gilt dabei, dass sie – hier wie überall – den Vorgaben strikter Stundenpläne und spezifischer Lehr- und Lernformen unterworfen war und in der Ausbildung der Lehrer und der pädagogischen Leitungskader in den weiteren Bereichen ihr zentrierendes Thema hatte, aber auch weitgehend den Vorgaben der Abnehmer folgen musste. In der Lehrerbildung bleibt dann von Bedeutung, dass die Konjunkturen der Bildungspolitik immer in die Universität hineinwirken (und die Pädagogik gelobt wird, dass sie dabei stützend agiert hat), aber für die Lehrorganisation auch bemerkenswert, dass die DDR einem einphasigen Modell der Ausbildung folgte, die Praxisphasen also in das universitäre Studium integrierte und deshalb ja auch vertraglich mit dem Magistrat als Träger der Schulen kooperierte. Die Wissenschaftspraxis der Pädagogik war deshalb immer auch stark von den Abnehmern und Praxisfeldern und zugleich von ideologisch präformierten Vorgaben bestimmt. Sie werden in ihrer Wirkung für die Forschung diskutierbar, wenn man den Aufgabenbereichen folgt und dann nicht zuerst im Kernbereich der Lehrerbildung ansetzt, sondern an den Feldern, die in Berlin relativ singulär für die Universitätspädagogik der DDR institutionalisiert waren, und an solchen, der Pädagogik intensiv zugerechneten Feldern, die nicht institutionell verselbstständigt wurden, z. B. der Polytechnik.

Sozialpädagogik, konkret der Bereich Jugendhilfe/Heimerziehung, z. B. ist als universitäres Arbeitsgebiet in Berlin singulär für die Universitäten der DDR eingerichtet geworden. Hier gingen Eberhard Mannschatz, der Fachvertreter von 1977 bis 1983, dann in der APW und gleichzeitig im Volksbildungsministerium für dieses Aufgabengebiet verantwortlich, und auch seine Nachfolger ein pädagogisch wie politisch höchst fragwürdiges Bündnis mit

[29] Vgl. aber die Materialien – Lehrende, Binnenstrukturen und ihre Leiter, Stundenpläne, Verteilung der Abschlussarbeiten nach Bereichen etc. – bei Horn/Kemnitz/Kos, Die Sektion Pädagogik, 2002, S. 271–290.

der staatlichen Kontrolle abweichenden Verhaltens und den dafür eingerichteten – und bis heute berüchtigten[30] – offenen und geschlossenen Jugendwerkhöfen ein. Mannschatz hat in Texten, die nach 1990 erschienen sind[31], die Aufgabe selbst, die theoretische Orientierung an Makarenko und auch die Praxis der DDR-Sozialpädagogik immer neu zu rechtfertigen versucht, auch in einer grundsätzlichen Abwehr von Vorwürfen, die der DDR den Charakter des Rechtsstaats absprechen. Das ist, auch wenn er gelegentlich ein „Versagen" der Sozialpädagogik nicht ausschließt, im Grunde eine apologetisch-uneinsichtige Argumentation geblieben, allenfalls im semantischen Vermeiden der üblichen ideologischen Versatzstücke fern von seinen offen autoritären und pädagogisch nicht legitimierbaren, dafür jargongetränkten DDR-Publikationen.[32] Der Primat des Kollektivs regiert hier, das gute Gewissen der Pädagogen, dass sie in Theorie und Praxis die gute Sache vertreten und dass sie auf jeden Fall gegenüber den Erscheinungsformen individuellen Verhaltens, auch gegenüber Widerspenstigkeit und Eigensinn, zuverlässig und legitim das abweichende Verhalten erkennen können, und schließlich auch, dass sie politisch wie pädagogisch legitimiert sind, im Notfall auch durch „Wegsperren" und „Einschließen" den guten kollektivpädagogischen Vorgaben zur Geltung zu verhelfen.

Auch die *Sonderpädagogik*, schon als Institut seit 1946 in der Pädagogischen Fakultät eingerichtet, hat insofern ihre DDR-eigene Theorie- und Praxisgeschichte, mit allen Belastungen, die aus diesem Umfeld resultieren, wenn man sich grundsätzlich zustimmend auf die damit gegebene Wirklichkeit einlässt. Die Sonderpädagogik, außer in Berlin noch in Halle, Rostock und Magdeburg (dort auf Sonderschulpädagogik konzentriert) präsent, fand seit 1969 ihren Platz in einer eigenen Sektion *Rehabilitationspädagogik und Kommunikationswissenschaft*.[33] Auch ihre Theoriearbeit spiegelt die schwierige Balance zwischen ideologischem Zugriff und eigenständiger wissenschaftlicher Arbeit. Schon in den frühen Planungen innerhalb der Pädagogischen Fakultät wird die Abteilung für „Sonderpädagogik" in

---

30 Zur kritischen Analyse dieser Institutionen, die den Namen der Jugendhilfe aufgrund ihrer oft gewaltförmigen Praxis nicht verdienen, vgl. die Beiträge in Blask, Falk u. a., Einweisung nach Torgau. Texte und Dokumente zur autoritären Jugendfürsorge in der DDR, Berlin 1997; die Arbeiten von Andreas Gatzemann (u. a.: Der Jugendwerkhof Torgau, Münster 2009) sind dagegen nicht zu empfehlen.

31 Mannschatz, Eberhard, Jugendhilfe als DDR-Nachlaß, Münster 1994, dort u. a. gegen den Vorwurf des „Unrechtstaates" DDR (S. 13f.), zu Makarenko S. 93ff., sowie ders., Heimerziehung. Zum Problemhintergrund einer umstrittenen Betreuungsform, Berlin 2007, und für den nicht nur apologetischen, sondern die Probleme verdunkelnden Umgang mit der Praxis der Werkhöfe u. a. hier S. 94ff.

32 Mannschatz, Eberhard, Entwurf zu einer Methodik der Kollektiverziehung, 2., stark veränderte und erw. Aufl., Berlin 1970. Hier beginnt der Text noch mit der zentralen Aufgabe: „1. Die Erziehung sozialistischer Persönlichkeiten in der sozialistischen Menschengemeinschaft" (S. 8ff.), die „Kollektiverziehung" bildet das leuchtende methodische Vorbild und Persönlichkeitsentwicklung ist, ohne jede Einschränkung, ein „gesellschaftlich determinierter Prozess".

33 Für eine retrospektive und von Apologie nicht freie Selbstbeschreibung dieser Sektion vgl. das Buch des ehemaligen Leiters und seines Mitarbeiters Becker, Klaus-Peter/Große, Klaus-Dietrich, Pädagogik für Behinderte an der Humboldt-Universität zu Berlin 1947–2007. Ein geschichtlicher Abriss, Münster u. a. 2007.

der Bezeichnung gleichzeitig mit dem ihre Adressaten stigmatisierenden sowjetischen Begriff der „Defektologie" kontaminiert[34], und in der Folgezeit hat das Fach Schwierigkeiten, seine eigenständige theoretische Position zu finden. Dabei stellen zunächst die Übernahme, wie bei dem ersten Lehrstuhlinhaber Reinhold Dahlmann[35], dann, durch seinen Nachfolger Gerhard Heese, die Abgrenzung gegenüber der sowjetischen Terminologie und, nach 1951, auch gegen die verordnete Vorrangstellung der Pawlowschen Lehre nicht die einzigen Probleme dar. Für die Sonderpädagogik wird die Zurechnung zur Pädagogik und damit die Eingrenzung auf die Sonderschule statt der Ausweitung „auf die gesamte Lebensspanne"[36] selbst immer neu thematisch und zugleich problematisch.

Kontinuierlich wird vor allem in Berlin, anders als an den anderen Hochschulstandorten, die Nähe zu außerpädagogischen Wissenschaften gesucht, u. a. zur Medizin und zur Sozialhygiene, und mit der Sektionsgründung sowie mit dem Namen „Rehabilitationspädagogik" auch bestätigt. Innerhalb der Pädagogik bleiben aber die theoretischen Probleme der Sonderrolle des Faches erhalten. Noch in einer Diskussion 1987 werden sie sichtbar, als der junge Dozent Große die versammelten Fachvertreter darauf hinweist, dass in der internationalen Diskussion nicht die Unterscheidung der Klientel nach Arten der „Schädigung" diagnostisch und therapeutisch dominierend ist und auch nicht ihre Medizinalisierung, sondern – wie er unter Berufung u. a. auf die UNESCO erinnert – die Aufgabe der „schulischen Integration von geschädigten Kindern und Jugendlichen" diskutiert werde[37] (wobei der Begriff der „Geschädigten" das Nachfolgekonzept von Defektologie auch hier noch tradiert). Die politischen und pädagogischen Formen des Umgangs mit Behinderung in der DDR wurden vor diesem theoretischen Hintergrund jedenfalls nicht mit der genügenden Distanz analysiert. In der Schulgesetzgebung bleiben, von den Sonderpädagogen nicht kritisiert, die Unterscheidungen der „Bildungsunfähigkeit" bzw. die Zuschreibung als „schulbildungsunfähig" erhalten, die Behinderten werden eher ausgegrenzt und außerstaatlichen

---

34 UAHU, Päd. Fak. 645, Bl. 426 anlässlich des Antrags, die Abteilung „zu einem Institut für Sonderschulpädagogik (Defektologie) mit einem Lehrstuhl umzubilden" (Fakultätssitzung vom 20. 09. 1949); in der Fakultätssitzung vom 14. Dezember 1949 wird dann „die Errichtung eines Instituts für das Sonderschulwesen" beschlossen und die Kooperation „mit den Vertretern der allgemeinen pädagogischen und psychologischen Disziplinen" empfohlen (ebd., Bl. 402).

35 Becker/Große, Pädagogik für Behinderte, 2007, S. 54ff.

36 Darüber wird schon 1954 diskutiert, vgl. ebd., S. 34.

37 Vgl. Ministerium für Volksbildung der DDR/Ministerium für Hoch- und Fachschulwesen/Akademie der Pädagogischen Wissenschaften der DDR, Die weiteren Aufgaben bei der Entwicklung des theoretischen Niveaus und der Praxiswirksamkeit der pädagogischen Ausbildung der Diplomlehrerstudenten. Protokoll der Arbeitsberatung mit den Direktoren der Sektionen Pädagogik und Psychologie der pädagogischen Hochschulen und Universitäten und anderen pädagogischen Wissenschaftlern in Brandenburg am 2. und 3. Juni 1987, Teil II, (MS.) Berlin 1987, S. 290.

Einrichtungen zugewiesen als im staatlichen Bildungssystem pädagogisch begründet betreut oder gefördert.[38]

Es gibt gleichzeitig auch andere pädagogische Themen, die trotz großer sozialistischer Versprechen in der Universität nicht von der Aufmerksamkeit für Erziehung profitieren, und das gilt vor allem für die *Polytechnik* bzw. die *Polytechnische Bildung*. In der Bildungspolitik nach 1950 wird das Thema zum zentralen Ziel der sozialistischen Transformation des Bildungssystems, auch innerhalb der Pädagogischen Fakultät als Fachdidaktik eigenen Rechts etabliert, aber der Bereich macht institutionell nicht umfassend Karriere in der Universität. Auch mit der Hochschulreform von 1968, und das ist dann doch überraschend, war es trotz der schon alten, energischen und unermüdlichen Interventionen des ersten Fachvertreters, Paul Mahlhus, und – im Blick auf die weitere Zukunft – auch ungeachtet der Tatsache, dass mit Helmut Klein seit 1976 ein Pädagoge als Rektor amtierte, der im Westen als Propagandist der Polytechnischen Bildung auftrat, nicht gelungen, eine eigene Sektion Polytechnik einzurichten. Von Mahlhus früh, kontinuierlich und auch in der Öffentlichkeit als theoretischer und politischer Kern des sozialistisch zu begründenden gesamten Bildungssystems eingeschätzt, 1951 auch so propagiert, ja als vollendeter Ausdruck der „sozialistischen Kulturrevolution"[39] gefeiert und als fachübergreifende ideologische Klammer in der Lehrerbildung, wenn nicht der gesamten Studien in der Universität angepriesen, blieb Polytechnik ein Gebiet neben anderen. Die Fachlehrer für Polytechnik wurden zwar hier ausgebildet, die Pflichtschule der DDR hat aus diesem Kontext eines ihrer zentralen Namensattribute geholt, als „allgemeinbildende polytechnische Oberschule", aber die integrative Klammer ist das Fach nicht geworden, obwohl auch die universitären Pädagogen in seiner Begründung und in der kritischen Diskussion von weiteren Entwicklungsmöglichkeiten der polytechnischen Bildung intensiv engagiert waren.[40] Trotz erneuter Eingaben scheiterte die Gründung. Die Gründe sind, hier wie bei anderen gescheiterten Sektions-

---

[38] Übersichten zur Situation von Theorie und Praxis der Behindertenpädagogik finden sich bei Barsch, Sebastian, Geistig behinderte Menschen in der DDR. Erziehung – Bildung – Betreuung, Oberhausen 2007 sowie bei Bleidick, Ulrich/Ellger-Rüttgardt, Sieglind Luise, Behindertenpädagogik – eine Bilanz. Bildungspolitik und Theorieentwicklung von 1950 bis zur Gegenwart, Stuttgart 2008, zur DDR bes. S. 194–245.

[39] So emphatisch argumentiert der Fachvertreter schon 1960, vgl. Mahlhus, Paul, Die Polytechnische Bildung und Erziehung im Universitätsstudium, in: Forschen und Wirken. Festschrift zur 150-Jahr-Feier der Humboldt-Universität zu Berlin, 1810–1960, Bd. 3, Berlin 1960, S. 619–644, hier: S. 644.

[40] Für die dominierende pädagogische Begründung des Faches sorgte innerhalb der APW Heinz Frankiewicz (vgl. ders., Technik und Bildung in der Schule der DDR, Berlin 1968), in der Humboldt-Universität wurde eher eine kritische Beobachtung von innen praktiziert, u. a. in den Arbeiten von Reischock, Wolfgang, Die Bewältigung der Zukunft. Technische Revolution – polytechnische Bildung, Berlin 1966; für den theoretischen Kontext und für eine konzise und knappe Analyse der politischen Aspekte, der Rolle der SED, des DPZI und der APW vgl. schon Anweiler, Oskar, Schulpolitik und Schulsystem in der DDR, Opladen 1988, bes. S. 58–79.

gründungen in ebenfalls bedeutsamen Bereichen[41], nicht ganz eindeutig. Im Falle der Polytechnik scheint das vor allem an der Skepsis der Universität gegenüber dem ausgreifenden Anspruch des Bereichs gelegen zu haben, auch an den ungeklärten organisatorischen Fragen der Einbindung in die Universität und der Funktion gegenüber der Vielfalt von Fächern, die von der Physik bis zur Organisationsforschung, der Pädagogik und der Psychologie, der Philosophie und den Wirtschaftswissenschaften von den Fachvertretern der Polytechnik als Referenz beansprucht und denen Vorlesungen in Aussicht gestellt wurden[42]; allein die Zuordnung zur Elektronik wurde abgewehrt, der die Universität dann allerdings später explizit die Funktion zuschrieb, die Polytechnik für sich beansprucht hatte.[43] Was dann „technische Grundausbildung“[44], so die erste Vorgabe des Rektorats, bzw. polytechnische Bildung bedeuten sollten, war ergebnissicher nicht zu klären, ebenfalls nicht, ob man hier sogar den vom Fachvertreter Johannes Reichmann unterstellten „Integrationsprozeß von Naturwissenschaften, technischen Wissenschaften und Gesellschaftswissenschaften“ erwarten sollte.[45] Die Sektionsgründung blieb aus, der Bereich blieb als Lehrfach im Angebot der Studienfächer für den Diplomlehrer etabliert, gewann aber keinen eigenen institutionellen Status.

Lehre und Studium, Forschung und wissenschaftliche Arbeit blieben auch ohne Polytechnik nach der Hochschulreform von 1968 natürlich „marxistisch-leninistisch“ im Grundverständnis, freilich in disziplinär eigener Tönung. Die Pädagogen der Humboldt-Universität

41 Zu den diskutierten, aber nicht realisierten Sektionsgründungen zählen neben der Polytechnik noch die Pläne für eine Sektion Marxistisch-Leninistische Soziologie, eine Sektion für Informationsverarbeitung und eine Sektion Biochemie-Molekularbiologie (vgl. UAHU, Rek. 1, 812). Für die institutionellen Kontexte vgl. die Beiträge von Wollmann, Rückl/Zahn sowie Laitko i. d. Bd.

42 Vgl. die Korrespondenz des Institutsdirektors Johannes Reichmann mit dem Rektorat seit dem Oktober 1968 (UAHU, Rek. 846) sowie den „Vorschlag zur Gründung einer Sektion Polytechnik an der Humboldt-Universität zu Berlin“ vom Januar 1969 (Eingang durch den Rektor, den Anglisten Karl-Heinz Wirzberger, gezeichnet am 10. 2. 1969, und zugleich mit skeptisch-fragenden Randnotizen des Rektors versehen), in: UAHU, Rek. 1, 812, Bll. 1–13.

43 Das tut jedenfalls der Polytechnik-Experte Helmut Klein, jetzt in der Rektorenrolle und anlässlich des Universitätsjubiläums von 1985, vgl. Klein, Helmut (Hrsg.)/Autorenkollektiv, Humboldt-Universität zu Berlin. Überblick 1810–1985, Berlin 1985, S. 142, wo er von der Sektion Elektronik „wichtige Impulse für die Stärkung der interdisziplinären Arbeit, für die gegenseitige Anregung und Durchdringung von Gesellschafts-, Natur- und Technikwissenschaften erwartet“.

44 Das nennt Reichmann in seinem Brief vom 28. 10. 1968 an den Rektor als den Auftrag, den er vom Prorektor für Lehre erhalten habe (UAHU, Rek. 846); in diesem Brief berichtet er auch über die lange Kette von Ereignissen und Aktivitäten, in denen er seit Anfang 1968 das Problem zu bearbeiten versucht hat – erfolglos, wie er klagt, so dass jetzt „Kaderflucht“ drohe, wie Reichmann in einem Gespräch im Ministerium, dessen Unterstützung er gegen die Universität gesucht hatte, argumentiert (ebd., Rek. 816, Aktennotiz des Ministeriums über das Gespräch vom 27. 1. 1969 im Ministerium für Hoch- und Fachschulwesen).

45 So die Prämisse in Reichmanns Papier vom März 1969 (ebd., UAHU, Rek. 816), begleitet von der starken These: „Die polytechnische Bildung ist mehr als eine Unterrichtsdisziplin und wird immer stärker zur Grundlage für die theoretische und praktische Beherrschung der Produktions- und Arbeitsprozesse.“ Entsprechend ist der Kanon der Kooperations-Fächer hier noch ausgreifender als in dem „Vorschlag“ vom Januar 1969.

haben an ihrer Bindung an eine solche Erwartung keinen Zweifel gelassen. Das dominierende Referenzfeld innerhalb der Universität waren dann selbstverständlich pädagogische Fragestellungen, die mit der Lehrerbildung und der Gestaltung des Bildungssystems aufgeworfen wurden. Einige der dafür primär handlungsbedeutsamen Referenzdisziplinen, v. a. Fachdidaktik und Methodik, waren seit 1968 nicht mehr in der „Sektion Pädagogik", sondern in den anderen, fachwissenschaftlichen Sektionen etabliert, die an der Diplomausbildung für die Lehrer beteiligt waren; neben der Sektion bestanden im Übrigen pädagogische Studiengänge für Wirtschaftspädagogen (in den Wirtschaftswissenschaften) und für Medizinpädagogik. Für die erziehungswissenschaftlichen Disziplinen im engeren Sinne, Theorie und Geschichte der Erziehung, die Allgemeine Didaktik oder die Pädagogische Psychologie, galt die zentrale Aufmerksamkeit der eigenen theoretischen und methodischen Grundlegung sowie der Orientierung an der Bildungspolitik und dem Schulsystem.

Die Praxis der Pädagogik an der Universität erklärt sich aber nicht allein aus einer solchen selbst gesuchten, freiwilligen Bindung an ideologische wissenschafts- und bildungspolitische Vorgaben, sie war zugleich planerisch eingebunden in externe wissenschaftspolitische Vorgaben. In der Lehre ist es neben den allgemeinen Bedingungen der Studienstruktur (die u. a. dafür sorgen, dass auch in der Lehrerbildung der Anteil der ML-Studien größer war als der Anteil der Pädagogik) die DDR-weit gültige Ordnung der Diplom-Lehrerbildung, die bis 1990 bestimmend bleibt. In der Forschung macht sich nach 1970 vor allem die starke Rolle der APW[46] bemerkbar, wie ja schon vorher die Rolle des Deutschen Pädagogischen Zentralinstituts.[47] Die APW diskutiert und publiziert seit 1970 im Fünf-Jahres-Rhythmus „Perspektivpläne der pädagogischen Forschung"[48] und bestimmt damit planerisch und zugleich in ihrer wissenschaftlichen Praxis und in der Ausbildung des wissenschaftlichen Nachwuchses in ihren Aspirantenprogrammen die Forschung im Fach. In unvergleichbarer Weise personell besser ausgestattet als die Universitäten – mit ca. 800 Stellen mehr als

---

46 Für die APW und ihre wissenschaftspolitische Rolle vgl. jetzt Häder, Sonja/Wiegmann, Ulrich (Hrsg.), Die Akademie der Pädagogischen Wissenschaften der DDR im Spannungsfeld von Wissenschaft und Politik, Frankfurt a. M. u. a. 2007; Malycha, Andreas, Die Akademie der Pädagogischen Wissenschaften der DDR 1970–1990, Berlin 2008.

47 Einschlägige Überlegungen werden noch 1970 publiziert, vgl. Deutsches Pädagogisches Zentralinstitut, Pädagogische Wissenschaft und Schule, in: Jahrbuch Deutsches Pädagogisches Zentralinstitut 3 (1970), Bd. 2, Berlin 1970.

48 Von den vier Perspektivplänen wurde nur der erste publiziert, die anderen waren als „Vertrauliche Dienstsache" präsent (und sind heute im Archiv der Bibliothek für Bildungsgeschichtliche Forschung in Berlin greifbar), vgl. Akademie der Pädagogischen Wissenschaften der Deutschen Demokratischen Republik, Perspektivplan der pädagogischen Forschung 1971 bis 1975, Berlin 1971; dies., Plan der pädagogischen Forschung 1976 bis 1980, Berlin 1976; dies., Plan der pädagogischen Forschung 1981 bis 1985, Berlin 1981; dies., Plan der pädagogischen Forschung 1986 bis 1990, Berlin 1986 (künftig zit. mit APW, Forschungsplan … Jahr, Seite).

alle Hochschulen zusammen, die über kaum mehr als 600 verfügen[49] – versucht die APW immer neu, auch in die Universitäten selbst hinein zu regieren. Die Universitäten verhalten sich durchaus sperrig, Helmut Klein, als Pädagoge und schon vor seiner Rektoratszeit, wehrt sich gegen die Interventionen, in der APW wird das Problem gesehen, aber das Thema bleibt kontinuierlich erhalten, ohne dass der APW eine vollständige Durchsetzung ihrer Vorgaben gelingt.[50] In der Perspektivplanung 1975–1980 z. B. wird die „relativ große Zersplitterung der pädagogischen Disziplinen" beklagt und die fehlende Wirksamkeit innerhalb der Gesamtuniversität – aber Lösungen für eine stärkere Integration wurden nicht gefunden. Auch intensive Debatten in der APW über Status und Funktion der „Allgemeinen Pädagogik", an denen auch die Fachvertreter der Humboldt-Universität intensiv beteiligt waren, blieben ohne klares Ergebnis oder integrierende Kraft.[51]

Die externen Vorgaben tragen den Pädagogischen Wissenschaften in der Universität neben der kontinuierlichen Selbstreflexion ihres eigenen theoretischen Status vielmehr thematische Vorgaben und vor allem die eindeutige theoretische Fixierung, ja auch die moralisch-politische Verpflichtung auf das Bildungswesen[52] ein. Solche Legitimationserwartungen bedienten u. a. die Arbeiten aus der Geschichte der Erziehung. Hier waren Berliner Fachvertreter an dem Standardlehrbuch beteiligt und auch sie müssen, wie die Gesamtverantwortlichen in der APW, die Kritik der Historiker an der mangelnden historiographischen Qualität dieses Lehrbuchs ertragen[53]. Helmut König, erster Direktor der Sektion, auch Bildungshistoriker, hatte die ideologischen Erwartungen schon vorher in seinen Attacken auf die Bildungspolitik der bürgerlichen Gesellschaft und die *Imperialistische und*

---

[49] Vgl. die Berechnungen in Tenorth, Heinz-Elmar, Die APW im Kontext außeruniversitärer Bildungsforschung in Deutschland, in: Häder/Wiegmann, Die Akademie der Pädagogischen Wissenschaften, 2007, S. 15–38, bes. S. 34f.

[50] Für diese Abstimmungsprozeduren und Kontroversen über die „Eigenständigkeit" (S. 197) der Universitäten vgl. Malycha, Die Akademie der Pädagogischen Wissenschaften, 2008, für Kleins Interventionen hier bes. S. 236f.

[51] Die themenprägenden Texte aus der APW schreibt u. a. Stierand, Gerhard, Zu einigen aktuellen Problemen der disziplinären Entwicklung der Allgemeinen Pädagogik, in: Pädagogische Forschung 21 (1980), S. 66–83; aus der Universität beteiligt sich u. a. Salzwedel, Werner, Gegenstand der Pädagogik und Allgemeine Pädagogik, in: Wissenschaftliche Zeitschrift der Humboldt-Universität zu Berlin, Gesellschafts- und sprachwissenschaftliche Reihe 27 (1978), H. 3, S. 247–253; für den weiteren Gang der Diskussion und die intern damit angestoßene, auch wissenschaftspolitisch konflikthafte, Problemlage in der APW vgl. Eichler, Wolfgang (Hrsg.), Erziehung als Moment der Gesellschaftsentwicklung. Heidemarie Möllers Beitrag zu Theorie und Methodologie einer Allgemeinen Pädagogik in der DDR, Frankfurt a. M. u. a. 2009.

[52] In topischer Formulierung, die wenigstens einmal zitiert sei: „Der Perspektivplan der pädagogischen Forschung 1971 bis 1975 orientiert die gesamte pädagogische Wissenschaft auf die Realisierung der schulpolitischen Aufgabenstellung des Maßnahmenplanes [die der VII. Pädagogische Kongress vorgegeben hatte, H.-E. T.]." – so APW, Forschungsplan 1971, S. 7.

[53] Vgl. Wiegmann, Ulrich, Die „Geschichte der Erziehung" in ihrer 14. Auflage – Evaluationskonflikte, in: Häder/Wiegmann, Die Akademie der Pädagogischen Wissenschaften, 2007, S. 107–140.

militaristische Erziehung in den Hörsälen und Schulstuben Deutschlands 1870–1960 (1962)[54] aufgenommen und die Erziehungshistoriker schrieben, z. B. anlässlich des Stadtjubiläums, auch die Lokalgeschichte des Bildungswesens als eine im Sozialismus endlich glücklich erfüllte Erfolgsgeschichte.[55] Aber in diesem Kontext entstanden als Graduierungsschriften auch historiographisch bis heute diskutierbare Arbeiten zur frühmodernen, z. B. Berlinischen pietistischen, Bildungsgeschichte und über die NS-Erziehungsideologie, Themen, die sonst in der DDR wenig behandelt wurden.[56]

Bei den grundlagentheoretischen Arbeiten zur Theorie und Methode der Pädagogischen Wissenschaften war die Sektion Pädagogik auch in der zweiten Generation der Erziehungswissenschaftler nach Deiters und Alt beteiligt, u. a. mit Arbeiten von Werner Salzwedel, der, wie erwähnt, auch in Kooperation mit der APW, sowie von Eberhard Mannschatz und Karl-Heinz Tomaschewsky.[57] In ihrer Gesamtheit lassen diese Arbeiten erkennen, dass in der Universität in Berlin, natürlich auf marxistischer Grundlage, an eigenen Konzepten einer Allgemeinen Erziehungswissenschaft gearbeitet wurde, auch in Kooperation mit den Philosophen und Allgemeinen Pädagogen der APW, aber letztlich unentschieden zwischen methodologischen und gegenstandstheoretischen, von Totalitätsbegriffen inspirierten Überlegungen.

Inhaltlich dominierten neben der methodologischen Reflexion einerseits – und konstant – Grundsatzfragen der sozialistischen oder kommunistischen Erziehung in Familie und Schule, die offenbar in ihren Effekten den politischen Erwartungen nicht entsprachen, andererseits schulpädagogische Themen, die sich den Vorgaben der „Effektivitäts"-kontrolle und Optimierung pädagogischer Prozesse zurechnen lassen[58], denen sich die Sektion in ihren „Entwicklungsplänen" seit 1970 selbst verschrieben hatte. An diesen Arbeiten war dann auch die Pädagogische Psychologie beteiligt, Gerhard Rosenfeld z. B., auch mit Arbeiten, die jenseits der lokalen Milieus Anerkennung finden konnten und die auch am ehesten in ihrer Methodik den psychometrischen Standards entsprachen, die im Westen und in der

---

[54] König wird auch 1967 anlässlich der Gründung des Instituts für Militärpädagogik an der Militärakademie „Friedrich Engels" in Dresden mit der Verdienstmedaille der Nationalen Volksarmee in Gold für seine Arbeit an der Entwicklung der Militärpädagogik ausgezeichnet (UAHU, Päd. Fak. nach '45, 1476).

[55] Helmut König seit der ersten Auflage 1957, bald auch Werner Lemm, bis 1990 Leiter des Wissenschaftsbereiches, waren Autoren der „Geschichte der Erziehung" (15. und letzte Auflage Berlin 1987); für die lokale Schulgeschichte vgl. Lemm, Werner u. a., Schulgeschichte in Berlin, Berlin 1987. Der Wissenschaftsbereich „Geschichte der Erziehung" zählte noch vor der Didaktik zum bevorzugten Revier für Diplomarbeiten (vgl. Horn/Kemnitz/Kos, Die Sektion Pädagogik, 2002, S. 282).

[56] Vgl. Kühn, Heidemarie, Zur ideologisch-theoretischen Begründung der faschistischen Bildungspolitik und Pädagogik durch Alfred Baeumler, Diss. paed., Humboldt-Universität zu Berlin 1984; Mentzel, Friedrich-Franz, Pietismus und Schule (Diss. B, 1987), Baltmannsweiler 1993.

[57] Vgl. z. B. Mannschatz, Eberhard/Salzwedel, Werner, Pädagogische Theoriebildung und Erziehungspraxis. Zwei Studien, Berlin 1984.

[58] Vgl. z. B. Mannschatz, Eberhard, Thesen zur Methodologie pädagogischer Prozeßgestaltung, Humboldt-Universität zu Berlin, Sektion Pädagogik 1982.

Referenzdisziplin der Psychologie der Humboldt-Universität galten. Für die Forschungspraxis der universitären Pädagogik war neben dieser Differenz im Standard der subdisziplinären Aktivitäten und der Konkurrenz mit der APW allerdings auch die Kooperation mit den eigenen Forschungsschulen bedeutsam. Dazu zählte z. B. die schon früh existierende Außenstelle Tagesschule der Pädagogischen Fakultät an der Edwin-Hoernle-Oberschule (heute Merian-Oberschule) in Berlin-Köpenick, 1967 von dem späteren Rektor Helmut Klein geleitet. Das hat insgesamt aber wohl eher das pädagogische Erfahrungswissen befördert, weniger die Forschungskompetenz in internationalen Standards.

Für die besondere Problemlage der Forschung schließlich war die Einbindung in die Gesamtplanung der Gesellschaftswissenschaften charakteristisch. Sie führte die universitäre Pädagogik auch mit den Sozialwissenschaften der Universität zusammen, u. a. in einem Projekt zur Untersuchung der „sozialistischen Lebensweise bei der Schuljugend und bei jungen Arbeitern".[59] Eingebunden in das Gesamtprojekt der Universität[60] sollte hier das Thema „Sozialistische Lebensweise und Erziehung" empirisch gestützt und schul- sowie jugendbezogen untersucht werden, als ein vom Ministerium vorgegebenes Thema sehr hoch angesiedelt und in den Planungen des Ministeriums selbst verankert. Theoretisch war damit intendiert, die sozialisationstheoretischen Fragestellungen der westlichen Sozialwissenschaften aufzunehmen und auch in der Empirie den Standards der internationalen Sozialforschung zu genügen. So innovativ das Projekt angelegt war, sogar aus der Binnenperspektive wird der Ertrag retrospektiv als „eher bescheiden"[61] eingestuft. Selbst die gelegentlich geäußerte These, dass dafür politische Vorgaben verantwortlich waren, wird heute nicht mehr ohne Relativierung vorgetragen.

In solchen projektbezogenen Bilanzierungen spiegelt sich schon das Problem einer distanzierten Bewertung der Praxis, der Forschungsleistungen und der politischen Rolle der Pädagogischen Wissenschaften an der Universität bis 1990. Ein Gesamturteil, zudem noch konsistent in den theoretischen, methodischen und politischen Dimensionen wird man dann kaum formulieren können, allenfalls bereichsspezifische Bilanzen. Die DDR-Pädagogik hat sich retrospektiv selbst bewertet, z. B. für die Zeit bis zur Sektionsgründung und dann retrospektiv nach 1990. Für die Phase bis 1968 ist diese Selbstbeobachtung erwartbar unkritisch und den eigenen Programmen verpflichtet[62], aber sie lässt in der Darstellung des Selbstbildes der Pädagogik die Schwierigkeiten ahnen, solche heterogenen Referenzen

59 Vgl. APW-Perspektivplan 1976–1980, bes. S. 107, für die Kooperation mit der Bildungssoziologie der APW und deren Leiter Arthur Meier.

60 Vgl. dazu die nähere Darstellung der Forschungsplanung und Umsetzung sowie die Hinweise auf die Publikationen von Teilergebnissen bei Horn/Kemnitz/Kos, Die Sektion Pädagogik, 2002, S. 282ff.

61 Ebd., S. 289.

62 Ich beziehe mich auf König, Helmut, Pädagogik in unserer Zeit, in: Wissenschaftliche Zeitschrift der Humboldt-Universität zu Berlin, Ges.- u. sprachwiss. Reihe 16 (1967), H. 2, S. 247–255, dort die hier zitierten Zuschreibungen.

zugleich und nach den Standards von Wissenschaft zu erfüllen. Wenn die Pädagogik eine „politische Wissenschaft im Dienste unserer Zeit des Sozialismus" sein will, dann auch in guter gesamtdeutscher Tradition „praktische Wissenschaft", ohne Furcht vor Tautologie „theoretische Wissenschaft" und zukunftsbezogen „integrierende Wissenschaft", dann kann man die Schwierigkeiten des wissenschaftlichen Alltags schon ahnen, die hier vorbereitet werden.

Nach 1990 werden selbstkritischere Töne angeschlagen, aber zugleich auch „Restriktionen"[63] in der politischen und materiellen Infrastruktur und im Kontext der Pädagogischen Wissenschaften als Faktoren der Belastung der wissenschaftlichen Arbeit ebenso hervorgehoben wie ihre Bindung an die Schulpolitik. Beobachter aus anderen Disziplinen, aber mit intimer Kenntnis der Universität und der APW, charakterisieren solche Analysen als Indizien für den „Realitätsverlust" der Pädagogik[64]; man wird dem Philosophen der Humboldt-Universität, der dies konstatierte, schon deswegen einigen Kredit einräumen, weil er – schon als Autor einer älteren Kritik der Erziehungsphilosophie[65] – mit dem theoretischen Status der Pädagogischen Wissenschaften der DDR durchaus vertraut war.

Die Bilanzierung bleibt aber auch deshalb schwierig, weil sich die Binnenfixierung der Universität und ihrer Disziplinen dabei wiederholt. Zwar gab es für die universitäre Pädagogik in Berlin kontinuierlich Kontakte nach außen, vor allem in die staatssozialistischen Länder sowie, u. a. für Fragen der Gestaltung von Schulstrukturen, nach Finnland und Schweden, dagegen in den weiteren Westen vor dem Ende der 1980er Jahre nur in besonderer Form. Es gab eine Wahrnehmung der universitären Arbeit und ihrer zentralen Themen zwar auch im westlichen Ausland[66], zumal Kritik in der Übergangsphase bis zu den frühen fünfziger Jahren, sogar Besuche aus dem Westen und Kontakte mit anderen Erziehungswissenschaftlern, allerdings nahezu ausschließlich mit dezidierten Marxisten oder ideologischen Freunden. Heinrich Deiters pflegte insofern in den 1950er Jahren intensive Kontakte zum Schwelmer Kreis, der, sozialistisch und pazifistisch begründet, für nationale Einheit und Versöhnung mit der DDR arbeitete[67], und publizierte in dessen Zeitschrift „Schule und Nation". Später, als sich auch in der Bundesrepublik die Erziehungswissenschaft marxistischen Fragestellungen öffnete, hatte die Fakultät schon in den 1960er Jahren z. B. Kontakt zu dem aus der geisteswissenschaftlichen Pädagogik kommenden und später zum Marxis-

---

[63] So der Präsident der APW von der Gründung bis 1989, Gerhard Neuner, Pädagogische Wissenschaft in der DDR. Ein Rückblick auf Positionen und Restriktionen, in: Die Deutsche Schule 83 (1993), S. 280–295.

[64] Wessel, Karl-Friedrich, Über Realitäts- und Theorieverlust in der Erziehungswissenschaft der DDR, in: Die Deutsche Schule 83 (1993), S. 505–513.

[65] Wessel, Karl-Friedrich, Pädagogik in Philosophie und Praxis, Berlin 1975.

[66] Von Helmut Klein erschienen z. B. im Rowohlt-Verlag: Polytechnische Bildung und Erziehung in der DDR. Reinbek 1962; ders., Bildung in der DDR. Grundlagen, Entwicklungen, Probleme, Reinbek 1974.

[67] Zu diesen Zirkeln und der zentralen Rolle von Heinrich Deiters vgl. Dudek, Peter, Gesamtdeutsche Pädagogik im Schwelmer Kreis. Geschichte und politisch-pädagogische Programmatik 1952–1974, Weinheim/München 1993.

ten bekehrten Darmstädter Pädagogen Hans-Jochen Gamm – ohne dass aus diesen Begegnungen viel folgte.[68]

Noch 1990 war die westliche Erziehungswissenschaft der Sektion Pädagogik weitgehend fremd, schon die einschlägige Literatur der westlichen Erziehungswissenschaft und der internationalen Bildungsforschung war z. B. in der Sektionsbibliothek der Pädagogik der Universität so gut wie nicht verfügbar. Die Konfrontation mit der Praxis der Erziehungswissenschaft westlichen Musters, mit ihren theoretischen und methodischen Prämissen und den Standards und Formen der Kritik, bedeutete deshalb in der Phase der Neuordnung nach 1991 für die meisten Mitarbeiter der Sektion eine scharfe Diskrepanzerfahrung. Von den theoretischen und methodischen, bildungspolitischen und pädagogischen Positionen der Erziehungswissenschaft der Universität blieb jedenfalls nicht viel. Die Evaluation der wissenschaftlichen Mitarbeiter und die nachgängige Bewertung der wissenschaftlichen Leistungen der B-Promotionen, die auch Teil der Bewerbungsverfahren auf neue Stellen waren, führten zwar durchaus dazu, dass B-Promotionen aus der Sektion und aus der APW z. T. als habilitationsäquivalente Leistungen anerkannt wurden, einige der wissenschaftlichen Mitarbeiter auch nach 1990/91 weiter beschäftigt wurden und sich z. T. auch im westlichen Wissenschaftssystem behaupten konnten, aber bei den Berufungen auf die neu zu besetzenden, insgesamt vakanten Professuren konnten sich nur drei ehemalige Sektionsmitglieder durchsetzen, und zwar in der Pädagogischen Psychologie, in der Grundschulpädagogik und in der Didaktik der Wirtschaftslehre. Das Programm einer „marxistischen Erziehungswissenschaft" war 1990/91 an sein Ende gekommen, und nicht allein politisch.

„Wende" und Neuordnung seit 1990

Wissenschaftliche Pädagogik gehörte zu den als ideologisch und politisch vor allem belasteten Fächern, die nach den Vorgaben der Wissenschaftssenatorin Riedmüller-Seel nach 1990 insgesamt aufgelöst werden sollten (vgl. Jarausch i. Bd. 3). Nach dem Urteil des Oberverwaltungsgerichts arbeitete dann auch hier, und zwar unter der Leitung des Heidelberger Philosophen und ehemaligen Rektors der PH Heidelberg Erich Thies, eine Struktur- und Berufungskommission am Neuaufbau der Pädagogik.[69] Diese Aktivitäten fanden innerhalb der deutschen Erziehungswissenschaft und der politischen Publizistik große und kritische Aufmerksamkeit[70], vielleicht schon deswegen, weil einer der Neuberufenen, der Münste-

---

68 UAHU, Päd. Fak. nach '45, 1491, für die Zeit von 1963–1964.

69 Für den Kontext Vollrath, Sven, Zwischen Selbstbestimmung und Intervention. Der Umbau der Humboldt-Universität 1989–1996, Berlin 2008.

70 Für die sehr kritische Rezeption dieses Neuordnungsprozesses u. a. Jahrbuch für Pädagogik 1 (1992), mit dem Thema: Erziehungswissenschaft im deutsch-deutschen Vereinigungsprozess.

raner Erziehungswissenschaftler Dietrich Benner, gleichzeitig Vorsitzender der Deutschen Gesellschaft für Erziehungswissenschaft war. Damit konnte die Situation der Neuordnung der Erziehungswissenschaft in Berlin als exemplarisch für den gesamten Neuordnungsprozess und für den Umgang mit der Erziehungswissenschaft der DDR dargestellt werden. Diese Debatte muss mit ihren Projektionen und Unterstellungen heute nicht neu aufgerollt werden, schon weil das Ergebnis an der Praxis der Erziehungswissenschaft in Berlin selbst beurteilt werden kann und dann den kritischen Zuschreibungen nicht entspricht.

Die Konzeption der Struktur- und Berufungskommission Erziehungswissenschaften – die Sonderpädagogik wurde in einem eigenen Verfahren, wiederum im Kontext der Rehabilitationswissenschaften, neu gegründet[71] –, zumal ihres Vorsitzenden, war inspiriert von der Struktur us-amerikanischer schools of education, ging also von der Prämisse aus, dass Erziehungswissenschaft als forschende Sozialwissenschaft zu konstituieren sei und dass die an der Lehrerbildung und der Analyse von Bildungssystemen beteiligten Grundlagendisziplinen insgesamt an einem Ort institutionell zusammengeführt werden sollten.[72] In der Konsequenz wurden im Kernbereich des Faches nicht nur die klassischen Felder der Allgemeinen Erziehungswissenschaft und der Schulpädagogik sowie Didaktik eingerichtet, während die Fachdidaktiken bei den Fächern verblieben, sondern auch dezidiert methodenorientierte Professuren für Empirische, Historische und Vergleichende Erziehungswissenschaft. Den innerberlinischen Abstimmungen und der Tradition der Berliner Universität war die Einrichtung der Wirtschaftspädagogik zu verdanken, den besonderen Intentionen der Kommission entsprach einerseits die Berücksichtigung der außerschulischen Bildung sowie der Erwachsenenbildung und Weiterbildung, andererseits die Orientierung an neuen und lokal bedeutsamen Arbeitsfeldern, so dass eine Professur Pädagogik und Informatik eingerichtet wurde und eine andere für Museumspädagogik. Dem amerikanischen Modell abgeschaut waren schließlich die starke Gewichtung der empirischen Pädagogischen Psychologie, die explizite Aufnahme der Soziologie der Erziehung und die eigenständige Berücksichtigung einer Professur für Philosophie und Pädagogik. Von den insgesamt geplanten 22 Professu-

---

[71] Seit 1992 wurden erstmals für ihr Fachgebiet an die HU berufen: Karl-Ernst Ackermann (Geistigbehindertenpädagogik); Bernd Ahrbeck (Pädagogik der Verhaltensgestörten); Udo Brack (Interventionsmethoden in der Rehabilitation); Horst Ebbinghaus (Gebärdensprachdolmetschen); Sieglind Ellger-Rüttgardt (Allgemeine Sonderpädagogik); Klaus Günther (Gebärdensprachpädagogik); Ernst von Kardorff (Rehabilitationssoziologie); Joachim Kurt (Rehabilitationstechnik und Informatik); Krista Mertens (Körperbehindertenpädagogik); Werner Müller-Fahrnow (Versorgungssystemforschung); Paul Nater (Pädagogik der Blinden und Sehbehinderten); Helfried Teichmann (Rehabilitationspsychologie); Hartmut Weber-Falkensammer (Medizinische Grundlagen der Rehabilitation). Aus der Freien Universität wurden an die HU versetzt: Otto Braun (Sprachbehindertenpädagogik); Martin Hahn (Geistigbehindertenpädagogik); Winfried Kerkhoff (Lernbehindertenpädagogik); Norbert Stöllger (Lernbehindertenpädagogik); Jürgen Teumer (Sprachbehindertenpädagogik).

[72] Aus der Kommission heraus wurde dieses Programm, auch selbstkritisch für den Umgang mit ehemaligen Mitarbeitern der Sektion, jüngst rekapituliert, vgl. Thies, Erich, Im Zusammenhang in den Blick genommen. Die Humboldt-Universität und Berlin in den Jahren nach der Wende, Berlin 2009.

ren wurden 21 auch besetzt[73], das Fach wurde allerdings in den durch die Fiskalkrise des Landes Berlin seit 1998 erzwungenen Kürzungen bis 2004 auf insgesamt 12 Professuren reduziert, wobei der Kernbereich der erziehungswissenschaftlichen Stellen, gekürzt, erhalten blieb. Die interdisziplinäre Einbindung von Soziologie und Philosophie aber wurde ebenso aufgegeben bzw. bei Eintreten der Vakanzen nicht wiederbesetzt wie Pädagogik und Informatik und die Museumspädagogik.

Während insofern die Intentionen der Gründungsphase nach 1991 nur kurzzeitig eingelöst wurden, hat sich die Erwartung, dass die Erziehungswissenschaft sich als forschungsstarke Sozialwissenschaft etablieren sollte, wohl erfüllt, wie man, ohne in eigener Sache in Selbstlob zu verfallen, vielleicht doch sagen kann. Dafür sprechen die anerkannten Indikatoren für wissenschaftliche Praxis, also z. B. die Beteiligung der Erziehungswissenschaftler der Humboldt-Universität an Forschungsvorhaben, disziplinär und interdisziplinär, ihr Anteil an Drittmitteln, auch in stark wettbewerbsorientierten Vergabeverfahren, wie denen der DFG, oder ihre internationalen Kontakte, ihre publizistische Praxis und Vernetzung, z. B. bei der Herausgabe von Zeitschriften, oder die Repräsentanz in Gremien der lokalen und überregionalen wissenschaftlichen Selbstverwaltung und der bildungspolitischen Planung und Beratung. Kontrollphantasien gegenüber dem Bildungssystem und der Nation, wie Spranger und Baeumler sie kultiviert haben, sind damit ebenso aufgegeben wie eine Selbstbeschreibung als „politische Wissenschaft", die sich im Dienst am Sozialismus aufopfert. Ganz alltägliche Wissenschaft ist die Konsequenz, wissenschaftliche Qualität ist die gemeinsam geteilte Erwartung.

---

[73] Die erstberufenen Professoren waren Dietrich Benner (Allgemeine Erziehungswissenschaft), Marion Bergk (Grundschulpädagogik, Spracherwerb), Harry Dettenborn (Pädagogische Psychologie), Jürgen Diederich (Allgemeine Didaktik und Unterrichtsforschung), Peter Diepold (Pädagogik und Informatik), Wiltrud Gieseke (Erwachsenenbildung), Jürgen Henze (Vergleichende Erziehungswissenschaft), Karla Horstmann (Grundschulpädagogik, Sachunterricht), Matthias Jerusalem (Pädagogische Psychologie), Elard Klewitz (Grundschulpädagogik, Sachunterricht), Rainer Lehmann (Empirische Erziehungswissenschaft), Achim Leschinsky (Schultheorie und -forschung), Michael Parmentier (Museumspädagogik), Ortfried Schäffter (Weiterbildung), Jürgen Schriewer (Vergleichende Erziehungswissenschaft), Yvonne Schütze (Pädagogische Soziologie), Dieter Squarra (Didaktik der Wirtschaftslehre), Heinz-Elmar Tenorth (Historische Erziehungswissenschaft), Erich Thies (Philosophie und Pädagogik), Renate Valtin (Grundschulpädagogik und Grundschulforschung), Jürgen van Buer (Wirtschaftspädagogik).

Hellmut Wollmann

Soziologie an der Humboldt-Universität unter dem SED-Regime und in der „Wende“[1]

Rahmenbedingungen

Nach 1945 vollzog sich die Transformation der Sowjetischen Besatzungszone in ein dem Staats- und Parteienmodell der Stalinschen Sowjetunion entsprechendes kommunistisches Ein-Parteien-Herrschafts-System in raschen Schritten. Bereits früh wurden auch die Konsequenzen dieses Wandels im Auf- und Ausbau des Wissenschaftssystems der DDR, d. h. für die Universitäten/Hochschulen, die Akademie der Wissenschaften und die „SED-eigenen“ wissenschaftlichen Einrichtungen, sichtbar.

Die Sowjetische Besatzungsmacht schritt bereits kurz nach Kriegsende dazu, die Universitäten, insbesondere in Berlin, Leipzig und Halle, neu zu eröffnen (vgl. Hansen i. Bd. 3). Die kommunistische Umformung des Hochschulwesens durch die II. Hochschulreform (Verordnung vom 22. 2. 1951) veränderte an allen Universitäten der DDR die universitäre Lehre durch ein zweisemestriges Grundstudium des Marxismus-Leninismus; insbesondere die Philosophischen und Wirtschaftswissenschaftlichen Fakultäten wurden auf den Marxismus-Leninismus als theoretisch-ideologische und „parteiliche“ Leitlinie verpflichtet. Unter dem Schlagwort „Kampf gegen Objektivismus in der wissenschaftlichen Arbeit“ wurde die ideologische Auseinandersetzung mit der „bürgerlichen Soziologie“ verschärft. Die „marxistisch-leninistischen Gesellschaftswissenschaften“, deren Grundlage in dem unter der Ägide Stalins dogmatisierten Marxismus-Leninismus gesehen wurde, sollten die überkom-

[1] In der Vorbereitung dieses Textes konnte ich – in einem Ansatz von „oral history“ – mit einer Reihe von Kollegen und Kolleginnen Gespräche führen, die die Entwicklung der Soziologie in der DDR und an der Humboldt-Universität aus eigenem Erleben und aufgrund eigener Mitwirkung und Mitgestaltung kennen. Meine Gesprächspartner waren (in alphabetischer Reihenfolge) die Professorinnen und Professoren Karin Lohr, Dieter Klein, Artur Meier, Hansgünter Meyer, Hildegard Maria Nickel, Dieter Segert und Helmut Steiner. Ich bin allen für ihre großzügige Gesprächs- und Hilfsbereitschaft sehr verpflichtet. Auch Friedhelm Neidhardt habe ich für Hinweise, Kritik und Rat sehr zu danken. Selbstredend habe ich verbleibende Schwächen, Irrtümer und Einseitigkeiten des Textes allein zu verantworten.

mene Soziologie als „bürgerliche Wissenschaft“ in Forschung und Lehre ablösen und auch terminologisch aus dem wissenschaftlichen Sprachgebrauch tilgen.[2]

Ungeachtet dieser Veränderungen wurde programmatisch an dem Humboldtschen Postulat von der Einheit von Forschung und Lehre festgehalten, wurden die Universitäten also weiterhin als Stätten der Lehre *und* Forschung betrachtet[3] und Forschungskompetenz weiterhin als eine vorrangige Qualifikation für die Berufung zum Professor angesehen. Zwar wurde in der III. Hochschulreform von 1967 ausdrücklich statuiert, dass sich die Universitäten in erster Linie der Lehre und Ausbildung zu widmen haben, jedoch ist die Interpretation, dies machte „den Bruch mit der Humboldtschen Universitätstradition komplett“[4], nicht haltbar, weil die Universitäten, zumal die Humboldt-Universität, auch nach 1967 fortfuhren, eigene Forschungen zu verfolgen.

Unverkennbar wurde aber die strikte Durchsetzung der Parteilinie an den Universitäten dadurch sichergestellt, dass auch für die Universitäten eigene Kreisparteiorganisationen bestanden, die direkt der SED-Bezirksleitung und der Abteilung Wissenschaft des Zentralkomitees (ZK) der SED als der Machtvertikale der Partei untergeordnet waren.

Neben der Universität wurde die Deutsche Akademie der Wissenschaften zu Berlin (DAW) – nach 1972 Akademie der Wissenschaften der DDR (AdW) – zur zentralen Wissenschaftseinrichtung. Per SMAD-Befehl Nr. 197 vom 1. Juli 1946 wieder eröffnet, sollte sie nach dem Vorbild der sowjetischen Akademie der Wissenschaften Forschung betreiben, während die Universitäten sich im Wesentlichen auf Lehre und Ausbildung konzentrieren sollten. Die III. Hochschulreform von 1967 zielte im Verein mit der Akademiereform 1968 darauf, diesen Vorrang außeruniversitärer Forschung zu befestigen.

Für die Sozialwissenschaften ist daneben das Institut für Gesellschaftswissenschaft (IfG) beim ZK der SED – ab 1976 umbenannt in: Akademie für Gesellschaftswissenschaften (AfG) beim ZK der SED – von großer Relevanz. Am 12. 12. 1951 richtete die SED dieses ihr unmittelbar unterstellte Institut für Gesellschaftswissenschaften (IfG des ZK) als „parteieigene“ Wissenschaftseinheit ein. Damit wurde nicht nur ein dritter Forschungsstrang neben der herkömmlichen Doppelstruktur von Universitäten/Hochschulen und Akademie der Wissenschaften eingerichtet, sondern auch der Traditions- und Umbruch einer im Kern „parteilichen“ Forschung institutionalisiert. Dadurch, dass den Instituten des IfG des ZK eigene Promotions- und Habilitationsrechte (zur Ausbildung und Rekrutierung der Führungs- und Nomenklaturkader der SED) eingeräumt wurden, konkurrierten sie unmittel-

---

2 Meyer, Hansgünter, Soziologie und soziologische Forschung in der DDR, in: Soziologie in Deutschland – Entwicklung, Institutionalisierung und Berufsfelder. Theoretische Kontroversen, hrsg. v. Schäfers, Bernhard, Opladen 1995, S. 35–49.

3 Vgl. Buck-Bechtler, Gertraude, Das Hochschulwesen der DDR Ende der 80er Jahre, in: Aufbruch und Reform von oben, hrsg. v. Mayntz, Renate, Frankfurt a. M./New York 1994, S. 11–15.

4 So Küpper, Mechthild, Die Humboldt-Universität. Einheitsschmerzen zwischen Abwicklung und Selbstreform, Berlin 1993, S. 142.

bar mit den Universitäten als den Graduierungsinstanzen. Nach 1964 wurde die Rolle des IfG, die zentrale („parteiliche") Steuerung und Kontrolle des gesamten Wissenschafts- und Forschungssystems der DDR auszuüben, institutionell noch verstärkt.

1946–1950: Neuanfang soziologischer Lehre

Die Universität war 1945/1946 „eine einzige Trümmerstätte"[5] in der kriegszerstörten Innenstadt Berlins, als sie – aufgrund des Befehls Nr. 4 der SMAD vom 8. 1. 1946 – am 29. 1. 1946 durch einen Festakt (im Admiralspalast in der Friedrichstraße – in Ermangelung einer geeigneten unzerstörten Räumlichkeit in der Universität selbst) feierlich wiedereröffnet wurde. Der Lehrbetrieb wurde sogleich an mehreren Fakultäten aufgenommen (vgl. Hansen i. Bd. 3). Zwar war die Neueröffnung der Universität von Anfang an unverkennbar von der Absicht der sowjetischen Besatzungsmacht und der KPD bzw. SED bestimmt, sie als wesentlichen Bestandteil einer gesamtpolitischen stalinistischen Umgestaltung ihres Herrschaftsbereichs zu nutzen, jedoch vermitteln die Vorlesungsverzeichnisse der Wirtschaftswissenschaftlichen und der Philosophischen Fakultät in den ersten sechs Semestern (WS 1946/47 bis SS 1950)[6] ein erstaunlich wissenschaftspluralistisches, ja „bürgerliches" Bild. Dies mag den Aufbauwirren, aber auch der Absicht der Besatzungsmacht geschuldet gewesen sein, durch Signale hochschulpolitischer Toleranz ins Exil vertriebene Wissenschaftler zur Rückkehr nach Berlin zu ermutigen oder verbliebene qualifizierte Wissenschaftler von der Abwanderung „in den Westen" abzuhalten.

So wurden in den ersten sechs Semestern Vorlesungen angeboten: für „Hörer aller Fakultäten" von Alfred Meusel und Ernst Niekisch; an der Wirtschaftswissenschaftlichen Fakultät von Gottfried Eisermann, Ernst Schellenberg sowie (in den ersten sechs Semestern allerdings nur einmal) Jürgen Kuczynski, an der Philosophischen Fakultät von (in den ersten drei Semestern auffallend häufig) Alfred Vierkandt sowie Richard Thurnwald, Alfred Meusel (vgl. Hardtwig i. d. Bd.) und Heinz Maus. Das sind – mit dem Soziologen Alfred Vierkandt[7], dem Ethnologen Richard Thurnwald[8] und dem Nationalökonomen und Sozio-

[5] Paul Wandel in der Festrede zur Neueröffnung der Universität am 29. 1. 1946.

[6] Für eine Zusammenstellung der an der Philosophischen und Wirtschaftswissenschaftlichen Fakultät der Universität zu Berlin zwischen 1946 und 1951 tätigen Dozenten und ihrer Vorlesungen siehe Steiner, Helmut, Gesellschaftsanalyse und Ideengeschichte aus biographischer Perspektive, in: WZB Paper P 2006–008, S. 45ff. sowie ders., Zur Soziologie des Neubeginns nach 1945 in der SBZ, in: Jahrbuch für Soziologie und Sozialpolitik, Berlin 1988, S. 228–241.

[7] Alfred Vierkandt (1867–1953), Prof. in Berlin bis 1933, dann Vorlesungsverbot durch das NS-Regime, nahm 1946 (als 78-Jähriger) seine Lehrtätigkeit (bis 1948) wieder auf (vgl. auch Wollmann i. Bd. 5).

[8] Richard Thurnwald (1896–1954), seit 1926 a. o. Prof. für Ethnologie an der Friedrich-Wilhelms-Universität (FWU), nach 1933 NS-Sympathisant, nach 1946 Lehrtätigkeit an der HU, 1948 Wechsel an die Freie Universität (FU) (vgl. Wollmann sowie Imeri u. a i. Bd. 5).

logen Gottfried Eisermann[9] – Angehörige des früheren Lehrkörpers der Universität ebenso wie Wissenschaftler, die, aus dem „westlichen" Exil zurückgekehrt (so der marxistische Wirtschaftswissenschaftler und -historiker Jürgen Kuczynski[10] und der Historiker Alfred Meusel[11]) oder aus der NS-Haft befreit worden waren (so Ernst Niekisch[12]). Ferner sind der „linke" Soziologe Heinz Maus[13] und der (sozialdemokratische) Sozialpolitiker Ernst Schellenberg[14] zu nennen.

Allerdings, der (hochbetagte) Soziologe Vierkandt, ein akademisches „Urgestein" der Berliner Universität, stellte nach drei Semestern seine Lehrtätigkeit endgültig ein, Thurnwald wechselte 1948 an die Freie Universität im Westteil der Stadt, Eisermann und Maus gingen nach Heidelberg bzw. Frankfurt a. M. Nach wenigen Semestern zeigte sich damit ein tiefgreifender Wechsel im Lehrpersonal, in dem sich die politischen Turbulenzen der Universität in den späten 1940er Jahren widerspiegeln. Diese fanden ihren dramatischen Ausdruck und Ausbruch darin, dass Professoren und Studenten der Humboldt-Universität, um sich der wachsenden politischen Repression durch die sowjetische Besatzungsmacht und die SED zu entziehen, die Universität verließen und dass Anfang November 1948 die *Freie Universität* in Berlin-Dahlem gegründet wurde, die am 15. 11. 1948 ihren Lehrbetrieb aufnahm.

---

[9] Gottfried Eisermann (geb. 1918, lebt in Bonn), Promotion Februar 1945 an der FWU, 1946 Lehrauftrag, 1948 Wechsel an die Universität Heidelberg, dort 1956 habilitiert, später in Köln.

[10] Jürgen Kuczynski (1904–1997), 1922–1924 Studium der Philosophie und Finanzwissenschaften in Berlin, Erlangen, Heidelberg, 1925 Promotion, 1930 KPD-Mitglied, 1936 Emigration nach Großbritannien, 1946 SED-Mitglied, 1946–1956 o. Prof. an der Universität Berlin, Gründer und Leiter des Instituts für Wirtschaftsgeschichte, Dekan der Wirtschaftswissenschaftlichen Fakultät, 1949–1956 Abgeordneter der Volkskammer, 1955 ordentliches Mitglied der DAW, 1957–1959 Revisionismusvorwürfe; vgl. Müller-Enbergs, Helmut/Wielgohs, Jan/Hoffmann, Dieter (Hrsg.), Wer war wer in der DDR? Berlin 2000, S. 484 – Nachweise zu den biografischen Daten von DDR-Wissenschaftlern und Persönlichkeiten, wenn nicht anders vermerkt, künftig ohne Nachweise im Einzelnen aus diesem Standardwerk.

[11] Alfred Meusel (1896–1960), 1925 o. Prof. für Soziologie an der TH Aachen, 1933 Verhaftung durch das NS-Regime, 1934 Emigration nach Großbritannien, fand 1937 über Jürgen Kuczynski Anschluss an die Exilorganisation der KPD, 1946 Rückkehr nach Berlin, 1947 o. Prof. für Neuere Geschichte, 1951 Gründungsdirektor des Instituts für deutsche Geschichte an der HU. „Alfred Meusel war der erste marxistisch-leninistische Historiker überhaupt, der in Deutschland als Historiker eine Universitätsprofessur erhielt. Er galt bis in die späten 1950er Jahre als einer der wissenschaftspolitisch einflussreichsten Historiker in der DDR" (Müller-Enbergs u. a., Wer war wer, 2000, S. 574).

[12] Ernst Niekisch (1889–1967) war 1922–1926 SPD-Abgeordneter im Bayerischen Landtag, danach Redakteur, als Nationalbolschewist geltend, Widerstand gegen das NS-Regime, 1939 Verurteilung durch den Volksgerichtshof zu lebenslanger Haft, 1945 Befreiung durch die Rote Armee, 1945 Mitglied der KPD, nach der Niederschlagung des Aufstands vom 17. Juni 1953 Bruch mit der SED.

[13] Heinz Maus (1911–1978), 1941 Promotion in Kiel, Verhaftung unter dem NS-Regime, 1949/51 Assistent von Ernst Niekisch und Dozent für Gesellschaftswissenschaften an der HU, 1951–1953 wiss. Ass., Institut für Sozialforschung in Frankfurt a. M., 1960–1978 o. Prof. für Soziologie, Univ. Marburg.

[14] Ernst Schellenberg (1907–1984), 1929–1933 Studium an der FWU, an dieser Anfang 1933 Promotion (Dr. rer. pol.), nach 1945 stellvertretender Abteilungsleiter für Sozialwesen im Magistrat von Groß-Berlin, 1947 a. o. Prof. als Direktor des Instituts für Sozialpolitik und Versicherungswesen an der HU (1946–1948), seit 1948 SPD-Mitglied, 1952–1976 Mitglied des Bundestages als Berliner Abgeordneter, Initiator der Rentenreform 1957.

Soziologie der 1950er Jahre: marxistisch-leninistische Dogmatisierung der Lehre

Mit der II. Hochschulreform von 1951 vollzog sich auch an der Humboldt-Universität ein tiefer Einschnitt in die Lehre der geistes- und sozialwissenschaftlichen Fächer. Deren Verpflichtung auf die Doktrin des Marxismus-Leninismus und die ideologische Verbannung von „Soziologie" wurden insbesondere von Robert Naumann[15] vorangetrieben, der, 1951 zum Professor für Politische Ökonomie an der Wirtschaftswissenschaftlichen Fakultät berufen, zugleich zum Direktor des Instituts für Politische Ökonomie an dieser Fakultät und außerdem zum Prorektor für Gesellschaftswissenschaften ernannt wurde (also für alle Fakultäten außer der Naturwissenschaftlichen und der Medizinischen zuständig). Seine Machtposition wurde noch dadurch gefestigt, dass er 1954 (bis 1963) Mitglied des ZK der SED wurde. Naumann war in den 1920er Jahren von der KPD nach Moskau zur Ausbildung und Parteiarbeit entsandt worden, hatte die stalinschen Säuberungen der 1930er Jahre überlebt und kehrte 1950 nach fast 25-jährigem Aufenthalt in der Sowjetunion nach Berlin zurück. Vor diesem ideologischen, politischen und biographischen Hintergrund setzte er seine diversen Funktionen und Machtpositionen vehement dafür ein, die Leitlinien des Marxismus-Leninismus stalinscher Provenienz beim Aufbau der Forschung und Lehre an der Humboldt-Universität zu verwirklichen und deren Einhaltung zu kontrollieren. Gegenüber dem im stalinschen Moskau jahrzehntelang sozialisierten und dogmatisierten Naumann vertrat Jürgen Kuczynski, der die Jahre nach 1933 im „West-Exil", insbesondere in London, verbrachte, hierbei wesentlich andere Lebens- und wissenschaftliche Prägungen erfahren hatte und außerdem ein international überragendes wissenschaftliches Profil besaß, in Vielem ideologisch wie theoretisch flexiblere Positionen. Durch das Neben- und Gegeneinander zweier so unterschiedlich sozialisierter und auch wissenschaftlich höchst unterschiedlich begabter Hauptakteure war die frühe Aufbauphase der wirtschafts- und gesellschaftswissenschaftlichen Lehre und Forschung an der Humboldt-Universität von erheblichen konzeptionellen und ideologischen Spannungen geprägt, in denen sich Kuczynski mehr als einmal dem (politisch wie existenziell gefährlichen) Vorwurf des „Revisionismus" und anderer „Abweichungen" ausgesetzt sah. In der ökonomischen Lehre, besonders im

---

[15] Robert Naumann (1899–1978), seit 1920 in Moskau, seit 1920 Mitglied der Kommunistischen Partei Russlands, 1926 Dozent an der Kommunistischen Universität des Westens (KUNMS) in Moskau, 1950 Übersiedlung in die DDR, seit 1950 SED-Mitglied, 1951 Prof. und Direktor des Instituts für Politische Ökonomie an der HU, 1951 Prorektor für Gesellschaftswissenschaften, 1954–1963 Mitglied des ZK der SED, 1963 emeritiert.

Institut für Politische Ökonomie in der Spandauer Straße, fand er in Kurt Braunreuther[16] einen kongenialen Schüler und Mitstreiter.

Die Zeit nach 1956: Ansätze soziologischer Forschung „von unten" im Kontext der „Entstalinisierung"

Die „Entstalinisierung", die Nikita Chruschtschow 1956 auf dem 20. Parteitag der KPdSU einleitete, löste in der Sowjetunion ein die ideologischen Fesseln des doktrinären Marxismus-Leninismus lockerndes „Tauwetter" aus, dank dessen „eine geradezu euphorische Soziologie-Entwicklung in der Sowjetunion"[17] einsetzte. Im Gegensatz zu den meisten anderen Ostblock-Ländern, die ebenfalls vom ideologischen „Tauwetter" erfasst wurden, hielt die SED (zunächst) an den starren Dogmen des Marxismus-Leninismus und nicht zuletzt auch an der konzeptionellen und terminologischen Tabuisierung der Soziologie fest.

In die ideologisch blockierte Diskussion um die Anerkennung und Nutzung einer einzelwissenschaftlich ausgerichteten Soziologie (neben, wenn auch in Übereinstimmung mit dem Marxismus-Leninismus) brachte Jürgen Kuczynski dadurch Bewegung, dass er 1957 in der maßgeblichen sowjetrussischen Philosophie- (und Ideologie-)Zeitschrift *Fragen der Philosophie* (*Voprosy Filosofii*) einen Aufsatz platzierte.[18] In diesem postulierte er die Existenz von „soziologischen Gesetzen" (*sotsiologicheskie zakony*), die einzelwissenschaftlich (sprich: von einer empirisch ausgerichteten Soziologie) untersucht werden können, ohne in das dogmatische System des Marxismus-Leninismus integriert zu sein; damit stellte er ein Kerndogma des herrschenden Marxismus-Leninismus in Frage.[19] Die Kontroverse, die er damit (auf listenreichem Umweg) in die DDR gewissermaßen importierte, gab der Diskussion um die Soziologie in der DDR nachhaltigen Auftrieb.

An der Humboldt-Universität regten sich erste Ansätze empirischer soziologischer Forschung zum einen an der Philosophischen Fakultät, wo der Philosoph Hermann Scheler

---

[16] Kurt Braunreuther (1913–1975), 1947–1951 Studium der Wirtschaftswissenschaften an der HU, seit 1946 SED-Mitglied, nach 1951 Ass. am Institut für Politische Ökonomie, 1955 Promotion, 1960 Prof. und stellvertretender bzw. kommissarischer Direktor des Instituts für Politische Ökonomie der HU, 1963 Leiter der Arbeitsgruppe Soziologie am Institut für Wirtschaftswissenschaften und ordentliches Mitglied der DAW, Mitglied des Wissenschaftlichen Rates für soziologische Forschung, Versetzung als Funktionär der Gewerkschaft Wissenschaft an der DAW.

[17] Steiner, Gesellschaftsanalyse, 2006, S. 23.

[18] Ehe sich Kuczynski dazu entschloss, das Thema in den Voprosy Filosofii zu platzieren, hatte er versucht, Walter Ulbricht in einem persönlichen Gespräch von der Wünschbarkeit und Notwendigkeit zu überzeugen, soziologische Forschung in der DDR zuzulassen. Ulbricht hatte dies mit dem Hinweis auf von ihm befürchtete „Sicherheitsrisiken" abgelehnt (vgl. Meyer, Hansgünter, DDR-Soziologie von den Anfängen bis 1971, in: Denkversuche, hrsg. v. Rauh, Hans-Christoph/Ruben, Peter, Berlin 2005, S. 413–458.)

[19] Vgl. ebd., S. 427.

studentische Arbeiten insbesondere zu agrarsoziologischen Fragestellungen anregte, darunter Erich Hahn[20], der 1961 mit einer agrarsoziologischen Arbeit promovierte (und in der weiteren theoretischen und ideologischen Orientierung der Soziologie der DDR eine bestimmende Rolle spielen sollte).

Zum anderen kamen empirische Arbeiten an der Wirtschaftswissenschaftlichen Fakultät in Gang, wo Kurt Braunreuther, nach Studium, Promotion und Habilitation an der Humboldt-Universität, 1960 zum Professor für Politische Ökonomie berufen und zum stellvertretenden bzw. kommissarischen Leiter des Instituts für Politische Ökonomie an der Wirtschaftswissenschaftlichen Fakultät ernannt wurde. Er bot Vorlesungen zur Geschichte der ökonomischen Lehren sowie Soziologiegeschichte an. „Die Studenten waren fasziniert und liefen in Scharen in seine Vorlesungen".[21] Um ihn sammelte sich ein Kreis an empirisch-soziologischen Untersuchungsansätzen interessierter Studenten und Doktoranden, unter ihnen Helmut Steiner[22], der sein Assistent und engster Mitarbeiter wurde, Manfred Puschmann und Georg Aßmann sowie, unter den Jüngeren, Thomas Edeling und Holger Michaelis.

Auch in anderen Lehrgebieten der Humboldt-Universität zeigten sich in den späten 1950er Jahren soziologische Untersuchungsansätze, etwa in der Gruppe der Agrarsoziologen um Kurt Krambach. Desgleichen ist auf medizinsoziologische Arbeiten an der Charité zu verweisen. 1961 bildete sich in Berlin eine Forschungsgemeinschaft Soziologie und Gesellschaft (unter Braunreuthers Vorsitz) sowie eine Soziologische Kommission der Humboldt-Universität, die über Tagungen eine wachsende Anzahl von Forschungsergebnissen diskutierte, publizierte und verbreitete. Solche Tagungen fanden zunächst 1962 in Prieros, 1963 in Berlin und dann 1964 in Merseburg statt. „Das Merseburger Treffen – schon eher eine repräsentative Konferenz – hatte einen großen, DDR-weiten Zulauf und war auch dadurch bedeutsam geworden, weil sie zu einer ersten offenen ideologischen Konfrontation zwischen den neuen Leuten, als deren führende Köpfe Kurt Braunreuther, Helmut Steiner und Manfred Lötsch auftraten, und den mit der Einhaltung einer dogmatischen Linie beauftragten Funktionären führte".[23]

In dieser Phase kam den Soziologen zustatten, dass sich die DDR-Regierung massiv um internationale Anerkennung bemühte und den DDR-Soziologen die Gelegenheit eröffnet

---

[20] Erich Hahn (geb. 1930), zunächst Studium der Geschichte und Philosophie und 1961 Promotion an der HU, 1966–1971 Lehrstuhl für marxistisch-leninistische Soziologie am IfG und Vorsitzender des Wissenschaftlichen Rates für soziologische Forschung, 1971–1990 Direktor des Instituts für Marxistisch-Leninistische Philosophie am IfG und Vorsitzender des Wissenschaftlichen Rates für Marxistisch-Leninistische Philosophie.

[21] Meyer, Hansgünter, Nachruf auf Helmut Steiner, in: Sozialismus 36 (2009), H. 3, S. 57.

[22] Helmut Steiner (1936–2009), 1955–1960 Studium der Politischen Ökonomie an der HU, 1960 Ass. bei Braunreuther, 1964 Mitglied der Arbeitsgruppe Soziologie am Institut für Wirtschaftswissenschaften der DAW, 1962 Promotion, 1969–1970 Forschungsaufenthalt in Moskau, 1970 Institut für Theorie und Organisation der Wissenschaft (IWTO) der DAW; vgl. Meyer, Hansgünter, Laudatio für Helmut Steiner zum 70. Geburtstag, in: Soziologische Zeitgeschichte. Helmut Steiner zum 70. Geburtstag, hrsg. v. Genov, Nicolai/ Kreckel, Reinhard, Berlin 2007, S. 12–28; ferner Meyer, Nachruf, 2009, S. 57–58.

[23] Vgl. Meyer, Soziologie, 1995; Meyer, DDR-Soziologie, 2005.

wurde, sich international zu profilieren. 1956 nahmen Vertreter der DDR als Beobachter am II. Weltkongress der International Sociological Association (ISA) in Amsterdam teil, 1963 wurden sie als „nationale Vertretung der Soziologen in der DDR" in die ISA aufgenommen[24] und nahmen in der Folgezeit, beginnend mit dem ISA Weltkongress in Evian (1966), regelmäßig mit eigener Delegation und wissenschaftlichen Beiträgen teil.

Insgesamt bietet die sich in den späten 1950er Jahren an den Hochschulen der DDR, insbesondere an der Humboldt-Universität, entfaltende soziologische Forschung das Beispiel eines universitären „Eigenwuchses", der umso bemerkenswerter ist, als es in dieser Phase nach wie vor die rigide Parteilinie der SED war, die „Soziologie" als „bürgerliche Wissenschaft" zu verpönen.

Die 1960er Jahre: Parteioffizielle Anerkennung und Förderung einer (marxistisch-leninistischen) Soziologie als Instrument der Modernisierungspolitik der SED

In den 1960er Jahren erhielt die Entwicklung der Soziologie mehrere Anstöße. Zum einen vollzog die SED in ihrer Einschätzung der Soziologie eine geradezu radikale Wendung, indem sie (mit bezeichnender Verspätung gegenüber der UdSSR und anderen sozialistischen Ländern) die Soziologie – im Zusammenhang mit dem vom VI. Parteitag (21./22. 1. 1963) beschlossenen Neuen Ökonomischen System der Planung und Leitung der Volkswirtschaft (NÖSPL) – als ein Instrument ihrer Modernisierungspolitik „entdeckte". In dem von der SED 1963 beschlossenen Programm wurden die Gesellschaftswissenschaften nunmehr explizit dazu aufgefordert, „verstärkt soziologische Forschungen zu betreiben".[25] Hierbei gewannen Kybernetik und Systemtheorie einen hohen Stellenwert, für die Walter Ulbricht ein persönliches Faible zeigte[26] und die in der DDR in dem (1953 bis 1958 an der Humboldt-Universität lehrenden) Philosophen Georg Klaus einen international bekannten Vertreter hatte (vgl. Herzberg i. d. Bd.). Die Modernisierungspolitik der SED geriet in eine regelrechte „Wissenschaftseuphorie".[27]

---

[24] Vgl. Ettrich, Frank/Lohr Karin, Soziologie und Industriesoziologie in der DDR – eine kritische Bilanz, in: Zwischenbilanz. Analysen zum Transformationsprozeß der ostdeutschen Industrie, hrsg. v. Schmidt, Rudi, Berlin 1993, S. 27–72.

[25] Zit. n. Ettrich, Frank, Soziologie in der DDR, in: Berliner Journal für Soziologie 2 (1992), S. 447–472, hier: S. 450.

[26] Walter Ulbricht formulierte 1964: „Wir brauchen eine echte wissenschaftliche Untersuchung der soziologischen Entwicklung, der Veränderung des Bewusstseins der Bevölkerung (...). Es ist notwendig, dass sich die Parteileitungen Soziologen und Fachleute zur Hilfe holen, die imstande sind, diese Probleme zu bearbeiten" (zit. n. Ettrich, Soziologie, 1992, S. 458).

[27] Ebd.

Zwar leitete die SED gegen Ende der 1960er Jahre erneut eine wirtschaftspolitische und ideologische (durch die Ablösung von Walter Ulbricht 1971 dramatisch sichtbar gemachte) Kursänderung ein – wiederum im verspäteten Einklang mit der Sowjetunion –, indem die 1963 mit der NÖSPL eingeführten Elemente einer („kybernetischen") Selbststeuerung nunmehr als „subjektivistisch" gebranndmarkt und rückgängig gemacht wurden.[28] Jedoch hielt die SED daran fest, soziologische Forschung – bei verstärkter Steuerung und Kontrolle – für ihre Wirtschafts- und Modernisierungspolitik nutzen zu wollen.

Der 1963/64 eingeschlagene Kurs, soziologische Forschung verstärkt als Vehikel der Modernisierungspolitik zu nutzen, ging Hand in Hand mit der wissenschaftspolitischen und -strukturellen Entscheidung, nunmehr verstärkt auf soziologische Forschung insbesondere an den außeruniversitären Forschungseinrichtungen, also an der Akademie und am („parteieigenen") IfS, später AfG (beim ZK) zu setzen.

Die Ausdehnung der Forschungsförderung wurde zum einen begleitet von der Zentralisierung der Forschungsplanung. So beschloss das ZK 1964 ein Zentrales Programm der soziologischen Forschung und einen 5-Jahres-Plan (1966–1970), in dem Vorgaben für die IfG-, Akademie- und Hochschulforschung gemacht wurden und der in folgenden 5-Jahres-Perioden fortgeschrieben wurde. Zum anderen wurden für die verschiedenen Forschungsbereiche, u. a. für soziologische Forschung, Wissenschaftliche Räte eingerichtet, in die die Direktoren bzw. Leiter der relevanten soziologischen Forschungseinrichtungen aus Akademie und Hochschulen berufen wurden und die der Koordination und auch ideologischen Abstimmung dienten. Ein entscheidendes zentrales Steuerungs- und Kontrollmittel aus Sicht der SED bildete die Regelung, dass der Vorsitz der einzelnen Räte in Personalunion mit der Position eines Direktors am „parteieigenen" IfG verbunden wurde und damit letztlich eine entsprechende forschungs- und machtpolitische Verklammerung mit der SED-Führung sichergestellt wurde. Dies galt auch für den Wissenschaftlichen Rat für soziologische Forschung.[29] Diese in der Forschungspolitik und -förderung der frühen 1960er Jahre vorgesehene Übergewichtung außeruniversitärer zulasten universitärer Forschung wurde in der III. Hochschulreform von 1967 und der Akademiereform von 1968 wissenschaftspolitisch und -strukturell weiter festgeschrieben. Zwar geriet damit die Hochschulforschung gegenüber den außeruniversitären Forschungseinrichtungen finanziell und personell deutlich, teilweise eklatant ins Hintertreffen, jedoch konnte sich – gegen die These vom vollständigen „Bruch mit der Humboldt'schen Universitätstradition"[30] – die universitäre Forschung in sozusagen „guter Humboldt-Tradition" durchaus behaupten und sichtbar bleiben.

[28] Vgl. Ettrich/Lohr, Soziologie, 1993, S. 51, für Details auch S. 44, 54f.
[29] Auffälligerweise ohne den üblichen Zusatz „marxistisch-leninistisch".
[30] Küpper, Die Humboldt-Universität, 1993, S. 142.

Soziologie an der Humboldt-Universität

1963 wechselten Kurt Braunreuther und seine Mitarbeiter (insbesondere Helmut Steiner) von der Humboldt-Universität an die DAW – in offenkundigem Zusammenhang mit dem politisch beabsichtigten Ausbau der Forschungskapazität der Letzteren.

Indessen wurde zur gleichen Zeit die soziologische Forschung an der Humboldt-Universität institutionell dadurch gestärkt, dass an der Wirtschaftswissenschaftlichen Fakultät 1964 eine von Manfred Puschmann geleitete Abteilung Industriesoziologie und 1968 auch an der Philosophischen Fakultät eine von Dieter Dohnke geleitete soziologische Forschungsgruppe gebildet wurden. Allerdings entwickelte sich in der soziologischen Forschung an der Humboldt-Universität über Jahre ein „eigenartiges Schisma"[31] zwischen den beiden, zumal an verschiedenen Standorten untergebrachten Forschungsgruppen aus, Erstere vorrangig empirisch (industriesoziologisch) und Letztere eher theoretisch-ideologisch (d. h. marxistisch-leninistisch) orientiert. Erst 1979 wurde diese Trennung durch die Zusammenführung der beiden Gruppen im (nunmehr vom Soziologen Georg Aßmann geleiteten) Institut für Marxistisch-Leninistische Soziologie organisatorisch überwunden und wurden damit die institutionellen Voraussetzungen für die weitere Entwicklung und Konsolidierung des soziologischen Forschungspotentials an der Humboldt-Universität verbessert.

1977 wurde der Wirtschaftswissenschaftler Dieter Klein[32] nach Studium, Promotion und Habilitation an der Humboldt-Universität Prorektor für Gesellschaftswissenschaften (mit einer Zuständigkeit für alle Fächer außerhalb der Naturwissenschaften). In diesen Funktionen hat er (bis 1990) die weitere Entwicklung der Soziologie wie den Reformkurs der Universität in den späten 1980er Jahren insgesamt maßgeblich beeinflusst und geprägt.[33]

Ungeachtet der nunmehr parteioffiziellen Anerkennung und Förderung der Soziologie wurde die soziologische Lehre an der Humboldt-Universität (wie an anderen Hochschulen der DDR) erst in den späten 1960er Jahren – und dies nur schrittweise – eingeführt. Dies geschah zunächst (1968) als postgraduales Zusatzstudium für Wissenschaftler, die, vielfach schon promoviert, in der Praxis tätig waren und sodann als Hauptfachausbildung (als Diplom-Ökonom bzw. Diplom-Philosoph „in der [Neben-]Fachrichtung Soziologie"). Schließ-

---

31 Meyer, DDR-Soziologie, 2005, S. 35.

32 Dieter Klein (geb. 1931), 1951–1954 Studium der Wirtschaftswissenschaften an der HU, 1954 SED-Mitglied, 1961 Promotion, 1964 Habilitation, 1965 Prof. für Politische Ökonomie und (bis 1977) Direktor des Instituts für Politische Ökonomie an der HU, ab 1978 (bis 1990) Prorektor der HU für Gesellschaftswissenschaften.

33 Zum taktisch geschickten Reformkurs von Dieter Klein vgl. zuletzt, unter der Kapitelüberschrift „Der Mut des Prorektors", ausführlich Segert, Dieter, Das 41. Jahr. Eine andere Geschichte der DDR, Wien u. a. 2008, S. 61ff. Zu seinem von ihm im Rückblick als „eulenspiegelhafte Taktik" umschriebenen Vorgehen vgl. Klein, Dieter, Zum 80. Geburtstag von Egon Bahr. DDR-interne Folgen eines Treffens in Berlin, in: Der Freitag v. 15. 3. 2001.

lich wurde 1975 an der Humboldt-Universität (gleichzeitig mit den Universitäten Leipzig und Halle) ein förmlicher Diplomstudiengang Soziologie eingerichtet.[34] Allerdings waren DDR-weit nur 40 bis 60 Studierende pro Studienjahr zu dem Diplomstudiengang zugelassen, von denen 20 bis 25 auf die Humboldt-Universität entfielen. Dabei ist hervorzuheben, dass eine Kohorte von 20 bis 25 Soziologie-Studenten, gemessen an der Gesamtzahl der 11.500 Studenten der Humboldt-Universität[35] (im Direktstudium), eine verschwindende Minderheit bildete. In dem von der SED zugelassenen minimalen Zuschnitt des Soziologie-Studiums ist ihr nachhaltiges ideologisch-politisches Misstrauen gegen alles die Soziologie Betreffende zu erkennen.

Soziologie in der Akademie der Wissenschaften

Der Wechsel Kurt Braunreuthers von der Humboldt-Universität an die Akademie war, wie erwähnt, unverkennbar darauf gemünzt, hier das soziologische Forschungspotenzial zu stärken. Er wurde 1963 Leiter der am Akademie-Institut für Wirtschaftswissenschaften gebildeten Arbeitsgruppe Soziologie[36] sowie nach bemerkenswert kurzer Zeit (1964) Ordentliches Mitglied der Akademie. Mit Helmut Steiner, der zusammen mit Braunreuther von der Humboldt-Universität kam, dem Soziologen Hansgünter Meyer[37], der vorher an der Universität Greifswald tätig war, und dem Soziologen Manfred Lötsch[38], der, nach Studium an der Humboldt-Universität und zuletzt Assistent an der Bergbauakademie Freiberg, wegen eines Konflikts mit der dortigen SED zur „Bewährung" vorübergehend als Betriebs-

---

34 Für Einzelheiten vgl. Lohr, Karin, Ausbildung und Einsatz von Soziologen in der DDR. Stand und Perspektiven, in: Sozialwissenschaften und Berufspraxis 13 (1990), H. 3, S. 178–187.

35 Vgl. Küpper, Die Humboldt-Universität, 1993, S. 142. Danach hatte die HU 1970 11.472 Direktstudenten sowie mehr als 6.000 Fernstudenten.

36 Vgl. Meyer, Hansgünter, Sociological Research in the GDR (DDR), in: Soziologie, Journal of the Deutsche Gesellschaft für Soziologie, Special Edition 3 (1994), S. 33–51, hier: S. 36.

37 Hansgünter Meyer (geb. 1929), 1953–1958 Fernstudium der Geschichtswissenschaften an der Univ. Leipzig, 1960 Ass. am Philosophischen Institut der Univ. Greifswald, 1965 Soziologe, Abteilung am Institut für Wirtschaftswissenschaften der DAW, 1969 gemeinsame Habilitation (mit M. Lötsch) an der HU (SED-Verbot der Publikation), 1970 Mitglied des Wissenschaftlichen Rates für soziologische Forschung, 1973 Prof. für Soziologie an der DAW; vgl. auch Meyer, Hansgünter, Die Entdeckung der Soziologie, in: Wege zur Soziologie nach 1945, Biographische Notizen, hrsg. v. Fleck, Christian, Opladen 1996, S. 263.

38 Manfred Lötsch (1936–1993), 1956–1960 Studium der Volkswirtschaftslehre an der HU, 1958 SED-Mitglied, 1963 Promotion, 1966 Konflikte mit der SED-Parteileitung, anschließend „Bewährung" als Betriebssoziologe im Braunkohlenwerk, 1968 wissenschaftlicher Mitarbeiter an der soziologischen Abteilung am Institut für Wirtschaftswissenschaften der DAW, 1969 gemeinsame Habilitation mit Hansgünter Meyer (1971 SED-Verbot der Publikation), 1969 Versetzung an das IfG des ZK, 1979 Prof. am IfG, Mitglied des Wissenschaftlichen Rates für soziologische Forschung, März 1989 schwerer Herzinfarkt; siehe auch Thomas, Michael, Nekrolog auf Manfred Lötsch, in: Berliner Journal für Soziologie 3 (1993), H. 3, S. 237f.

soziologe im Kohlenbergbau eingesetzt worden war, versammelte die Braunreuther-Gruppe einige der besten Nachwuchswissenschaftler der DDR-Soziologie.

Allerdings geriet Braunreuther 1969 „in einen ideologischen Hinterhalt“[39], in dessen Folge er seiner Forschungsfunktionen entkleidet und (forschungsfern) in den Kreisvorstand der Gewerkschaft Wissenschaft an der DAW abgeschoben wurde. Die Arbeitsgruppe Soziologie wurde durch Eingliederung in das (von Manfred Buhr geleitete, ideologisch rigide und als solches gefürchtete) Zentralinstitut für Philosophie der Akademie[40] eingegliedert und nach vierjährigen internen, intriganten Auseinandersetzungen praktisch aufgelöst.

Erst 1978 erhielt die soziologische Forschung an der Akademie mit dem Institut für Sozialpolitik und Soziologie (ISS) wieder eine eigene organisatorische Basis. Zum Leiter des ISS wurde Gunnar Winkler bestimmt, der, von der Gewerkschaftshochschule Bernau kommend, bislang eher als Sozialpolitiker denn als Soziologe hervorgetreten war. Unter seiner Leitung erwies sich das ISS (bis 1990) als bemerkenswert produktiv und publizistisch wirksam.[41]

Dem IfS war, wie erwähnt, eine zentrale Steuerungs- und auch Kontrollfunktion über die gesamte soziologische Forschung (wie auch andere Forschungsfelder) dadurch zugewiesen, dass der Vorsitz des einschlägigen Wissenschaftlichen Rates (hier: für soziologische Forschung) in Personalunion mit einer Institutsleiter- oder Direktorenposition am IfG verknüpft wurde. In dieser Personalunion wurde der Vorsitz des Wissenschaftlichen Rates für soziologische Forschung zunächst (1964–1970) von Horst Taubert, dann (1970–1971) von Erich Hahn und schließlich (1971–1990) von Rudi Weidig, der zugleich Professor für marxistisch-leninistische Soziologie am IfG war, wahrgenommen. Für die Dauer von 20 Jahren (bis 1990) hatte Rudi Weidig damit bestimmenden (nicht zuletzt auch ideologisch reglementierenden) Einfluss auf die Entwicklung der Soziologie.

Im Zuge des programmatischen Ausbaues der Forschungsressourcen auch und gerade der „parteieigenen“ soziologischen Forschung wurde 1964 eine Abteilung für Soziologie (unter der Leitung von Horst Taubert) eingerichtet. Eine nachhaltige personelle Verstärkung kam mit Manfred Lötsch, der 1969 (im Zusammenhang mit der erwähnten „Strafabschiebung“ von Braunreuther und der Auflösung seiner Gruppe) von der DAW an das IfG (Institut für Gesellschaftswissenschaften, ab 1976 AfG, Akademie für Gesellschaftswissenschaften beim ZK der SED) versetzt wurde (vermutlich weil die SED ihn hier besser unter parteinaher Kontrolle zu haben erwartete). Bis zu seiner schweren Erkrankung im Jahr 1989 am IfG

[39] Meyer, Sociological Research, 1994, S. 40.

[40] Zu dem das AfG-Zentralinstitut für Philosophie kennzeichnenden dogmatisch-repressiven Klima vgl. Rauh, Hans-Christoph (Hrsg.), Gefesselter Widerspruch – Die Affäre um Peter Ruben, Berlin 1991. Für den Umgang der Institutsleitung mit der Abteilung Soziologie war die Argumentation bezeichnend, dass „Soziologie überhaupt keine Wissenschaft, sondern russisches Volkstümlertum des 19. Jahrhunderts“ sei (so Hansgünter Meyer in einer Mitteilung an den Verfasser).

[41] Zu den Forschungserträgen des ISS siehe u. a. die von ihm herausgegebenen (zehn) Jahrbücher für Soziologie und Sozialpolitik.

tätig, erwies sich Lötsch als der wohl innovativste, produktivste und international meistzitierte DDR-Soziologe.[42]

Fortgesetzte Repression des SED-Regimes

Die Expansion der soziologischen Forschungsförderung und Forschung vollzog sich vor dem Hintergrund und unter dem Eindruck fortgesetzter und sich zeitweise noch verschärfender ideologischer Einschüchterung und Repression. So forcierte die SED auf ihrem 11. ZK-Plenum vom 11./12. Dezember 1965 ihren kulturpolitischen Kurs, indem „modernistische" und „liberalistische" Strömungen in der aktuellen DDR-Literatur kritisiert und u. a. Wolf Biermann, Heiner Müller, Stephan Heym und Volker Braun namentlich angeprangert und zahlreiche Filme und Buchproduktionen verboten wurden, was sich wie Mehltau auf das gesamte intellektuelle und publizistische Klima legen musste.

Bezeichnend für die Entschlossenheit der SED, gegen Kritiker gegebenenfalls mit aller Härte vorzugehen, waren die Sanktionen, die sie gegen den seit 1946 an der Humboldt-Universität wirkenden Naturwissenschaftler Robert Havemann (1910–1982) ergriff. KPD-Mitglied seit 1932, SED-Mitglied seit 1951, Professor für Chemie an der Humboldt-Universität seit 1946, Mitglied der Akademie seit 1961, trat Robert Havemann seit den frühen 1960er Jahren immer vernehmlicher als Kritiker des SED-Systems hervor, ohne seine kommunistische Grundüberzeugung und seine Loyalität zur DDR je in Zweifel zu ziehen. 1963/64 hielt Havemann an der Humboldt-Universität eine stark besuchte Vorlesungsreihe, die 1964 in der Bundesrepublik unter dem Titel *Dialektik ohne Dogma* veröffentlicht wurde. Die SED reagierte mit Parteiausschluss, fristloser Entlassung durch die Humboldt-Universität (samt Hausverbot) sowie Entlassung durch die Akademie (samt Hausverbot). In der Folgezeit wurde Havemann zeitweise unter Hausarrest gestellt und wurde bis zu seinem Tod (1982) unter demütigenden Umständen überwacht.

Die Entschlossenheit der SED, Ansätze einer kritischen gesellschaftswissenschaftlichen Analyse der Macht- und Einflussstrukturen in ihrem Herrschaftssystem zu unterbinden, verdeutlichte auch das Schicksal von Heinz Kallabis, der in den späten 1960er Jahren an der Hochschule der Gewerkschaft in Bernau die Absicht verfolgte, politische Strukturen der DDR, insbesondere im gewerkschaftlich-politischen Feld, zum Gegenstand empirisch-soziologischer Untersuchungen zu machen. Wegen angeblicher Sympathien mit den tsche-

[42] Vgl. Lötsch, Ingrid/Meyer, Hansgünter (Hrsg.), Sozialstruktur als Gegenstand der Soziologie und der empirischen soziologischen Forschung. Beiträge zu einem Kolloquium in memoriam Manfred Lötsch, Berlin 1997; ferner Thomas, Nekrolog, 1993.

choslowakischen Reformen wurde Kallabis 1969 aus der Leitung der Gewerkschaftshochschule entfernt und mit lebenslangem Publikationsverbot belegt.[43]

Schließlich sei an Rudolf Bahro[44] erinnert, der, nachdem im August 1977 Auszüge eines systemkritischen Buchmanuskripts („Die Alternative") im „Spiegel" vorab gedruckt worden waren, verhaftet und im Juni 1978 vom Stadtgericht Berlin wegen „Übermittlung von Nachrichten für eine ausländische Macht und Geheimnisverrat" zu acht Jahren Freiheitsentzug verurteilt wurde. 1979 wurde er – aus Anlass des 30. Jahrestages der DDR (sic!) – aus dem Gefängnis in die Bundesrepublik entlassen.

Ein Exempel ihrer repressiven Zensur statuierte die SED-Wissenschaftsbürokratie 1971 an Hansgünter Meyer und Manfred Lötsch, als die Veröffentlichung der von ihnen an der Humboldt-Universität vorgelegten gemeinsamen organisationssoziologischen Habilitationsschrift, obgleich im Habilitationsverfahren an der Humboldt-Universität erfolgreich verteidigt und bereits gedruckt, in letzter Minute durch Parteiintervention verhindert und „geschreddert" wurde.[45]

Die 1980er Jahre: Soziologie im Zeichen von Liberalisierung und Systemkrise

Im Laufe der 1980er Jahre veränderten sich die politischen, ökonomischen und ideologischen Rahmenbedingungen für soziologische Forschung erneut. Zum einen zeigten die von Michael Gorbatschow in der UdSSR in den mittleren 1980er Jahren angestoßenen Reformen (*perestroika, glasnost*) auch in der DDR zunehmend Wirkung, obgleich die SED-Führung sich bis zuletzt dagegen abzuschotten suchte. Gleichzeitig trug die SED selber zu einer ideologischen Lockerung und Pluralisierung u. a. dadurch bei, dass sie sich seit Mitte der 1980er Jahre mit der SPD in einen „Dialog" einließ. Auf Seiten der SED lag die Federführung für den „Dialog" institutionell bei der AfG (nunmehr ZK-Akademie für Gesellschaftswissenschaften) und wurde inhaltlich vor allem von deren Rektor Otto Reinhold und von Rolf Reißig, seit 1981 Professor am IfG, getragen. Als Ergebnis des SED/SPD-Dialogs wurde im August 1987 ein Papier *Der Streit der Ideologien und die gemeinsame Sicherheit* vorgelegt, das in der DDR vor allem dadurch innenpolitisch und ideologisch wirksam wurde, dass

---

43 Vgl. Meyer, Sociological Research, 1994, S. 43.

44 Rudolf Bahro (1935–1997), 1954–1959 Studium der Philosophie an der HU, im Juni 1978 Verurteilung zu acht Jahren Freiheitsentzug „wegen Übermittlung von Nachrichten für eine ausländische Macht und Geheimnisverrat", 1979 Entlassung in die Bundesrepublik, 1989 Rückkehr in die DDR, 1990 a. o. Prof. für Sozialökologie an der HU.

45 Offenkundig wurde die Arbeit von maßgeblichen Parteikreisen als nicht publizierbar betrachtet, weil sie sich auf kybernetische Systemtheorie und auf Ulbricht-Zitate stützte, was beides nach dem Sturz von Ulbricht nicht mehr opportun und tolerabel schien; vgl. Meyer, DDR-Soziologie, 2005, S. 34.

es von den DDR-Medien unzensiert veröffentlicht wurde[46] und zu einem ideologischen Klimawandel beitrug.

Das 1979 gebildete Institut für Marxistisch-Leninistische Soziologie der Humboldt-Universität trat in den mittleren 1980er Jahren in eine Reformphase ein. Diese wurde wesentlich von dem Bildungssoziologen Artur Meier[47] vorangetrieben, der 1986 zum Professor an der Humboldt-Universität berufen und zum Leiter des Instituts (IfS) bestimmt wurde, nachdem er zwischen 1970 und 1986 als Leiter der Abteilung „Soziologie des Bildungswesens" an der Akademie der Pädagogischen Wissenschaften (dazu Tenorth i. d. Bd.) tätig gewesen war. Die von ihm eingeleiteten Reformschritte zielten insbesondere auf eine verstärkte soziologisch-fachdisziplinäre Professionalisierung der am Institut tätigen Wissenschaftler/-innen und eine weitere Öffnung für internationale Diskussion und Austausch. Für diese konnte er die vielfältigen internationalen Wissenschaftskontakte einbringen, über die er (u. a. durch seine mehrjährige Funktion als Vizepräsident der International Sociological Association) verfügte.[48] „Dabei kamen dem Institut seine unabhängige Stellung gegenüber den anderen Sektionen der Humboldt-Universität, vor allem auch der Sektion Marxismus-Leninismus, sowie seine Förderung und der politisch-ideologische Schutz durch den Prorektor Dieter Klein zugute. Der Status des Instituts glich in der Universität dem einer selbstständigen Sektion und unterschied sich dadurch auch von allen anderen soziologischen Einrichtungen an den anderen Universitäten und Hochschulen der DDR."[49]

Bis Ende der 1980er Jahre erhöhte sich die Zahl der promovierten (und zum Teil habilitierten bzw. B-promovierten) wissenschaftlichen Mitarbeiter/-innen auf 22.[50] Ungeachtet der vorrangigen finanziellen und forschungspolitischen Förderung, die insbesondere das Soziologie-Institut des AfG des ZK und das Institut für Soziologie und Sozialpolitik (ISS), der Akademie im Verlauf der 1980er Jahre in der SED-Forschungspolitik genossen, erwies sich das Institut für Marxistisch-Leninistische Soziologie der Humboldt-Universität

---

46 Vgl. Reissig, Rolf, Dialog durch die Mauer, Frankfurt a. M./New York 2002.

47 Artur Meier (geb. 1932), 1954–1990 SED-Mitglied, 1959–1964 Aspirantur, 1964 Promotion an der HU, ab 1966 Zusatzstudium, 1970 Habilitation an der HU, 1970 Leiter der Abteilung „Soziologie des Bildungswesens" an der APW, 1986 o. Prof. für Soziologie an der HU und Direktor des Instituts für Marxistisch-Leninistische Soziologie, 1986–1990 Vizepräsident der International Sociological Association, vgl. Meier, Artur, Verspäteter Einlass, in: Fleck, Wege zur Soziologie, 1996, S. 353–368.

48 Artur Meier war seit dem Weltkongress in Mexiko (1982) Repräsentant der DDR-Soziologen im Exekutiv-Komitee der ISA und wurde auf dem XI. Kongress der ISA in Neu Delhi (1986) zum Vizepräsidenten gewählt. In dieser Funktion war er Programmdirektor für den ISA-Weltkongress in Madrid (1990); vgl. Meyer, Soziologie, 1995, S. 46.

49 Artur Meier in einer schriftlichen Mitteilung an den Verfasser.

50 An ihm wirkten u. a. Thomas Edeling, Frank Ettrich, Holger Michaelis, Karin Lohr, Wolfgang Kühnel und Hildegard Maria Nickel. Die beiden Letzteren waren bis 1986 Mitarbeiterinnen und Mitarbeiter von Artur Meier an der APW und folgten ihm 1986 an die HU.

aufgrund seiner konsolidierten institutionellen und personellen Basis als bemerkenswert leistungsfähig.[51]

Mit Unterstützung von Prorektor Dieter Klein wurde 1987 am Institut für Marxistisch-Leninistische Soziologie ein Experiment eingeleitet, in dem die bestehende Zweiteilung des Soziologie-Studiums (in ein auf Marxismus-Leninismus basiertes viersemestriges Grundlagenstudium und ein Soziologie-bezogenes Hauptstudium) aufgelöst und ab dem ersten Semester Soziologie gelehrt und studiert wurde. Allerdings reduzierte das DDR-Ministerium 1989 die Gesamtzahl der DDR-weit zum Soziologie-Studium zugelassenen Studierenden von bislang 40 auf 24 – mit dem offenkundigen politischen Ziel einer „Verminderung des kritischen Potentials der Gesellschaftswissenschaften im allgemeinen und der Soziologie im besonderen".[52] Im Unterschied dazu wurden z. B. fast alle Berliner geschichtswissenschaftlichen Fachrichtungen personell bedeutend ausgebaut.

In den späten 1980ern wurde – auf Initiative und mit wesentlicher Mitwirkung von Prorektor Dieter Klein – der Aufbau einer multidisziplinären Friedensforschung an der Humboldt-Universität begonnen und der Austausch von Vorlesungszyklen mit dem (von Egon Bahr geleiteten) Hamburger Institut für Friedensforschung und Sicherheitspolitik eingeleitet – gegen Bedenken aus dem SED-Politbüro. Außerdem wurde – wesentlich auf Initiative von Michael Brie und mit Unterstützung von Klein – ein interdisziplinäres Forschungsprojekt *Erarbeitung einer Konzeption des modernen Sozialismus*[53] begonnen, an dem insbesondere Michael Brie, Rainer Land, Dieter Segert und Rosemarie Will (vgl. Markovits i. d. Bd.) mitwirkten. 1988 erregte Klein mit dem (im Dietz-Verlag erschienenen) Buch „Chancen für einen friedensfähigen Kapitalismus" Aufsehen, in dem er dem SED-Dogma vom „aggressiven Wesen des Kapitalismus" widersprach.

Disziplinäre Konsolidierung

In der Spät- und Schlussphase der DDR vermehrten und verdichteten sich die Schritte, die auf eine disziplinäre Konsolidierung der DDR-Soziologie gerichtet waren.[54] Anknüpfend an die in den Jahren 1969, 1974, 1980 und 1985 organisierten Kongresse der DDR-Soziologen

[51] Vgl. Meyer, Sociological Research, 1994, S. 35: „sehr erfolgreich". Vgl. auch die Einschätzung in: Neidhardt, Friedhelm, „In bin nicht sicher, ob alle Entscheidungen richtig waren", Typoskript eines mit F. Neidhardt geführten Interviews, November 1997: „Ich gewann mit meinen Kölner Kollegen (Renate Mayntz und Erwin Scheuch) den Eindruck, dass (Artur Meier) mit einer Reihe von Mitarbeitern seines Instituts an der Humboldt-Universität nach Kräften bestrebt war, eine professionelle empirische Sozialforschung nach den Regeln der klassischen Soziologie zu betreiben".

[52] Vgl. Lohr, Ausbildung und Einsatz, 1990.

[53] Vgl. Brie, Michael/Land, Rainer/Petsch, Hannelore/Segert, Diester/Will, Rosemarie, Studie zur Gesellschaftsstrategie, Berlin 1989.

[54] Vgl. Meyer, Sociological Research, 1994, S. 38.

fand im Februar 1990 (also zwischen Fall der Mauer und „Beitritt" der DDR) der auch in der westdeutschen Fachöffentlichkeit stark beachtete 5. (und letzte) Kongress statt. Auf ihm wurde die Gründung einer Gesellschaft für Soziologie der DDR beschlossen, deren Vorsitzender Hansgünter Meyer bis zu ihrer Selbstauflösung Anfang 1993 war. Nachdem in der Vergangenheit mehrere Versuche, eine eigene soziologische Zeitschrift zu begründen, zurückgewiesen worden waren, wurde 1989/90 schließlich das *Berliner Journal für soziologische Forschung* ins Leben gerufen, deren Gründungsherausgeber Manfred Lötsch, Artur Meier, Hansgünter Meyer, Peter Vogt und Herbert Wolf waren. (Die Zeitschrift wurde ab 1992 unter personell veränderter Herausgeberschaft am neu gebildeten Institut für Sozialwissenschaft der Humboldt-Universität weitergeführt.)

Politikwissenschaft in der DDR?

Während das SED-Regime ab den 1960er Jahren bereit war, empirische *soziologische* Forschung – unter steuernden und kontrollierenden (gegebenenfalls durchaus repressiven) Kautelen – als modernisierungs- und entwicklungs- und damit systemdienliche Informationsbeschaffung zu akzeptieren und zu fördern, zeigte es sich bis zum Ende entschlossen, die Entwicklung *politikwissenschaftlicher* Forschung nicht zu dulden. Hierin befand sich das SED-Regime – wiederum – in auffälligem Rückstand zur Sowjetunion, wo seit den 1960er Jahren die empirische Erforschung des Staates, der politischen Parteien und Massenorganisationen, etwa der Gewerkschaften und des Komsomol, als Gegenstände marxistischer Gesellschaftswissenschaften, sprich: Politikwissenschaft, schrittweise anerkannt worden war.[55] Wie die Beispiele von Kallabis, Bahro und auch Havemann verdeutlichten, reagierte die SED mit aller Härte auf Analyseansätze zur empirischen Durchdringung und Aufhellung von Macht- und Herrschaftsstrukturen des „real-existierenden Sozialismus".

Erst in den späten 1980er Jahren wurden von DDR-Wissenschaftlern erste Schritte unternommen, Anschluss an die in der Gorbatschowschen UdSSR und anderen sozialistischen Ländern, insbesondere Polen, längst verfolgten politikwissenschaftlichen Forschungsansätze und -fragen zu gewinnen. Als sich DDR-Wissenschaftler ab 1988 Themen der Friedensforschung oder des Vergleichs „westlicher/kapitalistischer" Systeme zuwandten[56], so handelte es sich um Fragestellungen, die dem SED-Regime ideologisch und politisch als ungefährlich erscheinen konnten, zumal die politikwissenschaftliche Analyse des eigenen Herrschaftssystems weiterhin ausgeblendet blieb. Bezeichnenderweise wurden 1987/88 der

55 Vgl. Lehmbruch, Die Politikwissenschaft, 1995, S. 329–376.

56 Vgl. insbesondere die von Karl-Heinz Röder (in den Jahren 1980ff.) herausgegebenen Ländermonographien, z. B. Das politische System der USA, Berlin 1980; ausführliche Nachweise bei Lehmbruch, Gerhard, Die Politikwissenschaft und die deutsche Vereinigung. Eine Fallstudie zum ostdeutschen Transformationsprozess, in: Einigung und Zerfall, hrsg. v. dems., Opladen 1995, S. 329–376.

von Rolf Reißig unternommene Vorstoß, das am IfG/AfG des ZK befindliche Institut für Wissenschaftlichen Sozialismus, dem er seit 1981 als Professor angehörte und das er ab 1985 leitete, in ein Institut für Politikwissenschaft umzuprofilieren und eine eigene Disziplin der Politikwissenschaft in der DDR aufzubauen, vom zuständigen Politbüromitglied Kurt Hager mit der Begründung zurückgewiesen, die SED-Führung betreibe schon immer eine „wissenschaftliche Politik" und benötige „keine zusätzliche Wissenschaft von der Politik".[57]

Versuch einer Bilanz

Zur Entwicklung der Soziologie in der DDR nach 1950 ist zunächst an jene „Merkwürdigkeit" (Hansgünter Meyer) zu erinnern, dass soziologische Untersuchungsansätze in den mittleren 1950er Jahren in der DDR an den Universitäten „von unten" Wurzeln schlugen, obwohl die SED die Soziologie bis in die frühen 1960er Jahre mit ihrem ideologischen Bann belegte. In dieser Wiederbelebung der Soziologie „von unten" spielte die Humboldt-Universität und hierbei insbesondere der Wirtschaftswissenschaftler Kurt Braunreuther eine Pilotrolle. Die in dieser frühen Phase durch Studium, Promotion und/oder Habilitation an der Humboldt-Universität soziologisch ausgebildeten und sozialisierten Nachwuchswissenschaftler (u. a. Dieter Klein, Helmut Steiner, Manfred Lötsch, Erich Hahn, Manfred Puschmann, Georg Aßmann, Horst Berger, Thomas Edeling, Holger Michaelis, Karin Lohr, Frank Ettrich) haben die weitere Entwicklung der Soziologie in und außerhalb der Humboldt-Universität wesentlich beeinflusst und mitgestaltet.

Zwar hat die SED, nachdem sie seit den mittleren 1960er Jahren Soziologie als Vehikel ihrer Modernisierungspolitik „entdeckt" hatte, in ihrer Wissenschafts- und Forschungspolitik verstärkt die außeruniversitäre Forschung, insbesondere am „parteieigenen" IfS beim ZK ausgebaut, woraus sich, zumindest numerisch gesehen, eine krasse Asymmetrie in der Verteilung der personellen und finanziellen Forschungsressourcen zugunsten der außeruniversitären Forschungseinrichtungen und zulasten der universitären ergab. Jedoch kann am Beispiel des Instituts für Marxistisch-Leninistische Soziologie der Humboldt-Universität gezeigt werden, dass, obgleich sich dieses mit (Ende der 1980er Jahre) 22 Wissenschaftlern im Vergleich zu den (auf rund 1.000 veranschlagten[58]) außeruniversitären Ge-

---

[57] Vgl. Segert, Das 41. Jahr, 2008, S. 59. Zu der Kontroverse über die Frage, ob es in der DDR Ansätze einer politikwissenschaftlichen Forschung gegeben habe, vgl. Lehmbruch, Die Politikwissenschaft, 1995, S. 15ff.; ferner, differenziert bejahend, Berg, Frank/Möller, Bärbel/Reißig, Rolf, Pro und contra politikwissenschaftliche Forschung in der DDR, in: Politische Vierteljahresschrift 33 (1992), H. 2, S. 256–277. Die Frage modifiziert bejahend auch Segert, Dieter, Die langen Schatten der Vergangenheit. Warum es in der DDR doch eine Politologie gab, in: Sozialwissenschaften vis-à-vis: Ein sozialer Großversuch, hrsg. v. Giesen, Bernd/Leggewie, Claus, Berlin 1991, S. 111–122.

[58] Vgl. Kreckel, Reinhard, Soziologie an den ostdeutschen Universitäten: Abbau und Neubeginn 1994, in: Schäfers, Bernhard (Hrsg.), Soziologie in Deutschland, Opladen 1995, S. 219–236.

sellschaftswissenschaftlern (jedoch zumeist Historiker) in einer geradezu verschwindenden Minderheit befand, seine Angehörigen ein beachtliches Leistungs- und Publikationsprofil entwickelt hatten. Dies ist nicht zuletzt daran ablesbar, dass sich viele von ihnen nach 1990 in den öffentlichen Ausschreibungen und Besetzungsverfahren um Professuren und andere Wissenschaftlerstellen an ost- und westdeutschen Hochschulen erfolgreich durchsetzen konnten. Auch der Wissenschaftsrat hatte wichtige Teams (z. B. die Gruppe um Horst Berger) positiv evaluiert und ihre Förderung unterstützt.

Die Forschungen, die die Soziologen in der DDR bis 1990 – außeruniversitär wie universitär – geleistet haben, sind im nationalen und internationalen Vergleich durchaus beachtlich. Die Breite der Forschungsfelder kann an dieser Stelle nur beispielhaft angedeutet werden.[59] Hierzu zählen in Sonderheit die Sozialstrukturforschung (insbesondere am IfG beim ZK[60] und am Akademie-Institut für Soziologie und Sozialpolitik), die Jugendforschung (am Leipziger Zentralinstitut für Jugendforschung)[61], die Bildungssoziologie (an der Akademie der Pädagogischen Wissenschaften)[62] sowie die Wissenschaftsforschung (an der Akademie)[63], aber auch Medizinsoziologie (an der Charité).[64]

Nach 1990 erwies sich die angemessene Erfassung, Interpretation und die (für das berufliche und wissenschaftliche Überleben vielfach entscheidende) so genannte Evaluierung der individuellen Forschungsleistungen zum Teil als dadurch erschwert, dass das SED-Regime in einer geradezu pathologischen Geheimhaltungspraxis soziologische Forschungsergebnisse und -berichte vielfach allenfalls in einer streng nummerierten Zahl von Exemplaren für den parteiinternen Gebrauch, wenn überhaupt, verfügbar machte und ansonsten in den „Panzerschrank" wegschloss (oder aber von vornherein unterband und unterdrücke)[65] und

---

59 Vgl. hierzu insbesondere die sehr informative Übersicht bei Meyer, Sociological Research, 1994.

60 Wo insbesondere Martin Lötsch bis zu seiner schweren Erkrankung 1989 die führende Rolle spielte (vgl. Thomas, Nekrolog, 1993).

61 Vgl. Starke, Kurt, ZIJ – es war einmal, in: Berliner Journal für Soziologie 1 (1991), H. 2, S. 280–289.

62 Insbesondere die Arbeiten von Artur Meier.

63 Insbesondere die Arbeiten von Helmut Steiner und Hansgünter Meyer.

64 Zuletzt unter Günther Miehlke. Für eine informative und reichlich dokumentierte Übersicht über den Forschungsstand der Soziologie in der DDR vgl. die beiden von Bernhard Schäfers (deutsch und englisch) herausgegebenen DGS-Bände: „Edited on occasion of the XIIIth World Congress of Sociology and on behalf of the Committee of the Deutsche Gesellschaft für Soziologie", Opladen 1994.

65 Ein eindringliches Beispiel für eine aus politisch-dogmatischen Gründen unterdrückte empirische Forschung ist die von Soziologen an der DAW um Hansgünter Meyer und Manfred Lötsch in den 1970er Jahren unternommene Untersuchung zu den personellen und funktionalen Organisations-, Verantwortungs- und Entscheidungsstrukturen und -prozessen in der Doppelhierarchie von Partei- und staatlichen Behörden der zentral geleiteten Industrie der DDR. Mit der repräsentativen Erhebung (mit ca. 14.000 Probanden in mehreren Großbetrieben) waren 40 Wissenschaftler sowie Physiker und Mathematiker zum Datenprozessieren auf drei IBM- und ESER-Großrechnern befasst. Ihre Auswertung fiel schließlich einer ideologisch bedingten Intervention des Zentralinstituts für Philosophie der DAW mit dem Argument zum Opfer, sie sei „gegen den VIII. Parteitag gerichtet" und „völlig unwissenschaftlich" (so Hansgünter Meyer in einer schriftlichen Mitteilung an den Verfasser).

diese mithin für eine nationale wie internationale wissenschaftliche Diskussion und *peer review* nur eingeschränkt zugänglich waren.

Insgesamt konnten und mussten sich der politische Imperativ der „Parteilichkeit" von Forschung und die allgegenwärtige Kontrolle und Zensur durch die SED auf den Forschungs- und Erkenntnisprozess einschränkend und beschneidend auswirken: Während in „freier", der Wahrheitsfindung verpflichteter Forschung (jedenfalls *idealiter*) die autonome Selbstbestimmung von Gegenstand, Fragestellung, theoretischem Ansatz und Methoden konstitutiv ist, ist eine Situation intellektuell deformierend, in der sich der einzelne Forscher zur „Parteilichkeit" angehalten weiß und er gegebenfalls existenzbedrohenden Sanktionen für den Fall des Ungehorsams zu gewärtigen hat. Dann ist nicht mehr auszuschließen, dass ein Forscher die „parteilichen" Vorgaben bewusst akzeptiert oder die repressiven Mechanismen bis zum Punkte einer kaum mehr bewussten Selbstzensur internalisiert. Insgesamt zeigte die soziologische Forschung in der DDR vielfach eine eher instrumentelle Orientierung und Engführung und scheute sich, die Strukturen von Staat, Ökonomie und Gesellschaft der DDR grundsätzlich und kritisch zu thematisieren und zu reflektieren. So blieben die Politik- und Verwaltungsstrukturen des real existierenden Sozialismus durch das Verdikt der SED vom analytischen Bildschirm empirischer und kritisch reflektierender Politikwissenschaft bis zum Schluss verbannt.

Soziologie zwischen „Selbsterneuerung" und Umstrukturierung

In der Periode zwischen dem Fall der Mauer (9. 11. 1989) und der Vereinigung („Beitritt", 3. 10. 1990) ergriffen Angehörige der Humboldt-Universität sowohl im Gesamtkontext der Universität als auch innerhalb der bisherigen Sektion Marxismus-Leninismus Initiativen und Schritte einer „Selbsterneuerung", zunächst in der Annahme des Fortbestandes einer „demokratischen" und „reformierten" DDR und dann in Erwartung einer sich abzeichnenden, wenn nicht unmittelbar bevorstehenden Vereinigung mit der Bundesrepublik (vgl. Jarausch i. Bd. 3). Im Bereich der Gesellschaftswissenschaften kamen mehrere Initiativen und Schritte zur „Selbsterneuerung" in Gang. Zum einen hatte das seit 1986 von Artur Meier geleitete Institut für Soziologie – nicht zuletzt als Ergebniss der von ihm in den späten 1980er Jahren vorangetriebenen Reformen – mit seinem Stamm von 22 Wissenschaftlichen Mitarbeiter/-innen einen beachtlichen Grad institutioneller, personeller und professioneller Konsolidierung erreicht. Dieses Profil des Instituts und seiner Mitglieder gab der Wissenschaftssenatorin Barbara Riedmüller-Seel (SPD) Veranlassung, dem Institut im November 1990 eine „Bestandsgarantie" auszusprechen.

Zum anderen gründete Dieter Klein im Februar 1990 ein Institut für interdisziplinäre Zivilisationsforschung, das mit Blick auf die künftige Entwicklung als Pendant zum Institut für Soziologie verstanden wurde. Schließlich schritt die Sektion Marxismus-Leninismus unter der Leitung von Heinz Niemann dazu, in einem schwierigen Prozess der Selbstevaluierung die Gesamtzahl der ihr zugerechneten Wissenschaftler/-innen von 160 auf 16 zu reduzieren, die den Kern einer nunmehr als Institut für Politikwissenschaft firmierenden Einheit bilden sollten. Im Frühjahr 1990 begann Rudolf Bahro, im November 1989 in die DDR zurückgekehrt, den Aufbau eines „Instituts für Sozialökologie" an der Humboldt-Universität und wurde zum außerordentlichen Professor für Sozialökologie berufen. Er nahm im Wintersemester 1990/91 Vorlesungen zu Fragen der ökologischen Krise auf.

Mit dem Beitritt der DDR zur Bundesrepublik und der (gesamtberliner) Abgeordnetenhauswahl vom 2. 12. 1990 änderten sich die verfassungsrechtlichen, landesrechtlichen und politischen Rahmenbedingungen und Spielregeln für eine Neustrukturierung grundlegend. Aufgrund des vom Abgeordnetenhaus am 18. 7. 1991 beschlossenen *Gesetzes über Einsetzung von Struktur- und Berufungskommissionen* (SBK) wurde auch für die Sozialwissenschaften eine SBK berufen[66], deren Vorsitzender als „externes" Mitglied Friedhelm Neidhardt (Präsident des WZB) wurde.[67]

In Abweichung von dem an „westdeutschen" Universitäten gängigen Modell der getrennten Institutionalisierung von Soziologie und Politikwissenschaft und insoweit bemerkenswert zielte die SBK von vornherein auf eine konzeptionelle und institutionelle Integration der beiden Teildisziplinen. Als künftige Grundstruktur wurden für Soziologie und Politikwissenschaft je vier so genannte Eckprofessuren, in denen die in den Teildisziplinen „klassischen" Stellenbeschreibungen abgebildet werden sollten, und zwei weitere Professuren vorgesehen. Der SBK oblag es zum einen, die Wissenschaftler/-innen des Instituts für Soziologie, des Instituts für interdisziplinäre Zivilisationsforschung und, soweit verblieben, der Sektion Marxismus-Leninismus einzeln zu „evaluieren" und ihre Kündigung bzw. Nicht-Kündigung zu empfehlen. Zum anderen und vor allem hatte die SBK die Aufgabe, die dem künftigen Fachbereich Sozialwissenschaften zugewiesenen Stellen öffentlich auszuschreiben, öffentliche Anhörungen zu veranstalten und Berufungsvorschläge zu beschließen.

Von 55 Sozialwissenschaftlern/-innen, die von der SBK „evaluiert" wurden, war für 35, also rund zwei Drittel, das Ergebnis negativ.[68] Als Ergebnis der Berufungsverfahren wurden 17 der 18 ausgeschriebenen Professuren mit „West-Wissenschaftlern" und eine mit der „ostdeutschen" Familien- und Gender-Soziologin Hildegard Maria Nickel (seit 1986 Wis-

66 Für Details vgl. Neidhardt, Friedhelm, Konflikte und Balances. Die Umwelt der Humboldt-Universität zu Berlin 1990–1993, in: Mayntz, Aufbruch und Reform, 1994, S. 33–60, hier: S. 45.

67 Friedhelm Neidhardt war von Wissenschaftssenator Erhardt als Planungsbeauftragter und Vorsitzender der SBK Sozialwissenschaften berufen worden. Für einen sehr informativen und bemerkenswert offenen Rückblick auf Verlauf und Probleme der Arbeit der von ihm geleiteten SBK siehe Neidhardt, „Ich bin nicht sicher …", 1997.

68 Vgl. Segert, Das 41. Jahr, 2008, S. 209.

senschaftlerin am Institut für Soziologie)[69] besetzt. Die von der SBK vorgeschlagene Berufung von Dieter Segert (bisher an der Sektion für marxistisch-leninistische Philosophie der Humboldt-Universität) auf eine C3-Professur wurde vom Senator mit einer dreijährigen Befristungsklausel versehen.[70] Auf so genannten Überhangsprofessuren wurden der bisherige Prorektor Dieter Klein (als Professor für ökonomische Grundlagen der Politik)[71] und Artur Meier (als Professor für Bildungssoziologie)[72] berufen. Hingegen wurde Michael Brie[73] im Herbst 1991 durch ein Mehrheitsvotum der SBK gekündigt.[74]

Des Weiteren wurden 27 Wissenschaftliche Mitarbeiterstellen neu besetzt, die Hälfte von ihnen mit bisherigen Wissenschaftlern/-innen der Humboldt-Universität, insbesondere Angehörigen des bisherigen Instituts für Soziologie[75] (unter ihnen Karin Lohr). Am Ende stellte sich „die personelle Erneuerung als umfassender Austausch des ehemaligen HU-Personals dar (...). Einen umfassenderen Personalwechsel hatte es in so kurzer Zeit in der Geschichte der HU zuvor nie gegeben“[76]. Hierfür ist der personelle Umbruch der Wissenschaftler, vor allem der Professoren, am neu begründeten Fachbereich Sozialwissenschaften der Humboldt-Universität ein besonders ausgeprägtes Beispiel.

---

69 Für biographische Daten siehe Nickel, Hildegard Maria, Karrierewege in der DDR. Biographische Notiz, in: Wege in die Soziologie und die Frauen- und Geschlechterforschung, hrsg. v. Vogel, Ulrike, Wiesbaden 2006, S. 261–273.

70 Die „Entfristung“ der Professur wurde nach drei Jahren vom Wissenschaftssenator abgelehnt, so dass Dieter Segert die HU verließ.

71 Klein wurde 1996 emeritiert. Um die Berufung von Dieter Klein gab es eine Kontroverse zwischen der SBK und dem Wissenschaftssenator. Während Letzterer eine Berufung von Klein aus politischen Gründen (langjährige SED-Mitgliedschaft, zuletzt mehrjähriger Prorektor der HU) ablehnte, waren die Mitglieder der SBK „gemeinsam zu der Ansicht gekommen, dass Dieter Klein nicht nur ein kluger Wissenschaftler, sondern auch ein integrer Funktionsträger ist. Ich hätte seine Entlassung als ungerecht (...) gefunden“. Am Ende konnte sich die SBK mit der Berufung von Dieter Klein durchsetzen (vgl. Neidhardt, „Ich bin nicht sicher ...“, 1997, S. 7).

72 Meier wurde 1997 emeritiert.

73 Brie hatte im September 1990 noch durch den Wissenschaftsminister Meyer der DDR-Regierung de Maizière den Ruf zum Prof. für Sozialphilosophie an der HU erhalten (vgl. Segert, Das 41. Jahr, 2008, S. 209, Anm. 56).

74 Siehe ebd., S. 210: „(...) wegen eines ‚Mangels an Bedarf‘ – angeblich sei er als Sozialphilosoph an einem Fachbereich Sozialwissenschaften nicht am richtigen Platz“.

75 Vgl. ebd., S. 211.

76 Vollrath, Sven, Zwischen Selbstbestimmung und Intervention, Berlin 2008, S. 386.

Jan-Otmar Hesse/Laura Julia Rischbieter

Die Wirtschaftswissenschaften an der Humboldt-Universität zu Berlin nach 1945[1]

Einleitung

Am Beginn der Geschichte der Wirtschaftswissenschaften an der Berliner Humboldt-Universität stand eine wissenschafts- und universitätshistorische Revolution: Im August 1946 war die vormals selbständige Berliner Wirtschaftshochschule mit dem „Institut für Wirtschaftswissenschaften" der Universität zusammengeführt worden, welches zu diesem Zweck aus der Rechts- und Staatswissenschaftlichen Fakultät herausgelöst worden war. Die neue Institution erhielt den Status einer eigenständigen „Wirtschaftswissenschaftlichen Fakultät".[2] Damit wurde die herkömmliche Organisationsstruktur der deutschen Universitäten auf den Kopf gestellt. Traditionell hatte die Volkswirtschaftslehre die universitäre „Wirtschaftswissenschaft" in Deutschland bestimmt, welche Unterabteilungen in Philosophischen oder Rechts- und Staatswissenschaftlichen Fakultäten bildeten.

Die Berliner Fusion von Wirtschaftshochschule mit den nationalökonomischen Universitätsinstituten, von Betriebswirtschaftslehre und Volkswirtschaftslehre im Jahr 1946, ausgenommen die Fakultäten der ehemaligen Handelshochschulen Frankfurt und Köln, stellte damit ein institutionelles Novum dar. Für den Berliner Magistrat (als Trägerin der Wirtschaftshochschule) und die Deutsche Zentralverwaltung für Volksbildung (als Trägerin der Universität) lag die Notwendigkeit der Fusion schon aufgrund der Kriegszerstörungen auf der Hand.[3] Zugleich konnte sie auch inhaltlich an Forderungen anschließen, die bereits

1 Wir danken André Steiner für die kritische Durchsicht und Kommentierung des Manuskriptes.

2 Vgl. Zschaler, Frank, Vom Heilig-Geist-Spital zur Wirtschaftswissenschaftlichen Fakultät. 110 Jahre Staatswissenschaftlich-Statistisches Seminar an der vormals königlichen Friedrich-Wilhelms-Universität. 90 Jahre Handels-Hochschule Berlin, Berlin/Heidelberg/New York 1997, S. 63–66.

3 Vgl. Zschaler, Frank, Die Geschichte der Wirtschaftswissenschaftlichen Fakultät der Humboldt-Universität zu Berlin und ihrer Vorgängerinstitutionen von der Befreiung vom Faschismus bis zum Vorabend der sozialistischen Hochschulreform 1945–1951, Diss., Berlin 1984, S. 45–52.

seit den 1930er Jahren diskutiert wurden.[4] Weil damit die marktwirtschaftliche Komponente der künftigen Fakultät strukturell gestärkt wurde, ergab sich aus der Fusion allerdings eine äußerst interessante Ausgangssituation im Spannungsfeld von marktwirtschaftlicher Tradition und Evolution der Politischen Ökonomie im Übergang zur ostdeutschen Planwirtschaft.

Nicht zuletzt weil die Fakultät nach 1991 sehr rasch zu ihren marktwirtschaftlichen Ausgangsbedingungen zurückkehrte, haben wir uns entschlossen, die Geschichte der Wirtschaftswissenschaften in ihrer neuen Fakultät vor dem Hintergrund des im Westen sich herausbildenden neoklassischen ökonomischen Mainstream darzustellen, die Frage nach „Modernität" und wissenschaftlicher Leistungsfähigkeit also in erster Linie vom westlichen wissenschaftlichen „Standard" aus zu beurteilen. Die Fokussierung auf den innerwissenschaftlichen Prozess einer „Sowjetisierung" der ostdeutschen Wirtschaftswissenschaft erschien uns demgegenüber wenig ergiebig. Zum einen gilt der intellektuelle Transfer der sowjetischen „Politischen Ökonomie des Sozialismus" mit der Übersetzung des zentralen Lehrbuchs „Politische Ökonomie" 1955 ins Deutsche und in Kombination mit einem tiefgreifenden personellen Wechsel auf den Ordinariaten bereits zu einem frühen Zeitpunkt als abgeschlossen, während in der späteren Phase von der sowjetischen Disziplin keine Innovationsimpulse auf die Wirtschaftswissenschaft in Ostdeutschland ausgegangen zu sein scheinen.[5] Zum anderen würde eine Schilderung der disziplinären „Sowjetisierung" ein breites Wissen über die spezifischen Institutionen des wissenschaftlichen Austausches für die gesamte ostdeutsche Wirtschaftswissenschaft voraussetzen und hätte nicht auf der Ebene einer Fakultät anzusetzen, in der es zudem keine Hinweise etwa auf institutionalisierte Austauschprogramme oder längere Forschungsaufenthalte der Professoren gibt.[6] Der folgende Beitrag beginnt aus diesen Gründen mit einem knappen Überblick über die Entwicklung der westlichen Wirtschaftswissenschaft nach dem Zweiten Weltkrieg. In einem zweiten Teil wird danach die spezifische Situation an der Humboldt-Universität chronologisch dargestellt, wobei die Ära Honecker wegen der schwierigen Quellenlage nur schemenhaft skizziert werden kann.

---

[4] Vgl. Hesse, Jan-Otmar, „Die deutsche Wirtschaftswissenschaft muß nationalsozialistisch werden." Das Beispiel der Frankfurter Wirtschafts- und Sozialwissenschaftlichen Fakultät zwischen 1933 und 1945, in: Wirtschaftsordnung, Staat und Unternehmen. Neue Forschungen zur Wirtschaftsgeschichte des Nationalsozialismus. Festschrift für Dietmar Petzina zum 65. Geburtstag, hrsg. v. Abelshauser, Werner/Hesse, Jan-Otmar/Plumpe, Werner, Essen 2003, S. 151–181.

[5] Vgl. Krause, Günter, Wirtschaftstheorie in der DDR, Marburg 1998, S. 19, 100f.

[6] Zum Begriff und zur bisherigen Forschung zur „Sowjetisierung" allgemein, vgl. Jarausch, Konrad H./Siegrist, Hannes (Hrsg.), Amerikanisierung und Sowjetisierung in Deutschland 1945–1970, Frankfurt a. M. 1997.

Zur Disziplinierung der Wirtschaftswissenschaften nach dem Zweiten Weltkrieg

Die Gründung der Berliner Wirtschaftswissenschaftlichen Fakultät fand vor dem Hintergrund einer insgesamt ausgesprochen dynamischen Entwicklung der Disziplin statt. Seit den 1930er Jahren hatte die moderne Wirtschaftswissenschaft mehrere aufeinander bezogene, gleichwohl aber systematisch zu trennende Paradigmenwechsel erlebt, die sich – folgt man Dorothy Ross[7] – in drei Stränge zerlegen lassen: 1. In Reaktion auf die Weltwirtschaftskrise entstand mit dem Keynesianismus eine moderne makroökonomische Theorie, die einen analytischen Zusammenhang zwischen Geld- und Gütersphäre der Marktwirtschaft sowie eine systematische Beschreibung der ökonomischen Staatstätigkeit in das neoklassische Marktparadigma integrierte. Der Keynesianismus stellte in den meisten westlichen Ländern nach dem Zweiten Weltkrieg die vorherrschende Wirtschaftstheorie und einen maßgeblichen Orientierungsrahmen für staatliches Handeln dar.[8] Daneben veränderten seit den 1930er Jahren aber „mindestens" zwei weitere Entwicklungen das Fach: 2. Der Übergang zur stärker empirisch orientierten Wirtschaftsforschung im Zuge einer Quantifizierungsrevolution, die auf eine umfassende Sammlung ökonomischer Daten über Wirtschaftswachstum, Preisschwankungen, Mengen- und Wertentwicklungen im Rahmen der Konjunkturanalyse setzte. Schließlich stellte 3. der Übergang zu einer axiomatisch vorgehenden Wirtschaftstheorie eine epistemologische Revolution des Faches dar, die zuerst mit der Herausbildung der Ökonometrie in den 1930er Jahren aufkam und in einem Zusammenhang mit der „wahrscheinlichkeitstheoretischen Revolution in der Statistik"[9] stand. Die Wirtschaftstheorie bemühte sich um eine Übersetzung der eigenen Hypothesen in mathematisch formalisierte Axiome, deren wichtigstes Merkmal die Überprüfbarkeit mittels empirischer Daten sein sollte. Hierdurch wurden Statistik und Mathematik in der Zeit nach dem Zweiten Weltkrieg zum alles entscheidenden Handwerkszeug der modernen Wirtschaftswissenschaft.

Die allgemeine Entwicklung der westlichen Wirtschaftswissenschaft ist als Konstitutionsbedingung der ostdeutschen Disziplin und damit für die Formierung der Wirtschaftswissenschaftlichen Fakultät an der Humboldt-Universität aus drei Gründen von großer Bedeu-

7 Ross, Dorothy, Changing Contours of the Social Science Disciplines, in: The Cambridge History of Science, Vol. 7: The Modern Social Science, hrsg. v. Porter, Theodore/Ross, Dorothy, Cambridge 2003, S. 205–237.

8 Vgl. Beaud, Michel/Dostaler, Gilles, Economic Thought Since Keynes. A History and Dictionary of Major Economists, Aldershot 1995; Clarke, Peter, The Keynesian Revolution and its Economic Consequences, Cheltenham 1996; Hagemann, Harald/Steiger, Otto, Keynes' „General Theory" nach fünfzig Jahren, in: Keynes' General Theory nach fünfzig Jahren, hrsg. v. Hagemann, Harald/Steiger, Otto, Berlin 1988, S. 9–61.

9 Porter, Theodore M., Statistics and Statistical Methods, in: Porter/Ross, The Cambridge History, 2003, S. 238–250.

tung gewesen: Die „New Economics" der 1950er Jahre lieferte den Argumentationsrahmen für eine verstärkte Koordinierung und Planung innerhalb der westlichen Marktwirtschaften, was wiederum zu Abgrenzungsbedürfnissen der sowjetischen Wirtschaftstheorie führte.[10] Andererseits schuf die auf eine stärkere Quantifizierung und Objektivierung zielende westliche Wirtschaftswissenschaft (zumindest der Möglichkeit nach) auch für solche Ökonomen gute Anknüpfungspunkte, die sich ideologisch nicht mit ihr identifizieren konnten. Statistik und Ökonometrie erleichterten beispielsweise einen die politische Blockbildung überspringenden Ideentransfer. So erreichte die russische Schule der mathematischen Wirtschaftsforschung in den späten 1950er und 1960er Jahren größte Anerkennung unter den westlichen Ökonomen. Schließlich konnte die Beobachtung und Kritik der „bürgerlichen Wirtschaftswissenschaften" als Innovationsimpuls innerhalb der Wirtschaftswissenschaft der DDR fungieren,[11] was bislang nur für sehr wenige Fälle konkret nachweisbar ist, weil die inhaltliche Debatte in Ostdeutschland sich selbstverständlich nicht direkt auf die westlichen Autoren beziehen konnte.

Wiedereröffnung und Umbau der Berliner Fakultät 1946–1950

Bei der Gründung der Wirtschaftswissenschaftlichen Fakultät waren freilich von einer deutschsprachigen sozialistischen Wirtschaftswissenschaft nicht einmal Schemen erkennbar. Ganz im Gegenteil bewirkte die Verbindung von Universität und Handelshochschule eine personelle Stärkung der Betriebswirtschaftslehre. In der ersten Phase der Fakultätsgeschichte bis etwa zum Wintersemester 1949/50 wurde das Nebeneinander von kapitalistischer und sozialistischer Wirtschaftswissenschaft dann allerdings radikal und zum Teil recht rüde beseitigt.[12]

Den ersten Schritt hierzu stellte die systematische Zerstörung der traditionellen „bürgerlichen" Betriebswirtschaftslehre an der neuen Fakultät dar. Sie war anfangs noch vergleichsweise einflussreich, insbesondere in Gestalt des letzten Rektors der Handelshoch-

[10] Vgl. Becker, Susanne/Dierking, Heiko, Die Herausbildung der Wirtschaftswissenschaften in der Frühphase der DDR, Köln 1989, S. 170–178.

[11] Vgl. zur mathematischen Schule der sowjetischen Wirtschaftswissenschaft, insbesondere zu Kantorovich und Nemchinov sowie zum grundsätzlich kapitalismuskritischen Ansatz der marxistischen Wirtschaftstheorie: Leontief, Wassily, Niedergang und Aufstieg der sowjetischen Wirtschaftswissenschaft, in: Hamburger Jahrbuch für Wirtschafts- und Gesellschaftspolitik 5 (1960), S. 33–43.

[12] Vgl. Becker/Dierking, Herausbildung der Wirtschaftswissenschaften, 1989, S. 72; Zschaler, Geschichte der Wirtschaftswissenschaftlichen Fakultät, 1984, S. 183; Christ-Thilo, Christian, Die Etablierung der Wirtschaftsgeschichte als eine marxistisch-leninistische Gesellschaftswissenschaft an der Wirtschaftswissenschaftlichen Fakultät der Berliner Universität durch Jürgen Kuczynski (1946–1956), in: Die Herausbildung und Entwicklung der marxistisch-leninistischen Wirtschaftsgeschichte an der Humboldt-Universität zu Berlin. Jürgen Kuczynski zum 80. Geburtstag, Berlin 1984, S. 9–56, hier: S. 16.

schule Bruno Rogowsky (1890–1961). Mit Konrad Mellerowicz (1891–1984) wurde 1947 ein weiterer Betriebswirt an die neue Fakultät berufen, der zwischen 1929 und 1945 schon an der Handels- resp. Wirtschaftshochschule in Berlin gelehrt hatte. Er übernahm die Leitung des Instituts für Industriebetriebslehre, während Rogowsky als Leiter der Betriebswirtschaftlichen Abteilung (ab WS 1947/48 des Instituts für Betriebswirtschaftslehre) und Prodekan firmierte. Noch 1947 und 1949 verweisen einzelne Notizen darauf, dass die Berliner Betriebswirte alles daran setzten, durch die Berufung renommierter Kollegen wie Walter Le Coutre (1885–1965), Friedrich Henzel (1891–1984) und sogar des greisen Eugen Schmalenbach (1873–1955) ihre Position zu stärken.[13]

Der erste Dekan der Wirtschaftswissenschaftlichen Fakultät bis 1950 war Bruno Gleitze (1903–1980), der gleichzeitig das Statistische Zentralamt der SBZ leitete und bis einschließlich Sommersemester 1947 Leiter der Abteilung Volkswirtschaft und ab dem Wintersemester 1947/48 Direktor des „Seminars für Statistik" war. Daneben existierte die von Jürgen Kuczynski (1904–1997) geleitete Abteilung für Wirtschaftsgeschichte. Kuczynski kehrte 1945 zunächst als Mitarbeiter des amerikanischen Geheimdienstes nach Deutschland zurück, übernahm ab März 1946 einen Lehrauftrag an der Berliner Universität, bevor er noch im selben Jahr berufen wurde. Durch seine persönlichen Kontakte zu hohen Parteifunktionären aus den Jahren im englischen Exil kam ihm bei der Umbildung der Fakultät im Sinne einer marxistischen Wirtschaftswissenschaft eine Schlüsselrolle zu. Schon das Gutachten, auf dessen Grundlage die Zentralverwaltung für Volksbildung eine eigenständige Wirtschaftswissenschaftliche Fakultät bildete, war im März 1946 von ihm verfasst worden.[14]

Als dritte Abteilung unter dem Dach des „Instituts für Volkswirtschaftslehre und Statistik" entstand 1947 mit der Berufung des damals bereits 62-jährigen Giessener Ökonomen Friedrich Lenz (1885–1968) das Volkswirtschaftliche Seminar. Lenz hatte bereits in den 1930er Jahren über die Planwirtschaft geforscht und publiziert, galt aber gleichwohl als „bürgerlicher Ökonom", insofern er am Privateigentum und dem Marktmechanismus insgesamt festhielt.[15] Zwei frühere Handelshochschulinstitute, die nun im Bereich der Volkswirtschaftslehre ressortierten, wurden ebenfalls von „bürgerlichen Ökonomen" geleitet: Oswald Schneider (1885–1865) leitete das Institut für Finanzwesen und Ernst Schellenberg (1907–1984) jenes für Versicherungswesen und Sozialpolitik.

Ihrem Charakter nach begann die Wirtschaftswissenschaftliche Fakultät als auf die kapitalistische Marktökonomie bezogene Lehreinheit, der allerdings mit Kuczynski und einigen weiteren Lehrbeauftragen unter den Dozenten sowie durch die SED-Organisationen unter

13 Zu Henzel vgl. Universitätsarchiv der Humboldt-Universität (UAHU), Wiwi. Fak., Akte 1580, Beschlussprotokoll Sitzung des Rates der Fakultät (im Folgenden Pr. des Rates), v. 24. 1. 1949. Zu Schmalenbachs Absage wegen der Krankheit seiner Frau, vgl. UAHU, Wiwi. Fak., Akte 1580, Pr. des Rates, v. 12. 1. 1948.

14 Vgl. Kuczynski, Jürgen, „Ein linientreuer Dissident". Memoiren 1945–1989, Berlin/Weimar 1992, S. 25.

15 Zu Lenz ausführlich: Zschaler, Geschichte der Wirtschaftswissenschaftlichen Fakultät, 1984, S. 68–77.

Abb. 1 Jürgen Kuczynski (1904–1997)

den Studenten bereits die maßgeblichen Personen für die kommenden Veränderungen angehörten. Den entscheidenden Anstoß lieferte eine Auseinandersetzung über den Sinn und die Gestalt der Betriebswirtschaftslehre im Rahmen der neuen ostdeutschen Wirtschaftsorganisation. Gegen Rogowsky und Mellerowicz wurden hierzu regelrechte Kampagnen von Seiten der Studierenden gestartet, die sich auch der Störung der Lehrtätigkeit durch provokante Wandzeitungen bedienten. Die SED- und FDJ-Hochschulgruppen, die zu dieser Zeit noch keineswegs eine dominante Bewegung unter den Studenten darstellten, traten hierbei durch besonderes Engagement hervor. Unter den aufrührerischen Studenten befanden sich auch einige spätere Professoren der Fakultät, so die spätere Professorin für Wirtschaftsgeschichte Waltraud Falk (geboren 1930), Hans Wagner (geboren 1929), später Professor für

Politische Ökonomie, und Erwin Rohde (geboren 1927), später Inhaber des Lehrstuhls für Finanzwissenschaft.[16] Ebenfalls zu den „fortschrittlichen Studierenden" (Zschaler) gehörte Wolfgang Berger, der später als persönlicher Sekretär Walter Ulbrichts Karriere machte und ironischerweise zum Architekten des ‚Neuen Ökonomischen Systems der Planung' werden sollte, das in der Wirtschaftswissenschaft kurzzeitig Elemente marktwirtschaftlicher Lehre und Forschung rehabilitierte. Mit seinem Artikel „Karl Marx als Kritiker der modernen Betriebswirtschaftslehre" eröffnete Berger 1949 die Kampagne gegen Mellerowicz und die ‚bürgerliche Betriebswirtschaftslehre'.[17]

Freilich wird man die Rolle der Studenten bei der Umgestaltung der Fakultät nicht überbewerten dürfen.[18] Vielmehr handelte es sich beim personellen Umbau der Fakultät um eine durchaus machtbewusst geplante und keineswegs basisdemokratisch durchgesetzte Strategie der universitären Parteiinstitutionen, die von den marxistischen Professoren betrieben wurde. Neben Jürgen Kuczynski spielte hierbei der deutsch-englische Marxist Joseph Winternitz (1896–1952) eine wichtige Rolle, der im Februar 1949 den Ruf als Professor für Politische Ökonomie annahm und ein Jahr später zum Dekan der Fakultät gewählt wurde.[19] Winternitz verfasste nicht nur Artikel gegen Mellerowicz und gab der zuvor noch studentischen Kampagne damit die nötige offizielle Unterstützung[20], sondern er betrieb auch den organisatorischen und personellen Umbau der Volkswirtschaften. Als er im April 1951 aufgrund einer schweren Erkrankung seiner in London lebenden Frau seine Professur zurückgab (er war schon im Jahr zuvor nach London übergesiedelt), tat er dies „mit dem allergrößten Bedauern", da er, obwohl „nie deutscher Staatsbürger", sich dem „deutschen Volk verbunden" gefühlt habe und daher „meinen Teil zum Wiederaufbau eines besseren, friedfertigen und fortschrittlichen Deutschland beitragen" wollte.[21] Mit der Durchsetzung einer neuen Studienordnung im Wintersemester 1949/50 hatte Winternitz als Dekan den entscheidenden Schritt zum vollständigen Umbau der Fakultät getan, der unter dem Deka-

16 Vgl. Schneider, Jürgen, „Marxistisch-leninistisches Wirtschaftswissenschaften" nach sowjetischem Modell an den Hochschulen der SBZ/DDR. Legitimation und Propaganda für die Parteitage der SED, in: Struktur und Dimension. Festschrift für Heinrich Kaufhold zum 65. Geburtstag, Bd. 2: Neunzehntes und Zwanzigstes Jahrhundert, hrsg. v. Gerhard, Hans-Jürgen, Stuttgart 1997, S. 214–265.

17 Vgl. ebd., S. 222–225.

18 Wie es z. B. Zschaler, Geschichte der Wirtschaftswissenschaftlichen Fakultät, 1984, S. 121, tut, der sich dabei zum Teil auf Interviews mit den ehemaligen Studenten stützt.

19 Kuczynski hatte selbst zwei Fachgutachten über Winternitz verfasst, vgl. UAHU, Personalakte Joseph Winternitz, Bl. 10 u. 23.

20 Vgl. Becker/Dierking, Herausbildung der Wirtschaftswissenschaften, 1989, S. 35–43.

21 Abschrift eines Schreibens von Winternitz an den Rektor der Humboldt-Universität, Prof. Friedrich, 15. 4. 1951, in: UAHU, Personalakte Winternitz, Bl. 105. Einer anderen Darstellung zufolge, sei er „wegen drohender Verhaftung" aufgrund seiner Parteinahme für die Tito-Kommunisten in der „Einheit" „1951" wieder nach England übergesiedelt. Vgl. Müller-Enbergs, Helmut/Wielgohs, Jan/Hoffmann, Dieter/Herbst, Andreas (Hrsg.), Wer war wer in der DDR? Ein Lexikon ostdeutscher Biographien, Vierte Ausgabe, Berlin 2006, S. 1095.

nat Jürgen Kuczynskis von 1951 bis 1954 konsequent weiter betrieben wurde. Die Studienordnung war nach den Vorgaben des Ministeriums für Volksbildung konzipiert worden. Sie schrieb den Marxismus-Leninismus als obligatorischen Studienbestandteil fest und schaffte die Differenzierung der Ausbildung von Volks- und Betriebswirten ab, was Mellerowicz noch im Januar 1950 zu der Wortmeldung veranlasste: „Wenn diese Entwürfe innerhalb der Berliner Fakultät zur Durchführung gelangen sollten, würde die letzte im Bereich der DDR noch vorhandene Wirtschafts-Fakultät zerschlagen und das Ansehen der Universität Berlin in ganz Deutschland erheblich herabgesetzt werden."[22] Die Auseinandersetzungen zwischen „bürgerlichen" und den zwischenzeitlich personell und politisch ganz erheblich gestärkten „marxistischen" Ökonomen um diese Studienordnung führten zwangsläufig zum endgültigen Bruch und zum Wechsel von Mellerowicz, Schneider und Rogowsky in den Westen im Verlauf des Frühjahrs 1950. Ernst Schellenberg hatte die Fakultät schon im Frühjahr 1949 verlassen.[23] Die marxistischen Ökonomen hatten zu diesem Zeitpunkt in separaten Treffen längst die Nachfolge der frei werdenden Lehrstühle organisiert.

Konstitutionsphase der marxistisch-leninistischen Wirtschaftswissenschaft bis zur Revisionismusdebatte

Spätestens seit Januar 1950 stimmten Studenten, Parteifunktionäre und Professoren ihr Verhalten hinsichtlich des personellen Umbaus der Fakultät in der „SED-Betriebsgruppe in der Wirtschaftswissenschaftlichen Fakultät" ab. Zu den Fakultätsmitgliedern innerhalb dieser Gruppe gehörte neben Kuczynski und Winternitz auch der „Obermagistratsschulrat a. D., Dipl. Hdl. Richard Fuchs"[24] (1880–1969), der im Oktober 1946 auf Beschluss der Fakultät kurzerhand zum „Dr. rer. pol." promoviert worden war, um den Aufbau des Instituts für Berufspädagogik zu übernehmen.[25] Im April 1950 beschloss die SED-Betriebsgruppe, das SED-Mitglied Heinz Sanke (1915–1997), der 1941 in Berlin promoviert worden war und den das Entnazifizierungsverfahren 1948 als entlastet eingestuft hatte[26], möglichst schnell zu habilitieren und zum Professor zu ernennen. Auf diese Weise könne – so die Betriebsgruppe – die Verselbständigung des von Sanke geleiteten Instituts für Wirtschaftsgeographie betrieben werden, das damit aus der Unterordnung unter das noch von Rogowsky kontrollierte Institut für Betriebswirtschaftslehre ausscheiden könne, wodurch Sanke zu-

---

[22] UAHU, Wiwi. Fak., Akte 1580, Pr. des Rates (Nr. 68), v. 16. 1. 1950.
[23] Vgl. Lange, Gunter, Der „Professor" kleiner Leute – Sozialpolitik mit Kompetenz und Leidenschaft. Ernst Schellenberg (1907–1984) zum 100jährigen Geburtstag, Bonn 2008, S. 20.
[24] UAHU, Wiwi. Fak., Akte 1580, Pr. des Rates, v. 30. 9. 1946.
[25] Vgl. ebd., v. 21. 10. 1946.
[26] Vgl. UAHU, Personalakte Sanke.

gleich selbständiges Mitglied der Fakultät werden würde.[27] Sankes Habilitation und die anschließende Ernennung zum Professor mit Lehrauftrag wurde auf der nächsten Fakultätssitzung beschlossen, bei der nun nur noch drei Hochschullehrer anwesend waren: Der nach der Übereinkunft auf der Sitzung der SED-Betriebsgruppe zum Dekan gewählte Joseph Winternitz, Richard Fuchs, der die Geschäfte des Prodekans von Rogowsky übernahm, und Jürgen Kuczynski.[28] Eine weitere Personalentscheidung konnte zunächst nur vorbereitet werden: Der schon 1920 in Berlin zum Diplom-Handelslehrer examinierte August Stitz (geboren 1892), der in den 1920er Jahren in der Ausbildung von Gewerkschaftsfunktionären tätig war und im „Dritten Reich“ Steuerprüfer gewesen war, sollte nach Vorschlag von Heinz Sanke auf der SED-Betriebsgruppensitzung die Nachfolge von Mellerowicz als Professor für Betriebswirtschaftslehre antreten, obwohl der seinerseits nicht über eine Regelkarriere an die Professur gelangte Fuchs Bedenken hinsichtlich von Stitz’ Kompetenzen äußerte: „Gen. Kuczynski betonte, dass es jetzt vor allen Dingen darauf ankäme, schnellstens einen Dozenten für Betriebswirtschaft zu bekommen und die Leitung des Instituts für Ind. Wi. zu übergeben und dass die marx. Grundlage des Gen. Stitz zunächst stärker ins Gewicht falle als seine noch vorhandenen Schwächen auf dem Gebiet der Spezialprobleme der Betriebswirtschaft.“[29]

Die letzte Personalentscheidung im Zuge dieser regelrechten Machtergreifung marxistischer Professoren in der Wirtschaftswissenschaftlichen Fakultät fiel einige Wochen später, als die Entlassung des Finanzwissenschaftlers Oswald Schneider (der nicht selbst gekündigt hatte, sondern schlicht von einem Urlaub nicht in die DDR zurückkehrte) veranlasst worden war. Jürgen Kuczynski schlug vor, Ernst Kaemmel (1890–1970) mit der Wahrnehmung der Professur und der Leitung des Instituts für Finanzwesen zu betrauen, der damit hauptberuflich aus der Finanzverwaltung an die Universität wechselte.[30] Kaemmel hatte an der Leipziger Handelshochschule Jura studiert und war in den 1920er Jahren in den Dienst der Reichsfinanzverwaltung getreten, aus dem er 1941 ausschied. Bis zum Kriegsende selbständig, war Kaemmel nach dem Krieg bei der Hauptverwaltung Finanzen der ostdeutschen Wirtschaftskommission tätig, nahm aber seit 1948 zusätzlich Lehraufträge an der Fakultät wahr, von der er gleichzeitig promoviert wurde.[31] Schließlich wurde noch der erst 26-jährige Otto Reinhold, der aus der Gruppe der SED-Studenten hervorgegangen war, 1951 zum

[27] Vgl. Zentral- und Landesbibliothek Berlin (im Folgenden ZLBB), Nachlass Jürgen Kuczynski (im Folgenden NL Kuczynski), Akte Kuc 3-2-HU45-e, Protokoll der Sitzung der SED-Betriebsgruppe der Wirtschaftswissenschaftlichen Fakultät, v. 19. 4. 1950.

[28] Vgl. UAHU, Wiwi. Fak., Akte 1580, Pr. des Rates (Nr. 73), v. 6. 5. 1950.

[29] ZLBB, NL Kuczynski, Akte Kuc 3-2-HU45-e, Protokoll der Sitzung der SED-Betriebsgruppe der Wirtschaftswissenschaftlichen Fakultät, v. 19. 4. 1950.

[30] Vgl. UAHU, Wiwi. Fak., Akte 1580, Pr. des Rates (Nr. 72), v. 28. 4. 1950.

[31] Vgl. UAHU, Personalakte Kaemmel. Aus der PA geht hervor, dass ein Manuskript über „Die Grenzen der Besteuerung“ 1948 eingereicht worden ist, nicht aber das formale Datum der Promotion.

Professor für Politische Ökonomie des Kapitalismus an das Institut für Politische Ökonomie berufen.[32]

Nicht alle Personalentscheidungen des Frühjahrs 1950 hatten Bestand. Reinhold wechselte 1953 an die Parteilhochschule „Karl Marx“, bevor er über diverse Positionen im ZK der SED zum Rektor der Akademie für Gesellschaftswissenschaft beim ZK aufstieg.[33] Stitz verließ die Universität 1952.[34] Während die personelle Neuordnung der Fakultät im Jahr 1950 mithin einen hektischen, handstreichartigen Charakter aufwies, so gilt dies nicht für die damit verbundene umfassende inhaltliche Neuausrichtung der Wirtschaftswissenschaft. Die Betriebswirtschaftslehre wurde geschwächt, der Begriff weder zur Disziplin- noch zur Institutsbezeichnung weiter verwendet. Die ehemals dominanten betriebswirtschaftlichen Kerninstitute waren dagegen zum „Institut für Industrieökonomie“ zusammengefasst worden. Die Leitung dieses Instituts übernahm seit 1953 Hans Arnold (geboren 1920). 1954 wurde ein Institut für Rechnungswesen unter der Leitung von Günter Goll (1914–1975) verselbstständigt. Lediglich das Institut für Berufspädagogik unter Richard Fuchs' Leitung (neben einigen kleineren durchweg nicht durch Professoren vertretenen Nebeninstituten) ergänzte noch den ursprünglich so mächtigen betriebswirtschaftlichen Lehrbereich der Fakultät.

Wesentlich einflussreicher waren nun dagegen die volkswirtschaftlichen Institute geworden, allen voran das „Institut für Politische Ökonomie“, dessen Leitung nach Joseph Winternitz' Rückkehr nach England 1951 Robert Naumann (1899–1978) übernahm. Naumann war 1920 als Werkzeugmacher in die Sowjetunion ausgewandert, dort in die Kommunistische Partei eingetreten und hatte nach dem Studium an der „Roten Professur“, einer Parteihochschule in Moskau, bis 1943 bei der Kommunistischen Internationale gearbeitet. Zwischen 1943 und 1950 unterrichtete er Politische Ökonomie in Internierungslagern für deutsche Kriegsgefangene. Erst 1959 wurde er an der Humbodt-Universität mit einer Arbeit über den deutschen Neoliberalismus „summa cum laude“ promoviert.[35] Nach seiner Berufung übernahm er – neben seiner Lehrtätigkeit – den Aufbau des universitätsweiten gesellschaftswissenschaftlichen Grundstudiums und damit die Leitung der ideologischen Prägung der Studenten durch den Marxismus-Leninismus. Seit 1951 amtierte er als hierfür verantwortlicher Prorektor und war außerdem Mitglied des wissenschaftlichen Beirates für das gesellschaftswissenschaftliche Grundstudium beim Ministerium für Hoch- und Fach-

---

32 Vgl. Zschaler, Geschichte der Wirtschaftswissenschaftlichen Fakultät, 1984, S. 153.

33 Vgl. Art. Reinhold, Otto, in: Biographisches Handbuch der SBZ/DDR 1945–1990, 2. Bd., hrsg. v. Baumgartner, Gabriele/Haag, Dieter, München 1996, S. 698.

34 Vgl. UAHU, Wiwi. Fak., Akte 1580, Pr. des Rates (Nr. 110), v. 20. 8. 1952.

35 Vgl. Steiner, André, Robert Naumann, in: Ökonomenlexikon, hrsg. v. Krause, Werner/Graupner, Karl-Heinz/Sieber, Rolf, Berlin 1989, S. 385–386.

schulwesen der DDR.[36] Unter der Leitung von Naumann war die nun als Institut für Politische Ökonomie firmierende ehemalige volkswirtschaftliche Abteilung zum Machtzentrum der Fakultät herangewachsen. Naumann selbst amtierte als Lehrstuhlinhaber für die Politische Ökonomie des Sozialismus und übernahm anfänglich auch die Leitung des Instituts für Statistik. Dessen Geschäfte führte lange Zeit der Diplom-Ökonom Carl Otto, der nach seiner Habilitation 1962 und einem Auslandsaufenthalt schließlich 1965 einen Ruf als Professor im Institut für Statistik erhielt. Die Professur für die Politische Ökonomie des Kapitalismus – ebenfalls Bestandteil des Naumann-Instituts – erhielt (nach dem Wechsel von Reinhold an die Parteihochschule und sich anschließenden Vertretungslösungen) 1956 Heinz Mohrmann (1911–1992), der bereits in den 1930er Jahren an der Berliner Universität studiert hatte, dort 1935 promoviert worden war und sich 1955 habilitierte.[37] 1953 erhielt das Institut für Politische Ökonomie einen weiteren Lehrstuhl, eine Professur zur Geschichte des Imperialismus, auf die Johann-Lorenz Schmidt (1900–1978) berufen wurde. Der in Ungarn geborene Schmidt hatte in Heidelberg studiert, wo er 1925 die Schriftstellerin Anna Seghers kennenlernte und heiratete. Nach Aktivitäten in der französischen Widerstandsbewegung und Internierung durch die nationalsozialistischen Besatzer war er 1941 nach Mexiko ausgewandert, von wo er 1952 in die DDR übersiedelte. Mit Schmidt hatte die Fakultät neben Kuczynski einen zweiten, hochgradig in die intellektuelle Elite der DDR vernetzten Wissenschaftler gewonnen, der die Grundlagen für die spätere Entwicklung eines Arbeitsbereiches internationale Ökonomie schuf.[38]

Der personelle Umbau der Fakultät wies fast mustergültig die Charakteristika auf, die Ralph Jessen für den Elitenwechsel der gesellschaftswissenschaftlichen Fächer in der DDR insgesamt herausstellte: „Faktisch handelte es sich um den revolutionären Neuaufbau jener Fächer durch eine außeruniversitäre Alternativelite, die an den berufstypischen Zugangsstandards vorbei breitflächig installiert wurde."[39] Mit der Politischen Ökonomie rückte dabei eine ideologische Leitwissenschaft in den Mittelpunkt der Fakultät, während der Einfluss des 1950 verselbständigten, anfangs noch vielsprechenden Instituts für Wirtschaftsgeschichte unter der Leitung von Jürgen Kuczynski zunehmend zurückging.[40] Die

---

36 Vgl. Steininger, Herbert, Geschichte der ökonomischen Lehre und Forschung in Berlin. Politische Ökonomie im marxistisch-leninistischen Grundlagenstudium an der Humboldt-Universität zu Berlin, in: Zur Geschichte der ökonomischen Lehre und Forschung in Berlin (Wissenschaftliche Schriftenreihe der Humboldt-Universität zu Berlin), Berlin 1987, S. 86–93.

37 Vgl. UAHU, Personalakte Mohrmann.

38 Vgl. Domdey, Karl Heinz, Forschung, Lehre und Diskussion über Weltwirtschaft und Weltfrieden. Zur Geschichte des intersektionellen Arbeitskreises „Weltwirtschaft, Weltfrieden und Ökonomie der Entwicklungsländer" sowie des Lehrstuhls Weltwirtschaft/Außenwirtschaft an der Humboldt-Universität zu Berlin (Beiträge zur Geschichte der Humboldt-Universität zu Berlin, Nr. 20), Berlin 1988.

39 Jessen, Ralph, Diktatorischer Elitenwechsel und universitäre Milieus. Hochschullehrer in der SBZ/DDR (1945–1967), in: Geschichte und Gesellschaft 24 (1998), S. 24–54, hier: S. 38.

40 Vgl. Christ-Thilo, Etablierung der Wirtschaftsgeschichte, 1984, S. 33–36.

Fakultät hatte in vorauseilendem Gehorsam, in „vorfristiger Lösung der Aufgaben der sozialistischen Hochschulreform“[41], einen Anpassungsprozess an eine treu auf der Parteilinie agierende Institution vollzogen, der selbst im Vergleich mit anderen Fakultäten und ostdeutschen Universitäten ungewöhnlich und umfassend gewesen ist.

In der kurzen Periode des „Tauwetters“ nach dem XX. Parteitag der KPdSU hatten in den Jahren 1957/58 namhafte Ökonomen der DDR (Fritz Behrens, Günther Kohlmey und Arne Benary) auch Kritik an der Wirtschaftswissenschaft des Landes geübt, deren kreative Kraft bei der Weiterentwicklung des Sozialismus sie vermissten. Der damalige Leiter des Instituts für Wirtschaftswissenschaften an der Akademie der Wissenschaften, Günther Kohlmey (1913–1999), der kurzzeitig 1957/58 auch an der Universität lehrte[42], hatte dies 1956 auf die Formel gebracht, „dass auch der Sozialismus nationale und internationale Marktwirtschaft ist“.[43] Es entstand eine größere öffentliche Debatte, in der einige Ökonomen für weniger zentrale Anweisungen und mehr wirtschaftliche Selbstverwaltung plädierten, ohne aber die ordnungspolitischen Grundlagen grundsätzlich in Frage zu stellen.[44] Auch Jürgen Kuczynski meldete sich im Rahmen dieser Debatte zu Wort. Wie seine Kollegen an der Akademie, an der er seit 1956 eine eigene Abteilung für Wirtschaftsgeschichte innerhalb des Instituts für Geschichtswissenschaft aufgebaut hatte, wurde Kuczynski hierauf von der Führung der SED als „Revisionist“ verurteilt und öffentlich zur Rücknahme seiner Äußerungen gezwungen.[45] Auch innerhalb der Wirtschaftswissenschaftlichen Fakultät konnte dies nicht ohne Folgen bleiben. Nachdem schon 1951 ein Konflikt zwischen Kuczynski und Naumann entstanden war, der Kuczynski vorwarf, dass dessen Forschungsprogramm über die Geschichte des Kapitalismus „nicht konsequent Schluss (mache) mit der bisherigen fehlerhaften bürgerlichen Geschichtsschreibung“[46], wurde im August 1957 Kuczynskis Professur und die Stelle seiner Mitarbeiterin, Elisabeth Giersiepen (1920–1962), kurzerhand gestrichen. Kuczynski fühlte sich „an die Methoden einer Sklavenhaltergesellschaft“[47] erinnert. Es gelang zwar, das Institut für Wirtschaftsgeschichte an der Fakultät zu retten, wo es bis zur Wie-

---

41 Duparré, Marion/Zschaler, Frank, Die Wirtschaftswissenschaftliche Fakultät der Humboldt-Universität zu Berlin in der Phase der sozialistischen Umgestaltung, in: Wissenschaftliche Zeitschrift der Humboldt-Universität Berlin, Gesellschafts- und Sprachwissenschaftliche Reihe 38 (1989), H. 10, S. 1073–1078.

42 Das Personalverzeichnis weist ihn als „Professur mit Lehrstuhl“ im Institut für Politische Ökonomie aus. Eine Personalakte fand sich hierzu indes nicht und in den Fakultätssitzungen war Kohlmey nicht anwesend, wobei die Überlieferung der Protokolle für diesen Zeitraum kleinere Lücken aufweist.

43 Zit. n. Krause, Wirtschaftstheorie in der DDR, 1998, S. 127. Zur „Revisionsmus-Debatte“ hier: S. 121–136, sowie Becker/Dierking, Herausbildung der Wirtschaftswissenschaften, S. 407–476.

44 Vgl. Steiner, André, Arne Benary und Fritz Behrens, in: Widerstand und Opposition in der DDR. Politische Lebensbilder, hrsg. v. Fricke, Karl-Wilhelm/Steinbach, Peter/Tuchel, Johannes, München 2002, S. 236–241.

45 Vgl. die ausführliche Darstellung von Haun, Horst, Kommunist und „Revisionist“. Die SED-Kampagne gegen Jürgen Kuczynski (1956–1959), Dresden 1999.

46 UAHU, Wiwi. Fak., Akte 1580, Pr. des Rates (Nr. 94), vom 9. 5. 1951.

47 Ebd., Akte 1582, Kuczynski an Dekan der Wiwi. Fak., Heinz Mohrmann betr. Streichung der Stellen für Wirtschaftsgeschichte, vom 31. 8. 1957.

dervereinigung unter der Leitung von Waltraud Falk im Schatten des Akademieinstituts stand.[48] Formal blieb Jürgen Kuczynski Professor der Universität und hielt von Anfang der 1960er Jahre an wieder Vorlesungen.[49] Der glänzende Start der Wirtschaftsgeschichte, der kurzzeitig den Anschein der Gründung einer neuen Historischen Schule der Nationalökonomie an traditionsreicher Stelle erweckt hatte, fand 1957 indes ein jähes Ende.

Neues Ökonomisches System der Planung

Mit dem Ende der 1950er Jahre war der Umbau der Wirtschaftswissenschaften in der DDR weitgehend abgeschlossen. Es hatte sich eine marxistische Wirtschaftswissenschaft etabliert, in der die Betriebswirtschaftlehre auf ein Minimum der notwendigen Handwerkstechniken reduziert und die Volkswirtschaftslehre stark auf die ideologische Bildung der Studenten hin zugeschnitten worden war. Dieser Umbau vollzog sich in Abgrenzung zu den „bürgerlichen Wissenschaften", wobei die sowjetische Wirtschaftswissenschaft und der Marxismus insbesondere in den 1950er Jahren sehr deutlich als Leitbild dienten. Es handelte sich um eine ideologisch motivierte Umorganisation der Berliner Wirtschaftswissenschaft, die aber gleichwohl innerwissenschaftlichen Prinzipien folgte. Nun aber wurde die Fakultät immer stärker außerwissenschaftlichen Zwängen unterworfen: Ausdrücklich erhob der Fakultätsrat – bei dem nun immer häufiger Parteifunktionäre und Beamte der Stabstellen des Ministeriums für Hochschulwesen anwesend waren – die „Ausbildung von sozialistischen Fachkräften" zum Hauptzweck der Fakultät, „um der Praxis hochqualifizierte Kader zur Verfügung zu stellen."[50] Es ging um die Stärkung des „Praxisbezugs" und die bessere „Vernetzung"[51] mit anderen Instituten der Universität. Die ‚Evaluatoren' des DDR-Ministeriums kritisierten, dass Vorlesungen und Seminare der Fakultät sich durch „ungenügende kämpferische Haltung, bloße Vermittlung von Fachkenntnissen, Scholastik, dogmatischen

[48] Was zum Teil an der ungleich höheren Belastung durch die Lehre und die Bürokratie lag, die den Universitätsinstituten aufgebürdet wurden, und zu einer entsprechenden Arbeitsteilung führte. Vgl. Fischer, Wolfram/Zschaler, Frank, Wirtschafts- und Sozialgeschichte, in: Wissenschaft und Wiedervereinigung. Disziplinen im Umbruch, hrsg. v. Kocka, Jürgen/Mayntz, Renate, Berlin 1998, S. 361–434. Auch innerhalb der Fakultät setzte Waltraut Falk nach 1957 allerdings keine wissenschaftlichen Akzente und verhielt sich ausgesprochen linientreu. Vgl. hierzu bspw. ihre Ausführung: Falk, Waltraud, Zur Entwicklung der ökonomischen Wissenschaften in der DDR, in: Zur Geschichte der ökonomischen Lehre und Forschung in Berlin (Wissenschaftliche Schriftenreihe der Humboldt-Universität zu Berlin), Berlin 1987, S. 7–30.

[49] Vgl. Barthel, Horst, Die Entwicklung des Institutes für Wirtschaftsgeschichte an der Wirtschaftswissenschaftlichen Fakultät der Humboldt-Universität zu Berlin bis zum April 1961, in: Wissenschaftliche Zeitschrift der Humboldt-Universität Berlin, Gesellschafts- und Sprachwissenschaftliche Reihe, 9 (1959/60), S. 143–145.

[50] UAHU, Wiwi. Fak., Akte 1584, Pr. des Rates (Nr. 193), v. 4. 2. 1959.

[51] Ebd., Akte 1580, Pr. des Rates (Nr. 190), v. 20. 11. 1958.

Aufbau"[52] auszeichneten. Um hier gegenzusteuern, griff das mit der „Verordnung über die Neuorganisation des Hochschulwesens" vom Februar 1951 eingerichtete und mit der „Verordnung über die weitere sozialistische Umgestaltung des Hoch- und Fachhochschulwesen" vom Februar 1958 in seinen Kompetenzen wesentlich gestärkte Staatssekretariat für Hochschulwesen unmittelbar in die Organisationsstruktur und Arbeitsweise der Wirtschaftswissenschaftlichen Fakultät ein. Die gesellschaftlichen Ziele – so hieß es in den mit den neuen Bestimmungen eingeführten Selbstverpflichtungen der Fakultät – ließen sich nur mit der „Änderung des Arbeitsstiles der staatlichen Leitungen, insbesondere des Rates der Fakultät und der Institutsleitungen" erreichen. Der „Rat der Fakultät" sollte „von einem beratenden Organ zu dem politisch führenden Leitungszentrum" umgestaltet werden.[53]

Das autoritäre Verhalten der Staatsregierung in der Revisionistendebatte hatte diese linientreue Haltung der wirtschaftswissenschaftlichen Fakultät begünstigt. Die Fakultät ließ am Ende der 1950er Jahre nichts unversucht, die Bedeutung der wirtschaftswissenschaftlichen Ausbildung für die ideologische Schulung des Kadernachwuchses hervorzuheben und sich zugleich mit international renommierten Ehrendoktoren, wie Che Guevara und dem ungarisch-russischen Ökonomen Eugen Varga, zu schmücken.[54] Die Verlagerung der Aktivitäten auf die ideologische Ausbildung und die Kaderschulung erwies sich allerdings mittelfristig als gewagt, denn dies brachte die Fakultät in eine direkte Konkurrenz mit der Hochschule für Ökonomie in Berlin-Karlshorst, der Kaderhochschule für die Funktionäre der Planwirtschaft. Es verwundert kaum, dass in der Hochschulverwaltung der DDR Anfang der 1960er Jahre Pläne heranreiften, die wirtschaftswissenschaftliche Ausbildung in Berlin an der Hochschule für Ökonomie zu konzentrieren und die Fakultät an der HU zu schließen, was erstmals wohl auf einer Sitzung der Dekane aller Wirtschaftswissenschaftlichen Fakultäten der DDR im Mai 1962 offen diskutiert worden ist.[55]

Neben der strategischen Schwerpunktverlagerung von der wissenschaftlichen Forschung auf die Kaderschulung dürfte die allgemeine Schwierigkeit, Studenten der Wirtschaftswissenschaften in der DDR zu rekrutieren, ein wichtiger Anlass für die Schließungspläne des Jahres 1962 dargestellt haben. Zwar hatte die Wirtschaftswissenschaftliche Fakultät an der Universität 1953 834 Direktstudenten gezählt. Fünf Jahre später gab es hier aber nur noch 412 Wirtschaftswissenschaftstudenten, was jedenfalls teilweise ein Effekt der von Studenten häufig kritisierten Studien- und Betreuungsbedingungen gewesen sein dürfte (wie in den Fakultätssitzungen immer wieder anklang). Zwar stieg die Zahl der Studenten wieder bis auf 666 im Jahr 1961, sank aber dann umso stärker auf 325 Studenten 1963.[56] Hierbei

52 Ebd., (Nr. 164) v. 11. 4. 1956.

53 Ebd., Akte 1854, Programm der Wirtschaftswissenschaftlichen Fakultät der Humboldt-Universität für die Arbeit im Frühjahrssemester 1959.

54 Vgl. ebd., Pr. des Rates (Nr. 214), v. 8. 12. 1960; ebd., (Nr. 211), v. 26. 8. 1960.

55 Vgl. ebd., (Nr. 228), v. 26. 4. 1962.

56 Vgl. Jahrbuch der Humboldt-Universität zu Berlin 1963, S. 373.

handelte es sich um eine Entwicklung, die alle Hochschulen der DDR betraf. Selbst seitdem 1958 die Einflussnahme auf die Studierwünsche der ostdeutschen Schüler in den wirtschaftswissenschaftlichen Studiengängen forciert wurde, konnten nicht genügend Bewerber für die planmäßig geschaffenen Plätze generiert werden, so dass der Anteil der Studenten der Wirtschaftswissenschaften an allen Studenten bis Mitte der 1960er Jahre deutlich von ca. 9 % auf 5,2 % zurückging.[57]

In Berlin verschärfte sich dieses Strukturproblem der ostdeutschen Wirtschaftswissenschaften durch den Mauerbau: An der Fakultät hatten bis dahin noch zahlreiche „Grenzgänger" studiert, die nun fernblieben und zwangsexmatrikuliert wurden.[58] Angesichts des Reformbedarfs im wirtschaftswissenschaftlichen Studium hatte das Ministerium 1962 keine Neuimmatrikulationen für die Wirtschaftswissenschaftlichen Studiengänge mehr zugelassen und damit die Studierendenzahlen schlagartig reduziert.[59]

Gemeinsam mit der Universitätsleitung bemühte sich die Fakultät nun, die Existenzbedrohung möglichst schnell abzuwenden. Es wurde ein Schriftstück aufgesetzt, das der Rektor, Kurt Schröder (1909–1978), direkt an Walter Ulbricht schicken sollte, wobei sich hierbei wiederum ein grundlegender Strategiewechsel der Fakultät abzeichnete: der Brief betonte die besondere Funktion der Fakultät als Institution der wirtschaftswissenschaftlichen Forschung, worin sie sich von der Hochschule für Ökonomie gerade unterscheide.[60] Der neuerliche Richtungswechsel in der Fakultätspolitik stand in Zusammenhang mit der Aufwertung, die die Wirtschaftswissenschaft mit der Einführung des „Neuen Systems der ökonomischen Planung und Lenkung" erfuhr, wobei der Brief an Ulbricht noch vor dem diesbezüglichen Beschluss des Zentralkomitees der SED formuliert worden war.[61] Gleichzeitig mit der gesellschaftlichen und politischen Aufwertung der Disziplin fand in der Berliner Fakultät zudem ein Generationswechsel statt. Ernst Kaemmel, Leiter des Instituts für Finanzwesen, ging 1962 endgültig in den Ruhestand. Sein Nachfolger wurde Erwin Rohde, der zwischen 1964 und 1968 zudem Dekan der Fakultät war. 1965 folgten die Emeritierungen von Robert Naumann, Johann-Lorenz Schmidt und Erich Lüder, letzterer war Ingenieur und hatte die Abteilung Warenkunde als Institut für Technologie aus dem älteren Insti-

---

57 Allgemein sind die Studierendenzahlen in den Wirtschaftswissenschaften von 1960 15.569 auf 1965 12.094 gesunken, vgl. Baske, Siegfried, II. Das Hochschulwesen, in: Handbuch der deutschen Bildungsgeschichte, Bd. VI: 1945 bis zur Gegenwart, Zweiter Teilband: Deutsche Demokratische Republik und neue Bundesländer, hrsg. v. Führ, Christoph/Furck, Carl Ludwig, München 1998, S. 202–228, hier: S. 216; Kowalczuk, Ilko-Sascha, Geist im Dienste der Macht. Hochschulpolitik in der SBZ/DDR 1945 bis 1961, Berlin 2003, S. 271, 292. Hier werden als „Studenten der Ökonomie" (inkl. Gesellschaftswissenschaften) für 1964 nur ca. 4.000 Studenten angegeben!

58 Vgl. UAHU, Wiwi. Fak., Akte 1584, Pr. des Rates (Nr. 221), v. 28. 9. 1961.

59 Vgl. ebd., (Nr. 228), v. 26. 4. 1962.

60 Vgl. ebd., Akte 1588, Entwurf eines Schreibens von Prof. Schröder, Rektor der HU, an Ulbricht v. 17. 6. 1962.

61 Vgl. Krause, Wirtschaftstheorie in der DDR, 1998, S. 148; Baske, Das Hochschulwesen, 1998, S. 212. Zur Bedeutung der Wirtschaftswissenschaften im Rahmen der NÖS vgl. Steiner, André, Von Plan zu Plan. Eine Wirtschaftsgeschichte der DDR, München 2004, S. 129–133.

tut für Industrieökonomik herausgelöst. Das Institut für Politische Ökonomie wurde nach der Pensionierung von Naumann zunächst kommissarisch von Kurt Braunreuther (1913–1975) geleitet.[62] Danach übernahm Dieter Klein (geboren 1931) die Institutsleitung, der gleichzeitig von einer Dozentur zu einer Professur mit Lehrauftrag für Politische Ökonomie berufen wurde.[63] Walter Hagemann und Kurt Langendorf (geboren 1920) übernahmen die Professuren für Politische Ökonomie des Imperialismus (von Schmidt) bzw. Poltische Ökonomie des Sozialismus (von Naumann). Die Figur des politischen Remigranten, der nach der Gründung der DDR ohne akademische Regelkarriere in die Professur gekommen war, gehörte innerhalb der Fakultät damit der Vergangenheit an. Sämtliche Professoren waren nun im Rahmen von Hauskarrieren aufgestiegen, wenn auch hier über eine vergleichsweise eindeutig regulierte akademische Karriere: Die Habilitation werde vom Staatskommissariat zwingend für die Berufung zum Professor vorausgesetzt – so die entsprechende Auskunft im Jahr 1960.[64] Hierbei war die Berufung auf einen Lehrstuhl indes nur der letzte Schritt der akademischen Karriere, die die Berliner Wirtschaftsprofessoren üblicherweise absolviert hatten. Sowohl Günter Goll (Rechnungswesen), als auch Heinz Mohrmann (Politische Ökonomie) und Heinz Arnold (Industrieökonomik) waren erst auf Lehrstühle berufen worden, nachdem sie als „Wahrnehmungsprofessoren“ bzw. „Professor mit Lehrauftrag“ und als Dekane der Wirtschaftswissenschaftlichen Fakultät amtiert hatten. Dabei wurden alle drei noch während des NS-Regimes in Berlin promoviert, können also nur bedingt als interne Aufstiegskandidaten angesehen werden. Erwin Rohde und auch Waltraud Falk, die schließlich 1960 als „Wahrnehmungsdozentin“ zur Direktorin des Instituts für Wirtschaftsgeschichte bestellt wurde, hatten dagegen nicht habilitiert.[65]

Den größten Beitrag zur wissenschaftlichen Profilierung der Fakultät im Rahmen des NÖS lieferten aber Mitte der 1960er Jahre nicht diese politischen Professoren, sondern der Statistiker Carl Otto, der schon in den späten 1950er Jahren in den Sitzungen des Rates die Stärkung der Mathematik für die Ausbildung der Ökonomen gefordert hatte.[66] Gleichzeitig richtete er ein Projekt mit dem VEB Werk für Fernsehelektronik ein, in dem mithilfe der linearen Programmierung Optimierungsberechnungen für die Produktionsprozesse durch-

[62] Braunreuther hatte von WS 60/61 bis WS 1961/62 eine Professur mit Lehrauftrag für die Geschichte der ökonomischen Lehren inne, im folgenden Jahr eine Professur mit Lehrauftrag für die Geschichte der Politischen Ökonomie, von WS 1965/66 bis WS 67/68 eine Professor mit vollem Lehrauftrag für Soziologie und die Geschichte der Politischen Ökonomie, vgl. Personal- und Vorlesungsverzeichnis der Humboldt-Universität WS 1964/1965–WS 1965/66. Zur Biographie von Kurt Braunreuther, vgl. Art. Kurt Braunreuther, in: Baumgartner/Haag, Biographisches Handbuch der SBZ/DDR, 1996.

[63] Vgl. Personal- und Vorlesungsverzeichnis der Humboldt-Universität WS 1964/1965–WS 1965/66. Zur Biographie von Dieter Klein vgl. Art. Dieter Klein, in: Müller-Enbergs/Wielgohs/Hoffmann/Herbst, Wer war wer in der DDR, 2006; vgl. auch den Beitrag von Wollmann i. d. Bd.

[64] Vgl. UAHU, Wiwi. Fak., Akte 1584, Pr. des Rates (Nr. 208). v. 28. 4. 1960.

[65] Vgl. Ebd., (Nr. 210), v. 7. 7. 1960.

[66] Vgl. ebd., (Nr. 216), v. 16. 3. 1961.

geführt wurden. Zur Stärkung des nun sich in den Vordergrund schiebenden wissenschaftlichen Profils der Fakultät wurde unter Ottos Leitung eine Arbeitsgruppe „Mathematik und Ökonomie" geschaffen, die drei „Arbeitskreise" umfasste: „1) Kybernetik, Mathematik und Ökonomie, 2) Mathematik und Ökonomie, 3) Auswertung der Theorien der ersten beiden Gruppen".[67] Damit weist die wirtschaftswissenschaftliche Statistik und Mathematik einen ähnlichen Bedeutungsgewinn auf, wie er zur selben Zeit an den westdeutschen Universitäten stattfand. Hiervon profitierte der betriebswirtschaftliche Zweig der Fakultät, der nun als „Sozialistische Betriebswirtschaftslehre" nach 1967 auch als Begriff rehabilitiert wurde.[68] Im Zusammenhang mit einer Modifikation im wirtschaftspolitischen Gesamtkonzept der DDR-Regierung, dem Übergang zur zweiten Etappe des NÖS und der Etablierung des Ministeriums für Wissenschaft und Technik als zentraler volkswirtschaftlicher Steuerungsinstanz seit 1967, erhielten aber auch die mathematische Volkswirtschaftslehre, insbesondere die Prognoserechnungen größeres Gewicht.[69] Bei dieser Gelegenheit kam es zur amüsanten Übersetzung der „operations research" (einer mathematischen Methode zur Optimierung von Arbeitsabläufen und Logistik) als „Operationsforschung".[70]

Durch die inhaltliche und strategische Wankelmütigkeit zwischen Forschungs- und Praxisorientierung ist die Fakultät im Verlauf der 1960er Jahre erheblich geschwächt worden. Letztlich wurde die Berliner Wirtschaftswissenschaft in dieser Phase der Fakultätsgeschichte in einen permanenten Prozess der Selbstreflexion und Umorganisation verstrickt, aus dem sie sich bis zur Wiedervereinigung nicht recht befreien konnte.[71] Am Ende der 1960er Jahre stand wiederum eine grundsätzliche, diesmal allerdings universitätsinterne Neuordnung bevor. Stärker praxisorientierte Teile der Fakultät sollten zurückgestellt oder in andere Betriebseinheiten ausgelagert werden. Einige für die Ausbildung der Funktionärselite in den sozialistischen Betrieben vorgesehenen Institute und Stellen sollten an die neu gegründete Sektion „Sozialistische Lenkungs- und Organisationswissenschaft" abgegeben werden. Die in dem Konzeptentwurf verwendete Abkürzung für diese neue Betriebseinheit lässt dabei die Hoffnung aufkommen, dass inmitten dieses gewaltigen permanenten, inneruniversitären Organisationsprozesses ein tiefer Ironiker am Werk war: denn ausgerechnet diese Sektion, die auf nichts weniger als auf eine Verbesserung der gesamten ökonomischen Allokations-

67 Ebd., (Nr. 225), v. 22. 2. 1962.

68 Vgl. Krause, Wirtschaftstheorie in der DDR, 1998, S. 155.

69 Vgl. Steiner, Von Plan zu Plan, 2004, S. 140.

70 Vgl. Schwarz, Rainer, Mathematische Modellierung in der DDR-Wirtschaft und der Einfluss der Wirtschaftswissenschaften auf die Wirtschaftspolitik, in: Zur Kritik der deutsch-deutschen Ökonomie. Konzeptionen, Positionen und Methoden wirtschaftswissenschaftlicher Forschung in Ost und West, hrsg. v. Warnke, Camilla/Huber, Gerhard, Marburg 1996, S. 127–147, hier: S. 132.

71 Vgl. hierzu die zahlreichen Berichte und Selbstverpflichtungen im Fakultätsarchiv, z. B. UAHU, Wiwi. Fak., Akte 1584, Pr. des Rates (Nr. 225), v. 22. 2. 1962.

prozesse im Sozialismus abzielte, firmierte als SLOW.[72] Im Ergebnis führte die Bemühungen dazu, dass die Fakultät für Wirtschaftswissenschaften nun tatsächlich aufgelöst wurde und 1968 in der „Sektion Wirtschaftswissenschaften" der „Gesellschaftswissenschaftlichen Fakultät" aufging – das bis zur Wiedervereinigung gültige Organisationsschema.

Der Zwang zur permanenten wissenschaftlichen Profilierung wirkte allerdings über diese Organisationsentscheidungen hinaus, wobei nun die abstrakt-theoretischen, volkswirtschaftlichen Interessenschwerpunkte im Vordergrund standen und dabei durchaus an die Diskussionen und ökonomischen Probleme Westdeutschlands anzuknüpfen schienen.[73] Die Ende der 1960er Jahre vorgeschlagenen Forschungsprogramme der Fakultät rückten die Untersuchung der Möglichkeiten einer pretialen Konsumlenkung in den Mittelpunkt. „Mit der weiteren Verwirklichung des ökonomischen Systems des Sozialismus" nehme „die Selbständigkeit der Betriebe als sozialistische Warenproduzenten" zu. Die „Zunahme des Anteils der nicht-materiellen Produktion" wurde genauso erkannt und als untersuchenswert angesehen, wie die „allgemeinen Gesetzmäßigkeiten der gesellschaftlichen Produktion", welche man mit der neuen Stufe des Sozialismus als grundlegend verändert ansah.[74] Auch auf dem Gebiet der Geldtheorie gedachte die Fakultät zu forschen, ein weiterer Hinweis auf die Nähe zu den zentralen Paradigmenwechseln der westlichen Wirtschaftswissenschaft. Unter der Leitung von Wilhelm P. Schmidt, der 1969 mit der Wahrnehmung der Professur für Politische Ökonomie des Sozialismus beauftragt worden war (und offenbar nicht aus der Fakultät selbst hervorgegangen war)[75], legte eine Arbeitsgruppe einen „1. Entwurf für eine Forschungskonzeption der Sektion" vor, an dem auch Klaus Jörg Kolloch (geboren 1932) und Gerd Gebhard mitgearbeitet hatten, die seit 1967 bzw. seit 1969 im Bereich Finanzwesen der Fakultät bzw. der Sektion als Professoren tätig waren. Die Arbeitsgruppe schlug vor, insbesondere die Rolle des Geldes in der Sozialistischen Wirtschaft eingehender zu untersuchen, wobei sie in ihrem Papier eine lupenreine Darstellung des gesamtwirtschaftlichen Geldmechanismus nach der neoklassischen Quantitätstheorie entwarfen, ohne auf diese freilich unmittelbar zu rekurrieren.[76] Diese Interpretation der geldwirtschaftlichen Vorgänge in der ostdeutschen Planwirtschaft ist insofern bemerkenswert, als nach einer längeren Dominanz keynesianischer Geldtheorie im Westen zur selben Zeit

[72] Vgl. ebd., Akte 1651, „Modell der Sektion Wirtschaftswissenschaften in einer sozialistischen Humboldt-Universität", v. März 1968, S. 5.

[73] Vgl. Hesse, Jan-Otmar, Komplementarität in der Konsumgesellschaft. Zur Geschichte eines wirtschaftstheoretischen Konzeptes, in: Jahrbuch für Wirtschaftsgeschichte 30 (2007), S. 147–167.

[74] UAHU, Wiwi. Fak., Akte 1651, „Modell der Sektion Wirtschaftswissenschaften in einer sozialistischen Humboldt-Universität", v. März 1968, Anhang.

[75] Vgl. Personal- und Vorlesungsverzeichnis Humboldt-Universität zu Berlin, WS 1946/47–FS 1967/68.

[76] Vgl. UAHU, Wiwi. Fak., Akte 2876, „1. Entwurf zur Forschungskonzeption der Sektion", v. 19. 11. 1969.

im Rahmen der so genannten „Monetaristischen Revolution" die Quantitätstheorie gerade wieder zu Ehren kam.[77]

Die Bewertung solcher Dokumente unterliegt natürlich immer der Schwierigkeit, den Anteil bloßer Reformrhetorik nur sehr grob gegenüber tatsächlicher wissenschaftlicher Grundüberzeugungen oder gar ‚Innovation' abschätzen zu können, wobei zu bedenken ist, dass sich der Rekurs auf westliche Theorie oder ältere „bürgerliche" Theoretiker grundsätzlich verbot, selbst wenn es sich um eine kritische Bezugnahme gehandelt hätte. Immerhin bleibt die Erkenntnis, dass sich – sofern man zu dem Schluss kommt, die Reformrhetorik überwiege – die Reformrhetorik erst seit dem Ende der 1960er Jahre in der Semantik der Geldtheorie und des Konsums ausdrückte. Wäre man geneigt, die Forschungskonzeptionen auch inhaltlich ernst zu nehmen (ein Schluss, den nur eine, den Rahmen einer Fakultätsgeschichte sprengende, sorgfältige Analyse der Fachpublikationen rechtfertigen könnte), so ist in den Äußerungen nichts weniger als eine Bereicherung der Theorie der sozialistischen Wirtschaft um eine eigenständige Geldtheorie zu entdecken, was angesichts der damaligen Krise der internationalen Währungssysteme sowohl im Westen (System von Bretton Woods) als auch in den Comecon-Staaten ein ebenso dringender wie viel versprechender Forschungsansatz gewesen wäre.

Epilog: Die Fakultät seit den 1970er Jahren und die Rückkehr des „neoklassischen Mainstreams"

Als Wassily Leontief Ende der 1950er Jahre die Sowjetunion bereiste, kehrte er mit den folgenden Eindrücken über den Zustand der dortigen Wirtschaftswissenschaft zurück: „Die sowjetische Wirtschaftswissenschaft (...) ist ein riesiges, unantastbares und unbewegliches Marxdenkmal, umgeben von einer Vielzahl von Wärtern, die damit beschäftigt sind, das Monument instand zu halten, von Zeit zu Zeit frische Blumen in wenig verändertem Arrangement an seinem Fuße niederzulegen und einen nicht abreißenden Strom von ehrerbietigen Besuchern an ihm vorbeizuführen."[78] Zu den Besuchern gehörten auch Wirtschaftswissenschaftler der Humboldt-Universität, und sie verbrachten lange Zeit damit, ein Ebenbild des Denkmals in der Hauptstadt der Deutschen Demokratischen Republik zu errichten. Während der Umgestaltung der Berliner Wirtschaftswissenschaftlichen Fakultät zu einer Lehrstätte für marxistisch-leninistische Wirtschaftswissenschaft bestand wenig Spielraum zur kritischen Überprüfung oder inhaltlichen Weiterentwicklung des Paradigmas. Im Verlauf der 1960er Jahre zeigten sich dann Ansätze, das Marxdenkmal zu modernisieren und

[77] Vgl. Janssen, Hauke, Milton Friedman und die „monetaristische Revolution" in Deutschland, Marburg 2006.

[78] Leontief, Niedergang und Aufstieg, 1960, S. 33–43.

zu renovieren. Allerdings ist es nach wie vor fraglich, welche Früchte die Ambitionen zur Weiterentwicklung des Paradigmas tatsächlich trugen. Sicher wurde die handwerkliche Methode der Wirtschaftswissenschaft durch die Statistik und die Ökonometrie in den 1960er Jahren auch in der DDR weiterentwickelt. Die Erfolge der Ausdehnung des Paradigmas auf neue Forschungsthemen, den Konsum und eine sozialistische Geldtheorie, ist demgegenüber bereits fraglich.

Eben so fraglich ist, was mit den vielen Vorschlägen zur Weiterentwicklung der Wirtschaftswissenschaft nach dem Machtwechsel im Politbüro 1971 passierte. Günter Krause – der die Entwicklung selbst miterlebte – behauptet eine machtstaatliche Unterdrückung der Reformansätze der 1960er Jahre und die Rückkehr zu einer zentralen Steuerung der wissenschaftlichen Forschung.[79] Die Einführung von Fünfjahresplänen in der wirtschaftswissenschaftlichen Forschung, die erstmals 1970 in der Fakultätsüberlieferung Erwähnung findet, scheint eine solche Interpretation strukturell zu unterstützen. Ganz gleich ob autoritäre Unterdrückung oder intellektuelle Selbstanpassung: Im Ergebnis war in der offiziellen Diktion und sicherlich auch in der universitären Lehre in den 1970er Jahren das alte Marxdenkmal zurückgekehrt.

Gegenüber der Entwicklung des Faches im Westen lassen sich die folgenden Beobachtungen abschließend zusammenfassen: zunächst fällt auf, dass die Berliner Fakultät zur umfassenden Selbstrekrutierung des Professorenpersonals neigte. Ihren hauptstädtischen Standortvorteil konnte die Fakultät kaum nutzen: Zur Akademie der Wissenschaft gab es wenig Beziehungen und die Nähe zur Hochschule für Ökonomie stellte eher eine Gefährdung dar, als dass sie nützlich wurde. Schließlich fällt – in etwas größerer Flughöhe – noch auf, dass die fachliche und systematische Trennung von Volks- und Betriebswirtschaftslehre, deren Vereinigung den furiosen Auftakt der Berliner Universitätsgeschichte nach dem Zweiten Weltkrieg dargestellt hatte, ausgesprochen persistent geblieben ist. Obwohl die organisatorische Trennung von Volks- und Betriebswirtschaftslehre in der Wirtschaftsverfassung der DDR zumindest prinzipiell aufgegeben worden war, bestand die wissenschaftliche Differenz bis zur Wiedervereinigung fort und erzeugte sogar einen ähnlichen Konkurrenzkampf um Macht, Mittel und Forschungskapazität wie an den westdeutschen Universitäten.

Mit der Wiedervereinigung kehrte die Fakultät endgültig in den Schoss des neoklassischen Mainstream zurück, aus dem sie sich für gut 40 Jahre verabschiedet hatte. Zunächst sah es noch so aus, als ob die Fakultät eine Umorientierung aus eigener Kraft erreichen könnte. Angesichts der starken Selbstrekrutierung der Fakultät und der starken ideologischen Prägung war ein solcher Weg freilich ungangbar und mit der Entscheidung der Berliner Landesregierung über die Abwicklung von fünf Fachbereichen Ende des Jahres 1990 war auch der Neubeginn der Wirtschaftswissenschaftlichen Fakultät beschlossen worden. Für jede

[79] Vgl. Krause, Wirtschaftstheorie in der DDR, 1998, S. 198–202.

der umzugestaltenden Fakultäten wurde vom Wissenschaftssenator eine „Struktur- und Berufungskommission“ eingerichtet, die paritätisch aus drei westlichen und drei Hochschullehrern der alten Fakultät besetzt war. Wilhelm Krelle (1916–2007), Emeritus von der Universität Bonn und seit den 1960er Jahren einer der wichtigsten Exponenten der Neoklassischen Synthese in Deutschland, wurde mit der Leitung der Kommission beauftragt. Diese Kommission hatte Vorschläge über die inhaltliche Konzeption der Fakultäten vorzulegen und bestimmte die Kontur und die Berufung für alle neu eingerichteten Lehrstühle und solche, deren Inhaber nach den Evaluationskriterien der Personal- und Strukturkommission nicht weiter beschäftigt wurden. Bis Mitte 1992 hatten immerhin rund 20 % der Professoren die HU aus nicht altersbedingten Gründen verlassen.[80] In den Berufungsverfahren waren die Chancen zwischen Wissenschaftlern aus den alten und den neuen Bundesländern allerdings ungleich verteilt: „Zum Teil mangels Umfang, zum Teil wegen ihrer zwangsläufig marxistischen Grundrichtung“ waren die Mitglieder der alten Fakultät faktisch chancenlos. „Ablehnungen und Entlassungen erfolgten aber auch wegen nicht mehr vorhandener Wissenschaftsgebiete“, so erinnert sich der erste Dekan nach dem Mauerfall, Klaus Kolloch.[81] Von 16 bis Ende Dezember 1994 neu besetzten C4-Professuren in den Wirtschaftswissenschaften wurde nur eine an einen Kandidaten aus den neuen Bundesländern vergeben. Bei den C3-Professuren war das Verhältnis deutlich besser: von 9 Professuren wurden 6 mit Kandidaten aus den neuen Bundesländern besetzt.[82] „Im Ergebnis überlebten knapp 10 % des alten Lehrkörpers“ – so Kollochs Erinnerung. „Die täglichen Verabschiedungen, die damit verbundenen menschlichen Probleme, der meistens unwiderrufliche Abbruch vieler Biographien waren für mich mit die schmerzlichsten Folgen des Umbruchs. Am 14. Dezember 1993 war alles vorbei. Der Um- und Neuaufbau war abgeschlossen.“[83]

---

80 Vgl. Vollrath, Sven, Zwischen Selbstbestimmung und Intervention. Der Umbau der Humboldt-Universität 1989–1996, Berlin 2008, S. 320

81 Kolloch, Klaus, Abwicklung und Neuaufbau der wirtschaftswissenschaftlichen Fakultät der Humboldt-Universität zu Berlin zwischen November 1989 und Dezember 1993, in: Zwischen Plan und Pleite. Erlebnisberichte aus der Arbeitswelt der DDR, hrsg. v. Thießen, Friedrich, Köln/Weimar 2001, S. 296–299.

82 Vollrath, Selbstbestimmung und Intervention, 2008, S. 328.

83 Vgl. Kolloch, Abwicklung und Neuaufbau, 2001, S. 296–299.

Steffen Rückl/Peter Zahn

Von der Handschrift zur digitalen Publikation. Die Bibliotheks- und Informationswissenschaften in Berlin

Bibliothekswissenschaft: Praxis und Theorie

Das „Institut für Bibliotheks- und Informationswissenschaft" der Humboldt-Universität zu Berlin ist die einzige universitäre Einrichtung für die Ausbildung des akademischen Nachwuchses für Bibliotheken und Informationseinrichtungen in Deutschland.[1] Warum das so ist, hat eine Vorgeschichte, die weit in die ersten Jahrzehnte des 19. Jahrhunderts zurückreicht.

Der Begriff „Bibliothekswissenschaft" wurde von einem Bibliothekar an der Münchener Hofbibliothek, dem Ex-Benediktiner Martin Schrettinger († 1851) eingeführt: In seinen Schriften „Versuch eines vollständigen Lehrbuches der Bibliotheks-Wissenschaft" (1808–1829) sowie in seinem „Handbuch der Bibliothek-Wissenschaft" (1834) verstand er darunter „die von einem obersten Grundsatz abgeleitete Summe aller zur zweckmäßigen Einrichtung einer Bibliothek erforderlichen Kenntnisse und Fertigkeiten". Er machte damals auch den Vorschlag „einer an der Hof- und Staatsbibliothek [München] einzurichtenden Bibliothekar-Pflanzschule" – somit einer Vorläufer-Einrichtung der fachlichen Ausbildung, wie sie auch heute noch in München stattfindet. Der Dresdener Hofbibliothekar Friedrich Adolf Ebert († 1834), beginnt 1823 seinen Artikel für die „Allgemeine Encyclopädie der Wissenschaften und Künste"[2] mit der Feststellung: „Bibliothekswissenschaft,

[1] Weiterführende Informationen finden sich in den folgenden Arbeiten: Buzàs, Ladislaus, Deutsche Bibliotheksgeschichte der neuesten Zeit (1800–1845), Wiesbaden 1978 S. 103ff. (dort Kap. 9 „Bibliothekstheorie"); Rohde, Renate/Werner, Rosemarie/Zahn, Peter, Bibliothekswissenschaft und Bibliothekarausbildung in Berlin bis 1994, Berlin (Institut für Bibliothekswissenschaften) 1998; Humboldt Universität zu Berlin, Institut für Bibliothekswissenschaft und wissenschaftliche Information. Chronik und bibliographisches Verzeichnis der Veröffentlichungen (1955–1995), Berlin 1995; Hauke, Petra (Hrsg.), Bibliothekswissenschaft – quo vadis?/ Library Science – quo vadis?, München 2005; Kunze, Horst/Rückl, Gotthard (Hrsg.), Lexikon Bibliothekswesen, Leipzig 1974; Rückl, Steffen/Schmoll, Georg (Hrsg.), Lexikon Information und Dokumentation, Leipzig 1984.

[2] Hrsg. von Ersch, Johann Samuel und Gruber, Johann Gottfried, Leipzig 1818ff., hier: Bd. 1, 10, 1823, S. 69–73.

ist uns hier der Inbegriff aller zur bibliothekarischen Geschäftsführung erforderlichen Kenntnisse und Fähigkeiten". Um 1840 wurden Buch- und Handschriftenkunde, Bibliographie, Literar- und Bibliotheksgeschichte als wissenschaftsnahe Teildisziplinen dem Kreis hinzugefügt. Ihre Auswahl formulierte der Dresdener Hofbibliothekar Julius Petzholdt († 1891) in seinem „Katechismus der Bibliothekenlehre" (1856), in dem er die Bibliothekswissenschaft als den „systematisch geordneten Inbegriff aller unmittelbar auf die Bibliothek bezüglichen Kenntnisse" definiert und ihre Inhalte nach Kant auf die „apriorische Bibliothekenlehre und die aposteriorische, empirische oder historische Bibliothekenkunde" begrenzt.

Auch in diesen Texten wird „Wissenschaft" noch als „Fertigkeit", d. h. als anwendbares oder angewandtes Wissen, verstanden.[3] So ist der Anfang gemacht für die bis heute andauernde Auseinandersetzung zwischen denen, die eine wissenschaftstheoretische Rechtfertigung suchen für das, was man im späten 19. Jahrhundert „Bibliotheksverwaltungslehre", „Bibliothekstechnik" oder „Bibliothekonomie" nennt, und jenen, die vornehmlich den Praxisbezug gelten lassen. Vor allem in Süddeutschland hat sich bis heute diese Skepsis gehalten gegenüber der Auffassung, bibliothekarisches Handeln sei mit wissenschaftlichen Theorien zu begründen. Symptomatisch ist die Titelwahl des von Otto Hartwig 1884 gegründeten Zentralblatts für Bibliothekswesen. Auch das preußische Kultusministerium benennt die für Karl Dziatzko († 1903) in Göttingen 1886 eingerichtete Professur mit dem Namen „Bibliothekshilfswissenschaften". Das von Fritz Milkau und Georg Leyh herausgegebene *Handbuch der Bibliothekswissenschaft* (1931–1942, 2. Aufl. 1952–1956) legt jedoch den Kanon der Fächer fest.

Nach dem Ersten Weltkrieg sind die führenden Bibliothekstheoretiker in Berlin Lehrbeauftragte oder Honorarprofessoren für Bibliothekswissenschaft geworden, und es gibt kaum noch Meinungsverschiedenheiten über die Existenzberechtigung der Disziplin. Georg Leidinger in München († 1945) aber lehnt den Ruf nach Berlin und die Mitarbeit am Handbuch ab. Noch 1950 fasst der Berliner Bibliothekar Albert Predeek die Grundlagen der Disziplin zusammen: „Die Bibliothekswissenschaft untersucht die Entstehung, Entwicklung, den Betrieb und die Tätigkeit der Bibliotheken als Träger der literarischen Tradition, als wissenschaftliche oder volkstümliche Anstalten, als Einrichtungen zur Verbreitung von Wissen, Kultur und Bildung, als Faktoren des sozialen, politischen und wirtschaftlichen Geschehens, als Objekte der Verwaltung, des Rechts und der Technik. [... sie] umfaßt sowohl die theoretische als auch die praktische Seite des Bibliothekswesens".[4] Außerhalb Berlins sind dann keine nennenswerten universitären Einrichtungen des Bibliothekswesens entstanden. Die Leistungen des bundesdeutschen Bibliothekswesens in der Welle der Univer-

[3] Grimm, Jacob/Grimm, Wilhelm, Deutsches Wörterbuch, Bd. 30, Berlin/Göttingen 1960, Sp. 787–792.

[4] Predeek, Albert, Die Bibliothekswissenschaft als Disziplin und Universitätslehrfach. Aus der Welt des Buches, Leipzig, 1950, S. 169–184.

sitätsneugründungen der 1960er Jahre sind aus der Mitte der Bibliotheken und der bibliothekarischen Vereinigungen und Zusammenschlüsse entstanden. An der Staatsbibliothek in München bildet auch heute die „Bayerische Bibliotheksschule" den Höheren Dienst aus, für die meisten Bundesländer, einschließlich der Stiftung Preußischer Kulturbesitz.

Bibliothekswissenschaft und bibliothekarische Ausbildung in Berlin vor 1945

Für die in Preußen und Deutschland an der Universität Göttingen 1886 eingerichtete erste *Professur für Bibliothekshilfswissenschaften* fand sich nach der Pensionierung des letzten Inhabers kein Nachfolger. Sie wurde 1921 an die Berliner Universität übertragen. Aber auch hier bewarb sich niemand und so strich das preußische Kultusministerium der Universität die Professur 1924 im Rahmen der allgemeinen Sparmaßnahmen. Erst im Wintersemester 1928/29 wurden wieder Lehrveranstaltungen angeboten: in dem auf Initiative des Generaldirektors der Preußischen Staatsbibliothek Fritz Milkau eingerichteten bibliothekswissenschaftlichen Institut. Milkau war Gründer und erster Institutsdirektor, sein Nachfolger 1933, Emil Jacobs, „Erster Direktor" der Staatsbibliothek. Das Institut wurde aber 1934 wieder geschlossen: An der Universität hatte man kein Interesse und ließ die Bibliothekswissenschaft auch als Promotions-Nebenfach nicht zu.[5] An der Staatsbibliothek war man nach Milkaus Tod der Meinung, die theoretische Ausbildung der Bibliotheksbewerber selbst durchführen zu können, waren doch die meisten Lehrkräfte ohnehin Mitarbeiter der Staatsbibliothek. So wurde die bibliothekarische Ausbildung, richtiger: bibliothekarische Fortbildung, der wissenschaftlichen Bibliothekare für die nächsten zwei Jahrzehnte an den Bibliotheken und mit Lehrkräften aus den eigenen Reihen durchgeführt. Die Auffassung, dass die Bibliotheken ihren Nachwuchs besser selber ausbilden und es gesonderter akademischer bzw. universitärer Ausbildungseinrichtungen nicht bedürfe, hielt sich bis heute.

Am Beginn einer staatlich geregelten Berliner *Diplomausbildung für Bibliothekare* stehen preußische Ministerialerlasse von 1906 und 1909. Ein einjähriges Praktikum an einer Bibliothek war vorgesehen. Die Prüfungsordnung von 1916 schrieb eine vierjährige Ausbildungsdauer vor (mit einem zweijährigen Praktikum, je zur Hälfte an wissenschaftlichen Bibliotheken und an Volksbüchereien). Ab 1925 bis 1930 wurden Kurse für den „volkstümlichen" wie den „wissenschaftlichen" Zweig an der Berliner Stadtbibliothek abgehalten, im April 1930 die „Berliner Bibliotheksschule" neu begründet. Es gab darin nun eine getrennte dreijährige Ausbildung für „Volksbibliothekare" und für den „mittleren Dienst" an Wis-

5 Beschluss der Phil. Fak. v. 16. 11. 1933, Protokoll der 2. Fakultätssitzung, Universitätsarchiv der Humboldt-Universität (UAHU), Phil. Fak. Nr. 40, Bl. 36.

senschaftlichen Bibliotheken. Abitur war Voraussetzung. Der Dienst an „Volkstümlichen Büchereien" wurde fortan in seinem theoretischen Teil bis 1945 in Leipzig erlernt, der an Wissenschaftlichen Bibliotheken ab 1939 in der Preußischen Staatsbibliothek. Die Leitung der Berliner Abteilung lag bis April 1933 bei Gottlieb Fritz, nach dessen Suspendierung bei Wilhelm Schuster, der ab 1934 die Ausbildungsinhalte im nationalsozialistischen Sinne ausrichten musste. Die Berliner Bibliotheksschule wurde 1938 dem „Prüfungsamt für Volksbibliothekare" unterstellt und die Ausbildung auf zwei Jahre verkürzt. Eine in Kriegszeiten erlassene „Ausbildungs- und Prüfungsordnung für den gehobenen Bibliotheksdienst bei den wissenschaftlichen Bibliotheken" von 1940 erlaubte die Zulassung von Kandidaten auf einer „volkhaft" breiteren Basis: Für Bewerber ohne höhere Schulbildung (!) genügte eine zweijährige Lehre an einer Ausbildungsbibliothek. Der Abschluss erhielt damals schon die Berufsbezeichnung „Diplomgeprüfter Bibliothekar für den gehobenen Dienst". Im Oktober 1944 wurde die „Berliner Bibliothekarschule" wegen der Bombenangriffe auf die Stadt geschlossen, die Anwärter-Ausbildung von der Preußischen Staatsbibliothek nach Göttingen evakuiert.

Bibliothekswissenschaft und Ausbildung in Berlin nach 1945

Nach dem Zweiten Weltkrieg erfolgte die Ausbildung der wissenschaftlichen Bibliothekare weiterhin an der Staatsbibliothek. Im theoretischen Abschnitt konnten die Teilnehmer ab Sommersemester 1947 die von Joris Vorstius, Abteilungsleiter der Staatsbibliothek, unter den Historischen Hilfswissenschaften an der Philosophischen Fakultät angebotenen Vorlesungen „Einführung in das Studium der Bibliothekswissenschaft" und „Geschichte der Bibliotheken" belegen.

Seit 1951 war die Bibliothekskommission beim Staatssekretariat für Hochschulwesen der DDR auch für die Ausbildung des bibliothekarischen Fachpersonals zuständig. Sie setzte eine Ausbildungs- und Prüfungsordnung für die Ausbildung wissenschaftlicher Bibliothekare in Kraft und schuf damit die Voraussetzung dafür, die Bibliothekswissenschaft als universitäre Disziplin einzurichten. Zum 1. November 1955 nahm das „Institut für Bibliothekswissenschaft" an der Philosophischen Fakultät der Humboldt-Universität zu Berlin seine Arbeit auf. Aufgabe war es, „der Förderung von Lehre und Forschung auf dem Gebiet der Bibliothekswissenschaft sowie der Erziehung der Studenten zu wissenschaftlicher Arbeit und ihrer Vorbereitung auf die Berufspraxis in Übungen und Seminaren" zu dienen.

Erster Ordinarius wurde Horst Kunze, Generaldirektor der Deutschen Staatsbibliothek, zugleich nebenamtlicher Direktor des Instituts, Stellvertreter Joris Vorstius. Mit dieser Personalentscheidung war die Tradition fortgeführt, dass die Bibliotheksdirektoren und andere leitende Bibliothekare auch die Ausbildung verantworteten. Noch vor der Institutionalisierung der Ausbildung akademischer Bibliothekare wurde zum 1. September 1954

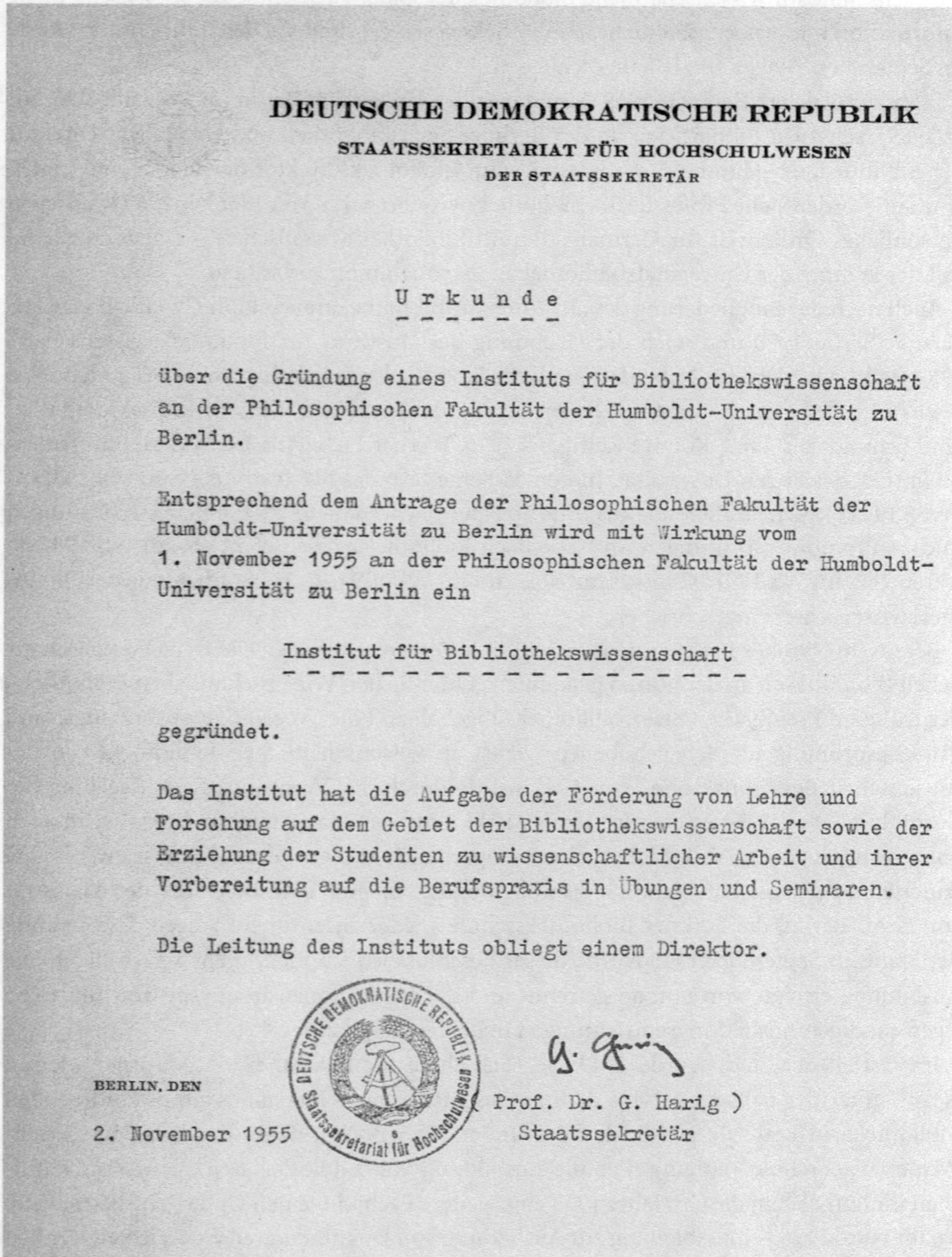

DEUTSCHE DEMOKRATISCHE REPUBLIK

STAATSSEKRETARIAT FÜR HOCHSCHULWESEN

DER STAATSSEKRETÄR

U r k u n d e

über die Gründung eines Instituts für Bibliothekswissenschaft an der Philosophischen Fakultät der Humboldt-Universität zu Berlin.

Entsprechend dem Antrage der Philosophischen Fakultät der Humboldt-Universität zu Berlin wird mit Wirkung vom 1. November 1955 an der Philosophischen Fakultät der Humboldt-Universität zu Berlin ein

Institut für Bibliothekswissenschaft

gegründet.

Das Institut hat die Aufgabe der Förderung von Lehre und Forschung auf dem Gebiet der Bibliothekswissenschaft sowie der Erziehung der Studenten zu wissenschaftlicher Arbeit und ihrer Vorbereitung auf die Berufspraxis in Übungen und Seminaren.

Die Leitung des Instituts obliegt einem Direktor.

BERLIN, DEN

2. November 1955

(Prof. Dr. G. Harig)
Staatssekretär

Abb. 1 Gründungsurkunde des Instituts für Bibliothekswissenschaft

die Fachschule für wissenschaftliche Bibliothekare, später Fachschule für wissenschaftliche Information und wissenschaftliches Bibliothekswesen gegründet. Diese Einrichtung wurde im September 1990 an das IBI angeschlossen.

Etwa zur gleichen Zeit wurde 1951 an der Freien Universität Berlin für Wieland Schmidt († 1989), seit 1934 Bibliothekar an der Berliner Staatsbibliothek und ehemaliger Direktor der Bibliothek der Humboldt-Universität, nun Bibliotheksdirektor der Freien Universität, eine außerordentliche Professur für Bibliothekswissenschaft – von 1966 bis 1969 war sie ein persönliches Ordinariat für Germanistik und Bibliothekswissenschaft – eingerichtet und mit der Leitung der Universitätsbibliothek in Personalunion verbunden.

Auch nach der Eingliederung des „Instituts für Bibliothekarausbildung" in die Freie Universität Berlin 1970 und nach der Gründung des „Instituts für Bibliothekswissenschaft" 1982 stand das Magister-Nebenfachstudium Bibliothekswissenschaft mehr als 20 Jahre bis 1991 unter der organisatorischen Federführung des jeweiligen Bibliotheksdirektors (Wieland Schmidt bis 1969, Konrad Kettig bis 1976, Werner Liebig bis 1992) der Universitätsbibliothek der Freien Universität. In den 25 Semestern des FU-Instituts (vom WS 1982/83 bis SS 1994) legten Studierende aus rund 50 Hauptfächern mehr als 250 Magisterprüfungen und 14 Promotionsprüfungen im Nebenfach Bibliothekswissenschaft ab. Im WS 1987/88 waren 298, im WS 1991/92 insgesamt 362 und im WS 1994/95 217 Studierende der Bibliothekswissenschaft eingeschrieben.

Bereits im Oktober 1945 wurden wieder Kurse für den gehobenen Dienst an Wissenschaftlichen Bibliotheken an der nun so genannten „Öffentlichen Wissenschaftlichen Bibliothek", der früheren Preußischen Staatsbibliothek, abgehalten. Eine „Vorläufige Ausbildungs- und Prüfungsordnung für den gehobenen Dienst an wissenschaftlichen Bibliotheken in der sowjetischen Besatzungszone" von 1947 wurde durch die „Anordnung zur Regelung der Ausbildung" von 1954 ersetzt. Im Januar 1946 hatte der Magistrat von Groß-Berlin auch Sonderlehrgänge für Volksbibliothekare eingerichtet, die erst drei, dann sechs Monate dauerten, später bis zum Jahr 1948 zwölf Monate. Im Juli 1948 beschloss der Magistrat von Groß-Berlin, die Berliner Bibliotheksschule wieder zu eröffnen. Wegen der Spaltung der Stadt im September 1948 wurde dieser Beschluss jedoch nicht mehr verwirklicht. Die Ausbildung erfolgte von nun an getrennt und der Institutionalisierungsprozess führte zu eigenständigen Ausbildungseinrichtungen in beiden Stadthälften.

Im Ostteil der Stadt wurde 1949 die Fachschule für Bibliothekare „Martin Andersen Nexö" unter der Leitung der aus dem antifaschistischen Widerstandskampf kommenden Bibliothekarin Lotte Bergtel-Schleif gegründet, die jedoch 1956 in der Leipziger „Erich-Weinert-Fachschule" aufging. Für die Ausbildung von Bibliothekaren an wissenschaftlichen Bibliotheken nahm im Jahre 1954 eine weitere Fachschule den Unterrichtsbetrieb auf. An ihr wurde 1963 eine Abteilung zur Ausbildung von Dokumentaren eingerichtet. Jährlich wurden bis 1990 ca. 50 bis 60 Studenten zugelassen. Diese Fachschule war kein Vorläufer oder Bestandteil der akademischen Ausbildung, wie in Westberlin, sondern eine selbständige Einrichtung, die gleichwohl noch am Ende der DDR-Zeit am 2. Oktober 1990 im Institut für Bibliothekswissenschaft und wissenschaftliche Information aufging.

Die Entwicklung im Westteil der Stadt führte in mehreren Schritten zu einer in beiden deutschen Staaten wohl einmaligen Ausbildungseinrichtung, an der sowohl Bibliothekare (des gehobenen Dienstes) ausgebildet wurden als auch im Fach Bibliothekswissenschaft studiert werden konnte. Am 30. März 1949 ließ der Berliner Magistrat (West) den Unterrichtsbetrieb an der „Berliner Bibliotheksschule" wieder aufnehmen. Die Ausbildung war zunächst nur für Volksbibliothekare vorgesehen und dauerte drei Jahre. Die ersten Diplomprüfungen vor staatlichen Prüfungsausschüssen gab es 1949 (mit 23 Teilnehmern). 1954 erließ der Senat von Berlin Ausbildungs- und Prüfungsordnungen für beide Studienrichtungen, Öffentliche und Wissenschaftliche Bibliotheken. Die Schule war 1951 in „Berliner Bibliothekarschule" umbenannt worden. Ab 1958 wurde alle zwei Jahre ein neuer Kurs aufgenommen, seit 1962 jährlich. Die „Berliner Bibliothekarschule" wurde 1966 in „Berliner Bibliothekar-Akademie" umbenannt und ab 1970 als „Institut für Bibliothekarausbildung" der Freien Universität zugeordnet. Ihre Aufnahmebedingungen entsprachen denen der Universität. Wie an Fachhochschulen war das Studium in sechs Semester gegliedert und schloss mit der Diplomprüfung ab.

Bis 1980 blieb das „Institut für Bibliothekarausbildung der Freien Universität Berlin" eine fachbereichsunabhängige wissenschaftliche Einrichtung mit eigener Verwaltung und eigenem Institutsrat. Neben der Lehre wurde zunehmend Gewicht auf die Forschung gelegt, zunächst in der EDV-Anwendung in Bibliotheken, der Leserforschung, der Bibliotheksbetriebslehre und in der Bibliotheksgeschichte. Diese wurde v. a. von den Professoren Hans-Dieter Holzhausen (1964–1985) und Peter Zahn (ab 1987) getragen. Zwischen WS 1974/75 und SS 1981 waren mehr als 570 Studierende eingeschrieben. Im WS 1980/81 erfolgte dann die Eingliederung des Instituts in den neu gegründeten Fachbereich „Kommunikationswissenschaften". Zugleich wurde das am Fachbereich Geschichtswissenschaften bestehende „Seminar für Bibliothekswissenschaft" in das Institut eingegliedert. Die erhoffte Integration mit den dortigen Fächern und Instituten des Fachbereichs Kommunikationswissenschaften wurde jedoch nicht erreicht.

Das Institut an der Humboldt-Universität und die Praxis

Die ersten Studenten des Instituts waren Teilnehmer der nach dem Kriege von der Staatsbibliothek übernommenen Referendarausbildung. Damit knüpfte man an das Angebot des Milkau-Instituts von 1928 bis 1933 an. Ab 1961 wurde diese Studienform von der so genannten Fachreferentenausbildung abgelöst. Beide Studiengänge führten zur Berufsbezeichnung „Wissenschaftlicher Bibliothekar", waren berufsbegleitend aufgebaut und setzten ein abgeschlossenes Hochschulstudium voraus. Für das bibliothekswissenschaftliche Direktstudium wurde erstmals zum Studienjahr 1954/55 immatrikuliert. Dies war ein Kombinationsstudium, bei dem das Hauptfach Bibliothekswissenschaft mit nahezu allen anderen an der Universität vertretenen Disziplinen kombiniert werden konnte. Damit wurde das Institut die am besten vernetzte Einrichtung der Humboldt-Universität: Seine Studenten konnten Zweitfächer in nahezu allen Ausbildungsdisziplinen der Universität belegen – von der Medizin bis zur Mathematik, von der Psychologie bis zu den Wirtschaftswissenschaften. Als weiterer bibliothekswissenschaftlicher Studiengang wurde 1976 das postgraduale Studium zum Fachbibliothekar für bereits Graduierte anderer Disziplinen eingeführt, die für ihre Berufstätigkeit eines bibliothekarischen Abschlusses bedurften. Bis 1993 absolvierten 300 Fernstudenten diesen Studienzweig.

Das öffentliche Bibliothekswesen erwies sich als „Retter" für das ab 1968 mehrfach krisengeschüttelte und in seinem Fortbestehen gefährdete Institut. Ab Mitte der 1960er Jahre vollzog sich nämlich der Aufbau der „Wissenschaftlichen Allgemeinbibliotheken der Bezirke" (WAB), die als Spitzeneinrichtung des öffentlichen Bibliotheksnetzes dienen sollten. Damit einher ging ein wachsender Personalbedarf an akademisch ausgebildeten Bibliothekaren. Hier brauchte man aber nicht Spezialisten auf einzelnen Wissenschaftsgebieten, wie in den wissenschaftlichen Bibliotheken, die Bibliothekare sollten vielmehr über ein breites Allgemeinwissen verfügen. Die bestehenden bibliothekarischen Fach(hoch)schulen hatten für akademische Ausbildungsgänge keine Voraussetzungen, weshalb dem IBI die neue Aufgabe übertragen wurde, auf Hochschulebene das benötigte Führungspersonal auszubilden. Dies führte ab 1968 zur Ausbildung von Diplom-Bibliothekaren im bibliothekswissenschaftlichen Direktstudium. Um den strukturell und tarifpolitisch begründeten Nachholbedarf zu decken, wurde zusätzlich ab 1971, parallel zum Direktstudium und analog dem postgradualen Studium zum Fachbibliothekar, ein bibliothekswissenschaftliches Fernstudium eingerichtet, das bis 1993 über 350 Studenten absolvierten. Beide Fernstudiengänge wurden somit bis 1993 von mehr als 650 Studierenden abgeschlossen.

Die Gründung des Wissenschaftsbereichs *Informations- und Dokumentationswissenschaft* (IDW) war eine der Antworten auf die in den 1960er Jahren als „Informationsflut, Informationslawine oder Informationsexplosion" beschriebenen Veränderungen der wissenschaftlichen Kommunikation. Auch in der DDR entwickelte sich die Information und Dokumentation in Form des alle Bereiche von Naturwissenschaft, Technik und Produktion umfassenden Informationssystems Wissenschaft und Technik und analoger Strukturen für die Gesellschaftswissenschaften. Um den Bedarf dieser neuen Institutionen an qualifiziertem Fachpersonal zu decken, wurde 1966 ein zweiter Wissenschaftsbereich für „Informations- und Dokumentationswissenschaft" eingerichtet. Das Institut trug ab 1966 den Namen „Institut für Bibliothekswissenschaft und wissenschaftliche Information" (IBI). Eingerichtet wurde ein Direktstudium der IDW zum Studienjahr 1966, analog zum bibliothekarischen, als Kombinationsstudium mit Zweitfach, das zum Abschluss als „Diplom-Informator" führte. Dominierend war jedoch das postgraduale Studium der IDW, das von

1969 bis 1994 ca. 600 Teilnehmer absolvierten – Zulassungsvoraussetzung war ein abgeschlossenes Hochschulstudium – mit dem Abschluss als „Fach-Informator". Es wurde auch eine bemerkenswert große Anzahl von Nachwuchswissenschaftlern, aber auch wissenschaftlich interessierter Mitarbeiter der Informationspraxis promoviert. Seit Anfang der 1980er Jahre verstärkte sich diese Zusammenarbeit mit der Praxis.

Bibliothekswissenschaft und Informationswissenschaft – Wissenschaftsdisziplinen oder angewandte universitäre Ausbildung?

Kontinuierlich – vor und nach 1945 – war die Diskussion über die Bibliothekswissenschaft und um den akademischen Charakter der Ausbildung von Bibliothekaren kontrovers und führte, je nachdem, welche Auffassung sich durchsetzte, zur Einrichtung oder Schließung der universitären Studienformen. Es ist bezeichnend, dass wegen der versagten Anerkennung der akademischen Gleichrangigkeit die älteste und renommierte Library School an der Columbia University New York 1992 just in dem Jahr geschlossen wurde, als ihr Dekan, Robert (Bob) Wedgeworth, zum Präsidenten der International Federation of Library Associations (IFLA), der weltgrößten Organisation der Bibliothekars- und Bibliotheksverbände, gewählt wurde. Aber Bibliothekswissenschaft, so meinte der Board der Columbia-Universität, passe eben nicht mehr in das akademische Spektrum der übrigen Disziplinen und beeinträchtige das Profil der Universität.

Die wissenschaftstheoretische Diskussion gewann in Berlin mit der Einrichtung des neuen Institutsbereichs für Informations- und Dokumentationswissenschaft (IDW) eine weitere Dimension. Josef Koblitz, der Nestor der Informations- und Dokumentationswissenschaft, wählte, wie seine bibliothekarischen Fachkollegen, als Dreh- und Angelpunkt das Praxiskriterium und definierte die IDW als Disziplin, die die Gesetzmäßigkeiten der Information und Dokumentation erforscht und auf dieser Grundlage theoretische, methodische, organisatorische und technische Prinzipien erarbeitet. Das Verhältnis der Bibliotheks- zur Informations- und Dokumentationswissenschaft wird bei ihm durch das Verhältnis der beiden Praxisbereiche Bibliothekswesen und Information und Dokumentation bestimmt. Die Protagonisten der „gegnerischen Lager" (vor allem Horst Kunze und Werner Dube einerseits sowie Josef Koblitz und Heinz Engelbert andererseits) führten einen manchmal abgehobenen Disput über die Bibliothekswissenschaft, die Informations- und Dokumentationswissenschaft und die Fachinformation als selbstständige Wissenschaftsdisziplinen. Trotz der andauernden Diskussion verstand man sich meist als angewandte akademische Ausbildungsdisziplin und verglich sich eher mit der Verwaltungswissenschaft oder der Archivwissenschaft, die auch keinen Status als eigenständige Wissenschaftsdisziplin beanspruchten, deren Existenzberechtigung aber nicht in Frage gestellt wurde. Man bediente sich bewusst der Methoden anderer Disziplinen und entwickelte aber auch Eigenes, etwa auf Gebieten der Lesersoziologie, Informationssoziologie, oder der Theorie der Klassifikation.

Der Weg von der „Hilfswissenschaft" zur akademischen Disziplin spiegelt sich auch im Wandel des Forschungsprofils des Instituts wider. In den 1950er bis 1970er Jahren dominierten, wie vor dem Zweiten Weltkrieg, traditionelle, an der bibliothekarischen Praxis orientierte Themen, oft deskriptiven Charakters, personen-, institutionsgeschichtliche, buchkundliche und buchgeschichtliche Arbeiten, vertreten von so renommierten Hochschullehrern wie Joris Vorstius, Willi Göber, Hans Lülfing und Horst Kunze, die noch vergleichsweise wenig zur wissenschaftlichen Theorienbildung beitrugen. Mit dem Eintritt der Informations- und Dokumentationswissenschaft in das Institut gewannen technikwissenschaftliche, soziologische, linguistische und wissensorganisatorische Ansätze an Boden und befruchteten auch die klassische Bibliothekswissenschaft. Die angewandte EDV, die ihren Siegeszug in den massendatenverarbeiteten bibliothekarischen und dokumentarischen Institutionen antrat, beförderte diese Theorienbildung. Anfang der 1980er Jahre gab es am Institut Ansätze, unter dem Dach der sowjetisch geprägten „Informatik" als Gesellschaftswissenschaft, alle informations- und kommunikationsorientierten Disziplinen, einschließlich der Bibliothekswissenschaft, zu vereinen.[6] Wenn sich dies wegen der divergierenden Entwicklungen der Informatik in Ost und West letztlich nicht durchsetzte, blieben doch neue pädagogische, psychologische und kommunikationswissenschaftliche Forschungsansätze erhalten. Auch die Globalisierung, wenn auch auf die östliche Hemisphäre begrenzt, spielte in der Wissenschaft eine zunehmende Rolle.

Existenzkrisen des Instituts 1968–1972

Vor dem Hintergrund der Kontroverse über den Anspruch der Disziplin geriet das Institut wiederholt in existenzielle Krisen. Eine Auflösung stand, wie schon vor 1945, zwischen 1968 und 1972 mehrmals auf der Tagesordnung der Universitätsleitung. Im Unterschied zu 1933, als finanzielle Zwänge und mangelndes Interesse der bibliothekarischen Praxis den Ausschlag gaben, waren es diesmal sowohl politische wie auch fachliche Begründungen.

Institutsangehörige hatten sich 1968 kritisch zum Einmarsch von Truppen des Warschauer Pakts in die ČSSR geäußert. Staatliche Stellen und die Parteileitung der Universität reagierten darauf mit personellen Konsequenzen. Ein wissenschaftlicher Assistent musste die Universität verlassen und der damalige Pro-Dekan der Philosophischen Fakultät und Hochschullehrer am Institut, Othmar Feyl (er wurde 1990 vom Rektor der Humboldt Uni-

[6] Vgl. Michajlov, Aleksandr I./Cernyj, Arkadij I./Giljarevskij, Rudzero S., Wissenschaftliche Kommunikation und Informatik, hrsg. von Rückl, Steffen, Leipzig 1980.

versität rehabilitiert), wurde an die Universitätsbibliothek strafversetzt und widmete sich fortan, bis zur Emeritierung ausschließlich der Forschung. Dreieinhalb Jahre später wurden auch Studenten des IBI im Zusammenhang mit der „Biermann-Affäre" Ziel politischer Disziplinierung: Es kam zu Verhaftungen und zeitweiliger Unterbrechung des Studiums. Auch Angehörige des Lehrkörpers gerieten in die Kritik, Parteistrafen (der SED) wegen „mangelnder politischer Wachsamkeit" wurden ausgesprochen und „operativ" gegen einzelne Nachwuchswissenschaftler wegen „Verdachtsmomenten der staatsfeindlichen Hetze" vorgegangen.

Die Leitung der Universität, die SED-Parteiorganisation und das Ministerium für Staatssicherheit hatten nicht nur ein scharfes Auge auf die „politische Unzuverlässigkeit" des Lehrkörpers geworfen, auch die zunehmende und massive Kritik der Studentenschaft am Niveau der Lehre lenkte Aufmerksamkeit auf das Institut. Erwogen wurde wieder einmal seine Schließung, aber es kam letztlich nur zur Aussetzung der Immatrikulation für das Direktstudium, um dem Lehrpersonal Zeit zu geben für eine Verbesserung der Lehrqualität und erst 1979 wurde die Immatrikulation zum Direktstudium wieder aufgenommen. Die vormalige Institutsleitung wurde 1972 abgelöst und ein kommissarischer Direktor, der Wirtschaftshistoriker Helmut Kubitschek, eingesetzt. Er sollte für eine Übergangszeit für politische Stabilität am Institut sorgen, blieb dann aber bis zum Frühjahr 1990. Auch ein Bereichsleiter wurde abgelöst und der Bereich IDW erhielt durch die Berufung von Georg Schmoll wegen der Emeritierung des Amtsinhabers Josef Koblitz ebenfalls einen politisch bewährten, aber auch fachlich ausgewiesenen neuen Leiter. Der Qualifizierung des Lehrkörpers wurde seitens der Universitätsleitung nun großes Augenmerk beigemessen und der wissenschaftliche Nachwuchs regelmäßig und konsequent zur fachlichen und politischen Schulung zu bis zu zweijährigen Studienaufenthalten in die Sowjetunion delegiert. Eine weitere Folge der Krise war, dass das IBI in seinem Status (und Namen) als Institut blieb und nicht in den Rang einer Wissenschaftssektion erhoben wurde.

Der Umbruch 1989–1990

Die politischen und gesellschaftlichen Veränderungen in der DDR der Jahre 1989/90 erreichten das IBI in einer Phase relativer Stabilität. Die Zahl der jährlich abgeschlossenen Promotionen und Habilitationen hatte bemerkenswerte Größenordnungen erreicht. Die Personalausstattung, mit acht Hochschullehrern, davon zwei Ordinarien und einer größeren Anzahl von unbefristet angestellten Oberassistenten und Assistenten war gut. Neben den beiden Wissenschaftsbereichen gab es als dritte Einheit die „Abteilung Weiterbildung und Fernstudium", der die organisatorische Betreuung der verschiedenen Weiterbildungsangebote oblag. Inzwischen war die Anzahl der jährlich immatrikulierten Fern- und postgradualen Studenten dreistellig. Die Absolventen waren in den Bibliotheken und Informationseinrichtungen gefragt, fanden Anstellung in den führenden Einrichtungen des Fachgebietes. Wissenschaftliche Kontakte bestanden zu den meisten sozialistischen Ländern. Eine zunehmende Anzahl von Studenten aus Entwicklungsländern studierte und promovierte in Berlin. Auch durften Mitarbeiter des Instituts zu internationalen Tagungen ins so genannte nichtsozialistische Ausland, so nach Österreich, Frankreich, Schweden, in die USA und auch in die BRD, reisen.

Ende des Jahres 1989, Anfang 1990, erreichten die gesellschaftlichen Umbrüche und Veränderungen mit der gesamten Humboldt-Universität auch das Institut. Es folgten turbulente drei Jahre in denen die Mitarbeiter und Studenten tatkräftig Reformen in Angriff nahmen und für einen Platz des Instituts im vereinten Deutschland kämpften. In der alten Bundesrepublik gab es keine bibliotheks- und informationswissenschaftliche Ausbildungseinrichtung, an der man sich hätte ein Beispiel nehmen können. Hier boten die „Library and Information Science"-Programme der USA Orientierung. Studienaufenthalte zweier Hochschullehrer des IBI in den USA vor 1990 waren dabei sehr hilfreich. Die universitären Diplomstudiengänge für Bibliothekswissenschaft und Informationswissenschaft wurden zu Magister-Studiengängen mit Haupt- und Nebenfach umgestaltet und dafür neue Studien- und Prüfungsordnungen erarbeitet. Schon im September 1990 waren die ersten 46 Direktstudenten für das noch in Ausarbeitung befindliche neue Magisterstudium immatrikuliert worden. Der Akademische Senat bestätigte den Studiengang im Dezember 1990.

Die politischen Gremien des Instituts, die Organisationen der SED, der FDJ und des FDGB waren aufgelöst. An ihre Stelle traten die der demokratischen Selbstverwaltung. Die Studenten wählten eine eigene Vertretung und nahmen Einfluss auf die Umgestaltung der Ausbildungsgänge. Der im März 1990 gewählte Institutsrat setzte sich aus drei Hochschullehrern, drei Assistenten (Mittelbauvertretern) und drei Studenten sowie einem Angehörigen des technischen Personals zusammen. Der langjährige Direktor trat zurück und ein neuer, geheim gewählter Direktor sowie dessen Stellvertreter übernahmen am 2. April 1990 die Amtgeschäfte. Auch die beiden vakanten Lehrstühle für Bibliothekswissenschaft sowie für Informations- und Dokumentationswissenschaft wurden (durch die Berufung von Friedrich Nestler und Steffen Rückl) wieder besetzt. Die Sektionen der Universität, bisher Hauptstruktureinheiten, wurden wieder als Institute geführt, wie vor der 3. Hochschulreform von 1968. Das IBI bildete mit den Instituten für Geschichte und Philosophie einen gemeinsamen Fachbereich, zu dessen Dekan Steffen Rückl gewählt wurde.

Zu den nicht erfolgreichen Projekten der unmittelbaren Wendezeit gehört auch die gescheiterte Integration der Fachhochschulausbildung. Zwischen dem Institut und der 1954 gegründeten, in unmittelbarer Nachbarschaft befindlichen Fachschule für wissenschaftliche Information und wissenschaftliches Bibliothekswesen gab es schon seit Jahren eine regelmäßige Zusammenarbeit. Daher lag es nahe, angesichts der Kombination der Ausbildung für den gehobenen Dienst und nach dem Vorbild des Magisterstudiums am Westberliner

Schwesterinstitut, ähnliches auch in Ostberlin anzustreben. Noch am 2. Oktober 1990 wurde die Fachschule durch Beschluss des Akademischen Senats als Abteilung in das IBI integriert, Personal und Studiengänge übernommen. Ziel war die Schaffung eines durchgängigen Ausbildungsganges nach dem us-amerikanischen Vorbild der Library and Information Science (LIS), bei dem nach einem drei- bis vierjährigen Studium der Abschluss mit dem Bachelor-Grad (BA) für Informations- und Bibliothekswissenschaft erreicht wird, und dem sich ein zweijähriges Masterprogramm anschließen kann.

Aber die damaligen Akteure waren ihrer Zeit zu weit voraus (die Master- und Bachelor-Studienprogramme waren erst im neuen Jahrtausend en vogue). Die Berliner Landesregierung beschloss im Dezember 1990 die Schließung der Fachschule. Allen ihren Mitarbeitern wurde gekündigt, die Ausbildung nur für die bereits immatrikulierten Studenten zu Ende geführt. Im Rahmen der beabsichtigten Fusion der beiden Institute hatte es die Hoffnung gegeben, ein integriertes Studienmodell zu etablieren. Auch die vom IfBB der Freien Universität in die Fusion mitgebrachten bibliothekarischen Diplomstudiengänge wurden 1995 wegen der der Humboldt-Universität durch die Berliner Landesregierung auferlegten Sparmaßnahmen eingestellt.

Die Vereinigung der Berliner Bibliothekswissenschaft 1990–1994

Vorarbeiten zu einem gemeinsamen Berliner Institut 1990–1993

Nach dem Fall der Berliner Mauer im November 1989 fanden bereits im Dezember erste Kontakte der Ost- und Westberliner bibliothekarischen Ausbildungseinrichtungen statt. Nach der am 3. Oktober 1990 wiedererlangten Einheit Deutschlands und dem Ende der Teilung Berlins wurden diese dann intensiver und schon Ende Dezember 1990 beriet man über eine Integration der Ausbildung in den Bereichen Bibliothekswesen, Information und Dokumentation für das Land Berlin und als erstes Ergebnis traten im Januar 1991 gemeinsame Prüfungskommissionen zusammen.

Die zuständige Senatsverwaltung für Wissenschaft und Forschung stellte erste „Planungsüberlegungen zur Hochschullandschaft Berlin“ an, die eine Konzentration der Bibliothekswissenschaft und Bibliothekarausbildung befürworteten. Auch der Deutsche Bibliotheksverband forderte, dass „in Berlin die Universitätsstudienfächer Bibliothekswissenschaft und Informations-/Dokumentationswissenschaft (an der HUB) als Haupt- und Nebenfächer erhalten bleiben (...) und daß Studiengänge entwickelt und dauerhaft etabliert werden, die eine vollwertige Alternative zur der traditionellen Beamtenausbildung für den höheren Bibliotheksdienst in den westlichen Ländern darstellen.“ Der Standort Humboldt-Universität wurde dabei explizit genannt und beide Institute trugen dies mit: ein universitäres Institut, auch in Anknüpfung an die Tradition von 1928, am Standort der Humboldt-Universität.

Im August 1991 begann die Landeshochschulstrukturkommission (LHSK) mit der Neugliederung der Humboldt-Universität. Auch die beiden Institute, IBI und IfBB, reichten Vorschläge zur schrittweisen Vereinigung ein. Vorgeschlagen wurde die Schaffung eines „doppelt integrierten Berliner BID-Studiengangs", der schon ab WS 1992/93 die Studien koordinieren sollte: die (universitären) Magisterstudien im Hauptfach mit Zweitfach und/oder im Nebenfach, die Fachhochschulstudiengänge zur Ausbildung für das wissenschaftliche und das öffentliche Bibliothekswesen, und ein postgraduales Universitätsstudium „Bibliothekswissenschaft", das die im Westen übliche Referendarausbildung ersetzen sollte. Einzugsgebiete des neuen Instituts sollten Berlin sein, die neuen Bundesländer, die nördlichen „alten" Bundesländer und die ost-mitteleuropäischen Nachbarn. Der Fach bereichsrat Kommunikationswissenschaften der Freien Universität begrüßte im Februar 1992 die Initiative der beiden Institute. Die Ausbildungskommission beim Fachbeirat Bibliothekswesen unterstützte in Stellungnahmen vom 29. 01. und 07. 02. 1992 die gemeinsame Position der Institute. Der Vorschlag der „Fusion von unten", ohne „Auftrag von oben" fand die Zustimmung des Wissenschaftssenators Manfred Erhardt.[7] Am 21. Mai kam es zur Anhörung der Vertreter beider Institute durch die Unterkommission „Bibliothekswissenschaft" der LHSK. Gleichzeitig richtete das IBI der Humboldt Universität zum WS 1992/93 die Magisterstudiengänge Bibliothekswissenschaft als Haupt- und Nebenfach ein.

Struktur- und Berufungskommission Bibliothekswissenschaft

In der Zwischenzeit hatte der akademische Senat der Humboldt-Universität am 2. Juni 1992 eine „Struktur- und Berufungskommission für das Institut für Bibliothekswissenschaft" benannt, die sich unter dem Vorsitz des emeritierten Bibliothekswissenschaftlers Paul Kaegbein konstituierte. Sie trat an die Stelle der interimistischen Institutsleitung. Dieses Gremiums zeigte sich zurückhaltend gegenüber den bisherigen Planungen und verabschiedete im Dezember 1992 einen an der traditionellen Bibliothekswissenschaft ausgerichteten „Struktur- und Ausstattungsplan" für das IBI, der drei Professorenstellen vorsah (eine C4-Professur und zwei C3-Professuren), vier unbefristete und vier befristete Stellen für wissenschaftliche Mitarbeiter und sechs Stellen für sonstiges Personal und strich die integrierte bibliotheks- und informationswissenschaftliche Ausbildung. Die SBK legte auch neue Magister-Studien- und Prüfungsordnungen für Bibliothekswissenschaft als Haupt- und Nebenfach, die 1994 in Kraft traten, vor, nahm die „Evaluierung" des bisherigen Lehrpersonals vor, und empfahl Kündigungen mit vorrangig politischen und gelegentlich fach-

---

[7] Brief Manfred Ehrhardts vom 31. 03. 1992 an IBI, IfBB und Dekanat.

lichen Begründungen. Die Hochschullehrerstellen wurden ausgeschrieben, Bewerbungen der bisherigen Stelleninhaber aber nicht berücksichtigt. So schieden alle vormaligen acht Hochschullehrer des IBI aus, auch die beiden Ordinarien, der letzte von ihnen 1998. Um die wenigen Assistentenstellen, vor allem die unbefristeten, fand ein Ringen der verbliebenen Mitarbeiter statt. Unter den verschiedenen Konflikten ragen Lehrverbote für die zur Kündigung vorgesehenen Lehrkräfte heraus, die zwar bald zurückgenommen wurden, aber fatal an das Vorgehen der DDR-Universitätsobrigkeit gegen Othmar Feyl im Jahre 1968 erinnerten.

In Folge der Neugliederungsaktivitäten an der Humboldt-Universität im Mai 1993 wurde das IBI aus dem mit der Philosophie und den Geschichtswissenschaften gemeinsamen Fachbereich ausgegliedert und in den Fachbereich Kultur- und Kunstwissenschaft überführt, was gleichzeitig das Ende der seit der Wendezeit (Oktober 1990) andauernden Amtsführung des ersten gewählten Dekans, Steffen Rückl, war. Es kam aber im Januar 1994 wieder in die alte Fakultäts-Umgebung zurück und bildete nun gemeinsam mit den Instituten für Philosophie, Geschichtswissenschaften und Europäische Ethnologie die neu gegründete Philosophische Fakultät I der Humboldt-Universität.

Im April 1993 waren die drei im „Struktur- und Ausstattungsplan" vorgesehenen Professorenstellen für Bibliothekswissenschaft ausgeschrieben worden, im Juli fanden die öffentlichen Vorträge statt. Mit Walter Umstätter (berufen aus der Fachhochschule für Bibliothekswesen und Dokumentation, Köln) begann am 1. März 1994 der erste der von der SBK ausgewählten Hochschullehrer seine Tätigkeit am IBI, er blieb aber auch der einzige; der Berufungsvorschlag für die zweite C3-Professur wurde im Februar 1994 abgelehnt. Auch die beiden für die C4-Professur vorgeschlagenen Kandidaten lehnten ihre Rufe ab: Pamela Spencer Richards/USA im Januar, Wolf Rauch/Graz im August 1994; einen dritten Listenplatz hatte die Struktur- und Berufungskommission nicht benannt. Am 31. März 1994 endete ihre Tätigkeit, das Institut führte wieder den Namen „Institut für Bibliothekswissenschaft", in Anknüpfung an die Tradition der 1930er Jahre. Erst zum September 1995 wurde der Lehrstuhl für Bibliothekswissenschaft wenigstens vorläufig besetzt mit dem damals bereits 59-jährigen Engelbert Plassmann, vormals Professor an der Fachhochschule für Bibliothekswesen und Dokumentation Köln.

Zusammenschluss im Oktober 1994 und Ausblick

Nachdem der Kooperationsvertrag zwischen der Freien Universität und der Humboldt-Universität am 31. Mai 1994 zustande gekommen war, bewilligte der Akademische Senat der Humboldt-Universität am 7. Juni 1994 auch die Zusammenführung der beiden Ausbildungsinstitute zum 1. Oktober 1994. Planstellen und materielle Ressourcen des IfBB wurden an die Humboldt-Universität überführt, die am IfBB laufenden Studiengänge wurden übernommen. Die Informationswissenschaft jedoch verblieb, nach Intervention des

Dekans des Fachbereichs Kommunikationswissenschaft der Freien Universität, Gernot Wersig, an der Freien Universität.

Trotz der Vereinigung beider Institute gelang es nicht, die Lehrveranstaltungen der verschiedenen Studiengänge aufeinander abzustimmen. Vielmehr wurde, mit der Begründung des Zwangs der Studien- und Prüfungsordnungen, eine Trennung der Angebote für die verschiedenen Studien- und Ausbildungsgänge beibehalten, auch dort, wo der von allen beschworene „Synergieeffekt“ durch das „Psi-Modell“ eines gemeinsamen Grundstudiums zu erreichen gewesen wäre. Unter dem Druck weiterer Einsparauflagen durch die Berliner Landesregierung beschloss der Akademische Senat der Humboldt-Universität am 8. August 1995 die zehn Monate zuvor durch die Fusion von der Freien Universität an die Humboldt-Universität übernommenen Diplomstudiengänge zu schließen und die dazugehörigen Stellen zu streichen.

Es verwundert insofern auch nicht, dass bei Gelegenheit der nächsten Einsparungswelle, im Frühjahr 1997, die übrigen Personalstellen des Instituts für Bibliothekswissenschaft zur Disposition gestellt und Schließung des Instituts samt der Einstellung des Fachs erwogen wurde. Die Entscheidung des Akademischen Senats der Humboldt-Universität im Herbst 1997 ließ allerdings für die Zukunft zwei Professorenstellen übrig. Eines eigenen Instituts ledig, sollten sie die „Bibliothekswissenschaft“ an einem neu zu gründenden „Institut für Medienkunde“ betreiben. Von diesen Plänen nahm die Universität später jedoch wieder Abstand. Die Bibliothekswissenschaft, „eine rein Berliner Spezialität“, gab es ja inzwischen nur noch an der Humboldt-Universität, als einzige universitäre Einrichtung dieser Art in Deutschland. Der Rufschaden wäre wohl zu groß, das Potential an Einsparung zu gering gewesen.

Das Institut heute

Nachdem die existentiellen Unsicherheiten überwunden waren, orientierte man sich am Institut bald am Konzept der „Digitalen Bibliothek“ und richtete die Lehr- und Forschungsinhalte auf die reale Bibliotheks- und Informationspraxis aus. Vor allem die angewandte Informatik bestimmte zunehmend Lehre, Forschung und personelle Ressourcen und prägte damit auch die theoretische und methodische Identität der Bibliothekswissenschaft als Disziplin: Den Lehrstuhl für Bibliothekswissenschaft hat seit 2006 ein vormaliger „Assistant-Director“ für Informations-Technologie der „Michigan State University Libraries“ (Michigan, USA) inne. Ebenfalls 2006 wurde der Leiter des Rechenzentrums der Humboldt-Universität an das Institut berufen und im Jahre 2008 kam ein weiterer Hochschullehrer an das Institut, auch dessen Fachprofil von den Informations- und Kommunikationstechnologien bestimmt wird. Gegenwärtig hat das Institut vier Professuren: für Digitale Bibliotheken, für Informationsmanagement, für Wissensmanagement, für Öffentliche Bibliotheken, und eine Juniorprofessur für „Information Retrieval". Daneben gibt es sechs Honorarprofesssuren, zwölf Akademische Mitarbeiter und Mitarbeiterinnen, 43 Lehrbeauftragte, 14 studentische und fünf weitere Mitarbeiter und Mitarbeiterinnen.

Das Leitbild und das Profil des Instituts[8] unterrichten über die Studienziele, Ausbildungsgänge und Forschungsschwerpunkte. Im Direktstudium wird ein sechssemestriger Bachelor-Studiengang „Bibliotheks- und Informationswissenschaft" in Kombination als Kernfach bzw., Zweit- und Beifach angeboten, weiterführend gibt es einen ebenfalls sechsemestrigen Masterstudiengang, ferner den auslaufenden Magisterstudiengang. Das postgraduale Fernstudium ist als Masterstudiengang „Bibliotheks- und Informationswissenschaft" organisiert. Gleichzeitig werden Referendare/Referendarinnen für den Höheren Dienst an Wissenschaftlichen Bibliotheken für mehrere Bundesländer ausgebildet. Vieles am heutigen Institut erinnert frappierend an jene Studiengänge, die es bereits vor 1994 am IfBB der Freien Universität und am IBI der Humboldt-Universität gegeben hat, oder die für die Fusion geplant waren.

Im einzigen universitären Institut für Bibliotheks- und Informationswissenschaft im deutschsprachigen Raum, mit einem Studien-, Promotions- und Habilitationsangebot auf dem Gebiet der Bibliotheks- und Informationswissenschaft, sind laut Leitbild „die Forschungsbestrebungen (...) darauf ausgerichtet, den (...) Paradigmenwechsel der wissenschaftlichen Kommunikation zu begleiten und (...) der Digitalisierung Rechnung zu tragen." Ferner heißt es: „Die heutigen Studenten sollen neben der Fachkompetenz und den Fähigkeiten zur Bearbeitung wissenschaftlicher Fragestellungen auch notwendige Leitungskompetenz erwerben, wodurch sie in der Lage sein sollen, an verschiedensten Stellen als Visionäre das moderne Bibliotheks- und Informationswesen mitzugestalten."

---

8 Zu finden unter www.ibi.hu-berlin.de/institut/leitbild; www.ibi.hu-berlin.de/institut/portraet (Stand 5. 10. 2010).

Elk Franke

Sportwissenschaften an der Humboldt-Universität

Die Sportwissenschaft gehört zu den jüngeren Fachgebieten an deutschen Universitäten, die, wie z. B. die Politikwissenschaft, Rehabilitationswissenschaft oder Medienwissenschaft, ihre Aufnahme in den Kanon der Hochschuldisziplinen weniger einem inneruniversitären Ausdifferenzierungsprozess verdanken als eher einer gesellschaftspolitischen Entwicklung und Erwartung. Den Ausgangspunkt bilden Probleme in bestimmten Bereichen des öffentlichen Lebens, verbunden mit Forderungen nach wissenschaftlicher Betreuung, differenzierten Analysen und gegenstandsangemessenen Erklärungen. Können die etablierten Wissenschaften diesen Erwartungen nur begrenzt oder gar nicht entsprechen, kann das Problem als Thema eines neuen Fachgebiets an einer Hochschule institutionalisiert werden.

Die Etablierung der Sportwissenschaften an der Berliner Universität im Verlaufe des 20. Jahrhunderts ist dafür ein sprechendes Beispiel. Den Ausgangspunkt bildete eine gesellschaftliche Aufwertung der Leibesübungen zu Beginn des 20. Jahrhunderts. Der Sport, lange als eine angelsächsische Art des egoistischen Wettbewerbsdenkens gegenüber dem „deutschen Turnen" kritisch betrachtet, wurde durch sein agonales Prinzip zur übergeordneten Leitidee der Leibesübungen in der Weimarer Zeit. Der Publizist Sebastian Haffner, in den 1920er Jahren Student in Berlin, schreibt z. B. in seinen „Erinnerungen": „In den Jahren 1924, 25 und 26 entwickelte sich Deutschland schlagartig zu einer Großsportmacht (…). Nie vorher war [es] ein Sportland gewesen (…) wie England und Amerika (…) [es] verzehnfachten sich in jenen Jahren auf einmal die Mitgliedszahlen der Sportclubs und die Zuschauerzahlen der Sportfeste. Boxer und Hundertmeterläufer wurden zu Volkshelden."[1]

In diesen Jahren wird an der Berliner Universität ein „Institut für Leibesübungen" gegründet. Zunächst nur für die Organisation des Studentensports eingerichtet, den die Hochschulreformen nach 1918/20 gefordert hatten, übernimmt das Institut wenige Jahre später auch die akademische Ausbildung der Turnphilologen, die bis dahin allein an einer separaten Anstalt in Spandau ausgebildet worden waren. Es dauert aber noch weitere vier

[1] Haffner, Sebastian, Geschichte eines Deutschen. Die Erinnerungen 1914–1933, Stuttgart/München 2000, S. 72.

Jahrzehnte, bis aus der Einrichtung zur Körperertüchtigung der Studierenden und der Ausbildung von Lehrern eine universitäre Disziplin werden sollte. Es ist zugleich für die Rolle der Lehrerbildung und die gesellschaftliche Wahrnehmung des Leistungssports in der DDR charakteristisch, dass dieser Prozess erfolgreich erst in der Humboldt-Universität nach 1950 abgeschlossen wird.

Hochschulsport und Lehrerbildung – die Institutionalisierung eines Faches ohne Disziplinstatus

Den Anstoß für die Institutionalisierung des Sports geben die gesellschaftlichen Veränderungen und die Debatten zur Hochschulreform nach 1918. So forderte der 2. Deutsche Studententag 1920 in Göttingen:

„§1 Jede Hochschule errichtet ein „Amt für Leibesübungen".

§2 Jeder Studierende ist verpflichtet, während seiner Studienzeit Leibesübungen zu betreiben.

§3 Kein Studierender darf zur Ablegung einer Staatlichen oder Akademischen Abschlussprüfung zugelassen werden, der nicht zwei ‚Körperliche Leistungszertifikate' beibringt."[2]

Diese zunächst nur von Studenten getragene Initiative führte, wie in anderen Hochschulstädten auch, in Berlin 1925 zur Gründung eines Instituts für Leibesübungen. Vorausgegangen war ein Erlass des Preußischen Kultusministeriums, der die Einrichtung solcher Institute forderte, um den Unterricht in Leibesübungen und ihre Eingliederung in die Hochschulbildung sicherzustellen. Zentrale Aufgabe des Instituts war es also zunächst, ein regelmäßiges Bewegungsangebot für alle Studierenden zu entwickeln, wobei für Lehramtsstudierende Körperertüchtigung zur Pflicht gemacht wurde. Das war eine Studienverpflichtung, die schon in ihren Anfängen nicht ohne Kritik blieb, wie es eine Stellungnahme der Philosophischen Fakultät der Berliner Universität dokumentiert: „Aufgabe der Philosophischen Fakultät ist es, ihre Stimme zu erheben, um zu verhüten, dass die wissenschaftliche Ausbildung der Lehramtskandidaten eine Einschränkung durch zusätzliche Leibesübungen erfahre, (...) Sport und Wissenschaft [sind eigentlich] nicht vereinbar."[3]

Nachdem 1929 auch die Aufwertung der Leibeserziehung als gleichberechtigtes wissenschaftliches Lehramtsfach erfolgte, verstärkte sich die Abwehr gegenüber der Etablierung eines solchen als un-wissenschaftlich beurteilten Ausbildungsbetriebes an der Universität. „Gegen den Plan des Ministers, den sogenannten wissenschaftlichen Teil der Turn- und

---

[2] Buss, Wolfgang, Die Entwicklung des deutschen Hochschulsports vom Beginn der Weimarer Republik bis zum Ende des NS-Staates, Göttingen 1975, S. 45.

[3] Universitätsarchiv der Humboldt-Universität (UAHU), Phil. Fak. (vor 1945), Leibesübungen, Nr. 166, Bl. 4.

Sportlehrer- Ausbildung an die Universität zu verlegen, hat die Philosophische Fakultät erhebliche Bedenken. Die Gegenstände der Vorlesungen und Übungen entsprechen nicht den sonstigen Lehrveranstaltungen der Universität, z. T. sind sie überhaupt nicht wissenschaftlichen Charakters, sondern gehören dem Typus der bloßen ‚Fachkunde' oder ‚Berufskunde' an. (...) Es müsste lange Forschungsarbeit vorangehen, ehe sie den sonstigen Maßstäben der Universität an Gründlichkeit und wissenschaftlicher Durchdringung ebenbürtig werden könnte."[4]

Das sind zunächst verständliche Vorwürfe gegenüber einem Fach, das seine Einrichtung allein hochschul- und gesellschaftspolitisch legitimieren konnte. Auch wurde nach wie vor die sportpraktische Ausbildung außerhalb der Hochschule durch die Deutsche Hochschule für Leibesübungen und die Preußische Hochschule für Leibesübungen durchgeführt, und die vom Universitäts-Institut erbrachten Theorieanteile in der Ausbildung beschränkten sich weitgehend auf die Kooperation mit der Medizin, auf erste Versuche einer Sportgeschichte sowie die Darstellung reformpädagogischer Ziele in der Leibeserziehung.

Mit der Machtübernahme der Nationalsozialisten verschob sich das Theorie-Praxisverhältnis der Sportlehrerausbildung zugunsten einer gelenkten Praxisausbildung mit spezifischen Inhalten (Boxen, Segelfliegen, Lageraufenthalten, etc.). In der Leibeserziehung gab es zwar einige forschungsorientierte Aktivitäten, v. a. durch Carl Krümmel (1895–1942), den Leiter des Instituts. Er setzte nach 1934 seine in den 20er Jahren entwickelten anthropometrischen Untersuchungen als Leiter des Instituts für Leibeserziehung fort, interpretierte seine Befunde aber weitgehend unter rasseideologischen Gesichtspunkten. Wie nah die bis dahin entwickelte Theorie der Leibesübungen insgesamt dem nationalsozialistische Gedankengut mit seinen Vorstellungen von einem gesunden, starken (Volks)Körper war, wurde schon am 10. Mai 1933 deutlich, als Studierende des Instituts für Leibesübungen sich aktiv an der Bücherverbrennung auf dem Opernplatz beteiligten und dabei, eindeutig als Gruppe identifizierbar, das Hirschfeldinstitut für Sexualkunde plünderten. Auch in der weiteren Geschichte bis 1945 war das Institut nahtlos in die sportpolitischen, pädagogischen und ideologischen NS-Aktivitäten integriert.

Die Aufnahme in die Pädagogische Fakultät – Hochschulsport und Körpererziehung in der Ausbildung der Lehrer und Studierenden

Mit dem Ende des Zweiten Weltkrieges war nicht nur die Infrastruktur zerstört, sondern auch eine prinzipielle Neuordnung des Lehrkonzepts notwendig geworden. Ein Neuanfang, der nach den Auflagen der Alliierten nur möglich schien, wenn es gelang, die enge Ver-

[4] UAHU, Phil. Fak. (vor 1945), Rektorat, Nr. 260, Bl. 5.

zahnung von Sport und Politik künftig zu vermeiden. Das war ein Auftrag, für den sich ein Mann in besonderer Weise berufen fühlte: Dr. Carl Diem (1882–1962). 1920 hatte er auf dem heutigen Olympiagelände die Deutsche Hochschule für Leibesübungen gegründet, war als Lehrbeauftragter und Direktoriumsmitglied bis 1934 in das Berliner Institut integriert und hatte sich als Cheforganisator der Olympischen Spiele 1936 einen Namen gemacht. Verheiratet mit einer Halbjüdin und niemals Parteimitglied geworden, glaubte er, für diese Aufgabe in besonderer Weise prädestiniert zu sein. In einem Schreiben vom 14. Juni 1945 an den kommissarischen Universitätsrektor Eduard Spranger bietet er seine Aufbaubereitschaft an, nachdem er noch drei Monate zuvor, am 18. März 1945, auf dem Gelände des Reichssportfeldes – wie der ehemalige Chefredakteur des ZDF, Reinhard Appel, als Teilnehmer belegen konnte – sich vor Jugendlichen unter Bezug auf das antike Opferbild des Leonidas aus Sparta für eine ehrenhafte Vaterlandverteidigung eingesetzt hatte, die den Tod nicht ausschloss. In seiner Rede verwies er wie schon viele Male vorher als „Frontkämpfer des Wortes" auf die Tyrtaios-Sequenz: „Schön ist der Tod, wenn der edle Krieger für das Vaterland ficht, für das Vaterland stirbt."[5]

Im Sommer 1945 wird Diem kommissarischer und nach Wiedereröffnung der Berliner Universität offizieller Direktor des Instituts. In dieser Funktion gelingt ihm, worum sich die Leibeserziehung an der Berliner Universität bis dahin vergeblich bemüht hatte: ihre Eingliederung in eine Fakultät, in diesem Fall in die neu gegründete Pädagogische Fakultät. Dabei kam ihm die geplante generelle Verlagerung der Lehrerbildung für alle Schulstufen im Sinne des Einheitslehrers an die Universitäten der Sowjetischen Besatzungszone (SBZ) zu Hilfe. Am 28. November 1946 wurde das „Institut für Körpererziehung und Schulhygiene", wie es inzwischen hieß, in die Pädagogische Fakultät aufgenommen. Carl Diem beeinflusste die weitere Entwicklung allerdings kaum noch, da er schon ein halbes Jahr später, im März 1947, Berlin verlässt und in Köln die Deutsche Sporthochschule gründet. In seinem Gepäck sollen sich etwa 10.000 Bücher befunden haben, die er vor den „roten Machthabern" glaubte in Sicherheit bringen zu müssen.

Die folgenden Jahre des Instituts bis 1950 waren bestimmt von der Suche nach einem Ausbildungskonzept, das sowohl die Tradition der proletarischen Sportbewegung beachten als auch pädagogische Ansätze der Weimarer Zeit integrieren konnte. Dabei wirkten sich die aktuellen Spannungen zwischen den vier Besatzungsmächten, die u. a. zur Berlin-Blockade führten, direkt auf den Sport in der Hochschule aus. Von der Sowjetischen Militäradministration in Deutschland (SMAD) erhielt er einen antifaschistischen Kampfauftrag, und seine neuen Fachvertreter in der Fakultät nahmen dies nicht nur als gegenstandsangemessen zur

[5] Laude, Achim/Bausch, Wolfgang, Der Sport-Führer. Die Legende um Carl Diem, Göttingen 2000, S. 184; auf der breitesten Quellengrundlage jetzt Becker, Frank, Den Sport gestalten. Carl Diems Leben (1882–1962), Bd. III: NS-Zeit, Duisburg 2009.

Kenntnis, sondern waren stolz, an vorderster Front innerhalb der Universität ihren Beitrag zur „Stärkung der sozialistischen Kräfte" leisten zu können.[6]

Mit der Gründung der DDR 1949 wurden alle bis dahin entwickelten Hochschulstrukturen staatlich neu geordnet. Zu den ersten Gesetzen gehörte das „Gesetz über die Teilnahme der Jugend am Aufbau der Deutschen Demokratischen Republik und der Förderung der Jugend in Schule und Beruf, bei Sport und Erholung". Es sollte u. a. sicherstellen, dass eine „gesunde, starke junge Generation" bereit und fähig ist, „die ersten Errungenschaften des neu gegründeten Staates zu stärken und zu schützen und damit gleichzeitig eine entscheidende Rolle im Kampf um die Etablierung des Friedens [zu] übernehmen".[7] In schon bekannter Weise, allerdings mit wechselnden Begründungen, erhielt damit das Institut zum dritten Mal in 25 Jahren einen gesellschaftspolitischen Auftrag zur Sicherstellung der Gesundheit und Leistungsfähigkeit der Hochschulangehörigen.[8] Das obligatorische Sportangebot für alle Studierenden der DDR wurde auf der IV. Tagung des ZK der SED 1951 beschlossen. Für das Institut bedeutete es, dass ohne Vorlaufzeit zum Wintersemester 1951/52 der Hochschulsport für alle Studierenden des ersten und zweiten Studienjahres organisiert werden musste. Eine Aufgabe, durch die das Institut zwar einerseits seine Existenz mit hohem administrativem Aufwand sichern konnte, die aber andererseits nicht automatisch mit einem Reputationsgewinn innerhalb der Universität verknüpft war. Vielmehr wurde der obligatorische Studentensport von den anderen Disziplinen eher als Belastung wahrgenommen, da ganze Fachgebiete sich für ein Semester auf eine Sportart festlegen mussten, die für alle Studierenden dann an einem verbindlichen Termin angeboten wurde. Durch die begrenzte Anzahl an Sportanlagen bedeutete dies oft den Ausfall der wissenschaftlichen Ausbildung an einem halben Studientags.

Als Studienfach mit großen Praxisanteilen, aber noch ohne eigenen Disziplinstatus, wurde die Körpererziehung zwar respektiert, im Wissenschaftsbetrieb jedoch eher nachrangig platziert. Richard Buchmann, später Professor am Institut, stellte das selbstkritisch fest, wenn er anmerkte: „(…) die Wertung des Sports kam schon allein durch seine Stellung als jeweils letzter Tagesordnungspunkt in Versammlungen der Fakultät zum Ausdruck".[9] Erst die organisatorische Trennung von der „Studentischen Körpererziehung" 1953 eröffnete dem Institut hochschulrelevante Möglichkeiten für eine zeitangemessene Sportlehrer-

6 Für die Frühgeschichte des Instituts in der DDR stütze ich mich auf Radde, Gerlinde, Die Entwicklung des Studentensports an der Humboldt-Universität zu Berlin in den Jahren 1945–1971 unter besonderer Berücksichtigung der obligatorischen Sportausbildung, Diss., Humboldt-Universität zu Berlin 1986.

7 Ebd., S. 39.

8 Lenk, Hans/Gebauer, Gunter/Franke, Elk, Sport in philosophischer Sicht (hier: Franke, Elk, Sport als Mittel der Produktionssteigerung, des Klassenkampfes und zur Aufhebung der Entfremdung, S. 30–33), in: Sport im Blickpunkt der Wissenschaften. Perspektiven, Aspekte, Ergebnisse, hrsg. v. Baitsch, Helmut u. a., Berlin/Heidelberg/New York 1972, S. 13–40.

9 Radde, Die Entwicklung des Studentensports, 1986, S. 54.

Ausbildung und Schulsport-Forschung – allerdings unter jenen Rahmenbedingungen, die seit dem ZK-Beschluss von 1951 die sozialistische Umgestaltung des Hochschulwesens der DDR bestimmten, eingeschlossen die obligatorische Lehre des Marxismus-Leninismus als herrschende Weltanschauung. Auch wenn für einen Bereich wie die Körpererziehung mit ihrem relativ großen Praxisanteil im Ausbildungsbetrieb solche Legitimationsverpflichtungen häufig eher als äußerliche Etikettierungen des eigentlich sprachfreien Sportbetriebs angesehen wurden, lassen sich aus heutiger Sicht deutlich zwei Schritte in der Entwicklung einer Theorie der Körpererziehung erkennen, die auch die Profilbildung des Instituts mitbestimmt haben.

Die Politisierung der 50er Jahre

Nachdem in der Zeit zwischen 1945 und 1949 noch Ideen der demokratischen Einheitsschule unter Bezug auf reformpädagogische Überlegungen der Weimarer Republik den Wiederanfang bestimmt hatten, zeichnet sich mit der Staatsgründung zwischen 1949–1958 eine Entwicklung ab, die als Phase der „Politisierung und Sowjetisierung“[10] bezeichnet werden kann. Den Anstoß bietet ein 1949 in deutscher Sprache vorliegendes Standardwerk zur sowjetischen Pädagogik von Ogorodnikow/Schimbirjew[11] und die danach beginnende Diskussion über die gesellschaftliche Bedeutung individueller körperlicher Tätigkeiten. Standen zunächst noch nach den Erfahrungen der NS-Zeit vor allem individuelle Leistungsbereitschaft und ganzheitliche Selbsterfahrung im Zentrum einer Neuordnung der Schul- und Hochschulausbildung, kommt es zu Beginn der 50er Jahre zu einer Wiederbelebung der instrumentalisierenden Körperpädagogik. Durch die Zuspitzung des Kalten Krieges werden das gesellschaftsverpflichtende Leistungsstreben, die Vorbereitung auf die Erwerbsarbeit und die Verteidigungsbereitschaft zu Leitideen einer Fachentwicklung der Körpererziehung.

Bezogen auf die marxistisch orientierte Lehre sollte ein allseits gebildeter, neuer Mensch geschaffen werden, zu dessen körperlich-sportlicher Erziehung ab 1955 immer unverblümter auch die patriotische Erziehung mit militärischen Übungen in einem kollektivistisch geprägten Umfeld gehören. So erklärt der Volksbildungsminister Lange 1955 öffentlich: „Wir haben bisher die Bedeutung der vormilitärischen Erziehung der Jugend durch den Turnunterricht unterschätzt. Machen wir den Turnunterricht auch für die vormilitärische Ausbildung unserer Jugend nutzbar (...) überwinden wir den pädagogischen Pazifismus

[10] Hinsching, Jochen, Körperliche Erziehung – Körpererziehung – Turnen – Sport. Schulpolitische Stationen der Entwicklung eines Unterrichtsfaches und Bildungsbereiches, in: Schulsport und Schulsportforschung in Ostdeutschland 1945–1990, hrsg. v. dems./Hummel, Albrecht, Aachen 1997, S. 13–49, hier: S. 19.

[11] Ogorodnikow, Ivan T./Schimbirjew, Pavel N., Lehrbuch der Pädagogik, Berlin 1949.

im Turnunterricht!"[12] Neben dieser offensichtlichen Instrumentalisierung der körperlichen Ausbildung in Schule und Hochschule, die sich u. a. in einer Einbindung von Schießwettbewerben in den Studentensport zeigt, kommt es im Institut zu besonderen Schulungen in den studienbegleitenden und von Dozenten betreuten Seminargruppen. Dabei stellt die noch offene Grenze nach West-Berlin eine besondere Herausforderung dar, der man durch öffentliche Selbstverpflichtungen des Lehrkörpers gegenüber dem „Klassenfeind" glaubte begegnen zu können. Dennoch verließen in dieser Zeit mehrere Mitarbeiter die DDR.

Gleichzeitig begannen erste Versuche im Institut, eigenständige Forschungsansätze zu entwickeln. Insbesondere die von Paul Marschner proklamierte „Körperliche Grundausbildung"[13] wurde zum Leitfaden einer Reihe von Projekten und Dissertationsvorhaben. Ausgehend von der Annahme, dass eine vermehrte physische Betätigung sich immer auch positiv auf die intellektuellen und konstitutionellen Entwicklungsmöglichkeiten von Kindern und Jugendlichen auswirkt, bemühte man sich, die traditionellen „idealistischen" Annahmen der Reformpädagogik auf eine materialistisch-empirische Basis zu stellen. Vergleichsuntersuchungen zum Einfluss einer „täglichen Sportstunde" auf die kognitive Entwicklung sowie mehrere Arbeiten zur „Intensivierung des Turnunterrichts", insbesondere durch Alfred Hunold und Rudi Etzold, kennzeichneten die ersten Gehversuche des Instituts auf einem eigenständigen Arbeitsfeld. Dabei wurden in Kooperation mit verschiedenen Berliner Schulen die konditionellen Fähigkeiten und die Gewandtheit im Sportunterricht bezogen auf ein entwickeltes Intensivierungsprogramm systematisch untersucht. Die verwendete elektronische Datenverarbeitung galt als zukunftsweisend und prägte weitere Schulsportforschungen am Berliner Institut. Die dadurch gewonnenen Erkenntnisse über Intensität und Leistungssteigerung von Schülern in Lehr- Lernsituationen wurde anschließend auf verschiedene Sportarten übertragen, wodurch auch in der Schulsportforschung dem Berliner Institut, gegenüber anderen Universitäten der DDR in den fünfziger Jahren, eine gewisse Führungsrolle zugesprochen wurde.

Zentralisierungstendenzen der 60er Jahre

Nachdem die ersten Jahre nach der Gründung der DDR noch durch viele organisatorische, materielle und personelle Unzulänglichkeiten im Hochschulbetrieb bestimmt waren, zeichnete sich nach 1961 eine gewisse Konsolidierung nach innen bei gleichzeitiger Abgrenzung nach außen, insbesondere gegenüber dem „Klassenfeind" jenseits der Mauer, ab.

[12] Hinsching, Körperliche Erziehung, 1997, S. 21.
[13] Marschner, Paul, Die Theorie des „Natürlichen Turnens". Eine Form der Pädologie in der Körpererziehung, in: Körpererziehung 2 (1952), S. 108–114.

Innerhalb der Lehrerausbildung setzte vor allem die Einrichtung der 1959 beschlossenen „zehnklassigen allgemeinbildenden polytechnischen Oberschule" neue Rahmendaten für die pädagogischen Wissenschaften, die man bezogen auf Zeitpunkt und gesellschaftliche Möglichkeiten „als politisch-administrativ veranlasste Ideologisierung werten"[14] kann. Für die Körpererziehung bedeutete das u. a. eine Überprüfung der bisherigen Lehrinhalte und die Weiterentwicklung des explizit arbeitsgesellschaftlich begründeten Konzepts unter besonderer Betonung der körperlichen Grundausbildung, insbesondere der *physischen* Leistungsfähigkeit. In Verbindung mit der Ausweitung der vormilitärischen Ausbildung nach dem 13. August 1961 ergab sich damit ein funktionalistisches Körperverständnis, das auch die Hochschulausbildung geprägt hat.

Inhaltlich wurde die weitere Arbeit wesentlich bestimmt durch eine Veranstaltung des Wissenschaftlich-Methodischen Rats beim Staatlichen Komitee für Körperkultur und Sport der DDR am 28./29. 11. 1963 in Karl-Marx-Stadt, die als so genannte „Karl-Marxstädter-Konferenz" eine wichtige Wegweiserfunktion erhielt. Unter dem Thema „Grundlegende Veränderungen des Inhalts und der Formen des Sportunterrichts in der sozialistischen Schule" wurde versucht, „eingefahrene Gleise"[15] zu verlassen und dem Schulsport ein neues Konzept schulischer Körperbildung zu geben, in dem Bildung und Erziehung eng miteinander verbunden sein sollten. Der scheinbar ganzheitliche Anspruch relativierte sich jedoch durch das Festhalten an einer eindeutig physischen Ausrichtung der Körpererziehung. Die neuen Bildungsinhalte zeigten sich deshalb eher im trainingsmäßigen Üben und einer optimalen Ausnutzung zeitlicher Ressourcen, durch die der Unterricht „produktiver" und seine Planung „rationeller" werden sollte.

Bei diesem Neuordnungsprozess spielte das Berliner Institut eine wesentliche Rolle, da es den Aspekt der so genannten Intensivierung innerhalb der körperlichen Grundausbildung schon länger und damit „vorausschauend" bearbeitet hatte. Aufbauend auf bereits vorliegende Arbeiten hatte Alfred Hunold 1961 als Schulmethodiker und Institutsleiter zur II. Berliner Turnlehrerkonferenz eingeladen und dort „die Probleme der Intensivierung zur Kernfrage des Turnunterrichts (erklärt), weil von dem Tempo und der Qualität ihrer Verwirklichung die allseitige körperliche Entwicklung und die sozialistische Erziehung der Schulen abhängig sind".[16] Rückblickend zeigt sich, dass diese Intensivierungsdebatte und die damit verbundenen Forderungen einer Optimierung von Zeitvorgaben im Unterrichtsablauf „zeitweilig zum Wert an sich"[17] wurden. Entsprechend ist es auch nicht verwunder-

[14] Hinsching, Körperliche Erziehung, 1997, S.25

[15] Hunold, Alfred, Mittel und Methoden zur Intensivierung des Turnunterrichts, in: Körpererziehung 11 (1961), S. 5–18.

[16] Hummel, Albrecht, Das „Intensivierungskonzept" der 60er Jahre, in: Hinsching/Hummel, Schulsport und Schulsportforschung, 1997, S. 167–175, hier: S. 168.

[17] Dietrich, Werner, „Heraus aus den ausgefahrenen Gleisen!", in: Körpererziehung 10 (1960), S. 337–364.

lich, dass Abweichungen von diesen Vorstellungen der 60er Jahre von der Machbarkeit des optimalen, leistungsfähigen Menschen, wie sie durch Behinderte, Schwache und Kranke sichtbar werden, wenig Beachtung fanden.

Die Überschaubarkeit der Körperübungen, ihre Plan- und Überprüfbarkeit im Unterricht faszinierte dagegen die Generation der neuen Sportlehrerinnen und Sportlehrer, die darin nicht nur einen Leitfaden, sondern ein Rezeptangebot sahen. Eine Einschätzung, die durch die Erarbeitung von Handbüchern für Lehrkräfte durch die Hochschulen verstärkt wurde. So erhielten die Schulen „wissenschaftlich geprüft" Anleitungen für die Durchführung einer Unterrichtungsstunde, gegliedert nach Kraft, Ausdauer, Gewandtheit mit Übungsvorschlägen für bestimmte Geräte oder Handlungsabläufe unter Verweis auf die Wirkungsweisen verschiedener Muskelgruppen (etc.).[18] In der Universität führte diese Schwerpunktsetzung zu einer Vielzahl von Projekten, aus denen sich Qualifikationsarbeiten langjähriger Mitarbeiter wie Rudi Etzold, Günter Thies, Horst Gärtner, Theo Endat und Wolfgang Döring ergaben. Gleichzeitig wurde über das bereits angelegte Intensivierungskonzept auch die Ausweitung schulsportlicher Fragestellungen auf angrenzende Arbeitsbereiche der Sportwissenschaft vorangetrieben, was insbesondere zur Aufwertung der Naturwissenschaft führte. Ein Prozess, der wenige Jahre später durch die Neuausrichtung der Hochschulen der DDR auf der Basis von so genannten „Sektionen" eine Präzisierung erfuhr.

Die „Sektion Sportwissenschaft" – eine DDR-spezifische Disziplinentwicklung

In Konsequenz der III. Hochschulreform der DDR wurde die Sportwissenschaft in Berlin in einer eigenen Sektion institutionalisiert. Für das Institut hatte die Neuordnung weitreichende Folgen: Nach der grundsätzlichen Entscheidung, die größere Facheinheit „Sektion" nicht durch Kooperation mit anderen Fachgebieten zu bilden, sondern sich wieder, wie bis 1953, mit dem Hochschulsport zu verbinden, entstanden 1968 fünf Arbeitsbereiche in der Sektion „Sportwissenschaft": Erziehung und Ausbildung, Körperkultur und Studentensport, Prognose – Wissenschaftsentwicklung – Forschung, wissenschaftliche und sportliche Beziehungen – Information, Weiterbildung und Ökonomie. Leiter der Sektion wurde Alfred Hunold mit den Stellvertretern Lothar Skorning (Leiter Erziehung und Ausbildung) Margot Budzisch (Leiterin Forschung) und Horst Thiele (Studentensport). Erst mit der Einrichtung der Sektion bildete sich im allgemeinen Hochschulsport, in der Lehre, aber

[18] Vgl. dazu Autorenkollektiv der Humboldt Universität zu Berlin unter Leitung von Hunold, Alfred, Unterrichtshilfen Sport für die 5./6. Klasse mit Stundenbildern für Leichtathletik (Etzold), Basketball (Mahlo), Handball (Matz), Gerätturnen (Zinke), Gymnastik (Grote u. Poetzsch), Leichtathletik (Wolf), Berlin 1971.

auch in den unterschiedlichen Schwerpunktsetzungen in der Forschung die Struktur der Disziplin in der Weise aus, wie sie bis1989/90 Bestand hatte.

Angewandte Forschung – Disziplindefinition und disziplininterne Hierarchisierung

Die mit der Hochschulreform verbundene Forderung nach mehr Forschung führte in der Sektion zu einem Ausbau insbesondere der naturwissenschaftlichen Forschung. Neben der Sportmedizin, die sich weiterhin vorrangig auf Sporttauglichkeitsuntersuchungen in begrenzten Räumlichkeiten beschränkte, kam es vor allem zu einer Weiterentwicklung und Ausdifferenzierung der Bewegungsforschung in Biomechanik, Motorik und Trainingslehre. Wesentlich dazu beigetragen hat u. a. die bis 1965 zurückgehende Vertragsforschung mit dem Deutschen Turn- und Sportbund (DTSB) zum Rudersport.

Die gesellschaftspolitischen Aufforderungen zur „Stärkung der Spitzensportforschung" in Vorbereitung auf die Olympischen Spiele 1972 in München und die Aufwertung von Forschungsaufgaben an den Hochschulen nach der Sektionsgründung, führten zu einer Konzentration der Ruderforschung der DDR an dem Berliner Institut. Unter der Federführung von Richard Buchmann erforschten Klaus Matthes, Gerhard Bayer, Brigitte Hoffmann u. a. die konditionellen, rudertechnischen und materialrelevanten Bedingungen einer Optimierung des Ruderns unter Bedingungen des Hochleistungssports. Durch die Umstellung von mechanischen auf elektronische Messmethoden, durch wettkampfrelevante Trainingskonzepte und eine effektive Zusammenarbeit mit der Forschungs- und Entwicklungsstelle von Sportgeräten (FES) sowie den verantwortlichen Trainern „vor Ort" kam es zu einer Leistungsexplosion im Rudersport der DDR, die sich auch prestigeträchtig in der Sektion auswirkte. So war es nicht unüblich, dass es nach Erfolgen bei internationalen Sportwettkämpfen und damit verbundenen nationalen Auszeichnungen für Mitglieder des Instituts auch außerplanmäßige Personalzuführungen auf Qualifikationsstellen gab.

Da die Einbindung der Leistungssportforschung in universitären Sportinstituten der DDR nicht die Regel, sondern eher die Ausnahme war – der größte Teil dieser Forschung fand in außeruniversitären Einrichtungen (Deutsche Hochschule für Körperkultur Leipzig, Forschungsinstitut für Körperkultur und Sport u. a.) statt –, wurde die Sonderstellung der Bewegungsforschung an der Universität in Berlin immer offensichtlicher. Die Folge war eine gewisse Hierarchisierung der Arbeitsbereiche innerhalb der Sektion, die sich durch die Vorgaben der Spitzensportforschung als Geheimforschung noch verstärkte, da sich die Intransparenz auch auf die Erstellung und Verteidigung von Qualifikationsarbeiten erstreckte. Auf diese Weise entstand zunehmend eine besondere Welt der Angewandten Bewegungsforschung im Sektionsalltag, die zwar die in der DDR relevante Anerkennung fand, aber mit einer offenen, disziplinspezifischen Universitätsforschung wenig zu tun hatte. Ob und in welchem Umfang Mitglieder der Universität dabei in Dopingforschung oder -praxen eingebunden waren, kann aufgrund der bisher zur Verfügung stehenden Datenlage weder bestätigt noch bestritten werden.

Differenzierung der Disziplin im Rahmen von Auftragsforschung

Die disziplinspezifische Profilierung der Bewegungsforschung hatte für die anderen Arbeitsbereiche unterschiedliche Auswirkungen. Einerseits gab es in den Erziehungswissenschaften und der Psychologie des Sports erkennbare Bemühungen, in einer gewissen Weise an der Leistungssportforschung zu partizipieren. Unter der Leitung von Margot Budzisch, untersuchten u. a. Kerstin Behm und Kerstin Wandke die pädagogischen und psychologischen Implikationen eines auf Optimierung angelegten Trainingsprozesses, wobei als Gütemaßstab für die Wirksamkeit letztlich der leistungssportliche Erfolg angesehen wurde. Entsprechend war auch diese Forschung eher eine angewandte Begleitforschung und weniger eine kritische Reflexionsforschung aus erziehungswissenschaftlicher Perspektive.

Andererseits bot die Sektionsgründung mit den damit verbundenen disziplinübergreifenden Arbeitskontakten auch Möglichkeiten für interdisziplinäre Forschungsvorhaben. Als ein solches übergreifendes Thema erwies sich in Berlin zu Beginn der 80er Jahre die Frage der „Differenzierung". Auf Anregung des damaligen Rektors Klein wurde in mehreren schulrelevanten Fächern der Frage nachgegangen, in welcher Weise zur Verwirklichung der Idee einer sozialistischen Persönlichkeit eine Differenzierung im Unterricht notwendig und möglich ist. „Differenzierung" als Leitbegriff wurde dabei, wie in der westdeutschen Pädagogik, auf zwei Ebenen unterschieden, in *äußere* Differenzierung und *innere* Differenzierung. Als kennzeichnend für die äußere Differenzierung wurden vor allem strukturelle und organisatorische Bedingungen im Erziehungsprozess angesehen, aus denen sich schulorganisatorische und gruppenspezifische Differenzierungsverpflichtungen ergaben. Merkmale innerer Differenzierung waren die jeweils individuellen pädagogisch-psychologischen Voraussetzungen in so genannten „Aneignungsprozessen" mit daraus sich ergebender individueller Ziel- und Inhaltsdifferenzierung bei der Auswahl von Lehr-Lerninhalten. Die Sportpädagogik beteiligte sich an diesem mehrjährigen disziplinübergreifenden Projekt. Neben den allgemeinen Aspekten einer äußeren Differenzierung, die zur Entwicklung von Spezialschulen für Sport, Musik etc. führte, konzentrierten sich die Sektionsarbeiten vor allem auf die innere Differenzierung mit den daraus sich ergebenden didaktischen Unterrichtsentwürfen.

Anders als in der Bundesrepublik, in der die Differenzierungsdebatte auch zu einer individuellen Aufwertung des einzelnen Schülers unter Zurückstellung des Fertigkeitsniveaus beim Erlernen einer Sportart führte, blieb die Ausbildung von Sportarten auf einem bestimmten Niveau das übergeordnete Ziel in der DDR. Für die Schulsportforschung am Berliner Institut ergab sich daraus, trotz modern erscheinender Konzeptentwicklung, eine gewisse Kontinuität von der „Körperlichen Grundausbildung" in den 50er und 60er Jahren, der „Intensivierungsphase" der 60er und 70er Jahre und der „Differenzierungsdebatte" in den 70er und 80er Jahren. Konkret zeigt sich dies z. B. an einem „Konzept zur Einheitlichkeit und Differenzierung im Weitsprung". Die so genannte „Einheitlichkeit" ergibt sich aus einer bewegungswissenschaftlichen Gliederung in die wenig modifizierbare Bewegungsabschnitte (Anlauf, Absprung, Flugphase, Landung). Die „Differenzierung" bezieht sich dann auf methodische Vorschläge zum Erlernen dieser Bewegungsfolge unter dem Aspekt der Überforderung oder Unterforderung durch einzelne Schüler.[19] Entsprechend führte die Differenzierungsdebatte zwar zu einer gewissen Beachtung der individuellen Leistungsfähigkeit der Schüler, wurde aber untergeordnet unter das Ziel einer „optimalen Beherrschung" einzelner Sportarten[20] und blieb damit dem Vorrang der physischen Leistungsfähigkeit in der Körpererziehung verpflichtet.

Neben der Festlegung universitärer Forschungsschwerpunkte nahm die Tendenz zu, globale Aufgaben auf einzelne Universitäten (z. B. nach Schulstufen) zu verteilen. So untersuchte z. B. das Sportinstitut in Greifswald vorrangig die Körpererziehung im Hort und der Grundschule[21], das Berliner Institut die Mittelstufe (etc.). Überregionale Methodikkonferenzen sollten dann die Koordination der separat erarbeiteten Ergebnisse sicherstellen und neue Fragestellungen entwickeln, wobei sich deren Akzeptanz oft an politischen Positionen orientierte. So führte z. B. die Äußerung von Margot Honecker als Volkbildungsministerin zur Geschlechterproblematik im Erziehungsprozess einer sozialistischen Persönlichkeit zu einer Schwerpunktforschung in Berlin über die „Didaktische Berücksichtigung von Geschlechtsbesonderheiten im Sportunterricht".[22]

Erweiterung der Disziplin durch Kooperation und Grenzüberschreitung

Die gesellschaftspolitischen Veränderungen in Europa und zwischen den beiden deutschen Staaten, verbunden mit einer Globalisierung und Technologisierung der wirtschaftlichen

---

[19] Vgl. dazu: Döring, Wolfgang, Gestaltung des Verhältnisses von Einheitlichkeit und Differenzierung im Sportunterricht der Klasse 5, Unterrichtseinheit „Erkennen und Festigen des Schrittweitsprungs", in: Differenzierung als didaktische Aufgabe. Unterrichtsbeispiele, hrsg. v. Autorenkollektiv, Berlin 1980, S. 118–131.

[20] Beispielhaft dafür ist das Buch Autorenkollektiv, unter Leitung von Rudi Etzold, Leichtathletik in der Schule, Berlin 1986.

[21] Vgl. dazu Autorenkollektiv der Sektion Sportwissenschaft der E. M. Arndt Universität Greifswald, unter Leitung v. Moritz, Herbert, Unterrichtshilfen Sport Klasse 4, Berlin 1980.

[22] Eine Publikation dazu war z. B. Forschungsgruppe Schulsport, Sektion Sportwissenschaft Humboldt-Universität zu Berlin, Didaktische Berücksichtigung von Geschlechterbesonderheiten im Sportunterricht. Konferenz der Sektion Sportwissenschaft der HUB 22.–23. 2. 1984, Berlin, HUB, Berichte 8 (84) und 8 (87). Die Hefte stellten in der Berichte-Reihe der HU jeweils eine Konferenz einer Sektion dar (nach Auskunft von Prof. Dr. W. Döring).

Beziehungen führten in den 80er Jahren dazu, dass die normativen Vorgaben hinsichtlich einer wehrhaften sozialistischen Persönlichkeit zunehmend in Frage gestellt wurden. Im universitären Alltag zeigte sich dies in der Relativierung staatssozialistischer Vorgaben einer kollektivistischen Erziehung zugunsten einer größeren Beachtung persönlicher Ressourcen im Rahmen u. a. der Entwicklung einer so genannten „Prozesspädagogik".[23]

In der Humboldt-Universität gab es für diese verschiedenen theoretischen Versuche der Neubestimmung des „Individuellen im Kollektiven" eine anthropologische Konzeption, die auch die pädagogische Diskussion in der Sektion Sportwissenschaft vermehrt bestimmte: das Projekt „biopsychosoziale Einheit Mensch" von Karl-Friedrich Wessel. In Abgrenzung zu einer philosophischen Anthropologie, wie sie z. T. die „bürgerliche Sportpädagogik" bestimmt[24], betonte Wessel ein Ganzheitsverständnis von Sozialem, Biotischem und Psychischem im Entwicklungsprozess des Menschen, das sich nicht aus der Addition, sondern aus der wechselseitigen Verflochtenheit dieser verschiedenen Implikationen ergibt (vgl. auch Gerhardt i. d. Bd.). Für die sportpädagogische Forschung in Berlin bedeutete dies, dass sie nicht mehr nur Lehr-, Lern- und Trainingsprozesse unter disziplinspezifischer Perspektive funktional bestimmte, sondern auch versuchte, die wechselseitigen Implikationen der „lebensbestimmenden Bedingungen" in ihrer ganzheitlichen Wirkung zu analysieren. Die von Berlin ausgehende Diskussion über die „biopsychosoziale Einheit Mensch" eröffnete eine Modernisierungsdebatte, die den sportphilosophischen und sportsoziologischen Diskurs in der DDR wesentlich veränderte.[25] In der Sektion „Sportwissenschaft" zeigte sich dieser Einfluss eher in sportpädagogischen Arbeiten und Programmen. So gab es in den 80er Jahren eine Reihe von Qualifikationsarbeiten, die explizit auf die Humanontogenetik, wie sie sich später nannte, Bezug nahmen.[26]

Ein zweites Handlungsfeld, das sich neu im Rahmen der Individualisierungsdebatte sowohl innerhalb der Sportwissenschaft als auch disziplinübergreifend entfaltete, war die Ausbildung von Diplomlehrern für Sport und Rehabilitationssport. Im Auftrag des Deutschen Verbandes für Versehrtensport der DDR begannen zu Beginn der 1980er Jahre Untersuchungen zu einem Berufsprofil für Sportlehrer für physisch-psychisch Geschädigte mit dem Ziel der Entwicklung eines eigenständigen Studienganges. Ausgehend von der Erkenntnis, dass sich spezifische Behinderungen fast immer auch als motorisch auffälliges Verhalten zeigen, entwickelten Klaus-Peter Becker von der Rehabilitationspädagogik und Margot Budzisch von der Sportwissenschaft ein Konzept, in dem die besonderen Bedingungen einer sport-

23 Salzwedel, Werner, Versuch einer allgemeinen Pädagogik der DDR, in: Spuren der DDR-Pädagogik, hrsg. v. Steinhöfel, Wolfgang, Weinheim 1993, S. 120–124.

24 vgl. u. a. Meinberg, Eckard, Das Menschenbild der modernen Erziehungswissenschaft, Darmstadt 1988.

25 Kirchhöfer, Dieter, Das Körperverständnis im sportphilosophischen Denken der DDR, in: Hinsching/Hummel, Schulsport und Schulsportforschung, 1997, S. 67–84.

26 Heinicke, Winfried, Analyse der Schülerindividulität und ihre didaktische Berücksichtigung im sportmotorischen Aneignungsprozeß, Diss. A, HU Berlin 1990 (unveröff.).

pädagogischen Ausbildung mit behinderten Menschen präzisiert wurden. 1986 konnte der Studienbetrieb als Modell für die DDR auf der Basis eines Sonderstudienplans mit einer relativ kleinen Gruppe von fünf Studierenden beginnen. Die Gesamtdauer des Studiums war auf fünf Jahre angelegt. Wesentliche Teile der rehabilitationspraktischen Ausbildung fanden im Klinikum Buch statt, sportpraktische Inhalte bezogen sich vorrangig auf körper- und geistigbehinderte Menschen sowie Späterblindete. Nach 1990 wurde das Studienprogramm in dieser Form nicht weitergeführt, was eine inzwischen größere Zahl von Studierenden, die 1988 mit dem Studium begonnen hatten, sehr bedauerten, da es für das Konzept mit seinen expliziten Ausbildungsangeboten, insbesondere im Sportbereich, in der Bundesrepublik auch keine Alternative gab.

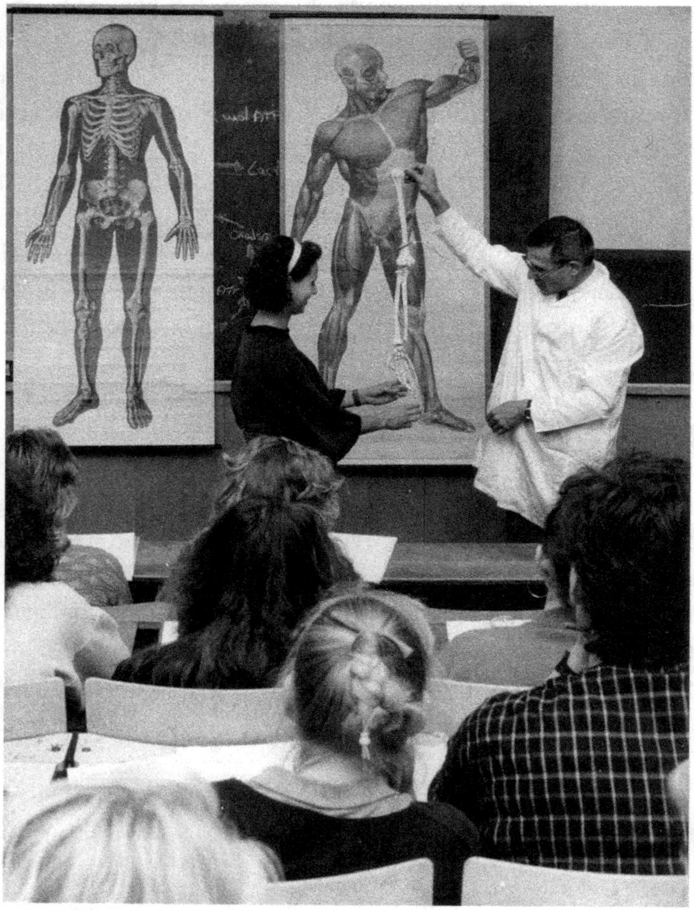

Abb. 1 Anatomie-Vorlesung für angehende Sportlehrer, 1989/90

Sportwissenschaft im Wettbewerb um universitäre Anerkennung

Die politischen Veränderungen 1989/90 leiteten auch eine umfassende Umstrukturierung der Sportwissenschaft in Berlin ein. Organisatorisch wurde die Sektion „Sportwissenschaft“ aufgelöst, der Hochschulsport als eine eigenständige Zentraleinrichtung der Hochschulleitung unterstellt und das Institut für Sportwissenschaften schließlich mit den Erziehungs- und Rehabilitationswissenschaften in die Philosophische Fakultät IV integriert.

Das Institut selbst wurde dabei einer umfassenden Evaluation unter Mitwirkung einer Struktur- und Berufungskommission unterzogen, die sich aus angesehenen Sportwissenschaftlern der alten Bundesländer, Gerd Hecker (Köln), Helmut Digel (Tübingen), Dietrich Kurz (Bielefeld) und Jochen Meester (Köln), sowie Vertretern des Instituts zusammensetzte und sich bemühte, eine Zukunftsperspektive zu entwickeln, bei der die neuen Bedingungen beachtet und alte Erfahrungen nicht vollständig ignoriert werden sollten. Durch altersbedingte und überprüfungsrelevante Umstände mussten zwischen 1991–1994 zunächst alle Hochschullehrer das Institut verlassen und nur in einem Fall kam es zu einer Wiederberufung (Wolfgang Döring). Dies bedeutete im Bereich der Forschung, dass die bis dahin betriebene Ruderforschung nur noch auf der Ebene von Qualifikanten weiter betrieben werden konnte und die Schulsportforschung in ihrer bis dahin entwickelten Form beendet wurde. In der Lehre musste das Institut mehrere Jahre weitgehend ohne Professoren die Ausbildung organisieren und gleichzeitig eine Vielzahl von Vorgaben in neue Konzepte integrieren. Orientierungshilfe leisteten dabei die Ausbildungsbedingungen an der Freien Universität Berlin. Durch die Abtrennung des Hochschulsports und Entwicklung neuer Institutsstrukturen wurde eine Personalreduzierung von ca. 60 % notwendig. Ein Prozess, der für alle Beteiligten eine große berufliche und emotionale Belastung darstellte. Erst 1995 konnte der gemeinsam entwickelte Strukturplan umgesetzt und mit der Neuberufung von schließlich vier der sechs vorgesehenen Professuren offiziell die geplante Arbeit aufgenommen werden. Durch Vorgaben des Berliner Senats, „Doppelangebote“ an den Berliner Universitäten abzubauen, verschlechterten sich die Arbeitsbedingungen schon ab 1996/97 erkennbar; da auch die Sportwissenschaft nur noch an einer Universität angeboten werden sollte.

Nach zeitaufwendigen Auseinandersetzungen wurde schließlich festgelegt, dass in Zukunft die Ausbildung und Forschung in der Sportwissenschaft in Berlin nur noch an der Humboldt-Universität stattfinden soll. Die sich daraus ergebenden personellen und administrativen Veränderungen führten zu außergewöhnlichen Belastungen im Institutsalltag und verhinderten längere Zeit den systematischen Aufbau eines zukunftsorientierten Lehr- und Forschungsbetriebes. Dennoch gelang es, nicht zuletzt durch den besonderen Einsatz vieler Mitarbeiter die Ausbildung für ca. 1.000 Studierende sicherzustellen. Aus Sicht der Forschung war es lange Zeit, insbesondere durch die räumliche Trennung von Sportmedizin und Trainings- und Bewegungswissenschaft, nicht möglich, größere Projekte mit anspruchsvollen Laborbedingungen einzuwerben. Aktuell ist das Forschungsvolumen inzwischen auch im Bereich der Drittmittelforschung auf ein überdurchschnittliches Maß angewachsen, was durch den Umzug des Instituts auf den Campus Nord und die dort sich ergebende Kooperation mit dem 2006 gegründetem Centrum für Sportwissenschaft und Sportmedizin noch steigen könnte.

Fazit und Ausblick

Mit dem Jubiläumsjahr 2010 wird das Institut für Sportwissenschaft 85 Jahre alt. Wie der historische Rückblick erkennen lässt, ist diese Zeitspanne nicht identisch mit der Etablierung der Disziplin Sportwissenschaft. Die ersten Jahrzehnte bestimmten nicht der Sport als wissenschaftlich relevanter Forschungsgegenstand, sondern vorrangige Erwartungen an seine gesellschaftspolitische Wirksamkeit im Erziehungsfeld die Institutsarbeit. Entsprechend lag der Schwerpunkt der Arbeit der Institutsmitglieder lange Zeit weniger auf der Erforschung des Sports als auf seiner Organisation als Pflicht- bzw. Wahlprogramm an einer Hochschule. Eine Ausweitung über diese zunächst primären Aufgaben hinaus ergab sich in dem Maße, in dem die allgemeinen Erwartungen an ein Hochschulangebot für alle Studierende auch um eine akademische Ausbildung von Turn- und Sportlehrern der Schulen auf Universitätsniveau erweitert wurden. Obwohl dies schon 1929 erfolgte, dauerte es fast weitere zwei Jahrzehnte bis eine Integration der Körpererziehung – immer noch ohne erkennbaren Disziplinstatus – in eine Fakultät stattfand. Wobei sich bei einem Blick über die deutsch-deutsche Grenze zeigt, dass an westdeutschen Universitäten vergleichbare Institutionalisierungsprozesse erst 20 Jahre später erfolgten.

Obwohl die Einbindung in die Pädagogische Fakultät schon 1946 stattfand, vergingen weitere 10 Jahre, bis neben der vorrangigen Ausbildung für den Lehrberuf auch erste Ansätze einer Schulforschung erkennbar wurden. Kennzeichnend für sie war jedoch noch ein relativ schlichtes Gegenstandsverständnis. Als Schulsport galt das, was in der Turnhalle oder auf dem Sportplatz deskriptiv im Rahmen eines Schulprogramms erfasst werden konnte. Wurde die Beobachtung auch empirisch und vielleicht sogar durch physiologische Messverfahren begleitet, wuchs die Vorstellung, man habe es mit einer disziplinspezifischen Forschung zu tun, obwohl die Methoden meist aus so genannten „Mutterwissenschaften" übertragen wurden und die Kennzeichnung einer sportlichen Handlung, z. B. in Absetzung zu Arbeits- oder Spielhandlungen, weitgehend normativ erfolgte.

Eine deutlich erkennbare Aufwertung und Spezifizierung der Disziplin Sportwissenschaft ergab sich, insbesondere aus Sicht ehemaligen Mitarbeiter der Bewegungsforschung, nach der Sektionsgründung 1968 und der anschließenden erfolgreichen Rudersportforschung. Rückblickend kann man einer solchen Deutung bis zu einem gewissen Grad zustimmen –

allerdings unter der Vorgabe, dass sich *sportliches* Handeln weitgehend über eine Analyse der Bewegungsbedingungen und speziell aus motorischer, biomechanischer und trainingswissenschaftlicher Sicht erschließt. Weitergehende Forschungsperspektiven, die die sportliche Bewegung selbst als Konstrukt und nicht nur als einen physiologischen Prozess untersuchen oder die die allgemeinen körperlichen Voraussetzungen solcher Tätigkeiten in ihrem gesellschaftlichen Kontext unter ästhetisch-ethischer Perspektive analysieren, waren allgemein in der DDR und auch in Berlin kein Thema.

Sucht man einen übergeordneten Begriff für die DDR-spezifische Disziplinentwicklung der Sportwissenschaft bis 1989, dann kann man sagen, dass es sich sowohl in der naturwissenschaftlich geprägten als auch in der Schulsport-Forschung letztlich immer um eine *Wirkungs-Forschung* handelte, bei der überwiegend die Effekte unterschiedlicher Interventionsmaßnahmen auf körperliche Bewegungen analysiert wurden. Gleichsam im Widerspruch zur sonst häufig erlebten Alltagspraxis der DDR galt dabei das Leistungsprinzip als Maxime. Sowohl die Erwartungen des Hochleistungssports, speziell des Rudersports, als auch die Vorgaben der Erziehung zur sozialistischen Persönlichkeit favorisierten jede Form von Optimierungsangeboten und relativierten mögliche kritische Einlassungen. Entsprechend kann man sagen, dass die Sportwissenschaft ihre Etablierung zwischen 1945–1989, unabhängig von einzelnen Entwicklungsschritten, vorrangig gesellschaftspolitischen Erwartungen und deren Bestätigung unter Effizienzgesichtspunkten verdankt.

Das war eine Ausgangsposition, die nach 1989 nicht nur nicht ausreichte, um einfach so weiter machen zu können, sondern die auch durch den funktional-normativen Zuschnitt nur begrenzt in ein kritisch-reflexives Wissenschaftsverständnis des Sports überführt werden konnte. Entsprechend war die Sportwissenschaft nach der politischen Wende vorrangig bestrebt, ihren Disziplinstatus in Konkurrenz zu anderen Fächern, sowohl in der Philosophischen Fakultät IV als auch darüber hinaus, zu etablieren. Dabei ist es ein übergeordnetes Ziel gewesen, durch die Einwerbung von gegenstands-spezifischen und interdisziplinären Drittmitteln sowie umfangreiche Publikationen, auch über den Bereich der Sportwissenschaft hinaus, zu zeigen, dass die Sportwissenschaft zu Recht einen eigenständigen Platz im Kanon der Universitätsfächer besitzt. Neben einer Vernetzung mit verschiedenen Bereichen der Anwendungsforschung soll dadurch auch dokumentiert werden, worin das Spezifikum einer *sportlichen* Tätigkeit in Abgrenzung z. B. zu Alltagshandlungen, Spiel oder Showeinlagen liegen könnte. Dabei erweist sich die Ausdifferenzierung in drei naturwissenschaftliche und drei kultur-, sozial- und erziehungswissenschaftliche Arbeitsbereiche des Instituts sowie seine aktuelle Einbindung in das „Centrum für Sportwissenschaft und Sportmedizin Berlin" (CSSB) nicht nur als hilfreich, sondern auch erfolgversprechend.

Gabriele Jähnert

Geschlechterforschung/Gender Studies

„Genderforschung" – ein neues Forschungsgebiet

Die Berliner Universität hat zwar als eine der letzten deutschen Universitäten Frauen zum Studium zugelassen, sie war aber auch deutschlandweit die erste, die ein Curriculum Geschlechterstudien eingerichtet hat. Zwar ist die Frage der Gleichstellung der Geschlechter nicht mit der Geschlechterforschung identisch, doch schon die ersten Frauen, die zur akademischen Ausbildung zugelassen wurden, betrieben Geschlechterforschung. Zu ihnen gehörte Alice Salomon, eine von 22 Ausnahmepromovendinnen.[1] Salomon reichte 1905 im Fach Nationalökonomie ihre Dissertation zum Thema „Die Bestimmungsgründe der ungleichen Entlohnung gleicher Leistungen von Männern und Frauen" ein. Auch Mathilde Vaerting, die 1919 als eine der ersten Frauen einen Antrag auf Habilitation im Fach Philosophie stellte (und 1923 Professorin für Pädagogik in Jena wurde), legte eine Schrift zur „Neubegründung der vergleichenden Psychologie der Geschlechter" vor, in der sie auf den Zusammenhang von Geschlecht, Männlichkeit und wissenschaftlicher Erkenntnis hinwies. Alice Salomon gelang es erst im zweiten Anlauf zu promovieren[2], die Habilitation von Mathilde Vaerting wurde von der Fakultät komplett abgelehnt. Im Gutachten ist von „starker Verworrenheit des Denkens" und einer als befremdlich wahrgenommenen „Art des Selbstbewusstseins" die Rede.[3]

Die von Mathilde Vaerting gestellte Frage nach dem Geschlecht des Wissens ist bis heute einer der Leitfäden der Geschlechterforschung geblieben. In den USA und Deutschland etablierte sich das Fach der Women's and Gender Studies zunächst vor allem in den Disziplinen Geschichte, Literaturwissenschaft und Sozialwissenschaften, wo sie sich einerseits

---

[1] Zwischen 1899 und 1908 gab es die paradoxe Situation, dass Frauen zwar nicht zum Studium zugelassen waren, jedoch in ‚Ausnahmefällen' promovieren durften.

[2] Vgl. Vogt, Annette, Die Ausnahmepromovendinnen (1899–1908), in: Von der Ausnahme zur Alltäglichkeit: Frauen an der Berliner Universität Unter den Linden, hrsg. v. Ausstellungsgruppe an der Humboldt-Universität zu Berlin und Zentrum für interdisziplinäre Frauenforschung, Berlin 2003, S. 33–38, hier: S. 35.

[3] Vgl. Dokument 74 sowie die Einleitung von Gabriele Jähnert in: Störgröße „F". Frauenstudium und Wissenschaftlerinnenkarrieren an der Friedrich-Wilhelms-Universität Berlin – 1892 bis 1945. Eine kommentierte Aktenedition, hrsg. v. Zentrum für transdisziplinäre Geschlechterstudien der Humboldt-Universität zu Berlin und der Projektgruppe Edition Frauenstudium, Berlin 2010.

der Aufarbeitung eines ‚vergessenen' Teils der Geschichte – der Alltagsgeschichte wie literarischer Werke von Frauen – widmete und andererseits den ungleichen sozialen Rollen von Männern und Frauen in der Arbeitswelt, im politischen Machtgefüge, in der Erziehung oder im Zugang zu den ökonomischen Ressourcen nachging. In den letzten Jahren fragt die Geschlechterforschung immer mehr nach der Funktion und Wirkmacht von symbolischen Geschlechterbildern: in der Nationalpolitik, in Rassismus und Antisemitismus, in der Kunst und immer nachdrücklicher in der Wissensordnung selbst. Es entstand so ein enger Zusammenhang zwischen der Wissenschaftsgeschichte und der Geschlechterforschung: Beide Forschungsrichtungen liegen insofern quer zu den traditionellen Disziplinen als sie wissenschaftskritisch vorgehen. Akzeptiert eine Disziplin die Geschlechterperspektive als eines ihrer Forschungsfelder – und dies gilt (je nach Universität) mittlerweile für die Mehrheit der Geistes- und Sozialwissenschaften, für die Theologie, die Medizin und Medizingeschichte wie auch für die Psychologie oder die Geographie, um nur diese Gebiete zu nennen – so ist dies im Allgemeinen ein Symptom für die Bereitschaft zur Selbstreflexion des jeweiligen Faches: historisch wie theoretisch. Neben der Geschlechterforschung und der Wissenschaftsgeschichte bildet auch die Medientheorie eine solche Querschnittswissenschaft: Historisch gesehen, hat jede neue mediale Technik – vom Alphabet, über Zentralperspektive und Buchdruck bis zu Photographie, Film und den elektronischen Techniken – einerseits zu einer Revolution des wissenschaftlichen Zugriffs auf Forschungsobjekte und zur Entstehung neuer Forschungsfelder geführt, andererseits hatte sie aber auch eine Neudefinition von Geschlechterrollen zur Folge. So hat die kunsthistorische Geschlechterforschung etwa gezeigt, wie eng das zentralperspektivisch gesetzte Subjekt den Frauenkörper in eine Logik des Blickobjekts versetzt und wie nachhaltig photographische und filmische Blickregimes die Geschlechterrollen verändert haben.

Geschlechterforschung/Gender Studies: Das Nebeneinander der beiden Begriffe verweist zum einen auf die längst vollzogene Internationalisierung des Gebiets und zum anderen auf die Schwierigkeiten der Begriffsbildung: Für den Begriff ‚Gender' im Sinne von symbolischem und ‚soziokulturellem Geschlecht' (im Gegensatz zum biologischen Geschlecht) gibt es in der deutschen Sprache keinen angemessenen Ausdruck. Der Vorteil der Kategorie ‚Gender' gegenüber dem Begriff ‚Geschlecht' liegt auf der Hand. Durch die Differenzierung zwischen *sex* und *gender* kann eine Unterscheidung zwischen biologischem und sozialem Geschlecht getroffen werden. Die stillschweigende Festschreibung von Männlichkeit und Weiblichkeit auf angeblich unhintergehbare biologische und/oder epistemologische Gegebenheiten kann aufgesprengt werden. Durch die Einführung der *sex/gender* Relation entsteht ein kultureller und historischer Rahmen, in dem die Frage nach der Konstruiertheit von Geschlecht überhaupt erst möglich wurde.[4] Viele andere Kategorien wie ‚Rasse' oder

[4] Für eine ausführliche Darstellung der Gender Studies, ihrer Geschichte und ihrer Forschungsfelder in den einzelnen Fachrichtungen vgl. Braun, Christina von/Stephan, Inge (Hrsg.): Gender Studien. Eine Einfüh-

'Klasse' sollten in dieser Hinsicht von der methodischen Grundlagenarbeit, die auf dem Gebiet der *Gender Studies* geleistet wurde, profitieren. Heute treten deshalb immer deutlicher die 'Intersektionalitätsstudien', die die Querbeziehungen zwischen den verschiedenen Konstruktionskategorien untersuchen, in den Vordergrund. *Gender Studies* in der heutigen Form wurden in den westeuropäischen Ländern und den USA durch die zweite Frauenbewegung Ende der 1960er Jahre angestoßen; insbesondere die (bis heute bestehenden) Ausschlusserfahrungen von Wissenschaftlerinnen an den Universitäten wurden dort zum Motor für die feministische Kritik und Frauenforschung. Die politischen Rahmenbedingungen und die Zielstellung einer sich in der DDR entwickelnden Frauenforschung bzw. Forschung über Frauen unterschieden sich erheblich von dieser Entwicklung.

Der „demokratische Zentralismus" in der Frauenforschung der Humboldt-Universität

In der DDR waren Forschung und Lehre nach dem Prinzip des „demokratischen Zentralismus" organisiert: Zum einen gab das Zentralkomitee der SED die Leitlinien und Themen der Frauen- und Gleichberechtigungspolitik vor, zum anderen sorgte das Ministerium für Hochschulwesen für eine in allen Hochschulen und Universitäten verbindlich umzusetzende einheitliche Organisationsstruktur und Studienplanung. Die „Frauenfrage" galt als ein wichtiges Feld der Klassenauseinandersetzung und war insofern Regierungspolitik. Deshalb waren ab Mitte der 1960er Jahre Forschungen über Frauen, die der Parteilinie entsprachen, zwar erwünscht, doch der Spielraum für autonome, selbst bestimmte, (wissenschafts-) kritische Forschung war eng begrenzt. Die Frauenabteilung beim ZK der SED unter der Leitung von Inge Lange war für die Frauenpolitik der Partei verantwortlich.[5] So kam es, dass auch die Initiative zur Gründung eines Wissenschaftlichen Beirates „Die Frau in der sozialistischen Gesellschaft" 1964 von der Frauenkommission beim ZK der SED ausging.[6] Der Beirat, in dem Wissenschaftlerinnen der Humboldt-Universität eine maßgebliche Rolle spielten, sollte vor allem durch empirische Untersuchungen über die reale Situation der

rung, 2., aktual. Aufl., Stuttgart 2006; dies., Gender@Wissen. Ein Handbuch der Gender-Theorien. 2., überarb. Aufl., Wien/Köln 2009.

5 Dazu auch Nickel, Hildegard Maria, Paternalistische Gleichberechtigungspolitik und weibliche Emanzipation, in: Ordnung und Wandel als Herausforderung für Staat und Gesellschaft, hrsg. v. Lorent, Astrid/Reutter, Werner, Festschrift für Gert-Joachim Glaeßner, Opladen 2009.

6 Die umfangreichste Darstellung der Geschichte, Struktur und Ergebnisse des Beirates, später Rates „Die Frau in der sozialistischen Gesellschaft" findet sich bei Schröter, Ursula/Ullrich, Renate, Patriarchat im Sozialismus? Nachträgliche Entdeckungen in Forschungsergebnissen aus der DDR, Berlin 2005 sowie bei Laatz, Horst, Vom Klassenkampf zur individuellen Wertorientierung: zur Entwicklung der soziologischen Frauenforschung in der DDR von 1960 bis 1980, in: Qualifikationsprozesse und Arbeitssituation von Frauen in der Bundesrepublik, hrsg. v. Voigt, Dieter, Berlin 1989, S. 175–200.

Frauen in der DDR einen Beitrag dazu leisten, dass sich die Schere zwischen der – bereits in der Verfassung der DDR von 1949 – festgelegten Gleichberechtigung von Frau und Mann und den praktischen gesellschaftlichen Problemen schließt. Frauen- und Familienforschung waren konzeptionell eng verkoppelt, was sich in der Formulierung des ersten „Perspektivplanes" des Wissenschaftlichen Beirates zeigt. Dessen Aufgabe war: „1. die wissenschaftliche Untersuchung der Lage der Frauen und Mädchen in der DDR (einschließlich der familiären Bedingungen) als Bestandteil der Gesamtentwicklung der sozialistischen Gesellschaft der DDR und 2. Die Entwicklung der Familie in der DDR".[7] Die von Seiten der SED erwünschten Forschungen waren demzufolge durchgängig praxisorientiert. Im Mittelpunkt standen Themen wie die Entwicklung der Berufstätigkeit von Frauen in verschiedenen Branchen, die Vereinbarkeit von Familie und Beruf für Frauen, Familien- und Eheprobleme, sozialgynäkologische Fragen und die mit der sozialistischen Bevölkerungspolitik eng verknüpfte Kinderwunschfrage.

Einige der empirischen Untersuchungen, besonders die ab Mitte der 1980er Jahre, kommen zu aus heutiger Sicht frappierenden Teilerkenntnissen und einer partiell erstaunlich kritischen Bilanz. So wird eine Benachteiligung von Frauen in vielen gesellschaftlichen Bereichen konstatiert. Auch die Auswirkungen der Familien- und Sozialpolitik, wie sie seit den 1970er Jahren betrieben wurde[8], waren Anlass für Diskussionen. Mit der „unreflektiert akzeptierten Ideologie von der realisierten Gleichberechtigung" und der Unterordnung der Frauenfrage unter die „soziale Frage" waren jedoch, wie Irene Dölling feststellt[9], weitgehende theoretische und ideologische Prämissen gesetzt. Diese verhinderten unter anderem, dass die auch in der DDR bestehende Geschlechterhierarchie und die strukturelle Benachteiligung von Frauen als solche benannt und die Geschlechterverhältnisse als „konkrete, alltägliche Erscheinungsformen von Herrschafts- und Machtverhältnissen" begriffen wurden.[10]

Der Wissenschaftliche Beirat (ab 1981 Rat) „Die Frau in der sozialistischen Gesellschaft" war beim Präsidenten der Akademie der Wissenschaften der DDR angesiedelt und lange direkt dem Ministerrat der DDR unterstellt. Diese zentrale politische Anbindung ging jedoch nicht mit einer entsprechenden personellen Ausstattung einher. Die eigentliche Forschungsarbeit sollte in den vom Beirat beschlossenen Arbeitskreisen und Forschungsgruppen erfolgen, die die Forschungsarbeit wiederum durch ihre Verankerung in den jeweiligen

---

7 Informationen des Wissenschaftlichen Beirates „Die Frau in der sozialistischen Gesellschaft Berlin" (1965), H. 1, S. 3.

8 Vgl. Schröter/Ullrich, Patriarchat im Sozialismus, 2005, S. 66–164 sowie Liebsch, Renate/Haas, Angelika, Forschungen zu Frauen, aber keine Frauenforschung? (Selbst-) Kritische Reflexionen zweier Wissenschaftlerinnen über ein Forschungsgebiet in der DDR, in: hochschule ost 5 (1996), H. 3, S. 9–20, hier: S. 11.

9 Dölling, Irene: Frauenforschung mit Fragezeichen?, in: Wir wollen mehr als ein „Vaterland", hrsg. v. Schwarz, Gislinde/Zenner, Christine, Reinbek b. Hamburg 1990, S. 35–55.

10 Ebd., S. 36f.

Arbeitsplänen der beteiligten wissenschaftlichen Einrichtungen sichern sollten.[11] Der Beirat war multidisziplinär zusammengesetzt und führte Personen zusammen, die sich wissenschaftlich und politisch bereits mit „Frauenfragen" beschäftigten. Neben Wissenschaftlern und Wissenschaftlerinnen der Akademie der Wissenschaften und verschiedener Universitäten der DDR waren das im Zeitraum bis 1980 vor allem Vertreter/innen verschiedenster gesellschaftlicher Institutionen (DFD, FDJ, FDGB) und staatlicher Stellen (Ministerrat, Plankommissionen, Ministerien, Oberstes Gericht u. a.).[12]

Von Seiten der Humboldt-Universität gehörten dem Beirat seit seiner Einrichtung 1965 zwei Frauen an: Anita Grandke, habilitierte Juristin, ab 1967 Professorin für Familienrecht, und Rosemarie Walther, Dozentin für Familienpädagogik, später Professorin in der Sektion Pädagogik. Ab 1980 wurden außerdem Gisela Hering (Sektion Tierproduktion und Veterinärmedizin), Helga Hörz (Sektion Philosophie/Ethik) und Anita Weißbach-Rieger aus der Charite/Frauenklinik für den Rat ernannt.[13] Ende der 1980er Jahre wurden Irene Dölling (Sektion Ästhetik/Kunstwissenschaften) und Hildegard Maria Nickel (Institut für Soziologie) in den Rat berufen.

Anita Grandke hatte von Beginn an als „Leiter (!) der Forschungsgruppe ‚Die Frau in der sozialistischen Gesellschaft'" und als stellvertretende Vorsitzende des Beirates eine entscheidende Funktion inne und bestimmte maßgeblich die Ausrichtung der Forschung. Ihr Forschungsfokus lag auf der Familie und der Ausgestaltung des sozialistischen Familienrechts. Die Frau wurde primär funktional unter der Perspektive von Familienbeziehungen und -modellen betrachtet.[14] Analog dazu untersuchte Rosemarie Walther die Rolle der Frau im Erziehungssystem.[15] Für die in den so genannten „Grünen Heften" publizierten Erkenntnisse des Wissenschaftlichen Beirates lässt sich ebenso wie für die an der Humboldt-Universität verfassten frauenbezogenen Qualifizierungsarbeiten (Diplomarbeiten und Dissertationen) sagen, dass sie nicht als kritische/feministische Frauenforschung, sondern eher als systemkonforme Forschung *über* Frauen zu verstehen sind.[16]

---

11 Vgl. Perspektivplan des Wissenschaftlichen Beirates der Deutschen Akademie der Wissenschaften „Die Frau in der sozialistischen Gesellschaft", in: Informationen des Wissenschaftlichen Beirates „Dier Frau in der sozialistischen Gesellschaft" (1965), H. 2, S. 4–15, hier: S. 13.

12 Zur Zusammensetzung siehe Schröter/Ullrich, Patriarchat im Sozialismus, 2005, S. 26.

13 Informationen des Wissenschaftlichen Rates „Die Frau in der sozialistischen Gesellschaft" (1981), H. 5, S. 8f.

14 Grandke, Anita, Zur Entwicklung von Ehe und Familie, in: Zur gesellschaftlichen Stellung der Frau, hrsg. v. Wissenschaftlicher Beirat „Die Frau in der sozialistischen Gesellschaft", Leipzig 1978, S. 229–253.

15 Vgl. z. B. Walther, Rosemarie, Die Frau in der Familienerziehung, in: Informationen des Wissenschaftlichen Beirates „Die Frau in der sozialistischen Gesellschaft" (1975), H. 6, S. 3–33.

16 Zentrum für interdisziplinäre Frauenforschung der Humboldt-Universität (Hrsg.), Geschlechtsspezifische und frauenbezogene Abschlußarbeiten an der Humboldt-Universität zu Berlin 1970–1992, zusammengestellt v. König, Birgit/Raspe, Diana, Humboldt-Universität zu Berlin 1993 (= ZiF-Sonderbulletin).

Erste Ansätze einer kritischen Frauenforschung[17]

Neben der staatlich geförderten Forschung entwickelten sich Ende der 1970er/Anfang der 1980er Jahre in der DDR in einzelnen wissenschaftlichen Disziplinen feministische Ansätze, z. B. in der Kulturwissenschaft, der anglistischen und germanistischen Literaturwissenschaft und der Theologie. Insbesondere der 1980 von Dölling initiierte und geleitete Arbeitskreis „Kulturhistorische und kulturtheoretische Aspekte von Geschlechterverhältnissen" hatte nachhaltige Effekte für die spätere Institutionalisierung einer kritischen Frauenforschung und die Gründung des Zentrums für interdisziplinäre Frauenforschung. Es handelte sich um einen halboffiziellen Arbeitskreis, der zwar formell an die Sektion Kunstwissenschaften/Ästhetik angebunden war, sich aber informell organisierte und in Privatwohnungen tagte.[18] Diesem Arbeitskreis gehörten vor allem Absolventinnen der Fachrichtung Kulturwissenschaft an, die zum Teil auch in anderen Disziplinen wie der Soziologie oder der Literaturwissenschaft bzw. in anderen Wissenschaftseinrichtungen wie der Akademie der Wissenschaften oder der Hochschule der Gewerkschaften tätig waren.[19] Dölling betont zu Recht, dass es damit in den 1980er Jahren an der Humboldt-Universität Ansätze zu einer nach dem Fall der Mauer anschlussfähigen Frauenforschung gab und „1989 sozusagen nicht die Stunde Null war."[20] Diese kritische Frauenforschung fühlte sich „einer theoretischen Herangehensweise verpflichtet, die die Erforschung struktureller Ursachen für die Benachteiligung des weiblichen Geschlechts als eine wesentliche ‚Achse' in der Analyse der jeweils untersuchten Gegenstände einschließt. Ihre Forschungen waren von dem Interesse getragen, Geschlechterverhältnisse aus der Sicht von Frauen, mit dem Blick auf historisch produzierte, also auch veränderbare strukturelle Benachteiligungen von Frauen zu untersuchen. Die kulturellen Konstruktionen von Weiblichkeit und Männlichkeit, ihre konkreten Erscheinungsweisen z. B. in Literatur oder Bildender Kunst und ihre Funktionen bei der Errichtung und Stabilisierung von Macht- und Herrschaftsverhältnissen waren dabei

---

[17] Die folgenden Ausführungen sind zum Teil dem folgenden Aufsatz entnommen: Jähnert, Gabriele, Anfänge der Frauen- und Geschlechterforschung an der Humboldt-Universität seit dem Ende der 70er Jahre, in: Von der Ausnahme zur Alltäglichkeit: Ausstellungsgruppe/Zentrum für interdisziplinäre Frauenforschung, 2003, S. 235–248.

[18] Die formelle Anmeldung diente als Schutz. Andernfalls hätte die Gründung als „oppositionelle Gruppenbildung" und „politische Zusammenrottung" interpretiert werden können. Insofern hatten Dietrich Mühlberg, der Direktor des Kulturwissenschaftlichen Instituts, sowie Erwin Pracht, der Sektionsdirektor, die beide die Gründung unterstützten, einen gewissen Anteil an der Konstituierung einer kritischen Frauenforschung an der Humboldt-Universität. Dass der Arbeitskreis dennoch beargwöhnt und als oppositionell und – was in der DDR als parteifeindlich galt – feministisch eingestuft wurde, zeigte sich u. a. darin, dass Kolleginnen der Akademie der Wissenschaften z. T. untersagt war, sich zu beteiligen.

[19] Ausführlicher dazu Dölling, Irene, 10 Jahre Zentrum interdisziplinäre Frauenforschung an der Humboldt-Universität, in: ZiF-Bulletin 19, 1999, S. 13–27.

[20] Ebd., S. 15.

wichtige Schwerpunktsetzungen."[21] Die Schwächen dieser Forschung bestanden einerseits darin, dass sie – im Unterschied zur westdeutschen, westeuropäischen und amerikanischen Frauenforschung – nicht aus einer politischen Bewegung heraus erwuchsen, sie also von vornherein einen vornehmlich akademischen Charakter trugen; andererseits analysierten sie nur unzureichend die Strukturen des bürokratisch-administrativen Staatssozialismus, auch wurden funktionalistische Betrachtungsweisen nur teilweise überwunden.[22]

Ende der 1970er Jahre begannen einzelne Wissenschaftlerinnen anderer Disziplinen – sie gehörten zumeist dem akademischen Mittelbau an – sich kritisch mit der Situation von Frauen und den Geschlechterbeziehungen in der DDR auseinanderzusetzen. Häufig wurde die wissenschaftliche Beschäftigung mit den widersprüchlichen geschlechtsspezifischen Implikationen der DDR-Familien- und Frauenpolitik durch die Rezeption und Diskussion der DDR-Literatur angeregt und belegt.[23] Teilweise waren auch die persönlichen Erfahrungen der Wissenschaftlerinnen im Wissenschaftsbetrieb, z. B. mit der Doppel- und Dreifachbelastung, der Ausgangspunkt für feministische Fragestellungen.[24] Ab Mitte der 1980er Jahre schärfte auch die Rezeption westlicher feministischer Forschungsergebnisse den Blick für die blinden Flecken in der marxistischen Theorie und insbesondere in der eigenen Wissenschaftsdisziplin.

Die frauen- und geschlechterspezifischen Forschungsansätze, die sich aus diesen unterschiedlichen Motiven heraus in den 1980er Jahren an der Humboldt-Universität entwickelten, bewegten sich mehr oder weniger explizit im Rahmen der marxistischen Theorie. Sie knüpften meist unmittelbar an die Forschungsfragen und Lehraufgaben der jeweiligen Wissenschaftsdisziplin an und waren daher wesentlich von den Forschungsprofilen und -vorhaben der Heimatinstitute geprägt. Das Erkenntnisinteresse und die theoretischen Ansätze waren darüber hinaus auch von der wissenschaftspolitischen Positionierung und ideologischen Einbindung der jeweiligen Disziplinen und der Forscherinnen bestimmt. Sie unterschieden sich von einer Disziplin und Wissenschaftlerin zur anderen oft erheblich, je nachdem wie direkt der Bezug der wissenschaftlichen Gegenstände zur „DDR-Wirklichkeit" war und wie intensiv westliche feministische Literatur rezipiert wurde. Die frühen Ergebnisse dieser Forschung waren z. B. in der Theologie oder deutschen Literaturgeschich-

[21] Ebd., S. 39.

[22] Ebd.; siehe auch Nickel, Hildegard Maria, Frauen in der DDR, in: Aus Politik und Zeitgeschichte, Beilage zur Wochenzeitung Das Parlament v. 13. 4. 1990, S. 39–45.

[23] Mangels qualitativer soziologischer Untersuchungen Ende der 1970er Jahre/Anfang der 1980er Jahre lieferte die DDR-Literatur, insbesondere die Protokollliteratur Maxi Wanders, häufig die fehlenden „Wirklichkeitsbelege" für kulturtheoretische Analysen; vgl. Dölling, Irene, Zur kulturtheoretischen Analyse von Geschlechterbeziehungen, in: Weimarer Beiträge 26 (1980), H. 1, S. 59–88 und Hirdina, Karin, Frauen in der DDR, in: Formen der Individualität, hrsg. v. Sektion Ästhetik und Kunstwissenschaften der Humboldt-Universität zu Berlin, 1982, S. 87–95.

[24] Vgl. das Porträt über Hildegard Maria Nickel, in: Szepansky, Gerda, Die stille Emanzipation. Frauen in der DDR. Frankfurt a. M. 1995, S. 95f.

te relativ stark von der feministischen Forschung im Westen angeregt und reagierten nur vermittelt auf die politischen Verhältnisse in der DDR, während sich die wissenschaftlichen Fragestellungen in der Kulturwissenschaft, Soziologie und DDR-Literatur-Forschung notwendigerweise viel stärker aus der Beobachtung und Analyse der sich häufenden Widersprüche der DDR-Gesellschaft herleiteten und in unterschiedlichem Maße durch westliche feministische Forschungsergebnisse beeinflusst wurden.[25]

Die frühesten und am weitesten entwickelten Ansätze einer Frauenforschung entwickelten sich in der Kulturwissenschaft auf Initiative von Irene Dölling. Sie hatte sich 1975 habilitiert, ab 1976 war sie Dozentin und ab 1985 Professorin für Kulturtheorie. Sie arbeitete gezielt daran, die Geschlechterkategorie in die Kulturtheorie, die „die Entwicklungsmöglichkeiten von Individuen in historischen Gesellschaften, insbesondere im Sozialismus, erforscht(e)", zu integrieren und deren Geschlechtsblindheit aufzubrechen.[26] Bereits in ihrem 1980 erschienenen Aufsatz „Zur kulturtheoretischen Analyse von Geschlechterbeziehungen" forderte Dölling, dass eine Persönlichkeitstheorie auf marxistischer Grundlage gezielt geschlechtsspezifisch fundiert sein müsse. Eine wesentliche Funktion kulturtheoretischer Analysen von Geschlechterbeziehungen in der sozialistischen Gesellschaft war für sie, „die insbesondere von den Frauen erfahrenen Konflikte als Ausdruck ihrer konkreten gesellschaftlichen Bestimmtheit zu verdeutlichen, sie also nicht auf der Ebene der Privatheit, des individuellen Umganges oder Versagens zu belassen".[27] Folgerichtig versuchte sie in ihrem 1986 erschienenen Buch „Individuum und Kultur", die Geschlechterkategorie konzeptionell in die marxistische Kultur- und Gesellschaftstheorie einzubinden und auf die „Entwicklungswidersprüche berufstätiger Frauen in der sozialistischen Gesellschaft" aufmerksam zu machen.[28] In dem 1984 von ihr begonnenen Forschungsprojekt zu Frauen- und Männerbildern in DDR-Zeitschriften und -Zeitungen erschien ihr die zunächst geplante Perspektive auf die DDR-Gesellschaft bald zu begrenzt; es entstand ein Buch, das den historischen Ursprüngen vorherrschender Geschlechterstereotypen bis in die DDR-Zeit nachgeht.[29]

Auch in der Germanistik beschäftigten sich Wissenschaftlerinnen, angeregt durch die breit diskutierten Werke von DDR-Gegenwartsautorinnen, mit Frauenbildern und der Lite-

[25] Eine wissenschaftskritische Aufarbeitung der hier nur summarisch benannten Ansätze in den verschiedenen Disziplinen der Humboldt-Universität steht noch aus. An dieser Stelle soll ausdrücklich für das zur Verfügung gestellte Material und wichtige Hinweise gedankt werden: Jutta Begenau, Hanna Behrend, Irene Dölling, Ilsegret Fink, Brigitte Kahl, Adelheid Kuhlmey-Oehlert, Eva Kaufmann, Ina Merkel, Anneliese Neef, Hildegard Maria Nickel, Carola Ritter und Hannelore Scholz.

[26] Dölling, Zur kulturtheoretischen Analyse, 1980, S. 62.

[27] Ebd.

[28] Dölling, Irene, Individuum und Kultur. Ein Beitrag zur Diskussion, Berlin 1986, S. 131–161; ähnlich bereits dies., Entwicklungswidersprüche berufstätiger Frauen in der sozialistischen Gesellschaft, in: Formen der Individualität, hrsg. v. Sektion Ästhetik und Kunstwissenschaften der Humboldt-Universität zu Berlin 1982, S. 76–87.

[29] Dölling, Irene, Der Mensch und sein Weib. Frauen- und Männerbilder. Geschichtliche Ursprünge und Perspektiven, Berlin 1991.

ratur von Frauen. Eva Kaufmann, die eine Professur für Vergleichende Literaturwissenschaft innehatte, erinnert sich, dass sie feministische Fragestellungen, wie sie sich in der BRD in der zweiten Hälfte der 1970er Jahre zu entwickeln begannen, zunächst nicht wahrgenommen habe: „Allein die empirische Beobachtung des aktuellen Literaturprozesses veranlasste mich, in dem sich sprungartig bemerkbar machenden literarischen Produktivitätsausbruch von Frauen eine Erscheinung zu sehen, die, weit über individuelle Zufälligkeiten hinausgehend, mit allgemeinen Problemen der Frauenemanzipation zusammenhing, wie sie mir aus der Geschichte der Arbeiterbewegung vertraut war."[30] Stimuliert durch das zunehmende internationale Interesse für Werke von DDR-Autorinnen[31], wandte sie sich dieser Literatur zu und engagierte sich etwa als Moderatorin bei Lesungen und als Verlagsgutachterin, um DDR-Autorinnen eine größere Publizität und bessere Veröffentlichungsmöglichkeiten zu verschaffen.[32]

Hannelore Scholz analysierte in ihrer Dissertation B, die im Wesentlichen im Zeitraum von 1985 bis 1988 entstand, die Frauenbilder und Weiblichkeitsmuster in der deutschen Literatur von 1750–1830, insbesondere bei Lessing, Schiller und Friedrich Schlegel.[33] Sie problematisierte damit erstmals innerhalb der marxistischen Literaturwissenschaft der DDR die Tatsache, dass die DDR-Germanistik unhinterfragt von *dem* bürgerlichen bzw. klassischen Menschenbild sprach und die die Literatur der Klassik und Romantik prägende Geschlechterdebatte aus ihren Forschungen ausblendete. Sie knüpfte – soweit zugänglich – unmittelbar an feministische Forschungsergebnisse einiger westdeutscher Literaturwissenschaftlerinnen an. Im Februar 1989 wurde auf Antrag von Hannelore Scholz und Eva Kaufmann in der Germanistik ein Arbeitskreis „Frauenliteratur des 18. und 20. Jahrhunderts" eingerichtet; in einem Brief an den Prorektor für Gesellschaftswissenschaften, Dieter Klein, wurde der erste Vorstoß zur Gründung eines interdisziplinären Zentrums für Frauenforschung gemacht.

Viele der Studentinnen und Wissenschaftlerinnen, die sich in der Zeit der Wende frauenpolitisch betätigten und Frauenforschungsansätze in andere Wissenschaftsdisziplinen trugen, kamen ursprünglich aus der Kulturwissenschaft bzw. Germanistik, wie Ina Merkel, die Mitbegründerin des Unabhängigen Frauenverbandes der DDR war und frauenpolitische

30 Eva Kaufmann, Lehrveranstaltungen/Vorträge zur Literatur von Frauen 1980–1990, Zentrum für transdisziplinäre Geschlechterstudien (ZtG), Manuskript.

31 Eva Kaufmann hielt z. B. 1980 Vorlesungen im Internationalen Hochschulferienkurs und referierte 1981 an der Universität Paris VII über „Schreibende Frauen in der DDR".

32 Eva Kaufmann moderierte beispielsweise Lesungen mit Irmtraud Morgner und Helga Königsdorf und setzte sich in einem Verlagsgutachten für die Veröffentlichung des Romans „Amanda" von Irmtraud Morgner ein.

33 Scholz, Hannelore, Widersprüche im bürgerlichen Frauenbild. Zur ästhetischen Reflexion und poetischen Praxis bei Lessing, Friedrich Schlegel und Schiller, Weinheim 1992; vgl. insbesondere das 1991 verfasste Vorwort, in dem sie die theoretischen und methodologischen Grundlagen der Habilitation und die äußeren Rahmenbedingungen beschreibt.

Forderungen am Runden Tisch der ersten frei gewählten DDR-Regierung vertrat. Hildegard Maria Nickel hatte zunächst Kulturwissenschaft studiert, dann jedoch ein Forschungsstudium in der Soziologie absolviert und 1976 über ein familiensoziologisches Thema promoviert. Auf ihre Initiative wurden geschlechterspezifische Fragen in die soziologische Lehre eingeführt. In ihrer Dissertation B von 1986 zur Geschlechtersozialisation in Familie, Schule und der sozialen Umwelt zeigte sie den „geheimen Lehrplan" der geschlechtlichen Arbeitsteilung, der auch in dem koedukativen Schulsystem der DDR wirkte.[34] Nach einer 10-jährigen Tätigkeit in der Bildungssoziologie an der Akademie der Pädagogischen Wissenschaften an die Universität zurückgekehrt, erhielt sie dort 1987 eine Dozentur und wurde stellvertretende Direktorin des Instituts für Soziologie. Nickel war mit geschlechtersoziologischen Fragestellungen an den zentralen Forschungsprojekten des Instituts für Soziologie beteiligt.[35] In diesen Forschungsprojekten ging es um die sozialen Konsequenzen der Einführung neuer Technologien in die Arbeitswelt. Dabei wurden auch Veränderungen in der geschlechterspezifischen Arbeitsteilung und Qualifikationsstruktur fokussiert.

Eine besondere Situation ergab sich in der Theologie, bedingt durch die in diesem Bereich sehr enge Ost-West-Zusammenarbeit und die weiterhin existierende Einbindung der wissenschaftlichen Diskussionen in die Institution der Kirche (vgl. Krötke i. d. Bd.).[36] Ausgehend von der Diskussion um die Frauenordination und die Rolle der Frau in der Kirche und dem auch in der DDR bis in die 1970er Jahre weiterhin bestehenden Zölibat für Theologinnen, wandten sich die kirchlichen Institutionen verstärkt der Frauenfrage zu. Bereits im Sommer 1974 veranstaltete der Ökumenische Rat der Kirchen eine Tagung unter dem Titel „Sexismus – Diskriminierung der Frau". 1981 erschien die Studie des Ökumenischen Rates der Kirchen „Die Gemeinschaft von Frauen und Männern in der Kirche". Bei den deutsch-deutschen Kirchentagen fanden regelmäßig Frauenforen statt, und 1988 wurde die Ökumenische Dekade „Kirchen in Solidarität mit den Frauen" ausgerufen.[37] Unter dem Einfluss der ökumenischen Bewegung und der Befreiungstheologie sowie der westlichen feministischen Theologie formierte sich die feministische Theologie in der DDR zunächst stärker im außerakademischen Bereich. 1987 kam es in Dresden zur Gründung

---

[34] Nickel, Hildegard Maria, Geschlechtersozialisation in der Familie und als Funktion gesellschaftlicher Arbeitsteilung. Ein erziehungssoziologischer Erklärungsansatz für die Herausbildung weiblicher und männlicher sozialer Identität, Dissertation B, Humboldt-Universität zu Berlin 1986; vgl. auch die thesenartige Zusammenfassung: dies., Die geschlechtsspezifische Arbeitsteilung in ihrer Bedeutung für die Sozialisation von Jungen und Mädchen. Fragen zur Geschlechtersozialisation in der DDR, in: Informationen des Wissenschaftlichen Rates „Die Frau in der sozialistischen Gesellschaft" (1989), H. 3, S. 3–16.

[35] Nickel, Hildegard Maria, Geschlechtertrennung durch Arbeitsteilung, Berufs- und Familienarbeit in der DDR, in: Feministische Studien 8 (1990), H. 1, S. 10–19.

[36] Ilsegret Fink, Brigitte Kahl und Carola Ritter stellten uns wesentliche Informationen zum Verständnis der Entwicklung der feministischen Theologie in der DDR und an der Humboldt-Universität zur Verfügung.

[37] Vgl. Schönherr, Annemarie, Feministische Theologie in der DDR, in: Die Zeichen der Zeit 43 (1989), H. 4, S. 96–98.

eines Arbeitskreises feministische Theologie[38], aber ab 1988 existierte auch an der Sektion Theologie ein halboffizieller Arbeitskreis für feministische Bibellektüre. Die Studienleiterin der Evangelischen Akademie in Ostberlin Ilsegret Fink lud in den 1980er Jahren westliche feministische Theologinnen wie Dorothee Soelle und Luise Schottroff zu Tagungen und Vorträgen ein. Diese beiden Frauen und holländische Theologinnen wie Catharina J. M. Halkes wurden zu wesentlichen Impulsgeberinnen für die Theologische Fakultät, indem sie feministisches Gedankengut durch Vorträge an der Humboldt-Universität in die Theologie hineintrugen. Die intern sehr umstrittene Rezeption feministischer Theologie war eingebunden in einen Paradigmenwechsel in der Bibelinterpretation: hin zu einer sozialgeschichtlichen, kontextbezogenen Hermeneutik, die die Kategorien Geschlecht, Klasse, Rasse, soziale Verortung in den Auslegungsprozess einbezog. Brigitte Kahl[39] legte mit ihrer Dissertation 1983 eine patriarchatskritische Auslegung des Lukas-Evangeliums vor[40], was ihr sowohl in der Fakultät als auch im Verlagsgutachten den Feminismusvorwurf eintrug. Die größeren Freiräume, die die Kirche und auch die Theologische Sektion in der DDR hatten, erlaubten es Brigitte Kahl aber auch, bereits in den 1980er Jahren international auf Tagungen aufzutreten.[41]

Der Anstoß für feministische, frauen- und geschlechterspezifische Fragestellungen erwuchs an der Humboldt-Universität häufig aus zunächst geschlechtsblinden, zentralen Forschungsprojekten der Institute. In der Kulturwissenschaft, insbesondere der Kulturgeschichte, wurden beispielsweise seit den 1970er Jahren Forschungen zur Arbeiterkultur und zur proletarischen Lebensweise im 19. und beginnenden 20. Jahrhundert betrieben. Anneliese Neef fielen in diesem Rahmen die Abschnitte Familie, Frauenberufstätigkeit und Reproduktionsbereich zu. Die Erkenntnis, dass sich Forschungsprojekte zur Arbeiterkultur nur auf männliche Strukturen und die biographischen Lebensverläufe von Männern ausrichteten, bewog sie dazu, gezielt nach den Leistungen und der Situation von Arbeiterfrauen zu fragen. Nach ihrem Selbstverständnis war dies keine feministische Forschung im westlichen Sinne, aber die daraus entstandene Dissertation B und Buchpublikation von Neef zeigte deutlich, dass sich eine völlig andere Perspektive ergab, wenn man das Leben von

38 Ritter, Carola/Schenke-Young, Ute, Heimat im kargen Lande. Der Arbeitskreis feministische Theologie in der DDR, in: Frauen-Kirchen-Kalender 2000, Pinnow.

39 Brigitte Kahl erhielt 1997 einen Ruf zur ordentlichen Professorin für Biblische Exegese und Theologie an der Gesamthochschule/Universität Paderborn und 1988 an das Union Theological Seminary in New York, wo sie seitdem als ordentliche Professorin für das Neue Testament tätig ist. An der Humboldt-Universität sprach man nach eigenen Aussagen dagegen während des Umstrukturierungsprozesses die notwendige Qualifikation für eine Professur für Feministische Theologie ab.

40 Kahl, Brigitte, Armenevangelium und Heidenevangelium. „Sola scriptura" und die ökumenische Traditionsproblematik im Lichte von Väterkonflikt und Väterkonsens bei Lukas, Berlin 1987.

41 Sie hielt auf einer internationalen Bibelkonferenz des Weltkirchenrates 1987 einen Vortrag zum Thema „The Bible through a Woman's Eyes" und 1986 auf einer Tagung der Westberliner Evangelischen Akademie zu „Das ‚auserwählte Geschlecht' – Bibelarbeit zu Lukas 1".

Arbeiterinnen ins Blickfeld nahm und nicht den Mann als Maßstab für Arbeiterkultur und -bewegung setzte.[42]

In der Anglistik führte ein langjähriges Forschungsprojekt zur englischen Arbeiterliteratur unter Leitung der Dozentin Hanna Behrend Ende der 1980er Jahre zu neuen feministischen Fragestellungen. Auf einer Tagung 1985 sprach sie davon, dass „die Arbeiterklasse nicht mehr Träger der Literatur sei, in der die bedrängenden Menschheitsfragen aufgeworfen werden. (…) Feministische Schriftstellerinnen und Schriftsteller aus der so genannten Dritten Welt und aus ethnischen Minderheiten in den USA und Großbritannien hatten diese Funktion offenbar übernommen."[43] Über verschiedene Zwischenstufen entwickelte Hanna Behrend ab 1987 das Forschungsprojekt „Rasse, Klasse, Geschlecht", in dem das Zusammenwirken dieser Kategorien über die Literatur hinaus untersucht wurde.[44]

Gegen Ende der 1980er Jahre weiteten sich auch die Fragestellungen in der medizinischen Forschung, der Frauenheilkunde und der Gerontologie aus. Seit 1967 existierte an der Universität ein Lehrstuhl „Soziale Gynäkologie", der zuerst mit Helmut Kraatz, dann ab 1980 mit Anita Weißbach-Rieger besetzt war.[45] Hier wurden vor allem Forschungen zur Familienplanung, zu Schwangerschaft und Geburt betrieben, an denen staatlicherseits, besonders nach der legalisierten Schwangerschaftsunterbrechung, ein großes Interesse bestand. Jutta Begenau, die als Medizinsoziologin in der Frauenheilkunde arbeitete, konstatiert, dass ab ca. 1985 mit einem neuen Forschungsprojekt zu ‚Partnerschaftskonflikten und psychosomatischen gynäkologischen Erkrankungen' eine „bemerkenswert weitgehende Akzentuierung" und eine Hinwendung zu den Lebenssituationen von Frauen erfolgt sei.[46] Adelheid Kuhlmey-Oehlert, die als Diplom-Soziologin 1984 in die Gerontologie der Medizinischen Fakultät gewechselt war, untersuchte die Lebensweise älterer Menschen ebenfalls unter geschlechtsspezifischer Perspektive.[47]

---

[42] Neef, Anneliese, Mühsal ein Leben lang. Zur Situation der Arbeiterfrauen um 1900, Berlin 1988.

[43] Behrend, Hanna, Das Projekt Rasse, Klasse, Geschlecht und seine Vorgeschichte, in: Rasse – Klasse – Geschlecht, hrsg. v. Gesellschaftswissenschaftliches Forum e.V., Berlin 1993, S. 9–15, hier: S. 9.

[44] Behrend, Hanna, Demokratische Mitbestimmungsrechte unter DDR-Bedingungen: die ambivalenten Strukturen an den Universitäten, Berlin 2003, S. 48–58.

[45] Vgl. Bauersfeld, Cornelia-Andrea, Ordinarien und Oberärzte der Universitätsfrauenklinik am Bereich Medizin der Humboldt-Universität zu Berlin von Mai 1945–August 1981, unveröff. Diplomarbeit, Humboldt-Universität zu Berlin 1981.

[46] Begenau, Jutta, Frauengesundheitsforschung in der DDR, in: Der Beitrag der Frauengesundheitsforschung zu den Gesundheitswissenschaften/Public Health in Deutschland, hrsg. v. Helfferich, Cornelia/Troschke, Jürgen von, Freiburg 1994, S. 27–32, hier: S. 32.

[47] Kuhlmey-Oehlert, Adelheid, Frau und Alter. Ein Beitrag zur Gerontologie aus differenzierter Sicht, in: Vorlesungen der „Universität der Veteranen der Arbeit" an der Humboldt-Universität zu Berlin. Zusammengestellt v. Schmidt, U. J. u. a., Berlin 1986, S. 111–121; dies., Das Alter ist weiblich. Zur Situation älterer und alter Frauen in der ehemaligen DDR, in: Frauen-Alterssicherung. Lebensläufe von Frauen und ihre Benachteiligung im Alter, hrsg. v. Gather, Claudia u. a., Berlin 1991, S. 249–259.

Trotz weiter bestehender disziplinärer Besonderheiten intensivierte sich die Diskussion um feministische Forschung ab Mitte der 1980er Jahre durch eine intensivere Rezeption westlicher feministischer Literatur. Das 1986 abgeschlossene Kulturabkommen zwischen der DDR und der BRD erleichterte den DDR-Wissenschaftlerinnen das Reisen in die Bundesrepublik und ermöglichte die Einladung von Wissenschaftlerinnen an die Humboldt-Universität. Maßgebliche Wissenschaftlerinnen der feministischen Theoriebildung kamen zu Gastvorträgen und Kolloquien: etwa Sigrid Weigel in die Sektion Germanistik, Gudrun-Axeli Knapp und Regina Becker-Schmidt in die Sektion Kulturwissenschaft; Dorothee Soelle und Luise Schottroff in die Theologie. Einige DDR-Wissenschaftlerinnen, etwa Irene Dölling, hatten seit vielen Jahren als „Reisekader" Kontakte zur westlichen Frauenforschung. Anderen, darunter Hildegard Maria Nickel und Hannelore Scholz, wurden im Rahmen des Kulturabkommens 1988/89 erste Forschungsaufenthalte an verschiedenen westdeutschen Universitäten ermöglicht. Auf Initiative der Literaturwissenschaftlerinnen Sigrid Weigel und Inge Stephan fand bereits im April 1989 eine erste deutsch-deutsche Tagung „Frauen und Weiblichkeit im kulturellen und literarischen Prozess" statt, zu der eine größere Delegation von DDR-Wissenschaftlerinnen nach Hamburg reisen konnte.[48]

In den 1980er Jahren entwickelten sich geschlechterspezifische bzw. Frauenforschungsansätze nicht nur innerhalb zentraler Forschungsprojekte oder in Promotions- und Habilitationsschriften, sondern es gelang den aktiven Wissenschaftlerinnen erstaunlicherweise auch, erste Frauenforschungsansätze in die Lehre zu integrieren. Da die Lehrpläne in der DDR zentralisiert und stark normiert waren, betraf dies vor allem die wahlweise-obligatorische Ausbildung (WOA), die die Studierenden zur Diplomarbeit führte und die häufig an die Forschungsschwerpunkte der Wissenschaftlerinnen angekoppelt war. Aus einem Oberseminar von Irene Dölling zu Individualitätsformen entstanden eine Reihe von Diplomarbeiten und in Folge auch die Dissertation von Ina Merkel, die sich mit geschlechterspezifischen individuellen Vergesellschaftungsprozessen beschäftigte.[49] Ein Forschungsprojekt zu Frauen- und Männerbildern wurde ebenfalls durch ein gleichnamiges Oberseminar begleitet und damit in die Lehre integriert.[50] Anneliese Neef hatte schon seit Mitte der 70er Jahre eine Reihe von Diplomarbeiten zur Frauenarbeit und Familienforschung betreut. Diese Forschungsprojekte wurden für die Wissenschaftlerinnen zum Ausgangspunkt ihres Interesses an feministischen Fragen.

---

[48] Vgl. das Vorwort der Herausgeberinnen, in: Stephan, Inge/Weigel, Sigrid/Wilhelms, Kerstin (Hrsg.), „Wen kümmert's, wer spricht". Zur Literatur und Kulturgeschichte von Frauen aus Ost und West. Köln u. a. 1991.

[49] Merkel, Ina, Historisch-gesellschaftliche Individualitätsformen und Formen der Vergesellschaftung des Individuums. Kulturtheoretische Studien zur Geschlechtsspezifik individueller Vergesellschaftung, Dissertation A, Humboldt-Universität zu Berlin 1985.

[50] Aus diesem Forschungsprojekt sind vor allem die Publikationen von Dölling, Der Mensch und sein Weib, 1991 und Merkel, Ina, „... und Du, Frau an der Werkbank". Die DDR in den 50er Jahren, Berlin 1990 hervorgegangen.

Auch in der Literaturwissenschaft etablierte sich die Geschlechterforschung in der Lehre. Ab Ende der 1980er Jahre gab es regelmäßig Lehrveranstaltungen zu Themen wie „Moderne englische Schriftstellerinnen“ oder „Virginia Woolf, humanistische Schriftstellerin und Vorkämpferin für die Emanzipation der Frau“; es wurden Seminare zum Thema „Schriftstellerinnen der DDR in den 1980er Jahren“ oder „Schreiben Frauen anders?“ angeboten.

In der Theologie wurde im Wintersemester 1988 auf Initiative von Studentinnen und mit Unterstützung von Heinrich Fink zum ersten Mal ein Seminar feministische Theologie durchgeführt. Die feministische Theologie wurde in der Wendezeit kurzfristig sogar zum Bestandteil der Studien- und Prüfungsordnung.

In der Soziologie gelang es, die Geschlechtersoziologie in der studentischen Ausbildung fest zu verankern. Das Institut für Soziologie entwickelte ab 1987 unter der Leitung von Artur Meier und in Absprache mit dem Ministerium für Hoch- und Fachschulwesen einen reformorientierten Soziologie-Studiengang (vgl. Wollmann i. d. Bd.). Das Motto der Reform war „Soziologie vom ersten Studientag an!“ Es ging darum, die Soziologieausbildung zu professionalisieren und das für alle Studiengänge obligate viersemestrige marxistisch-leninistische Grundlagenstudium zugunsten des Ausbaus soziologischer Fächer deutlich zu reduzieren. Auch wenn der Studienplan die Soziologie der Geschlechter nicht als eigenständiges Lehrgebiet auswies, war durch den Experimentalcharakter und die Ausweitung des vorher festgeschriebenen Lehrprogramms Raum gegeben, geschlechterspezifische Themen in die Lehrgebiete „Theorie der Soziologie“, „Familiensoziologie“, „Bildungssoziologie“ sowie „Industrie- und Betriebssoziologie“ zu integrieren. Unter der Leitung von Nickel entstand im Rahmen studentischer Projektforschung zu Frauen und neuer Technik ab 1987 eine Reihe von geschlechtersoziologischen Diplomarbeiten und Dissertationen.

Diese Initiativen blieben jedoch auf die Fächer bezogen: Nach Aussage der beteiligten Wissenschaftlerinnen kam es nur vereinzelt und auch erst gegen Ende der 1980er Jahre zu einer gegenseitigen Wahrnehmung und Vernetzung der disziplinären Aktivitäten.

Das Zentrum für interdisziplinäre Frauenforschung (ZiF)[51]

Eine Initiativgruppe von Wissenschaftlerinnen verschiedener Disziplinen der Humboldt-Universität hatte Anfang November 1989 einen „Aufruf zur Gründung eines Zentrums interdisziplinäre Frauenforschung an der Humboldt-Universität“ verfasst und zu einer Gründungsversammlung am 8. 12. 1989 eingeladen. Der Gründungsaufruf umreißt die Schwerpunkte, die sich das Zentrum für interdisziplinäre Frauenforschung in seiner Anfangsphase gesetzt hatte: „Wir wollen die vereinzelten Forschungspotentiale zusammen-

[51] Die Gründung des ZiF ist detailliert dokumentiert und beschrieben in Dölling, 10 Jahre Zentrum interdisziplinäre Frauenforschung, 1999. Die folgenden Ausführungen basieren auf diesem Aufsatz.

führen, gemeinsam über theoretische Grundlagen der Frauenforschung und über konkrete Forschungsergebnisse diskutieren, sowie diese im Rahmen einer Ringvorlesung einer interessierten Öffentlichkeit vorstellen. Wir wollen Forschungsvorhaben koordinieren und Formen interdisziplinärer Kooperation erproben. Nicht zuletzt verbinden wir damit die Hoffnung, daß unsere Analysen und Arbeitsergebnisse Eingang finden in Entscheidungen zur Wissenschafts-, Kader- und Berufungspolitik an der Universität wie zur Frauenpolitik generell."[52] Der Gründungsaufruf wurde von vier Wissenschaftlerinnen unterzeichnet, die an verschiedenen Instituten bzw. Sektionen der Universität beschäftigt waren: Irene Dölling, Kulturtheorie; Anneliese Neef, Kulturgeschichte; Hildegard Maria Nickel, Institut für So-

Aufruf zur Gründung eines Zentrums interdisziplinäre Frauenforschung an der Humboldt - Universität

Die bisherige Entwicklung der sozialistischen Gesellschaft in der DDR ist trotz formaler Gleichberechtigung und sozialpolitischer Maßnahmen mit beträchtlichen Unterschieden in den Lebensbedingungen und -möglichkeiten von Frauen und Männern, mit handfesten Benachteiligungen von Frauen auf allen Gebieten verbunden. In den Wissenschaften wurden die sozialen Unterschiede zwischen den Geschlechtern bisher kaum beachtet. Die wenigen Ansätze vor allem von WissenschaftlerInnen, sich der Geschlechterproblematik und insbesondere der Situation von Frauen forschend zuzuwenden, sind auch an dieser Universität nicht selten als nebensächlich, unwichtig abgetan worden.

Um diese Situation zu verändern, wurde mit Unterstützung des Prorektors für Gesellschaftswissenschaften Ende Oktober die Gründung eines Zentrums interdisziplinäre Frauenforschung (ZiF) beschlossen. Es soll organisatorisch -technisch (zunächst) an der Sektion Kulturwissenschaft und Ästhetik verankert werden.

Abb. 1 Aufruf zur Gründung eines Zentrums interdisziplinäre Frauenforschung an der Humboldt-Universität, 1989

52 Ebd., S. 14.

ziologie und Adelheid Kuhlmey-Oehlert, Gerontologie. Diese Wissenschaftlerinnen kannten sich aus dem oben beschriebenen halboffiziellen Arbeitskreis. Doch war dieser nach fast 10-jähriger Diskussion an einen Punkt gelangt, wo das Verbleiben in einem kleinen, nicht öffentlichen Kreis zunehmend als unbefriedigend empfunden wurde. Anfang 1989 drohte der Arbeitskreis auseinander zu fallen. Es wurde nach neuen Formen des öffentlich wirksamen Einflusses gesucht. Eine Idee, die vor diesem Hintergrund Gestalt annahm, war die Gründung eines Zentrums für Frauenforschung an der Humboldt-Universität. Im Mai/ Juni 1989 wurde ein entsprechendes Papier dem Prorektor für Gesellschaftswissenschaften, Dieter Klein, zur Stellungnahme übergeben. Der Gründungsprozess gewann durch die im Laufe des Sommers 1989 veränderte politische Lage an Dynamik: Immer mehr Gruppierungen traten mit Reformforderungen an die Öffentlichkeit, in der Universität wurden die Studierenden entsprechend aktiv. Die Verhandlungen mit dem Prorektor wurden intensiviert. Als Mitarbeiterin des Prorektors wurde Helga Voth für die weitere Koordinierung bestimmt und – mit Gründung des ZiF – seine erste Geschäftsführerin. Dölling war bis 1991 wissenschaftliche Leiterin des ZiF. Der Erneuerungsprozess an der Universität und die nicht in jeder Hinsicht transparenten Personalentscheidungen führten dazu, dass Dölling nicht auf die neue kulturwissenschaftliche Professur berufen wurde, für die sie nach fachlicher Evaluierung vorgesehen war. 1994 nahm sie den Ruf auf eine Frauenforschungsprofessur im Fach Soziologie an der Universität Potsdam an. Das ZiF war mittlerweile strukturell gut verankert und überdauerte den Umbauprozess der Universität. Mehr noch: Sein Bestehen war die institutionelle Voraussetzung dafür, dass an der Humboldt-Universität der Studiengang Gender Studies, der bundesweit Modellcharakter hat, relativ zügig etabliert werden konnte.

Institutionalisierung der Frauen- und Geschlechterforschung nach 1989

Im Laufe des Umstrukturierungsprozesses der Humboldt-Universität wurde die Frauen- und Geschlechterforschung in verschiedenen Fächern institutionell verankert und das Zentrum für interdisziplinäre Frauenforschung (heute Zentrum für transdisziplinäre Geschlechterforschung) am Institut für Kultur- und Kunstwissenschaften der Philosophischen Fakultät III etabliert. Die in den 1980er Jahren an den Instituten geführten Diskussionen und vorgelegten Forschungsarbeiten sowie das Engagement der Wissenschaftlerinnen in der Wendezeit bildeten die Grundlage dafür, dass die Struktur- und Berufungskommissionen 1992/93 in der Kulturwissenschaft, der Soziologie und der Germanistischen Literaturwissenschaft Professuren mit einer Gender-Denomination einrichteten. Mit der Berufung von Hildegard Maria Nickel auf die C3-Professur Soziologie der Familie, Jugend und Geschlechterbeziehungen (später umbenannt in Soziologie der Arbeit und Geschlechterverhältnisse) in der Soziologie, von der Berufung von Christina von Braun auf die C4-Professur Geschlecht und Geschichte in der Kulturwissenschaft und der Berufung von Inge Stephan auf die C3-Professur Neuere deutsche Literatur – Geschlechterproblematik im literarischen Prozess in der Germanistik war ab 1994 die Basis für kontinuierliche Geschlechterforschung und -lehre in diesen Fächern gelegt. Darüber hinaus wurden im Verlauf des Neustrukturierungsprozesses der Universität auch in anderen Disziplinen, etwa der Anglistik/Amerikanistik, der Afrikanistik, der Skandinavistik, der Erziehungswissenschaft, der Juristischen und Landwirtschaftlichen Fakultät Professorinnen berufen, die geschlechterspezifische Fragestellungen in ihr Forschungs- und Lehrprofil integrierten. Die institutionelle Verankerung des ZiF förderte den interdisziplinären Austausch zwischen den Wissenschaftlerinnen und Studierenden verschiedener Disziplinen. Auf dieser Grundlage entwickelte sich ein Netzwerk, das die Entwicklung und Etablierung des ersten Gender-Studies-Magisterstudiengangs Deutschlands als Haupt- und Nebenfach (1997), die Einwerbung von Mitteln für das GenderkompetenzZentrum (2003) sowie für das DFG-Graduiertenkolleg „Geschlecht als Wissenschaftskategorie" (2005) möglich machte.

Gender Studies/Geschlechterstudien bilden mittlerweile ein breit anerkanntes Gebiet vieler Disziplinen an fast allen deutschen Universitäten und international manchmal mit, aber oft auch ohne eine explizite Denomination der Professur. Über lange Zeit waren es vor allem Frauen, die sich für die Geschlechterforschung interessierten. Das gilt auch heute noch, aber es gibt auch zunehmend männliche Wissenschaftler, die – wie dies Georg Simmel schon vor hundert Jahren an der Friedrich-Wilhelms-Universität Berlin tat – das Gebiet der Geschlechterforschung als ein Terrain betrachten, auf dem neue Einsichten zu gewinnen sind. Die Geschlechterforschung ist kein etabliertes Fach. Wie aus der Disziplingeschichte zu ersehen ist, hängt ihre Ausrichtung eng mit politischen, sozialen und kulturellen Entwicklungen zusammen. Weil sie nicht dem klassischen Disziplinenkanon entspricht, wird sie immer wieder angefeindet oder auch von Streichung bedroht. Gerade ihre Flexibilität stellt aber auch einen Gewinn für die Wissenschaft dar: Neue Forschung, so konstatiert Jürgen Mittelstraß in seinem Plädoyer für die Transdisziplinarität, findet nie im Zentrum der Disziplinen, immer nur am Rande statt. Durch die Geschlechterforschung werden Fächer immer wieder gezwungen, sich mit den ‚blinden Flecken' ihrer eigenen Geschichte, Theoriebildung und Methodik zu beschäftigen.[53] Indem die Geschlechterforschung auf diese ausgeblendeten Teile von Wissenschaftskonstruktionen verweist, gibt sie den Fächern immer wieder innovative Impulse.

---

[53] Vgl. Braun, Christina von/Johach, Eva/Dornhof, Dorothea (Hrsg.), Das Unbewusste – Krisis und Kapital der Wissenschaften. Studien zum Verhältnis von Wissen und Geschlecht, Bielefeld 2009.

Historische Disziplinen

Wolfgang Hardtwig/Alexander Thomas

Forschungen und Parteilichkeit. Die Neuzeithistorie an der Berliner Universität nach 1945

Neubeginn unter marxistischem Vorzeichen

Das Ende der NS-Herrschaft und die Nachkriegsjahre bis zur Staatsgründung der DDR brachten für die Geschichtswissenschaft an der Friedrich-Wilhelms-Universität (seit 1949 Humboldt-Universität) einen sehr viel tieferen Kontinuitätsbruch als das Jahr 1933 und die Etablierung der NS-Herrschaft.[1] Dabei wirkten mehrere – teils institutsinterne, teils externe – Faktoren zusammen: Nachdem Marschall Schukow am 1. Juli 1945 die Entlassung aller ehemaligen Parteigenossen aus dem öffentlichen Dienst angeordnet hatte[2], reduzierte die Entnazifizierung den Personalbestand bei Professoren und Dozenten erheblich; mehrere Professoren und Dozenten wanderten angesichts der neuen Verhältnisse ab oder kehrten nicht wieder nach Berlin zurück; die von der SS getragene Auslandswissenschaftliche Fakultät wurde aufgelöst. Renommierte Ordinarien wie der Neuzeithistoriker Fritz Hartung und der Mediävist Fritz Rörig näherten sich dem Emeritierungsalter und hatten nicht mehr die Kraft (Hartung) oder den Willen (Rörig), der Wissenschaftspolitik der SED und ihrer Parteigänger in der Universität über das Jahr 1948 hinaus nachhaltig Widerstand zu leisten.[3]

[1] Vgl. zum Folgenden: Thomas, Alexander, Geschichtswissenschaft an der Berliner (Humboldt-)Universität nach 1945, Diss. phil., Humboldt-Universität zu Berlin (vorauss. 2010); Walther, Peter Th., Zur Entwicklung der Geschichtswissenschaften in Berlin. Von der Weimarer Republik bis zur Vier-Sektoren-Stadt, in: Exodus von Wissenschaften aus Berlin, hrsg. v. Fischer, Wolfram, Berlin 1994, S. 153–183; Schulze, Winfried, Berliner Geschichtswissenschaft in den Nachkriegsjahren, in: ebd., S. 184–197; Hansen, Reimar/Ribbe, Wolfgang, Geschichtswissenschaft in Berlin im 19. und 20. Jahrhundert. Persönlichkeiten und Institutionen, Berlin 1992.

[2] Die Maßnahmen zur Entnazifizierung der deutschen Hochschulen verliefen uneinheitlich und gingen von unterschiedlichen Akteuren aus. Vgl. für Ostdeutschland Jessen, Ralph, Akademische Elite und kommunistische Diktatur. Die ostdeutsche Hochschullehrerschaft in der Ulbricht-Ära, Göttingen 1999, S. 261–285.

[3] Vgl. Walther, Peter Th., Fritz Hartung und die Umgestaltung der historischen Forschung an der Deutschen Akademie der Wissenschaften zu Berlin, in: Historische Forschung und sozialistische Diktatur. Beiträge zur Geschichtswissenschaft der DDR, hrsg. v. Sabrow, Martin, Leipzig 1995, S. 59–73.

Dieser enorme Personalverlust gehört zu den wesentlichen Bedingungen des Neubeginns der Berliner Geschichtswissenschaft.

Möglicherweise fand schon vor Oktober 1945 unter der Leitung von Fritz Hartung eine Selbstreinigung am Historischen Seminar statt, die aber sicher nicht alle Personen erfasste, die in einer Liste der Deutschen Zentralverwaltung für Volksbildung (DZfV) als Parteigenossen genannt wurden[4]: Hans Uebersberger, Ordinarius für Osteuropäische Geschichte, Willy Hoppe, Protegé der NS-Wissenschaftspolitik und Rektor der Universität (1937–1942), der Neuzeit- und Kriegshistoriker Walter Elze, die Nichtordinarien Manfred Laubert (außerordentlicher Professor für polnische Geschichte) und die Dozenten Werner Hahlweg, Rudolf Ibbeken, Erwin Hölzle, Hedwig Uebersberger und Wilhelm Koppe. Der Neuzeit-Ordinarius Wilhelm Schüßler gab seinen Lehrstuhl auf. Von den acht Geschichts-Ordinarien der Philosophischen Fakultät blieben drei übrig: die Mediävisten Friedrich Baethgen und Fritz Rörig sowie der Neuzeithistoriker Fritz Hartung. Von sieben Dozenten blieb der Neuzeitler Karl Griewank.[5]

Die anfänglichen Versuche der Fakultät, den Personalbestand teils durch Reaktivierung ausgeschiedener Professoren, teils durch Rückgriff auf unbelastete Nachwuchswissenschaftler aus dem eigenen Haus, teils durch die Einsetzung von Berufungskommissionen, zu ergänzen, brachten keine Entlastung. Der nationalkonservative Osteuropahistoriker Otto Hoetzsch starb schon 1946, Friedrich Meinecke bot nur noch sonntägliche Kolloquien an. Der über 70-jährige, pensionierte und fast erblindete außerordentliche Professor Paul Haake, der sich jetzt, in finanzieller Notlage, als Opfer der NS-Wissenschaftspolitik und als Verfechter einer Aufarbeitung der nationalsozialistischen Vergangenheit darstellte, konnte das Historische Seminar kaum verstärken.[6] Karl Griewank wurde zum Professor mit vollem Lehrauftrag berufen, nahm aber bald darauf einen Ruf nach Jena an. Der junge und viel versprechende Osteuropahistoriker Werner Philipp, 1940 in Berlin habilitiert und politisch unbelastet, wurde von einer Kommission – auch mit Zustimmung der DZfV – unico loco zum Nachfolger Otto Hoetzschs berufen, doch lehnte er ab und baute an der Freien Universität ab 1952 das Osteuropainstitut auf.

Diese Versuche, möglichst rasch die Selbstergänzung des Lehrkörpers auf dem herkömmlichen Wege in Gang zu bringen, scheiterten aber auch an dem entschiedenen Willen der kommunistischen Hochschulpolitiker, die alte Universitätsverfassung, in der sie eine wesentliche Ursache für die Anfälligkeit der Universität für die nationalsozialistische Ideologie sahen, durch eine neue institutionelle Ordnung zu ersetzen. Fritz Hartung beschwor den Rektor in einem Schreiben vom 2. 8. 1946 noch, dafür zu sorgen, die „altbewährte korpo-

---

[4] Universitätsarchiv der Humboldt-Universität (UAHU), Rektorat, 36, unpaginiert, 5. Oktober 1945: nur ein ehem. NSDAP-Mitglied.

[5] UAHU, Phil. Fak. nach 1945, 8, Bl. 27.

[6] UAHU, Personalakte Paul Haake (ohne Sign.), Bde. I–III, Bd. II, Bl. 60 u. Bd. III, Bl. 12f.

rative Selbstverwaltung" wieder in Kraft zu setzen.[7] Aber gegen den Willen der Fakultät setzte die Zentralverwaltung die Aufnahme des von ihr zum Professor ernannten kommunistischen Völkerkundlers Wolfgang Steinitz (1905–1967) in den Fakultätsrat durch und am 11. Dezember 1946 beschnitt eine Anweisung des Verwaltungsdirektors der Universität entschieden die Möglichkeiten einer selbstständigen Personalpolitik.[8]

Die entscheidende Zäsur stellte zunächst die Berufung Alfred Meusels auf einen Lehrstuhl für Politische und Soziale Probleme der Gegenwart (September 1946) durch die DZfV und bald darauf seine Wahl zum Dekan durch die Philosophische Fakultät selbst dar.[9] Meusel, 1896 in Kiel als Sohn eines Studienrats geboren und mit 30 Jahren an der Technischen Hochschule Aachen zum Professor für Volkswirtschaftslehre und Soziologie berufen, hatte sich nach seinen Erlebnissen als Kriegsteilnehmer der Linken zugewandt. Er gehörte während seiner Studienzeit zum linken und linksradikalen Gelehrtenmilieu in Kiel.[10] Meusel war unmittelbarer Zeuge des Matrosenaufstands von 1918 und schloss sich im November 1918 der USPD, später dann der SPD an. Seit 1930 näherte er sich der KPD. Im April 1934 emigrierte er, 1937 trat er der KPD endgültig bei. Dass ihn schon im November 1946 die Philosophische Fakultät mit 17 gegen 7 Stimmen – und mit der ausdrücklichen Zustimmung Hartungs – zum Dekan wählte, ist ungewöhnlich. Zu den Gründen gehörte sicherlich der personelle Aderlass der in der Fakultät tonangebenden Historiker. Hartung hatte die Wahl aus gesundheitlichen Gründen abgelehnt und schied 1948 altersentsprechend, aber auch mit deutlichen Bekundungen der Resignation gegenüber der kommunistischen Wissenschafts- und Bildungspolitik, aus. 1951 folgte ihm der Mediävist Fritz Rörig. Friedrich Meinecke übernahm 1948 86-jährig das Gründungsrektorat der Freien Universität – begleitet von dem Kommentar Meusels, Meineckes Bestimmung bestehe darin, „eine Art Reichspräsident Hindenburg für Dahlem zu werden, der getreue Eckehard des gemäßigten Liberalismus, auf den man sich beruft, wenn es etwas zu beschönigen gibt, und es wird vieles zu beschönigen geben".[11] Meusel seinerseits wusste genau, was er wollte, hatte die Unterstützung der Zentralverwaltung und strebte energisch eine wissenschaftliche und wissenschaftspolitische Schlüsselstellung an. Zweifellos haben auch seine bildungsbürgerliche

7 UAHU, Phil. Fak. nach 1945, 8, Bl. 142, 2. August 1946.

8 Dieses Schreiben teilte Alfred Meusel gleichzeitig mit der Übernahme des Dekanats mit; ihm zufolge sei „jede (…) freiwerdende Stelle umgehend zu melden", die „Wiederbesetzung einer freigewordenen Stelle" könnte nur nach einer „besonderen Ermächtigung" erfolgen und „alle zur Zeit etwa schwebenden Verhandlungen mit neueinzustellenden Personen" seien „sofort abzubrechen". UAHU, Phil. Fak. nach 1945, 1, Bl. 134.

9 Vgl. zu Meusel Keßler, Mario, Exilerfahrung in Wissenschaft und Politik. Remigrierte Historiker in der frühen DDR, Köln 2001, S. 50–90.

10 Siegfried, Detlef, Das radikale Milieu. Kieler Novemberrevolution, Sozialwissenschaft und Linksradikalismus 1917–1922, Wiesbaden 2004.

11 Archiv der Berlin-Brandenburgischen Akademie der Wissenschaften (ABBAW), Nachlass (NL) Meusel, 409, „Die Universität der alten Pg's", MS, o. D. [1948].

Abb. 1 Alfred Meusel (1896–1960)

Herkunft und die Vertrautheit mit dem akademischen Milieu seine Akzeptanz bei den bürgerlichen Professoren der Philosophischen Fakultät gefördert.

Das Zusammentreffen von Schwächezustand der „bürgerlichen“ Geschichtswissenschaft und zielstrebiger Wissenschaftspolitik der kommunistischen Zentralverwaltung schuf jedenfalls wesentliche Voraussetzungen dafür, dass sich in Berlin so rasch wie wohl sonst an keiner DDR-Universität eine SED-nahe Geschichtswissenschaft etablieren konnte – deren Qualität allerdings deutlich hinter der Leipzigs zurückblieb.[12] Meusel gelang es, obgleich

[12] Vgl. zur Geschichtswissenschaft der DDR: Sabrow, Martin, Das Diktat des Konsenses. Geschichtswissenschaft in der DDR 1949–1969, München 2001 sowie Kowalczuk, Ilko-Sascha, Legitimation eines neuen Staates. Parteiarbeiter an der historischen Front. Geschichtswissenschaft in der SBZ/DDR 1945–1961, Berlin 1997.

kein Historiker, sich 1947 zum Ordinarius für Neue Geschichte ernennen zu lassen und damit eine der nach den Abgängen von A. O. Meyer und W. Schüßler freigewordenen planmäßigen Stellen zu besetzen. Die neue Stelle baute er zu einem eigenen, reichlich ausgestatteten, „Institut für Neue Geschichte" (1948) aus.[13] 1949 einigte sich Meusel mit Rörig, dem Mediävisten Eugen Meyer und dem bald darauf berufenen Osteuropa-Historiker Eduard Winter darauf, Historisches Seminar und Institut für Neue Geschichte zusammenzulegen und übernahm 1951 selbst dessen Direktorat.[14] Die neu geschaffene Einrichtung hieß nun „Historisches Institut" und gliederte sich in ein Seminar für mittelalterliche Geschichte und historische Hilfswissenschaften, ein Seminar für neuere Geschichte und ein Seminar für osteuropäische Geschichte.

Meusel verfügte über eine beträchtliche Ausstrahlung als akademischer Lehrer. Bei ihm promovierten aus der Westemigration zurückgekehrte Quereinsteiger in die Geschichtswissenschaft wie der junge Heinz Kamnitzer (*1917) und Karl Obermann (*1905), die binnen kürzester Zeit zentrale Lehrstühle übernahmen.[15] Meusel promovierte aber auch eigene, an der Humboldt-Universität herangezogene ‚Schüler' wie Joachim Streisand (*1920), Eckhard Müller-Mertens (als Zweitgutachter, *1923) und Helmuth Stoecker (*1920), die ebenfalls innerhalb kurzer Zeit Lehrstühle übernahmen.[16] Aus den Seminaren von Joachim Streisand gingen dann einige weitere zukünftige HU-Professoren hervor.[17] Meusel selbst schied bereits 1952 aus der Leitung des Instituts aus, da er zum Direktor des neu gegründeten Museums für Deutsche Geschichte berufen wurde.

Neben der Gründergestalt Alfred Meusel ernannte die DZfV 1951 den gebürtigen Sudetendeutschen und früheren Theologen und Kirchenhistoriker Eduard Winter zum Professor für Osteuropäische Geschichte und Direktor des neu geschaffenen „Instituts für Geschichte der Völker der UdSSR". Winter, 1896 geboren und 1914 österreichischer Kriegsfreiwilliger, hatte seine akademische Laufbahn 1934 an der Deutschen Universität Prag als Professor für

---

13 UAHU, M 184 (Personalakte Meusel), Bd. 1, Bl. 105.

14 ABBAW, NL Meusel, 583.

15 Kamnitzer war 1950–1954 Professor mit vollem Lehrauftrag für Neuere Geschichte und leitete das Institut für Geschichte des deutschen Volkes von 1952–1954. Obermann war zwischen 1956 und 1970 Professor mit Lehrstuhl für Geschichte des deutschen Volkes bzw. Deutsche Geschichte und leitete zeitweilig eine Abteilung des Instituts für deutsche Geschichte. Für die biographischen Angaben vgl. trotz zahlreicher Mängel Mertens, Lothar, Lexikon der DDR-Historiker. Biographien und Bibliographien zu den Geschichtswissenschaftlern aus der Deutschen Demokratischen Republik, München 2006.

16 In Ermangelung eines treffenderen Begriffs sprechen wir im folgenden von „Schülern", auch wenn der Terminus an sich problematisch ist und die tatsächlichen intellektuellen Einflüsse damit in der Regel unzureichend umschrieben sind: Joachim Streisand, Professor mit Lehrstuhl für deutsche Geschichte ab 1969, Eckhard Müller-Mertens, Prof. mit Lehrstuhl für Geschichte des Mittelalters seit 1968. Helmuth Stoecker arbeitete zunächst am Institut für Allgemeine Geschichte, wechselte aber dann zu den Afrikawissenschaften, wo er bis 1985 eine Professur bekleidete.

17 Klaus Vetter: Lehrstuhl Allgemeine Geschichte der Neuzeit, 1983; Kurt Pätzold: Lehrstuhl für Deutsche Geschichte, 1973; Siegfried Prokop: Lehrstuhl für Geschichte der DDR, 1983; Laurenz Demps: a. o. Prof. 1988.

Kirchengeschichte begonnen.[18] Er wechselte nach 1940 auf eine Professur für Geistesgeschichte. Zunächst dem großdeutschen Raumdenken des NS nahestehend, wandelte er sich 1945/46 in einer atemberaubenden Mischung von politischem Überzeugungswechsel und Opportunismus zum Anhänger des Sozialismus und der Sowjetunion. Seit 1951 lehrte er bis zu seiner Emeritierung 1966 in Berlin. Hier und an der Akademie baute er mit zahlreichen eigenen Monographien und Quelleneditionen sowie als erfolgreicher Lehrer einen auch im Westen anerkannten Schwerpunkt der Osteuropageschichte auf, den sein Schüler Günter Rosenfeld fortführte.[19]

Zur ersten Gründergeneration zählen schließlich noch Gerhard Schilfert (*1917) und Erich Paterna (*1897). Schilfert hatte sich 1951 bei Hans Haussherr in Halle mit einer Arbeit über die Revolution von 1848/49 habilitiert und wurde 1952 34-jährig als Nachfolger von Meusel zum Professor mit vollem Lehrauftrag (ab 1956 Ordinarius) für Neue Geschichte berufen. Bei Paterna und Schilfert promovierte 1962 Günter Vogler (*1933), seit 1956 Assistent und 1969 Inhaber eines Lehrstuhls für die frühneuzeitliche deutsche Geschichte. Aus der Schule von Gerhard Schilfert gingen zudem der England-Historiker Siegfried Bünger (*1929), der Frankreich-Historiker Heinz Köller (*1929) und der Kolonial-Historiker Adolf Rüger (*1934) hervor.[20] 1952–1956 war der später für die gesamtdeutsche Geschichtswissenschaft bedeutende Jakobiner-Forscher Heinrich Scheel an der Universität tätig, der ab 1935 noch bei dem von ihm hochgeschätzten Arnold O. Meyer studiert hatte und Assistent gewesen war, ging dann aber als wissenschaftlicher Mitarbeiter an die Akademie der Wissenschaften, wo er bald Leitungsfunktionen übernahm.[21] Er lehrte als Professor mit Lehrauftrag nebenamtlich wieder seit 1961 an der Universität. 1965 musste Kurt Pätzold (*1930) nach einem Konflikt um ein Treffen mit westdeutschen Historikern seine Stelle an der Akademie der Wissenschaften verlassen und wurde an die Humboldt-Universität versetzt, wo er bis zu seiner Entlassung 1992 tätig war. Pätzold hatte u. a. bei Karl Griewank in Jena studiert und ist damit einer der ganz wenigen Geschichtsprofessoren, die nicht an Ort und Stelle

---

18 Vgl. Nemec, Jiri, Eduard Winter (1896–1982), in: Österreichische Historiker 1900–1945. Lebensläufe und Karrieren in Österreich, Deutschland und der Tschechoslowakei in wissenschaftsgeschichtlichen Porträts, hrsg. v. Hruza, Karel J., Wien/Köln/Weimar 2008, S. 619–676 sowie Grau, Conrad, Eduard Winter. 1896 bis 1982, in: Wegbereiter der DDR-Geschichtswissenschaft. Biographien, hrsg. v. Heitzer, Heinz/Noack, Karl-Heinz, Berlin 1989, S. 358–375.

19 Thomas, Ludmila, Die Ostberliner Forschungen zur Geschichte Rußlands nach 1945, in: Hundert Jahre Osteuropäische Geschichte. Vergangenheit, Gegenwart und Zukunft, hrsg. v. Dahlmann, Dittmar, Stuttgart 2005, S. 173–182.

20 Siegfried Bünger, 1979–1994 a. o. Prof. für Allgemeine Geschichte der Neuzeit; Heinz Köller, Promotion HU 1963, verließ die Sektion Geschichte 1981; Adolf Rüger, 1978–1994 ord. Prof. für Allgemeine Geschichte der Neuzeit (Direktor der Sektion Geschichte 1980–1986).

21 Scheel, Heinrich, Vom Leiter der Berliner Schulfarm Scharfenberg zum Historiker des deutschen Jakobinismus. Autobiographische Aufzeichnungen, Velten 1996.

studiert und Karriere gemacht haben. Zu ihnen gehört auch Konrad Canis (*1938), der in Rostock die Promotionen A und B erlangt hatte und seit 1975 zunächst als Dozent, dann seit 1980 als Professor an der Universität arbeitete.

Für die meisten Portalgestalten der marxistischen Geschichtswissenschaft – Meusel, Obermann, Paterna, Walter Bartel (*1904) und in der nächsten Generation Scheel, Stoecker und Streisand – war der „Antifaschismus" gelebte Realität. Der Arbeitersohn Obermann startete mit Beginn seiner Arbeitslosigkeit 1929 in Köln eine nachholende Bildungskarriere, hielt sich in der Emigration mit journalistischer Arbeit über Wasser und absolvierte von 1947 bis 1949 zielstrebig sein Geschichtsstudium.[22] Erich Paterna, kleinbürgerlicher Herkunft, war zunächst Volks- und Mittelschullehrer und hatte es 1930 bereits zum Rektor einer Reformschule gebracht. Seine Nachkriegskarriere begann er zunächst als wissenschaftlicher Mitarbeiter im Parteivorstand der KPD, seit 1946 lehrte er an der Parteihochschule in Potsdam, von wo er 1953 aus politischen Gründen auf den Lehrstuhl für Deutsche Geschichte an der Humboldt-Universität abgeschoben wurde. Für seine wie für Meusels und Obermanns politisch-soziale Erfahrungswelt und Sozialisation waren noch das Erlebnis des Ersten Weltkriegs und der Revolution, die Krise der Weimarer Republik und natürlich der Nationalsozialismus maßgeblich gewesen. Politisch kamen sie alle aus der von der SPD weggedrifteten Weimarer Linken. Paterna war 1919 Soldatenrat, engagierte sich 1930 in der SPD und 1931 in der SAP und verbrachte nach Aktivitäten im kommunistischen Widerstand die Jahre 1936–1940 im Zuchthaus Brandenburg. Kamnitzer, Joachim Streisand, auch Rudi Goguel (*1908), Percy Stulz (*1928), Friedrich Katz (*1927) und Helmuth Stoecker waren jüdischer oder halbjüdischer Herkunft und hatten teils in der Emigration, teils unter schwierigen Bedingungen in Deutschland überlebt. Heinrich Scheel, 1915 geboren und Sohn eines sozialdemokratischen Arbeiters, kam auf der Reformschule Scharfenberg in Berlin in Kontakt mit kommunistischen Jugendlichen, schloss sich 1932 dem Kommunistischen Jugendverband an, beteiligte sich während seines Berliner Studiums an Flugblattaktionen und wurde 1942 nach der Entdeckung der so genannten „Roten Kapelle" verhaftet. Er kam mit einer Zuchthausstrafe davon, u. a. weil sein akademischer Lehrer Arnold O. Meyer sich für ihn eingesetzt hatte.[23]

Ungeachtet ihres Selbstverständnisses als kommunistische Wissenschaftler legten die ersten Vertreter der kommunistischen Geschichtswissenschaft an der Humboldt-Universität großen Wert darauf, die Techniken und tendenziell auch die Qualitätsmaßstäbe der bürgerlichen Geschichtswissenschaft aufrechtzuerhalten. Vor allem Meusel schrieb präzise und auch scharfe Gutachten, maß allerdings dort, wo es seinen wissenschaftspolitischen Zielen

22 Keßler, Exilerfahrung in Wissenschaft und Politik, 2001, S. 197–221.
23 Scheel, Heinrich, Vor den Schranken des Reichsgerichts. Mein Weg in den Widerstand, Berlin 1993.

diente, auch mit sehr unterschiedlichen Maßstäben.[24] Für die zukünftige Arbeit der marxistischen Geschichtswissenschaft versuchte Meusel grundsätzliche Orientierung zu liefern. In einem programmatischen Vortrag über die „wissenschaftliche Auffassung der deutschen Geschichte" skizzierte er seine Vorstellungen, die nun kämpferisch von einer Vorrangstellung der materialistischen Geschichtskonzeption im Anschluss an Marx und Engels ausgingen.[25] Die Einheit der deutschen Geschichtswissenschaft wollte Meusel allerdings dadurch erhalten, dass die westdeutsche Historie von der Gültigkeit des materialistischen Paradigmas überzeugt werden musste. Die Leistungen der deutschen Geschichtswissenschaft des 19. und frühen 20. Jahrhunderts erkannte Meusel durchaus an und erklärte sie sogar partiell zur Grundlage der neuen marxistischen Geschichtswissenschaft: „Ranke hat sich Verdienste um die Entwicklung der deutschen Geschichtswissenschaft erworben, die wir nicht missen wollen und werden, denn wir sind keine Bilderstürmer, die den Stab über alles Vergangene brechen." Meusel zufolge sollte die neue Geschichtswissenschaft ihrer traditionellen Rolle in der Bildung und Nationalerziehung nachkommen, sich aber thematisch neu orientieren, etwa auf die deutsche Revolutionsgeschichte. Dieses Konzept kann durchaus als repräsentativ gelten für die Wortführer der sich etablierenden „marxistischen Geschichtswissenschaft". Sie verstanden darunter, wie Fritz Klein einleuchtend formuliert hat, „theoretisch simpel, aber im Faktischen durchaus legitim, Untersuchungen zu Lage und historischer Rolle der in der bürgerlichen deutschen Geschichtswissenschaft generell zu wenig beachteten Unterschichten, Herausarbeitung der Faktoren des materiellen Lebens als letztlich entscheidender Triebkräfte der historischen Entwicklung, Kritik der ausbeuterischen, nach innen und außen gewalttätigen Politik herrschender Klassen."[26]

Diese Position stand teilweise in einem Spannungsverhältnis zu den Erwartungen der SED, wie sie der 1955 gefasste, die Geschichtswissenschaft aggressiv politisch vereinnahmende, so genannte „Geschichtsbeschluss" des Politbüros formulierte: „Die fortschrittlichste deutsche Geschichtswissenschaft ist eine scharfe ideologische Waffe".[27] Letzten Endes waren es jedoch gerade bürgerliche Marxisten wie Meusel, die als weichenstellende Übergangsfiguren dienten und die Geschichtswissenschaft dem Machtanspruch der SED auslieferten. Meusel ermöglichte erst die Kaderpolitik an der Universität und bereitete so das Beinahe-

---

[24] Vgl. die Gutachten zur Promotion von Joachim Streisand und von Helmuth Stoecker, 1952 und 1956 in: UAHU, Phil. Fak. n. 1945, Promotion Joachim Streisand, 6. 2. 1952, Bl. 7–9 bzw. ABBAW, NL Meusel, 470. Meusel fand auch Mittel und Wege, dem späteren „Chefideologen" der SED, Kurt Hager, einen Lehrauftrag für dialektischen und historischen Materialismus zu verschaffen, UAHU, Phil. Fak. nach 1945, 2, Bl. 95; vgl. Hager, Kurt, Erinnerungen, Leipzig 1996, S. 75–93, 138.

[25] Meusel, Alfred, Die wissenschaftliche Auffassung der deutschen Geschichte, in: Wissenschaftliche Annalen 1 (1952), S. 397–407, hier: S. 404, auch für das folgende Zitat.

[26] Klein, Fritz, Drinnen und Draußen. Ein Historiker in der DDR. Erinnerungen, Frankfurt a. M. 2000, S. 170f.

[27] Die Verbesserung der Forschung und Lehre in der Geschichtswissenschaft der Deutschen Demokratischen Republik (1955), abgedruckt in: Hardtwig, Wolfgang (Hrsg.), Über das Studium der Geschichte, S. 312–324, hier: S. 313.

Monopol der SED auf die Stellen der Neuzeithistoriker vor. Dabei beurteilte er den auf die Wissenschaft bezogenen Machtwillen des eigenen Regimes und dessen Machtinstrumente wesentlich naiver als die politischen Absichten der bundesdeutschen Historiker.

Diese drei Faktoren: parteipolitische Vorgabe, tradiertes geschichtswissenschaftliches Fachverständnis sowie das eigene (jeweils individuell akzentuierte) Interesse der marxistischen Historiker an der Politisierung ihrer Wissenschaft bildeten die Grundelemente auch der Geschichtswissenschaft der Humboldt-Universität bis zum Umbruch 1989–1992. In der jeweiligen Praxis der Aneignung der drei Elemente sowie in der Interpretation ihres Verhältnisses zueinander konstituierte sich der Wissenschaftsstil der Disziplin. So entwickelten sich bis in die 1960er Jahre Züge jener „Normalwissenschaft", deren Konturen und Mechanismen Martin Sabrow rekonstruiert hat.[28]

Dafür wurde der politische Impuls, der in der kommunistischen Interpretation der Geschichte als fortschreitende Befreiung der Menschheit durch das Proletariat bestand, in die innere Logik des Faches Geschichte eingearbeitet. Ob dies dann zu einer eigenen, dem westlichen Wissenschaftsverständnis inkommensurablen disziplinären Matrix führte, kann bezweifelt werden.[29] Denn zunächst bedeutet es nicht mehr, als dass dieses Geschichtsbild die alleinige Untersuchungsperspektive der historischen Forschungen darstellte. Man kann sie noch mit Max Webers Erkenntnislogik in Einklang bringen, auch Karl Mannheims Idee von der Seinsgebundenheit allen Denkens war etwa Meusel oder Streisand nicht unvertraut – wenn sie auch dessen pluralistischen Ansatz für ein bürgerliches Ideologem hielten.[30]

Die DDR-Historie reflektierte die Perspektivität ihrer Erkenntnisse nie grundsätzlich, vielmehr sah sie in ihrer besonderen Standortgebundenheit geradezu die Voraussetzung ihrer Objektivität.[31] Die Parteilichkeit für den Klassenkampf des Proletariats führte in ihrer Sicht zu objektiver Geschichtserkenntnis, weil sich im Klassenkampf des Proletariats die zu erforschende Geschichte realisiere. Dieses Konzept verhalf allerdings den ostdeutschen Historikern nach 1945 zu der Chance, wichtige „linke" oder sozialhistorische Themen eingehend zu erforschen, die vorher und zunächst auch in der BRD nicht bearbeitet worden waren. Das Grundproblem des Konzepts lag jedoch bis zum Schluss in der unflexiblen Starrheit, mit der die vermeintliche Regularität des Geschichtsprozesses gedacht wurde. So viel „Faktenmaterial" im Einzelnen auch in den allgemeinen historischen Verlauf hand-

---

28 Sabrow, Das Diktat des Konsenses, 2001, S. 432.

29 Possekel, Ralf, Kuriositätenkabinett oder Wissenschaftsgeschichte? Zur Historisierung der DDR-Geschichtswissenschaft, in: Geschichte und Gesellschaft (GG) 24 (1998), S. 446–462.

30 Vgl. Kittsteiner, Heinz D., Geschichtstheoretische Hintergründe des historischen Selbstverständnisses der DDR-Geschichtswissenschaft, in: DDR-Geschichte vermitteln, hrsg. v. Hüttmann, Jens u. a., Berlin 2004, S. 23–38.

31 Vgl. etwa Lozek, Gerhard, Das Problem von Objektivität und Parteilichkeit in der Auseinandersetzung mit der bürgerlichen Geschichtsschreibung, in: Zeitschrift für Geschichtswissenschaft (ZfG) 31 (1983), S. 387–396. Auch Kuczynski, Jürgen, Parteilichkeit und Objektivität in Geschichte und Geschichtsschreibung, in: ZfG 4 (1956), S. 873–888 bewegt sich innerhalb dieser Auffassung.

werklich sauber eingearbeitet werden konnte, die Möglichkeit zu grundsätzlich anderen und insofern neuen Interpretationen des Geschehens an sich blieb versperrt.

Der unmittelbare Parteieinfluss äußerte sich institutionell auf verschiedene Weise. Er brachte es mit sich, dass mehrfach Parteimitglieder und -funktionäre, die sich andernorts missliebig gemacht hatten und sich neben ihrer Parteikarriere mit Geschichte beschäftigen wollten, an das Institut versetzt oder dorthin berufen wurden. Zu diesem Personenkreis zählen zum Beispiel Erich Paterna, Kurt Pätzold, Ernst Hoffmann[32] (*1912) und Walter Bartel. Letzterer war KPD-Mitglied seit 1923, Widerstandskämpfer und Häftling im Dritten Reich, KZ-Insasse in Buchenwald und ab 1943 Vorsitzender des Illegalen Internationalen Lagerkomitees. Nach siebenjähriger Tätigkeit als persönlicher Referent von Wilhelm Pieck im Zuge parteiinterner Reinigungen entlassen, wurde er zunächst Professor für Neuere und Neueste Geschichte in Leipzig, dort aus fachlichen Gründen abgelöst und anschließend Professor für Neuere und Neueste Geschichte in Berlin.[33]

Die institutsinternen Qualifikationsverfahren gingen in ihrer übergroßen Mehrzahl reibungslos vonstatten. Die Gutachter waren sich fast immer einig, sie hoben die neuen Forschungsergebnisse und den politischen Nutzen der Arbeiten hervor und machten dann in der Regel kritische Anmerkungen zu einzelnen Punkten.[34] Eine Ausnahme stellt das Habilitationsverfahren von Laurenz Demps 1982 dar. Der Zweitgutachter Kurt Pätzold übte harsche Kritik, sowohl wissenschaftlich als auch politisch. Offenbar konnte sich Pätzold aber nicht gegen den Erstgutachter Walter Bartel durchsetzen. [35]

Über die direkte und später eher indirekte Steuerung der Personalpolitik hinaus übte die Partei über die gesamte Zeit der SED-Herrschaft hinweg erheblichen Druck auf die Historiker der Humboldt-Universität aus. Der ehemalige Nationalbolschewist Ernst Niekisch, im Dritten Reich im Zuchthaus Brandenburg inhaftiert, war 1948 auf eine Geschichtsprofessur berufen worden.[36] 1951 wurde er an der Abhaltung seiner Vorlesung gehindert, möglicherweise wegen nonkonformer Äußerungen zur Revolution von 1918[37]; 1953 überwarf er sich

---

32 Hoffmann war zunächst Parteifunktionär und kam dann 1962 – ohne Promotion oder Habilitation – zu einer Professur mit vollem Lehrauftrag für Geschichtstheorie.

33 Vgl. Prokop, Siegfried/Schwarz, Siegfried (Hrsg.), Zeitgeschichtsforschung in der DDR. Walter Bartel (1904–1992); ein bedrohtes Leben, Schkeuditz 2005. Symptomatisch für sein teils rein parteistrategisches, teils einfach dilettantisches Wissenschaftsverständnis: Bartel, Walter, Fragen der Zeitgeschichte, in: ZfG 6 (1958), S. 730–748, hier: S. 737ff.

34 Schwierigkeiten hatten in der Anfangsphase der Mediävist Eckhard Müller-Mertens und die Althistorikerin Liselotte Welskopf. Beide scheiterten zunächst an den wissenschaftlichen Anforderungen der „bürgerlichen" Gutachter.

35 Die Habilitationsschrift ging über das Thema: „Der Übergang der Abteilung 1 (Politische Polizei) des Berliner Polizeipräsidiums in das Geheime Staatspolizeiamt (1933/34)" Vgl. die Gutachten in: UAHU, Phil. Fak. n. 1945, Habilitation Dr. Laurenz Demps, 5. 5. 1982.

36 Mertens, Lexikon der DDR-Historiker, 2006, S. 457, gibt 1951 an.

37 Petzold, Joachim, Parteinahme wofür. DDR-Historiker im Spannungsfeld von Politik und Wissenschaft, Potsdam 2000, S. 41.

anlässlich des Arbeiteraufstandes endgültig mit der SED. Alfred Meusel selbst sah sich von der Leiterin der Parteihochschule, Hanna Wolf, scharf angegriffen, weil er die traditionelle deutsche Geschichtswissenschaft nicht pauschal verwerfen wollte.[38] Am 19. Juni 1953 formulierten die Mitarbeiter des Instituts für Geschichte des deutschen Volkes, angeführt von Heinrich Scheel, eine energische Stellungnahme zu den Ereignissen des 17. Juni, worin sie unter anderem erklärten, „Partei und Regierung haben Fehler gemacht (…) keine halben Wahrheiten mehr! Der Kritik an mangelndem Klassenbewußtsein der Arbeiter muß eine ernste Selbstkritik vorausgehen". Diese Erklärung ist jedoch von der Führung der Parteiorganisation der Universität nicht benutzt worden; stattdessen wurde den Leitungsmitgliedern der „Grundorganisation Historiker", Heinrich Scheel und dem Studenten Heiner Raßmus, unter der Hand nahegelegt, ihre Funktionen niederzulegen.[39] 1969 wagte es der im Jahr zuvor auf einen Lehrstuhl berufene Kolonial-Historiker und überzeugte Kommunist Helmuth Stoecker, eine von oben verordnete Umbenennung seines Instituts zu kritisieren und wurde alsbald, u. a. vom Sektionsdirektor Joachim Streisand, wegen liberalistischer Tendenzen kritisiert. Im Jahr darauf wurde ihm die Leitung seiner Abteilung für Allgemeine Geschichte entzogen. In seinen Erinnerungen polemisiert er aufs schärfste gegen den deutschen „Untertanengeist", der sich im Verhalten des Instituts widergespiegelt habe.[40] Kurt Pätzold war in den Jahren 1968, 1971/72 und 1976 selbst an der Relegation von opponierenden Studierenden beteiligt.[41] Nach seinen eigenen Angaben war er nur 1968 einer der Hauptakteure, als vier Studenten wegen Äußerungen zum „Prager Frühling" im Auftrag der Universitäts-Parteileitung gemaßregelt wurden. Als 1976 ein weiterer Student wegen seiner Protestbekundungen zur Biermann-Ausbürgerung für ein Jahr in die „Produktion" geschickt wurde, amtierte Pätzold als Sektionsdirektor und war insofern auch verantwortlich, doch war die Entscheidung ohne ihn getroffen worden.[42]

So sehr Parteifunktionäre Druck ausübten, so sehr ging Druck auch von den überzeugten Kommunisten und SED-Mitgliedern im Institut selbst aus.[43] Der Grund dafür liegt im marxistisch-leninistischen Wissenschaftsverständnis, zweifellos aber auch in der Persönlichkeit derer, die sich diesem Wissenschaftsverständnis mit Überzeugung verschrie-

---

38 Keßler, Exilerfahrung in Wissenschaft und Politik, 2001, S. 90.

39 Scheel, Vom Leiter der Berliner Schulfarm, 1996, S. 84–87.

40 Stoecker, Helmuth, Socialism with deficits. An academic life in the German Democratic Republic, Münster, Hamburg 2000, S. 89f.

41 Eckert, Rainer u. a., „Klassengegner gelungen einzudringen …". Fallstudie zur Anatomie politischer Verfolgungskampagnen am Beispiel der Sektion Geschichte der Humboldt–Universität zu Berlin in den Jahren 1968 bis 1972, in: Jahrbuch für Historische Kommunismusforschung (JHK) (1993), S. 197–225.

42 Vgl. Pätzold, Kurt, Die Geschichte kennt kein Pardon. Erinnerungen eines deutschen Historikers, Berlin 2008, S. 178ff.

43 Vgl. z. B. Mehls, Eckart, Unzumutbar. Ein Leben in der DDR, Schkeuditz 1998, S. 115, 134, 237 u. ö., Pätzold, Die Geschichte kennt kein Pardon, 2008, S. 175 u. ö., Scheel, Vom Leiter der Berliner Schulfarm, 1996, S. 83ff., Petzold, Parteinahme wofür?, 2000, S. 160ff., Stoecker, Socialism with deficits, 2000, S. 49ff., 88ff.

ben hatten. Historiker wie Helmuth Stoecker mochten Streit mit der Partei oder auch der Sektionsleitung haben; wenn aber ein Mitarbeiter es wagte, das geheime Zusatzabkommen zum Hitler-Stalin-Pakt in einer Lehrveranstaltung zu erwähnen, so drohte er Maßregelung an.[44] Da die Partei nach ihrer eigenen Machtlogik für die Wissenschaft Forschungsthemen definierte und Interpretationslinien beschloss – wie etwa zur „November-Revolution 1918" oder zur „frühbürgerlichen Revolution" – und an Universitäten und Akademien monopolartig Zuständigkeiten und vor allem auch Ressourcen zuteilte, nahm die Lenkung der Forschungs- und indirekt auch der Lehrtätigkeit seit den 1950er Jahren vor allem auf den politisch brisanten Feldern der Zeitgeschichte nach 1917 Züge von Parteikampagnen an.[45] Diese bestimmten allerdings das Forschungsgeschehen keineswegs vollständig. Eine Grundübereinstimmung der Historiker mit den Zielen der Partei wurde vorausgesetzt und war an den Universitäten auch gegeben; auf dieser Basis existierten aber durchaus Spielräume bei Themenwahl und Deutungen.

Forschungsbilanz: Quellenbezug und ‚Monotheismus der Theorie'

Entscheidend für eine wissenschaftsgeschichtliche Bilanzierung der DDR-Geschichtswissenschaft bzw. des Instituts für (seit 1969 der Sektion) Geschichte an der Humboldt-Universität ist die Frage nach den tatsächlich erbrachten Leistungen und Innovationen in Forschung und Lehre. Sie hat für die Neuzeithistoriker noch einmal von Meusel auszugehen. Meusel, der gelernte Soziologe, hatte in der Emigration ein Manuskript über „Thomas Münzer in seiner Zeit" verfasst, das er allerdings erst nach der nationalen Umorientierung des SED-Geschichtsbildes 1952 publizieren konnte.[46] Meusel bewertete das 16. Jahrhundert, anders als die Misere-Theorie Alexander Abuschs, nicht als Beginn des „Irrwegs deutscher Geschichte"[47], sondern als Ausgangspunkt revolutionärer Ansätze. Er fand sie vorrangig in der Erhebung der Bauern und Plebejer. Luther habe zwar nicht sozialrevolutionär son-

---

[44] Vgl. Schäfer, Peter, Meine Berliner Lehrjahre als Historiker an der Humboldt-Universität zwischen 1953 und 1963, in: Europa und Deutschland – Deutschland und Europa. Liber amicorum für Heiner Timmermann zum 65. Geburtstag, hrsg. v. Wagner, Helmut/Timmermann, Heiner, Münster 2005, S. 273–290, hier: S. 276–284.

[45] Vgl. zur zentralen Steuerung v. a. Neuhäußer-Wespy, Ulrich, Die SED und die Historie. Die Etablierung der marxistisch-leninistischen Geschichtswissenschaft der DDR in den fünfziger und sechziger Jahren, Bonn 1996.

[46] Meusel, Alfred, Thomas Münzer und seine Zeit. Mit einer Auswahl der Dokumente des großen deutschen Bauernkrieges, hrsg. v. Kamnitzer, Heinz, Berlin 1952. Zum Skandal um das Plagiat der Dokumente zum Bauernkrieg vgl. die Rezensionen: Franz, Günther, in: Historische Zeitschrift 177 (1954), S. 543–546; Steinmetz, Max, in: ZfG (1953), S. 968–978. Hierzu und zum Folgenden vgl. die sehr genaue Studie von Müller, Laurenz, Diktatur und Revolution. Reformation und Bauernkrieg in der Geschichtsschreibung des „Dritten Reiches" und der DDR, Stuttgart 2004, S. 182–287.

[47] Abusch, Alexander, Der Irrweg einer Nation. Ein Beitrag zum Verständnis deutscher Geschichte, Berlin 1946.

dern primär antirömisch und mit Blick auf das universalistische Kaiserreich gehandelt, sich damit aber an die Spitze des Kampfes um einen deutschen Nationalstaat gestellt. Die Vorstellung von dieser nationalen Stoßrichtung führte Meusel dazu, die Jahre zwischen Luthers Thesenanschlag und Bauernkrieg als „frühbürgerliche Revolution" zu bezeichnen.[48] Vermutlich ohne bewusst eine begriffliche Neuerung schaffen zu wollen, hatte Meusel damit in starker Anlehnung an Friedrich Engels und durchaus auch auf der Grundlage der historiographischen Tradition Rankes und Gerhard Ritters das Fahnenwort geprägt, unter dessen Vorzeichen die DDR-Historiker dann eine der wesentlichen Innovationen der DDR-Geschichtswissenschaft hervorbrachten. Mit dem Auftreten von Max Steinmetz (Jena) ging jedoch die eigentliche Zuständigkeit, zunächst aber auch die wesentliche Forschungsarbeit zur frühbürgerlichen Revolution, von Berlin auch SED-offiziell auf Leipzig über.[49]

Berlin kam erst wieder ins Spiel, als mit Günter Vogler ein junger Historiker innerhalb des Forschungsfeldes neue Wege ging und im übrigen das Zentralkomitee der SED mit dem Auftrag an die DAW, eine 12-bändige „Geschichte des deutschen Volkes" zu erarbeiten, auch für die Reformationsforschung wieder neue Organisationsmöglichkeiten und Ressourcen bereitstellte. Der dritte Band über die frühbürgerliche Revolution sollte von Adolf Laube und Günter Vogler bearbeitet werden (1969). In einer in der ZfG ausgetragenen Kontroverse mit Ernst Engelberg als Leiter des Akademie-Instituts und damit des Gesamtprojektes der „Deutschen Geschichte" kritisierte Vogler die Überbetonung der nationalpolitischen Zielsetzung, da die ökonomischen und sozialen Voraussetzungen für die Überwindung des Partikularismus und für die Konstituierung der bürgerlichen Nation noch nicht gegeben gewesen seien. Dagegen hob er als – wenn auch vielleicht nicht intendierte – Leistung der lutherischen Reformation hervor, dass sich das „politische Kräfteverhältnis zu Gunsten der weltlichen Fürsten und städtischen Oberschichten" verschob.[50] Diese frühbürgerliche Revolution – also Reformation und Bauernkrieg – integrierte er als Teilprozess in eine Kette bürgerlicher Revolutionen, die in einem europäischen Gesamtkontext gesehen werden müssten. Erst Ende des 15. Jahrhunderts – so Vogler zwei Jahre später – seien mit der Entstehung des Manufakturkapitalismus, der Formierung des Weltmarktes, der Existenz zentralisierter Monarchien und der Entstehung bürgerlicher Ideologien und Kultur die Voraussetzungen für revolutionäre Prozesse geschaffen worden.[51]

---

48 Meusel, Thomas Münzer, 1952, S. 77–82, 99f., 26–28, 41; Müller, Diktatur und Revolution, 2004, S. 186f.

49 Vgl. die Thesen von Max Steinmetz in: Deutsche Historikergesellschaft (Hrsg.), Die frühbürgerliche Revolution in Deutschland. Referat und Diskussion zum Thema Probleme der frühbürgerlichen Revolution in Deutschland 1476–1535, Berlin 1961, S. 17–52, dazu Müller, Diktatur und Revolution, 2004, S. 201–216.

50 Vogler, Günter, Marx, Engels und die Konzeption einer frühbürgerlichen Revolution in Deutschland, in: Reformation oder frühbürgerliche Revolution? München 1972, S. 711; Müller, Diktatur und Revolution, 2004, S. 238.

51 Vogler, Günter, Revolutionäre Bewegungen und frühbürgerliche Revolution. Betrachtungen zum Verhältnis von sozialen und politischen Bewegungen und deutscher frühbürgerlicher Revolution, in: ZfG 22 (1974), S. 394–411, hier: S. 404.

Die breite Ausformulierung der These, die Arbeit an ihrer empirischen Fundierung auf östlicher und der politische Klimawandel seit den späten 60er Jahren auf westlicher Seite führten nunmehr dazu, dass sich auch die westdeutsche Geschichtswissenschaft mit dem Theorem auseinandersetzte.[52] Peter Blickles These von der „Revolution des gemeinen Mannes“ setzte die Verarbeitung der DDR-Forschung voraus, stürzte aber gerade dadurch die ostdeutsche Wissenschaft auch in einige Verlegenheit.[53] Praktisch gleichzeitig sprach Günter Vogler indirekt von einer Revolution des gemeinen Volkes[54] und wertete Luthers Idee des göttlichen Rechts substanziell auf, da sie den Bauern erst die Möglichkeit gegeben habe, ihre lokalen Forderungen allgemeingültig zu formulieren.[55] Anfang der 1980er Jahre wandte sich Vogler dann der empirischen Untersuchung der sozialen Konflikte in der Stadt und im Landgebiet Nürnberg sowie der Politik des Rates gegenüber diesen Unruhen zu und kam zu dem Befund, dass es in Nürnberg eine frühbürgerliche Revolution mit reduziertem Inhalt, „ohne Verwirklichung der bäuerlichen Forderungen“, gegeben habe.[56] Die Studie ist ausdrücklich gedacht als Beitrag zum empirischen Nachweis der Gesamtdeutung von Reformation und sozialer Bewegung als frühbürgerlicher Revolution. Die westdeutsche Kritik anerkannte durchaus den genauen Aufweis der sozialen Konflikte in der Stadt und v. a. im Nürnberger Territorium, kritisierte aber ein immanent teleologisches Deutungsmuster und eine „‚personalistische‘ Engführung“, bei der dann nur noch Vertreter des radikalen Flügels der Reformation vorkämen.[57] Seit den ausgehenden 1970er Jahren erschöpfte sich der „Streitwert“ des Theorems „frühbürgerliche Revolution“ für die gesamtdeutsche Geschichtswissenschaft.[58]

In den weiteren Kontext der „frühbürgerlichen Revolution“ gehört noch die nachgeholte Dissertation des 58-jährigen Erich Paterna (1955), die nicht die Frage nach der Revolution thematisierte, wohl aber – gleichsam ante festum – die Herausbildung „kapitalistischer

52 Vgl. Nipperdey, Thomas, Die Reformation als Problem der marxistischen Geschichtswissenschaft, in: Wissenschaft in kommunistischen Ländern, hrsg. v. Geyer, Dietrich, Tübingen 1967, S. 228–258; vgl. auch Rainer Wohlfeils viel gelesenen Sammelband Reformation oder frühbürgerliche Revolution? München 1972.

53 Blickle, Peter, Die Revolution von 1525, München 1975.

54 Vogler, Günter, „Die Gewalt soll gegeben werden dem gemeinen Volk.“ Der deutsche Bauernkrieg 1525, Berlin 1975.

55 Müller, Diktatur und Revolution, 2004, S. 250ff.

56 Vogler, Günter, Nürnberg. 1524/25; Studien zur Geschichte der reformatorischen und sozialen Bewegung in der Reichsstadt, Berlin 1982, S. 335.

57 Seebass, Gottfried, Zur Geschichte der reformatorischen und sozialen Bewegungen in der Reichsstadt Nürnberg im Jahre 1524/25, in: Mitteilungen des Vereins für Geschichte der Stadt Nürnberg 71 (1984), S. 269–276, hier: S. 271.

58 Vgl. auch Voglers Müntzer-Buch, mit seinem abschließenden Urteil „(...) dass Müntzer Theologe war und dies bis in seine Todesstunde blieb“, Vogler, Günter, Thomas Müntzer, Berlin 1989, S. 7. In Einzelstudien wie „Martin Luther und das Täuferreich zu Münster“, in: Günter Vogler (Hrsg., in Zusammenarbeit mit Hoyer, Siegfried/Laube, Adolf), Martin Luther. Leben, Werk, Wirkung, Berlin 1983, S. 235–254, kommt Vogler übrigens dann ganz ohne Bezug auf „Klassiker“-Zitate und die offiziellen Periodisierungen und Großbegriffe aus.

Produktionsverhältnisse" und die „Klassenkämpfe der mansfeldischen Bergarbeiter" vom 15. Jahrhundert bis zum Dreißigjährigen Krieg.[59] Im Übrigen war für die Wirtschaftsgeschichte an der Humboldt-Universität Jürgen Kuczynski zuständig, der allerdings seit 1947 nicht am Historischen Institut, sondern an der Wirtschaftswissenschaftlichen Fakultät mit fakultätsübergreifender Resonanz lehrte (vgl. Hesse/Rischbieter i. d. Bd.).

Die Geschichtspolitik der Partei legte ebenso wie die originären Interessen der Historiker seit Beginn der 1950er Jahre einen deutlichen Schwerpunkt bei der Geschichte der Revolutionen in Deutschland und Europa vom 17. bis zum 20. Jahrhundert. Wiederum steht hier Alfred Meusel am Anfang, mit einer Centenarbetrachtung zur Revolution von 1848/49, die aber keine neuen Akzente für die Forschung setzte.[60] 1950 promovierte Karl Obermann bei Alfred Meusel mit einer Studie über „Die deutschen Arbeiter in der ersten bürgerlichen Revolution".[61] Das Konzept der Arbeit ist streng dogmatisch, an Marx-, Engels- und Lenin-Zitaten ausgerichtet und in der Begrifflichkeit völlig schematisch. „Kleinbürger und Proletarier" sind strikt geschieden und stehen in einem eindeutigen Gegensatz. Die „Bourgeoisie" verrät die Arbeiterklasse – das ist die auch in der Diktion sehr schlicht vorgetragene These.[62] So bescheiden diese Studie insgesamt ausfiel, stand Obermann mit ihr doch am Beginn einer dauerhaften und intensiven DDR-Forschung zur Arbeiterbewegungsgeschichte im 19. Jahrhundert. Er selbst erweiterte sein Interesse auf die Geschichte der politisch-sozialen Bewegung im Vormärz insgesamt. Auch in Westdeutschland häufig benutzt wurde seine Quellensammlung zur Deutschen Geschichte 1815–1849, 1955 legte er noch eine Monographie zur Geschichte der Organisation und Ideologie der frühen Kommunisten vor.[63] Obermann verkörperte den Typus des aufgestiegenen Arbeitersohnes, der durch den Personalbedarf nach 1945 rasch in wichtige Stellungen aufrückte, immens fleißig und loyal war, den allmählich wachsenden Ansprüchen an Intellektualität und organisatorischen Fähigkeiten aber bald nicht mehr genügen konnte. Bei aller intellektuellen Enge beeindrucken an Obermann der konsequente Lebensweg und die unermüdliche Forschungsarbeit.[64]

---

59 Paterna, Erich, „Da stunden die Bergkleute auff." Die Klassenkämpfe der mansfeldischen Bergarbeiter im 16. und 17. Jahrhundert und ihre ökonomischen und sozialen Ursachen, 2 Bde., Berlin 1960. Vgl. die Rezensionen von Steinmetz, Max, in: ZfG 8 (1960), Sonderheft, S. 142–162 sowie Laube, Adolf, in: ZfG 8 (1960), S. 1924–1930.

60 Meusel, Alfred, Die deutsche Revolution von 1848, Berlin 1948.

61 Berlin 1950; vgl. Heydemann, Günther, Die deutsche Revolution von 1848/49 als Forschungsgegenstand der Geschichtswissenschaft in SBZ/DDR, in: Geschichtswissenschaft in der DDR, Bd. 2, hrsg. v. Fischer, Alexander/Heydemann, Günther, Berlin 1990, S. 489–518; Schmidt, Walter, Die 1848er Revolutionsforschung in der DDR. Historische Entwicklung und kritische Bilanz, in: ZfG 42 (1994), S. 21–38.

62 Vgl. Keßler, Exilerfahrung in Wissenschaft und Politik, 2001, S. 211.

63 Ausführlichere Würdigung des Werkes von Obermann in ebd., S. 209–221.

64 Petzold, Parteinahme wofür?, 2000, S. 67 berichtet, Obermanns Akribie habe ihm den Spottnamen „Carolus Zitaticus" eingetragen; vgl. Scheel, Vom Leiter der Berliner Schulfarm, 1996, S. 89: „Obermann war nüchtern, ja trocken und so phantasielos, daß ich mich nicht erinnern kann, ihn in der Mensa beim Mittagstisch jemals mit etwas anderem als Bratkartoffeln und Ei gesehen zu haben."

Das Thema Revolution griff auch der 1952 auf eine Professur für Neue Geschichte berufene Gerhard Schilfert auf. In seiner Habilitationsschrift „Sieg und Niederlage des demokratischen Wahlrechts in der deutschen Revolution 1848/49" analysierte er ausgiebig die parlamentarischen Debatten um das Wahlrecht. Das Hauptaugenmerk lag auf der These, dass das allgemeine demokratische Wahlrecht der Paulskirchen-Debatten angesichts des Ausschlusses der Unterstützungsbedürftigen nicht wirklich demokratisch gewesen sei.[65] Dieser Befund bot Schilfert Anlass zu scharfer Kritik am Paulskirchen-Parlament insgesamt, auch an der Linken. Wirklich entschlossen war die Linke – so Schilfert – nur dort, wo sie sich mit der Volksbewegung verbündete und von ihr in die richtige Richtung habe drängen lassen. Mit dieser These spitzte Schilfert immerhin – ungeachtet der undifferenzierten Glorifizierung der „Volksmassen" – einen Grundkonflikt der deutschen Geschichte im 19. Jahrhundert systematisch zu. Schilfert kritisierte zwar scharf die Mängel der bisherigen Revolutionsforschung, verzichtete aber auf überflüssige Rhetorik, hielt Maß mit Marx/Engels-Zitaten und leistete so insgesamt einen seriösen Beitrag zur Geschichte des Parlamentarismus in der Revolution. Pauschaler verfuhr Schilfert in einer Übersichtsdarstellung zur Englischen Revolution, die er als zweiten Schritt in einer Drei-Schritt-Folge von Revolutionen deutete – der Niederländischen, der Englischen und der Großen Französischen im Rahmen der „historischen Aufgabe" des Bürgertums, den Feudalismus zu liquidieren.[66]

Schilfert begründete damit einen Interessenschwerpunkt bei der westeuropäischen Geschichte – den er selbst noch um die Geschichte der USA erweiterte –, an den sich auch imperialismus- und weltgeschichtliche Fragestellungen anschließen ließen und der durch seine Schüler Bünger, Köller und Rüger sowie durch Klaus Vetter weiter bearbeitet wurde. Der Westremigrant und Sohn eines im KZ ums Leben gekommenen KPD-Reichstagsabgeordneten, Helmuth Stoecker, promovierte über „Deutschland und China im 19. Jahrhundert. Das Eindringen des deutschen Kapitalismus" (Berlin 1957). Meusel beklagte in seinem Gutachten, dass sich die Arbeit im wesentlichen auf Gesandtenberichte und sonstige diplomatische Quellen stützte, die eigentlich wirtschaftsgeschichtlichen Antriebskräfte und Mechanismen sowohl der deutschen Unternehmer wie auch die wirtschaftlichen, sozialen und politischen Probleme in China im Untersuchungszeitraum weitgehend ausklammere und vor allem die fehlende „echte, wissenschaftliche Parteilichkeit" vermissen lasse; das Urteil spricht aus heutiger Sicht allerdings eher für die gediegene, wenn auch enge empirische Arbeit.[67]

---

65 Schilfert, Gerhard, Sieg und Niederlage des demokratischen Wahlrechts in der deutschen Revolution 1848/49, Berlin 1952.

66 Schilfert, Gerhard, Die englische Revolution 1640–1649, Berlin 1989, S. 6f. Vgl. die frühe Arbeit: ders., Die Chartistenbewegung. Über die Anfänge der internationalen Arbeiterbewegung im 19. Jahrhundert in England, Leipzig 1956.

67 Stoecker, Helmuth, Die politischen Beziehungen zwischen Deutschland und China 1861–1885, o. O. 1956. Vgl. das Gutachten von Alfred Meusel, in: ABBAW, NL Meusel, S. 470.

In gesamtdeutscher und internationaler Perspektive konnten die Frühneuzeit-Historiker außer mit Voglers Forschungen allerdings keine langfristig wirksamen Akzente setzen. Seit Ende der 1970er Jahre erforderte zudem die Neuorientierung auf das „fortschrittliche Erbe" die Aufmerksamkeit auch von Historikern der Humboldt-Universität. 1959 hatte Gerhard Schilfert im „Lehrbuch der deutschen Geschichte" das absolutistische Preußen noch als die krasseste Form einer offenen Diktatur der Junkerklasse in Europa präsentiert.[68] Klaus Vetters Habilitationsschrift arbeitete dann aber in einer empirisch gut fundierten Untersuchung einerseits die sehr unterschiedlichen Reaktionen des preußischen Adels auf die Reformen nach 1806 heraus, zeigte aber auch, warum seine Opposition durchaus erfolgreich war und eine neue Machtstellung im Staat begründete.[69]

Gegenüber solcher Forschungsarbeit stellt das von Günter Vogler und Klaus Vetter gemeinsam publizierte Preußenbuch von 1970 eine Vorwegnahme der „Preußenwelle" der späten 1970er Jahre in der DDR dar[70], die mit der fast gleichzeitigen Aufwertung Preußens im Geschichtsbild der Bundesrepublik merkwürdig koinzidiert. Im Zentrum steht hier – gleichsam in Umkehrung des Bildes vom reaktionären Preußen – die allmähliche Durchsetzung der kapitalistischen Produktionsverhältnisse und die Formierung des Proletariats als prägender Kraft im preußischen Staat. Darunter leidet die Einbettung Preußens in die europäische Mächterivalität und entsprechend deren Bedeutung für die Verfassungs-, Sozial- und politische Geschichte des preußischen Staatswesens. Dagegen verwundert die Selbstverständlichkeit, mit der Kategorien der Nationalgeschichte wiederbelebt wurden – lange vor der offiziellen Wendung zu „Erbe und Tradition" in der DDR-Geschichtswissenschaft.[71] Das Buch gibt sich als kanonische Darstellung und wurde auch vielfach neu aufgelegt, doch spiegeln sich hier tatsächliche Forschungsleistungen der DDR-Historiographie zur preußischen Geschichte ganz unzureichend wider.

Das mag u. a. daran liegen, dass die Landesgeschichte an der Humboldt-Universität erst im Rahmen der geschichtspolitischen Kampagne der SED zur 750-Jahrfeier Berlins eine institutionelle Basis erhielt. 1981 wurde ein Meusel-Schüler der ersten Stunde berufen, Ingo Materna, der 25 Jahre am Deutschen Historischen Museum tätig gewesen war. Für das Berlin-Jubiläum gab Materna den ersten Band der „Geschichte Berlins – von den Anfängen bis 1945"[72] heraus. Walter Bartel war zuvor mit seiner Publikation zur Berlin-Geschichte noch an den Intrigen der Ulbricht-treuen SED-Funktionäre gescheitert. Laurenz Demps publizierte vor allem Bücher zu historischen Handlungsorten wie in der Wilhelmstraße

68 Schilfert, Gerhard, Deutschland von 1648 bis 1789, Berlin 1959.

69 Vetter, Klaus, Kurmärkischer Adel und preußische Reformen, Berlin 1979.

70 Vogler, Günter/Vetter, Klaus, Preußen. Von den Anfängen bis zur Reichsgründung, Berlin 1970.

71 Bartel, Horst, Erbe und Tradition in Geschichtsbild und Geschichtsforschung der DDR, in: ZfG 29 (1981), S. 387–394.

72 Materna, Ingo, Geschichte Berlins. Von den Anfängen bis 1945, Berlin 1987. Im Bereich der Mediävistik betrieb u. a. Eckhard Müller-Mertens diesbezüglich Studien: Berlin im Mittelalter. Aufsätze, Berlin 1987.

und der Friedrichstraße, die vor und nach der „Wende" ein breiteres, eher ortsgeschichtlich interessiertes Publikum erreichen.[73]

Neben Vogler und Meusel nimmt zweifellos Joachim Streisand eine herausragende Stellung in der Geschichtswissenschaft der DDR-Zeit ein. Streisand, Sohn einer Berliner Buchhändlerfamilie, studierte 1938–1942 in Rostock und Berlin Philosophie, Kunstgeschichte, englische Literatur und Soziologie, wurde dann als „Halbjude" vom Studium ausgeschlossen und stand die NS-Zeit als Zwangsarbeiter durch.[74] 1948 wurde er Mitglied der SED, Meusel holte ihn nach seiner Promotion an das Deutsche Historische Museum. Sehr rasch etablierte sich Streisand als Multifunktionär: er wurde Mitbegründer und Redaktionssekretär der „Zeitschrift für Geschichtswissenschaft", 1955 trat er dem Autorenkollektiv für das „Lehrbuch zur deutschen Geschichte" bei und übernahm 1962 dessen Leitung. Seit 1956 auch wissenschaftlicher Referent der DAW in Berlin, habilitierte er sich 1962 bei Leo Stern in Halle.[75] 1963 wurde er zum Professor mit Lehrauftrag für Geschichte der Neuzeit an die Humboldt-Universität berufen, ab 1969 war er Professor mit Lehrstuhl und wurde im selben Jahr Direktor der Sektion Geschichte. Als Sektionsdirektor 1974 strafweise abgesetzt, blieb er doch auf seiner Professur im Amt, ebenso wie (seit 1969) in der Funktion des Präsidenten der Historikergesellschaft der DDR.

Streisand schrieb eine „Deutsche Geschichte in einem Band" (Berlin 1968), die in der DDR als Standardwerk galt. Vor allem aber profilierte sich Streisand als Fachmann für die Geschichte der Geschichtsschreibung und für Theorieprobleme der sozialistischen Geschichtswissenschaft und -kultur.[76] Er hielt sich in seiner Publikations- und Leitungstätigkeit seit 1956 an die wechselnden Vorgaben der Partei, blieb aber gleichwohl von mehrfachen Rügen und Disziplinierungen nicht verschont. Man mag darin ein Indiz sehen für die bei Streisand offenbar unauflösliche Spannung zwischen Begabung und intellektueller Kapazität einerseits und erzwungenem[77], aber auch innerlich bejahtem Konformitätswillen andererseits.

---

[73] Vgl. z. B. Demps, Laurenz, Der Gensd'armen-Markt. Gesicht und Geschichte eines Berliner Platzes, Berlin 1987.

[74] Zum Folgenden vgl. Schleier, Hans, Joachim Streisand, in: Wegbereiter der DDR-Geschichtswissenschaft, 1989, S. 341–358 sowie die Bachelorarbeit von Jacobsen, Anne C., Geschichtswissenschaft im Namen der Partei. Joachim Streisands geschichtstheoretische Aufsätze im Spiegel der Wissenschaftspolitik der SED in den Jahren 1952–1978, Humboldt-Universität zu Berlin 2008.

[75] Publikation unter dem Titel: Streisand, Joachim, Geschichtliches Denken von der deutschen Frühaufklärung bis zur Klassik, Berlin 1964.

[76] Ders. (Hrsg.), Studien über die deutsche Geschichtswissenschaft, 2 Bde., Berlin 1963 und 1965; ders., Kritische Studien zum Erbe der deutschen Klassik. Fichte, W. v. Humboldt, Hegel, Berlin 1971; ders., Die Geschichte im geistig-kulturellen Leben der DDR, in: ZfG 26 (1978), S. 198–208; ders., Kulturgeschichte der DDR. Studien zu ihren historischen Grundlagen und ihren Entwicklungsetappen, Köln 1981.

[77] In der angespannten Situation der Entstalinisierung – verknüpft mit der Ungarn- und Polenkrise 1956 – beschuldigte daraufhin der Leiter des Sektors Geschichtswissenschaft beim ZK und HU-Student Rolf Dlubek Streisand (und Kuczynski) des Revisionismus. Vgl. zu den Vorgängen: Klein, Drinnen und Draußen, 2000,

Abb. 2 Joachim Streisand (1920–1980)

Auch als sich Streisand der Historiographiegeschichte zuwandte, hatte er einen SED-Parteibeschluss im Rücken.[78] 1963 und 1965 erschienen die beiden von ihm edierten Bände „Studien über die deutsche Geschichtswissenschaft".[79] Darin waren Professoren der Humboldt-Universität stark vertreten. Hier ging es darum, „positive Traditionen" der

S. 186–195; Kuczynski, Jürgen, Frost nach dem Tauwetter. Mein Historikerstreit, Berlin 1993; Sabrow, Diktat des Konsenses, 2001, S. 78.

78 Vgl. Einhorn, Marion/Habedank, Heinz, Das Programm des Sozialismus und die Aufgaben der Historiker, in: ZfG 11 (1963), S. 237–260, hier: S. 258; Jacobsen, Geschichtswissenschaft, 2008, S. 19ff.

79 Streisand, Studien über die deutsche Geschichtswissenschaft, 1963 u. 1965.

deutschen Geschichtsschreibung säuberlich von deren reaktionär-bürgerlichen Aspekten zu trennen, wie sie vor allem von den „aggressiven imperialistischen Kräfte[n]" im „Bonner klerikal-militaristischen Obrigkeitsstaat" kultiviert würden.[80] Der gelernte Philosoph Streisand nahm sich exemplarisch Max Weber vor, den er offenkundig als Inbegriff all dessen ansah, was bekämpft werden musste. Das Konzept dieser Polemik besteht im Wesentlichen darin, das wissenschaftliche Werk Webers durch eine zugespitzte Darstellung seiner imperialistischen und angeblich klassenpolitischen Positionen zu denunzieren. Nichts deutet darauf hin, dass Streisand in irgendeiner Weise das Erkenntnispotenzial, das Weber gerade einer materialistischen Geschichtsschreibung bieten konnte, nutzen wollte. Demgegenüber wirken etwa der schlichte und freudig-nationalpolitische Beitrag Obermanns über Heinrich Luden oder Schilferts wohlwollende Anerkennung des fortschrittlichen Schlosser angenehm sachlich. Dass es auch ganz anders ging, zeigt übrigens Voglers Aufsatz über Max Lehmann, der allerdings durch die Borussianismus-Kritik Lehmanns auch sachlich begünstigt war.[81] Streisand selbst war auf politisch weniger bedeutsamen Terrain durchaus zu milderen Urteilen fähig, wie sein schmales Überblickswerk über das „Geschichtliche Denken von der deutschen Frühaufklärung bis zur Klassik" (Berlin 1964) zeigte.

Nachdem Streisand 1972 zum zweiten Mal von der Partei öffentlich angegriffen worden war, übte er erneut umfassende Selbstkritik.[82] Die ungewöhnliche Schärfe seiner Selbstbezichtigungen erklärt sich möglicherweise auch daraus, dass er an ihre Berechtigung wirklich geglaubt haben mag, weil sie seinen eigenen geschichtspolitischen Überzeugungen entsprach. Seit 1967 publizierte er Aufsätze zur Bedeutung, Entstehung und Durchsetzung des sozialistischen Geschichtsbewusstseins in der DDR.[83] Dabei steuerte er zum Diskurs um Tradition und Erbe die These bei, dass die Arbeiterklasse bei der Traditionspflege schon deshalb im Vorteil sei, weil sie „wissenschaftlich" begründen könne, welche Traditionen fortschrittlich und mithin fortführenswert seien. Streisands prinzipielle Überlegungen stehen nicht außerhalb jeder Vergleichbarkeit mit Überlegungen zu Geschichtsbewusstsein und Geschichtskultur, wie sie auch in Westdeutschland etwa zeitgleich angestellt wurden. Der entscheidende Unterschied liegt hier, neben dem weitgehenden Fehlen empirischer Arbeit zur Geschichte von Geschichtspolitik und -kultur, in der politisch-

[80] So Gerhard Schilfert, Leopold von Ranke, in: ebd., Bd. 1, S. 241–270.

[81] Ebd., Bd. 2, S. 57–98.

[82] Die Stellungnahme Streisands ist abgedruckt in: Eckert u. a., „Klassengegner gelungen einzudringen ...", 1993, S. 224f.

[83] Streisand, Joachim, Geschichtsbild, Geschichtsbewußtsein. Ihre Wechselbeziehungen und ihre Bedeutung für die Entwicklung des sozialistischen Bewußtseins, in: ZfG 15 (1967), S. 822–834; ders., Geschichtsforschung und Geschichtsschreibung auf dem Weg zur sozialistischen Menschengemeinschaft, in: ZfG 17 (1969), S. 1521–1532; ders., Die Geschichte im geistig-kulturellen Leben der DDR, in: ZfG 26 (1978), S. 198–208.

methodischen Grundüberzeugung, dass es einen distanzierten „Betrachterstandpunkt zur Politik unserer Partei und zur politischen Erziehung“ beim Historiker nicht geben dürfe.[84]

Streisand gehörte auch zu den Gutachtern der Habilitationsschrift von Kurt Pätzold zur NS-Diktatur in den Anfangsjahren 1933–1935. Pätzold hatte zunächst in Jena mit einer archivbasierten Arbeit über den „Zeiss-Konzern in der Weltwirtschaftskrise (1923–1933)“[85] promoviert und versuchte dann, nach seiner Mitarbeit am „Lehrbuch“-Abschnitt 1933–1939, die antisemitische Ideologie und Politik der Nationalsozialisten in das marxistische Gesamtbild der faschistischen Diktatur zu integrieren. Pätzold unterschied dabei zwischen kurzfristiger Taktik und langfristiger Strategie des Faschismus.[86] Die Hauptstoßrichtung nach 1933 habe den Kommunisten, nicht den Juden gegolten, da jene die eigentlichen politischen Gegner darstellten. Rassismus und Antisemitismus hätten nur dienende Funktion zur Konsolidierung der faschistischen Diktatur und zur Vorbereitung der Deutschen auf den Krieg gehabt. Dann hätten die Machthaber ihre antisemitische Politik schrittweise radikalisiert, der Weg in die Endlösung habe sich erst nach dem Kriegsausbruch 1939 ergeben. Der Holocaust ist für Pätzold auch nicht das Endziel des Faschismus, sondern eine Stufe auf dem Weg zum eigentlichen Ziel, der Weltherrschaft – womit Pätzold die Judenverfolgung und -vernichtung in das Interpretament eines exzessiv gesteigerten Imperialismus einfügte.

Im Rahmen der DDR-Historie bestand die Wirkung seiner Beiträge aber weniger im Fortschreiben der Orthodoxie als darin, die dogmatische Faschismustheorie zu flexibilisieren und dadurch ihren Erklärungsanspruch auf ein vorher hochproblematisches Gebiet auszuweiten. Indem er die Rolle Hitlers und seiner Helfer reduzierte und die schrittweise Steigerung des Antisemitismus zur Vernichtungspolitik thematisierte, stand Pätzold in einer gewissen Nähe zu den zeitgleichen Ansätzen der westlichen „Strukturalisten“.[87] Ian Kershaw erkennt ihm zudem das Verdienst zu, die Judenvernichtung als ein „Element im Gesamtkontext des (…) Expansionsdrangs des NS-Staats“ zu verankern.[88] Beachtung gefunden hat auch Pätzolds Dokumentensammlung mit Erstveröffentlichungen aus DDR-

---

84 Zitat aus der „Persönlichen Stellungnahme zu staatsfeindlichen Haltungen und Tätigkeit einer Gruppe Studenten der Sektion Geschichte“, in: Eckert u. a., „Klassengegner gelungen einzudringen …“, 1993, S. 225.

85 Jena 1963.

86 Das Folgende v. a. nach: Pätzold, Kurt, Faschismus, Rassenwahn, Judenverfolgung. Eine Studie zur politischen Strategie und Taktik des faschistischen deutschen Imperialismus (1933–1935), Berlin 1975. Vgl. zu Pätzold: Käppner, Joachim, Erstarrte Geschichte. Faschismus und Holocaust im Spiegel der Geschichtswissenschaft und Geschichtspropaganda der DDR, Hamburg 1999.

87 Die Parallele sieht Käppner, Erstarrte Geschichte, 1999, S. 222–225.

88 Kershaw, Ian, Der NS-Staat. Geschichtsinterpretationen und Kontroversen im Überblick, erw. Neuausgabe, Reinbek 1999, S. 158f.

Archiven. Daneben erschienen von ihm u. a. eine Geschichte der NSDAP und eine Studie zur sog. „Reichs-Kristallnacht" 1938.[89]

Aufmerksamkeit über die DDR-Grenze hinaus erlangte auf einem anderen Themengebiet Konrad Canis, der zwischen 1975 und 1980 auch am Ministerium für Hoch- und Fachschulwesen tätig war. Er hatte sich schon seit seiner Dissertation in Rostock über die 1848er Revolution auf die deutsche Geschichte im 19. Jahrhundert spezialisiert. Dort entwickelte Canis mit einer Archivstudie über die Außenpolitik Bismarcks sein diplomatiegeschichtliches Profil, das sowohl die Verkürzungen der älteren deutschen Geschichtswissenschaft auf den „Friedenskanzler", wie auch die der DDR-Geschichtswissenschaft auf die Interessenpolitik der deutschen Wirtschaft bzw. den Klassenkampf der Proletariats überwand. Canis forderte hierin etwa zeitgleich mit der Wendung der DDR-Geschichtswissenschaft zu ‚Tradition und Erbe' und parallel zur Bismarck-‚Kehre' von Ernst Engelberg selbstbewusst die „adäquat[e]" Erfassung der „historische[n] Totalität" und nutzte hierfür nun die Überlieferung der ‚herrschenden Klassen'[90]; Canis führte sein Thema in Berlin in einigen ZfG-Aufsätzen weiter. Zwei weitere Monographien sind nach 1989 entstanden und haben durch die Verbindung von Innen- und Außenpolitik und die Neubewertung von Bismarcks kriegerischem Kalkül nach 1875 die älteren Arbeiten etwa von Andreas Hillgruber teilweise ersetzt.

Besonders seitens der sowjetischen Geschichtswissenschaft wurde den Forschungen von Günter Rosenfeld (*1926) Beachtung zuteil. Er führte das Thema der deutsch-sowjetischen Beziehungen seines Lehrers Winter fort – allerdings mit einer deutlichen Akzentverschiebung auf das Terrain des geschichtspolitisch stark reglementierten 20. Jahrhunderts und insbesondere der politischen Geschichte. Seine Habilitationsschrift „Die Rapallo-Partner. Die Sowjetunion im Kampf um die friedliche Koexistenz mit Deutschland 1922–1933" lag beim Verlag 16 Jahre lang auf Eis, bevor sie 1984 gedruckt werden konnte.[91] Rosenfeld stützte sich auf ausgedehnte Recherchen in sowjetischen und deutschen Archiven, die Motive der deutschen Außenpolitiker können dadurch genau rekonstruiert werden. Anders verhält es

---

89 Pätzold, Kurt/Weißbecker, Manfred, Hakenkreuz und Totenkopf. Die Partei des Verbrechens, Berlin 1981; ders., Verfolgung, Vertreibung, Vernichtung. Dokumente des faschistischen Antisemitismus 1933 bis 1942, Leipzig 1983; ders./Runge, Irene, Pogromnacht 1938, Berlin 1988.

90 Canis, Konrad, Bismarck und Waldersee. Die außenpolitischen Krisenerscheinungen und das Verhalten des Generalstabes 1882 bis 1890, Berlin 1980, S. 5, 8; die Promotion B war 1975 in Rostock erfolgt; vgl. ders., Alfred von Waldersee. Außenpolitik und Präventivkriegsplanung in den achtziger Jahren, in: Gestalten der Bismarckzeit 1 (1978), S. 404–425. Nachwende-Publikationen u. a.: ders., Von Bismarck zur Weltpolitik. Deutsche Außenpolitik 1890 bis 1902, Berlin 1997; ders., Bismarcks Außenpolitik 1870 bis 1890. Aufstieg und Gefährdung, Paderborn 2004. Canis ist Mitherausgeber der Friedrichsruher Ausgabe der Bismarck-Schriften.

91 Rosenfeld, Günter, Sowjetunion und Deutschland 1922–1933, Berlin 1984. Die Dissertation war schon 1960 erschienen: ders., Sowjetrußland und Deutschland 1917–1922, Berlin 1960. Die Schwierigkeiten beim Verlag erwähnt Thomas, Forschungen, 2005, S. 178.

sich mit der sowjetischen Außenpolitik, die als reine Friedens- und Verständigungspolitik erscheint und zudem in den geschichtsphilosophischen Optimismus des Kultes um Lenin und die Oktoberrevolution von 1917 eingebettet ist. Das geheime Zusatzprotokoll zum Hitler-Stalin-Pakt von 1939 wird nicht erwähnt – allerdings hat Rosenfeld in seinen Seminaren als Professor für Geschichte der UdSSR (1971–1991) darüber gesprochen; der Autor verwies 1990 auf den Druck der sowjetischen Geschichtspolitik.[92]

Insgesamt erscheinen die 1980er Jahre als eine Ära nachlassender Bevormundung. Die Ermüdung des politischen Regimes führte zu mehr Selbständigkeit der Wissenschaft – die sie allerdings nur sehr partiell zu nutzen wusste. Gorbatschows Kurs der „Perestroika" fand durchweg Zustimmung, auch bei überzeugten Parteigängern wie etwa Kurt Pätzold. Auch in der Lehre, bei der es individuelle Akte der Bevormundung durch die Partei schon länger nicht mehr gegeben hatte, erweiterten sich offensichtlich die Spielräume.

Versucht man die Jahrzehnte geschichtswissenschaftlicher Arbeit an der Humboldt-Universität in der Zeit zwischen 1945 und 1989 zu bilanzieren, so ist zunächst festzuhalten, dass sich eine „Normalwissenschaft" etablierte, die sich als marxistisch verstand und in ihren theoretischen Prämissen auf Grundaussagen von Marx/Engels und Lenin rekurrierte. Öffentliche, über den Streit von Spezialisten hinausführende Debatten konnten aus ihr heraus nicht entstehen. Das Zitierritual schwächte sich im Lauf der Jahrzehnte sicherlich ab, aber wer sich in Forschung und Lehre etablieren wollte, durfte keinen Zweifel daran lassen, dass er in seiner wissenschaftlichen Arbeit auf dem Boden der marxistischen Weltanschauung stand. Gewiss gab es erhebliche Spielräume in der Anwendung der Basisannahmen wie auch im Ausmaß der expliziten Bekenntnisse zu ihnen wie zur politischen Ideologie insgesamt. Ein substanzieller und unverzichtbarer Bestandteil alles wissenschaftlichen Arbeitens war von Anfang bis Ende des Untersuchungszeitraums der explizite Kampf gegen das „liberalistische" Wissenschaftsverständnis und insbesondere seine Anwendung in der westdeutschen Geschichtswissenschaft. Auch solide empirisch fundierte Studien wie die von Vogler und Canis kamen nicht ohne diese obligatorischen Polemiken aus, die nur ausnahmsweise die Ebene produktiver wissenschaftlicher Auseinandersetzung erreichten.

Gemäß den wissenschaftsorganisatorischen Vorgaben der SED verlagerte sich die Forschungsarbeit tendenziell von den Universitäten an die personell vorzüglich ausgestatteten Institute der Akademie der Wissenschaften. Dennoch blieb an den Universitäten Forschung prinzipiell möglich und erwünscht – und die personelle Besetzung im Vergleich zu den westdeutschen Universitäten exorbitant. Die Hochschullehrer beriefen sich notorisch auf die erforderliche ‚Einheit von Forschung und Lehre'.[93] Der Grad der Politisierung und Dog-

[92] Vgl. die Dokumentation Pätzold, Kurt; Rosenfeld, Günter, Sowjetstern und Hakenkreuz. 1938 bis 1941. Dokumente zu den deutsch-sowjetischen Beziehungen, Berlin 1990, S. 7.

[93] Vgl. etwa die Sitzungsprotokolle in: UAHU, Phil. Fak. n. 1945, Bl. 3, Gerhard Schilfert am 26. 4. 1962.

matisierung scheint sich mehr innerhalb der Institutionen von Bereich zu Bereich unterschieden zu haben, als zwischen Akademien und Universitäten als solchen.[94]

Externe Disziplinierung und innere Bejahung des offiziösen Geschichtsbildes wirkten von Anfang an in unauflösbaren Mischungsverhältnissen zusammen. Die Ausbildung von Konformität und die Stabilisierung einer solchermaßen vereinheitlichten „Normalwissenschaft“ stützten sich gegenseitig und produzierten ein wissenschaftliches Klima, in dem durchgreifende Innovationen unmöglich wurden. Das schloss wissenschaftlichen „Fortschritt“ nicht prinzipiell aus. Eine Vielzahl von Studien widmete sich vor allem in den 1950er und 1960er Jahren Themen der Partei- und der Sozialgeschichte, die in der „bürgerlichen“ Wissenschaft bis dahin weitgehend vernachlässigt worden waren. Angesichts des Ausbildungsniveaus, des Zeitdrucks beim Aufbau des DDR-Staats und eines DDR-konformen Staatsbewusstseins sowie der anfangs schwachen personellen Ressourcen blieben viele dieser Arbeiten zunächst stark thesenhaft zugespitzt, in der Fragestellung verengt und in den Argumentationen wenig komplex. Doch zeigten die Beispiele der Diskussion über die frühbürgerliche Revolution, der Vormärz- und der Parteienforschung zum 19. Jahrhundert und schließlich erstaunlicher Weise die Forschung zu Bismarck und zur Außenpolitik nach 1890, dass auch auf dieser Theoriegrundlage bei geringerer Parteikontrolle von außen und innen ein Mehr an Kontroverse und damit an wissenschaftlichem Einfallsreichtum und an Komplexität der Argumentationen möglich gewesen wäre. Darauf deuten auch die parallelen „Erfolgsgeschichten“ hin, an denen sich die Neuzeithistoriker messen lassen müssen: etwa die Mittelalterforschung (vgl. Borgolte i. d. Bd.) oder die Archivwissenschaft mit Botho Brackmann; bezeichnender Weise außerhalb der „Sektion Geschichte“ entstand ein Arbeitskreis zur Kulturgeschichte der Arbeiterklasse, dessen Publikationen vielleicht nicht hochwissenschaftliche, aber doch wohltuend individuelle und nonkonforme Akzente zu einem ideologisierten Thema setzten.[95]

Ausdrücklich hingewiesen werden muss noch auf einen Faktor, der zu einer fortschreitenden Versachlichung und zur Kommunikationsfähigkeit der DDR-Historiker mit westlichen Wissenschaftlern beitrug: der Bezug auf die Quellen. Dass er gegenüber den ideologischen Schlagworten und orthodoxen Konzepten an Gewicht gewann, hat mehrere Gründe. Zum einem liegt dies in der Logik der Professionalisierung und Verwissenschaftlichung, die mit der institutionellen Etablierung und damit auch Autonomisierung – wie prekär diese auch gewesen sein mag – verbunden war. Er folgte zum anderen aus dem Anspruch auf Systemkonkurrenzfähigkeit bzw. -überlegenheit. Vor allem diente er vielen Gelehrten als

---

[94] Vgl. etwa Mertens, Lothar, Die rote Denkfabrik. Die Akademie für Gesellschaftswissenschaften beim ZK der SED, Berlin u. a. 2004.

[95] Vgl. Saldern, Adelheid von, Eine soziale Klasse ißt, trinkt und schläft nicht. Die Arbeitsgruppe „Kulturgeschichte der deutschen Arbeiterklasse“, in: Die DDR-Geschichtswissenschaft als Forschungsproblem, hrsg. v. Iggers, Georg G., München 1998, S. 241–258.

Anreiz und als Instrument, vor den verordneten Erkenntnisschranken nicht halt zu machen. Der Quellenbezug konnte bewusst als Ausweg aus den Fallen des Dogmas genutzt werden. Die entscheidende Blockade dieser Normalwissenschaft – der Monotheismus der Theorie – konnte allerdings nur abgeschwächt, nicht aber ganz beseitigt werden. Von Anfang an behinderten die Fixierung auf Großbegriffe, wie „Feudalismus", „Klasse" und „Monopolkapital" sowie ein trivialisierter Periodisierungsschematismus neue Fragestellungen und Interpretamente. Eine stärkere Infragestellung des wohligen Selbstgefühls eines privilegierten Antifaschismus hätte für die Interpretationen der gesamten Geschichte der Neuzeit neue Wege erschließen können.

Umbruch nach 1989

Nach dem Umbruch 1989 wurden die Bemühungen der Historiker der Humboldt-Universität um Aufarbeitung der eigenen politischen Belastungen und um eine fachliche Erneuerung rasch von den politischen Ereignissen, vor allem der Wendung zur deutschen Einheit überholt. Auf Grund ihrer Tradition und zentralen Lage standen die Humboldt-Universität und auch ihre Geschichtswissenschaft unter dem Druck öffentlicher Aufmerksamkeit. Zudem forderten ehemalige Studierende, die in politischen Konflikten durch ihre Hochschullehrer beschädigt worden waren, sichtbare Anstrengungen zur Aufarbeitung der eigenen Geschichte.[96] Auf Beschluss der Berliner Wissenschaftsverwaltung sollte die Sektion Geschichte Ende 1990 komplett „abgewickelt" werden und einem Neuanfang Platz machen. Mit Gerhard A. Ritter wurde ein höchst angesehener bundesdeutscher Historiker, der in den 1950ern selbst noch bei dem emigrierten Meinecke-Schüler Hans Rosenberg an der Freien Universität das sozialgeschichtliche Rüstzeug erworben hatte, mit dem Aufbau eines neuen Instituts beauftragt. Ritter verfolgte das Ziel, ein nach westdeutschen Maßstäben exzellentes Geschichtsinstitut aufzubauen[97], das neben den bestehenden Instituten an den beiden anderen Berliner Universitäten ein eigenes Profil gewinnen sollte. Neben der wissenschaftlichen Exzellenz spielte in Ritters Überlegungen die Herstellung eines Kommunikationsraumes für die Begegnung von Ost- und Westhistorikern eine – wenn auch untergeordnete – Rolle. Die beiden Zielvorstellungen schlossen einander in der Praxis jedoch aus. Die Pläne Ritters waren im Grunde kein Reformkonzept für die bestehende ostdeutsche HU-Historie, sondern sie waren von den Innovationswünschen für die *westdeutsche* Historie geleitet, deren Sozial- und

96 Vgl. die Dokumente in: Eckert, Rainer u. a., Krise – Umbruch – Neubeginn. Eine kritische und selbstkritische Dokumentation der DDR-Geschichtswissenschaft 1989/90, Stuttgart 1992; ders. u. a., Hure oder Muse. Klio in der DDR; Dokumente und Materialien des Unabhängigen Historiker-Verbandes, Berlin 1994.

97 Ritter, Gerhard A., Der Neuaufbau der Geschichtswissenschaft an der Humboldt-Universität zu Berlin. Ein Erfahrungsbericht, in: Geschichte in Wissenschaft und Unterricht 44 (1993), S. 226–238, hier: S. 229.

Gesellschaftsgeschichte zunehmend unter Reformdruck geraten war – für eine solche Aufgabe waren die ostdeutschen Historiker noch weniger gerüstet, als sie es für die wissenschaftliche Arbeit im akademischen Normalbetrieb der Bundesrepublik gewesen wären.

Nachdem die formelle Abwicklung durch eine Klage der Angehörigen der alten Sektion Geschichte gescheitert war, arbeiteten bis Mitte der 1990er Jahre einige der alten und die neu berufenen Professoren nebeneinander. Ritter leitete seit Ende 1991 eine „Struktur- und Berufungskommission"[98] und arbeitete einen detaillierten Strukturplan für das neue Institut aus. Die SBK evaluierte die Bewerber ebenso wie die verbliebenen Historiker aus der DDR.[99]

Ihre Marginalisierung an der Humboldt-Universität haben einige der betroffenen ostdeutschen Historiker als politisch motivierte Vertreibung interpretiert.[100] Doch es gab an der Universität keine zu vertreibende profilierte marxistische Geschichtswissenschaft, etwa mit einem naheliegenden sozialgeschichtlichen Schwerpunkt und anspruchsvoller theoretischer Grundierung, die eine echte Herausforderung für die Geschichtswissenschaft der Bundesrepublik dargestellt hätte. Einzelne Ansätze und Personen wurden in das neue Konzept integriert, ehemalige Akademie-Historiker wie Hartmut Harnisch (Preußische Geschichte) und Ludmila Thomas (Osteuropa) stießen hinzu. Für den „Mittelbau" wurden Übergangsprogramme geschaffen, die eine befristete Weiterbeschäftigung ermöglichten. Von den Neuzeit-Professoren erhielten Günter Vogler, Konrad Canis und Laurenz Demps neue Professoren-Stellen – allerdings keine Ordinariate; andere, wie etwa Siegfried Bünger, erhielten Übergangsverträge bis zu ihrem nahe bevorstehenden altersbedingten Ausscheiden. Die entlassenen Historiker arbeiteten (oft unter schwierigen sozialen Bedingungen) zum Teil in der so genannten „zweiten Wissenschaftskultur" weiter.

Der Strukturplan für das neue Institut sah zunächst 15 Professuren vor, von denen fünf als „Eckprofessuren" einen zeitlichen Schwerpunkt hatten.[101] Besondere Akzente setzten

---

98 Mitglieder der Kommission aus der BRD: Prof. Gerhard A. Ritter (Vorsitzender, Neuzeit), Prof. Winfried Schulze (Frühe Neuzeit), Prof. Otto G. Oexle (Mittelalter); von der Akademie der Wissenschaften der DDR: Prof. Fritz Klein (Neuzeit), Dr. Peter Musiolek (Dozent Alte Geschichte) Dr. Ruth Struwe (Dozentin Ur- und Frühgeschichte); von der HU: Dr. Heidelore Böcker (Assistentin mittelalterliche Geschichte), Ilko-Sascha Kowalczuk (studentischer Vertreter). Fritz Klein schied Anfang 1992 auf Grund seiner Stasikontakte wieder aus der Kommission aus. Angaben nach Klein, Drinnen und Draußen, 2000, S. 353ff.

99 Der letzteren Aufgabe verweigerte sich allerdings Fritz Klein. Von den 22 Professoren und Dozenten des Instituts wurden 11 zur Weiterbeschäftigung empfohlen, von den übrigen 33 wissenschaftlichen Mitarbeitern waren es 21; vgl. Ritter, Neuaufbau, 1993, S. 236.

100 Matschenz, Ingrid u. a., Dokumente gegen Legenden. Chronik und Geschichte der Abwicklung der MitarbeiterInnen des Instituts für Geschichtswissenschaften an der Humboldt-Universität zu Berlin, Berlin 1996.; Pätzold, Kurt, What New Start? The End of Historical Study in the GDR, in: German History 10 (1992), H. 3, S. 392–404.

101 Vgl. Ritter, Neuaufbau, 1993, S. 230f. Für die Neuzeithistorie waren das die Frühe Neuzeit, das 19. und das 20. Jahrhundert. Die Pläne für weitere Professuren für preußische Geschichte, historische Fachinformatik, internationale Beziehungen sowie Fachdidaktik sind leider nicht verwirklicht worden.

sechs „Profilprofessuren", die das Fach Geschichte an der Universität in Richtung einer modernen Sozialgeschichte, der Wissenschaftsgeschichte, der DDR-Geschichte sowie der Geschichte Osteuropas profilieren sollten. Kriterien für die Auswahl der Bewerber waren die Qualifizierung in Lehre und Forschung, die höher bewertet wurde, als die bisherige thematische Fokussierung der betreffenden Historiker. Frauen und ostdeutsche Historiker sollten bei gleicher Eignung bevorzugt werden. Für die zehn Lehrstühle der Neuzeithistorie gingen fast 400 Bewerbungen ein, zumeist von männlichen Historikern aus den alten Bundesländern. Durchweg wurden schon profilierte Historiker (und eine Historikerin) meist aus der Generation der 40- bis 50-Jährigen berufen.

Einige Elemente des Strukturplanes fielen allerdings teils den Widerständen im anfangs noch von Alt-Professoren dominierten Akademischen Senat, teils den Sparmaßnahmen des Berliner Senats zum Opfer. So fehlen jetzt u. a. Lehrstühle für Preußische und DDR-Geschichte. Die DDR-Geschichtswissenschaft an der Humboldt-Universität bekam unter den politischen und wissenschaftlich-qualitativen Vorgaben des Neuanfangs keine neue Gelegenheit zu jenen Reformen, die sie vor 1989 verpasst hatte und die jetzt auch nicht von ihr zu erwarten waren. Der personelle und inhaltliche Austausch in den Jahren nach 1989 war der dritte und wahrscheinlich stärkste Kontinuititätsbruch in der Geschichte der Institution im 20. Jahrhundert. Gleichwohl entstand sehr schnell ein auch nach westdeutschen Standards sehr gutes „Institut für Geschichtswissenschaften".[102]

[102] Berufen wurden für die Neuzeithistorie: Rüdiger vom Bruch, Wolfgang Hardtwig, Hartmut Harnisch, Ludolf Herbst, Hartmut Kaelble, Heinz Schilling, Günther Schödl, Ludmila Thomas, Heinrich A. Winkler, Clemens A. Wurm.

Wilfried Nippel

Alte Geschichte nach 1945

Von 1932 bis 1945 war Wilhelm Weber Inhaber des (inzwischen einzigen) Lehrstuhls für Alte Geschichte gewesen. Seine Rolle während der Zeit des Nationalsozialismus lässt sich nur schwer fassen. Weber ist schon im Juli 1945 vom (seinerzeit zuständigen) Berliner Magistrat[1] die Bestätigung im Amt verweigert worden. Auf Grund welcher Informationen – vermutlich über sein öffentliches Auftreten im Sinne des NS-Regimes – dies geschah, scheint ungeklärt. In den folgenden Jahren hat sich Weber um seine Rehabilitation bemüht. Das inzwischen eingeführte formale Kriterium der Mitgliedschaft in der NSDAP oder einer ihrer Gliederungen traf auf ihn nicht zu, wenn es auch (böswillig oder bona fide?) Behauptungen gab, Weber sei Parteigenosse gewesen.[2] Dies führte in einem undurchsichtigen Spiel aus politischen Vorwürfen, ‚Persilscheinen' (auch von selbst einschlägig Belasteten), Begleichen alter Rechnungen unter Professoren, Gegen- und Miteinander von politischen und universitären Instanzen zwar zur Gewährung eines bezahlten Forschungsauftrags für Weber im Dezember 1946, nicht jedoch zu seiner Wiedereinstellung.[3] Offen muss bleiben, auf welche Universität sich die Hoffnung auf eine Berufung bezog, die Weber kurz vor seinem Tod (21. November 1948) gehegt haben soll.[4]

In der Zwischenzeit hatte es an der Berliner Universität – unter dem ersten Rektor (bis 1947), dem klassischen Philologen Johannes Stroux, der bis 1951 auch Präsident der Akademie war[5] – diverse Anläufe gegeben, den althistorischen Lehrstuhl wieder zu besetzen, die

1 Zuständig für Vorschläge zur Weiterbeschäftigung oder Entlassung war der „Fünferausschuß" unter Vorsitz von Eduard Spranger; vgl. Thöndl, Michael, Der leitende Ausschuß für Wissenschaft. Die Universitäts- und Hochschulpolitik des Berliner Magistrats im Jahre 1945, in: Berlin in Geschichte und Gegenwart. Jahrbuch des Landesarchivs Berlin (1999), S. 109–143.

2 Kowalczuk, Ilko-Sascha, Legitimation eines neuen Staates. Parteiarbeiter an der historischen Front. Geschichtswissenschaft in der SBZ/DDR 1945 bis 1961, Berlin 1997, S. 32f., Anm. 17.

3 Details zu diesen Vorgängen finden sich in der in Arbeit befindlichen, auf breitem Aktenstudium beruhenden Untersuchung von Isolde Stark zum Berliner Institut für Altertumskunde 1945–1951, die mir die Autorin freundlicherweise zur Verfügung gestellt hat. Die aus diesem Material gezogenen Schlüsse sind meine eigenen, die nicht mit ihren Bewertungen übereinstimmen müssen.

4 Vogt, Joseph, [Nachruf] Wilhelm Weber, in: Gnomon 21 (1949), S. 176–179, hier: S. 179, spricht von der „Aussicht (…), die (…) Lehrtätigkeit in einem neuen Kreis wieder aufzunehmen".

5 Zu seiner hochschulpolitischen Rolle vgl. Flachowsky, Sören, Der Wissenschaftsorganisator Johannes Stroux an der Berliner Universität 1945–1947, in: Jahrbuch für Universitätsgeschichte 7 (2004), S. 191–214. Stroux, der 1935 Nachfolger des aus ‚rassischen' Gründen zwangsemeritierten Eduard Norden geworden war, hatte sich während der NS-Zeit nicht diskreditiert. Als Wissenschafts- und Kulturpolitiker (auch im Kulturbund) seit 1945 hat Stroux keine fachwissenschaftlichen Publikationen mehr vorgelegt.

jedoch aus verschiedenen Gründen nicht zum Erfolg geführt hatten. Wieder einmal war – wie schon 1923 und 1931 (vgl. Nippel in Bd. 5) – Matthias Gelzer im Gespräch gewesen, doch wurde dieser Vorschlag nicht weiter verfolgt; die dann von der Fakultät beantragte Berufung von Richard Laqueur scheiterte Anfang 1948 an der Ablehnung durch die Deutsche Verwaltung für Volksbildung. Laqueur war 1936 in Halle als ‚Volljude' entlassen worden und anschließend in die USA emigriert; die Verhinderung seiner Berufung nach Berlin beruhte anscheinend auf einer Mischung aus richtigen und falschen Informationen über seine ursprüngliche Nähe zur NSDAP bzw. SA-Mitgliedschaft.[6]

Im Wintersemester 1949/50 kam schließlich Ernst Hohl (1886–1957), der, da politisch unbelastet, seine Lehrtätigkeit in Rostock (seit 1919) nach dem Kriege wieder hatte aufnehmen können, als Professor für Alte Geschichte an die – nun – Humboldt-Universität, wo er schon Anfang 1949 eine kurze Gastvorlesung gegeben hatte. Er gehörte dem Institut für Altertumskunde an, wie es in Berlin seit dem späten 19. Jahrhundert üblich, wenn auch nicht unumstritten war. Hohl, der zur gleichen Zeit auch Mitglied der Berliner Akademie (jetzt: Deutsche Akademie der Wissenschaften) wurde, hat hier seine traditionellen Forschungsinteressen, vor allem zur Spätantike, speziell zur Historia Augusta, und zum Themenkomplex Römer und Germanen weiter verfolgt.[7] Der Stil seiner Vorlesungen – er verstand dies so wörtlich, dass er aus einem von ihm bearbeiteten Handbuch auch die Anmerkungen vorlas – provozierte jedoch Abstimmungen der Studierenden mit den Füßen, so dass Hohl schließlich ganz auf Vorlesungen verzichtete.[8]

Bereits vor der Emeritierung von Hohl (1953) wurde der Lehrbetrieb mit einem System von Aushilfen organisiert, das dann für lange Zeit das Bild der Alten Geschichte an der Humboldt-Universität – ähnlich wie an den anderen Universitäten der DDR – prägen sollte.[9] Seit 1951/52 bzw. 1953 sind (nach den Ankündigungen der Vorlesungsverzeichnisse) Lehraufträge für römische und griechische Geschichte (mit fast immer völlig konventionellen Titeln, die auf Überblicksveranstaltungen deuten) an Johannes Mathwich (*1928) und Elisabeth Charlotte Welskopf (1901–1979)[10] vergeben worden, die beide zu diesem Zeit-

[6] Nach Informationen von Isolde Stark.

[7] Zu Biographie und Werk (inklusive Schriftenverzeichnis) siehe Sehlmeyer, Markus/Walter, Uwe, Unberührt von jedem Umbruch? Der Althistoriker Ernst Hohl zwischen Kaiserreich und früher DDR, Frankfurt a. M. 2005.

[8] Stark (wie oben, Anm. 3) auf der Basis von Zeitzeugen-Befragungen bzw. Hinweisen in den Fakultätsakten.

[9] Für die institutionelle Entwicklung der DDR-Althistorie vgl. Willing, Matthias, Althistorische Forschung in der DDR. Eine wissenschaftsgeschichtliche Studie zur Entwicklung der Disziplin Alte Geschichte vom Ende des Zweiten Weltkriegs bis zur Gegenwart (1945–1989), Berlin 1991. Diese materialreiche Studie, auf die für die Daten zur Institutionen- und Personengeschichte hier generell verwiesen wird, leidet unter distanzlosen Wiedergaben der offiziellen Darstellungen.

[10] Geboren als Elisabeth Charlotte, genannt Liselotte, Henrich, seit 1946 verheiratet mit Rudolf Welskopf, dem sie als kommunistischem KZ-Häftling 1944 zur Flucht nach einem Arbeitseinsatz verholfen hatte. Erste Publikationen sind unter dem Namen Liselotte Welskopf-Henrich erschienen; unter diesem Namen ver-

punkt keinerlei fachwissenschaftlich einschlägige Veröffentlichungen aufzuweisen hatten. Versuche der Fakultät, Ende 1954 den Lehrstuhl von Hohl mit einem ausgewiesenen Gelehrten aus Westdeutschland, Hermann Strasburger (Frankfurt) oder Wilhelm Hoffmann (Hamburg), neu zu besetzen, scheiterten.[11] Ein Zusammenhang mit einer politischen Vorentscheidung zugunsten von Welskopf (dazu weiter unten) scheint denkbar, allerdings nach jetzigem Kenntnisstand nicht belegbar.

Evident ist dagegen, dass der Lehrstuhl tendenziell überflüssig geworden war, da nach der Hochschulreform von 1951 ein zeitaufwendiges, zu Lasten der Fachausbildung gehendes „gesellschaftswissenschaftliches Grundstudium" auch für die Altertumswissenschaften eingeführt worden war und zudem Alte Geschichte (im Gegensatz zu den anderen altertumswissenschaftlichen Disziplinen) kein eigenständiges Fach mehr darstellte, sondern nur die Möglichkeit der Spezialisierung auf die „Geschichte der Sklavenhaltergesellschaft" im Rahmen des Historikerstudiums erhalten blieb.[12]

Die Rolle von Welskopf

Welskopf hatte zwar in den 1920er Jahren in Berlin auch Alte Geschichte studiert (bei Ulrich Wilcken und Eduard Meyer), sich dann aber aus ökonomischen Gründen für eine Promotion in Nationalökonomie entschieden (1925) und von 1928 bis 1945 im Statistischen Reichsamt gearbeitet. Nach dem Krieg wurde sie einerseits Kommunistin und wollte andererseits eine akademische Laufbahn in der Alten Geschichte einschlagen.[13] Welskopf hatte Ende März 1949 eine „Aspirantur" an der Humboldt-Universität erhalten, und zwar unmittelbar von der (nach einer vorhergegangenen Verfügung der Sowjetischen Militäradministration dafür zuständigen) „Deutschen Verwaltung für Volksbildung".[14]

Als Thema ihres Habilitationsprojektes hatte Welskopf – nach Absprache mit dem damals noch nicht an der Universität beschäftigten SED-‚Geschichtstheoretiker' Ernst Hoffmann – angegeben: „Die neuen Erkenntnisse über das Altertum in den Werken von Marx,

öffentlichte sie auch ihre belletristischen Werke, während die wissenschaftlichen Arbeiten seit Mitte der 1950er Jahre mit Elisabeth Charlotte Welskopf gezeichnet wurden.

11 Information von Isolde Stark.

12 Studienplan bei Irmscher, Johannes, Praktische Einführung in das Studium der Altertumswissenschaften, Berlin 1954, S. 20–22.

13 Die folgenden Ausführungen beruhen auf Jähne, Armin, Elisabeth Charlotte Welskopf (1901–1979). Gedanken zu ihrem 100. Geburtstag, in: Sitzungsberichte der Leibniz-Sozietät 53 (2002), S. 119–131, und Stark, Isolde, Die Alte Geschichte in Berlin (DDR). Zur Bedeutung von E. Ch. Welskopf, in: Elisabeth Charlotte Welskopf und die Alte Geschichte in der DDR, hrsg. v. Stark, Isolde, Stuttgart 2005, S. 229–251. Auf die weiteren Beiträge in diesem Sammelband, die zeigen, wie unterschiedlich sich Welskopf darstellt, je nachdem, ob man die wissenschaftliche Qualität ihres Werkes, ihre Förderung auch politisch unangepasster Personen oder ihre Pflege von Kontakten mit dem ‚Westen' betont, sei hier generell verwiesen.

14 Diese Aspirantur war dem Fach Philosophie zugeordnet (Information von Isolde Stark).

Engels und Lenin und ihre Weiterbildung in der neuesten marxistischen Forschung". Die im Dezember 1953 eingereichte Arbeit trug den Titel: *Die Produktionsverhältnisse der Sklavenhaltergesellschaft – ein Vergleich ihrer Analyse durch Aristoteles und durch Marx, Engels, Lenin und Stalin.* Diese Habilitationsschrift wurde jedoch auf Grund eines Gutachtens von Werner Hartke[15] (damals noch Professor für Klassische Philologie in Rostock und kommissarisch dort auch für die Alte Geschichte zuständig) wegen fachwissenschaftlicher Mängel beziehungsweise Irrelevanz (angesichts der fehlenden Rückbindung an Quellen und Forschung) abgelehnt. Veröffentlicht wurde (außerhalb des Habilitationsverfahrens) eine kommentierte Belegstellensammlung zu den „Klassikern" des Marxismus-Leninismus, die im Umfang von 510 Druckseiten 1957 unter dem Titel: *Die Produktionsverhältnisse im Alten Orient und in der griechisch-römischen Antike. Ein Diskussionsbeitrag* erschien.

Den ursprünglichen Part zu Aristoteles hat Welskopf umgearbeitet und als Habilitationsschrift neu eingereicht.[16] Das Habilitationsverfahren wurde Ende 1959 formal erfolgreich abgeschlossen, wenn es auch hier wiederum fachliche Bedenken einerseits, Erleichterungen auf Grund „besonderer Verdienste" andererseits gab.

Diese Probleme beim Erwerb der formalen akademischen Qualifikation haben Welskopf aber nicht geschadet, sie wurde nämlich schon im Herbst 1952 mit der Vertretung einer Dozentur beauftragt, leitete seit 1958 kommissarisch die neu, und zwar im Hinblick auf ihre Person eingerichtete Abteilung Altertum innerhalb des Instituts für Allgemeine Geschichte[17], wurde 1960 zur Dozentin bzw. „Professorin mit Lehrauftrag" und sogleich definitiv zur Leiterin dieser Abteilung ernannt, aber schon 1962 pensioniert, als die Regelung über das Renteneintrittsalter, das für Frauen bei 60 Jahren lag, auf die Universitäten übertragen wurde; schließlich wurde sie 1964 – als erste Frau – Mitglied der Akademie. Es liegt auf der Hand, dass alles dies ohne starke (politische) Protektion nicht denkbar gewesen wäre, wenn auch nicht klar ist, wie bzw. von wem hier die Fäden gezogen wurden.

Dass Welskopfs Lehrbefähigung bzw. Stelle als „Allgemeine Geschichte unter besonderer Berücksichtigung des Altertums" definiert wurde, trug wohl auch den während des Habilitationsverfahrens von Altertumswissenschaftlern geäußerten Bedenken Rechnung. Welskopfs programmatische Aussagen, die eine bemerkenswerte Mischung aus taktischer Geschicklichkeit und Hilflosigkeit hinsichtlich ihrer inhaltlichen Umsetzung offenbaren, hätten, da sie

---

[15] Hartke (1907–1993) kam 1955 als Latinist an die Humboldt-Universität, wurde gleichzeitig einer der Direktoren des Instituts für griechisch-römische Altertumskunde an der Akademie, deren Präsident er von 1958 bis 1968 war; von 1956 bis 1958 war er Rektor der Humboldt-Universität. Hartke ist ein auffälliges Beispiel dafür, wie man in der SBZ/DDR eine NSDAP-Mitgliedschaft durch frühen Eintritt in die KPD und anschließende Linientreue kompensieren konnte.

[16] Druckfassung: Welskopf, Elisabeth Charlotte, Probleme der Muße im Alten Hellas, Berlin 1962.

[17] Nach den Fakultätsakten ist der Antrag dazu von den Historikern ausgegangen; Hartke als Rektor hatte fachliche Bedenken, stimmte aber mit der Kautele zu, dass die traditionelle Verbindung mit der Altertumswissenschaft aufrechterhalten werde (Information von Isolde Stark).

ein weit gefasstes Konzept alter Hochkulturen verkündeten, auch für eine Eingliederung der Alten Geschichte in einen Fächerverbund sprechen können, wie er dann später im „Zentralinstitut für Alte Geschichte und Archäologie" (dazu weiter unten) realisiert werden sollte.[18]

Noch rätselhafter ist die ‚Laufbahn' von Johannes Mathwich, von dem nur festzustehen scheint, dass er als Protegé von Stroux begonnen hatte, in den 1950er Jahren Übersetzungen russischer Lehrbücher vorlegte[19], dann (unpromoviert) 1961 Oberassistent wurde und für Welskopfs Nachfolge vorgesehen war, was sich aber deshalb verzögerte, weil er erst 1968 seine Dissertation abschloss[20] – und bald darauf nach einer Auslandsreise nicht mehr in die DDR zurückkehrte.[21]

Da sich die vorgesehene Nachfolgeregelung immer wieder verzögerte, wurde Welskopf seit ihrer Pensionierung bis Ende 1967 mit einem wiederholt verlängerten Vertrag mit der Leitung der Abteilung Altertum innerhalb des Instituts für Allgemeine Geschichte beauftragt. Welskopfs Publikationen seit den späten 1950er Jahren galten neben Grundsatzfragen zur Stellung der Antike in einer marxistischen Geschichtskonzeption vor allem Aspekten der griechischen Geschichte in der klassischen Zeit.[22] Sie zeigen einerseits, dass die Verfasserin inzwischen ihre fachwissenschaftlichen Defizite kompensiert hatte, doch lässt sich andererseits schwerlich ein Beitrag namhaft machen, in dem sie ein genuin neues Forschungsergebnis erzielt hätte.

Welskopf hat aber wesentlich dazu beigetragen, das starre Schema der „Gesellschaftsformationen" aufzubrechen und hat als notwendig und unerlässlich deklarierte empirische Forschung – eigentlich eine Selbstverständlichkeit, jedoch nicht unter den obwaltenden politischen Bedingungen – gefördert. Hier gilt für die DDR-Altertumswissenschaft insgesamt, dass die zahllosen Beiträge zur Periodisierungsdebatte zwar als gigantische Verschleuderung intellektueller wie materieller Ressourcen erscheinen, zugleich aber, indem die vielschichtigen Äußerungen von Marx und Engels – zumal die Kategorie der „asiatischen Produktionsweise", welche die ubiquitäre Geltung der „Sklavenhaltergesellschaft" für das Altertum in

18 Vgl. v. a. Welskopf, Elisabeth Charlotte, Die wissenschaftliche Aufgabe des Althistorikers, in: Sitzungsberichte der Deutschen Akademie der Wissenschaften, Berlin 1965, Nr. 2.

19 Übersetzungen von Maschkin, Nikolaj A., Römische Geschichte, Berlin 1953; Struwe, W. W. [Struve, Vasilij V.] (Hrsg.), Geschichte der Alten Welt. Chrestomathie, Bd. 3: Rom, Berlin 1957.

20 Noch vor seiner Promotion (mit einer Teiledition der Schriften von Marx zur antiken Philosophie) wurde Mathwich 1967/68 von Seiten der Historiker als designierter Nachfolger Welskopfs betrachtet und der erfolgreiche Abschluss seiner Habilitation antizipiert; Stark, Alte Geschichte in Berlin, 2005, S. 238.

21 Alle Angaben darüber, dass Mathwich in die Bundesrepublik gegangen sei, beruhen auf Gerüchten, verlässliche Informationen über sein Schicksal scheint es nicht zu geben; vgl. die Diskussionsbemerkungen von Guntolf Herzberg, in: Stark, Welskopf und die Alte Geschichte, 2005, S. 289–291.

22 Bibliographie bis 1971, zusammengestellt von Fischer, Hagen, in: Jahrbuch für Wirtschaftsgeschichte (1971), Teil 2, S. 211–213. Wie auch sonst für die DDR-Althistorie typisch, handelt es sich um oft kurze Beiträge und zeigt sich ein sachlich enges Themenspektrum.

Frage stellte[23] – aufgenommen wurden, der Überwindung dogmatischer Festlegungen und der Öffnung für fachwissenschaftlich begründete Untersuchungen samt des Austausches mit der internationalen, eben auch westlichen Forschung dienten.

Der Rückgriff auf die „Klassiker" stellte eine Art ‚Lebensversicherung' für die Althistorie beziehungsweise die Altertumswissenschaft in der DDR dar.[24] Zugleich genossen diese Disziplinen die „Gnade der relativen Irrelevanz"[25], was sie nicht solchen inhaltlichen Direktiven von Seiten der Parteiführung aussetzte, wie dies bei der neuesten Geschichte, v. a. in der Zeit Ulbrichts der Fall war.

Ohne Welskopf wäre vermutlich das Fach Alte Geschichte an der Humboldt-Universität ganz verschwunden. Als sich Mitte der 1950er Jahre eine leichte Korrektur der bisherigen Politik in dem Sinne abzeichnete, dass es zumindest an einer DDR-Universität eine spezielle Althistoriker-Ausbildung geben solle, war augenscheinlich eine Vorentscheidung für Leipzig gefallen. Nachdem das Zentralkomitee der SED nach langer Vorbereitung 1955 seinen Beschluss zur Geschichtsforschung in der DDR vorlegte (übrigens der einzige, der sich speziell auf eine Universitätsdisziplin bezog)[26], war es Rigobert Günther (1928–2000), der an offiziöser Stelle daraus eine Nutzanwendung für die Alte Geschichte entwickelte – die im Beschluss selbst nur in einem Halbsatz vorkam – und die Etablierung einer Althistoriker-Ausbildung in Leipzig (wo wie überall in der DDR 1955 die Professur für Alte Geschichte unbesetzt war) „vorschlug".[27]

---

23 Diese, wegen der wenigen verstreuten Ausführungen von Marx auslegungsfähige Kategorie war in den 1930er Jahren in der Sowjetunion mit Tabu belegt worden; ihre Wiederbelebung in den 1950er Jahren hat verschiedene intellektuelle Wurzeln, gerade für die DDR ist hier eine erhebliche Wirkung von Welskopfs *Produktionsverhältnissen* zu veranschlagen. Wie man damit das gesamte Formationenschema ad absurdum führen kann, freilich nicht, ohne die Klassiker noch einmal zu beschwören, zeigt z. B. Kreißig, Heinz, Zwei Produktionsweisen, „die der kapitalistischen vorhergehen". Thesen, in: Ethnographisch-Archäologische Zeitschrift 10 (1969), S. 361–368; ders., Zur antiken und altorientalischen Komponente im sog. Hellenismus, in: Klio 60 (1978), S. 217–219, und in der Durchführung am Material ders., Wirtschaft und Gesellschaft im Seleukidenreich. Die Eigentums- und die Abhängigkeitsverhältnisse, Berlin 1978.

24 Früh erkannt hat dies Irmscher, Johannes, Karl Marx studiert Altertumswissenschaft, in: Wissenschaftliche Zeitschrift der Universität Leipzig, Gesellschafts- u. Sprachwissenschaftliche Reihe 3 (1953/54), S. 207–215.

25 Schuller, Wolfgang, Zur Alten Geschichte in der DDR, in: Die DDR-Geschichtswissenschaft als Forschungsproblem, hrsg. v. Iggers, Georg G. u. a. (Historische Zeitschrift, Beiheft 27), München 1998, S. 411–417, hier: S. 413.

26 Die Verbesserung der Forschung und Lehre in der Geschichtswissenschaft der Deutschen Demokratischen Republik (Beschluß des ZK der SED), in: Zeitschrift für Geschichtswissenschaft 3 (1955), S. 507–527, mit Erläuterungen der Redaktion, ebd., S. 675–684; zur Entstehungsgeschichte vgl. Haun, Horst, Der Geschichtsbeschluß der SED 1955. Programmdokument für die „volle Durchsetzung des Marxismus-Leninismus" in der DDR-Geschichtswissenschaft, Dresden 1996.

27 Günther, Rigobert, Der Beschluß des ZK der SED „Die Verbesserung der Forschung und Lehre in der Geschichtswissenschaft der DDR" und das Studium der alten Geschichte, in: Zeitschrift für Geschichtswissenschaft 3 (1955), S. 904–907.

Günther wechselte im gleichen Jahr von einer Stelle am Marx-Engels-Lenin-Stalin-Institut beim ZK der SED als (unpromovierter) Aspirant nach Leipzig, um dort diese Aufgabe durchzuführen. Wenn auch die ‚Machtübernahme' durch Günther in Leipzig gelang, er anschließend die akademischen Grade bis zu Professur (1965) bzw. Ordinariat (1968) erlangte und er in allen Gremien des DDR-Wissenschaftssystems bis 1989 an prominenter Stelle präsent war, so hat er doch die von ihm angestrebte Monopolstellung für Leipzig auf dem Gebiet der Alten Geschichte nicht erringen können.[28] Klärungsbedürftig ist nicht nur, wie es 1955 zur Entscheidung für Leipzig kam, sondern vor allem auch, wie 1958 (in dem Jahr, in dem Welskopf kommissarisch mit der Leitung einer neu eingerichteten althistorischen Abteilung beauftragt wurde) die Festlegung auf drei althistorische „Leitinstitute" in Leipzig, Berlin und Halle zustande gekommen ist.[29]

Beim Aufbau ihrer Berliner Abteilung rekrutierte Welskopf mit Heinz Kreißig (1921–1984) und Peter Musiolek (1927–1991) zwei Männer, die bewegte und bewegende Lebensläufe hinter sich hatten. Kreißig, seit 1947 SED-Mitglied, war 1950 aus politischen Gründen als Übersetzer beim Leipziger Rundfunk entlassen worden und danach in bescheidenen Stellungen in einem Verlag tätig. Musiolek hatte eine Haft (1950–1955) in russischen Straflagern hinter sich; Welskopf hat seine Anstellung zeitweise privat (aus den Honoraren ihrer erfolgreichen Indianerbücher) finanziert.[30] Sie gewann beide als Fernstudenten für die Alte Geschichte (was gewiss nicht vorgesehen, aber eben deshalb auch nicht explizit ausgeschlossen worden war) und brachte sie zunächst in ihrer Abteilung unter, bevor sie sie an die Akademie weitervermittelte.

Für Kreißig wurde 1965 an der Arbeitsstelle (später: Institut) für Wirtschaftsgeschichte (Leiter: Jürgen Kuczynski) ein kleiner Arbeitsbereich für antike Wirtschaftsgeschichte ein-

---

[28] Die von Günther im Verein mit Gerhard Schrot und Gottfried Härtel im Parteiauftrag durchgeführte Neuordnung in Leipzig wird in verhüllender, aber partiell sich selbst entlarvender Darstellung geschildert bei Schrot, Gerhard, Forschung und Lehre zur Alten Geschichte an der Universität Leipzig, in: Wissenschaftliche Zeitschrift der Karl-Marx-Universität Leipzig 8 (1958/59), H. 2, S. 323–337; zu den äußerst unappetitlichen Vorgängen siehe im Klartext Kowalczuk, Legitimation, 1997, S. 294–298. Günther hat über lange Zeit Rettungsversuche für „Sklavenhaltergesellschaft" und „Sklavenrevolution" unternommen und insofern auch inhaltlich eine Gegenposition zu den ‚Aufweichungen' des Formationenschemas in Berlin bezogen. Zu seinen vielfältigen Funktionen siehe Willing, Matthias, Die DDR-Althistorie im Rückblick, in: Geschichte in Wissenschaft und Unterricht 42 (1991), S. 489–497, hier: S. 497, Anm. 50.

[29] Willing, Althistorische Forschung, 1991, S. 107.

[30] Vgl. Mileta, Christian, Welskopfs Erbe: Heinz Kreißig als Wissenschaftler und Wissenschaftsorganisator der „mittleren" DDR, in: Stark, Welskopf und die Alte Geschichte, 2005, S. 266–281; Stark, Isolde, Nachruf für Peter Musiolek, in: Die Ohnmacht der Allmächtigen. Geheimdienste und politische Polizei in der modernen Gesellschaft, hrsg. v. Florath, Bernd u. a., Berlin 1992, S. 13–17. Während Kreißigs Arbeiten (vgl. die Bibliographie, zusammengestellt von Audring, Gert, in: Klio 70 [1988], S. 302–307) auch im Westen wegen ihrer inhaltlichen Ergebnisse (jenseits ihrer Rolle zur Aufbrechung parteiamtlicher Dogmen) mit Respekt aufgenommen wurden, lässt sich ein dauerhafter wissenschaftlicher Ertrag von Musioleks Schriften schwerlich feststellen – was wiederum nichts über seine interne Rolle aussagt.

gerichtet.[31] Als Kreißig 1969 an das neu gegründete „Zentralinstitut für Alte Geschichte und Archäologie“ (ZIAGA) an der „Akademie der Wissenschaften der DDR“ (so der Name seit 1971) wechselte, folgte ihm Musiolek in diesem Bereich nach, der nicht in das ZIAGA überführt wurde. Dies spiegelt vermutlich einerseits die Sonderstellung von Kuczynski wider, andererseits die Tatsache, dass die antike Wirtschaftsgeschichte hier in einem Verbund mit der mittelalterlichen für die ‚vorkapitalistischen' Epochen zuständig war.

Universität und Zentralinstitut

Mit dem Ausscheiden von Welskopf und Mathwich war die Alte Geschichte an der Humboldt-Universität wieder verwaist, und dies in einer Zeit, in der durch tiefgreifende Umgestaltungen des Wissenschaftssystems die Forschung weitgehend an der Akademie konzentriert werden sollte.

Als Armin Jähne (*1941), der in Moskau promoviert hatte, 1970 als Oberassistent innerhalb der Sektion Geschichte für den Bereich der Alten Geschichte zuständig wurde[32], war nur ein Lehrprogramm für das allgemeine Geschichtsstudium, v. a. für Geschichtslehrer, vorgesehen. Warum diesem Bereich mit Marlene Njammasch eine Spezialistin für frühe indische Geschichte als weitere Mitarbeiterin zugeordnet wurde, ist in der Sache schwer nachvollziehbar, wenn auch die Formationentheorie solche Kombinationen zuließ. Ein theoretisch denkbares, aber forschungspraktisch kaum umsetzbares Konzept musste erst recht utopisch sein, wenn es von nur zwei Personen in einem marginalisierten Bereich der Geschichtswissenschaft realisiert werden sollte.

Jähnes Vorstellungen zur Profilierung der Alten Geschichte stießen zunächst innerhalb der Sektion auf Ablehnung, doch konnte er bald erreichen, dass in einer Art administrativer Grauzone wieder eine Spezialisierung von Studierenden im Bereich der Alten Geschichte möglich war; allerdings scheiterten 1984/85 Versuche, eine offizielle Fachrichtung Alte Geschichte wieder zu etablieren.[33]

Jähne (nach Habilitation 1980 Dozent, 1988 zum außerordentlichen Professor ernannt) legte seinen Schwerpunkt in Forschung und Lehre auf die Geschichte des Hellenismus,

---

[31] Kreißig, Heinz/Fischer, Hagen, Aufgaben und Probleme der Wirtschaftsgeschichte des Altertums in der DDR, in: Jahrbuch für Wirtschaftsgeschichte 8 (1967), Teil I, S. 270–284, ist ein Programm- und Legitimationsartikel für diese Einrichtung.

[32] Nach Auskunft von Armin Jähne war von dem für die zentrale Absolventenlenkung zuständigen Ministerium für Hoch- und Fachschulwesen ursprünglich seine Anstellung in Dresden vorgesehen gewesen, was dann angesichts der neuen Lage in Berlin geändert wurde.

[33] Diese Angaben beruhen auf Informationen von Jähne, denen ich entnehme, dass diese Entscheidungen wesentlich innerhalb der Sektion Geschichte fielen und von der jeweiligen Institutsleitung abhängig waren.

vor allem in Ägypten.[34] Hinzu kamen Arbeiten zu Sklaverei und Eigentumsstrukturen in der Antike, schließlich seit der Mitte der 1980er Jahre Beiträge zur Disziplingeschichte der Altertumswissenschaften, so zu Böckh, Mommsen und Eduard Meyer, zu denen jeweils Tagungen stattfanden.[35] Der Lehrbetrieb wurde durch die althistorische Abteilung innerhalb des wirtschaftsgeschichtlichen Instituts der Akademie sowie verschiedene Angehörige des ZIAGA unterstützt.[36]

Die Entwicklung der althistorischen Forschung innerhalb der Akademie gehört streng genommen nicht in die Universitätsgeschichte. Einige Bemerkungen sind jedoch angebracht, nicht nur im Hinblick auf die althistorische Forschung in Berlin während der DDR, sondern auch bezüglich der Umgestaltung des Wissenschaftssystems während und nach der ‚Wende'.

Die traditionellen altertumswissenschaftlichen Projekte der Berliner Akademie (für die Alte Geschichte heißt dies vor allem: das lateinische und griechische Inschriftenprojekt sowie die Prosopographie der Kaiserzeit) sind nach Wiederbegründung der Akademie 1946 fortgesetzt worden. Anfangs wollte man an die alten Wissenschaftstraditionen anknüpfen, später – trotz des Misstrauens gegenüber überwiegend ‚bürgerlichen' Wissenschaftlern – aus Prestigegründen diese weltweit angesehenen und auf internationale Kooperation (so sehr sie auch zunehmend erschwert wurde) angelegten Vorhaben nicht aufgeben; insofern wurden nolens volens bewährte Fachkompetenzen gesichert. Allerdings setzte sich die schon seit dem frühen 20. Jahrhundert einsetzende Tendenz zur Verselbständigung dieser Unternehmungen und zur Abkoppelung von der Gelehrtengesellschaft (der weiterhin Mitglieder aus dem Westen angehörten) fort, was sich 1955 in der Zusammenfassung aller altertumswissenschaftlichen Projekte in einem „Institut für Griechisch-Römische Altertumskunde" niederschlug.[37]

Darüber hinaus wurden nun auch unabhängig von den traditionellen Akademieprojekten weitere Forschungsvorhaben durchgeführt, welche auch gelegentlich Monographien

---

34 Vgl. u. a. Jähne, Armin, Die „syrische Frage". Seleukeia in Pierien und die Ptolemäer, in: Klio 56 (1974), S. 501–519; Die Alexandreōn chōra, in: Klio 63 (1981), S. 63–103.

35 August Boeckh (1785–1867). Forscher, Hochschullehrer, Zeitzeuge, Berlin 1987 (= Wissenschaftliche. Zeitschrift der Humboldt-Universität zu Berlin. Gesellschaftswissenschaftliche Reihe 36, Nr. 1); Theodor Mommsen 1817–1903, Berlin 1984 (= Akademie der Wissenschaften der DDR. Institut für Theorie, Geschichte und Organisation der Wissenschaft. Kolloquien, H. 40); Eduard Meyer (1855–1930). Zu Werk und Zeit. Kolloquium Humboldt-Universität 5./6. September 1990, Berlin 1991 (= Wissenschaftliche Zeitschrift der Humboldt-Universität zu Berlin, Geistes- und sozialwissenschaftliche Reihe 40, H. 9).

36 Ziemlich regelmäßig haben Kreißig, Musiolek und deren Mitarbeiter Hagen Fischer gelehrt; eher sporadisch Angehörige des ZIAGA; Einzelheiten finden sich in den jeweiligen Berichten von Jähne zur Alten Geschichte an der Humboldt-Universität, in: Mitteilungen zur Alten Geschichte und Archäologie in der Deutschen Demokratischen Republik 1 (1973) bis 17 (1989). Der Druck von Vorlesungsverzeichnissen ist Ende der 1960er Jahre eingestellt worden.

37 Das Institut für griechisch-römische Altertumskunde. Protokoll der Eröffnungstagung vom 23.–26. Oktober 1955, Berlin 1957.

hervorbrachten, an denen es in der DDR, wo die meisten Dissertationen und Habilitationsschriften ungedruckt blieben bzw. nur Teilveröffentlichungen in Zeitschriften erfuhren, sonst mangelte. Allerdings können von hauptamtlichen Mitarbeitern der Akademie vorgelegte Arbeiten, selbst wenn sie als akademische Qualifikationsschriften an der Humboldt-Universität angenommen wurden, schwerlich dieser zugerechnet werden. Wichtig war auch, dass die Trägerschaft von in der DDR fortgesetzten bzw. wieder belebten altertumswissenschaftlichen Fachzeitschriften (für die Alte Geschichte v. a. *Klio*, seit 1959) von dieser Einrichtung (statt von wissenschaftlichen Verlagen) übernommen wurde – mit dem erklärten Ziel, westliche Einflüsse auszuschließen.[38]

Geleitet wurde dieses Institut faktisch von Anfang an, formal endgültig seit 1964 von dem Gräzisten und Byzantinisten Johannes Irmscher, der es in zahllosen Publikationen verstand, einerseits die Fortsetzung der großen Tradition der deutschen Altertumswissenschaft für die DDR zu reklamieren, andererseits die Bedeutung der Antike für ein sozialistisches Welt- und Geschichtsbild zu unterstreichen.[39]

Die Gründung des „Zentralinstitut für Alte Geschichte und Archäologie“ 1969 bedeutete, dass die griechisch-römische Altertumswissenschaft nun in einen Großverband eingebracht wurde, zu dem auch die Ur- und Frühgeschichte sowie der Alte Orient zählten. Direktor des ZIAGA wurde (und blieb bis zum Ende der DDR) der Ur- und Frühgeschichtler Joachim Herrmann (*1932, also bei Übernahme dieser Funktion noch auffällig jung), der auch in anderen Wissenschaftsgremien die starke, auch für die Alte Geschichte beherrschende Figur wurde.[40]

Das ZIAGA startete eine Reihe von ‚Kollektivunternehmungen‘, die möglichst viele Teildisziplinen und Wissenschaftler aus sämtlichen Forschungseinrichtungen der DDR einbinden sollten; so entstanden – oft, aber nicht nur – Buchbindersynthesen, die durch Theoriekonzepte, die wenig mehr als Schlagworte waren, nur notdürftig zusammengehalten wurden.[41] Insgesamt ergibt sich – gemessen an dem immensen Personalbestand von zuletzt

---

[38] Irmscher, Johannes, 10 Jahre Institut für griechisch-römische Altertumskunde, in: Spektrum. Mitteilungsblatt für die Mitarbeiter der deutschen Akademie der Wissenschaften zu Berlin 12 (1966), S. 3–11, hier: S. 8f.

[39] Irmscher hat eine imposante Publikationsliste aufzuweisen, vgl. Merendino, Erasmo, Johannes Irmscher, classicista europe (1920–2000). Bibliografia di Johannes Irmscher (1948–2001), in: Quaderni di storia 57 (2003), S. 223–280, auch wenn dazu viele kurze Texte und diverse offiziöse Stellungnahmen zählen und es zahlreiche Mehrfachverwertungen gibt. Seine wissenschaftsgeschichtlichen Artikel sind, mit welchen politischen Botschaften sie auch jeweils verbunden waren, durchweg sehr informativ.

[40] Zu Struktur und Forschungsprogramm des ZIAGA vgl. die Daten bei Willing, Althistorische Forschung, 1991, S. 171–181, 233–241. Es gab einen Bereich „Griechisch-römische Geschichte“, in dem althistorische Forschungen und die Traditionsunternehmungen der Akademie zusammengefasst wurden, und einen Bereich „Griechisch-römische Kulturgeschichte“, der eher der klassischen Philologie und der Philosophengeschichte zuzuordnen ist. Irmscher war nur noch für den letzten Bereich zuständig, wurde also deutlich ‚degradiert‘.

[41] Vgl. nur Herrmann, Joachim/Sellnow, Irmgard, Die Rolle der Volksmassen in der Geschichte der vorkapitalistischen Gesellschaftsformation. Zum XIV. Internationalen Historiker-Kongreß in San Francisco 1975, Berlin 1975.

135 Wissenschaftlern, davon 22 im Bereich „Griechisch-römische Geschichte“ und 25 für „griechisch-römische Kulturgeschichte“[42] – ein eklatantes Missverhältnis zwischen Aufwand und Ertrag.

Bei genauerer Betrachtung ist diese Kritik mutatis mutandis auch an den beiden Großunternehmungen zu üben, die Welskopf nach ihrer Pensionierung auf eigene Faust und gegen den Willen von Herrmann realisierte[43], so nützlich sie in verschiedenen Hinsichten und so wichtig die damit verbundene Öffnung zur westlichen Forschung in wissenschaftspolitischer Hinsicht auch waren. In *Hellenische Poleis. Krise – Wandlung – Wirkung* (4 Bde., 1973–1974) ging es offensichtlich darum, Beiträge möglichst vieler DDR-Forscher und Spezialisten aus den sozialistischen Staaten aus allen irgendwie einschlägigen Fachrichtungen mit denen einer beachtlichen Zahl von Autoren aus dem westlichen Ausland (überwiegend, aber eben nicht nur ‚Linke‘ oder dezidierte Marxisten) zusammenzubringen. Dem Werk fehlt eine Konzeption, der immer wieder bemühte Krisenbegriff bleibt inhaltlich leer, irgendeine herausgeberische Koordinierung der Beiträge ist nicht erkennbar. Letzteres gilt modifiziert auch für das posthum erschienene Sammelwerk: *Soziale Typenbegriffe im alten Griechenland und ihr Fortleben in den Sprachen der Welt* (7 Bde., 1981–1985) hier fehlt eine klare Entscheidung, ob es um Sammlungen lexikographischer Belege oder begriffsgeschichtliche Abhandlungen gehen sollte.

Daneben gab es auch innerhalb des ZIAGA althistorische Arbeiten, die deutlich darauf verwiesen, dass es nicht mehr um die Bestätigung ideologischer Prämissen, sondern um empirisch fundierte Untersuchungen ging, die sich der internationalen Forschungsdiskussion stellen konnten. Diese Arbeiten können auch in formaler Hinsicht nicht mehr für die Humboldt-Universität ‚verbucht‘ werden, da Promotionen wie ‚Habilitationen‘ (wie an den Universitäten inzwischen in Form der Dissertation B mit Verleihung des Grades Dr. sc.) jetzt auch an der Akademie stattfinden konnten.

Neuorganisation nach der Wiedervereinigung

Der – je nach Perspektive – Umgestaltungs-, Erneuerungs- bzw. Abwicklungsprozess seit 1990 verlief an Humboldt-Universität und Akademie zeitlich weitgehend parallel, jedoch unter unterschiedlichen Zuständigkeiten, wobei es in beiden Fällen für geraume Zeit zu einem Neben-, Mit-, und Gegeneinander von internen Reformbestrebungen, privaten Ini-

42 Willing, Matthias, Das Ost-Berliner „Zentralinstitut für Alte Geschichte und Archäologie“ im deutschen Vereinigungsprozeß (1989–1992), in: Geschichte in Wissenschaft und Unterricht 47 (1996), S. 466–482, hier: S. 472.

43 Stark, Alte Geschichte in Berlin, 2005, S. 240–251.

tiativen[44] und Entscheidungen durch die von den zuständigen politischen Instanzen eingesetzten Gremien kam.

Für die Neustrukturierung der Geschichtswissenschaft an der Humboldt-Universität war eine vom Berliner Senat eingesetzte (paritätisch mit von der Universität Nominierten und vom Senat benannten Externen besetzte, faktisch von Professoren aus dem ‚Westen' dominierte) „Struktur- und Berufungskommission" unter Vorsitz des Münchener Neuhistorikers Gerhard A. Ritter zuständig. Sie verankerte zwei althistorische Professuren im neuen Stellenplan des Instituts für Geschichtswissenschaften, welche im Frühjahr bzw. Herbst 1992 mit Wilfried Nippel (*1950, zuvor Bielefeld)[45] und Klaus-Peter Johne (*1941, zuvor ZIAGA)[46] besetzt wurden. Nachdem ein „Abwicklungsbeschluss" für die gesamte bisherige Sektion Geschichte durch Gerichtsentscheidung außer Kraft gesetzt worden war, kam es in der Folgezeit zu einer Vielzahl von individuellen Kündigungen, was in der Alten Geschichte den bisherigen Fachvertreter Jähne traf.[47]

Die Forschungsinstitute der Akademie (also auch das ZIAGA) wurden gemäß § 38 des Einigungsvertrages nach Evaluation durch den Wissenschaftsrat mit Wirkung zum 31. Dezember 1991 aufgelöst. Die altertumswissenschaftlichen Projekte, die eine insgesamt positive Beurteilungen fanden, wurden, soweit es sich um traditionelle Akademievorhaben handelte, in die neu gegründete Berlin-Brandenburgische Akademie überführt; für eine Reihe von Einzelpersonen und Arbeitsgruppen gab es positive Empfehlungen, die eine befristete Weiterbeschäftigung im Rahmen des ‚Wissenschaftler-Integrationsprogramms' an Universitäten ermöglichten.[48] So sind auch einige ehemalige Akademie-Angestellte für

---

44 Dazu gehören auch die vom damaligen Rektor Heinrich Fink unterstützten Bemühungen, an der Humboldt-Universität ein „Institut für Altertumskunde" einzurichten, was einerseits dem Interesse von ZIAGA-Mitarbeitern an einer neuen Beschäftigungsmöglichkeit entsprach, andererseits den Ambitionen eines Gastprofessors in der Klassischen Philologie, nicht jedoch den Konzeptionen der für Klassische Philologie und Geschichte zuständigen Struktur- und Berufungskommissionen.

45 Lebenslauf und Schriftenverzeichnis unter: <http://ag.geschichte.hu-berlin.de/portal/ang_de-DE/tabid_3821/default.aspx>.

46 Vgl. Hartmann, Udo, Klaus-Peter Johne – Stationen eines Forscherlebens, in: Johne, Klaus-Peter, Kaiser, Konsuln und Kolonen. Studien zu Kaiserzeit und Spätantike, hrsg. v. Hartmann, Udo, Hamburg 2007, S. 9–14, und das Schriftenverzeichnis ebd., S. 263–270. Inzwischen ist erschienen Johne, Klaus-Peter (Hrsg.), Die Zeit der Soldatenkaiser, 2 Bde., Berlin 2008. Johne ist 2007 pensioniert worden. Nachfolger wurde 2009 Aloys Winterling (*1956, zuvor Basel).

47 Nach seinem Ausscheiden (1996) hat Jähne 2000–2004 ein DFG-Projekt „Die Chora hellenistischer Poleis" an der HU durchgeführt, zudem zu Schliemann gearbeitet: Jähne, Armin, Geheimsache Troja. Der Streit um Schliemanns Gold, Leipzig 1997; Heinrich Schliemann. Eine Biographie, Petersburg 1923. Aus dem Russischen übersetzt, hrsg. und kommentiert v. Armin Jähne, in: Das Altertum 44 (1998), S. 165–232.

48 Vgl. Willing, Zentralinstitut (nach Zeitungsberichten und Gesprächen mit Betroffenen), 1996; ders., Die DDR-Althistorie im historischen Kontext, in: Quaderni di storia 52 (2000), S. 245–275, hier: S. 268ff. (mit einigen Ungenauigkeiten); Stark, Isolde, Der Runde Tisch der Akademie und die Reform der Akademie der Wissenschaften der DDR nach der Herbstrevolution 1989. Ein gescheiterter Versuch der Selbsterneuerung, in: Geschichte und Gesellschaft 23 (1997), S. 423–445 (Innensicht einer Akteurin).

unterschiedlich lange Zeit im Bereich Alte Geschichte an der Humboldt-Universität tätig gewesen.[49]

Eine Bewertung der Lehre und Forschung seit 1992 muss anderen überlassen bleiben – der Autor dieses Beitrages ist Zeitzeuge und Akteur, somit als Historiker hierfür denkbar ungeeignet.[50]

49 Das gilt zumal für Gert Audring (*1944), der seit 1971 am ZIAGA tätig war, 1985–1991 als Bereichsleiter für griechisch-römische Geschichte. Audring ist 1994–2000 an der Humboldt-Universität im Rahmen dieses und eines Nachfolgeprogramms angestellt gewesen, 2001–2004 hat er ein DFG-Projekt zur Aufbereitung von Briefen aus dem Nachlass von Eduard Meyer durchgeführt; siehe <http://ag.geschichte.hu-berlin.de/site/lang_de/4084/default.aspx>, eine Fortführung seiner früheren Editionen: Ulrich Wilcken. Briefe an Eduard Meyer 1889–1930, Konstanz 1994; Gelehrtenalltag. Der Briefwechsel zwischen Eduard Meyer und Georg Wissowa (1890–1927), Hildesheim 2000. Jüngste Veröffentlichungen: Oikonomika. Quellen zur Wirtschaftstheorie der griechischen Antike, eingeleitet, hrsg. und übersetzt v. Audring, Gert/Brodersen, Kai, Darmstadt 2008; Meyer, Eduard, Geschichte der ägyptischen und der babylonisch-assyrischen Literatur (1879). Eine Dokumentation, hrsg. v. Audring, Gert, Speyer 2009.

50 Selbst bei äußerster Anstrengung zum Eigenlob bliebe eine solch makellose Erfolgsgeschichte unerreichbar, wie man sie sich an der FU schreiben kann: Baltrusch, Ernst, Geschichte der Alten Geschichte an der Freien Universität, in: Die Geschichtswissenschaften an der Freien Universität Berlin, hrsg. v. Kubicki, Karol/Lönnendonker, Siegward, Göttingen 2008, S. 11–40.

Michael Borgolte

Staatsideologie und Forschergeist. Die Produktivität der Mittelalterhistorie unter marxistischer Dominanz. Mit einem Ausblick auf die Zeit nach der „Wende"

Die Mittelalterhistorie in Zeiten der DDR wurde von drei eigenwilligen und je anders wirkmächtigen Hochschullehrern geprägt, die den Studierenden ein ungewöhnlich buntes Spektrum von Temperamenten und Forschungsstilen anboten[1]: Den beiden marxistischen Professoren Eckhard Müller-Mertens (geb. 1923) und Bernhard Töpfer (geb. 1926) sowie dem „bürgerlichen" Dozenten Frithjof Sielaff (1918–1996). Der erste von ihnen wirkte vor allem in die Breite und bildete eine Schule aus, die einzige in Ostdeutschland neben Leipzig; er entwickelte seine Arbeiten zur mittelalterlichen Nationalgeschichte so konsequent aus den älteren Traditionen des Faches, dass sich ihre Ergebnisse trotz der ideologischen Prämissen, unter denen sie entstanden sind, ohne Mühe in den aktuellen Wissensbestand oder Diskurs der gesamtdeutschen Mediävistik einfügen lassen. Sein Kollege auf dem Parallellehrstuhl, ein origineller Kopf, war hingegen ein Einzelgänger, der seine Werke aus marxistischem Geist auf neuen Wegen und in nie nachgeahmter Weise geschaffen hat. Beider Antipode profilierte sich als positivistischer Spezialist von großem Scharfsinn, brachte seine Einsichten aber nicht zu Papier; dafür verehrten den vom Staat geduldeten „Antifaschisten" seine Studenten als kritischen Oppositionellen mit loser Zunge. Die wissenschaft-

[1] Der folgende Beitrag beruht auf mehreren Vorarbeiten des Verfassers, bes. Borgolte, Michael, Eine Generation marxistische Mittelalterforschung in Deutschland. Erbe und Tradition aus der Sicht eines Neu-Humboldtianers, in: Mittelalterforschung nach der Wende 1989, hrsg. v. Borgolte, Michael, München 1995, S. 3–26; ders., Sozialgeschichte des Mittelalters. Eine Forschungsbilanz nach der deutschen Einheit. München 1996; zuletzt: ders., Kontinuität und Neuaufbau. Ostberliner Mittelalterhistoriker nach der „Wende", in: Klaus G. Saur – Die Berliner Jahre, hrsg. v. Fund, Sven, Berlin/New York 2009, S. 55–67. Nicht eingehen kann ich hier auf das Werk von Waltraut Bleiber, einer Spezialistin für das Frankenreich, seit 1972 Dozentin und 1986 auf dieser Stelle pensioniert, verstorben am 15. 10. 2008, siehe zuletzt Borgolte, Kontinuität und Neuaufbau, 2009, S. 57, Anm. 8.

liche Vielfalt, für die die drei Protagonisten über mehr als dreißig Jahre an der Humboldt-Universität bürgten, dürfte in der DDR ihresgleichen gesucht haben.[2]

Mediävistische Traditionspflege im sozialistischen Staat

Sielaff, der Pfarrerssohn und Gegner des Nationalsozialismus, hatte überwiegend im Krieg studiert und 1943 seine Dissertation zur Geschichte des Frühmittelalters in Greifswald eingereicht. Nach einjährigem Dienst in der Wehrmacht und einer Ausbildung zum wissenschaftlichen Bibliothekar hatte er gleichwohl im Sommersemester 1949 an der Berliner Universität seine Lehrtätigkeit aufgenommen.[3] Er traf hier auf den nationalkonservativen Wirtschafts- und Sozialhistoriker Fritz Rörig (geb. 1882), der seit 1935 einen Lehrstuhl für Geschichte des Mittelalters innehatte.[4] Unter seinen ersten Studenten könnten die einige Jahre jüngeren Müller-Mertens und Töpfer gewesen sein, die wie er selbst als Soldaten das Ende des Krieges erlebt hatten. Beide wandten sich neben dem traditionellen Geschichtsstudium allerdings auch dem Dialektischen und Historischen Materialismus zu, für den seit 1948/49 eigene Lehrveranstaltungen angeboten wurden. Der interessantere von beiden war Müller-Mertens; als Sohn eines 1933 ins Exil gegangenen Kommunisten und einer im selben Jahr aus dem Schuldienst gedrängten Lehrerin war er in seiner Jugend vor allem durch die Lebensphilosophie und die Schriften Friedrich Nietzsches und Oswald Spenglers beeinflusst worden. Erst unter dem Eindruck des Marxismus-Studiums an der Humboldt-Universität war er im Januar 1949 in Westberlin in die SED eingetreten; noch im selben Jahr siedelte er auch vom amerikanischen in den sowjetischen Sektor der Stadt über. Später hat Müller-Mertens selbst mit religiösem Vokabular von seiner Konversion zum Marxismus gesprochen.[5] Töpfer hingegen, der Herkunft nach ein Arbeiterkind, nahm die Ideologie des ostdeutschen Staates an, ohne in die führende Partei einzutreten.

---

2 Ähnlich das vergleichende Urteil eines Absolventen der Karl-Marx-Universität in Leipzig: Schulze, Hans K., Leben und Werk von Prof. Dr. Bernhard Töpfer. Laudatio, in: Töpfer, Bernhard, Die Wertung der weltlich-staatlichen Ordnung durch die Reformatoren des späten Mittelalters und der frühen Neuzeit, Berlin 2005, S. 8–24, hier: S. 14.

3 Zu Sielaff erschöpfend Berndt, Iris, Frithjof Sielaff 1918–1996, in: Frithjof Sielaff. Das Frühe und Hohe Mittelalter. Quellenkritische Beobachtungen, hrsg. v. Berndt, Iris/Heinrich, Gerd/Neumeister, Peter, Köln/Weimar/Wien 2001, S. 1–96; Sielaff, Frithjof, Untersuchungen zur Geschichte Knuts des Großen. Diss. Phil., Greifswald 1943 (ungedr.).

4 Zu Rörigs Berliner Wirken vgl. Hansen, Reimer/Ribbe, Wolfgang (Hrsg.), Geschichtswissenschaft in Berlin im 19. und 20. Jahrhundert. Persönlichkeiten und Institutionen, Berlin/New York 1992, pass., und jetzt Härtel, Susanne, Das Problem Europa in der deutschen Geschichtswissenschaft des 20. Jahrhunderts. Fritz Rörig (1882–1952), Magisterarbeit, Humboldt-Universität zu Berlin 2005 (ungedr.).

5 Müller-Mertens, Eckhard, Bürgerlichkeit – Marxismus – Autonome Konzeption. Wege in eine eigene Theorie der Geschichte, in: Berlin-Brandenburgische Akademie der Wissenschaften, Berichte und Abhandlungen, Bd. 7, Berlin 1999, S. 221–236, hier: S. 222f.

Während sich Sielaff auf die Habilitation vorbereitete, die er 1954 abermals in Greifswald erreichte[6], ließ sich Müller-Mertens von Rörig für Forschungen über das Landbuch der Mark Brandenburg gewinnen. Im November 1951, kurz vor Rörigs Tod, wurde er mit agrarhistorischen Studien an dieser Quelle promoviert.[7] Gleichzeitig beteiligte sich der junge Doktor am mühsamen Aufbau eines marxistischen Geschichtsbildes, nachdem das Zentralkomitee der Sozialistischen Einheitspartei Deutschlands im Oktober 1951 die Ausarbeitung eines Hochschullehrbuchs über die deutsche Geschichte gefordert hatte. Schon 1952 hielt Müller-Mertens seine erste Vorlesung an der Humboldt-Universität, übernahm aber auch Lehraufgaben an der Parteihochschule „Karl Marx" beim ZK der SED sowie an der Pädagogischen Hochschule Potsdam.[8]

Rörig, dessen letzter Assistent Bernhard Töpfer gewesen war, wurde 1952 durch den außerordentlichen Professor Albrecht Timm ersetzt, der parteilos war, aber als Marxist galt[9]; seit 1954 erhielt auch Sielaff eine Dozentenstelle. Die Marxisten Müller-Mertens und Töpfer wandten sich indessen dem Leipziger Mediävisten Heinrich Sproemberg (1889–1966) zu, dessen Kolloquien sie regelmäßig besuchten. Sproemberg war eine ähnlich schillernde Figur wie Timm, aus großbürgerlichem Hause, aber erst als Mittfünfziger in Ostdeutschland zur Professur gelangt. Obschon kein Marxist, stellte er sich in den Dienst des kommunistischen Regimes und erwarb sich dabei das Verdienst, an den systemkonformen wissenschaftlichen Nachwuchs die Errungenschaften des Faches – der Stoffe und der Methoden – weiterzugeben.[10] In der DDR sollten fast alle bedeutenden Mediävisten zu seinen Schülern zählen. Müller-Mertens konnte unter Sproembergs Anleitung seine Habilitationsschrift abschließen, die nochmals das Landbuch Karls IV. zum Gegenstand hatte (1956)[11], und auch bei Töpfers Dissertation (1954) und Habilitation (1961) fungierte der Leipziger Ordinarius in Berlin als Erstgutachter.[12]

---

[6] Sielaff, Frithjof, Erben der Karolinger. Studien zur Geschichte des früheren Hochmittelalters. Habilitationsschrift Universität Greifswald 1954 (ungedr.).

[7] Müller-Mertens, Eckhard, Hufenbauern und Herrschaftsverhältnisse in brandenburgischen Dörfern nach dem Landbuch Karls IV. von 1375, Diss. Phil., Humboldt-Universität zu Berlin 1951; Druck: Wissenschaftliche Zeitschrift der Universität Berlin, Gesellschaftswissenschaftliche Reihe, Bd. 1 (1951/52).

[8] B(leiber), W(altraut)/T(öpfer), B(ernhard), Eckhard Müller-Mertens 65 Jahre, in: Zeitschrift für Geschichtswissenschaft 36 (1988), S. 734f.

[9] Borgolte, Eine Generation marxistische Mittelalterforschung, 1995, S. 8, Anm. 14, S. 11; ders., Sozialgeschichte des Mittelalters, 1996, S. 101.

[10] Borgolte, Michael, Anfänge deutscher Geschichte? Die Mittelalterforschung der zweiten Nachkriegszeit, in: Tel Aviver Jahrbuch für deutsche Geschichte 25 (1996), S. 35–53, hier: S. 36–41.

[11] Müller-Mertens, Eckhard, Untersuchungen zur Geschichte der brandenburgischen Städte im Mittelalter. Habilitationsschrift, Humboldt-Universität zu Berlin 1956 (Druck: Wissenschaftliche Zeitschrift der Humboldt-Universität zu Berlin, Gesellschafts- und sprachwissenschaftliche Reihe, Bd. 5 [1955/56], Nr. 3, S. 191–221; Nr. 4, S. 271–307; Bd. 6 [1956/57], Nr. 1, S. 1–9).

[12] Töpfer, Bernhard, Volk und Kirche zur Zeit der beginnenden Gottesfriedensbewegung in Frankreich. Diss. Phil., Humboldt-Universität zu Berlin 1954 (Druck: Berlin 1957); ders., Das kommende Reich des Friedens. Zur Entwicklung chiliastischer Zukunftshoffnungen im Hochmittelalter. Habilitationsschrift Humboldt-Universität zu Berlin 1960 (Druck: Berlin 1964).

Für die neue Darstellung des Mittelalters als Gesellschaftsformation des Feudalismus bemühten sich die Marxisten um eine sozioökonomische Periodisierung nach sowjetischem Vorbild. Timm scheiterte mit seinem Widerspruch und ging 1955 in den Westen. Da sich auch die anderen bürgerlichen Historiker verweigerten, kam es aus Sicht von Partei und Staat auf die begabten marxistischen Jungwissenschaftler an. Um eine Grundlage für den ersten Band des geplanten Lehrbuchs zu schaffen, verfasste Müller-Mertens eine Darstellung über „Das Zeitalter der Ottonen" (1955), für die ihm Sproemberg sein eigenes Vorlesungsmanuskript überlassen hatte. Das Werk bietet eine dezidiert marxistische Neuinterpretation des Zeitalters, indem der Autor den staatlichen Charakter des Reiches betonte. Mit Zitaten Stalins und Lenins suchte er die These zu belegen, dass ohne Staat die Klassengesellschaft des Feudalismus nicht habe entstehen können. Gerade in der ersten Phase der frühfeudalen Periode sei ein relativ zentralistischer Staat mit starker monarchischer Spitze unverzichtbar gewesen, ein Werk König Heinrichs I. Diese Auffassung sollte sich in der ostdeutschen Geschichtswissenschaft behaupten.

Ende der fünfziger Jahre gelang der staatlich sanktionierten marxistischen Mediävistik der Durchbruch. Im Sommer 1957 wurde die „Idee der sozialistischen Hochschule" propagiert und die Geltung des Marxismus-Leninismus an allen historischen Instituten verlangt. Noch im selben Jahr oder kurz darauf übernahmen Marxisten die Professuren ihrer bürgerlichen Lehrer. In Berlin wurde Müller-Mertens 1960 auf einen Lehrstuhl für mittelalterliche Geschichte berufen, Töpfer erhielt kurz nach seiner Habilitation eine Dozentenstelle an der Humboldt-Universität und avancierte zum Leiter der Abteilung „Allgemeine [also nichtdeutsche, M. B.] Geschichte des Mittelalters", er wurde allerdings erst 1969 ordentlicher Professor. Das Opfer der Entwicklung war Frithjof Sielaff, der nach Timms Flucht in die Bundesrepublik die an Töpfer übergegangene Abteilung kommissarisch geleitet hatte. Für Sielaff, der zeit seines Lebens Dozent blieb, wurde eine „Arbeitsstelle Historische Spezialwissenschaften des Mittelalters" geschaffen, die bei der 3. Hochschulreform 1968/69 wieder verschwand.

Nationalkonservativer Positivismus in ideologischer Anpassung

Bis zu seiner Emeritierung 1988 war Müller-Mertens die dominante Figur unter den Mediävisten der Universität. Mehrfach wurden ihm Leitungsaufgaben übertragen, vor allem in der Sektion Geschichte (seit 1968). Er nutzte seinen Einfluss, um den unangepassten Dozenten Sielaff und andere Außenseiter zu fördern[13], und wurde selbst für seine „Leistungen

[13] Zu Sielaff: Berndt, Frithjof Sielaff, 2001, S. 55, 57. Die parteilose Heidelore Böcker (geb. 1943) holte er 1986 als Assistentin von Greifswald an die Humboldt-Universität und förderte sie als Hansehistorikerin, siehe Borgolte, Kontinuität und Neuaufbau, 2009, S. 62f. Wolfgang Eggert (1938–2006), promoviert 1969 und

als Hochschullehrer, Erzieher und Forscher" mit dem Nationalpreis der DDR gewürdigt[14]. Die Traditionen seiner Lehrer setzte er in seinen eigenen wissenschaftlichen Arbeiten fort und engagierte sich dafür mit nachhaltiger Wirkung auch außerhalb der Universität. Im Hinblick auf die Stadtgeschichte ließ er sich wie Fritz Rörig besonders die Hanseforschung angelegen sein[15]; der Hansischen Arbeitsgemeinschaft in der DDR, die sich unter Sproemberg vom Hansischen Geschichtsverein (von 1870) in der Bundesrepublik getrennt hatte (ab 1955), stand er seit 1966 vor, um sie nach der „Wende" in den Verein zurückzuführen.[16] Mit seiner Tätigkeit als Hochschullehrer eng verbunden war, ebenso seit 1966, die Leitung der Arbeitsgruppe Monumenta Germaniae Historica (MGH) an der Deutschen Akademie der Wissenschaften (resp. des Zentralinstituts für Geschichte der Akademie der Wissenschaften der DDR); die Gruppe, später Arbeitsstelle, setzte die Editionstätigkeit der MGH in (Ost-)Berlin fort, nachdem diese selbst 1943/47 nach Bayern abgewandert waren, und widmete sich der Edition spätmittelalterlicher Königs- und Kaiserurkunden. Auch hier konnte Müller-Mertens seine Arbeit über die Wiedervereinigung hinaus leisten und trat erst 2001 von seiner Funktion zurück.[17]

Seine konzeptionelle Kraft hatte sich zuerst in der Feudalismus-Diskussion schon in den frühen fünfziger Jahren erwiesen. Zwar sind die leitenden Fragen nur innermarxistisch von Interesse und können heute als abgetan gelten, aber die geradezu historistische Relativierung der „Klassiker" belegt eine Auffassung von Forschung als Prozess, die mit dem Objektivismus anderer, vor allem russischer Autoren, geradezu dramatisch kontrastierte. Müller-Mertens setzte sich zwar mit seinen Thesen nicht durch, blieb aber unverdrossen.

Eng verknüpft mit dem Feudalismusproblem war für ihn von Anfang an die Reichsgeschichte, ein Forschungsfeld, auf dem er seine Kreativität am effektvollsten entfaltete und

habilitiert 1985 an der Humboldt-Universität, wurde zweifellos unter entscheidender Mithilfe von Müller-Mertens Assistent an der Universität und Mitarbeiter an der Monumentenarbeitsstelle der Akademie, zu ihm zuletzt Borgolte, Kontinuität und Neuaufbau, 2009, S. 58; siehe auch unten Anm. 18.

14 Bleiber/Töpfer, Eckhard Müller-Mertens, 1988, S. 735.

15 Vgl. Engel, Evamaria, Berlin, die Mark Brandenburg und die Hanse im Werk von Eckhard Müller-Mertens, in: Hansische Stadtgeschichte – Brandenburgische Landesgeschichte. Hansische Studien VIII, hrsg. v. Engel, Evamaria/Fritze, Konrad/Schildhauer, Johannes, Weimar 1989, S. 7–12; Müller-Mertens, Eckhard, Die Hanse in europäischer Sicht. Zu den konzeptionellen Neuansätzen der Nachkriegszeit und zu Rörigs Konzept, in: Konzeptionelle Ansätze der Hanse-Historiographie, hrsg. v. Müller-Mertens, Eckhard/Böcker, Heidelore, Trier 2003, S. 19–43.

16 Ebd., S. 19; Müller-Mertens, Eckhard, Eröffnungsrede und Schlusswort zur 35. (letzten) Jahrestagung der Hansischen Arbeitsgemeinschaft in der DDR zugleich der ersten gesamtdeutschen Historikertagung nach dem Fall von Mauer und Grenzen, in: Hansische Geschichtsblätter 110 (1992), S. V–IX.

17 Vgl. *Turbata per aequora mundi*. Dankesgabe an Eckhard Müller-Mertens. Unter Mitarbeit von Mathias Lawo hrsg. v. Rader, Olaf B., Hannover 2001; Müller-Mertens, Eckhard, Grenzüberschreitende Monumenta-Arbeit im geteilten Berlin, in: Mittelalterliche Texte. Überlieferung – Befunde – Deutungen. Kolloquium der Zentraldirektion der Monumenta Germaniae Historica am 28./29. Juni 1996, hrsg. v. Schieffer, Rudolf, Hannover 1996, S. 247–264.

eine Reihe von Schülern zum Mittun bewegte.[18] Offenbar vermittelt durch Sproemberg griff er zunächst ältere Ansätze zur Ideen- und Begriffsgeschichte des Reiches, des Königtums und des Deutschen auf, die auch in der Bundesrepublik, wenngleich weniger nachdrücklich, verfolgt wurden. In einer umfangreichen, 1970 erschienenen Monographie untersuchte er Aufkommen und Verbreitung der Begriffe „regnum Teutonicum", „rex Teutonicorum" usw., um zu ergründen, „wie sich die *deutsche* Vorstellung vom Reich einbürgerte, wer ihre Träger und was deren Beweggründe waren, ihre Auffassung des Reiches am deutschen Volk zu bilden bzw. das Reich auf das deutsche Volk zu beziehen."[19] Die Untersuchung, die nach Selbsteinschätzung der marxistischen Mediävistik ein Beitrag zur Ideologiegeschichte gewesen ist, führte zu dem Ergebnis, dass sich die Vorstellung eines deutschen Reiches erst im frühen 12. Jahrhundert fassen lasse. Diese These hatte, was Müller-Mertens aber verschwieg, Sproemberg im Prinzip schon 1956 vertreten, obschon er die marxistische Auffassung vom deutschen „Staat" (also nicht „Reich") im frühen Mittelalter ablehnte, und entsprach auch den Erkenntnissen eines zeitgenössischen westdeutschen Historikers. Die Konvergenzen konnten freilich erst nach der „Wende" offen diskutiert werden.[20]

Eigenwilliger und der Anlage nach positivistisch waren die Forschungen zur Strukturgeschichte seit Mitte der siebziger Jahre; Müller-Mertens und seinen Schülern lag daran zu ergründen, inwieweit die Bewusstseinsgeschichte vom Reich der Deutschen der Entwicklungsgeschichte der Verfassung entsprach.[21] Um die „politisch-herrschaftliche Integration" des regnum zu erfassen, richteten die Ostberliner Historiker ihr Augenmerk auf die Reisetätigkeit und Urkundenausstellung der Ottonen und Salier. Obgleich es nach wie vor um die Entstehung und Kohärenz des deutschen Feudalstaates ging, gewannen die Studien jetzt eine Dynamik, die den engen sozioökonomischen Bezugsrahmen marxistisch-leninistischer Geschichtsdeutung durchbrach. Die Untersuchung der königlichen Herrschaftspraxis

---

[18] Forschungen zur Quellensprache des früh- und hochmittelalterlichen Reiches besonders durch Wolfgang Eggert (siehe oben Anm. 13), u. a.: Das ostfränkisch-deutsche Reich in der Auffassung seiner Zeitgenossen. Berlin 1973 (Diss.); noch nach 1989 z. B. ders., Ostfränkisch – fränkisch – sächsisch – römisch – deutsch. Zur Benennung des rechtsrheinisch-nordalpinen Reiches bis zum Investiturstreit, in: Frühmittelalterliche Studien 26 (1992), S. 239–273. Zu den Reichsstrukturforschungen vgl. v. a. Müller-Mertens, Eckhard/Huschner, Wolfgang, Reichsintegration im Spiegel der Herrschaftspraxis Kaiser Konrads II. Weimar 1992 (nach Huschners Diss. Humboldt-Universität 1986).

[19] Müller-Mertens, Eckhard, Regnum Teutonicum. Aufkommen und Verbreitung der deutschen Reichs- und Königsauffassung im früheren Mittelalter, Berlin 1970, S. 8.

[20] Müller-Mertens, Eckhard, Frankenreich oder Nicht-Frankenreich? Überlegungen zum Reich der Ottonen anhand des Herrschertitels und der politischen Struktur des Reiches, in: Beiträge zur mittelalterlichen Reichs- und Nationsbildung in Deutschland und Frankreich, hrsg. v. Brühl, Carlrichard/Schneidmüller, Bernd, München 1997, S. 45–52; ders., Nationale Frage, deutscher Staat, Ermittlungsmethoden. Bemerkungen zu Forschungen an der Humboldt-Universität über das mittelalterliche Reich, in: Borgolte, Mittelalterforschung nach der Wende, 1995, S. 27–42.

[21] Müller-Mertens, Eckhard, Die Reichsstruktur im Spiegel der Herrschaftspraxis Ottos des Großen. Mit historiographischen Prolegomena zur Frage Feudalstaat auf deutschem Boden, seit wann deutscher Feudalstaat? Berlin 1980, vgl. auch die Literatur oben Anm. 18.

ließ sich nämlich nicht auf das werdende „regnum Teutonicum" begrenzen, sondern führte immer in die Problematik des „imperium" hinüber; von der Nationalgeschichte ausgehend gelangte man zur Geschichte des römischen Reiches und des Kaisertums[22], eine Thematik, die lange Zeit der Ideologie des westdeutschen Imperialismus zugeordnet worden war. Solche unorthodoxen Sonderwege der Forschung haben der „Berliner Schule" maßgeblichen Einfluss auf das Geschichtsbild der DDR verwehrt.

Kirche und Geist – oder eine Entmächtigung des Materialismus

Bernhard Töpfer waren solche Wirkungen gewiss nicht gleichgültig, aber er hat sie fast ohne institutionelle Macht allein durch seine Schriften zu erzielen gesucht. Als Universitätsprofessor hatte er sich natürlich an der Feudalismusdiskussion zu beteiligen, er schrieb historische Gesamtdarstellungen und betreute an der Akademie der Wissenschaften im Nebenamt die stadtgeschichtlichen Forschungen.[23] Von Sproemberg angeregt, wandte er sich von Anfang an besonders der französischen Geschichte und den religiösen Bewegungen außer- wie vor allem innerhalb der hochmittelalterlichen Kirche zu. In seiner Leipziger Antrittsrede von 1951 hatte Sproemberg die „Entstehung des Manichäismus im Abendland" nicht, wie es vor Ort üblich gewesen war, rein geistes- oder frömmigkeitsgeschichtlich begründet, sondern von einer „sozialrevolutionären Bewegung" gesprochen. Mit der Betonung wirtschaftlicher und sozialer Ursachen und der dezidierten Abkehr von religiösen Motiven für Devianzen hatte Sproemberg den marxistischen Forschern ein breites und fruchtbares Feld gewiesen. Den Verfassern ging es um Ideologiekritik, also um die so genannte Überbaufunktion der Kirche und des Klosterwesens: „Eine der erstaunlichsten Fähigkeiten der katholischen Kirche im Mittelalter bestand darin", so Töpfer schon 1957, „Massenbewegungen, ohne sie gewaltsam auszulöschen, unmerklich in ihre Bahnen zu lenken und sie damit zwar keineswegs unwirksam, wohl aber unschädlich für den Weiterbestand der feudalen Gesellschaftsordnung zu machen."[24] Obschon Töpfer in seinen Arbeiten den Impulsen Sproembergs und den Maßgaben der von ihm bejahten Staatsideologie folgte, kann er für sich in Anspruch

---

[22] Vgl. Borgolte, Anfänge der deutschen Geschichte? 1996, S. 43f. Zuletzt: Müller-Mertens, Eckhard, Römisches Reich im Frühmittelalter: kaiserlich-päpstliches Kondominat, salischer Herrschaftsverband, in: Historische Zeitschrift 288 (2009), S. 51–92.

[23] Zu seinem Beitrag in den Feudalismusdiskussionen vgl. sein Resümee in: Töpfer, Bernhard, Die Feudalgesellschaft im Meinungsstreit von Historikern der DDR, in: Die Gegenwart des Feudalismus, hrs. v. Fryde, Natalie/Monnet, Pierre/Oexle, Otto Gerhard, Göttingen 2002, S. 271–291. Zur Historiographie: Borgolte, Sozialgeschichte des Mittelalters, 1996, S. 93–118. Zur Stadtgeschichte: Töpfer, Bernhard (Hrsg.), Stadt und Städtebürgertum in der deutschen Geschichte des 13. Jahrhunderts, Berlin 1976; ders. (Hrsg.), Städte und Ständestaat. Zur Rolle der Städte bei der Entwicklung der Ständeverfassung in europäischen Staaten vom 13. bis zum 15. Jahrhundert, Berlin 1980.

[24] Töpfer, Volk und Kirche, 1954, S. 30.

Abb. 1 Prof. Dr. Bernhard Töpfer (*1926, rechts) in der International Christian University in Mitaka (Tokyo, Japan) im Herbstsemester 1987 mit seinem Gastgeber, Prof. Dr. M. Uozumi

nehmen, die Themen seiner bedeutenden Bücher „völlig selbständig, ohne Anstöße von seiten eines Betreuers", gewählt zu haben.[25]

Im Zentrum seines Denkens und Forschens stand stets die Frage, wie die Zunahme gesellschaftlicher Spannungen zu religiösen Bewegungen in den „unteren Klassen" einerseits, zur kritischen Theoriebildung bei den Gebildeten der „herrschenden Klasse" andererseits führte, und wie die aufgebrochenen Gegensätze durch die Kirche bzw. im Rahmen der Feudalgesellschaft bewältigt wurden. Dieser Ansatz trug schon seine Dissertation über die Anfänge der Gottesfriedensbewegung in Frankreich, dann auch seine zweite Qualifikationsschrift über endzeitliche Zukunftshoffnung im hohen Mittelalter, und war noch die leitende Idee in Töpfers Meisterwerk über „Urzustand und Sündenfall in der mittelalterlichen Gesellschafts- und Staatstheorie", das zwar in der DDR konzipiert worden war, aber erst durch

[25] Töpfer, Bernhard, Vorstellungen von einem ursprünglichen und einem endzeitlichen Idealzustand als Ausdruck utopischen Denkens im Mittelalter (unter besonderer Berücksichtigung von Interpretationen des Kapitels Dilectissimis der Causa XII des Decretum Gratiani) bis zum frühen 14. Jahrhundert, in: Borgolte, Mittelalterforschung nach der Wende 1989, 1995, S. 387–406, hier: S. 387.

die Benutzung der Westberliner Bibliotheken im vereinigten Deutschland vollendet werden konnte (1999). An diesen Werken lässt sich studieren, welche wissenschaftliche Kreativität marxistische Fragestellungen freisetzen können; die quellenerschließende Dynamik der Forschungen fördert auch für diejenigen Leser reiche Ergebnisse und Einsichten zutage, die sich den ideologischen Deutungsrahmen nicht zu eigen machen. Töpfer war souverän genug, sich zur Anregung durch bürgerliche Historiker zu bekennen – wie zu einer leitenden These des Berliner Mediävisten Carl Erdmann (gest. 1945) für seine Dissertation[26] – oder sich von Auffassungen der herkömmlichen wie der marxistischen Mediävistik gleichermaßen zu lösen. So resümierte er die Ergebnisse seiner bis zum 14. Jahrhundert geführten Endzeitstudien: Von der durch den Niederländer Johan Huizinga (gest. 1945) „behaupteten ‚Abwesenheit des festen Willens aller, die Welt besser und glücklicher zu machen', kann keine Rede sein, wenn auch nicht abgestritten werden soll, daß jene pessimistische Einstellung im Mittelalter überwog und vor allem der Stimmung innerhalb der herrschenden Klasse im Spätmittelalter vollauf entsprach. Jene chiliastischen Zukunftserwartungen haben mit dem modernen Revolutionsdenken die Hoffnung auf einen Umsturz des Bestehenden und auf die Herstellung einer besseren irdischen Ordnung gemeinsam. Im Gegensatz zu den bürgerlichen Revolutionsvorstellungen des 18. und 19. Jahrhunderts und zum marxistischen Revolutionsbegriff fehlt jedoch im mittelalterlichen Chiliasmus (...) im allgemeinen der Gedanke, daß der Sturz der alten Ordnung durch die Unzufriedenen selbst mit Gewalt herbeizuführen sei."[27] Bruchlos konnte Töpfer seine Forschungen nach der Wende weiterführen und das mit der Habilitationsschrift begonnene Werk mit der Abhandlung über die innerweltlichen religiösen Heilserwartungen vollenden. An einer überwältigend reichen Überlieferung zum Teil abgelegener Provenienz demonstrierte er vielfältige Auseinandersetzungen mit dem ursprünglichen Zusammenleben der Menschen und den dabei gültigen Normen, „die offensichtlich im Zusammenhang mit jeweils besonders gravierenden gesellschaftlichen Problemen und Widersprüchen standen".[28] Gleichzeitig war er weit vom simplen Überbauschema marxistischer Religionskritik abgerückt: Denn es sei, wie er schrieb, „unverkennbar, daß die Geistlichkeit mit der von ihr rezipierten und unter Berücksichtigung aktueller Mißstände differenziert propagierten kirchlichen Lehrtradition im gesellschaftlichen Gefüge des Mittelalters eine gewisse Sonderstellung einnahm und kaum einfach als direktes Sprachrohr der herrschenden Adelsschicht aufgefaßt werden kann. Der beachtlichen realen Eigenständigkeit, welche die Kirche innerhalb der mittelalterlichen Gesellschaft im Einflußbereich der katholischen Kirche zu erlangen vermochte,

---

[26] Töpfer, Volk und Kirche, 1954, S. 1; vgl. Schulze, Leben und Werk von Prof. Dr. Bernhard Töpfer, 2005, S. 10f.

[27] Töpfer, Das kommende Reich des Friedens, 1960, S. 328.

[28] Töpfer, Bernhard, Urzustand und Sündenfall in der mittelalterlichen Gesellschafts- und Staatstheorie, Stuttgart 1999, S. 567.

entspricht also auch eine gewisse Eigenständigkeit der von geistlichen Autoren erarbeiteten und verbreiteten gesellschaftlichen Vorstellungen. Diese mögen zweifellos überwiegend eine stabilisierende Tendenz aufweisen, aber sie schließen eine mehr oder weniger kritische Distanz keineswegs aus."[29]

Zum Werk der marxistischen Historiker Müller-Mertens und Töpfer lässt sich kaum ein größerer Kontrast denken als der Dozent Sielaff. Dieser hat nämlich in seiner fast ein halbes Jahrhundert währenden Tätigkeit nur wenige Druckseiten wissenschaftlicher Literatur her-

Abb. 2 Frithjof Sielaff (1918–1996)

[29] Ebd., S. 573f.

vorgebracht.[30] Der Ausfall jeglicher Publikationstätigkeit war aber keine Konsequenz aus seiner Opposition zum SED-Staat, denn schon die Gutachter seiner Dissertation bescheinigten ihm, seinen scharfen Verstand auf kleinteilige Zeugnis- und Sachkritik zu wenden, ohne die Einzelergebnisse zu einem Gesamtbild oder einer These zu bündeln.[31] Vermutlich wäre Sielaff mit seiner einseitigen Begabung auch in der Bundesrepublik nicht erfolgreich gewesen[32]; er war aber in der DDR geblieben und hatte unter den Mediävisten der Humboldt-Universität eine Existenzmöglichkeit gefunden, die das Regime stabilisierte. Seine destruktive Energie, die sich in wissenschaftlicher Hyperkritik ebenso äußerte wie in der politischen Systemkritik, verlieh ihm als akademischem Lehrer unter seinen Studierenden geradezu Charisma. Bis in die Gegenwart schwören Historiker und Historikerinnen aller Epochen, die bei ihm gehört haben, auf Sielaffs unerbittlichen Widerspruch in der Debatte und auf seine Kompromisslosigkeit, die sie als moralische Lauterkeit auslegen.[33] Nachdem der Protestant schon als „weltanschaulicher Gegner“ aus der Hitlerjugend ausgeschlossen worden war[34] und vielleicht, weil er über die NS-Vergangenheit mancher staatstragenden Genossen zuviel wusste[35], konnte er Freiräume nutzen, um die ihn andere und besonders die Jüngeren beneideten. Diesen verschaffte er dadurch Entlastung bei den Anpassungszwängen, die das Studium der Geschichte mit sich brachte. Als Sielaff nach der „Wende“ von 1989 Gelegenheit erhielt, von seinen Forschungen zu berichten[36], geriet sein Auftritt zum Desaster, weil er den Kontakt zur aktuellen Geschichtswissenschaft verloren hatte, und als seine Schüler Schriften aus seinem Nachlass publizieren wollten, konnten sie kaum fünfzig Druckseiten mit fragmentarischen Texten zusammenbringen.[37] Im sozialistischen deutschen Staat, so zeigte sich, waren nur diejenigen Mediävisten an der Humboldt-Universität erfolgreich gewesen, die bereit waren, die Prämissen der herrschenden Ideologie zu akzeptieren.

30 Sielaff, Frithjof, Der ostfränkische Hof, Berengar von Friaul und Ludwig von Niederburgund, in: Festschrift Adolf Hofmeister, hrsg. v. Scheil, Ursula, Halle/Saale 1955, S. 275–282; vgl. Berndt, Frithjof Sielaff, 2001, S. 65 mit Anm. 299.

31 Zit. bei Berndt, Frithjof Sielaff, 2001, S. 8f.

32 So äußerte sich der Giessener Mediävist Carlrichard Brühl zum Verfasser bei der Tagung „Mittelalterforschung nach der Wende“ an der Humboldt-Universität vom 4. bis 6. Februar 1993.

33 Vgl. das Vorwort von Berndt, Iris, Gerd Heinrich und Peter Neumeister in: Sielaff, Das Frühe und Hohe Mittelalter, 2001, S. VII–IX; Berndt, Frithjof Sielaff, 2001, S. 93–96; Berndt, Iris/Wagner, Wolfgang, Frithjof Sielaff, 1918–1996, in: Jahrbuch für Berlin-Brandenburgische Kirchengeschichte 62 (1997), S. 237–239.

34 So nach Sielaffs Selbstzeugnis Berndt, Frithjof Sielaff, 2001, S. 3.

35 Vgl. ebd., S. 46, Anm. 200, S. 53f.

36 Auf der in Anm. 32 genannten Tagung, siehe Borgolte, Mittelalterforschung nach der Wende, 1995, S. VIII. Der bei Berndt, Frithjof Sielaff, 2001, S. 64, erweckte Eindruck, Sielaff sei gar nicht zu Wort gekommen, ist falsch.

37 Sielaff, Das Frühe und Hohe Mittelalter, 2001, S. 97–149 (mit ausführlichen Erläuterungen in der Verantwortung der Herausgeber).

Altmarxisten in der Postmoderne und die „Wende" als Aufbruch

Nach der „Wende" von 1989 konnten Müller-Mertens und Töpfer als Emeriti ihre Forschungs- und Publikationstätigkeit fortsetzen, ihre Schüler hatten jedoch Mühe, sich gegen die neue Konkurrenz aus Westdeutschland zu behaupten.[38] Als Nachfolger auf ihren Lehrstühlen wurden Michael Borgolte aus Freiburg (1991) und Hartmut Boockmann aus Göttingen (1992) berufen; der renommierte Stadt- und Spätmittelalterhistoriker Boockmann ging aber schon 1995 nach Niedersachsen zurück und wurde durch Johannes Helmrath aus Köln ersetzt (1997). Als dritter Mediävist wirkte seit 1992/1993 Winfried Schich aus Kassel als Landeshistoriker[39], dessen Stelle zehn Jahre später in eine Akademieprofessur für Mittelalterliche Geschichte und Landesgeschichte umgewandelt wurde; sein Nachfolger Michael Menzel (vorher München) übernahm zugleich von Müller-Mertens die Leitung der Arbeitsstelle MGH bei der Berlin-Brandenburgischen Akademie der Wissenschaften.[40] Zuletzt (April 2009) wurde Barbara Schlieben aus Frankfurt/M. auf eine Juniorprofessur berufen.[41] Mit vier Professorenstellen für Geschichte des Mittelalters gehört die Humboldt-Universität im 200. Jahr ihres Bestehens zu den Zentren des Fachs in Deutschland.

Das wissenschaftliche Profil wird durch Schwerpunkte in der Sozial- und Kulturgeschichte[42], der vergleichenden Geschichte Europas im Mittelalter[43], der Erforschung des Humanismus sowie der Geschichte spätmittelalterlicher Reichstage geprägt[44]. Seit Ende der

---

38 Zum Folgenden jetzt Borgolte, Kontinuität und Neuaufbau, 2009.

39 Vgl. Schich, Winfried, Wirtschaft und Kulturlandschaft. Gesammelte Beiträge 1977 bis 1999 zur Geschichte der Zisterzienser und der „Germania Slavica", bearbeitet u. hrsg. v. Gebuhr, Ralf/Neumeister, Peter, Berlin 2007; Bulach, Doris/Hardt, Matthias (Hrsg.), Zentrum und Peripherie in der Germania Slavica. Beiträge zu Ehren von Winfried Schich, Stuttgart 2008.

40 Vgl. Menzel, Michael, Constitutiones et Acta Publica Imperatorum et Regum. Zur Forschungsorientierung einer Abteilung der Monumenta Germaniae Historica, in: Editionswissenschaftliche Kolloquien 2005/2007. Methodik, Amtsbücher, Digitale Edition, Projekte, hrsg. v. Thumser, Matthias/Tandecki, Janusz, Torun´ 2008, S. 323–336; Hohensee, Ulrike/Lawo, Mathias/Lindner, Michael/Menzel, Michael/Rader, Olaf B. (Hrsg.), Die Goldene Bulle. Politik, Wahrnehmung, Rezeption, 2 Bde., Berlin 2009.

41 Vgl. Schlieben, Barbara, Verspielte Macht. Politik und Wissen am Hof Alfons' X. (1252–1284), Berlin 2009.

42 Vgl. Borgolte, Sozialgeschichte, 1996; Stiftungen in Christentum, Judentum und Islam vor der Moderne. Auf der Suche nach ihren Gemeinsamkeiten und Unterschieden in religiösen Grundlagen, praktischen Zwecken und historischen Transformationen. Berlin 2005; vgl. auch Huschner, Wolfgang/Rexroth, Frank (Hrsg.), Gestiftete Zukunft im mittelalterlichen Europa. Festschrift für Michael Borgolte zum 60. Geburtstag, Berlin 2008.

43 Borgolte, Michael, Europa entdeckt seine Vielfalt, 1050–1250. Stuttgart 2002; ders., Christen, Juden, Muselmanen. Die Erben der Antike und der Aufstieg des Abendlandes 300 bis 1400 n. Chr. München 2006. Dazu die von Michael Borgolte herausgegebene Reihe: Europa im Mittelalter. Abhandlungen und Beiträge zur historischen Komparatistik. Berlin 1999ff. (bisher 16 Bände).

44 Helmrath, Johannes/Muhlack, Ulrich/Walther, Gerrit (Hrsg.), Diffusion des Humanismus. Studien zur nationalen Geschichtsschreibung europäischer Humanisten, Göttingen 2002; Feuchter, Jörg/Helmrath, Johannes (Hrsg.), Politische Redekultur in der Vormoderne. Die Oratorik europäischer Parlamente in Spät-

neunziger Jahre haben mehrere Privatdozenten der HU einen Ruf erhalten; dabei fällt auf, dass frühere Mitarbeiter westdeutscher Herkunft in die alte Bundesrepublik zurückgingen, während in der DDR aufgewachsene Nachwuchswissenschaftler nach Leipzig oder Rostock wechselten.[45] Trotzdem spricht die zweite mediävistische Generation nach der Wende wissenschaftlich eine gemeinsame Sprache; zwei Jahrzehnte nach dem Untergang der marxistischen Geschichtswissenschaft sind die Hypotheken der deutschen Teilung fast vollständig getilgt.

---

mittelalter und Früher Neuzeit, Frankfurt a. M./New York 2008; Helmrath, Johannes/Schirrmeister, Albert/Schlelein, Stefan (Hrsg.), Medien und Sprachen humanistischer Geschichtsschreibung, Berlin/New York 2009. Vgl. auch oben Anm. 39f.

45 Zu Frank Rexroth (Göttingen), Wolfgang Huschner (Leipzig), Harald Müller und Wolfgang E. Wagner (Rostock) siehe Borgolte, Kontinuität und Neuaufbau, 2009. Dazu ist nachzutragen, dass H. Müller, vorher Mainz, inzwischen einen Lehrstuhl in Aachen übernommen hat, während sich Juniorprofessor W. E. Wagner in Rostock habilitieren konnte.

Ulrich Reinisch

Das Kunstgeschichtliche Institut der Humboldt-Universität 1946–1989[1]

Hamann und der Neubeginn in kontroverser Tradition

Die Wiederaufnahme des Lehrbetriebs der Berliner Universität am 20. Januar 1946, die seit dem Herbst 1945 vorbereitet worden war, musste auch im Kunstgeschichtlichen Institut auf nahezu unüberwindliche Schwierigkeiten stoßen. Die alten Institutsräume im Hauptgebäude der Universität Unter den Linden, große Teile der ehedem sehr gut ausgestatteten Bibliothek und das gesamte Dia-Archiv waren zerstört. Gleichfalls bestanden, wie vor allem in den anderen geistes- und sozialwissenschaftlichen Disziplinen auch, beträchtliche Probleme, geeignetes Lehrpersonal zu finden, das einerseits fachlich qualifiziert war, zum anderen unbelastet schien, wenigstens aber Distanz zum NS-Regime gehalten hatte. Das Ordinariat war nicht besetzt; Wilhelm Pinder (1878–1947), der seit 1936 den Lehrstuhl innehatte, wurde aufgrund der alliierten Forderungen nach Entnazifizierung des Universitäts-Lehrkörpers vom Dienst suspendiert. Seine ‚germanische Blut- und Geschichtsbegrifflichkeit', vor allem aber die Postulate von der ‚Kulturlosigkeit der slawischen Völker', ließen ihn nicht für ein Lehramt geeignet erscheinen. Insbesondere die „Reden aus der Zeit"[2], 1934 in Leipzig erschienen, disqualifizierten ihn für einen Neuanfang. Das Buch war von der ‚Deutschen Verwaltung für Volksbildung' auf die Liste der auszusondernden Bücher gesetzt worden, weil es, das war nicht zu übersehen, den Einfluss der nationalsozialistischen Ideologie auf Pinders Denken verriet.

Der Lehrbetrieb wurde mit außerordentlichen Professoren aufgenommen, die zum Teil bereits seit den 1930er Jahren an der Berliner Universität tätig waren. Bestätigt wurde Leopold Giese[3], dem 1935 die Lehrerlaubnis entzogen worden war, weil er nicht bereit

[1] Nikola Doll („Richard Hamann – Ein Patriot des Fachs"), Sigrid Brandt („Auftrag: marxistische Kunstgeschichte. Gerhard Strauss' rastlose Jahre") und Christof Baier („'… befreite Kunstwissenschaft'. Die Jahre 1968–88") haben mir die Manuskripte ihrer Vorträge, gehalten am 29. 11. 2008 auf der Tagung „200 Jahre Kunstgeschichte an der Humboldt-Universität zu Berlin", kollegial zur Verfügung gestellt. Ihnen sei herzlich gedankt.

[2] Pinder, Wilhelm, Reden aus der Zeit, Leipzig 1934.

[3] Giese, Leopold, Die Friedrichs-Werdersche Kirche zu Berlin, Berlin 1921.

Abb. 1 Richard Hamann (1879–1961)

gewesen war, sich von seiner jüdischen Frau zu trennen. Er lehrte vor allem die frühchristliche und mittelalterliche Baukunst. Albert Boeckler[4] (1892–1957), ein Schüler Adolf Goldschmidts (1863–1944), trug die ‚Geschichte der Buchmalerei' in der mittelalterlichen Kunst vor. Philipp Schweinfurth[5] (1887–1954), ein deutsch-baltischer Kunsthistoriker, der seit 1939 außerordentlicher Professor für byzantinische Kunstgeschichte am Institut war, blieb im Amt, worauf sicherlich die Sowjetische Militäradministration in Deutschland (SMAD)

[4] Boeckler, Albert, Deutsche Buchmalerei, Königstein im Taunus 1959.

[5] Schweinfurth, Philipp, Die byzantinische Form, ihr Wesen und ihre Wirkung, Berlin 1943; ders., Grundzüge einer byzantinisch-osteuropäischen Kunstgeschichte, Berlin 1947.

besonderen Wert gelegt hatte. Er hielt im Wintersemester 1946 eine Vorlesung zur mittelalterlichen ‚Kunstgeschichte Russlands'; im Sommersemester 1947 las er die zur ‚neurussischen Kunstgeschichte' vom 17. bis zum 20. Jahrhundert. Allerdings waren jene Vorlesungen zur Kunst der orthodoxen Länder Osteuropas keine Neuerung im Lehrangebot. Schweinfurth hatte innerhalb seiner Studien zur byzantischen Kunst seit 1936 unter dem Ordinariat Pinders stets auch über Probleme der osteuropäischen Kunstgeschichte gelesen. Ludwig Justi[6] (1876–1957) konnte gleichfalls als Honorarprofessor zurückkehren. Er war 1933 als Direktor der Berliner Nationalgalerie abgelöst und von der SMAD wieder eingesetzt worden. Neben Justi erhielten weitere Kunsthistoriker aus den Berliner und Potsdamer Museen Lehraufträge, so Ernst Kühnel[7] (1882–1964), Direktor der Islamischen Abteilung, Friedrich Winkler (1888–1965), Direktor des Kupferstichkabinetts und Willy Kurth (1881–1963), der Leiter der Staatlichen Schlösser und Gärten in Potsdam. Paul Ortwin Rave[8] (1893–1962) hielt Vorlesungen über die ‚Deutsche Kunstgeschichte des 19. Jahrhunderts', Alfred Werner (1911–1978) über ‚Niederländische Kunst von Eyck bis Brueghel', Peter Metz (1901–1985) zur ‚Kunst des Mittelalters in Frankreich und Deutschland', Michael van de Kerckhove über die ‚Niederländische Malerei im 17. Jahrhundert'. Paul Frankl (1878–1962), der aufgrund der nationalsozialistischen Rassenideologie 1933 von seinem Lehrstuhl in Halle vertrieben worden war und seit 1940 am Institute for Advanced Study in Princeton forschte, kam als Gastprofessor und las die ‚Einführung in die Kunstwissenschaft'. Fachlich hatte sich der Wölfflin-Schüler mit Arbeiten zur mittelalterlichen Architektur und zur Glasmalerei profiliert. Frankl blieb nur ein Semester, wohl weil er kaum Hoffnung sah, dass die Spaltung Deutschlands verhindert werde könne.

Der Lehrbetrieb nach der Wiedereröffnung der Universität knüpfte mithin an kunstgeschichtlichen Differenzierungen an, die sich in den 1920er Jahren an deutschen Universitäten durchgesetzt hatten. Unverkennbar ist auch, dass die Qualifikation noch die entscheidende Voraussetzung blieb, einen Lehrauftrag zu erhalten. Doch schon die Rehabilitierung von Verfolgten, die gleichfalls erklärtes Ziel war, geriet in die politischen Auseinandersetzungen des beginnenden Kalten Krieges. So erhielt der Kunsthistoriker und ‚Reichskunstwart' der Weimarer Republik Edwin Redslob (1884–1973) keine Lehrerlaubnis, obwohl er sich 1933 geweigert hatte, in die NSDAP einzutreten und wegen seiner Förderung der „entarteten Kunst" aus allen Ämtern entlassen worden war. Redslob hatte sogar dem Komitee angehört, das die Wiedereröffnung der Universität Unter den Linden im Herbst/Winter

---

6 Justi, Ludwig, Wiedersehen mit Museumsgut: Erste Schau seit 1940 aus Beständen der Berliner Kunstmuseen. Eröffnung im Schlossmuseum am 21. Dezember 1946, Berlin 1946.

7 Kühnel, Ernst, Maurische Kunst, Berlin 1924.

8 Rave, Paul Ortwin, Karl Friedrich Schinkel. Berlin 1: Bauten für Kunst, Kirchen, Denkmalpflege (Bd. 2), München u. a. 1941; ders., Karl Friedrich Schinkel. Berlin 2.1: Stadtpläne, Brücken, Strassen, Tore, Plätze (Bd. 5), München u. a. 1948.

1945 vorbereitete. Da er aber gleichzeitig den ‚Tagesspiegel', eine seit September 1945 im amerikanischen Sektor Berlins lizenzierte Zeitung, mitbegründet hatte, wurde er nicht zugelassen. Er ging zunächst zur Technischen Universität nach Charlottenburg und gehörte dann zu den Gründungsprofessoren der Freien Universität.

Bei der Suche nach dem Lehrstuhlinhaber und zukünftigen Leiter des Instituts offenbarten sich die unterschiedlichen Ziele, welche die SMAD, die von ihr eingesetzten ostdeutschen Behörden und die akademischen Gremien beim Aufbau der künftigen Universität, der Personalpolitik und der Forschungsausrichtung verfolgten. Wechselseitige Blockaden, deren Gründe nicht immer einsichtig sind, führten zur jahrelangen Verschleppung der Berufung. Noch besaßen die universitären Gremien aber unverkennbar Mitsprache und Einfluss. In den verschiedenen Berufungsrunden finden sich zwar die im deutschen Universitätsbetrieb üblichen Versuche emeritierter Ordinarien anderer Universitäten, ihre Schüler auf die Berufungsliste zu bringen, aber auch die Absicht der politischen Instanzen, künftig das Lehrprogramm ideologisch auszurichten, sind schon zu erkennen. So nominierte die Fakultät z. B. Dagobert Frey (1883–1962), Wolfgang Schöne (1910–1989) und Harald Keller (1903–1989), die aber von der Deutschen Zentralverwaltung für Volksbildung abgelehnt wurden. Die Fakultät wiederum lehnte die Vorschläge jener Behörde ab, Wilhelm Worringer (1881–1965), Richard Hamann-MacLean (1908–2000) oder Frederick Antal (1887–1954) zu berufen. Ob die marxistischen Positionen Antals der entscheidende Grund für die Widerstände aus der Fakultät waren, muss noch geprüft werden. Paul Frankl und Richard Hamann (1879–1961) brachten ohne Erfolg ihre Schüler, z. B. Hans Junecke, Georg Hoeltje, Hermann Deckert und Hermann Usener ins Gespräch. Und so spiegelt die zunächst gescheiterte Suche nach einem Lehrstuhlinhaber wohl auch, dass die SED-Führung und die ostdeutsche Verwaltung ihre wissenschaftspolitischen Positionen zwischen 1945 und 1950 noch nicht eindeutig festgelegt hatten, weil es überhaupt ungeklärt war, wie die Deutsche Frage gelöst werden könnte. Das Ziel, die Herausbildung einer neuen Intelligenz zu fördern, weil die alte, wie der Hitler-Faschismus beweise, versagt habe, war schon im September 1945 in einer Verordnung der Deutschen Zentralverwaltung für Volksbildung formuliert worden. Diese neue Intelligenz könne, so die Forderung, nur durch neue Ausbildungsmethoden und veränderte Kriterien zur Auswahl der Studenten herangebildet werden. Dazu müsse das bürgerliche Bildungsprivileg gebrochen und die Universität für bisher benachteiligte soziale Schichten geöffnet werden. Ob aber in den ersten beiden Jahren nach der Wiedereröffnung bereits die erklärte Absicht bestand, Lehre und Forschung auch in der Kunstgeschichte nach sowjetischem Vorbild auf den Marxismus-Leninismus auszurichten, bleibt unklar. Der Entschluss, das Profil des Kunstgeschichtlichen Instituts nicht mit einer ordentlichen Berufung für lange Zeit festzulegen, stattdessen Richard Hamann, Emeritus der Universität Marburg, für eine Gastprofessur zu werben, kann als Ausdruck jener unklaren wissenschaftspolitischen Ziele gedeutet werden. Der 1947 bereits 68 Jahre alte Hamann stellte wohl eine Interimslösung dar, einen aufschiebenden Kompromiss zwischen Philosophischer Fakultät und Deutscher Zentralverwaltung. 1948 wurde er mit der Leitung des Instituts beauftragt. Hamann galt als ein politisch unbelasteter Wissenschaftler, der sich schon in seiner 1917 veröffentlichten Schrift „Krieg, Kunst, Gegenwart"[9] dem sozialistischen Gedankengut geöffnet hatte, mithin ‚progressive' Positionen vertrat. Zudem hatte er an der Berliner Universität studiert, war hier 1902 von Wilhelm Dilthey (1833–1911) zum Doktor der Philosophie promoviert worden und hatte sich 1911 bei Heinrich Wölfflin (1864–1945) als Kunsthistoriker habilitiert.

Richard Hamann erschloss sich nach seiner Ernennung zum kommissarischen Institutsdirektor innerhalb des Kultur- und Wissenschaftsbetriebs der SBZ/DDR ein weites Wirkungsfeld. Seit 1948 Mitglied in der Museumskommission, wurde er 1949 zum ordentlichen Mitglied der wieder gegründeten Akademie der Wissenschaften gewählt. Gleichfalls 1949 erhielt er den ‚Deutschen Nationalpreis', mit dem seine Arbeit am Kunstgeschichtlichen Institut und vor allem das 1948 erschienene Rembrandt-Buch[10] gewürdigt wurden. Das Preisgeld verwendete er für den Ankauf von Fotografien aus den Marburger Beständen, einen Teil aber auch für die Möbel seines Dienstzimmers, die er sich von Selman Selmanagić (1905–1986), einem Bauhausschüler und ab 1948 Professor an der Kunsthochschule in Berlin-Weißensee, hatte entwerfen lassen. Sein Vorschlag hingegen, ein dem Zentralinstitut in München vergleichbares Forschungsinstitut für Kunstgeschichte bei der Akademie der Wissenschaften aufzubauen, wurde zunächst nicht aufgegriffen. Erst 1954 wurde dort die Arbeitsstelle für Kunstgeschichte eingerichtet, die aber nur über begrenzte Mittel verfügen konnte.

Mit der Eskalation des Ost-West-Konflikts, der nach der Währungsreform in den Westzonen und dem Beginn der Berlin-Blockade am 24. Juni 1948 bedrohliche Ausmaße angenommen hatte, verstärkte sich der politische Druck auf die Universitäten. Albert Boeckler, Friedrich Winkler, Leopold Giese und Peter Metz zogen frühzeitig die Konsequenzen. Sie verließen die Universität Unter den Linden, gingen an die soeben gegründete Freie Universität in Dahlem, an Museen in Berlin-West oder westdeutsche Universitäten. Philipp Schweinfurth verließ Deutschland, um in Istanbul bis zu seinem Lebensende byzantinische Kunstgeschichte zu lehren. Richard Hamann aber blieb. Er versuchte, trotz der beginnenden Ideologisierung aller geistes- und sozialwissenschaftlichen Fächer, bis zu seinem Ausscheiden aus der Universität im Jahre 1957 die Kunstgeschichte als eigenständiges akademisches Lehr- und Forschungsgebiet zu erhalten.

Die ersten Schritte, das Studium der Kunstgeschichte neu zu regeln und dabei politische wie ideologische Lehrinhalte zu implementieren, sind für das Frühjahr 1947 nachweisbar. Die Initiative ging von der Deutschen Zentralverwaltung für Volksbildung aus, hinter der aber der Einfluss der SMAD bzw. der SED-Leitung vermutet werden kann. Gerhard Strauss

9 Hamann, Richard, Krieg, Kunst und Gegenwart, Marburg 1917.

10 Hamann, Richard, Rembrandt, Potsdam 1948.

(1908–1984), der spätere Lehrstuhlinhaber, fungierte als Beauftragter. Kunstgeschichte, Archäologie und Prähistorie sollten enger zusammenarbeiten, um eine moderne, alle Gesellschaftsformationen übergreifende Kunstwissenschaft herauszubilden. Verbindliche Schwerpunkte, z. B. die Renaissance, das 17. und die erste Hälfte des 19. Jahrhunderts als Epochen ‚progressiven' Kunstschaffens, wären festzulegen, das Studium der zeitgenössischen Kunst müsse obligatorisch werden, das Curriculum für politische und philosophische Lehrinhalte geöffnet werden. Dieser Forderungskatalog, an dem der Hallenser Ordinarius Wilhelm Worringer (der 1950 in die Bundesrepublik ging) mitgearbeitet hatte, bildete die Grundlage aller späteren Studienreformen im Fach Kunstgeschichte. Er sollte immer dann aktualisiert und präzisiert werden, wenn die SED erneute ideologische Reglementierungen beabsichtigte. Ab 1949 und vor allem nach der Zweiten Hochschulreform 1951 wurden die DDR-Universitäten dem sowjetischen Vorbild angenähert, ohne jedoch alle Einzelheiten zu kopieren: Marxismus-Leninismus und Russisch wurden Pflichtfächer für alle Studiengänge, das Einfachstudium mit Diplomabschluss trat an die Stelle des Magisters, das 10-Monatsstudium ersetzte das Semester, die Studenten wurden zu Seminargruppen zusammengefügt und das ‚kaderpolitische Instrument' der Aspirantur, mit dem die SED in kurzer Zeit politisch zuverlässige Fachleute heranzubilden versuchte, wurde eingerichtet. 1951 wurde eine Kommission gegründet, die einen verbindlichen Studienplan für die kunstgeschichtliche Ausbildung an allen Universitäten der DDR ausarbeiten sollte. Richard Hamann wirkte daran mit: Ein vierjähriges Studium der Kunstgeschichte wurde vorgesehen, dessen Absolventen in den Denkmalschutzbehörden und Museen, in den Zeitungsredaktionen als Kunstkritiker und in den Massenorganisationen als Kulturfunktionäre eingesetzt werden könnten. Der Lehrplan legte verbindlich die Fächer und die Gesamtzahl von Vorlesungs- und Seminarstunden für alle Gebiete fest; Mittelalter, Renaissance, Barock, das 19. und 20. Jahrhundert bildeten die bestimmenden Epochen. Die freie Themenwahl wurde auf ein Seminar pro Ausbildungsjahr begrenzt. Die Einbeziehung der zeitgenössischen Kunst in die akademische Lehre, die schon 1947 gefordert worden war, diente dem Zweck, die Studenten zu Propagandisten des sozialistischen Realismus als der herrschenden Kunstrichtung zu qualifizieren.

Hamanns Wirkungsmöglichkeiten beruhten darauf, dass er sich bei aktuellen politischen und kulturellen Konflikten mit öffentlichen Meinungsäußerungen zurückhielt, so z. B. bei der so genannten Formalismusdebatte, deren Einfluss auf das Kunstverständnis nicht unterschätzt werden sollte. Doch der von der SED geplante Abriss des Berliner Stadtschlosses, um an dessen Stelle einen Aufmarsch- und Versammlungsplatz anzulegen, erregte seinen Zorn. In Briefen an den Staatspräsidenten Wilhelm Pieck (1876–1960) und den Ministerpräsidenten Otto Grotewohl (1894–1964) wandte er sich vehement gegen die endgültige Zerstörung des Bauwerks, das er als den bedeutendsten Barockbau nördlich der Alpen ansah. Ein in solcher Deutlichkeit vorgetragener Protest musste sich, zumal er von Assistenten und Studenten unterstützt wurde, auf die Situation des Kunstgeschichtlichen Instituts

Abb. 2 Gerhard Strauss (1908–1984)

auswirken, die Kontrollversuche verstärken, zu Repressalien führen. Obwohl Hamann weiterhin in Wissenschaftsgremien und Beiräten mitwirkte, kann nach 1953 eine zunehmende Ausgrenzung beobachtet werden. Lehre und Forschung des Instituts, die nach wie vor auf traditionelle Gebiete der Kunstgeschichte ausgerichtet waren, gerieten zunehmend in Kritik. 1955 stellte das Staatssekretariat eine mangelnde „Durchdringung des kunstgeschichtlichen Stoffes von der Auffassung des historischen und dialektischen Materialismus" fest. Richard Hamann trat daraufhin von seinem Vorsitz im Fachbeirat Kunstgeschichte zurück, weil er die massive Einflussnahme auf Lehr- und Forschungsinhalte und die Gefährdung des Fachs wegen restriktiver Zulassung zum Studium beklagte.

1957 drängte das Staatsekretariat für Hoch- und Fachschulwesen die Universität, eine Berufungskommission einzusetzen, um den Lehrstuhl zu besetzen. Hamann, damals immerhin 78 Jahre alt, wurde verabschiedet. Er musste nicht emeritiert werden, weil er an der Humboldt-Universität niemals ordiniert worden war. Dennoch war der Abschied nach zehn Jahren intensiver Aufbauarbeit nicht frei von Kränkungen. Hamann behielt zwar noch die Leitung der Arbeitsstelle für Kunstgeschichte an der Akademie für Wissenschaften, aber sein Einfluss auf die kunstgeschichtliche Lehre und Forschung wurde systematisch zurückgedrängt. Als er 1961 in Marburg verstarb, würdigte der DDR-Nachruf, verfasst von Günter Feist, Richard Hamann als Kunsthistoriker, dessen „Weltbild stark mit Ideen des Sozialismus“ durchsetzt gewesen sei, „ohne im eigentlichen Sinn marxistisch zu sein“.

Marxistische Kunstgeschichte und „kulturpolitische Praxis“

Das Berufungsverfahren, das die Philosophische Fakultät im Sommer 1957 eingeleitet hatte, um die Nachfolge auf dem Lehrstuhl zu klären, verzögerte sich. Wiederum lag die Ursache für die Schwierigkeiten, einen geeigneten Kandidaten zu finden, wohl in Differenzen zwischen den staatlichen Behörden und den akademischen Gremien begründet. Die Fakultät drängte, um die Lehre zu sichern. Schließlich schlug sie im Januar 1958 vor, Hermann Weidhaas[11] (1903–1978) zu berufen und Gerhard Strauss eine befristete Stelle anzubieten. Strauss solle sich aber, ehe er für ein zweites, noch einzurichtendes Ordinariat vorgesehen werden könnte, zunächst habilitieren. Hamann und sein Stellvertreter an der kunstgeschichtlichen Arbeitsstelle der Akademie Edgar Lehmann[12] (1909–1997), der der Berufungskommission angehört hatte, stimmten gegen das Arrangement. Das Staatssekretariat verwarf jedoch den Berufungsvorschlag. Die inneruniversitären Auseinandersetzungen ignorierend, berief es stattdessen im März 1958 Gerhard Strauss auf den Lehrstuhl und setzte ihn sogleich als Direktor des Instituts ein. Die Absicht jenes rigorosen Vorgehens des Staatssekretärs Wilhelm Girnus (1906–1985) lag auf der Hand: Strauss hatte den Parteiauftrag erhalten, das Institut in eine marxistische Lehr- und Forschungsstätte umzuformen.

Gerhard Strauss, 1958 immerhin schon 50 Jahre alt, hatte Ende der 1920er und Anfang der 1930er Jahre in Wien, Köln und zuletzt in Königsberg Kunstgeschichte und Archäologie studiert und war dort 1935 von Wilhelm Worringer mit einer Arbeit zur Geschichte mittelalterlicher Kunst im Ordensland Preußen[13] promoviert worden. Er war danach bis zu seiner Einberufung zum Wehrdienst in der ostpreußischen Denkmälerinventarisation und im Königsberger Museum tätig. Im September 1945 wurde er aus der sowjetischen Kriegsgefangenschaft in die Ostzone entlassen. Neben seiner fachlichen Qualifikation waren aber vor allem sein 1932 erfolgter Eintritt in die KPD und seine Aktivität im Widerstand Grün-

[11] Weidhaas, Hermann, Formenwandlungen in der russischen Baukunst, Halle 1935.
[12] Lehmann, Edgar, Die Bibliotheksräume der deutschen Klöster im Mittelalter, Berlin 1957.
[13] Strauss, Gerhard, Freiplastik bis 1450 im Gebiet des heutigen Ostpreußen westlich der Passarge: Studie zur Geschichte der mittelalterlichen Kunst im Ordensland Preußen, Diss., Phil. Fak., Königsberg 1937.

de dafür, Gerhard Strauss offenkundig schon im Herbst 1949 für höhere Leitungsfunktionen in der ostdeutschen Kultur- und Wissenschaftsverwaltung vorzusehen. So leitete er zunächst das Referat für Museen, Bildende Kunst und Denkmalpflege in der ‚Deutschen Zentralverwaltung für Volksbildung'. In dieser Funktion verteidigte er, sicherlich im Auftrag der zentralen SED-Leitung, offensiv den Abriss des Berliner Schlosses, den das Politbüro der SED beschlossen hatte. Andererseits aber versuchte er, künstlerisch wertvolle Teile des Bauwerks zu retten. 1953 übernahm Strauss die Leitung des Instituts für Theorie und Geschichte der Deutschen Bauakademie, um an entscheidender Stelle die Städtebau- und Architekturauffassung der SED, das Bauen in ‚nationalen' Formen durch Forschung zur Städtebaukunstgeschichte abzusichern. Da sich 1956 jedoch in der DDR eine Neuorientierung in der Baupolitik, der Beginn der Industrialisierung abzeichnete, wurde für Strauss ein neues Wirkungsfeld gesucht. Vermutlich stand er als Angehöriger der ‚Nomenklatura', für die ‚Kaderentwicklungspläne' aufgestellt worden waren, schon im Jahre 1950 bereit, die Lehrstuhlvertretung zu übernehmen, falls Hamann wegen der Schlossdebatte nicht mehr zur Humboldt-Universität zurückkehren sollte. Strauss, der sich an der Bauakademie um die Initiierung eines internationalen Gesprächs zu Problemen städtebaulicher Denkmalpflege verdient gemacht hatte, konnte somit durch die Berufung auf den kunstgeschichtlichen Lehrstuhl dem Untergang der Städtebaugeschichte als Leitwissenschaft des sozialistischen Aufbaus entgehen.

Da das Institut seit Jahren unter dem politischen Druck stand, einen wissenschaftlichen Beitrag ‚zur kulturpolitischen Praxis' zu leisten, war der Auftrag eindeutig: Strauss sollte das ‚bürgerliche' Wissenschaftsverständnis der Kunstgeschichte beenden, das Berliner Institut zu einem führenden Zentrum der marxistischen Kunstgeschichte ausbauen. Junge Parteimitglieder müssten, nach der Absicht des Staatssekretariats, Verantwortung bei der Umgestaltung übernehmen: Peter H. Feist sollte für die mittelalterliche und die neueste Kunst zuständig werden, Albrecht Dohmann[14] das 15. bis 18. Jahrhundert bearbeiten, Bruno Flierl[15] (geb. 1927) die Theorie der Architektur lehren, Lothar Kühne[16] durch die marxistische Ästhetik das theoretische Fundament bereitstellen und Gerd Zeuchner[17], als Reminiszenz an die Suche nach den nationalen Bau-Formen im Städtebau, über die städtebaulichen Fragen der Gegenwart Lehrveranstaltungen anbieten. Das Staatssekretariat hatte auch die künftigen Forschungsfelder festgelegt: Die Theorie der bildenden Kunst, die Geschichte der

14 Dohmann, Albrecht, Die altniederländische Malerei des fünfzehnten Jahrhunderts von van Eyck bis Bosch, Leipzig 1964.

15 Flierl, Bruno, Gesellschaft und Architektur in unserer Epoche: ein Beitrag zur architekturtheoretischen Forschung in der ideologischen Auseinandersetzung zwischen Sozialismus und Kapitalismus, Diss. A, Deutsche Bauakademie, Berlin 1972.

16 Kühne, Lothar, Zu erkenntnistheoretischen und ästhetischen Problemen der Architektur, Diss., Phil. Fak., Berlin 1965.

17 Zeuchner, Gerd, Sozialistische Lebensweise und die Aufgaben der Architektur, Berlin 1969.

Kunstgeschichte, die Kunst des frühen Bürgertums, die Kunst des 19. und 20. Jahrhunderts. Teilweise waren diese Themenkomplexe, die das künftige Profil des Kunstgeschichtlichen Instituts bestimmen sollten, traditionelle oder durchaus weiterführende kunstgeschichtliche Ansätze, teilweise aber eindeutig ideologisch geprägt. Strauss' Amtsantritt fiel nicht zufällig mit abermaligen dramatischen Veränderungen in der Hochschulpolitik zusammen. Die „Verordnung über die weitere sozialistische Umgestaltung des Hoch- und Fachschulwesens in der DDR" vom 13. Februar 1958 zerstörte die Reste der universitären Autonomie, die nach der Hochschulreform von 1951 noch verblieben waren. Als wichtigste Aufgabe der philosophischen Fakultäten wurde nun die Auseinandersetzung mit ‚reaktionären, revisionistischen und kleinbürgerlichen Auffassungen', ‚der Kampf um die sozialistische Kulturrevolution', ‚die tiefgründige ideologische Kritik an bürgerlichen Theorien' festgeschrieben. Es ist nicht zu verkennen, dass Strauss durchaus die Traditionen der Kunstgeschichte vor allem an der Friedrich-Wilhelms-Universtät aufnehmen und sie allenfalls marxistisch-leninistisch rezipieren wollte, andererseits aber den parteipolitischen Forderungen nachzukommen versuchte. Das musste ihn in Konflikte stürzen, denen er nicht standzuhalten wusste. Er blieb, schon wegen der fehlenden Habilitation und seiner Unterstützung des Schlossabrisses in Berlin, unter den Fachkollegen isoliert. Seine Versuche, durch Eingaben beim Staatssekretär Girnus bzw. beim Ministerium für Kultur, den Abbruch der Schinkelschen Bauakademie, der Universitätsaula in Leipzig, der Sophienkirche und des Wackerbarth-Palais' in Dresden zu verhindern, wurden in der Öffentlichkeit nicht bekannt, halfen also nicht, sein Renommee in der akademischen Gemeinschaft zu verbessern. Strauss erkrankte erstmals kaum zwei Jahre nach seiner Berufung, durchlitt noch mehrere Krankheitsphasen, um 1969, nach einem Schlaganfall, seine vorzeitige Emeritierung zu beantragen.

Gerhard Strauss hat während seiner Jahre als Lehrstuhlinhaber nur eine geringe Anzahl eigener Publikationen vorgelegt. Seine wohl wichtigste Arbeit, der Wölfflin-Aufsatz[18], den er 1960 zum Jubiläum der Berliner Universität beigesteuert hatte, offenbart die wissenschaftlichen Schwierigkeiten, in denen er sich verfangen hatte. Er rezipierte Wölfflins Formenanalyse, kritisierte aber gleichzeitig deren bürgerlich-begrenzte, also mangelhafte philosophisch-historische Grundlegung. Doch die Verbindung von kunstgeschichtlicher Formanalyse und marxistischer Geschichtstheorie wollte auch Strauss nicht gelingen: der Marxismus wirkt aufgesetzt, vordergründig, wenig plausibel. Strauss mag das selbst gespürt haben. An den italienischen Kunsthistoriker und damaligen Präsidenten des Antonio-Gramsci-Instituts in Rom Ranuccio Bianchi-Bandinelli (1900–1975), dessen Ehrenpromotion er gerade erfolgreich angeregt hatte, schrieb er 1960, dass die ideologischen und damit die Klassenfragen in der Geschichte derzeit in den Vordergrund gehoben würden. Ein solcher Ansatz

[18] Strauss, Gerhard, Heinrich Wölfflin über seine Bedingtheit und seine Bedeutung, in: Forschen und Wirken. Festschrift zur 150-Jahr-Feier der Humboldt-Universität zu Berlin 1810–1960, Bd. 1, Berlin 1960, S. 417–451.

enthalte aber die Gefahr, in „Vulgärmarxismus" abzugleiten. Die Voraussetzungen für eine marxistische Kunstgeschichte wären noch nicht gegeben, deshalb müsse jetzt unbedingt verhindert werden, die Kunstgeschichte in der allgemeinen Soziologie aufzulösen. Ihm selbst werde bisweilen vorgeworfen, ein Formalist zu sein, da er an der Formproblematik festhalte.

Als Organisator war Strauss hingegen durchaus erfolgreich. Im Jahre 1959 hatte die Sowjetunion mehr als 70.000 Aufnahmen deutscher Kunstdenkmäler, darunter zahlreiche Messbildphotographien, der DDR übergeben, und Strauss gelang die Angliederung der ehemaligen Staatlichen Bildstelle an das Institut der Humboldt-Universität. Allerdings existierten für die Bearbeitung des Bestandes weder Räume noch Materialien oder Planstellen. Erst im Januar 1961 wurde mit dem Aufbau des ‚Kunstgeschichtlichen Bildzentrums' in der Berliner Gormannstraße begonnen. Einen wichtigen Erfolg stellte dann die Ausrichtung der internationalen Michelangelo-Konferenz 1964 dar. Da an ostdeutschen Universitäten bis zur Mitte der 1960er Jahre wissenschaftliche Arbeitsbeziehungen mit ausländischen Kollegen eher die Ausnahme geblieben waren, konnte Strauss seine zahlreichen internationalen Kontakte, die er schon während seiner Zeit an der Bauakademie für städtebaulicher Denkmalpflege zu nutzen gewusst hatte, für das Kunstgeschichtliche Institut fruchtbar machen. An der Vorbereitung der Konferenz beteiligten sich u. a. Viktor Lazarew und Michael Liebmann von der Sowjetischen Akademie der Wissenschaften, Jan Białostocki (1921–1988) vom Nationalmuseum Warschau, Rudolf Chadabra von der Akademie der Wissenschaften in Prag, Paola della Pergola vom Museum Villa Borghese Rom und Lionello Puppi (geb. 1931) aus Padua.

Strauss' wichtigster Beitrag zur Kunstgeschichte in der DDR war das Projekt, ein Lexikon der Kunst[19] herauszugeben. Er hatte zum Leipziger Seemann-Verlag Kontakt aufgenommen, Günter und Ursula Feist (geb. 1936) für die Mitarbeit gewinnen können und zudem weitere Autoren, Herausgeber und Gutachter geworben. Zunächst war ein zweibändiges Werk geplant, das 1963/64 mit 10.000 Stichworten erscheinen sollte. Strauss wollte mit dem Lexikon seinem kunstwissenschaftlichen Ansatz ein Material-Fundament verschaffen, indem er neben Stichworten zur bildenden Kunst auch solche zur Architektur und angewandten Kunst, zur Industrieformgestaltung und Kunsttheorie vorsah. Trotz wachsender Kritik hielt er an Günter und Ursula Feist fest, bis diese ihren Austritt aus der SED erklärten und daraufhin entlassen wurden. Die Arbeit am Lexikon geriet dadurch ins Stocken, bis Harald Olbrich (geb. 1936), seit 1967 Oberassistent am Institut, die Leitung der Redaktion übernahm. 1968, im Jahr von Strauss' vorzeitiger Emeritierung, erschien der erste Band.

---

19 Alscher, Ludger u. a. (Hrsg.), Lexikon der Kunst. Architektur, bildende Kunst, angewandte Kunst, Industrieformgestaltung, Kunsttheorie, 5 Bde., Leipzig 1968–1978.

Kunstgeschichte als „marxistische Kunstwissenschaft“

Die geringen Immatrikulationszahlen bedrohten in den 1960er Jahren wiederholt die Existenz des Instituts. Von 1964 bis 1966 wurden überhaupt keine neuen Studenten zugelassen, zudem sollten die Studenten des damaligen dritten Studienjahres in die Kunsterziehung umgelenkt werden. Dieser Versuch hätte, wäre er geglückt, das Schicksal des Instituts besiegelt. Es bleibt noch zu erforschen, wem das Verdienst zukommt, den Bestand der Disziplin an der Humboldt-Universität gesichert zu haben. 1968 aber veränderte die III. Hochschulreform dann vollständig die Rahmenbedingungen für das Studium der Kunstgeschichte. Jene Reform griff tiefer in die tradierten Strukturen der Universitäten ein als alle vorangegangenen. Sie war als Teil einer umfassenden Wirtschafts- und Wissenschaftsreform konzipiert worden, durch die die gesellschaftlichen Entwicklungsprozesse, insbesondere die Technologiefortschritte beschleunigt werden sollten. Insoweit reagierte die DDR-Führung auf internationale Herausforderungen und übernahm, trotz systembedingter Unterschiede, technokratische Organisationsformen, mit denen die westeuropäischen Hochschulen auf die Studentenbewegung reagiert hatten. Die massiven Eingriffe in die Fächer, die Personalausstattung, das Graduiertenwesen, die Berufungsregeln und die Lehrprogramme dienten nicht allein dem Ziel, die sozialistische Ideologie zu festigen, sondern auch dazu, die interdisziplinäre Zusammenarbeit der Wissenschaftler in feste Organisationsstrukturen zu binden. Deshalb wurden die alten Fakultäten aufgelöst und die Fächer als ‚Wissenschaftsbereiche‘ in ‚Sektionen‘ zusammengefasst. Das alte Kunstgeschichtliche Institut ging 1968 als ‚Wissenschaftsbereich Kunstwissenschaft‘ in der Sektion für Ästhetik und Kunstwissenschaften auf. Auch wenn die Arbeitsbedingungen schwieriger wurden, verlor die Kunstgeschichte damit nicht wirklich ihren Rang als selbständige akademische Disziplin. Die ‚Kultur- und Kunstwissenschaften‘, hatte der zuständige Minister 1968 befunden, seien das ‚am weitesten zurückgebliebene Gebiet der Gesellschaftswissenschaften‘. Die neu eingerichteten Fächer Kulturtheorie und marxistisch-leninistische Ästhetik, die zusammen den Wissenschaftsbereich ‚Kulturwissenschaft‘ innerhalb der Sektion bildeten, sollten durch eine enge Zusammenarbeit mit den tradierten Kunstwissenschaften (Kunst-, Musik- und Theaterwissenschaft, Klassische Archäologie und die Kunstpädagogiken) die marxistisch-leninistische Grundlegung dieser Kunstwissenschaften vorantreiben. Doch die angestrebte Wirkung blieb aus. Allein der Philosoph Wolfgang Heise[20] (1925–1987), ein überragender, hoch gebildeter Gelehrter, vermochte mit seinem Fach, der Geschichte der Ästhetik, Einfluss auf die gesamte Sektion zu entfalten. Wie andere Disziplinen begann die Kunstgeschichte schon

20 Heise, Wolfgang/Kuczynski, Jürgen, Bild und Begriff: Studien über die Beziehungen zwischen Kunst und Wissenschaft, Berlin/Weimar 1975.

bald, sich stärker denn je abzugrenzen und ihre eigenen Lehr- und Forschungsprogramme zu entwickeln. 1986 wurde das Experiment dann offiziell beendet. Kulturtheorie und Ästhetik lösten sich von der Sektion ‚Ästhetik und Kunstwissenschaften' und gründeten ein eigenständiges Institut.

Als Reaktion auf die latent vorhandenen Ressentiments gegenüber der Kunstgeschichte als ‚bürgerlicher' Wissenschaft entwickelten Peter H. Feist, Harald Olbrich und Alfred Dohmann als Mitglieder der SED 1968 eine Art von Doppelstrategie. Diese enthielt zwar selbstkritische, formelhafte Beteuerungen zu Parteilichkeit und sozialistischer Kultur, formulierte andererseits aber die Absicht, das Fach Kunstgeschichte durch die Etablierung neuer Methoden und neuer Themen tatsächlich im Sinne einer marxistischen Kunstwissenschaft zu modernisieren. Eine Anpassung an die inhaltlichen, methodischen und vor allem strukturellen Vorgaben der SED, die als unvermeidlich angesehen worden war, wurde also für eine wissenschaftlich anspruchsvolle Neupositionierung des Fachs genutzt. Der Aufarbeitung der Fachgeschichte kam dabei eine besondere Bedeutung zu. Sie sollte in die Theoriebildung einer marxistischen Kunstwissenschaft eingebunden werden, damit die methodischen und fachgeschichtlichen Traditionen erhalten und weitergeführt werden könnten. Schon Gerhard Strauss hatte 1960 mit seinem Wölfflin-Aufsatz einen solchen Weg gesucht, war aber in den dogmatischen Verengungen des Marxismus jener Jahre stecken geblieben. Im ‚Wissenschaftsbereich Kunstwissenschaft' wurde also letztlich, darauf kam es an, an der eigenen Fachgeschichte und damit an fachinternen Qualitätsmaßstäben festgehalten.

Hatten vor der Hochschulreform noch sechs Universitäten das Vollstudium der Kunstgeschichte angeboten, so reduzierte sich dieses Angebot nach der Reform auf die beiden Universitäten in Leipzig und Berlin. Doch auch hier wurden erst 1970/71 wieder Studenten immatrikuliert. Alle zwei Jahre standen 15 Studienplätze zur Verfügung, alternierend wurde in Leipzig und in Berlin zugelassen. Aus in der Regel 100 bis 150 Bewerbern wurden nach einer fachlichen Eignungsprüfung 15 Studenten ausgewählt, allerdings erhielten die Kinder der ‚Nomenklatura' oder die Bewerber, die einen dreijährigen Armeedienst abgeleistet hatten, häufig zusätzliche Plätze, so dass die tatsächliche Anzahl etwa 20 Studenten betrug. In das fünfjährige Studium, das mit dem akademischen Grad ‚Dipl. phil.' abgeschlossen werden sollte, wurden, statt eines frei wählbaren Zweitfachs, gesellschaftswissenschaftliche Gebiete als Pflichtveranstaltungen integriert. Im ersten Semester waren 19 von 30 Semesterwochenstunden nach heutigem Verständnis fachfremd, und noch im 4. Semester betrug das Verhältnis 17 zu 30 Semesterwochenstunden. Neben dem Block des Marxismus-Leninismus dominierte das kulturtheoretisch-ästhetische Grundstudium den Stundenplan. Allerdings gehörten auch Vorlesungen und Seminare zur klassischen Archäologie und sogar zu den vorantiken Kulturen zum Pflichtprogramm. Im kunstwissenschaftlichen Grundstudium wurde in die Geschichte der Kunstgattungen, in die Geschichte der akademischen Disziplin Kunstgeschichte und in deren Methoden eingeführt. Vasaris (1511–1574) ‚Viten', Winckelmanns (1717–1768) Stilbegriff, vor allem aber die Entwicklung der kunstgeschichtlichen Methoden im 19. und 20. Jahrhundert – von Gottfried Semper (1803–1879) über Carl Schnaase (1798–1875), dem Althegelianer Heinrich Hotho (1802–1873), Max Dvořák (1874–1921) bis hin zu Heinrich Wölfflins „Kunstgeschichtlichen Grundbegriffen" und zu Alois Riegls (1858–1905) „Kunstwollen" – wurden behandelt. Besonders die „Ikonologie" Erwin Panofskys (1892–1968) und die „Strukturanalyse" Hans Sedlmayrs (1896–1984) wurden auf ihre Brauchbarkeit für die marxistische Kunstwissenschaft (Wilhelm Hausenstein [1882–1957], Frederick Antal [1887–1954], Richard Hamann und Francis D. Klingender [1907–1955]) hin geprüft. Ansätze zu marxistischen Fragestellungen innerhalb der ‚bürgerlichen' Kunstwissenschaft (Hausenstein, Antal, Hamann und Klingender) wurden einbezogen, selbstverständlich auch die besondere Bedeutung der sowjetischen Kunstwissenschaft gewürdigt.

Auch für die Forschung der gesellschaftswissenschaftlichen Fächer, zu denen die Kunstgeschichte gezählt worden war, wurden Staatspläne aufgestellt. Um 1970 gelang es den Hochschullehrern des ‚Wissenschaftsbereiches Kunstwissenschaft', das Lexikon der Kunst als eine solchermaßen geplante Forschung einzureichen. 1968–1978 erschienen fünf Bände. Harald Olbrich, der 1967 die Leitung übernommen hatte, baute das Projekt aus: Unmittelbar nach Erscheinen des letztes Bandes wurde eine umfangreiche Überarbeitung[21] konzipiert, weil die doktrinären und verengten Positionen, die in vielen Stichworten vertreten worden waren, ebenso wie die einseitige Orientierung auf die ‚deutsche Nationalkultur' inzwischen untragbar schienen. Erst 1994, mit dem Erscheinen des siebenten Bandes, wurde die radikale Umarbeitung abgeschlossen. Das ‚Lexikon der Kunst' kompensierte bis zu einem gewissen Umfang die mangelnden Publikationsmöglichkeiten der kunstgeschichtlichen Forschung in der DDR; mit dem offeneren Zugriff auf internationale Forschungsergebnisse und mit der Aufnahme neuer Kunstbereiche ist die zweite Auflage des Lexikons der Kunst zugleich ein Spiegel der tiefgehenden Veränderungen, die sich in der Kunstgeschichte der DDR und besonders am ‚Wissenschaftsbereich Kunstwissenschaft' der Humboldt-Universität vollzogen haben.

Die Forschungsthemen und methodischen Ansätze differenzierten sich in den 1970er und 1980er Jahren vor allem dadurch, dass der Lehrkörper gezielt vergrößert werden konnte. Harald Olbrich, der in der Tschechoslowakei studiert hatte, wurde zum zweiten Professor des Bereichs berufen. Nachdem Peter H. Feist zur Akademie der Wissenschaften übergewechselt war, übernahm 1982 Hubert Faensen (geb. 1928), ein Fachmann für die byzantische und osteuropäische Kunstgeschichte, eine Professur. Helga Möbius kam hinzu und brachte feministische Fragestellungen ein, Bruno Flierl wurde zum Dozenten für Urbanistik berufen, Ernst Badstübner (geb. 1931), ein Schüler Richard Hamanns und

21 Olbrich, Harald u. a. (Hrsg.), Lexikon der Kunst. Architektur, bildende Kunst, angewandte Kunst, Industrieformgestaltung, Kunsttheorie, 7 Bde., Leipzig 1987–1994.

damaliger Oberkonservator am Institut für Denkmalpflege, lehrte als Honorardozent die mittelalterliche Architektur. Schließlich kam mit Willi Geismeier (1934–2007), der zum zweiten Mal als Direktor der Nationalgalerie abgelöst worden war, noch ein exzellenter Kenner der Kunst der Romantik und des Biedermeier an den Bereich. Die Publikationen belegen das breite Themenspektrum jener Jahre: Die Berliner Kunstgeschichte war an dem großen, im Staatsplan fixierten Projekt „Geschichte der deutschen Kunst“ beteiligt, das in dreizehn Bänden die Kunstentwicklung von ca. 800 bis zur DDR abhandeln wollte. Entsprechend seinen Schwerpunkten oblag den Wissenschaftlern des Wissenschaftsbereichs die Bearbeitung von vier Teilbänden: Unter der Leitung von Peter H. Feist wurden die Epochen 1760–1848 und 1848–1890 konzipiert, Harald Olbrich verantwortete die Zeitabschnitte 1890–1918 und 1918–1945. 1982 legten dann Peter H. Feist „Pablo Picasso. Vom Sinn eines künstlerischen Gesellschaftsbildes“[22], Helga Möbius „Die Frau im Barock“[23] und Hubert Faensen „Kirchen und Klöster im alten Russland“[24] vor. 1984 publizierten Bruno Flierl den Fundus-Band „Architektur und Kunst“[25] und Willi Geismeier das Buch „Die Malerei der deutschen Romantiker“[26]. Harald Olbrich gab 1986 „Proletarische Kunst im Werden“ heraus, Helga Möbius veröffentlichte 1988 ihre „Studien zum holländischen Porträt im 17. Jahrhundert“[27]. 1989 erschien schließlich Faensens Buch „Siehe die Stadt, die leuchtet. Geschichte, Symbolik und Funktion altrussischer Baukunst“[28]. Die Bedeutung, die nach wie vor der Geschichte der Disziplin zugemessen wurde, belegen die Neuauflagen klassischer Texte. 1983 gaben Harald Olbrich Carl Justis „Diego Velazquez und sein Jahrhundert“[29] und Hubert Faensen Wölfflins „Kunstgeschichtliche Grundbegriffe“[30] heraus. 1986 erschien, ebenfalls von Faensen editiert, Wölfflins „Renaissance und Barock“[31].

Zu Beginn der 1980er Jahre hatte eine Phase eines bewussten „Stillhaltens“ begonnen, in der die offiziellen Anforderungen nach ‚Parteilichkeit‘, die Rituale der Einführungswo-

---

22 Feist, Peter H., Pablo Picasso. Vom Sinn eines künstlerischen Gesellschaftsbildes (Vortrag, gehalten in der Sitzung des Plenums der Akademie der Wissenschaften am 12. November 1981), Berlin 1982.

23 Möbius, Helga, Die Frau im Barock, Leipzig 1982.

24 Faensen, Hubert, Kirchen und Klöster im alten Russland: Stilgeschichte der altrussischen Baukunst von dem Kiewer Rus bis zum Verfall der Tatarenherrschaft (mit Aufnahmen von Klaus G. Beyer), Leipzig 1982.

25 Flierl, Bruno, Architektur und Kunst, Dresden 1984.

26 Geismeier, Willi, Die Malerei der deutschen Romantiker, Dresden 1984.

27 Möbius, Helga, Studien zum holländischen Porträt im 17. Jahrhundert, Diss. B, Humboldt-Universität zu Berlin 1988.

28 Faensen, Hubert, Siehe die Stadt, die leuchtet: Geschichte, Symbolik und Funktion altrussischer Baukunst (mit Aufnahmen von Klaus G. Beyer), Leipzig 1989.

29 Justi, Carl, Diego Velazquez und sein Jahrhundert, hrsg. und mit einem Nachwort „Annäherung an Carl Justi“ versehen von Harald Olbrich, Leipzig 1983.

30 Wölfflin, Heinrich, Kunstgeschichtliche Grundbegriffe: das Problem der Stilentwicklung in der neueren Kunst, hrsg. und mit einem Nachwort versehen von Hubert Faensen, Dresden 1984.

31 Wölfflin, Heinrich, Renaissance und Barock: eine Untersuchung über Wesen und Entstehung des Barockstils in Italien, hrsg. und mit einem Nachwort versehen von Hubert Faensen, Leipzig 1986.

che zum Studienbeginn im Herbst („Rote Woche") usw. zwar noch bedient wurden, um nicht gestört zu werden, aber in internen Gesprächen längst schon in Frage gestellt wurden. In fast unmerklichen Schritten wandelten sich das Selbstverständnis und die Grundlagen der eigenen Reflexion, auch wenn nicht alle Mitarbeiter Anteil an jenen Veränderungen hatten. Das Vorbild der sowjetischen Kunstwissenschaft verschwand, der Einfluss der ‚linken' westdeutschen Kunstgeschichte hingegen nahm zu. Allerdings sind diese dramatischen Wandlungen nicht dokumentiert. Sie werden wohl kaum ihren vollständigen Niederschlag in Akten und Publikationen gefunden haben. Die DDR-Kultur der 1980er Jahre beinhaltete einen Gesprächs-Anteil, der sich kaum rekonstruieren lässt. 1988, anlässlich des 60. Geburtstages von Peter H. Feist, veröffentlichte Harald Olbrich aber einen Aufsatz, den er bescheiden „Aspekte aktueller Methodendiskussion" nannte und in dem er den Stand der inneren Verständigung im Bereich Kunstwissenschaft formulierte. Olbrich, dessen Blick längst auf den internationalen wissenschaftlichen Diskurs gerichtet war, diagnostizierte eine Krise des Fachs Kunstgeschichte und forderte vehement zur Methodenvielfalt auf: „(...) moderne Methodenvielfalt ist nicht von Nachteil, sondern von Vorteil, die bewusste Handhabung vorausgesetzt. Zu verschieden sind heute gesellschaftliche Erfordernisse und Instanzen, zu divergierend die Objektbereiche des Faches, die Erkenntnisinteressen können nicht deckungsgleich sein. Zudem ist kunsthistorisches Sinnverständnis und Erklären an freie Menschen zu adressieren."[32]

[32] Olbrich, Harald, Aspekte aktueller Methodendiskussion, in: Kunstverhältnisse. Ein Paradigma kunstwissenschaftlicher Forschung. Festschrift für Peter H. Feist zum 60. Geburtstag, Berlin 1988, S. 20–25, hier: S. 23.

Horst Bredekamp/Adam S. Labuda

Kunst- und Bildgeschichte 1992–2010

Gegen Ende der Evaluation des Kunstgeschichtlichen Seminars durch eine externe Kommission im Dezember 2002 meldete sich eines der Mitglieder aus der Dozentenschaft, die bereits vor 1990 an der Humboldt-Universität gelehrt hatte. Sein erster Beitrag lautete: „Warum haben Sie die eine Frage nicht gestellt, ob es an diesem Seminar einen West-Ost-Konflikt gegeben hat?“ Die rhetorische Frage nach der nicht gestellten Frage wurde von derselben Person umgehend vollkommen unrhetorisch beantwortet: „Ich kann Ihnen versichern, es gab keinen.“

Niemand, der zur Zeit der Umgestaltung der Humboldt-Universität im Zuge der Wiedervereinigung unmittelbar beteiligt war, wird diese so angespannte wie produktive Zeit missen wollen, und daher traf die Frage einen Nerv. Die Antwort entsprang ebenfalls einem auf Erfahrung gegründeten Grundkonsens, der ungeachtet dessen, ob von allen Mitgliedern des Seminars dieselbe Antwort in derselben Entschiedenheit gegeben worden wäre, außer Diskussion stand.

Abgesehen von dem persönlichen Zusammenspiel der Seminarmitglieder, lag der Konsens darin, dass mit dem Umbruch auch die Definition dessen, was eine zeitgemäße Kunstgeschichte sein könnte und sollte, auf dem Prüfstein stand. Es zeigte sich, dass die Methoden diesseits und jenseits der Mauer durch den Rekurs auf eine kritische Ikonologie bereits vor 1989 ein Maß an gemeinsamer Basis aufwiesen, dass methodische Konflikte nicht etwa retrospektiv ausgefochten, sondern prospektiv gewendet werden konnten. Dies hat dem Kunstgeschichtlichen Seminar ermöglicht, in Offenheit auf die Herausforderungen zu reagieren, die sich in den Jahrzehnten zwischen 1990 und 2010 für das Fach Kunstgeschichte gestellt haben.

Ein ubiquitär gesteigertes Interesse am Bild, das in der Formel des *iconic turn* (Gottfried Boehm) gefasst wurde, hat dem Fach die Entscheidung abverlangt, entweder zu einer Art ‚Zweiter Archäologie‘ zu werden oder aber die Tradition der Kunstgeschichte als historische Bildwissenschaft unter den Bedingungen der Gegenwart zu stärken. Das Kunstgeschichtliche Seminar der Humboldt-Universität hat beträchtliche Anstrengungen unternommen, um diesem Anspruchsdruck zu begegnen. Es hat sowohl den enger definierten Stoff der bildenden Kunst wie auch den weiter gefassten Bereich der angewandten Künste und der Medien, wie sie um 1900 im Zusammenspiel von Wien, Berlin und dann auch Hamburg das Gesamtfeld der Kunstgeschichte ausmachten, bearbeitet. Begleitet wurde dieser Prozess durch kontinuierliche fachgeschichtliche Forschungen, so insbesondere zum 19. Jahrhundert, zur Kunstgeschichte Osteuropas und zur NS-Zeit.

Zu den grundlegenden Methoden und Ansätzen wie der Formanalyse, Ikonologie sowie Kultur- und Sozialgeschichte kamen in den letzten fünfzehn Jahren vor allem die Gender Studies, die Reflexionen alter und neuer Medien und die Gesamtheit der urbanen Bildwelten bis hin zur Streetart hinzu. Um diesen Zuschnitt zu festigen, hat das Kunstgeschichtliche Seminar eine Juniorprofessur für den Bereich der angewandten Kunst einwerben können. Als Felder sind die Moderne und die zeitgenössische Kunst massiv gestärkt worden, aber der Kern des Faches ist mit dem Mittelalter und der frühen Neuzeit nicht weniger entschieden gepflegt worden. Das Requiem-Projekt zur Erforschung der italienischen Papst- und Kardinalsgrabmäler sowie die Gründung des Adolph-Goldschmidt-Zentrums zur Erforschung der romanischen Skulptur zeugen hiervon in besonderem Maß.

Diese allgemeine Zielsetzung hat sich auch in der technischen Entwicklung des Seminars niedergeschlagen. Angesichts starker Lücken in der Bibliothek wurden seit 1994 einerseits beträchtliche Mittel aufgewendet, um Fehlbestände aufzuholen; zugleich aber wurde stark in die digitale Technik investiert. Die Entwicklung des Bilderfassungsprogramms *Imago* und die später entfaltete Datenbank des *Requiem*-Projekts, die durch die Diathek des Seminars mitbegründete, bundesweite Datenbank *Prometheus*, die Entwicklung eines Erfassungsprogramms romanischer Kapitelle durch das Goldschmidt-Zentrum sowie die Einrichtung des Internet-Netzwerks „H-Arthist“ und des Publikationsorgans „Kunsttexte.de“ haben diesen Impuls neben weiteren digital orientierten Vorhaben aufgenommen. In diesen Zusammenhang gehört auch das Projekt *Geschichte der Kunstgeschichte im Nationalsozialismus* (GKNS), das neben der Erschließung des Quellenmaterials eine innovative digitale Dimension hat. Hierdurch wurde das Institut zu einer der führenden Einrichtungen auf dem Gebiet des kunsthistorischen Einsatzes des Computers. Mit der Translozierung des *Census of Antique Works of Art and Architecture known in the Renaissance* von der Bibliotheca Hertziana in Rom im Jahre 1995 kam zudem ein digital organisiertes Forschungsprojekt an das Kunstgeschichtliche Seminar, das in der Renaissanceforschung unverzichtbar ist.

Auf dieser Basis hat das Institut erhebliche Anstrengungen in der Kooperation und der Einwerbung externer Projektmittel unternommen. Hierzu gehörte die Aufnahme des *Census* an die Berlin-Brandenburgische Akademie der Wissenschaften, die Einrichtung der Rudolf-Arnheim-Professur für ausländische Gastprofessoren im Grenzbereich von Kunstgeschichte und angrenzenden Disziplinen durch den DAAD sowie die Beteiligung am Sonderforschungsbereich 644 *Transformationen der Antike* und am Exzellenzcluster *Topoi*. Die Einrichtung *Das Technische Bild* war genuin daran beteiligt, das Hermann von Helmholtz-Zentrum für Kulturtechnik zu gründen und damit zu helfen, geistes- und naturwissenschaftliche Perspektiven zu verbinden; die neu gegründete Zeitschrift *Bildwelten des Wissens* ist diesem Ziel gewidmet. Eine Fülle von Ausstellungen, an denen diese Einrichtungen beteiligt war, haben die traditionell starken Bindungen zu den Museen bekräftigt. Schließlich hat die gemeinsam mit dem Philosophen John Michael Krois installierte Kolleg-Forschergruppe *Bildakt und Verkörperung* eine enge Verbindung zwischen Philosophie und Kunstgeschichte aufgenommen. Die im Jahre 2009 erfolgte Umbenennung des Kunstgeschichtlichen Seminars in Institut für Kunst- und Bildgeschichte trug all diesen Entwicklungen Rechnung.

Den Neubeginn markieren die in den Jahren 1992 und 1993 getroffenen Entscheidungen der Struktur- und Berufungskommission. Sie hat den Stellenplan festgelegt, die Ausschreibung der neuen Professuren in die Wege geleitet und anschließend die Berufungsverfahren durchgeführt. Bereits im Jahre 1993 bestand das Kollegium aus den hauptamtlichen Dozenten Helga Möbius (Mittelalter), Ulrich Reinisch (Geschichte des Städtebaus und der Architektur), Susanne von Falkenhausen (Kunstgeschichte der Moderne) und Horst Bredekamp (Mittlere und Neuere Kunstgeschichte). 1995 nahm Adam Labuda (Kunstgeschichte Osteuropas) einen Ruf an, womit die Tradition der Osteuropa-Forschung wieder aufgenommen wurde. Im selben Jahr wurde Arnold Nesselrath als Leiter des *Census* berufen, der neben seiner Professur an der Humboldt-Universität gleichzeitig Direktor der Abteilung für die nachantike Kunst des Vatikans ist. Durch diese Personalunion werden die Studenten immer wieder an die großen Restaurierungskampagnen Roms, so etwa der Stanzen Raffaels, herangeführt.

Im Jahre 2010 lehren nach einer Reihe weiterer Berufungen und Habilitationen im Status von Dozenten: Horst Bredekamp, Annette Dorgerloh, Susanne von Falkenhausen, Hildegard Frübis, Charlotte Klonk (Moderne Kunst und Neue Medien), Arnold Nesselrath (Mittlere und Neuere Kunstgeschichte, mit Nachleben der Antike), Ulrich Reinisch, Claudia Rückert (Mittelalter mit Schwerpunkt Skulptur), Robin Schuldenfrei (Kunst und Gewerbe), Rosa von der Schulenburg, Peter Seiler (Mittlere und Allgemeine Kunstgeschichte), Bettina Uppenkamp und Philipp Zitzlsperger. Als apl. Professor wirkt Michael Diers. Als Honorarprofessoren sind Tilmann Buddensieg, Hartmut Dorgerloh und Gerhard Wolf tätig.

Der Rückblick auf den Beginn um 1810 (vgl. Bredekamp/Labuda i. Bd. 4) verdeutlicht, dass der umfassende Anspruch, den Hirt und mehr noch Kugler mit der Kunstgeschichte verbunden haben, eine erstaunliche Wiederkehr erlebt hat. Wie sich die Kunstgeschichte an der Humboldt-Universität weiterentwickeln wird, ist ungewiss. Aber ohne dass hier eine bewusste Planung umgesetzt worden wäre, hat sich ein ausgreifender, die Außenwelt des Faches wahrnehmender und die Bildmedien im weitesten Sinn reflektierender Anspruch herausgebildet, dessen nun bereits zweihundertjährige Gravitation weiter wirken sollte.

Henning Wrede

Archäologie: Wiederaufbau, marxistische Neudefinition und Kampf um das Überleben – Neukonstitution

Die allgemeinen Bedingungen von Studium und Forschung nach 1945 und während der DDR sind hier nicht darzulegen. Für die archäologischen Fächer im Osten Berlins von zusätzlicher Relevanz waren der Verlust der Museen für Völkerkunde und Vor- und Frühgeschichte, die Trennung vom Deutschen Archäologischen Institut und seinen Tochteranstalten und Grabungen, zudem die beschränkten Möglichkeiten von Aufenthalten im Ausland.

Ur- und Frühgeschichte

Wilhelm Unverzagt behielt 1945 seine Stellung am Märkischen Museum. Er wurde in die Deutsche Akademie der Wissenschaften aufgenommen und in ihr der Direktor des Instituts für Vor- und Frühgeschichte. Die Vorstellung von einer egalitären Urgesellschaft, von ihrer Differenzierung und Entwicklung zur Klassengesellschaft ist für den dialektischen Materialismus grundlegend. Von ihr her gelang die Neubegründung der Prähistorie als „Ur- und Frühgeschichte" an der Humboldt-Universität schrittweise.[1] Für das Wintersemester 1951/52 erhielt Karl-Heinz Otto den Auftrag, eine Allgemeine Geschichte der Urgesellschaft zu lesen, die fortan zum essentiellen Bestand in der Fachrichtung Geschichte gehörte: *Deutschland in der Epoche der Urgesellschaft* (1960). Vom Winter 1954/55 bis 1991 hat sie überwiegend Heinz Grünert angeboten, der eine *Geschichte der Urgesellschaft* 1982 herausgab. Auf dieser Basis wurde 1953/54 ein Spezialstudium „Urgeschichte" eingeführt, welches die „Fachrichtung Urgeschichte" vom Winter 1955/56 an ablöste. An sie schloss ab Winter

[1] Zur Ur- und Frühgeschichte an der Humboldt-Universität von 1951/52 bis 1992: Struwe, Ruth, Ur- und Frühgeschichte an der Humboldt-Universität zu Berlin, in: Miscellanea Archaeologica III, hrsg. v. Haspel, Jörg/Menghin, Wilfried, Peterberg 2006, S. 140–145; Leube, Achim, 100 Jahre Prähistorie an der Friedrich-Wilhelms-Universität und der späteren Humboldt-Universität zu Berlin, in: Ethnographisch-Archäologische Zeitschrift 46 (2005), S. 389–424, hier: S. 399–409; zu Otto und Grünert: ebd., S. 400–406, 408f.

1956/57 die „Fachrichtung Ur- und Frühgeschichte", deren frühgeschichtlicher Anteil zunächst wesentlich in einer Lehre zur westslawischen Kultur bestand. Otto war seit 1952 damit beauftragt, am Museum für Deutsche Geschichte die Abteilung für Ur- und Frühgeschichte aufzubauen. Nach seiner Habilitation bei Unverzagt wurde er 1954 zum Dozenten ernannt und erhielt ein Institut, das sich in den fünfziger Jahren bei mehrfachen Umzügen räumlich, personell und bei der technischen Ausstattung stetig vergrößerte. Professoren für Geologie und Anthropologie (ab 1955/56), später auch für Paläontologie (ab 1960/61) wurden mit Spezialveranstaltungen eingebunden. Noch in den frühen neunziger Jahren sollten sie ein Drittel des anthropologischen Lehrangebots ausmachen. 1960 erhielt Otto den Lehrstuhl, den er auch als Nachfolger Unverzagts an der Akademie bis 1968 beibehielt. In der bis 1977 fortgesetzten Lehre herrschten globale Ausführungen zu seinem Fach in ausschließlich europäischer Perspektive mit den Schwerpunkten auf Mitteleuropa und auf die Kunst der Urgesellschaft vor. Sie galten primär den wirtschaftlichen und gesellschaftlichen Verhältnissen in der Sicht des historischen Materialismus. Kollegen mit konkreteren Zeitangaben bezogen sich mehrheitlich auf die Völkerwanderungszeit. Sie ließen die Ethnogenese der Deutschen als weiteren Forschungsschwerpunkt erkennen. Ethnographische Themen ausschließlich vertrat seit 1955 Ottos Mitarbeiter Günter Guhr, mit dem zusammen er die *Ethnographisch-Archäologischen-Forschungen* herausgab, denen ab 1960 die fortbestehende *Ethnographisch-Archäologische Zeitschrift* folgte. Die praktische Ausbildung erbrachten siedlungsarchäologische Lehrgrabungen und die Erforschung von Burgwällen. Hier folgte sie einem corpusartigen Unternehmen, das bereits Carl Schuchhardt angeregt und Unverzagt vor 1945 fortgesetzt hatte.

Heinz Grünert verband seine obligaten Vorlesungen zur Urgesellschaft mit einer speziellen Ausrichtung auf die späteren prähistorischen Kulturen, in erster Linie auf die Kelten und Germanen von der vorrömischen Eisenzeit bis zur wiederum mittel- und nordeuropäischen Kaiserzeit. Grünert, 1968 habilitiert, erhielt 1975 den Lehrstuhl des nach der dritten Hochschulreform als „Bereich Ur- und Frühgeschichte der Sektion Geschichte" fortgeführten Faches. Sein *Lehrbuch der Urgesellschaft* von 1982 betont in marxistischer Sicht die sozioökonomischen Formen. Den nach der Wiedervereinigung fortgesetzten Schwerpunkt der Ostberliner Prähistorie in der Frühgeschichte und der Archäologie des Mittelalters brachte seit 1954 vor allem Paul Grimm in langfristigen Lehraufträgen ein. Wie seine Publikationen wandten sie sich häufig den Westslawen im späteren Deutschland zu, dann der deutschen Landnahme. An der Akademie der Wissenschaften als stellvertretender Direktor für die Prähistorie tätig, war auch er an der Burgenforschung beteiligt. Nach Unverzagt gab er die Zeitschrift *Ausgrabungen und Funde* heraus.

Die relative Vernachlässigung der Stein- und Bronzezeit zugunsten der archäologischen Lehre und Forschung ab der Hallstein-Zeit und die Beschränkung auf Mitteleuropa orientierten sich am Bedarf in der Bodendenkmalpflege, auf die hin auch die Zahl der Studenten begrenzt wurde. Hiermit kontrastierte das Lehrangebot von Ursula Schlenther in der Ur-

und Frühgeschichte seit den fünfziger Jahren. In Vorlesungen zur Archäologie Mittelamerikas, Südamerikas, Afrikas, Asiens und selbst der „zirkumpolaren und zirkumpazifischen Gebiete“ stellte Schlenther die weltumspannende Bedeutung der Prähistorie heraus. Als Ethnologin war sie kurzfristig Assistentin Ottos, später Professorin am Institut für Völkerkunde und Deutsche Volkskunst.

Vorderasiatische Archäologie und Altorientalistik

Die Philologie des Alten Orients haben Erich Ebeling und Emil Forrer im Berlin der letzten Kriegsjahre allein getragen. Forrer musste 1945 wegen seines Eintretens für den Nationalsozialismus ausscheiden. Ebeling, der seine lange Lehre seit den zwanziger Jahren von einer hauptberuflichen Tätigkeit im Schuldienst her durchgeführt hatte, erhielt 1947 eine Professur mit Lehrauftrag für Altorientalistik und von 1951 bis zur Emeritierung 1953 den längst verdienten Lehrstuhl. Die Kulturgeschichte und Archäologie Mesopotamiens konnte er nur in gelegentlichen Zusatzangeboten zur reinen Keilschriftkunde berücksichtigen. Etwas umfangreicher ergänzte der Dozent für Hethitologie Heinrich Otten von 1950 bis 1958 sein sprachliches Angebot um Vorlesungen zur Geschichte und zu den Kulturen Kleinasiens in vorgriechischer Zeit. In diesen Jahren publizierte Otten bedeutende Aufsätze zu den Anfängen der hethitischen Geschichte, zur hethitischen und vorderasiatischen Chronologie (1951) und über Totenrituale (1952). Der Archäologie wandte er sich kaum zu.

Gegenstand des Lehrauftrags von Gerhard Rudolf Meyer waren die „Vorderasiatische Archäologie und die Altorientalische Geschichte“ von 1952 bis 1968. Meyer hatte seine Ausbildung am Orient-Forschungsinstitut Max Freiherr von Oppenheims in Berlin, durch Unger und Moortgat erhalten. Nach Andraes Rücktritt wurde er 1952 Direktor des Vorderasiatischen Museums und später Generaldirektor der Staatlichen Museen zu Berlin. In diesen Positionen war er für den Wiederaufbau des Museums und in den späteren fünfziger Jahren für dessen Neuordnung zuständig, als bedeutende Teile der Sammlung aus der Sowjetunion zurückkehrten. Er verfasste den Museumskatalog (2. Aufl. 1962) und publizierte zu Grabungen in Urartu. An der Universität führte er sich zunächst in der historischen Fachrichtung mit allgemeinen Vorlesungen zur Geschichte des Alten Orients ein. Mit Ebelings Ausscheiden erhielt Meyer 1953/54 den zusätzlichen Lehrauftrag für Assyriologie, die seinen Unterricht bis 1968 weitgehend bestimmte. Zusätzliche archäologische Kenntnisse vermittelte gewöhnlich ein Kolleg pro Semester mit Themen von der Sumerischen bis zur Assyrischen und Urartäischen Kunst.

Aus dem Institut für Orientforschung der Akademie der Wissenschaften übernahm Meyers Schüler Horst Klengel von 1964/65 an die allgemeine Vorlesung zur Geschichte Vorderasiens. Seine *Geschichte Syriens* (Bd. I–III, 1965–1970) erschien in dieser Zeit. Im Rahmen der Alten Geschichte setzte Klengel das Kolleg zwar bis in die neunziger Jahre fort, doch wurde die Altorientalistik in Berlin 1968 aufgelöst. In der DDR überlebte sie im Wissenschaftsbereich Orientalische Archäologie an der Sektion Orient- und Altertumswissenschaften der Universität in Halle. Dort wurde auch die Assyriologie in einem winzigen Studiengang mit sehr wenigen Studenten fortgesetzt, den Klengel im Rahmen eines Lehrauftrags durchführte. Zukünftige Archäologen erhielten eine zusätzliche Ausbildung im Vorderasiatischen Museum in Berlin bei dessen aufeinander folgenden Direktorinnen Liane Jakob-Rost und Evelyn Brandt-Klengel. Um in Berlin den Nachwuchs für die Akademie der Wissenschaften und das Museum zu sichern, ist die Immatrikulation für Assyriologie und Vorderasiatische Archäologie an der Humboldt-Universität 1980/81 für die Länge eines Studiums wieder zugelassen worden. Doch blieb die Situation am Ende der DDR unklar, da keine personelle Verankerung der beiden Fächer an der Universität erfolgte. 1989 gab Klengel eine *Kulturgeschichte des alten Vorderasien* heraus. Bei ihren archäologischen Beiträgen ist die Humboldt-Universität nicht vertreten.[2]

Ägyptologie und Sudanarchäologie

Die Ägyptologie belegt, dass der Aufstieg eines archäologischen Faches zu internationaler Bedeutung auch unter den Bedingungen der DDR möglich war.[3] Hermann Grapow, der das Fach vor dem Krieg über viele Jahre allein vertreten hatte, ging nach 1945 als Direktor des Instituts für Orientforschung an die Deutsche Akademie der Wissenschaften. Die Leitung des Ägyptischen Museums erhielt Rudolf Anthes[4] zurück, der sie 1939 aus rassischen Gründen verloren hatte. 1947 erteilte die wieder eröffnete Humboldt-Universität Anthes einen Lehrauftrag, auf den 1948 eine Professur mit Lehrstuhl folgte. Anthes las ausschließlich zur Kunst und Archäologie Ägyptens. 1950 ging er an die University of Pennsylvania. Seine Bücher zur ägyptischen Plastik (1954), zu den Grabungen in Mit Rahineh und zur ägyptischen Religion hat er daher erst nach seiner kurzen und von extremer Not gekennzeichneten Lehrtätigkeit in Berlin verfasst. Als Nachfolger von Anthes leistete Siegfried Morenz

---

2 Zu den Keilschriftwissenschaften und der Vorderasiatischen Archäologie in der DDR der achtziger Jahre: Neumann, Hans, Altorientalistik in der DDR (1986–1990) und ihre inhaltlich-strukturelle Umgestaltung in den neuen Bundesländern (1990/91–1995), in: Wissenschaft und Wiedervereinigung. Asien- und Afrikawissenschaften im Umbruch, hrsg. v. Kraut, Wolf-Hagen/Wolz, Ralf, Berlin 1998, S. 165–228, hier: S. 226 zur Situation in Berlin.

3 Zur Ägyptologie und Sudanarchäologie in der DDR: Endesfelder, Erika, Die Ägyptologie an der Berliner Universität, in: Von Berlin nach Meroe. Erinnerungen an den Ägyptologen Fritz Hintze (1915–1993), hrsg. v. ders., Berlin 2003, S. 21–29, hier: S. 25–28; dies., Die Ägyptologie an der Berliner Universität. Zur Geschichte eines Fachgebietes. Berichte, Humboldt-Universität zu Berlin 8 (1988), S. 54–65; Blumenthal, Elke, „Einleitung" in: Begegnungen. Antike Kulturen im Niltal. Festgabe für Erika Endesfelder, Karl-Heinz Priese, Walter Friedrich Reineke, Steffen Wenig, hrsg. v. Arnst, Caris-Beatrice/Hafemann, Ingelore/Lohwasser, Angelika, Leipzig 2001, S. VI–XII.

4 Zu Anthes: Dawson, Warren R./Uphill, Eric P./Bierbrier, Morris L., Who is who in Egyptology, 3. Aufl., London 1995, S. 17f.; Endesfelder, Die Ägyptologie an der Berliner Universität, 1988, S. 54ff.

Abb. 1 König Arnekhamanl und Prinz Arka (Gipsabdruck von der äußeren Südwand des Löwentempels von Musawwarat es Sufra/Sudan, spätes 3. Jh. v. Chr., meroitische Periode des Reiches von Kusch)

den Wiederaufbau der Ägyptischen Sammlung im Bode-Museum 1952 bis 1958 von Leipzig aus, weswegen er für die Berliner Universität nicht in Betracht kam und die ägyptische Archäologie über längere Zeit nicht an ihr vertreten war.

Der Neuaufbau der Ägyptischen Philologie ist Fritz Hintze[5] 1947 durch einen Lehrauftrag übertragen worden. Im selben Jahr habilitierte sich Hintze mit einer Arbeit zum Neuägyptischen. 1951 erhielt er eine Professur mit vollem Lehrauftrag und von 1956 bis 1980 den Lehrstuhl. Ein Jahr nachdem er ihn erhalten hatte, gründete er das Institut für Ägyptologie an der Universität, dessen sachlichen, personellen und wissenschaftlichen Bedarf er mit dem des Akademie-Instituts für Orientforschung abzustimmen vermochte, weil er als Nachfolger Grapows von 1956 bis 1969 auch an dessen Spitze stand. Die zunächst fast ausschließlich philologisch ausgerichtete Lehre seiner Disziplin vertrat Hintze bis zum Frühjahrssemester 1959/60 allein. Danach standen ihm mit Walter Friedrich Reineke, Karl-Heinz Priese und Erika Endesfelder eigene Schüler als Assistenten oder Lehrbeauftragte zur Seite. Das durch die Varianten des Ägyptischen, durch das Demotische und Koptische ohnehin schon umfangreiche Sprachpensum erweiterte Hintze um das Berberische, Meroitische und Altnubische. Von seinen wenigen kulturgeschichtlichen Veranstaltungen bot er nur die *Geschichte Nubiens* mehrfach an. Sie wie die zusätzlichen Sprachen gründeten in Hintzes Forschungen zum frühen Sudan. Seine Publikationen zur Stellung des Meroitischen (1955), zur meroitischen Chronologie (1959) und Grammatik (1979) wurden seit 1957 durch Grabungen im Sudan begleitet, langfristig besonders in Musawwarat es Sufra (1957–1970). 1968 erweiterte Hintze die Zuständigkeit des Studiengangs auf die Sudanarchäologie und Meroitistik, als er der Sektion Asien- und Afrikawissenschaften zugeordnet wurde. Das knüpfte an Lepsius' Forschungen in Nubien an und war mit dem Aufbau einer eigenen Lehrsammlung verbunden. An der Akademie war Hintze für die Herausgabe der altorientalischen und ägyptologischen Zeitschriften verantwortlich. Er war Mitglied des Deutschen Archäologischen Instituts und der Société française d'Égyptologie.

Karl-Heinz Priese ergänzte die Neuausrichtung des Faches mit topographischen und philologischen Untersuchungen: *Das Land Iram* (1974), *Studien zur Topographie des äthiopischen Niltales im Altertum und zur meroitischen Sprache* (1976). Dem archäologischen Unterricht widmete sich Steffen Wenig seit 1962/63 ausschließlich, der als Kustos seit 1958 die Umgestaltung des Ägyptischen Museums mit den Rückgaben aus der Sowjetunion durchführte. So gut die personelle Ausstattung des Instituts und so vielfältig das Lehrangebot gegenüber der Vorkriegszeit nun auch waren, zum Studium wurden Bewerber nur im Ausnahmefalle aufgrund besonderer Einzelverfahren zugelassen. Wie in den anderen archäologischen Fächern seit 1968 war die Ausbildung in der Ägyptologie und Sudanarchäologie nur auf eine personelle Bestandssicherung ausgerichtet.

[5] Zu Hintze: Beiträge bei Endesfelder, Die Ägyptologie an der Berliner Universität, 2003; dies., Die Ägyptologie an der Berliner Universität, 1988, S. 56–64; Dawson/Uphill/Bierbrier, Who is who, 1995, S. 203.

Klassische Archäologie

Im März 1946 beauftragte der Rektor den Direktor der Antikensammlung Karl Weickert[6], als Professor mit Lehrauftrag für Archäologie die kommissarische Leitung und den Wiederaufbau des Winckelmann-Instituts zu übernehmen. 1949 erhielt Weickert, inzwischen auch Präsident des Deutschen Archäologischen Instituts und Mitglied der Akademie, den Lehrstuhl, doch schied er nach dem Sommersemester 1950 mit der Emeritierung aus dem Lehrkörper aus. Zur Seite standen ihm kurzfristig Friedrich Wilhelm Goethert und Gerhard Kleiner, beide seit 1946 als Professoren mit Lehrauftrag. Sie verließen die Universität 1948, um Ordinariate an der Freien Universität bzw. in Hamburg zu übernehmen. Bis zum Winter 1950/51 trat Ulrich Hausmann, später Ordinarius in Tübingen und Herausgeber des *Handbuchs der Archäologie*, an ihre Stelle, der den Wiederaufbau des Instituts als Assistent bis dahin organisatorisch getragen hatte. Mangels Dozenten konnte die Klassische Archäologie im Sommer 1951 nicht mehr studiert werden.[7]

Von der mit 20.000 Bänden sehr großen Institutsbibliothek verblieb bei Kriegsende nur ein Restbestand, da 15.000 von ihnen 1944 nach Niedersachsen ausgelagert worden waren, die um 1950 der Freien Universität zufielen. Das bis 1944 geöffnete Abgussmuseum und die Studiensammlung originaler antiker Kleinkunst erlitten nur geringe Kriegsschäden. Die Wiedereröffnung war für 1947 vorgesehen, was die Universitätsleitung der Raumprobleme wegen hinauszögerte. Diese nutzte die führungslose Situation des Instituts 1950/51 dazu, die Museumsräume der Slawistik zur Verfügung zu stellen, und ließ die fast vergleichslos große Abgusssammlung klassischer Bildwerke in die Keller des Pergamonmuseums überführen. Bis 1956 blieben noch der Minoisch-mykenische Saal und die Kleinkunstsammlung zugängig. Die 1958/59 überwiesene Schweriner Abgusssammlung gelangte zunächst in den Universitätskeller, wo sie 1971 und 1977 Studentenlokalen weichen musste. Ebenfalls den Magazinen des Pergamonmuseums zugewiesen, wurde dort der gesamte Bestand durch Wassereinbruch stark zerstört.[8]

Für das Wintersemester 1951/52 ist Ludger Alscher[9] als Gastdozent aus Jena an die Universität berufen worden. 1953 war er Ordinarius, anschließend bis 1968 Direktor des Win-

---

6 Zu Weickert: Lullies, Reinhard/Schiering, Wolfgang (Hrsg.), Archäologenbildnisse. Porträts und Kurzbiographien von Klassischen Archäologen deutscher Sprache, Mainz 1988, S. 230f.

7 Zur Situation des Faches von 1945 bis 1980: Schindler Wolfgang, Erkenntniszuwachs und Methodenvielfalt im Wissenschaftswerk von Gerhart Rodenwaldt (1887–1945). Kolloquium 1985, hrsg. v. dems. (Wissenschaftliche Zeitschrift der Humboldt-Universität zu Berlin, Geisteswissenschaftliche Reihe 35 (1986), S. 634f.

8 Zum Niedergang der Sammlungen des Winckelmann-Instituts nach 1951: Stürmer, Veit/Wrede, Henning, Ein Museum im Wartestand. Die Abgusssammlung antiker Bildwerke 1998, S. 35–38.

9 Zu Alscher: Schindler, Wolfgang, Ludger Alscher, in: Gnomon 59 (1987), S. 571f.; ders., in: Ethnographisch-Archäologische Zeitschrift 27 (1986), S. 499f.; ders., in: Lullies/Schiering, Archäologenbildnisse, 1988, S. 319f.

ckelmann-Instituts und schließlich leitete er den als Bereich Klassische Archäologie der Sektion Ästhetik/Kunstwissenschaft fortgeführten Studiengang bis zu seiner Emeritierung 1981 weiter. Die verlorene Bibliothek war zumindest notdürftig zu ersetzen. Das Seminar hatte später Räume an die Ästhetik abzugeben. Alschers Forschungen konzentrierten sich weitgehend auf seine fünfbändige *Geschichte der Griechischen Plastik* (1954–1982), die er primär an der Rundskulptur und formanalytisch darstellte. Das verdienstvolle Werk war umfangreicher und fasste den geschichtlichen Hintergrund etwas stärker ins Auge als die entsprechenden, doch älteren Werke im Westen, überkreuzte sich bei den späteren Bänden aber mit den dortigen Bestrebungen, die Klassische Archäologie eher kultur- als kunstgeschichtlich zu definieren. Generationsgebunden war Alschers Lehre ebenfalls traditionell, ausschließlich an der Kunst und weitgehend an der Plastik orientiert. Mit einem reichen Themenspektrum, aber etwas unsystematisch erstreckte sie sich über alle Epochen, da Alscher in dreißig Jahren Mitarbeiter kaum zu seinem Unterricht heranzog.

Dass die weder ökonomisch noch ideologisch relevante Klassische Archäologie an der Humboldt-Universität in der späten DDR überlebte, war das Verdienst von Wolfgang Schindler.[10] Der 1969 von Alscher Habilitierte erhielt 1973 eine Dozentur mit dem Schwerpunkt der römischen Donauprovinzen, für die er später ein Fotoarchiv aufbaute. Nach Alschers Ausscheiden vertrat er das ganze Fach und kreierte 1981 einen Kombinationsstudiengang mit der Kunstgeschichte, um die Zuweisung weniger Studenten zu sichern.[11] Im selben Jahr organisierte er eine internationale Konferenz zum römischen Porträt, die Folgekonferenzen in Rom und Prag nach sich zog. Von 1983 bis 1990 hatte er den Lehrstuhl inne. Die Wissenschaftsgeschichte betonte Schindler durch ein Kolloquium über Gerhart Rodenwaldt 1985 und in mehreren Arbeiten über Heinrich Schliemann. Hierauf griff die wissenschaftsgeschichtliche Ausrichtung des Instituts nach seinem Tod zurück.

Christliche Archäologie

Die mit christlichen Monumenten befasste Abteilung der Theologischen Fakultät erhielt nach 1945 die Bezeichnung „Christliche Archäologie und Kirchliche Kunst“ zurück, die sie bereits vor Lietzmann gehabt hatte. Von 1946 bis 1949 vertrat sie der Kirchenhistoriker Kurt Aland (Professor mit Lehrauftrag) mit überwiegenden Vorlesungen zum protestantischen Kirchenbau. Hierbei unterstützte ihn sein Assistent Klaus Wessel, den die Theolo-

---

[10] Zu Schindler: Rößler, Detlef, Wolfgang Schindler (6. Januar 1929–9. Dezember 1991), in: Modus in rebus. Gedenkschrift für Wolfgang Schindler, hrsg. v. dems./Stürmer, Veit, Berlin 1995, S. 1–8.

[11] Zur Klassischen Archäologie in Berlin und der DDR nach 1968: Rößler, Detlef, Zum Zustand der Klassischen Archäologie an den Universitäten der neuen Bundesländer, in: Zur Lage der Archäologie in den neuen Bundesländern. Schriften des Deutschen Archäologenverbands, Bd. 12, hrsg. v. Vorstand des Deutschen Archäologenverbands, Trier 1992, S. 1–12.

gische Fakultät 1943 mit einer kunsthistorischen Arbeit über spätantike ägyptische Elfenbeine promoviert hatte. Wessel habilitierte sich 1948 und übernahm einen Lehrauftrag in der Christlichen Archäologie als Direktor der Frühchristlich-byzantinischen Sammlung der Staatlichen Museen. Wessels Unterricht bezog sich auf alle Bereiche der spätantiken Archäologie und Kunstgeschichte, weswegen er mehrere Veranstaltungen auch in diesen Fächern anbot, bis er vom Winter 1952/53 an nurmehr in der Kunstgeschichte vortrug. Gleichfalls 1953 konnte er die wieder aufgebaute Sammlung eröffnen, deren Führer er in den fünfziger Jahren verfasste. Die Humboldt-Universität verließ Wessel 1958, um sich später vor allem der *Koptische*(n) *Kunst* (1963), der *Byzantinische*(n) *Plastik* (1966) und *Byzantinische*(n) *Emailkunst* (1907) zuzuwenden.

Als Professor mit Lehrstuhl für Christliche Archäologie und Kirchliche Kunst übernahm Walter Elliger die Nachfolge Alands von 1950 bis zum Frühjahrssemester 1961/62. Das Werk *Die Stellung der alten Christen zu den Bildern in den ersten vier Jahrhunderten* I–II (1930, 1934) verdeutlicht seine weniger archäologische und kunsthistorische als theologische Perspektive, die weit über die Spätantike hinausging. 1960 und 1961 erschienen seine Biographien von Thomas Müntzer und Philipp Melanchthon. Weniger ausschließlich als Aland am Kirchenbau interessiert, sah Elliger seine Lehraufgabe darin, den Theologiestudenten die Grundbegriffe der christlichen Kunst von der Antike bis zur Gegenwart als Vorbereitung auf ihren praktischen Beruf in drei Grundkursen zu vermitteln. Dazu führte er die Kirchenmusik als Lehrstoff in seine Abteilung ein. Las er auch gelegentlich über altchristliche Malerei und frühchristlichen Kirchenbau, so ging doch insgesamt der Zusammenhang mit der wissenschaftlichen Archäologie verloren. Zum 150. Jubiläum der Universitätsgründung stellte Elliger die Geschichte der Theologischen Fakultät dar. Elligers Interpretation der Disziplin verstärkte sein einstiger Assistent Alfred Raddatz noch, als er das Fach nach seiner Habilitation 1962 allein übernahm.

Fortfall und Ende weiterer Archäologien

Eine Iranische Archäologie hat es an der Humboldt-Universität nach 1945 nicht mehr gegeben. Die vorangehenden Ansätze für eine Indische Archäologie wurden nicht aufgegriffen. Das gründete wesentlich auf den fehlenden Verbindungen mit dem Völkerkunde-Museum in West-Berlin. Als Professor mit vollem Lehrauftrag für Islamische Kunstgeschichte las Erich Kühnel von 1947 bis zu seiner Emeritierung 1951 noch gelegentlich über Islamische Archäologie. Später baute er mit der kriegsbedingt nach Niedersachsen ausgelagerten Kleinkunst des Islamischen Museums Berlin eine neue Sammlung in Dahlem auf.

Der Altamerikanist Walter Krickeberg behielt unmittelbar nach dem Krieg seine Professur mit Lehrauftrag für Völkerkunde an der Humboldt-Universität, doch verzeichnen die Vorlesungsverzeichnisse keine Lehrveranstaltungen für ihn. Seit 1956 führte Ursula Schlenther das Studium der Archäologie und Ethnographie Mittel- und Südamerikas neu ein, das sie im Ethnographischen Institut durch die jeweils mehrteilige Lehre von Aztekisch und Maya, gelegentlich auch von weiteren indigenen Sprachen Lateinamerikas gesamtkulturell hinterfing. Ihr oben bereits berührtes breites Angebot der Archäologien Asiens, Afrikas oder der pazifischen Länder und ihre überregionalen ethnologischen Methoden zielten auf vergleichende Gegenüberstellungen, gesellschaftliche und kulturgeschichtliche Analysen wie in ihren Veröffentlichungen über Bestattungsformen und Seelenglauben bei außereuropäischen Völkern (1960) oder *Lateinamerika und seine Ureinwohner* (1976, 2. Aufl. 1980), weniger auf neue archäologische und historische Ergebnisse.

Auflösungen und Neukonstituierungen 1989–2000

Ur- und Frühgeschichte

Die Struktur- und Berufungskommission wies der Ur- und Frühgeschichte an der Humboldt-Universität in Abgrenzung zu ihrer Schwesterdisziplin an der Freien Universität die Schwerpunkte Frühgeschichte und Mittelalterarchäologie zu.[12] Die Frühgeschichte entsprach der Berliner Tradition des Faches seit Kossinna. Die Archäologie des Mittelalters bot ein weitgehend singuläres Profil gegenüber den prähistorischen Studiengängen an den anderen deutschen Universitäten. Durch die Besetzung des Lehrstuhls mit Johan Callmer (1993) als Vertreter für das Mittelalter nördlich der Alpen und der zweiten Professur mit Achim Leube[13] für die Frühgeschichte Zentraleuropas einschließlich Polens und des Ostseeraums von 1992 bis 2001 wurden die Anteile gewichtet und auch derart aufeinander zugeschnitten, dass eine enge Verbindung mit der Bodendenkmalpflege in Berlin und der Mark Brandenburg resultieren konnte. Hieran knüpften die Honorarprofessur von Jürgen Kunow (1995) vom Brandenburgischen Landesmuseum für Ur- und Frühgeschichte ebenso an wie die Forschungsausrichtung der außerplanmäßigen Professur von Eike Gringmuth-Dallmer (2000), der beiden Assistenten Claudia Theune-Vogt und Sebastian Brather sowie weitere Lehrbeauftragte, u. a. Joachim Henning, Eberhard Kirsch. Die langfristige Dozentur von Ruth Struwe, die Mitarbeit von Michael Meyer und wiederum Lehraufträge komplettierten die Ausbildung um die Stein- und bedingt auch Bronzezeit.

---

[12] Zur Vor- und Frühgeschichte an der Humboldt-Universität nach 1992: Struwe, Ur- und Frühgeschichte, 2006, S. 141ff.; Leube, 100 Jahre Prähistorie, 2005, S. 409ff.

[13] Zu Leube: Gringmuth-Dallmer, Eike, Achim Leube zum 65. Geburtstag – Versuch einer Würdigung, in: Meyer, Michael, „…trans Albim fluvium." Forschungen zur vorrömischen, kaiserzeitlichen und mittelalterlichen Archäologie. Festschrift für Achim Leube zum 65. Geburtstag, Rahden, Westf. 2001, S. XIII–XXIII.

Das im Erwerb von Drittmitteln und bei der Durchführung internationaler Tagungen zu *Haus und Hof im östlichen Germanien* (1994), zur Eisengewinnung im östlichen Germanien (1996) und zur Geschichte der Disziplin (1998, 2003) erfolgreiche Fach vermochte in den neunziger Jahren pro Semester ca. 25 Lehrveranstaltungen anzubieten, mehr als je zuvor an der Universität. Dennoch entschloss sich die Philologische Fakultät I unter den Sparauflagen des Berliner Senats 1998 dazu, die von Leube eingenommene Professur mit dessen Ausscheiden 2001 aufzugeben und darüber hinaus 2004 bei Stimmgleichheit im Senat der Universität den ganzen Studiengang einzustellen.

Mit der Aufgabe der Ur- und Frühgeschichte an der Humboldt-Universität droht die Berlin-Brandenburgische Bodendenkmalpflege – die archäologische Heimatkunde – ihre akademische Verankerung zu verlieren und auch alle verbleibenden Archäologien der Universität eine Grundlage ihrer Arbeit einzubüßen. Dieses Fach ist bei seinen Methoden und den Grundkenntnissen in der Grabungspraxis auch für sie von fundamentaler Bedeutung. Durch vielseitige Kooperationen vermochte es in den neunziger Jahren, Lehrveranstaltungen der Anthropologie, Paläontologie, Archäozoologie, Geophysik, Achäometrie und archäologisch ausgerichteten Ethnologie sicherzustellen, welche von Wert für jede archäologische Ausbildung sind. Die daher geographisch und chronologisch weite Zuständigkeit der Ur- und Frühgeschichte spiegelten in den neunziger Jahren Lehrangebote zur Archäologie Afrikas (M. Albrecht), Australiens (R. Struwe), der Karibik (M. Wolf) und des Alten Vorderen Orients (E. Lindemeyer) gleichermaßen.

Archäologie und Kulturgeschichte Nordostafrikas

Durch Fundteilung zwischen dem Ausgräber Hintze und der sudanesischen Antikenverwaltung gewann die Humboldt-Universität in den sechziger und vor allem siebziger Jahren eine wertvolle Studiensammlung sudanesischer Altertümer. Als Hintze 1980 pensioniert worden war, übernahmen Karl-Heinz Priese und Erika Endesfelder die Lehre im Studiengang für Ägyptologie und Sudanarchäologie.[14] Den archäologischen Anteil vertrat vom Ägyptischen Museum Ost-Berlins aus Steffen Wenig. 1978 tauschten Priese und Wenig ihre Positionen, wie Prieses *Ägyptisches Museum* (1991) belegt. Doch unterstützte Priese sein einstiges Seminar bis nach 2000 mit der Vermittlung des Meroitischen und Altnubischen. Auch Wenig konzentrierte seine Forschungen und Lehre nun gänzlich auf Nubien. Hatte er bereits früher zur Ikonographie der meroitischen Königsfamilie (1964) und zur meroitischen Kleinkunst (1978) publiziert, so setzte er nun Hintzes Ausgrabungen im Sudan fort und erweiterte seinen Unterricht um alle Aspekte der dortigen Archäologie. Dem Institut für Asien- und Afrika-

[14] Zur Sudanarchäologie und Ägyptologie nach 1980: Blumenthal, Einleitung, 2001.

wissenschaften der Philosophischen Fakultät III angeschlossen, wurde das zuvor erfolgreiche Seminar durch die Wandlungen der Humboldt-Universität nach 1989 zunächst nicht gravierend verändert. Wenig leitete es als Professor der Sudanarchäologie mit seinen Assistenten Pawel Wolf und Hans-Ulrich Onasch. Die kuschitische Forschung und Lehre ergänzte Angelika Lohwasser als Mitarbeiterin an der Sudan-Sammlung und später im Ägyptischen Museum. Als Professorin für Ägyptologie flankierte Erika Endesfelder die Sudanarchäologie weiterhin mit einem breiten Lehrangebot zur ägyptischen Philologie, Geschichte und Wirtschaft. Die ägyptische Archäologie trug Christian E. Loeben als Assistent und langjähriger Lehrbeauftragter bei. Endesfelders Schriften galten der frühen Gesellschaftsentwicklung in Ägypten (1991), der Berliner Ägyptologie (1988) und ihren bedeutendsten Vertretern. 2000 wurde sie fast gleichzeitig mit Wenig pensioniert, dessen Forschungen der neunziger Jahre eine internationale Tagung zum antiken Sudan (1992) und die Untersuchung der Tempel von Musawwarat (1996) einschlossen, sich bei einem Kolloquium von 1999 wie in seinen letzten Vorlesungen aber zusätzlich auf Eritrea erstreckten. Darin deutete sich Wenigs Absicht an, seine Disziplin auf das weitere Nordostafrika auszudehnen.

Um Doppelangebote an den Berliner Universitäten zu vermeiden, hob der Akademische Senat auf Empfehlungen des Wissenschaftsrates hin 2000 den Studiengang für Ägyptologie und Sudanarchäologie an der Humboldt-Universität auf und empfahl, ihn durch die „Archäologie und Kulturgeschichte Nordostafrikas“ zu ersetzen. Im Sinn dieser kulturwissenschaftlichen Neukonstituierung wechselte das Seminar im selben Jahr in das Institut für Kultur- und Kunstwissenschaften der Philosophischen Fakultät III, wo unter Mitwirkung von Hans-Ulrich Onasch eine Studienordnung erstellt wurde. Dem neuen Fach wurden 2001 zwei Professuren zugesprochen. 2003 konnte die eine mit Frank Kammerzell besetzt werden, die archäologische hat Claudia Näser inne.

Klassische Archäologie

Nach Schindlers Tod 1991 übernahm sein Assistent Detlef Rößler die geschäftsführende Leitung der Klassischen Archäologie. 1993 habilitierte er sich an der Freien Universität und anschließend erhielt er eine Professur. Ihn unterstützten in den ersten Jahren als Lehrbeauftragte Veit Stürmer (seit 1990/91), Rolf Hurschmann und Detlev Kreikenbom (danach Professor in Mainz). Mit Lehrbefugnis vertritt Stürmer die Ägäische Bronzezeit seit 1994, dazu als Gastprofessor das ganze Fach in Havanna. Er baut die Sammlungen wieder auf, die 2001 mit dem Raum der antiken Kleinkunst und dem Minoisch-mykenischen Saal partiell neu eröffnet werden konnte.[15] Daneben führte er die Restaurierung der seit 1994 unter

[15] Zum Stand des Wiederaufbaus der Sammlungen des Winckelmann-Instituts: Stürmer, Veit, Über die Sammlungen des Winckelmann-Instituts der Humboldt-Universität zu Berlin, in: Achill und Chiron. Ein

Denkmalschutz gestellten Institutsräume durch. Sie und die Bibliothek haben sich stark vergrößert. Die Leitung übernahm von 1995 bis zum Winter 2004/05 Henning Wrede. Neben den Genannten standen ihm als Mitarbeiter zur Seite: Stefan Altekamp (seit 1995, PD 1998), Alfred Schäfer (1996–2008, PD 2004), Franziska Lang (2001–2006, danach Professorin an der TH Darmstadt), Markus Trunk (PD 2002, anschließend Ruf nach Trier), Katrin Schade (2002–2008) und Axel Gering (PD 2007), als Honorarprofessoren Gerhard Zimmer (1997–2001) und Ernst-Ludwig Schwandner (seit 2002). Zimmer war Zweiter Direktor der Antikensammlung und baute später die Klassische Archäologie in Eichstätt weiter auf. Schwandner war Direktor des Architekturreferats des Deutschen Archäologischen Instituts. Mit dem Nachlass Noacks begründete er ein Archiv zum Festungsbau in Nordwestgriechenland am Seminar und mit Franziska Lang ist er für ein interdisziplinäres Projekt der Landschaftsforschung in Akarnanien verantwortlich. Langfristige Lehraufträge für Bernhard Weisser vom Staatlichen Münzkabinett verbanden die antike Numismatik erneut mit dem Studiengang.

Die Schwerpunkte setzten in Differenzierung zur Klassischen Archäologie an der Freien Universität die Römische Kunst und Kultur, dann die Wissenschaftsgeschichte der Archäologie und die Wirkungsgeschichte der Antike im zweiten Jahrtausend. Zum römischen Schwerpunkt erschienen Monographien über die senatorische Kunst der hohen und späten Kaiserzeit (Wrede, 2001), zum spätantiken Frauenporträt (Schade, 2006), zu den Tempeln und Kulten der dakischen Metropole Sarmizegetusa (Schäfer, 2007) und zu Ostia in der Spätantike (Gering, 2009). 2005 gab Rößler den Katalog der römischen Bildnisse in Sofia von Rumiana Milceva heraus. Der zweite Schwerpunkt spiegelt sich in Monographien zu archäologischen Publikationen der Renaissance und des Barock (Heenes, 2003), zu spanischen Antikensammlungen des 16. Jahrhunderts (Trunk, 2002), zur Archäologie und Antikerezeption des Barock (Wrede 2000, 2004), zu Ernst Curtius (Gröschel/Wrede, 2009) und zur faschistischen Archäologie in Libyen (Altekamp, 2000). Zu diesem Gebiet vom 16. bis zum 20. Jahrhundert erschienen daneben die Akten von fünf überwiegend internationalen Tagungen, welche Altekamp, Rößler, Schade, Schäfer und Wrede herausgaben. Zur Antikerezeption in Berlin und Brandenburg forscht und lehrt am Institut Sepp-Gustav Gröschel, Herausgeber der Monographien über das Berliner Schloss von 1992 und 2001. Im Sonderforschungsbereich „Transformationen der Antike“ der Deutschen Forschungsgemeinschaft wirkt das Fach mit.

Wie einst in Rodenwaldts Zeiten diente ein sechsteiliger Vorlesungszyklus von der Bronzezeit bis zur Spätantike als möglichst breite Grundlage für das Studium. Von seinem Erfolg vermittelt die Schriftenreihe *Winckelmann-Institut der Humboldt-Universität* 1 (1996) bis 7 (2008) eine gewisse Vorstellung. Möglichkeiten zur praktischen Ausbildung in Lehrgrabun-

---

mythologisches Paradigma zur Unterweisung der männlichen Jugend Athens, hrsg. v. Schäfer, Alfred (Winckelmann-Institut der Humboldt-Universität zu Berlin, Heft 5), Berlin 2006, S. 8ff., Abb. 1–3.

gen boten Gisela Sommer von Bülow in Iatrus (Bulgarien), Schäfer in Alba Julia (Rumänien), Lang und Schwandner in einem vieljährigen Survey in Akarnanien.

Christliche Archäologie und archäologische Lehrimporte

Das Fach „Christliche Archäologie und Kunst" der Theologischen Fakultät vertrat in diesen Jahren Gerlinde Strohmaier-Wiederanders erneut als eine monumentale Theologie aller christlichen Jahrhunderte. Dabei interpretierte sie die Bauten und Bildwerke eher noch einseitiger als zeitgebundene Zeugnisse des Glaubens und der Frömmigkeit als ihre Berliner Vorgänger.

In der Wissenschaft zum Alten Testament ist in den neunziger Jahren in jedem Semester zumindest eine Veranstaltung zur Vor- und Frühgeschichte Israels/Palästinas angeboten worden, daneben gelegentlich auch Ugaritisch und Akkadisch. Dem Entstehen einer nachhaltigen Biblischen Archäologie widersprach der stete Wechsel der Dozenten. Nur das Sprachangebot wird seit 2000 fortgesetzt.

Die Assyriologie und Vorderasiatische Archäologie gibt es an der Humboldt-Universität seit den späteren Jahren der DDR nicht mehr. Allerdings las Horst Klengel seine Geschichte bzw. Kulturgeschichte des alten Vorderasiens unter Einbeziehung Nordindiens und der Levante bis in die späteren neunziger Jahre fort. Daneben verteilten sich Vorlesungen zur Vorderasiatischen Archäologie sporadisch auf die Alte Geschichte, die Klassische Archäologie und häufiger auf die Ur- und Frühgeschichte. Hierin manifestierte sich nun die Rückwirkung einst an der Universität vertretener Gebiete. Sie ist auch für andere Disziplinen nachzuweisen. Der Kenntnis der Iranischen Archäologie und des frühen Islam haben kunstgeschichtliche Überblickskollegien von Renate Neumann kontinuierlich gedient. Die Indische Archäologie seit dem Neolithikum fand eine betonte Berücksichtigung im Lehrangebot von Marlene Njammasch. Zur frühen buddhistischen Kunst las D. Sörgel. Die Vor- und Frühgeschichte der Mongolei haben Heike Michel und Renate Bormann regelmäßig vertreten, Astrid Brochlos gelegentlich diejenige Japans. Diese Lehrveranstaltungen bestätigen den Anspruch der Archäologie, Teil aller historischen Kulturdarstellungen zu sein. Er ist auch der Alten Geschichte der neunziger Jahre zu entnehmen, da archäologische Themen gut an ihrer Lehre beteiligt waren. Da die Archäologie wie die übrigen Altertumswissenschaften bereits im 16. Jahrhundert ausgeprägt war, kommt ihr weiter Bedeutung für die seit einer Generation allgemein betonte Wissenschaftsgeschichte zu. Die Verschränkung der Klassischen Archäologie mit Arnold Nesselrath und dem *Census of Antique Works of Art and Architecture Known in the Renaissance* an der Humboldt-Universität belegt das gut.

Mit der Beschränkung der Völkerkunde auf die Ethnologie Europas seit 1989 entfiel jede Verbindung der Universität mit der von ihr einst in Deutschland ausgegangenen Archäologie Lateinamerikas.

Wolfgang Kaschuba/Leonore Scholze-Irrlitz

Von der Ethnographie zur Europäischen Ethnologie

Volks- und Völkerkunde nach 1945 in der SBZ/DDR[1]

Im Mai 1945 bestand das Institut für Deutsche Volkskunde an der Berliner Universität zunächst fort. Während Adolf Spamer, seit dem Krieg erkrankt, weiterhin nicht zur Verfügung stand, lehnte Richard Beitl – inzwischen in Österreich – einen Ruf nach Berlin ab. Die Professur erhielt als persönlicher Ordinarius Richard Thurnwald und nahm mit anderen Völkerkundlern wie Alfred Vierkandt oder Diedrich Westermann die Lehrveranstaltungen wieder auf.[2] Parallel dazu verwirklichte er den schon seit den 1920er Jahren gehegten Plan, ein privates ethno-soziologisches Forschungsinstitut zu gründen.[3]

1947 jedoch wurde der Volkskundelehrstuhl des im Nationalsozialismus belasteten Faches aus dem Haushaltsplan der Universität gestrichen. Kurz zuvor waren Thurnwald und Spamer[4] zu ordentlichen Mitgliedern der Deutschen Akademie der Wissenschaften (DAW) berufen worden. Thurnwald wechselte nach Gründung der Freien Universität 1948 vollständig dorthin, wo danach ein Institut für Ethnologie (Völkerkunde) entstand. An der späteren Humboldt-Universität erfolgte die Wiedereinrichtung eines Instituts über die seit 1947 an der DAW angesiedelte Kommission für Volkskunde.[5] Erst am 1. 4. 1952 wurde ein Institut für Völkerkunde gegründet und 1953 in Institut für Völkerkunde und Deutsche

[1] Für zwei Gesprächsrunden zur Ethnographie in der DDR bedankt sich Leonore Scholze-Irrlitz bei Blanka Koffer, Cornelia Kühn, Ute Mohrmann und Monika Wolf.

[2] Beitl kam dann von 1959 bis 1966 an die neu gegründete Freie Universität, wo die Volkskunde bis zu ihrem Wegfall 1966 wieder der Germanistik zugeordnet war. Zur Arbeit Spamers, Beitls, Thurnwalds, Vierkandts vor 1945 vgl. Imeri u. a. i. Bd. 5 dieser Universitätsgeschichte.

[3] Im Zuge dessen realisierte er zwei größere, studentisch begleitete Feldforschungsvorhaben mit seiner Frau Hilde. Thurnwald, Hilde, Gegenwartsprobleme Berliner Familien, Berlin 1948; Märtin, Hans, Der Großstadtjugendliche und das Problem seiner Straffälligkeit. Eine sozialpsychologische Studie, Berlin 1951.

[4] Adolf Spamer war Ordinarius bis 1945, jedoch seit 1942 dienstunfähig (siehe den Beitrag zur Volkskunde in Bd. 5).

[5] Scholze, Thomas, Anmerkungen zur Frühgeschichte der Volkskunde in der sowjetischen Besatzungszone bzw. späteren DDR, in: Zehn Jahre Gesellschaft für Ethnographie – Europäische Ethnologie in Berlin, hrsg. v. Scholze, Thomas/Scholze-Irrlitz, Leonore, Berlin 2001, S. 149–156, hier: S. 151.

Volkskunde umbenannt. Erste Lehrstuhlinhaberin war die Thurnwald-Schülerin Sigrid Westphal-Hellbusch.

Diese Gründung verweist auf eine Spezifik der Wissenschaftsorganisation der DDR: Akademie und Universität wurden als Einheit von Forschung und Lehre betrachtet und stimmten ihre Tätigkeiten ab. Erstere widmete sich vorwiegend der Forschung, während sich letztere zusätzlich mit der Ausbildung und Lehre zu beschäftigen hatte. Im Fall der Volkskunde führte dies mit Blick auf Forschungsschwerpunkte, Aufgabenteilung und personelle Belange zu Ungleichgewichten, zumal die Völkerkunde an der DAW institutionell nicht vertreten war. Jedenfalls standen mit der Gründung des Universitätsinstituts zwei inhaltlich-methodische Ausrichtungen als Basis der Arbeit zur Verfügung: einerseits Thurnwalds aus soziologischen Fragestellungen entwickelte, funktional und anwendungsorientierte Verbindung von Völker- und Volkskunde mit einer gegenwartsbezogenen Sichtweise, die Gesellschaften als Wandlungs- sowie Entwicklungsprozessen unterworfene, „sozialpsychische und soziokulturelle Ganzheiten" betrachtete; andererseits Spamers historisch-philologischer und mental-folkloristischer Forschungsansatz als Beschreibung einer grundlegenden „volkstümlichen Geistes- und Seelenhaltung", an den dann der aus dem schwedischen Exil zurückgekehrte spätere Direktor des DAW-Instituts Wolfgang Steinitz (ebenfalls Akademiemitglied und Professor für Finno-Ugristik an der Humboldt-Universität) seine Fragen nach der eigenständigen historischen Erfahrungs- und Handlungslogik populärer Kultur anschloss. Diese beiden Richtungsvorschläge bestimmten in den folgenden Jahrzehnten immer wieder die fachlichen Diskussionen und Auseinandersetzungen, wobei die Universität mehr der ersten und die Akademie zunächst eher der zweiten Position folgte.

Neuprofilierung 1952–1970

Nach der Institutsgründung standen der Völkerkunde mit Sigrid Westphal-Hellbusch, Hans Kothe, Gertraud Pätsch, Frederick Rose und Ursula Schlenther Wissenschaftler mit umfangreicher Feldforschungserfahrung zur Verfügung, während die von Steinitz vertretene Volkskunde mit ihrem Konzept einer „Volkskultur als wichtigem Teil des nationalen Kulturerbes"[6] Produktivität und Progressivität historisch-vorindustrieller Volkskultur im Sinne herrschaftskritischer Traditionen besonders in Lied, Sage und Märchen suchte. Daneben konnte „Volkskunst" im Rahmen künstlerischen Laienschaffens, von Volkskunstgruppen und Chören in den Betrieben oder anderen Organisationen der DDR als Gegengewicht zu dem am Markt orientierten kulturellen Stil des „amerikanischen Kulturimperialismus" und zugunsten einer eigenen nationalen, gesamtdeutsch verstandenen Tradition ins Feld

[6] Neues Deutschland (ND) v. 16./17. 11. 1951.

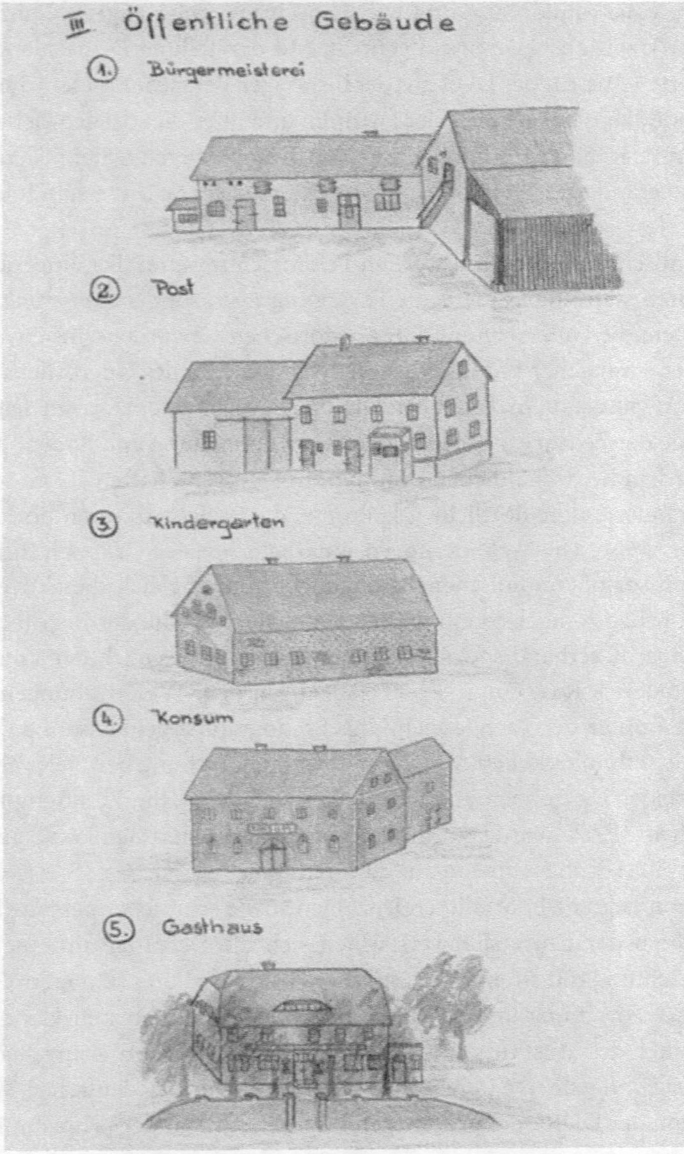

Abb. 1 Der Kindergarten als neues Funktionsgebäude im Dorf der 1950er Jahre (Abb. aus einem Praktikumsbericht)

geführt werden. Volkskunde war damit wie schon im vorangegangenen Jahrhundert stark von nationalem Traditionsbewusstsein geprägt. Mit der Teilung Deutschlands jedoch und dem proklamierten Austritt der DDR aus der bisherigen deutschen Geschichte verband sich eine zunehmende Skepsis gegenüber der Disziplin und ihrer die sozialen Gehalte kultureller Überlieferung verklärenden Tradition, die erst nach einer längeren Stabilisierungsphase der DDR und nach Veränderungen in deren kulturhistorischem Selbstverständnis überwunden wurde.[7]

In der studentischen Ausbildung wurden Feldforschungspraktika eingerichtet, denn in den 1950er Jahren stand nicht mehr die Forschung *über*, sondern *innerhalb* von Arbeits- und Alltagswelten, die Untersuchung ihres historischen Gewordenseins etwa als Entwicklung spezifischer agrarischer Produktionsweisen in Dörfern des Oderbruchs auf dem Programm. Das Dorf galt schon in der frühen DDR nicht mehr als ein Ort, an dem traditionelle Kultur außerhalb der Zeit zu existieren schien, denn Enteignung und Bodenreform 1945/46, die Bildung der Landwirtschaftlichen Produktionsgenossenschaften (LPGs) in den 1950er Jahren u. ä. veränderten die dörfliche Ökonomie, die Sozialstrukturen und Arbeitsweisen in dramatischer Weise. Die Veränderungen innerhalb sozialer Gruppen durch die Arbeit unter den neuen sozioökonomischen Bedingungen und zugleich die aktive Seite des gesellschaftlichen Lebens – auch in ethnischen Kontexten – sollte der Begriff „Lebensweise“ fassen. Dieser Begriff verband sowohl Vertreter der Volks- als auch der Völkerkunde (für letztere hatte Frederick Rose empirische Erfahrungen über Feldforschungen in Australien eingebracht), die unter der Fachbezeichnung Ethnographie gemeinsam an der Universität lehrten. In der ethnologischen Arbeits- und Geräteforschung beispielsweise begegneten sich Vertreter beider Disziplinen auch mit Urgeschichtlern[8], die Ethnographisch-Archäologische Zeitschrift (EAZ) wurde zu einem wichtigen gemeinsamen Publikationsorgan der Institute für Ur- und Frühgeschichte und Ethnographie.

In der Situation begrenzter Studierendenzahlen sowie schwacher personeller Vertretung der Volkskunde an der Universität verstärkten sich die Debatten um eine mehr gegenwartsnahe Ausrichtung mit strenger historischer Gliederung und stärkerem Praxisbezug in ethnographischer Forschung und Ausbildung. Paul Nedo, Sorabist an der Leipziger Universität und Leiter des „Instituts für Volkskunstforschung beim Zentralhaus für Volkskunst“ in Leipzig verfasste 1964 ein Papier „Zur Situation der deutschen Volkskunde an den Universitäten der DDR“, das grundlegend für den Aufbau der Lehre am Berliner Insti-

---

7 Die anderen sozialistischen Staaten verbanden anders als die DDR ihr Selbstverständnis mit einem starken nationalen Wiedergeburtsgedanken.

8 Krause, Martina/Noack, Karoline, Der Berliner Königsweg? Von der Völkerkunde zur Ethnografie an der Humboldt-Universität zu Berlin, in: Ethnografisches Arbeiten in Berlin. Wissenschaftsgeschichtliche Annäherungen, hrsg. v. Krause, Martina/Neuland-Kitzerow, Dagmar/Noack, Karoline, Münster 2003, S. 33–42, hier: S. 34.

tut in den nachfolgenden zwei Jahrzehnten wurde.[9] Nach der Berufung Nedos nach Berlin (1964–1968) gruppierte sich die Ausbildung um drei wesentliche Komplexe: Erstens wurden wissenschaftsgeschichtliche und theoretische Grundlagen der Volks- und Völkerkunde gelehrt. Zweitens bestand eine historisch-empirisch orientierte Volkskunde, die bäuerliche Arbeit und Wirtschaft, Handwerk und Bergbau sowie Haus und Wohnen untersuchte. Drittens wurden die Veränderungen von Lebensverhältnissen und Volkskultur im 19./20. Jahrhundert thematisiert.[10] Parallel dazu begann ein volkskundliches Fernstudium mit Teilnehmer/innen hauptsächlich aus der Museumspraxis, das zwar ein wichtiges Bindeglied zur Öffentlichkeit wurde, aber aufgrund fehlender Immatrikulation von Direktstudenten fast zehn Jahre lang die Hauptstudienform blieb.

Diese Entwicklung ist nicht losgelöst von der Einführung eigener Studiengänge für Kulturwissenschaften und Soziologie in den 1960er Jahren zu betrachten, die mit Legitimationsaufgaben und der Ausbildung von „Kulturarbeitern für die sozialistische Praxis" betraut waren (vgl. die Beiträge von Brohm und Wollmann i. d. Bd.). Die Ethnographie rückte damit deutlich in den Hintergrund der gesellschaftswissenschaftlichen Disziplinen an der Humboldt-Universität. Zugleich führte diese Situation aber auch zu einer forcierten Grundsatzdebatte über Gegenstand, Theorieansätze und Methoden[11] des Faches, in der es um die Erweiterung des Forschungsbereiches über die mündlichen Tradierungsformen vorindustrieller Kulturgüter hinaus hin zu einer Kulturgeschichte sozial differenzierter „Lebenswelten" (F. Sieber) unter Einschluss des 19. und 20. Jahrhunderts sowie der sozialistischen Gegenwart ging. Tagungen wie in Bad Saarow 1967 trugen dazu bei, dass sich Fachvertreter mit Projekten durchzusetzen begannen, die um einen stärkeren Gegenwartsbezug und um deutlichere theoretische Prägnanz des Faches rangen. Eine breite Auffassung von „Kultur und Lebensweise" wurde Grundlage internationaler Fachdebatten, die nun um Fragen populärer Alltagskultur als einer Sozial- und Kulturgeschichte „von unten" kreisten.[12] Erstmals wurde dieses Konzept dann auch dem bislang umfangreichsten und interdisziplinär angelegten Forschungsprojekt „Untersuchungen zur Lebensweise und Kultur

---

[9] P. Nedo ‚Brief an W. Steinitz'. Landesstelle für Berlin-Brandenburgische Volkskunde am Institut für Europäische Ethnologie – Archiv (LBBVA), Briefwechsel Steinitz, Anhang zum Schreiben v. 25. 5. 1964.

[10] Mohrmann, Ute, Paul Nedo und seine Berliner Jahre. Prof. Dr. Paul Nedo zum 100. Geburtstag am 1. November 2008, in: Lětopis. Zeitschrift für sorbische Sprache, Geschichte und Kultur, Gesamtband 56 (2009), H. 1, S. 111–124, hier: S. 117.

[11] P. Nedo in Brief an W. Steinitz: LBBVA, Briefwechsel Steinitz, Anhang zum Schreiben v. 25. 5. 1964, S. 7.

[12] Jacobeit, Wolfgang, Gedanken zur „Lebensweise" als volkskundliche Forschungskategorie, in: In Memoriam António Jorge Dias, Bd. 2, Lissabon 1974, S. 273–282; ders., Bauern und dörfliche Bevölkerung in der Epoche des Übergangs vom Feudalismus zum Kapitalismus in Deutschland (1750er bis 1800er Jahre), in: Ethnologie et Histoire. Forces productives et problèmes de Transition, Paris, 1975, S. 397–443; Korff, Gottfried, Kultur, in: Grundzüge der Volkskunde, hrsg. v. Bausinger, Hermann/Jeggle, Utz/Korff, Gottfried/Scharfe, Martin, Darmstadt 1978, S. 1–80, hier: S. 55f.

der werktätigen Dorfbevölkerung in der Magdeburger Börde" zugrunde gelegt.[13] „Lebensweise" stellte dabei eine analytische Kategorie dar, die danach fragte, wie ein bestimmtes Sozialmilieu entsteht, indem sich Menschen einerseits ihren Lebensumständen anpassen, sie andererseits aber auch verändern.

Das Konzept einer Erforschung von „Kultur- und Lebensweise", welches anfangs in tschechischen und in den frühen 1960er Jahren in (ost-)deutschen Texten auftauchte, griff auf sowjetische Untersuchungen zum Lebenswandel in den Kolchosen in den 1930er Jahren zurück.[14] Die Frage nach den kulturschöpferischen Leistungen der Werktätigen – materielle und ideelle Kultur wurden hier erstmals zusammengedacht – fand besondere Anwendung im Rahmen der volkskundlich-ethnographischen Ausbildung im Fernstudium. Theorie und Praxis konnten unter spezifischen Bedingungen verbunden werden, da die Studierenden aus unterschiedlichen Praxisfeldern, vor allem aus den Museen der DDR kamen. Hinzu trat noch die während des Studiums hergestellte Verbindung von praktischer Arbeit an einer Bildungsinstitution wie einem Stadt- oder Regionalmuseum mit der Universitätsforschung. Im Rahmen von Abschlussarbeiten und auch bei Ausstellungen wurde das Lebensweisekonzept als eine methodische Leitlinie genutzt. Es ermöglichte, die kulturschöpferischen Leistungen des „werktätigen" und „sozialen" Volkes im Gegensatz zu von der traditionellen Volkskunde häufig romantisierten „ethnischen" Volksgruppen in den Mittelpunkt zu rücken.[15] Darüber hinaus ist die Gründung von neuen Museen etwa mit dem Schwerpunkt „agrarische Produktivkräfte" in Wandlitz oder das Freilichtmuseum Alt Schwerin zu erwähnen, letzteres wandte sich besonders den Arbeits- und Wohnweisen in der Landwirtschaft bis in die 1960er Jahre zu.

---

[13] Jacobeit, Wolfgang/Plaul, Hainer, Untersuchungen zur Entwicklung der Volkskultur in der Magdeburger Börde. Aufgabenstellung, Forschungsmethoden und Forschungsstand, in: Probleme und Methoden volkskundlicher Gegenwartsforschung, hrsg. v. Jacobeit, Wolfgang/Nedo, Paul, Berlin 1969, S. 23–33; vgl. Rach, Hans-Jürgen/Weißel, Bernhard/Plaul, Hainer (Hrsg.), Landwirtschaft und Kapitalismus. Zur Entwicklung der ökonomischen und sozialen Verhältnisse in der Magdeburger Börde vom Ausgang des 18. Jahrhunderts bis zum Ende des ersten Weltkrieges (Bd. I, 2 Teile); Bauer und Landarbeiter im Kapitalismus in der Magdeburger Börde. Zur Geschichte des dörflichen Alltags vom Ausgang des 18. Jahrhunderts bis zum Beginn des 20. Jahrhunderts (Bd. II); Die werktätige Dorfbevölkerung in der Magdeburger Börde. Studien zum dörflichen Alltag vom Beginn des 20. Jahrhunderts bis zum Anfang der 60er Jahre, Berlin 1986 (= Untersuchungen zur Lebensweise und Kultur der werktätigen Dorfbevölkerung in der Magdeburger Börde, Bde. III–IV), 1978–1987.

[14] Koffer, Blanka, Kulturanalyse und Kulturarbeit. Volkskunde an den Akademien der Wissenschaften der DDR und der ČSSR nach 1972, Diss., Humboldt-Universität zu Berlin 2009.

[15] So entstanden ab 1970 Arbeiten zu den Veränderungen der Sozialstruktur, Lebens- und Wohnweise einer Niederlausitzer Gemeinde unter besonderer Berücksichtigung des Braunkohlebergbaus, zur Lebensweise von Mitgliedern einer metallverarbeitenden PGH in Thüringen oder zu Feier- und Festgestaltungen im familiären Bereich am Beispiel der Hochzeit. Genaue Angaben und weitere Themen vgl. Bibliographie Untersuchungen des Bereichs Ethnographie der Humboldt-Universität zu ethnographischen Gegenwartsthemen, in: Ethnographisch-Archäologische Zeitschrift (EAZ) 27 (1986), H. 1, S. 152–160.

Die 1968 im Rahmen der dritten Hochschulreform erfolgte Zuordnung des Faches als „Bereich Ethnographie" zur Sektion Geschichte stellte mehr einen formalen Schritt dar, nachdem die methodische Umorientierung, die Historisierung des Faches und die Aktualisierung seines volks- und völkerkundlichen Forschungsprofils bereits erfolgt waren. Der volkskundliche Lehrstuhl blieb jedoch in den nächsten zwölf Jahren ebenso vakant wie das Studentenkontingent schmal. Die Völkerkunde hatte sich in den 1960er Jahren einerseits ethnischen Gruppenbildungen vor allem im nationalen Rahmen multikultureller Staaten, der Entwicklung von Regionalkulturen und der Analyse von Migrationsprozessen in Australien, Afrika und Vietnam zugewandt.[16] Andererseits hatte sie gemeinsam mit der Volkskunde sowohl das Konzept der „Kultur und Lebensweise" als auch die Reflexion des Begriffs „Ethnos" in den Mittelpunkt der Untersuchungen gestellt. Spürbar jedoch waren immer die reduzierten Möglichkeiten von Auslandsaufenthalten zu Feldforschungszwecken durch die strenge Regulierung von Reisen ins westliche Ausland bzw. in nichteuropäische Staaten, denkbar nur für so genannte Reisekader. Damit war auch die Völkerkunde stärker in das Feld historischer Forschung verwiesen.[17] Besonders einschneidend für die Völkerkunde war die mit der Hochschulreform erfolgte Gründung regionalwissenschaftlicher Institute bzw. Sektionen an den Universitäten in Berlin, Leipzig und Rostock (Asien-, Afrika- bzw. Lateinamerikawissenschaften). Die Forschungsförderung ging damit in Bereiche, die auf eine praxisorientierte Anwendung in der Außenpolitik gerichtet waren. Trotzdem dokumentierte die Ethnographie in Diplomarbeiten und Dissertationen ein vielfältiges und realistisches Bild von der Gesellschaft – jenseits ideologischer Vorgaben.[18]

Parallel zur Hochschulreform erfolgte auch eine Akademiereform, die ebenfalls die Angliederung an die „Historiker" zur Folge hatte und von der Mehrzahl der Volkskundler als drohender Ausverkauf des volkskundlichen Gegenstandes und als Politisierung des Faches betrachtet wurde. Dem Weg zur Erarbeitung des später auch international beachteten „Börde"-Forschungsprojektes folgten viele Mitarbeiter nicht.[19] Das erste Projekt der Volkskunde nach 1968, die Arbeiten „Zur Geschichte der Kultur- und Lebensweise der werktä-

---

16 Krause/Noack, Der Berliner Königsweg, 2003, S. 34ff.; u. ä. Rose, Frederick, Classification of Kin, Age Structure and Marriage among the Groote Eylandt Aborigines. A Study in Method and Theory of Australian Kinship, Berlin 1960; Stein, Lothar/Rusch, Walter, Siwa und Aulad Ali. Darstellung und Analyse der sozialökonomischen und ethnischen Entwicklung der Bevölkerung der westlichen Wüste Ägyptens und des Prozesses ihrer Integration in den ägyptischen Staat von Beginn des 19. Jahrhunderts bis 1976, Diss. B, Berlin 1982; Willenberg, Ursula, Interethnisch-ökonomische Beziehungen in Südvietnam, Berlin 1972.

17 Heyden, Ulrich van der, Africanist Anthropology in the German Democratic Republic, in: Studying Peoples in the People's Democracies. Socialist Era Anthropology in East-Central Europe, hrsg. v. Hann, Chris/Sárkány, Mihály/Skalník, Peter, Münster 2005, S. 303–330, hier: S. 306.

18 Vgl. Krause/Noack, Der Berliner Königsweg, 2003, S. 34, 37. Darüber hinaus gab es theoretische Ausarbeitungen, deren Verfasser man disziplinarisch maßregelte, wobei die Auslieferung des entstandenen Buches noch nach erfolgtem Druck gestoppt wurde: Guhr, Günter, Karl Marx und theoretische Probleme der Ethnographie, Berlin 1969.

19 Vgl. die unter Anm. 13 genannten Herausgeber sowie Autorinnen und Autoren (außer B. Weißel).

tigen Klassen und Schichten des deutschen Volkes vom 11. Jahrhundert bis 1945"[20] wurde ebenso von vielen als eine Art Fronarbeit betrachtet, der man in der Dienstzeit nachzukommen hatte.[21] Außerhalb dieser Zeit ging man seinen eigentlichen volkskundlichen Themen nach, blieb oft einer bäuerlich-ländlichen Lebenswelt des 18. und 19. Jahrhunderts verpflichtet. Im Resultat der Auseinandersetzungen am volkskundlichen Fachbereich um den Weg der Volkskunde zu einer modernen Alltagskulturforschung verließ Wolfgang Jacobeit, Lehrbeauftragter an der Universität seit 1962 und dort seit 1970 auch Honorarprofessor, als einer der Initiatoren der neuen Ausrichtung die Akademie.[22]

Von der historischen Arbeiterkultur- zur Alltagskulturforschung

Von der Volkskunde waren inzwischen Anstöße für eine international entstehende Arbeiterkulturforschung ausgegangen. Sie fanden Ausdruck auch in zunehmender Kooperation mit der Arbeitsgruppe Kulturgeschichte (Dietrich Mühlberg) an der Sektion Ästhetik und Kunstwissenschaften der Universität. Öffentlichkeitswirksam wurden Ausstellungen zum Arbeiteralltag u. a. in Brandenburg und Berlin präsentiert[23] und Forschungskooperationen mit dem volkskundlichen Institut in Wien aufgenommen bzw. mit dem in Tübingen fortgeführt. Es gelang der Volkskunde jedoch nicht, mit der sich international rasant entwickelnden Arbeiterkulturforschung mitzuhalten.[24] Die Gründe dafür lagen sowohl in der personellen Ausstattung als auch im anvisierten Gegenstand „DDR-Alltag", dessen realistische Abbildung politischen Vorgaben eher entgegen stand und der so zunächst mehr in der studentischen Ausbildung zur Geltung gebracht werden konnte.[25] Dennoch stärkten

---

20 Autorenkollektiv unter der Leitung von Weißel, Bernhard/Strobach, Hermann/Jacobeit, Wolfgang, Zur Geschichte der Kultur und Lebensweise der werktätigen Klassen des deutschen Volkes vom 11. Jahrhundert bis 1945. Ein Abriss, Berlin 1972.

21 Lee, You Jae, „... als ob die Volkskundler schwarze Schafe wären." Wissenschaft, Politik und Eigensinn in der DDR-Volkskunde 1945–1973, in: Scholze/Scholze-Irrlitz, Zehn Jahre Gesellschaft für Ethnographie, 2001, S. 75–104, hier: S. 91.

22 Jacobeit, Wolfgang, Von West nach Ost – und zurück. Autobiographisches eines Grenzgängers zwischen Tradition und Novation, Münster 2000, bes. S. 118ff. Vgl. zur frühen Akademieentwicklung auch Nötzoldt, Peter, Wolfgang Steinitz und die Deutsche Akademie der Wissenschaften zu Berlin. Zur politischen Geschichte der Institution (1945–1968), Diss., Humboldt-Universität zu Berlin 1998.

23 „Der Brennabor-Prolet. Arbeiteralltag in Brandenburg/Havel 1918–1933", Stadtmuseum Brandenburg 1977; „Großstadtproletariat. Zur Lebensweise einer Klasse", Museum für Volkskunde bei den Staatlichen Museen zu Berlin, 1980.

24 Mohrmann, Ute, Volkskunde neben und mit der Kulturwissenschaft. Gedanken zur Wissenschaftsgeschichte der Volkskunde seit den sechziger Jahren in der DDR, in: Vorwärts und nicht Vergessen nach dem Ende der Gewissheit. 56 Texte für Dietrich Mühlberg zum Sechzigsten. Mitteilungen aus der kulturwissenschaftlichen Forschung 19 (1996), H. 37, S. 481–492, hier: S. 485.

25 Bibliographie Untersuchungen des Bereichs Ethnographie der Humboldt-Universität zu ethnographischen Gegenwartsthemen, in: EAZ 27 (1986), H. 1, S. 152–160.

wohl zwei Strategien seit den 1970er Jahren kontinuierlich die Fachposition: zum einen die stärkere nationale und internationale Vernetzung in einzelnen Themenfeldern besonders durch die wissenschaftsorganisatorischen Fähigkeiten von Ute Mohrmann (Bereichsleiterin bzw. Lehrstuhlinhaberin von 1980–1984 und 1986–1992) und Wolfgang Jacobeit (Honorarprofessor 1970–1980 und Lehrstuhlinhaber 1980–1986), der zudem viele Verbindungen zu Instituten und Museen im Ausland unterhielt und weiter festigte[26]; zum anderen wurden verschiedene Institutionen gegründet, die ethnographische Kompetenzen in die gesellschaftliche Kulturpolitik einbringen sollten.[27]

Verbunden mit einer stärker an regionalen und nicht mehr nur ländlichen, sondern auch an städtischen Lebensweisen orientierten Volkskunde waren Fragen nach den Traditionen und Funktionen der kulturellen Überlieferungen für die alltägliche Lebenspraxis. „Alltag" wurde als zentraler Begriff im Dialog von Kultur-, Wirtschaftsgeschichte und Ethnographie entwickelt.[28] Einen wesentlichen Anstoß für eine historische Alltagsgeschichte „von unten" lieferte Jürgen Kuczynski.[29] An seinen materialreichen Überblicken war die Volkskunde/Ethnographie über Wolfgang Jacobeit als dem zentralen Diskussionspartner bei der Erstellung des Konzepts und dessen Umsetzung beteiligt. Dabei wurde die Erfahrungsseite der Geschichte in den Mittelpunkt gestellt. Wolfgang und Sigrid Jacobeit erweiterten dies noch mit der „Illustrierte(n) Alltagsgeschichte des deutschen Volkes" für die Zeit von 1550–1945. Sie bearbeiteten existenzielle Alltagsaspekte wie Angst und Gewalt im Zusammenhang mit Krieg, aber auch Arbeit, Geselligkeit und Freizeit.[30] Das führte zunehmend zu Diskussionen um das Alltagsleben in der DDR und zu Forschungen auch über die Stadtgesellschaft, deren Freizeit- und Festkultur in Befragungen und Feldforschungen nachgegangen wurde.[31]

---

26 W. Jacobeit war 1956 aufgrund einer aussichtlosen Stellensituation von Göttingen nach Berlin an die DAW gekommen und hatte Kontakte zu unterschiedlichen Instituten und Museen in der Bundesrepublik, in Österreich, Frankreich, in der Schweiz sowie auch in Ungarn und der Tschechoslowakei. Er war der Fachvertreter bei der Societé Internationale d'Ethnologie et de Folklore (SIEF) und Präsident und Vizepräsident der Internationalen Organisation der Agrarmuseen (AIMA). Nicht zuletzt deshalb und dank weitreichender Rezensionstätigkeit verfügte er über eine äußerst umfangreiche Fachbibliothek vor allem auch mit in der DDR schwer zu beschaffenden Titeln bundesdeutscher Verlage, die er für Forschungs- und Lehrzwecke zur Verfügung stellte.

27 Z. B. „Problemrat Ethnographie" beim Rat für Geschichtswissenschaften, „Sektion Ethnographie" beim Rat für Museumswesen, „Beirat geistig-kulturelles Leben" beim Ministerium für Kultur, „Zentraler Fachausschuss Kulturgeschichte/Volkskunde" beim Kulturbund der DDR, „Arbeitsgemeinschaft Ethnographie" der Historikergesellschaft der DDR, Berliner „Ethnographentreff" oder die internationale Kommission „Ethnographische Gegenwartsforschung sozialistischer Länder".

28 Die Festschrift zum 60. Geburtstag von W. Jacobeit trägt den Titel „Volkskunde als Kulturgeschichte I und II", in: Kultur- und Lebensweise. Arbeitsmaterial des Zentralen Fachausschusses Kulturgeschichte/Volkskunde, H. 1 u. 2., hrsg. v. Kulturbund der DDR, Gesellschaft für Heimatgeschichte 1981.

29 Kuczynski, Jürgen, Geschichte des Alltags des deutschen Volkes, Bde. 1–5, Berlin 1980–1982.

30 Jacobeit, Sigrid und Wolfgang, Illustrierte Alltagsgeschichte des deutschen Volkes, Bde. 1 u. 2, Leipzig 1985 u. 1987; Bd. 3: Illustrierte Alltags- und Sozialgeschichte Deutschlands 1900–1945, Münster 1995.

31 Vgl. u. a. Runge, Irene, Zum großstädtischen Alltagsleben älterer Erwachsener in der DDR, in: EAZ 27 (1986), H. 1, S. 42–55. In Foren wie dem „Ethnographentreff" wurden wichtige inhaltliche Fragen unterhalb zentraler Forschungsvorgaben interdisziplinär verhandelt.

Um die Wissenschaft stärker mit der Gegenwart zu verbinden, suchte das Fach Kooperationen etwa zum Kulturbund.[32] Im Zentralen Fachausschuss für Kulturgeschichte/Volkskunde in der Gesellschaft für Heimatgeschichte wurden von Ethnographen Projekte zu Geschichte und Gegenwart der Jugendweihe, zu berufsgebundenen Festen der Berliner Bauarbeiter oder gemeinsam mit den Kulturgeschichtlern zum Arbeiteralltag in Berlin entwickelt. Publiziert wurden die Projektergebnisse in den Materialien des Kulturbundes, die den Reihentitel „Kultur und Lebensweise"[33] trugen, und in Wechsel- sowie Wanderausstellungen. Dieser Weg der Kulturalisierung der Geschichte, für den auch die Ethnographie ein Stichwort- und Ideengeber war – sichtbar wird dies an den Alltagsgeschichtsbänden oder auch im Band des Jahrbuchs für Geschichte zur 750-Jahr-Feier Berlins –, erwies sich als mühsam. Denn die Volkskunde lief dabei stets Gefahr, als zuständig für die „Folklorisierung bei allen möglichen Fest- und Feiergestaltungen mit Massencharakter" betrachtet zu werden. Ihre Forschungsergebnisse jedenfalls entsprachen diesen Erwartungen nicht.[34]

Die „Wende"

Am Ende des letzten DDR-Jahrzehnts war Ethnographie ein in seiner kultur- und sozialhistorischen Orientierung reflexives Fach, das wissenschaftliche Fragestellungen mit regionaler Orientierung und dezidierter Hinwendung zur unmittelbaren Gegenwart verband. Eingefordert wurden daher nun mehr Personal, höhere Zulassungszahlen für Studierende sowie zeitnahere Publikationsmöglichkeiten von Forschungsergebnissen.[35] Nach dem Abschluss des interdisziplinären, von der Akademie-Volkskunde geleiteten Börde-Projektes sollten neue Projekte gemeinsam mit den Geschichts- und Kulturwissenschaften, der Sozio-

---

[32] Im Juni 1945 als „Kulturbund zur demokratischen Erneuerung Deutschlands" (KB) gegründet, diente er als Auffangbecken für verschiedenste Vereine, die in allen Besatzungszonen zunächst verboten waren und in der Sowjetischen Besatzungszone auch später nicht wieder zugelassen bzw. den „gesellschaftlichen Massenorganisationen" (FDJ, FDGB, KB usw.) zugeordnet wurden. Untergliedert ab den 1970er Jahren in so genannte Gesellschaften waren darin u. a. Interessenten an Philatelie, Heimatgeschichte, Naturschutz oder auch ein „Klub der Intelligenz" vereint.

[33] Möglicherweise war die Publikation in dieser Reihe auch ein Weg, einerseits mit begrenzten Papierkontingenten, andererseits mit den Restriktionen für Buchveröffentlichungen in der DDR umzugehen.

[34] W. Jacobeit weist in seiner Autobiographie auf diese Auseinandersetzungen hin (vgl. Jacobeit, Von West nach Ost, 2000, S. 189ff.). Zur 750-Jahr-Feier Berlins sind ethnographische Beiträge im Jahrbuch für Geschichte u. a. zu den OSRAM-Arbeiterinnen (S. Jacobeit) oder „Zur Ernährungssituation der Berliner nach dem Zweiten Weltkrieg" (Th. Scholze) erschienen, in: Jahrbuch für Geschichte, Bd. 35 (= Studien zur Geschichte Berlins), hrsg. v. Keiderling, Gerhard/Materna, Ingo/Schröder, Wolfgang, Berlin 1987. Um der Frage nach dem möglichen Einfluss der Ethnographie auf die Geschichtswissenschaft nachgehen zu können, bedarf es umfangreicherer Recherchen.

[35] Vgl. „Konzeption zur Entwicklung der marxistisch-leninistischen Ethnographie in der DDR bis 1995/2000", Januar 1989, Problemrat Ethnographie beim Rat für Geschichtswissenschaft (LBBVA, Konvolut Mohrmann, 25 Seiten).

logie und den Regionalwissenschaften entwickelt werden. Dazu jedoch kam es nicht mehr. Realisiert wurde ein kurz vor der „Wende" von den Universitätsinstituten in Berlin und Tübingen geplantes gemeinsames Projekt zu Lebenswelten und Lebenswegen der Generation der damals Dreißig- bis Vierzigjährigen. Allerdings geriet dieses Projekt durch die politischen Veränderungen nun zum Dokument des deutsch-deutschen Kulturwandels, zum wechselseitigen Ost-West-Blick im beginnenden Transformationsprozess.[36]

Die gesellschaftlichen Veränderungen im Gefolge der Demonstrationen des Herbstes 1989 begannen, und bald diskutierten Hochschullehrer/innen und Studierende in unterschiedlichen politischen Foren auch innerhalb der Universität.[37] Für die Ethnographie wurde im Frühsommer 1990 die Gründung eines gleichnamigen Institutes am Fachbereich Geschichte beantragt, erneuert im Januar 1991 als Vorschlag für ein „Institut für Volkskunde/Europäische Ethnologie".[38] Ein Jahr später – nach der Abwicklung auch der Ethnographie als fester Bestandteil des Fachbereichs Geschichtswissenschaften – wurde in den Neuplanungen für ein Universitätsinstitut die außereuropäische Ethnologie (20. 2. 1991)[39], die in den vergangenen Jahrzehnten Teil der Lehre gewesen war, an die Freie Universität abgetreten. Nach der Abwicklung der Akademie der Wissenschaften der DDR löste sich die Verbindung von Akademie und Universität in der Lehre endgültig auf. Auch manche unternommenen Übergangsschritte scheiterten an einer zu „schnelle(n) Anpassung an bundesrepublikanische Verhältnisse".[40]

Nach der „inneren Wende" der Volkskunde in den 1970er Jahren, in deren Verlauf insbesondere an den westdeutschen Lehrstühlen erst die schmerzhafte Aufarbeitung der nationalsozialistischen Fachgeschichte sowie die Neuorientierung im sozial- und kulturwissenschaftlichen Feld begonnen worden war, folgte nun nach 1989 gewissermaßen die

36 Kaschuba, Wolfgang/Mohrmann, Ute (Hrsg.), Blick-Wechsel Ost-West. Beobachtungen zur Alltagskultur in Ost- und Westdeutschland, Tübingen 1992. Das Kulturabkommen zwischen den beiden deutschen Staaten von1988 bot ursprünglich die Grundlage für die Planung.

37 Vollrath, Sven, Zwischen Selbstbestimmung und Intervention. Der Umbau der Humboldt-Universität von 1989–1996, Berlin 2008. Jedoch ist die Beschreibung der Veränderungen an der Universität auch hier unvollkommen, da die notwendigen Akten wohl auf Jahre aus Datenschutzgründen unzugänglich sind.

38 LBBVA, Konvolut Mohrmann, Antrag auf Institutsgründung vom 7. 7. 1990 und Antrag vom 14. 1. 1991. Es wurde argumentiert, dass damit die 1968 im Rahmen der Hochschulreform erfolgte Schließung des Instituts für Völkerkunde und Deutsche Volkskunde rückgängig gemacht werden sollte (ebd., Schreiben v. 14. 1. 1991).

39 Bausinger, Hermann, Strukturplan zur Institutionalisierung des Faches Europäische Ethnologie, Mai 1991, S. 3 (LBBVA, Konvolut Mohrmann).

40 Vollrath, Zwischen Selbstbestimmung und Intervention, 2008, S. 4, 38. Eine Ironie der Geschichte ist, dass junge Fachabsolventen ohne SED-Mitgliedschaft an der Ostberliner Universität in den 1980er Jahren keine wissenschaftliche Anstellung erhielten. Ihre Chance waren eher die Akademieinstitute. Beim staatlich-politischen Wissenschaftsumbau Ost jedoch wurde die Akademie der Wissenschaften der DDR komplett abgewickelt. Damit war Konkurrenz beseitigt und Forschungspotential verschenkt worden, denn die (schließlich bis Ende 1996 befristete) Ausgliederung der Betroffenen in eine Auffanggesellschaft führte nicht zu ihrer Integration in Hochschulen oder Universitäten. Vgl. Simon, Michael, Zur Situation der Volkskunde an den ostdeutschen Universitäten, in: Scholze/Scholze-Irrlitz, Zehn Jahre Gesellschaft für Ethnographie, 2001, S. 157–165, hier: S. 159.

„äußere". Denn aus dem Fall der Mauer in Berlin und der damit verbundenen tief greifenden Neuordnung der europäischen Landkarte ergaben sich zwangsläufig programmatische Weichenstellungen für den Standort Berlin und überdies entscheidende Signale für die volkskundlich-ethnologische Fachlandschaft in Deutschland insgesamt.

Alltägliche Praxen – transnationale Räume – interkulturelle Perspektiven

Immerhin sollte das neu entworfene Konzept einer „Europäischen Ethnologie" das bisherige Terrain einer „Volkskunde" thematisch wie theoretisch deutlich überschreiten. Dabei wurden im Neuentwurf zunächst die Entwicklungslinien einer sozialwissenschaftlich reformulierten, empirisch fundierten und kulturanalytisch orientierten westdeutschen Volkskunde fortgeschrieben, verbunden mit den eher historisch orientierten Entwürfen und ethnographisch erprobten Methoden der ostdeutschen Volkskunde. Einbezogen wurden auch konzeptuelle wie theoretische Anregungen aus den britischen Cultural Studies sowie aus der internationalen Sozial- und Kulturanthropologie, die den Perspektivwechsel hin zu einer „europäischen" Ethnologie unterstützten. Zu dieser Neuausrichtung trugen zweifellos aber auch Wirkungen jenes „Genius Loci" bei, der den politisch-kulturellen Raum „Berlin" und den historisch-wissenschaftlichen Standort „Humboldt-Universität" spätestens nach der „Wende" entscheidend prägte: die sich ebenfalls in hohem Maße transnational und interkulturell gestaltende Stadtlandschaft der alten und neuen Metropole. Mit der Neubesetzung der drei Professuren zunächst mit Wolfgang Kaschuba als Vertreter einer historisch-anthropologisch begründeten und sozialwissenschaftlich informierten Kulturwissenschaft, dann mit Werner Schiffauer als ausgewiesenem Ethnologen und Migrationsforscher, schließlich mit Rolf Lindner und seiner an den Cultural Studies orientierten Stadt- und Populärkulturforschung war personell wie symbolisch auch ein entsprechend integratives Konzept des Neuanfangs annonciert.[41]

Zentral blieb für die Europäische Ethnologie die gesellschaftliche Perspektive von „Kultur und Alltag", die ihrerseits sozialwissenschaftliche Konzepte der Lebenswelt wie kulturwissenschaftliche der Lebensweise umfasst und damit die Voraussetzung der Erforschung populärer Kultur bildete. Erweitert wurde der räumliche und zeitliche Horizont des Faches auf das Projekt der „europäischen Zivilisation", dessen Geschichte, Akteure und nationale Verlaufsformen im Inneren zu beobachten und dessen Politiken von außen zu hinterfragen waren. Verbunden war dies sowohl mit einer klaren Absage an Konzepte „nationaler

[41] Vgl. die Beiträge in Kaschuba, Wolfgang (Hrsg.), Kulturen – Identitäten – Diskurse. Perspektiven Europäischer Ethnologie, Berlin 1995.

Volkskunden" als auch an eine „regionalwissenschaftlich" gedachte und konzeptuell verengte „europäische Völkerkunde". Kritisch beobachtet wurden statt dessen namentlich die aktuellen Anstöße insbesondere aus dem Kontext der Re-Nationalisierungs- und Re-Ethnisierungsprozesse, wie sie nach 1989 im Rahmen neuer staatlich-gesellschaftlicher wie gruppenbezogener Identitätspolitiken wieder auf die Agenda ost- wie westeuropäischer Gesellschaften gerieten und dabei in den unterschiedlichsten Feldern von der Geschichts- und Erinnerungspolitik bis zur Migrations- und Sozialpolitik in politische Strategien von Vergemeinschaftung und Differenz, von symbolischer Sichtbarmachung und kultureller Repräsentation mündeten. Sensibilisiert wurde das Programm zudem für wissens- wie wissenschaftskulturelle Fragestellungen, die sich von Debatten um das „kulturelle Erbe" oder populäre Wissenstransfers bis zu Übersetzungsproblemen zwischen Kultur- und Natur- bzw. den neuen Lebenswissenschaften erstrecken. Konzeptuell neu lokalisiert wurden auch die urbanen Kulturen im Zentrum der Forschung: die Städte als zentrale Räume und Bühnen des Populären wie als zentrale Laboratorien (spät-)moderner Gesellschaftskultur insgesamt. Und theoretisch reflektiert wurden im Gefolge des Cultural Turn schließlich insbesondere auch Fragen der ethnographischen „Repräsentation durch Texte", also der systematischen Aufarbeitung eurozentrischer wie postkolonialer Deutungsmodi sowie der systematischen Einbeziehung konstruktivistischer wie geschlechtertheoretischer Perspektiven.[42]

Diese Wegmarkierungen galten künftig für die universitäre Lehre und wurden ab 1995 auch in ersten Forschungsprojekten verfolgt. So begann die neu eingerichtete Landesstelle für Berlin-Brandenburgische Volkskunde einerseits mit einer systematischen Betreuung der kulturgeschichtlich orientierten Museumsarbeit in der Region – insbesondere auch im Kontakt mit Personen und Institutionen, die noch dem „Bereich Ethnographie" vor der „Wende" verbunden waren. Andererseits wurde damit begonnen, die Wissensgeschichte der Berliner Volkskunde aufzuarbeiten.[43] Im DFG-Graduiertenkolleg „Gesellschaftsvergleich" wurde gemeinsam mit Kolleg/innen aus Geschichtswissenschaft und Soziologie eine international und interdisziplinär ausgerichtete Nachwuchsförderung aufgenommen, aus der sich rasch eine breite Doktorandinnen- und Doktoranden-Kultur entwickelte. Im Rahmen einer DFG-Forschergruppe verglich ein Projekt ab 1996 aktuelle nationale Identi-

---

[42] Kaschuba, Wolfgang, Lebenswelt und Kultur der unterbürgerlichen Schichten im 19. und 20. Jahrhundert, München 1990; Beck, Stefan, Umgang mit Technik. Kulturelle Praxen und kulturwissenschaftliche Forschungskonzepte, Berlin 1997; Lindner, Rolf, Die Entdeckung der Stadtkultur. Soziologie aus der Erfahrung der Reportage, Frankfurt a. M. 1990; Kaschuba, Wolfgang, Einführung in die Europäische Ethnologie, München 1999; Knecht, Michi, Zwischen Religion, Biologie und Politik: Eine kulturanthropologische Analyse der Lebensschutzbewegung, Berlin 2006; Knecht, Michi (Hrsg.), Die andere Seite der Stadt. Armut und Ausgrenzung in Berlin, Köln u. a. 1999.

[43] Scholze-Irrlitz, Leonore/Noack, Karoline (Hrsg.), Arbeit für den Feind. Zwangsarbeiter-Alltag in Berlin und Brandenburg 1939–1945, Berlin 1998; Kaschuba, Wolfgang/Scholze, Thomas/Scholze-Irrlitz, Leonore (Hrsg.), Alltagskultur im Umbruch, Weimar u. a. 1996.

tätspolitiken in Deutschland, Ungarn, Rumänien und Schweden.[44] Ein vierjähriges von der DFG gefördertes Forschungsprojekt untersuchte am Beispiel der „Schmutz- und Schunddebatte" im deutschen Kaiserreich 1871–1918 die historische und soziale Konstruktion moderner Medien und Massenkultur.[45] Unter dem Titel „Bühnen der Macht" wurde in einem weiteren DFG-Projekt die Konstituierung und Inszenierung des Berliner Regierungsviertels als urbaner Repräsentationsraum erforscht.[46] Und das Projekt „Geschlecht und Religion in der Moderne" untersuchte die Lebenswelten und Lebensentwürfe von Ordensfrauen im 20. Jahrhundert.[47] Vorbereitet wurden daneben weitere Forschungsprojekte insbesondere zur Wissens- und Wissenschaftsgeschichte des Faches wie zur Erforschung urbaner Kulturen oder zur Beobachtung migrantischer Praxen, die insbesondere der langfristigen und nachhaltigen Förderung des wissenschaftlichen Nachwuchses dienten.[48] Dadurch konnte auch die zunächst eher schmale personelle „Grundausstattung" des Institutes bereits seit der Mitte der 1990er Jahre aus dem Drittmittelbereich beständig ergänzt und erheblich erweitert werden.

Mit dieser Entwicklung wurden auch solche Forschungsperspektiven und Theorieverständnisse festgeschrieben, die auf transnationale Beobachtungsfelder und interkulturelle Fragestellungen abzielen und damit den inner- wie außereuropäischen Vergleich thematisieren, die sich methodisch der quellen- wie diskursanalytischen Verfahren, vor allem aber auch der teilnehmenden Beobachtung und der Feldforschung bedienen und die immer wieder Kulturtheorien und deren empirische Begründungen aufsuchen. Lebensweisen und Wissensformen werden damit insgesamt nicht mehr homogen und statisch verstanden, sondern vielmehr als hochgradig heterogen, dynamisch und in ständigen Repräsentations- und Aushandlungsprozessen begriffen.

---

44 Binder, Beate/Kaschuba, Wolfgang/Niedermüller, Peter (Hrsg.), Inszenierung des Nationalen. Geschichte, Kultur und die Politik der Identitäten am Ende des 20. Jahrhunderts, Köln 2001.

45 Maase, Kaspar/Kaschuba, Wolfgang (Hrsg.), Schund und Schönheit. Populäre Kultur um 1900, Köln 2001.

46 Binder, Beate/Becker, Franziska, „Bühnen der Macht". Stadtethnologische Perspektiven auf die Hauptstadtwerdung Berlins, in: humboldt spektrum 8 (2001), H. 3/4, S. 112–119.

47 Hüwelmeier, Gertrud, Närrinnen Gottes. Lebenswelten von Ordensfrauen, Münster 2004.

48 Dietzsch, Ina/Kaschuba, Wolfgang/Scholze-Irrlitz, Leonore (Hrsg.), Horizonte ethnografischen Wissens. Eine Bestandsaufnahme, Köln u. a. 2009; Binder, Beate, Streitfall Stadtmitte Berlin. Historische Narrative, geschichtspolitische Interventionen und die Produktion von Lokalität. Köln 2009; Darieva, Tsypylma/Kaschuba, Wolfgang (Hrsg.), Representations on the Margins of Europe. Politics and Identities in the Baltic and South Caucasian States, Frankfurt a. M. 2007; Beck, Stefan, Alltage, Modernitäten, Solidaritäten. Soziale Formen und kulturelle Aneignung der Biowissenschaften, in: Zeitschrift für Volkskunde 100 (2004), I, S. 1–30; Beck, Stefan/Cil, Nevim/Hess, Sabine/Klotz, Maren/Knecht, Michi (Hrsg.), Verwandtschaft machen. Reproduktionstechnologien und Adoption in Deutschland und der Türkei, Münster 2007 (Berliner Blätter. Ethnographische und ethnologische Beiträge, Bd. 42); Färber, Alexa/Spielhaus, Riem (Hrsg.), Islamisches Gemeindeleben in Berlin 2006; Knecht, Michi/Soysal, Levent (Hrsg.), Plausible Vielfalt. Wie der Karneval der Kulturen denkt, lernt und Kultur macht, Berlin 2005.

Projektstudium und Forschungslabore

Forschungsmethodisch waren zwei weitere Festlegungen getroffen worden, die künftig die Arbeit des Institutes charakterisieren sollten: Zum einen wurde den in der außereuropäischen Ethnologie üblichen „area studies" dort eine Absage erteilt, wo diese ihren Beobachtungsraum zu eng und zu statisch sehen, um den Geltungsraum kultureller Prozesse wirklich erfassen, ihren möglichen Transfervorgängen nachspüren und sie gegebenenfalls auch im Vergleich betrachten zu können. Damit sollte der exemplarische und fallstudienartige Charakter der ethnologischen Feldforschung durchaus erhalten bleiben, ihre analytische Schärfe und Reichweite jedoch erhöht werden, indem sie sich mehr an Prozessen und Dynamiken als an Räumen und Grenzen orientiert. Zum andern wurde das in Volkskunde wie Völkerkunde häufig noch übliche Prinzip des „Forschens über" konsequent ersetzt durch jenes des „Forschens mit", also eine kommunikative wie interaktive Partnerschaft im Feld angestrebt. Nicht zuletzt dieser Umstand trug wiederum wesentlich dazu bei, dass sich aus entsprechenden Kontakten und Forschungen rasch internationale wie interdisziplinäre Kooperationen und Netzwerke aufbauten.

1994 wurde das Institut für Europäische Ethnologie formell neu gegründet und die studentische Ausbildung im Magisterstudium neu geregelt. Dabei wurde mit der Einführung mehrsemestriger Studienprojekte konsequent das Prinzip des „Forschenden Lernens" verfolgt, das drei Ziele hat: erstens die Studierenden im Rahmen kleiner Lehrforschungen zu selbstständiger Arbeit zu befähigen, zweitens kooperative Lehr- und Lernformen zu entwickeln und drittens mit den zu veröffentlichenden Ergebnissen der Forschung in Buch-, Ausstellungs- oder Katalogform in gesellschaftliche Debatten einzugreifen. Bis zum Jahr 2000 wurden 14 solcher Studienprojekte mit über 300 Teilnehmer/innen durchgeführt – erfolgreich sowohl im Hinblick auf die inhaltlichen Erträge als auch auf die dadurch verbesserten Vermittlungschancen in den Arbeitsmarkt.[49]

Viele Forschungsthemen der Europäischen Ethnologie erwiesen sich als gesellschafts- und politiknah, weil das Fach dabei sowohl Wissen „über" als auch „für" die Gesellschaft zur Verfügung stellte. Diese Vorstellung drückte sich frühzeitig in der Gründung zweier forschungsorientierter Archive aus: zum einen eines „Wissen(schaft)sgeschichtlichen Archivs", das in der Obhut der Landesstelle für Volkskunde insbesondere auch Unterlagen über ethnographische Forschungen aus der Akademie der Wissenschaften der DDR übernahm; zum andern eines „Archivs für Alternativkultur", das Quellen zur Geschichte sozialer Bewegungen in West- wie Ostdeutschland sammelt.

---

[49] Vgl. Kaschuba, Wolfgang, Europäische EthnologInnen: PfadfinderInnen im Wissensmarkt?, in: Arts and Figures. GeisteswissenschaftlerInnen im Beruf, hrsg. v. Goschler, Constantin/Fohrmann, Jürgen/Welzer, Harald/Zwick, Markus, Göttingen 2008, S. 155–163.

Daraus hat sich eine aktive und intensive interdisziplinäre Zusammenarbeit, insbesondere mit Kolleginnen und Kollegen aus der Geschichtswissenschaft ergeben, auch aus den so genannten „Regionalwissenschaften", aus den Kultur- und den Sozialwissenschaften, aus den Religionswissenschaften und Philologien, ebenso aus der Medizin, den Lebenswissenschaften oder der Rechtswissenschaft. Die damit zugleich erreichten internationalen Forschungsverbindungen sind nach den USA, nach England, Frankreich, Italien, Russland, Schweden, Ungarn, Norwegen und in die Schweiz besonders eng geknüpft – meist auch für den parallel dazu verlaufenden internationalen Studierendenaustausch.

Um das Forschungsspektrum des Institutes übersichtlicher zu bündeln und vor allem, um den inneren wie äußeren Austausch im Bereich der Theorie- und Methodenentwicklung voranzutreiben, wurde in den letzten Jahren die Einrichtung von „Forschungslaboren" vorgenommen. Diese Labore liegen bewusst „quer" zur Widmung der einzelnen Professuren bzw. zu einzelnen Themenfeldern und orientieren sich an übergreifenden Fragestellungen, aus deren Bearbeitung sich Integrationseffekte erwarten lassen. Es sind dies gegenwärtig sieben Labore: „Anthropologie ländlicher Regionen", „Europa und Europäisierung", „Migration und (Trans)nationalismus", „Sozial- und Kulturanthropologie der Lebenswissenschaften", „Stadtanthropologie: urbane Kulturen, Praktiken und Räume", „Wissenskulturen", „Gender Studies". Mit diesen Begriffen sind bewusst auch nach außen hin Kompetenzfelder markiert, die sich mit denen anderer Disziplinen überschneiden und sich zugleich in die Gesellschaft hinein öffnen. In diesem Verständnis verkörpert die Europäische Ethnologie heute eine Wissensdisziplin, die sich einerseits eine behutsame Auf- und Umarbeitung bewährter Humboldtscher Traditionen auf die Fahnen schreibt, andererseits und gerade in Berlin zu neuen inhaltlichen wie räumlichen Ufern aufgebrochen ist.

Philologien

Holger Dainat

Germanische und klassische Philologien seit 1945

Germanistische Literaturwissenschaft

Der disziplinäre Umbau nach 1945 lässt sich geradezu exemplarisch an der Germanistik, besonders an ihrer Literaturwissenschaft studieren, die zum größten und wichtigsten Fach innerhalb der Philologien aufstieg.[1] Am Ende (im Jahr 1990) verfügte die Germanistik in Berlin über mehr Professuren als alle fremdsprachlichen Philologien zusammen (11 zu 10), und innerhalb dieser Leitdisziplin die Literaturwissenschaft über fast doppelt so viele Professuren wie die Sprachwissenschaft (7 zu 4).[2] An keiner anderen deutschen Universität fand nach 1945 in so kurzer Zeit ein derart radikaler Wandel statt wie in Berlin.[3] Schon die Ausgangssituation und damit die erste Phase des Umbaus waren außergewöhnlich. Keiner der vor 1945 lehrenden Professoren blieb im Amt. Die einen wie Franz Koch, Hans Pyritz[4], Hans Knudsen (Theaterwissenschaft) und Gerhard Cordes (Niederdeutsche Philologie)

1 Vgl. Boden, Petra/Rosenberg, Rainer (Hrsg.), Deutsche Literaturwissenschaft 1945–1965. Fallstudien zu Institutionen, Diskursen, Personen, Berlin 1997; Boden, Petra, „Es geht ums Ganze!" Vergleichende Beobachtungen zur germanistischen Literaturwissenschaft in beiden deutschen Staaten 1945–1989, in: Euphorion 91 (1997), S. 247–275; Rosenberg, Rainer, Verhandlungen des Literaturbegriffs. Studien zu Geschichte und Theorie der Literaturwissenschaft, Berlin 2003; Saadhoff, Jens, Germanistik in der DDR. Literaturwissenschaft zwischen „gesellschaftlichem Auftrag" und disziplinärer Eigenlogik, Heidelberg 2007.

2 Steinwachs, Burkhart, Bericht über die Lage der geisteswissenschaftlichen Forschung in der ehemaligen DDR, in: Geisteswissenschaften in der ehem. DDR. Berichte, hrsg. v. dems., Konstanz 1993, S. 11–91, hier: S. 56. Dort auch die Vergleichszahlen anderer DDR-Universitäten.

3 Zum Folgenden grundlegend: Boden, Petra, Universitätsgermanistik in der SBZ/DDR. Personalpolitik und struktureller Wandel 1945–1958, in: Boden/Rosenberg, Deutsche Literaturwissenschaft 1945–1965, 1997, S. 119–149. Vgl. auch Stoye-Balk, Elisabeth, Antifaschistisch-demokratische Umgestaltung am Germanischen Seminar (1945–1949), in: Wissenschaftliche Zeitschrift der Humboldt-Universität zu Berlin, Gesellschaftswissenschaftliche Reihe 36 (1987), S. 848–854; Hermsdorf, Klaus, Anfänge der Germanistik an der Humboldt-Universität (1950–1957), in: Zeitschrift für Germanistik 5 (1995), S. 572–586; Höppner, Wolfgang, Kontinuität und Diskontinuität in der Berliner Germanistik, in: Die Berliner Universität in der NS-Zeit. Bd. II: Fachbereiche und Fakultäten, hrsg. v. vom Bruch, Rüdiger, Wiesbaden 2005, S. 257–276, hier: S. 269ff.

4 Als Pyritz 1947 ein Ordinariat in Hamburg bekam, folgte ihm ein erheblicher Teil der ‚Berliner Schule'; vgl. Hempel-Küter, Christa, Germanistik zwischen 1925 und 1955. Studien zur Welt der Wissenschaft am Beispiel von Hans Pyritz, Berlin 2000.

scheiterten an der Entnazifizierung; die anderen wie der Mediävist Julius Schwietering und der Nordist Hans Kuhn waren gar nicht erst nach Berlin zurückgekehrt, auch nicht Werner Richter aus seinem amerikanischen Exil. Der personelle Neubeginn ging in der zweiten Phase zunächst einher mit Kontinuität in Forschung und Lehre, allerdings befreit von der nationalsozialistischen Ideologie. Die neu berufenen Hermann Kunisch und Werner Simon stammten aus der ‚Berliner Schule'. Der Indogermanist Wilhelm Wißmann, der auch germanistische Lehrveranstaltungen abhielt, war ein Schüler Wilhelm Schulzes. Bei so viel Kontinuität waren Konflikte und die Abwanderung in den Westen vorprogrammiert. Kunisch ging bereits 1948 aus Protest gegen die Pädagogische Fakultät an die neu gegründete Freie Universität. 1953 folgten ihm Simon und Wißmann nach Westberlin.

In der dritten Phase vollzog sich der Bruch mit der ‚Berliner Tradition', indem jetzt ‚bürgerliche' Professoren und Quereinsteiger berufen wurden. Heinz Stolte aus Jena blieb nur kurze Zeit (1949/50), während Leopold Magon aus Greifswald von 1950 bis zu einer Emeritierung 1955 die Professur für Deutsche Philologie, Nordistik und Theaterwissenschaft innehatte; er lehrte dann noch bis 1965. Der aus dem Exil zurückgekehrte Schriftsteller Alfred Kantorowicz, dessen Zeitschrift *Ost und West* kurz zuvor eingestellt worden war, erhielt 1949 eine Professur für Neuere deutsche Literatur; er machte die Gegenwartsliteratur zum Gegenstand von Forschung und Lehre – bis zu seiner Flucht 1957, nachdem er sich geweigert hatte, der sowjetischen Intervention in Ungarn zuzustimmen.[5] Mit seinem Nachfolger Hans-Günther Thalheim begann 1957 die vierte Phase, in der die ältere ‚bürgerliche' Generation abgelöst wurde durch in der DDR sozialisierte ‚sozialistische' Wissenschaftler. Dabei nahm jetzt die Berliner Germanistik eine Vorreiterrolle ein – vorrangig bei der Durchsetzung des Führungsanspruchs der SED, weniger im Hinblick auf innovative Forschungsleistungen. In der anschließenden fünften Phase, die bis 1989 dauern sollte, wurde der akademische Nachwuchs weitgehend im ‚eigenen Haus' qualifiziert und beschäftigt. Die Geradlinigkeit der Karrieren mit genau vorgegebenen Ausbildungsabschnitten sorgte für schnelle Abschlüsse und für eine rasche Einsatzfähigkeit vor allem in der Lehre. Vom Studienbeginn an bestand eine kollektive Einbindung, die durch eine fehlende Mobilität noch verstärkt wurde. Hinzu kamen relativ geringe Aufstiegschancen bei erheblicher Ausweitung der Mitarbeiterstellen, nachdem die Leitungspositionen vor allem von den um 1930 geborenen Wissenschaftlern besetzt waren.

Da dieser Umbauprozess in Berlin turbulenter als an den anderen Universitäten der DDR verlief, konnte man wissenschaftlich in den 1950er Jahren mit anderen Hochschulen nicht konkurrieren – zumal nicht mit Leipzig. Hier behauptete sich der Literaturhistoriker Hermann August Korff, der über alle politischen Systemwechsel hinweg an seinem *Geist der Goethezeit* (5 Bde., 1923–1957) schrieb. Zum mächtigsten Germanisten der DDR stieg un-

5 Vgl. Saadhoff, Germanistik in der DDR, 2007, S. 117ff.; Hermsdorf, Anfänge der Germanistik 1995, S. 576ff.

terdessen der Sprachwissenschaftler Theodor Frings auf, der von 1952 bis 1964 auch das Institut für Deutsche Sprache und Literatur an der Berliner Akademie leitete. Hans Mayer und der Romanist Werner Krauss setzten neue Akzente einer marxistischen Literaturwissenschaft. Diese Vorrangstellung Leipzigs endete, als Mayer 1963 in den Westen floh[6], Thalheim 1965 Frings als Direktor des Akademie-Instituts ablöste und Krauss 1966 emeritiert wurde.

Während sich in Leipzig um die Professoren Mayer und Krauss literaturwissenschaftliche Schulen bildeten, fanden die ‚marxistischen' Studierenden in Berlin bei den Fachvertretern methodisch und theoretisch nur wenig Unterstützung. Hier erfolgte die Sozialisation der neuen Literaturwissenschaftlergeneration jenseits der etablierten Institutionen. Als Kristallisationskern fungierte die neu gegründete Pädagogische Fakultät, namentlich die Literaturseminare ihres Direktors Wilhelm Heise und des aus dem schwedischen Exil zurückgekehrten Assistenten Gerhard Scholz, der die Gründung einer Literatursoziologischen Arbeitsgemeinschaft initiierte.[7] Ihr gehörten u. a. an: Edith Braemer, Inge Diersen, Horst Haase, Lore Kaim (Kloock), Hans Kaufmann, Evamaria Remmlinger (Nahke) und Ursula Wertheim. Zum ersten Mal in der Geschichte der Germanistik öffneten sich für Frauen und Studierende aus bislang bildungsfernen Schichten die Türen zu einer akademischen Karriere; aus Interesse an einer loyalen Elite hat die SED diese ‚Demokratisierung' gezielt gefördert.

Zur Gruppenbildung in der Germanistik trug zudem der Weimarer Lehrgang bei, den Gerhard Scholz, seit 1949 Direktor des Goethe- und Schiller-Archivs, im Winter 1950/51 leitete. Wurde diese Form der Schulung des wissenschaftlichen Nachwuchses auch nicht fortgesetzt, bereits der zweite Lehrgang scheiterte an der Finanzierung, so gelang es Scholz doch, eine der wichtigsten Schulen in der germanistischen Literaturwissenschaft der DDR zu bilden. Dabei war er ein Außenseiter, als ehemaliges SAP-Mitglied von seinen SED-Genossen argwöhnisch beäugt, für seine verschachtelten Sätze berühmt, als Lehrer ungemein anregend[8], als Autor kaum präsent, fachwissenschaftlich unorthodox, wenn er sich materialgesättigt den sozialkritischen Strömungen und operativen Literaturgattungen

6 Zurück blieben seine Schüler, von denen Siegfried Streller auf eine Professur in Berlin berufen wurde.

7 Wertheim, Ursula, Die marxistische Rezeption des klassischen Erbes. Zur literaturtheoretischen Position von Gerhard Scholz, in: Positionen. Beiträge zur marxistischen Literaturtheorie in der DDR, hrsg. v. Mittenzwei, Werner, Leipzig 1971, S. 473–527, S. 660–673; Krenzlin, Leonore, Gerhard Scholz und sein Kreis. Bemerkungen zu einem unkonventionellen Entwurf von wirkender Literatur und Literaturwissenschaft, in: Weimarer Klassik in der Ära Ulbricht, hrsg. v. Ehrlich, Lothar/Mai, Gunther, Köln/Weimar/Wien 2000, S. 195–217; „Helle Panke" e.V. (Hrsg.), Gerhard Scholz und sein Kreis. Zum 100. Geburtstag des Mitbegründers der Literaturwissenschaft in der DDR. Beiträge eines Kolloquiums. Berlin 2004; Saadhoff, Germanistik in der DDR, 2007, S. 123ff.; Hahn, Reinhard, „Sein Einflußpotential bestand in seinen Schülern". Gerhard Scholz und sein Kreis. Zur Schulenbildung in der Germanistik der DDR, in: Jahrbuch für Universitätsgeschichte 12 (2009), S. 133–156.

8 „Seine Vorlesungen waren berühmt und chaotisch, er konnte keinen Satz zu Ende sprechen, weil ihm beim ersten Hauptsatz schon der vierte Nebensatz einfiel. Das war ungeheuer interessant, diese Assoziationswut (…)", erinnerte sich Müller, Heiner, Krieg ohne Schlacht. Leben in zwei Diktaturen, Köln 1992, S. 125.

des 18. und 20. Jahrhunderts zuwandte. Ungewöhnlich war auch, dass er erst 1957 seine Dissertation über den *Dramenstil des ‚Sturm und Drang‘* in Rostock bei seinem Schüler Erich Kühne einreichte, nachdem er bereits 1949 als Professor an das Deutsche Theaterinstitut Weimar berufen wurde, und dass in seinem Fall sein Schüler Thalheim dem Lehrer 1959 eine Professur für Neuere deutsche und skandinavische Literatur an der Humboldt-Universität verschaffte, die er bis zu seiner Emeritierung 1968 innehatte.

Anders als bei Krauss oder Mayer erfolgte bei Scholz die Schulenbildung ohne stabilen institutionellen Hintergrund. Mit dem in ‚Privatseminaren‘ erworbenen Rüstzeug ging der Nachwuchs in die ‚offiziellen‘ Seminare und bezog Standpunkt. In diesem Kontext ist auch die politisch induzierte Reformdebatte zu sehen, die 1949 in der Studentenzeitschrift *Forum* stattfand und die mittels einer Studienreform das Fach in eine Gesellschaftswissenschaft verwandeln wollte.[9] Vergleichbare Vorschläge für einen disziplinären Neubeginn nach dem ‚Sündenfall der Germanistik‘ sucht man in Westdeutschland vergeblich. Verstärkt wurde der Einfluss dieser relativ kleinen Gruppe engagierter StudentInnen durch die 2. Hochschulreform (1951/52), die mit der Verschulung des Studiums (zentrale Lehrpläne, vorgeschriebene Kurse, Einführung des Seminargruppenprinzips usw.)[10] den ohnehin eklatanten Personalmangel in der Germanistik noch vergrößerte. Daher wurde der wissenschaftliche Nachwuchs sehr früh in die Lehre einbezogen. So avancierte Hans Kaufmann bereits als Student zum Assistenten; nach dem Staatsexamen bekam er 1952 einen Lehrauftrag.[11] Wenige Zeit später hielt er seine erste Vorlesung, die Kantorowicz ihm übertrug. Das war kein Einzelfall. Dass die Lehrveranstaltungen nicht in jeder Hinsicht den Erfordernissen oder eigenen Ansprüchen genügten, daran erinnerte sich Inge Diersen: „natürlich habe ich auch manchmal Unsinn geredet, aber mit schönem Selbstbewußtsein.“[12] Mit diesem hohen Selbstwertgefühl, das sich aus der Bewährung in der Lehre und der politischen Überzeugung bzw. Machtposition speiste, begegneten sie den ‚bürgerlichen‘ Professoren, die ihnen vor allem Fachwissen, weniger jedoch theoretisch und methodisch Instruktives entgegensetzen konnten. Das bestimmte die Formen der Auseinandersetzung dieser Jahre: jene rechthaberische Kombination von Fakten-Positivismus und forcierter Ideologisierung.

---

9 Matke, Fritz, Reform der Germanistik? Betrachtungen zur Methode der neueren deutschen Literaturgeschichte, in: Forum 3 (1949), S. 104f.; Creutziger, Werner, Reform der Germanistik? Literaturgeschichte als Gesellschaftswissenschaft oder Germanistik in der althergebrachten Weise?, in: ebd., S. 187f.; Hecht, Wolfgang, Zur Reform der Germanistik, in: ebd., S. 268f.; Böckh, Joachim G., Reform der Germanistik?, in: ebd., S. 314–316; Jelenski, Manfred, Kommt Zeit, kommt Rat, in: ebd., S. 316f.; Literarsoziologische Arbeitsgemeinschaft an der Universität Berlin, Reform der Germanistik, in: ebd., S. 360–362.

10 Die positiven Effekte der Neuerungen betont aus studentischer Sicht Hermsdorf, Anfänge, 1995, S. 573ff.

11 Vgl. Kaufmann, Hans, Der Januskopf des Utopischen. Texte, Gespräche, Erinnerungen, hrsg. v. Pergande-Kaufmann, Ingrid, Berlin 2002.

12 Materialien zur Geschichte der marxistischen germanistischen Literaturwissenschaft in der DDR. Gespräch mit Inge Diersen, in: Zeitschrift für Germanistik 4 (1983), S. 290–298, hier: S. 292.

Zwischen Plan und Pluralität

Den „Diskurs der marxistischen Literaturwissenschaft" kennzeichnete, so Rainer Rosenberg, „ein autoritärer Sprachgestus aus der Sicherheit der wissenschaftlichen Weltanschauung (…). Diesem Gestus eignet eine Rhetorik der Ausschließlichkeit, die – weil die vom Schreiber gewusste Wahrheit auch durchgesetzt werden soll – abweichende Anschauungen als oberflächlich oder irreführend verurteilt und damit zugleich einen polemisch-didaktischen Zug annimmt. Da die Anerkennung der Wahrheit auch als ethisches Postulat gesetzt werden kann, erhält die Polemik überdies oft eine moralisierende Note."[13] Der exklusive Geltungsanspruch verlangte Unterwerfung und erzeugte Widerspruch. Als Mitarbeiter des Germanistischen Instituts der Humboldt-Universität Vorschläge zu einem „Programm für eine dem Inhalt und der Form (Methodologie und Wissenschaftsorganisation) nach sozialistische Germanistik"[14] vorlegten, kam die gewollte Diskussion nicht zustande, obwohl die Kernpunkte Erbetheorie, Literaturgeschichte mit dem Telos Sozialistischer Realismus und planmäßige Anleitung zur Literaturproduktion mit Zustimmung rechnen durften. Als unüberwindliches Problem erwiesen sich die nicht geduldeten Unterschiede zwischen den Anhängern von Georg Lukács und Bertolt Brecht, von Krauss, Mayer und Scholz. Als Thalheim kritische Anmerkungen zu Lukács und Mayer formulierte, verlangten die Leipziger Germanisten umgehend eine Korrektur seiner Darlegungen.[15] Da es sich um den Streit zwischen Parteigruppen handelte, waren SED, aber auch die staatlichen Stellen involviert. Die Beteiligung verschiedener Ebenen erschwerte eine Verständigung, so dass solche komplizierten Konstellationen Machtentscheidungen geradezu provozierten. Diese ‚Unübersichtlichkeit' in Verbindung mit einem klaren Herrschaftsanspruch förderte Vorstellungen von leitenden Einrichtungen, seien es Disziplinen oder Institute, von denen wenn auch nicht Weisungen, so doch Orientierung erwartet wurden. In diesem Konkurrenzkampf um Relevanz und Resonanz spielte die germanistische Literaturwissenschaft und das Berliner Institut vom Ende der fünfziger Jahre für einige Jahre eine führende Rolle. Danach verschoben sich die Gewichte einerseits in Richtung Akademie-Institut, andererseits relativierten sich die Geltungsansprüche durch eine Pluralisierung im Rahmen der marxistischen Theorie.

---

13 Rosenberg, Rainer, Zum Diskurs der marxistischen Literaturwissenschaft, in: ders., Verhandlungen des Literaturbegriffs, 2003, S. 285–324, hier: S. 287.

14 [Germanistisches Institut der Humboldt-Universität zu Berlin], Aktuelle Aufgaben der Germanistik nach dem XXII. Parteitag der KPdSU und dem 14. Plenum des ZK der SED, in: Weimarer Beiträge 8 (1962), S. 241–263. Vgl. auch Thalheim, Hans-Günther, Gedanken über die gegenwärtigen Forschungsaufgaben der literaturwissenschaftlichen Germanistik (in Thesenform), in: Weimarer Beiträge 5 (1958), H. 1, S. 88–92.

15 Thalheim, Hans-Günther, Kritische Bemerkungen zu den Literaturauffassungen Georg Lukács' und Hans Mayers, in: Weimarer Beiträge 3 (1957), H. 2, S. 138–171; vgl. Schandera, Gunter u. a., Die „Weimarer Beiträge" zwischen 1955 und 1961. Eine Zeitschrift auf dem Weg zum „zentralen Organ der marxistischen Literaturwissenschaft in der DDR", in: Boden/Rosenberg, Deutsche Literaturwissenschaft 1945–1965, 1997, S. 261–332, hier: S. 326, Anm. 219.

Manfred Bierwisch hat diese in der zweiten Hälfte der 1970er einsetzende Phase durch „das Ausbleiben von Maßnahmen“ charakterisiert, „das Hand in Hand mit der Stagnation und Sklerose des Gesamtsystems“ ging.[16] Für diese Beschreibung spricht, dass die politischen Auseinandersetzungen, die zwischen den Wissenschaftlern ausgetragen wurden, jetzt nicht mehr die gravierenden Folgen haben mussten, wie noch einige Jahre zuvor, als sich Konflikte über einen längeren Zeitraum hinziehen und sich summierend verschärfen konnten. Um dies an einem Beispiel zu veranschaulichen: Mitte November 1965 musste sich Inge Diersen[17] in einer ‚Aussprache' anlässlich eines literaturkritischen Artikels sagen lassen, dass sie sich den Vorgaben einer parteilichen sozialistischen Literaturwissenschaft zu unterwerfen habe. Im Dezember 1968 wurde ihr vorgeworfen, sie habe im Zusammenhang mit der Erarbeitung der Literaturgeschichte Studierende nicht allein ‚bürgerliche' und ‚reaktionäre', sondern sogar ‚faschistische' Literatur lesen lassen. Im Januar 1969 leitete der Rektor ein Disziplinarverfahren ein, das zu einer „Rüge wegen der Verletzung der Pflichten eines Hochschullehrers“ und zu einer verschärften Kontrolle durch die Partei führte. Im gleichen Jahr kam es zum nächsten Konflikt, als sie sich weigerte, ein insgesamt positives Urteil über Christa Wolfs Roman *Nachdenken über Christa T.* zu ändern. Im Oktober 1970 wurde Inge Diersen schließlich für ein Jahr zur ‚praktischen Bewährung' nach Bitterfeld geschickt, wo sie im Kulturhaus des Elektrochemischen Kombinats tätig war. Auf eigenen Wunsch blieb sie zwei weitere Jahre dort, bevor sie 1973 an die Berliner Universität zurückkehrte. Als sie 1983 auf diese Auseinandersetzungen zurückblickte, wollte sie hier erste Ansätze für eine veränderte Streitkultur erkennen, die sich dann im Laufe der 1970er Jahre durchsetzte.[18] Im Berliner Institut wurde jedoch weiter heftig gestritten, manches Projekt zu Fall gebracht, Kollegen gedemütigt und vertrieben. „Wie traumatisch diese Zeit für mich war, zeigt sich daran, dass ich ungefähr fünfzehn Jahre lang keinen Fuß ins Universitäts-Institutsgebäude setzen konnte. Ich glaube, ich bin erst spät in den achtziger Jahren das erste Mal wieder in der Zetkin-Straße gewesen“[19], mit diesen Worte begründete Silvia Schlenstedt ihren Wechsel an die Akademie.

---

16 Bierwisch, Manfred, Linguistik in der ehemaligen DDR – Befunde und Diagnosen, in: Steinwachs, Geisteswissenschaften, 1993, S. 188–203, hier: S. 199.

17 Vgl. die Darstellung bei Boden, Petra/Böck, Dorothea, Literaturforschung an der Berliner Akademie der Wissenschaften, in: Modernisierung ohne Moderne. Das Zentralinstitut für Literaturgeschichte an der Akademie der Wissenschaften der DDR (1960–1991). Literaturforschung als Experiment, hrsg. v. dens., Heidelberg 2004, S. 13–50, hier: S. 39f.

18 Materialien (...) Gespräch mit Inge Diersen, 1983, S. 294.

19 Interview mit Silvia und Dieter Schlenstedt, in: Boden/Böck, Modernisierung ohne Moderne, 2004, S. 174–226, hier: S. 197. Zu den Konflikten am Berliner Institut vgl. Böck, Dorothea, Hundspostjahre mit Jean Paul oder das Theorie-Empirie-Dilemma, in: Wissenschaft und Systemveränderung. Rezeptionsforschung in Ost und West – eine konvergente Entwicklung?, hrsg. v. Adam, Wolfgang u. a., Heidelberg 2003, S. 93–118; vgl. auch als instruktives Dokument Anneliese Löfflers Bericht an das Ministerium für Staatssicherheit, in: Boden/Böck, Modernisierung ohne Moderne, 2004, S. 349–368.

Wo eine inhaltliche Verständigung innerhalb des herrschenden Diskurses kaum gelingen konnte, gewannen organisatorische Entscheidungen an Gewicht. Hier spielte Thalheim eine zentrale Rolle. Er gehörte zu den Gründern, ja zu den ‚Machern' der *Weimarer Beiträge*, die für lange Zeit als einzige Fachzeitschrift für Literaturwissenschaft, Ästhetik und Kulturwissenschaften in der DDR die Monopolstellung eines ‚Zentralorgans' besaß. In enger Anbindung an die Nationalen Forschungs- und Gedenkstätten der Weimarer Klassik (NFG) gegründet, wollte Thalheim nach seinem Wechsel nach Berlin auch die Zeitschrift dorthin übersiedeln, was er inhaltlich und politisch begründete.[20] Diese Absicht verschärfte seine Konflikte mit dem Direktor der NFG, Hans Heinz Holtzhauer. Als die *Weimarer Beiträge* 1962 in Berlin zu erscheinen begannen, wurde die Redaktion nicht am Germanistischen Institut angesiedelt, sondern beim Aufbau-Verlag. Gleichwohl stieg durch die räumliche Nähe der Einfluss der Berliner Germanisten; das geschah einerseits über den wissenschaftlichen Beirat und jenes informelle Netzwerk, das der kommunikativen Abklärung von Publikationsentscheidungen diente, und andererseits über die Redaktion, deren hauptamtliche Mitarbeiter sich nicht unwesentlich aus Absolventen der Berliner Universität rekrutierten. Die *Weimarer Beiträge* publizierten überwiegend Artikel, die von der Zeitschrift selbst eingeworben worden waren. Die Steuerung der fachwissenschaftlichen Öffentlichkeit garantierte keineswegs die passenden Inhalte.[21]

1965 löste Thalheim Frings in der Leitung des Akademie-Instituts ab, nachdem der Philologe Johannes Erben, den Frings als seinen Nachfolger favorisierte, einen Ruf an die Universität Innsbruck angenommen hatte. Es folgte eine Modernisierung unter marxistischen Vorzeichen.[22] Seit der Gründung der Deutschen Kommission lag das Schwergewicht bei den philologisch-sprachgeschichtlichen Arbeitsvorhaben. Sieht man von der 1951 geschaffenen Abteilung für Gegenwartssprache ab, so hatte es bis in die 1960er Jahre eine Ausweitung fast ausschließlich in diesem Bereich gegeben. „Von den 25 Berliner Unternehmungen waren 11 sprachwissenschaftliche, vorwiegend lexikographische, 13 editorische oder bibliographische, nur eine Arbeitsstelle befasste sich mit Literaturwissenschaft".[23] Unter der Leitung Thalheims kam es zu einer Aufwertung der Literaturwissenschaft, die neben der Sprachwissenschaft eine eigene Sektion erhalten sollte. In den Diskussionen über die neue Struktur des Instituts feierte die Kontroll- und Steuerungseuphorie ihre letzte Blüte, als man die zu schaffende Sektion als zentrales Planungs- und Koordinationszentrum der Disziplin entwarf: „Das Kollektiv der in der Sektion vereinigten Wissenschaftler erarbeitet

---

[20] Vgl. Schandera u. a., Die „Weimarer Beiträge" zwischen 1955 und 1961, 1997.

[21] Vgl. Adam, Wolfgang u. a. (Hrsg.), Weimarer Beiträge – Fachgeschichte aus zeitgenössischer Perspektive. Zur Funktion und Wirkung einer literaturwissenschaftlichen Zeitschrift der DDR, Frankfurt a. M. 2009.

[22] Vgl. Boden/Böck, Literaturforschung an der Berliner Akademie, 2004.

[23] Dornhoff, Dorothea, Von der „Gelehrtenrepublik" zur marxistischen Forschungsgemeinschaft an der deutschen Akademie der Wissenschaften. Das Institut für deutsche Sprache und Literatur, in: Boden/Rosenberg, Deutsche Literaturwissenschaft 1945–1965, 1997, S. 175–201, hier: S. 190.

die Hauptlinien der Entwicklung der Disziplin über längere Zeitabschnitte und bestimmt die Schwerpunkte der Forschung. Es bezeichnet zentrale Forschungs- und Arbeitsvorhaben der DDR-Literaturwissenschaft, sichert deren komplexe Planung und Leitung (...) schafft im Rahmen von Arbeitskreisen die Möglichkeit zu regelmäßigem wissenschaftlichen Meinungsaustausch und zur zweckmäßigen Verteilung der Aufgaben. (...) Die Sektion (...) sichert die Zusammenarbeit der Literaturwissenschaftler der DDR mit wichtigen Nachbardisziplinen in zentralen Fragen der Wissenschaft und Wissenschaftsorganisation."[24]

Von diesen Planbarkeitsvorstellungen verabschiedete man sich endgültig im Sommer 1968. Im August 1969 wurden die beiden Zentralinstitute für Sprachwissenschaft und für Literaturgeschichte gegründet. An die Spitze der Literaturwissenschaft trat der Brecht-Forscher Werner Mittenzwei, der 1967 aus dem Institut für Gesellschaftswissenschaften beim ZK der SED kam, um gemeinsam mit dem Romanisten Manfred Naumann und dem Anglisten Robert Weimann von der Humboldt-Universität die neu gegründete Arbeitsstelle für Literaturtheorie zu leiten. Aus diesem Kreis, der ein Gegengewicht zur Dominanz der Berliner Germanistik bildete, ging der von Mittenzwei herausgegebene Band *Positionen. Beiträge zur marxistischen Literaturtheorie in der DDR* (1969) hervor, der den Pluralismus in der Theoriebildung anerkannte. Mit *Gesellschaft – Literatur – Lesen. Literaturrezeption in theoretischer Sicht* (1973) legte wenig später die Forschergruppe um Manfred Naumann das wohl bedeutendste, international erfolgreichste Buch der DDR-Literaturwissenschaft vor.[25] Diese Variante der Rezeptionstheorie trug wesentlich zur Relativierung der normativen Vorgaben marxistischer Literaturtheorie bei. Das Zentralinstitut der Akademie erwarb sich damit seine Reputation als führende literaturwissenschaftliche Einrichtung in der DDR.

Zu den Großprojekten der DDR-Germanistik gehörte schon seit den fünfziger Jahren eine neue Literaturgeschichte. Die Leitung für dieses an der Akademie angesiedelte Vorhaben übernahm Thalheim. Bei der zwölfbändigen *Geschichte der deutschen Literatur von den Anfängen bis zur Gegenwart* (1960–1983) handelt es sich um „die umfangreichste Gemeinschaftsproduktion, die die DDR-Literaturwissenschaft hervorgebracht hat".[26] Das Akademie-Institut hatte allerdings nicht die Kapazitäten, diese Aufgabe zu bewältigen, so dass die Arbeit wieder an die Universitäten verlagert wurde; damit waren die Germanistischen Institute für einige Jahre beschäftigt, das Berliner speziell mit den 1978 und 1973 erschienenen Bänden 7 (*von 1789 bis 1830*) und 10 (*von 1917 bis 1945*).

---

[24] Aufgaben und Struktur der Sektion Literaturwissenschaft bei der Deutschen Akademie der Wissenschaften zu Berlin (3. 10. 1967), zit. n. Boden/Böck, Literaturforschung an der Berliner Akademie, 2004, S. 41.

[25] Vgl. Adam u. a., Wissenschaft und Systemveränderung, 2003.

[26] Rosenberg, Zum Diskurs der marxistischen Literaturwissenschaft, 2003, S. 310; dort auch eine detaillierte Analyse der Literaturgeschichte (S. 309ff.).

Lehrerausbildung und Literaturkritik

Parallel und analog zur Akademie-Reform führte die 3. Hochschulreform 1968 zur Bildung der Sektion Philologien/Germanistik, die sich intern in die interphilologischen Teilbereiche Literatur- und Sprachwissenschaften differenzierte.[27] Diese mit großem organisatorischem Aufwand betriebene Neustrukturierung, die ihr Pendant in westdeutschen Reformuniversitäten hatte, brachte nicht den gewünschten Erfolg (1973 wurde die Großsektion wieder aufgelöst), sondern weckte eher – in Verbindung mit den beständigen politischen Querelen – Abwanderungsgelüste der Wissenschaftler. Die Verlagerung der Forschung in die Akademie glich die Universitäten den Pädagogischen Hochschulen an; die Gemeinsamkeit bestand in der Ausbildung von Lehrern, für die ein großer Bedarf in der DDR existierte. Das hing zunächst mit der im Vergleich zur Bundesrepublik entschiedeneren Entnazifizierung des Erziehungssystems, dann mit der Schlüsselfunktion zusammen, die dem Bildungssektor in der sozialistischen Gesellschaft zugesprochen wurde. Dieser Ausrichtung der universitären Lehre an den ‚Bedürfnissen der gesellschaftlichen Praxis' kam besonders der Germanistik zugute; sie baute ihre Größe und Führungsstellung gegenüber den anderen philologischen Disziplinen deutlich aus. Mitte der 1980er Jahre wurde „etwa ein Drittel aller Lehrer-Studenten als künftige Deutsch-Lehrer ausgebildet"[28], genauer: als „sozialistische Deutschlehrer", die an den allgemein-bildenden polytechnischen Oberschulen „junge Menschen zu sozialistischen Persönlichkeiten erziehen"[29] sollten. Entsprechend durchzog „als theoretisch-weltanschauliche und methodologische Grundlage die Einheit des Marxismus-Leninismus in seinen drei Bestandteilen (Marxistisch-leninistische Philosophie, Politische Ökonomie, Wissenschaftlicher Kommunismus) die Germanistik-Ausbildung in allen Phasen."[30] Doch nicht nur dieser ideologische Bereich expandierte, sondern auch der Anteil von Sprachvermittlung und Fachdidaktik auf Kosten sprach- und literaturwissenschaftlicher Forschung[31], die sich wiederum vorrangig mit gegenwartsnahen Gegenstandsbereichen beschäftigten, so dass etwa die Mediävistik fast völlig aus der germanistischen Lehre und Forschung verschwand.

---

27 Vgl. Boden, Petra, Experimente mit Differenzen. Modelle interphilologischer Literaturwissenschaft in Ost und West, in: Anglistentag 2002 Bayreuth. Proceedings, hrsg. v. Mengel, Ewald u. a., Trier 2003, S. 155–171, hier: S. 159ff.

28 Peters, Brigitte, Stand, Probleme und Perspektiven der Germanistik in der DDR, in: Jahrbuch für Internationale Germanistik 18 (1986), H. 2, S. 125–140, hier: S. 130.

29 Dahnke, Hans-Dietrich/Dau, Rudolf/Wruck, Peter, Probleme der literaturwissenschaftlichen Ausbildung von Deutschlehrern, in: Weimarer Beiträge 17 (1971), H. 10, S. 47–65, hier: S. 47.

30 Peters, Stand, Probleme, 1986, S. 132.

31 Steinwachs (Bericht über die Lage, 1993, S. 47f.) geht von einem Verhältnis von 1 : 8 zwischen Forschung und Vermittlung in den Philologien um 1990 aus.

Abb. 1 Studenten im Institut für Germanistik

Gegenüber dem Lehramtsstudium waren Plätze im fachwissenschaftlichen Diplomstudiengang stets knapp und begehrt. Wie in Westdeutschland war die Motivation unter den Germanistikstudierenden, den Lehrerberuf auszuüben, deutlich geringer als in anderen Fächern; mancher hatte „sich anfangs nur deshalb für ein Lehrerstudium entschieden (…), weil sich ihm sonst keine Möglichkeit zum Studium bot".[32] Ein gemeinsames Strukturmerkmal in Ost und West war auch der steigende Frauenanteil unter den Germanistik-Studierenden, der bis zu 90 Prozent betrug: Zu den Besonderheiten der DDR gehörte hingegen,

[32] Dahnke u. a., Probleme, 1971, S. 50. Vgl. zur Situation in Westdeutschland: Krüger, Marlies, Krise der Germanistik. Zur Lage der Germanistik an westdeutschen Universitäten, in: The German Quarterly 42 (1969), S. 225–253.

dass „bereits ein Drittel der weiblichen Studierenden mit den mannigfaltigen Problemen der Familiengründung konfrontiert“[33] war. Spätestens in den 1980er Jahren gewann die Ausbildung des wissenschaftlichen Nachwuchses ein größeres Gewicht, da für die 1990er Jahre ein Generationenwechsel bevorstand. Dazu ist es dann nicht mehr gekommen; an seine Stelle trat nach der Wiedervereinigung der größte Personalabbau und Elitenaustausch in der deutschen Universitätsgeschichte.

Ihre besondere Nützlichkeit für die ‚sozialistische Gesellschaft‘ sollte die germanistische Literaturwissenschaft nicht nur über ihre literarhistorische Deutungskompetenz und die Deutschlehrerausbildung beweisen, sondern auch über die „theoretisch bewußte Entwicklung, Kritik und Förderung des zeitgenössischen literarischen Schaffens“.[34] Anders als etwa bei den Historikern erwies sich für die Literaturwissenschaft die Beschäftigung mit zeitgenössischen Themen- und Problemstellungen als Glücksfall, weil das Fach derart an der Funktion der Literatur als ‚Ersatzöffentlichkeit‘ partizipieren konnte, denn die Belletristik und der Spielfilm avancierten in der DDR zu zentralen Medien für die Selbstthematisierung und Selbstreflexion der Gesellschaft.[35] Profitierte die Literaturwissenschaft letztlich von der Rezeption der Literatur, so wurde ihr zunächst die Aufgabe zugewiesen, die literarische Produktion zu steuern und zu kontrollieren. Thalheim sprach von der „Überwindung der Spontaneität im Schaffen der sozialistischen Schriftsteller“.[36] Das erforderte eine Literaturtheorie des Sozialistischen Realismus; praktisch betätigten sich die Literaturwissenschaftler unterdessen als Kritiker und Gutachter und vertieften damit die Kluft zu den Autoren.[37]

Als ein Wegbereiter für die Annäherung an die Künstler kann sogar ein Wilhelm Girnus gelten, der wie kaum ein anderer die Engführung von Literaturwissenschaft und Politik an der Humboldt-Universität verkörperte, hier allerdings weniger in seiner Funktion als Professor für Literaturtheorie und Allgemeine Literaturwissenschaft, sondern als Chefredakteur der Literaturzeitschrift *Sinn und Form*.[38] Als er 1964 diesen Posten über-

---

33 Peters, Stand, Probleme, 1986, S. 131.

34 Thalheim, Gedanken über die gegenwärtigen Forschungsaufgaben, 1958, S. 89.

35 Vgl. Herminghouse, Patricia A., Literature as „Ersatzöffentlichkeit“? Censorship and the Displacement of Public Discourse in the GDR, in: German Studies Review 1994, S. 85–99; Bathrick, David, The Powers of Speech. The Politics of Culture in the GDR, Lincoln/London 1995.

36 Thalheim, Gedanken über die gegenwärtigen Forschungsaufgaben, 1958, S. 89.

37 Als keineswegs realitätsferne Karikatur erscheint eine Berliner Literaturwissenschaftlerin in Volker Brauns *Hinze-Kunze-Roman* (Frankfurt a. M. 1985, S. 148f.): „Hätte sich der Autor B., fuhr Frau Prof. Messerle fort, an das gehalten, was wir gesagt haben, immer wieder gesagt haben, immer und immer wiederholt haben in unseren Modezeitschriften, hätte er einmal die Strickvorlagen angesehn! (…) Der Autor B. hat einfach ein unsauberes Gewebe geliefert. Er hat den roten Faden verfitzt. Man erkennt die Masche nicht mehr!“

38 Vgl. zum Folgenden: Parker, Stephen, *Sinn und Form* unter Wilhelm Girnus, in: Sinn und Form 51 (1999), S. 87–106; Braun, Matthias, Die Literaturzeitschrift „Sinn und Form“. Ein ungeliebtes Aushängeschild der SED-Kulturpolitik, Bremen 2004, S. 65–115. Zum literaturtheoretischen Dogmatiker vgl. Thun, Nyota, Parteilichkeit und weltliterarisches Prinzip. Zur literaturtheoretischen Position von Wilhelm Girnus, in: Mittenzwei, Positionen, 1971, S. 528–554.

nahm, erwartete man von diesem ehernen Parteisoldaten und Dogmatiker, dass er das von Peter Huchel geprägte Organ auf SED-Kurs bringen würde. Genau das geschah nicht, vielmehr machte er sich das Programm der Zeitschrift zueigen. Er publizierte Texte von Heiner Müller, Peter Hacks, Christa Wolf, Ulrich Plenzdorf, Volker Braun u. a., die zu heftigen Diskussionen anregten. Bevor die Parteiführung den ‚Meinungsstreit' forderte, wurde er hier praktiziert. Indem sich die Literaturwissenschaft an diesen Auseinandersetzungen beteiligte, trug sie die im literarischen Medium verhandelten politischen und sozialen Konflikte in die Fachwissenschaft hinein. Das verlieh den Debatten um Christa Wolf oder Heiner Müller ihre Brisanz (s. o.), das erhöhte die gesellschaftliche Relevanz der Literaturwissenschaft.

Die Abschwächung politischer Führungsansprüche und die Pluralisierung auf der kognitiven Ebene führten in den 1980er Jahren einerseits zu einer intensiven Rezeption westlicher Konzepte und Theorien (Postmoderne, Dekonstruktion usw.), andererseits zu einer Hinwendung zu Fragen der Textanalyse. Der Impuls für die Orientierung am literarischen Werk ging von den Universitäten und Pädagogischen Hochschulen aus, allerdings nicht so sehr vom Berliner Institut, weniger noch von den Zentralinstanzen. In der Lehrerbildung sah man sich nämlich mit erweiterten Deutungsspielräumen konfrontiert, und darauf reagierte ein steigendes Interesse für die Interpretationsproblematik. Ein Forum dieser Diskussion war die an der Humboldt-Universität angesiedelte *Zeitschrift für Germanistik*, die 1982 eine Publikationsreihe *Interpretation und Interpretationsmethoden* einrichtete. Von ihr und den Rostocker Germanisten ging auch die Initiative für das Kühlungsborner Kolloquium zu Theorien und Methoden der Interpretation (1986) aus.[39] Mit der Gründung einer nationalphilologischen Zeitschrift (1980) und wenig später eines Germanistenverbandes der DDR, mit dem Leipziger Krauss-Schüler Claus Träger an der Spitze, erfüllten sich Forderungen, die von dem Berliner Institut bereits Anfang der 1960er Jahre erhoben, danach aber von anderen intensiver betrieben wurden. In dieser Rephilologisierung drückte sich auch ein Streben nach Normalisierung, d. h. nach Unabhängigkeit literaturwissenschaftlicher Forschung und Lehre aus.

---

[39] Ende, Dagmar/Funke, Mandy, Zum Verhältnis von Kontinuität und Diskontinuität in der Literaturwissenschaft der DDR in den 1980er Jahren. Das Beispiel des Kolloquiums Theorie und Methoden der Interpretation literarischer Werke (1986), in: Literaturwissenschaft und Wissenschaftsforschung, hrsg. v. Schönert, Jörg, Stuttgart/Weimar 2000, S. 399–429.

Germanistische Sprachwissenschaft

Die Ausgangslage in der germanistischen Linguistik war nach 1945 die gleiche wie in der Literaturwissenschaft, nur die Personalsituation deutlich angespannter.[40] Es fehlte hier an einer vergleichbaren Gruppenbildung unter den Studierenden und Nachwuchswissenschaftlern. Nach dem Abgang von Wißmann und Simon 1953 übernahmen zunächst Mitarbeiter der Akademie wie Johannes Erben und Ruth Klappenbach die Lehrverpflichtungen, seit 1955 unterstützt vom vergleichenden Sprachwissenschaftler Eugen Seidel. Erst 1956 kamen mit Erwin Arndt und Arved Spreu zwei festangestellte Assistenten hinzu. Mit den drei Wahrnehmungsdozenten Arndt, Wilhelm Bondzio und Werner Neumann wurde 1960 der Generationenwechsel vollzogen.[41] Im Vergleich zur Literaturwissenschaft blieb die Linguistik jedoch traditionsgebundener, da sie in enger Verbindung mit dem Institut für deutsche Sprache und Literatur der Akademie blieb, das unter der Leitung von Theodor Frings, unterstützt durch Wolfgang Steinitz, seine philologisch-historischen Strukturen weitgehend bewahrte. Hier dominierten sprachhistorische und dialektgeographische Untersuchungen in Verbindung mit den zahlreichen Wörterbuch- und Editionsprojekten. Dabei griff man auf Fachtraditionen aus der Zeit vor 1933 zurück und versuchte junggrammatische Verengungen im Rekurs auf Grimm zu öffnen. Diese Kontinuität darf aber nicht darüber hinwegtäuschen, dass die Linguisten sich aus der philologischen Funktionalisierung der historischen Grammatik für die Rekonstruktion und das Verständnis altdeutscher Texte befreiten. Die mediävistische Literaturwissenschaft verlor zunehmend an Bedeutung; die Altgermanistik wurde zur Angelegenheit der Sprachwissenschaft.

Zu dieser Aufwertung der Linguistik trugen an der Universität die Erfordernisse der Deutschlehrerausbildung bei, die allmählich Einfluss auf die Forschung gewannen, ohne dass damit zunächst eine Profilierung des Faches verbunden war. In diesem Zusammenhang ist auch die Bildung der Abteilung für Gegenwartssprache (1951) zu sehen, eine der wenigen Neugründungen jener Jahre an der Akademie. Für eine deutliche Hinwendung zur Gegenwartssprache plädierten auch die Berliner Germanisten, als sie sich nach dem Generationenwechsel 1962 ‚aktuelle Aufgaben' verordneten. Ansonsten blieben die Forderungen der Sprachwissenschaftler ziemlich unspezifisch.[42] An die Stelle fachlicher Programmatik mit gesellschaftlicher Ausstrahlungskraft trat eine auffällige Ausrichtung am Nationalen,

---

40 Vgl. zum Folgenden das Rundtischgespräch: Ergebnisse, Positionen und Perspektiven der germanistischen Linguistik in der DDR, in: Zeitschrift für Germanistik 10 (1989), S. 680–703; Bierwisch, Linguistik in der ehemaligen DDR, 1993; Schmidt, Hartmut, Sprachhistorische Forschung in der DDR – ein Rückblick, in: Steinwachs, Geisteswissenschaften, 1993, S. 204–212.

41 Bondzio leitete ab 1968 den sprachwissenschaftlichen Bereich der Sektion Philologien/Germanistik; Neumann wurde 1969 der erste Direktor des Zentralinstituts für Sprachwissenschaft.

42 Vgl. Aktuelle Aufgaben der Germanistik, 1962, S. 256ff.

deren Semantik die herkömmliche Legitimationsstrategie der Germanistik fortschrieb, sie jetzt allerdings auf die DDR als Trägerstaat der deutschen Nation bezog. Dem Konzept der Nationalphilologie verhaftet blieben auch die sich erst in den 1980er Jahren erfüllenden Forderungen nach einer Fachzeitschrift für Germanistik und nach einer Gründung eines Germanistenverbandes. Die fachpolitisch konservative Haltung sollte die Unabhängigkeit der Disziplin gegenüber der SED stärken. Auch verdeckte die traditionelle Rhetorik, dass längst eine Saussure- und Strukturalismusrezeption eingesetzt hatte, ohne dass die Sprachwissenschaftler der Universität von der nahe gelegenen Arbeitsstelle „Strukturelle Grammatik" Kenntnis nahmen. Mitte der 1950er Jahre hatte sich auf Anregung von Steinitz und gegen Bedenken von Frings eine junge Forschergruppe um Manfred Bierwisch gebildet, die eine Vorreiterrolle bei der Etablierung der strukturellen Linguistik nicht nur der DDR spielen sollte.[43] Unterdessen qualifizierte sich der wissenschaftliche Nachwuchs mit Untersuchungen zur Gegenwartssprache, kam also auch in diesem Teilfach der Forderung nach Modernisierung der Gegenstandsbereiche entgegen.[44]

Als 1965 der Literaturwissenschaftler Thalheim den Sprachwissenschaftler Frings in der Institutsleitung ablöste und als 1969 im Zuge der Akademie-Reform die beiden Zentralinstitute für Sprachwissenschaft und Literaturgeschichte gegründet wurden, konnte das bei der engen Anlehnung der universitären Linguisten an die Akademie nicht ohne Folgen bleiben. Was sich für das eine Fach als großer Vorteil erwies, war es für das andere noch lange nicht. Für die Sprachwissenschaft markierte die Akademie-Reform einen tiefen Einschnitt, denn sie sah sich jetzt mit der ‚Durchsetzung der führenden Rolle der SED' konfrontiert, von der sie sich so lange distanzieren konnte. Zu den Ergebnissen der politischen Eingriffe und Disziplinierungsversuche gehörten die Einschränkungen der sprachhistorischen Forschungen, bis hin zur Verlagerung diverser Dialektwörterbücher an die Sächsische Akademie der Wissenschaften. Eine militante Antistrukturalismus-Kampagne führte nach jahrelangen Diffamierungen 1973 zur Liquidierung der Arbeitsstelle „Strukturelle Grammatik". Das kam einer Abkopplung von der internationalen theoretischen Linguistik gleich. Die Auseinandersetzungen und Verwerfungen dieser Jahre haben über das Ende der DDR hinaus für ein vergiftetes Klima gesorgt und eine zersplitterte Linguistik hinterlassen.[45]

---

[43] Vgl. Wurzel, Wolfgang Ulrich, Zur Geschichte der theoretischen Grammatik in der DDR, in: Dialog ohne Grenzen. Beiträge zum Bielefelder Kolloquium zur Lage von Linguistik und Literaturwissenschaft in der ehemaligen DDR, hrsg. v. Drews, Jörg/Lehmann, Christian, Bielefeld 1991, S. 131–141; Bierwisch, Manfred, Grammatikforschung in der DDR: Auch ein Rückblick, in: Jahrbuch für Internationale Germanistik 23.2 (1991), S. 14–28.

[44] Vgl. Kraemer, Johanna, Bibliographie der germanistischen Hochschulschriften, die nach 1945 an der Humboldt-Universität zu Berlin verteidigt wurden, in: Wissenschaftliche Zeitschrift der Humboldt-Universität zu Berlin, Gesellschaftswissenschaftliche Reihe 36 (1987), S. 878–888. Das Verzeichnis dürfte nicht vollständig sein.

[45] Die Nachbeben spürt man noch im von der *Zeitschrift für Germanistik* 1989 publizierten Rundtischgespräch, dessen „Zustandekommen und Fortgang an den nahezu unüberwindlich scheinende[n] Gräben zwischen

Die germanistische Linguistik an der Berliner Universität verlor ihr Gravitationszentrum; die Bedingungen für sprachwissenschaftliche Forschung waren fortan in Jena und vor allem in Leipzig deutlich günstiger. Entsprechend stärker wurde die Hochschullinguistik auf die ihr zugewiesene Ausbildungsfunktion verwiesen. Anders als die Literaturwissenschaft, die durch ihre Beteiligung an den literarisch-kulturellen Debatten soziale Relevanz für sich reklamierte, konnte die Linguistik nicht auf die Öffentlichkeit als Ressource rechnen. Das Teilfach Deutsch als Fremdsprache, das mit der Anerkennung der DDR und den intensivierten internationalen Beziehungen einen erheblichen Aufschwung erlebte, war zunächst am Herder-Institut in Leipzig angesiedelt, bevor es dann auch in den Universitäten Fuß fasste. Im Bereich der Schulgrammatik dominierte die PH Potsdam mit der von Wilhelm Schmidt entwickelten funktionalen Grammatik.[46] Mit der kommunikativ-pragmatischen Wende, die sich von der Systemlinguistik absetzte, öffnete sich das Fach zwar für eine größere thematische und konzeptuelle Breite, doch Erkenntnisgewinn und soziale Resonanz hielten sich in Grenzen. Selbst im Fall der Soziolinguistik[47] blieben die Wirkungsmöglichkeiten der eigenen Wissenschaft weitgehend außer Betracht, weil man gesellschaftlich bedingte Sprachvarietäten zumeist als Widerspiegelungen oder Reflexe sozialer Prozesse auffasste. Als Kategorien für die Beschreibung der Gesellschaft dienten gewöhnlich die Vorgaben der offiziellen Sprachregelungen; der Qualität soziolinguistischer Forschung kam das nicht zugute.

Marginalisierung: Klassische Philologie, Nordistik und Vergleichende Sprachwissenschaft

In der Klassischen Philologie stand nach 1945 die wissenschaftspolitisch herausgehobene Stellung einzelner Fachvertreter in einem denkwürdigen Kontrast zum Bedeutungsverlust ihrer Disziplin. Bei der Wiedereröffnung der Universität 1946/47 wurde der Latinist Johannes Stroux zum ersten Rektor gewählt, nicht allein wegen seiner wissenschaftlichen Reputation, sondern weil er weit weniger belastet durch die NS-Vergangenheit war als die meisten seiner Kollegen. Eben diese Eigenschaften empfahlen ihn auch für das Amt des ers-

[den] WissenschaftlerInnen" mehrfach zu scheitern drohte, vgl. Kunkel, Kathrin, 11 Jahre Zeitschrift für Germanistik – Rückblick und ein Ausblick mit Fragezeichen, in: Osnabrücker Beiträge zur Sprachtheorie 1990, H. 43, S. 33–44, hier: S. 38.

46 Vgl. Ehrhardt, Horst (Hrsg.), Linguistik, Sprachunterricht und Sprachlehrerstudium in Ostdeutschland (1946–1990), Frankfurt a. M. 1994; Siehr, Karl-Heinz u. a. (Hrsg.), Funktionale Sprachbeschreibung in der DDR zwischen 1960 und 1990. Beiträge zur Bilanz und Kritik der „Potsdamer Richtung", Frankfurt a. M. 1997.

47 Vgl. Reiher, Ruth, Sprachwissenschaft – eine Wissenschaft von der und für die Gesellschaft? Versuch einer Antwort anhand der Analyse soziolinguistischer Forschungsansätze in der ehemaligen DDR, in: Osnabrücker Beiträge zur Sprachtheorie 43 (1990), S. 111–123.

ten Präsidenten der Deutschen Akademie der Wissenschaften (1946–1951). Stroux, der bis dahin kaum durch besonderes politisches Engagement aufgefallen war, stellte sich für einen Neuanfang zur Verfügung. Er avancierte in diesen ersten Jahren nach dem Krieg zu einem Repräsentanten der Wissenschaft in zahlreichen Gremien; so war er von 1949 bis 1954 Abgeordneter der Volkskammer der DDR und von 1950 bis 1954 Mitglied des Präsidialrates des Kulturbundes. 1950 erhielt er für seine Verdienste den Nationalpreis.[48]

Auch sein Nachfolger Werner Hartke, der 1955 aus Rostock nach Berlin kam, bekleidete die beiden Ämter als Rektor der Universität (1957–1959) und als Präsident der Akademie (1958 –1968) – als erstes SED-Mitglied in dieser Funktion. Entsprechend der Parteilinie befürwortete er dann jene institutionelle Differenzierung zwischen Akademie und Hochschule[49], die letztlich zur Schließung seines Universitätsinstitutes führen sollte. Die Forschung wurde zunehmend an die Akademie verlagert, zunächst ins Institut für griechische und römische Altertumskunde, ab 1969 ins Zentralinstitut für Alte Geschichte und Archäologie, bei dem die Philologie nicht einmal mehr im Namen erschien. Die Verpflichtung der Universität auf die Lehre, d. h. auf die Lehrerausbildung wirkte sich bei der Klassischen Philologie fatal aus, da der Abbau des altsprachlichen Unterrichts an den Schulen den Bedarf an Fachlehrern drastisch reduzierte. Dieser damals auch in Westdeutschland zu beobachtende Trend[50] wurde in der DDR aus politischen Gründen forciert. 1970 endete die Ausbildung von Latein- und Griechisch-Lehrern in Berlin; allein in Jena gab es noch einen Diplom-Studiengang für Klassische Philologen und lediglich in Halle die Ausbildung von Lateinlehrern. Als Werner Hartke 1972 mit einem Kolloquium zu seinem 65. Geburtstag geehrt wurde, konnte sich die studentische Rednerin bereits zu den „letzten Mohikanern der klassischen Philologie an der Humboldt-Universität“ zählen; das erfüllte sie „aber keineswegs mit Resignation“.[51] Optimismus verbreitete bei dieser Gelegenheit auch Johannes Irmscher, Hartkes Kollege in Universität und Akademie, da die „Philologie in unserer sozialistischen Epoche“ sehr viel

48 Vgl. Flachowsky, Sören, Neuaufbau und Wiederbeginn. Der Wissenschaftsorganisator Johannes Stroux an der Berliner Universität 1945–1947, in: Jahrbuch für Universitätsgeschichte 7 (2004), S. 191–214; Altertumsforscher – Wissenschaftsorganisator – Humanist. Zum 100. Geburtstag von Johannes Stroux, Berlin 1987 (= Sitzungsberichte der Akademie der Wissenschaften der DDR. Gesellschaftswissenschaften, Nr. 5).

49 Jessen, Ralph, Akademie, Universitäten und Wissenschaft als Beruf. Institutionelle Differenzierung und Konflikt im Wissenschaftssystem der DDR 1949–1968, in: Die Berliner Akademien der Wissenschaften im geteilten Deutschland 1945–1990, hrsg. v. Kocka, Jürgen, Berlin 2002, S. 95–113, hier: S. 97f.

50 Vgl. Kipf, Stefan, Altsprachlicher Unterricht in der Bundesrepublik Deutschland. Historische Entwicklung, didaktische Konzepte und methodische Grundfragen von der Nachkriegszeit bis zum Ende des 20. Jahrhunderts, Bamberg 2006.

51 Müller-Stoll, Brigitte, Dank an den akademischen Lehrer und sozialistischen Erzieher, in: Altertumswissenschaft mit Zukunft. Dem Wirken Werner Hartkes gewidmet, hrsg. v. Scheel, Heinrich, Berlin 1973 (= Sitzungsberichte des Plenums und der Klassen der Akademie der Wissenschaften der DDR 1973, Nr. 2), S. 125–127, hier: S. 125.

weiter gehende Aufgaben habe, „für deren Lösung freilich weiterhin die Voraussetzungen erst noch gelegt, die zweckvollen Formen erst noch gefunden werden müssen."[52]

Dabei war die Ausgangssituation nach 1945 keineswegs so ungünstig wie etwa in der Germanistik. Mit Wolfgang Schadewaldt lehrte hier einer der renommiertesten Fachvertreter; er folgte aber bereits 1950 einem Ruf an die Tübinger Universität. Nach dem Ausscheiden von Stroux verschärfte sich die Personalsituation durch häufige Fluktuation. Der Mitbegründer der Byzantinistik in der DDR, Johannes Irmscher, der 1954 mit seiner *Praktischen Einführung in das Studium der Altertumswissenschaften* das erste offizielle DDR-Hochschullehrbuch seiner Disziplin veröffentlicht hatte, sah seine Wirkungsstätte vor allem im Akademie-Institut (vgl. Nippel i. d. Bd.). Im Falle der Berufung von Ernst Grumach, der sich zugleich als exzellenter Goethe-Philologe einen Namen machte, geschah 1949 auch ein Akt der Wiedergutmachung für die durch die Nationalsozialisten erlittene Verfolgung; er war 1933 in Königsberg entlassen worden und hatte mit Glück den Terror überlebt. Grumach zog sich 1957 aus der Universität zurück, um sich ausschließlich seinen Forschungsprojekten widmen zu können.

Mit Rudolf Schottlaender wurde 1959 ein Seiteneinsteiger berufen, der nach einer kurzen Lehrtätigkeit als Philosoph in Dresden (1947–49) als Lateinlehrer in Westberlin in politischen Konflikt mit dem Senat geriet.[53] Er war vor allem als Publizist und Übersetzer bekannt; unter seiner Anleitung begannen die Studierenden, antike Theaterstücke aufzuführen. Auf eigene Initiative ging der Auftrag zurück, 1960 ein *Gedenkbuch Verfolgte Berliner Wissenschaft* zu verfassen, dessen Publikation aber 1964 verweigert wurde; es konnte erst 1988 in West-Berlin veröffentlicht werden.[54] Dagegen erschien 1965 der Aufsatz *Altsprachlicher Unterricht im faschistischen Deutschland*[55] von Irmscher, der als Beginn einer kritischen Auseinandersetzung mit der Fachgeschichte in der NS-Zeit anzusehen ist. Damit war Irmscher nicht nur schneller als seine westdeutschen Kollegen, sondern auch als die dortigen Germanisten, die unter großer öffentlicher Aufmerksamkeit 1966 auf dem Münchner Germanistentag mit ihrer NS-Vergangenheit abrechneten.

Wurde die Klassische Philologie nahezu abgeschafft, ihre ‚Reste' schlossen sich im Zuge der 3. Hochschulreform der Romanistik an, so ging es der Nordistik nicht viel besser. Auch sie vermochte nicht ihre Eigenständigkeit zu behaupten; sie musste sich weitgehend auf

---

52 Irmscher, Johannes, Vom Beruf des Philologen – gestern, heute und morgen, in: Scheel, Altertumswissenschaft mit Zukunft, 1973, S. 7–12, hier: S. 11f.

53 Schottlaender, Rudolf, Trotz allem ein Deutscher. Mein Lebensweg seit Jahrhundertbeginn, Freiburg i. Br. 1986.

54 Ders., Verfolgte Berliner Wissenschaft. Ein Gedenkbuch mit Vorworten von Wolfgang Scheffler und Kurt Pätzoldt und einem Nachwort von Götz Aly, Berlin 1988.

55 In: Jahrbuch für Erziehungs- und Schulgeschichte 5/6 (1965), S. 225–271; vgl. auch ders., Die Antike im Bildungswesen der Weimarer Republik und der Zeit des Faschismus, in: Wissenschaftliche Zeitschrift der Friedrich-Schiller-Universität Jena 18 (1969), S. 17–25.

Sprachunterricht beschränken. Daran konnten auch die Germanisten Magon und Scholz mit ihrer skandinavistischen Kompetenz nichts ändern. Mitte der 1950er Jahre wurde der Schwerpunkt für Nordistik nach Greifswald verlegt, Berlin behielt nur eine Nebenfachausbildung. Positiver fiel die Bilanz in der Theaterwissenschaft aus, die 1960 von Magon reinstitutionalisiert wurde. 1962 erhielt Rudolf Münz eine Professur mit theatergeschichtlichem Schwerpunkt. Eine zweite Professur für Theorie und Geschichte der darstellenden Künste, die von 1966 bis 1987 der Brecht-Forscher Ernst Schumacher innehatte, verdankte sich einer Modernisierung der Konzeption, die jetzt unter dem Oberbegriff der darstellenden Künste neben dem Theater auch die audiovisuellen Medien (Film, Radio, Fernsehen usw.) in die Forschung und Lehre integrierte.[56] Mit dieser Ausrichtung reagierte man auch auf die veränderten Berufsperspektiven der Absolventen. Die Chance, beim Fernsehen, Film oder Radio angestellt zu werden, war erheblich größer als im traditionellen Bereich des Theaters. Diese Strategie des Instituts, das in der Sektion für Ästhetik und Kunstwissenschaft angesiedelt war, wurde mit einer weiteren Dozentur für Theorie und Geschichte des Films belohnt.

Der Verwandlung in ein gegenwartsnahes, ‚nützliches' Fach entkam selbst die Vergleichende Sprachwissenschaft nicht, die ebenfalls bei einer großen Disziplin Unterschlupf fand.[57] Es begann 1946, als der Indoeuropäist Franz Specht einem Ruf nach Mainz folgte. Seine Professur erhielt im folgenden Jahr Wilhelm Wißmann, der in Berlin studiert und von 1943 bis 1945 als Extraordinarius in Königsberg gelehrt hatte. Die Gelegenheit, den 1935 entlassenen Ernst Levy aus dem Dubliner Exil zurückzuholen, wurde nicht genutzt. Von Bedeutung dürfte gewesen sein, dass Wißmann neben seinen Kompetenzen im Altindischen, Griechischen und Lateinischen auch die germanistische Linguistik vertreten konnte. Hier war der Lehrbedarf zunächst am größten, so dass Wißmann nicht nur germanistische Lehrveranstaltungen anbot, sondern zudem 1947/48 das Germanische Seminar leitete. Damit setzte eine Anlehnung des Fachs an die Germanistik ein, die sich nach der Kündigung Wißmanns 1953 fortsetzte. Als sein Nachfolger kam mit Eugen Seidel 1955 ein Linguist aus Cluj, der nach seiner Promotion in Jena 1933 NS-Deutschland verlassen hatte, in Prag vom Cercle linguistique beeinflusst wurde, in Rumänien balkanologische Studien betrieben und sogar kurzzeitig eine Professur für deutsche Philologie inne hatte. Seidel war also auch im Bereich der Germanistik einsetzbar.

1959 ging das Indogermanische im Sprachwissenschaftlichen Institut auf. Entsprechend seiner neuen Abteilung wurde Seidels Denomination auf Vergleichende Sprachwissenschaft ausgeweitet, unter Weglassung einer einschränkenden Spezialisierung. Im Zuge der

---

[56] Schumacher, Ernst, Thesen zu einer Theorie der darstellenden Künste, in: Wissenschaftliche Zeitschrift der Humboldt-Universität zu Berlin, Gesellschaftswissenschaftliche Reihe 23 (1974), S. 411–424.

[57] Vgl. zum folgenden Sternemann, Reinhard, Zur Geschichte der vergleichenden Sprachwissenschaft an der Humboldt-Universität zu Berlin, in: Wissenschaftliche Zeitschrift der Humboldt-Universität zu Berlin, Gesellschaftswissenschaftliche Reihe 36 (1987), S. 855–862.

3. Hochschulreform führte die Schaffung der Sektion Philologien/Germanistik zur Bildung eines Bereichs Sprachwissenschaft mit der Vergleichenden Sprachwissenschaft als einer Abteilung, deren Mitarbeiter verstärkt bei der Ausbildung der Germanisten mitwirkten. Als die Großsektion aufgeteilt wurde, ordneten sich die meisten ‚Indoeuropäer' der Germanistik zu.

Ihre Praxisrelevanz – sowohl in der Hochschule wie in der Ausrichtung der Studienfächer auf Berufsfelder – bewiesen die Sprachwissenschaftler wie die Fremdphilologien, indem sie vorrangig aktuelle Fremdsprachen vermittelten, statt traditionell historisch-vergleichend zu arbeiten. Dem passten sich Aufgabenstellungen und Personalstruktur an. Das Fach suchte sich (unter Leitung von Reinhard Sternemann) über Beiträge zur konfrontativen oder kontrastiven Linguistik „von Deutsch und verschiedenen Fremdsprachen im Hinblick auf die Optimierung des Fremdsprachenunterrichts" zu profilieren.[58] Über die Zielgruppe ausländische Germanistik-Studierende und damit über die Etablierung von Deutsch als Fremdsprache sowie die Beteiligung an der Fachdidaktik hoffte die Vergleichende Sprachwissenschaft sich nicht nur zu behaupten, sondern wieder Freiräume für Forschungen auf den traditionellen historischen Feldern zurückzugewinnen. Als eine diesen Bedingungen abgetrotzte ‚Leistung gegen das System' kann die *Einführung in die vergleichende Sprachwissenschaft* (1989) von R. Sternemann und K. Gutschmidt gelten.[59]

[58] Ebd., S. 859.
[59] Schmidt, Sprachhistorische Forschung, 1993, S. 211.

Marie-Luise Bott

Zentralstaatlich gelenkte Erneuerung der Philologien in der DDR: Anglistik, Romanistik und Slawistik an der Humboldt-Universität

Die Ausdrücke realistisch und sozialistisch müßten innerhalb der Literatur-Wissenschaft auf 50 Jahre verboten werden.
Victor Klemperer, 6. April 1955

Die politische Endzäsur 1945 bedeutete auch eine Zäsur für die Geisteswissenschaften im sowjetisch besetzten Teil Deutschlands. Der Neubeginn an der Berliner Universität 1946 sollte ein Umbruch auch in den wissenschaftlichen Konzepten sein.[1] Unter dem Diktat der regierenden Sozialistischen Einheitspartei wurden die Geisteswissenschaften zu „Gesellschaftswissenschaften", die die Einheit von sozialistischer Ökonomie, Politik, Kultur und Wissenschaft zu propagieren hatten.

Kennzeichnend für die Philologien im sowjetisch besetzten Deutschland war ein radikaler Bruch in den Diskursen. Sie sahen sich plötzlich mit zwei Nationalphilologien im Sinne eines nationalen Leitbildes konfrontiert: mit Germanistik und Russistik, dementsprechend auch mit zweierlei „Erbe". Zur deutschen Literatur trat der „sozialistische Realismus" der

[1] Als Nationalsozialisten wurden von der Berliner Universität entlassen: der Romanist Ernst Gamillscheg, die Anglisten Wilhelm Horn, Walter Hübner und der Amerikanist Friedrich Schönemann. Der Romanist Fritz Neubert ging 1949 an die Freie Universität Berlin, der Anglist Walter Schirmer 1946 nach Bonn. Am Slavischen Institut wurde niemand entlassen, aber Max Vasmer wechselte 1947 nach Stockholm und 1949 an die Freie Universität Berlin. Margarete Woltner, 1946 zur Professorin ernannt, kündigte 1950 aus Protest gegen Restriktionen der Meinungs- und Lehrfreiheit durch die SED und war ein Jahr arbeitslos, bevor sie 1951 in Mainz und ab 1953 Slavistik in Bonn lehrte.

Sowjetliteratur als geistesgeschichtliche Erfüllung der deutschen Klassik im Sinne ihrer Überhöhung: von Goethe zu Gorki![2]

Russisch war ab der 5. Klasse Pflichtfach an den Schulen der DDR. Dazu kam 1951 der „obligatorische Russisch-Unterricht" im Rahmen des gesellschaftswissenschaftlichen Grundstudiums an den Universitäten. Mit dem Attribut „obligatorisch" war das Fiasko des Russisch-Unterrichts in der DDR langfristig vorgegeben. Englisch[3] und Französisch wurden nur mehr ab der 9. Klasse bzw. für Abiturienten in den letzten vier Jahren unterrichtet. Die ersten Semester in Anglistik und Romanistik mussten dann propädeutisch auf Sprachunterricht verwandt werden und gingen für das wissenschaftliche Studium verloren.[4]

Für die Slavistik war die ideologisch bedingte Vorzugslage[5] in doppelter Hinsicht fatal. Zum einen fehlte es für den Wandel vom Orchideen- zum Massenfach[6] an Personal und Lehrmaterial; und der Neuaufbau der Slavistik an der Humboldt-Universität 1950 geschah in Konkurrenz zu Max Vasmers Osteuropa-Institut an der Freien Universität Berlin. Zum anderen unterlag das Fach – in Berlin zunächst weniger, landesweit aber rasch – einer Verengung auf russische Sprache der Gegenwart und Literatur des 20. Jahrhunderts sowie einer extremen Verschulung. Für die Ausbildung einer „Armee" von Russischlehrern in Fremdsprachendidaktik, Sowjetliteratur und politischer Landeskunde bedurfte es eines eigens politisch geschulten Dozenten-Nachwuchses. Zu diesem Zweck fand 1950/51 – unmittelbar vor Inkrafttreten der II. sozialistischen Hochschulreform – an der Humboldt-Universität ein neunmonatiger „Sonderlehrgang" statt, wie er um die gleiche Zeit noch für fünf weitere staatstragende Geisteswissenschaften durchgeführt wurde: in Marxismus-Leninismus (Philosophie), politischer Ökonomie, politischer und ökonomischer Geographie, Germanistik und Jura.[7] Hauptfächer im Sonderlehrgang für den wissenschaftlichen

---

[2] So Schröder, Ralf, Gorkis Erneuerung der Fausttradition. Über Faustmodelle in russischen Romanen von Dostojewski bis Bulgakow, Berlin (Ost) 1970. Zur Aktualisierung des nationalliterarischen Konzepts von Gervinus in dieser Funktionalisierung von Literatur und Literaturwissenschaft in der DDR vgl. Städtke, Klaus, Literaturtheorie in der Sowjetunion und in der DDR, in: Issues in Slavic Literary and Cultural Theory, hrsg. v. Eimermacher, Karl/Grzybek, Peter/Witte, Georg, Bochum 1989, S. 209–225.

[3] Zur Entwicklung der 2. obligatorischen Fremdsprache Englisch (fakultativ ab der 7. Klasse) s. Bahls, Gudrun/Wicht, Wolfgang, Amerikanistik an den Hochschulen und Schulen der DDR zwischen zentralistischer Steuerung und Emanzipation, in: Amerikanistik in der DDR: Geschichte – Analysen – Zeitzeugenberichte, hrsg. v. Schnoor, Rainer, Berlin 1999, S. 51–65.

[4] Vgl. Wicht, Wolfgang, Anglistik und Amerikanistik in der (bisherigen) DDR, in: Mitteilungen des Verbandes deutscher Anglisten 1 (1990), S. 28–32, hier: S. 30; Schober, Rita/Wagner, Christian, Romanistik an der Humboldt-Universität zu Berlin. Periodisierungsversuche im Streitgespräch, in: Frankreich und „Das andere Deutschland", hrsg. v. Röseberg, Dorothee, Tübingen 1999, S. 423–437, hier: S. 426f.

[5] Schober, Romanistik an der HU, 1999, S. 425: „Es gab eine sicherlich politisch motivierte Wertigkeitsskala innerhalb der Philologien. An der Spitze rangierte vor allem in den 50er und auch in den 60er Jahren die Slawistik, nicht einmal die nationale Philologie, die Germanistik."

[6] An der HU stieg die Zahl von 20 Slavistikstudenten 1946 auf 220 im Jahr 1947.

[7] Vgl. Bott, Marie-Luise, „Partisanenhaft und dilettantisch". Der Streit um die „ideologischen Grundlagen" des Dozentenlehrgangs für Slavisten an der Humboldt-Universität 1950/51", in: „... immer im Forschen blei-

Nachwuchs der Slavistik waren außer Russisch fakultativ Sprachwissenschaft, gelehrt von Wolfgang Steinitz (Finnougrist aus sowjetischem und schwedischem Exil, Organisator des politisch-konzeptionellen Neubeginns der Slavistik in der DDR) neben dem 1950 von der Landeshochschule Potsdam nach Berlin berufenen Vasmer-Schüler Hans Holm Bielfeldt, oder Sowjetliteratur, gelehrt von der Moskauer Diplomlehrerin Edel Mirowa-Florin. Da sich für russische Literatur des 19. Jahrhunderts kein Dozent gefunden hatte, bildeten vier der 22 Lehrgangsabsolventen dazu eine eigene Arbeitsgemeinschaft. Geschult wurden die nach ihrer gesellschaftspolitischen Einstellung ausgesuchten Studenten außerdem in „Geschichte der KPdSU" und „Dialektischem Materialismus". Ergänzende Lehrveranstaltungen über „Geschichte der Völker der SU", „Politische und ökonomische Geographie" sowie „Kritischen und sozialistischen Realismus" wurden als Nebenfach „Sowjetkunde" geprüft. Teilnehmer, die den Kurzlehrgang mit „sehr gut" bis „gut" abschlossen, erhielten ohne wissenschaftliche Qualifikationsarbeit Lehraufträge an den Universitäten, um Vorlesungen in „marxistischer" Sprachwissenschaft bzw. über „kritischen" oder „sozialistischen Realismus" in der Literaturwissenschaft zu halten. Gleichzeitig traten sie ihre Aspirantur an: die zweijährige, staatlich geförderte Promotionszeit nach dem 1951 übernommenen sowjetischen Hochschulmodell. Die übrigen Lehrgangsabsolventen wurden Sprachlektoren, Mitarbeiter im 1951 gegründeten zentralen Staatssekretariat für Hoch- und Fachschulwesen und im ZK-Institut für Gesellschaftswissenschaften. Von acht Absolventen in slavistischer Sprachwissenschaft, zehn in Sowjetliteratur und vier in russischer Literatur wurden zwei herausragende Wissenschaftler: der Linguist Rudolf Růžička und der Dostojewski-Spezialist Gerhard Dudek, beide an Universität und Akademie in Leipzig.

Weder der Mehrzahl der Lehrgangsteilnehmer noch der Disziplin selber ist diese rigoros beschleunigende Verplanung für die Ziele der DDR-Bildungspolitik langfristig gut bekommen. Als zweite „Nationalphilologie" hatte die ostdeutsche Slavistik vor allem über die jegliche Kritik ausschließende Vermittlung von Sowjetliteratur den Erziehungsauftrag „Freundschaft mit der Sowjetunion" zu erfüllen. Daher unterstand sie einer viel engeren staatlichen Kontrolle als die ohnehin mit ideologischem Vorbehalt betrachteten „westlichen" Philologien Anglistik und Romanistik.

Diese schrumpften um 1950 zu quantitativ marginalen Fächern, da es – zumal in dem seit 1961 durch eine Mauer nach Westen abgeriegelten Staat – nur noch geringen gesellschaftlichen Bedarf gab. Lektoren aus nichtsozialistischen Ländern konnten offiziell erst ab 1973, nachdem die DDR durch die Aufnahme in die UNO völkerrechtlich anerkannt

---

ben". Rüdiger vom Bruch zum 60. Geburtstag, hrsg. v. Schalenberg, Marc/Walther, Peter Th., Stuttgart 2004, S. 265–295; zum Germanisten-Lehrgang unter Leitung von Gerhard Scholz, S. 275. Zum Mythos Scholz und seiner „Schule" erstmals kritisch Hahn, Reinhard, „Sein Einflußpotential bestand in seinen Schülern". Gerhard Scholz und sein Kreis. Zur Schulenbildung in der Germanistik der DDR, in: Jahrbuch für Universitätsgeschichte 12 (2009), S. 133–156.

worden war, angestellt werden. An der Humboldt-Universität wurden pro Jahr nur 20 Lehramtsstudenten für Anglistik und Romanistik zugelassen und alle zwei Jahre lediglich fünf Diplomstudenten, u. a. für den wissenschaftlichen Nachwuchs.[8] Die starke berufspraktische Zweckausrichtung prägte und verengte die Forschungsfelder dieser Philologien an den Universitäten. Der ideologische Erziehungsauftrag für Anglistik und Romanistik lautete: „Auseinandersetzung mit der imperialistischen Ideologie des Klassenfeindes". Dazu kam eine doppelte, kontrastive Kanonbildung in einerseits „bürgerliche", „dekadente" etc. und andererseits „fortschrittliche", „sozialistische" Autoren. Eine Erweiterung dieses rigiden ideologischen Kanons war politisch problematisch und vollzog sich in der Regel krisenhaft. Dennoch öffneten sich – ausgehend vom 1969 auf Initiative des Germanisten Werner Mittenzwei zu eben diesem Zweck gegründeten Zentralinstitut für Literaturgeschichte an der Deutschen Akademie der Wissenschaften zu Berlin (DAW) – gerade Romanistik und Anglistik für moderne, das ideologische Diktat in begrenztem Maße lockernde methodische Ansätze. Das wiederum förderte den internationalen Dialog in diesen Disziplinen.

In allen drei Neuphilologien ist nach der II. Hochschulreform 1951, die die Lern- und Lehrfreiheit durch minutiös vorgegebene Studien- und Lehrpläne beschnitt, an den Universitäten der DDR ein zweifacher Paradigmenwechsel zu beobachten. Durch die Ausgliederung der mediävistischen Forschung aus der Universität an die Akademie brach die ursprüngliche Einheit der Philologie auseinander. Das wurde mit der III. Hochschulreform 1968 bei der Einrichtung von Sektionen für die Neuphilologien auch in den jeweils getrennten Bereichen von Sprach- und Literaturwissenschaft manifest. Mit der Ausrichtung auf die Erfordernisse der Lehrerausbildung trat in den *Sprachwissenschaften* die historische Sprachforschung zurück gegenüber der deskriptiven Erforschung der Gegenwartssprache – in der Anglistik der 60er Jahre auch schon der funktionalen Sprachbetrachtung – und später, in den 70er Jahren, der „konfrontativen" (kontrastiven) Linguistik. In Slavistik und Anglistik kam es dabei schon früh zu einer Auseinandersetzung mit dem Strukturalismus. Doch während Formen der theoretischen Linguistik wie strukturelle und generative Grammatik in einer 1956 von Wolfgang Steinitz initiierten Arbeitsgruppe an der DAW betrieben wurden, konzentrierte sich die sprachwissenschaftliche Forschung an der Universität vornehmlich auf das, was es für den Sprachunterricht an der Schule brauchte: nicht Sprachtheorie, sondern Syntax, Wortbildung, Morphologie und Phonetik.

---

[8] Schober, Romanistik an der HU, 1999, S. 427: „Um die Aufrechterhaltung dieses [Diplom-] Studienganges mußte (…) immer wieder gekämpft werden, denn davon hing die Legitimation des Gesamtfaches ab." Vgl. Seidel, Gerdi, Vom Überleben eines ‚Luxusfachs'. Die Anfangsjahre der Romanistik in der DDR, Heidelberg 2005, S. 192ff.; Lehnert, Martin, „Wie steht's mit der Anglistik? Eine Bemerkung zum Unterricht und Studium des Englischen in der DDR", in: Berliner Zeitung v. 22. 01. 1953, schlug eine Bresche in die restriktive Zulassungspolitik des Staatssekretariats für Hochschulwesen.

In den *Literaturwissenschaften* wandte man sich ab von der Geistesgeschichte Diltheys wie von literarischer Hermeneutik überhaupt[9] und übernahm die Widerspiegelungsdoktrin des „sozialistischen Realismus" aus der Sowjetunion der 30er Jahre.[10] Mit dem offiziell anerkannten Prinzip der Parteilichkeit in den Geisteswissenschaften der DDR gaben die Philologien ihre genuin induktive Erkenntnisweise auf und folgten dem Primat der Deduktion nach „objektiven" ideologischen „Gesetzmäßigkeiten". Literatur wurde oft genug auf ermüdende Weise zum propagandistischen Beweismaterial degradiert. Parallel zur Widerspiegelungstheorie gab es von 1945 bis 1956 auch eine Rezeption von Georg Lukács' marxistischem Realismus-Konzept, das sich in die Auseinandersetzung mit dem deutschen Faschismus und in die Volksfront- bzw. Bündnispolitik der frühen DDR gut einfügte. Von breiter Wirkung waren seine Bücher „Deutsche Literatur während des Imperialismus", „Fortschritt und Reaktion in der deutschen Literatur" (beide Ost-Berlin 1945) und „Schicksalswende. Beiträge zu einer neuen deutschen Ideologie" (1948). Sie unternahmen eine Neuinterpretation der deutschen Literatur gegen das Erbe des Nationalsozialismus. Lukács' Band „Balzac und der französische Realismus", mit einer kontrastiven Studie über den Naturalisten Zola, wurde unter den Nachwuchswissenschaftlern in der Romanistik diskutiert. Dagegen hielten die Gründerväter der Romanistik in der DDR, Werner Krauss und Victor Klemperer, kritische Distanz zu Lukács. Sein Aufsatzband „Der russische Realismus in der Weltliteratur" (Ost-Berlin 1948, erweiterte Aufl. 1951) bot sich als Orientierung für eine marxistische Literatursoziologie der ostdeutschen Slavistik an. Doch in der Sowjetunion war Lukács bereits 1940 und erneut 1950 als „Revisionist" kritisiert worden. Nach dem Ungarn-Aufstand 1956 verwarf dann Hans Koch vom Institut für Gesellschaftswissenschaften beim ZK der SED

---

9 Im Sinne von Szondi, Peter, Über philologische Erkenntnis (1962), in: Schriften I, hrsg. v. Bollack, Jean, Frankfurt a. M. 1978, S. 263–286. Im Unterschied zur naturwissenschaftlichen Erkenntnisweise geht die geisteswissenschaftliche nicht deduktiv von allgemeinen Gesetzen aus, die am Einzelfall zu verifizieren oder zu falsifizieren wären, sondern von der Individualität des einzelnen Kunstwerks, das im hermeneutischen Zirkel mit weiteren Verstehenshorizonten, z. B. seiner Rezeptionsgeschichte, in Verbindung gebracht wird.

10 Die Statuten des Sowjetischen Schriftstellerverbandes legten 1934 den „sozialistischen Realismus" als verbindliche Doktrin für Literatur und Literaturwissenschaft fest. Die unscharfe, für wechselnde ideologische Auslegung offene ‚Definition' im Sinne des historischen Materialismus zitiert Kasack, Wolfgang, Lexikon der russischen Literatur des 20. Jahrhunderts, München 1992, Sp. 1226: „Der sozialistische Realismus als grundlegende Methode der sowjetischen künstlerischen Literatur und Literaturkritik fordert vom Künstler eine wahrhafte, historisch konkrete Darstellung der Wirklichkeit in ihrer revolutionären Entwicklung. Hierbei müssen Wahrheit und historische Konkretheit der künstlerischen Darstellung der Wirklichkeit in Abstimmung mit der Aufgabe gebracht werden, die Werktätigen im Geiste des Sozialismus ideell umzuformen und zu erziehen." Zu den ideologischen Postulaten gehörten Parteilichkeit, Volksverbundenheit, das Typische, der positive Held. Muster des literarischen Kanons war Gorkis Roman „Die Mutter" (1906). Das theoretische Phantom „sozialistischer Realismus" beherrschte Literatur, Kritik und Wissenschaft der Sowjetunion offiziell bis zum Beginn der Reformen. Vgl. Guenther, Hans, Die Verstaatlichung der Literatur. Entstehung und Funktionsweise des sozialistisch-realistischen Kanons in der sowjetischen Literatur der 30er Jahre, Stuttgart 1984.

mit der Person von Lukács auch dessen literaturtheoretische Konzepte[11], bis in den 70er Jahren im Zuge der Pluralisierung marxistischer literaturtheoretischer Positionen wieder eine neue Auseinandersetzung mit Lukács möglich wurde.[12]

Sowohl die sowjetische Realismus-Doktrin wie die dogmatische Literatursoziologie von Lukács konzentrierten sich in erster Linie auf die Epik des 19. und 20. Jahrhunderts. Die nicht-mimetische Lyrik fiel aus dem Rahmen ihrer Widerspiegelungstheorie heraus, was ein Brecht-Nachfolger wie Enzensberger außerordentlich begrüßte.[13] In anderer Weise galt das auch für die Literatur des christlichen Mittelalters. Sie wurde an der Universität nicht mehr erforscht und in der Lehre auf ein Minimum reduziert. Eine Erweiterung des literarischen Kanons in der Slavistik etwa um Autoren wie Ehrenburg, Babel oder Achmatowa nach dem XX. Parteitag der KPdSU, der 1956 vorübergehend ein politisches Tauwetter in der Sowjetunion einleitete, wurde von der DDR-Regierung unterdrückt und geahndet. Allgemein stand an der Universität nicht literaturwissenschaftliche Hermeneutik mit dem ihr eigenen ästhetischen Instrumentarium von Stil-, Formen-, Rezeptions- und Wirkungsgeschichte im Vordergrund, sondern – neben der Erarbeitung von Lehrmaterial und der Betreuung literarischer Editionen – ideologisch geprägte Literaturkritik. Praktisch erprobte Kenntnisse in Literaturästhetik und -geschichte nahmen ab.[14] Erst Ende der 60er Jahre löste nicht so sehr die Eigendynamik der Forschung, als die defizitäre Position gegenüber westeuropäischer marxistischer Literaturkritik und den Schriftstellern im eigenen Land eine staatlich gelenkte Pluralisierung marxistischer Literaturtheorie innerhalb der DDR aus. Doch wie gestalteten sich diese Paradigmenwechsel innerhalb der Neuphilologien an der Humboldt-Universität?[15]

---

[11] Koch, Hans (Hrsg.), Georg Lukács und der Revisionismus, Ostberlin 1960.

[12] Mittenzwei, Werner (Hrsg.), Dialog und Kontroverse mit Georg Lukács, Leipzig 1975. Dazu Gallée, Caroline, Georg Lukács. Seine Stellung und Bedeutung im literarischen Leben der SBZ/DDR 1945–1985, Tübingen 1996; Spies, Bernhard, Georg Lukács und der Sozialistische Realismus in der SBZ/DDR, in: Literatur in der DDR. Rückblicke, hrsg. v. Arnold, Heinz Ludwig/Meyer-Gosau, Frauke, München 1991, S. 34–44.

[13] Enzensberger, Hans Magnus, Poesie und Politik (1962): „Glücklicherweise haben sich weder Marx noch Lukács über die Poesie geäußert; was uns dadurch erspart geblieben ist, läßt sich nur mutmaßen. Während die orthodoxe Literatursoziologie sich nämlich in das Innere eines Romans oder eines Dramas über die Eselsbrücke der Handlung noch halbwegs Einlaß verschaffen kann, schließt das Gedicht solche Zuwege von vornherein aus. Ein anderer Zugang als der über die Sprache ist nicht möglich. Deshalb ignoriert Lukács die Poesie"; in: ders., Einzelheiten II. Poesie und Politik, Frankfurt a. M. 1970, S. 113–137, hier: S. 128.

[14] Robert Weimann beklagt im Rückblick, daß nach der III. Hochschulreform von 1968 an der Universität „immer weniger historische und ästhetische Wissenschaft vermittelt werden konnte"; ein „forscherlicher Verlust", aber auch einer in der Lehre: „Wir erzogen unsere Studenten nicht zu schöpferisch-kritisch denkenden Köpfen" (S. 119). Vgl. Boden, Petra/Böck, Dorothea (Hrsg.), Modernisierung ohne Moderne. Das Zentralinstitut für Literaturgeschichte an der Akademie der Wissenschaften der DDR (1969–1991). Literaturforschung im Experiment, Heidelberg 2004, Interview mit Robert Weimann (1993/2000), S. 92–132.

[15] Nicht auf jeden disziplinären Teilbereich kann hier eingegangen werden, sondern nur auf wenige, für die Gesamtentwicklung der Disziplin markante Ereignisse.

Dominanz der Sprachwissenschaft in Anglistik und Slavistik

Die unter der SED-Bildungspolitik nahezu absterbende Anglistik erhielt neuen Spielraum erst durch einen öffentlichen Befreiungsschlag des 1951 aus Greifswald nach Berlin berufenen Martin Lehnert (1910–1992), eines Schülers von Wilhelm Horn. Vormals NSDAP-Mitglied, wurde Lehnert nicht Mitglied der SED und war kein Marxist. In der „Berliner Zeitung" erinnerte der Sprachwissenschaftler noch zu Lebzeiten Stalins 1953 taktisch klug an dessen triviale, aber klärende Feststellung von 1950, dass Sprache kein Phänomen des gesellschaftlichen Überbaus sei.[16] Lehnert empfahl, sich an „das sowjetische Vorbild" zu halten: Ebensowenig wie die Sowjetregierung zur Zeit des Nationalsozialismus das Studium der deutschen Sprache eingeschränkt habe, reduziere sie die Anglistik, weil die Angelsachsen imperialistische Völker und ihre Sprache „eine imperialistische" sei. Vielmehr müsse die „großzügige Pflege" der Anglistik an sowjetischen Hochschulen auch „Übereifrige" in der DDR wieder „auf den richtigen Weg führen". Als gesellschaftliche Aufgaben seines Faches in der DDR definierte Lehnert die „Beschäftigung mit dem Zeitgeschehen und der fortschrittlichen angelsächsischen Literatur" sowie Information über Wissenschaft und Technik in der angloamerikanischen Welt. Nicht zuletzt dürfe die mit Hingabe und Mühen erreichte „deutsche nationale wissenschaftliche Tradition" seines Faches „nicht untergehen".[17]

Anlass für Lehnerts Artikel war die Zulassungspraxis des Staatssekretariats für Hochschulwesen. Das hatte im Herbst 1952 den mit Goldmedaille ausgezeichneten Berliner Abiturienten Klaus Hansen nicht zum gewünschten Anglistikstudium zugelassen, sondern der Sinologie zugewiesen. Nach dem 17. Juni 1953 genehmigte das Staatssekretariat ihm endlich doch den Fachwechsel zur Anglistik und Hansen (geb. 1934) wurde 1978 – bis zur Emeritierung 1999 – Nachfolger von Lehnert in der anglistischen Sprachwissenschaft an der Humboldt-Universität.

Lehnerts Angriff nach vorne hatte Erfolg. 1953 begründete er mit dem aus Jena 1952 berufenen literaturwissenschaftlichen Kollegen Anselm Schlösser und dem Jenaer Sprachwissenschaftler Gustav Kirchner auch die bis heute existente „Zeitschrift für Anglistik und Amerikanistik" (ZAA). Die ostdeutsche Slavistik erhielt erst 1956 ein eigenes Organ, die

---

16 Die unter Stalins Namen 1950 in der „Pravda" erschienenen Artikel „Über den Marxismus in der Sprachwissenschaft" und „Zu einigen Fragen der Sprachwissenschaft" setzten der seit 1928 in der Sowjetunion vorherrschenden vulgärmarxistischen Theorie von Nikolaj Marr ein Ende, die auch in der DDR rezipiert worden war. Zum Marrismus vgl. Jachnow, Helmut, Zur Geschichte der Sprachwissenschaft in Rußland, der UdSSR und den GUS-Staaten, in: Handbuch der sprachwissenschaftlichen Russistik und ihrer Grenzdisziplinen, hrsg. v. dems., Wiesbaden 1999, Sp. 1023–1077; zur Diskussion in der DDR 1950 – Werner Krauss und Wolfgang Steinitz im „ND", Kurt Hager in der „Einheit" – exemplarisch Bott, „Partisanenhaft", 2004.

17 Lehnert, Martin, Wie steht's mit der Anglistik? Eine Bemerkung zum Unterricht und Studium des Englischen in der DDR, in: Berliner Zeitung v. 22. 01. 1953.

noch heute erscheinende „Zeitschrift für Slawistik“. Die Romanistik eröffnete endlich 1961 auf Initiative der Berliner Ordinaria Rita Schober die „Beiträge zur Romanischen Philologie“: ein Forum für Romanisten des sozialistischen Ostblocks und für marxistisch-leninistische Forschungsansätze, weshalb Warschauer Romanisten an dieser regionalen und programmatischen Eingrenzung nicht teilnehmen wollten und die Zeitschrift 1990 konsequenterweise eingestellt wurde.[18]

Die ZAA wollte über Forschung unterrichten, „zwischen Universität und Schule“ vermitteln und der Öffentlichkeit die neueste angloamerikanische Verlagsproduktion vorstellen. Auch trat sie noch mit einem gesamtdeutsch-internationalen Konzept an: „Die Redaktion legt besonderen Wert darauf, Beiträge westdeutscher und ausländischer Kollegen zu erhalten. Wir hoffen, daß unsere Zeitschrift zu ihrem Teil dazu beitragen wird, die Schranken zwischen dem Osten und dem Westen unseres Vaterlandes zu beseitigen und unsere Wissenschaft (...) wieder in die internationale Forschung einzuschalten.“[19] Doch schadete schon im ersten Heft die „Gedenkrede“ von Schlösser (SED 1945) auf den Tod von Stalin der einzigen Zeitschrift für Anglistik im Ostblock sehr.[20] Eine eventuelle Zusammenarbeit mit westdeutschen Anglisten war damit erledigt.

Nach ihrer gesamtdeutschen Tagung im April 1961 in Bochum zeichnete sich mit dem Berliner Mauerbau für die 1864 mit Sitz in Weimar gegründete Deutsche Shakespeare-Gesellschaft ein Konflikt ab. Schon 1946 hatte sie für ihre Mitglieder in den drei Westzonen eine Zweigstelle in Bochum errichtet. Die vorbereitende Tagung zu Shakespeares 400. Geburtstag war für 1963 in Weimar geplant. Sie wurde Ende 1961 unter Vorsitz von Martin Lehnert im Wissenschaftlichen Beirat Anglistik/Amerikanistik des DDR-Hochschulministeriums diskutiert. Lehnerts Vorschlag, zur Weimarer Tagung 1963 Vortragende allein aus den sozialistischen Ländern einzuladen – „unsere Leistungen sollen überzeugen“ –, war von der Bochumer Jahreshauptversammlung 1961 angenommen worden. Doch jetzt fragte man sich, wie die gesamtdeutschen Verbindungen aufrechtzuerhalten seien. Der Amerikanist der Humboldt-Universität, Karl-Heinz Wirzberger, gab zu bedenken, ob nicht besser eine eigene Shakespeare-Gesellschaft in der DDR aufzubauen sei. Aber der Vertreter des Ministeriums, der Anglist Horst Höhne, war gegen einen Abbruch der Beziehungen: Shake-

---

18 Seidel, Gerdi, Vom Leben und Überleben eines ‚Luxusfachs‘. Die Anfangsjahre der Romanistik in der DDR, Heidelberg 2005, S. 281–298.

19 ZAA 1 (1953), „Geleit“. Zur im November 1952 noch geplanten gesamtdeutschen Herausgeberschaft, die aber im Lizenzantrag vom 02. 12. 1952 wieder zurückgenommen worden war, vgl. Schaur, Sandra, Zwischen Nische und Öffentlichkeit – die Zeitschrift für Anglistik und Amerikanistik (ZAA), in: Britische Literatur in der DDR, hrsg. v. Korte, Barbara u. a., Würzburg 2008, S. 159–181, hier: S. 160. Grundlegend: Giovanopoulos, Anna-Christina, „...and the recent obsession for perverted sexual aspects?“ Die Zeitschrift für Anglistik und Amerikanistik, in: Zwischen ‚Mosaik‘ und ‚Einheit‘. Zeitschriften in der DDR, hrsg. v. Barck, Simone/Langermann, Martina/Lokatis, Siegfried, Berlin 1999, S. 367–374.

20 ZAA 1 (1953), S. 7–12, gehalten vor den Anglisten der HU am 10. 03. 1953. Das habe „fast ihren Selbstmord bedeutet“, so Klaus Hansen (Gespräch am. 26. 09. 2008) in Erinnerung an Reaktionen aus Westdeutschland.

speare gehöre zur „humanistischen Weltkultur" und müsse in der DDR mehr noch als in Westdeutschland gepflegt werden. „Erst wenn die westdeutschen Mitglieder es ablehnen, zu uns zu kommen, oder mit ihrem Austritt drohen, sollte man darangehen, eine eigene Gesellschaft zu gründen."[21] Doch es kam anders. 1962, nach dem Tod des Präsidenten der Deutschen Shakespeare-Gesellschaft, Rudolf Alexander Schröder, schlug die Bochumer Geschäftsstelle satzungswidrig kein Vorstandsmitglied, sondern den Rechtsanwalt und ehemaligen Kultusminister von Nordrhein-Westfalen, Werner Schütz, zum neuen Präsidenten vor. Diese auch in der westdeutschen Presse missbilligte kulturpolitische Provokation im Zeichen eines neuen Kalten Krieges versuchten ostdeutsche Vorstandsmitglieder vergeblich abzuwenden. Auf der Jahreshauptversammlung 1963 in Weimar schließlich wurde Schütz vom Vorstand nicht bestätigt. Stattdessen wählte man den Anglisten Martin Lehnert zum neuen Präsidenten und es kam – bis 1993 – zum Bruch in zwei deutsche Shakespeare-Gesellschaften.[22]

Obgleich Spezialist für Alt- und Mittelenglisch in der Tradition der historischen Sprachwissenschaft[23], wandte sich Lehnert nun in der Zeit seiner Präsidentschaft bis 1985 auch der Shakespeare-Forschung zu.[24] Weitaus markanter aber war seine Bereitschaft zur Neuorientierung auf linguistischem Gebiet. Für die seit 1951 regelmäßig stattfindenden Aspirantentagungen der Anglisten bat Lehnert 1958 seinen Assistenten Hansen, der über „Formen des Sprachspiels im Neuenglischen" (1962) promovierte, ein Überblicksreferat über die linguistischen Richtungen des Strukturalismus zu halten. Der brillante Bericht des Vierundzwanzigjährigen erschien noch im selben Jahr in der ZAA und hatte weitreichende Folgen. Ausgehend von der Feststellung, dass der Strukturalismus zur vorherrschenden Strömung innerhalb der theoretischen Linguistik geworden sei, die trotz ideologischer Kritik „neuerdings auch in der Sowjetunion" vorangebracht werde[25], kaum jedoch im noch immer

21 BArch, DR 3, 1. Schicht, 5251: Ministerium für Hoch- und Fachschulwesen (MHF), Sitzungsprotokoll Wissenschaftlicher Beirat Anglistik/Amerikanistik, 02. 12. 1961.

22 Auf einer zweiten „Jahreshauptversammlung" Ende 1963 in Bochum gründete Schütz „einen neuen Verein", so Lehnert, Martin, Hundert Jahre Deutsche Shakespeare-Gesellschaft, in: Shakespeare-Jahrbuch 100/101 (1964/65), Weimar 1965, S. 9–54, hier: S. 47.

23 Nach der Dissertation über „Die Grammatik des englischen Sprachmeisters John Wallis (1616–1703)" 1936 erschien 1939 eine Studienausgabe des „Beowulf" (4. Aufl., 1967, vollst. Edition 1986) und 1940 ein „Grundriß der mittelenglischen Laut- und Formenlehre". Lehnerts „Altenglisches Elementarbuch" von 1939 lag 1959 in 4. verb., 1990 in 10. Aufl. vor.

24 Lehnert, Martin: Shakespeares Sprache und wir (1963), Poetisch-dramatische Gestaltungsprinzipien in Shakespeares Werken (1975), Die Sprache Shakespeares und das amerikanische Englisch (1976); alle: Sitzungsberichte der DAW, Berlin (Ost).

25 Er verweist auf standhafte Größen der russischen Sprachwissenschaft wie A. A. Reformatskij, I. I. Revzin, S. K. Šaumjan, alle in „Voprosy jazykoznanija", Moskau 1956–1957, im Unterschied zu ihren ideologischen Kritikern; s. Hansen, Klaus, Wege und Ziele des Strukturalismus, in: ZAA 6 (1958), S. 341–381, hier: S. 343.

junggrammatisch geprägten Deutschland[26], charakterisierte Hansen zunächst Ferdinand de Saussures grundlegenden „Cours de linguistique générale" (1916), der „die soziale Bedingtheit und den Systemcharakter der Sprache erkannte und das Primat der synchronen Sprachbetrachtung" gegenüber der Diachronie der Junggrammatiker betonte. Er beschrieb dann kritisch die Kopenhagener Schule. Nach einer differenzierten, grundsätzlich positiven Darstellung der amerikanischen Richtungen (Bloomfield, Sapir u. a.) ging Hansen ein auf die Vernachlässigung von Semantik und historischer Sprachentwicklung. In der Prager Schule der funktionalen Sprachbetrachtung, namentlich in deren jüngstem Kreis um Bohumil Trnka, sah er schließlich den gangbaren Weg einer Synthese: die Verbindung von synchroner Analyse der Sprachstruktur mit der Berücksichtigung von außersprachlicher Realität und geschichtlicher Sprachentwicklung.[27]

Der Beitrag erschien ein Jahr später gekürzt im sprachwissenschaftlichen Organ der Moskauer Akademie der Wissenschaften „Voprosy jazykoznanija" (4/1959) und fand freudige Resonanz unter den Prager und Brünner Strukturalisten (Trnka, Josef Vachek u. a.). Für sie bedeutete die Publikation von Hansens Bericht in Moskau eine Ehrenrettung ihrer ideologisch stark angegriffenen Forschung. Gegenseitige Einladungen zu Gastvorlesungen folgten. Der Münchner Sprachwissenschaftler Wolfgang Clemen ließ bei Hansen persönlich und auch offiziell beim DDR-Hochschulministerium anfragen, ob dieser nach München wechseln könne. Das trug dazu bei, dass Hansen, kein SED-Mitglied, nach seinem ersten Studienaufenthalt 1958 in England bis 1981 für Westreisen gesperrt blieb.[28] Dennoch belegt dieser Fall sehr gut, dass internationale Wissenschaftskontakte in den Geisteswissenschaften der DDR – bis in die 80er Jahre hinein – nur durch individuelle Forschungsleistungen zu gewinnen waren und in der Regel à rebours, gegen die offizielle Abgrenzungspolitik.[29]

Wolfgang Steinitz, auf dessen klärende Beiträge zur Debatte in den Sprachwissenschaften von 1952 sich Hansen bezogen hatte, suchte ihn für seine Arbeitsstelle „Strukturelle Grammatik" an der DAW zu gewinnen. Doch Hansen wollte nicht rein theoretisch arbeiten und die Lehre aufgeben. Er wollte in der Verbindung von Theorie und Praxis zum Aufbau

---

[26] Zur Rezeption vor 1945 neu: Ehlers, Klaas-Hinrich, Strukturalismus in der deutschen Sprachwissenschaft. Die Rezeption der Prager Schule zwischen 1926 und 1945, Berlin/New York 2005, S. 20ff.

[27] „Die objektiven Gesetze der Sprache wirken nicht mechanisch wie die Gesetze der Naturwissenschaft, sondern haben normierenden Charakter und gelten gewöhnlich nur für ein bestimmtes System und für eine bestimmte Zeit" (S. 376); „Sprachwissenschaft ist und bleibt eine historische Wissenschaft und eine Gesellschaftswissenschaft" (S. 377). Zur Computerlinguistik äußerte sich Hansen skeptisch (S. 371). Zur Problematik dieser in Westdeutschland bis in die 70er Jahre hochgeförderten Forschungsrichtung vgl. Haß, Ulrike, „Datenverarbeitende Maschinen" und der strukturalistische Diskurs, in: Strukturalismus in Deutschland. Literaturwissenschaft und Sprachwissenschaft 1910–1975, hrsg. v. Müller, Hans-Harald/Lepper, Marcel/Gardt, Andreas, Göttingen 2010 (i. Dr.).

[28] Hansen, Klaus, Autobiographische Daten und Notizen, Ms. des Autors, Berlin 2005 (Privatbesitz), S. 13f.

[29] Es sei denn, es handelte sich um prestigeträchtige Editionsprojekte oder Großtagungen mit offiziell geförderter internationaler Beteiligung wie Rita Schobers Zola-Edition 1953–76 oder Werner Krauss' Cervantes-Konferenz 1966.

einer modernen linguistischen Ausbildung an der Universität beitragen.[30] Ein Jahr lang bezeugte er dann als Oberassistent eine stille heroische Solidarität mit seiner ersten Lehramts-Studiengruppe, von der sich westdeutsche Kollegen kaum einen Begriff machen. In der obligatorischen Marxismus-Leninismus-Vorlesung für Lehramtsstudenten der Germanistik/Slavistik und der Anglistik/Slavistik lag am 27. November 1969 ein Flugblatt aus, das zum Boykott der autoritären „pseudowissenschaftlichen" Lehrveranstaltung aufrief. Da Hansens Studiengruppe laut Anwesenheitsliste an diesem Tag vollständig gefehlt hatte, wurde sie der Autorschaft bezichtigt. Hansen sprach entschieden dagegen. Er erhielt die Auflage, ein Jahr lang mit seiner Studiengruppe FDJ-Versammlungen unter Aufsicht abzuhalten, was er nach jeweils genauer vorheriger Rollenabsprache mit den Studenten wie ein Schauspiel absolvierte. Die Sektion Marxismus-Leninismus legte eine Akte über ihn an, man setzte ihm eine Mitarbeiterin als politische Kontrollinstanz in den Bereich und ernannte ihn erst mit vierjähriger Verzögerung 1974 zum Dozenten. Aber keiner seiner Studenten kam zu Schaden.[31]

Martin Lehnert gab 1971 mit seiner linguistischen Arbeitsgruppe an der Akademie elementare Lexika für die DDR heraus, die schon allein aus Devisengründen kein Lehrmaterial aus dem Westen importieren konnte: ein rückläufiges Wörterbuch der englischen Gegenwartssprache und den „Englischen Grundwortschatz" (8. Aufl. 1989). Ein drittes Projekt, das englisch-deutsche/deutsch-englische Wörterbuch zur politischen Terminologie in Bezug auf die DDR, durfte aus ideologischen Gründen nicht erscheinen.[32]

Während Lehnert von seiner traditionellen Forschungsposition aus Grundlegendes für das Fach in der DDR schuf, öffnete sein „bürgerlicher" Schüler Hansen den Weg für die Neuorientierung der Disziplin. Das theoretische Konzept seines Lehrbuches „Phonetik der englischen Sprache" (1965, mit Roland Arnold) nahm Bezug auf die Phonologie der Prager Strukturalisten. 1975 wurde es neu aufgelegt als „Englische Phonetik" und ist bis heute (11. Aufl., 1998) ein Standardwerk an deutschen Universitäten. Die Arbeit zur Wortbildung des Englischen seit 1964, die Hansen 1982 dann mit dem Leipziger Anglisten Albrecht Neubert herausgab[33], brachte ihn in engen Kontakt mit dem seit seiner Remigration 1957 in Tübingen lehrenden Strukturalisten Hans Marchand (1907 – 1978) und dessen Schülern,

30 Hansen, Autobiographische Daten, S. 14, und Gespräch am 26. 09. 2008.

31 Die Flugblattverfasser Rainer Schottländer und Michael Müller, Physikstudenten, blieben unentdeckt, trotz Großfahndung des MfS bis 1973. Vgl. Pöschmann, Jens-Dieter, Das teuerste Flugblatt der Welt, in: UnAufgefordert 62 (v. 05. 12. 1997), S. 12–14. Hansens Studiengruppe trifft sich seither alljährlich mit ihm zum Fest (Gespräch am 26. 09. 2008).

32 Vgl. Hansen, Klaus, In memoriam Martin Lehnert (1910–1992), in: English World-Wide 13 (1992), S. 269–271, hier: S. 271. 1990 veröffentlichte Lehnert ein Buch über „Anglo-Amerikanisches im Sprachgebrauch der DDR".

33 Hansen, Klaus, Abriß der modernen englischen Wortbildung, Potsdam 1964; ders./Hansen, Barbara/Neubert, A./Schentke, M., Englische Lexikologie. Einführung in Wortbildung und lexikalische Semantik, Leipzig 1983, 3. Aufl., 1990.

die zu Gastvorlesungen an die Humboldt-Universität kamen. Marchand selbst betrachtete Hansen als seinen ältesten und engsten Schüler, ohne dass es zu einer persönlichen Begegnung kommen konnte.[34] Schließlich publizierte Hansen 1983 zur kontrastiven Linguistik und ab 1987 zur nationalen Sprachvariation des Englischen.

Nach alldem kann man der anglistischen Sprachwissenschaft der Humboldt-Universität kaum vorwerfen, es habe ihr an methodischem Pluralismus gefehlt. Denn erstens war dieser Bereich bis 1990 nur mit einem Ordinariat besetzt. Zum anderen standen Interessenten an Grundlagenforschung zur kognitiven Linguistik im Austausch mit der Komplementär-Institution, der Akademie der Wissenschaften. 1967–68 hielt zwei Semester lang Wolfdietrich Hartung von der Arbeitsstelle „Strukturelle Grammatik" der DAW[35] bei dem Indogermanisten Reinhard Sternemann an der Humboldt-Universität eine Einführung in die generative Grammatik (offiziell unter dem Titel „Aktuelle Probleme der allgemeinen Sprachwissenschaft"), die interdisziplinär besucht wurde.[36] Das Pauschalurteil, die universitäre Linguistik habe sich gegenüber dem, was an der Arbeitsstelle der Akademie gemacht wurde, abgeschottet, ist also nicht aufrechtzuerhalten. Klaus Hansen modernisierte seinen universitären Forschungsbereich durch Einbeziehung internationaler strukturalistischer Konzepte und suchte das Bestmögliche in diesem bildungspolitisch eingeengten institutionellen Rahmen zu leisten. Auf welchem Niveau die universitäre Sprachwissenschaft der DDR-Anglistik das tat, resümierte 1992 Thomas Finkenstaedt: „Die Bedeutung der *angewandten* Forschung für die Lehrerausbildung war in der DDR unbestritten, und der Wissenschaftsrat hat zumindest der DDR-Linguistik größere Leistungen bestätigt als den (vielen?) westdeutschen Institutionen."[37]

Die Teilnehmer des Sonderlehrganges für den wissenschaftlichen Nachwuchs in der Slavistik an der Humboldt-Universität machten bereits 1950/51 durch Wolfgang Steinitz' Vorlesung zur russischen Sprache der Gegenwart Bekanntschaft mit Phonologie und Morphologie der Prager Schule, während man offiziell eben erst stalinistische Konzepte der sowjetischen Sprachwissenschaft überwand. In der schwedischen Emigration Anfang der 40er Jahre hatte Steinitz in engem wissenschaftlichem Austausch mit Roman Jakob-

---

[34] Dazu Kastovsky, Dieter, Hans Marchand's Theory of Word-Formation: Genesis and Development, in: Carls, Uwe/Lucko, Peter, Form, Function and Variation in English. Studies in Honour of Klaus Hansen, Frankfurt a. M. 1999, S. 29–39.

[35] Zur Kampagne gegen diesen Bereich an der Akademie nach dem Tod von Steinitz 1967 und der Akademiereform 1968 bis hin zur Auflösung der Arbeitsstelle „Strukturelle Grammatik" 1973 vgl. Bierwisch, Manfred, Grammatikforschung in der DDR. Auch ein Rückblick, in: Merkur 519 (1992), S. 497–505; weiter ders., Wissenschaft im realen Sozialismus, in: Kursbuch 101 (1990), S. 112–123.

[36] Gespräch mit Wolfgang Gladrow, russistischer Linguist der HU, am 14. 05. 2008. Sternemann war damals Oberassistent bei dem von der Prager Schule herkommenden Eugen Seidel am Sprachwissenschaftlichen Institut der Germanistik.

[37] Finkenstaedt, Thomas, Entwickeln statt Abwickeln? Anglistik und Lehrerausbildung in der ehemaligen DDR und anderswo, in: ZAA 40 (1992), S. 10–13, hier: S. 11.

son gestanden. Diesen Innovationsschub gab er nun an die Lehrgangsteilnehmer weiter – ein deutlicher Vorzug auch gegenüber dem sprachwissenschaftlichen Diskussionsstand in Westdeutschland zu jener Zeit. Von den Sprachwissenschaftlern des Slavisten-Lehrganges setzte prominent Rudolf Růžička (geb. 1920) die strukturale Sprachbetrachtung und später auch Noam Chomskys generative Grammatik in seiner Forschergruppe an der Universität Leipzig um.[38]

Die unter Leitung des Vasmer-Schülers Hans Holm Bielfeldt (1907–1987) bis 1972 sprachwissenschaftlich geprägte Slavistik der Humboldt-Universität dagegen blieb eine Bastion traditionell sprachhistorischer und lexikologischer Forschung. Auch Bielfeldt gab seinem Fach zunächst dringend benötigtes Lehr- und Arbeitsmaterial. 1955 veröffentlichte er sein „Russisch-deutsches Wörterbuch", ‚den Bielfeldt', der in zahllosen Nachauflagen auch in Westdeutschland benutzt wurde.[39] Als Leiter des Instituts für Slawistik an der DAW gründete Bielfeldt 1956, mit fester Redakteursstelle beim Akademie-Institut, die „Zeitschrift für Slawistik", deren Herausgebergremium sich jedoch erst 1972 verjüngte und für moderne Linguistik öffnete.[40] 1957 ließ er die „Historische Grammatik der russischen Sprache" von Pavel Černych in seiner Bearbeitung übersetzen. 1961 erschien Bielfeldts „Altslawische Grammatik". Daneben widmete er sich der Etymologie, der slavischen Kulturgeschichte[41] und der Fachgeschichte. 1960 holte Steinitz den gebürtigen Petersburger Linguisten Aleksandr Isačenko (1910–1978), einen Schüler von Nikolai Trubetzkoy, aus der Tschechoslowakei nach Berlin als Leiter der Arbeitsstelle „Strukturelle Grammatik". Als er ihn der Akademie 1964 auch als ordentliches Mitglied vorschlug, widersetzte sich jedoch Bielfeldt dieser Zuwahl kategorisch, trotz Steinitz' Vermittlungsversuchen.[42] Isačenko konnte auch nicht neben Bielfeldt Lehrveranstaltungen an der Humboldt-Universität abhalten. Er erhielt eine Professur an der PH Potsdam „und alle pilgerten aus Berlin dorthin".[43] 1965 ging Isačenko

---

38 Vgl. Wurzel, Wolfgang Ullrich, Zur Geschichte der theoretischen Grammatik in der DDR, in: Dialog ohne Grenzen. Beiträge zum Bielefelder Kolloquium zur Lage von Linguistik und Literaturwissenschaft in der ehemaligen DDR, hrsg. v. Drews, Jörg/Lehmann, Christian, Bielefeld 1991, S. 131–141, hier: S. 134. Růžička, Rudolf, Licht und Schatten der „Ost"-Slavistik: Versuch einer Rechenschaft, in: Zeitschrift für Slawistik (ZfS) 40 (1995), S. 3–10, konstatiert einen „bescheidenen Methodenpluralismus" in der linguistischen Slavistik der DDR bis zur vom Politbüro eingeleiteten Kampagne gegen Strukturalismus und generative Grammatik 1969: „In Leipzig, Berlin und Rostock hielten einige Slavisten dennoch daran fest" (S. 8).

39 Neben dem Russisch-deutschen Wörterbuch von Edmund Daum und Werner Schenk, Leipzig 1966.

40 An die Stelle von Ferdinand Liewehr (Greifswald) trat dann R. Růžička (Leipzig).

41 Mit dem Archäologen Joachim Herrmann gab er 1970 im Akademie-Verlag das Handbuch „Die Slawen in Deutschland. Geschichte und Kultur der slawischen Stämme westlich von Oder und Neiße vom 6. bis zum 12. Jh." heraus (neu bearb. 1985). Nach ihm wird noch heute gelehrt.

42 Archiv der BBAW, NL Wolfgang Steinitz, Nr. 30.

43 Gespräch mit W. Gladrow am 14. 05. 2008.

nach Prag[44] und Ost-Berlins Slavistik blieb ohne die Kompetenz eines Muttersprachlers und modernen Linguisten.

Auch Bielfeldts Schüler und Nachfolger Erika Günther (geb. 1929) und Karl Gutschmidt (geb. 1937), beide nicht SED-Mitglieder, arbeiteten noch überwiegend sprachhistorisch vergleichend und lexikographisch. Erika Günther, bis 1990 Ordinaria für Russische Sprache der Gegenwart, edierte russische Gesprächsbücher des 17. Jahrhunderts und setzte damit Margarete Woltners Forschungen zur altrussischen Kulturgeschichte fort. Inzwischen hatte sich die mit der III. Hochschulreform 1968 geschaffene, als politische Kontrollinstanz gedachte und überaus konfliktreiche „Sektion Philologien/Germanistik" 1973 aufgespalten in drei Sektionen mit je eigenen Direktoren und Budgets: in Germanistik, Anglistik/Amerikanistik/Romanistik (einschließlich der Altphilologie) und Slavistik. 1980 lösten sich auch Romanistik und Anglistik/Amerikanistik noch voneinander ab. Innerhalb der Sektionen gab es die Bereiche Literaturwissenschaft, Sprachwissenschaft und Sprachpraxis. Zum Bereich Sprachwissenschaft der Germanisten gehörte schon seit 1959 auch die Indogermanistik. Karl Gutschmidt, Slavist breiten Formats mit Schwerpunkt auf der Südslavistik, erarbeitete nach seiner Habilitation „Zur Geschichte slawischer nationaler Literatursprachen" (1976) mit einem Kollektiv des Bereichs Sprachwissenschaft 1989 einen Forschungsbericht über „Sprachenpolitik und Schriftsprachen in Osteuropa in der zweiten Hälfte des 19. und zu Beginn des 20. Jahrhunderts". Im selben Jahr publizierte er mit dem Indogermanisten Sternemann eine „Einführung in die vergleichende Sprachwissenschaft". Man hat das als Ausscheren aus der von staatlicher Seite prädominant anwendungsorientiert geplanten sprachwissenschaftlichen Forschung an den Universitäten und als Rückgewinnung traditionell historischer Forschungsfelder interpretiert.[45] Doch war genau das in der durch Bielfeldt geprägten und fachhistorisch in der Indogermanistik verankerten Ost-Berliner Slavistik noch immer das dominante Forschungskonzept.[46]

Mit Wolfgang Gladrow (geb. 1943) widmete sich dann auch die slavistische Sprachwissenschaft in Berlin der kontrastiven Linguistik. Er kam 1967 als Aspirant zu Bielfeldt und nahm sogleich teil an jener Einführung in die generative Grammatik, die Wolfdietrich Har-

---

[44] Als Leiter der linguistischen Abteilung des Instituts für Sprachen und Literaturen der Tschechoslowakischen Akademie der Wissenschaften. 1968 emigrierte er in die USA und lehrte an der University of California.

[45] Schmidt, Hartmut, Sprachhistorische Forschung in der DDR – ein Rückblick, in: Geisteswissenschaften in der ehemaligen DDR. Berichte, hrsg. v. Steinwachs, Burkhart, Konstanz 1993, S. 204–212, hier: S. 211.

[46] Dazu der HU-Romanist und Antimarxist Christian Wagner im Vergleich: „Das Verhältnis zu modernen Methoden oder auch zu dem, was man dann um 1968 und Anfang der 70er Jahre die ‚marxistisch-leninistische Durchdringung' der Fachwissenschaften nannte. Man hätte erwartet, daß sich dies in der Slawistik (...) besonders intensiv niederschlagen würde. Davon war nichts zu spüren, slawistische Sprachwissenschaft war fast bis zuletzt traditionell. Als ob es das ganze ideologische Umfeld überhaupt nicht gäbe, wurde bis zuletzt historisch-vergleichende Sprachwissenschaft im ganz konservativen Sinne betrieben. Umgekehrt war in der Romanistik (...) ein größeres Bemühen zu spüren, aktuellen Wendungen nachzulaufen, sich anzupassen." Zit. n. Schober/Wagner, Romanistik an der HU, 1999, S. 433.

tung von der DAW bis 1968 über zwei Semester hin in der Abteilung des Indogermanisten Sternemann hielt. Auch verfolgte er die Arbeiten von Manfred Bierwisch an der Akademie zur kognitiven Linguistik. Wissenschaftlich prägend war für Gladrow ein Studienaufenthalt 1968/69 an der Universität Moskau bei Nikolaj Pospelov. Seine Doktorarbeit, eine kontrastive Studie zur Determination des Substantivs im Russischen und Deutschen, wurde auf Anregung von Růžička 1979 in Leipzig veröffentlicht. Nach der Promotion 1973 wurde Gladrow (SED 1975) gegen seinen Willen von Sektionsleiter Harri Jünger als Leiter des Bereichs Sprachpraxis eingesetzt. Über Růžička indes nahm er als auswärtiger Experte an Tagungen der Grammatik-Kommission des Internationalen Slavisten-Komitees teil und profitierte von den Diskussionen auf aktuellstem methodischem Niveau. Noch vor seiner Habilitation 1982 zur russischen Syntax gehörte Gladrow zur interdisziplinären Forschergruppe unter Leitung von Reinhard Sternemann, die eine „Einführung in die konfrontative Linguistik" (1977, Nachauflagen 1978 und 1983) erarbeitete. Anstoß zum Projekt hatte u. a. die Studie zur angewandten Linguistik des Amerikaners Robert Lado, „Linguistics across cultures" (1957), gegeben. Doch es gab auch Bezüge zur Prager Schule, etwa zu Arbeiten von Vilém Mathesius. Die Forschergruppe um Sternemann bot Gladrow das, was er innerhalb der Sektion Slavistik nicht vorfand: theoretische Diskussionen.[47] Aus diesem Kontext heraus entstand dann auch seine Einführung in den russisch-deutschen und deutsch-russischen Sprachvergleich „Russisch im Spiegel des Deutschen", die er 1989 mit einem Autorenkollektiv vorlegte. Nach der Anglistik erreichte auch die anwendungsorientierte linguistische Forschung der Slavistik an der Humboldt-Universität ein vorzügliches Niveau, ergänzt um fortgesetzte sprachhistorische Forschung in der Tradition der Berliner Vasmer-Schule.

Die romanistische Sprachwissenschaft dagegen scheint von der DDR-Bildungspolitik zunächst vernachlässigt worden zu sein. Man setzte mit Krauss und Klemperer eher auf die Bedeutung der Literaturwissenschaft[48] für eine „fortschrittliche" Neukonstituierung des Faches.[49] An der Humboldt-Universität war die Sprachwissenschaft seit dem Weggang des Schweizers Kurt Baldinger 1957 von 1959 bis 1995 vor allem von dessen Schüler Johannes Klare (geb. 1930) vertreten. Während die Leipziger Romanisten Soziolinguistik (Sprachpolitik, Sprachplanung) und Textlinguistik betrieben, konzentrierte man sich in Berlin zunächst auf Syntax, Grammatiktheorie, Morphologie und Lexikologie.[50] Klare vertrat

47 Gespräch mit W. Gladrow am 14. 05. 2008.

48 In Berlin: Aufklärungs- und Naturalismus-Forschung, in Leipzig: Fremdsprachendidaktik und Rumänistik, in Rostock: Lateinamerikanistik, in Halle: Sprache der Aufklärung; das Jenaer Institut wurde in den 60er Jahren aufgelöst.

49 So Seidel, Romanistik in der DDR, 2005, S. 133.

50 Dazu Wotjak, Gerd, Zur romanistischen Linguistik in der DDR, in: Drews/Lehmann, Dialog ohne Grenzen, 1991, S. 106–130, hier: S. 122f., 112–116.

mehrere Sprachen der Romania in einer gerühmten Lehre[51] und arbeitete sowohl synchron zur französischen bzw. romanischen Syntax wie auch sprachhistorisch. 1982 legte er ein Lehrbuch der italienischen Sprache vor, 1984 mit einem Autorenkollektiv ein Deutsch-portugiesisches, 1986 ein Portugiesisch-deutsches Wörterbuch und 1998 eine mehrfach nachgedruckte „Französische Sprachgeschichte". Seit den 70er Jahren publizierte Klare auch zur Sprachpolitik in Frankreich in der ersten Hälfte des 19. Jahrhunderts.[52] Forschungsarbeiten des wissenschaftlichen Nachwuchses bereiteten die Erstellung kontrastiv grammatischer Nachschlagewerke für das Französische und Spanische vor und waren geprägt von einer funktional-semantischen bzw. -kommunikativen Herangehensweise in der Tradition der Prager Schule.[53]

Ideologisierung in der Literaturwissenschaft. Institutionelle Konstellationen und theoretische Konzepte

Amerikanistik

Ihren deutschlandweit ersten und im Nationalsozialismus diskreditierten Lehrstuhl für Literatur und Landeskunde Amerikas konnte die Berliner Universität bereits 1946 mit dem ausgewiesenen Georg Kartzke (1883–1962) neu besetzen. 1953 erhielt die Humboldt-Universität bis zum Ende der DDR den Ausbildungsschwerpunkt Amerikanistik. Kartzkes Schüler Karl-Heinz Wirzberger (1925–1976) übernahm 1958 die Nachfolge. Wirzberger war Vertreter der marxistisch-leninistischen Widerspiegelungstheorie in der ostdeutschen Amerikanistik der 50er und 60er Jahre. Die von ihm herausgegebenen Werke des Naturalisten Theodore Dreiser, der noch kurz vor seinem Tod 1945 der Kommunistischen Partei beitrat, spiegeln für Wirzberger „die amerikanische Wirklichkeit in ihrer Dialektik wider".[54] Doch unterstützte er für sein Fach 1967 ausdrücklich eine „Verstärkung der theoretischen Seite der literaturwissenschaftlichen Forschung, wie sie zum Beispiel in der Behandlung des ‚New Criticism' durch Robert Weimann praktiziert worden ist."[55] Als Desiderata auf ästhetischem und methodischem Gebiet nannte er „sowohl ideengeschichtliche als auch

[51] Gespräch mit W. Gladrow am 14. 05. 2008; Huberty, Maren/Perlick, Claudia (Hrsg.), Studia historica romanica. In honorem Johannes Klare, Bonn 1997, Vorwort, S. 11f.

[52] Zur Sprachpolitik in der Romania (2006/07) vgl. die Publikationsliste in: Reinke, Kristin/Sinner, Carsten (Hrsg.), Sprache als Spiegel der Gesellschaft. Festschrift für Johannes Klare zum 80. Geburtstag, München 2010, S. 20.

[53] Wotjak, Romanistische Linguistik in der DDR, 1991, S. 112.

[54] Wirzberger, Karl-Heinz, Die Berliner Anglistik und Amerikanistik 20 Jahre nach der Wiedereröffnung der Humboldt-Universität: 1. Die Berliner Amerikanistik, in: ZAA 15 (1967), S. 152–165, hier: S. 160.

[55] Ebd. Weimann habilitierte sich an der HU 1960 über „‚New Criticism' und die Entwicklung bürgerlicher Literaturwissenschaft" (Halle 1962).

stilkritische Arbeiten", Forschungen zu „Genrefragen" und zur vergleichenden Literaturwissenschaft.[56]

Fachlich ein Randgebiet der Anglistik, gesellschaftlich im Zentrum der Auseinandersetzung mit dem größten politischen Gegner des Ostblocks, verabschiedete sich die Amerikanistik der DDR jedoch von individuellen „Hobby-Forschungen" und bearbeitete nach zentraler, von den Fachvertretern selbst im Wissenschaftlichen Beirat beim Hochschulministerium aufgestellter „Perspektivplanung" politisch „relevante Themen"[57]: die „Erschließung und Erhellung der demokratischen und progressiven Traditionen in der amerikanischen Nationalliteratur", so Wirzberger im Rückblick 1967.[58] Die Forschungsarbeiten, die oft Verlagseditionen vorbereiteten, konzentrierten sich auf gesellschaftskritische Autoren des „bürgerlich-kritischen Realismus" im 18. und 19. Jahrhundert (Unabhängigkeits- und Sezessionskrieg), auf sozialistische Utopien bis zum Ersten Weltkrieg, Arbeiterliteratur, Black-Liberation-Movement, Protest- und Bürgerrechtsbewegungen in der Gegenwartsliteratur. Damit setzten sie dem positiven Amerikabild Westdeutschlands offiziell das kritische Amerikabild sozialistischer Kulturpropaganda entgegen, während die Bibliothek des Amerikahauses in Westberlin doch bis 1961 „wichtigste Orientierungs- und Forschungsquelle" ostdeutscher Amerikanisten blieb.[59]

Kurz nach dem Mauerbau entwarf der Wissenschaftliche Beirat der Anglistik/Amerikanistik beim Hochschulministerium einen „Perspektivplan für die Forschungsarbeiten auf dem Gebiete der amerikanischen Literatur", für den Wirzberger verantwortlich zeichnete. Im Gegensatz zu „Amerikanisierungsbestrebungen" in der BRD bot er die Rezeption amerikanischer Literatur in der DDR als Mittel ideologischer Umerziehung an, um gleichzeitig den Kanon für Forschung und Lehre zu erweitern und Editionen auf den Weg zu bringen. Jetzt reichten nicht mehr allein die Werke „fortschrittlicher" Gegenwartsautoren. Man wollte eine „kritische Auseinandersetzung mit den imperialistischen Tendenzen (Dekadenzerscheinungen, Antihumanismus, Herrenrassenideologie, Apologie des American Way of Life etc.)" u. a. in den Werken von Faulkner, Dos Passos, Hemingway, Kerouac, Vidal, Thornton Wilder, Tennessee Williams, Eugene O'Neill, E. E. Cummings, Pound und Eliot. Auch wollte man die Analyse so einflussreicher Autoren wie Thomas Wolfe nicht mehr ausschließlich der „bürgerlichen Literaturwissenschaft" überlassen.[60]

---

56 Ebd., S. 163.

57 Ebd. Dazu Bahls/Wicht, Amerikanistik an den Hochschulen der DDR, 1999, S. 58.

58 Wirzberger, Die Berliner Anglistik und Amerikanistik, 1967, S. 159. Zum literarischen Kanon vgl. Bahls/Wicht, Amerikanistik an den Hochschulen der DDR, 1999, S. 52.

59 Brüning, Eberhard, Die Amerikanistik an der Universität Leipzig (1950–1990) – 40 Jahre Gratwanderungen eines ungeliebten Faches, in: Schnoor, Amerikanistik in der DDR, 1999, S. 67–85, hier: S. 70, 74.

60 BArch, DR 3, 1. Schicht, 5251: „Perspektivplan" Amerikanistik, 08. 12. 1961; dazu die Verlagseditionen ab 1962 bei Giovanopoulos, Anna-Christina, Die amerikanische Literatur in der DDR. Die Institutionalisierung von Sinn zwischen Affirmation und Subversion, Essen 2000, S. 100.

Zugleich legte Wirzberger den Plan einer „marxistisch fundierten amerikanischen Literaturgeschichte“ vor, die er selbst in zwei Etappen realisierte. 1966 erschien sein „Abriß der Geschichte der amerikanischen Literatur vom ersten Weltkrieg bis zur Gegenwart“ als Lehrmaterial an der PH Potsdam. 1968 veröffentlichte er bei Reclam Leipzig mit Karl-Heinz Schönfelder (Jena) die „Amerikanische Literatur im Überblick vom Bürgerkrieg bis zur Gegenwart“.[61] Dieses Standardwerk zur Orientierung für Studenten und interessierte Leser behandelte neben proletarischem Roman, Spanienkrieg, Zweitem Weltkrieg und McCarthyism auch das im „Perspektivplan“ 1961 schon benannte Thema der „Lost“ und der „Beat Generation“ (Jack Kerouac, Allen Ginsberg u. a.), deren „existentialistische ‚Revolte‘“ freilich nicht „die nötigen ideologischen Konsequenzen“ zog.[62] Weitgehend folgt dieser Abriss jedoch einem pragmatischen, auf Fakten von Biographie und Werk konzentrierten Ansatz, der neben der Höhenkammliteratur viel bisher im Fach Vernachlässigtes, ja sogar die Moderne in den Kanon hereinholte und sich in der ideologischen Diskussion im Gegensatz zur Orthodoxie der 50er Jahre eher zurücknahm.[63] Allerdings mahnte Wirzberger schon 1967 eine eigene Forschungsstelle für Amerikanistik an der DAW an.[64] Literaturgeschichtliche Projekte waren für einen Einzelnen neben der Lehre eine hohe Belastung, zumal Wirzberger sich an der Humboldt-Universität auch institutionell stark engagierte. Erst 1971, als man ihn in die Volkskammer wählte, trat er auch der SED bei. Zuvor war er 1960–65 Vorsitzender der Universitätsgewerkschaftsleitung, 1965 Dekan und von 1967 bis zu seinem frühen Tod 1976 Rektor.

Die Isolation, in der sich das Fach nach dem Mauerbau behaupten musste, wurde 1974 mit der diplomatischen Anerkennung der DDR durch die amerikanische Regierung etwas gelockert. Die Eröffnung einer US-Botschaft in Ost-Berlin führte zu kulturellen Kontakten, in den 80er Jahren auch zu Universitätspartnerschaften, so zwischen der Humboldt- und der Johns-Hopkins-Universität in Baltimore[65]; allerdings auch zu einem hohen Anteil informeller Mitarbeiter für die Staatssicherheit unter den Amerikanisten der Humboldt-Universität. Nachwuchswissenschaftler qualifizierten sich zudem am Institut für Gesellschaftswissenschaften beim ZK der SED (Imperialismusforschung) und an der Akademie für Staat und Recht.[66] Erst 1975/76 bildete Robert Weimann, der an der DAW bis dahin interdisziplinär literaturtheoretisch gearbeitet hatte („Realismus in der Renaissance“, 1977),

[61] 2. Aufl., 1977. Eine Überarbeitung war noch im Mai 1989 geplant, s. Giovanopoulos, Amerikanische Literatur in der DDR, 2000, S. 109.

[62] BArch, DR 3, 1. Schicht, 5251: „Perspektivplan“ Amerikanistik, 08. 12. 1961.

[63] So auch Brüning, Amerikanistik an der Universität Leipzig, 1999, S. 73. Er, Wirzberger und Schönfelder konnten 1966 erstmals drei Monate lang die USA bereisen; Weimann folgte 1968 und reiste ab 1974 mehrfach.

[64] Wirzberger, Die Berliner Amerikanistik, 1967, S. 163. Er selbst wurde 1969 Mitglied der Akademie.

[65] Brüning, Amerikanistik an der Universität Leipzig, 1999, S. 83.

[66] Bahls/Wicht, Amerikanistik an den Hochschulen der DDR, 1999, S. 58.

die von Wirzberger seit 1967 angemahnte eigene amerikanistische Forschergruppe. Sie arbeitete über den Roman im 20. Jahrhundert und später zum Poststrukturalismus.[67] Nach der Romanistik setzte nun Ende der 70er Jahre auch in der Amerikanistik eine differenziertere Theoriebildung und vorsichtige Entideologisierung ein.[68]

Anglistik

Englische Literatur lehrte von 1952 bis 1975 Anselm Schlösser (1910–1991). In der Tradition des Berliner Lehrstuhls vertrat er vor allem die Shakespeare-Forschung[69], auch als Vorstandsmitglied der Weimarer Shakespeare-Gesellschaft seit 1963. Doch außer dem Lehrmaterial „Einführung in das Werk William Shakespeares" (1964) legte Schlösser keine eigene Monographie vor, sondern versuchte neue Zugänge in Einzelaufsätzen, etwa über „‚Volk und Mob' bei Shakespeare" (1956) oder „Das Motiv der Entfremdung in der ‚Komödie der Irrungen'" (1964/65).[70] Die schon 1961 geplante und im Vergleich zur amerikanischen (1968), französischen und russisch-sowjetischen (1970) erst spät erschienene „Englische Literatur im Überblick" (1986) bei Reclam Leipzig gab nicht er, sondern der Leipziger Anglist Georg Seehase heraus.[71] Neben Shakespeare widmete sich Schlösser vor allem der Satire der Aufklärung bei Jonathan Swift.[72]

Diesen Kanon der Hochliteratur, der allerdings Mittelalter, Romantik und Moderne ausschloss, erweiterte 1965 ein von Schlösser eher geduldetes und 1972 offiziell beendetes gesellschaftswissenschaftliches Forschungsprojekt zur „Arbeiterliteratur Großbritanniens und Irlands". Es propagierte einen weiten Kulturbegriff, der die Lebenspraxis der Arbeiterschicht mit einbezog und auf eine marxistische Literatursoziologie abzielte. Initiiert hatte das Projekt die britische Gastdozentin Mary Ashraf mit einem Sammelband zu Ehren des schottischen Gewerkschaftsführers und Mitbegründers der Kommunistischen Partei

---

67 Weimann, Robert, Der nordamerikanische Roman 1880–1940. Repräsentation und Autorisation in der Moderne, Berlin/Weimar 1989. Dazu: Weimann, in: Boden/Böck, Modernisierung, 2004, S. 114.

68 Giovanopoulos, Amerikanische Literatur in der DDR, 2000, S. 98, 102.

69 Betreuung der Neuausgabe der „Sämtlichen Werke" 1956 und der „Sonette" 1964.

70 Vgl. die Publikationsliste in: Walch, Günter, Prof. Dr. Anselm Schlösser zum 60. Geburtstag, in: ZAA 18 (1970), S. 7ff., und Schlösser, Anselm, William Shakespeare. Analysen und Interpretationen, Berlin 1977.

71 Mit Autorenkollektiv. Eine „Englische Literaturgeschichte" stand schon am 10. 04. 1961 auf der Agenda des Wissenschaftlichen Beirats der Anglistik/Amerikanistik. Laut Sitzungsprotokoll vom 02. 12. 1961 wollte Seehase zunächst eine sowjetrussische Geschichte der englischen Literatur übersetzen lassen (BArch, DR 3, 1. Schicht, 5251). Rita Schober gab 1970 eine „Französische Literatur im Überblick" nach der tschechischen von Jan O. Fischer (Prag, 2. Aufl., 1964) heraus, Harri Jünger mit Autorenkollektiv 1970 die „Russisch-sowjetische Literatur im Überblick".

72 Einleitung und Kommentar zu 3 Bänden Swift, Jonathan, Ausgewählte Werke, Berlin 1967, nachgedruckt im Insel-Verlag, Frankfurt a. M. 1972; Nachwort zu Swifts „Respektlosen Schriften", Leipzig 1979.

Englands, William Gallacher.[73] Bei ihrer Emeritierung 1969 übergab sie das Projekt an die promovierte Historikerin und England-Remigrantin Hanna Behrend (geb. 1922), die ab 1969 im Bereich Englische Sprachpraxis lehrte, sowie an den schottischen Lektor und Dozenten Jack Mitchell (1932–1991), der 1956 als überzeugter Kommunist in die DDR gekommen war und 1969 über den englischen Arbeiterschriftsteller Robert Tressell promovierte. Schlösser gutachtete jedoch über einen geplanten zweiten und dritten Band der Reihe „Life and Literature of the Working Class" 1971: „Ein Sammelsurium von Aufsätzen bzw. Nachdrucken (...). Ein innerer Zusammenhang als Ergebnis kollektiver und systematischer Bemühungen um einen zentralen Forschungsgegenstand ist schwer zu erkennen."[74] Deshalb befürwortete er, trotz Einspruch der britischen Lektorin und Parteigruppenleiterin Diana Loeser, die Fortsetzung des Projektes nicht. Hanna Behrend führte es dennoch im Rahmen der von ihr betreuten Diplomarbeiten weiter. Die Ergebnisse gingen ein in das 1982 von ihr herausgegebene Lehrmaterial „Problems of the History and Literature of the Working Class in Britain from the 18th to the 20th Century". Auch Mary Ashrafs Pionierarbeit „Introduction to Working-Class Literature in Great Britain" (1. Poetry, 2. Prose) erschien 1978/79 zunächst als Lehrmaterial für die Ausbildung von Englischlehrern beim Ministerium für Volksbildung und dann 1980 im Aufbau-Verlag: „Englische Arbeiterliteratur vom 18. Jahrhundert bis zum ersten Weltkrieg. Entwicklungstendenzen im Überblick".[75] Hanna Behrend lehrte ab 1978 im Bereich Literaturwissenschaft mit Schwerpunkt auf der englischen Arbeiterliteratur und Literaturkritik der 1930er Jahre.[76] 1985 und 1989 veröffentlichte sie noch Tagungsbände internationaler Konferenzen zur britisch-irischen Arbeiterliteratur im Verlag der Humboldt-Universität, dann wandte sie sich der Genderthematik zu.[77]

---

[73] Schlösser, Anselm (Hrsg.), Essays in Honour of William Gallacher, HU Berlin 1966, Band 1 der Reihe „Life and Literature of the Working Class". Dazu Behrend, Hanna, Die Überleberin. Jahrzehnte in Atlantis, Wien/Mühlheim a. d. Ruhr 2008: „(...) eine Kampfansage an die Literaturwissenschaft (...), wie sie an der Anglistik der HUB betrieben wurde" (S. 449). Der Band behandelte außer Literatur und Kunst „auch andere kulturelle Aktivitäten der Arbeiterklasse" wie Chöre, Blasmusikkapellen, Bildungsvereine, Gewerkschaften, Genossenschaften und Parteien (S. 450). Siehe auch Giovanopoulos, Amerikanische Literatur in der DDR, 2000, S. 105; Wicht, Wolfgang, Entwicklung und Stand der anglistischen Literaturwissenschaft in der DDR, in: Drews/Lehmann, Dialog ohne Grenzen, 1991, S. 90–105, hier: S. 95.

[74] Zit. ebd., S. 451: Gutachten vom 12. 10. 1971. Dagegen Weimann, Robert, Literaturwissenschaft und historisch-materialistische Theorie. Aktuelle Fragen der Entwicklung der Literaturtheorie und Methodologie in der Anglistik-Amerikanistik, in: ZAA 28 (1980), S. 12–31, rühmend: „Grundlagenforschung", „die – ausgehend von einem materialistischen Kulturbegriff – die mit der Arbeiterklasse verbundene Literatur (...) in den Funktionszusammenhang der gesamten Lebenspraxis der Arbeiterklasse" stellte und so „eine notwendige Erweiterung der literaturtheoretischen Ausgangspositionen" herbeiführte (S. 16).

[75] Vorausging: Ashraf, Mary (Hrsg.), Political Verse and Song from Britain and Ireland, Berlin 1975.

[76] 1981 habilitierte sie über den marxistischen Literaturkritiker Alick West. Jack Mitchell edierte noch Lewis G. Gibbon und habilitierte sich 1980 über die Dramen von Sean O'Casey.

[77] Vgl. Behrend, Die Überleberin, 2008, S. 641–651; Working-Class Literature in Britain and Ireland in the 19th and 20th Century, 2 Bände, Berichte der HU Berlin 1985; Neubert, Isolde, Working-Class and Feminist Literature in Britain and Ireland in the 20th Century, 2 Bände, Gesellschaftswissenschaftliche Studien, HU Berlin 1989.

Methodisch stand Schlösser wie die meisten Anglisten seiner Generation noch für kein eigenes literaturtheoretisches Konzept[78], auch wenn er nicht zu denen gehört hatte, die der politisch bedingten Führungsrolle ihres Faches während des Nationalsozialismus erlegen waren[79] und 1945 dann in um so tiefere Konzeptionslosigkeit stürzten. Aber auch die stalinistische Zwangsjacke „der bewußten Abwehr der imperialistischen Provokationen“[80] förderte nicht gerade die Theoriebildung in der anglistischen Literaturwissenschaft der DDR. Eine marxistisch fundierte theoretische Position entwickelte erst Schlössers Doktorand Robert Weimann (geb. 1928, SED 1947). Seine Shakespeare-Forschungen hebelten die sowjetische Widerspiegelungsdoktrin sozusagen von innen her aus, indem sie einem so zentralen produktionstheoretischen Axiom wie der Klassendeterminiertheit von Autor und Werk oder dem ideologischen Postulat der „Volkstümlichkeit“ für Shakespeares Dramen einen völlig anderen, aber gleichwohl marxistischen Sinn gaben. In seiner Berliner Dissertation[81], 1958 erschienen als „Drama und Wirklichkeit in der Shakespeare-Zeit. Ein Beitrag zur Entwicklungsgeschichte des Elisabethanischen Theaters“, erarbeitete sich Weimann Sozial- und Theatergeschichte der Shakespeare-Zeit, um von da aus 1967 mit dem Buch „Shakespeare und die Tradition des Volkstheaters. Soziologie, Dramaturgie und Gestaltung“ einen neuen Zugang zu den Dramen zu eröffnen. Grundlegend dafür war der Bezug auf Marx' Diktum von der Epoche des englischen Absolutismus als einem „großen nationalen Laboratorium“, das alle Stände durcheinandermischte und in dem Höfisches und Plebejisches nebeneinander existierten. Wenn aber Shakespeares Dramen „Produkt und Agentur“ einer solchen Übergangsepoche waren, erübrigte sich die Frage, welche „herrschende Klasse“ durch den Autor sprach.[82] Zudem gab es in seinen Dramen vorchristliche, „primitive“ Spiel- und Performanzmomente neben „moderner Naturnachahmung“. So konnte dem „schwammigen Begriff von Volkstümlichkeit“ der sowjetischen Realismusdoktrin mit Bezug auf Nietzsche der „dionysische Impuls“ einer vormodernen Kunst entgegengesetzt werden.[83]

Weimann schrieb das Buch in einem freiberuflichen Jahr 1963/64. Zuvor hatte er ab 1955 als Assistent von Schlösser und ab 1959 – nach der Habilitation über den „New Criticism“[84] –

---

78 Weimann, in: Boden/Böck, Modernisierung, 2004, S. 96, beklagt das Fehlen von Schulen und Lehrerpersönlichkeiten in der Anglistik, ohne das in der Rolle des Faches im NS begründet zu sehen.

79 Schlösser hatte 1936 in Leipzig rezeptionsgeschichtlich promoviert über „Die englische Literatur in Deutschland von 1895 bis 1934“, musste als Sozialist aber außerakademisch in Verlag und Buchhandel für sein Überleben sorgen.

80 Schlösser, Anselm, Josef Wissarionowitsch Stalin, in: ZAA 1 (1953), S. 12.

81 Die Bedeutung des englischen Absolutismus für die Entwicklung des Elisabethanischen Dramas, 1955.

82 Weimann, in: Boden/Böck, Modernisierung, 2004, S. 97f.

83 Ebd., S. 98f. Nicht zuletzt stellte Weimanns Shakespeare-Sicht auch die klassisch-romantische Einfühlungsästhetik für die Pflege dieses ‚dritten‘ deutschen Klassikers in der DDR in Frage.

84 Bis dahin war er 1952–1953 Leitungsmitglied der SED-Grundorganisation an der HU, 1955–1958 Parteigruppenorganisator der HU-Anglisten, 1958–1960 Mitglied der zentralen Parteigruppe der DDR-Anglisten und FDJ-Studiengruppenleiter.

als Professor an der PH Potsdam gelehrt, da ja beide Ordinariate für englische und amerikanische Literatur an der Humboldt-Universität auf lange Zeit hinaus besetzt waren. Rückblickend konstatierte er, dass seine Lehre an den Universitäten „wenig Verbindung" hatte „mit dem, was ich zu Hause am Schreibtisch tat", weil „der festgeschriebene Lehrstoff nicht übereinstimmte mit dem, worum es in Dissertation und Habilschrift ging."[85] Außerdem sah der Lehrplan zuletzt „für die Behandlung der Stoffe vom 16. bis 19. Jahrhundert ein Semester lang zwei oder drei Wochenstunden" vor.[86] Offenbar konnte ein Anglist mit Interesse für Literatursoziologie und -ästhetik der Renaissance, für Shakespeare immerhin, sowie für Literaturtheorie die universitäre Lehre für seine Forschung kaum noch fruchtbar machen. Demzufolge wäre die Humboldtsche Idee im Bereich Literaturwissenschaft an der Humboldt-Universität schon vor der III. Hochschulreform verraten und verkauft gewesen.[87]

Weimanns Buch „Shakespeare und die Tradition des Volkstheaters", 1978 auch ins Englische übersetzt, fand in Theaterkreisen der DDR und im Westen große Resonanz.[88] 1965 kam er als Professor ans Germanistische Institut der Humboldt-Universität in die Abteilung für Literaturtheorie und allgemeine Literaturwissenschaft unter Leitung des einstigen SED-Kulturfunktionärs Wilhelm Girnus.[89] Das war seine letzte Arbeitsphase an der Humboldt-Universität, bevor er 1968 zusammen mit der Slavistin Nyota Thun von der Girnus-Abteilung zur Arbeitsstelle Literaturtheorie des Germanisten Werner Mittenzwei an die Akademie der Wissenschaften und 1969 ins Zentralinstitut für Literaturgeschichte wechselte. Und damit war fast wieder das disziplinäre Anfangsstadium der Anglistik erreicht: forschungsmäßig eine Teildisziplin der Nationalphilologie Germanistik, jetzt aber (ab 1965) zum Zwecke marxistischer Theoriebildung für die anglistische Literaturwissenschaft der DDR: „sich auf die neue Linke berufen".[90]

Mit Weimanns Weggang nach Potsdam und später an die Akademie wurde 1958 Günter Walch (geb. 1933) Assistent bei Schlösser. Er promovierte 1963 über einen Erzähler der

---

85 Weimann, in: Boden/Böck, Modernisierung, 2004, S. 95.

86 Ebd., S. 94.

87 Im Gegensatz zu Weimann (ebd., S. 119), der das erst als Folge der III. Hochschulreform wahrnehmen will. Er selbst war 1968 an die DAW gewechselt, was er ex post mit der universitären Entwicklung nach 1968 legitimiert: „(...) daß hier der Ausverkauf einer Sache stattfindet, die tatsächlich einmal eine deutsche Tradition besessen hatte, welche in Europa ihresgleichen suchte: Die deutsche Universität wurde ruiniert."

88 Vgl. ebd., S. 103. 1969 wurde Weimann Mitglied der Deutschen Akademie der Künste, 1978–1990 war er deren Vizepräsident und 1985–1993 Präsident der Deutschen Shakespeare-Gesellschaft.

89 In der Formalismus-Debatte 1952 hatte Girnus (1906–1985) den stalinistischen Standpunkt durchgesetzt. Neben seiner HU-Professur für Allgemeine Literaturwissenschaft 1962–1971 ließ er als Chefredakteur von „Sinn und Form" 1964–1981 Diskussionen zu. Ein mit allen Stereotypen des Diamat gespicktes Porträt ihres Abteilungsleiters gibt Nyota Thun, Absolventin des Slavisten-Sonderlehrganges, in: Mittenzwei, Werner (Hrsg.), Positionen. Beiträge zur marxistischen Literaturtheorie in der DDR, Leipzig 1969, S. 528–554; darin Weimann in Ermangelung einer anglistischen Leitfigur über den Lessingforscher Paul Rilla, S. 431–472.

90 Weimann, in: Boden/Böck, Modernisierung, 2004, S. 122.

Dickens-Schule und wurde 1970 Dozent. Der Erzählliteratur der viktorianischen Epoche, dem „Zusammenbruch der bürgerlichen Wertwelt des 19. Jahrhunderts" und dem „Übergang zur imperialistischen Phase", galt auch Walchs weitere Forschungsarbeit „Werten und Gestalten. Wandlungsprozesse englischer Erzählkunst zwischen 1880 und dem ersten Weltkrieg" 1975. Diese Habilitationsschrift über Werke von Oscar Wilde, Robert Louis Stevenson, E. M. Forster, Henry James, Rudyard Kipling und Joseph Conrad blieb unveröffentlicht, ging aber größtenteils ein in editorische Nachworte[91] und Aufsätze.[92] 1975 sollte Schlössers Lehrstuhl vakant werden und 1976 Lehnert aus der International Shakespeare Association ausscheiden. Daher hatten sie Walch – den Mann, der das beste Englisch in der DDR sprach[93] – als künftigen Nachfolger auch für die Shakespeare-Forschung an der Humboldt-Universität und deren Repräsentation im Ausland herangezogen. 1965 erschien Walchs „Sammelkommentar" zu den Einzelausgaben von „Shakespeares Tragödien" bei Reclam Leipzig.

Doch ab Mitte der 60er Jahre sorgten SED-Kreisleitung und Staatssicherheit[94] für eine besondere Konstellation in der Anglistik der Humboldt-Universität, die auch die Fachkonzepte tangierte. Zwischen den „bürgerlichen" Linguisten Hansen und das Nicht-SED-Mitglied Walch wurde 1964 als Doktorand bei Schlösser Manfred Wojcik gesetzt (1933–1981, SED 1951): ein Major der Nationalen Volksarmee, der bis dahin in der politischen Hauptverwaltung des Ministeriums für Nationale Verteidigung im Bereich „Feindabwehr" gearbeitet und 1962 ein externes Anglistik-Studium an der Humboldt-Universität absolviert hatte.[95] Mit Beginn seiner Aspirantur wurde Wojcik stellvertretender Parteisekretär der Slavisten, Anglisten und Romanisten. Er sollte die Parteilinie vorgeben, „zerrieb sich aber in der Sektion" in den 70er Jahren.[96] Seine Doktorarbeit „Der Einfluß des Englischen auf die Sprache Bertolt Brechts" (1966) wurde posthum 1982 von Schlösser im Brecht-Zentrum der DDR zum Druck gebracht.[97] Wojciks Habilitation „Samuel Taylor Coleridge, die klassische

[91] Conrad, Joseph, Erzählungen I, Leipzig 1977.

[92] Zu Kipling in: ZAA 25 (1977), zu Conrad und Henry James in: ZAA 28 (1980), zu Forster in: ZAA 29 (1981).

[93] So ein Bericht der Staatssicherheit, die Walch 1976 nach der Flucht des HU-Slavisten Reißner und 1980, als er Sektionsdirektor wurde, vergeblich anzuwerben versuchte. Vgl. Bundesbeauftragte für die Unterlagen des Staatssicherheitsdienstes der ehemaligen Deutschen Demokratischen Republik (BStU), MfS, Archiv-Nr. 18401, BV Berlin, XV/4810/78, Bd. 1: Walch, Günter, Bl. 17 (11. 12. 1978, Überprüfung des IM-Vorlaufs). Walch war 1956–1957 Dolmetscher an der DDR–Handelsvertretung in Kairo; ab 1978 reiste er nach England.

[94] Vgl. Behrend, Die Überleberin, 2008, S. 468: „Man munkelte, dass er [Wojcik] insgeheim dem Ministerium für Staatssicherheit, von dem er ursprünglich an die Universität delegiert worden war, noch immer angehöre". Er habe aber „zu Unrecht" im Ruf gestanden, „ein unberechenbarer, dogmatischer Mensch zu sein". In der BStU gibt es keine Akte zu Wojcik. Er holte Behrend 1978 in den Bereich Literaturwissenschaft.

[95] Universitätsarchiv der Humboldt-Universität (UAHU), PA Manfred Wojcik, Nr. W 641: Ab 1957 musste er sich „aus dienstlichen Gründen wieder mit der englischen Sprache beschäftigen", Lebenslauf, 22. 01. 1977.

[96] So K. Hansen, Gespräch am 26. 09. 2008.

[97] Walch, Günter, Prof. em. Dr. Anselm Schlösser zum 75. Geburtstag, in: ZAA 32 (1984), S. 341.

deutsche Philosophie der Kunst und der spätbürgerliche ästhetisch-literaturtheoretische Subjektivismus"[98] machte ihn 1970 zum Dozenten. Doch ruhte die Dozentur, da er 1970–1972 hauptamtlicher Mitarbeiter der SED-Kreisleitung an der Humboldt-Universität und Parteisekretär der Sektion Philologien/Germanistik war. Hier hauste er unter den Germanisten so, dass sie sich auf höherer politischer Ebene wehrten und Wojcik in dieser Funktion abgesetzt wurde.[99] 1977 erhielt den Lehrstuhl von Schlösser nicht Walch, der Abteilungsleiter für Englische Literatur, sondern Wojcik, der Spezialist für die englische Lyrik der Romantik.

In einem großen Aufsatz über „Robinson Crusoe", hervorgegangen aus Seminaren mit Diplomstudenten 1973–1977, trat Wojcik 1979 in eine scharfe Kontroverse mit Robert Weimanns Auffassung zum Utopiebegriff in diesem Roman.[100] Da aber Weimanns Publikationen zu „Robinson Crusoe" – dem einzigen Werk eines britischen Autors, das zum Lektürekanon der Schulen in der DDR gehörte[101] – schon über zehn Jahre zurücklagen[102], wäre durch Archivrecherche noch näher zu klären, ob Wojcik diese Attacke aus persönlichen Gründen ritt[103] oder sich ein weiteres Mal für einen politischen Auftrag benutzen ließ. Weimann stellte Wojciks „polemische Kommentare" in der ZAA knapp, aber entschieden richtig – ein einmaliger Vorgang in dieser Zeitschrift.[104] Ein weiterer Angriff von Wojcik auf den Aneignungsbegriff von Weimann in dessen Band „Realismus in der Renaissance" (1977) drang, obwohl er sich dazu an Kurt Hager persönlich wandte, nicht mehr bis zu einer Veröffentlichung durch.[105] Ein Anzeichen dafür, dass sich einige Anglisten Ende der 70er Jahre vom rigiden Realismus-Konzept freimachen und differenzierteren Ansätzen zu-

---

98 Kumulativ, „aus 4 verschiedenen Sonderdrucken" bestehend. Da Alois Brandl 1886 eine materialreiche erste Monographie zur Rezeption deutscher Philosophie und Literarästhetik bei Coleridge vorgelegt hatte, konnte das Thema rasch bearbeitet werden.

99 Zum 30. 11. 1972. UAHU, PA M. Wojcik, W 641, Bl. 110: Sitzungsprotokoll des Sekretariats der SED-Kreisleitung der HU vom 17. 11. 1972.

100 Wojcik, Manfred, Zur Interpretation des „Robinson Crusoe", in: ZAA 28 (1979), Heft 1, S. 3–34.

101 Und zwar im Deutschunterricht. Lindner, Oliver, Bestsellerautor und Erziehungsinstanz: Die Defoe-Rezeption in der DDR, in: Korte u. a., Britische Literatur in der DDR, 2008, S. 65–75, mit Kritik an Weimanns Interpretation des „Robinson" als „Demonstrationsobjekt für den sozialistischen Arbeitsbegriff", S. 74.

102 Weimann, Robert, Daniel Defoe. Eine Einführung in das Romanwerk, Halle 1962; Nachwort in: Defoe, Daniel, Leben und seltsame, überraschende Abenteuer des Seefahrers Robinson Crusoe. Ungekürzte Ausgabe. Deutsch v. Barbara Cramer-Nauhaus, 3. Aufl., Leipzig 1969, S. 383–412; ders., Daniel Defoe: Robinson Crusoe, in: Der englische Roman: Vom Mittelalter zur Moderne, Bd. I, hrag. v. Stanzel, Franz K., Düsseldorf 1969, S. 108–143; dass., in: Weimann, Robert, Phantasie und Nachahmung, Halle 1976, S. 13–62; Nachwort in: Defoe, Daniel, Robinson Crusoe: Erster und Zweiter Teil. Übers. v. Lore Krüger, Berlin 1973, S. 667–686.

103 Er begutachtete 1960 Weimanns Habilitation über den „New Criticism", die dieser dann für die Publikation überarbeiten musste (UAHU, PA M. Wojcik, W 641). Die Absetzung als Parteisekretär der Sektion Philologien/Germanistik 1972 war eine Niederlage für Wojcik. Auch war er im Unterschied zu Weimann als Offizier des DDR-Verteidigungsministeriums kein Reisekader für das westliche Ausland.

104 Weimann, Robert, Erwiderung, in: ZAA 28 (1979), H. 3, S. 258–261.

105 Ders., in: Boden/Böck, Modernisierung, 2004, S. 100f.

wenden konnten.[106] 1980 publizierte Weimann in der ZAA eine Bilanz zu 30 Jahren anglistischer Literaturwissenschaft in der DDR, die programmatisch damit begann, dass die „Verknüpfung mit der internationalen", freilich immer noch „marxistisch-leninistischen Theorie (…) nun aber verstärkt ins Bewußtsein gehoben werden" müsse.[107] Die Kontroverse Wojcik-Weimann zeigt, dass die SED-Kaderpolitik weder der Fachentwicklung noch den Beteiligten beider Seiten förderlich war. Wojcik „zerrieb sich". Er erkrankte 1980 schwer und nahm sich im Januar 1981 das Leben.

1980 wurde Günter Walch zum Ordinarius und Direktor der Sektion Anglistik/Amerikanistik berufen. Während Wojcik und Weimann um den rechten marxistischen Utopiebegriff bei Defoe stritten, publizierte Wolfgang Wicht von der PH Potsdam erstmals in der DDR zur englischen Moderne (Virginia Woolf, James Joyce, T. S. Eliot).[108] Und Walch veröffentlichte ein Kernstück aus seiner Habilitation über „Das Motiv der gedoppelten Persönlichkeit" als Signum gesellschaftlicher Entfremdung.[109] Die Diskussion dieses Themas war seit der Kafka-Konferenz in Liblice bei Prag 1963 – und der darauf folgenden ersten Kafka-Edition in der DDR 1965 – zugelassen, allerdings nur im Rahmen von Kapitalismus- oder Imperialismus-Kritik.[110] Aus Sicht der SED-Kulturfunktionäre galt das Phänomen der Entfremdung in der sozialistischen Gesellschaft für überwunden. Eine gegenteilige Argumentation setzte sich dem Verdacht des Revisionismus aus. Auch Walch handelt das in der englischen Literatur der 1890er Jahre verbreitete Motiv der Entzweiung zwischen gesell-

---

106 Giovanopoulos, Amerikanische Literatur in der DDR, 2000, S. 106f.; Wicht, Wolfgang, Entwicklung und Stand der anglistischen Literaturwissenschaft in der DDR, in: Drews/Lehmann, Dialog ohne Grenzen, 1991, S. 90–105, hier: S. 92f.

107 Weimann, Literaturwissenschaft und historisch-materialistische Theorie, 1980, S. 13. Eine Differenzierung der theoretischen Ansätze erfolgte in den westdeutschen Literaturwissenschaften ab Mitte der 60er (Literatursoziologie, Rezeptionsästhetik, Strukturalismus, Semiotik, Psychoanalyse) bzw. in den 80er Jahren (Poststrukturalismus, Diskurstheorie); vgl. Eckel, Jan, Deutsche Geisteswissenschaften 1870–1970. Institutionelle Entwicklungen, Forschungskonzeptionen, Selbstwahrnehmung, in: Neue politische Literatur 51 (2006), S. 353–393, hier: S. 391f., 393.

108 Wicht edierte ab 1977 Virginia Woolf im Leipziger Insel-Verlag und habilitierte sich 1981 über „Woolf, Joyce, Eliot: Kunstkonzeptionen und Künstlergestalten", vgl. Wicht, Entwicklung und Stand der anglistischen Literaturwissenschaft, 1991, S. 96f. Samuel Beckett dagegen, 1987 erstmals in Dresden aufgeführt, erschien erst nach acht Jahren Druckgenehmigungsverfahren 1989 bei Volk und Welt (dazu Trilse-Finkelstein, Jochanan, Samuel Becken in der DDR, in: Korte u. a., Britische Literatur in der DDR, 2008, S. 101–107). Die westdeutsche Anglistik wandte sich ab 1968 verstärkt der Literatur der Moderne zu; vgl. Finkenstaedt, Thomas, Kleine Geschichte der Anglistik in Deutschland. Eine Einführung, Darmstadt 1983, S. 202.

109 Walch, Günter, The Private Life. Das Motiv des gedoppelten Menschen in der englischen Literatur der Jahrhundertwende, in: ZAA 28 (1980), S. 101–112.

110 Dazu Saadhoff, Jens, Germanistik in der DDR. Literaturwissenschaft zwischen „gesellschaftlichem Auftrag" und disziplinärer Eigenlogik, Heidelberg 2007, S. 378–383. Von den in Liblice anwesenden DDR-Germanisten Werner Mittenzwei, Helmut Richter, Klaus Hermsdorf und Ernst Schumacher bekannte sich nur dieser zu einer Fortdauer der Entfremdung „auch noch im Sozialismus", in dem sie „zeitweilig unmenschliche Formen angenommen" habe (S. 380). Zu Forschungsprojekten der DDR-Amerikanistik, die ihre gesellschaftliche Notwendigkeit ab Ende der 60er Jahre mit dem Argument „Untersuchung des entfremdeten Menschen" begründeten: Giovanopoulos, Amerikanische Literatur in der DDR, 2000, S. 105.

schaftlichem und persönlichem Ich, „Citoyen" und „Bourgeois", zunächst ausführlich im Rahmen der Entfremdungstheorie von Marx ab[111], um es dann an Henry James' Erzählung „The Private Life" näher zu betrachten. Hier ist der „real man" nicht mehr identisch mit dem gesellschaftlichen Ich, dem Citoyen. Der hat sich, „bar jeder Citoyen-Illusion", vor den Bourgeois in eine Privatwelt zurückgezogen, um produktiv sein zu können. Henry James' ironische Darstellung der Künstlerproblematik führt in der Interpretation von Walch zu Aussagen wie: „Gravierend für Perspektivbewußtsein und ästhetische Idealbildung des Bürgertums wird das resultierende Schwinden der (illusionären) Hoffnung auf menschliche Emanzipation. (...) Es ist ja gerade das Gegenteil der – von Marx als Aufhebung des historischen Widerspruchs formulierten – Zurücknahme des abstrakten Staatsbürgers in den wirklichen individuellen Menschen zum Erlebnis geworden."[112] Es gibt an der Oberfläche von Walchs Text keinerlei Signal dafür, dies auch bezogen auf die Situation in der DDR zu lesen. Nur die Wahl des Themas und die Intensität, mit der der Dualismus von persönlichem und gesellschaftlichem Ich und der Rückzug des gesellschaftlich engagierten ins Private bei James verfolgt werden, eröffnen diese übertragene Lesart.

Deutlicher wird das, was Weimann im Rückblick als „Doppelkodierung" beschrieb[113], 1986 in einer Studie von Walch über die „Rezeptionslenkung durch den Chorus" in Shakespeares letztem Historienspiel „König Heinrich V".[114] Walch zeigte erstmals für das bis dahin kontrovers interpretierte Stück, wie Shakespeare hier den Chorus nicht als sachlichen Kommentator und Chronisten, sondern als politischen Propagandisten vorführt und das für das Publikum seiner Zeit auch durchschaubar machte. Es bedurfte offenbar eines Anglisten aus der DDR, um das zu erkennen. Die Studie wirkte nachhaltig auch in England.[115] Walchs kleine, präzise Werkanalysen im internationalen Forschungsaustausch belegen, dass literaturwissenschaftliche Hermeneutik, die die Aussage eines Werkes induktiv über die Besonderheiten seiner literarischen Gestaltung erschließt, auch an der Universität der DDR weiterlebte. Von einer Tagung der International Shakespeare Association, die sich nebenbei mit dem Poststrukturalismus beschäftigte, brachte Walch Texte von Foucault und Derrida ans Institut mit. Derridas Satz „Es gibt nichts außer dem Text" war da, wo Literaturwissen-

---

111 Ergänzt um Sève, Lucien, Marxismus und Theorie der Persönlichkeit (1969), Berlin (Ost) 1972.

112 Walch, The Private Life, 1980, S. 111.

113 Weimann, Robert, Doppelkodierung fiktiver Repräsentationen in der Moderne, in: Drexler, Peter/Schnoor, Rainer (Hrsg.), Against the Grain/Gegen den Strich gelesen. Studies in English and American Literature and Literary Theory. Festschrift für Wolfgang Wicht, Berlin 2004, S. 455–463, hier: S. 459 ohne Bezug auf diesen Aufsatz.

114 Walch, Günter, Tudor-Legende und Geschichtsbewegung in „The Life of King Henry V": Zur Rezeptionslenkung durch den Chorus, in: Shakespeare-Jahrbuch Weimar 122 (1986), S. 36–46; ders., Shakespeares „König Heinrich V. Ein realistisches Historienspiel, in: Weimarer Beiträge 32 (1986), S. 69–88.

115 Ders., „Henry V" as Working-House of Ideology, in: Shakespeare Survey 40 (1988), S. 63–68; wieder in: The Cambridge Library, vol. 2, Cambridge University Press 2003, S. 226–230, und in: Alexander, Catherine M. S. (Hrsg.), Shakespeare and Politics, Cambridge Univ. Press 2004, S. 198–205.

schaft zuallererst einen politischen Erziehungsauftrag zu erfüllen hatte, „ein Skandal".[116] Die antigeschichtliche Unverbindlichkeit eines Poststrukturalisten wie Derrida mag im ersten Moment befreiend gewirkt haben. Aber es gehört zu den produktiven Möglichkeiten von Literaturwissenschaft, am literarischen Werk jeweils das zu erkennen, was der eigenen Zeit Not tut.

Slavistik: Fallbeispiel „Einführung in die marxistisch-leninistische Literaturwissenschaft"

Wie in der Anglistik sorgte die SED-Parteileitung auch in der Slavistik der Humboldt-Universität für eine das Fach lähmende Konstellation: Zwischen den „bürgerlichen" Sprachhistoriker Bielfeldt und den „in allen Belangen bürgerlichen"[117] Ordinarius für russische Literatur Eberhard Reißner (geb. 1926, SED 1948) mit seinem parteilosen Assistenten Klaus Städtke platzierte sie 1970 den Ordinarius für Sowjetliteratur Harri Jünger (geb. 1926, SED 1946). Ab 1971 war er zugleich Direktor der Sektion Philologien/Germanistik. Nachdem jedoch die Romanistin Rita Schober ihren Einfluss auf ZK-Ebene geltend gemacht hatte und sich Romanistik/Anglistik im September 1973 von Germanistik und Slavistik in je eigenen Sektionen unabhängig machen konnten, leitete Jünger nur mehr die Sektion Slavistik bis zum August 1976. Dann hatte die nicht mehr überhörbare Kritik an seinem Führungsstil auch hier seine Absetzung zur Folge.

Reißners Forschungsgebiet war die Rezeptionsgeschichte russischer Literatur des 19. Jahrhunderts in Deutschland: „ein Sachthema, nicht reine Panegyrik der Sowjetliteratur, das konnte man machen."[118] Die Erforschung deutsch-slavischer Wechselbeziehungen an der Humboldt-Universität hatte in den 50er Jahren Gastdozent Michail Parchomenko von der Universität Lwow angeregt: ein Spezialist für die Literatur der Ukraine und die Wechselbeziehungen zwischen den Nationalliteraturen der UdSSR. Reißner promovierte über „Alexander Herzen in Deutschland".[119] Die umfangreiche Arbeit erschien 1963[120] zugleich mit der von Reißner herausgegebenen dreibändigen Autobiographie Herzens „Mein Leben. Memoiren und Reflexionen" (1962/63). Damit erweiterte er für die DDR den aus der Sowjetunion übernommenen Kanon der russischen „revolutionären Demokraten" Belinski,

116 Gespräch mit G. Walch am 21. 10. 2008.

117 Wenngleich „auf einem sehr hohen fachlichen Niveau", so der Gesellschaftliche Mitarbeiter Sicherheit (GMS) Harri Jünger über Reißner am 06. 04. 1976, BStU, MfS AKK 7662/84, Bl. 7. Dagegen der Akademie-Slavist Gottfried Sturm (geb. 1923), Altrussist und aktiver Christ, im Gespräch am 01. 04. 2008: „Graßhoff und Reißner waren gute Genossen und stellten sich schützend vor uns."

118 Gespräch mit Eberhard Reißner am 06. 05. 2009.

119 1956 bei dem Pragerdeutschen Edmund Schneeweis (1886–1964), der seit 1946 in Rostock und ab 1950 an der Humboldt-Universität lehrte.

120 In der von Bielfeldt an der DAW begründeten Reihe „Veröffentlichungen des Instituts für Slawistik", Bd. 26.

Tschernyschewski, Dobroljubow um ihren bedeutendsten Vorläufer, den Westler Alexander Herzen.[121] Auch Reißners Habilitationsschrift „Die Aufnahme und Bewertung russischen Literaturgutes in Deutschland in der ersten Hälfte des 19. Jahrhunderts" (1962[122]) bereitete reiches rezeptionsgeschichtliches Material für die slavistische Forschung im deutschsprachigen Bereich auf. Sie folgte dem aufklärend kulturwissenschaftlichen Ansatz, Rezeptionsvorgänge in ihrem jeweiligen soziologischen und kulturhistorischen Kontext darzustellen. Nur so werden die Ursachen für eine vermehrte oder abnehmende Rezeptionsbereitschaft für russische Literatur in Deutschland sichtbar. 1963 zum Professor ernannt und bis 1975 Leiter des Bereichs Literaturwissenschaft, war Reißners lebendige, stoffreiche Lehre außerordentlich beliebt.

Methodische Neuansätze vermittelte Ende der 60er Jahre sein Assistent Klaus Städtke (geb. 1934). Nach dem Diplom 1956 hatte der parteilose Slavist acht Jahre freiberuflich gearbeitet, bevor Bielfeldt ihn 1964 als Russisch-Lektor ans Institut zurückholte und Reißner ihn für die Aspirantur nach Moskau empfahl. Ähnlich wie für den Linguisten Gladrow 1968 bedeutete für Städtke das Moskauer Studienjahr 1966/67 „den eigentlichen Beginn meiner wissenschaftlichen Arbeit."[123] Mit seinem gattungsgeschichtlichen Forschungsthema „Die Entwicklung der russischen Erzählung (1800–1825)" fand er Aufnahme ins Zentrum literaturtheoretischer Diskussion in der Sowjetunion: in die menschlich integre Wissenschaftlergemeinschaft der Moskau-Tartuer Schule um den Puschkin-Spezialisten Jurij Lotman.[124] Befreit vom Gefühl der Isolation, das ihn in der diskussionslos stagnierenden Enge slavistischer Literaturwissenschaft in der DDR beherrschte, erfuhr Städtke hier eine andere Wissenschaftshaltung, die sich seit dem „Tauwetter" 1956 entwickeln konnte. Nach der Ära Chruschtschow grenzte sie sich klar ab vom offiziellen Wissenschaftsbereich und mündete vielfach in Dissidenz oder Emigration. Es war nicht wie in der DDR der mehrheitlich praktizierte Konsens zwischen Wissenschaft, Ideologie und parteilicher Kontrolle, diese utopische „Idee einer institutionellen Einheit" von Literatur, Wissenschaft und Ideologie als Kompensation für die nicht vorhandene nationale Einheit und mit dem Ziel einer steuerbaren Einwirkung auf die Gesellschaft.[125] Es war vielmehr „Distanz zwischen Wissenschaft und Partei" und Beharren auf wissenschaftlicher Eigenständigkeit gegenüber der politischen Zentralmacht.[126] Und es war Lotmans Beharren auf Rationalität der litera-

---

121 Reißner schrieb auch das Nachwort zur Ausgabe von Herzens Roman „Wer ist schuldig?", Berlin 1976.

122 Reißner, Eberhard, Deutschland und die russische Literatur 1800–1848, Berlin 1970.

123 Städtke, in: Boden/Böck, Modernisierung, 2004, S. 254.

124 Nekljudov, Sergej, Moskovsko-tartuskaja semiotičeskaja škola. Istorija, vospominanija, razmyšlenija, Moskva 1998; Gasparov, Michail L., „Wissenschaft hat ein Recht auf größere Öffentlichkeit". (...) Aus der Geschichte der Philologie in Moskau 1976–1983, in: Jahrbuch für Universitätsgeschichte 4 (2001), S. 243–256.

125 Städtke, in: Boden/Böck, Modernisierung, 2004, S. 258, 271, 276.

126 Ebd., S. 257.

turwissenschaftlichen Methoden und Diskurse: „Die Literaturwissenschaft muß eine Wissenschaft werden" (1967). Noch in Moskau las Städtke Lotmans Tartuer „Vorlesungen zur strukturalen Poetik" von 1964.

Nach seiner Rückkehr wurde er, soweit möglich, zum Vermittler der Moskau-Tartuer Kultursemiotik und strukturalen Poetik für die Literaturwissenschaft in der DDR. An der Humboldt-Universität, wo er nach Promotion und Habilitation[127] noch bis 1973 lehrte, praktizierte er „die kulturgeschichtliche Dimension der Lotman-Schule", 1970 etwa in einem Seminar zum Problem der Perspektive in der russischen Ikonenmalerei[128], was als „religiöse Propaganda" kritisiert wurde.[129] In der Zeitschrift für Slawistik tauchten mit Städtkes Beiträgen erstmals von der Gattungstheorie der Formalen Schule geprägte Themen auf wie „Kleine epische Formen im Genresystem 1800–1825" (14/1968) oder Fragestellungen der Tartuer Schule wie „Semantische Probleme bei der Interpretation von Prosatexten" (18/1973).

Während die Romanistin Rita Schober 1968 ein Buch über den französischen Strukturalismus veröffentlichte, um ihn letztlich als unvereinbar mit der „marxistisch-humanistischen Auffassung" für die Literaturwissenschaft der DDR politisch zu verwerfen[130], erschien zur selben Zeit in den Weimarer Beiträgen Städtkes Einführung „Zur Frage des Strukturalismus in der Literaturwissenschaft": „Mimesis oder poetisches Regelsystem".[131] Hier ging es nicht mehr um ein Entweder-Oder, sondern um die methodische Neubestimmung des Verhältnisses von beiden im literarischen Kunstwerk. Nach allzu langer vager Widerspiegelungsrhetorik forderte Städtke die Entwicklung einer „bis heute" fehlenden „exakten marxistischen literaturtheoretischen Methodologie" zur Beurteilung eines „konkreten literarischen Phänomens", wobei der Akzent auf dem geradezu obsessiv wiederholten „exakt" lag.[132] Zielpunkt seiner Argumentation ist nicht die vom Moskauer Akademie-Institut für Weltliteratur erarbeitete dreibändige „Theorie der Literatur" (1962–1965), sondern die strukturale Poetik Lotmans, die Städtke erst ganz zuletzt nach einer Reihe anderer methodischer Ansätze als „eine der bedeutendsten sowjetischen Untersuchungen" (572) vorstellt und an

---

127 Ders., Gattungsgeschichtliche Untersuchungen zur russischen Erzählprosa der 20er und 30er Jahre des 19. Jahrhunderts, Berlin 1971.

128 Ders., in: Boden/Böck, Modernisierung, 2004, S. 264f., angeregt durch die später von ihm edierte Studie von Shegin, Lew F., Die Sprache des Bildes: Form und Konvention in der alten Kunst. Mit einem Vorwort von Boris Uspenski. Aus dem Russ. übers. v. Klaus Städtke, Dresden 1982.

129 Von der Lektorin und SU-Remigrantin Hildegard Hochkepler. Gespräch mit K. Städtke am 21. 08. 2008.

130 Schober, Rita, „Im Banne der Sprache". Strukturalismus in der nouvelle critique, speziell bei Roland Barthes, Halle 1968. In Bezug auf die Auflösung des Geschichts- und des Subjektbegriffs bei den französischen Strukturalisten gab ihr die spätere wissenschaftshistorische Kritik Recht, nur begründete die es anders.

131 Über den Strukturalismus in der Sprachwissenschaft hatte Manfred Bierwisch publiziert: Strukturalismus. Geschichte, Probleme, Methoden, in: Kursbuch 5 (1966), S. 77–152.

132 Städtke, Klaus, Mimesis oder poetisches Regelsystem. Zur Frage des Strukturalismus in der Literaturwissenschaft, in: Weimarer Beiträge 3 (1968), S. 555–586, hier: S. 576.

der Interpretation zweier Balladen von Brecht und Bürger vorführt. Damit hatte Städtke das Verhältnis von offiziell dominierender und inoffiziell führender literaturtheoretischer Forschung in der Sowjetunion klar bezeichnet. Entscheidend ist jedoch, wie er den ideologischen Anspruch von Analyse der abgebildeten Realität (die stalinistische Mimesis-Lehre) neu bestimmt durch die Analyse des Systems poetischer Verfahren (Poesis) im literarischen Werk und ihrer ästhetischen Funktionen. Da die Funktion literarischer Verfahrensweisen „hinüberreicht in die abgebildete Wirklichkeit", geht es methodisch um einen „‚Vergleich' von Kunst und Wirklichkeit" (573). Die Abweichungen literarisch modellierter Wirklichkeit von der historischen Realität sind als Intention und Aussage des Autors zu erkennen (574). Dass „nicht die objektive Realität und ihre Struktur an sich Gegenstand der Abbildung" im literarischen Werk sind, „sondern ihre Beziehung zum individuellen Subjekt" (578), war für die slavistische Literaturwissenschaft der DDR 1968 eine unerhörte, aber notwendige Feststellung. Der sozialistische Realismus wird ad acta gelegt mit den Worten: „Der Dichter liefert keine adäquaten Abbilder von Objekten, sondern Abbilder seiner Beziehungen zu diesen Objekten" (578).

Der Germanist Girnus warf Städtke vor, mit dem Begriff von Kunst als Zeichensystem „die Zerstörung des Kunstwerks" in seinem klassisch organischen Verständnis zu betreiben. Er lud ihn zu einem Gespräch, dem allerdings keine weiteren „Maßnahmen" folgten.[133] Andererseits brachte derselbe Aufsatz Städtke in Kontakt mit dem westdeutschen Slavisten Karl Eimermacher, der sich wie die ganze Konstanzer Schule um Hans Robert Jauss, Wolfgang Iser und Jurij Striedter ebenfalls mit dem Strukturalismus befasste. Die Referenzkreise methodisch interessierter Slavisten beider Deutschlands im russischen Wissenschaftsmilieu waren ja dieselben. Nur dass Eimermacher Lotmans Arbeiten zehn Jahre früher edieren konnte, bevor Städtke das vom Zentralinstitut für Literaturgeschichte aus 1981 auch für die DDR gelang.[134]

Die literaturwissenschaftliche Universitäts-Slavistik versank indes im Routinebetrieb der Lehrerausbildung und geriet ab Mitte der 60er Jahre in einen immer größeren Anachronismus zur differenzierteren literaturtheoretischen Entwicklung innerhalb der Sowjetunion selbst. 1964 war außer Lotmans „Vorlesungen" auch Georgij Fridlenders bahnbrechendes Buch „Dostojewskis Realismus" erschienen[135]. Mit den Arbeiten der Moskau-Tartuer Schule gab es eine Rückbesinnung auf die russische Formale Schule, deren Texte der Konstanzer

---

[133] Ders., in: Boden/Böck, Modernisierung, 2004, S. 264: Brief von Girnus an Städtke, 1968.

[134] Eimermacher, Karl (Hrsg.), Lotman, Ju. M., Lekcii po struktural'noj poėtike (Vorlesungen zu einer strukturalen Poetik), München 1972. Städtke, Klaus (Hrsg.), Juri M. Lotman, Kunst als Sprache. Untersuchungen zum Zeichencharakter von Literatur und Kunst, Leipzig 1981.

[135] 1976 erschien in der DDR: Friedländer, Georgij M., Ästhetik und Literaturgeschichte. Aufsätze. 1940–1972. Aus dem Russ. übers. v. Michael Dewey, Berlin/Weimar 1976.

Slavist Jurij Striedter zur gleichen Zeit auf Deutsch herausgab[136], und eine Auseinandersetzung mit der Literatur der russischen Avantgarde, die seit den 60er Jahren in der Sowjetunion erstmals wieder veröffentlicht wurde. Erst ab Mitte der 70er Jahre edierten Mitarbeiter der DAW und Verlagsslavisten einiges davon.[137] Doch in Forschung und Lehre an der Universität wurde all das bis zum Ende der DDR nicht diskutiert.

Hier konzentrierte sich die Ausbildung auf eine Kritik ausschließende Vermittlung von Sowjetliteratur, der die Aufgabe ideologischer Erziehung zugewiesen war. Erst nach der Wende gaben junge Leipziger Slavisten „Provokationen zur ‚Sowjetliteratur'" heraus.[138] An der Humboldt-Universität lehrte Sowjetliteratur zunächst Edel Mirowa-Florin (geb. 1921). Als Diplomlehrerin besaß sie kaum wissenschaftliches und keinerlei literaturtheoretisches Profil. Doch angesichts des Mangels an Lehrkräften für das neue Fachgebiet wurde die Russin, Parteigenossin (KPdSU 1945) und Ehefrau des SED-Politikers Peter Florin[139] 1951 – weder promoviert noch habilitiert – zur Dozentin und 1953 zur Professorin mit Lehrauftrag ernannt. Sie erstellte die neuen Lehrpläne für russische und Sowjetliteratur nach sowjetischen Schulbüchern für die oberen Klassen. 1963 erst legte sie eine Dissertation über Gorki vor.[140]

Sowjetliteratur wurde an der Humboldt-Universität nicht eigentlich erforscht, sondern „betrieben", propagiert: „Ein Slavist sein, heißt ein Freund der Sowjetunion sein."[141] Dieses Bekenntnis wurde mit Hilfe des sowjetischen Literaturkanons vermittelt und eingefordert. Zugespitzt könnte man sagen: Die slavistische Literaturwissenschaft der Humboldt-Universität reduzierte sich auf eine Zweigstelle der „Gesellschaft für Deutsch-Sowjetische Freundschaft"[142], deren Zentrale sich mit Bibliothek und Zeitschriftenlesesaal in unmittelbarer Nähe im ehemaligen Palais am Festungsgraben hinter der Neuen Wache befand. Sowjetliteratur musste der Realismus- und Widerspiegelungsdoktrin zufolge von der Lite-

---

136 Vgl. seine Einleitung zu: Texte der russischen Formalisten I, München 1969. Zuvor erschienen in Frankfurt a. M. Boris Eichenbaum (1965), Jurij Tynjanov (1967) und Viktor Šklovskij (1966).

137 Fritz Mierau, 1966–1980 in der Arbeitsgruppe der Slavisten an der DAW, danach freiberuflicher Verlagsslavist, edierte: Konzepte. Zur Herausgabe sowjetischer Literatur. Mit Texten von V. Schklowski, B. Eichenbaum und Ju. Tynjanow, Leipzig 1976; ders. (Hrsg.), Die Erweckung des Wortes. Essays der russischen Formalen Schule, Leipzig 1987; Dewey, Michael (Hrsg.), Boris Eichenbaum. Mein Zeitbote. Belletristik, Wissenschaft, Kritik, Vermischtes, Leipzig/Weimar 1987.

138 Rollberg, Peter/Kassek, Dagmar (Hrsg.), Das Ende der Abstraktionen. Provokationen zur „Sowjetliteratur", Leipzig 1991. Die Vorbemerkung der Hrsg. trägt den Titel „Die Entdeckung des Konkreten".

139 Geb. 1921, ZK-Mitglied 1958–1989, 1967–1969 Botschafter in Prag, 1973–1989 stellvertretender Außenminister und bis 1981 Ständiger Vertreter der DDR bei den Vereinten Nationen in New York. – Neben Mirowa war an der HU auch Markus Wolfs Ehefrau Emmi Lehrbeauftragte für russische Literatur (Dostojewski)!

140 Mirowa-Florin, Edel, Maxim Gorkij und die Zeitschrift „Beseda" (1923–1925). Einige Probleme des Humanismus im Schaffen Gorkijs, Diss., Humboldt-Universität zu Berlin 1963.

141 Jünger, Harri, Slawistik und Literaturwissenschaft, in: Slawistik in der DDR 1977. Dem Wirken Hans Holm Bielfeldts gewidmet, hrsg. v. Scheel, Heinrich, Berlin (Ost) 1977, S. 73.

142 Die Massenorganisation der DDR ging 1949 aus der 1947 gegründeten „Gesellschaft zum Studium der Kultur der Sowjetunion" hervor.

raturwissenschaft als Abbild einer sozialistischen „Wirklichkeit" gedeutet werden, die es so tatsächlich nur in der Literatur gab und deren Authentizität wiederum durch ihre literarische Darstellung zu beweisen war.[143] Die Werturteile waren im Einzelfall von Autor und Werk bereits parteilich sanktioniert, die sowjetische Forschung war kritiklos zu zitieren. Nicht jeder war für diese Tätigkeit geeignet. Lebhaftere Geister wichen in die Verlagsslavistik oder auf das Gebiet anderer slavischer Literaturen aus.[144]

Mirowa-Florin wurde 1969, vom Botschafterposten ihres Mannes in Prag zurückgekehrt, auf Vorschlag von Girnus Extraordinaria für Sowjetliteratur. Doch Anfang 1974 schied sie wieder aus, da sie ihren Mann an die UNO nach New York begleitete.[145] Um die Parteilinie in der HU-Slavistik durchzusetzen, berief das Staatssekretariat 1970 als ersten Ordinarius für Sowjetliteratur Harri Jünger aus Jena. Mit ihm hielt die „Holzsprache" der politischen Macht Einzug.[146] Er hatte die Mimesis-Doktrin aufsagen gelernt, die literarische Poesis blieb ihm unzugänglich. Seine Antrittsvorlesung 1971 „Was heißt und zu welchem Ende studiert man Sowjetliteratur?"[147] machte Lehrenden und Studierenden drastisch klar, was sie erwartete. Jünger präsentierte noch den stalinistischen Literaturkanon (Nikolai Ostrowski, Wassili Ashajew), unterschiedslos durchsetzt mit Autoren wie Wassili Grossman oder Ehrenburg. Sozialistische Literaturgeschichtsschreibung skizzierte er nach den ebenso vagen wie plakativen Kriterien des sozialistischen und des „monumentalen Realismus", der Gestaltung des „Menschenbildes" und der „Situation". Die Frage, wie sich die Sowjetliteratur zu ihrem stalinistischen Erbe verhalte, beantwortete er nicht, sondern stellte ihr die These von Literaturgeschichtsschreibung als Waffe im Klassenkampf entgegen.

Jüngers Spezialisierung war eng. 1957 promovierte er in Leningrad über die mehrfach umgearbeitete, historisch verfälschende Romantrilogie zur Geschichte der Oktoberrevolution „Der Leidensweg" (1920–1941) von Alexej Tolstoj – eine Arbeit, die mit dem Entstalinisierungs-Parteitag der KPdSU nicht gerechnet hatte.[148] Über denselben Autor habilitierte

---

143 Auf die gleiche Argumentationsstrategie für die DDR-Literatur verweist Städtke, Klaus, Beispiele der Deformation wissenschaftlichen Denkens in den Geisteswissenschaften der frühen DDR, in: Leviathan. Zeitschrift für Sozialwissenschaft 19 (1991), S. 32–43, hier: S. 40.

144 An der HU waren seit Anfang der 60er Jahre mit Professuren für Sprache und Literatur vertreten: Russisch, Polnisch, Tschechisch, Bulgarisch und Serbokroatisch.

145 1974 in den „Ruhestand bis auf Weiteres" versetzt, 1981 emeritiert. UAHU, PA E. Mirowa-Florin, M 676. Seit 1953 Mitglied des Rates der Philosophischen Fakultät der HU, des Wissenschaftlichen Beirates für Slavistik im Staatssekretariat für Hochschulwesen und des Beirates für Sowjetliteratur beim Ministerium für Kultur, war Mirowa zentrale Repräsentantin des Fachbereichs Sowjetliteratur an der Universität und im Verlagswesen der DDR.

146 Thom, Françoise, La langue de bois, Paris 1987, über die Sprache des Sowjetkommunismus. Dazu Peter Rollberg mit Bezug auf den literaturwissenschaftlichen Diskurs in der DDR um 1968, in: ZfS 38 (1993), S. 134 (Tagungsbericht N. Franz).

147 Zur Methodologie der Literaturgeschichtsschreibung, in: Weimarer Beiträge 11 (1971), S. 170–182.

148 Jünger, Harri, Chronist der Zeitenwende: Alexej Tolstoj und seine Romantrilogie „Der Leidensweg", Halle 1960.

er sich auch 1961 in Leipzig.[149] Danach leitete er als Herausgeber bzw. Teilautor nur noch Kollektivarbeiten. Als Oberassistent lieferte er 1958 das Prozessgutachten zur Lehre seines Leipziger Kollegen Ralf Schröder, der in Halle mit anderen Slavisten des „Revisionismus" angeklagt und dann bis 1964 inhaftiert war. Zunächst nur aus politischen Gründen (u. a. der Einforderung von Pressefreiheit) angeklagt, kamen nach diesem Gutachten fachliche hinzu. Schröder, Absolvent des Slavisten-Sonderlehrganges an der Humboldt-Universität, hatte ab 1956 in seine Lehre Babel, Ehrenburg, aber auch Trotzki einbezogen. Er legte nicht seine grundsätzliche Akzeptanz von politischer Erziehung durch Sowjetliteratur ab, sondern erweiterte nur den Kanon, um ‚besser' (Trotzkisten) zu erziehen.[150] 1959 veröffentlichte Jünger in der Zeitschrift für Slawistik einen Kampfartikel zur Abgrenzung der DDR-Slavistik gegenüber westlichen (Gleb Struve, Mark Slonim, Adolf Stender-Petersen) und insbesondere westdeutschen Darstellungen russisch-sowjetischer Literaturgeschichte. An den Arbeiten von Arthur Luther (1924) und Wilhelm Lettenbauer (1955) ist tatsächlich Grundlegendes zu kritisieren, nur nicht die Abhängigkeit vom US-Imperialismus.[151] Vsevolod Setschkareffs Puschkin-Bild (1949) mit „Rassentheorie und Eroberungspolitik" der „Ostforschung" in Verbindung zu bringen (S. 479), war schlicht Demagogie. Infam aber war die Invektive gegen einen namenlos angeführten „Revisionisten" der Gorki-Forschung und Anhänger von Lukács' Realismus-Theorie, nämlich den bereits inhaftierten Ralf Schröder.[152]

1962 avancierte Jünger zum Ordinarius für Sowjetliteratur in Jena und zum Dekan, der die Jenaer Romanistik auflöste. Von Jena aus baute er ein Forschungskollektiv auf, das 1970 ein erstes Handbuch „Russische sowjetische Literatur im Überblick" bei Reclam Leipzig vorlegte. Dieselben Autoren – neben Jünger Willi Beitz (Leipzig), Barbara Hiller, Gerhard Schaumann (Jena) und Fritz Mierau (Berlin), ergänzt durch weitere für Einzelaspekte –, brachten unter seiner Leitung ab 1973 auch eine zweibändige „Geschichte der russischen Sowjetliteratur 1917–1941" und „1941-1967" heraus.[153] Jünger besprach die Anlage der Arbeit mit Aleksandr Dement'ev vom Moskauer Institut für Weltliteratur, dem leitenden Herausgeber der vierbändigen sowjetischen Akademieausgabe zur Geschichte der Sowjet-

149 Ders., Alexej Tolstoj – Erkenntnis und Gestaltung, Berlin (Ost) 1969.

150 Dazu Bott, Marie-Luise, Die Slawistik – eine Hilfswissenschaft? Zur Geschichte der Berliner Hochschulslavistik 1925–1956 (erscheint demnächst).

151 Jünger, Harri, Slawistik und Literaturwissenschaft. Zur Interpretation der russischen und sowjetischen Literatur, in: ZfS 4 (1959), S. 475–496, hier: S. 478. Ein weiteres Pamphlet Jüngers, „Wesen und Aufgaben der deutschen slawistischen Literaturwissenschaft", konnte die Redaktion der ZfS 1962 „aus der eigentlichen Zeitschrift fernhalten und in eine Beilage verbannen", so Gottfried Sturm 1991, in: ZfS 38 (1993), S. 134f. (Tagungsbericht N. Franz); s. Beilage zu ZfS 7 (1962), H. 4.

152 Ebd., S. 486–488. Fazit S. 494f.: „Einzelne, besonders widersprüchliche Werke Babels und Ehrenburgs" wurden „durch Revisionisten für eine Aufweichungspolitik ausgenutzt", während Autoren wie Alexej Tolstoi „in den Lehrveranstaltungen nicht einmal genannt wurden. Auf diese Weise sollten an unseren Universitäten nicht junge Sozialisten, sondern junge Trotzkisten herangebildet werden."

153 Akademie-Verlag, Berlin 1973/75; 2. Aufl., 1977; nach 1989 unbrauchbar.

literatur. Nachdem dieser jedoch ideologisch in die Kritik geriet, wechselte Jünger zu Jurij Andreev vom Leningrader Akademie-Institut für Russische Literatur. Andreev forderte eine stärkere Berücksichtigung der ideologischen Repräsentanten der Sowjetliteratur, was zu Umgewichtungen in der Darstellung, etwa starken Kürzungen bei Achmatowa und Mandelstam, führte.[154]

Nachdem die große Sektion Philologien/Germanistik an der Humboldt-Universität nicht die gewünschte parteiliche Disziplin zeitigte und es in der Studentenschaft nach der Niederschlagung des Prager Frühlings auch zu Protestreaktionen gekommen war, traf die SED-Parteileitung für die ideologisch vorangehenden Fächer Slavistik und Germanistik die gleiche institutionelle Maßnahme, um „Ordnung" zu schaffen. Neben der Ernennung des Anglistik-Dozenten Wojcik zum Parteisekretär der Sektion holte sie 1970 Harri Jünger in die Slavistik, der sich 1971 auch als Gesellschaftlicher Mitarbeiter für Sicherheit anwerben ließ.[155] Und sie ernannte in der Germanistik 1972 Anneliese Löffler zur Professorin, die ebenfalls Informelle Mitarbeiterin für Sicherheit war.[156] Über einem Forschungsprojekt zur Erarbeitung des Lehrmaterials „Einführung in die marxistisch-leninistische Literaturwissenschaft", das 1972–1975 der ganzen Sektion Philologien/Germanistik an der Humboldt-Universität zugewiesen war, kam es jedoch zum Ende jeglicher „Ordnung" zwischen Reißner und Jünger.

Das Projekt ist ein Fallbeispiel für zentrale Forschungsplanung von der obersten Politbüro-Ebene über das Ministerium für Hoch- und Fachschulwesen (MHF) zu Akademie und Universität hinab. Seine Anfänge liegen im Jahr 1965. Die Kafka-Konferenz in Liblice 1963 und das Ost-Berliner Internationale Schriftstellerkolloquium über „Die Literatur in beiden deutschen Staaten" im Dezember 1964 hatten einigen ostdeutschen Literaturwissenschaftlern das starre Korsett eines nur noch formelhaft repetierten sozialistischen Realismus sowjetischer Provenienz unerträglich werden lassen. Monate vor dem 11. „Kahlschlag"-Plenum des ZK, das im Dezember 1965 tagte, reichten im Mai Werner Mittenzwei vom Institut für Gesellschaftswissenschaften beim ZK und Erwin Pracht vom Institut für Philosophie der Humboldt-Universität mit anderen „Material zu einigen Entwicklungsfragen der Literaturwissenschaft und Literaturkritik in der DDR" ein. Es war vertraulich zur „Beratung in der Ideologischen Kommission beim ZK der SED" bestimmt und wurde „besonders unter dem Aspekt der internationalen Realismusdiskussion" erarbeitet.[157]

---

[154] Vgl. die Rezension in: Informationsmittel für Bibliotheken (CIFB) 4 (1996), S. 4.

[155] BStU, BV Berlin, XV/6573/80, AGMS „Harri", Nr. 0105/89: Anwerbung 19. 10. 1971, Ausscheiden gesundheitshalber 18. 12. 1988; Einsatzrichtung: „internationale und nationale Wissenschaftsbeziehungen".

[156] Seit 1971, vgl. Walther, Joachim, Sicherheitsbereich Literatur. Schriftsteller in der Deutschen Demokratischen Republik, Berlin 1999, S. 697.

[157] BArch, DR 3, 1. Schicht, 2239: Staatssekretariat für Hoch- und Fachschulwesen, HA Gesellschaftswissenschaften: Beratung der Ideologischen Kommission beim ZK der SED 1965 über „Probleme der Literaturwissenschaft in der DDR". Material Pracht/Mittenzwei (64 S).

Den I. Teil verfassten unter Leitung des Ästhetikers Pracht[158] u. a. der Leipziger Romanist Kurt Schnelle und der Anglist Robert Weimann, aber kein Slavist konsequenterweise. Den II. Teil hatte leitend der Germanist Mittenzwei erarbeitet. Zu den „hemmenden Tendenzen in der Literaturkritik der DDR" zählte er vor allem die Unklarheit im Gebrauch zentraler Begriffe des sozialistischen Realismus (Dekadenz, das Typische, Perspektive, Totalität) und die „verbreitete Unkenntnis" über ästhetische Gestaltungsmittel und die Möglichkeiten ihres verschiedenartigen künstlerischen „Umfunktionierens" (S. 43). Hier habe „die ganze Potenz der Literaturwissenschaft in die entscheidenden Diskussionen der letzten zwei Jahre nicht öffentlich eingegriffen" (S. 35). Von der Literaturkritik sei „eine neue Qualität des ästhetischen Wertens und des kulturpolitischen Beurteilungsvermögens" gefordert, die sich von „vulgären bzw. konservativen Tendenzen" unterscheide (S. 36).

Das bedeutete nach 20 Jahren Widerspiegelungsrhetorik Emanzipation vom „Vorbild" Sowjetunion und Rückkehr zu genuin literaturwissenschaftlichen Fragen der literarischen Form und ästhetischen Wertung. Es bedeutete andererseits eine Zuwendung zum „bürgerlich-humanistischen" Literaturerbe (S. 46) und zu marxistischen Literaturtheorien Westeuropas. Auf der Konferenz in Liblice hatte der Wiener Literaturkritiker Ernst Fischer, ZK-Mitglied der KPÖ bis 1969 und Autor von „Zeitgeist und Literatur" (1964), ein „Dauervisum" für Kafkas Werke in allen sozialistischen Ländern gefordert.[159] Auch der Philosoph Roger Garaudy, ZK-Mitglied der KPF bis 1969 und Autor des Essaybandes „D'un Réalisme sans rivage. Picasso, Saint-John Perse, Kafka" (1963), sprach sich dort für eine undogmatische „‚offene' Realismus-Auffassung" aus (S. 10). Mittenzwei konstatierte, dass es in der DDR an „einer theoretischen Gegenposition zu der Fischer-Garaudy-Richtung" fehle, die unter DDR-Künstlern und Studenten stärker wirke als alles bisher im Hochschulbereich des Landes Publizierte (S. 54). Er schlug vor, rasch „praktikable Realismus-Konzeption(en)" zur Debatte zu stellen, „um in der internationalen Diskussion unter Marxisten (…) ein produktiver Partner zu werden" (S. 10). „Vielleicht sollte als allererstes ein Sammelband vereinbart werden" (S. 23). Das ist die Geburtsstunde der von Mittenzwei 1969 herausgegebenen „Positionen", jenen „Beiträgen zur marxistischen Literaturtheorie in der DDR", unter denen es bewusst keinen slavistischen Beitrag – etwa über den sozialistischen Realismus Gorkis – geben sollte.

Vor allem aber konstatierte Mittenzwei „fehlende wegweisende literaturtheoretische Arbeiten an Universitäten und Hochschulen" (S. 60), zum Beispiel über „Entwicklungsprozesse und Veränderungen auf dem Gebiet der literarischen Darstellungsmittel in der

---

158 Pracht, Erwin/Neubert, Werner (Hrsg.), Sozialistischer Realismus: Positionen, Probleme, Perspektiven. Eine Einführung, Berlin 1970. Dazu Rauh, Hans-Christoph/Ruben, Peter (Hrsg.), Denkversuche. DDR-Philosophie in den 60er Jahren, Berlin 2005, S. 281–306.

159 Saadhoff, Germanistik in der DDR, 2007, S. 379. Vgl. auch Fischer, Ernst, Das Problem der Wirklichkeit in der modernen Kunst, in: Sinn und Form 10 (1958), S. 461–483.

DDR-Literatur“ (S. 44). Er forderte „Konzeptionen“ statt „Detailuntersuchungen“, eine „größere Planmäßigkeit in der Forschung und bei Vergabe der Dissertationsthemen“, die Erarbeitung „größerer Entwicklungslinien und Zusammenhänge“ (S. 60f.). Das ist die Geburtsstunde der interphilologischen Sektionen an der Humboldt-Universität und der Akademie sowie der Arbeitsstelle Literaturtheorie an der DAW 1968, aus der 1969 das von Mittenzwei gegründete Zentralinstitut für Literaturgeschichte (ZIL) hervorging.[160] Und es ist der Ursprung einer Flut von literaturwissenschaftlichen Aufsätzen, Dissertationen und Habilitationen ab den 70er Jahren zu den Themen „literarische Wertung“ und „literarischer Funktionswandel“.

Nachdem die Ideologische Kommission beim ZK im Juli 1965 beraten hatte, forderte Kurt Hager bis Jahresende ein „Kaderprogramm“ zunächst für die Zeit bis 1970.[161] Danach entstand erstmals ein „Zentraler Forschungsplan für die Gesellschaftswissenschaften“, insbesondere für die Entwicklung der „Kultur- und Kunstwissenschaften“ in der DDR, der – in Phasen fortgesetzt bis 1989 – eine langfristige Orientierung für interdisziplinäre Grundlagenforschung an Akademie und Universität vorgab.[162] Zur ersten Phase 1972–1975 gehörte im Bereich Kultur- und Kunstwissenschaften neben dem Lehrbuchprojekt „Einführung in die marxistisch-leninistische Ästhetik“ an der Sektion Ästhetik und Kunstwissenschaften der Humboldt-Universität auch das Lehrbuchprojekt „Einführung in die marxistisch-leninistische Literaturwissenschaft“ an der Sektion Philologien/Germanistik.[163] Im Reihentitel der publizierten Bände wurde dann das „marxistisch-leninistisch“ weggelassen.[164]

Nach einer Information der Staatssicherheit diente das Projekt „Einführung in die marxistisch-leninistische Literaturwissenschaft“ von vornherein „der Erarbeitung von Lehrmaterial für Studenten“. „Nur wegen der kurzfristigen Terminstellung und um namhafte Wissenschaftler zu gewinnen, auch um die politische Bedeutung zu erhöhen sowie dies Lehrmaterial schnellstens der Lehre für die Studenten zuzuführen“, wurde es „zu Beginn

---

160 Boden/Böck, Modernisierung, 2004, haben diese Schicht des Archivmaterials 1965 nicht erschlossen. Ihre Interviewpartner Mittenzwei (S. 63f.) und Weimann (S. 118f., 125) lassen sie auch im Dunkeln über diese Vorgeschichte der ZIL-Gründung. M. Naumann (S. 84) deutet sie als Ablenkung „von den Ereignissen in Prag und in den westlichen Studentenbewegungen“, deren Import die Machtstrukturen in der DDR aufgelöst hätte; ähnlich Städtke: um „nach dem Schock der Ereignisse von 1968 (…) die Intelligenzija des Landes zu beschäftigen, ihr einen scheinbaren Freiraum zu schaffen“ (S. 271). Doch die Initiative von Mittenzwei, Weimann u. a. dazu lag schon im Jahr 1965. Die Gründung wissenschaftlicher Institutionen in der DDR hatte in der Regel einen mehrjährigen Vorlauf.

161 BArch, DR 3, 1. Schicht, 2239: Referat von Kurt Hager (10 S.), S. 9f.

162 Auf ZK-Beschluss vom 13. 12. 1972 bildeten sich parallel 17 „Wissenschaftliche Räte der DDR für die gesellschaftswissenschaftliche Forschung“, der „für marxistisch-leninistische Kultur- und Kunstwissenschaften“ mit Sitz im ZK-Institut für Gesellschaftswissenschaften. BArch, DY 30/IV B 2/9.04/67: Zentraler Forschungsplan für die Gesellschaftswissenschaften 1976–1980, 23. 06. 1975, S. 31f.

163 BArch, DY 30/IV B 2/9.04/94: ZK, Abt. Wissenschaften: Zentraler Forschungsplan für die Gesellschaftswissenschaften 1972–1975.

164 Hrsg. von Anneliese Löffler im Bibliographischen Institut Leipzig.

als Politbüro-Projekt deklariert." 1975 war es „bereits als Ministeriumsprojekt des MHF heruntergestuft."[165]

Dem Bericht über den Fortgang dieses literaturwissenschaftlichen Projekts im Jahr 1973 ist zu entnehmen, dass es lange „keine stabile Projektleitung" gab. Die Diskussion um eine „einheitliche Konzeption" zog sich endlos hin. Dann wurde „mit Unterstützung der Universitätsleitung" die Germanistin Anneliese Löffler zur Projektleiterin ernannt. Sie versprach, Gesamtkonzeption und Erstfassungen der Kapitel im Juli 1974 im Wissenschaftlichen Rat „Theorie des sozialistischen Realismus" zur Diskussion zu stellen. Ende 1974 sollte das Studienmaterial erscheinen.[166] Während der Bericht die Arbeit an den Lehrbuchprojekten für Ästhetik und für Literaturwissenschaft kritisiert, lobt er die 1973 bereits erschienene Kollektivarbeit „Literatur – Lesen – Gesellschaft" unter Leitung des Romanisten Manfred Naumann vom ZIL als sehr gute Forschungsleistung: Sie hole „bisherige Rückstände in der DDR-Literaturwissenschaft" insbesondere für die Rezeptionsforschung auf und gebe „für die praktische Kulturpolitik wichtige Orientierungen. Für den ideologischen Klassenkampf ist besonders bedeutungsvoll, daß hier erstmalig in unserer Literaturtheorie in so umfassender und gezielter Weise die Kritik am Strukturalismus und an der bürgerlichen Rezeptionsästhetik vorgenommen wird" (S. 10). Tatsächlich fand die Literaturtheorie der DDR mit diesem Band Anschluss an die damalige internationale Rezeptionsästhetik.

Aus dem Forschungsbericht für 1974 geht hervor, dass seit 1973 die Sektion Germanistik für das literaturwissenschaftliche Lehrmaterial verantwortlich zeichnete. Die Konzeption wurde sowohl im ZK-Institut für Gesellschaftswissenschaften wie „vor dem Rat für Kultur- und Kunstwissenschaften und dem Realismus-Rat" verteidigt, aber es gab „ernste prinzipielle Einwände", da sie nicht klar auf ein Hochschullehrbuch angelegt war. Noch immer zeigten sich „entscheidende Mängel in der Leitung des Projektes". Die Fertigstellung des Lehrmaterials zum Jahresende 1974 schien nicht gesichert.[167] Im Abschlussbericht vom November 1975 über die Realisierung des „Zentralen Forschungsplans 1972–1975" hieß es, „der Beitrag der Literatur- und Kunstwissenschaften zur Erhöhung der literatur- und kunstkritischen Arbeit" entspreche noch immer nicht den Anforderungen.[168]

Tatsächlich erschien das literaturwissenschaftliche Lehrmaterial erst 1979/80. Eberhard Reißner, der stellvertretende Leiter des Projekts „Einführung in die marxistisch-leninistische Literaturwissenschaft"[169], war im März 1976 von einer Vortragsreise nach Wien nicht

165 BStU, MfS AKK 7662/84, Bl. 113: Abt. XX/3, 23. 4. 1976: Information zur Ergänzung der vorher gegebenen Berichte zum ungesetzlichen Verlassen der DDR von Prof. Reißner, Bl. 2, gez. Ltn. Simonis.

166 BArch, DY 30/IV B 2/9.04/94: ZK Abt. Wissenschaft, Sektor Gesellschaftswissenschaften, Wissenschaftliche Räte, Zentraler Plan für die Gesellschaftswissenschaften 1972–195: „Jahresbericht 1973", Februar 1974, S. 6.

167 Ebd., vertraulicher „Jahresbericht 1974" an den Wissenschaftlichen Rat für marxistisch-leninistische Kultur- und Kunstwissenschaften (26 S.), März 1975, S. 4.

168 Ebd., Bericht November 1975 (110 S.), S. 12f.

169 BStU, MfS AKK 7662/84, Bl. 67: im November 1974.

mehr in die DDR zurückgekehrt. Seit Herbst 1975 hatte er seine Flucht geplant. Neben einer wachsenden „Verbürokratisierung" der Gesellschaft meinte er, „die Verhältnisse an der Sektion Slawistik auch mit dem ‚grössten Sarkasmus nicht mehr seelisch' ertragen zu können".[170] Vom MfS befragt, was Reißner im Westen preisgeben könne, nannte Sektionsleiter Jünger wichtigtuerisch das „Polit-Büro-Projekt ‚Einführung in die marxistisch-leninistische Literaturwissenschaft', in dem Reißner einen Teil leitete." Sechs Manuskripte lagen vor, die Reißner redaktionell bearbeiten und in sechs Broschüren herausgeben sollte. Sie sind nie erschienen. Reißner selbst, so berichtete Jünger, habe einen Beitrag zur „formalen Schule der 20er Jahre in der Sowjetunion" geliefert, einer „später verworfenen Entwicklung in der Volksbildung der Sowjetunion".[171] Weitere Befragungen richteten sich auf die Absetzung Reißners als Leiter des Bereichs Literaturwissenschaft 1975. Die offizielle Begründung von Sektionsleiter Jünger damals lautete, man wolle Reißner zur Bearbeitung der Manuskripte „entlasten". Tatsächlich aber nahm Jünger das zum Anlass, „der liberalen Leitungstätigkeit von R." ein Ende zu machen und selbst die Bereichsleitung Literaturwissenschaft zu übernehmen.[172]

Seit 1972 hatte die Staatssicherheit Mitteilungen über Jüngers „autoritativen", „absolutistischen", „undemokratischen Leitungsstil" bekommen, der „Unzufriedenheit bei den Kollegen aller Bereiche" erzeugte. „Wichtige Entscheidungen" traf er nicht in der Diskussion, sondern „allein – bzw. mit dem Parteisekretär Dr. Wojcik".[173] Ein IM berichtete über Nervenzusammenbrüche von Professoren wegen Jünger, der jedoch nicht selbstkritisch Stellung nahm.[174] Eine spätere Einschätzung charakterisierte das Klima in der Sektion Slavistik als „gezwungen und unehrlich". Da zudem „Familienwirtschaft" herrschte – Jünger förderte stark seine Tochter Steffi Chotiwari-Jünger, die 1979 eine Assistentenstelle für Georgische Sprache und Literatur erhielt –, verließen „viele junge Assistenten die Sektion". Jüngers Haltung gegenüber seinen Assistenten sei „unkollegial" und „herablassend", die Betreuung der Promotionen unzureichend.[175]

[170] Ebd., Bl. 63 und 62: Befragung von Gundula Bahro, Oberassistentin für Sowjetliteratur; Zitat aus Reißners Brief an sie vom 03. 04. 1976.

[171] Ebd., Bl. 75f.: Bericht Ltn. Simonis, Abt. XX/3, 13. 4. 1976, über Befragung von GMS Jünger. Möglicherweise ist auch die Angabe eines Beitrags von Reißner zur Formalen Schule Wichtigtuerei. Reißner kann sich an einen solchen Beitrag nicht erinnern (Gespräch am 06. 05. 2009).

[172] Ebd., Bl. 113: Verwaltung Groß-Berlin, Abt. XX/3, „Information" von Ltn. Simonis, 23. 4. 1976: Auskunft von Prof. Brandt. Das Argument „Entlastung" wurde öfter gebraucht, da Reißner seit einer Kinderlähmung 1957 körperbehindert war. Jünger nutzte Reißners Körperbehinderung zu seiner eigenen Ermächtigung.

[173] BStU, BV Berlin, AGMS „Harri", XV/6573/80, Bl. 50f., o. D. (Sommer 1972), anonym (Bericht eines Gewerkschaftsvertrauensmannes über Jünger als Direktor der Sektion Philologien/Germanistik).

[174] BStU, MfS AKK 7662/84, Bl. 100f.: HV A, Abt. I/6, 8. 4. 1976, an Abt. XX: „IM-Bericht zur Republikflucht eines Professors der Sektion Slawistik der Humboldt-Universität".

[175] BStU, BV Berlin, AGMS „Harri", XV/6573/80, Bl. 67: „P-Einschätzung Prof. Jünger", gez. „IM der DE".

Reißner selbst teilte die Gründe für den Abbruch seiner fast 25jährigen Tätigkeit an der Humboldt-Universität noch im März 1976 brieflich dem Rektor mit: Sie seien „in der Situation zu sehen, die im Laufe der letzten fünf Jahre an der Sektion Slawistik unter der Leitung von Prof. Dr. Jünger eingetreten ist. Cliquenwirtschaft, Nepotismus, ein geradezu systematischer (wenn auch vielleicht unwissentlich) entwickelter wissenschaftlicher Dilettantismus bei phrasenhaft zu Erfolgen hochstilisierten Pseudoleistungen – dies alles hat eine Atmosphäre geschaffen, die – zumindest im literaturwissenschaftlichen Bereich – durch lähmende Resignation (...) gekennzeichnet ist. Ich jedenfalls mußte mein Tun in steigendem Maße als sinnlos und mich selbst als im Grunde überflüssig fühlen. Da die eigentlich Verantwortlichen an der Universität diese Entwicklung duldeten, obwohl sie ihnen nicht verborgen geblieben sein kann, da andererseits im Rahmen der Sektion selbst jede Kritik fruchtlos bleibt und dank entsprechender personeller Weichenstellungen auch fruchtlos bleiben muß, habe ich jetzt keine Hoffnung mehr, daß sich dort noch etwas zum Besseren wenden kann."[176]

Damit resümierte Reißner unmissverständlich die Kader- und Steuerungspolitik von SED-Parteileitung und Staatssicherheit für das Fach Slavistik an der Humboldt-Universität seit 1970. Sie war kontraproduktiv für die Forschungsentwicklung und destruktiv für qualifiziert Lehrende. Reißners Weggang hinterließ „eine Leere, die nicht zu füllen war."[177] Jünger musste 1976 die Sektionsleitung abgeben. 1979 endlich brachte er mit einem Autorenkollektiv den ersten Band des Lehrmaterials „Einführung in die Literaturwissenschaft in Einzeldarstellungen" heraus: „Der sozialistische Realismus in der Literatur".[178] Anglisten und Romanisten waren hieran bis auf einen Lateinamerikanisten nicht beteiligt. Die Darstellungen zum sozialistischen Realismus in der Sowjetunion reproduzieren den Forschungsstand der 50er und 70er Jahre in primitivster Allgemeinheit. Die Kapitel über den sozialistischen Realismus in „imperialistischen Ländern" 1917–1945, dann in der „Weltliteratur" bzw. in den sozialistischen Entwicklungsländern suggerieren – von Gorki und Scholochow über Anna Seghers bis zu Pablo Neruda – eine Art Welteroberung mit dieser „Schaffensmethode" in ihrer „Einheit und Vielfalt" (Jesuitow). Der Band blieb zurück hinter den Ansprüchen an studentisches Lehrmaterial. Insbesondere unterlief er Mittenzweis Forderung nach terminologischer Klarheit sowie Einführung in literarische Gestaltungsmittel und ihre ästhetischen Funktionsweisen.

176 Ebd., Bl. 198: Reißner an Rektor Helmut Klein, Prof. für Systematische Pädagogik, 26. 03. 1976.

177 W. Gladrow, Gespräch am 14. 05. 2008. Das MfS trat vergeblich an Helmut Graßhoff und Günter Walch heran, um Reißner durch ein Gespräch in der BRD und mit Aussicht auf eine Forschungsstelle an der DAW zurückzulocken. Reißner erhielt einen Ruf an die Universität Mainz.

178 Mit den Mitarbeitern des Leningrader Akademie-Instituts für Russische Literatur Juri Andrejew und Andrej Jesuitow, der mit Jünger 1957 an der Leningrader Universität zur Sowjetliteratur promoviert hatte; mit dem Lateinamerikanisten Hans-Otto Dill, den Germanisten Reinhard Gerlach, Waltraud und Klaus Geißler sowie dem Bohemisten Manfred Jähnichen. Das Exemplar aus der Bibliothek der HU-Slavistik zeigte keinerlei Benutzungsspuren.

Das änderte sich mit dem letzten Band der Reihe „Einführung in die Literaturwissenschaft“: „Die literarische Methode. Strukturen und Probleme“ (1980). Ihn gab der Anglist Günter Walch heraus, der erst in der zweiten Phase des „Zentralen Forschungsplans 1976–1980“ mit dem Thema „kritischer Realismus“ beauftragt wurde. Der Autorenkreis war ihm vorgegeben[179] und bezog nun auch die Romanistik ein. Er bestand aus Christa Bevernis (kritischer Realismus in Frankreich), Rita Schober (Naturalismus), Horst Heintze (Renaissance), den HU-Germanisten Wolfgang Stellmacher (Lessing), Hans-Dietrich Dahnke und Peter Müller (deutsche Literatur um 1800, Romantik) sowie dem Jenaer Slavisten Michael Wegner, der Reißners Forschungsgebiet kritischer russischer Realismus übernahm. Die methodologischen Kapitel schrieb sämtlich Walch. Ideologisch rief der Band im Abschlussbericht des „Zentralen Forschungsplans“ vom November 1980 Kritik hervor. Zwar seien jetzt auch in den Literaturwissenschaften „differenziertere ästhetische Bewertungsmaßstäbe“ gewonnen worden, die „zu konkreter Analyse künstlerischer Erscheinungen“ befähigten. Aber ihr Beitrag beachte „die Einheit von weltanschaulich-ideologischen und ästhetisch-künstlerischen Aspekten bei der Bewertung literarischer (...) Werke“ noch unzureichend.[180] Doch selbst die Staatssicherheit, die Walch in der Hoffnung beobachtete, ihn doch noch für „Kontaktpolitik und -tätigkeit insbesondere von diplomatischen Vertretungen und im literaturwissenschaftlichen Bereich der Hauptstadt“ gewinnen zu können, registrierte: Walchs Beitrag „zum Ministerprojekt [sic] ‚Einführung in die M/L-Literaturwissenschaft‘ ist häufig gelobt worden“.[181]

Walch nutzte die Ressourcen des „Zentralen Forschungsplans“ und initiierte 1980 gemeinsam mit dem Amerikanisten Christopher Müller ein Lehrbuchprojekt allein für den eigenen Disziplinbereich. Der Band „Funktionen der Literatur in Großbritannien und den USA in der Periode der Herausbildung des Imperialismus“ (1984) schloss sich eng an Fragestellungen aus Walchs Habilitation an. Dementsprechend gut sind die von ihm geschriebenen „Methodologischen Grundlagen“ im I. Teil über den „Funktionsbegriff in der Literatur“sowie über Produktion und Rezeption englischer Literatur in der Viktorianischen Epoche. Dagegen fallen dann die literarischen „Analysen“ im II. Teil ab, die keine oder eine naiv mechanistische Verbindung zum methodologischen Ansatz aufnehmen.

Harri Jünger wagte in den 80er Jahren noch ein Forschungsprojekt zur führenden literaturtheoretischen Richtung der Nachbarphilologien: „Zur Rezeption der russischen und sowjetischen Literatur“ (1984).[182] Eberhard Reißner hatte hier für die russische Literatur

---

179 Ein „Auftrag“ mit vorgegebenem Autorenkreis, ohne konzeptionelle Diskussion. Manuskripte wurden eingereicht und in Einzelgesprächen bearbeitet. G. Walch, Gespräch am 06. 05. 2009.

180 BArch, DY 30/IV B 2/9.04/94: Bericht November 1980, Wissenschaftlicher Rat für marxistisch-leninistische Kultur- und Kunstwissenschaften (26 S.), S. 6, 7f.

181 BStU, MfS Nr. 18401/82, BV Berlin, XV/4810/78 Bd. 1, Akte G. Walch, Bl. 264: „Inoffizielle Einschätzung des Dr. Walch“, 26. 10. 1977.

182 Berichte der Humboldt-Universität zu Berlin, Bd. 23 (1984).

profunde Vorarbeit geleistet. Er wäre der geeignete Leiter eines solchen Projekts gewesen. Unter Jünger aber geriet es zur Parodie rezeptionsgeschichtlicher Forschung: „Alle hier veröffentlichten Arbeiten blieben hinter dem Rezeptionsdiskurs der 80er Jahre zurück (...) Man bediente mit diesem Projekt eindeutig den von der sowjetischen Literatur geführten Herrschaftsdiskurs."[183]

Letztlich wurde auch die Initiative von Mittenzwei und Pracht bei der ZK-Abteilung Wissenschaft zur Förderung des Niveaus von Literaturwissenschaft und -kritik durch den „Zentralen Forschungsplan für Gesellschaftswissenschaften" für die Selbstlegitimierung des DDR-Staates instrumentalisiert. Die slavistische Literaturwissenschaft der Humboldt-Universität stagnierte mit Jünger noch in den 80er Jahren im sowjetischen Dogma und fand weder an die Literatur der Moderne noch an literaturtheoretische Diskussionen in Romanistik und Anglistik Anschluss.

Klaus Städtke, der sehr gerne weiter gelehrt hätte, verabschiedete sich schon 1973 aus der Universität ans Zentralinstitut für Literaturgeschichte in die Arbeitsgruppe zur Theorie der Literaturgeschichte unter Leitung des Romanisten Manfred Naumann. Hier arbeitete er zunächst produktiv; er publizierte „Studien zum russischen Realismus des 19. Jahrhunderts" (1973), „Ästhetisches Denken in Rußland. Kultursituation und Literaturkritik" (1978) und die legendäre Aufsatzsammlung von Jurij Lotmann „Kunst als Sprache. Untersuchungen zum Zeichencharakter von Literatur und Kunst" (1981).[184] Dann aber drängte ihn die feste „politisch motivierte Personalhierarchie"[185] auch hier in die Isolation. 1988 floh Städtke in die Bundesrepublik.[186] Seine Abschiedspublikation in den Weimarer Beiträgen (33/1987) über die Theoriegeschichte des russischen Formalismus bezog sich nur noch auf westliche Forschungsliteratur bzw. Arbeiten der Tartuer Schule.

---

183 Goes, Gudrun, „Wenn es die Literatur schwer hat, beginnt man vom Leser zu sprechen." (J. Tynjanov) Russische (und slavistische) Diskussionen zur Rezeptionsforschung neu gelesen, in: Adam, Wolfgang/Dainat, Holger/Schandera, Günter (Hrsg.), Rezeptionsforschung in Ost und West – eine konvergente Entwicklung? Heidelberg 2003, S. 259–280, hier: S. 260f. Ergebnisse einer MAPRJAL-Konferenz (Internationale Vereinigung der Lehrer für russische Sprache und Literatur) 1985 in Berlin zum gleichen Thema erschienen in den Weimarer Beiträgen 32 (1986); dort auch das Grundsatzreferat von Jünger, Harri, Rezeption der russischen und sowjetischen Literatur. Eine Broschüre der Humboldt-Universität 1986 mit Konferenzbeiträgen erkannte das MHF nicht als ausreichendes Ergebnis eines Forschungsprojekts an. Daraufhin legte die Forschergruppe eine Projektstudie vor: Die Rezeption der russischen und sowjetischen Literatur, Berlin 1987 (80 S.).

184 Mit diesem Verkaufserfolg ging Lotman 1981 mit Städtke auf Lesereise durch die DDR. 1983 wurde Lotman durch Städtkes Vermittlung zu einer Dostojewski-Konferenz nach Jena eingeladen, durfte dort aber nicht, wie von Städtke gewünscht, den Eröffnungsvortrag halten. Gespräch mit K. Städtke am 21. 08. 2008.

185 Städtke, in: Boden/Böck, Modernisierung, 2004, S. 270.

186 Er übernahm einen Lehrstuhl an der Forschungsstelle Osteuropa der Universität Bremen.

Romanistik

Wenn die Romanistik der Humboldt-Universität abschließend nur mehr knapp skizziert wird, so aus drei Gründen. Anders als in Anglistik und Slavistik kam es hier zu keinem vergleichbaren Eingriff der SED-Parteileitung, der die Fachentwicklung gelähmt und den Lehrkörper gespaltet hätte. Mit der Klemperer-Schülerin Rita Schober (geb. 1918, SED 1946) als zentraler Figur lehrte hier eine Wissenschaftlerin von Format und zugleich von prinzipienfester Parteilichkeit.[187] Zum anderen konnte die romanistische Literaturwissenschaft für das 20. Jahrhundert durch die starken kommunistischen Strömungen in Frankreich, Italien und Ländern Lateinamerikas den Kanon auf eine Art sozialistischer Bruderliteratur hin öffnen. Und schließlich war der Ausbildungssektor des Faches mit nur wenigen Lehramts- und noch weniger Diplomstudenten sehr klein und lag nicht im Zentrum politischer Aufmerksamkeit.

Dennoch bemühte sich Rita Schober als Institutsdirektorin 1955–1968 um den Aufbau einer Vollromanistik. Französische Literatur (Naturalismus und 20. Jahrhundert) sowie Literaturtheorie lehrte von 1952 bis 1978 sie selbst, unterstützt ab 1969 von ihrer späteren Nachfolgerin, der Klemperer-Schülerin Christa Bevernis (geb. 1929, SED; kritischer Realismus und 20. Jahrhundert). Die Literatur der Renaissance vertrat der Klemperer-Schüler Horst Heintze (geb. 1923, SED 1970). Er habilitierte sich 1965 bei Rita Schober über Dante[188], lehrte aber auch französische Literatur. An seinem Habilitationsvortrag über den vom antiken Freiheitsgedanken getragenen, politisch-religiösen „Discours de la servitude volontaire" (1576) von La Boétie nahm Wilhelm Girnus so sehr Anstoß, dass das Verfahren beinahe gekippt wäre.[189] 1975 erhielt Heintze das einzige Ordinariat in der DDR für italienische Literatur und galt schlechthin als „Ordinarius für Renaissance". 1977 war er Mitautor des von Robert Weimann am Zentralinstitut für Literaturgeschichte herausgegebenen Bandes „Realismus in der Renaissance". Auf Heintzes Forschungsinitiative hin kam es 1965 zu einer internationalen Dante-Konferenz an der Humboldt-Universität. Sie geriet allerdings – nach dem Scheitern des für Oktober 1961 geplanten gesamtdeutschen Romanistentages in Leipzig[190] – zu einem deutsch-deutschen Politikum. Denn das Kultur- und das Hoch-

[187] Als gewählte Dekanin der neu gebildeten Gesellschaftswissenschaftlichen Fakultät 1970–1975 (zu deren Verantwortlichkeiten vgl. Schober, Romanistik an der HU, 1999, S. 430) setzte sie sich bei Habilitationsverfahren und Erteilung der Facultas für den Erhalt wissenschaftlichen Niveaus ein, d. h. auch für politisch wenig begünstigte Kandidaten wie Klaus Hansen.

[188] Heintze, Horst, Dante Alighieri. Bürger und Dichter, Berlin 1965, 2., durchges. Aufl., 1981. Hrsg. und z. T. Nachdichter von Petrarca, Francesco, Dichtung und Prosa, Berlin 1968. Mit Edith Heintze Hrsg. von Rabelais, François, Gargantua und Pantagruel. Vollständige Ausgabe, 2 Bände, Leipzig 1970, 2. Aufl., 1972, neu aufgelegt, Frankfurt a. M. 2003; daneben Heintze, Horst, Rabelais, Leipzig 1974.

[189] Gespräch mit Horst Heintze am 24. 05. 2009.

[190] Dazu Seidel, Romanistik in der DDR, 2005, S. 263–269.

schulministerium schalteten sich in die Organisation ein und schlossen den ostdeutschen Dante-Freundeskreis um Pfarrer Otto Riedel aus Zwickau von der Teilnahme aus. Daraufhin sagte auch der bundesdeutsche Präsident der Deutschen Dante-Gesellschaft, Hans Rheinfelder, sein Kommen ab. Kurzzeitig zum internationalen wissenschaftlichen Erfolg hochstilisiert, änderte die Ost-Berliner Dante-Konferenz, an der schließlich sechs Spezialisten aus Italien teilnahmen, nichts „am marginalen Status der Italianistik in der DDR".[191] Aber sie schuf wissenschaftliche Kontakte, die Heintze mit den Reisemöglichkeiten ab 1974 ausbauen konnte. 1982 kam es zwischen der Humboldt-Universität und der Universität Rom zu einem Freundschaftsvertrag, dem zwar noch kein Studentenaustausch, aber Gastvorlesungen folgten. Sehr gute Wissenschaftsbeziehungen bestanden zuvor zu Italianisten bzw. Romanisten aus Polen und Ungarn.[192]

Seit Fidel Castros Machtantritt in Kuba 1959 wurde die Lateinamerikanistik in der DDR mit Schwerpunkt in Rostock intensiv gefördert. An der Humboldt-Universität organisierte der chilenische Philosoph Waldo Ross, Spanisch-Lektor von 1959–1962, bereits 1960, zum 150. Jubiläum der Universität, eine Lateinamerika-Konferenz. Nach einem Studienjahr in Kuba 1962 vertrat dann Hans-Otto Dill (geb. 1935, SED) dieses Fach in Berlin.[193] Landeskunde Spaniens unterrichtete daneben der Rolland-Spezialist Gerhard Schewe (geb. 1930, SED). Erst nach dem Ende der Franco-Diktatur 1977 kam es in den 80er Jahren auch zu einem Freundschaftsvertrag zwischen der Humboldt-Universität und der Universität Madrid. Die portugiesische Nelkenrevolution 1973 änderte nichts mehr daran, dass es für eine gesamtromanistische Literaturwissenschaft an der Humboldt-Universität neben einer vollgültigen Hispanistik auch an der Lusitanistik fehlte. Während also die Sprachwissenschaft noch die ganze Romania historisch-vergleichend und synchron deskriptiv betrachtete (Johannes Klare, Hans-Dieter Paufler, mit Werner Dräger bzw. Christian Wagner für die Rumänistik), zerfiel die romanistische Literaturwissenschaft, vorangetrieben durch die Außenpolitik der SED-Regierung, in nationalliterarische Einzelphilologien.

Und das, obwohl Rita Schober noch die traditionelle Einheit der Philologie verkörperte. Sie hatte 1945 an der Prager Karlsuniversität sprachhistorisch promoviert, wurde im Rigorosum zu Dante geprüft und unterrichtete ab 1946 als Assistentin in Halle noch beides, historische Sprachwissenschaft (Altfranzösisch) und Literaturwissenschaft. Hier reichte ihr Spektrum vom Mittelalter (den Habilitationsvortrag hielt sie zu Marie de France) über die Klassik – 1968 edierte sie „L'Art poétique" von Nicolas Boileau – bis zur neueren Literatur.

---

191 Ebd., S. 276.

192 Heintze, Horst, Italianistik aus der DDR-Zeit, in: Italienisch. Zeitschrift für italienische Sprache und Literatur 24 (1990), S. 166–168, hier: S. 167f.. Vgl. ergänzend Italienisch 25 (1991), S. 152f.

193 Dill, Hans-Otto (Hrsg.), Erkundungen. 33 kubanische Erzähler, Berlin 1976, 2. Aufl., 1978, erweitert 1987. Ders., Geschichte der lateinamerikanischen Literatur im Überblick, Reclam Stuttgart 1999; ders., Die lateinamerikanische Literatur in Deutschland. Bausteine zur Geschichte ihrer Rezeption, Frankfurt a. M. 2009.

Bei Klemperer wollte sie sich zunächst zu George Sand habilitieren. Doch 1952 wurde sie auf Vorschlag von Werner Krauss Herausgeberin der Werke von Zola und entschloss sich, über dessen literaturtheorethische Schriften zu habilitieren. Rita Schober, eine überzeugte Anhängerin von Lukács' marxistischer Realismus-Doktrin, stand also vor der Aufgabe nach zuweisen, inwiefern auch der Naturalist Zola ein „Realist" sei.[194]

Seit sie ab 1957 an der Humboldt-Universität den Lehrstuhl innehatte, stellte sie sich der Erfordernis, Lehrbücher, vor allem eine Geschichte der französischen Literatur zu erarbeiten. Die Lösung, die sie dafür mit ihren Institutsmitarbeitern wählte, ist fachlich wie ideologisch aufschlussreich. So wie der Leipziger Anglist Georg Seehase 1961 zunächst noch an die Übersetzung einer sowjetischen Geschichte der englischen Literatur dachte[195], reiste Rita Schober 1964 ans Moskauer Akademie-Institut für Weltliteratur (IMLI) zu den Herausgebern einer vierbändigen Geschichte der französischen Literatur von den Anfängen bis 1960, deren letzter Band 1963 erschienen war. Sie prüfte, besprach sich mit dem leitenden Herausgeber Roman Samarin[196] und entschied vor allem unter fachwissenschaftlichem Aspekt, diese Darstellung nicht für die DDR, d. h. in den deutschen literarhistorischen Kontext hinein, zu übernehmen.[197] Stattdessen entschied sie sich für die Bearbeitung und Übersetzung einer tschechischen Geschichte der französischen Literatur von 1964. Hier konnte sie die bereits sanktionierte marxistische Grundkonzeption übernehmen, andererseits aber eine Bearbeitung der Vorlage für ihr Erscheinen in der DDR 1970 freier begründen. Die Abschnitte über die „poètes maudits" (Verlaine, Rimbaud), die Symbolisten und die Autoren der Zwischenkriegszeit überarbeitete der tschechische Herausgeber Jan Otokar Fischer selbst, da sich hier die Wertungen seit der stalinistischen Epoche seiner Erstausgabe von 1960 gewandelt hatten. Das Kapitel zur Klassik dagegen schrieb Rita Schober völlig neu; die Kapitel zu Mittelalter und Renaissance verfasste zu zwei Dritteln Horst Heintze neu. In einer „Vorbemerkung" begründete Rita Schober das mit der international noch immer anerkannten deutschen Forschungstradition für diese Epochen und mit deren spezifischer Wirkungsgeschichte im deutschen literarischen Kontext (Lessings Polemik gegen

---

194 Schober, Rita, Emile Zolas Theorie des naturalistischen Romans und das Problem des Realismus, HU Berlin 1954. Dazu selbstkritisch dies., Editionsgeschichte als Rezeptionsgeschichte, in: Engler, Winfried/Schober, Rita (Hrsg.), 100 Jahre Rougon-Macquart im Wandel der Rezeptionsgeschichte, Tübingen 1995, S. 17–52, hier: S. 23; vgl. auch dies., Auf dem Prüfstand. Zola, Houellebecq, Klemperer, Berlin 2003. Eine differenziertere literaturtheoretische Position hierzu vertrat Rita Schober seit Ende der 70er Jahre; vgl. dies., Lukács' Kritik am französischen Naturalismus und das Problem der literarischen Bewertung, in: Beiträge zur romanischen Philologie 16 (1977), S. 57–63.

195 Vgl. Anm. 71.

196 Ein Porträt gibt der Moskauer Philologe Gasparov, Michail L., Zapiski i vypiski, Moskva 2000, S. 254f. R. M. Samarin (1911–1974), promovierter Anglist (Milton, Shakespeare), erhielt 1948 den Lehrstuhl für Romanisch-germanische Literaturgeschichte an der Moskauer Staatsuniversität und leitete am IMLI die Abteilung für Auslandsliteratur. 1965–1974 war er korr. Mitglied der Ost-Berliner Akademie der Künste. Er publizierte in Sinn und Form (21/1969, H. 6) und in den Weimarer Beiträgen.

197 Gespräch mit R. Schober am 25. 11. 2008; allenfalls die Kapitel zu Baudelaire und zur Lyrik der Kommune.

die französische Klassik).[198] Ihrer Bearbeitung wurde außerdem im Sinne eines Studienbuches eine Bibliographie beigegeben, begrenzt „auf die in der DDR nach 1945 erschienenen Publikationen" (S. 10). Zu Marcel Proust etwa führt sie 1970 als einzige Sekundärliteratur einen Aufsatz von Anatoli Lunatscharski an.[199]

Die „Französische Literatur im Überblick" präsentierte eine Auswahl so genannter Höhenkammliteratur, unterschied sich also von dem erweiterten Literaturbegriff eines Werner Krauss (die poetae minores) oder Victor Klemperer (Trivialliteratur) als Erkenntnisquelle für literarhistorische Entwicklungen.[200] Rita Schober verfolgte danach weiter das Projekt einer eigenen Darstellung der Geschichte der französischen Literatur, indem sie Dissertationsthemen zur Literatur des 19. und 20. Jahrhunderts unter dem Aspekt der Entwicklung des Realismus vergab. Mit den eigenen personellen Kräften allein war dieses Ziel aber nicht zu erreichen. Gute Nachwuchswissenschaftler verließen die Universität, und die Krauss-Schüler, die in Leipzig und an der Akademie in Berlin zur französischen Aufklärung forschten, waren zu einer Kooperation nicht bereit. Doch auf diese Weise produzierten die Romanisten der Berliner Klemperer-Schule – unter den gegebenen ideologischen Bedingungen für Literaturgeschichtsschreibung – nichts allgemein Flaches („Realismus" in Frankreich). Andererseits legten die an der DAW forschenden Krauss-Schüler 1974 bei Reclam Leipzig eine sehr gute Epochendarstellung vor: „Französische Aufklärung: bürgerliche Emanzipation, Literatur und Bewußtseinsbildung".

Im Unterschied zu Anglistik und Slavistik beförderte die Existenz gleich zweier, miteinander rivalisierender literarhistorischer Schulen in der Romanistik letztlich die Entwicklung des Faches in der DDR. Denn die Klemperer-Schüler Schober und Heintze arbeiteten produktiv – und mit nachhaltigerer Wirkung, als es in der Literaturgeschichtsschreibung möglich gewesen wäre – auf dem Gebiet der Editionsphilologie für Renaissance und 19. Jahrhundert. Rita Schober edierte 1953–1976 in zwanzig Bänden Zolas Romanwerk „Die Rougon-Macquart. Natur- und Sozialgeschichte einer Familie unter dem Zweiten Kaiserreich".[201] Eine Analyse ihrer Nachworte zu den einzelnen Romanen im Verlauf jener 23 Jahre, ergänzt um ihre selbstkritische Perspektivierung dieser Editionsarbeit 1995, ergäbe einen besonderen Einblick in die Fachentwicklung romanistischer Literaturwissenschaft in

---

198 Vorbemerkung, in: Französische Literatur im Überblick. Nach der von einem tschechischen Autorenkollektiv unter Leitung von Jan O. Fischer hrsg. „Franzouzská literatura" (2. Aufl., Prag 1964) deutsch bearbeitet von einem Kollektiv unter Leitung von Rita Schober, Reclam Leipzig 1970, S. 6f.

199 Ebd., S. 528. Er schrieb das Vorwort zur sowjetrussischen Ausgabe der Gesammelten Werke von Proust (Leningrad 1934). In Ost-Berlin erschienen 1962 seine Aufsätze „Die Revolution und die Kunst".

200 Deshalb schon von „Restituierung des alten bürgerlichen Bildungskanons unter marxistischem Vorzeichen" zu sprechen (Seidel, Romanistik in der DDR, 2005, S. 147, Rainer Rosenberg zitierend), ginge mir für ein solches Handbuch allerdings zu weit.

201 Ab 1974 auch als Lizenz-Ausgabe bei Artemis-Winkler in München erschienen.

der DDR.[202] Als eigenes Wahrnehmungsdefizit hob Rita Schober im Rückblick besonders das Verkennen eines „mythischen Systems“ auf der Ebene von Zolas Beschreibungsmetaphorik hervor.[203] Mit „Mythen“ habe sie, zeitgeschichtlich verständlich, kurz nach dem Ende des Zweiten Weltkrieges nichts zu tun haben wollen (S. 40). Doch eben hier wäre ihr der strukturalistische Ansatz zugutegekommen, wenn sie ihn im Banne der Ideologie 1968 nicht verworfen hätte.

Die editorische Arbeit intensivierte andererseits ihre internationalen Wissenschaftskontakte, die nach 1974 auch zu einem Kooperationsvertrag zwischen der Humboldt-Universität und der Sorbonne führten, während zu Paris-Nanterre schon vorher Kontakte bestanden hatten. Rita Schobers literaturtheoretische Stellungnahmen der 70er Jahre, die sie 1982 bündelte zu dem Band „Abbild. Sinnbild. Wertung. Aufsätze zur Theorie und Praxis literarischer Kommunikation“, belegen ihr Bemühen, sich von der normativen sozialistischen Produktionsästhetik („Realismus“) zu lösen und auf eine Rezeptions- und Wirkungsästhetik einzulassen, wie sie – noch immer unter marxistisch literatursoziologischem Vorzeichen – der Krauss-Schüler Manfred Naumann 1973 mit dem Band „Gesellschaft – Literatur – Lesen“[204] erstmals für die ostdeutsche Romanistik eröffnet hatte.

Abb. 1 Seminargebäude am Hegelplatz

[202] In „kulturpolitische Praxis“ und „literaturtheoretische Debatten jener Jahre in der DDR“, so Schober in: Editionsgeschichte als Rezeptionsgeschichte, 1995, S. 22.

[203] Ebd., S. 39. In Frankreich 1952 von Guy Robert untersucht, in Deutschland bei Gumbrecht, Hans Ulrich, Zola im historischen Kontext. Für eine neue Lektüre des Rougon-Macquart-Zyklus, München 1978.

[204] Naumann, Manfred (Leitung und Gesamtredaktion)/Schlenstedt, Dieter/Barck, Karlheinz/Kliche, Dieter/Lenzer, Rosemarie, Gesellschaft – Literatur – Lesen. Literaturrezeption in theoretischer Sicht, Berlin/Weimar 1973.

Bilanz

Wie die Disziplinentwicklung an der Humboldt-Universität zeigt, änderte sich die ideologisch vorgegebene Hierarchie für die drei neuphilologischen Literaturwissenschaften im Verlauf der Zeit. Charakteristisch für alle drei Fächer ist eine gleichbleibende Distanz zur Germanistik, auch wenn ein Anglist der Humboldt-Universität zeitweilig mit dem Lehrstuhl für Allgemeine Literaturtheorie von Wilhelm Girnus und später mit dem Brechtforscher Mittenzwei an der DAW kooperierte. Ein politischer Einfluss von außen auf die Fachentwicklung zeigt sich 1970 in personellen Sicherheitsmaßnahmen für Anglistik und Slavistik. SED-Parteileitung und Staatssicherheit reagierten hier mit einer besonderen Kader- und Steuerungspolitik auf die Unruhe, die sich unter Studenten und Lehrenden nach Prag 1968 erhoben hatte. Diese Maßnahmen spalteten den Lehrkörper und behinderten eine produktive Forschungsentwicklung. Andererseits hatten Veränderungen in der SED-Außenpolitik zum Teil unmittelbar institutionelle Folgen für den fremdsprachlichen Fächerkanon, wie etwa die Etablierung der Lateinamerikanistik 1960 zeigt.

Dennoch ist ab 1969 innerhalb der Philologien selbst ein Aufbrechen der methodischen Ansätze im ideologisch vorgegebenen Rahmen zu beobachten. Diese Entwicklung hatte sich jedoch schon Mitte der 60er Jahre vorbereitet, vor allem nach der Konfrontation mit „offenen" marxistischen Haltungen zu Literatur und Literaturtheorie auf der internationalen Kafka-Konferenz 1963 und nach Bekanntwerden von Lotmanns strukturaler Poetik 1964. Gleichzeitig aber ist die Zuwendung zur Literatur der Moderne und zu neuen Ansätzen der Literaturtheorie Ende der 60er Jahre auch ein generelles Phänomen: Sie erfolgte, unter anderen politischen Voraussetzungen, zur selben Zeit auch in Westdeutschland. Durch die sowjetische Realismus-Doktrin und den Erziehungsauftrag zu „deutsch-sowjetischer Freundschaft" doppelt gefesselt, regte sich in der Slavistik eine erste eigenständige Entwicklung erwartungsgemäß nicht auf dem Gebiet der Sowjetliteratur, sondern im Forschungsbereich der vorrevolutionären russischen Literatur. Die Berliner Spezialisten für die Rezeptionsgeschichte russischer Literatur in Deutschland (Reißner), für Literaturtheorie der Formalen Schule, der Tartuer Kultursemiotik und der strukturalen Poetik in Anwendung auf die Erzählliteratur der Puschkin-Zeit (Städtke) standen in enger Beziehung zur westlichen Forschung und der antipolitischen Wissenschaftshaltung der Moskau-Tartuer Schule. Beide wurden durch die Personalpolitik der SED in die Emigration getrieben.

Die anglistische Literaturwissenschaft an der Humboldt-Universität gab ein Beispiel dafür, wie eine doktrinäre literaturtheoretische Begrifflichkeit durch Historisierung und Soziologisierung der Literaturforschung (Weimanns Shakespeare-Forschung) aufgelöst und mit Neubezug auf Marx erweitert werden kann. Statt einer Fortsetzung der immer fruchtloseren ideologisch-literaturtheoretischen Debatte zeigte andererseits Walchs Zuwendung zu den „kleinen Formen" der literarischen Einzelanalyse in den nicht der Vorzensur unterworfenen Fachzeitschriften, welche Möglichkeiten die Reflexion spezifisch literarischer Gestaltung – im Akt einer vergleichenden Übertragung – auch für das Erkennen der zeitgeschichtlichen Problematik bot.

Der hauptsächliche Arbeitsbereich von universitärer Romanistik und Anglistik bezeugt schließlich die Relevanz von Editionsphilologie in Diktaturen: das Bereitstellen real unzugänglicher Welten und anderer Zeiten. Übersetzte, kommentierte und edierte Literatur, begriffen in ihrer historischen Poetik und ästhetischen Wirkungsgeschichte, „ist nicht nur ein Erkenntnisobjekt, sondern gleichzeitig die Chance, ‚eine große Zeit' zu atmen, statt in einer kleinen zu ersticken."[205]

Sowohl Anglisten wie Romanisten der ehemaligen DDR zeigten schon zu Beginn der 90er Jahre ein hohes Maß an kritischer Selbstreflexion ihrer Fachgeschichte. Die Slavisten dagegen fielen angesichts ihres plötzlichen Bedeutungsverlustes in eine Schrecksstarre. Nur ihr Außenseiter Klaus Städtke meldete sich schon 1989 und 1991 mit kritischen Analysen zur DDR-Fachgeschichte zu Wort.[206]

Nach 1990 setzte wieder der umgekehrte Prozess zu 1945 ein: Anglistik und Romanistik wurden wieder zu Massenfächern, ohne eine entsprechende Vergrößerung des Lehrkörpers. Und die Slavistik unterlag einer erneuten Marginalisierung, auch wenn sie an der Humboldt-Universität nach Aufnahme von Dozenten und Studenten der 2001/02 aufgelösten Slavistik der Freien Universität in allen Slavinen so gut aufgestellt ist wie nur noch das Leipziger Institut, während landesweit Lehrstühle eingezogen und sechs Institute ganz geschlossen wurden. Damit trägt das Fach in Berlin heute sowohl seinem Standort an der Grenze zu Osteuropa wie seiner besonderen Geschichte an dieser Universität Rechnung.

---

[205] So der 2004 verstorbene Moskauer Altphilologe und Kulturhistoriker Sergej Averincev; vgl. Bott, Marie-Luise, Europäische Rationalisten: Ein Porträt der russischen Aufklärer Gasparov, Averincev und Meletinskij, in: ZfS 51 (2006), S. 338–346, hier: S. 346.

[206] Er ist der einzige Interviewpartner von Boden und Böck (Modernisierung, 2004), der nicht geduzt wird und sich gegen eine selbstlegitimatorische Suggestivfrage wie „Muss man das ZIL möglicherweise nicht irgendwie ‚in Schutz nehmen'?" (S. 278) verwahrt: „Man muss nicht. (...) All das muss man nicht in Schutz nehmen, sondern in seinem Bedeutungszusammenhang historisch zu erklären versuchen" (S. 278f.).

Holger Brohm

Kulturwissenschaft

Das Fach Kulturwissenschaft wurde Ende des Jahres 1962 an der Humboldt-Universität eingeführt. Es konnte damit bereits auf eine eigene Geschichte verweisen, als sich in den achtziger Jahren im Wissenschaftsfeld der alten Bundesrepublik unter demselben Namen Versuche zur Modernisierung der in die Krise geratenen Geisteswissenschaften ausbildeten. Trotz des Verdienstes, parallel zur Leipziger Universität einen der ersten deutschen kulturwissenschaftlichen Studiengänge eingerichtet zu haben, konnten die damaligen Akteure in Berlin jedoch nicht die Erfindung der Kulturwissenschaft für sich reklamieren. Der Vorstellung und dem Begriff nach war die Kulturwissenschaft länger bekannt, sie hatte bereits an der Wende zum 20. Jahrhundert in unterschiedlichen disziplinären Zusammenhängen zur Debatte gestanden. Heinrich Rickert und Max Weber zählten ebenso zu den Stichwortgebern wie Karl Lamprecht, der 1909 in Leipzig das erste deutsche Institut für Kultur- und Geschichtswissenschaft begründete. In unserem heutigen Verständnis wird das Bild der „ersten Kulturwissenschaft" jedoch stärker durch die Arbeiten von Aby Warburg und Sigmund Freud, aber auch von Ernst Cassirer und Georg Simmel geprägt, letztere hatten längere Zeit als Privatdozenten an der Berliner Universität gelehrt.

Simmels folgenreiche Unterscheidung von objektiver und subjektiver Kultur aufnehmend, lässt sich die Genealogie kulturwissenschaftlicher Ansätze in den Geisteswissenschaften jedoch noch weiter zu dessen akademischem Lehrer Moritz Lazarus zurückverfolgen. Unter der aus heutiger Sicht irritierenden Bezeichnung der Völkerpsychologie hatte Lazarus, der in Berlin seine wissenschaftliche Ausbildung bis zur Habilitation erfuhr, bereits um 1860 die Entwicklung eines modernen Kulturbegriffs vorbereitet, zu dessen Gegenstandsbereich auch Phänomene des Alltäglichen zählten; in diesem Zusammenhang stellte er der Kultur des Individuums die öffentliche Kultur des Zeitalters gegenüber.[1]

Die knappe Skizze verweist auf die komplexe Geschichte der Kulturwissenschaft, deren Verlaufsform nicht nur durch Kontinuität und Wandel, sondern ebenso durch Brüche und Neueinsätze sowie verspätete Wiederaufnahmen charakterisiert ist. Wenn der Begriff so vielfältige Bezüge offen hält, dass darunter ein Studiengang, eine Disziplin oder ein transdisziplinäres Forschungsparadigma verstanden werden, stellt sich nicht nur das Problem

[1] Vgl. Lazarus, Moritz, Grundzüge der Völkerpsychologie und Kulturwissenschaft, hrsg. v. Köhnke, Klaus Christian, Hamburg 2003.

der Disziplinarität der Kulturwissenschaft, sondern in umgekehrter Perspektive auch die Frage nach der Tragfähigkeit des wissenschaftsgeschichtlichen Disziplinenbegriffs hinsichtlich historisch und strukturell sich unterscheidender diskursiver und institutioneller Wissenskonfigurationen. Diese Fragen können im Folgenden nicht behandelt werden, sie stellen jedoch den Rahmen dar, innerhalb dessen die Geschichte der Kulturwissenschaft an der Humboldt-Universität dargestellt und nach Momenten ihrer disziplinären Konstitution befragt werden soll. Wenn in diesem Zusammenhang von einer Berliner Kulturwissenschaft die Rede ist, so wird nicht allein auf die institutionelle Kontinuität verwiesen, es verbindet sich damit auch die These eines „genius loci", der der Ausprägung der Kulturwissenschaft innerhalb der universitären Ordnung der Disziplinen eine spezifische Signifikanz verliehen hat.[2]

Die Gründung und erste Positionierung der Kulturwissenschaft an der Humboldt-Universität

Für die Einführung des Studienganges Kulturwissenschaft blieb die Vorgeschichte des Faches ohne Relevanz, sie erfolgte vielmehr im Zuge der so genannten Kulturrevolution in der DDR. Unter diesem agitatorischen Begriff fasste die politische Führung der SED ihre Ende der fünfziger Jahre – nach der Niederschlagung des ungarischen Aufstandes 1956 und nach den inszenierten Prozessen gegen Intellektuelle wie Wolfgang Harich und Walter Janka – einsetzenden Bemühungen, kulturpolitische Strategien für den Aufbau der sozialistischen Gesellschaft zu entwickeln. Der Anspruch wurde in der Folgezeit propagandistisch untermauert, insbesondere auf der Bitterfelder Konferenz (1959), die eine massenhafte kulturelle Selbstbetätigung der Werktätigen zu initiieren suchte. Im darauf folgenden Jahr fand das kulturpolitische Programm, das auf die Indienstnahme von Kunst und Literatur zur sozialistischen Bewusstseinsbildung zielte und zu diesem Zweck die unmittelbare politische Einbindung der Intellektuellen anstrebte, eine weitere Präzisierung. In den „Grundsätze[n] sozialistischer Kulturarbeit im Siebenjahrplan" wurde neben der an die Ästhetiker und Kunstkritiker gerichteten Forderung, neue ästhetische Maßstäbe für die Kunst und Lite-

---

[2] Bisher liegen Darstellungen zur Geschichte der Berliner Kulturwissenschaft vor allem in Form von Rückblicken der ehemaligen Professoren vor, vgl. in: 45 Jahre Kulturwissenschaft in Berlin. Zu Historie und Aktualität einer neuen Disziplin – Auskünfte über Berufskarrieren, hrsg. v. Arbeitskreis Wissenschaft der Kultur-Initiative '89, Berlin 2008 sowie Franz, Michael, Vom allgemeinen Kunstbegriff zur „mehrstelligen Ästhetik" in den *Weimarer Beiträgen*, in: Weimarer Beiträge 51 (2005), H. 1, S. 65–95; ders.: Der „Auszug der Ästhetik aus der Philosophie". Philosophische Ästhetik auf dem Weg in die Interdisziplinarität, in: Denkversuche. DDR-Philosophie in den 60er Jahren, hrsg. v. Rauh, Hans-Christoph/Ruben, Peter, Berlin 2005, S. 281–305. Allgemein zur historischen Semantik des Kulturbegriffs sowie zur Entfaltung des kulturwissenschaftlichen Paradigmas vgl. Böhme, Hartmut/Matussek, Peter/Müller, Lothar, Orientierung Kulturwissenschaft. Was sie kann, was sie will, Reinbek bei Hamburg 2000.

ratur zu erarbeiten, die Aufgabe formuliert, zur Ausbildung leitender Funktionäre in den Kultureinrichtungen der Betriebe und der Kommunen, aber auch in den Medien und Verlagen spezielle Bildungswege in der Fach- und Hochschulbildung sowie im Fernstudium anzubieten.[3]

Muss in dieser Perspektive die Entwicklung eines neuen anwendungsorientierten Studienganges zur Organisation „sozialistischer Kulturarbeit“ als die Erfüllung eines kulturpolitischen Auftrags angesehen werden, kann die Entstehung der Kulturwissenschaft dennoch nicht darauf beschränkt werden. Aus der politischen Instruktion ergaben sich weder das Profil noch die institutionelle Einordnung des Faches. In das Projekt der Gründung einer Kulturwissenschaft sind daher neben den dominierenden externen politischen Entwicklungen auch wissenschaftsinterne und institutionenspezifische Probleme einbegriffen, aus denen sich die Verzögerungen bei der Einführung des neuen Studienganges erklären. Das lag unter anderem im widersprüchlichen Einsatz des Begriffs der Kultur als allgemeines gesellschaftliches Ideal oder als ideologischer Kampfbegriff, im unreflektierten Wechsel seines Gebrauches zwischen den Ebenen des Normativen und des Deskriptiven begründet.

Das historische Projekt der Kulturwissenschaft um 1900 hatte sich im Prozess der Ausdifferenzierung der Wissenskulturen in den Natur- und Geisteswissenschaften entwickelt. Es war als moderner Reflex auf die Erfahrungen einer Kulturkrise entstanden, die durch das Auseinandertreten des im Begriff der Kultur begründeten Anspruchs auf Universalität einerseits und der lebensweltlichen Erfahrung zunehmender Partikularisierung von Teilbereichen der Industriegesellschaft andererseits ausgelöst wurden. Mit ihrem Drängen auf die Schaffung einer neuen, einheitlichen Nationalkultur strebte die politische Führung der DDR nun die Aufhebung dieser die Moderne charakterisierenden krisenhaften Bewegung an. Damit muss im Rückblick die ungebrochene Wertschätzung erstaunen, mit der Anfang der sechziger Jahre das genuin bürgerliche Deutungsmuster „Kultur“ in der DDR besetzt wurde, unter dessen Signum die politische Führung der SED die programmatische Auseinandersetzung mit der bürgerlichen Ideologie suchte und dabei auf das bürgerliche Diskursmodell der Ästhetik zurückgriff.[4]

In Anbetracht der Überdeterminiertheit des Kultur-Begriffs waren jedoch Konflikte unvermeidbar, unter welchen Bedingungen und mit welchen Interessen das in diesem Zusammenhang ins Leben gerufene Fach zu betreiben sei. Als Indiz dafür können die unter-

[3] Grundsätze sozialistischer Kulturarbeit im Siebenjahrplan. Entschließung der Kulturkonferenz 1960 des ZK der SED, des Ministeriums für Kultur und des Deutschen Kulturbundes, in: Kulturkonferenz 1960. Protokoll der vom ZK der SED, dem Ministerium für Kultur und dem Deutschen Kulturbund vom 27. bis 29. April 1960 im VEB Elektrokohle, Berlin, abgehaltenen Konferenz, Berlin 1960, S. 461.

[4] Vgl. hierzu Bollenbeck, Georg, Bildung und Kultur. Glanz und Elend eines deutschen Deutungsmusters, Frankfurt a. M./Leipzig 1994; Eagleton, Terry, Ästhetik. Die Geschichte ihrer Ideologie, Stuttgart/Weimar 1994.

schiedlichen Benennungen für den neuen Studiengang dienen, die diskutiert wurden; so verband sich mit dem Namen „Kulturpolitik und Ästhetik" die Vorstellung einer Weiterbildung zu „Kulturfunktionären von einem besonderen Typus".[5] Angesicht der parallelen Gründungen in Berlin und Leipzig lässt sich kaum rekonstruieren, welche Begründungen bei der Namensfindung letztlich den Ausschlag gaben. Im Ergebnis setzte sich im Jahr 1962 der Entwurf eines grundständigen Diplomstudienganges Kulturwissenschaft durch – mit der Namensgebung wurde ein wissenschaftlicher Anspruch formuliert und zugleich den tradierten Anforderungen an ein universitäres Fach entsprochen. Die Vorstellung vom Kulturarbeiter war damit jedoch nicht beiseite gelegt, sie sollte in den internen Auseinandersetzungen zwischen der Orientierung auf praxisbetonter Ausbildung und theorieorientiertem Forschungsprofil weiterhin eine Rolle spielen. Die Diskussionen vermochten jedoch kaum das Verhalten der Absolventen zu beeinflussen, ging doch nur ein kleinerer Teil in die Kulturhäuser und Jugendklubs, während die anderen eine Anstellung in wissenschaftlichen Einrichtungen oder in den Verlagen, Theatern und Museen fanden.

Das Staatssekretariat für Hochschulwesen beauftragte den Lehrbereich Ästhetik mit der Ausrichtung des Studienganges; es entsprach mit der Entscheidung einer Entwicklung, die sich bereits einige Jahre zuvor mit der Veränderung des allgemeinen Studienplans für das Philosophie-Studium angedeutet hatte. Danach sollte den Studierenden eine Spezialisierung in den unterschiedlichen philosophischen Gebieten ermöglicht werden, wobei für die Ästhetik die zusätzlichen Fächer Literatur-, Musik- und Kunstgeschichte sowie Anglistik, Romanistik und Germanistik vorgesehen waren.[6] Außerdem wurden am Berliner Ästhetik-Bereich bereits seit dem Ende der fünfziger Jahre Fragen der kulturellen Entwicklung der Gesellschaft diskutiert.

Auf diese Weise wurde das Fach aus einem philosophischen Teilgebiet heraus gegründet und von der neu gebildeten Fachrichtung Kulturwissenschaft am Institut für Philosophie ausgerichtet. 1963 wurden zunächst Bewerber im Fernstudium immatrikuliert, im anschließenden Jahr dann die ersten Studienanfänger im Direktstudium, bis zum Ende der DDR sollte der jährliche Wechsel in der Immatrikulation von Direkt- und Fernstudium beibehalten werden. Trotz seiner organisatorischen Einbindung in die Philosophie, aus der auch Studienwechsler geworben wurden, wies die neue Fachrichtung ein dezidiert literatur- und kunstwissenschaftliches Profil auf, nicht nur die Theorie und Geschichte der Äs-

[5] Protokoll der Kollegiumssitzung vom 14. Dezember 1962. Universitätsarchiv der Humboldt-Universität zu Berlin (UAHU), Bestand Philosophische Fakultät nach 1945, Sign. 237, Bd. 1, o. P. Die Formulierung verweist auf das Leninsche Diktum der „Partei neuen Typs".

[6] Vgl. Studienplan für die Fachrichtung Philosophie 1956. Entworfen vom wissenschaftlichen Beirat für die Fachrichtung Philosophie beim Staatssekretariat für Hochschulwesen unter Vorsitz von Herrn Prof. Ernst Bloch, in: Anfänge der DDR-Philosophie. Ansprüche, Ohnmacht, Scheitern, hrsg. v. Gerhardt, Volker/Rauh, Hans-Christoph, Berlin 2001, S. 525. Interessanterweise taucht die Slawistik in der Aufzählung der literaturwissenschaftlichen Fächer nicht auf.

thetik, die Kultur- und Literatursoziologie und die marxistische Kulturtheorie zählten zu den Aufgabenfeldern, sondern ebenso Fragen der allgemeinen Literaturwissenschaft und Literaturtheorie. Der interdisziplinäre Ansatz, der die etablierten Fächergrenzen der Philosophie zu überschreiten suchte, traf dabei auf eine ähnlich gerichtete Bewegung, die aus den nationalphilologisch konstituierten Literaturwissenschaften hinausdrängte.[7]

In dem sich vorsichtig öffnenden Raum der disziplinären Überschreitungen und Überschneidungen in den Geisteswissenschaften agierten neben einigen erfahrenen Universitätslehrern wie dem Germanisten Gerhard Scholz oder dem Philosophen Wolfgang Heise vor allem Wissenschaftlerinnen und Wissenschaftler einer jüngeren Generation, die bereits an der Humboldt-Universität ausgebildet wurden. Die Angehörigen der neuen kulturellen Trägerschicht, die aus den veränderten Bildungsmöglichkeiten in der ostdeutschen Nachkriegsgesellschaft hervorgegangen war, verdrängten allmählich das ältere, bereits in der Weimarer Republik sozialisierte Lehrpersonal. Sie verstanden sich ebenso wie Autoren und Künstler ihrer Generation als Akteure im Modernisierungsprozess der sechziger Jahre, den sie wissenschaftlich-diskursiv reflektierten. Dass die aus diesem Bildungsweg heraus entwickelten politischen Ansprüche mit teilweise schmerzhaften Erfahrungen in den kultur- und wissenschaftspolitischen Auseinandersetzungen bezahlt wurden, gehörte zu den unausweichlichen Folgen dieses Prozesses.[8] Bereits während der Studienzeit des ersten Jahrgangs im Fach Kulturwissenschaft signalisierte das so genannte Kahlschlag-Plenum des ZK der SED im November 1965, das für das Verbot beinahe der gesamten Jahresproduktion der DEFA-Filmstudios berüchtigt wurde, die Abkehr der Kulturpolitik von ihren wenige Jahre zuvor formulierten Ansprüchen und markierte damit langfristig politische Konfliktlinien.[9]

Mit der Dritten Hochschulreform (1968) erweiterte die SED ihre Möglichkeiten der Einflussnahme in die universitäre Verwaltung; zugleich fanden die Versuche ihr Ende, unterschiedliche Fachdiskurse in konkreten universitären Strukturen miteinander zu verknüpfen, indem Sektionen nach dem amerikanischen Modell der Departments gebildet wurden, um die bessere Konzentration wissenschaftlicher Kapazitäten zu gewährleisten. Auf diesem Weg wurde am 11. November 1968 die multidisziplinäre Sektion Ästhetik und Kunstwissenschaften gegründet und damit die institutionelle Konstituierungsphase der Kulturwissenschaft zum Abschluss gebracht. Das für die kulturwissenschaftliche Lehre zuständige Institut für Ästhetik unterteilte sich in die Abteilung Kulturtheorie unter Leitung von Dietrich

7 Vgl. hierzu einen Stellenplan aus dem Jahr 1965, in: UAHU, Bestand Philosophische Fakultät nach 1945, Sign. 240, Bd. 2, o. P.

8 Ausführlicher zur Auseinandersetzung zwischen der technokratischen „Moderne von oben" und der auf den damit vermittelten Ansprüchen beharrenden „Moderne von unten" bei Engler, Wolfgang, Die Ostdeutschen. Kunde von einem verlorenen Land, Berlin 1999, bes. S. 53–74.

9 Vgl. Agde, Günter (Hrsg.), Kahlschlag. Das 11. Plenum des ZK der SED 1965. Studien und Dokumente, Berlin 1991 sowie Kaiser, Monika, Machtwechsel von Ulbricht zu Honecker. Funktionsmechanismen der SED-Diktatur in Konfliktsituationen 1962 bis 1972, Berlin 1997, bes. S. 167–231.

Mühlberg und die Abteilung Ästhetik, der Erwin Pracht vorstand. Beide Wissenschaftler sollten bis in die neunziger Jahre die Geschicke der Kulturwissenschaft mit bestimmen, die berufliche Sesshaftigkeit gehörte zu den Eigenheiten des Wissenschaftsbetriebes in der DDR. Neben den beiden zentralen Abteilungen existierte eine weitere, die sich als früher Vorläufer der Medienwissenschaft mit der speziellen Kulturtheorie und der Ästhetik der Massenkommunikationsmittel befasste. Weiterhin war eine vierte Abteilung für die Organisation der Lehre im Direktstudium verantwortlich, zu den damit verbundenen Aufgaben zählte unter anderem die Erstellung von Lehrmaterial, das oftmals in Form so genannter Lehrbriefe in kleinen Auflagen herausgegeben wurde.

Außer der Ästhetik und der Kulturtheorie waren in der Sektion weiterhin die Archäologie, Kunst-, Musik- und Theaterwissenschaften sowie die entsprechenden Fächer der künstlerischen Erziehung vertreten, daneben sollte eine gesonderte Abteilung Literaturtheorie und allgemeine Literaturwissenschaft gebildet werden. Die Literaturwissenschaftler, unter ihnen befanden sich der Romanist Manfred Naumann und der Anglist Robert Weimann, blieben jedoch nicht lange in der Sektion und wechselten 1969 in das neue Zentralinstitut für Literaturgeschichte, das zu diesem Zeitpunkt im Zuge der Reform der Akademie der Wissenschaften als Ort geisteswissenschaftlicher Grundlagenforschung etabliert wurde.[10] Von dem für die Lehrerbildung verantwortlichen Teil der Literaturwissenschaften wurde dagegen die Trennung bereits durch die parallele Gründung einer Sektion Philologien/Germanistik vollzogen – das Prinzip der Multidisziplinarität fand seine Grenze, wo es um die Orientierung der Disziplinen auf praxisbetonte Ausbildung ging.[11]

Das „Shifting“ der Kulturwissenschaft zwischen den traditionsreichen universitären Disziplinen der Philosophie und der Philologie, ihr Bemühen um die Etablierung eines fachspezifischen Diskurses lässt sich auch aus dem Wechsel ihres Publikationsortes ablesen. Veröffentlichten die Kulturwissenschaftler, die zumeist aus der Philosophie hervorgegangen sind und dort auch promoviert haben, zuerst in der angesehenen *Deutschen Zeitschrift für*

---

10 Ausführlich zur Geschichte des Zentralinstituts für Literaturgeschichte, auch unter Berücksichtigung unterschiedlicher Binnenperspektiven der Beteiligten, siehe Boden, Petra/Böck, Dorothea (Hrsg.): Modernisierung ohne Moderne. Das Zentralinstitut für Literaturgeschichte an der Akademie der Wissenschaften der DDR (1969–1991), Heidelberg 2004.

11 Zur Gründung der Sektion Philologien/Germanistik an der Humboldt-Universität sowie des Zentralinstituts für Literaturgeschichte vgl. Boden, Petra, Experimente mit Differenzen: Modelle interphilologischer Literaturwissenschaft in Ost und West, in: Anglistik. Research Paradigms and Institutional Policies 1930–2000, hrsg. v. Kohl, Stephan, Trier 2005, S. 225–251. Die in dem Beitrag untersuchten Fallbeispiele unterschiedlicher Experimente interphilologischer Wissenschaftsorganisation in Ost- und Westdeutschland, die auch den Fachbereich Literaturwissenschaft an der Universität Konstanz einschließen, wären um das Seminar für Allgemeine und Vergleichende Literaturwissenschaft an der Freien Universität Berlin unter Peter Szondi zu ergänzen, das Ende 1965 eingerichtet wurde; zu dessen Problemen der institutionellen Verankerung siehe Lypp, Bernhard, Erinnerungen an Peter Szondi, in: Newsletter Nr. 2 der Alumni-Vereinigung des Instituts für Allgemeine und Vergleichende Literaturwissenschaft der Freien Universität Berlin, Berlin 2004, S. 3f.; Lypp spricht rückblickend von einer „Kulturwissenschaft avant les lettres“.

Philosophie, so ist in der zweiten Hälfte der sechziger Jahre ein Umstieg zu den *Weimarer Beiträgen* zu beobachten, die zur selben Zeit einen Prozess der Umorientierung durchliefen, der sich in dem raschen Wechsel der Untertitel artikulierte. Die 1955 gegründete Zeitschrift versammelte anfangs „Studien und Mitteilungen zur Theorie und Geschichte der deutschen Literatur" und diente bald darauf als „Zeitschrift für deutsche Literaturgeschichte", bis sie sich nach weiteren Zwischenschritten 1970 endgültig als „Zeitschrift für Literaturwissenschaft, Ästhetik und Kulturtheorie" positionierte. In der Aufzählung der Fächer wird die Profilierung der Berliner Kulturwissenschaft in ihrem „Auszug aus der Philosophie" (M. Franz) wiedergegeben, es bleibt jedoch die Dominanz der Germanistik auffällig, die zu einer „kulturellen Leitungswissenschaft" entwickelt werden sollte.[12]

Die *Weimarer Beiträge* blieben das zentrale kulturwissenschaftliche Diskussionsforum, in ihnen wurden auch die kulturwissenschaftlichen Kolloquien der Humboldt-Universität dokumentiert, die die Abteilung Kulturtheorie seit 1973 gemeinsam mit den Kulturwissenschaftlern der Leipziger Universität sowie den Mitarbeitern der Fachrichtung Kulturtheorie der Akademie für Gesellschaftswissenschaften beim ZK der SED – in der Akademie der Wissenschaften existierte keine eigenständige kulturtheoretische Forschungsabteilung – veranstaltete. Eine eigene kulturwissenschaftliche Zeitschrift wurde 1978 mit den *Mitteilungen aus der kulturwissenschaftlichen Forschung* entwickelt, die in einer Auflage von mehreren hundert Exemplaren als Manuskriptdruck vertrieben wurde. Die *Mitteilungen* dienten der Veröffentlichung und Diskussion eigener Forschungsergebnisse und wurden daneben auch zum Schriftentausch mit westlichen Institutionen benötigt – ein wichtiges Mittel, um die Versorgung mit aktueller Literatur trotz knapper finanzieller Ressourcen zu gewährleisten. Der Ästhetik-Bereich erhielt erst 1988 die Möglichkeit, unter dem Titel *angebote. organ für ästhetik* eine Zeitschrift herauszugeben. Bedingt durch die politischen Ereignisse 1989/90 avancierten die *angebote* zu einem Organ der kritischen Befragung bisheriger Leistungen der Ästhetik an der Humboldt-Universität wie auch ihrer Neupositionierung in einem veränderten wissenschaftlichen Feld. Während die *angebote* nach acht Ausgaben bereits 1995 wieder ihr Erscheinen einstellten, existieren die *Mitteilungen aus der kulturwissenschaftlichen Forschung* noch, sie haben sich aber aus dem universitären Kontext gelöst und werden mittlerweile unter dem Titel *Kulturation* als Online-Journal herausgegeben.

Die bisherige geschichtliche Darstellung bezog sich vorrangig auf die Schaffung institutioneller Rahmenbedingungen der kulturwissenschaftlichen Disziplinbildung, die jedoch vor allem durch die Bearbeitung spezifischer Fragestellungen und die sich daraus ergebende Generierung eines Wissenskorpus definiert wird. In ihren Anfängen registrierte die Kultur-

12 Vgl. das Editorial der Chefredakteurin Anneliese Große, Unser Standpunkt, in: Weimarer Beiträge 16 (1970), H. 1, S. 8. Ausführlich zu der Publikationsstrategie der Weimarer Beiträge als Leitorgan der Literatur- und der Kulturwissenschaft siehe Ende, Dagmar, Zur Neuprofilierung der Weimarer Beiträge Anfang der siebziger Jahre (bis 1989), in: Weimarer Beiträge 51 (2005), H. 1, S. 5–43.

wissenschaft das Fehlen einer eigenständigen Kulturtheorie innerhalb des marxistischen Ideengebäudes, daher galten ihre ersten Bemühungen der Fundierung des Kulturbegriffes über die bloße Summierung des Guten, des Schönen und des Wertvollen hinaus. Kultur – so lautete die allgemeinste Bestimmung – umfasst die Gesamtheit der Lebensbedingungen und -tätigkeiten unter dem besonderen Aspekt ihrer Bedeutung für die einzelnen Individuen. In einer nicht gekennzeichneten Lazarus-Simmel-Rezeption wurde die im geläufigen Basis-Überbau-Schema operierende Gegenüberstellung von materieller und geistiger Kultur wegen ihrer mangelnden Dynamik aufgegeben und durch die Unterscheidung von objektiver und subjektiver Kultur ersetzt, in deren Wechselbeziehung der analytische Zugang zur Beschreibung kultureller Prozesse gesucht wurde.[13] An die grundsätzlichen Bestimmungen schlossen weitere Operationen an, in denen ausgewählte Begriffe als zentrale Kategorien gesetzt wurden. Im Fall der Kulturtheorie stand an erster Stelle das Konzept der Persönlichkeit als sozialer Kategorie, in das Erkenntnisse aus der Entwicklungspsychologie, der Pädagogik, der Soziologie und später auch der Psychoanalyse eingearbeitet wurden. Das vor allem von Irene Dölling entwickelte Konzept fand seine Fortschreibung in den Untersuchungen der real existierenden Geschlechterverhältnisse[14], die gegen inner- und außeruniversitäre Widerstände durchgesetzt wurden und im Dezember 1990 zur Gründung des Zentrums für interdisziplinäre Frauenforschung (ZiF) führten (vgl. Jähnert i. d. Bd.). Mittlerweile in das fakultätenübergreifende Zentrum für transdisziplinäre Geschlechterstudien überführt, ist es gegenwärtig für die Ausbildung in den Geschlechterstudien/Gender Studies verantwortlich.

Mit der Erweiterung des Kulturbegriffs wurde der methodologische Rahmen sowohl für eine moderne Kulturgeschichtsschreibung wie auch für eine nicht mehr kunstzentrierte Ästhetik geschaffen. Die Kulturgeschichtsschreibung an der Humboldt-Universität nahm sich der Analyse historischer Formen der Arbeiterkultur, insbesondere des Freizeitverhaltens der Arbeiter, an und zeichnete ein differenziertes Bild des Lebens der Arbeiter im Wilhelminischen Deutschland und in der Weimarer Republik.[15] Die Ästhetik partizipierte an der konzeptionellen Öffnung, indem sie nicht mehr allein auf die Analyse künstlerischer Beziehungen orientierte, sondern sich für die lebensweltlichen, alltäglichen und prak-

[13] Vgl. Mühlberg, Dietrich, Zur marxistischen Auffassung der Kulturgeschichte, in: Deutsche Zeitschrift für Philosophie 12 (1964), H. 9, S. 1037–1054; und zehn Jahre später noch einmal Dölling, Irene, Kulturtheorie als angewandter historischer Materialismus, in: Deutsche Zeitschrift für Philosophie 23 (1975), H. 3, S. 440–451.

[14] Dölling, Irene, Zur kulturtheoretischen Analyse von Geschlechterbeziehungen, in: Weimarer Beiträge 26 (1980), H. 1, S. 59–88 (vlg. auch Jähnert i. d. Bd.).

[15] Zur allgemeinen Bewertung der Kulturgeschichtsschreibung an der Humboldt-Universität siehe Saldern, Adelheid von, „Eine soziale Klasse isst, trinkt und schläft nicht." Die Arbeitsgruppe „Kulturgeschichte der deutschen Arbeiterklasse", in: Die DDR-Geschichtswissenschaft als Forschungsproblem, hrsg. v. Iggers, Georg G. u. a., München 1998, S. 241–258.

tischen Vollzüge ästhetischen Handelns zu interessieren begann.[16] Modellhaft wurde die programmatische Durchbrechung des Kunstzentrismus in der gemeinsam mit Vertretern anderer kunstwissenschaftlicher Disziplinen erarbeiteten Kollektivmonographie „Ästhetik heute" vorgeführt. In der Untersuchung der gestaltästhetischen Aspekte in Design, Architektur, Medien und Öffentlichkeit in ihrem Funktionswandel entwickelten die Autoren ein Konzept von ästhetischer Kultur als übergreifendem Zusammenhang aller ästhetischen Vollzüge. Der aus den Frühschriften von Marx entlehnte Begriff der Aneignung sowie der Gestaltungsbegriff avancierten zu zentralen Kategorien eines eigenständigen Ansatzes kulturwissenschaftlicher Ästhetik.[17]

Abschied von den Illusionen, aber keine Absage an Sozialismus: Wolfgang Heise

Die theoriegeleitete interdisziplinäre Arbeit der Kulturwissenschaft verdankte sich wesentlich dem Wirken von Wolfgang Heise (1925–1986), der zu den prägenden Figuren der Berliner Ästhetik zählte, was seinen Einfluss als akademischer Lehrer, seine Rolle als Initiator wissenschaftlicher Projekte und seine Ausstrahlung über die Grenzen der Universität betraf, und wie sie auch in seiner intellektuellen Freundschaft zu unterschiedlichen Künstlern wie der Autorin Christa Wolf, dem Dramatiker Heiner Müller oder dem Maler Ronald Paris zum Ausdruck kam.[18] Heise, der nach den nationalsozialistischen Rassengesetzen als „Halbjude" galt und von 1944 an in einem Arbeitslager interniert wurde, studierte nach der Befreiung Geschichte, Kunstgeschichte, Philosophie und Germanistik und arbeitete nebenher als Theaterkritiker. Seit 1952 am Philosophischen Institut der Humboldt-Universität angestellt, promovierte er dort 1954 über den Frühaufklärer Johann Christian Edelmann und habilitierte sich zehn Jahre später mit einer Arbeit über die „Philosophie als Krisenbewusstsein und illusionäre Krisenbewältigung".[19] In der mehrfach abgestuften Hierarchie

[16] In einer gänzlich anderen philosophischen Tradition stehend, hatte der in Berlin lehrende Philosoph Max Dessoir bereits zu Beginn des 20. Jahrhunderts die „ästhetische Wissenschaft" programmatisch von der Kunstwissenschaft unterschieden, da der Bereich des Ästhetischen über die Kunst hinaus in das alltägliche Leben hineinreiche.

[17] Pracht, Erwin (Ltg.) u. a., Ästhetik heute, Berlin 1978.

[18] Achim Trebeß, zunächst Schüler und in den achtziger Jahren Kollege Heises am Institut für Ästhetik, hat in „Entfremdung und Ästhetik" (Stuttgart/Weimar 2001) die bisher umfassendste kritische Darstellung von dessen ästhetischer Theorie vorgelegt, der ich im Wesentlichen folge. Näheres zu den Lebensumständen Heises siehe Warnke, Camilla, Abschied von den Illusionen. Wolfgang Heise in den 60er Jahren, in: Rauh/Ruben, Denkversuche, 2005, S. 307–335; zur Anerkennung Heises unter Künstlern und Autoren der DDR siehe Reschke, Renate (Hrsg.), Künstler über einen Philosophen. Eine Hommage an Wolfgang Heise, Berlin 1995.

[19] Die Habilitation wurde veröffentlicht als Heise, Wolfgang, Aufbruch in die Illusion, Berlin 1964.

der Lehrpositionen, die in den sechziger Jahren in der DDR herrschte, erfolgte im selben Jahr die Berufung zum Professor für Geschichte der Philosophie. Dank seiner früh einsetzenden Lehrtätigkeit war Wolfgang Heise damit wesentlich an der Ausbildung der ersten Kulturwissenschaftler beteiligt, die aus der Philosophie in das neue Studienfach wechselten.

Seit Mitte der sechziger Jahre wurde die bis dahin geradlinig verlaufende wissenschaftliche Laufbahn immer dann unterbrochen, wenn der Marxist Heise in eigensinniger Weise zu innenpolitischen Ereignissen Stellung bezog, für Robert Havemann eintrat, für Wolf Biermann oder Rudolf Bahro Partei ergriff.[20] Nach der Niederschlagung des Prager Frühlings, mit dem er sympathisiert hatte, verlor Heise seinen philosophischen Lehrstuhl und wechselte in das Institut für Ästhetik (vgl. Herzberg i. d. Bd.), wo er erst 1972 die Berufung zum ordentlichen Professor für Geschichte der Ästhetik erhielt.

Abb. 1 Wolfgang Heise (1925–1986)

[20] Heises Protestschreiben gegen die „Biermann-Ausbürgerung“ an das Politbüro-Mitglied Kurt Hager vom 18. 11. 1976 wurde abgedruckt in: DDR-Geschichte in Dokumenten. Beschlüsse, Berichte, interne Materialien und Alltagszeugnisse, hrsg. v. Judt, Matthias, Berlin 1992, S. 330f.

Heises Wirkungskreis beschränkte sich nicht auf die Universität und das akademische Umfeld, auf seine Vorlesungen und Seminare, er war ebenso ein gefragter Diskussionspartner in anderen kulturellen Institutionen. Sein Einfluss als Universitätslehrer und die öffentliche Anerkennung verhinderten jedoch nicht, dass er immer wieder Schikanierungen wie der Behinderung der Publikation seiner Arbeiten oder dem Ausreiseverbot zu internationalen Kongressen ausgesetzt war. Eine Erfahrung individueller Kränkung für Heise, vor allem aber beschämender Ausdruck provinzieller Verhältnisse, unter denen die für die Positionierung im wissenschaftlichen Diskurs notwendige internationale Kommunikation erschwert wurde. Die paradoxe Situation schlägt sich bis in die Gegenwart in dem auffälligen Unterschied zwischen den Urteilen, die ungeachtet politischer Differenzen aus der Erfahrung des persönlichen Austauschs mit Heise getroffen werden, und den Kritiken nieder, die sich vor allem auf die Kenntnis seiner zu Lebzeiten veröffentlichten Texte – insbesondere der Habilschrift – beziehen.[21]

Zum Verständnis seiner Leistung gilt es, Heises in der Mitte der sechziger Jahre intensiv werdende Beschäftigung mit der Problematik der Entfremdung zu berücksichtigen, deren Fortleben unter den sozialistischen Verhältnissen in der DDR er analysierte. Die dem ideologischen Selbstbild der DDR widersprechende Einsicht veranlasste Heise, sich der Geschichte ästhetischen Denkens insbesondere in der Klassik und im „Gesprächsraum Romantik“ (Gerhard Wolf) zuzuwenden, um die eigene Gegenwart mittels der Kategorien des Ästhetischen zu analysieren. Die aus dieser Beschäftigung resultierenden umfangreichen Abhandlungen zu Hölderlin und zur deutschen Dichtung und Ästhetik zwischen 1750 und 1850 konnten erst nach Heises Tod aus dem Nachlass publiziert werden, in dem Titel „Die Wirklichkeit des Möglichen“ findet sich die Spannung zwischen dem Empirisch-Wirklichen und dem Utopisch-Idealen, die Heises Auseinandersetzung mit Kunst und ästhetischem Denken bestimmte, formelhaft verdichtet.[22]

Die in der Literatur der DDR mehrfach erprobte Strategie des Wechsels zur Arbeit am historischen Material, um den ideologischen Vorgaben zu entgehen, erwies sich als nicht frei von Aporien, wenn Heise die Klassik zur allgemeinen Kunstnorm erhob. Das Vorgehen ermöglichte ihm aber, an dem dort freigelegten utopischen Gedanken der Schaffung nicht entfremdeter Verhältnisse festzuhalten und gleichzeitig einen illusionslosen Blick auf die Gegenwart zu richten, indem er das Ideal der Klassik gegen die gesellschaftlichen und kulturpolitischen Verhältnisse in der DDR wendete. Auf diese Weise wurde kein Gegendiskurs initiiert, in der eigenen kulturwissenschaftlichen und ästhetischen Forschung zu Hölderlin

[21] Die Humboldt-Universität hat den wissenschaftlichen Nachlass sowie die Arbeitsbibliothek von Wolfgang Heise erworben, damit liefert das Wolfgang-Heise-Archiv exemplarischen Studien zur Wissenschaftsgeschichte der DDR eine ausgezeichnete Materialbasis.

[22] Heise, Wolfgang, Hölderlin. Schönheit und Geschichte, Berlin/Weimar 1988; ders., Die Wirklichkeit des Möglichen. Dichtung und Ästhetik in Deutschland 1750–1850, Berlin/Weimar 1990.

und Heine, den Untersuchungen zu den historischen Avantgarde-Bewegungen durch Karin Hirdina oder der kritischen Nietzsche-Aneignung durch Renate Reschke und anderen Arbeiten der Berliner Ästhetik in den 1980er Jahren wurden aber in der relativ homogenen Öffentlichkeit neue Diskursräume entfaltet, die auch heterodoxe Auffassungen zuließen.

Der cultural turn in den Geisteswissenschaften und die Berliner Kulturwissenschaft

In der Spätphase der DDR, im Februar 1989, wurde nach zwanzig Jahren die Sektion Ästhetik und Kunstwissenschaften aufgelöst und stattdessen durch eine eigenständige Sektion Kulturwissenschaft/Ästhetik (neben der der Kunstwissenschaften) ersetzt.[23] Organisatorische Probleme wurden als Gründe für die Auflösung benannt, vor allem aber hatten mit der Erfahrung anhaltender gesellschaftlicher Stagnation der Elan zur interdisziplinären Arbeit und die Bereitschaft zur Beteiligung an Gemeinschaftsprojekten erheblich nachgelassen.

Die Trennung von den anderen Instituten blieb jedoch nur eine kurze Episode, denn alsbald erfolgte der erneute Zusammenschluss mit den kunstwissenschaftlichen Fächern in einem gemeinsamen Fachbereich, der ebenso wie die anderen universitären Einrichtungen 1991 einer Evaluierung unterzogen wurde. Wenige Wochen zuvor waren die beiden Seminare für Ästhetik und für Kulturwissenschaft noch dem politischen Vorwurf zu großer Nähe zu den politischen Machthabern ausgesetzt und von der Abwicklung bedroht gewesen. Erst die Unterstützung zahlreicher Wissenschaftler in Ost und West konnte den Berliner Senat dazu bewegen, seinen Schließungsbeschluss zurückzunehmen. Die Evaluierungskommission unter Vorsitz des Konstanzer Romanisten Hans Robert Jauss bescheinigte nun den im Fachbereich zusammengeschlossenen Wissenschaften ausgeprägte kulturwissenschaftliche Interessen und würdigte insbesondere die Einbeziehung von kommunikationstheoretischen Ansätzen sowie den Bezug auf die ästhetische Kultur der Moderne; sie sah daraus das Potential interdisziplinärer Kooperationen auf der Basis solider disziplinärer Forschungen erwachsen.[24] In seinen Kriterien folgte das Gutachten der in der Denkschrift „Geisteswissenschaften heute"[25] formulierten Aufforderung zur Modernisierung der Geisteswissenschaften, wobei die übergreifende Perspektive der Kulturwissenschaft als besonders geeignetes Mittel angesehen wurde, die wissenschaftsinterne Zersplitterung in kleine Fächer zu über-

---

23 UAHU, Bestand Rektorat, Sign. 822a, o.P.

24 Nach Jauss, Hans Robert (Ltg.), Stellungnahme der auswärtigen Mitglieder der Personal-Struktur-Kommission des Fachbereichs 8 Kulturwissenschaften. Dem Verfasser liegt eine undatierte Kopie des zweiseitigen Schreibens vor, das im Sekretariat des ehemaligen Seminars für Ästhetik archiviert ist.

25 Frühwald, Wolfgang u. a. (Hrsg.), Geisteswissenschaften heute. Eine Denkschrift. Frankfurt a. M. 1991. Hans Robert Jauss gehörte zu den Autoren der Denkschrift.

winden und zugleich die kulturellen Erfahrungen der Postmoderne in sich aufzunehmen. Im Ergebnis der Evaluierung wurde nicht nur der Fortbestand der kulturwissenschaftlichen Lehre und Forschung gesichert, der binnendisziplinäre Zuschnitt der Lehrstühle in den beiden Seminaren für Ästhetik und für Kulturwissenschaft, für die neue Ausschreibungen erfolgten, entsprach in großen Teilen dem in der bisherigen Geschichte des Faches erreichten Stand innerer Profilierung.

Die Fortführung des Studienganges wurde durch die in den achtziger Jahren vollzogene Öffnung der Geisteswissenschaften in der Bundesrepublik begünstigt, bei der die Kulturwissenschaft unter den kulturellen und sozialen Bedingungen der Spät-/Postmoderne zum Innovationskriterium aufstieg. Trotz der Anpassung an die gesetzlichen Rahmenbedingungen der Bundesrepublik und der Neugestaltung des Curriculums als Magisterstudiengang wurden die Momente der Kontinuität an der Berliner Kulturwissenschaft durch das fortgesetzte Wirken ausgewählter Hochschullehrer betont.

Zugleich ist mit der 1992 erfolgten Berufung neuer Professoren und der offiziellen Neugründung der Kulturwissenschaft auch ein Bruch zu konstatieren. Ergab sich aus den veränderten politischen Bedingungen für Forschung und Lehre ein Wechsel des Diskursstils der Kulturwissenschaft, so vollzog sich vor allem mit der Durchsetzung neuer Medientechnologien, der umfassenden Globalisierung und weiteren Entwicklungen in anderen Lebensbereichen ein vielgestaltiger Wandel der von Moritz Lazarus so bezeichneten „öffentlichen Kultur des Zeitalters". Das erforderte die experimentelle Erarbeitung eines neuen „Denkstils" (L. Fleck), der mit Friedrich Kittlers Diktum der „Austreibung des Geistes aus der Geisteswissenschaft" seine provokative und kontrovers diskutierte Formulierung fand.[26] Als Neuzugang am Seminar für Ästhetik setzte Kittler dieses Programm in seiner Ästhetik der Medien um, deren historischen Einsatz er bis in die „Medien vor den Medien" zurückdatierte, bis zu jenen Dingen, die zwar keinen unmittelbaren technischen Charakter vorweisen, aber die Prozessualität technischer Medien beanspruchen. Aspekte der Medialität kultureller Prozesse stehen auch im Mittelpunkt der Forschungen von Christina von Braun, nur werden sie in gendertheoretischen Fragestellungen in deren Eingebundenheit in die christliche sowie in die jüdische Tradition analysiert.[27] Thomas Macho widmet sich neben der Erforschung der Kulturtechniken, bei der kulturhistorische und wissensgeschichtliche Zugänge miteinander verknüpft werden, insbesondere der Kultur- und Mediengeschichte des Todes.[28]

Der knappe Anriss von Forschungsansätzen, die das Profil der Berliner Kulturwissenschaft seit den neunziger Jahren entscheidend bestimmen, deutet bereits die Verschiebun-

26 Kittler, Friedrich (Hrsg.), Austreibung des Geistes aus der Geisteswissenschaft. Programme des Poststrukturalismus, Paderborn u. a. 1980.

27 Braun, Christina von, Versuch über den Schwindel. Religion, Schrift, Bild, Geschlecht, München 2001.

28 Macho, Thomas/Marek, Kristin (Hrsg.), Die neue Sichtbarkeit des Todes, München 2007.

gen in den zugrunde liegenden Konzeptionen von Kultur an, die sich seit den Anfängen des Studienganges vollzogen haben.[29] Stand zur Einführung eindeutig ein normativ verstandener und zum Teil auch politisch durchgesetzter Begriff von Kultur im Fokus, erfolgte mit der zweiten Gründung ein Sprung zu einem stärker bedeutungsorientierten Kulturbegriff, nach dem kulturelle Praktiken nur vor ihrem jeweils spezifischen und kontingenten Sinnhorizont untersucht werden können – Hartmut Böhmes „andere Theorie der Moderne", die er in „Fetischismus und Kultur" formuliert, versucht dieser Einsicht einen diskursiven Ort zu verleihen.[30] Die Gegenüberstellung des normativen und des bedeutungsorientierten Kulturbegriffs ist sehr kontrastiv gefasst und übersieht die Modifikationen und Übergänge, die den Wechsel vorbereitet haben. So können die in der DDR vorgenommenen Untersuchungen zu den Geschlechterverhältnissen oder Versuche einer Postmoderne-Diskussion als Beispiele für die Gewinnung differenzierender Perspektiven gelten. Dennoch macht die idealtypische Gegenüberstellung auf den grundsätzlich anderen Ansatz in der gegenwärtigen Kulturwissenschaft aufmerksam, der sich in den aktuellen gender- und medientheoretischen, in den wissenshistorischen und kulturtechnologischen Zugängen auf unterschiedliche Weise entfaltet. Die Besonderheit der Berliner Kulturwissenschaft – hier ergibt sich eine disziplinäre Kontinuität – findet sich dabei in der prinzipiell historischen Orientierung der Forschung.

Wie die geisteswissenschaftlichen Disziplinen überhaupt, ist die Kulturwissenschaft einem umfassenden Strukturwandel unterworfen. Das betrifft die Umwandlung der Lehre in die zweistufige Bachelor- und Master-Ausbildung sowie die Realisierung innovativer Forschung in Drittmittelprojekten. Letztere können wie das Graduiertenkolleg „Geschlecht als Wissenskategorie" oder das Helmholtz-Zentrum für Kulturtechnik, das sich der Erforschung der Wechselwirkungen zwischen wissenschaftlichen oder kulturellen Umbrüchen und technischen Neuerungen widmet und sich mit der Erschließung und Präsentation wissenschaftlicher Sammlungen – insbesondere universitätseigener Sammlungen – den materiellen Aspekten der Kultur in besonderer Weise zuwendet, unmittelbar an der Universität angesiedelt sein. Drittmittelprojekte wie die transdisziplinär konstituierten Sonderforschungsbereiche „Kulturen des Performativen" oder das im Rahmen der Exzellenzinitiative geförderte Forschungscluster „Topoi – The Formation and Transformation of Space and Knowledge in Ancient Civilizations", an dem die Humboldt-Universität über das August-Boeckh-Antikezentrum beteiligt ist, werden auch in Kooperation mit anderen Universitäten und Forschungseinrichtungen ausgerichtet. Diese Forschungszentren, zu denen weiterhin

[29] Ausführlicher zur Unterscheidung und Klassifikation von Kulturtheorien siehe Reckwitz, Andreas, Die Kontingenzperspektive der ‚Kultur'. Kulturbegriffe, Kulturtheorien und das kulturwissenschaftliche Forschungsprogramm, in: Handbuch der Kulturwissenschaften, Bd. 3: Themen und Tendenzen, hrsg. v. Jaeger, Friedrich/Rüsen, Jörn, Stuttgart/Weimar 2004, S. 1–20.

[30] Böhme, Hartmut, Fetischismus und Kultur. Eine andere Theorie der Moderne, Reinbek bei Hamburg 2006.

das Berliner Zentrum für Literatur- und Kulturforschung und das Wiener Internationale Forschungszentrum Kulturwissenschaften zählen, sind ebenso wie in jüngster Zeit entstandene Zeitschriften als Knotenpunkte der kulturwissenschaftlichen Kommunikationsnetze anzusehen.[31]

Fast ein halbes Jahrhundert nach der Einführung des kulturwissenschaftlichen Studienganges wurde im Frühjahr 2009 die historische Trennung in das Seminar für Ästhetik und das Kulturwissenschaftliche Seminar aufgehoben. Auch wenn damit alle Kulturwissenschaftlerinnen und Kulturwissenschaftler unter dem Dach des neu gebildeten Instituts für Kulturwissenschaft vereint sind, scheint es weiterhin schwierig, Kriterien zu bestimmen, nach denen sich der Status ihres Faches als Disziplin festschreiben lässt.[32] Kulturwissenschaft hat ihren Gegenstand nicht exklusiv, sie tritt in Konkurrenz oder im günstigeren Fall in Kooperation zu älteren Disziplinen und neuen Fächern, die über gleiche oder ähnliche Methoden verfügen, und ist dadurch zur ständigen Neubestimmung ihres Feldes gezwungen. Die mit ihrem Aufstieg Anfang der neunziger Jahre verbundene Hoffnung auf die Wiedergewinnung einer verbindenden Perspektive wollte sie nicht einlösen. Statt im Sinne einer Leitwissenschaft starke Theorien zu formulieren, begibt sich die Kulturwissenschaft an die Ränder und Übergänge, analysiert die Bedeutungslogiken kultureller Praktiken und legt die historischen Konstruktionsmechanismen geisteswissenschaftlicher Gewissheiten frei.

Kulturwissenschaft versteht sich damit als Ort experimentellen Durchspielens veränderter Logiken der Wissensproduktion: „Das Fach Kulturwissenschaft hat Teil an dem Prozess, wonach die Kulturwissenschaften insgesamt (…) sich sogar als Teilmoment ihres Gegenstandes, des Kulturprozesses nämlich, bestimmen müssen. Die Kultur ist das Objekt einer Wissenschaft, die ihrerseits ein Teil derselben ist."[33]

---

31 Die Berliner Kulturwissenschaft ist in die Herausgeberschaft thematischer Ausgaben der 2007 erstmals veröffentlichten „Zeitschrift für Kulturwissenschaft" eingebunden; die von jüngeren Mitarbeitern entwickelte Zeitschrift „ilinx. Berliner Beiträge zur Kulturwissenschaft" feierte im Herbst 2009 ihre Premiere.

32 Vgl. Böhme, Hartmut, Aufgaben und Perspektiven der Kulturwissenschaft, in: Kulturwissenschaften. Konzepte, Theorien, Autoren, hrsg. v. Därmann, Iris/Jamme, Christoph, München 2007, S. 35–52.

33 Böhme, Hartmut, Kulturwissenschaft, in: http://www2.culture.hu-berlin.de/hb/static/archiv/volltexte/texte/reallex.html (31. 03. 2009).

Peter Heine

Orientalistik an der Humboldt-Universität – Zwischen Politik und Philologie 1945–2010

Der Neubeginn

Die Wiedereröffnung der Berliner Universität als Humboldt-Universität und die Gründung der Freien Universität in Berlin-Dahlem waren ein erster Hinweis auf die bevorstehende Teilung der Stadt. Zuvor hatten einige Hochschullehrer wie Hans-Heinrich Schaeder oder der Turkologe Gotthard Jäschke[1] es vorgezogen, in die westalliierten Besatzungszonen umzusiedeln. Schaeder ging nach Göttingen, Jäschke kam nach Münster, wo sie ihre wissenschaftliche Forschungs- und Lehrtätigkeit wieder aufnahmen. Große Teile der Universitätsgebäude der Humboldt-Universität waren durch Kriegsschäden nicht mehr nutzbar, es fehlten Möbel und Bibliotheken. Der Lehrkörper der Humboldt-Universität wurde personell weitgehend erneuert, da ehemalige Mitglieder der NSDAP ihre Lehrtätigkeit nicht fortsetzen durften. Zahlreiche frühere wissenschaftliche Mitarbeiter waren gefallen, in Kriegsgefangenschaft oder nicht auffindbar. Einzig Richard Hartmann (1881–1965)[2], der seit 1936 eine Professur für „Islamkunde" an der Berliner Universität innehatte, war trotz seines Alters in der Lage, die Orientalistik organisatorisch zu vertreten. Erst langsam konnten das Chaos und die schwierigen Bedingungen der ersten Jahre überwunden werden.

Hatte bereits die Preußische Ministerialverwaltung immer wieder in die Belange der Universitäten eingegriffen und die Nazi-Verwaltung vor allem im personellen Bereich ihre Macht spüren lassen, veränderte sich das Verhältnis von Universität und Staat in der DDR zu einem sehr strikten Zentralismus, bei dem auch die Lehrinhalte in Einzelheiten vorgegeben wurden. Die verschiedenen Bereiche der Orientalistik wurden unter dem Gesichtspunkt des engeren gesellschaftlichen und politischen Nutzens betrachtet. In den entsprechenden Plänen taucht nun der Begriff der „Regionalwissenschaften" auf.[3] Angesichts der Beziehun-

1 Benzing, Johannes, Gotthard Jäschke, in: Der Islam 62 (1985), S. 1f.

2 Dietrich, Albert, Richard Hartmann, in: Jahrbuch der Akademie der Wissenschaften, Göttingen 1965, S. 74–82.

3 Krauth, Wolf-Hagen/Wolz, Ralf (Hrsg.): Wissenschaft und Wiedervereinigung. Asien- und Afrikawissenschaft im Umbruch, Berlin 1998, S. 21–94.

gen der DDR zu Staaten der Dritten Welt und „Bruderländern“ wie China oder Nordkorea wurde Wert auf eine gute Ausbildung von „Kadern“ für Außenpolitik, Außenwirtschaft, Kulturpolitik und den Journalismus gelegt. Dabei ist generell die besondere Betonung der Vermittlung von herausragender Sprachkompetenz in den verschiedensten orientalischen Sprachen hervorzuheben. In den Studienplänen fanden sich vier oder fünf Komponenten:

- marxistisch-leninistisches Grundlagenstudium in erweiterter Form,
- Ausbildung in einer gesellschaftswissenschaftlichen Disziplin (Geschichte, Wirtschaftswissenschaft, Staatswissenschaft, Sprachwissenschaft etc.),
- Multidisziplinäres Studium ausgewählter Probleme der entsprechenden Regionen, Ländergruppen oder Länder,
- Spezialisierung auf eine der studierten Disziplinen für die entsprechenden Regionen, Ländergruppen oder Länder,
- Erlernen mindestens einer Sprache der Regionen.[4]

Neue Strukturen

Die Funktion der Wissenschaft in der DDR wurde in direktem Bezug zur politischen und gesellschaftlichen Entwicklung des Staates gesehen. So stellte das Ministerium für Hoch- und Fachhochschulwesen 1983 fest: „Der Charakter unserer Epoche und die Gestaltung der entwickelten sozialistischen Gesellschaft in der DDR bestimmen grundsätzlich Ziel und Inhalt marxistisch-leninistischer regionalwissenschaftlicher Ausbildung und Erziehung. Sie leiten sich im einzelnen aus der Weiterentwicklung der politischen, ökonomischen und kulturellen Beziehungen der DDR zu den Staaten Asiens, Afrikas und Lateinamerikas und Nordeuropas, aus dem Voranschreiten des revolutionären Weltprozesses und der sich ständig verschärfenden Klassenauseinandersetzung ab.“[5] Im Zusammenhang mit der Entwicklung eines entsprechenden Studienplans meinten die gleichen Ministerialen, dass der Praxisbezug der Ausbildung insbesondere den Bereich der Außenbeziehungen der DDR, die Vermittlung einer gründlichen Kenntnis des Marxismus-Leninismus, der russischen Sprache, sowie der Strategie und Taktik des Marxismus-Leninismus im antiimperialistischen Kampf der Völker Asiens, Afrikas und Lateinamerikas betonen müsse.[6]

Dabei war die Humboldt-Universität nicht die einzige Hochschule in der Großregion Berlin, die Regionalwissenschaften betrieb. In Konkurrenz gab es die Geschichts- und Sprachinstitute der Akademie der Wissenschaften (AdW), das Institut für Internationale Politik und Wirtschaft (IPW), das Institut für Internationale Arbeiterbewegung (IAB) der

---

4 Ebd., S. 106f.
5 Ebd., S. 311.
6 Ebd.

Akademie für Gesellschaftswissenschaften beim Zentralkomitee der SED (AfG), die Hochschule für Ökonomie (HfÖ) und in Potsdam-Babelsberg das Institut für Internationale Beziehungen (IIB) an der Akademie für Staats- und Rechtswissenschaft.[7] Zur Effizienzsteigerung wurde 1966 der „Zentrale Rat für Asien-, Afrika- und Lateinamerikawissenschaften" (ZENTRAAL) gegründet. Mit dem Orientwissenschaftler Lothar Rathmann, der auch zeitweilig Rektor der Universität Leipzig war, hatte der ZENTRAAL einen Leiter, der die gegenwartsbezogenen Orientwissenschaften vor allem in Leipzig etablieren wollte. Das galt vor allem für die Nahostwissenschaften.[8] Allerdings ließ sich eine strikte Konzentration der jeweiligen Fächer nicht realisieren. Mit Heinrich Simon, der eine arabistisch-islamwissenschaftliche Dissertation verfasst hatte, vor allem Hebraistik betrieb und das Fach Israelwissenschaft etablieren konnte und Eberhard Serauky sowie einigen wissenschaftlichen Mitarbeitern konnte die Tradition der Nahostforschung fortgesetzt werden. Stark blieb an der Humboldt-Universität die Iranistik, die durch bedeutende Gelehrte wie Bozorg Alavi, Heinrich F. J. Junker und Manfred Lorenz vertreten wurde.

Schließlich wurde 1968 die Sektion Asienwissenschaften (SAW) an der Humboldt-Universität eingerichtet, in der verschiedene regionale Bereiche angesiedelt waren: So Ostasien I (China), Ostasien II (Mongolei, Korea, Tibet, Mandschurei), Ostasien III (Japan), Südasien und Südostasien. Da in der Hochschulplanung Konsequenz im Allgemeinen in den seltensten Fällen festzustellen ist, kann es nicht verwundern, dass abweichend von den Konzentrationsüberlegungen der hochschulpolitischen Führung auch die Bereiche Westasien und Afrika, die grundsätzlich ja in Leipzig angesiedelt werden sollten, einen Platz in der SAW fanden. Darüber hinaus wurden auch die antiquarischen Fächer Ägyptologie und Sudanarchäologie in die Sektion integriert.

Für die Ägyptologie an der Humboldt-Universität war der Neubeginn schwierig, da der alte Ordinarius Grapow nicht tragbar war und wieder in der Akademie der Wissenschaften arbeitete. Zunächst mit einem Lehrauftrag, ab 1949 als Professor für Ägyptologie, nahm Rudolph Anthes (1896–1967 ?), der in der Nazi-Zeit aus politischen Gründen nicht reüssieren konnte, die Tradition des Faches an der Humboldt-Universität wieder auf. Doch schon nach dem Ende des Sommersemesters 1950 verließ er die Universität und folgte einem Ruf nach Philadelphia/USA.

Sein Nachfolger wurde Fritz Hintze (1915–1993), der schon ab 1947 als Dozent Ägyptologie gelehrt hatte und schließlich 1956 Ordinarius für Ägyptologie wurde. Im gleichen Jahr wurde auch ein Institut für Ägyptologie gegründet, wodurch die starke Abhängigkeit der Universitäts-Ägyptologie vom Ägyptischen Museum beendet wurde. Hintze war einer der führenden deutschen Ägyptologen, der seit dem Ende der 1950er Jahre auch die Sudan-

7 Ebd., S. 273.

8 Hafez, Kai, Orientwissenschaft in der DDR. Zwischen Dogma und Anpassung. 1969–1989, Hamburg 1995, S. 458f.

Archäologie an der Humboldt-Universität etablierte. Im Jahr 1980 schied Hintze aus dem Dienst aus. Seine Nachfolge trat 1980 Erika Endesfelder an. Die Sudan-Archäologie entwickelte sich zu einem selbstständigen Bereich, der von Steffen Wenig geleitet wurde (vgl. Wrede i. d. Bd.).[9] Wie die Alt-Orientalistik, die an der Humboldt-Universität nicht vertreten war, hatte auch die Ägyptologie, neben ihrer umfangreichen wissenschaftlichen Arbeit, im Rahmen übergreifender geschichts- und gesellschaftstheoretischer Debatten einen Beitrag zu leisten und im Rahmen der Hochschul- und Volksbildung einer breiten Öffentlichkeit die Ergebnisse ihrer Forschung in allgemeiner Form zu vermitteln.[10]

Kompliziert war die Situation der Ostasienwissenschaften. Sie wurden immer wieder von den sich nicht selten ändernden Beziehungen der DDR zur Volksrepublik China beeinflusst. Sie hatten vor allem, und im Gegensatz zu Westdeutschland, einen gegenwartsbezogenen Ansatz. Vor allem in den 1950er Jahren gab es ambitionierte Pläne zum Ausbau der China-bezogenen Fächer. Als sich jedoch zu Beginn der 1960er die politischen und ideologischen Beziehungen zu China verschlechterten, wurde der ostasiatische Schwerpunkt auf die Japanologie gelenkt. Mitte der 1970er Jahre wechselte angesichts der wachsenden politischen und wirtschaftlichen Bedeutung Chinas der Schwerpunkt wieder auf den sinologischen Bereich. Ein grundsätzliches Problem war ideologischer Natur. Die unterschiedlichen Auffassungen zwischen chinesischen und sowjetischen und damit auch ostdeutschen Theoretikern von dem, was der Marxismus-Leninismus beinhaltete, einerseits und der Bemühung der DDR-Führung um gute außenpolitische Beziehungen zu China andererseits führte dazu, dass alle sinologischen wissenschaftlichen Arbeiten einer strengen Kontrolle unterworfen waren. In den 1980er Jahren wurden weniger als 5 % der Dissertationen und Diplomarbeiten in den Ostasienwissenschaften publiziert. „Die Publikationspolitik der DDR verhinderte geradezu die Veröffentlichung individueller Forschungsmonographien; so blieben die meisten genannten A- und B-Dissertationen ungedruckt. Als Qualifikationsnachweise blieben sie buchstäblich ‚intern'".[11] Zur Zeit der Wende von 1989 waren mehr als 50 Wissenschaftler im Bereich der Ostasienwissenschaften an der Humboldt-Universität tätig. Es gab eine Abteilung für Geschichte, Wirtschaft und Politik Chinas unter Roland Felber, eine für Sprache und Kultur Chinas vertreten von Eva Müller und Klaus Kaden, eine für Japan mit Jürgen Berndt und Karl-Heinz Horn (und 14 bis 16 Mitarbeitern) und eine für Korea mit Ingeborg Göthel und Helga Picht.[12]

---

[9] Endesfelder, Erika, Die Ägyptologie an der Berliner Universität. Zur Geschichte eines Fachgebietes, Berlin 1988 (= Berichte der Humboldt-Universität zu Berlin 8 [1988], H. 6), S. 54–64.

[10] Krauth/Wolz, Wissenschaft und Wiedervereinigung, 1998, S. 208–222.

[11] Rothermund, Dietmar, Bericht über den Fachbereich Asien- und Afrikawissenschaften der Humboldt-Universität Berlin, in: Geisteswissenschaften in der ehemaligen DDR, hrsg. v. Steinwachs, Burkhart, Konstanz 1993, S. 83.

[12] Krauth/Wolz, Wissenschaft und Wiedervereinigung, 1998, S. 275.

Die Humboldt-Universität wurde vor allem aber als Schwerpunkt für die Süd- und Südostasienwissenschaften ausgerichtet. Die Südasienwissenschaft hatte mit Forschern wie Walter Ruben (1899–1982), der aus dem türkischen Exil zurückkehrte[13], schon in den 1950er Jahren eine Hinwendung zur gegenwartsbezogenen Südasienwissenschaft aufgenommen. Mit der Emeritierung von Ruben entstand die Gefahr, dass die Südasienwissenschaften an der Humboldt-Universität zu einem Ende kommen würden. Der bevorstehende Staatsbesuch von Indira Gandhi in der DDR führte aber 1972 zu einer Wiederbesetzung der Professur durch Wolfgang Morgenroth. Mit einer Konzentration der Asienwissenschaften an der Humboldt-Universität wurde auch dieser thematische Schwerpunkt deutlich verstärkt. Diese Ausrichtung der orientalistischen Disziplinen war die Folge politischer und hochschulpolitischer Entscheidungen aus den Jahren 1966 und 1967. Die Umsetzung dieser Vorgaben dauerte aber einige Jahre, bis 1972 der Bereich Südasien in der Sektion Asien der Humboldt-Universität entstand. Gelehrt wurde Indologie, als die Erforschung von Gesellschaft und Kultur des Alten Indien, indische Philosophie, Wirtschaft und Geographie, sowie Geschichte und Politik. Vor allem die Sprachausbildung in zahlreichen indischen Sprachen erreichte rasch ein hohes Niveau. Daneben stand die politische, gesellschaftliche und wirtschaftliche Entwicklung Indiens im Mittelpunkt des Forschungs- wie des Lehrinteresses. Angesichts der guten politischen Beziehungen der DDR zu Indien stand das größte Land des Subkontinents im Vordergrund der wissenschaftspolitischen Aufmerksamkeit, während andere Staaten schon wegen deren größerer Nähe zu den Westmächten erst später in den Lehrplan aufgenommen wurden.

Trotz aller Tradition gehören die Südostasienwissenschaften an der Humboldt-Universität zu den jüngeren Disziplinen. Erst 1962 war der Indonesier Usman Effendi als Professor für Indonesische Sprache und Literatur berufen worden. Unter politischen Aspekten musste diese geringe Bedeutung der Südostasienwissenschaften in der DDR als peinlich empfunden werden. War doch Nordvietnam der DDR eng verbunden und das Indonesien des Präsidenten Sukarno neben Indien und Ägypten ein politisches Schwergewicht in der Bewegung der Staaten der „Dritten Welt". Daher bemühte man sich in der Führung der DDR schließlich erfolgreich um einen weiteren Ausbau der Südostasienwissenschaften. Dabei wurden dann auch Staaten wie Kampuchea oder Burma in diese Ausweitung einbezogen. Das politische Interesse der Führung der DDR an den Staaten Südostasiens muss hier nicht weiter betont werden.[14]

Kennzeichnend für die orientalistischen Disziplinen in der DDR war einerseits neben den präzisen inhaltlichen und ideologischen Vorgaben durch die Staatsseite und die SED

---

13 Dort verfasste er u. a. eine lesenswerte Ethnographie des Dorfes, in dem er interniert war, siehe Ruben, Walter, Kirsehir. Eine altertümliche Kleinstadt Inneranatoliens, hrsg. v. Ruben, Gerhard, Würzburg 2003.

14 Siehe dazu Kubitscheck, Hans Dieter, Das Südostasieninstitut an der Humboldt Universität zu Berlin. Zur Geschichte der Südostasienwissenschaft, Nr. 1, Humboldt-Universität zu Berlin, Berlin 1996.

die starke organisatorische Konzentrierung der Fächer an bestimmten Universitäten, andererseits eine deutliche inhaltliche Ausdifferenzierung. Das ging in der Regel auf Kosten der Philologien im traditionellen Sinn. Sprachlehrforschung und Sprachpraxis wurden konsequent gefördert. Das galt auch für die Humboldt-Universität. So wurden wirtschaftswissenschaftliche, historische oder politikwissenschaftliche Positionen innerhalb der einzelnen Disziplinen geplant, bzw. auch geschaffen. Wo dies in dieser disziplinären Ausführlichkeit nicht möglich war, entstanden neue Fächer wie „Internationale Beziehungen in Asien und Afrika". Die inhaltliche Ausdifferenzierung mit einem deutlichen Bezug zu den so genannten „Mutterwissenschaften" war aber nur eine Seite dieser Spezialisierung. In gleicher Weise wurden auch regionale Bereiche durch selbstständige Fächer ergänzt. Hier sind Fächer wie Afghanistik, Israelwissenschaft und Vietnamistik zu nennen. Geplant waren auch Fächer wie Philippinistik oder Kaukasiologie. Gerade bei dieser inhaltlichen Fachdifferenzierung spielten politische Überlegungen der DDR-Staatsführung eine entscheidende Rolle.

Praktische Probleme

Die Orientalistik in der DDR litt, wie viele andere Fächer, an den erschwerten Möglichkeiten von längeren oder kürzeren Aufenthalten in den jeweiligen Regionen. Das war vor allem für die Studierenden problematisch. Die entsprechenden Wünsche waren natürlich vorhanden. Die Vertreter der traditionellen orientalischen Philologien waren davon nicht so stark betroffen. Ihre schriftlichen Quellen lagen vor. Und so versuchte denn ein älterer Arabist seine Studenten mit den Worten zu trösten: „Was wollen Sie denn in Kairo? Da verderben Sie sich doch ihr schönes Hocharabisch."[15] Für Studierende, die sich mit Fragen der aktuellen Gesellschaften ihrer Regionen auseinandersetzen mussten, war das kein Argument. Immerhin bot das Studium der orientalischen Fächer eine Perspektive für Auslandsaufenthalte. Daher waren die Fächer sehr beliebt. Typisch für die außereuropäischen Fächer war auch die intensive persönliche Betreuung der Studierenden. Eine relativ große Zahl von Lehrenden sah sich nur wenigen Studentinnen und Studenten gegenüber. Manche Dozenten klagten, dass sie kaum Studenten zugewiesen bekämen.[16] Absolventen wurden „von Staat und Partei" dann häufig zunächst in Bereichen der Außenpolitik oder der Außenwirtschaft beruflich eingesetzt. Manche kehrten nach einigen Jahren wieder an die Humboldt-Universität oder an andere Berliner oder DDR-Hochschulen zurück.

[15] Mündliche Mitteilung von Gottfried Werner aus dem Jahr 1994.
[16] Hafez, Orientwissenschaft in der DDR, 1995, S. 456.

Ein weiteres Problem galt für alle Wissenschaftler in der DDR, die sich mit asiatischen Gesellschaften befassten. Das Problem bestand in der Schwierigkeit, wissenschaftliche Debatten außerhalb des sozialistischen Lagers zu verfolgen. Die entsprechende Literatur war häufig nur an einer Stelle in der DDR vorhanden, Fernleiheverfahren waren aufwändig. Kongress- und Vortragsreisen ins westliche Ausland die Ausnahme. Immerhin hatten DDR-Bürger, die in Berlin lebten, es in der Praxis einfacher, nach Westberlin zu fahren. Das wurde in den 1980er Jahren gerade auch von den Berliner Orientwissenschaftler dann auch so weit wie möglich genutzt. Das knapp bemessene Tagegeld in DM-West gaben sie häufig für Photokopien wissenschaftlicher Publikationen aus der Staatsbibliothek in Westberlin aus.

Die Wende und ihre Folgen

Die politische Wende von 1989 brachte tief greifende Veränderungen auch für die Asienwissenschaften an der Humboldt-Universität. Aus der Sektion für Asien- und Afrikawissenschaften wurde ein Fachbereich mit eigenem Dekan. Der Fachbereich wurde 1994 aufgelöst und als Institut für Asien- und Afrikawissenschaften neben den Instituten für Kultur- und Kunstwissenschaften und dem Institut für Sozialwissenschaften in die Philosophische Fakultät III eingegliedert. Neben den allgemeinen Reduzierungen der Stellenpläne der Universität ergaben sich noch spezifische Probleme für die Asienwissenschaften, die in der Gesamtberliner Hochschullandschaft begründet waren. Die Berliner Wissenschaftsverwaltung sah es im Bezug auf Fächer der Asien- und Afrikawissenschaften als wünschenswert an, dass so genannte Doppelangebote in den Regionalwissenschaften an den Berliner Universitäten vermieden wurden. Derartige Argumentationen für Strukturmaßnahmen waren auch in der westdeutschen Hochschulbürokratie vorgetragen worden. Man glaubte, mit der Konzentration einzelner regionalwissenschaftlicher Fächer eines Bundeslandes an einer Universität eine höhere Effektivität erzielen zu können. Dass Einsparungsüberlegungen im Hintergrund solcher Versuche standen, wurde stets dementiert. Wie kurzfristig derartige Überlegungen waren, hat die seit dem Beginn der 1990er Jahre vervielfachte Nachfrage nach Ausbildungsmöglichkeiten in den Bereichen der Islam-, Südasien- oder Ostasienwissenschaften verdeutlicht. Die wenig ausgeprägte, von häufig kurzsichtigen Überlegungen gekennzeichnete Kompetenz der Fachvertreter der orientalistischen Disziplinen in hochschulpolitischen Debatten hat zu den wenig erfolgreichen Entgegnungen gegen die ministerialen Strukturvorstellungen beigetragen. Dem Wunsch der Hochschulverwaltung in Berlin folgten die verschiedenen Kommissionen, die mit der Neustrukturierung der Asien- und Afrikawissenschaften befasst waren. Tragisch war, dass die zuständige Personal- und Strukturkommission für den Bereich der Asien- und Afrikawissenschaften, durch den plötzlichen Tod ihres ersten Vorsitzenden, des Frankfurter Ethnologen Eike Haberland (1924–1992), erst mit Verspätung ihre eigentliche Arbeit aufnehmen konnte. Zu diesem Zeitpunkt hatten sich die finanziellen Schwierigkeiten des Landes Berlin schon so verdeutlicht, dass sich die erfolgversprechende Struktur der Asienwissenschaften mit je drei Professuren für Geschichte, Literatur und Linguistik der einzelnen regionalen Bereiche im Endeffekt nicht realisieren ließ. Nur in den Afrika- und bis zu einem gewissen Grad in den Südostasienwissenschaften wurde dieses Fächerschema in die Tat umgesetzt. In der Sinologie wurden zwar zunächst drei Professuren in den Stellenplan aufgenommen, konnten aber nie alle besetzt werden, so dass im Verlauf späterer Einsparungsmaßnahmen eine Position wieder gestrichen wurde. Eine besondere Struktur erhielt die Japanologie, die zwar organisatorisch innerhalb der Asien- und Afrikawissenschaften verblieb, aber als Zentrum für Sprache und Kultur Japans eine besondere Einheit bildet. Dem Zentrum ist die Mori-Ogai-Gedenkstätte, die an das Wirken des japanischen Mediziners, Übersetzers und Kritikers erinnert, angegliedert, der in der Berliner Universität studierte. Darüber hinaus wurden Bereiche, die schon durch die Hochschulorganisation der DDR personell weniger stark oder erst durch die extensive Ausdifferenzierung entstanden waren, geschlossen. Das gilt für den Bereich West- und Mittelasien, die Koreanistik, die Vietnamistik oder Afghanistik. Die Israelwissenschaften wurden zwar zur Neubesetzung ausgeschrieben, konnten aber zunächst nicht besetzt werden. Schließlich wurde die Professur 1997 direkt der Philosophischen Fakultät III zugeordnet und als Gastprofessur vor allem vom Institut für Kulturwissenschaften genutzt, allerdings zu deren finanziellem Nachteil weiter bei den Asienwissenschaften geführt. Immerhin konnte die Region Zentralasien weiter bestehen bleiben. Das Fach stärkte seine Position durch die erfolgreiche Etablierung eines regionalwissenschaftlichen Aufbaustudienganges „Zentralasien und Kaukasus", der sich großer Nachfrage erfreut.

Die Neustrukturierung nach 1989 gestaltete sich auch dadurch kompliziert, dass einige Kollegen die auf Grund der Veränderungen erfolgende Entlassung aus dem Dienst der Humboldt-Universität nicht hinnahmen. Es kam zu zahlreichen Arbeitsgerichtsprozessen, die nicht selten mit Vergleichen endeten, die einen weiteren zeitlichen oder unbefristeten Verbleib der Wissenschaftler an der Universität und in den Asien- und Afrikawissenschaften ermöglichten. Die neuen Strukturen führten einerseits und insgesamt zu einer deutlichen Reduktion des wissenschaftlichen Personals, andererseits aber auch zum Zuzug von Wissenschaftlern aus der Bundesrepublik. Dabei kam es unausweichlich zu Spannungen, vor allem dann, wenn die Auffassungen von forscherischer Arbeit im Vergleich zur Ausbildung der Studierenden sich unterschieden. Gleichzeitig stieg die Zahl der an den Asienwissenschaften interessierten Studierenden in einem bis dahin für die Humboldt-Universität nicht gekannten Ausmaß an. Für die vor der Wende an der Humboldt-Universität tätigen Lehrenden war dies eine völlig neue Erfahrung. Zwar stammte die Mehrzahl der Studierenden zunächst noch aus den so genannten neuen Bundesländern. Doch auch für sie machten äußere Umstände, wie die Notwendigkeit, durch eine zusätzliche Arbeitstätigkeit die Kosten für Lebensunterhalt und Studium zu verdienen, die Einhaltung von Regelstudienzeiten nicht eben einfach. Die intensive Betreuung der Studierenden, wie sie vor der Wende praktiziert worden war, war unter den neuen Bedingungen nicht mehr möglich. Verschärft wurden die Konflikte zwischen dem alten und dem neuen wissenschaftlichen Lehrpersonal vor allem durch die Kürzungserfahrungen, die das Institut für Asien- und Afrikawissenschaften seit dem Jahr 1998 machen musste. Zunächst war von einer erforderlichen Zahl von 24 Professoren und dem entsprechenden wissenschaftlichen Personal ausgegangen worden. In mehreren Schritten wurde diese Zahl reduziert. Dabei wirkte sich eine unter administrativen Perspektiven nachvollziehbare Praxis für die Asienwissenschaften besonders negativ aus. Besonders leicht fielen der Streichung zunächst die unbesetzten Stellen zum Opfer. Deren Zahl war bei den Asienwissenschaften besonders hoch. Dem Institut schadete des Weiteren seine inhaltliche Vielfältigkeit. Immer wieder wurde, auch aus der Universitätsverwaltung, nachgefragt, warum es so viele Professuren für Asienwissenschaften geben müsse. Den Vertretern des Instituts ist es kaum gelungen zu verdeutlichen, dass China und Indien zwar beide zu Asien gehören und benachbart sind, aber doch kulturell, sprachlich und historisch kaum als eine Einheit betrachtet werden können. Ein zweites Problem, dem die Fachvertreter nicht begegnen konnten, war ausgerechnet die exzellente Sprachausbildung, die die Studierenden erhielten. Mehr als 60 % der Studierenden verließen nach einer erfolgreichen Vermittlung von sprachlicher Kompetenz im Arabischen, Chinesischen, Dari (der in Afghanistan gesprochenen Sprache), Japanischen, Hindi oder Usbekischen, um nur einige der gelehrten Sprachen zu nennen, die Humboldt-Universität, um an anderen Universitäten oder in anderen Fächern ihre akademische Ausbildung fortzusetzen. Da diese Studierenden ihr Studium nicht an der Humboldt-Universität beendeten, wurden sie in den entsprechenden Statistiken als Studienabbrecher gewertet. In den internen Debatten um das Profil des Instituts setzte sich schließlich eine Position durch, die die Asien- und Afrikawissenschaften als eine gegenwartsbezogene wissenschaftliche Einrichtung an der Humboldt-Universität verstand. Die Konsequenz war, dass alle antiquarischen Bereiche auf ihre Kompatibilität mit diesem Konzept überprüft wurden. Die Ägyptologie und Sudan-Archäologie wechselten in der Folge zu den Kultur- und Kunstwissenschaften, wo 2003 ein neues Institut für Archäologie und Kulturgeschichte Nordostafrikas eingerichtet wurde.

Neue Aufgaben

Inzwischen haben sich für die weitere Entwicklung des Instituts für Asien- und Afrikawissenschaften einige grundsätzliche Veränderungen ergeben. Die Vorstellung von der Zukunft des Instituts als einer gegenwartsbezogenen Einrichtung war intern weitgehend Konsens. Die in vorausgehenden Debatten zu Tage tretende Konzentration auf den engen regionalen Bereich war durch die obligatorische Einrichtung der Bachelor-Studiengänge aufgebrochen worden. Zumindest in der Lehre mussten die einzelnen regionalwissenschaftlichen Fächer im Bachelor-Studiengang „Regionalwissenschaften Asien und Afrika“ kooperieren. Ziel der Ausbildung ist es, den Studierenden grundsätzliche Kenntnisse in den Bereichen „Kultur und Identität“, „Gesellschaft und Transformation“ und „Sprache und Kommunikation“ zu vermitteln. Die auf diesem Bachelor-Studiengang aufbauenden Master-Studiengänge sind der MA-Studiengang Afrikawissenschaft, der MA-Studiengang Süd- und Südostasienwissenschaft, der MA-Studiengang Zentralasienwissenschaft. Ein MA-Studiengang Ostasienwissenschaft könnte demnächst eingerichtet werden.

Die politischen Verwerfungen nach dem 11. September 2001 haben das wissenschaftliche wie das öffentliche Interesse an den im Institut für Asien- und Afrikawissenschaften vertretenen Regionalwissenschaften erheblich ansteigen lassen. Denn plötzlich wurde verstärkt die politische Expertise für Zentralasien, Südasien wie Südostasien, vom Nahen Osten ganz abgesehen, gesucht. Die politische Bedeutung Indiens, Chinas und Japans, vor allem aber deren wirtschaftliche Potenz ist im ersten Jahrzehnt des 21. Jahrhunderts ebenfalls stärker in das öffentliche Bewusstsein gelangt. Die Nachfrage nach Politikberatung und Medienpräsenz der Mitarbeiter der Asienwissenschaften war teilweise nicht mehr zu bewältigen. Das war der Fall, obwohl sich inzwischen eine Vielzahl von Thinktanks und professionellen Beratungsdiensten in Berlin etabliert haben. Diese Situation wird sich auch in den kommenden Jahren nicht ändern.

Andreas Eckert

Afrikanische Sprachen und Afrikanistik

Kontinuitäten

Die eindeutige „Verstrickung“ und In-Dienst-Stellung der diversen Zweige der „Kolonial- und Auslandskunde“ an Universitäten und anderen Institutionen bedeutete weit über 1945 hinaus eine schwere Belastung für die entsprechenden Fächer. Im Bereich der universitären Lehre etwa hatten sich „auslandswissenschaftliche“ Studiengänge so diskreditiert, dass eine Anknüpfung an sie zunächst undenkbar schien. In den stärker philologisch ausgerichteten Bereichen, etwa der Afrikanistik, war hingegen von einer Zäsur vergleichsweise wenig zu spüren. Dennoch leitete der Zusammenbruch des Nazi-Regimes zunächst eine Phase der Desorientierung ein, so auch im Bereich der Afrikanistik an der Berliner Universität. Diedrich Westermann, der im Januar 1946 als ordentlicher Professor bestätigt wurde, machte sich gleichwohl rasch daran, an seine bisherige Tätigkeit anzuknüpfen. In diesem Zusammenhang erwies es sich als vorteilhaft, dass er kein Mitglied der NSDAP gewesen war. Überdies hatte er seine Arbeit nicht ausschließlich im Rahmen des nunmehr diskreditierten Deutschen Auslandswissenschaftlichen Instituts getätigt, sondern als Direktor des Instituts für Lautforschung an der Philosophischen Fakultät über einen weiteren institutionellen Bezugspunkt verfügt.[1]

Die von Westermann angestrebte rasche Wiederzulassung der Afrikanistik verzögerte sich.[2] Das Fach wurde erst zum Wintersemester 1947/48 und lediglich als Nebenfach wieder zugelassen, im darauf folgenden Wintersemester ein „Seminar für afrikanische Sprachen“ eingerichtet. Das von Westermann erarbeitete Studienprogramm konzentrierte sich auf den Bereich der Sprachwissenschaften, weil er sich durch den Fokus auf die politisch vermeintlich nicht „belastete“ Philologie offenkundig bessere Chancen für die Wiederzulassung erhoffte, wenngleich er immer wieder auch völkerkundliche Themen anbot. Mit dem philologischen Schwerpunkt gelang es Westermann, eine Traditionslinie fortzuführen, die in der

---

1 Vgl. Brahm, Felix, Wissenschaft und Dekolonisation. Paradigmenwechsel und institutioneller Wandel in der akademischen Beschäftigung mit Afrika in Deutschland und Frankreich 1930–1970, unveröffentl. Phil. Diss., Humboldt-Universität zu Berlin 2008, S. 148.

2 Vgl. zu Details van der Heyden, Ulrich, Die Afrikawissenschaften in der DDR. Eine akademische Disziplin zwischen Exotik und Exempel. Eine wissenschaftsgeschichtliche Untersuchung, Münster 1999, S. 104ff.

Abb. 1 Diedrich Westermann (1875–1956)

DDR politisch als „bürgerlich" galt.[3] Des Weiteren vermochte er, im Rahmen der Deutschen Akademie der Wissenschaften zu Berlin (später: Akademie der Wissenschaften der DDR) am dort 1947 etablierten Institut für Orientforschung eine eigene Abteilung für Afrikanistik durchzusetzen.[4] Zugleich versuchte er, die Vorkriegskontakte zum International African Institute in London zu revitalisieren und reiste 1947 sogar nach London, wo ihm die leitende Mitarbeit am geplanten „Handbook of African Languages" (wieder) angetragen wurde. Von diesem international angelegten Projekt profitierten in der Folge auch andere deutsche Afrikanisten, etwa die in Hamburg tätigen Johannes Lukas und Emmi Meyer. Dank Wester-

[3] Vgl. ebd., S. 106f. sowie Brahm, Wissenschaft und Dekolonisation, 2008, S. 150ff.

[4] Vgl. van der Heyden, Afrikawissenschaften, 1999, S. 130ff. Allgemein zur Akademie in der Nachkriegszeit vgl. Kocka, Jürgen (Hrsg., unter Mitarbeit von Nötzoldt, Peter/Walther, Peter Th.), Die Berliner Akademien der Wissenschaften im geteilten Deutschland 1945–1990, Berlin 2002.

manns auch international anscheinend ungebrochener Reputation vermochten zumindest Teile der deutschen Afrikanistik rasch wieder Anschluss an die internationale Forschungsszene zu gewinnen.[5] Westermanns Einfluss in der Nachkriegszeit weit über Berlin hinaus manifestierte sich in seiner Rolle als zentrale Referenzperson für eine „unbelastete" Afrikanistik. Er stellte für eine Reihe von Fachkollegen, aber auch für Vertreter anderer Disziplinen, etwa den Historiker Egmont Zechlin und den Ethnologen Hermann Baumann, „Persilscheine" aus, um deren Ansinnen auf Wiedereinstellung in den universitären Dienst zu unterstützen.[6]

Nach der Emeritierung Westermanns 1950 gestaltete sich die Nachfolge schwierig. Das Verfahren zog sich nicht zuletzt in Ermangelung geeigneter Kandidaten in die Länge. 1952 wurde der Leipziger Afrikanist Hubert Weydling, der durch seine oppositionelle Haltung während des Nationalsozialismus beträchtliche Karriereschäden erleiden musste, nach dem Krieg überdies wohl auch aufgrund einiger negativer Gutachten Westermanns zunächst keine feste Anstellung fand, zum „Professor mit vollem Lehrauftrag für afrikanische Sprachen" an der Humboldt-Universität ernannt, wechselte aber zwei Jahre später an das Greenville College, Illinois, in den Vereinigten Staaten. Oswin Köhler, ein Schüler Westermanns, arbeitete seit 1950 als Assistent am Institut für afrikanische Sprachen und übernahm im Herbstsemester 1952, nach seiner Habilitation, eine Dozentur für afrikanische Sprachen. Doch nur wenige Monate später floh er aus der DDR in Richtung Hamburg. 1961 erhielt er den Ruf auf das neu eingerichtete Ordinariat für Afrikanistik an der Universität zu Köln. Unmittelbarer Anlass für Köhlers „Republikflucht" war offenkundig der Versuch des Staatssekretariats für Hochschulwesen, Köhler daran zu hindern, ein ihm vom IAI gewährtes Stipendium für eine Feldforschung in Afrika anzutreten.[7]

---

5 Das Handbuchprojekt hatte eine längere Vorgeschichte und war ursprünglich bereits 1933 von Westermann und dem anderen Ko-Direktor der IAI, Henri Labouret, initiiert worden, musste dann zwei Jahre darauf jedoch wegen fehlender Finanzierung zunächst auf Eis gelegt werden. Vgl. Stoecker, Holger, Afrikawissenschaften in Berlin von 1919 bis 1945. Zur Geschichte und Topographie eines wissenschaftlichen Netzwerkes, Stuttgart 2008, S. 202ff. Zu Westermanns Kontaktaufnahme zum IAI und seiner Londonreise vgl. Schnurer, Jos, Der Afrikaforscher Diedrich Westermann (1875–1956). Informationen – Quellen – didaktische Überlegungen zu einer „very important person", in: Geschichte, Politik und ihre Didaktik 23 (1995), S. 294–301; Forde, Daryll, Diedrich Westermann 24 June 1875–31 May 1956, in: Africa 26 (1956), S. 329–331. Zu Westermanns Rolle bei der Etablierung internationaler wissenschaftlicher Kontakte für die deutsche Afrikanistik nach 1945 vgl. Brahm, Wissenschaft und Dekolonisation, 2008, S. 136ff.

6 Vgl. Brahm, Wissenschaft und Dekolonisation, 2008, S. 152.

7 Vgl. ebd., S. 153–155. Zu Köhlers späterer Karriere, die ihn zu einem der einflussreichsten, wegen seiner engen Kooperation mit dem Apartheidregime in Südafrika allerdings durchaus umstrittenen Afrikanisten in der Bundesrepublik machte, vgl. ausführlich ebd., S. 159–165. Vgl. allgemein zum Brain Drain von Wissenschaftlern aus der DDR in den 1950er Jahren Conelly, John, Zur „Republikflucht" von DDR-Wissenschaftlern in den fünfziger Jahren, in: Zeitschrift für Geschichtswissenschaft 42 (1994), S. 331–352. Zur Situation speziell in Berlin: Laitko, Hubert, Wissenschaftler im Berlin der frühen Nachkriegszeit. Bausteine und Fragestellungen zu einem Soziogramm, in: vom Bruch, Rüdiger/Kaderas, Brigitte (Hrsg.), Wissenschaften und Wissenschaftspolitik. Bestandsaufnahmen zu Formationen, Brüchen und Kontinuitäten im Deutschland des 20. Jahrhunderts, Stuttgart 2002, S. 373–392.

Nach Köhlers Weggang war das Seminar für afrikanische Sprachen zunächst ohne Lehrkraft. Von 1953 bis 1957 übernahm der Ägyptologe Fritz Hintze kommissarisch die Leitung des Seminars, allerdings wurde nach einer späteren internen Einschätzung des Zentralkomitees (ZK) der SED „so gut wie keine Arbeit mehr geleistet."[8] Dies änderte sich erst mit der nicht zuletzt von Hintze mit Nachdruck betriebenen, aber auch von Westermann explizit empfohlenen Berufung von Ernst Dammann „als Professor mit Lehrstuhl" zum September 1956. Dammann (1904–2003), seit 1949 außerplanmäßiger Professor in Hamburg, genoss in der Fachwelt zweifelsohne Anerkennung als kompetenter Afrikanist der älteren, stark von Meinhof und auch Westermann geprägten Schule, entsprach aber nun gar nicht den Idealvorstellungen eines sozialistischen Wissenschaftlers: Er war dezidiert „bürgerlicher" Herkunft und bekannte in seinen Lebenserinnerungen gar, er „halte auch heute noch die konstitutionelle Monarchie für die beste Staatsform"[9]; er hatte lange als Missionar gearbeitet und stand weiterhin in engem Kontakt mit kirchlichen und Missionskreisen, vor allem aber stand er dem NS-Regime sehr nahe. Bereits 1931 wurde er Mitglied der NSDAP und fungierte kurz darauf während seiner missionarischen Tätigkeit als Landesgruppenleiter der Partei für das damalige britische Tanganyika Territory, das vormalige Deutsch-Ostafrika.[10] Wie ist unter diesen Umständen die Berufung Dammanns zu erklären, zumal seine „Verstrickungen" mit dem Nationalsozialismus auch für die DDR-Behörden kein Geheimnis waren? Einen wichtigen Hinweis liefert ein Schreiben an das ZK der SED vom Juli 1956, dessen Absender allerdings nicht überliefert ist. Dort heißt es: „Prof. Dammann sollte bei der Ausbildung von Afrikanisten zumindest für die erste Zeit nur die sprachliche Ausbildung vornehmen, d. h. unseren wissenschaftlichen Nachwuchskräften das nötige ‚Handwerkszeug' vermitteln (...) Trotz aller (...) Schwierigkeiten werden die Bedeutung und die Perspektiven der Afrikanistik sehr hoch veranschlagt und besonders die Möglichkeit in den Vordergrund gestellt, dass wir sehr bald die Möglichkeit haben, zu einer Reihe weiterer afrikanischer Staaten und Völker enge Beziehungen aufzunehmen. Die momentanen Schwierigkeiten, die bei der Berufung Dammanns bestehen, werden angesichts der Tatsache, dass es sich hier um einen Einzelfall handelt und dass der Gewinn, der uns aus einer solchen Berufung auf Perspektive erwachsen könnte, zwar nicht übersehen, aber als überwindbar betrachtet werden. Nach einer Ablehnung der Berufung Dammanns dürfte es für eine lange Zeit hinaus schwer sein, einen geeigneten Fachvertreter zu gewinnen".[11] Die Be-

[8] Zit. n. van der Heyden, Afrikawissenschaften, 1999, S. 107.

[9] Dammann, Ernst, 70 Jahre erlebte Afrikanistik. Ein Beitrag zur Wissenschaftsgeschichte, Berlin 1999, S. 177.

[10] Zu Dammanns Rolle in der NS-Zeit vgl. Meyer-Bahlburg, Hilke/Wolff, Ekkehard, Afrikanische Sprachen in Forschung und Lehre. 75 Jahre Afrikanistik in Hamburg (1909–1984), Berlin/Hamburg 1986, bes. Kap. 3. Eine Stellungnahme Dammanns zu den dort gemachten Ausführungen findet sich in Krause, Eckart u. a. (Hrsg.), Hochschulalltag im „Dritten Reich". Die Hamburger Universität 1933–1945, Bd. 2, Berlin/Hamburg 1991, S. 845–850.

[11] Zit. n. van der Heyden, Ulrich, Ernst Dammann – ein bürgerlicher Wissenschaftler in der sozialistischen DDR, in: Griefenow-Mewis, Catherine (Hrsg.), Afrikanische Horizonte. Studien zu Sprachen, Kulturen und

Abb. 2 Ernst Dammann (1904–2003)

rufung Dammanns spiegelte den gewachsenen Willen wider, afrikanistische Fachkompetenz in der DDR auszubilden. Dies geschah vor dem Hintergrund der rapide an Fahrt gewinnenden Dekolonisierung und dem damit verbundenen Versuch der Regierung, künftige Kooperation mit „nationalen Befreiungsbewegungen" vorzubereiten.[12]

zur Geschichte, Wiesbaden 2007, S. 29–42, hier: S. 30. Van der Heyden vermutet als Absender entweder die SED-Parteileitung, die staatliche Leitung der Humboldt-Universität oder das Staatssekretariat für Hochschulwesen.

12 Vgl. Schleicher, Hans-Georg, Afrika in der Außenpolitik der DDR, in: ders./van der Heyden, Ulrich/Schleicher, Ilona (Hrsg.), Die DDR und Afrika. Zwischen Klassenkampf und neuem Denken, Münster 1993, S. 10–30; Brahm, Wissenschaft und Dekolonisation, 2008, S. 157. Zur zeitweilig großen Bedeutung Afrikas für die DDR-Außenpolitik im Kontext des Kalten Krieges vgl. Engel, Ulf/Schleicher, Hans-Georg, Die beiden deutschen Staaten in Afrika. Zwischen Konkurrenz und Koexistenz 1949–1990, Hamburg 1998.

Dammann, der im Übrigen nach Westgehalt bezahlt wurde und zudem das Privileg genoss, in West-Berlin leben zu dürfen, versuchte im Seminar mit Nachdruck, eine klassisch-sprachwissenschaftliche Tradition der Afrikanistik aufrechtzuerhalten. Geprägt wurde seine Tätigkeit dann zum einen von der politischen Entwicklung in Afrika: 1957 bzw. 1958 erlangten mit Ghana und Guinea die ersten ehemaligen Kolonien südlich der Sahara ihre Unabhängigkeit, was sich rasch in der institutionellen Neuordnung der Berliner Afrikanistik niederschlug. Das Seminar (ab 1957 Institut) wurde im Rahmen der Philosophischen Fakultät zum Schwerpunktinstitut erklärt und Dammann konnte bereits 1959 eine Vortrags- und Studienreise nach Ghana antreten. Im September desselben Jahres begann die erste Hauptfachausbildung im Fach Afrikanistik. Zehn Studierende wurden immatrikuliert. Das Studium sollte dazu dienen, sowohl Nachwuchs für die Wissenschaft als auch für die „Praxis" auszubilden.[13] Zum anderen geriet Dammann rasch in das Zentrum der Kritik sowohl von Mitarbeitern, anderen DDR-Afrikanisten als auch von politischer Seite. Es kam bald zu erheblichen Zerwürfnissen am Institut, deren Höhepunkt die politisch motivierte „Entfernung" eines Assistenten bildete, der versucht hatte, Dammann mit Verweisen auf dessen pro-koloniale Einstellung und seine „braune Vergangenheit" in ein schlechtes Licht zu stellen.[14] In den Archiven finden sich – jeweils aus dem Jahr 1957 – etwa ein negativer Bericht über Dammanns politische Einstellungen von der SED-Parteileitung der Humboldt-Universität zu Berlin an die Abteilung Wissenschaften des ZK der SED sowie ein Stasi-Bericht, der Dammanns Kontakte zur Mission und seine pro-koloniale Haltung als Hauptursachen für die Probleme am Institut benennt.[15]

Parallel zur Ägide Dammanns in Berlin dynamisierte sich an der Karl-Marx-Universität Leipzig die Entwicklung der Afrikanistik.[16] Die Geschichtswissenschaft spielte hier eine wichtige Rolle. Als treibende Kraft fungierte Walter Markov, der Leiter des Instituts für Kultur- und Universalgeschichte, der sich das Projekt einer dezidiert nicht-eurozentrischen vergleichenden Kolonialgeschichte auf die Fahnen geschrieben hatte und einen Schülerkreis von Spezialisten der außereuropäischen Geschichte aufbaute. Markov selbst bot auch Lehrveranstaltungen zur Geschichte Afrikas an.[17] In Leipzig gab es in dezidiertem Kontrast zur Ausrichtung in Berlin das starke Bemühen, die Afrikanistik als eine gegenwartsbezogene und

---

13 Vgl. Forstreuter, Burkhard u. a., Zur Geschichte der Afrikanistik an der Berliner Universität/Humboldt Universität, in: Berliner Afrikanistische Arbeitsblätter 1 (1993), S. 24.

14 Dazu detailliert van der Heyden, Dammann, 2007; ferner Brahm, Wissenschaft und Dekolonisation, 2008, S. 157.

15 Vgl. ebd.

16 Für die folgenden Ausführungen vgl. bes. Brahm, Felix/Jones, Adam, Afrikanistik, in: Geschichte der Universität Leipzig 1409–2009, Bd. 4: Fakultäten, Institute, Zentrale Einrichtungen, hrsg. von von Hehl, Ulrich u. a., Leipzig 2009, S. 306ff.

17 Zu Markov und seinem Institut sehr ausführlich Middell, Matthias, Weltgeschichtsschreibung im Zeitalter der Verfachlichung und Professionalisierung. Das Leipziger Institut für Kultur- und Universalgeschichte 1890–1990, Bd. 3: Von der vergleichenden Kulturgeschichte zur Revolutionskomparatistik, Leipzig 2005. 1962/63 lehrte Markov an der neu gegründeten nigerianischen Universität Nsukka. Siehe Markov, Walter, Zwiesprache mit dem Jahrhundert. Dokumentiert von T. Grimm, Berlin 1989, S. 244ff.

zugleich historisch fundierte Regionalwissenschaft aufzubauen, natürlich auf der Grundlage des dialektischen und historischen Materialismus. Jenseits der üblichen sozialistischen Gebetsformeln entsprach das Leipziger Modell aber durchaus dem internationalen Trend, multidisziplinäre „Area Studies"-Zentren zu etablieren.[18] Zwischen Leipzig und Berlin entwickelte sich in den späten 1950er Jahren eine Konkurrenz um den weiteren Ausbau der Afrikawissenschaften. Brahm und Jones resümieren in diesem Zusammenhang: „Aus dem Berliner Institut heraus entstandene Vorschläge für eine marxistisch-leninistische Neuorientierung und einen multidisziplinären Ausbau der Afrikanistik waren unter der Leitung Dammanns nicht durchsetzbar, in Leipzig hingegen schon, so dass das Leipziger Institut nach einem Konkurrenzkampf hinter den Kulissen den Zuschlag erhielt."[19] Die staatlich gewollte verstärkte Konzentration der Afrikanistik auf Leipzig, die ihren Ausdruck in der Gründung der Sektion Afrika- und Nahostwissenschaften fand, empfand Dammann als Zurücksetzung seiner Person und Methode. Im August 1961 nahm er einen Ruf an die Theologische Fakultät der Universität Marburg an und verließ einige Monate nach dem Mauerbau Berlin.[20]

Marginalisierung und Neuordnung

Nach Dammanns Weggang drohte kurze Zeit der völlige Wegfall der Berliner Afrikanistik, doch im Mai 1962 gab ein Vertreter des Staatssekretariats für Hoch- und Fachhochschulwesen Entwarnung und verkündete, es sei nie die Rede davon gewesen, das Afrikainstitut der Humboldt-Universität aufzugeben.[21] In der Folge stand die Einrichtung freilich stets im Schatten Leipzigs, konnte keine Hauptfachstudierenden ausbilden, sondern musste sich mit Nebenfach- und Zweitfachstudierenden sowie der Erwachsenenqualifizierung (das hieß vor allem Sprachunterricht) begnügen. Der Fokus insgesamt lag sowohl in Lehre als auch Forschung auf den Bereichen Spracherwerb, Sprachwissenschaft und Literatur. Das spiegelte sich auch in den vergleichsweise wenigen Abschlüssen: Zwischen 1948 und 1989 entstanden insgesamt 12 Diplomarbeiten, 12 Dissertationen sowie 5 Habilitationen (Promotionen B) am Institut, schwerpunktmäßig im Bereich der Linguistik.[22] Die Dritte Hochschulreform 1968 brachte keine Verbesserung der Situation, eher war das Gegenteil der Fall. Fortan wur-

---

[18] Der Aufschwung der Area Studies wird in der Regel eng mit Entwicklungen in den Vereinigten Staaten verbunden, die bekannteste regionalwissenschaftliche Institution ist jedoch die 1917 gegründete School of Oriental and African Studies (SOAS) der University of London. Vgl. Philips, Cyril, The School of Oriental and African Studies, University of London, 1917–1967: An Introduction, London 1967; Arnold, David/Shackle, Christopher (Hrsg.), SOAS since the sixties, London 2003.

[19] Brahm/Jones, Afrikanistik, 2009, S. 308.

[20] Vgl. Dammann, Erlebte Afrikanistik, 1999, S. 170ff.

[21] Vgl. van der Heyden, Afrikawissenschaften, 1999, S. 111.

[22] Eine genaue Auflistung der Arbeiten mit Verfasser, Titel und Erscheinungsjahr (aber ohne Nennung des Betreuers) findet sich in Forstreuter u. a., Geschichte der Afrikanistik, 1993, S. 51ff.

den die Asienwissenschaften der DDR an der Humboldt-Universität konzentriert. Im Rahmen der neu gegründeten Sektion Asienwissenschaften an der Philosophischen Fakultät fand auch die Afrikanistik ihren Platz, bildete innerhalb dieser Institution jedoch keinen Schwerpunkt. Im ersten Programm der Sektion hieß es: „Die Arabistik und die Afrikanistik haben Bedienungsfunktionen, welche die Erwachsenenqualifizierung, Nebenfachausbildung, Sondersprachkurse entsprechend den staatlichen Aufgaben und in Kooperation mit anderen Instituten umfassen."[23] Hildegard Höftmann, eine Schülerin Dammanns, die das Afrikainstitut wesentlich durch die schwierigen 1960er Jahre gesteuert hatte,[24] leitete von 1969 bis 1972 den Bereich Afrikanistik, in dieser Funktion gefolgt vom Historiker Helmuth Stoecker. Von 1983 bis in die frühen 1990er Jahre übernahm schließlich die Linguistin Brigitte Reinecke, die 1959 zur ersten Gruppe der Afrikanistik-Hauptfachstudierenden an der Humboldt-Universität gehört hatte, die Leitung.[25] Versuche, den seit Dammanns Weggang vakanten afrikanistischen Lehrstuhl wiederzubesetzen, scheiterten. Von den Institutsmitarbeitern trug lediglich Stoecker den Professorentitel, sein Lehrstuhl war jedoch nicht direkt im Bereich Afrikanistik angesiedelt.[26]

Angesichts der relativ begrenzten Lehrtätigkeit konnten sich die Mitarbeiter/innen des Afrikanistikbereichs stark auf die Forschung konzentrieren, eine Möglichkeit, die sehr unterschiedlich wahrgenommen wurde. Zwar litten die Afrikanisten wie nahezu alle Regionalwissenschaftler der DDR unter eingeschränkten Reisemöglichkeiten[27], doch bestanden durchaus Gelegenheiten, im Zielgebiet zu forschen. In den frühen 1960er Jahren führten Mitarbeiter des Instituts für Afrikanistik in Kooperation mit der University of Ghana ein ethnographisch-sprachwissenschaftliches Projekt zu den so genannten „Togo-Restvölkern" durch, das aufgrund des Militärputsches gegen den ghanaischen Präsidenten Nkrumah und den daraus resultierenden Belastungen des Verhältnisses DDR-Ghana nach 1966 nicht weitergeführt werden konnte. Seit den frühen 1970er Jahren entwickelte sich eine enge Zusammenarbeit der Berliner Afrika-Linguistik mit der Universität Cotonou in Benin (vorher Dahomey). Hildegard Höftmann und Brigitte Reinecke beteiligten sich neben ihrer Forschungsarbeit vor Ort auch an Alphabetisierungskampagnen und erstellten Lehrmaterialien.[28] Die Qualität der aus diesen Aufenthalten erwachsenen – oft unpubliziert gebliebenen – Studien zu bewerten, ist schwierig. Die Tatsache, dass etwa Brigitte Reinecke Anfang der 1990er Jahre gleich zwei Rufe (nach Leipzig und an die Humboldt-Universität) erhielt,

---

23 Zit. nach van der Heyden, Afrikawissenschaften, 1999, S. 117.
24 Vgl. Endesfelder, Erika/Reinecke, Walter F., Ein Leben für die Wissenschaft, in: Griefenow-Mewis, Afrikanische Horizonte, 2007, S. 13–16; van der Heyden, Afrikawissenschaften, 1999, S. 111.
25 Vgl. Forstreuter u. a., Geschichte der Afrikanistik, 1993, S. 25f.
26 Vgl. van der Heyden, Afrikawissenschaften, 1999, S. 120.
27 Vgl. Krauth, Wolf-Hagen, Asien- und Afrikawissenschaften, in: Wissenschaft und Wiedervereinigung. Disziplinen im Umbruch, hrsg. v. Kocka, Jürgen/Mayntz, Renate, Berlin 1998, S. 21–78, hier: S. 64.
28 Vgl. van der Heyden, Afrikawissenschaften, 1999, S. 115f.

Abb. 3 Helmuth Stoecker (1920–1994)

deutet an, dass die Forschungen zumindest innerhalb der engeren *scientific community* geschätzt wurden. Im internationalen Kontext blieb die Berliner Afrikanistik jedoch marginal, was nicht allein an den begrenzten Reise-, Publikations- und Rezeptionsmöglichkeiten lag, sondern auch am sprachwissenschaftlichen Schwerpunkt. Denn die Afrikawissenschaften hatten in vielen Teilen der Welt seit den frühen 1960er Jahren eine geradezu stürmische Entwicklung genommen, die sich jedoch vor allem auf sozialwissenschaftliche und historische Fächer bezog.[29] Allerdings gilt für die deutschsprachige Afrikaforschung insgesamt – in Ost

[29] Vgl. etwa Bates, Robert H. u. a. (Hrsg.), Africa and the Disciplines. The Contributions of Research in Africa to the Social Sciences and Humanities, Chicago 1993. Zur institutionellen Entwicklung am Beispiel der Afrika-Geschichtsschreibung vgl. Eckert, Andreas, Dekolonisierung der Geschichte. Zur Institutionalisierung der Geschichtswissenschaft in Afrika seit dem Zweiten Weltkrieg, in: Historische Institute im internationalen Vergleich, hrsg. v. Middell, Matthias u. a., Leipzig 2001, S. 451–476.

wie in West –, dass sie lange Zeit international eher randständig blieb und von einigen Ausnahmen abgesehen außerhalb des deutschsprachigen Raums kaum wahrgenommen wurde.

Nur wenige Arbeiten deutscher Afrikawissenschaftler wurden ins Englische übertragen. Zu dieser raren Spezies gehörten nicht zuletzt Studien zum deutschen Kolonialismus in Afrika, so auch der von Helmuth Stoecker herausgegebene und maßgeblich verfasste Band „German Imperialism in Africa", der nach deutscher Erstpublikation 1977 in überarbeiteter Fassung 1986 beim renommierten Londoner Verlag Hurst in englischer Sprache erschien. Stoecker (1920–1994) genoss nicht zuletzt dank seiner zum Teil auf Englisch publizierten Arbeiten zum deutschen Kolonialismus und zur afrikanischen Geschichte in internationalen Fachzirkeln einen guten Ruf. In eine bekannte Berliner Kommunistenfamilie hineingeboren, musste Stoecker 1933 als Dreizehnjähriger nach England emigrieren. Dort erhielt er, eine Mittelklassefamilie hatte sich seiner angenommen, eine ausgezeichnete Schulausbildung. 1947 kehrte Stoecker in seine zerstörte Heimatstadt zurück, entschlossen, am Aufbau eines sozialistischen, besseren Deutschland aktiv mitzuwirken. Nach dem Studium in Leipzig und einem kurzem Zwischenspiel bei der Nachrichtenagentur ADN begann er Anfang der fünfziger Jahre seine Universitätskarriere als Assistent an der Humboldt-Universität. Dieser Institution sollte er sein gesamtes Berufsleben treu bleiben. Stoeckers Ruf unter seinen Kollegen war ambivalent. Den einen galt er als Hardliner und glühender Anhänger des Regimes; den anderen war er zu sehr Nonkonformist. Wahrscheinlich stimmte beides, und das machte ihn politisch letztlich zu einer einsamen Person.[30]

Stoecker vertrat mit Schwerpunkt auf dem deutschen Kolonialismus eine „kritische Kolonialgeschichte" und profitierte wie zahlreiche andere DDR-Historiker von der Tatsache, dass fast alle deutschen Kolonialakten in Potsdam lagen. In seinen Arbeiten interessierten ihn allerdings weniger die Entwicklung und die Handlungsspielräume afrikanischer Gesellschaften – denen er weitgehend eine passive Opferrolle zuschrieb – als die Strategien und Interessen der deutschen Kolonialherren. Überdies wurde in den Vor- oder Nachworten keine Gelegenheit versäumt, auf den Neokolonialismus der Bundesrepublik zu verweisen und zugleich die Solidarität der DDR mit den jungen Staaten Afrikas hervorzuheben.[31] Schließlich wurde in den kolonialhistorischen Studien von Stoecker und anderen „das marxistische Entwicklungsmodell bisweilen geradezu scholastisch deduziert."[32] Dennoch leisteten diese Arbeiten einen frühen und wichtigen Schub für eine kritische Auseinandersetzung mit der deutschen Kolonialvergangenheit, der auch von „westlichen" Historikern zumindest partiell mit Respekt rezipiert wurde. So erinnerte sich der Schweizer Albert Wirz, der Ende 1993 den

[30] Vgl. Filatova, Irina, Foreword: The World That Was Ours, in: Socialism with Deficits: An academic life in the German Democratic Republic, hrsg. v. Stoecker, Helmuth (edited from the private papers by Holger Stoecker), Hamburg 2000, S. 7–13.

[31] Vgl. etwa Stoecker, Helmuth (Hrsg.), Kamerun unter deutscher Kolonialherrschaft, 2 Bde., Berlin 1960, 1968.

[32] Brahm/Jones, Afrikanistik, 2009, S. 313.

Lehrstuhl für die Geschichte Afrikas an der Humboldt Universität übernahm: „Für mich waren die Bücher von Stoecker und die Literatur, die Ende der 1960er Jahre erschienen ist, Augenöffner. Sie haben uns eine ganz neue Welt erschlossen, und das ist eigentlich merkwürdig, denn die DDR war ja ein Land, das sich auch abgeschottet hat nach außen."[33]

Stoecker pflegte im Übrigen zu seinen Leipziger Kollegen, denen es ebenfalls um eine kritische Kolonialgeschichtsschreibung zu tun war, eine dezidierte Rivalität. In seinen Memoiren mokiert er sich grundsätzlich über die Afrikawissenschaftler in Leipzig, die seiner Meinung nach fachlich medioker waren, aufgrund politischer Patronage durch die SED jedoch mehr Unterstützung und öffentliches Ansehen genossen als er selbst. Er beschreibt, wie er sich jedes Mal auf der Rückkehr von einer Tagung in Leipzig „depressed or angry" fühlte. Und fügt eine kleine Episode hinzu: „But when, at the celebration of its tenth anniversary, I said in my somewhat jocular congratulatory address that I had one wish for the department: fewer conferences and more sizeable books, some of the staff members present were offended."[34] Einen größeren Schülerkreis konnte Stoecker in Berlin nicht ausbilden. Lediglich zwei Forschungsstudenten bzw. Assistenten befassten sich an der Humboldt-Universität zeitweilig mit der Geschichte Afrikas. Außeruniversitäre Institutionen vermochten die Berliner Afrikakompetenz kaum zu stärken. An der Berliner Akademie der Wissenschaften etwa blieb die auf Afrika bezogene Forschung marginal.[35]

Nach den Pensionierungen von Stoecker (1986) und Höftmann (1988) verfügte der Bereich Afrikanistik über acht festangestellte Mitarbeiter/innen, welche die Schwerpunkte Sprache, Literatur und Geschichte repräsentierten.[36] Die „Wende" von 1989/90 hinterließ auch in der Berliner Afrikanistik tiefe Spuren. Der am Otto-Suhr-Institut der Freien Universität lehrende Politologe Franz Ansprenger, der Nestor der sozialwissenschaftlichen Afrikaforschung in der Bundesrepublik, drückte 1991 in einem Aufsatz die Hoffnung auf eine „Wiedervereinigung der deutschen Afrikawissenschaften" aus, die diesen Namen auch verdiene: „Es gibt kein Schema, nach dem irgendwer Afrikawissenschaftler aufgrund früherer Taten in der alten DDR heute ehrlich und gerecht qualifizieren, übernehmen, abwickeln, in eine Warteschleife schicken könnte. In jedem Einzelfall wird die Berufungskommission (oder wer auch immer etwas zu entscheiden hat) sich ein Bild vom Charakter und Auftreten des Menschen heute, von seinem jetzt erkennbaren Zugriff auf wissenschaftliches Arbeiten machen müssen – ganz einfach genauso, wie sie das bei jedem Bewerber aus Stuttgart oder Cambridge oder Kapstadt auch tun müsste. Das wird mühsam sein, auch wenn die Zahl der verfügbaren Planstellen im ‚Beitrittsgebiet' dramatisch schrumpfen wird gegenüber der Aus-

33 Elfenbeintürmerische Mauern und topfebenes Berlin – Ein Gespräch mit dem Schweizer Afrikahistoriker Albert Wirz, in: Werkstatt Geschichte 3 (1994), H. 9, S. 35.

34 Stoecker, Socialism with Deficits, 2000, S. 101.

35 Vgl. van der Heyden, Afrikawissenschaften, 1999, S. 130ff.

36 Vgl. Forstreuter u. a., Geschichte der Afrikanistik, 1993, S. 26.

stattung in der DDR, ganz unabhängig von jeder Evaluierung. Schön wäre es schon, in Zukunft mit Kollegen zusammenarbeiten zu können, die Afrika aus dem Blickwinkel der alten DDR kennengelernt haben. Sie bringen einiges mit, was nach meiner Überzeugung fast so wichtig werden könnte, wie die Null-Promille-Regelung für die künftige deutsche Verkehrspolitik.“[37]

Die von Ansprenger erhoffte Einbindung jener in die „gesamtdeutsche“ Universitätslandschaft, die Afrika aus dem Blickwinkel der DDR kennen gelernt hatten, wurde jedoch nur sehr bedingt umgesetzt. Dies galt auch für die Humboldt-Universität. Institutionell erfolgten einige Umstrukturierungen, bis der Bereich schließlich 1994 als Seminar für Afrikawissenschaften Teil des Instituts für Asien- und Afrikawissenschaften wurde, welches wiederum eines der drei Institute der Philosophischen Fakultät III bildete. Im Gegensatz zu den Asienwissenschaften gelang es für den Afrikabereich an der Humboldt Universität, die vorgesehene Struktur von drei Professuren (Geschichte, Linguistik, Literatur) zu etablieren und die entsprechenden Stellen bis 1994 auch zu besetzen.[38] Die Professuren gingen nicht allein an Importe aus der alten Bundesrepublik. Brigitte Reinecke (*1941), die den Ruf auf die Professur für afrikanische Sprachen erhielt, gehörte zu den wenigen DDR-Afrikawissenschaftlern, die nach 1990 eine Dauerstelle erhielten bzw. gar einen Lehrstuhl erlangten. Für Geschichte ging der Ruf an den Schweizer Albert Wirz (1944–2003)[39], für Literatur und Kultur an Flora Veit-Wild (*1947), die lange in Zimbabwe gelebt hatte und 1992 in Frankfurt/Main promoviert worden war. Die Struktur- und Berufungskommission für die Fächer der Asien- und Afrikawissenschaften, der mit dem Historiker Helmut Bley (Hannover), dem Ethnologen Eike Haberland (Frankfurt/Main, verstarb 1992) und Brigitte Reinecke drei bzw. dann zwei Afrikaspezialisten angehörten, hatte zunächst den Leipziger Rainer Arnold auf den ersten Platz der Berufungsliste für die Literaturprofessur gesetzt, der jedoch vom Senator den Ruf nicht erhielt. Der Berliner Hochschulstrukturplan schrieb 1993 eine Konzentration der Afrikanistik an der Humboldt-Universität fest; an der Freien Universität vertraten zwei Professoren der Ethnologie einen Schwerpunkt Afrika, die – bundesweit einzige – Professur für die Politik Afrikas am OSI wurde nach der Emeritierung von Franz Ansprenger 1992 nicht wiederbesetzt. Versuche, eine Gesamtberliner Afrikanistik an der Humboldt-Universität zu konzentrieren, wurden immer wieder diskutiert, ohne jedoch auch nur in die Nähe der Umsetzung zu kommen.

Die 1990er Jahre waren auch an der Humboldt-Universität durch intensive Debatten über die Leistungen und Defizite der DDR-Regionalwissenschaften geprägt. In diesem Zusammenhang spielten die Forschungen und Diskussionen der interdisziplinären Arbeitsgruppe „Wissenschaft und Wiedervereinigung“ der Berlin-Brandenburgischen Akademie eine

---

[37] Ansprenger, Franz, Zur Wiedervereinigung der deutschen Afrikawissenschaft, in: Internationales Afrikaforum 27 (1991), H. 1, S. 71-77, hier: S. 76f.

[38] Vgl. den Beitrag von Peter Heine über die Orientwissenschaften in diesem Band.

[39] Zu Wirz und seiner Rolle für die Afrikawissenschaften der Humboldt-Universität zu Berlin vgl. Eckert, Andreas, Albert Wirz (1944–2003), in: Geschichte und Gesellschaft 30 (2004), S. 661–667.

wichtige Rolle.[40] Parallel dünnte sich im Bereich der Afrikawissenschaften das Personal im Mittelbaubereich stark aus. Nahezu alle in der DDR noch unbefristet eingestellten wissenschaftlichen Mitarbeiter mussten bis Ende 1996 gehen, hinzu kam das Auslaufen des „Wissenschaftler-Integrationsprogramms“ (WIP). Diese Entwicklungen haben innerhalb des Seminars durchaus für Dissonanzen gesorgt, allerdings kam es nicht zu einer Situation wie in Leipzig, „in der es innerhalb der (…) Afrikanistik viele Beschuldigungen, Gegenbeschuldigungen, Plagiats- und IM-Vorwürfe gab.“[41] Eine Reihe von DDR-Afrikanisten pochte mit Nachdruck auf die Qualität zumindest eines Teils der DDR-Forschung. Der Historiker Ulrich van der Heyden, vor 1990 Mitarbeiter der Akademie der Wissenschaften und in den 1990er Jahren u. a. in einem Drittmittelprojekt am Seminar für Afrikawissenschaften beschäftigt, etwa unterstrich: „Die DDR-Afrikawissenschaftler legten gerade auf den Gebieten der Kolonialhistoriographie und der Geschichte Afrikas bis heute und vermutlich bis in die Zukunft reichende Forschungsergebnisse von internationalem Standard vor, zu denen auch andere Publikationen in den weiteren hier nicht mehr einzeln aufgeführten Gebieten gehören. Hinzu kommen die Erfahrungswerte auf den Gebieten der interdisziplinären Studentenausbildung und in der Hochschulzusammenarbeit mit afrikanischen Partnereinrichtungen. Durch die personelle Abwicklung sind mehr oder minder rigoros alle einschlägigen Erfahrungswerte beseitigt worden.“[42]

Wie dramatisch sich diese Beseitigung, jenseits der damit verbundenen Verwerfungen für die betroffenen Personen, auf die Afrikawissenschaften an der Humboldt-Universität ausgewirkt hat, ist eine schwierig zu beantwortende Frage. In einigen Bereichen – etwa in der Linguistik – sind durchaus Erfahrungswerte und Einsichten aus „Vorwendezeiten“ in Forschung und Lehre eingeflossen, viele andere Aspekte gerieten hingegen zu Recht in Vergessenheit. Das Seminar für Afrikawissenschaften hat sich in einer Selbstdarstellung 1996 dezidiert auf die lange Tradition der Einrichtung berufen.[43] Die Jahre der DDR sind ohne Zweifel Teil dieser Tradition, aber als – zugegebenermaßen zugespitztes – Fazit kann festgehalten werden, dass die nationale wie internationale Ausstrahlungskraft der Afrikanistik an der Humboldt-Universität wohl nie geringer war als in den Jahren von 1945 bis 1990. In dieser Zeit schien das Fach Afrikanistik in Berlin zudem von der zuweilen großen Bedeutung Afrikas für die DDR-Außenpolitik kaum berührt.

---

40 Vgl. Krauth, Wolf-Hagen/Wolz, Ralf (Hrsg.), Wissenschaft und Wiedervereinigung. Asien- und Afrikawissenschaften im Umbruch, Berlin 1998.

41 Brahm/Jones, Afrikanistik, 2009, S. 321.

42 Vgl. van der Heyden, Ulrich, Die Afrikawissenschaften in der DDR. Das Beispiel südliches Afrika, in: Krauth/Wolz, Wissenschaft und Wiedervereinigung, 1998, S. 371–442, hier: S. 432.

43 Vgl. das Faltblatt: Seminar für Afrikawissenschaften, Humboldt Universität zu Berlin, Institut für Asien- und Afrikawissenschaften, 1996.

Mathematik und Naturwissenschaften

Dieter Hoffmann

Physikalische Forschung im Spannungsfeld von Wissenschaft und Politik[1]

„Das Physikalische Institut (…) arbeitet wieder unter Leitung von Prof. Gerthsen. Die theoretische Physik wird durch Prof. Möglich vertreten. Physikalische Vorlesungen halten ferner Prof. Rompe, Prof. Skaupy und Prof. Trendelenburg.“[2] Dies konnte man im Sommer 1946 in den Physikalischen Blättern in der Rubrik „Von Universitäten u. wissenschaftl. Einrichtungen“ lesen. Obwohl der Bericht Normalität vorgab, trostloser hätte ein Neubeginn nicht ausfallen können. Der so genannte „Palast der Physik“ am Reichstagsufer, einstiges Vorzeigeobjekt der Berliner Physik, lag genauso in Schutt und Asche, wie das Hauptgebäude der Universität Unter den Linden, in dem sich das Theoretische Institut befunden hatte. Doch waren nicht nur die Gebäude und mit ihnen ein Großteil der Forschungsmittel ein Opfer des von den Nationalsozialisten angezettelten Zweiten Weltkriegs geworden, auch die personellen Defizite waren gewaltig. So klagte im Herbst 1945 der Direktor des Physikalischen Instituts Christian Gerthsen, dass von den etatmäßigen sechs Physikordinarien allein er selbst für den Wiederaufbau zur Verfügung stünde.[3] Die anderen hatten entweder – wie Werner Heisenberg und Hans Otto Kneser – in den letzten Kriegsmonaten Berlin in Richtung Westen verlassen, oder waren wie Pascual Jordan, Erhard Landt und Erich Schumann wegen ihrer einstigen Nähe zum NS-Regime politisch nicht tragbar.

Neubeginn

Gesteuert wurde der Wiederaufbau und die Wiederaufnahme des geistigen und wissenschaftlichen Lebens an der Berliner Universität von der Deutschen Zentralverwaltung für

[1] Stellvertretend für die vielen Kollegen und Freunde, die mich bei meinen Recherchen zu diesem Artikel durch ihre Erinnerungen und Materialien maßgeblich unterstützt haben, sei namentlich Herrn Dr. Lutz Rothkirch (Berlin) für die informativen Gespräche und Hinweise ganz herzlich gedankt.

[2] Anonym, Von Universitäten u. wissenschaftl. Einrichtungen, in: Physikalische Blätter 2 (1946), S. 117.

[3] Christian Gerthsen an Zentralverwaltung für Wissenschaften, Berlin 27. 10. 1945, Universitätsarchiv der Humboldt-Universität (UAHU), Personalakte Friedrich Möglich, Bl. 5f.

Volksbildung in der Sowjetischen Besatzungszone, wobei man natürlich den Direktiven der sowjetischen Besatzungsmacht zu folgen hatte und alle eingeleiteten Maßnahmen von Besatzungsoffizieren kontrolliert wurden.[4] In der Zentralverwaltung stand der Physiker und Kommunist Rompe dem Bereich Hochschule und Wissenschaft vor. Er hatte 1930 an der Berliner Universität bei Peter Pringsheim promoviert und danach in der Industrie gearbeitet. Seine Erfindung der Quecksilberhöchstdrucklampe mit rundem Kolben und vor allem seine plasma- und festkörperphysikalischen Untersuchungen qualifizierten ihn bereits im Dritten Reich für eine Professur, doch waren alle Berufungen an seiner deutlichen Distanz zum NS-Regime gescheitert – bereits 1932 hatte er sich der Kommunistischen Partei angeschlossen. Als Altkommunist und anerkannter Wissenschaftler, der zudem über gute Beziehungen zur sowjetischen Besatzungsmacht verfügte und fließend russisch sprach – er war 1905 in St. Petersburg als Sohn eines deutschen Kaufmanns geboren worden[5] –, wurde Rompe sofort in den wissenschaftlichen und politischen Wiederaufbau in der sowjetischen Besatzungszone einbezogen. Als Hauptabteilungsleiter der Zentralverwaltung und Mitglied des Parteivorstandes der SED – dem ZK der SED gehörte er im Übrigen mit kurzer Unterbrechung bis zu dessen Auflösung im Herbst 1989 an – zählte er in der Nachkriegszeit zu den mächtigsten und politisch einflussreichsten Wissenschaftlern der damaligen SBZ und späteren DDR, der wie kein zweiter den Neuanfang und die Profilierung der Physik an der Berliner Universität und darüber hinaus in der gesamten DDR geprägt hat.

Zunächst ging es vor allem darum, mit der Wiedereröffnung der Universität im Januar 1946 den Lehr- und Ausbildungsbetrieb für die in Scharen zurückkehrenden Studenten zu sichern und der Physik ein neues Domizil mit angemessenen Lehr– und Forschungsmöglichkeiten zu verschaffen. Dazu wurde Gerthsen das weitgehend unzerstörte Institut für angewandte Physik der Landwirtschaftlich-Gärtnerischen Fakultät, der ehemaligen Landwirtschaftshochschule in der Invalidenstraße, zugewiesen, das über einen großen Hörsaal und auch genügend andere Räumlichkeiten verfügte, um dort neben der großen Experimentalphysikvorlesung auch das Praktikum und einen Institutsbetrieb durchzuführen[6]; an eine befriedigende wissenschaftliche Forschungsarbeit war vorerst natürlich nicht zu denken und sollte für Jahre Zukunftsmusik bleiben. Wie bescheiden die damaligen Anfänge waren, zeigt das Bestreben von Gerthsen, „zu jeder Vorlesung wenigstens <u>einen</u> Versuch zeigen zu

---

[4] Vgl. Nikitin, Pjotr N., Zwischen Dogma und gesundem Menschenverstand: wie ich die Universitäten der sowjetischen Besatzungszone „sowjetisierte". Erinnerungen des Sektorenleiters Hochschulen und Wissenschaft der Sowjetischen Militäradministration in Deutschland, Berlin 1997.

[5] Zur Biografie Rompes vgl. Hoffmann, Dieter, Die graue Eminenz der DDR-Physik, in: Physik Journal 4 (2005), S. 56–58.

[6] Ritschl, Rudolf, Der Wiederaufbau der physikalischen Lehre und Forschung an der Humboldt-Universität Berlin nach dem Zweiten Weltkrieg, in: 30 Jahre Physik in der DDR, hrsg. von der Physikalischen Gesellschaft der DDR, Berlin 1979, S. 17–25.

können."[7] Allein dies zu realisieren, erwies sich als schwierig genug, waren doch der Zerstörung des Physikinstituts fast sämtliche Vorlesungsversuche und -instrumente zum Opfer gefallen bzw. zuvor ausgelagert worden. Ihrer Rückführung oder Wiederbeschaffung setzten die großen Mängel der Nachkriegszeit fast unüberwindbare Hürden entgegen. Ein anderes Problem lag im Fehlen von Lehrbüchern. Gerthsen löste das Problem dadurch, dass er zu seiner großen Experimentalphysikvorlesung Vorlesungsskripte austeilte, die durch Rotaprintdruck vervielfältigt worden waren – moderne Kopierer und Computer standen damals natürlich nicht zur Verfügung. Diese Skripte wurden 1948, nachdem die ersten Verlage ihre Tätigkeit wieder aufgenommen hatten, von Gerthsen zu seinem bekannten Lehrbuch zusammengefasst und zunächst im Verlag Volk und Wissen publiziert. Der „Gerthsen" wurde in den folgenden Jahren über Berlin hinaus ein Standardwerk der Physikausbildung und erfuhr bis in die Gegenwart zahlreiche Neuauflagen und Erweiterungen.[8] Gerthsen hielt es indes nur bis zum Sommer 1948 in Berlin, dann zog er es vor, die inzwischen geteilte und in zunehmenden Maße auch vom Kalten Krieg geprägte Stadt zu verlassen und einen Ruf an die TH Karlsruhe anzunehmen, wo er bis zu seinem frühen Tode im Jahre 1956 wirkte. Hans Lassen, der nach dem Krieg aus der Industrie an die Universität gewechselt war, übernahm für zwei Semester die kommissarische Leitung des Instituts, bevor auch er im Frühjahr 1949 der Humboldt-Universität den Rücken kehrte und an die neu gegründete Freie Universität in Dahlem als Direktor des Physikalischen Instituts wechselte. Sein Nachfolger wurde zum Sommersemester 1949 Rudolf Ritschl, ein anerkannter Spektroskopiker, der vor dem Krieg an der Charlottenburger Physikalisch-Technischen Reichsanstalt im Präsidentenlabor unter Friedrich Paschen und Johannes Stark gewirkt hatte.[9] In den ersten Nachkriegsjahren war Ritschl dann am „Optischen Institut Dr. Lau" in Berlin-Karow, der Vorläuferinstitution des Akademieinstituts für Optik und Spektroskopie tätig. Unter Ritschl setzte eine Konsolidierung der Institutsarbeit ein, die nun nicht mehr allein auf die Sicherung des Lehrbetriebs ausgerichtet blieb, sondern zunehmend auch von wissenschaftlicher Forschungstätigkeit geprägt wurde. In diesem Zusammenhang wurden von Ritschl erste Diplom- und Doktorarbeiten angeregt, die fast gänzlich auf spektroskopische Themen ausgerichtet waren und sich zunächst auf Atom- und Molekülspektren bezogen, später dann auch auf Festkörper

[7] Deubner, Alexander, Die Physik an der Berliner Universität von 1910 bis 1960, in: Wissenschaftliche Zeitschrift der Humboldt-Universität zu Berlin. Beiheft zum Jubiläumsjahrgang IX (1959/60), S. 85–89, hier: S. 88 (Hervorh. dort).

[8] Gerthsen, Christian, Physik, Berlin 1948 (die bisher letzte, 23. Auflage erschien 2006 bei Springer in Heidelberg).

[9] Zur Biographie von Ritschl vgl. Lau, Albrecht, Persönliche Erinnerungen an Prof. Ritschl, in: Wissenschaftshistorische Adlershofer Splitter, Nr. 4, WITEGA Berlin-Adlershof 1998, S. 106–111 sowie Ritschl, Rudolf, Erinnerungen eines Spektroskopikers (Manuskript aus dem Jahre 1981, im Archiv des Autors).

ausgeweitet wurden.[10] Da geeignete Forschungsgeräte damals Mangelware waren und erst nach und nach industriell angeboten wurden, bestand ein wichtiger Tätigkeitsbereich des Instituts darin, die benötigten Forschungsinstrumentarien selbst zu entwickeln und in der Institutswerkstatt herzustellen. Ein Charakteristikum der Institutsarbeit, das auch für die anderen Physikinstitute galt und in modifizierter Form bis zum Ende der DDR bestehen blieb.

Nach Wiedereröffnung der Universität wurden auch die Vakanzen der anderen Physiklehrstühle wieder besetzt. So berief man Friedrich Möglich zum Ordinarius und Direktor des Instituts für Theoretische Physik. Möglich hatte 1927 bei Laue an der Berliner Universität promoviert und seit den späten dreißiger Jahren in der Industrie gearbeitet, u. a. zusammen mit Rompe in der Osram Studiengesellschaft. Die Berufung Möglichs zeigt im Übrigen, dass man auch an der Berliner Universität bzw. in der SBZ bereit war, über Verfehlungen in der NS-Zeit hinwegzusehen, wenn politische Opportunität und fachliche Kompetenz dies geboten. Möglich war nämlich ein früher Anhänger des Nationalsozialismus und der NSDAP bereits 1932 beigetreten, wo er sich führend in der NS-Kulturabteilung der Berliner Gauleitung engagierte. Mitte der dreißiger Jahre kam es zum Konflikt mit der NSDAP und schließlich zum Parteiausschluss, weil Möglich sich der vermeintlichen Rassenschande schuldig gemacht und Beziehungen zu einer jüdischen Frau gepflegt hatte. Damit fand auch seine akademische Karriere im Dritten Reich ein abruptes Ende, und er nahm u. a. durch die Vermittlung seines Lehrers Laue eine Industrietätigkeit auf.[11] Vor diesem Hintergrund und der Tatsache, dass etwa drei Viertel des Lehrkörpers der Berliner Universität den Dienst wegen ihrer NS-Vergangenheit quittieren mussten, war Möglichs Berufung an die neu eröffnete Universität keineswegs eine Selbstverständlichkeit und erst recht kein Akt offizieller Wiedergutmachung, wie die umfangreiche Begutachtung Möglichs im Vorfeld seiner Berufung zeigt.[12] Im Ergebnis konnte der Vizepräsident der Zentralverwaltung, der Mediziner Theodor Brugsch, erleichtert im Juni 1946 an seinen Vorgesetzten Wandel melden: „Wir haben mit der Berufung von Möglich keinen Fehlgriff getan, sondern haben die richtige Person an den richtigen Platz gesetzt."[13] Möglichs keineswegs

---

[10] Vgl. Ritschl, Rudolf, Überblick über die Forschungsarbeit des I. Physikalischen Instituts der Humboldt-Universität seit 1949, in: Wissenschaftliche Zeitschrift der Humboldt-Universität. Beiheft zum Jubiläumsjahrgang IX (1959/60), S. 91–97.

[11] Vgl. Hoffmann, Dieter, Walker, Mark, Friedrich Möglich (1902–1957) – ein Antifaschist?, in: Naturwissenschaft und Technik in der DDR, hrsg. v. Hoffmann, Dieter/Macrakis, Kristie, Berlin 1997, S. 361–382.

[12] Vgl. seine Personalakte im UAHU und auch den Personal-Fragebogen der Akademie aus dem Jahre 1948, in dem M. die Spalte „Zugehörigkeit zur NSDAP" offen ließ und stattdessen eine Erklärung von Brugsch beilegte, die bescheinigte, „dass er im Einvernehmen mit der Obersten Sowjetischen Militäradministration in Karlshorst als politisch unbelastet zu beurteilen ist." (Archiv der Berlin-Brandenburgischen Akademie, AL Personalia, Nr. 659)

[13] Th. Brugsch an Präsident Wandel, Berlin 14. 6. 1946, UAHU, Personalakte Friedrich Möglich, Bl. 19.

marginales Engagement für den Nationalsozialismus war damit an der Universität wie in der späteren DDR ad acta gelegt und ein Tabu, an das viele Kollegen wohl auch eingedenk der eigenen politischen Verstrickungen und Belastungen im Dritten Reich nicht rührten.

Als Direktor des Instituts für Theoretische Physik brachte Möglich die universitäre Lehre und Forschung auf diesem Gebiet wieder in Gang, wobei das Institut sehr schnell hinsichtlich der personellen und räumlichen Ausstattung über das Vorkriegsniveau hinauswuchs. Dabei übte Möglich sein Amt in Personalunion mit der Leitung des Instituts für Festkörperphysikalische Forschung in Buch aus, das zunächst der sowjetischen Besatzungsmacht unterstellt und 1947 dann in die Deutsche Akademie der Wissenschaften überführt worden war. Als Institut für Festkörperforschung expandierte es in den folgenden Jahren in personeller wie räumlicher Hinsicht sehr schnell. So vergrößerte sich bis Mitte der fünfziger Jahre der Mitarbeiterstamm auf über 30 Wissenschaftler, die sich laut Gründungsintentionen des Instituts mit der umfassenden Erforschung der physikalischen Eigenschaften des festen Körpers und der kondensierten Materie befassten. In diesem Forschungsprofil, das im Wesentlichen auch das der universitären Forschung war, spiegelt sich sowohl die zentrale Bedeutung der Festkörperphysik für die physikalische Grundlagenforschung, die sie im Zuge des Ausbaus ihrer theoretischen Grundlagen damals erreicht hatte, als auch ihr hohes Anwendungspotential wider – letzteres insbesondere hinsichtlich der Entwicklung elektronischer Bauelemente, die die wichtige Rolle der Halbleiterphysik für die wissenschaftlich-technische Entwicklung und damit auch für die Volkswirtschaft eines Landes dokumentierte. Möglich kommt auch das Verdienst zu, das berühmte Mittwochs-Kolloquium wieder belebt zu haben, das seit seiner Wiederaufnahme im April 1946 den Namen Max von Laues trägt.[14] Das Laue-Kolloquium entwickelte sich schnell zu einem Gesamtberliner Physikforum, das zwar nicht mehr wie in den zwanziger Jahren mit Nobelpreisträgern glänzen konnte, doch versuchte es, den damaligen Geist wach zu rufen und die Berliner Physikerschaft wieder zum gemeinsamen Dialog über die aktuellen Fragen des Faches zusammenzuführen – bis der Kalte Krieg diesen Anspruch zunehmend aushöhlte und schließlich gänzlich infrage stellte. Das Kolloquium muss im Übrigen auch als eine frühe Keimzelle einer Physikalischen Gesellschaft in der DDR angesehen werden, an deren Gründung im Jahre 1952 Möglich gemeinsam mit Rompe führend beteiligt war.[15]

Das auf festkörperphysikalische Fragen ausgerichtete Profil der universitären Forschung erfuhr durch die Berufung von Robert Rompe seine Komplettierung. Mit der Wiedereröffnung der Universität wurde er zum zweiten Ordinarius für Experimentalphysik und

---

14 Anonym, Von Universitäten u. wissenschaftl. Einrichtungen, 1946.

15 Vgl. Hoffmann, Dieter, Die Physikalische Gesellschaft (in) der DDR, in: 150 Jahre Deutsche Physikalische Gesellschaft, hrsg. v. Mayer-Kuckuk, Theo, Weinheim 1995, S. 157–182.

Abb. 1 Robert Rompe (1905–1993, um 1950)

Direktor des II. Physikalischen Instituts berufen, wobei er seine administrative Tätigkeit in der Zentralverwaltung über Jahre hinweg weiter ausübte. Das Institut bezog die einstige Direktorenvilla des Chemischen Instituts in der Hessischen Straße, womit zwar für den Anfang die Raumfrage gelöst war, doch fehlten dort fast alle Voraussetzungen für die Durchführung physikalischer Forschung. Nach und nach gelang es, die nötigen Elektro- und Gasinstallationen auszuführen, wobei man auf entsprechende Einrichtungen von inzwischen aufgelösten Forschungsinstitutionen wie die der Post in Kleinmachnow zurückgreifen konnte; auch gelang es, einen Teil der im Krieg ausgelagerten Instrumente des Physikinstituts wieder nach Berlin zurückzuholen.[16] Damit konnten das Fortgeschrittenen-Praktikum betrieben und auch ab 1947 erste Forschungsthemen bearbeitet werden. Beispielsweise wurden dem Institut mit Schreiben vom 5. Juni 1947 für die Bearbeitung von vier Forschungsthemen jeweils 5.000 RM bewilligt und für das Jahr 1949 beantragte man Forschungsgelder von über 30.000 Mark.[17] Stärker noch als die beiden anderen Institute wuchs die Mitarbeiterzahl des II. Physikalischen Instituts. Das hatte nicht nur mit der Tatsache zu tun, dass das Institut im Vergleich zum I. Physikalischen Institut sehr viel stärker forschungsorientiert war – so zeichnete letzteres nicht nur für die Sicherung der physikalischen Grundausbildung der Physikstudenten, sondern auch für die Studierenden anderer Fachrichtungen mit Ausnahme der Mediziner verantwortlich; insbesondere hatte man die zeitaufwendige Durchführung der großen Experimentalphysikvorlesung sowie des Anfängerpraktikums zu bewältigen. Darüber hinaus stand dem II. Physikalischen Institut mit Rompe eine Person vor, deren eminenter wissenschaftspolitischer Einfluss für die Profilierung und Expansion des Instituts sicherlich von Vorteil war. Hinzu kam, dass Rompe bestrebt war, das Profil des Instituts nicht nur an interessanten wissenschaftlichen Problemen auszurichten, sondern zudem den forschungspolitischen Bedürfnissen der DDR Rechnung zu tragen. Eine solche Profilierung wurde maßgeblich durch die Tatsache befördert, dass sich mit Beginn des Zweijahresplans im Jahre 1949 und mehr noch nach der zweiten Parteikonferenz der SED, die im Juli 1952 den Aufbau des Sozialismus in der DDR beschloss, auch die universitäre Forschung verstärkt volkswirtschaftlich relevanten Aufgaben und nicht zuletzt in den Dienst des sozialistischen Aufbaus zu stellen hatte.

Vor diesem Hintergrund fand eine konsequente Ausrichtung des Forschungsprofils auf die Festkörperphysik und speziell die Halbleiterphysik statt. Dies war nicht allein der Industrieerfahrung und den wissenschaftlichen Interessen von Rompe – und auch denen von Möglich – geschuldet, sondern es war vor allem auch ein Spiegel aktueller physikalischer Entwicklungen. Mit der Entdeckung des Transistoreffektes durch John Bardeen, Walter Brattain und William Shockley 1947/48 in den amerikanischen Bell Telephone Laboratories war ein neues Zeitalter in der Entwicklung der modernen Festkörperphysik und Elektronik angebrochen[18], was natürlich auch von den Physikern in Berlin wahrgenommen wurde. Keineswegs zufällig werden so ab 1949 im II. Physikalischen Institut „Versuche zur Herstellung eines Transistors mit CdS“ initiiert. Zum Erfolg führten dieses Experimente nicht, denn wegen der Bandstruktur des Kadmiumsulfids lässt sich der Transistoreffekt dort nicht realisieren. Dennoch erbrachten die Experimente wichtige Erkenntnisse über das Kadmiumsulfid und markierten den Beginn einer intensiven Beschäftigung mit solchen Kristallen.

---

[16] Vgl. Link, Reinar, Das II. Physikalische Institut der Humboldt-Universität zu Berlin, in: Wissenschaftliche Zeitschrift der Humboldt-Universität, Mathematisch-Naturwissenschaftliche Reihe XXXII (1983), S. 609–627.

[17] Bundesarchiv Berlin-Lichterfelde, DF 4, Nr. 40516.

[18] Vgl. Kragh, Helge, Quantum Generations, Princeton 1999, S. 370–375.

Das Kadmiumsulfid mit seinen elektronischen Eigenschaften wurde in den Folgejahren zu einer Modellsubstanz für die Berliner Physiker, an der das generelle Verständnis der physikalischen Eigenschaften von Halbleitern, insbesondere von Kristall-Phosphoren, geschult wurde. Darüber hinaus machten die fotoelektrischen Eigenschaften des Kadmiumsulfids solche Kristalle auch interessant für wissenschaftlich-technische Anwendungen.

Blieb das I. Physikalische Institut in den fünfziger Jahren hinsichtlich seines Forschungsprofils und seiner institutionellen Struktur weitgehend unverändert – die vielfach diskutierte Ausgründung der Abteilung Ultraschallphysik wurde nicht umgesetzt und mit dem Tod ihres Leiters Johannes-Jakob Gruetzmacher im Jahre 1963 schließlich ganz aufgelöst[19] –, so ist die Entwicklung des II. Physikalischen Instituts von einer bemerkenswerten Dynamik gekennzeichnet. Seine Mitarbeiterzahl sowie die Zahl der Doktoranden und Diplomanden wuchs stetig, so dass das Institut bald an die Grenzen seiner räumlichen Kapazität stieß und die einstige Direktorenvilla Emil Fischers aus allen Nähten zu platzen drohte. Insbesondere die Arbeitsgruppe „Festkörperphysik" unter Karl Wolfgang Böer (geb. 1926), der 1949 am Institut diplomiert und 1952 promoviert hatte, vergrößerte sich überproportional, so dass die Gruppe im benachbarten Physiologischen Institut zunächst eine provisorische Unterkunft fand. Mitte der fünfziger Jahre bezog man dann ein für die Böersche Abteilung eigens ausgebautes Fabrikgebäude in der Neuen Schönhauser Straße 20, das genügend Kapazitäten für die weitere Entwicklung bot und bis zur Zusammenfassung aller Physikfachbereiche im Neubau an der Invalidenstraße im Jahre 1984 genutzt wurde. 1959 wurde die Böersche Arbeitsgruppe, die in einer departmentähnlichen Struktur mit dem Bereich elektrischer Durchschlag des Physikalisch-Technischen Instituts der Akademie verknüpft war und insgesamt über mehr als zehn wissenschaftliche Mitarbeiter und etwa das Dreifache an technischem Personal verfügte, zu einem eigenständigen IV. Physikalischen Institut aufgewertet. Bereits im Jahr zuvor war Böer zum Professor ernannt worden, womit er einer der jüngsten Physikordinarien der DDR wurde.[20] Damit einher ging das Bemühen seines Mentors Rompe, Böer zum Direktor eines eigenen Physikinstituts zu machen. Zunächst war daran gedacht, ihm die mit dem Wechsel von Ritschl an die Akademie die vakante Leitung des I. Physikalischen Instituts zu übertragen, doch scheiterte dies am Einspruch des Staatssekretariats. Da sich die entsprechenden Pläne aber „bereits in weiten Kreisen herumgesprochen" und Böer eine solche Rangerhöhung „auf Grund seiner wissenschaftlichen Leistungen in Lehre und Forschung" durchaus verdient hatte, wurde eine entsprechende Lösung des Problems in der Ausgründung des IV. Phy-

[19] Vgl. Bernhard, Fritz/Schwabe, Stephan, Zur Geschichte des I. Physikalischen Instituts seit 1945, in: Wissenschaftliche Zeitschrift der Humboldt-Universität, Math.-Nat. Reihe XXXII (1983), S. 601–606.

[20] Zur Biographie Böers siehe Böer, Karl Wolfgang/Riehl, Esther, The Life of the Solar Pioneer Karl Wolfgang Böer, New York/Bloomington 2010.

sikalischen Instituts gefunden.[21] Eine Notlösung war das gewiss nicht, so dass man darin auch einen gezielten Plan Rompes sehen kann, das institutionelle Spektrum der Physik an der Humboldt-Universität zu erweitern bzw. den inneruniversitären Rang der Physik aufzuwerten.

Neben Böer – und natürlich Rompe – gehörte Franz Xaver Eder zu den prägenden und gestaltenden Wissenschaftlern in der Anfangszeit des II. Physikalischen Instituts. Eder, 1914 in München geboren, hatte dort auch Physik studiert und war ein Schüler von Walther Meißner. Nach dem Krieg kam er an das II. Physikalische Institut, wo er nach seiner Habilitation im Jahre 1947 zum Abteilungsleiter avancierte und 1950 auch zum Professor berufen wurde. Hatte er sich zunächst mit Untersuchungen über elektrische Verluste in Festkörpern beschäftigt, so wurden diese Anfang der fünfziger Jahre in Richtung Metallphysik und der Erschließung tiefer Temperaturen ausgeweitet. So baute er den ersten deutschen Luftverflüssiger nach dem Zweiten Weltkrieg und 1950 konnte auch ein Wasserstoffverflüssiger in Betrieb genommen werden, dem später noch weitere folgen sollten. Damit entwickelte sich die Edersche Abteilung zum ersten Tieftemperaturlabor in der DDR und nicht zuletzt im geteilten Berlin. Allerdings waren hierfür die Räumlichkeiten des II. Physikalischen Instituts weder geeignet noch ausreichend, so dass man Anfang der fünfziger Jahre der Ederschen Gruppe, die damals aus etwa zehn Personen einschließlich Techniker und anderen Hilfskräften bestand, das ehemalige Heizerhaus im Institutskomplex Hessische Straße für ihre Arbeiten zur Verfügung stellte, das später noch durch einen Anbau erweitert wurde. Neben den technischen Fragen der Erzeugung tiefer Temperaturen beschäftigte sich die Edersche Gruppe vor allem mit metallphysikalischen Untersuchungen in diesem Temperaturbereich. Mitte der fünfziger Jahren hatte sich die Forschungsgruppe um Eder so weit verselbstständigt und ihre wissenschaftlichen Erfolge waren so bemerkenswert[22], dass Rompe an die Fakultät den Antrag stellen konnte, ein III. Physikalisches Institut unter der Leitung von Eder zu gründen. Diesem Antrag wurde zum 1. Juni 1955 durch das zuständige Staatssekretariat für Hoch- und Fachschulwesen statt gegeben.

In dieser Zeit begann sich Eder auch mit dem Problem der Verflüssigung von Helium zu beschäftigen, doch konnte er seine entsprechenden Bemühungen nicht mehr zum Erfolg führen. 1960 folgte er einem Ruf in seine Heimatstadt München, wo er als Nachfolger von Meißner die Leitung der Tieftemperatur-Forschungsstelle der Bayrischen Akademie übernahm. Da Eder Westberliner war, seine Wohnung befand sich in Charlottenburg, konnte er einer solchen Berufung noch problemlos folgen. Der Weggang Eders und der Mauerbau, durch den die aus Westberlin stammenden Kollegen ihre Arbeiten zur Helium-

---

21 Brief von R. Ritschl an Math.-Nat. Fakultät v. 14. 10. 1959, UAHU, Math.-Nat. Fakultät (1939–1965), Nr. 27.

22 Vgl. z. B. die auf die Arbeiten an der Humboldt-Universität ganz wesentlich fußenden Hochschulbücher von Eder, Franz Xaver, Moderne Meßmethoden der Physik, Bd. 1 (Mechanik, Akustik), Berlin 1952; Bd. 2 (Thermodynamik) Berlin 1956; Bd. 3 (Elektrophysik) Berlin 1972.

Verflüssigung nicht fortsetzen konnten, hat die Inbetriebnahme des Helium-Verflüssigers erheblich verzögert, so dass die Erstverflüssigung von Helium in der DDR der Arbeitsstelle für Tieftemperaturphysik der Akademie der Wissenschaften in Dresden unter Ludwig Bewilogua gelang. Kurze Zeit später, im Herbst 1962, ließ sich dann auch im Berliner Labor durch einmalige Expansion bis zu 300 cm^3 flüssiges Helium zur experimentellen Nutzung wiederholt herstellen. Ab 1964 konnte auch nach notwendigen thermodynamischen Änderungen der noch von Eder konzipierte Joule-Thomson-Heliumverflüssiger in Betrieb gehen. Er lieferte die für die Einarbeitung in diese neue Technik nötigen größeren Mengen flüssigen Heliums, die man zudem für erste Forschungsarbeiten nutzte. Am Westberliner Fritz-Haber-Institut war die erste Helium-Verflüssigung im Übrigen bereits im Frühjahr 1958 gelungen.

Nach dem Weggang von Eder wurde das Institut zunächst kommissarisch von Paul Täubert (1913–1993) und ab 1965 von Oskar Hauser (geb. 1920) geleitet, die das von Eder begründete metallphysikalische Forschungsprofil weitgehend beibehielten. Als Hauser im Herbst 1968 in die Universitätsleitung wechselte, lief die auf mechanische Metalleigenschaften ausgerichtete Metallphysikforschung an der Humboldt-Universität aus. Die Hausersche Abteilung wurde mit der von Rudolf Herrmann (geb. 1936) zusammengeführt, die ebenfalls aus dem II. Physikalischen Institut hervorgegangen war und sich mit festkörperphysikalischen Untersuchungen im Bereich tiefer Temperaturen beschäftigte; als Bereich 08 Tieftemperatur Festkörperphysik hatte er unter Leitung von Herrmann bis zur Wendezeit bestand.

Konsequenzen des Mauerbaus

Die Jahre 1960/61 markieren bedeutende Brüche in der institutionellen Entwicklung der Physik an der Humboldt-Universität – man kann sogar in bestimmter Hinsicht von einer Krise sprechen. Sieht man vom II. Physikalischen Institut ab, das durch Robert Rompe größtmögliche Kontinuität verkörperte, war in dieser Zeit in allen anderen Instituten deren Leitung vakant. Auf den Weggang von Rudolf Ritschl und Franz Xaver Eder ist oben schon hingewiesen worden. Auch im Theorieinstitut war die Lücke, die durch den Tod von Friedrich Möglich im Jahre 1957 entstanden war, an der Wende zu den sechziger Jahren noch nicht geschlossen. Wolfram Brauer (1925–2007), ein Schüler Möglichs und seit 1959 ordentlicher Professor für theoretische Physik, hatte zunächst die kommissarische Leitung des Instituts wahrgenommen und in seiner Person auch die forschungsmäßige Kontinuität gesichert, d. h. seine grundsätzliche Orientierung auf Probleme der Halbleiter- und Festkörpertheorie. Mit der Berufung von Frank Kaschluhn (1927–1994) im Frühjahr 1960, der an der Jenaer Universität 1954 promoviert und anschließend in Dresden bzw. Dubna gewirkt hatte, fand eine Erweiterung des Forschungsprofils in Richtung Elementarteilchenphysik statt; zudem teilten sich beide bis zum endgültigen Weggang Brauers an die Akademie im Jahre 1968 alternierend die Institutsleitung.[23]

Das I. Physikalische Institut war nach dem Wechsel von Ritschl zur Akademie zunächst von Alexander Deubner (1905–1969) kommissarisch geleitet worden. Allerdings setzte der Mauerbau recht schnell seiner Karriere als Institutsdirektor ein Ende. Als Westberliner wollte er nicht in die DDR übersiedeln, so dass er für die letzten Jahre seines Berufslebens in die Industrie zurückkehrte und bei Osram arbeitete. Im Frühjahr 1962 übernahm dann Fritz Bernhard (1913–1993) das Institut. Dieser hatte noch kurz vor Ausbruch des Zweiten Weltkriegs bei Hans Geiger an der TH Charlottenburg diplomiert und anschließend im Forschungslabor von Manfred von Ardenne in Lichterfelde gearbeitet, mit dem er dann im Frühsommer 1945 für zehn Jahre als Spezialist in die Sowjetunion ging. Nach seiner Rückkehr arbeitete er an Instituten der Akademie in Zeuthen bzw. Adlershof, zuletzt als stellvertretender Direktor des Instituts für Physikalische Chemie. Hatte Deubner noch eine weitgehende Forschungskontinuität des Instituts mit dem Schwerpunkt auf spektroskopische Themen und die ihn speziell interessierenden Fragen der Elektrolyttheorie sowie andere Spezialuntersuchungen gesichert, so bedeutete die Berufung des Kernphysikers Bernhard einen deutlichen Bruch. Fortan standen massenspektroskopische Untersuchungen sowie Atomstoßprozesse bzw. die Wechselwirkung von Ionen mit Festkörpern im Fokus der Forschungen des Instituts.

Auch an allen anderen Physikalischen Instituten der Universität zeigte der Mauerbau seine Wirkung – nicht nur in der Hinsicht, dass dieser bei vielen Mitarbeitern auf Unverständnis und Kritik stieß, zugleich war damit ein gravierender Verlust an wissenschaftlichem Potential verbunden, hatten doch zahlreiche Wissenschaftler ihren Wohnsitz in Westberlin. Da mit dem Mauerbau alliierte Vereinbarungen über offizielle Umtauschmodalitäten von DDR-Mark in Westmark, aber auch manche illegale Finanztransaktion oder Tauschgeschäfte in der geteilten Stadt obsolet geworden waren, war den Westberliner Mitarbeitern die ökonomische Basis einer Tätigkeit an der Humboldt-Universität entzogen, denn zumindest die Wohnungsmiete musste ja in Westmark bezahlt werden. Hinzu kam, dass auch die Universitätsleitung bzw. DDR-Regierungsstellen den Mauerfall zum Anlass nahmen, die Westberliner Universitätsmitarbeiter zu drängen, den eigentlich anachronistischen Zustand ihres Grenzgängertums zu beenden und in die DDR überzusiedeln. Diesem Angebot bzw. Drängen kamen nur ganz wenige nach, wodurch allein die Physikinstitute der Universität etwa zehn Wissenschaftler verloren, was in der Folgezeit zu erheblichen Personal- und Forschungsengpässen führte – beispielsweise verlor das II. Physikalische Institut fast alle leitenden Mitarbeiter, so dass es dort für etwa ein Jahr keinen promovierten Mitarbeiter gab.

---

[23] Vgl. Enderlein, Rolf, Kaschluhn, Frank, Das Institut für Theoretische Physik an der Humboldt-Universität zu Berlin und die theoretischen Bereiche der Sektion Physik von 1946 bis zur Gegenwart, in: Wissenschaftliche Zeitschrift der Humboldt-Universität, Math.-Nat. Reihe XXXII (1983), S. 595–600.

Zu jenen, deren Tätigkeit an der Humboldt-Universität unfreiwillig zu Ende ging, gehörte auch Karl Wolfgang Böer. Böer hatte an der Humboldt-Universität in den fünfziger Jahren eine steile Karriere gemacht und das von ihm in Personalunion geleitete IV. Physikalische Institut der Universität und den Bereich Elektrischer Durchschlag des Physikalisch-Technischen Instituts der Akademie zu einem leistungsfähigen Institutskomplex ausgebaut, der weder in wissenschaftlicher Hinsicht und schon gar nicht hinsichtlich der Mitarbeiterzahl den internationalen Vergleich zu scheuen brauchte. Seine Forschungen konzentrierten sich auf das CdS als halbleiterphysikalische Modellsubstanz, wobei insbesondere deren elektrische, optische und thermodynamische Eigenschaften untersucht wurden. In diesem Zusammenhang erforschte man den Einfluss der Realstruktur auf die optische Absorption und auf fotoelektrische Effekte von CdS-Kristallen. Zum Studium von Hochfeldphänomenen und der kinetischen Vorgänge in CdS-Kristallen wurden zudem kinematographische Methoden entwickelt, mit denen in einem Lehrfilm die Ausbildung von Wärmedurchschlagskanälen und die Wärmezerstörung in CdS-Kristallen gezeigt werden konnten. Getragen von diesen wissenschaftlichen Erfolgen und der wachsenden nationalen wie internationalen Anerkennung regte Böer im Jahre 1960 an, eine festkörperphysikalische Zeitschrift von internationalem Rang ins Leben zu rufen und im (Ost-)Berliner Akademie-Verlag herauszubringen. Das erste Heft der *physica status solidi* erschien im Juli 1961[24] und die Zeitschrift konnte sich in den folgenden Jahren zu einem führenden europäischen Journal auf dem Gebiet der Festkörper- und Halbleiterphysik entwickeln, das nicht zuletzt vielen DDR-Physikern eine anerkannte und mit einem akzeptablen Impactfaktor ausgewiesene Publikationsmöglichkeit bot. Neben der *physica status solidi* wurde auch die Herausgabe der bereits 1952 durch Möglich, Ritschl und Rompe gegründete Zeitschrift *Fortschritte der Physik* durch Physiker der Humboldt-Universität maßgeblich betreut, doch war der Verbreitungsgrad und die internationale Reputation der Zeitschrift – nicht zuletzt auf Grund ihrer ursprünglichen Zielstellung, die weniger auf Originalarbeiten denn auf Übersichtsartikel orientierte – deutlich geringer. Im Gegensatz zu vielen anderen in der DDR herausgegebenen Zeitschriften haben beide die DDR überdauert.

Nach dem Mauerbau wurde Böer wie andere Westberliner Universitätsmitarbeiter von den DDR-Behörden nicht nur dazu gedrängt, in die DDR überzusiedeln, zugleich verweigerte man ihm die Freistellung für einen schon seit längerem geplanten mehrmonatigen Forschungsaufenthalt in den USA, so dass er sich entschloss, seinen Arbeitsvertrag mit Universität und Akademie aufzulösen. In den USA machte er dann in den folgenden Jahren eine glänzende Karriere, wurde u. a. Physikprofessor an der Universität Delaware und zu

[24] Stutzmann, Martin, Looking Back and looking Forward: 40 Years of *physica status solidi* (1961–2001), in: physica status solidi special issue 2001, S. VII–XI.

einem Pionier der Photovoltaik, wobei er hierbei nicht zuletzt seine Berliner Erfahrungen zur Physik der Photoleitung im CdS nutzen konnte.[25]

Universität und Akademie

Das Fehlen der vielen Westberliner Mitarbeiter, die vielfach auch zu den Leistungsträgern in den Instituten gehört hatten, wurde in den folgenden Jahren dadurch kompensiert, dass man Physiker aus den Akademieinstituten zurück an die Universität holte. So übernahm Egon Gutsche (geb. 1928), der 1960 bei Böer promoviert und anschließend im Bereich Elektrischer Durchschlag des Physikalisch-Technischen Instituts der Akademie gearbeitet hatte, nach seiner Habilitation im Jahre 1969 die Böersche Professur und die Leitung des IV. Physikalischen Instituts der Universität, die er dann bis zu seinem Ruhestand im Jahre 1994 wahrnahm. Damit gab die Akademie in den sechziger Jahren in Teilen zurück, was sie im Laufe der fünfziger Jahre an Kadern von der Humboldt-Universität zum Aufbau ihrer Institute erhalten hatte. Letzteres war vor dem Hintergrund geschehen, dass man sich in der DDR Anfang der fünfziger Jahre des Mangels an grundlagenorientierten außeruniversitären Forschungseinrichtungen bewusst wurde und die im Jahre 1946 neu eröffnete Deutsche Akademie der Wissenschaften (DAW) im Gegensatz zu ihrer Vorgängerinstitution, der Preußischen Akademie, nicht als Gelehrtengesellschaft, sondern als Akademie mit eigenem Forschungspotential und -instituten weiterführen wollte.[26] Damit wurde einerseits an Vorstellungen angeknüpft, die bereits in den zwanziger Jahren artikuliert, aber nicht umgesetzt worden waren, andererseits folgte man dem Vorbild der sowjetischen Wissenschaftsakademie, die nicht nur die höchste wissenschaftliche Institution, sondern mit ihren Instituten auch das bedeutendste außeruniversitäre Forschungspotential der Sowjetunion verkörperte. Vor diesem Hintergrund hatten unter der Federführung von Robert Rompe die Professoren Rudolf Seeliger (Greifswald), Otto Hachenberg (Berlin) und Friedrich Möglich (Berlin) im Herbst 1952 eine Denkschrift zur „Ausgestaltung der physikalischen Forschung bei der DAW" erarbeitet.[27] Diese stellte fest, dass „verglichen mit (der) Bedeutung und gemessen an dem Umfang, in welchem die Physik an den Hochschulen der DDR gepflegt wird (…) die Aufwendungen der DAW für die Physik als zu bescheiden und nicht der Wichtigkeit des Gebiets entsprechend (erscheinen)."[28] Deshalb forderten die Unterzeichner, „der Physik

[25] Vgl. Nedashdi, Energija, in: Ecologia i shisn 9 (2007), H. 9, S. 18–21 (Interview mit K. W. Böer).

[26] Vgl. Nötzoldt, Peter, Der Weg zur „sozialistischen Forschungsakademie". Der Wandel des Akademiegedankens zwischen 1945 und 1968, in: Hoffmann/Macrakis, Naturwissenschaft und Technik in der DDR, 1997, S. 125–146.

[27] Denkschrift, Abdruck in: Wissenschaftshistorische Adlershofer Splitter, Nr. 4, WITEGA Berlin-Adlershof 1998, S. 12–21.

[28] Ebd., S. 12.

den ihr gebührenden Platz (an der DAW) zu sichern" und dort insbesondere jene Gebiete physikalischer Forschung zu etablieren, die sich aktuell „im vollen Fluß der Entwicklung" befinden, wobei angesichts der aktuellen Entwicklungen in der Physik und hinsichtlich der Lösung der Aufgaben des laufenden Fünfjahrplans namentlich drei „Schwerpunktgebiete" herausgestellt wurden: (1) Festkörperphysik, (2) Elektronik, (3) Plasmaphysik; die ebenfalls als bedeutsam identifizierten Gebiete der (4) Kernphysik, (5) Molekularphysik und (6) Schwingungsforschung klassifizierte man als „Ausbaugebiete" für die nächste Fünfjahrplanperiode, d. h. die Zeit nach 1955.[29]

Die gemachten Vorschläge und Prognosen stießen bei den zuständigen Stellen der DDR-Regierung auf Resonanz und da sich auch andere naturwissenschaftliche Fachgebiete, namentlich die Chemie und die biomedizinische Forschung, damals ähnlich artikulierten, fand in der ersten Hälfte der fünfziger Jahre ein umfassender Ausbau des naturwissenschaftlich-technischen Forschungspotentials statt[30]; beispielsweise entstanden in dieser Zeit die Akademiestandorte Adlershof und Buch. Ein konkretes Ergebnis für die Physik war u. a. der weitere Ausbau des Instituts für Festkörperforschung, das nicht nur seinen Mitarbeiterstamm erheblich erweiterte, sondern 1957 auch ein neues Institutsgebäude in der Mohrenstraße in Berlin-Mitte bezog. Weiterhin erfolgte in dieser Zeit die Gründung des Physikalisch-Technischen Instituts und des Instituts für Strahlungsquellen, die beide unter dem Direktorat von Robert Rompe standen, sowie die Profilierung des Instituts für Optik und Feinmechanik zum Institut für Optik und Spektroskopie, dessen Leitung 1957 Rudolf Ritschl übernahm. Alle Institute wurden von Wissenschaftlern geleitet, die zugleich auch Lehrstuhlinhaber der Universität waren. Dies war nicht allein Ausdruck der damaligen Personaldefizite, denn dahinter stand auch das Konzept, die Forschungen an Universität und Akademie miteinander zu verzahnen und den Kaderaustausch möglichst eng zu gestalten. Insofern wurden die Institute von ihren Direktoren nicht nur in Personalunion geführt, sondern die jeweiligen Akademie- und Universitätsinstitute waren zudem in einer Art Departmentstruktur optimal miteinander verknüpft. So konnten experimentelle Untersuchungen für Diplomarbeiten, Dissertationen oder Habilitationen, für die an der Universität die nötigen apparative Ausstattung fehlte, häufig am jeweiligen Akademieinstitut ausgeführt werden; andererseits profitierte die universitäre Lehre nicht nur von der Kompetenz der zugleich als Universitätsprofessoren wirkenden Akademiedirektoren, sondern auch Nachwuchswissenschaftlern verfügten problemlos über die Möglichkeit, sich ihre ersten Meriten als Hochschullehrer zu erwerben. Dass damals das Verhältnis zwischen Universität und Akademie noch weitgehend frei vom Konkurrenzdenken und Neidgefühl späterer

[29] Ebd., S. 17

[30] Vgl. Nötzoldt, Peter, Die Deutsche Akademie der Wissenschaften zu Berlin in Gesellschaft und Politik, in: Die Berliner Akademien der Wissenschaften im geteilten Deutschland, 1945–1990, hrsg. v. Kocka, Jürgen u. a., Berlin 2002, S. 39–78, hier: S. 59ff.

Jahre war, die damaligen Karrierewege keineswegs Einbahnstraßen von der Universität zur Akademie darstellten und viele Physiker auch wieder den Weg zurück an die Universität gingen, macht das Beispiel von Egon Gutsche deutlich. Dieser, Jahrgang 1928, hatte 1954 am II. Physikalischen Institut mit einer experimentellen Arbeit diplomiert und war anschließend als wissenschaftlicher Mitarbeiter am Rompeschen Akademieinstitut für Strahlungsquellen tätig; 1955 gehörte er dann zu den ersten Mitarbeitern des Bereichs elektrischer Durchschlag unter Böer. 1960 promovierte er bei Böer mit einer Arbeit zur experimentellen Halbleiterphysik. Als nach dem Weggang Böers das IV. Physikalische Institut ohne Direktor war und Rompe die Institutsleitung – neben der Fülle seiner anderen Verpflichtungen – nochmals kommissarisch übernahm, erhielt Gutsche das Angebot, schrittweise Leitungsverantwortung für das Institut zu übernehmen und an die Universität zurückzukehren. Nach seiner Habilitation im Jahre 1967 wurde er zunächst als Dozent mit der kommissarischen Institutsleitung betraut und schließlich mit Beginn des Studienjahres 1969 zum Professor für Experimentalphysik und Leiter des nunmehrigen Bereichs 05, Halbleiteroptik, der neu gegründeten Sektion Physik berufen, dem er 25 Jahre bis zum Ruhestand vorstand und zu einem der leistungsfähigsten und international anerkannten Bereiche der Sektion profilierte. Dabei hat er es nicht nur verstanden, moderne Forschungsthemen, die sowohl für das Verständnis der elektronischen Halbleitereigenschaften grundlegend sind, als auch über ein großes applikatives Potential verfügen, zu rezipieren und auf hohem Niveau weiterzuführen – so die Untersuchung von Vielteilcheneffekten in Halbleitern bei Laseranregung –, sondern vor allem auch das Talent von jungen und innovativen Wissenschaftlern zu erkennen und zu fördern.

Wie die dargestellten Beispiele zeigen, muss zumindest für die Zeit bis zur III. Hochschulreform die Geschichte der Physik an der Humboldt-Universität als eine integrierte Geschichte von Universität und Akademie gesehen werden; was im Übrigen – wie der Beitrag von Hubert Laitko zur Universitätschemie nach 1945 zeigt (vgl. Laitko i. d. Bd.) – wohl nicht allein für die Physik zutrifft. Ebenfalls kein Spezifikum der Physik war es, dass die universitäre Ausbildung ganz erheblich vom Akademiestandort Berlin profitierte, denn bis zur Auflösung der Akademieinstitute Anfang der 1990er Jahre wurden dort nicht nur Diplomarbeiten in erheblichem Umfang ausgeführt, sondern Wissenschaftler der Akademie bestritten wesentliche Teile der universitären Lehre auf physikalischen Spezialgebieten wie der Relativitätstheorie – mit Achilles Papapetrou (1907–1997) und Hans-Jürgen Treder (1928–2006) lasen hier besonders prominente Fachvertreter – der theoretischen Festkörperphysik, der Lasertheorie, der Hochenergiephysik oder der Astrophysik.

Hatte der Ausbau einer eigenständigen und leistungsfähigen außeruniversitären Forschung an der Akademie für die Humboldt-Universität Gewinn bedeutet, so besaßen andere staatliche Eingriffe in den Universitätsbetrieb deutlich negativere Konsequenzen. Die I. und II. Hochschulreform der Jahre 1946 bzw. 1951/52 setzten nicht nur den politischen Machtanspruch der SED und deren ideologische Deutungshoheit an den Hochschulen der

DDR durch, sondern öffneten auch den Weg für die Einführung zentralistischer Planungsregularien. Letztere betrafen im Übrigen Forschung und Ausbildung gleichermaßen. Beispielsweise wurde mit der II. Hochschulreform das Physikstudium auf 10 Semester ausgelegt, was mit einer stärkeren Strukturierung des Studiums verknüpft war; auch wurden die Studenten in Seminargruppen zusammengefasst, was nicht nur das gemeinsame Lernen fördern sollte, sondern auch die politische Indoktrination und Kontrolle der Studenten erleichterte. Dazu trug auch die Einführung des gesellschaftswissenschaftlichen Grundstudiums bei, das zudem eine erhebliche zeitliche Belastung der Studenten mit sich brachte, da es – zusammen mit der gleichzeitigen Einführung von obligatorischem Russisch-Unterricht und Sportausbildung – in den ersten drei Studienjahren bis zu 20 % der Studienzeit der Studenten band. Auch wenn diese Maßnahmen unter den Universitätsangehörigen zu erheblichen Diskussionen und Irritationen führten und die Fluchtbewegung gen Westen unter Wissenschaftlern wie Studenten weiter stimulierten[31], waren jene Eingriffe in die Autonomie der Universitäten zwar prägend, doch für diese insgesamt weniger gravierend und deformierend als die Maßnahmen der III. Hochschulreform in den späten sechziger Jahren. In deren Fokus stand nicht mehr allein der sozialistische Student und damit die Ausbildung einer neuen Intelligenz, sondern es war die sozialistische Universität in ihrer Gesamtheit, die nun durch die Kader der neuen (sozialistischen) Intelligenz ausgestaltet und neu strukturiert werden sollte.

Die III. Hochschulreform

Die allgemeinen Prinzipien der Hochschulreform wurden Anfang 1967 auf der IV. Hochschulkonferenz verabschiedet. Diese zielten in ihrem Kern darauf, die überkommenen Universitätsstrukturen durch eine Gliederung in Sektionen zu ersetzen. Dadurch konnten auf dem Weg einer Umstrukturierung die Reste der korporativen Selbstverwaltung beseitigt und deren traditionellen Organe, wie z. B. die Fakultät, entmachtet und zu einem reinen Beratungsinstrument für die allein verantwortlichen Einzelleiter degradiert werden. Zusammen mit der konsequenten Durchsetzung des sozialistischen Kaderprinzips wurde damit der Zentralismus der Lenkung perfektioniert und die zentrale Einflussnahme der SED auf alle universitären Entscheidungen gesichert. Darüber hinaus wurde nun auch das Hochschulwesen zur direkten wirtschaftlichen Ressource, d. h. mehr und mehr auf zweckgebundene Forschung ausgerichtet. Die Grundfeste der deutschen Universität, die Forschungsfreiheit der Ordinarien, die zumindest in der naturwissenschaftlichen Forschung der frühen DDR weitgehend unangetastet geblieben war, wurde damit endgültig ausgehöhlt.

---

31 Vgl. Physikalische Blätter 9 (1953), S. 178.

Für die Physik an der Humboldt-Universität fand diese generelle wissenschaftspolitische Weichenstellung in der Gründung der Sektion Physik zum 24. April 1968 ihren Ausdruck. Über die wissenschaftliche Ausrichtung der Sektion liest man in einem Konzeptpapier des damaligen Rektors Karl-Heinz Wirzberger vom Dezember 1967, dass „der sehr schnelle Aufschwung der Elektronik und Messtechnik zur Schaffung des notwendigen wissenschaftlichen Vorlaufs die gründliche Erforschung der Halbleiterphysik [verlangt]. Die Physik der Ionen und Elektronenbündel dient vor allem der Entwicklung der Vakuum Elektronik und der gaselektronischen Bauelemente und Geräte. Auf beiden Gebieten, die für die Weiterentwicklung der Elektroindustrie von entscheidender Bedeutung sind, wird sich die Sektion Physik konzentrieren."[32]

Vor diesem Hintergrund war es keineswegs zufällig, dass zum ersten Sektionsdirektor Joachim Auth ernannt wurde. Dieser, Jahrgang 1930, hatte von 1949 bis 1955 an der Humboldt-Universität Physik studiert und anschließend am II. Physikalischen Institut bei Rompe promoviert. Nach der Promotion war er 1960 in die Industrie gegangen und 1967, nach seiner Habilitation, als Professor für Experimentalphysik und designierter Sektionsdirektor an die Universität zurückgekehrt.

Neben seiner wissenschaftlichen Kompetenz und Industrieerfahrung hat ihn für die Übernahme der Sektionsleitung sicherlich auch qualifiziert, dass Auth bereits als Student den Weg in die SED gefunden hatte, womit er zur politischen Avantgarde an der Universität gehörte und seine politische Zuverlässigkeit außer Frage stand, denn studentische SED-Mitglieder waren bis in die sechziger Jahre hinein gerade in den Naturwissenschaften noch in der absoluten Minderheit – beispielsweise konnte sich die SED „in den 4 experimentellen Instituten im August 1961 außer auf Rompe nur auf einen einzigen Wissenschaftler, einen Mechaniker und eine Anzahl von Diplomanden stützen."[33] Das sollte sich in den sechziger Jahren und vor allem in der Zeit nach der III. Hochschulreform grundlegend ändern: der letzte parteilose Physikprofessor an der Humboldt-Universität wurde 1969 mit Egon Gutsche berufen, so dass in den achtziger Jahren unter den etwa zwanzig Professoren der Sektion nur zwei, Gutsche und Kaschluhn, parteilos waren. Selbst auf der Dozentenebene findet sich 1989 nur eine handvoll Kollegen, wobei deren Berufung zudem häufig in die Jahre von Glasnost und Perestroika, d. h. die späten 80er Jahre fielen. In abgeschwächter Form setzte sich dies auf der Mitarbeiterebene fort, so dass auch in den anderen akademischen Gremien der Sektion die Parteivertreter dominierten und das Sagen hatten, womit sachbezogene Entscheidungen, gerade in Personalfragen, es nicht selten schwer hatten und bereits auf dieser unteren universitären Ebene quasi sui generis Systemkonformität generiert wurde. Dies war im Übrigen kein Spezifikum der Physik, denn auch in den anderen naturwissen-

[32] UAHU, Nr. 769 (Umgestaltung in Lehre- Erziehung und Forschung, 1968), Konzept des Rektors v. 28. 12. 1967, S. 303.
[33] Link, Das II. Physikalische Institut der Humboldt-Universität, 1983, S. 622.

schaftlichen Sektionen ist der diesbezügliche Befund ähnlich, wenn nicht identisch[34] – ganz zu schweigen von den gesellschaftswissenschaftlichen Disziplinen.

Welche konkreten Auswirkungen dies auf die Forschungen, das Profil und die Leistungsfähigkeit der Sektion hatte, lässt sich nur schwer bilanzieren – zumindest wurde damit das Leistungsprinzip partiell außer Kraft gesetzt, was gerade für ein auf Leistung und Wettbewerb orientiertes System wie das der Wissenschaft eine gravierende Einschränkung bzw. fundamentalen Mangel bedeutet. Hinzu kam, dass man mit der III. Hochschulreform die bis zum Mauerbau noch weitgehend intakte Einbettung in den westlichen und speziell deutsch-deutschen Wissenschaftsbetrieb systematisch unterband. Die Wissenschaftskontakte in den Westen wurden drastisch reduziert und intensiv kontrolliert – konkret bedeutete dies nicht nur die Kontrolle wissenschaftlicher Kontakte durch wissenschaftsferne Personen oder „Organe" wie dem Ministerium für Staatssicherheit, sondern auch das Reisen ins kapitalistische Ausland war – wenn überhaupt – ab Mitte der siebziger Jahre nur für so genannte Reisekader, d. h. auf ihre politische und persönliche Integrität geprüfte Mitarbeiter, möglich und wurde vielfach nach fachfremden Gesichtspunkten entschieden – beispielsweise verfügte ein Vermerk aus dem Jahre 1968: „Bei Reisen ins westl. Ausland vorher Zustimmung des jeweiligen Parteisekretärs einholen!"[35] Diese Einschränkungen sowie die Verluste an internationalen wissenschaftlichen Kontakten und dem damit verbundenen Austausch von nicht publizierten wissenschaftlichen Erfahrungen und Erkenntnissen sollte durch eine zunehmende Verzahnung mit dem Wissenschaftsbetrieb der sozialistischen Länder ausgeglichen werden. Wichtigster Bezugspunkt war dabei die Sowjetunion, wobei insbesondere zur Lomonossow-Universität in Moskau enge Forschungskontakte gepflegt wurden und zwischen Moskau und Berlin ein regelmäßiger Wissenschaftleraustausch stattfand. Dies schloss auch Qualifizierungsmaßnahmen ein, so dass zahlreiche Nachwuchswissenschaftler an der Lomonossow-Universität ihre Qualifizierungsarbeiten abschlossen, was für diese nicht nur wissenschaftlichen Gewinn bedeutete, sondern meist auch ihrer akademischen Karriere zugute kam. Allerdings haben die durchaus inspirierenden Erfahrungen mit der „Sowjetwissenschaft" bzw. sowjetischen Kollegen die generellen Defizite in der internationalen Wissenschaftskooperation keineswegs zu kompensieren vermocht, denn auch als „Großmacht der Physik" konnte die Sowjetunion natürlich nicht auf allen physikalischen Subdisziplinen – und mit der Zeit zudem auf immer weniger Gebieten – inhaltlich wie methodisch eine internationale Führungsrolle beanspruchen. Damit bot auch der Weg nach Moskau, Leningrad oder Dubna und der damit verbundene Kontakt zu international anerkannten Gelehrten keinen Ausweg aus der Provinzialität der physikalischen Forschung in der DDR; allerdings wurde dort manchem – nicht zuletzt auch durch den persönlichen

34 Nach Recherchen des Verfassers hatte 1989 die Sektion Chemie einen parteilosen Professor (A. Zschunke), die Biologie zwei (Th. Börner, R. Glaser) und die Mathematik drei (H. Kurke, A. Langenbach, R. Sulanke).

35 UAHU, Math-Nat. Fak. Nr. 55 (Reisetätigkeit in der DDR im Ausland), unpaginiert.

Kontakt mit anderen (westlichen) Gastwissenschaftlern – der eingeschränkte heimatliche Horizont schmerzlich bewusst.

Trotz aller ideologisch und machtpolitisch motivierten Eingriffe sollte man die Hochschulreform aber nicht ausschließlich unter dem Aspekt der Durchsetzung der politischen Führungsrolle der SED in den Universitäten und Hochschulen der DDR sehen, umfasste sie doch auch Momente einer Modernisierung der tradierten Universitätsstrukturen. Diese waren auch in der damaligen DDR noch weitgehend von der alten deutschen Ordinarienuniversität und der disziplinären Segmentierung geprägt. Der machtpolitische Durchgriff der SED-Hochschulpolitik überlagerte sich so mit einem gesamtdeutschen bzw. europäischen Trend, der sich in den Diskussionen um die Zukunft der Universität und den westeuropäischen Studentenunruhen der sechziger Jahre widerspiegelt. Dabei ging es nicht nur um eine Demokratisierung der Gesellschaft bzw. speziell der universitären Strukturen, sondern insbesondere in den Naturwissenschaften auch um effektivere Strukturen der Forschung und Ausbildung sowie um einen höheren Grad der disziplinären Vernetzung. Tradierte Fächer- bzw. Lehrstuhlgrenzen sollten durch interdisziplinäre Gliederungen und departmentähnliche Strukturen aufgehoben werden. In diesem Sinne stellten die Sektionsgründungen der III. Hochschulreform, wenn sie der Komplexität des Fachgebiets und seinen Aufgabenstellungen entsprachen und nicht ausschließlich bürokratisch oder ideologisch oktroyierte Maßnahmen waren, durchaus progressive Formen universitärer Reorganisation dar. Darüber hinaus waren diese Jahre auch eine Zeit des Experimentierens mit neuen Lehr- und Lernmethoden – beispielsweise wurden in der Physik programmierte Lehrmaterialien entwickelt, die die durchgängige Programmierung aller Vorlesungen in der Grundstudiumsphase zum Ziel hatten und bei deren Ausarbeitung und Erprobung die Studenten eine aktive Rolle spielten; allerdings reiften hier nicht alle „Blütenträume", so dass die Vorlesung als übliche Form der Wissensvermittlung letztlich nicht infrage gestellt wurde. Weiterhin trieb man die Gliederung des Studiums weiter voran und experimentierte zu Beginn der siebziger Jahre kurzzeitig auch mit einer Verkürzung der Regelstudienzeit auf vier Jahre, was sich indes nicht bewährte und relativ schnell wieder abgeschafft wurde. Das fünfjährige Studium gliederte sich mit der Hochschulreform in eine zweijährige Grundstudiumsphase, der sich ein viersemestriges Fachstudium anschloss und das mit der Hauptprüfung bzw. dem Vordiplom abschloss. Das 9. und 10. Semester blieb schließlich dem Spezialstudium vorbehalten, in dem die Integration der Studenten in die Forschungstätigkeit einer Forschungsgruppe erfolgte und diese dort relativ selbständig ihre Diplomarbeit anfertigten. Für besonders begabte Studenten wurde das Forschungsstudium eingeführt, das nach Abschluss des Fachstudiums ohne Zwischenschaltung einer Diplomarbeit in etwa drei Jahren zur Promotion führte. Bei der Auswahl der Forschungsstudenten spielten neben den fachlichen Leistungen des Studenten auch seine gesellschaftlichen Aktivitäten und politische Loyalität eine wichtige Rolle. Alle Maßnahmen der Hochschulreform, auch wenn sie im Sinne einer Modernisierung des Wissenschafts- und Hochschulsystems durchaus sinnvoll waren, hatten so auch immer einen politischen Kontext und wurden im Sinne der SED machtpolitisch instrumentalisiert, so dass die Hochschulreform in hohem Maße ambivalent blieb und weder eine überzeugende noch funktionierende Alternative zum tradierten System bot.

Dies traf in besonderer Weise auch für die mit der Reform angestrebte engere Verbindung von Hochschule und Wirtschaft zu. Die Forschungskapazitäten der Sektionen sollten stärker als bisher an Aufträge der Wirtschaft geknüpft werden, um so die finanzielle und materielle Basis der universitären Forschung, aber auch deren Praxisbezug zu verbessern. Dafür wurden Forschungsverträge zwischen den Universitäten bzw. Sektionen und einzelnen Industriebetrieben bzw. Kombinaten geschlossen, die ein ganzes Netz von Beziehungen umfassten – von der Zusammenarbeit bei der Formulierung der Forschungsprogramme, über die Ausarbeitung von Prognosen für strategisch wichtige Entwicklungsgebiete, den Personalaustausch, Weiterbildungsleistungen, Studentenpraktika bis hin zur Bereitstellung von Geräten und Ausrüstungen. Die Berliner Physiker kooperierten insbesondere mit der VVB Bauelemente und Vakuumtechnik sowie dem Werk für Fernsehelektronik, für das man beispielsweise eine Anlage zur Ionenimplantation entwickelte. Solche Kooperationsverträge boten durchaus das Potential, für beide Seiten nützlich und anregend zu sein, doch angesichts der chronischen Schwächen des industriellen Forschungs- und Entwicklungspotentials und der allgemeinen Mangelwirtschaft in der DDR entwickelten sie sich im Laufe der Jahre in immer stärkerem Maße zum Nachteil der zweckfreien Universitätsforschung, die für eine ausgewogenen Entwicklung der Wissenschaften unabdingbar ist. Statt der erstrebten Dynamisierung von Wirtschaft und Industrieforschung führte dies zu einer Pragmatisierung der universitären Forschung und zu einem überproportional wachsenden Anteil von angewandter und auftragsgebundener Forschung, die zu Lasten der Grundlagenforschung ging und damit zu ihrem stetigen Niedergang in der Universitätsforschung beitrug. Insbesondere wenn Investitionen benötigt wurden, musste man nachweisen, dass ein Nutzen zu erwarten sei. Andererseits verbesserten sich Anfang der siebziger Jahre nicht zuletzt dank der industriellen Kooperationsbeziehungen die materiellen Forschungsbedingungen signifikant, erreichte die Versorgung mit Forschungsmitteln einschließlich zu importierender Großgeräte und Materialien sowie die Ausstattung mit Rechnerkapazität einen später nicht mehr erreichten Höhepunkt.

Eine spezielle Rolle nahm die Sonderforschung bzw. Verteidigungsforschung ein, in die nicht unerhebliche und mit den Jahren zudem wachsende Teile der Sektion Physik im Rahmen der Forschungen zu II-VI-Halbleitern und der Entwicklung von Infrarot-Detektoren einbezogen waren. Diese Schwerpunktbildung führte seit Mitte der siebziger Jahre u. a. zu einem starken Ausbau des Bereichs Kristallographie in Richtung Kristallzüchtung und damit zu einer beträchtlichen Bindung von Entwicklungsressourcen der Sektion; auch die Einrichtung eines speziellen Technikums Optoelektronik in den achtziger Jahren war der Ausrichtung auf die physikalisch-technischen Grundlagen der Bauelementeentwicklung geschuldet, sollte es doch als eine Art „Silicon Valley en miniature" Kleinserien von Halbleiterbauelementen herstellen und dafür in großem Maßstab u. a. Kristallzüchtung betreiben. Ebenfalls war man über die so genannte Sonderforschung im Bereich 08 zu Problemen der Kristallzüchtung im Weltraum an der prestigeträchtigen Kosmosforschung der DDR beteiligt.

Ein anderer negativer Effekt der Profilierung auf II-VI-Halbleiter und die Entwicklung entsprechender Halbleiterbauelemente, d. h. insbesondere von Infrarot-Sensoren, betraf den hohen Geheimhaltungsgrad solcher Forschungen. Da es sich dabei um Entwicklungen im Hochtechnologiebereich handelte, rückten diese Forschungen naturgemäß in den Fokus des Überwachungs- und Spitzelapparats des Ministeriums für Staatssicherheit[36], was u. a. dazu führte, dass vergleichsweise viele Mitarbeiter als informelle Mitarbeiter (IM) des MfS geworben wurden; das ganze Ausmaß dieser Überwachungsparanoia der SED wurde natürlich erst nach 1990 und der Öffnung der Stasi-Akten offenbar.

Der Institutsneubau

Die Gründung der Sektion Physik belebte auch wieder die Pläne, der physikalischen Forschung an der Humboldt-Universität eine angemessene Heimstatt zu geben. Obwohl das Problem eines Institutsneubaus seit Beginn des Jahrhunderts auf der Tagesordnung stand und mit der Zerstörung des Instituts am Reichstagsufer in den letzten Kriegstagen besondere Brisanz erhielt, hatte es in der Nachkriegszeit zwar verschiedentlich entsprechende Pläne, doch nie die Ansätze einer Konkretisierung oder gar Realisierung gegeben. Die Physik der Humboldt-Universität blieb für fast vier Jahrzehnte über zahlreiche Standorte der Berliner Innenstadt verstreut, häufig in ausgebauten Wohnungen untergebracht und über unzureichende Forschungsbedingungen verfügend.

Bereits zu Beginn des Jahres 1951 hatten die Direktoren der Physikalischen Institute der Universität in einer Denkschrift auf die eigentlich unhaltbaren Zustände hingewiesen und die Dringlichkeit eines Institutsneubaus angemahnt, wobei sie u. a. mit den Aufgaben argumentierten, die der Fünfjahrplan an die physikalische Forschung stellte.[37] Als möglicher Standort eines Neubaus war dabei u. a. der Invalidenpark ins Auge gefasst worden, doch wurden alle Pläne dann zugunsten der Instandsetzung des stark beschädigten Universitätshauptgebäudes Unter den Linden und der Sicherung der Charité hintan gestellt. An der Wende zu den sechziger Jahren gab es schließlich den ehrgeizigen Plan, die Institute der

---

36 Zur Bedeutung des Hochtechnologiesektors in der Arbeit des MfS siehe Macrakis, Kristie, Seduced by Secrets. Inside the Stasi's Spy-Tech World, Cambridge 2008.

37 Denkschrift über den Neubau der Physikalischen Institute der Humboldt-Universität Berlin, 10. 4. 1951, Bundesarchiv Berlin-Lichterfelde DF 4, Nr. 40183, unpaginiert.

Mathematisch-Naturwissenschaftlichen Fakultät in Adlershof anzusiedeln, hatte sich Adlershof doch im zurückliegenden Jahrzehnt zu einem ansehnlichen Forschungsstandort der Akademie der Wissenschaft profiliert. Allerdings mussten auch diese Pläne bereits in ihrem Anfangsstadium ad acta gelegt werden, da das Ministerium für Staatssicherheit nicht bereit war, die dortige Kaserne seines Wachregiments aufzugeben[38]; andere damals ins Auge gefasste Standorte waren diverse Ruinengrundstücke der Innenstadt, so auf dem Gelände des heutigen Friedrichstadtpalastes in der Friedrichstraße. Im Zuge der Wissenschaftseuphorie der späten sechziger Jahre wurden dann teilweise gigantisch anmutende Pläne für einen Wissenschaftscampus in Wartenberg/Blumberg bzw. ein Mathematisch-Naturwissenschaftliches Zentrum in Friedrichsfelde diskutiert, die jedoch alle nicht das konkrete Planungsstadium erreichten und für die es vereinzelt Modelle und Planentwürfe gab. Nachdem die Realität alle Planspiele eingeholt und auf das Machbare reduziert hatte, gab dann im Jahre 1976 der IX. Parteitag der SED mit seiner „Direktive zur Entwicklung der Volkswirtschaft der DDR 1976 bis 1980“ den Startschuss für den Neubau eines Physikgebäudes der Humboldt-Universität. In welchem Maße hier allein wissenschaftliche und volkswirtschaftliche Erfordernisse eine Rolle gespielt haben, sondern vielleicht auch die Tatsache, dass damals im Westteil der Stadt ebenfalls sowohl für das Physikinstitut der Technischen Universität in der Hardenbergstraße, als auch für den Fachbereich Physik der Freien Universität in Dahlem Neubaupläne verfolgt wurden, ist aus den Akten nicht belegbar, doch spielten in der Frontstadt des Kalten Krieges solche Konkurrenzen immer eine Rolle. Seit 1976 beschäftigte sich eine Planungsgruppe, als deren offizieller Leiter zwar Hans-Joachim Bautsch fungierte, deren Tätigkeit aber maßgeblich von Stephan Schwabe geprägt wurde, mit der Planung des Neubaus. Dieser wurde dann in zweijähriger Bauzeit von 1982 bis 1984 auf einem ehemaligen Ruinengrundstück Invaliden-, Ecke Chausseestraße in der Berliner Innenstadt errichtet und beseitigte die örtliche Zersplitterung der Sektion, indem es die über 15 Standorte der Sektion auf etwa 15.000 qm zusammenfasste.[39] Das Investitionsvolumen des Neubaus, der im Herbst 1984 bezogen wurde und neben der Physik auch die Sektion Elektronik beherbergte, betrug etwa 200 Millionen Mark. Für die nächsten zwei Jahrzehnte waren damit optimale Bedingungen für die physikalische Forschung an der Humboldt-Universität gegeben.

[38] Beschlussprotokoll zur Perspektive der Humboldt-Universität zu Berlin vom 22. 6. 1960, UAHU, Math.Nat. Fakultät 2, Nr. 47.

[39] Bautsch, Hans-Joachim/Swora, Karl-Ernst/Kalusche, Fritz, Der Neubau des Sektionsgebäudes Physik und Elektronik, in: Wissenschaftliche Zeitschrift der Humboldt-Universität, Math.-Nat. Reihe XXXII (1983), S. 635–641.

Sektion Physik

Im Zentrum der Hochschulreform stand natürlich die Transformation der alten Universitätsstrukturen, was mit dem Austausch der alten und in ihrer Mehrzahl noch bürgerlich sozialisierten Eliten durch parteikonforme, „sozialistische" akademische Kader einher ging. Eine wichtige Rolle bei dieser Transformation spielten die neu gegründeten Sektionen. Diese waren eine „Vereinigung von Instituten, Abteilungen etc. desselben Wissenschaftsgebietes, Disziplinen oder eines Komplexes verschiedener Fachgebiete, die vorwiegend eine gemeinsame Aufgabe in Lehre und Forschung besitzen."[40] Für die physikalische Forschung an der Humboldt-Universität bedeutete dies die Überführung der bisherigen, weitgehend autonomen physikalischen Teilinstitute in Sektionsbereiche. Dies geschah im Laufe des Jahres 1968, wobei sich das Institut für Theoretische Physik in die Bereiche 01, Theorie der Teilchen und Felder, und 02, Theoretische Halbleiterphysik, aufspaltete. Aus dem I. Physikalischen Institut wurde der Bereich 06, Atomstoßprozesse, von dem sich sehr bald noch der Bereich 07, Angewandte Massenspektroskopie, abspaltet. Das II. Physikalische Institut ging in dem Bereich 03, Experimentelle Halbleiterphysik, und 08, Tieftemperatur Festkörperphysik, auf und aus dem III. Physikalischen Institut wurde zunächst der Bereich 09, Metallphysik, der aber schon bald dem Bereich 08 angegliedert wurde; das IV. Physikalische Institut mutierte schließlich zum Bereich 05, Halbleiteroptik. Zu diesen Kernbereichen der bisherigen physikalischen Universitätsforschung kamen dann noch aus der Mathematisch-Naturwissenschaftlichen Fakultät die traditionsreichen Institute für Meteorologie und Geophysik (1946 von Hans Ertel gegründet) und für Kristallographie und Mineralogie (Will Kleber) sowie aus der Medizinischen Fakultät das einstige Institut für Strahlenforschung bzw. Angewandte Radiologie von Walter Friedrich bzw. Hans Schreiber hinzu; schließlich wurde noch aus der Pädagogischen Fakultät die Physikdidaktik in die neue Sektion Physik integriert (vgl. Tab. 2).

Tabelle 1 Direktoren der Sektion Physik

1968–1970	Joachim Auth
1970–1973	Karl-Heinz Krebs
1973–1976	Rudolf Herrmann
1976–1986	Rolf Enderlein
1986–1991	Robert Keiper

40 Staatssekretariat für das Hoch- und Fachschulwesen an die Rektoren der Universitäten, Berlin 15. 7. 1967, UAHU, Math.-Nat. Fakultät 2, Nr. 62.

Tabelle 2 Bereiche der Sektion Physik und deren (langjährige) Leiter

B01	Theorie der Teilchen und Felder	F. Kaschluhn
B02	Theoretische Halbleiterphysik	R. Enderlein/R. Keiper
B03	Experimentelle Halbleiterphysik	J. Auth/K. H. Herrmann
B04	Statistische Thermodynamik und Theoretische Biophysik	W. Ebeling
B05	Halbleiteroptik	E. Gutsche
B06	Atomstoßprozesse der Festkörperphysik	F. Bernhard/H. Klose
B07	Angewandte Massenspektroskopie	K.-H. Krebs/G. Oelgart/R. Link
B08	Tieftemperatur Festkörperphysik	R. Herrmann
B09	Meteorologie und Geophysik	K.-H. Bernhart/P. Hupfer
B10	Angewandte Radiologie/Experimentelle Biophysik und Spektroskopie	W. Degner/J. Voigt
B11	Kristallographie	W. Kleber/H-J. Bautsch/L. Ickert/ P. Rudolph
B12	Methodik des Physikunterrichts	K. Haspas/H.-J. Lechner

Damit war eine Sektionsstruktur erreicht, die in ihren Grundzügen bis 1990 Bestand hatte – bis auf eine Ergänzung. 1980 wurde Werner Ebeling als dritter Ordinarius für Theoretische Physik an die Humboldt-Universität berufen und mit der Leitung des neu gegründeten Bereichs 04, Statistische Thermodynamik und theoretische Biophysik, betraut. Ebeling, Jahrgang 1936, gehörte zur Rostocker Theorieschule um Hans Falkenhagen und hatte nicht nur mit interessanten Arbeiten zur Elektrolyt- und Plasmatheorie auf sich aufmerksam gemacht, sondern war in den siebziger Jahren auch zum Wegbereiter der Thermodynamik irreversibler Prozesse und der Theorie der Selbstorganisation in der DDR geworden. Der damalige Sektionsdirektor Rolf Enderlein erkannte den Pioniercharakter dieser Forschungen und seinem Engagement ist es nicht zuletzt zu verdanken, dass Ebeling an der Humboldt-Universität ein neues und erweitertes Wirkungsfeld geboten wurde. Mit der Berufung Ebelings profilierte sich die Berliner Universität nicht nur zu einem national wie international anerkannten Zentrum dieser zukunftsträchtigen Forschungsrichtung, sondern Ebeling entwickelte sich hier auch zum Haupt einer Physikerschule, die die Thermodynamik irreversibler Prozesse auch für nichtphysikalische Bereiche wie die Evolutionstheorie oder Ökonophysics nutzbar zu machen versuchte und aus der bislang fast ein Dutzend Professoren hervorgegangen sind.[41] Ebeling selbst wurde unmittelbar vor seiner Berufung nach Berlin im Jahre 1979 mit dem Nationalpreis der DDR sowie 1996 bzw. 1997 mit der norwegischen Onsager-Medaille und dem spanischen Humboldt-Muttis-Preis ausgezeichnet; bereits 1977 hatte ihn die Akademie der Wissenschaften der DDR zu ihrem Mitglied gewählt. Damit gehörte Ebeling zu den wenigen Physikern der Sektion, dessen Forschungen auch eine hochkarätige nationale wie internationale Anerkennung erfuhr.

[41] Vgl. Pöschel, Thomas/Malchow, Horst/Schimansky-Geier, Lutz (Hrsg.), Irreversible Prozesse und Selbstorganisation. Festschrift zum 70. Geburtstag von Werner Ebeling, Berlin 2006.

Nimmt man solche Ehrungen als Maßstab für die Reputation der Berliner Physik und ergänzt diese noch durch die Auszeichnung mit dem einzigen spezifischen Physikpreis der DDR, dem seit 1978 verliehenen Gustav-Hertz-Preis der Physikalischen Gesellschaft (vgl. Tab. 3), so fällt die Bilanz insbesondere für die 70er und 80er Jahre höchst durchschnittlich aus. Sie lässt die Sektion nicht nur im internationalen Maßstab bescheiden dastehen, sondern auch im DDR-internen Vergleich ragt sie nicht heraus, steht die hauptstädtische Physik doch keineswegs besser da als andere Physiksektionen der Republik.

Tabelle 3 Ehrungen

Mitglieder der DAW/AdW	H. Ertel (1949), R. Rompe (1953), W. Kleber (1961), J. Auth (1969), W. Ebeling (1977), R. Enderlein (1981), K.-H. Bernhardt (1990)
Mitglieder der Leopoldina	H. Ertel (1955), W. Kleber (1955)
Mitglied einer ausländischen Akademie	H. Ertel (1956, Österreichische Akademie der Wissenschaften)
Ausländische Ehrungen	W. Ebeling (1995, 1997)
Nationalpreis der DDR	H. Ertel (1950), R. Rompe (1951), F. Möglich (1953), F. Bernhard (1958), W. Kleber (1960), J. Auth (1974), W. Ebeling (1978), R. Enderlein (1983)
Gustav-Hertz-Preis	
Einzelpreis	R. Wedell (1980), R. Feistel (1981)
Kollektivpreis	F. Henneberger u. a. (1986)

Da sowohl die Zuwahlpolitik zu den Akademien in der DDR, als auch die Auswahlverfahren beim Nationalpreis nicht frei von politischen Kriterien waren, soll diese Zusammenstellung noch um eine scientometrische Analyse auf der Grundlagen des Web of Science (WoS), die nur die Jahre von 1972 bis 1989 berücksichtigt, ergänzt werden (vgl. Tab. 4–6).[42]

Tabelle 4 Sektionsmitarbeiter mit mehrals 25 im WoS ausgewiesenen Publikationen

R. Herrmann (B08):	92
W. Ebeling (B04):	77
R. Enderlein (B02):	53
F. Bechstedt (B02):	38
F. Henneberger (B05):	36
O. Goede (B05):	31
W. Kraak (B08):	31
R. Wedell (B06):	31
W. Braune (B08):	28
R. Boyn (B05):	26
J. Voigt (B05):	26

[42] Herrn Werner Marx vom MPI für Festkörperforschung in Stuttgart danke ich für die Durchführung der entsprechenden Recherchen.

Tabelle 5 Personenbezogener Impact (nach Zitierungen), wobei Autoren mit mehr als 25 Arbeiten im Zeitraum 1972 bis 1989 und deren Zitierungen bis 12/2009 sowie einem Hirschindex von mindestens 10 berücksichtigt wurden. Die Reihenfolge folgt dem Hirsch-Index.

Autor	Zahl der Arbeiten (1972–1989)	Zahl der Zitierungen (1972–2009)	Zitierungen pro Arbeit	Hirsch-Index
W. Ebeling (B04)	78	1165	14,9	20
F. Bechstedt (B02)	38	500	13,2	15
O. Goede (B05)	31	736	23,7	15
F. Henneberger (B05)	36	665	18,5	15
J. Voigt (B05)	26	558	21,5	15
R. Enderlein (BO2)	57	515	9,0	14
R. Herrmann (B08)	93	533	5,7	12
W. Kraak (B08)	31	238	7,7	10
R. Wedell (B06)	31	413	13,3	10
R. Boyn (B05)	26	258	9,9	10

Die Analysen, die wegen ihrer methodischen Problematik allenfalls eine Tendenz deutlich machen können, und für sich genommen keineswegs zu generalisierenden oder gar allgemein gültigen Aussagen taugen, weisen aber darauf hin, dass man von den in zeitgenössischen Berichten gern zitierten Spitzenleistungen in der Regel weit entfernt war – der Hirsch-Index[43] für einen international renommierten Spitzenwissenschaftler liegt altersabhängig zwischen 20 und 40. Einen solchen Index erreicht von den Physikern der Sektion Physik nur Werner Ebeling und diese Wertung deckt sich mit Einschätzungen aus anderen Quellen. Auf dieser Grundlage lässt sich feststellen, dass neben Ebeling und seiner Gruppe auch der Bereich Halbleiteroptik (Bereich 05) und vielleicht noch die Theoriebereiche, insbesondere für Theoretische Halbleiterphysik (Bereich 02), sowie der Bereich Tieftemperatur Festkörperphysik (Bereich 08) eine überdurchschnittliche wissenschaftliche Reputation besaßen. Diesem Kreis wäre als Einzelperson noch der Nachwuchswissenschaftler Reiner Wedell (Bereich 06), dessen Arbeiten zur Strahlung bei der Kanalleitung relativistischer Elektronen und Positronen (Kumakhov-Wedell-Effekt) in der zweiten Hälfte der siebziger Jahre große internationale Beachtung erfuhren, hinzuzurechnen.

Die scientometrische Analyse weist aber noch auf anderes hin: So findet man in allen Zusammenstellungen keine einzige Frau, was ein Indiz ist, dass die so vehement propagierte Frauenförderung kaum (wissenschaftlichen) Effekt zeitigte. Darüber hinaus machen die in Tab. 6 aufgeführten meistzitierten Arbeiten deutlich, dass auch in der DDR-Physik das Englische die lingua franca war und offenbar weder deutsch-, noch russischsprachige Arbeiten eine Chance hatten, in der internationalen Physikergemeinschaft rezipiert zu werden.

[43] Hirsch, Jorge E., An index to quantify an individual's scientific research output, in: Proceedings of the National Academy of Sciences of the United States of America 102 (15. 11. 2005), Nr. 46, S. 16569–16572.

Tabelle 6 Die zehn meistzitierten Aufsätze der Sektion Physik aus den Jahren 1971 bis 1989

Namen/Bereich	Aufsatztitel	Zeitschrift	Zitierungen
O. Goede, W. Heimbrodt (B05)	Optical Properties of (ZnMn) and (Cd, Mn) Chalcogenide Mixed Crysztals and Superlattices	Physica Status Solidi B 146 (1988) 1, 11–62	185
K. Irmscher, H. Klose, K. Maass (B06)	Hydrogen-related Deep Levels in Proton-Bombarded Silicon	Journal of Physics C 17 (1984) 35, 6317–6329	121
J. Kuhrts, H. Herzel (B04)	An Attractor in a Solar Time-Series	Physica D 25 (1987) 1, 165–172	118
M. Müller-Preußker u. a. (B01)	First Evidence for the Existence of Instantons in the Quantized SU (2) Lattice Vacuum	Nuclear Physics B 268 (1986), 693-705	104
F. Henneberger (B05)	Optical Bistability at the Absorption-Edge of Semiconductors	Physica Status Solidi B 137 (1986) 2, 371–432	100
R. Wedell (B06)	Electromagnetic-Radiation of Relativistics Positrons and Electrons During Axial and Planar Chanelling in Monocrystals	Physica Status Solidi B 99 (1980) 1, 11–49	91
W. Ebeling, M. Grigo (B04)	An Analytic Calculation of State and the Critical-Point in a dense Classical Fluid of Charged Hard-Spheres	Annalen der Physik 37 (1980) 1, 21–30	89
M. A. Kumakov, R. Wedell (B06)	Theory of Radiation of Relativistic Channeled Particles	Physica Status Solidi B 84 (1977) 2, 581–593	88
O. Goede, L. John, D. Hennig (B05)	Compositional Disorder-Induced Broadening for Free Excitons in II–VI Semiconducting Mixed-Crystals	Physica Status Solidi B 89 (1978) 2, K 183–186	78
J. Voigt (B05)	Influence of Spatial-Dispersion on Transmission Spectra pof CdS-Singel-Crystals	Physica Status Solidi B 64 (1974) 2, 549–556	77

Weiterhin lassen sich die in Tab. 5 aufgeführten Physiker in zwei Generations-Kohorten gliedern: Zum einen jene (Boyn, Ebeling, Enderlein, Goede, Herrmann, Kraak, Voigt), die zwischen 1935 und 1940 geboren wurden, in den 1950/60er Jahren studiert und promoviert hatten, sowie jenen (Bechstedt, Henneberger, Wedell), die um 1950 geboren wurden und alle fast gleichzeitig Mitte der siebziger Jahre ihr Studium mit der Promotion abschlossen. Diese Strukturierung weist darauf hin, dass es an der Humboldt-Universität, wie wohl in der DDR überhaupt, mit den Jahren zunehmend schwieriger wurde, gute und originelle physikalische Forschung zu betreiben – so ist nicht nur das quantitative Verhältnis beider Kohorten deutlich zugunsten der älteren verschoben, sondern es fehlen gänzlich Vertreter der jüngeren Physikergeneration, deren Talent wohl ein Opfer der zunehmend schlechter werdenden Forschungsbedingungen und -ressourcen wurde. Dieser Befund ist sicherlich auch von der Tatsache beeinflusst, dass auf Kosten der Forschung die studentischen Betreuungsleistungen der Hochschullehrer eine stetige Zunahme erfuhren. Darüber hinaus ist auch die Altersstruktur der Sektionsmitarbeiter zu beachten, denn in den achtziger Jahren wuchs die Zahl der verfügbaren Planstellen nicht mehr in dem Maße wie in den Jahren zuvor, so dass die Inhaber der vorhandenen und nicht kündbaren Stellen – deren Ruhestand meist erst in den 1990er Jahren anstand – das Nachrücken einer jüngeren Generation stark einschränkte. Noch ein anderes DDR-Charakteristikum machen die Analysen deutlich, denn bis auf Ebeling (kam 1979 von Rostock nach Berlin) und Bechstedt (ging 1986 von Berlin nach Jena) blieb die akademische Karriere aller anderen genannten Physiker – vom Studium bis zum Ruhestand – auf die Humboldt-Universität beschränkt.

Die Wende: Von der Sektion zum Institut für Physik

Die politische Wende des Herbstes 1989 zeigte sehr schnell auch Auswirkungen auf die Sektion Physik. Wie an der Universität generell wuchs im Herbst/Winter 1989/90 der Druck auf die bestehenden Strukturen, Rechenschaft über die Tätigkeit und die Deformationen der letzten Jahrzehnte abzulegen und sich insbesondere demokratisch zu legitimieren. Im Spätherbst 1989 wurden kritische und reformwillige Vertreter im Rat der Sektion, der sich im Wesentlichen aus den Bereichsleitern sowie dem Parteisekretär und Gewerkschaftsvorsitzenden, die beide indes sehr bald ihren Sitz und Stimme verloren, zusammensetzte, aktiv und regten u. a. die Ausschreibung der Leitungsfunktionen der Sektion und eine Neuwahl des Sektionsrats an. Vorsitzender des im Frühsommer 1990 neu gewählten Rates der Sektion wurde Egon Gutsche, der zusammen mit seinem Stellvertreter Stephan Schwabe die Umgestaltung der Sektion und die Neugestaltung ihrer Aufgaben in der Folgezeit intensiv vorantrieb. Im Frühjahr 1990 hatte zudem Robert Keiper als Sektionsdirektor die Vertrauensfrage gestellt, wobei er in seinem Amt bestätigt wurde und bis zur Auflösung der Sektion im Herbst 1991 amtierte. Parallel dazu löste sich die Sektion als Struktureinheit physikalischer Forschung zunehmend auf und wurde endgültig im Herbst 1991 durch einen Fachbereich Physik ersetzt, der sich in sechs Institute gliederte. Dabei wurden die früheren Bereiche weitgehend linear in die neuen Institute überführt, so dass personell wie strukturell eine weitgehende Kontinuität gewahrt blieb: Institut für Elementarteilchenphysik (Bereich 01), Institut für Theoretische Physik (Bereich 02 und 04), Institut für Festkörperphysik (Bereich 03, 08, Technikum), Institut für Optik und Spektroskopie (Bereich 05), Institut für Ionen und Elektrophysik (Bereich 06, 07), Meteorologisches Institut (Bereich 09). Komplettiert wurde diese Institutspalette noch durch eine Abteilung für Molekül- und Photobiophysik (Bereich 10) sowie eine für Didaktik der Physik (Bereich 12). Dekan des neuen Fachbereichs Physik wurde Joachim Voigt, der das Amt bis zur Gründung des Instituts für Physik Anfang 1994 bekleidete.

Ging es in der Anfangszeit zunächst vor allem um eine Stärkung der Eigenverantwortung der Fachbereiche, so rückten sehr schnell Diskussionen um die Deformationen der physikalischen Forschung in der DDR und die persönliche Integrität der Wissenschaftler in den Vordergrund. Im Herbst 1990 wurde von den wissenschaftlichen Mitarbeitern der Sektion eine Bewertungskommission für Hochschullehrer gewählt, die deren Befragungen auf freiwilliger Basis durchführte; etwas später wurde dann eine Personal- und Strukturkommission unter dem Vorsitz von Gutsche gebildet, die alle Mitarbeiter bewerten bzw. überprüfen sollte und sich zudem mit der künftigen wissenschaftlichen Ausrichtung des Fachbereichs auseinandersetzte. Darüber hinaus machte man sich über die künftigen Profillinien Gedanken, wobei als erstes der starke Industriebezug zahlreicher Forschungsthemen sowie die so genannten Geheimthemen bzw. Sonderforschung zur Diskussion bzw. Disposition gestellt wurden.

Im Sommer 1991 ging dann die Zeit der Basisdemokratie zu Ende und der Berliner Senat nahm das Heft in die Hand. Durch den Wissenschaftssenator wurde eine Struktur- und Berufungskommission (SBK) eingesetzt[44], die sich aus drei vom Wissenschaftssenator bestimmten (auswärtigen) Hochschullehrern sowie vier Vertretern aus dem Fachbereich (drei Hochschullehrer und ein Mitarbeitervertreter) zusammensetzte und die von Ulrich Rößler aus Regensburg geleitet wurde. Fortan bedurften alle Beschlüsse des Fachbereichsrates der Zustimmung der bis 1994 tätigen SBK. Auf die Arbeit der Kommission geht die heutige Struktur des Instituts für Physik zurück, wobei die neue inhaltliche Struktur in gemeinsamen Diskussionen und in hohem Konsens zwischen den Ost- und Westprofessoren definiert wurde und man in starkem Maße von den Vorarbeiten der Vorgängerkommission profitieren konnte.

Das neue Institut für Physik wurde offiziell am 25. Februar 1994 im Rahmen eines Festaktes gegründet, auf dem Ilja Prigogine, Chemienobelpreisträger des Jahres 1977, den Festvortrag hielt. Für das neue Institut waren 27 Professuren geplant, deren Forschungsfelder sich ganz wesentlich an den alten Profillinien orientierten. Eine deutliche Stärkung erfuhren diese im Bereich der Hochenergiephysik, wo nicht nur die Theorie durch eine zweite Professur gestärkt, sondern auch zwei neue Professuren für experimentelle Teilchenphysik eingerichtet wurden, wofür sich nicht zuletzt das DESY, das ja seit der Wiedervereinigung ein Zweiginstitut in Zeuthen unterhielt, maßgeblich eingesetzt hatte. Eine Verstärkung erfuhr ebenfalls der Bereich Statistische Physik mit einer zusätzlichen Professur für stochastische Prozesse[45] und die Festkörperphysik mit einer neuen Professur für Oberflächenphysik; auch die Photonik gehört seither zu den Profillinien des neuen Instituts. In der Biophysik erfolgte eine Umorientierung in Richtung Molekülphysik, wogegen die Kristallographie im Ver-

---

44 Vgl. Vollrath, Sven, Zwischen Selbstbestimmung und Intervention, Berlin 2010.

45 Vgl. Ebeling, Werner/Erdmann, Udo, SFB 555: Komplexe Nichtlineare Prozesse, in: Humboldt-Spektrum 6 (1999), H. 3, S. 22–26.

gleich zur DDR-Zeit wieder auf das universitäre Normalmaß, d. h. eine Professur reduziert wurde; ganz abgewickelt wurde die Meteorologie, womit die lange und bedeutende Tradition meteorologischer und geophysikalischer Forschungen an der Friedrich-Wilhelms- bzw. Humboldt-Universität bedauerlicherweise ein Ende fand.

Im Vergleich zur hohen Kontinuität im Forschungsprofil gab es im neuen Institut für Physik gravierende personelle Diskontinuitäten. Von den im Studienjahr 1994/95 am Institut lehrenden Professoren hatten zehn auch schon an der einstigen Sektion Physik gewirkt – allerdings war nur die Hälfte von ihnen wirkliche Neuberufungen (meist von früheren Oberassistenten oder Dozenten), wogegen die andere Hälfte bis zu ihrem (absehbaren) Ruhestand ohne eine ordentliche Berufung auf Mitarbeiterstellen weiter beschäftigt wurde; dieser Professorengruppe sollte man noch jene drei neu berufenen Professoren hinzurechnen, die früher an der Akademie der Wissenschaften tätig gewesen waren. Damit besaß in der Physik nur noch etwa die Hälfte der neuen Professorenschaft eine DDR-Biographie bzw. -Sozialisation.

Zur Jahrtausendwende war die Physik von den damals allgemein anstehenden Etatkürzungen weniger betroffen als andere Fachbereiche der Universität. Die Anzahl der Professuren reduzierte sich zwar auf aktuell 20, inclusive einer Stiftungs- und zwei Drittmittel-Professuren, doch wurde der Stellenabbau auch dazu genutzt, das wissenschaftliche Profil des Instituts weiter zu schärfen. So erfolgte beispielsweise ein Ausbau der Optik in Richtung von Photonenphysik und Nanooptik, die zusammen mit dem Aufbau der Makromolekülphysik und der Physik organischer Systeme (Hybridmaterialien) nun das Potential für einen neuen und innovativen Forschungscluster des Instituts besitzt. Die physikalische Forschung und Ausbildung des Instituts – zum Sommersemester 2009 waren etwa 700 Studenten eingeschrieben und es gab knapp 100 Doktoranden; im Studienjahr 2008/09 erwarben 62 Studierende das Diplom und im Kalenderjahr 2009 wurden 21 promoviert; im Zeitraum von 1999 bis 2009 betrug die Zahl der Habilitationen 33 – kann zudem von den engen Kooperationsbeziehungen mit den großen außeruniversitären Forschungsinstituten – Max-Planck-, Helmholtz- und Leibniz-Gesellschaft – profitieren, die mit Sonderprofessuren am Institut vertreten und in die Ausbildung von Diplomanden und Doktoranden integriert sind.[46] Mit dem Umzug der Universitätsphysik aus der Berliner Stadtmitte nach Adlershof, an den südöstlichen Stadtrand, kam im Frühjahr 2003 zur fachlichen Nähe auch die örtliche hinzu[47], denn das Max-Born-Institut für Nichtlineare Optik und Kurzzeitspektroskopie, das Institut für Kristallzüchtung oder BESSY 2 haben ihren Standort ebenfalls auf dem Campus Adlershof. Mit dem Umzug und dem Bezug des Institutsneubaus, das den Namen Lise-Meitner-Haus erhielt, erfolgte zudem eine deutliche

---

46 Vgl. das Heft 3/4 des Humboldt-Spektrums 10 (2004).

47 Müller-Preußker, Michael, Naturwissenschaften der Humboldt-Universität in der Erneuerung: Erfolge und Herausforderungen, in: Humboldt-Spektrum 2 (1995), H. 3, S. 1.

Verbesserung des Raumangebots und der allgemeinen Forschungsbedingungen; auch weisen die vorhandenen Kooperationsmöglichkeiten ein für deutsche Verhältnisse einzigartiges Spektrum auf, das den Campus Adlershof als hochkarätigen Wirtschafts-, Medien- und Wissenschaftsstandort ausweist. Dieser Gewinn wurde allerdings um den Preis der räumlichen Trennung von den geistes- und sozialwissenschaftlichen Disziplinen der Universität erkauft – quasi einer geographischen Universitätsteilung, die die Kommunikationsbarrieren und Berührungsängste der bereits in den fünfziger Jahren von C. P. Snow beklagten zwei Kulturen in der akademischen Welt leider auch an der Humboldt-Universität wohl eher weiter befördern als abbauen wird.[48]

[48] Hoffmann, Dieter, Abseitsfalle, in: Der Tagesspiegel v. 19. 3. 2003, S. 22.

Jörg Schulz

Biologie an der Humboldt-Universität nach 1945. Ihre Entwicklung im Spannungsfeld von Politik und Forschung[1]

Nach dem Ende des Zweiten Weltkrieges und dem Zusammenbruch des nationalsozialistischen Deutschlands standen auch die Biologen der Berliner Universität vor schier unüberwindlichen Problemen. Die Bestandsaufnahme an den biologischen Instituten in Berlin geriet zu einem traurigen Resümee der Ergebnisse des Wirkens einer zwölf Jahre währenden Diktatur. Viele Institutsgebäude und andere Einrichtungen waren vernichtet worden, ebenso Sammlungen von unschätzbarem Wert.

Das Berliner Botanische Museum war im März 1943 ausgebrannt und die Sammlungen waren komplett zerstört worden, da sogar die zunächst geretteten und ausgelagerten Bestände in Buckow und Eberswalde in der Zeit darauf verloren gingen. Den Schaden an beweglichem Inventar des Zoologischen Instituts bezifferte Heinrich Jakob Feuerborn (1883-1979) am 27. Januar 1945 bereits mit 87.250,– Reichs-Mark. Weitere Schäden extremen Ausmaßes an Gebäuden und Inventar erlitt das Institut am 3. Februar 1945 beim Angriff anglo-amerikanischer Bomber. Dabei wurde ein Museumsflügel im Ostteil völlig zerstört.[2] Der Wiederaufbau des durch Bombenangriffe und Kämpfe in der Innenstadt Berlins stark zerstörten Zoologischen Gartens schien 1945 nicht mehr möglich.

Materielle Verluste setzten sich auch nach Kriegsende fort, da teils unersetzliche Forschungsmaterialien im Zuge von Reparationsleistungen in die UdSSR transportiert wurden. So künden zum Beispiel Aussagen im Nachlass Kurt Noacks vom Abtransport 110 großer Kisten mit Geräten und Büchern aus dem Berliner Pflanzenphysiologischen Institut. Auch

[1] Ich danke Herrn Prof. Ekkehard Höxtermann, Berlin/Göttingen, für wertvolle Hinweise und anregende Gespräche zum Thema dieser Abhandlung sowie Herrn Dr. Andreas Wessel, Berlin, für diverse Literaturhinweise und wichtige Informationen.

[2] Vgl. Tembrock, Günther, Das Zoologische Institut der Humboldt-Universität von 1945 bis zur Gründung der Sektion Biologie, in: Beiträge zur Entwicklung der Biologie in der Geschichte der Berliner Universität, hrsg. v. Sucker, Ulrich/Jahn, Ilse/Hoffmann, Paul/Tembrock, Günter/Höxtermann, Ekkehard, in: Wissenschaftliche Zeitschrift der Humboldt-Universität, Mathematisch-Naturwissenschaftliche Reihe XXXIV (1985), H. 3/4, S. 281–290, hier: S. 281f.

personelle Engpässe ergaben sich. Fälle wie der des Noack-Assistenten Wilhelm Menke, der in die UdSSR umgesiedelt wurde, um seine Spezialkenntnisse vor Ort nutzen zu können, gab es zuhauf.[3]

Dennoch kann zunächst von einer – personellen und inhaltlichen – Kontinuität der biologischen Wissenschaften an der Berliner Universität gesprochen werden: Kurt Noack (1888–1963), dessen Hauptarbeitsgebiet die Stoffwechselphysiologie war, wurde als Direktor des Pflanzenphysiologischen Institutes bestätigt, das er bis 1956 leitete. Taxonomie und Pflanzengeographie lagen im Zentrum der Aufmerksamkeit von Ludwig Diels (1874–1945), Direktor des Botanischen Gartens und Museums von 1921 bis zu seinem Tode im November 1945, und seinem Nachfolger Robert Pilger (1876–1953), der das Direktorat 1945 bis 1950 kommissarisch innehatte.[4] Konrad Herter war zwar am 1. Juni 1945 mit der kommissarischen Leitung des Zoologischen Institutes neu beauftragt worden. Doch hatte der Biologe mit den Schwerpunkten Sinnesphysiologie und Tierpsychologie bereits vorher am Institut gewirkt[5] – mit einer kurzen Unterbrechung: Am 22. Januar 1945 musste er der Einberufung zum „Volkssturm" folgen. Am 3. Februar war er zurück in Berlin und arbeitete, weil nur noch „innendiensttauglich", wieder im Zoologischen Institut. Offiziell als Direktor bestellt wurde Herter am 2. August 1949. Er schied zum 31. Dezember 1951 auf eigenen Wunsch aus.[6]

Die Interimslösung für die administrativ notwendigen Aufgaben erfolgte vom 20. März 1952 an, als Günter Tembrock (* 1918, zu jener Zeit noch Assistent) mit der Wahrnehmung der Geschäfte des Institutsdirektors beauftragt wurde – eine Tätigkeit, die er bereits am 1. Januar d. J. aufgenommen hatte und bis zum 31. Dezember 1958 weiterführen sollte. Direktor des Zoologischen Museums und gleichzeitig Inhaber des Lehrstuhls für Spezielle Zoologie von 1946 bis 1949 war Werner Ulrich (1900–1977), dessen vorrangige Arbeitsgebiete Angewandte Zoologie und Bienenkunde gewesen sind. Ulrichs Aufgaben wurden ab 1950 durch Alfred Kaestner (1901–1971) als Professor mit vollem Lehrauftrag übernommen.

---

[3] Ebenso nutzten die USA die Chance, gut ausgebildete Wissenschaftler kurz nach dem Krieg in die Vereinigten Staaten von Nordamerika zu holen.

[4] Vgl. Höxtermann, Ekkehard, Biologen in der DDR zwischen Tradition und Innovation, Wissenschaft und Politik, in: Naturwissenschaft und Technik in der DDR, hrsg. v. Hoffmann, Dieter/Macrakis, Kristie, Berlin 1997, S. 233–259, hier: S. 238, 240.

[5] Herter hatte in Berlin studiert. Von 1923 bis 1926 war er Assistent, ging dieser Stelle aber verlustig. Hintergrund war, dass der vom Lehrstuhl für Zoologie in Bonn neu an die Berliner Universität berufene Institutsdirektor Richard Hesse seinen Assistenten Paul Krüger nach Berlin mitbrachte. Herter habilitierte sich 1926, wurde darauf Privatdozent und 1930 a. o. Professor.

[6] Herter nahm zum 1. Januar 1952 seine Tätigkeit am Institut für Zoologie der Freien Universität in Berlin-Dahlem auf. Vgl. Tembrock, Günther, Zur Geschichte der Tierpsychologie und Verhaltensbiologie in Berlin – Impressionen und Visionen, in: Verhandlungen zur Geschichte und Theorie der Biologie 8 (2002), hrsg. v. Höxtermann, Ekkehard/Kaasch, Joachim/Kaasch, Michael, S. 295–344, hier: S. 318.

Forschungsrichtungen der Biologie 1945–1989

Zwischen 1945 und 1949 galt es an der Berliner Universität vor allem, neben der Wiederaufnahme des Lehrbetriebes auch die materiell-technische Basis dieser Forschungs- und Bildungseinrichtung erneut herzustellen. Nahezu zwei Dekaden lang bestimmten Kontinuitäten die Entwicklung der Biologie – personell wie strukturell. Bis zum 12. September 1968, als im Zuge der III. Hochschulreform die Sektion Biologie gegründet wurde, bestanden außer dem Museum für Naturkunde zwei Zoologische Institute (an der Landwirtschaftlich-Gärtnerischen und an der Mathematisch-Naturwissenschaftlichen Fakultät), ein Institut für Allgemeine Biologie (an der Mathematisch-Naturwissenschaftlichen Fakultät), ein Botanisches Institut (an der Landwirtschaftlich-Gärtnerischen Fakultät) und ein Pflanzenphysiologisches Institut, das ab 1960 als Institut für Allgemeine Botanik (an der Mathematisch-Naturwissenschaftlichen Fakultät) weitergeführt worden war. Diese Einrichtungen wurden mit der Sektionsgründung zusammengeführt. Von diesem Zeitpunkt an zählten zu den Ausbildungsschwerpunkten die Lehrerausbildung (zu Diplomlehrern für Biologie/Chemie) sowie Diplom-Studiengänge für Biologie (Pflanzenphysiologie und Verhaltenswissenschaften), Biochemie (Molekularbiologie) und Biophysik.[7] Ab 1968 bestanden also folgende Wissenschaftsbereiche, welche „nahezu identisch sind mit den 8 vorhandenen Lehrstühlen"[8]: Pflanzenphysiologie, Biochemie, Allgemeine Botanik, Ökologie, Genetik, Verhaltenswissenschaften, Tierphysiologie, Zoologie, Biophysik und Methodik der Biologie.

Eine Besonderheit im Rahmen der Berliner Biologie stellte in der Folge der Schwerpunkt Pflanzenphysiologie dar. Berlin war bis zur Neuordnung der Universität nach 1989/90 alleinige Ausbildungsstätte für die Studienrichtung Pflanzenphysiologie[9], was der Kapazitätsplanung für Forschung und Lehre und den Schwerpunktsetzungen in der Biologie der DDR geschuldet war. Im Wissenschaftsbereich „Allgemeine Botanik" wurden auf der Basis vergleichbarer Planungsvorgaben die Bereiche „Stoffverwertung" und „Stoffproduktion" gebildet und Berlin gewählt, weil hier bereits verschiedene Arbeitsgruppen an diesen Themen arbeiteten. Einen weiteren bedeutenden Schwerpunkt stellten umfassende Forschungen zur Photosynthese dar.

In der Speziellen Botanik vollzogen sich besonders interessante Entwicklungen nach der Berufung von Walter Vent (1920–2008) zum Ordinarius für Spezielle Botanik. Einerseits waren zu jener Zeit die in den 1940er Jahren durch den Verlust des Botanischen Gartens

---

7 Vgl. Hoffmann, Paul, Zur Entwicklung der Botanik an der Humboldt-Universität unter besonderer Berücksichtigung der Photosyntheseforschung. in: Sucker u. a., Beiträge zur Entwicklung der Biologie, 1985, S. 203–207, hier: S. 203.

8 Vgl. ebd.

9 Vgl. ebd., S. 204.

entstandenen Nachteile zumindest partiell ausgeglichen, andererseits erfolgte eine neue Schwerpunktsetzung: botanisch-systematische Forschung auf der Grundlage der geographisch-morphologischen Methode.[10] Außerdem arbeiteten die Mitarbeiter des Wissenschaftsbereichs „Allgemeine Botanik" gemeinsam mit dem Wissenschaftsbereich „Geobotanik/Botanischer Garten" der Sektion „Biowissenschaften" der Martin-Luther-Universität Halle-Wittenberg an den Bänden 2 bis 4 der „Exkursionsflora für die Gebiete der DDR und der BRD", die durch Werner Rothmaler begründet worden war.

Arbeiten zur partiellen Gärung und zur pflanzenphysiologischen Wachstumstheorie waren vor allem mit Konrad Ramshorn (1909–1978) verbunden, der von 1960 bis 1974 Direktor des Institutes für Allgemeine Botanik war. Vorlesungen zu Phytopathologie und Pflanzenschutz wurden in Berlin bereits vor und im Zweiten Weltkrieg durch verschiedene in diesen Disziplinen ausgewiesene Wissenschaftler lediglich nebenamtlich wahrgenommen, zuletzt 1947 bis 1949 durch Harald Richter (1902–1981). Im Sommersemester 1950 übernahm Alfred Hey (1906–1980) die Vorlesungen auf diesen Gebieten an der Landwirtschaftlich-Gärtnerischen Fakultät der Humboldt-Universität, wurde 1951 Professor mit Lehrauftrag und 1961 nach Gründung des Lehrstuhls für Phytopathologie und Pflanzenschutz dessen Leiter. Er bemühte sich neben der Bearbeitung von Fragen der Pflanzenhygiene, Pflanzenquarantäne sowie Wechselwirkung von Pflanzenschutz und Umweltschutz auch besonders um die Überführung theoretischer Erkenntnisse zum Pflanzenschutz in die Praxis. Darüber hinaus entwickelten sich bis 1989/90 vor allem Forschungsaktivitäten zur biologischen Schadenerregerbekämpfung.[11]

In der Zoologie waren neben weiteren im vorliegenden Beitrag noch zu erörternden Entwicklungen vor allem die Forschungsthemen an den landwirtschaftlichen Hochschuleinrichtungen interessant. Neben logistischen Problemen wie der (mit zahlreichen Schäden und Verlusten einhergehenden) Umsetzung der wissenschaftlichen Skelettsammlung stellte hier die Einführung der „Bodenzoologie" eine wichtige Erweiterung des Arbeitsspektrums des Zoologischen Institutes dar. 1958 wurde die „Beratungsstelle über tierische Schädlinge" neu gegründet. 1959 erfolgte die Bildung der „Abteilung Veterinärzoologie", 1962 die Begründung einer „haustierphysiologischen Arbeitsrichtung".[12] Ökologische Forschungen spielten in allen Wissenschaftszweigen der Berliner Biologie eine Rolle. Eine interessante

---

[10] Vgl. Natho, Günther/Schmidt, Harry, Zur Entwicklung der speziellen Botanik als Wissenschaftsdisziplin an der Berliner bzw. Humboldt-Universität, in: Sucker u. a., Beiträge zur Entwicklung der Biologie, 1985, S. 208–214, hier: S. 212.

[11] Vgl. Bochow, Helmut/Schumann, Karl, Die Entwicklung der Phytopathologie und Pflanzenschutzwissenschaft an der Humboldt-Universität zu Berlin, in: ebd., S. 223–229, hier: S. 226–228.

[12] Vgl. Herbst, Hans Georg, Zur Geschichte der Zoologie an den landwirtschaftlichen Hochschuleinrichtungen. Das Institut für Zoologie von der Gründung der landwirtschaftlichen Hochschule bis zur Auslösung der Landwirtschaftlich-Gärtnerischen Fakultät in der Hochschulreform von 1968, in: ebd., S. 330–341, hier: S. 338–340.

Neuentwicklung stellte dabei die Bildung einer besonderen „fischereilichen Fachrichtung" an der Landwirtschaftlich-Gärtnerischen Fakultät dar.[13]

Eine wohl einzigartige Entwicklung innerhalb der Biologie nach 1945 wird durch die Biophysik dokumentiert. Bereits bei dem 1949 zum Rektor der Universität gewählten Wissenschaftler Walter Friedrich (1883–1968) handelte es sich um einen Biophysiker. Die Biophysik spielte in der Zeit bis 1989 stets eine wichtige Rolle im Kanon der in der Biologie angesiedelten Disziplinen. Damals interessierte man sich z. B. für biophysikalische Zell-Parameter von Tierspermien zur gezielten Befruchtung. Die Inhalte änderten sich mit dem veränderten Wissensstand und den neuartigen Anforderungen. So erfreut sich der Diplom-Studiengang Biophysik bis heute großer und noch zunehmender Beliebtheit. 2002 stand dieser Studiengang sogar Pate für die Einrichtung eines Diplom-Studienganges Biophysik an der Universität Kaiserslautern.

Eine Wissenschaft – drei Wege der Biologie

Die besonderen Forschungsthemen und -entwicklungen in der Biologie an der Humboldt-Universität nach 1945 sollen im Folgenden an drei Beispielen exemplifiziert werden, in denen sich die Arbeitsbedingungen und Vorgaben der DDR-Zeit deutlich spiegeln. Diese Forschungsthemen veranschaulichen, in welchem Bedingungsgefüge Personen-, Disziplin- und Institutionsgeschichte bis 1989/90 zueinander stehen, wie politische Vorgaben, die internationale wissenschaftliche Entwicklung und lokale und individuelle Aktivitäten zusammen das Bild der Biologie an der Universität prägen. Diese Forschungsfelder sind:

- die genetische Lehre und Forschung, angesiedelt in der Pflanzenphysiologie/Botanik bei Ursula Nürnberg, in ihrer historischen Entwicklung eng verknüpft mit und belastet durch den Lyssenkoismus,
- die Ethologie, die als Wissenschafts-Richtung einen enormen Aufschwung nimmt, untrennbar verbunden mit dem Namen Günter Tembrock und den neuen Ausrichtungen, die sie seit Kriegsende und bis in die Gegenwart erlebt, sowie
- die Biologiegeschichte, die aus der Biologie und aus der Arbeit des Museums für Naturkunde erwächst und durch Ilse Jahn weithin geachtet Gestalt gewinnt.

[13] Vgl. Leps, Günther, Zur Geschichte der Ökologie in Berlin, in: ebd., S. 342–359, hier: S. 345.

Zwischen Genetik und „schöpferischem Darwinismus"

In den Augen der meisten Wissenschaftler und Hochschullehrer sowie ihrer Kollegen war der biologischen Forschung an der Berliner Universität nach dem Ende der nationalsozialistischen Herrschaft ein neuer Anfang beschieden: ausschließlich wissenschaftlichen Kriterien verhaftet und frei von ideologischen Dogmen. Hinsichtlich der Genetik allerdings schien diese Möglichkeit bald nicht mehr zu bestehen. Dafür gab es vor allem zwei Gründe: Nach den im Namen der Genetik vor 1945 verübten unmenschlichen Experimenten im nationalsozialistischen Deutschland dominierte eine nachvollziehbare Ablehnung gegenüber derart verabscheuungswürdigen Tätigkeiten von Genetikern, Anthropologen und Medizinern. Dies warf zunächst in allen Besatzungszonen Probleme für die genetischen Wissenschaftsfelder und ihre Vertreter auf. Zum anderen existierte im Osten ein zusätzliches Hemmnis, das letztlich in seinen Fernwirkungen die Entwicklung der gesamten Genetik verzögerte und sich darüber hinaus auch indirekt auswirkte, weil die meisten Humangenetiker in der DDR während ihrer Ausbildung keine genetischen Grundlagen vermittelt bekamen, sondern konfrontiert waren mit der Lehre von Lyssenko.[14]

Für die Berliner Wissenschaftler wirkte dies bis in die 1970er Jahre hinein. Im Rahmen des offiziell 1970 in der DDR begonnenen Forschungsprojektes „Humangenetik", das ab 1971 durch Jörg Schöneich geleitet wurde, waren zwar auch dortige Wissenschaftler involviert.[15] Doch die im Zusammenhang mit der Entwicklung des Forschungsprojektes entstandenen Berliner Kontakte (u. a. zu Regine Witkowski, Hans Grimm und Otto Prokop) berührten in der Hauptfachrichtung Biologie personell lediglich Ursula Nürnberg, geborene Krüger (1920–2006)[16], der die Direktion des Pflanzenphysiologischen Institutes (1960 Institut für

[14] Trofim Dennissowitsch Lyssenko nutzte in „schöpferischer Weise" die Ergebnisse seines Lehrers, des Pflanzenzüchters Mitschurin, sowie des Pflanzenphysiologen Kliment Arkadjewitsch Timirjasew, der sich von einem engagierten Darwinisten, der großen Anteil an der Durchsetzung der Darwinschen Lehre in Rußland hatte und durch seine Untersuchungen der Wirkung verschiedenfarbigen Lichts auf die Individuen verschiedener Pflanzenfamilien bekannt geworden war, zu einem Anhänger lamarckistischer Vorstellungen gewandelt hatte. Die durch Lyssenko verbreiteten Auffassungen schienen die marxistisch-leninistischen Gesellschaftstheorien naturwissenschaftlich zu untermauern und fanden demzufolge nicht nur offizielle Anerkennung in der UdSSR, sondern auch Eingang in die offizielle Politik der Ostblockstaaten.

[15] Schöneich, Jörg, Mutationsforschung am Säuger im Zentralinstitut für Genetik und Kulturpflanzenforschung Gatersleben sowie Planung und Koordinierung der Humangenetik der DDR, in: Wissenschaft und Politik – Genetik und Humangenetik in der DDR, hrsg. v. Weisemann, Karin/Kröner, Peter/Toellner, Richard, Münster 1997, S. 41–48, hier: S. 44.

[16] Außerdem wurden angesprochen: Alwin Knapp, Hans-Albrecht Freye, Herbert Bach, Werner Göhler und Bernhard Wittwer. Der Kontakt wurde aufgenommen, um deren Interessen und Vorstellungen über künftige humangenetische Arbeiten in der DDR zu erkunden. Im Zusammenhang dieser Entwicklung sind neben den Genannten u. a. auch die Genetiker Elisabeth Günther (Greifswald), Rudolf Hagemann (Halle), Erhard Geissler (Rostock, später Berlin-Buch) und Falko H. Herrmann (Greifswald) sowie die Humangenetiker

Allgemeine Botanik) mit dem Ausscheiden Kurt Noacks von 1956 bis 1960 kommissarisch oblag, und ihr unmittelbares Umfeld.

Ursula Nürnberg hatte von 1940 bis 1945 in Berlin und Freiburg im Breisgau Naturwissenschaften mit dem Hauptfach Botanik studiert. Sie war am 16. April 1945 mit einer durch Hans Kappert (1890–1976) angeregten und auch begleiteten Dissertation zum Thema „Untersuchungen über die Wirkung einer Beschränkung der freien Bestäubung beim Roggen" an der Friedrich-Wilhelms-Universität promoviert worden. Danach wurde durch sie der elterliche Landwirtschaftsbetrieb in Wuthenow bei Neuruppin geführt. Ab 1949 arbeitete sie wieder wissenschaftlich, zunächst bis 1953 am Institut für Geschichte der Kulturpflanzen der Deutschen Forschungshochschule in Dahlem. Dessen Direktorin Elisabeth Schiemann (1881–1972) hatte im Jahre 1949 auf ihre Professur für Botanische Genetik und Geschichte der Kulturpflanzen an der Humboldt-Universität verzichtet. Somit wurden pflanzengenetische Vorlesungen lediglich noch von Kappert gehalten. Er leitete das Institut für Vererbungs- und Züchtungsforschung der Landwirtschaftlichen Fakultät. Wegen des Vormarschs lyssenkoistischer Doktrinen, als deren drastischer Gegner er agierte, verließ er im Januar 1951 ebenfalls die alte Universität, gemeinsam mit anderen Agrarwissenschaftlern. Ein Vierteljahr darauf wurden sie als Teil einer neu gegründeten Fakultät für Landbau der Technischen Universität angegliedert.[17]

In dieser für die Genetik problematischen Situation hatte Noack im Jahre 1952 Überlegungen zur Habilitation der jungen Wissenschaftlerin Nürnberg für Botanische Genetik entwickelt. Er plante gemeinsam mit Alfred Kaestner (1901–1971) und Herbert Lüers (1911–1978) den Bau eines Instituts für Genetik, für dessen Errichtung Mittel in Höhe von fast einer Million Mark benötigt worden wären. Zur Umsetzung des Planes kam es nie. Ursula Nürnberg habilitierte sich schließlich 1953 für Allgemeine Botanik. Das Thema ihrer Arbeit lautete: „Untersuchungen über die Vererbung der Artmerkmale und des Geschlechts bei diploiden Fragaria-Arten". 1954 ernannte man sie zur Dozentin für Spezielle Botanik. Gleichzeitig wurde sie Leiterin einer Genetisch-systematischen Abteilung am Pflanzenphysiologischen Institut.[18] Sie lehrte (erstmals wieder, seit Kappert ausgeschieden war) botanische Genetik und Pflanzenzüchtung und vertrat zugleich die Spezielle Botanik, bis dafür 1960 wieder ein Systematiker gewonnen werden konnte. 1961, mittlerweile Leiterin der Abteilung Genetik am Institut für Allgemeine Botanik, erhielt sie eine Professur mit Lehrauftrag für Entwicklungsphysiologie. 1967 folgte eine Professur mit vollem Lehrauftrag für

---

Lothar Pelz (Rostock), Gerhard Machill (Greifswald), Volker Steinbicker, Hannswerner Gola, J. Gedschold, Reinhard Szibor (alle Magdeburg) und Herbert Theile (Leipzig) aufzuführen.

17 Vgl. Schnarrenberger, Claus/Höxtermann, Ekkehard, 50 Jahre Botanik am Fachbereich Biologie der Freien Universität Berlin – Wurzeln und Wege, in: Die Naturwissenschaften an der Freien Universität Berlin, hrsg. v. Kubicki, Karol/Lönnendonker, Siegfried, Göttingen 2009, S. 127–160, hier: S. 149.

18 Vgl. Hagemann, Rudolf, Ursula Nürnberg 60 Jahre, in: Mitteilungen der Biologischen Gesellschaft der DDR (1980), H. 1, S. 28–29.

Genetik an der Mathematisch-Naturwissenschaftlichen Fakultät, zwei Jahre darauf schließlich eine ordentliche Professur.[19] Damit war die Schülerin von Kappert und Schiemann die einzige Wissenschaftlerin an der Ostberliner Universität, die ab Antritt ihrer Dozentur und noch während der Zeit des Lyssenkoismus durchgängig und offiziell zwar Genetik lehrte, aber nicht modo Lyssenko, trotz zeitweiliger Provokationen staatstreuer Studenten. Dennoch wurden die Doktrinen Lyssenkos an der Humboldt-Universität, ähnlich wie an anderen DDR-Universitäten, über das gesellschaftswissenschaftliche Grundstudium und FDJ-Veranstaltungen verbreitet.[20]

Die Entwicklung von Ursula Nürnberg und ihre Arbeitsschwerpunkte, die neben der Pflanzenzüchtung vor allem in der Genetik lagen, scheinen die These zu stützen, der Lyssenkoismus habe in der DDR weniger die Biologie als die formelle Studiengestaltung und den Unterricht an den Allgemeinbildenden Schulen beeinflusst.[21] Dennoch muss eingeräumt werden, dass auch die Auswirkungen auf die Biologie- und die Medizinentwicklung der DDR recht intensiv waren. Mit Ausnahme des erläuterten Berliner Beispiels sowie der Universitäten Jena, Halle und Rostock fand auf dem Gebiet der SBZ/DDR von 1948 bis Mitte der 1950er Jahre keine Lehre zur klassischen Mendelschen Genetik statt. Stattdessen wurde am 1. November 1952 durch Gerhard Harig, Staatssekretär für Hochschulwesen[22], das Vorlesungsprogramm mit dem Titel „Abstammungslehre und schöpferischer Darwinismus" zugelassen und als Bestandteil des Studienplanes „Biologie und Biologie Oberstufenlehrer" aufgenommen.[23] Auch der Studienplan für die Fachrichtung Medizin vom 15. August 1953 berücksichtigte die wissenschaftliche Genetik nicht, hier war lediglich allgemeine Biologie in der Lehre vorgesehen.[24]

---

19 An der Fakultät leitete Ursula Nürnberg die Fachrichtung Biologie und nahm nach Gründung der Sektion Biologie 1968 zeitweilig die Funktion der Stellvertretenden Direktorin wahr. Von 1968 bis 1972 war sie Mitglied des Wissenschaftlichen Rates der Universität. Außerdem war sie Mitglied des Präsidiums der Biologischen Gesellschaft der DDR und des Vorstands der Sektion Genetik der Deutschen Akademie der Wissenschaften, vgl. Ruschhaupt, Ulla, Karrieren von Frauen in Lehre und Forschung an der Humboldt-Universität zu Berlin 1945, in: Zur Geschichte des Frauenstudiums und Wissenschaftlerinnenkarrieren an deutschen Universitäten. Zentrum für transdisziplinäre Geschlechterstudien Bulletin 23 (2001), S. 69–86, hier: S. 81.

20 Vgl. Höxtermann, Ekkehard, Kurt Noack (1888–1963) und die Erneuerung der Botanik an der Humboldt-Universität zu Berlin, in: Zur Geschichte der Botanik in Berlin und Potsdam. Wandel und Neubeginn nach 1945, hrsg. v. Kössler, Franz/Höxtermann, Ekkehard, Berlin 1999, S. 71–118.

21 Höxtermann, Biologen in der DDR, 1997, S. 253.

22 Der promovierte Physiker Harig hatte mehrere Lehrstühle inne und wurde am 1. März 1951 Staatssekretär mit eigenem Geschäftsbereich. Vgl. Bernhardt, Hannelore, Zur Biographie, zu Werk und Wirken von Gerhard Harig (1902–1966), in: Leibniz online, 2/2006, S. 10f.

23 Vgl. Schulz, Jörg, Gatersleben im Spannungsfeld zwischen internationaler Genetik-Forschung, offiziell vorgegebenen Forschungsrichtungen und politischen Einflüssen, in: Weisemann/Kröner/Toellner, Wissenschaft und Politik, Münster 1997, S. 49–57, hier: S. 50.

24 Vgl. Schulz, Jörg, Die Entwicklung der Humangenetik in der DDR auf der Grundlage allgemeiner Genetik und in ihren Verknüpfungen mit der Forschungstätigkeit und den praktischen Anwendungen in Jena, in: Hochschule im Sozialismus. Studien zur Geschichte der Friedrich-Schiller-Universität Jena (1945–1990), Bd. 2, hrsg. v. Hoßfeld, Uwe/Kaiser, Tobias/Mestrup, Heinz, Jena 2007, S. 1281–1305, hier: S. 1282.

Im Mittelpunkt des durch Werner Rothmaler[25] für Berlin erstellten Lehrprogramms „Abstammungslehre und schöpferischer Darwinismus" standen die Protagonisten der Lyssenkoschen Lehre: Jean-Baptiste de Lamarck, Mitschurin, Timirjasew, Makarow und Lyssenko selbst. Hauptpunkte waren die Kritik der Chromosomentheorie, die Vererbung erworbener Eigenschaften sowie die Kritik der formalen Genetik. Damit scheinen die als „Lehre" diffus zusammengefassten Auffassungen Lyssenkos immerhin zu einigen Verwerfungen in genetischen wie auch in Teilen anderer biologischer Forschungszweige und vor allem in der Lehre geführt zu haben.[26]

Wohl setzt Stubbe (1902–1989) das Ende des Lyssenkoismus in der DDR 1956 an.[27] Doch diese Einschätzung kann neben dem durch den ehemaligen KWI-Direktor äußerst souveränen Umgang mit Anfeindungen von außen auch mit dem großen Erfolg des aus seinem Institut stammenden, 1955 in deutscher Sprache erstmals publizierten „Genetischen und Zytogenetischen Wörterbuches" von Rieger und Michaelis zusammenhängen.[28] Gewisse Entwicklungen könnten immerhin in dieser Richtung interpretiert werden.

25 Werner Rothmaler (1908–1962) war von 1955 bis 1962 Direktor des Institutes für Agrobiologie der Universität Greifswald. Es ist nicht auszuschließen, dass auch seine Berufung auf die offizielle Politik jener Zeit zurückzuführen war. Denn der Taxonom Rothmaler hatte sich trotz seiner wissenschaftlichen Erfahrungen im Gaterslebener Institut für Kulturpflanzenforschung Lyssenkos Theorie angeschlossen und schien somit „offiziell" prädestiniert, den durch sein Eintreten für die klassische Genetik bekannten Heinrich Borriss (1909–1985) abzulösen, der das Institut für Agrobiologie, welches nach Auflösung der Landwirtschaftlichen Fakultät (1950) geschaffen und im Jahr 1952 eröffnet wurde, bis dahin geleitet hatte. Vgl. Höxtermann, Biologen in der DDR, S. 238, 241. In seinen leitenden Funktionen, u. a. als Prorektor und Rektor, versuchte Borriss ein pragmatisches Herangehen. Dies führte teilweise zu Zugeständnissen mit massiven negativen Konsequenzen. So akzeptierte er 1953/1955 eineinhalb Jahre lang eine Gastdozentur für „Genetik und schöpferischen Darwinismus" des Kandidaten der Biologie Aleksandr F. Scheremetjew von der Universität Gorki am Institut für Agrobiologie. Mit dessen Antritt war Robert Bauch gezwungen, seine Genetik-Vorlesung abzubrechen. Erst 1955 wurde ihm wieder ermöglicht, klassische Genetik zu lesen. Vgl. Höxtermann, Ekkehard, „Klassenbiologen" und „Formalgenetiker" – Zur Rezeption Lyssenkos unter den Biologen in der DDR, in: Acta Historica Leopoldina 36 (2000), S. 273–300, hier: S. 282f.

26 Trofim Dennissowitsch Lyssenko begann im Jahre 1934 mit seinen Angriffen gegen die klassische Genetik in der Tradition Mendels und Morgans. Im Jahre 1938 wurde er Präsident der Akademie der Landwirtschaftswissenschaften der UdSSR, 1940 Direktor des Instituts für Genetik der Akademie der Wissenschaften. Unter seiner Ägide fand ein Niedergang der Genetik in der UdSSR statt. In der DDR konnte nur ein Zentrum der genetischen Forschung seine Arbeit wirklich kontinuierlich weiterführen, wenngleich an einigen Orten immerhin zeitweilig klassische Genetik gelesen wurde. Vgl. Höxtermann, „Klassenbiologen" und „Formanalgetiker", 2000, v. a. S. 275; vgl. Schulz, Jörg, Die Entwicklung der Genetik im 20. Jahrhundert, in: Geschichte der Biologie, hrsg. von Jahn, Ilse u. a., Jena 2000, S. 537–557, hier: S. 546–548.

27 Stubbe, Hans, Das Institut für Kulturpflanzenforschung (Aufgaben, Ergebnisse, Probleme) 1943–1968, in: Die Kulturpflanze, 6. Beiheft, 1970, S. 29–52, hier: S. 35.

28 Rieger, Rigomar/Michaelis, Arnd/Green, Melvin M., Glossary of Genetics and Cytogenetics: classical and molecular, 5. Aufl., Heidelberg/Berlin 1991. Ob neben dem Wirken des Buches als Wirtschaftsfaktor für die devisenschwache DDR und der relativen Sonderstellung des Gaterslebener Instituts sowie der Person Stubbes weitere Begründungen dafür existierten, dass im Umkreis von Stubbe die klassische Genetik vehement betrieben und vertreten werden konnte, bleibt späteren Untersuchungen vorbehalten.

So dramatisch wie Ende der 1940er Jahre nach dem kritischen Gutachten, mit dem die deutsche Fassung eines russischen Buches verhindert worden war, sind die Zustände Mitte der 1950er Jahre nicht mehr gewesen. Für den Genetiker Hans Nachtsheim (1890–1979) spielte dies indes keine Rolle mehr. Nachdem er der „Sabotage“ bezichtigt und in der Presse auf Grund seiner öffentlichen Kritik an Lyssenko heftig angegriffen wurde sowie 1948 keine Neuauflage seines Buches „Vom Wildtier zum Haustier“ wegen der fehlenden Bezüge zur „neuen Genetik“ erschien[29], verließ er die SBZ.[30] Allerdings muss eingeräumt werden, dass er keine generellen politischen Vorbehalte gegen eine Tätigkeit im Osten hatte. Zunächst nahm er nämlich den Ruf auf die Ordentliche Professur für „Zoologie und Vererbungslehre“ an der Humboldt-Universität an.[31] Und im Briefwechsel mit Lenz gestand er: „Ob ich nun ‚östliche‘ oder ‚westliche‘ Gelder bekomme (...) die Hauptsache ist mir, dass ich meine Arbeit (vor allem die über fetale Erythroblastosen) ungestört fortsetzen kann.“[32]

Ursula Nürnberg blieb, wofür es vor allem drei Gründe gegeben haben dürfte: In der extremsten Phase des Lyssenkoismus arbeitete sie bei Elisabeth Schiemann im Westteil Berlins; als sie 1954 ihre Lehre – auch in Genetik – an der Ostberliner Universität begann, stand sie nicht so eindeutig im Fokus wie z. B. der weltbekannte Genetiker Nachtsheim, zumal ihr Verhalten kaum Anlass für Konfrontation gab; und sie wollte wohl auch wegen privater Interessenlagen (Nähe zum elterlichen Landwirtschaftsbetrieb) die Unsicherheit permanenter „Grenzgänge“ nicht in Kauf nehmen. Dennoch kann ihr eine Sonderstellung sowohl an der Humboldt-Universität, wo sie als einzige Biologin mit der ihr eigenen Konsequenz genetische Forschung betrieb, als auch im Vergleich zum Gros der anderen Hochschulen attestiert werden, wo zu jener Zeit genetische Forschung nur höchst selten so offensiv be-

29 Höxtermann, „Klassenbiologen“ und „Formanalgetiker“, 2000, S. 277f. kommentiert: „Zu einem besonders wirksamen Instrument staatlicher Repressionen entwickelte sich der 1946 bei der Deutschen Zentralverwaltung für Volksbildung eingerichtete ‚Kulturelle Beirat für das Verlagswesen‘, der über die Zulassung neuer Buchtitel entschied und auch die Autoren und Gutachter von Lehr- und Fachbüchern unter Druck setzte. (...) Der ‚Kulturelle Beirat‘, 1947 auch ‚Rat für ideologische Fragen des Verlagswesens‘, setzte sich aus Vertretern aus Wissenschaft, Literatur, Verwaltung, Parteien und anderen Organisationen zusammen und hatte u. a. auch eine spezielle ‚Kommission Wissenschaft‘ eingerichtet. Die Lektoren unterstanden in letzter Entscheidung der SMAD. Der ‚Beirat‘ ging später in das ‚Amt für Information‘ (1950) bzw. das ‚Amt für Literatur‘ (1951) der DDR über.“ Selbst in den 1970-er Jahren wurden im Rahmen der damals entstandenen Strukturen noch Neuauflagen von Büchern, die in der DDR bereits erscheinen waren, verhindert. Vgl. auch Loest, Erich, Der vierte Zensor. Vom Entstehen und Sterben eines Romans in der DDR, Köln 1984, bes. S. 71f., 92f.

30 Vgl. Nachtsheim, Hans, Weshalb ich die Humboldt-Hochschule verlasse, in: Der Tagesspiegel v. 19. 02. 1949, S. 3.

31 Vgl. Tembrock, Günter, Zur Entwicklung der Zoologie und der Verhaltenswissenschaften an der Humboldt-Universität zu Berlin, in: Zur Entwicklung der biologischen Disziplinen in Berlin, insbesondere an der Berliner Universität, hrsg. v. Laitko, Hubert/Zott, Regine, Berlin 1982. S. 27–36, hier: S. 29.

32 Nachtsheim an Lenz am 15. Januar 1947, zit. n. Kröner, Hans-Peter, Von der Rassenhygiene zur Humangenetik. Das Kaiser-Wilhelm-Institut für Anthropologie, menschliche Erblehre und Eugenik nach dem Kriege, Stuttgart u. a. 1998, S. 212.

trieben wurde und auch in der Lehre eine Rolle spielte wie bei Elisabeth Günter in Greifswald oder vor allem bei Hans Stubbe in Halle-Wittenberg. In diversen anderen Einrichtungen wurde durchaus auch Genetik betrieben, dann jedoch unter anderer Bezeichnung. Ursula Nürnberg selbst begründete 1994 ihre Möglichkeit, bruchlos genetische Forschung und Lehre an der Humboldt-Universität betrieben zu haben, mit der in naturwissenschaftlichen Bereichen an der Berliner Universität aus ihrer Sicht überwiegend üblichen Freiheit der Forschung nach dem Ideal ihrer Namensgeber.[33] Dem wird allerdings von anderen Zeitzeugen widersprochen, wofür sicher unterschiedliche Auffassungen und Erfahrungshintergründe verantwortlich sind. Eine zweite „große", unter dem Blickwinkel gesellschaftlicher Neuordnung eindimensional als Sozialismus-affin interpretierte Theoriespezialität, die „Pawlowsche Lehre", erfasste zwar ebenfalls biologische Institute in der DDR, hatte jedoch in der Berliner Biologie (wenngleich es die erklärte Absicht gewesen ist, generell die Wissenschaftsrichtungen und so auch die Biologie zu verändern) keinen nennenswerten Einfluss[34], wohl aber in der Medizin.[35]

Von der Museologie zur Biologiegeschichte

Mit derartigen Entwicklungen innerhalb der Naturwissenschaften und auch mit der Ideengeschichte der Biologie beschäftigte sich eine andere Wissenschaftlerin der Humboldt-Universität, Ilse Jahn. Sie tat dies primär historisch, wenngleich sie einige der Auseinandersetzungen während ihrer Jenenser Zeit auch aktuell miterlebt hatte. Jahn begann im

33 Persönliche Mitteilung von Ursula Nürnberg an den Autor im April 1994.

34 An der Leipziger Universität sah es etwas anders aus. Obwohl seine Arbeiten in der „Tierpsychologie" eher im Geiste eines Verständnisses von Ethologie wie an der Berliner Universität gehalten waren und er mit seinen Mitarbeitern „tierpsychologische Kolloquien" organisierte, die europaweit Beachtung fanden, verfolgte Werner Fischel, der von 1953 bis 1966 das Institut für Psychologie und bis 1968 die Abteilung für Tierpsychologie der Karl-Marx-Universität Leipzig leitete, nahezu allein seine bereits vor dem Krieg entwickelten Konzepte. Seine Mitarbeiter dagegen widmeten sich der staatlich vorgegebenen „konsequenten Anwendung der Lehre von Pawlow" in Bezug auf die Interpretation tierischen Verhaltens. Vgl. Tembrock, Zur Geschichte der Tierpsychologie, 2002, S. 317.

35 Unter anderem in der Zeitschrift „Das Deutsche Gesundheitswesen" ist ab dem 5. Jahrgang (1950) eine starke Zunahme von Veröffentlichungen mit Bezug auf Pawlow festzustellen. In dem Beitrag „Die Lehre Pawlows und die Aufgaben der klinischen Medizin" von E. M. Tarejew, veröffentlicht, in: Das Deutsche Gesundheitswesen 6 (1951), H. 34, v. 23. August 1951 (hierbei handelte es sich um eine Übernahme aus der Zeitschrift „Sowjet-Medizin", Nr. 1 von 1951) stellt Tarejew fest: „Die klinische Medizin kann sich vom heutigen Stande nur dann fruchtbar weiterentwickeln, wenn sie die Erkenntnisse der fortschrittlichen sowjetischen Biologie und Physiologie auswertet. Gestützt auf den Darwinismus, der im Laufe des biologischen Wissenszuwachses eine neue und hohe Stufe erreicht, hat die Forschertätigkeit sowjetischer Gelehrter, insbesondere die Lehre *I. P. Pawlows von der Funktion des lebenden Organismus*, die Biologie und Physiologie grundlegend beeinflußt und auch den klinischen Disziplinen neue Wege geöffnet" (S. 953, Hervorh. dort gesperrt).

November 1962 in der Akademie der Wissenschaften zu Berlin die Mitarbeit an der Herausgabe der „Jugendbriefe A. v. Humboldts", die schließlich 1973 veröffentlicht wurden.[36] Zum Wintersemester 1965/66 übernahm sie parallel zu der dortigen Tätigkeit einen Lehrauftrag für „Geschichte der Biologie" an der Mathematisch-Naturwissenschaftlichen Fakultät der Humboldt-Universität zu Berlin. Diese Aufgabe endete trotz des immensen Erfolges zunächst nach sechs Semestern. Infolge der III. Hochschulreform (1968) wurde die Veranstaltung ersatzlos gestrichen. Dies stellte für Ilse Jahn ein massives Problem dar, weil ein geplantes Habilitationsvorhaben damit ebenfalls nicht umgesetzt werden konnte. Gerade dessen Thematik aber (zur Geschichte der botanischen und zoologischen Systematik) hatte überhaupt erst zum Wechsel von der Akademie an die Humboldt-Universität geführt, als eine Stelle im Museum für Naturkunde vakant wurde. Dort war sie als „Hauptabteilungsleiter der Schausammlung" auf der Stelle einer Wissenschaftlichen Mitarbeiterin am Zoologischen Museum ab 1. September 1967 tätig, ab 1968 (bis 1982) als Kustodin auch mit der Verwaltung der Historischen Bild- und Schriftgutsammlung des Zoologischen Museums betraut.

In dieser Phase änderten sich auch die Museumsstrukturen, und Ilse Jahn verlagerte ihre Schwerpunkte auf museumsspezifische Bildungs- und Lehraufgaben sowie administrative und konzeptionelle Arbeiten zur Neugestaltung von Ausstellungen. Unter anderem daraus ergaben sich die Berufung zur Stellvertretenden Direktorin des Museums für Naturkunde („für Bildungsarbeit") und der Aufbau eines museologischen Fachbereichs „Ausstellungen" des Gesamtmuseums. Daraus resultierten Lehrveranstaltungen und Praktika zur Museologie sowie 1978 die facultas docendi und das museologische und museumsgeschichtliche Thema der „Dissertation B" (äquivalent der Habilitation) 1979. 1980 folgte die Berufung zur Hochschuldozentin für „Naturhistorische Museologie". Der eigentlichen biologiehistorischen Forschung hatte sie sich bereits wieder seit 1975 nach ihrer Ablösung als Stellvertretende Direktorin zugewendet. In dieser Zeit war sie Mitglied der Senatskommission für die Geschichte der Humboldt-Universität und arbeitete bereits am Manuskript für ein Werk

[36] Ilse Jahns Weg in die biologische Wissenschaft begann im Frühjahr 1941 mit dem Studium der Botanik, Zoologie, Allgemeinen Biologie und Mineralogie an der Mathematisch-Naturwissenschaftlichen Fakultät der Friedrich-Schiller-Universität Jena. Sie brach das Studium nach drei Trimestern und der im August 1942 erfolgten Eheschließung mit dem Bankkaufmann Dr. Wilhelm Jahn ab. Die Geburt der Tochter Isolde folgte 1943. Der Ehemann galt ab 1944 als vermisst und starb 1945 in sowjetischer Kriegsgefangenschaft. Zwischen 1945 und 1952 Tätigkeit als Kunstmalerin und Grafikerin (freischaffend). Die Ausbildung erfolgte bei Carl Lange (Maler) und Emil Mund (Bildhauer) und führte im Verein mit dem entsprechenden Talent auch zu Ausstellungsbeteiligungen. Ihr Studium setzte Ilse Jahn im Herbst 1952 in Jena fort (Allgemeine und Spezielle Botanik, Allgemeine und Spezielle Zoologie, Angewandte Entomologie, Paläontologie, Abstammungslehre, Geschichte der Biologie) und erlangte das Diplom am 7. Dezember 1956. Von 1956 bis 1962 arbeitete sie als Wissenschaftliche Assistentin am „Institut für Geschichte der Zoologie, insbesondere der Entwicklungslehre", an dem sie schon ab 1954 archivarische und museologische Arbeiten als Hilfsassistentin durchführte, und gab unter anderem gemeinsam mit dem Institutsdirektor Georg Uschmann den Briefwechsel zwischen Thomas Henry Huxley und Ernst Haeckel heraus (1959/60). Ilse Jahn starb 2010.

über die Entwicklung der Biologie. Weitere Tätigkeiten lagen in der Erschließung des archivalischen Schriftgutes zur Geschichte des Zoologischen Museums. Hilfreich bei der Manuskripterstellung zur „Geschichte der Biologie“ war die Wiedereinführung biologiehistorischer Lehrveranstaltungen mit dem durch die Sektion Biologie der Humboldt-Universität erteilten Lehrauftrag für „Geschichte der Biologie“ ab Sommersemester 1977, da die Vorbereitungen für die Vorlesungen und Seminare wie auch der Extrakt aus Überlegungen zu den durch die Studenten aufgeworfenen Fragen in das Manuskript einflossen. Die erst später möglich werdende Weiterführung dieser Arbeiten führte zu einer besonderen Kuriosität: In das Bewusstsein einer breiten Öffentlichkeit rückte die Wissenschaftlerin erst mit dem Erreichen des Ruhestandsalters, was zur damaligen Zeit durch die Vollendung des 60. Lebensjahres markiert wurde. In jenem Jahr (1982) erschien die erste Auflage der „Geschichte der Biologie“ im Gustav Fischer Verlag Jena. Die Ausstrahlung auf die internationale, vor allem die europäische, Wissenschaftslandschaft war immens.[37] Ihre museologischen Arbeiten spielten dabei nahezu keine Rolle, demzufolge auch nicht ihre Tätigkeit im Rahmen der Erwerbstätigkeit im Museum für Naturkunde, das damals noch zur Humboldt-Universität zählte.

Die im Museum für Naturkunde in den 1980er Jahren üblich gewordene Selbstbetrachtung der biologiehistorischen ebenso wie der biologischen Forschungen war durch Ilse Jahn in ihrer jahrzehntelangen Tätigkeit wesentlich mitgeprägt worden. Die theoretischen Grundlagen dieses Vorgehens beschrieb sie 1982 selbst: „Das sich durch die gesamte Entwicklung der Biologie hindurchziehende und in unserer Darstellung bewußt akzentuierte Auftreten konkurrierender theoretischer Konzepte – es sei nur aus den aktuellen Diskussionen an die Gegenüberstellung der ‚Evolutionstheorie‘ und der ‚Systemtheorie‘ (…) oder auch an die ‚zwei Biologien‘ von E. Mayr (…), einer funktionellen und einer historischen erinnert – kann die Frage aufkommen lassen, ob die ‚Biologie‘ als Gesamtdisziplin überhaupt schon ein eigenes ‚Paradigma‘ hat und als eine ‚Disziplin‘ existiert oder noch im Vorfeld ihrer Disziplinbildung steht. Vielleicht enthalten die vielfältigen Widersprüche, die die konsequente Berücksichtigung des Zeitfaktors und seine Irreversibilität aufwerfen, das Erkennen der endogenen Rhythmik als ‚Grundeigenschaft der lebenden Substanz‘ (s. o) und ihre historische Bedingtheit zum Beispiel, bereits die Möglichkeit eines neuen Paradigmas, in dessen Licht die ‚zwei Biologien‘ zu einer einheitlichen Weltsicht jenseits des reduzierenden Physikalismus gelangen können.“[38]

[37] Zur Wirkung des Werkes von Ilse Jahn vgl. u. a. Junker, Thomas, Ilse Jahns „Geschichte der Biologie“ – von Goethe zu Humboldt, in: Fokus Biologiegeschichte, hrsg. v. Schulz, Jörg, Berlin 2002, S. 241–248, und Wessel, Karl-Friedrich, Die Persönlichkeit und der historische Aneignungsprozess, in: ebd., S. 253–256.

[38] Jahn, Ilse, Schlussbetrachtung, in: dies. u. a., Geschichte der Biologie, 1982, S. 620–622, hier: S. 621.

Abb. 1 Ilse Jahn, Ehrenkolloquium am 21. Februar 2007 in den Räumen des Projektes „Humanontogenetik" der Humboldt-Universität in der Mohrenstraße anlässlich ihres 85. Geburtstages (geb. 2. Februar 1922)

Darüber hinaus mahnte sie bereits vor fast drei Jahrzehnten an, die „Lücke" zwischen angewandter Biologie und Biologiegeschichte zu schließen: „Letztlich soll die Geschichte einer Disziplin auch dem an einem Teilproblem arbeitenden Biologen der Gegenwart die Überzeugung vermitteln, daß sein Beitrag – unabhängig von Umfang und Bewertung – ein Baustein zum Erkenntnisfortschritt sein kann, und – sollte er Lücken in der geschichtlichen Darstellung gerade auf seinem Fachgebiet entdecken – vielleicht auch ermutigen, selbst einen Beitrag zur Historiographie seiner Disziplin zu leisten."[39] Ilse Jahn strebte also die Ver-

[39] Ebd., S. 622

bindung des Gedanken der Humboldtschen Universitas Litterarum mit dem Entwicklungsaspekt der Natur an, letztlich angeregt durch ihre langjährige Tätigkeit im Museum für Naturkunde. Dabei betrachtete sie immer wieder die Biologiegeschichte biologiehistorisch und ließ sich auf eine Konturenverwischung ihrer wissenschaftlichen Erkenntnisse kaum ein. Darauf gründete sich neben den vielfältigen und tief greifenden Inhalten letztlich auch die Beliebtheit der „Geschichte der Biologie" in der Bundesrepublik Deutschland und in anderen westeuropäischen Staaten, wie Thomas Junker vermutet: „Eine marxistische Theorie der Wissenschaftsgeschichte, etwa auf Basis des Ideologiebegriffs, wird man vergeblich suchen, dagegen überwiegt die klassische Ideengeschichte. Die Verbindungen zwischen der allgemeinen Geschichte und den wissenschaftlichen Entwicklungen beziehen sich fast ausschließlich auf die Möglichkeit von Wissenschaft und ihren Stellenwert in einer Gesellschaft, nicht aber auf konkrete Inhalte."[40]

Abb. 2 Günter Tembrock, Ehrenkolloquium am 7. Juni 2008 im Sauriersaal des Museums für Naturkunde anlässlich seines 90. Geburtstages (geb. 7. Juni 1918)

[40] Junker, Ilse Jahns „Geschichte der Biologie", 2002, S. 246.

Mit der Herausgabe der Festschrift anlässlich des 75. Geburtstages von Rolf Löther, die gemeinsam mit dem Tembrock-Schüler Andreas Wessel erfolgte und im Jubiläumsjahr der Humboldt-Universität zu Berlin 2010 veröffentlicht wurde, schloss Ilse Jahn ihre wissenschaftliche Tätigkeit ab. Die Publikation ihres letzten Werkes erlebte die am 8. Mai 2010 verstorbene Biologin nicht mehr. Ihr Vermächtnis für nachfolgende Wissenschaftlergenerationen wird trotz ihrer beeindruckenden wissenschaftlichen Leistungen wohl vor allem darin bestehen, die beispielhafte Paarung tiefen systematischen Wissens mit persönlicher Bescheidenheit und der permanenten Orientierung auf Erkenntnisfortschritt unabhängig von zeitgenössischen Tendenzen zum Symbol wirklichen Forschertums erhoben zu haben. Dabei war sie zu ihrem Forschungsgebiet aufgrund ganz zufälliger persönlicher Bedingungen gekommen. Ilse Jahn, im Februar 1986 zum Mitglied der Deutschen Akademie der Naturforscher Leopoldina (Sektion Geschichte der Naturwissenschaft und Medizin) gewählt, wurde eher aus praktischer Notwendigkeit heraus zur Biologiehistorikerin. Sie war ihres Leistungsstipendiums verlustig gegangen und fand für den finanziellen Ausgleich eine Hilfsassistentenstelle am traditionsreichen Ernst-Haeckel-Haus in Jena, wo sie den Zugang zu „ihrer“ Disziplin fand und dabei, besonders durch Georg Uschmann, intensiv unterstützt wurde. Dieser Leidenschaft ging sie auch an der Humboldt-Universität bis zu ihrem Lebensende nach.

Tierpsychologie oder Verhaltenswissenschaften?

Besonders interessante wissenschaftliche Entwicklungen ergaben sich an der Berliner Universität im Zusammenhang mit der Entfaltung einer Disziplin, die als „Tierpsychologie“[41] eingeführt war und auf Oskar Heinroth (1871–1945) zurückgeht, bis heute aber primär als Verhaltenswissenschaften/Ethologie bekannt ist.[42] Konrad Herter (1891–1980), der dem Zoologischen Institut der Berliner Universität bereits seit 1921 angehörte, ist (wahrscheinlich) nach Möbius der erste Biologe gewesen, der – ab 1926 – eine Vorlesung unter dem The-

[41] Im 20. Jahrhundert existierte vor allem in den ersten drei Dekaden ein reges Interesse an tierpsychologischen Fragen, die spätestens ab Mitte der dreißiger Jahre in der wissenschaftlichen Diskussion als überwunden galten. Tieren wurde Denkfähigkeit zugesprochen, insbesondere Pferden und Hunden. Gezielte Bewegungen der Hufe oder Belllaute wurden als kompensatorische Äußerungen in Ermangelung menschlicher Formulierungsfähigkeit begriffen. Vgl. hierzu bes. Sommer, Robert, Tierpsychologie, Leipzig 1925, S. 147. Fragen des Tierschutzes wurden ebenfalls thematisiert. Zur gesamten Thematik vgl. Hoßfeld, Uwe, Von rechnenden Pferden und denkenden Hunden. Die Kontroverse der Jenenser Biologen Otto Renner (1883–1960) und Ludwig Plate (1862–1937) um zahlensprechende Tiere, in: Schulz, Fokus Biologiegeschichte, 2002, S. 111–124. Mit jenen Entwicklungen hatte die „Tierpsychologie“ Herters nichts gemein.

[42] Die Tradition des Faches an der Berliner Universität beschreibt Tembrock übersichtsartig in: Tembrock, Zur Entwicklung der Zoologie, 1982, S. 32.

ma „Tierpsychologie" hielt.[43] Nach dem Zweiten Weltkrieg blieb Herter der „Tierpsychologie" verbunden und unterstützte in seiner Eigenschaft als amtierender Institutsdirektor die Bestrebungen des jungen Biologen Günter Tembrock zur Einrichtung einer „Forschungsstelle für Tierpsychologie". Herter lehrte bis 1951 an der Universität. Bereits in den letzten Jahren hatte ihm das dort herrschende politische Klima wenig behagt, und so wechselte er 1952 an die 1948 als Gegenentwurf gegründete Freie Universität, an deren Zoologischem Institut er bis zu seiner 1959 erfolgten Emeritierung wirkte. Tembrock arbeitete derweil in der seit 1948 existierenden „Forschungsstätte für Tierpsychologie" und veröffentlichte bereits 1949 in Berlin ein international beachtetes Werk unter dem Titel „Grundzüge der Schimpansen-Psychologie".[44]

Bereits mit der im Titel benannten Nähe zur Tierpsychologie deutet sich ein Problem an, das zu jener Zeit intensiv diskutiert wurde und auch andere Universitäten zu intensivem Ringen um eine möglichst unangreifbare Begrifflichkeit führte: Stellen Tierpsychologie und Verhaltensbiologie unter wissenschaftstheoretischen Gesichtspunkten zwei verschiedene Ansätze bei der Erforschung der Kausalzusammenhänge tierischen Verhaltens dar? Wissenschaftshistorisch wirft dies Probleme auf, weil unter dem Begriff „Tierpsychologie" viele sehr unterschiedliche Themen und Methoden eines nicht eindeutig umrissenen Forschungsfeldes subsumiert werden. Dennoch stellt „Tierpsychologie" nicht das Wurzelgeflecht dar, aus dem die Ethologie in ihrer heutigen Form erwuchs. Aber immerhin sind diese, über Jahrzehnte hinweg parallel zueinander existenten, Disziplinen zumindest partiell mit gleichen Themenkreisen befasst, insofern sie sich mit Reaktionen auf Reize der Außenwelt beschäftigen, somit keine stoffliche und energetische Betrachtung der Wechselwirkungen mit der materiellen wie immateriellen Umgebung in den Mittelpunkt stellen und sowohl Beobachtungen als auch Auswertungen zunächst phänomenologisch geprägt waren.

Der historische Ursprung für tierpsychologische Forschungen liest sich bei Wilhelm Wundt folgendermaßen: „Denn von der Menschen- zur Tierseele, nicht umgekehrt, führt der einzig mögliche Weg der vergleichenden Psychologie (…) Aus allem dem ergibt sich, daß die Beurteilung des Seelenlebens der Tiere von eigenartigen Schwierigkeiten umgeben ist, die man nicht hoffen darf zu überwinden, ohne für die Betrachtung psychischer Vorgänge überhaupt zunächst durch Analyse der Tatsachen des menschlichen Seelenlebens eine gesi-

[43] Herter bekam nach seiner am 21. Juli 1924 erfolgten Habilitation zum 1. April 1926 einen Lehrauftrag für „Vergleichende Physiologie der Sinnesorgane und Tierpsychologie". Vgl. Tembrock, Zur Geschichte der Tierpsychologie, 2002, S. 305.

[44] Tembrock hatte schon seit 1947 planmäßig an verhaltensbiologisch orientierten Studien gearbeitet. Doch die als Versuchstiere vorgesehen Füchse konnten zu jener Zeit nicht beschafft werden. So überbrückte er findig die Zeit durch andere ethologische Beobachtungen und Versuche – z. B. gemeinsam mit Georg Weiß an der Schimpansin Suse, die als Einzige im Berliner Zoologischen Garten den Krieg überlebt hatte.

cherte Grundlage gewonnen zu haben."[45] Tembrock führt in seiner Betrachtung deutlich die Unterschiede von Tierpsychologie und Verhaltensforschung aus und beschreibt, ausgehend von Heini Hediger (1908–1992), „Tierpsychologie als Teil der vergleichenden Psychologie". Die vergleichende Verhaltensforschung versteht sich dagegen als Teil der Biologie; sie sucht das Ursachengefüge für die von ihr untersuchten Phänomene im Kontext physiologischer Prozesse und bettet ihre funktionelle Betrachtung in ökologische, evolutionsbiologisch orientierte Fragestellungen ein und setzt von hier aus den Brückenschlag zum Menschen an: „Unter diesen Prämissen sollte man vielleicht noch hinzufügen, daß die Tierpsychologie methodisch vor allem durch lerntheoretische Ansätze sowie Fragestellungen nach emotionalen und kognitiven Eigenschaften gekennzeichnet ist, wie es Pierre Hachet-Souplet (1867-1947) (‚Untersuchungen über die Psychologie der Tiere.') bereits 1909 formuliert hat: ‚Die Dressur ist der Prüfstein der Psychologie der Tiere.' Demgegenüber legten die Verhaltensforscher in der ersten Phase ihrer Studien besonderen Wert auf jene Verhaltensmuster der Tiere, die den arttypischen Interaktionen mit ihrer natürlichen Umwelt zugrunde liegen. Lernen bekam dabei seinen Stellenwert als Mechanismus der individuellen Adaption der Umwelt unter Ausschluß experimenteller Situationen, die nicht dem natürlichen Interaktionsgefüge entsprechen."[46]

---

[45] Vgl. Wundt, Wilhelm, Vorlesungen über die Menschen- und Tierseele. Hamburg, Leipzig 1863, zit. n. Tembrock, Günter, Geschichte der Verhaltensforschung, in: Sucker u. a., Beiträge zur Entwicklung der Biologie, S. 299–309, hier S. 299.

[46] Tembrock ergänzt: „Dieser kurze wissenschaftstheoretische Exkurs schien notwendig, um die Linien der Forschungsgeschichte in Berlin umreißen zu können. Wir werden das Wort ‚Tierpsychologie' nicht ausklammern, können aber davon ausgehen, daß diese hier im Verlauf der letzten Dezennien gänzlich abgelöst wurde durch eine vergleichende Verhaltensforschung oder Verhaltensbiologie. Diese hat spezielle Wurzeln ihrer relativ jungen Wissenschaftsgeschichte in Berlin (...). So weit sich gegenwärtig überschauen läßt, wurde der bereits im vergangenen Jahrhundert verwendete Begriff ‚Ethologie', die damals etwa im Sinne von ‚Ökologie' gebraucht wurde, hier in Berlin um die Jahrhundertwende erstmals definitorisch eingeengt. Zwei Namen sind in diesem Zusammenhang zu nennen: Friedrich Dahl (1856–1929) und Oskar Heinroth (1871 bis 1945). Dahl, der zeitweise auch in Berlin studierte, war 1898 zum Kustos der Spinnensammlung des Zoologischen Museums berufen worden (...) Im November 1901 veröffentlichte er (...) einen Aufsatz, in dem er zum Begriff ‚Ethologie' explicite Stellung nahm. ‚Wenn Wasmann den Ausdruck Ethologie, d. h. die Lehre von den gesamten Lebensgewohnheiten der Tiere, für etwas enger hält als den Begriff Biologie im engeren Sinne, so könnte mir diese engere Fassung gerade recht sein'– (...). 1922 gibt er (...) eine noch wesentlich enger gefaßte Begriffsbestimmung: ‚Den Zweig der zoologischen Wissenschaft, der sich mit diesen willkürlichen Bewegungen im Tierreich, ohne Rücksicht auf die mit ihnen verbundenen Bewußtseinsvorgänge, befaßt, pflegt man als Ethologie zu bezeichnen.' Prägnanter und schon klar auf der später von K. Lorenz verfolgten Linie ist freilich die von O. Heinroth 1911 (...) gegebene Definition: ‚Ehe ich im folgenden meine bescheidenen und leider sehr lückenhaften ethologischen Beobachtungen wiedergebe, wollen wir uns erst über die Ethologie selbst klar werden. Ethos heißt bekanntlich Sitte und Gebrauch im menschlichen Sinne (...) Wir sprechen hier (...) nur von instinktiven, d. h. angeborenen Sitten und Gebräuchen, meinen demnach etwas ganz anderes, als es eigentlich heißt.' Er schlägt übrigens vor, bei anerzogenen oder erlernten Eigenschaften in Anlehnung an Morgan von Tradition zu sprechen." (Tembrock, Geschichte der Verhaltensforschung, 1985, S. 300.)

Vor dem Hintergrund derart überzeugender Argumente zur historischen Einordnung und Abgrenzung der Disziplinen erscheint es höchst verwunderlich, dass die Forschungsstelle, welche am 1. September 1948 ihre Arbeit aufnahm, als „Forschungsstätte für Tierpsychologie" begann. Die Begründung lag in Herters, seiner eigenen Wissenschaftstradition verpflichteten, Präferenz für diese Bezeichnung.[47] Tembrock folgte jedoch in seiner Arbeit den eigenen Vorstellungen, die sich hinter dem ursprünglich vorgesehen Namen „Forschungsstätte für Tierethologie" verbargen. Im Zuge der Konturenschärfung des Profils dieser Einrichtung habilitierte er sich 1955 mit einer Arbeit „Zur Ethologie des Rotfuchses (Vulpes vulpes [L.]) unter besonderer Berücksichtigung der Fortpflanzung".[48] Ein Jahr später erschien eine Übersichtsdarstellung über die Disziplin einschließlich der wissenschaftlichen Ergebnisse aus der Arbeit der Forschungsstätte. Auch hierbei konnte sich die zukunftsträchtige Bezeichnung „Tierethologie" nicht durchsetzen. Tembrock entschied sich, dem Wunsch des Verlages zu entsprechen und beließ es bei „Tierpsychologie".[49] In diesem Kontext stellt er fest, dass „bei der Entwicklung der Grundkonzepte (…) biosoziale Fragestellungen einen hohen Stellenwert"[50] genommen hatten. Diese Grundeinstellung führte später folgerichtig zur Mitarbeit im Forschungsprojekt „Biopsychosoziale Einheit Mensch" der Humboldt-Universität und in den 1990er Jahren zur Übernahme des Vorsitzes der Gesellschaft für Humanontogenetik[51], die sich aus dem Projekt heraus entwickelte und deren stellvertretender Vorsitzender er bis heute ist.

Tembrock verwies retrospektiv mehrfach darauf, dass die „Forschungsstätte für Tierpsychologie", in der drei Wissenschaftler und zwei technische Kräfte arbeiteten, 1948 im deutschen Sprachraum die erste und zu jener Zeit einzige Einrichtung dieser Art war. Tatsächlich wäre sie aber nicht arbeitsfähig gewesen, wenn die Assistenten, Dietrich Ohm und Imme-Dagmar Kettner, auf Regel-Entlohnung bestanden hätten. So wurden sie auf Honorarbasis finanziert. Noch am 23. April 1949 musste Tembrock dem Dekan der Fakultät gegenüber einräumen, dass Mittel der Akademie der Wissenschaften trotz der Absichtserklärung ihres Direktors Josef Naas vom 21. Mai 1948 auch ein knappes Jahr danach noch nicht zur Verfügung standen, obwohl Tembrock am 31. Juli 1948 durch Naas mündlich eine Zusage für die Aufnahme der Tätigkeit der Forschungsstätte ab 1. September 1948 erhalten

47 Herter als Leiter des Zoologischen Instituts hatte sich massiv für die Einrichtung der Forschungsstelle eingesetzt. Vgl. Tembrock, Zur Entwicklung der Zoologie, 1982; ders., Zur Geschichte der Tierpsychologie, 2002.

48 Tembrock, Zur Geschichte der Tierpsychologie, 2002, S. 320.

49 Ebd., S. 321.

50 Vgl. Tembrock, Geschichte der Verhaltensforschung, 1985, S. 308.

51 In der durch Karl-Friedrich Wessel (*1935) begründeten Humanontogenetik wird ein multidisziplinäres Konzept der „Biopsychosozialen Einheit Mensch" verfolgt (vgl. auch Gerhardt i. d. Bd.).

hatte.[52] 1951 konnten zumindest die beiden ständigen Mitarbeiter der Forschungsstätte in Planstellen des Institutes übernommen werden. Doch 1953 hatte man die Finanzierung der Forschungsaufträge, durch die ab 21. März 1950 die Arbeit der Forschungsstätte abgesichert war, zugunsten „volkswirtschaftlich vordringlicher Aufgaben" eingestellt.[53]

Schwierigkeiten gänzlich anderer Natur ergaben sich aus den politischen Entwicklungen jener Tage: Die Redaktion des RIAS hatte Tembrock zu einem Vortrag in die Funk-Universität eingeladen, den er am 20. März 1950 unter dem Titel „Schimpanse und Kleinkind" hielt. Tembrock wurde umgehend zur „Hauptabteilung Hochschulen und wissenschaftliche Einrichtungen" beim Ministerium für Volksbildung einbestellt und gemahnt, solcherart Aktivitäten künftig zu unterlassen. Folgerichtig drückte man ca. ein Jahr später (26. April 1951) seitens des Staatssekretariats für Hochschulwesen im Zuge der Mittelzuweisung für Arbeiten der Forschungsstätte für Tierpsychologie kategorisch die Erwartung aus, die Veröffentlichung der Ergebnisse möge in der DDR oder dem demokratischen Sektor von Berlin erfolgen.[54] Tembrock war empört ob dieser Einschränkung, legte Beschwerde ein und führte darüber hinaus im August 1951 eine Begegnung mit Konrad Lorenz herbei. Derartige „Eigenmächtigkeiten" – wie auch der Beibehalt einer Lehreinheit zur „klassischen Genetik" im Rahmen der Grundvorlesung in Zoologie durch Tembrock ab 1952 – könnten zu der erwähnten Einstellung der Finanzierung wie auch zur Vereitelung der Veröffentlichung von verhaltenswissenschaftlichen Beiheften zur Zeitschrift „Der Zoologische Garten" (ein Projekt, das Tembrock und der Leipziger Zoo-Direktor Schneider gemeinsam verfolgten) geführt haben.[55]

Dennoch arbeitete Tembrock intensiv weiter an den verschiedenen Forschungsrichtungen und suchte bzw. unterhielt auch weiterhin Kontakte zu den Vertretern seines Fachgebietes ungeachtet ihrer politisch-geographischen Herkunft. So traf er 1955 Niko Tinbergen und Otto Koehler.[56] Letzterer organisierte 1957 die Ethologen-Konferenz (im Rahmen einer

---

[52] Immerhin begann die Konsolidierung mit dem Abschluss des Vertrages mit der Akademie der Wissenschaften vom 1. Mai 1949, in dem 7.500 Mark für den Zeitraum vom 1. April bis 31. Dezember 1949 zugesichert wurden. Die Anschaffung notwendigen Inventars wie Käfiganlagen, Wasserbecken etc. war damit gesichert. Die Bezahlung der zwei wissenschaftlichen Mitarbeiter entsprechend der vorgesehenen Planstellen begann erst am 1. Januar 1950 – über den Umweg eines bei der Veterinärmedizin geführten Kontos. Immerhin war so eine positive Entwicklung zu verzeichnen. Vgl. Tembrock, Zur Entwicklung der Zoologie, 1982. 60 Jahre später gibt es Forscher, die (nicht nur am biologischen Institut) unentgeltlich tätig sind, weil allein die Möglichkeit, Labore, Archive usw. zu nutzen, von Vorteil ist. Im Zuge der unentgeltlichen Lehre (zumeist „Titellehre", um den Titel eines Privatdozenten zu erhalten bzw. zu sichern) sind zahlreiche Wissenschaftler an der Humboldt Universität tätig.

[53] Die weitere Finanzierung wurde von nun an ausschließlich aus Haushaltsmitteln und durch private Zuschüsse von Tembrock selbst möglich.

[54] Tembrock, Zur Geschichte der Tierpsychologie, 2002, S. 317.

[55] Ebd., S. 319.

[56] Koehler (1889–1974), der u. a. die größere Empfindlichkeit des Vorderendes von Plathelminthes bei der Reaktion auf chemische Reize im Vergleich zum Hinterende nachgewiesen hatte, war 1936 Mitbegründer

Tagungsreihe, die fortan in zweijährigem Turnus an verschiedenen Orten stattfand) in Freiburg/Br., zu der auch Verhaltensforscher aus anderen europäischen Staaten und den USA kamen, und lud Tembrock dazu ein.[57] Durch die mit dem Mauerbau am 13. August 1961 zementierte Teilung Deutschlands waren persönliche Kontakte bald nicht mehr möglich – mit Ausnahme jener Wissenschaftler aus dem westlichen Ausland, die ihre Kollegen in der DDR aufsuchten. Zudem verlor Tembrock seinen Mitarbeiter Dietrich Ohm, einen fähigen Forscher und begeisterten akademischen Lehrer, der im Westteil der Stadt in seinem eigenen Haus wohnte und sich aufgrund der äußeren Umstände 1961 gezwungen sah, seine Arbeitsstelle aufzugeben. Die ehemalige Forschungsstätte hatte damit nur noch einen etatmäßigen Mitarbeiter, ihren Leiter, der durch Liselore Hassenberg als „Freie Mitarbeiterin" unterstützt wurde, deren Einkommen mit einer Auftragsforschung am Blindenführhund gesichert war.

Wie willkürlich trotz aller verordneten „Planung und Leitung" auch damals Forschungsrichtungen an einzelne Personen gekoppelt waren, illustriert das Beispiel der Arbeitsgruppe „Entwicklungsphysiologie" des Zoologischen Institutes, die aufgelöst wurde, nachdem ihr Leiter Joachim Nitschmann 1967 nach Potsdam berufen worden war.[58] Für den bereits ein Jahr zuvor zum Professor mit vollem Lehrauftrag ernannten Günter Tembrock barg dies Möglichkeiten zur Erweiterung seiner Forschungskapazitäten. Planstellen wurden umgewidmet, und es entstand die Arbeitsgruppe „Ethologie". Die III. Hochschulreform führte 1968 bei diversen anderen Disziplinen zur Einschränkung der Forschungen. Da aber die Untersuchungen der AG „Ethologie" bereits vor Gründung der Sektion Biologie (1. September 1968) der Hauptforschungsrichtung „Biokybernetik" zugeordnet wurde und der Arbeitsgruppenleiter Mitglied des zentralen Arbeitskreises „Physiologie der Menschen und der Tiere" mit ministerieller Einbindung[59] war, verfügte der Rektor am 26. Juni 1968 den Verbleib der Verhaltenswissenschaften an der neu zu bildenden Sektion Biologie der Humboldt-Universität. Am 2. Oktober 1968 fand beim Rektor Wirzberger der Gründungsakt der Sektion Biologie statt. Die planmäßige Erweiterung des Bereiches Verhaltenswissenschaften sah eine Aufstockung von zu jener Zeit sechs Planstellen auf neun im Jahr 1975 und zehn

der Deutschen Gesellschaft für Tierpsychologie sowie der Zeitschrift für Tierpsychologie, die ab 1937 durch Koehler, Carl Kronacher und Konrad Lorenz herausgegeben wurde, bis 1985 unter diesem Titel erschien und seit 1986 als „Ethologie" weitergeführt wird.

[57] Der Berliner Verhaltensbiologe nahm auch an der Tagung 1959 in Cambridge teil, eine Fortführung dieser Aktivitäten blieb ihm, beginnend mit der Konferenz in Seewiesen 1961 kurz nach dem Mauerbau, versagt, da ihm die Ausreise aus der DDR verwehrt wurde. Vgl. Tembrock, Zur Geschichte der Tierpsychologie, 2002, S. 320.

[58] Nitschmann wurde unter anderem als Mit-Herausgeber des Standardwerkes „Kleine Enzyklopädie Leben", das er mit Erhard Geissler, Eike Libbert und Gudrun Thomas-Petersein (Leipzig 1976) veröffentlicht hatte, bekannt. Auch hier widmete er sich seinen Schwerpunkten „Wachstum und Entwicklung bei Tieren" (Abschnitt 5.6.) und „Evolution der Tiere, System des Tierreiches" (Abschnitt 6.7.).

[59] Es handelte sich um das Ministerium für Wissenschaft und Technik.

bis zwölf Planstellen 1980 vor. Im Rahmen der Erarbeitung von Forschungsvorlagen durch diesen zentralen Arbeitskreis entstand 1969 u. a. die Forderung nach starker „mathematischer Durchdringung der biologischen Wissenschaften".[60] Damit war man fest im internationalen Wissenschaftsgefüge verankert, was sich auch im Rahmen der Jahresversammlung der Akademie der Naturforscher Leopoldina 1971 bestätigte, als der verhaltenswissenschaftliche Beitrag unter Tembrocks Mitwirkung mit dem Titel „Informationsübertragung bei der organismischen Kommunikation" gehalten wurde.[61]

Die verhaltenswissenschaftliche Entwicklungsphase von 1969 bis 1983 war bestimmt durch ihre Zuordnung zur o. g. „Hauptforschungsrichtung Kybernetik". Hier dürfte auch die Ursache für die Kooperation mit der Moskauer Lomonossow-Universität ab 1971 gelegen haben, in deren Mittelpunkt biokybernetische Konzepte standen. Im Februar 1972 nahmen die Berliner Forscher an einer verhaltensbiologischen Konferenz in Moskau teil. Als einen offiziellen Höhepunkt jedoch empfanden sie die Durchführung des VI. Kühlungsborner Kolloquiums mit dem Titel „Philosophische und Ethische Probleme der modernen Verhaltensforschung" 1977.[62] Unter Tembrocks Leitung war es auch in den bis zu seiner Emeritierung verbleibenden sechs Jahren möglich, das vielfältige Forschungsspektrum zu beherrschen und die Kooperationen zu strukturieren. Die Multidisziplinarität im Bereich Verhaltenswissenschaften hatte sich beispielhaft entwickelt.

Nach Tembrocks Ausscheiden aus der hauptamtlichen Tätigkeit in der Universität im Jahre 1983 wurde der Lehrstuhl „Tierphysiologie (Verhaltensphysiologie)" neu besetzt: mit dem in der Physiologie ausgewiesenen Veterinärmediziner Martin Nichelmann. Er orientierte sich noch stärker auf die Überführung wissenschaftlicher Erkenntnisse in die Praxis. Nichelmann selbst beschäftigte sich u. a. mit Thermoregulation bei Legehybriden (Hennen)[63], wurde international wahrgenommen und blieb u. a. dieser Thematik auch weiterhin verhaftet. In jener Zeit hatten sich zwei Arbeitskreise herausgebildet, die Mitglieder außerhalb des Lehrstuhls einbezogen: der „AK Nutztierethologie" mit Nichelmann als Leiter und der AK „Medizinische Ethologie", dem der Emeritus Tembrock vorstand.[64]

[60] Tembrock, Zur Geschichte der Tierpsychologie, 2002, S. 328.

[61] Der Leitvortrag Carl Friedrich von Weizsäckers hieß: „Information und Evolution". Vgl. Tembrock, Zur Geschichte der Tierpsychologie, 2002, S. 329.

[62] Die Tagung wurde u. a. von der „Gesellschaft für Physikalische und Mathematische Biologie" veranstaltet, in der die Verhaltensforscher seit Mitte der 1960-er Jahre eine eigene Sektion hatten. Vgl. ebd., S. 323, 330.

[63] Dabei entstanden u. a. folgende Veröffentlichungen: Nichelmann, Martin/Baranyiova, Eva/Tzschentke, Barbara, Thermoregulatory heat production in laying hybrid hens – summit metabolism, in: Acta Veterinaria Brno 55 (1986), S. 247–261; Nichelmann, Martin u. a., Influence of feather cover on heat balance in laying hens (Gallus domesticus), in: Journal of Thermal Biology 11 (1986), H. 2, S. 121–126; Nichelmann, Martin/Tzschentke, Barbara, Efficiency of thermoregulatory control elements in precocial avian embryos, in: Avian and Poultry Biology Reviews 14 (2003), H. 1, S. 1–19.

[64] Tembrock, Zur Geschichte der Tierpsychologie, 2002, S. 337.

Nach 1990 erfolgten Umstrukturierungen und Neuberufungen, so auch in der Ethologie, für die zwei C3-Professuren geschaffen wurden. Bis zum offiziellen Ende der Tätigkeit von Andreas Elepfandt bestanden zwei Arbeitsgruppen: „Sinnesphysiologie, Sinnesökologie und Verhalten bei Wirbeltieren" (Elepfandt, mittlerweile im Ruhestand); hierzu gehörte das akustische Labor mit dem Tierstimmenarchiv, als Kustodie „Bioakustik/Tierstimmensammlung", für die Karl-Heinz Frommolt verantwortlich zeichnet, dem Institut für Systematische Zoologie des Museums für Naturkunde zugeordnet (das Museum wurde am 01. 01. 2009 Mitglied der Wissenschaftsgemeinschaft Gottfried Wilhelm Leibniz) und die „Sinnesphysiologie, Verhaltensphysiologie" (Ronacher), woran auch der Emeritus Tembrock bis heute mit seinen Projekten angeschlossen ist, blieb in der Biologie. Insofern gibt es in einigen Bereichen Kontinuität in der Biologie an der Humboldt-Universität. Über die gesamte neue Struktur der Biologie wird an anderer Stelle berichtet (vgl. Ronacher i. d. Bd.).

Bernhard Ronacher

Die Entwicklung des Instituts für Biologie seit 1993

In den Jahren 1993 und 1994 wurden – in einer beeindruckenden Kraftanstrengung der Struktur- und Berufungskommissionen (SBK) – die meisten der Neuberufungen nach der Wende abgeschlossen. Im Institut für Biologie wurden 21 Professuren wieder besetzt oder neu geschaffen, etwa zur Hälfte durch Neuberufungen aus den alten Bundesländern. Geplante Schwerpunkte lagen im Bereich der Mikrobiologie und Molekularbiologie, der molekular ausgerichteten Pflanzenwissenschaften und der Biophysik. Die Professuren im Bereich der Zoologie wurden von der SBK überwiegend in systemphysiologische Arbeitsgebiete ausgerichtet; der Bereich der zoologischen Taxonomie und Systematik sollte in Forschung und Lehre durch Professuren im Museum für Naturkunde (MfN) abgedeckt werden. Hinsichtlich der Lehre erwies sich dieses Konzept allerdings im Nachhinein als ungünstig, da das Lehrdeputat der Wissenschaftler am MfN wegen ihrer sonstigen Verpflichtungen stark reduziert ist.

Bereits im Sommer 1993 wurde von der DFG ein speziell für die neuen Bundesländer entwickeltes Förderverfahren ausgeschrieben, die Innovationskollegs. Durch eine großzügige Anschubfinanzierung sollten die Innovationskollegs den Universitäten die Gründung von neuen Schwerpunkten erleichtern. Das Institut für Biologie hatte in Zusammenarbeit mit Kollegen aus der Physik und der Charité noch im Herbst 1993 eine Antragsskizze eingereicht, die den Aufbau eines Innovationskollegs Theoretische Biologie mit drei neu einzurichtenden Professuren vorsah. Kern des Konzeptes war es, die enge Zusammenarbeit zwischen Theoretikern und Experimentatoren zu fördern und den Nachwuchs schon früh im Studium an die Schnittstellen zwischen Theorie und Experiment heranzuführen, so dass die Studierenden fachübergreifende Kompetenzen erwerben würden. Der anschließende Vollantrag wurde sehr gut bewertet und mit insgesamt mehr als fünf Millionen DM gefördert. Die Berufungsverfahren zogen sich dann allerdings in die Länge, vor allem weil die Nachfinanzierung der Professuren wegen der just zu diesem Zeitpunkt getroffenen Sparbeschlüsse der Berliner Senatsverwaltung in Frage gestellt wurde – die Biologie musste drei Professuren einsparen. Nach mühsamen Verhandlungen konnten die drei neu berufenen Professoren 1996 endlich ihre Arbeit in der aufwändig renovierten „Villa“ im Westflügel des MfN beginnen. Das so entstandene „ITB“ wuchs schnell zu einem international renommierten und für Studierende sehr attraktiven Zentrum heran, dessen Pioniercharakter in Deutschland erst kürzlich bei der SFB-Begutachtung wieder hervorgehoben wurde. Auf Initiative des ITB wurden zwei umfangreiche Folgeprojekte entwickelt, welche die theoretische Biologie am Institut weiter verstärkten: 2002 wurde der Sonderforschungsbereich „Theoretische Biologie" (SFB 618) bewilligt, dessen Laufzeit sich bis ins Jahr 2013 erstreckt, und seit 2004 wird vom Bundesministerium für Bildung und Forschung (BMBF) das „Bernstein-Center for Computational Neuroscience" gefördert, welches im Juli 2009 auch in der zweiten Förderperiode höchst erfolgreich abschnitt. Der Erfolg des ITB und seine internationale Wertschätzung werden auch dadurch untermauert, dass das ITB einerseits eine Reihe von sehr produktiven Nachwuchsgruppenleitern/-innen an sich binden konnte, andererseits mehrere ehemalige Mitarbeiter bereits auf Professuren berufen wurden. Durch die Neuberufungen im Bernstein-Zentrum konnte sich die Neurobiologie als starker Forschungsschwerpunkt des Instituts für Biologie etablieren und wichtiger Partner für die Projekte der Exzellenzinitiative „Neurocure" und „Mind & Brain" und weitere Verbundprojekte werden.

Die Biophysik war schon zu DDR-Zeiten mit einem eigenen Studiengang in die Biologie integriert, in dem eine fruchtbare Kombination von Theorie und Experiment gepflegt wurde. Die Arbeitsgruppen der Biophysik nutzten die Möglichkeiten der Nachwendezeit zu vielfältigen internationalen Kooperationen und hervorragenden Arbeiten im Bereich der Membranbiologie, Stoffwechselnetzwerke und Systembiologie. Biophysik und Theoretische Biologie tragen heute wesentlich zum Leitbild integrativer und quantitativer Biologie bei, sie fördern einerseits die Synthese von experimentellen und theoretischen Ansätzen, bilden andererseits auch Bindeglieder zu anderen mathematisch-naturwissenschaftlichen Disziplinen wie Physik, Chemie, Mathematik, Informatik. Ein Ausdruck dieser geglückten Integrationsbemühungen ist das 2000 gegründete Zentrum für Biophysik und Bioinformatik an der Humboldt-Universität, in dem Arbeitsgruppen der HU, der Charité und verschiedener außeruniversitärer Institute zusammenarbeiten.

Schwerpunkte mikrobiologischer Forschung zur Zeit der Wende lagen in den Bereichen Mykologie und Bakteriengenetik und waren zunächst in der damaligen Sektion Nahrungsgüterwirtschaft und Lebensmitteltechnologie angesiedelt. Im Zuge der Umstrukturierung der Humboldt-Universität in der ersten Hälfte der 1990er-Jahre wurde das Fach Mikrobiologie mit drei Professuren in das Institut für Biologie integriert. Zunächst an verschiedenen Standorten über die Stadt verteilt, bezogen 1996 die mikrobiologischen Abteilungen (Bakteriengenetik, Allgemeine Mikrobiologie, Physiologie der Mikroorganismen) gemeinsam mit den drei Arbeitsgruppen Genetik, Biochemie der Pflanzen und Zytogenetik das neu eingerichtete Institutsgebäude in der Chausseestraße 117. Schwerpunkte der mikrobiologischen Forschung, die im Rahmen von Exzellenzcluster-Projekten, Sonderforschungsbereichen und Programmen des BMBF gefördert werden, liegen auf den Gebieten der mikrobiellen Biotechnologie mit Fokus auf wasserstoffbasierten Katalyseprozessen, Genomanalysen und postgenomischen Anwendungen, Bakterien-Pflanzen-Interaktionen und Mechanismen des Transports über Biomembranen.

Die Infektionsbiologie hat an der Humboldt-Universität eine starke Tradition, die u. a. mit Namen wie Rudolf Virchow und Robert Koch verbunden ist. Dementsprechend forschen auch nach der Neuorientierung am Institut für Biologie mehrere Gruppen an Infektionsthemen mit Schwerpunkt auf der Interaktion von Pathogenen mit ihren Wirten auf molekularer Ebene. Die Abteilung „Molekulare Parasitologie" entwickelte sich schnell zu einem wichtigen Bindeglied zwischen den systemphysiologisch orientierten Zoologen, verschiedenen molekular arbeitenden Gruppen des Instituts und der Charité und außeruniversitären Einrichtungen wie dem MPI für Infektionsbiologie, dem Robert-Koch-Institut und dem Deutschen Rheumaforschungszentrum. Aufbauend auf Beteiligungen an mehreren Sonderforschungsbereichen wurde 2005 auf Initiative der Abteilung Parasitologie ein Interdisziplinäres Zentrum für Infektionsbiologie und Immunität (ZIBI) gegründet, das 2006 durch die ZIBI Graduate School ergänzt wurde. Seither bündelt das ZIBI die Aktivitäten der Humboldt-Universität und außeruniversitärer Institutionen auf dem Gebiet der Infektionsbiologie und Immunität.

Die Pflanzenphysiologie wurde in den 70er und 80er Jahren des 20. Jahrhunderts zu einem Schwerpunkt in Forschung und Lehre an der damaligen Sektion Biologie. Diese Ausrichtung, mit Fokussierung auf molekulare Pflanzenphysiologie, wurde bei der Umstrukturierung der Biologie nach der Wende beibehalten. Die systematische Botanik wurde dagegen weitgehend im Zuge von Mittelkürzungen und in Hinblick auf die (damalige) Stärke dieser Disziplin an der Freien Universität Berlin abgebaut. Durch die Einrichtung des SFB 429 „Molekulare Physiologie, Energetik und Regulation primärer pflanzlicher Stoffwechselprozesse" im Jahr 1999 nahmen die Forschungsarbeiten zur molekularen Pflanzenphysiologie an der Humboldt-Universität einen rasanten Aufschwung und erfuhren zugleich eine erweiterte Vernetzung im Berlin-Potsdamer Raum. Die Arbeiten zur Kommunikation der genomtragenden Organellen in der Pflanzenzelle sind durch die DFG-geförderte Forschergruppe 804 auch auf nationaler Ebene in ein Netzwerk führender Arbeitsgruppen integriert. Die Humboldt-Universität wurde, auch im internationalen Maßstab, zu einem Zentrum der molekularen Physiologie, Genetik und Ökologie von Cyanobakterien. Die Forschungsinteressen richten sich auf Photosynthese, Lichtperzeption, Biosynthese und Funktion bioaktiver Verbindungen sowie systembiologische Analysen des Primärmetabolismus. An diesem u. a. durch die EU geförderten Forschungsschwerpunkt waren neben den Professuren für Genetik, Biochemie und Pflanzenphysiologie auch selbstständige Nachwuchsgruppen beteiligt, deren erfolgreiche Arbeit vor kurzem durch Berufungen nach Freiburg, Gießen und Potsdam gewürdigt wurde.

Zusätzlich zum Masterstudiengang „Molekulare Lebenswissenschaften" bietet das Institut auch einen Master „Organismische Biologie und Evolution" an. In diesem Studiengang und in entsprechend orientierter Forschung engagieren sich verschiedene zoologische, ökologische, neurobiologische, theorie-orientierte sowie botanische Arbeitsgruppen des Instituts. Die Bereiche organismische Biologie und Evolution sind natürlich geradezu prädestiniert für vielfältige Kooperation zwischen Wissenschaftlern des Instituts für Biologie mit Kollegen des Museums für Naturkunde.

Wenn wir auf die vergangenen 17 Jahre zurückblicken, kann man sicher sagen, dass sich das Institut für Biologie zu einem „Leistungsträger" der Humboldt-Universität, mit guter Publikationsleistung und hoher Drittmitteleinwerbung, entwickelt hat. Bei der Einstufung von Forschungsleistungen ist eine zu starke Fokussierung auf Drittmittelmengen sicherlich mit Vorsicht zu werten: Qualität und Originalität von Forschung sind weder am Geldverbrauch noch an Kennzahlen wie Impaktfaktoren zuverlässig abzulesen. Immerhin wurde das Institut seit 1994 zwei Mal hinsichtlich Forschung und Lehre sehr positiv evaluiert, hinzu kommen die vielfachen positiven Teilevaluierungen im Rahmen des Exzellenzwettbewerbs, für SFBs, Graduiertenschulen etc., woran sich eine gute Entwicklung des Instituts ablesen lässt. Ein Faktor, der neben der exzellenten wissenschaftlichen Leistung wesentlich zum Erfolg des Instituts beigetragen hat, ist die hohe Kooperativität unter den Professorinnen und Professoren der Biologie und eine ausgeprägte Bereitschaft, auch für kontroverse Probleme Lösungen im Konsens zu suchen.

Hubert Laitko

Die Fachrichtung Chemie nach 1945*

Vorbemerkung

Die hier erfolgende selektive Darstellung der Fachrichtung Chemie an der Humboldt-Universität nach 1945 beschränkt sich auf eine Auswahl weniger Entwicklungsstränge. Sie behandelt die Amtszeiten dreier dominanter Lehrer- und Forscherpersönlichkeiten, die nacheinander die Chemie an dieser Universität maßgeblich geprägt haben – Erich Thilo, Günther Rienäcker und Lothar Kolditz. Für den Letzteren, der bis 1979 an der Universität tätig war, wird nur der Abschnitt bis zur Sektionsgründung in Betracht gezogen. Dieser Vorgang bildete zwar nicht den Abschluss der institutionellen Entwicklung der Fachrichtung in der Zeit der DDR, aber alle weiteren Änderungen blieben im Rahmen der 1968 eingeführten Struktur. Ein ähnlich tiefgreifender Wandel erfolgte erst wieder nach 1990 im Rahmen der generellen Neugestaltung des Hochschulwesens in den neuen Bundesländern. Dieser Vorgang wird in einem abschließenden, allein auf publizierte Quellen gestützten Abschnitt skizziert. Die vorhergehenden Abschnitte beruhen demgegenüber weitgehend auf Quellen aus dem Archiv der Humboldt-Universität. Für die Zeit nach 1968 ist, soweit es die Fachrichtung Chemie betrifft, der aufgearbeitete Aktenbestand des Archivs nur punktuell aussagefähig; eine zusammenhängende Darstellung lässt sich darauf nicht gründen. Die Quellenlage hat die Auswahl der behandelten Vorgänge wesentlich beeinflusst.

Thilo, Rienäcker und Kolditz weisen – bei größten Unterschieden in ihrem Naturell – eine bemerkenswerte Gemeinsamkeit auf: die annähernd gleichgewichtige Ausbildung ihrer Talente als Forscher, Lehrer und Organisatoren. Als Forscher verkörperte jeder von ihnen ein starkes Programm. Diese Programme spielten eine strukturbildende Rolle an der Universität und wirkten noch lange nach, als ihre Hauptvertreter ihre universitären Ämter bereits wieder verlassen hatten. Ihrerseits wurzelten sie in der Vorkriegsentwicklung der Chemie und verkörperten insofern wissenschaftliche Kontinuität bei durchgreifendem Wandel der gesellschaftlichen Umstände des Wissenschaftsbetriebes. Dieser Langzeitzusammenhang gab der Chemie in Ostberlin ein hohes wissenschaftliches Eigengewicht. Dabei war

* Der Verfasser dankt den Herren Professoren Thomas Braun und Reinhard Stößer, Herrn Dr. Horst Hennig und Frau Karola Mühlmann vom Institut für Chemie der Humboldt-Universität für die kritische Durchsicht des Manuskripts und für wertvolle Anregungen zu seiner Verbesserung.

der universitäre Alltag bei den Chemikern nicht weniger politisiert als in anderen Fachbereichen. Eher könnte man das Gegenteil annehmen: Mit der fristlosen Entlassung Robert Havemanns im Jahre 1964 und seiner nachfolgenden vollständigen Ausschaltung aus dem öffentlichen Leben der DDR erfuhr die Fachrichtung Chemie einen so extremen Eingriff der politischen Führung in den Bestand ihrer Wissenschaftler, wie er in ähnlicher Rigorosität an dieser Universität in keiner anderen Naturwissenschaft zu verzeichnen war. Aber dieser diktatorische Eingriff hatte nichts mit Havemanns fachlichem Status als Chemiker zu tun.[1] Auch die generelle Politisierung des Alltags im Fachbereich hatte nichts Chemiespezifisches; der politische Kontext beeinflusste kaum den *fachlichen* Inhalt von Forschung und Lehre. Unter diesen Prämissen erfolgt nun der Übergang zur historischen Darstellung.

Erich Thilo und die Wiederaufbauphase 1946–1953

Im Mai 1946 übergab Heinz Chomse die von ihm interimistisch ausgeübte Leitung des Chemischen Instituts der Berliner Universität an Erich Thilo, der das Direktorat bis 1949 kommissarisch, dann bis 1953 regulär wahrnahm. Im Nachkriegsberlin fand Thilo eine extrem schwierige Situation vor. Das Zentrum der Berliner Universitätschemie – der auf Emil Fischers berühmten Institutsneubau aus dem Jahre 1900 zurückgehende Standort in der Hessischen Straße 1–2 – lag nach zwei schweren Luftangriffen im Februar und im März 1945 bis auf Teile der Eckflügel in Trümmern. Die verbliebenen Laboratorien waren um ein Mehrfaches überbelegt.[2]

Bei nur schleppenden Fortschritten blieb die Situation jahrelang prekär. Noch Anfang 1951 waren nur zwei große und zwei kleine Arbeitssäle in Betrieb. In einem Bericht an Heinrich Bertsch[3], der die Hauptverwaltung Chemie im Ministerium für Schwerindustrie leitete, schrieb Thilo, dass 1952 nicht mehr als ein bis zwei Absolventen für die Industrie

---

[1] Draheim, Dirk u. a., Robert Havemann. Dokumente eines Lebens, Berlin 1991; Florath, Bernd/Müller, Silvia (Hrsg.), Die Entlassung. Robert Havemann und die Akademie der Wissenschaften 1965/66. Eine Dokumentation, Berlin 1996; Havemann, Katja/Widmann, Joachim, Robert Havemann oder Wie die DDR sich erledigte, München 2003. Mein eigener Standpunkt zu diesem Thema ist dargestellt in: Laitko, Hubert/Hoffmann, Dieter, Ein Aufrechter im Sturmwind der Geschichte. Anmerkungen zu einem Lebenslauf, in: Robert Havemann. Warum ich Stalinist war und Antistalinist wurde. Texte eines Unbequemen, hrsg. v. Hoffmann, Dieter/Laitko, Hubert, Berlin 1990, S. 9–77; Laitko, Hubert, Robert Havemann: Der Weg in die Dissidenz (1961–1965), in: Berlinische Monatsschrift 10 (2001), H. 6, S. 56–66; ders., Robert Havemann: Die Zeit der Isolation (1966–1982), in: Berlinische Monatsschrift 10 (2001), H. 7, S. 55–67; ders., Strategen, Organisatoren, Kritiker, Dissidenten – Verhaltensmuster prominenter Naturwissenschaftler der DDR in den 50er und 60er Jahren des 20. Jahrhunderts. Max-Planck-Institut für Wissenschaftsgeschichte, Preprint 367, Berlin 2009, S. 79–130.

[2] E. Thilo an den Rektor, 11. 11. 1946. Universitätsarchiv der Humboldt-Universität zu Berlin (UAHU), Math.-Nat. Fakultät Nr. 28.

[3] E. Thilo an Ministerium für Schwerindustrie, HV Chemie, 27. 1. 1951 (Abschrift). Ebd.

bereitgestellt werden könnten: „Die andauernde Abwanderung von Chemikern aus der Industrie und die Berichte über die Behandlung der Chemiker dort wirken auf die meisten Studenten abstoßend. Dazu kommt, dass heute sowohl in Westberlin als besonders in den Westzonen Chemiker jedes Ausbildungsstandes und jeder Qualität fast ohne Schwierigkeiten unterkommen". Abhilfe könne man nur schaffen, wenn die politischen Anforderungen in Studium und Industrie „bis auf ein unerlässliches Mindestmaß" reduziert würden. Die augenblickliche Praxis müsse „unter allen Umständen beendet werden, wenn man erreichen will, dass der junge Nachwuchs bei uns bleibt". Damit hatte Thilo eines der heikelsten Probleme des Naturwissenschaftlerstudiums in Ostberlin mit einer Offenheit angesprochen, zu der sich im dienstlichen Schriftverkehr kaum ein Pendant findet.

Es ist nicht zuletzt seiner Hartnäckigkeit zu danken, dass in einem langwierigen Ringen mit der allgegenwärtigen Knappheit der Komplex Hessische Straße in einer dem Andenken Emil Fischers würdigen Gestalt wiederaufgebaut werden konnte. Am 18. Januar 1953 wurde er mit einer Festveranstaltung im rekonstruierten großen Hörsaal, der aus diesem Anlass den Namen „Emil-Fischer-Hörsaal" erhielt, feierlich eingeweiht. Eine 2002 auf dem Campus in Berlin-Adlershof nach Thilo benannte Straße erinnert an sein Wirken.

Den sprichwörtlichen Optimismus, der Thilo auch in schwierigen Lagen auszeichnete, zeigt ein Brief an den Rektor vom März 1947: Man müsse die Notzeit überbrücken und Wege finden, „dass diese Notzeit nicht in Leerlauf ausartet". Die Motivation der „augenblicklichen Studenten, die mit einem nie dagewesenen Eifer und mit einer Einsatzfreudigkeit an der Arbeit sind, wie ich sie seit dem Beginn meiner Assistententätigkeit im Jahre 1925 niemals erlebt habe", schätzte er sehr hoch ein. So erwartete er „mit Sicherheit, dass aber in dem Augenblick, wo wieder Apparate und Chemikalien zu beschaffen sind, die Forschung nicht nur im Berliner Institut, sondern auch in allen anderen chemischen Instituten der deutschen Universitäten mit größtem und bestem Erfolg in Gang kommt. (...) An der Zukunft der deutschen Wissenschaft besteht auf keinen Fall auch nur der geringste Zweifel".[4]

Die relativ ausführlich überlieferten Berichte und Pläne zu den Forschungsarbeiten der Jahre 1946 und 1947 im Fachbereich Chemie[5] geben einen recht genauen Einblick in die wissenschaftlichen Orientierungen in Thilos Umfeld. Vereinzelt wurde versucht, auf die akuten Notlagen der Gesellschaft unmittelbar zu reagieren. So bearbeitete Felix Just das Thema „Erschließung und Verbesserung neuer Eiweißquellen zum Zwecke menschlicher Ernährung".[6] Generell aber war die Forschungsagenda ohne vordergründige Praxisbezüge formuliert und setzte Linien aus der Vorkriegszeit fort. Thilo war Initiator eines ehrgeizigen Forschungsprogramms, dessen Grundzüge von ihm bereits in den 1930er Jahren entwickelt worden waren. Ab 1920 hatte er an der Berliner Universität Chemie studiert und 1925 bei

4 E. Thilo an Rektor, 5. 3. 1947. UAHU, Rektorat Nr. 25, Bl. 46f.
5 UAHU, Rektorat Nr. 15, Bl. 58–63, 80, 130–156.
6 Ebd., Bl. 132.

dem Mitbegründer der Radiochemie Friedrich Adolf Paneth promoviert. Unmittelbar danach wurde er außerplanmäßiger Assistent am Universitätsinstitut für Chemie, nach seiner Habilitation 1932 erhielt er eine planmäßige Assistentenstelle. 1938 wurde er Oberassistent und dann auch außerplanmäßiger Professor. So hatte er bis zu seiner Berufung nach Graz 1943 fast ein Vierteljahrhundert lang Gelegenheit, die Tradition der Berliner Chemie in sich aufzunehmen.

Sein Profil war in erster Linie durch seine bahnbrechenden Arbeiten über anorganische Polymere gekennzeichnet, die gegenüber organischen Polymeren lange im Schatten des wissenschaftlichen Interesses gestanden hatten. Thilo ging das Gebiet mit der für seine Arbeitsweise charakteristischen Systematik und Beharrlichkeit an. Gert Blumenthal hebt seine (keineswegs nur didaktisch zu verstehende) Vorliebe für möglichst einfache Modelle und Erklärungen sowie für direkte und durchschaubare Experimente hervor.[7] Ausgangspunkte waren zunächst niedermolekulare Alkali- und Erdalkalisilikate.[8] Weiterhin wurden für das Studium der großenteils unlöslichen Silikate als Modellsysteme Alkalifluoroberyllate und kondensierte Phosphate erschlossen. Das Gebiet der kondensierten Phosphate erlangte bald relative Selbstständigkeit und wurde zur bestaufgeklärten Klasse der anorganischen Polymere, deren auf Thilo zurückgehende Systematik internationale Akzeptanz fand.

Nach Kriegsende verfügte er so über den methodischen, analytischen und präparativen Zugang zu einem fruchtbaren Forschungsfeld, das er mit seiner Berufung zum Ordinarius in Berlin 1946 am Chemischen Institut der Universität institutionell verankerte. Bereits für 1946 wurde über den Start dreier Teilthemen berichtet[9], für 1947 wurde ein größeres Programm anvisiert.[10] Diese Themen waren miteinander verzahnt und legten Kooperation zwischen den Ausführenden nahe. Mit einem programmorientierten Vorgehen, das zufällige Konglomerate von Diplom- und Dissertationsthemen zu vermeiden suchte, dominierte Thilo das Chemische Institut auch in wissenschaftlicher Hinsicht. So bildete sich eine Thilo-Schule der Silikatchemie heraus.[11] Offenbar war er ein begnadeter Hochschullehrer in Wort und Schrift. Mit seiner *Anorganischen Chemie in Frage und Antwort*, die erstmals 1948 erschien, schuf er einen Lehrbuchklassiker, der 1976 seine 15. Auflage erlebte.[12] Thilo war ein akribischer Empiriker, verband die Genauigkeit im Detail aber zugleich mit einem

---

[7] Blumenthal, Gert, Prof. Dr. Erich Thilo, in: Wissenschaftshistorische Adlershofer Splitter (WAS) 1, hrsg. v. WITEGA e. V. Berlin 1996, S. 101–105, hier: S. 103.

[8] Heinig, Karl, Erich Thilo. Aus Anlass seines 65. Geburtstages, in: Chemie in der Schule 10 (1963), H. 12, S. 577–579, hier: S. 578.

[9] UAHU, Rektorat Nr. 15, Bl. 151f.

[10] Ebd., Bl. 153–156.

[11] Geßner, Wolfgang/Solow, Gerhard/Wihsmann, Fred G., Das Zentralinstitut für anorganische Chemie der Akademie der Wissenschaften der DDR – Ein Rückblick auf 30 Jahre Silikatforschung, in: WAS 5, Berlin 1999, S. 122–131, hier: S. 125.

[12] Thilo, Erich, Allgemeine und anorganische Chemie in Frage und Antwort, Neubearb. v. Blumenthal, Gert, 15. Aufl., Leipzig 1976.

weiten intellektuellen Horizont.[13] Neben den großen Grundvorlesungen bot er gelegentlich historische Spezialkollegs an, etwa zur Geschichte der Phosphorchemie oder zur Geschichte der anorganischen Chemie in Berlin.[14]

Eine Skizze seines Programms, dessen theoretischen Kern das Konzept einer Konstitutionschemie der Silikate bildete[15], ist in einem von ihm 1951 formulierten Memorandum enthalten.[16] Damals begann sich die Führung der DDR auf eine wissenschaftsbasierte Zukunftsstrategie der Industrieentwicklung als Grundlinie ihrer Technologiepolitik einzustellen.[17] An die Natur- und Technikwissenschaften wurden – oft sehr kurzschlüssig – Praktikabilitätserwartungen adressiert. Darauf ging Thilo durchaus ein. Er deutete an, dass die Chemie der hochpolymeren Silikate die Herstellung neuartiger und wertvoller Kunststoffe ermöglichen würde, und bezeichnete es als notwendig, „Wege zu suchen, um heute als wertlos erscheinende und als Abfall betrachtete Stoffe einer nützlichen Verwendung zuzuführen". Entscheidend aber war für ihn die Einsicht, dass die akademische Wissenschaft den größten praktischen Nutzen dann erbringt, wenn große Komplexe von Naturerscheinungen unvoreingenommen und systematisch in ihren eigenen Zusammenhängen erforscht werden, ohne dabei mögliche praktische Konsequenzen auszublenden. Hier konstatierte er einen erheblichen Rückstand der anorganischen gegenüber der organischen Chemie, besonders bei der Herstellung und Analyse komplizierterer polymerer Verbindungen.[18]

Dieser Rückstand müsse durch grundlagenbetonte Forschungsarbeit aufgeholt werden: „Die anorganisch-chemische Grundlagenforschung (…) wurde fast ausschließlich an den Hochschulen mit Hilfe von Diplom- und Doktorarbeiten betrieben und bis zum Zusammenbruch nach dem zweiten Weltkrieg – von wenigen Ausnahmen abgesehen – nur von Chemikern in Stellungen von Abteilungsvorstehern betreut, während die chemischen Ordinariate durch Organiker und Physikochemiker besetzt waren. Hierin ist seitdem in der DDR – und praktisch nur in der DDR – eine Änderung eingetreten insofern, als heute in richtiger Erkenntnis der Bedeutung der anorganischen Chemie die Anorganiker gleichberechtigt neben den Organikern und Physikochemikern Lehrstühle innehaben".[19]

---

13 Rabinowitsch, Eugen, E. Thilo: Periodisches System. Geschichte und Theorie, Stuttgart 1930.

14 Blumenthal, Prof. Dr. Erich Thilo, 1996, S. 102.

15 Thilo, Erich, Wege zu einer neuen Konstitutionschemie der Silikate, in: Angewandte Chemie 63 (1951), S. 201–228.

16 Ders., Memorandum betreffend die Gründung eines Institutes für anorganisch-chemische Grundlagenforschung bei der DAW zu Berlin, in: WAS 1, 1996, S. 38–41.

17 Näher dazu: Laitko, Hubert, Produktivkraftentwicklung und Wissenschaft in der DDR, in: Deutsche Zeitgeschichte von 1945 bis 2000. Gesellschaft – Staat – Politik. Ein Handbuch, hrsg. v. Burrichter, Clemens/ Nakath, Detlef/Stephan, Gerd-Rüdiger, Berlin 2006, S. 475–560, hier: S. 496–503.

18 Thilo, Memorandum, 1996, S. 40.

19 Ebd., S. 38.

Thilos Spezialgebiete, die Silikat- und Phosphatchemie, fungierten für ihn zugleich als Türöffner für einen generellen Aufschwung der anorganischen Chemie.[20] Das primär anorganisch geprägte Chemische Institut war wissenschaftlich schon in voller Funktion, als für die organische Chemie ein weiteres, zunächst sehr kleines Institut gegründet wurde, und noch länger dauerte es, bis das letztere echte Arbeitsfähigkeit erreichte. Die Etablierung der Technischen Chemie (Chemischen Technologie) bedurfte gar mehrerer Anläufe. Letztlich gelang es Thilo, mit dieser Entwicklung eine alte historische Rechnung zu begleichen. Als der Gebäudekomplex in der Hessischen Straße für Emil Fischer im Zeichen des Triumphes der organischen Synthesechemie errichtet worden war, musste die anorganische Chemie um ihre Gleichberechtigung ringen. Nun hatte an gleicher Stätte eine Dominanzumkehr stattgefunden. Es fällt auf, dass diese Entwicklung mit dem organisch-biochemisch bestimmten Welttrend jener Zeit eher kontrastierte als harmonierte. Für eine Universität in einem kleinen Industriestaat konnte es jedoch eine rationale Option sein, sich von dem schnell extrem kostenaufwändig werdenden Welttrend abzusetzen und mehr Kraft auf ein anderes, minder beachtetes Gebiet zu konzentrieren.

Zugleich ist nicht zu verkennen, dass hier zufällige Konstellationen eine große Rolle gespielt haben. Hätte 1946/47 nicht Thilo, sondern ein ebenso durchsetzungsfähiger Organiker von entsprechendem Format das Heft in der Hand gehabt, dann hätte sich ein institutioneller Vorlauf der organischen Chemie und damit ein ganz anderer Entwicklungspfad für die folgenden Jahrzehnte ergeben können. Analoge Feststellungen hat Ekkehard Höxtermann für die Biologie getroffen.[21] Danach „reichte der Einfluss einzelner Biologen, nicht zuletzt der Generation bürgerlicher Wissenschaftler aus den Anfangsjahren der DDR mit ihren ureigenen Interessen und Visionen, weiter, als gemeinhin angenommen wird".[22] Auch Thilo war ein Visionär dieses Zuschnitts.

Eine Randbedingung für die Stabilität dieses Pfades war die institutionelle Abtrennung der Biochemie vom Fachbereich Chemie. Innerhalb der Mathematisch-Naturwissenschaftlichen Fakultät war die Biochemie kaum vertreten. Ihre wesentlichen Kapazitäten lagen außerhalb – vor allem in der Medizinischen, aber auch in der Veterinärmedizinischen und in der Landwirtschaftlich-Gärtnerischen Fakultät. Man könnte auch von einer bipolaren Entwicklung der Chemie an der Humboldt-Universität in der DDR sprechen, deren Gravitationszentren einerseits die anorganische Chemie im I. Chemischen Institut bzw. in der Sektion Chemie, andererseits die Biochemie in der Medizinischen Fakultät bzw. im Bereich

[20] Thilo, Erich, Der Wiederbeginn der Forschung auf dem Gebiet der anorganischen Chemie nach 1945, in: Zeitschrift für Chemie 16 (1976), H. 6, S. 214–218.

[21] Höxtermann, Ekkehard, Zur Profilierung der Biologie an den Universitäten der DDR bis 1968, Max-Planck-Institut für Wissenschaftsgeschichte, Preprint 72, Berlin 1997, S. 15, 18. Siehe auch: ders., Biologen in der DDR zwischen Tradition und Innovation, Wissenschaft und Politik, in: Naturwissenschaft und Technik in der DDR, hrsg. v. Hoffmann, Dieter/Macrakis, Kristie, Berlin 1997, S. 233–259, hier: S. 245f.

[22] Höxtermann, Zur Profilierung, 1997, S. 15.

Medizin waren. Allerdings bestand diese Profileigenart nur im ersten Vierteljahrhundert nach Kriegsende in ausgeprägter Form; nach der Sektionsgründung und besonders in den 1980er Jahren, die in diesem Beitrag nicht behandelt werden, nahm das Gewicht der organischen Chemie innerhalb der Fachrichtung Chemie beträchtlich zu.

Günther Rienäcker und die Verbindung von Universität und Akademie 1953–1962

In den Nachkriegsjahren gab es in Ostberlin keine grundlagenorientierten außeruniversitären Forschungseinrichtungen auf dem Gebiet der Chemie. Der Chemiker Alfred Wende legte am 18. Mai 1949 einen „Vorschlag zur Neugestaltung und Entwicklung der chemischen Forschung in der Ostzone" vor, in dem diese Lücke konstatiert wurde.[23] Sie müsse baldmöglichst geschlossen werden, anders sei die chemische Industrie der Ostzone nicht lebensfähig.[24] Dabei setzte er in erster Linie auf die Deutsche Akademie der Wissenschaften (DAW), votierte aber zugleich dafür, sowohl die universitäre als auch die außeruniversitäre chemische Forschung auszubauen und beide miteinander zu verknüpfen.[25] Insbesondere schlug er die „Errichtung einer Forschungsstätte bei der DAW"[26] vor, für die er ein detailliertes Strukturmodell unterbreitete. Sie sollte auf dem Gelände der ehemaligen Deutschen Versuchsanstalt für Luftfahrt (DVL) entstehen und dazu die bereits vorhandenen Gebäude nutzen.[27]

Damit kam eine folgenreiche Entwicklung in Gang. Bereits in Wendes Strukturschema finden sich aus der Universität bekannte Namen wie Chomse und Thilo.[28] In der gesamten Geschichte der chemischen Akademieinstitute begegnet man Professoren der Humboldt-Universität, meist in zentralen Positionen. Eine tiefer lotende Geschichte der chemischen Lehre und Forschung in Ostberlin zwischen 1945 und 1990 kann nur als *integrierte Geschichte des Universitäts-Akademie-Komplexes* geschrieben werden. Eine separate historische Darstellung der Chemie an jeweils nur einer der beiden Institutionen blendet entscheidende Zusammenhänge aus. In Adlershof entstand ab 1949 die von Wende antizipierte „Forschungsstätte", zwar nicht als ein einziges Institut, sondern als ein Ensemble mehrerer Institute, aber in guter Übereinstimmung mit der von ihm skizzierten thematischen Struk-

23 Wende, Alfred, Vorschlag zur Neugestaltung und Entwicklung der chemischen Forschung in der Ostzone, in: WAS 1, 1996, S. 16–23, hier: S. 16.
24 Ebd., S. 17f.
25 Ebd., S. 21.
26 Ebd., S. 16.
27 Bericht über eine Besprechung am 12. August 1949 im ehemaligen Versandhaus der DVL, der geplanten zukünftigen Forschungsstätte für Chemie in Berlin-Adlershof, in: WAS 1, 1996, S. 26–29.
28 Wende, Vorschlag, 1996, S. 20.

tur. Das unter Thilos Verantwortung aufgebaute und von ihm geleitete Institut für anorganische Chemie war das erste Glied in diesem Ensemble. Für ihn war dies die folgerichtige Fortsetzung der zuvor bereits an der Universität durchgesetzten strategischen Gewichtsverlagerung zur anorganischen Chemie.[29] Im September 1952 lief der Forschungsbetrieb an und dehnte sich schnell aus. Thilo hatte beide Direktorate parallel inne, erkannte aber nach wenigen Monaten, dass er diese Doppelbelastung nicht auf Dauer tragen konnte. Für seine Nachfolge war an den renommierten Rostocker Katalyseforscher Günther Rienäcker gedacht. Da dieser sich nicht über Nacht aus der Fülle seiner Rostocker Verpflichtungen lösen konnte, erschien Thilo eine Interimslösung unumgänglich. In seiner gewohnten Art bereitete er sie gründlich vor.[30] Unter der Voraussetzung, dass die in seinem Vorschlag aufgeführten zahlreichen Desiderate erfüllt würden, erklärte sich Thilo bereit, bis zum Eintreffen seines Nachfolgers das Direktorat des I. Chemischen Instituts kommissarisch weiterzuführen. Gleichzeitig versäumte er nicht, Druck aufzubauen: „Ausserdem lege ich meine Tätigkeit als Direktor des I. Chemischen Instituts der Humboldt-Universität ab 1. September 1953 solange nieder, bis eine Neuregelung im Sinne des hiermit gemachten Vorschlages im Einverständnis zwischen dem Herrn Staatssekretär für das Hochschulwesen und mir schriftlich fixiert und offiziell in Kraft gesetzt ist." Dieses massive Vorgehen Thilos erwies sich als effektiv. Am 30. Juni 1953 fasste die Fakultät den einstimmigen Beschluss, Rienäcker unico loco als Thilos Nachfolger vorzuschlagen, und billigte auch die übrigen Punkte.[31] Ebenso schnell reagierte das Staatsekretariat. Noch im Laufe des Sommers teilte es mit, dass der Organiker Otto Neunhoeffer zum Ordinarius und Institutsdirektor berufen werden würde; ebenso bestätigte es auch die beantragten Ernennungen mehrerer Wissenschaftler zu Abteilungsleitern. Mit Rienäcker wurde vereinbart, dass er sein neues Amt in Berlin zu dem für ihn frühestmöglichen Zeitpunkt am 1. Januar 1954 antreten würde. Diese Vereinbarung wurde auch – mit einer minimalen Abweichung – eingehalten.[32]

Zweierlei änderte sich nun gegenüber der Thilo-Ära. Einmal entstammte Rienäcker nicht der Berliner Chemietradition und brachte als führender Fachmann auf dem Feld der heterogenen Katalyse eine neue Nuance in die Vertretung des Fachgebiets. Zum andern hatte sich Rienäcker als Mitglied der SED (er gehörte ihr seit 1946 an und war für die Wahlperiode von 1958 bis 1963 auch Mitglied ihres Zentralkomitees) parteipolitisch gebunden und unterlag – anders als der parteilose Thilo, der in vieler Hinsicht den Typus des bürgerlichen Gelehrten alter Schule verkörperte – der Disziplin seiner Partei. Für ihn ging es nicht

---

29 Thilo, Memorandum, 1996, S. 38.

30 E. Thilo an Dekan H.-H. Franck, 20. 3. 1953; Thilo, Erich, Vorschlag für eine Zwischenlösung zur Durchführung des chemischen Unterrichts an der Humboldt-Universität zu Berlin. Beide Dokumente in: UAHU, Math.-Nat. Fak. Nr. 28.

31 Nachfolgeschaft des Herrn Prof. Thilo in der Leitung der Chemischen Institute bezw. Neuordnung der Verwaltung der Chemischen Institute. Schreiben des Dekans H.-H. Franck an den Rektor, 7. 7. 1953. Ebd.

32 G. Rienäcker an Dekan H.-H. Franck, 8. 1. 1954. UAHU, Math.-Nat. Fak. Nr. 112.

an, den universitären und außeruniversitären Bürokratien Ultimaten zu stellen, wie es Thilo gelegentlich zu tun pflegte. Das hielt ihn, der durch und durch wissenschaftlich dachte und keine Neigung zu politischer Phraseologie hatte, indes nicht davon ab, seine Meinung beharrlich und entschieden auch dann zu vertreten, wenn sie der aktuellen „Linie“ seiner Parteiführung zuwiderlief – allerdings tat er es leise und diplomatisch und vermied Eklats und Konflikte; seine immense wissenschaftliche Autorität versetzte ihn in eine Lage, in der er sich den Vorgaben wissenschaftsferner Funktionäre nicht ohne weiteres fügen musste, schon gar nicht auf subalterner Ebene.[33] Seine politische Lebensentscheidung – er verstand sich bis zu seinem Tod im Juni 1989 als Kommunist – war in keiner Weise opportunistisch und für ihn persönlich eine unmittelbare und zwingende Konsequenz aus der Abrechnung mit dem Naziregime und dem dringenden Wunsch, alles ihm Mögliche zu tun, um jegliche Wiederholung dieses Unheils – in welcher Form auch immer – ein für allemal auszuschließen. Sie gehörte ebenso zum Kern seiner Persönlichkeit wie seine Begeisterung für die Chemie, und beide waren in seinem Selbstbild unmittelbar miteinander verbunden.[34] 1959 wurde er als erstes SED-Mitglied in die Leopoldina aufgenommen.[35] Wenn es nun – so weit ihren retrospektiven Selbstdarstellungen zu entnehmen ist – ein hohes institutionelles Ziel dieser Akademie in der Zeit der DDR war, den Bestand ihrer gewählten Mitglieder möglichst SED-frei zu halten, dann muss Rienäckers wissenschaftliches Format dort so hoch geschätzt worden sein, dass es ausreichte, um die zusätzliche Hürde zu überwinden, die eine Mitgliedschaft in der SED für eine Zuwahl bedeutete.

Sein Chemiestudium hatte er in der ersten Hälfte der 1920er Jahre in München bei Otto Hönigschmid absolviert. 1926 verteidigte er seine von Eduard Zintl angeregte und von

[33] Rienäcker, der den Kulturbund in Rostock mitbegründet hatte und auch dessen Präsidialrat angehörte, sagte auf einer Sitzung des Präsidialrats kurz nach dem Aufstand vom 17. Juni unter anderem: „Wir haben darüber gesprochen, wie krasse Fälle von Verfassungsbruch vorgekommen sind, und wir haben die Aufgabe, dafür zu sorgen, dass die Verfassung wieder geachtet wird, dass sie wieder heilig wird. Liebe Freunde, das Vertrauen können wir nur wiedergewinnen, wenn die Dilettanten und Pfuscher, wenn die Unmenschen und wenn diejenigen, die in krassen Fällen die Verfassung gebrochen haben, dafür zur Verantwortung gezogen werden, und zwar unverzüglich. (…) Wenn das nicht geschieht, gewinnen wir mit den besten Maßnahmen der Zukunft das Vertrauen nicht wieder“, in: SED und Intellektuelle in der DDR der fünfziger Jahre. Kulturbund-Protokolle, hrsg. v. Heider, Magdalena/Thöns, Kerstin, St. Augustin 1990, S. 46.

[34] Es erschiene mir historisch nicht legitim, das Bild Rienäckers „weichzuspülen“ und seine politische Überzeugung, für die er in exponierten Positionen öffentlich eingetreten ist, auszublenden. Der persönlichste Text aus seiner Feder, den ich kenne, ist ein kurzer Erinnerungsbericht, den er etwa ein Jahr vor seinem Tod für die Geschichtskommission der SED-Kreisleitung der Akademie der Wissenschaften der DDR (die DAW wurde 1972 in AdW der DDR umbenannt) schrieb und der schon wegen seines autobiographischen Wertes berücksichtigt werden muss. G. Rienäcker, Chemiker und Lehrer aus Begeisterung – Kommunist aus Überzeugung, in: Erinnerungen und Erlebnisse verdienstvoller Mitglieder der SED, H. 3, hrsg. v. der Geschichtskommission der SED-Kreisleitung, AdW der DDR, Berlin 1988, S. 3–15.

[35] Parthier, Benno/Gerstengarbe, Sybille, Akademien als Orte gesamtdeutscher Wissenschaftsbeziehungen. Das Beispiel Leopoldina, in: Die Berliner Akademien der Wissenschaften im geteilten Deutschland 1945–1990, hrsg. v. Kocka, Jürgen, unter Mitarbeit v. Nötzoldt, Peter u. Walther, Peter Th., Berlin 2002, S. 203–228, hier: S. 206.

Hönigschmid und Heinrich Wieland begutachtete Dissertation über *Neue potentiometrische Titrationsmethoden von Schwermetallen.* Mit der subtilen Beherrschung moderner analytischer Methoden schuf er sich eine gute Grundlage für den Einstieg in das Gebiet der heterogenen Katalyse. Die Anregung dazu empfing er zwischen 1926 bis 1928 als Privat- und Vorlesungsassistent bei Georg von Hevesy am Physikalisch-Chemischen Institut der Universität Freiburg i. Br. Vor allem widmete er sich den Misch- oder Mehrstoffkatalysatoren, denen auch seine 1935 verteidigte Habilitationsschrift galt. Ab 1936 publizierte er unter dem Serientitel *Katalytische Untersuchungen an Legierungen* eine Reihe von Arbeiten in der „Zeitschrift für anorganische und allgemeine Chemie“, deren Herausgeberschaft er 1946 selbst übernahm und bis zu seinem Lebensende weiterführte.

Das Kriegsende erlebte er als Ordinarius für anorganische Chemie in Rostock und wurde der erste Nachkriegsrektor dieser Universität. Hier gründete er gemeinsam mit Wolfgang Langenbeck, dem Rostocker Ordinarius für Organische Chemie, 1951 ein Institut für Katalyseforschung, das 1952 arbeitsfähig war und in dem er selbst den Bereich Anorganische Katalyse, Langenbeck den Bereich Organische Katalyse leitete. Dieses Institut unterstand zunächst dem damaligen Ministerium für Schwerindustrie der DDR und wurde mit Wirkung vom 1. 1. 1954 – also genau an dem Termin, zu dem er nach Berlin berufen wurde – an die DAW übergeben. Rienäcker fuhr nun alle zwei Wochen von Berlin nach Rostock, um die dort laufenden Arbeiten zu betreuen, bis das Forschungsinstitut zum 1. 10. 1959 geteilt wurde, sein Bereich den Status eines selbstständigen Instituts für anorganische Katalyseforschung erhielt und schließlich in Adlershof angesiedelt wurde.[36]

Eine Serie von Untersuchungen über Legierungen katalytisch interessanter Metalle führte zu einem umfassenden Überblick über Zusammenhänge zwischen dem Atombau der Metalle und deren katalytischer Wirksamkeit.[37] Sein Schüler Joachim Völter sieht darin eine überzeugende Bestätigung der in Rienäckers Habilitationsschrift vertretenen Ansicht, „dass der katalytische Prozess wie ein echter chemischer Prozess vom Elektronenaufbau des Katalysators gesteuert wird“.[38] In den 1950er Jahren dehnte er das Untersuchungsfeld auch auf oxidische Katalysatoren aus; seit 1949 wurden die Resultate in einer Reihe von Arbeiten mit dem Serientitel *Über die Beeinflussung oxidischer Katalysatoren durch Zuschläge* veröffentlicht. Danach ist es im Prinzip möglich, für oxidische Katalysatoren die Stärke der katalytischen Wirkung einzustellen.[39]

---

[36] Rienäcker, Chemiker, 1988, S. 9.

[37] Ders., Beiträge zur Kenntnis der Wirkungsweise von Katalysatoren und Mischkatalysatoren, Abhandlungen der DAW zu Berlin, Klasse für Chemie, Geologie und Biologie, H. 3, 1955.

[38] Völter, Joachim, Günther Rienäcker, in: WAS 1, 1996, S. 92–99, hier: S. 94.

[39] Öhlmann, Gerhard, Günther Rienäcker. Laudatio zu seinem 100. Geburtstag, in: Sitzungsberichte der Leibniz-Sozietät 68 (2004), S. 152–160, hier: S.158.

Hier wird ein Grundzug der „inneren Logik" des von Rienäcker verfolgten Forschungsprogramm deutlich: „In früheren Jahren stand die Frage nach den Ursachen der katalytischen Wirksamkeit der festen Stoffe im Vordergrund unserer Arbeiten, ohne direkte Bezugnahme auf technische Prozesse". Später erfolgte mehr und mehr die Hinwendung zu dem Problem, „wie ein guter Katalysator beschaffen sein muss, damit er sich bei technischen Verfahren erfolgreich einsetzen lässt. Durch diese Arbeiten konnten bereits bekannte Katalysatoren verbessert und neue entwickelt werden".[40] In der Überzeugung, dass die akademische Wissenschaft von der Grundlagenforschung her auf die industrielle Praxis zugehen sollte, statt sich den Prioritäten der Industrie zu beugen, lag ein erhebliches Konfliktpotential zwischen Wissenschaft und politischem System. Einer der Wege, mit diesem latenten und manchmal auch manifesten Konflikt auf vertretbare Weise fertig zu werden, war die Symbiose von Universität und Akademie, die um so wirksamer wurde, je mehr der Komplex der chemischen Akademieinstitute in Adlershof expandierte. Die relativ großen integrierten Potentiale, die so entstanden, waren besser als kleine universitäre Einheiten in der Lage, auf den politisch forcierten Applikationsdruck einzugehen und dennoch ihre wissenschaftliche Eigenständigkeit nicht aufzugeben. Dabei hätten administrativ eingefädelte Kooperationen für sich genommen wenig bewirkt; lebendig und produktiv wurden sie dann, wenn sie sich auf Personalunionen stützen konnten. Thilo blieb auch in der Rienäcker-Ära weiter mit der Universität verbunden und behielt seinen Lehrstuhl mit allen Rechten.

Rienäcker kam schon als Direktor eines Akademieinstituts an die Humboldt-Universität. Es wurde zur Regel, dass experimentelle Untersuchungen für Diplomarbeiten oder Dissertationen, für die es die erforderlichen Geräte nicht an der Universität, wohl aber an Akademieinstituten gab, auch dort ausgeführt werden konnten.[41] Nicht allein die führenden Professoren der Akademieinstitute hielten Vorlesungen an der Universität, sondern auch talentierte und an der Lehre interessierte Nachwuchskräfte, so der Anorganiker Herbert Grunze, der seit seiner Promotion 1955 am Akademieinstitut für anorganische Chemie tätig war und nach Thilos Emeritierung 1967 dessen Nachfolger wurde.[42] Nichtsdestoweniger war das Verhältnis von Universität und Akademie ambivalent. Der von den Akademieinstituten mit ihrer relativ guten Ausstattung ausgehende Sog war stark. In der Hauptsache bewegten sich die wissenschaftlichen Talente – von den etablierten Spitzenwissenschaftlern bis zum begabten Nachwuchs – von der Universität zur Akademie, nicht umgekehrt. Sie verlagerten den Schwerpunkt ihrer Tätigkeit irreversibel dorthin, auch wenn sie (mehr oder weniger) durch Lehrtätigkeit und andere Verpflichtungen mit der Universität verbunden blieben. Auch Rienäcker konnte sich seinen Aufgaben als Ordinarius und Institutsdirektor

---

40 Rienäcker, Chemiker, 1988, S. 8f.

41 Meinert, Hasso, Vertieftes anorganisches Praktikum, in: Wissenschaftliche Zeitschrift der Humboldt-Universität zu Berlin, Mathematisch-Naturwissenschaftliche Reihe 12 (1963), H. 4, S. 625–627, hier: S. 626.

42 Meisel, Manfred, Nachruf auf Prof. Dr. rer. nat. habil. Herbert Grunze, in: WAS 5, 1999, S. 143–145.

an der Universität nur wenige Jahre mit voller Kraft widmen. 1957 erfolgte in der DDR in Zusammenhang mit der Gründung des Forschungsrates unter Peter-Adolf Thiessen eine umfassende Reorganisation der naturwissenschaftlichen Forschung, die auch eine Umstrukturierung der DAW einschloss.[43] Dabei wurde die Funktion eines Wissenschaftlichen Direktors in die eines Generalsekretärs umgewandelt.[44] Dieses neu geschaffene akademische Amt – ein enormer Arbeitsbereich, da die Akademie zu jener Zeit bereits über mehr als 5.000 Mitarbeiter verfügte – wurde Rienäcker übertragen. Fast fünf Jahre lang versuchte er, es mit der Leitung seines Universitätsinstituts zu vereinbaren, bis sein Gesundheitszustand ein Veto einlegte.

Rienäcker war ein geschätzter Hochschullehrer, seine mit eindrucksvollen Demonstrationsexperimenten ausgestattete Einführung in die anorganische Experimentalchemie zu hören war ein Erlebnis[45]: „Ich erinnere mich auch an meine oft vergnüglichen Vorlesungen im traditionsreichen Emil-Fischer-Hörsaal. Nach einer Doppelstunde vor rund 500 Hörern war ich meist völlig erschöpft, doch die Studenten und Assistenten standen oft vor meinem Zimmer Schlange – sie begriffen wohl nicht, dass die große Experimentalvorlesung Schwerarbeit war. Ich mochte es ihnen auch nicht sagen".[46] Es ist symptomatisch, dass er seine Vorlesung sowohl „vergnüglich" als auch „Schwerarbeit" nannte. Wissenschaft war für ihn ernste Arbeit, doch zugleich immer auch eine Form kultivierter Geselligkeit auf höchstem Niveau. Er war ein begabter Musiker, der Musik an der Grenze der Professionalität betrieb: „Die Musik und das gemeinsame Musizieren bedeuteten mir weniger ‚Ausgleich', vielmehr waren sie Bestandteil meines Lebens".[47] Selbst in Berlin, als ihm die starke Belastung mit Ämtern und Funktionen die Möglichkeit musikalischer Betätigung sehr einengte, hielt er noch Verbindung zu dem aus Musikliebhabern der chemischen Institute bestehenden Kreis „Chemiker musizieren" und war in den von diesem Kreis veranstalteten Vorweihnachtskonzerten ein geschätzter Solist am Cembalo und bisweilen an der Orgel.[48] Seine musikalische Begabung hat sich übrigens in der eigenen Familie fortgesetzt, sein Sohn Gerd Rienäcker wurde ein namhafter Musikwissenschaftler.

---

43 Scheler, Werner, Von der Deutschen Akademie der Wissenschaften zu Berlin zur Akademie der Wissenschaften der DDR. Abriss zu Genese und Transformation der Akademie, Berlin 2000, S. 103–112.

44 Ebd., S. 138.

45 Ich hatte selbst Gelegenheit, als Doktorand am Lehrstuhl für philosophische Fragen der modernen Naturwissenschaft der Humboldt-Universität in den frühen 1960er Jahren diese Vorlesung zu besuchen. Mir ist in lebhafter Erinnerung, dass Rienäcker – ganz ungewöhnlich für eine naturwissenschaftliche Einführungsvorlesung – die ersten sechs oder acht Stunden dafür verwendete, die Entwicklung des chemischen Denkens vom Altertum bis zum 20. Jh. zu skizzieren, bevor er mit der systematischen Darlegung der anorganischen Chemie begann. Er ermahnte die Teilnehmer, der historischen Skizze aufmerksam zu folgen, denn dies würden sie während ihres weiteren Studiums und während ihres ganzen Berufslebens wahrscheinlich nie wieder hören (H. L.).

46 Rienäcker, Chemiker, 1988, S. 10.

47 Ebd., S. 5.

48 Öhlmann, Günther Rienäcker, 2004, S. 160; Völter, Günther Rienäcker, 1996, S. 98.

Gegen Ende 1961 musste Rienäcker sich selbst eingestehen, dass er die Doppelbelastung nicht länger tragen konnte. Er bat die Fakultät, ihn „von den Pflichten des Lehrstuhlinhabers für anorganische Chemie und des Direktors des I. Chemischen Instituts baldmöglichst zu entbinden. (…) Falls die Fakultät damit einverstanden ist, möchte ich dem Lehrkörper der Universität noch weiter angehören".[49] Als er feststellte, dass er im Personal- und Vorlesungsverzeichnis für das Studienjahr 1962/63 nicht mehr als Mitglied des Lehrkörpers geführt wurde, war er sehr betroffen und fragte beim Rektor unverzüglich nach.[50] Gegenüber Dekan Grell bemerkte er, dass er „in jeder Hinsicht Wert darauf legen würde, in gleicher Eigenschaft wie Herr Thilo dem Lehrkörper der Universität weiter anzugehören. Ich tue das wirklich nicht aus formellen Gründen, sondern aus dem Gefühl einer echten Verbundenheit und in dem ausdrücklichen Wunsche, im Rahmen des irgendwie Möglichen an den Aufgaben der Fachrichtung Chemie mitzuarbeiten".[51]

Als Rienäcker dies schrieb, war er als Generalsekretär der DAW Inhaber einer der mit maximaler Machtfülle ausgestatteten wissenschaftsleitenden Funktionen in der DDR und obendrein in jenen Jahren auch noch Mitglied des ZK der SED. Er hätte fordernd auftreten können, und Personen von geringerem menschlichen Format hätten das in ähnlicher Lage auch getan. Rienäcker indes verabscheute diktatorische Allüren; der sachliche, kollegiale und sogar bittende Ton, in dem er sich an die Universität wandte, war kein inszeniertes Understatement, sondern entsprach seinem aufrichtigen Empfinden. Die Universitätsleitung aber brachte er damit in einige Verlegenheit. Im Februar 1963 teilte ihm der Rektor schließlich mit, dass nach Verhandlungen mit dem Staatssekretariat die von ihm gewünschte Regelung erreicht worden sei.[52]

Lothar Kolditz, die Reorganisation der Fachrichtung und die Sektionsgründung 1962–1968

Für die Rienäcker-Nachfolge war zunächst an den an der TU Dresden lehrenden Thilo-Schüler Hans-Albert Lehmann[53] gedacht worden. Da es sich aber als unmöglich erwies, Lehmann für Berlin zu gewinnen, schlug die zur Vorbereitung des Wechsels eingesetzte

[49] G. Rienäcker an Dekan H. Grell über den Leiter der Fachrichtung Chemie R. Havemann, 11. 12. 1961. UAHU, Math.-Nat. Fak. Nr. 112.

[50] G. Rienäcker an Rektor K. Schröder, 3. 12. 1962. Ebd.

[51] G. Rienäcker an Dekan H. Grell, 3. 12. 1962. Ebd.

[52] Rektor K. Schröder an G. Rienäcker, 15. 2. 1963. UAHU, Math.-Nat. Fak. Nr. 122.

[53] Lehmann war seit 1946 Assistent bei Thilo, bei dem er 1949 promovierte und bei dem er sich 1952 auch habilitierte. Nach Professuren in Rostock und Leuna-Merseburg wurde er 1960 Nachfolger von Arthur Simon auf dem Lehrstuhl für Anorganische und Anorganisch-Technische Chemie an der TH Dresden, den dieser fast drei Jahrzehnte innegehabt hatte.

Kommission, der auch Rienäcker und Thilo angehörten, am 20. Dezember 1961 „unico loco Herrn Prof. Dr. Lothar Kolditz, Direktor des Inst. f. anorg. Chemie der Univ. Jena zur Berufung als o. Prof. u. Direktor des I. Chem. Inst. der Humboldt-Univ. vor".[54] Mit dem Revirement vollzog sich ein Generationswechsel: Während Thilo und Rienäcker der gleichen Generation angehörten und noch in der Weimarer Republik studiert hatten, war der in Aussicht genommene Nachfolger gerade 32 Jahre alt und hatte sein Studium bereits in der DDR absolviert. Rienäcker selbst hatte sich mit Nachdruck dafür eingesetzt und in seinem Brief an den Dekan allein Kolditz als möglichen Nachfolger genannt. In einem privaten Gespräch mit ihm sondierte er dessen Bereitschaft zur Annahme eines Rufes; die wichtigsten Bedingungen, die Kolditz stellte, waren die Übernahme einer Gruppe von Mitarbeitern aus Jena nach Berlin und die Einrichtung eines radiochemischen Laboratoriums.[55] Zum 1. September 1962 wurde Kolditz zum Professor mit Lehrstuhl für Anorganische Chemie und zum Direktor des I. Chemischen Instituts ernannt. Mit ihm wurde wieder eine Persönlichkeit ohne Parteibindung Institutsdirektor. Die Triade Thilo – Rienäcker – Kolditz legt die Annahme nahe, dass zumindest für die Chemie die Mitgliedschaft oder Nichtmitgliedschaft der führenden Wissenschaftler in der SED für die Qualität, die Solidität und die inhaltliche Orientierung der wissenschaftlichen Arbeit ohne Belang war, in positiver wie in negativer Hinsicht. Die Autorität der wissenschaftlichen Standards war zu hoch, um durch politische Einflüsse angreifbar zu sein.

Kolditz wahrte die Berliner Chemietradition schon durch seine fachliche Herkunft. Von 1948 bis 1952 hatte er an eben jenem Institut studiert, dessen Direktion er nun übernahm. Seine akademischen Lehrer wurden früh auf seine Begabung aufmerksam. Schon längere Zeit vor seinem Diplomexamen stand fest, dass er als Assistent und Doktorand am I. Chemischen Institut bleiben sollte.[56] Seine Diplomarbeit brachte ihn mit der Fluorchemie in Berührung. Die Anregung dürfte von seinem Betreuer Lehmann ausgegangen sein.[57] Danach integrierte sich Kolditz für einige Zeit in das Forschungsprogramm der Thilo-Schule und promovierte 1954 bei Thilo über Polyarsenatophosphate, kehrte aber in der Folgezeit zu seinem Ausgangspunkt zurück und fand das bleibende Zentrum seines wissenschaftlichen Interesses in der Chemie der Halogenide und insbesondere des Fluors. Diese Wendung zeigte sich in seiner Habilitationsschrift *Über Verbindungen von fünfwertigem Phosphor, Arsen und Antimon mit Fluor und Chlor*, die er 1957 in Berlin verteidigte.

---

[54] Betr.: Wiederbesetzung des Lehrstuhls für Chemie (Nachfolge Rienäcker). Handschriftliche Notiz von G. Rienäcker, 20. 12. 1961. UAHU, Math.-Nat. Fak. Nr. 112.

[55] G. Rienäcker an den Dekan der Math.-Nat. Fak., 22. 12. 1961. Ebd.

[56] Betr.: Berufseinsatz aller Absolventen, 10. November 1951. UAHU, Math.-Nat. Fak. Nr. 116.

[57] Haas, Alois, Geschichte der Fluorchemie in Deutschland, hrsg. v. der Gruppe Deutscher Fluorchemiker, Bochum 2006, S. 18.

Seine Karriere verlief beeindruckend schnell. Nach seiner Habilitation wurde er zum Dozenten für Anorganische Chemie an der Humboldt-Universität ernannt, doch schon wenige Monate später verließ er Berlin und übernahm eine Professur mit Lehrauftrag für Anorganische und Radiochemie an der 1954 neu gegründeten Technischen Hochschule für Chemie in Leuna-Merseburg. 1959 erhielt er nach der Emeritierung von Franz Hein einen Ruf auf dessen Lehrstuhl für Anorganische Chemie an der Friedrich-Schiller-Universität in Jena. Egon Uhlig beschreibt seine in Jena ausgeführten Arbeiten und bemerkt, dass er zwei weiterwirkende Arbeitskreise initiiert habe – für Halogenchemie und für Bindungsisomerie.[58] In vorsichtiger Annäherung könnte man das unikale Profil, über das Kolditz in Jena schon in ausgeprägter Form verfügte, das er auch in der Lehre geltend machte und mit dem er das größere Berliner Aufgabenfeld betrat, durch die Verbindung zweier Charakteristika kennzeichnen. *Einerseits* war er hinsichtlich der Stoffklasse, die das Zentrum seines wissenschaftlichen Interesses bildete, dezidiert Fluorchemiker.[59] *Andererseits* behandelte er die Fluorchemie (wie auch die Chemie anderer Stoffklassen, mit denen er sich als Forscher und Lehrer beschäftigte) mit großem methodischen und theoretischen Einsatz und zog dabei modernste Richtungen heran. Bei seinen Jenenser Hörern hinterließ er damit einen bleibenden Eindruck.[60]

Auch in den folgenden Jahren war Jena eine ausgezeichnete Schule für den Hochschullehrernachwuchs der hauptstädtischen Universität. So holte Kolditz den Anorganiker Dieter Hass, der in Berlin studiert und 1960 mit einer Arbeit über Fluorarsensäureester promoviert hatte und dann an die Friedrich-Schiller-Universität gegangen war, 1965 aus Jena nach Berlin zurück. Später war Hass nach Kolditz Direktor der Berliner Sektion Chemie und übte in den „Wendejahren" von 1988 bis 1990 das Amt des Rektors der Humboldt-Universität aus. Uhlig erleichterte ihm den Übergang nach Berlin durch ein verständnisvolles Gutachten, in dem er dessen „ausgefeilte experimentelle Technik" hervorhob.[61] Mit Wirkung vom 1. Februar 1966 wurde Hass auf Antrag von Kolditz zum Dozenten für das Fachgebiet Anorganische Chemie ernannt.[62]

Damals war für Kolditz die Zeit, in der er sich in Berlin vorrangig seinem Institut widmen konnte, bereits bis auf Weiteres vorüber. 1965 wurde er zum Prorektor für Naturwissenschaften ernannt, ein außerordentlich arbeitsintensives Amt, das er bis 1968 ausübte.

58 Uhlig, Egon, Das Institut für Anorganische Chemie der Friedrich-Schiller-Universität Jena in den Jahren von 1958 bis 1968, in: Geschichte der Chemie in Jena im 20. Jahrhundert. Materialien II: 1945 bis Mitte der 1960er Jahre, hrsg. v. Hallpap, Peter, Jena 2005, S. 23–35, hier: S. 31f.

59 Kolditz, Lothar, Zur Chemie des Fluors. Vortrag, gehalten vor der Klasse Naturwissenschaften der Leibniz-Sozietät am 15. Dezember 1994, in: Sitzungsberichte der Leibniz-Sozietät 7 (1995), S. 5–23, hier: S. 5.

60 D. Linke, Prof. Dr. rer. nat. habil. Dr. rer. nat. h.c. Lothar Kolditz, in: WAS 5, 1999, S. 136–141, hier: S. 137.

61 E. Uhlig, Gutachten über Herrn Dr. rer. nat. habil. Dieter Hass, 31. 7. 1965 (Abschrift). UAHU, Math.-Nat. Fak. Nr. 112.

62 Rektorat an Dekan F. Bernhard, 14. 2. 1966. Ebd.

Schon die Jahre vor der Übernahme des Prorektorats waren für Kolditz eine schwierige, problemgeladene Zeit. Zwischen Herbst 1963 und Frühjahr 1964 eskalierte der Konflikt zwischen Robert Havemann[63] – selbst Mitglied der SED – und der Führung seiner Partei, den die Führung der SED im März 1964 durch den Parteiausschluss Havemanns und dessen fristlose Entlassung aus der Universität ein für allemal für sich zu entscheiden suchte; die Entlassung war ein direktes Diktat des Politbüros. Kolditz war auch mit der Moderierung der Folgen betraut, denn die Leitung der Fachrichtung, die zuvor Havemann innegehabt hatte, wurde zum 1. April 1964 ihm übertragen.[64]

Schon vorher war Kolditz als Institutsdirektor mit Problemen konfrontiert, die ganz anders geartet waren, aber Forschung und Lehre ebenfalls tiefgreifend beeinträchtigten. In der Zeit seiner Amtsübernahme spitzte sich das Problem der Sicherstellung der Praktika gefährlich zu. Die Misere wurde nicht nur intern beklagt, sondern auch öffentlich ausgesprochen. Rudolf Sauer erklärte 1962 in einem Vortrag, unter den Bedingungen extremer Raumnot sei die Nebenfächlerausbildung in den letzten Jahren allein deshalb termingerecht und erfolgreich abgelaufen, „weil das gesamte Lehrpersonal einschließlich der Hilfskräfte in selbstlosem Einsatz und unter teilweiser Zurückstellung der eigenen Weiterbildung sich über das vertretbare Maß hinaus im Unterricht eingesetzt hat".[65] Werner Schmidt und Gert Blumenthal verwiesen auf die schwerwiegenden Konsequenzen für die Assistenten, deren chronische Überlastung in der Lehre die ordnungsgemäße Durchführung der Promotionsarbeiten gefährdete.[66]

Hier handelte es sich nicht um einen temporären Missstand, sondern um ein Dauerproblem der Fachrichtung. Schon im Mai 1949 hatte Thilo gegenüber der Zentralverwaltung für Volksbildung dargelegt, dass von den damals immatrikulierten 483 Haupt- und Nebenfachstudenten 271 – teils schon länger als vier Semester – noch keine Möglichkeit hatten, ein Praktikum zu besuchen, und daher auf theoretische Fächer ausweichen mussten. In den Praktika waren drei Studierende auf zwei Plätzen oder auch zwei Studierende auf einem Platz untergebracht.[67] Auch 1951 waren noch 36 Studenten ohne Zugang zum Praktikum.[68] Aus Kapazitätsgründen konnten für die Fachrichtung Chemie damals nicht mehr als 30 bis 40 Studenten pro Jahr immatrikuliert werden. Im Gefolge der Chemiekonferenz 1958 wurden deutlich höhere Immatrikulationsziffern verlangt; künftig sollte die Universität 100 Studenten pro Jahr mit dem Studienziel Diplom-Chemiker aufnehmen. Dazu ver-

---

63 Bilke, Wolf-Dieter/Pietsch, Herward, Robert Havemann (11. 03. 1910–09. 04. 1982), in: Zeitschrift für physikalische Chemie (Leipzig) 271 (1990), H. 6, S. 1073–1082.

64 Prorektor H. Sanke an L. Kolditz, 29. 4. 1964. UAHU, Math.-Nat. Fak. Nr. 112.

65 Sauer, Rudolf, Die Chemieausbildung der Nebenfächler: der Biologen, Mineralogen, Physiker und der Lehrerstudenten, in: Wissenschaftliche Zeitschrift der Humboldt-Universität zu Berlin, Mathematisch-Naturwissenschaftliche Reihe 12 (1963), H. 4, S. 623–625, hier: S. 625.

66 Schmidt, Werner/Blumenthal, Gert, Moderne Wege in der Ausbildung im anorganisch-chemischen Grundpraktikum, in: ebd., S. 627–629, hier: S. 629.

67 E. Thilo an die ZVV, 31. 5. 1949. UAHU, Math.-Nat. Fak. Nr. 28.

68 E. Thilo an die HV Chemie im Ministerium für Schwerindustrie, 27. 1. 1951. Ebd.

fassten die Institutsdirektoren Neunhoeffer und Rienäcker im April 1959 gemeinsam ein Positionspapier, in dem sie die desolate Raumsituation detailliert beschrieben und zu dem Schluss gelangten, „dass eine Zulassungsquote von jährlich 100 Studenten ohne besondere Maßnahmen von diesen Instituten nicht zu bewältigen ist".[69] Rienäckers Brief an den Rektor vom März 1960 hatte schon den Charakter eines Notrufs.[70]

1962 zeichnete sich die Möglichkeit ab, eine stabile Lösung zu erreichen und insbesondere das Praktikum für die künftigen Chemie- und Biologielehrer dauerhaft aus dem I. Chemischen Institut auszulagern. In diesem Jahr wurde die zur Humboldt-Universität gehörende Arbeiter- und Bauern-Fakultät (ABF)[71] geschlossen, die über geeignete Räumlichkeiten verfügte; diese wurden mit erheblichem Aufwand für die Bedürfnisse universitärer Praktika eingerichtet, „so dass die reale Aussicht besteht, diese Ausbildung ab Herbst 1962 ordnungsgemäß durchzuführen".[72] Diese Hoffnung Rienäckers erwies sich jedoch als eine Illusion. Das Projekt musste aufgegeben werden, „weil der gesamte Gebäudekomplex von der Volksarmee beschlagnahmt wurde".[73] Im Dezember 1963 dokumentierte Kolditz gegenüber dem Rektor detailliert den Ernst der Lage.[74] Da die ABF – ihrer Funktion nach Vorstudienanstalt zum Erwerb der Hochschulreife außerhalb des normalen Schulsystems – ausdrücklich den Status von *Fakultäten* und damit von regulären Bestandteilen der jeweiligen Universitäten hatte[75], was viel Unmut hervorrief, gehörten ihre Gebäude den Universitäten und hätten keineswegs „beschlagnahmt" werden dürfen. Indes galt die Einrichtung der „Friedrich-Engels-Kaserne" in unmittelbarer Nähe des Bahnhofs Friedrichstraße mit seinem Grenzübergang nach Westberlin als ein gegenüber den Belangen der Wissenschaft übergeordneter Wert.

---

69 O. Neunhoeffer, G. Rienäcker, Notwendige Maßnahmen zur Erhöhung der Ausbildungskapazität in der Fachrichtung Chemie, insbesondere für das I. und II. Chemische Institut, 8. 4. 1958. UAHU, Math.-Nat. Fak. Nr. 29.

70 G. Rienäcker an den Rektor, 14. 3. 1960. UAHU, Math.-Nat. Fak. Nr. 28.

71 Zur Geschichte der Arbeiter-und-Bauern-Fakultät der Humboldt-Universität zu Berlin (Beiträge zur Geschichte der Humboldt-Universität zu Berlin, Nr. 2). Berlin 1980.

72 G. Rienäcker über Dekan und Rektor an das Staatssekretariat für Hoch- und Fachschulwesen, 18. 7. 1962. UAHU, Math.-Nat. Fak. Nr. 28.

73 L. Kolditz an den Rektor, 20. 12. 1963. Ebd.

74 Freilich konnten sich die Protagonisten der militärischen Nutzung des Areals in der DDR-Führung auf die Tradition des Gebäudes berufen, das 1772/73 nach einem Entwurf von Jan Boumann auf Anweisung von Friedrich II. als Kaserne für das Erste Garde-Artillerie-Regiment errichtet worden war. Ganz am Ende der DDR wurde es doch noch in die Verwaltungshoheit der Humboldt-Universität zurückgegeben; am 29. Juli 1990 erfolgte in Anwesenheit von Ministerpräsident Lothar de Maizière die feierliche Übergabe der bisherigen Friedrich-Engels-Kaserne an Rektor Heinrich Fink. Schrade, Annette, Kasernen-Übergabe, in: Humboldt-Universität 35 (1990/91), 1/2, 28. 9. 1990, S. 11.

75 Schneider, Michael C., Grenzen des Elitentausches. Zur Organisations- und Sozialgeschichte der Vorstudienanstalten und frühen Arbeiter-und-Bauern-Fakultäten in der SBZ/DDR, in: Jahrbuch für Universitätsgeschichte 1 (1998), S. 134–176.

Um 1960 waren zwischen der Humboldt-Universität, dem Staatssekretariat für Hochschulwesen und dem Magistrat ehrgeizige bis phantastische Pläne zur universitären Expansion im Gespräch, deren auch nur ansatzweise Verwirklichung die Fachrichtung Chemie (und nicht nur diese) auf lange Sicht von allen Raumnöten befreit hätte. So wurde erwogen, die Mathematisch-Naturwissenschaftliche Fakultät in unmittelbarer Nachbarschaft der DAW-Institute in Adlershof anzusiedeln. In einem im Juni 1960 unterzeichneten Beschlussprotokoll hieß es: „Als 1. Bauabschnitt der Verlagerung sind das Physikalische und Chemische Kombinat mit je 2 ha vorzusehen".[76] Offensichtlich war bereits hier an die Zusammenführung der chemischen Institute zu einer integrierten Institution gedacht. Die in Aussicht genommene Fläche befand sich in unmittelbarer Nähe des Standortes des dem Ministerium für Staatssicherheit (MfS) unterstehenden Wachregiments Berlin. Verwaltungsdirektor Rosenhahn wurde gebeten, die Zustimmung des Ministeriums einzuholen.[77] Diese Zustimmung wurde jedoch verweigert. Damit war das Projekt vom Tisch. Neben der Beschlagnahme des ABF-Gebäudes durch das Militär ist dies ein zweites signifikantes Beispiel dafür, dass universitäre Planungen, die für die Fachrichtung Chemie relevant waren, durch externe Eingriffe rigoros konterkariert wurden.

In den 1950er Jahren brach sich in der Fachrichtung die Überzeugung Bahn, dass nicht nur das Praktikum, sondern das herkömmliche Chemiestudium insgesamt eines grundlegenden Modernisierungsschubes bedurfte. Traditionell war unter den Hochschullehrern der Chemie, auch in Berlin, bis auf wenige Ausnahmen das Interesse an der Bildung und Anwendung übergreifender Theorien eher gering.[78] Ihr – durchaus mit Vielseitigkeit verbundener – methodischer Empirismus kollidierte im Laufe des 20. Jahrhunderts immer mehr mit der Explosion der Menge bekannter Verbindungen und Reaktionen, von denen angehende Chemiker nur einen immer geringer werdenden Teil im Laboratorium sinnlich-praktisch kennen lernen konnten. Die Gefahr wuchs, dass überhaupt nur noch eine oberflächliche Kenntnisaneignung stattfand und Experimentierfreude und Neigung zu selbstständigem Arbeiten gelähmt wurden; die Folge war neben der Überschreitung der Regelstudienzeit auch eine hohe Studienabbrecherquote.[79] Wenn das Studium weiterhin einen Überblick über das Gesamtgebiet der Chemie und dessen inneren Zusammenhang vermitteln wollte, musste der Theorie als integrierender Klammer und damit auch als Sprache und Werkzeug der Chemie ein wachsender Stellenwert beigemessen werden.

---

[76] Beschlussprotokoll über die am 22. 6. 1960 getroffenen Vereinbarungen zwischen der Humboldt-Universität und dem Wirtschaftsrat des Magistrats von Groß-Berlin zur Perspektive der Humboldt-Universität zu Berlin. UAHU, Math.-Nat. Fak. Nr. 47.

[77] Ebd.

[78] Thilo, Erich, Über die Problematik der anorganischen Chemie im Berliner Chemischen Universitäts-Institut in der Hessischen Straße, in: Zeitschrift für Chemie 1 (1960), H. 4, S. 97–105, hier: S. 99.

[79] Schmidt/Blumenthal, Moderne Wege, 1963, S. 627.

1954 wurde anstelle der bis dahin gebräuchlichen klassischen Makro-Methode die chemikalien- und zeitsparende Halbmikro-Methode in das anorganische Anfängerpraktikum eingeführt. Damit gelang es 1958 erstmals, den Studienplan für diese beiden Jahre einzuhalten. Der nächste Schritt war die Einführung kollektiver Ausbildungsformen im Jahre 1960: „Die Studenten arbeiteten nun in Gruppen zu vieren, führten gewisse Experimente gemeinsam durch, bereiteten sich gemeinsam auf die Prüfungen vor und wurden auch gemeinsam geprüft". Dadurch wurde, wie es in einem Erfahrungsbericht heißt, das Niveau im Studienjahr ausgeglichener und die Verbindung zwischen Studenten und betreuenden Assistenten enger.[80] Zugleich suchte man eine „Überspitzung des Kollektivprinzips" zu vermeiden, die nur noch ideologisch motiviert und nicht mehr sachlich gerechtfertigt werden konnte.[81]

Der nächste Schritt war die Teilung des anorganischen Praktikums in ein Grundpraktikum zu Beginn des Studiums und ein vertieftes Praktikum im 8. Semester unmittelbar vor Beginn der Anfertigung der Diplomarbeit. Den Schwerpunkt bildete der Einsatz physikalischer Hilfsmittel in modernen Methoden der analytischen und präparativen anorganischen Chemie. Ab November 1961 begann der Ausbau dieses Praktikumsabschnitts. Polarographie, UV-Spektralanalyse, Anfertigung von zwei Präparaten unter erschwerten Bedingungen sowie ab 1963 – nach Fertigstellung des neuen, von Kolditz geleiteten Isotopenlabors – die Arbeit mit Radionukliden waren für alle Studierenden obligatorisch. Hinzu kam ein weit gefächertes Spektrum fakultativer Angebote, aus dem die Studierenden je nach den Erfordernissen ihrer Diplomarbeiten nach Rücksprache mit deren Betreuern ihre Auswahl treffen konnten.[82] Nach der Ernennung von Günter Hilgetag zum Direktor des II. Chemischen Instituts wurde auch eine Reform des organischen Praktikums in Angriff genommen. Im März 1962 wurden hier die ersten Veränderungen wirksam, die dazu führten, dass ab Februar 1963 erstmals alle Studenten termingemäß in das vertiefte anorganische Praktikum gehen konnten.

1962 gingen die permanenten Diskussionen um die Verbesserung des Praktikums in eine allgemeine Debatte um die perspektivische Gestaltung des Chemiestudiums über. Den äußeren Anlass dazu bot ein auf Anregung der SED-Parteigruppe der Dozenten Anorganiker[83] ausgearbeitetes Thesenpapier, in dem unter anderem folgende Probleme artikuliert wurden: „Wie muss unser Studium verändert werden, damit die theoretische Chemie das

80 Ebd., S. 627.
81 Ebd., S. 628.
82 Meinert, Vertieftes anorganisches Praktikum, 1963.
83 Auch die Angehörigen dieser Grundorganisation waren in erster Linie Wissenschaftler oder Studierende und nicht Politfunktionäre oder Ideologen, und die Beschäftigung mit den Problemen der wissenschaftlichen Arbeit machte einen beträchtlichen Teil des „Parteilebens" aus. Die Parteiorganisation der Chemiker – in der nicht zufällig eine Persönlichkeit wie Robert Havemann ihr politisches Profil entfalten konnte – zeichnete sich zudem durch erhebliche Eigenwilligkeit aus. Weil die übergeordneten Parteileitungen ihr nicht zutrauten, nach Anweisung „von oben" ihr Mitglied Robert Havemann durch Mehrheitsbeschluss auszuschließen, wie es das Parteistatut verlangt hätte, ließen sie ihm am 12. März 1964 statutenwidrig durch die Universitätsparteileitung (UPL) den Status eines Mitgliedes der SED entziehen.

ihr gebührende Gewicht im gesamten Ausbildungsgang erhält? Wie kann demgemäß die Mathematik und die Physik stärker in das Studium integriert werden? Wie muss die Auswahl des zu vermittelnden Stoffes aussehen, und nach welcher Methodik muss diese Vermittlung geschehen, damit das Auswendiglernen von Einzeltatsachen immer stärker zugunsten des Begreifens und Durchdenkens grundlegender theoretischer Zusammenhänge zurückgedrängt wird?"[84]

Der Trend zur theoretischen Vertiefung, der eine neue Integrationsebene für das vielfältig differenzierte Gesamtgebiet der Chemie schuf, hatte unter den Chemikern der Humboldt-Universität eine ganze Reihe von Protagonisten. Hier sei an den früh verstorbenen Werner Haberditzl erinnert, der als Doktorand, Assistent und Oberassistent von Robert Havemann maßgeblich dazu beigetragen hatte, das Interesse seiner Kollegen an quantenchemischen Sichtweisen und Methoden zu fördern und die Quantenchemie in die Lehre einzuführen. Sein wissenschaftliches Interesse konzentrierte sich zunächst auf die Magnetochemie, eine der von Havemann favorisierten Forschungsrichtungen. Er promovierte 1957 mit einer Arbeit *Über die Bindungsweise des Eisens in verschiedenen Hämoglobinderivaten*, die von Havemann und Rienäcker begutachtet wurde.[85] In seiner 1963 verteidigten Habilitationsschrift entwickelte er ein auf Präzisionsmessungen gegründetes neues Diamagnetismus-Inkrementsystem, das dem bis dahin gebräuchlichen wesentlich überlegen war.[86] Ein nach der Habilitation verfasster Überblick über das Gesamtgebiet der Magnetochemie erschien 1968 in der vom Ostberliner Akademie-Verlag und dem Braunschweiger Vieweg-Verlag gemeinsam edierten wissenschaftlichen Taschenbuchreihe.[87] Bereits einige Jahre vor seiner Habilitation hielt er regelmäßig Spezialvorlesungen über Magnetochemie und vertrat für mehrere Semester Havemann in dessen physikalisch-chemischer Hauptvorlesung. Auf Antrag Havemanns erfolgte zum 1. 11. 1963 Haberditzls Ernennung zum Dozenten.

Rolf Landsberg, der nach Havemanns fristloser Entlassung eilig nach Berlin berufen und zum Direktor des Physikalisch-Chemischen Instituts ernannt worden war, beantragte im Herbst 1964 für Haberditzl eine Professur mit Lehrauftrag.[88] Kolditz als Fachrichtungsleiter schloss sich dem Antrag an und schlug als Bezeichnung „Professor mit Lehrauftrag für Theoretische Chemie" vor.[89] So war Haberditzl der erste Professor in der DDR, dessen Beru-

---

[84] Schmidt/Blumenthal, Moderne Wege, 1963, S. 627.

[85] Haberditzl, Werner, Über die Bindungsweise des Eisens in verschiedenen Hämoglobinderivaten. Autorreferat zur Dissertation, in: Wissenschaftliche Zeitschrift der Humboldt-Universität zu Berlin, Mathematisch-Naturwissenschaftliche Reihe 7 (1957/58), H. 4, S. 517f.

[86] R. Havemann an Dekan H. Grell, 17. 6. 1963. UAHU, Math.-Nat. Fak. Nr. 112. Haberditzl, Werner, Über ein neues Diamagnetismus-Inkrementsystem, Berlin 1964. Auf diesem Arbeitsgebiet waren an der Humboldt-Universität weitere Forscher tätig: Friebe, Reiner, Beiträge zur Inkrementsystematik chemischer Bindungen und ihrer quantenchemischen Interpretation, Diss., Humboldt-Universität zu Berlin 1967.

[87] Haberditzl, Werner, Magnetochemie, Berlin/Braunschweig 1968.

[88] R. Landsberg an Dekan F. Bernhard, 10. 11. 1964. UAHU, Math.-Nat. Fak. Nr. 112.

[89] Ebd.

fungsgebiet ausdrücklich die Bezeichnung „Theoretische Chemie" erhielt. Ohne das zitierte Addendum von Kolditz wäre er vermutlich, wie bis dahin üblich, zum Professor für Physikalische Chemie ernannt worden. Haberditzl war ein typischer Theoretiker[90], ein Wissenschaftler mit großer mathematischer Kompetenz und zugleich mit weitem philosophischen und wissenschaftshistorischen Horizont. Als er seine Professur erhielt, hatte sich die Quantenchemie „weltweit als eine in Lehre und Forschung etablierte interdisziplinäre Wissenschaftsrichtung durchgesetzt".[91] Die diesbezüglichen Initiativen Haberditzls und anderer, vorwiegend jüngerer Physikochemiker in der DDR kamen gerade noch rechtzeitig, um den Anschluss an diesen internationalen Modernisierungsschub in der Chemie nicht zu verlieren. 1974 verteidigte an der Humboldt-Universität Joachim Sauer seine Dissertation A „Konsequenzen des Koopmansschen Theorems in den Restricted Hartree-Fock-Methoden für open-shell-Systeme", 1975 schloss Reinhard Stößer seine Dissertation B über „Magnetische Wechselwirkungen in pi-Elektronensystemen" ab. Damals bildete sich in der DDR ein Netzwerk der Quantenchemiker, das Universitäts- und Akademieinstitute, aber auch Industrieforschungseinrichtungen verband und regelmäßig Arbeitstagungen mit internationaler Beteiligung durchführte.[92] Daraus ging Anfang der 1970er Jahre auch das Projekt der Serie *Quantenchemie. Ein Lehrgang* hervor, als deren Gesamtherausgeber Haberditzl bis zu seinem Tode fungierte. 1973 wurde sie mit einer einführenden Darstellung von Lutz Zülicke eröffnet.[93] Haberditzl selbst steuerte eine umfangreiche Monographie über Komplexverbindungen bei.[94]

Die Expansion der Quantenchemie forderte das disziplinäre Selbstverständnis der Chemie heraus und belebte die daran anknüpfende wissenschaftsphilosophische Diskussion. Das Reduktionismusproblem war zu jener Zeit in der Theoretischen Chemie international virulent, und an seiner Erörterung beteiligten sich auch Chemiker der Humboldt-Universität.[95] Sie trug dazu bei, nicht der Quantenchemie selbst, wohl aber ihrer euphorischen Überhöhung zu *der* Grundlagentheorie der Chemie mit vorsichtiger Skepsis zu begegnen.

90 In einem Nachruf auf seine Frau Sibylle nennt Veronika de Haas ihn, der mit seinem österreichischen Pass auch nach dem Mauerbau täglich aus Berlin-Dahlem zur Arbeit nach Ostberlin fuhr, einen „sanften Mann und stillen Denker". Haas, Veronika de, Sibylle Haberditzl (geb. 1923). Sie hatte gelobt, dem Mann auch in die DDR zu folgen, in: Der Tagesspiegel v. 16. 11. 2007.

91 Gey, Erhard, Der Zusammenhang von interdisziplinären Forschungssituationen und Kooperationsverhalten bei der Bildung und Entwicklung neuer Spezialgebiete, dargestellt am Beispiel der Quantenchemie, in: Interdisziplinarität in der Forschung. Analysen und Fallstudien, hrsg. v. Parthey, Heinrich/Schreiber, Klaus, Berlin 1983, S. 151–175, hier: S. 161.

92 Müller, Hans, Entwicklung der Quantenchemie in der DDR, in: Zeitschrift für Chemie 14 (1974), H. 11, S. 427–433.

93 Zülicke, Lutz, Quantenchemie. Grundlagen und allgemeine Methoden, Berlin 1973.

94 Haberditzl, Werner, Quantenchemie. Komplexverbindungen, Berlin 1979.

95 Haberditzl erwies dem Verfasser dieses Textes die Ehre einer kleinen gemeinsamen Publikation zu dieser Thematik. Haberditzl, Werner/Laitko, Hubert, Reduziert sich die theoretische Chemie auf angewandte Quantenmechanik und Quantentheorie?, in: Wissenschaftliche Zeitschrift der Humboldt-Universität zu Berlin, Mathematisch-Naturwissenschaftliche Reihe 16 (1967), H. 6, S. 961–962.

So prägte sich im Kreis um Haberditzl eine deutliche Differenzierung zwischen den Begriffen „Theoretische Chemie“ und „Quantenchemie“ aus.[96] Diese komplexere Auffassung der Theoretischen Chemie äußerte sich in der Heranziehung weiterer mathematischer Kalküle, wie der Graphentheorie zur Bearbeitung chemischer Probleme, und in der Profilierung neuartiger Richtungen, wie der Chemischen Informatik und der Mathematischen Chemie. An der Humboldt-Universität wurde diese Entwicklung wesentlich durch Haberditzl in die Wege geleitet, wie sein früherer Mitarbeiter Hans-Georg Bartel betont[97], der bereits 1972 mit einer Arbeit zur Anwendung der Spieltheorie in der Quantenchemie promoviert hatte.[98]

Die Vereinigung der chemischen Institute zur Sektion Chemie der Humboldt-Universität erfolgte im Rahmen der III. Hochschulreform in der DDR, die ihrerseits in ein komplexes wirtschafts-, wissenschafts- und bildungspolitisches Reformpaket integriert war.[99] Die Reform insgesamt war ein zentralistisch verfügtes Oktroi, das ihr schematische Züge verlieh. Nichtsdestoweniger blieben den Akteuren gewisse Freiheitsgrade.[100] Das administrative Verlangen, leichter dirigierbare Großstrukturen mit klar überschaubarem Aufbau zu schaffen, begegnete längerfristigen innerwissenschaftlichen Integrations- und Verflechtungsprozessen, und wo es gelang, zwischen beiden Seiten einen tragfähigen Kompromiss zu finden, wurden die Sektionen von ihren Mitarbeitern auch als adäquate Institutionalformen akzeptiert – anders als in Fällen, in denen hochgradig selbstständige Institute rein äußerlich verklammert wurden, um dem generellen Imperativ der Sektionsbildung zu genügen.

Im Fall der Chemie ließ sich die Sektionsbildung aus innerwissenschaftlichen Integrationstendenzen rational begründen. Die unmittelbaren Vorbereitungen begannen spätestens im April 1967.[101] Die Fachrichtungsleitung setzte Kommissionen zur Bearbeitung einzelner Aspekte der Sektionsbildung ein (Statutenkommission, Kommission Zentrale

---

[96] Bartel, Hans-Georg, Zur Geschichte der Theoretischen Chemie in der Deutschen Demokratischen Republik, in: Wissenschaftliche Zeitschrift der Humboldt-Universität zu Berlin, Reihe Gesellschaftswissenschaften 38 (1989), H. 10, S. 1067–1072, hier: S. 1067.

[97] Ebd., S. 1070.

[98] Bartel, Hans-Georg, Anwendung der Spieltheorie in der Quantenchemie, dargestellt am Beispiel der Komplexverbindungen der Übergangsmetalle, Diss. A, Humboldt-Universität zu Berlin 1972, Sektion Chemie.

[99] Der Autor hat seine Sicht dieses Kontextes an anderer Stelle dargelegt. Laitko, Hubert, Umstrukturierung statt Neugründung: Die dritte Hochschulreform der DDR, in: Berichte zur Wissenschaftsgeschichte 21 (1998), H. 2/3, S. 143–158; ders., Das Reformpaket der sechziger Jahre – wissenschaftspolitisches Finale der Ulbricht-Ära, in: Hoffmann/Macrakis, Naturwissenschaft, 1997, S. 35–58.

[100] Die Bildung der Sektionen war „formal vergleichbar mit den – entsprechend den Festlegungen des Hochschulrahmengesetzes für die Hochschulen und Universitäten der Bundesrepublik von 1976 – vorgenommenen Umwandlungen der Fakultäten in Fachbereiche“. Schulze, Winfried, Die Berliner Universität und ihre Fakultäten, in: Humboldt-Spektrum 2 (1995), H. 1, S. 7.

[101] In den Akten befinden sich mehrere Ausarbeitungen zur Konzeption und zur institutionellen Gestalt der vorgesehenen Sektion, die weder Datum noch Unterschrift tragen. Ohne weitergehende Recherchen kann der Zeitablauf auf dieser Grundlage nicht im Detail rekonstruiert werden.

wissenschaftliche Einrichtungen, Kommission technisch-ökonomischer Bereich, Profilierungskommission, Kommission Lehre und Erziehung). Das Ministerium für Hoch- und Fachschulwesen hatte ein „Musterstatut" übermittelt, „das sich aber in vielen Punkten als ungeeignet für unsere Verhältnisse erwies". Der heikelste Punkt war die „Profilierung", die Einigung über das Forschungsprofil der künftigen Sektion. Die bisherige Zersplitterung sollte überwunden werden, aber auch das entgegengesetzte Extrem – das „Großinstitut mit nur einem Thema" – erschien nicht vertretbar, insbesondere mit Rücksicht auf die Lehre, die vielseitig disponible Chemiker ausbilden sollte. Man entschied sich für die Bildung von fünf Arbeitsgruppen: „Sie sind nicht für alle Ewigkeit gedacht. Auch die Größe der Arbeitsgruppen wird gemäß ihrer volkswirtschaftlichen Bedeutung variieren. Die Institute werden aufgelöst, in den Arbeitsgruppen werden z. B., wenn es notwendig ist, Anorganiker, Physikochemiker und eventuell Organiker an einem Problem arbeiten". Dazu bedürfe es eines tiefgreifenden Bewusstseinswandels, der „Überwindung eines engen Institutsdenkens".[102]

Ein weiteres undatiertes Arbeitspapier ordnete den Übergang zur Sektion in die großen Linien der historischen Entwicklung von Lehre und Forschung in der Chemie ein und setzte sich kritisch mit den Vorgaben des Ministeriums auseinander.[103] Im Chemiestudium müssten die Teildisziplinen „miteinander verflochten gelehrt werden". In der Forschung sei „methodische Vielfalt zur Klärung eines Problems" angezeigt. Um einen schnellen Abschluss von Forschungsvorhaben zu erreichen, müssten bei Bedarf zahlreiche Mitarbeiter konzentriert eingesetzt werden. Dies alles erfordere sorgfältige Vorbereitung und exakte Planung. Damit sei die herkömmliche Institutionalstruktur, die mit einer Reihe selbstständiger und dabei relativ kleiner Institute operiert, eindeutig überfordert. Die optimale Struktur des Fachbereichs müsse „Doppelunterstellungen" zulassen, wobei „ein Mitarbeiter einen festgelegten Teil seiner Arbeitszeit einem anderen Leiter untersteht, in dessen Arbeitsgruppe er delegiert wird".

Danach wurde die Ordnung der Sektion entworfen.[104] Sie sollte sich in vier Bereiche gliedern: Ausbildung und Erziehung; Forschung; Zentraler wissenschaftlicher Bereich; Technisch-Ökonomischer Bereich. Die beiden letztgenannten hatten infrastrukturelle Funktionen für alle Mitarbeiter der Sektion. Zum Technisch-Ökonomischen Bereich zählten die Buchhaltung, die Werkstatt, die Glasbläserei und weitere Einrichtungen. Der Zentrale wissenschaftliche Bereich sollte zunächst sieben Abteilungen umfassen: spektroskopische und magnetische Messverfahren; quantenchemisches Rechnen; Strukturforschung; Isotopenchemie; Hochleistungstrennverfahren; chemische Analyse (Elementaranalyse und elektrochemische Analyse); Bibliothek, Dokumentation, Photolabor.

102 Bericht zur Gründung der Sektion Chemie (undatiert). UAHU, Math.-Nat. Fak. Nr. 62.
103 Zur Bestimmung von Funktion und Struktur der Sektion Chemie der HUB (undatiert). Ebd.
104 Ordnung der Sektion Chemie der Mathematisch-Naturwissenschaftlichen Fakultät der Humboldt-Universität zu Berlin (undatiert). Ebd.

Das Kernstück der Sektion bildeten der Bereich Erziehung und Ausbildung und der Bereich Forschung. Hier kam das Prinzip der doppelten Unterstellung zum Tragen, weil die meisten Wissenschaftler als Lehrende einer der Ausbildungsabteilungen und zugleich als Forscher einer der Forschungsgruppen angehörten. Für die Sektion als ganze wurde damit das Prinzip der Einzelleitung jedoch nicht außer Kraft gesetzt, denn sowohl die Leiter der Ausbildungsabteilungen als auch die Forschungsgruppenleiter unterstanden ihrerseits dem Vorsitzenden (Direktor) der Sektion. Vorgesehen waren drei permanente Ausbildungsabteilungen – für das Studium der Diplomchemiker, für das Lehrerstudium und für die Nebenfächlerausbildung. Im Bereich Forschung sollte es möglich sein, nach der Entscheidung des Vorsitzenden einzelne Gruppen aufzulösen und auch neue Gruppen zu bilden.

Ende 1967 wurden die Konturen des Forschungsprofils der Sektion in einer *Forschungskonzeption* festgeschrieben.[105] Danach sollte das Potenzial in der Hauptsache auf fünf große Richtungen konzentriert werden, die ihrerseits durch Verträge mit Vereinigungen volkseigener Betriebe (VVB), Einzelbetrieben, Ministerien oder Forschungsinstituten untersetzt waren: Fluorchemie (Lothar Kolditz), Elementorganische Chemie (Günter Hilgetag), Elektronenübertragungsreaktionen (organische Elektrochemie) (Rolf Landsberg), Trennverfahren für Komplexstoffgemische (Werner Schirmer), Magneto- und Quantenchemie (Werner Haberditzl).

Wörtlich genommen, hätte die Subsumtion unter volkswirtschaftliche Zielstellungen bedeutet, die akademische Forschung zum Lückenbüßer für die vielfach unterentwickelte Industrieforschung zu machen. Die fünf angegebenen Forschungsschwerpunkte waren aber genau diejenigen, die die jeweils verantwortlichen Leiter mit ihren Mitarbeitern ohnehin schon seit längerer Zeit verfolgt hatten. Den Rest der Anpassung an das ministeriell Gewünschte besorgte die Formulierungskunst, in der es mit den Regularien der Forschungsplanung vertraute Wissenschaftler oft zu erheblicher Virtuosität gebracht hatten.

Am 29. April 1968 wurde die Sektion Chemie an der Humboldt-Universität konstituiert.[106] Der Sektionsrat (als Vertretung der verschiedenen Mitarbeiterkategorien) und die hauptamtlichen Hochschullehrer wählten Rolf Landsberg, den bisherigen Direktor des Physikalisch-Chemischen Instituts, zum Vorsitzenden (später: Direktor) der Sektion. Die Wahl wurde am 6. Mai 1968 vom Rektor bestätigt.[107] Lothar Kolditz übernahm 1971 dieses Amt und übte es bis 1979 aus; 1980 wurde er zum Direktor des Zentralinstituts für Anorganischen Chemie (ZIAC) der Akademie der Wissenschaften der DDR in Berlin-Adlershof ernannt. Bis zum Ende der DDR blieb die Sektion die Organisationsform, in der sich an der Humboldt-Universität Forschung und Lehre auf dem Gebiet der Chemie vollzogen. Letzter Sektionsdirektor vor der „Wende“ war Dieter Kreysig.

---

105 Forschungskonzeption der Sektion Chemie (undatiert). UAHU, Rektorat Nr. 769, Bl. 349–351.

106 Einladung des Rektors K.-H. Wirzberger, 24. 4. 1968. UAHU, Math.-Nat. Fak. Nr. 28.

107 Rektor K.-H. Wirzberger an R. Landsberg, 6. 5. 1968. UAHU, Math.-Nat. Fak. Nr. 112.

Wieder ein Neubeginn: Von der Sektion zum Institut für Chemie

Am 1. Juli 1990 übernahm Dieter Cech (ein Schüler von Hasso Meinert) das Direktorat der Sektion. Unter seiner Leitung wurde sie aufgelöst und zunächst in einen Fachbereich übergeleitet. 1993 wurde ein Institut für Chemie mit anfangs 22 Professuren gegründet[108], vorerst als Verbund aus vier Teilinstituten. Damit wurde die Idee der institutionellen Integration des gesamten Fachgebietes an der Universität, die schon der Sektionsbildung zugrunde gelegen hatte, ausdrücklich bewahrt. Darin liegt ein wesentliches Moment struktureller Kontinuität. Die ursprüngliche Primärstruktur des Instituts – die Untergliederung in vier Teilinstitute – zeigt sowohl einen Rückgriff auf ältere Traditionen als auch neue Akzente. Das Institut für Anorganische und Allgemeine Chemie, das Walther-Nernst-Fachinstitut für Physikalische und Theoretische Chemie[109] und das Institut für Organische und Bioorganische Chemie entsprachen in erster Näherung ihren klassischen Vorläufern. Ein beachtenswertes Novum war das vierte Teilinstitut, das Institut für Angewandte Analytik und Umweltchemie.[110] Die Tradition der technischen Chemie (chemischen Technologie), die schon in der DDR an der Humboldt-Universität unterentwickelt war, wurde hingegen nicht wieder aufgenommen.

Die Sekundärstruktur des Instituts – die Untergliederung in Arbeitsgruppen oder Abteilungen – war von Anfang an vielfältig und variabel. Zwischen 1993 und 2009 sind einzelne Arbeitsgruppen ausgelaufen, andere wurden neu geschaffen, aber insgesamt weist das Arbeitsgruppenmuster über die Zeit hinweg eine nicht unerhebliche Stabilität auf.[111] Die im Zentrum der verschiedenen Arbeitsgruppen stehenden Themen sind eng mit den persönlichen wissenschaftlichen Biographien der jeweils für sie verantwortlichen Professoren verbunden. Von den 1993 eingerichteten 22 Professuren wurden 11 mit Wissenschaftlern besetzt, die bereits zuvor an der Humboldt-Universität tätig waren (hinzu kam noch die erste Leiterin der Abteilung Didaktik der Chemie, die keine Professur innehatte). Mehrere

---

108 Diese Gründung erfolgte im Rahmen der Einführung einer neuen Fakultätsstruktur mit insgesamt 11 Fakultäten im Dezember 1993; das Institut für Chemie gehörte demnach zur Mathematisch-Naturwissenschaftlichen Fakultät I. Struktur und Inhalte, in: Humboldt-Spektrum 2 (1995), H. 1, S. 4f.

109 Rademann, Klaus, Physikalische und Theoretische Chemie. Das Walther-Nernst-Fachinstitut, in: Humboldt-Spektrum 2 (1995), H. 2, S. 52–58.

110 Scholz, Fritz, Umweltanalytik und Umweltchemie, in: Humboldt-Spektrum 2 (1995), H. 3, S. 18–22.

111 Gegenwärtig bestehen am Institut 14 Professuren, 2 Junior-Professuren, 2 Sonderprofessuren und 3 Honorarprofessuren. Zu den von Professorinnen oder Professoren geleiteten Arbeitsgruppen kommen mehrere integrierte Arbeitsgruppen unter der Leitung von Privatdozenten hinzu. Das Institut ist in vier Sonderforschungsbereichen (SFB) engagiert; dabei nimmt es im SFB „Struktur, Dynamik und Reaktivität von Übergangsmetalloxid-Aggregaten" die Sprecherfunktion und im SFB „Analyse und Steuerung ultraschneller photoinduzierter Reaktionen" die stellvertretende Sprecherfunktion wahr. Ferner ist es an dem von der TU Berlin koordinierten Exzellenzcluster „Unifying Concepts in Catalysis" beteiligt. Braun, Thomas, Das Institut für Chemie am Campus Adlershof, in: Humboldt-Spektrum 10 (2008), H. 2/3, S. 14–20, hier: S. 17.

davon waren bereits in der DDR Professoren, und die meisten von ihnen hatten an der Humboldt-Universität studiert, diplomiert, promoviert und habilitiert, trugen also in ihrem Profil die wissenschaftliche Sozialisation, die sie in dieser Zeit erfahren hatten.[112] Damit war ein starkes, für einige Jahre wirksames Kontinuitätsmoment gegeben, auch wenn keine dezidierte Anknüpfung erfolgte. Der Traditionszusammenhang zeigt sich ferner in den zentralen Themen verschiedener Arbeitsgruppen[113] – Phosphor- und Siliciumchemie verwies zurück auf Thilo, Festkörper- und Oberflächenkatalyse auf Rienäcker, Fluor- und Radiochemie auf Kolditz, Photochemie auf Havemann, Quantenchemie auf Haberditzl usw. Die Chemiedidaktik war bereits in der DDR aus der Pädagogischen Fakultät herausgelöst und in die Fachrichtung Chemie überführt worden.

Zugleich war das Kontingent der von anderen Universitäten berufenen Professoren groß genug, um dem Fachbereich mit einer Reihe moderner, bis dahin an der Humboldt-Universität noch nicht vertretener Forschungsrichtungen einen nachhaltigen fachlichen Erneuerungsschub zu geben. In der Startbesetzung des Instituts war das Ost-West-Mischungsverhältnis unter den Hochschullehrern annähernd optimal. Hinsichtlich der Diversität und Modernität der vertretenen Forschungsrichtungen war der Übergang von der Sektion zum Institut für Chemie ein Gewinn für das Fachgebiet. Dies ist allerdings nur ein summarisches Urteil aus der Vogelperspektive; es sieht von der Frage ab, inwieweit durch das Ausscheiden von Personen und den damit verbundenen Abbruch von Forschungslinien möglicherweise auch wissenschaftliche Verluste eingetreten sind.[114] Zudem trifft der Eindruck einer ausgewogenen Ost-West-Zusammensetzung nur für eine Übergangsphase zu; mehrere der aus der alten Sektion Chemie stammenden Professoren schieden im weiteren Verlauf aus Altersgründen[115] oder durch Übergang an andere Universitäten[116] aus, und die seither neu Berufenen haben überwiegend keine ostdeutsche Biographie.

---

[112] Ein deutliches Beispiel für thematische Kontinuität war die unter Leitung von Reinhard Stößer gebildete Arbeitsgruppe Elektronen-Spin-Resonanz. Stößer, der 1993 zum Professor für Physikalische und Theoretische Chemie ernannt wurde, hatte nach seinem Chemiestudium an der Humboldt-Universität bereits 1969 über Elektronen-Spin-Resonanz an Übergangsmetallionen promoviert.

[113] Ein mit instruktiven Skizzen der jeweiligen Thematik versehener Überblick über die 1995 bestehenden Arbeitsgruppen befindet sich in: Das Institut für Chemie an der Humboldt-Universität, in: Humboldt-Spektrum 2 (1995), H. 3, S. 48–49, 51–56.

[114] Einige jener Wissenschaftler aus der Sektion Chemie, die ihre Arbeit an der Humboldt-Universität nicht fortsetzen konnten, fanden Arbeitsfelder in der Industrie – so wurde Dieter Kreysig wissenschaftlicher Berater der Aqua-Butzke Werke GmbH Berlin.

[115] Emeriti sind inzwischen Werner Abraham, Werner Döpke, Hans-Georg Henning, Manfred Meisel (ein Schüler von Herbert Grunze), Ullrich Prösch, Reinhard Stößer und Adolf Zschunke, der nach seiner Ernennung zum Professor für Analytische Chemie und Umweltchemie Leiter der Abteilung „Analytische Chemie & Referenzmaterialien" der Bundesanstalt für Materialforschung und -prüfung (BAM) wurde, in dieser Zeit aber dem Institut für Chemie als Inhaber einer Sonderprofessur verbunden blieb, und 2002 in den Ruhestand ging.

[116] Fritz Scholz übernahm 1998 den Lehrstuhl für analytische und Umweltchemie an der Universität Greifswald.

Abb. 1 Institut für Chemie, Campus Adlershof

Mit dem 2001 erfolgten Umzug der Chemiker nach Adlershof wurde ein schon über vierzig Jahre früher erwogener Plan realisiert. Für die Chemie an der Humboldt-Universität endete damit eine Epoche: Seit der Universitätsgründung war sie in der Innenstadt angesiedelt. Nun hat sich ihr geographisches Zentrum verlagert, nur die Namen Fischer und Nernst sind als Bezeichnungen der Institutsbauten an den neuen Ort mitgenommen worden. An Großzügigkeit der Arbeitsbedingungen hat die Chemie durch den Umzug entschieden gewonnen, jedoch um den Preis der räumlichen Trennung von den geistes- und sozialwissenschaftlichen Disziplinen und damit höherer Kommunikationsbarrieren zwischen den vielberufenen „zwei Kulturen" in der akademischen Welt. Gegenüber den infrastrukturellen und kooperativen Vorzügen des Standortes Adlershof wurde dieser Nachteil aber als hinnehmbar angesehen.[117] Thomas Braun beurteilt die Fülle der an diesem Standort gegebenen Kooperationsmöglichkeiten als „in Deutschland einzigartig"[118]; damit fügt sich das Institut in eine längere Geschichte des Forschungsstandortes Adlershof ein.[119] Im Jahre 2003 publizierte es einen instruktiven Überblick über sein Selbstverständnis, seine Arbeitsgebiete und seine Perspektiven, der sämtliche an diesem Institut verfolgten Forschungsrichtungen

117 Müller-Preußker, Michael, Naturwissenschaften der Humboldt-Universität in der Erneuerung: Erfolge und Herausforderungen, in: Humboldt-Spektrum 2 (1995), H. 3, S. 1.

118 Braun, Das Institut für Chemie, (wie Anm. 111), S. 17.

119 Teichmann, Herbert, Wissenschaft in Adlershof, in: Dahlemer Archivgespräche, Bd. 9, Berlin 2003, S. 43–76.

beschreibt[120]; 2008 folgte eine von Braun verfasste Darstellung des aktuellsten Standes. Mit dem Umzug nach Adlershof war ein struktureller Umbau des Instituts verbunden; an die Stelle des Aufbaus aus vier Teilinstituten trat eine Departmentstruktur. Oliver Seitz, der seit 2008 das Amt des geschäftsführenden Direktors innehat, leitet zugleich den Institutsrat, dem neben Professoren auch Vertreter anderer Beschäftigtengruppen des Instituts und der Studentenschaft angehören. Die Kommission Forschung und Lehre für die Studiengänge Chemie-Diplom und Lehramt steht unter Leitung von Jürgen Liebscher. Diese Strukturreform hebt die Rolle der Arbeitsgruppen und ihrer Leiter gegenüber dem vorhergehenden Aufbau noch stärker hervor.

Wenn man die jüngste Entwicklung des Instituts für Chemie – extrem verkürzt – mit wenigen Schlagworten kennzeichnen wollte, dann kämen dafür in erster Linie die Begriffe Komplexität und Integration in Frage. Die eindrucksvollen Fortschritte der Mess-, Analyse- und Rechentechnik während der letzten Jahrzehnte, die in der personellen, instrumentellen und infrastrukturellen Ausstattung des Instituts ihren Niederschlag gefunden haben, erlauben die Untersuchung der Stoffe vom Makrokörper über alle Strukturebenen hinweg bis zum Verhalten einzelner Moleküle und die zeitliche Auflösung der chemischen Prozesse bis in den Femtosekundenbereich. Damit hat die Komplexität der Forschungsprozesse enorm zugenommen; sie erfordern den integrierten Einsatz von Konzepten, Geräten und Verfahren, die früher zum großen Teil getrennt voneinander entwickelt und genutzt worden waren. Entsprechend wächst die Vernetzung innerhalb der Familie der chemischen Spezialgebiete, aber auch die interdisziplinäre Verflechtung über den Rahmen der Chemie hinaus. Dieser generelle Trend ließe sich an jeder Arbeitsgruppe des Instituts für Chemie – und dabei wiederum auf je spezifische Weise – exemplifizieren, und es ist nahezu beliebig, welche von ihnen man zur Veranschaulichung herausgreift.

Die hochgradige interdisziplinäre Diversifizierung des Instituts für Chemie, die sich schon aus der Vielzahl seiner Arbeitsgruppen ergibt und durch die Fülle ihrer lokalen, nationalen, europäischen und globalen Vernetzungen noch potenziert wird, macht es schwierig, das wissenschaftliche Zentrum dieser Einrichtung zu erkennen. Es ist 1993 offenbar auch nicht von einer zentralen Institutsidee her geschaffen worden, sondern hat sich – bewusst oder unbewusst – dem Experiment der selbstorganisatorischen Entstehung solcher Zentren ausgesetzt. Seit dem Übergang nach Adlershof ordnen sich die Forschungslinien des Instituts zunehmend um zwei Schwerpunkte, die mit den Stichworten „Funktional strukturierte Materialien und Katalyse" und „chemische Biologie" bezeichnet werden. Beide hängen wiederum miteinander zusammen; nach Braun ist ihnen gemeinsam, „dass Struktur-Wirkungsprinzipien studiert werden, einerseits in kollektiven Ensembles (anorganische und

[120] Der chemische Mosaikstein im neuen Campus. Das Institut für Chemie in Adlershof, in: Humboldt-Spektrum 10 (2003), Themenheft 2/3.

organische Materialien) und andererseits in molekularen Strukturen (homogene Katalyse, biologisch wirksame Systeme). Ziel ist es, durch funktionsorientierte Synthese ein Verständnis dieser Zusammenhänge zu erlangen und hocheffiziente Materialien oder Katalysatoren zu entwickeln oder biologische Systeme gezielt zu analysieren und zu beeinflussen".[121] Diese Orientierung reiht sich ein in den disziplinenübergreifenden Komplex der Adlershofer materialwissenschaftlichen Arbeiten über Verbundsysteme, die „durch die Verbindung von anorganischen, metallischen und halbleitenden Materialien einerseits, mit organischen und biokompatiblem Materialien andererseits" gekennzeichnet sind.[122] Damit werden die herkömmlichen Grenzlinien zwischen anorganischer, organischer, physikalischer und Biochemie noch durchlässiger. Die wesentlich stärkere Hinwendung zur Biologie unterscheidet das Forschungsprofil des Instituts für Chemie signifikant von dem der Fachrichtung Chemie zwischen 1945 und 1990.

Diese Wendung zeigt an, dass das Institut auf die absehbare Magistrale der Chemieentwicklung im 21. Jh. eingeschwenkt ist. In seinem Aufsatz *Chemie im 21. Jahrhundert*, der im Einleitungsteil der 2003 publizierten ausführlichen Selbstdarstellung des Instituts steht[123], führt Hans-Werner Abraham diesen Gedanken näher aus. Ein Institut, das einen Blick in die Zukunft seiner Wissenschaft für unerlässlich erachtet, um seine Position in der Gegenwart zu bestimmen, überschreitet die Grenzen bloßen Spezialistentums und übernimmt Mitverantwortung für ein größeres Ganzes.

121 Braun, Das Institut für Chemie, 2008, S. 16.

122 Kemnitz, Erhard, Das Institut für Chemie in Adlershof. Das Jahr der Chemie, in: Humboldt-Spektrum 10 (2003), Themenheft 2/3, S. 8–10, hier: S. 9.

123 Abraham, Hans-Werner, Chemie im 21. Jahrhundert, in: ebd., S. 18–22.

Dieter Kirschke/Karl-Heinz Noack/Astrid Häger

*Getrennte Wege und Wiedervereinigung: Die universitären Agrarwissenschaften in Berlin seit 1945**

Die Agrarwissenschaften sind ein Wissenschaftsbereich, der sowohl naturwissenschaftlich-technische als auch wirtschafts- und sozialwissenschaftliche Disziplinen umfasst. Neben dem disziplinübergreifenden Ansatz ist der enge Bezug zwischen Theorie und Praxis ein weiteres charakteristisches Merkmal. Diese Besonderheiten prägten auch in Berlin die Entwicklung der Agrarwissenschaften seit ihrer Begründung (vgl. Aldenhoff-Hübinger i. d. Bd.).[1] Es gab hier eine breite Vielfalt an Disziplinen, und die universitären Einrichtungen waren mit anderen Forschungseinrichtungen eng verflochten.

Die große Vielfalt und Vielschichtigkeit der Agrarwissenschaften erschweren den Blick auf die Geschichte der einzelnen Disziplinen. Von besonderem Interesse ist aber die Frage, wie sich der disziplinübergreifende Ansatz selbst im Lauf der Zeit entwickelt hat. Diese Entwicklung zeigt sich in der Zusammensetzung der Disziplinen und in der strukturellen Entwicklung der Agrarwissenschaften. Vor diesem Hintergrund werden hier die getrennten Wege der Agrarwissenschaften in Berlin seit 1945 und ihre veränderten Perspektiven nach der Wiedervereinigung betrachtet.

Der Neubeginn 1945

1945, als nach zwölf Jahren das „Tausendjährige Reich" sein Ende gefunden hatte, war im vom Krieg zerstörten Berlin der Anfang für die Universität schwer. Das galt gleichermaßen für die Agrarwissenschaften. Da die agrarwissenschaftlichen Einrichtungen der alten Ber-

* Unser Dank für die Unterstützung bei der Erarbeitung dieses Aufsatzes und zahlreiche Hinweise gilt besonders Knud Caesar, Charlotte Hecht-Buchholz, Otto Kaufmann, Volker Klemm, Ernst Lindemann, Uwe Jens Nagel, Steffen Rückl, Horst Jürgen Schwartz und Heinz-Elmar Tenorth.

1 Den gesamtdeutschen Kontext zeigt Klemm, Volker, Agrarwissenschaften in Deutschland. Geschichte – Tradition. Von den Anfängen bis 1945, St. Katharinen 1992.

liner Universität im Ost- und Westteil der geteilten Stadt lagen, wurden die Agrarwissenschaften wie kein anderer Bereich von der deutschen Teilung und dem kalten Krieg betroffen.[2] Die Teilung der Stadt führte zu getrennten Wegen in Ost und West.

Die traditionellen Hauptgebäude der Landwirtschaftlichen Fakultät befanden sich im Zentrum Berlins im sowjetischen Sektor, während die nach dem ersten Weltkrieg errichteten Dahlemer Institute im amerikanischen Sektor lagen. Auf Befehl der Sowjetischen Militäradministration wurde die Berliner Universität relativ zügig mit sieben Fakultäten am 20. Januar 1946 wieder eröffnet. Schon seit dem Sommer 1945 war der Rat der Landwirtschaftlichen Fakultät regelmäßig zusammengekommen, um eine baldige Aufnahme des Lehr- und Forschungsbetriebs vorzubereiten.[3] Viele Angehörige der Fakultät, Hochschullehrer, Mitarbeiter und Studenten hatten im Krieg Gesundheit oder Leben verloren. Beträchtliche Kriegsschäden gab es an den Gebäuden und Bibliotheksbeständen, und schwer gezeichnet waren auch die Versuchsgüter.

Ein zentrales Thema nach dem Krieg war die Entnazifizierung und der von den Besatzungsmächten geforderte Austausch der durch ihre Mitgliedschaft in der NSDAP belasteten Hochschullehrer. An der Agrarfakultät kam es zur ersatzlosen Schließung des Instituts für Ackerbau und Landbaupolitik von Konrad Meyer. Seine Beteiligung an der Ausarbeitung des berüchtigten Generalplans Ost, der die Vertreibung und Ausrottung großer Bevölkerungsteile nach einem deutschen Sieg vorsah, führte Meyer aus der englischen Kriegsgefangenschaft auf die Anklagebank des 8. Nürnberger Kriegsverbrecher-Nachfolgeprozesses. Dass Meyer überzeugter Nationalsozialist war, zeigt sich auch darin, dass er trotz seiner hohen Funktionen in der Wissenschaftsorganisation auf seine Unabkömmlichkeit verzichtete und sich noch im Januar 1945 in die kämpfende Truppe eingliedern ließ.[4]

Bei anderen Hochschullehrern hatte eher die Rücksicht auf die eigene Karriere zu einem „braunen Anstrich“ geführt. In solchen Fällen gestaltete sich die Entnazifizierung mit Zeugen und Gegenzeugen komplizierter, wie am Fall des letzten Dekans der Landwirtschaft-

---

[2] Grundlegendes dazu findet sich in der in den 1990er Jahren verfassten Geschichte der Berliner Agrarfakultät von Klemm, Volker, Von der Königlichen Akademie des Landbaus in Möglin zur Landwirtschaftlich-Gärtnerischen Fakultät der Humboldt-Universität zu Berlin, Berlin 1998.

[3] Vgl. auch 100 Jahre Einheit von Lehre und Forschung in den Landwirtschaftswissenschaften. Festschrift anlässlich der 100. Wiederkehr des Gründungsjahres der Landwirtschaftlichen Hochschule Berlin und des 30jährigen Bestehens der Akademie der Landwirtschaftswissenschaften der DDR, Berlin 1981.

[4] Vgl. Rössler, Mechthild, Konrad Meyer und der Generalplan Ost in der Beurteilung der Nürnberger Prozesse, in: Der „Generalplan Ost“. Hauptlinien der NS-Planungs- und Vernichtungspolitik, hrsg. v. Rössler, Mechthild/Schleiermacher, Sigrid, Berlin 1993; Rückl, Steffen/Noack, Karl-Heinz, Agrarökonomen der Berliner Universität 1933–1945, in: Die Berliner Universität in der NS-Zeit, Bd. II: Fachbereiche und Fakultäten, hrsg. von Bruch, Rüdiger vom/Schaarschmidt, Rebecca, Stuttgart 2005, S. 84–87; Klemm, Volker, Agrarwissenschaften im „Dritten Reich“. Aufstieg oder Sturz? (1933–1945), Berlin 1994, S. 115–117. 1956 wurde Konrad Meyer auf den Lehrstuhl für Raumforschung und Landesplanung der TH Hannover berufen.

lichen Fakultät Friedrich Bülow zu sehen ist.[5] Nach der Ende 1945 erfolgten Kündigung wegen seiner NSDAP-Mitgliedschaft verblieb er zunächst an der Fakultät, die 1948 vergeblich versuchte, ihn wieder auf den Lehrstuhl für Volkswirtschaftslehre und Agrarwesen zu berufen. Im Herbst 1948 wird Bülow Ordinarius für Volkswirtschaftspolitik an der Freien Universität Berlin, wo er als erster Dekan an der Errichtung und dem Ausbau der Wirtschafts- und Sozialwissenschaftlichen Fakultät mitgewirkt hat.

Eine andere wesentliche Entwicklung war neben der Entnazifizierung des Lehrkörpers auch die völlig neue Zulassungspolitik für die Studenten. Bisher aus politischen, religiösen und sozialen Gründen vom Studium Ausgeschlossene wurden nun bevorzugt zugelassen. Damit wurde einerseits ein neues Studentenpotenzial erschlossen, andererseits aber auch der Zugang früherer Besitz- und Bildungsschichten zu einer akademischen Ausbildung eingeschränkt. Diese Entwicklung und die zunehmende politische Bevormundung führten bald zu zahlreichen „Studentenflüchtlingen" und deren Drang an die West-Berliner akademischen Bildungseinrichtungen, wohin ein großer Teil der Studenten aus Mitteldeutschland ging.

Der Studienablauf erinnerte durchaus an die Zeit vor 1933. Die beiden wichtigen Fachrichtungen waren Landwirtschaft und Gartenbau, aber es wurde auch im Brauereiwesen, Brennereiwesen und in der Zuckertechnologie ausgebildet. Hinzu kam ab 1951/52 – erstmalig an einer deutschen Universität – die Fachrichtung Fischwirtschaft. Die Studiendauer betrug nach einer zweijährigen Berufspraxis drei Jahre (zwei Semester naturwissenschaftliche Grundlagen und vier Semester landwirtschaftliche Ausbildung). Den Abschluss als Diplom-Landwirt erhielt man nach der schriftlichen Arbeit sowie Hauptprüfungen in Acker- und Pflanzenbau, Tierzucht und Tierhaltung, landwirtschaftlicher Betriebslehre, Agrarwesen und Ernährungswirtschaft. An der Fakultät, die im März 1947 wegen des großen gartenbaulichen Anteils ihren Namen zur Landwirtschaftlich-Gärtnerischen Fakultät erweiterte, waren 134 Studenten eingeschrieben, 1952 waren es 429. Diese zahlenmäßige Erfolgsbilanz kam auch durch die starke Nutzung der in Dahlem liegenden Fakultätsteile zustande, die geringere Kriegsschäden aufwiesen und den Vorteil nahe gelegener Versuchsflächen hatten.

Gefördert durch die sowjetische Besatzungsmacht spielte die 1946 gegründete SED eine immer größere Rolle in der Universität. Im Unterschied zu den Blockparteien besaß sie seit 1947 Hochschulgruppen, deren Mitspracherecht bei administrativen Entscheidungen ständig zunahm. Bereits seit 1946 wurden alle Studenten in der Pflichtveranstaltung „Einführung in die politischen und sozialen Probleme der Gegenwart" mit den Grundzügen des Marxismus vertraut gemacht, ab 1951 war die „Einführung in die Grundlagen des Marxismus-Leninismus" obligatorisches Lehr- und Prüfungsfach.

---

5 Rückl, Steffen/Noack, Karl-Heinz, Die agrarökonomischen Institute der Landwirtschaftlichen Fakultät der Berliner Universität von 1933 bis 1945. Ein dokumentarischer Bericht, Berlin 2005, S. 253f.

Im Juni 1949 wurden die im amerikanischen Sektor gelegenen Institute der Humboldt-Universität der Abteilung Volksbildung des West-Berliner Senats unterstellt und damit aus der Humboldt-Universität herausgelöst. Bei der Landwirtschaftlich-Gärtnerischen Fakultät betraf dies 13 ihrer insgesamt 27 Institute. Auch bei unterschiedlichem Ablauf in den einzelnen Instituten war dieser Vorgang mehr als ein bloßer Verwaltungsakt und führte zu menschlich sehr schwierigen Konstellationen. So hatten sich beispielsweise im Dahlemer Institut für Landwirtschaftliche Betriebslehre die beiden Assistenten für die Westseite entschieden, während Joachim Sennewald als Direktor sich der Humboldt-Universität verbunden fühlte und im Ostteil ein neues Institut aufbaute.[6] Die Verwaltungen in Ost und West wandten ihre Machtmittel an: Während in Dahlem dem einen Assistenten die kommissarische Leitung des Instituts übertragen und dem bisherigen Direktor Hausverbot erteilt wurde, sprach die Verwaltung der Humboldt-Universität beiden Assistenten die fristlose Kündigung aus, die aber auf deren Tätigkeit in Dahlem ohne Einfluss blieb. Diese komplizierte und auf Dauer unhaltbare Situation spitzte sich immer mehr zu. Im Frühjahr 1951 beschlossen deshalb die Dahlemer Agrarinstitute, ihren Lehrbetrieb unabhängig von der Humboldt-Universität durchzuführen. Nach einem Beschluss des West-Berliner Abgeordnetenhauses wurden diese Institute nun zu einem „Hochschulinstitut für Landwirtschaft und Gartenbau“ zusammengefasst und am 9. April 1951 als Fakultät VI unter dem Namen „Fakultät für Landbau“ an die Technische Universität angeschlossen.

Damit war die Trennung vollzogen: Es gab keine einheitliche Agrarfakultät mit einer breiten disziplinären Ausrichtung mehr in Berlin, sondern zwei voneinander getrennte agrarwissenschaftliche Bildungseinrichtungen, die eine recht unterschiedliche Entwicklung nahmen. Beide Einrichtungen verstanden sich jeweils als der eigentliche Erbe, Bewahrer und Fortsetzer der Berliner agrarwissenschaftlichen Tradition, die mit dem Namen Albrecht Daniel Thaer und der Landwirtschaftlichen Hochschule Berlin verbunden war. Darauf wurde in den Festreden der folgenden Jahrzehnte immer wieder verwiesen, denn das Nebeneinander und Gegeneinander der geteilten und getrennten Fakultät sollte vier Jahrzehnte andauern.

Jahrzehnte des Provisoriums in den 1950er und 1960er Jahren

Von der Teilung der Agrarfakultät waren beide Seiten sehr betroffen, und auf beiden Seiten wurden die Verluste beklagt, die man jeweils durch die Abspaltung bzw. den Verzicht auf die Institute im anderen Teil der Stadt erlitten hatte. Der Ost-Berliner Fakultät ging mit den in

[6] Details enthält die maschinenschriftliche „Chronik des Instituts für Landwirtschaftliche Betriebslehre im Hause Berlin-Dahlem, Im Dol 27–29“, Universitätsbibliothek der Humboldt-Universität, Zweigbibliothek Agrarwissenschaften, Signatur: 93-144:F4.

Dahlem gelegenen Instituten etwa die halbe Lehr- und Forschungskapazität verloren, und dieser Verlust der Dahlemer Institute mit ihren Laboren und Forschungseinrichtungen war angesichts der stetig steigenden Studentenzahlen umso schmerzlicher. Die Fakultät behielt das traditionelle Stammgebäude der ehemaligen Landwirtschaftlichen Hochschule Berlin in der Invalidenstraße und musste am Standort Mitte mit weniger modernen und vor allem stärker kriegsgeschädigten Gebäuden zurechtkommen. Ein am 20. 01. 1951 beschlossenes

Abb. 1 Lichthof im Gebäude Invalidenstraße 42, noch 1952 durch die Kriegszerstörungen schwer gezeichnet

Notprogramm vermochte die durch die Teilung entstandenen Lücken kaum zu schließen, allein die Instandsetzung des Hauptgebäudes in der Invalidenstraße erforderte 2,4 Millionen Mark.

Die 1951 von der SED beschlossene 2. Hochschulreform mit dem erklärten Ziel der sozialistischen Umgestaltung der Hochschulen verstärkte die Zentralisierung des Hochschulwesens und seine strenge Regulierung. So wurde für die Agrarwissenschaften ein 10-Monate-Studienjahr eingeführt mit obligatorischem gesellschaftswissenschaftlichen Grundstudium und Russischunterricht. Die Bildung von Seminargruppen (ca. 20 Studenten) trug zur strafferen Organisation des Studiums, aber auch zur verstärkten Kontrolle der Studenten bei. Das engte den Rahmen für die eigene Gestaltung des Studiums zunehmend ein, die Regelstudienzeit wurde aber meist eingehalten, und die Zahl der Studienabbrecher blieb sehr gering.

Eine weitere Entwicklung im Osten Deutschlands und in Ost-Berlin war die zunehmende Trennung von Forschung und Lehre in den Agrarwissenschaften und die Fokussierung der universitären Agrarwissenschaften auf die Ausbildung. Seit der Gründung der Akademie der Landwirtschaftswissenschaften 1951 wurde die Forschung dort konzentriert, und die Akademie hatte auch die Entscheidungsbefugnis über die Verteilung der Forschungsmittel.[7] Diese Trennung von Forschung und Lehre vollzog sich zunächst nur langsam, z. B. aufgrund von Doppelfunktionen von Professoren an Akademie und Universität, und auch in späteren Jahren gab es Mittel und Möglichkeiten für Forschung an der Universität, besonders durch die Zusammenarbeit mit volkseigenen Betrieben. So konzentrierten sich die Ost-Berliner Fakultät und die anderen Agrarfakultäten in der DDR auf die Lehre. Insgesamt wurde die Einheit von Forschung und Lehre an der Landwirtschaftlich-Gärtnerischen Fakultät nicht aufgehoben, aber doch stark beeinträchtigt.

Vor diesem Hintergrund war die Landwirtschaftlich-Gärtnerische Fakultät vor allem für die Ausbildung akademischer Agrarfachkräfte und von Agraringenieuren für leitende Aufgaben in der Agrargroßproduktion zuständig. Die Fakultät verfügte über ein traditionell breites Angebot der verschiedenen Studienrichtungen, die sich auf Landwirtschaft und Gartenbau konzentrierten, aber über die Landes- und Gartenkultur bis zu Fischereiwesen, Brauereiwesen, Brennereiwesen, Zuckertechnologie und Milchwirtschaft reichten. In den 1960er Jahren kamen noch Konservierungstechnologie und Lehrerausbildung für Landwirtschaft und Gartenbau hinzu. 1956 gab es an der Landwirtschaftlich-Gärtnerischen-Fakultät 27 Institute und drei Versuchsgüter sowie 16 Professoren mit Lehrstuhl, drei

[7] Wagemann, Hans (Hrsg.), Von der Deutschen Akademie der Landwirtschaftswissenschaften zu Berlin zur Akademie der Landwirtschaftswissenschaften der DDR. Ein Beitrag zur Geschichte 1951–1991, Berlin 2006.

Professoren mit vollem Lehrauftrag, sechs Professoren mit Lehrauftrag, sieben Dozenten, 56 Lehrbeauftragte und fünf Lektoren.[8]

Angesichts des Provisoriums der Nachkriegszeit und knapper Finanzmittel versuchte die Fakultät, durch neue Organisationsformen des Studiums den wachsenden Ausbildungsanforderungen gerecht zu werden. Charakteristisch für die 1950er und 1960er Jahre sind deshalb immer wieder neue Ausbildungsprogramme und Reformstudienpläne. Mitte der 1950er Jahre wurde ein neuer, stark veränderter Studienplan eingeführt, der das Studium auf fünf Jahre verlängerte, aber die vorher geforderte zweijährige praktische Tätigkeit mit Lehrlingsprüfung als einjähriges Grundpraktikum integrierte, so dass nach dem Abitur ein sofortiger Studienantritt ermöglicht wurde. 1958 wurde für kurze Zeit ein weiterer Reformstudienplan eingeführt, bei dem auf Spezialisierung verzichtet wurde und in einem 11. Ergänzungssemester neueste Ergebnisse aus Wissenschaft und Praxis vermittelt wurden. Beim nächsten Reformprogramm von 1960 wurde wieder ein einjähriges Grundpraktikum vor dem fünfjährigen Studium gefordert, das dann nach vier Jahren allgemeiner Landwirtschaft, einschließlich einem Jahr Leiterpraktikum im fünften Jahr, eine Spezialisierung in Viehzucht, Feldwirtschaft oder Ökonomie beinhaltete. Eine neuerliche Reform von 1962/63 bis 1966 versuchte, theoretische und praktische Ausbildung dadurch enger zu verbinden, dass die Studenten im zweiten und dritten Studienjahr jeweils die Hälfte der Ausbildungszeit im landwirtschaftlichen Betrieb eingesetzt und dort auch wissenschaftlich betreut werden sollten. Diese Reform scheiterte aber an der praktischen Durchführbarkeit. Die zahlreichen Reformversuche beeinträchtigten die beachtliche Entwicklung der Studentenzahlen nicht; diese stiegen von 332 im Jahr 1950 auf 1253 im Jahr 1963.[9] Seit 1953 gab es auch ein landwirtschaftswissenschaftliches Fernstudium für Fachleute aus der Praxis, die zeitweilig ein Viertel der Studenten ausmachten.

Im Westen der Stadt hatte die neue Fakultät für Landbau an der Technischen Universität Vorteile hinsichtlich ihrer Ausstattung an Lehrgebäuden, den nahe gelegenen Versuchsfeldern und Gewächshäusern und einer zunehmend besseren materiellen Ausstattung. Die politisch bedingte Insellage West-Berlins und das nicht zur Verfügung stehende agrarische Umland waren aber ein großer Nachteil für die Entwicklung der Fakultät und blieben es bis 1989. Das führte letztlich zu niedrigen Studentenzahlen, weil die Nachfrage nach Studienplätzen aus dem Umland und Einsatzmöglichkeiten für die diplomierten Landwirte

[8] Berliner Forschung und Lehre in den Landwirtschaftswissenschaften. Festschrift zur 75-Jahr-Feier der Landwirtschaftlich-Gärtnerischen Fakultät der Humboldt-Universität und zur Erinnerung an die Gründung der Landwirtschaftlichen Akademie in Möglin durch Albrecht D. Thaer im Jahre 1806, Berlin 1956, S. 14f.

[9] Klemm, Volker, Von der Königlichen Akademie des Landbaus in Möglin zur Landwirtschaftlich-Gärtnerischen Fakultät der Humboldt-Universität zu Berlin, Berlin 1998, S. 178; Papendieck, Christine, Die Entwicklung der akademischen landwirtschaftlichen Ausbildung in Berlin von der Gründung der „Landwirtschaftlichen Hochschule" bis zur Bildung der Agrarwissenschaftlichen Sektionen an der Humboldt-Universität zu Berlin, Diss. A, Berlin 1983, Anhang, S. 31.

fehlten. Auch der nach 1956 stärkere Zustrom von Studenten nach West-Berlin (weil hier z.B. keine Wehrpflicht bestand) glich dies nicht aus. Die allmähliche Zunahme der Studentenzahlen vom Wintersemester 1959/60 mit 226 auf 479 Studierende im Wintersemester 1962/63 konnte das Bild nicht umkehren.[10] Diese spezifische Situation der Agrarfakultät in Dahlem prägte auch das Bild von den Agrarwissenschaften im Westteil der Stadt, und die geringen Studentenzahlen bei doch beträchtlichem Mittelaufwand waren wohl auch der Grund dafür, dass die Landbaufakultät an der Technischen Universität dort letztlich eine wenig geliebte Fakultät blieb.

Die neu gegründete Fakultät für Landbau mit ihren drei Abteilungen Landwirtschaft, Gartenbau und landwirtschaftliche Technologie vertrat sieben Fachrichtungen (Landwirtschaft, Erwerbsgartenbau, Landschafts- und Gartengestaltung, Brauereitechnologie, Zuckertechnologie, Brennerei- und Hefetechnologie, Technologie der Obst- und Gemüseverwertung). 1959 vermerkt ein werbender Studienführer 13 ordentliche, neun außerordentliche, sechs Honorar- und vier außerplanmäßige Professoren, sieben Privatdozenten und 34 Lehrbeauftragte für ca. 350 Studenten.[11]

Die einzelnen Institute in Dahlem[12], vom traditionellen Institut für Vererbungs- und Züchtungsforschung über das Institut für Pflanzenernährung, Bodenchemie und Bodenbiologie, das Institut für Angewandte Botanik, das Institut für Kulturtechnik und Grünlandwirtschaft und das Institut für Bodenkunde, widmeten sich verstärkt der Grundlagenforschung. Hauptgebiete der Landwirtschaft wurden von den Instituten für Acker- und Pflanzenbau, für Tierzüchtung und Haustiergenetik, für Landwirtschaftliche Betriebslehre und für Landtechnik bearbeitet. Die Institute für Obstbau, für Gemüsebau, für Blumen- und Zierpflanzenbau, für Gärtnerische Betriebslehre, aber auch für Gartenkunst- und Landschaftsgestaltung untersuchten und lehrten das umfassende Gebiet des Gartenbaus. Entsprechend dem Prinzip von der Rohstofferzeugung bis zur Rohstoffverarbeitung gehörten auch die Institute für Zuckerindustrie, Gärungsgewerbe und Obst- und Gemüseverwertung zur Fakultät.

Schon in den 1960er Jahren zeichnete sich an der Fakultät eine beginnende Profilierung für Fragen der internationalen Agrarentwicklung und besonders zur Agrarentwicklung in den Tropen und Subtropen ab. 1961 wurde das Institut für Ausländische Landwirtschaft gegründet. Mit dieser Entwicklungsrichtung wurde auch dem politischen Trend verstärkter Hilfe für Entwicklungsländer Rechnung getragen. Seit 1962 gab es an der Fakultät das

---

10 Landesausschuss für Forschung, Erziehung und Wirtschaftsberatung im Landbau – Land Berlin, Agrarwissenschaft in Berlin. Ihre Realitäten und Möglichkeiten im Rahmen des Berliner Kulturprogramms, Berlin 1963, S. 6.

11 Das landwirtschaftliche, gartenbauliche und forstliche Studium in der Bundesrepublik Deutschland. Ein Studienführer, 1959, S. 40.

12 75 Jahre Landbaustudium in Berlin 1881–1956, Fakultät für Landbau an der Technischen Universität, Berlin-Charlottenburg 1956.

„Seminar für Landwirtschaftliche Entwicklung" mit Einjahreslehrgängen für Teilnehmer mit abgeschlossener Hochschulausbildung zur Vorbereitung auf den Einsatz in der Entwicklungszusammenarbeit.[13] Zur Ausbildung gehörte auch ein 3-monatiger Studienaufenthalt in einem Entwicklungsland.

Trotz der sich abzeichnenden unterschiedlichen Profilierung, in Ost-Berlin in Richtung der landwirtschaftlichen Großproduktion, in West-Berlin zunehmend auf die internationale Agrarentwicklung fokussiert, bestand auf beiden Seiten die Idee einer breit aufgestellten Agrarfakultät fort. Das Ansehen und die internationale Ausstrahlung der Berliner Agrarwissenschaften konnten aber in den ersten beiden Jahrzehnten nach Kriegsende nicht wieder erreicht werden. Auch 1933 abrupt abgebrochene neue Forschungsrichtungen wie z. B. die landwirtschaftliche Marktforschung wurden an beiden Universitäten nicht bzw. nur begrenzt wieder belebt.

Hochschulreformen von Ende der 1960er Jahre bis 1990

Ende der 1960er Jahre kam es in beiden Teilen der Stadt zu erheblichen strukturellen Veränderungen. Die Gründe dafür waren im Ostteil der Stadt die dritte sozialistische Hochschulreform und die neue agrarpolitische Linie, wonach Ertragsteigerung und ökonomische Effizienz durch weitgehende Spezialisierung und Konzentration der Landwirtschaftsbetriebe erreicht werden sollten. 1967 wurden die Fakultäten an der Humboldt-Universität und damit auch die bisherige Landwirtschaftlich-Gärtnerische Fakultät und die Veterinärmedizinische Fakultät aufgelöst und deren Struktureinheiten in die vier neuen Sektionen Pflanzenproduktion, Tierproduktion und Veterinärmedizin, Gartenbau sowie Nahrungsgüterwirtschaft und Lebensmitteltechnologie mit 13 spezialisierten Fachrichtungen überführt. Mit dieser Strukturentwicklung gingen den Agrarwissenschaften auch vier Grundlageninstitute aus den Bereichen Chemie, Physik, Biologie und Zoologie verloren. Die Ausbildungsprogramme waren ganz auf die vorhandene Spezialisierung der Agrarbetriebe zugeschnitten; seit 1972 galten neue einheitliche Studienpläne in allen Studieneinrichtungen der DDR, die 1976 erneut präzisiert wurden.

Die völlige Trennung von Pflanzen- und Tierproduktion im Agrarsektor und nunmehr in der universitären Ausbildung entsprach dem damaligen Leitbild von Spezialisierung und landwirtschaftlicher Großproduktion in der DDR. Sie befand sich im Gegensatz zu jeder agrarwissenschaftlichen Tradition, nach der eine systemorientierte Sicht des Agrarbereichs und eine disziplinübergreifende Ausbildung im Zentrum stehen. Inhaltlich wurde die

[13] Zwanzig Jahre Seminar für Landwirtschaftliche Entwicklung. Reden und Diskussionen anlässlich der Veranstaltungen am 16. und 17. Dezember 1982, Berlin 1982; Seminar für Landwirtschaftliche Entwicklung. Aufgaben und Organisation, Berlin 1977. Heute: Seminar für Ländliche Entwicklung.

Arbeit in den Sektionen immer weiter auf die Ziele der SED-Agrarpolitik ausgerichtet, wobei die autarke Versorgung der Bevölkerung mit Nahrungsmitteln und die industrielle Großproduktion im Vordergrund standen. Die Konzentration auf einheimische Ressourcen zeigt sich z.B. in der Tierernährung und der Tierzüchtung durch die Betonung von Fragen des Grundfuttereinsatzes und der Züchtung eines Zweinutzungsrindes mit hoher Milch- und Mastleistung. Zweifellos haben auch die Industrialisierung der Landwirtschaft und die Großproduktion die Technologieentwicklung und die Entwicklung großer Stallanlagen begünstigt. Im Pflanzenbau und der Pflanzenzüchtung wurden z. B. Kartoffeln und Äpfel verstärkt wissenschaftlich bearbeitet.

Die Notwendigkeit, sich an dem vorgegebenen agrarpolitischen Leitbild auszurichten und zudem ideologische Pflichtübungen zu absolvieren, führte zweifellos zu Einschränkungen in Forschung und Lehre. Darüber hinaus hatten die Landwirtschaftlich-Gärtnerische Fakultät und nunmehr die neuen Sektionen stets mit knappen Finanzmitteln zu kämpfen. Trotz dieser ungünstigen Rahmenbedingungen gelangen bemerkenswerte Forschungsergebnisse vornehmlich in der angewandten Forschung, auf die man sich an der Universität angesichts der Konkurrenzsituation zur Akademie der Landwirtschaftswissenschaften konzentrierte. Beispielsweise sind in der Tierproduktion Erkenntnisse zu Fragen der Ernährungsphysiologie und der Tier-Umwelt-Beziehung zu nennen. Hervorzuheben und systemtypisch sind eine Vielzahl von Hochschullehrbüchern, an denen Agrarwissenschaftler der Humboldt-Universität maßgeblich beteiligt waren und deren Thematik von der Pflanzenproduktion über die Tierproduktion bis zu den genetischen und phylogenetischen Grundlagen reichte, aber auch die züchterischen und ökologischen oder die technologischen Grundlagen der Landwirtschaft einschloss. Zu erwähnen ist schließlich eine ausgeprägte internationale Kooperation, die sich allerdings politisch bedingt auf Osteuropa und wenige außereuropäische Staaten, wie z.B. Kuba, beschränkte.[14]

Ständig gestiegen sind die Studentenzahlen der Sektionen: In der Tierproduktion von 492 (1974) auf 675 (1979), in der Pflanzenproduktion von 274 (1969) auf 416 (1979), im Gartenbau von 260 (1969) auf 395 (1979) und in der Nahrungsgüterwirtschaft im gleichen Zeitraum von 438 auf 798; hinzu kamen noch etwa 700 Fernstudenten. Diese hohen Studentenzahlen und die hohe Zahl der Studienabschlüsse in den Agrarwissenschaften an der Humboldt-Universität beeindrucken gegenüber den Zahlen am Fachbereich Internationale Agrarentwicklung an der Technischen Universität.

Dort führten die Turbulenzen am Ende der 1960er Jahre in West-Berlin und der Bundesrepublik Deutschland zu einschneidenden Änderungen. 1970 kam es an der Technischen Universität nach dem neuen Universitätsgesetz zu einer prinzipiellen Neugliederung und

[14] Zu den außeruniversitären agrarwissenschaftlichen Forschungseinrichtungen nimmt rückblickend der Wissenschaftsrat im Jahr 1992 Stellung. Vgl. Stellungsnahmen zu den außeruniversitären Forschungseinrichtungen der ehemaligen DDR auf dem Gebiet der Agrarwissenschaften, Wissenschaftsrat, Köln 1992.

zu Studienreformen.[15] Die Fakultäten wurden abgeschafft, und die Fakultät für Landbau wurde in drei Fachbereiche überführt: den Fachbereich Lebensmitteltechnologie und Biotechnologie, den Fachbereich Landschaftsentwicklung und den Fachbereich Internationale Agrarentwicklung.

Der Schwerpunkt des Fachbereichs Internationale Agrarentwicklung sollte künftig bei der Agrarentwicklung in den Tropen und Subtropen unter besonderer Berücksichtigung der Entwicklungsländer liegen. Im Fachbereich verblieben vier Institute: für Nutzpflanzenforschung (bisher Acker- und Pflanzenbau, Obstbau, Gemüsebau und Pflanzenernährung), Tierproduktion, Sozialökonomie der Agrarentwicklung (bisher Ausländische Landwirtschaft) und für Agrarbetriebs- und Standortökonomie (bisher Landwirtschaftliche Betriebslehre). Die sozialökonomischen Fachgebiete waren bereits auf Fragen der internationalen Agrarentwicklung fokussiert und bildeten einen Kern für die Neuausrichtung. Die traditionellen und noch national orientierten Fachgebiete im produktionstechnischen Bereich widmeten sich mehr und mehr Fragen der landwirtschaftlichen Entwicklung in den Tropen und Subtropen. Gezielte Neuberufungen unterstützten die neue Ausrichtung der Fakultät.

Nicht zuletzt wegen der unsicheren Perspektive der Agrarwissenschaften an der Technischen Universität wurden die Institute für Zuckertechnologie, für Brauereitechnologie und für Getränketechnologie an den Fachbereich Lebensmitteltechnologie angegliedert, die Kulturtechnik, Bodenkunde und angewandte Botanik kamen an den Fachbereich Landschaftsentwicklung und die Landtechnik zum Fachbereich Maschinenbau. Das Institut für Vererbungs- und Züchtungslehre wechselte sogar zur Biologie an die Freie Universität Berlin. Letztlich kam es so zu einer inhaltlichen und organisatorischen Zersplitterung der ehemals als Ganzes geplanten agrarwissenschaftlichen Einrichtung.

Am neuen Fachbereich Internationale Agrarentwicklung wurden mehrere Studiengänge angeboten. Neben zwei 9-semestrigen Studiengängen zum Diplom-Agraringenieur gab es in Verbindung mit anderen Fachbereichen der Technischen Universität den Studienrat im berufsbildenden Schulwesen für Landwirtschaft und Gartenbau. Im Seminar für Landwirtschaftliche Entwicklung wurde das einjährige Ergänzungsstudium zur Vorbereitung auf eine Tätigkeit in der Entwicklungskooperation fortgesetzt, und es war auch ein spezielles mehrjähriges Aufbaustudium möglich, das zur Promotion führte.[16] Allerdings erfüllten sich die mit dem neuen Profil verbundenen Hoffnungen nur zum Teil. Nach dem Mauerbau 1961 blieb der bisherige Zustrom an Studenten und Wissenschaftlern aus der DDR ganz aus, und die nicht allzu hohen Studentenzahlen des Fachbereichs konnten nur

---

15 Vgl. Rürup, Reinhard (Hrsg.),Wissenschaft und Gesellschaft. Beiträge zur Geschichte der Technischen Universität Berlin 1879–1979, Berlin/Heidelberg/New York 1979, Bd. 1, S. 534ff.

16 Maschke, Hans-Joachim, Fachbereich Internationale Agrarentwicklung. Ein Überblick über Lehre, Forschung und wissenschaftliche Einrichtungen, Berlin 1984.

teilweise durch Studenten aus Entwicklungsländern verbessert werden. Vor diesem Hintergrund wurde seit 1974 die Immatrikulation am Fachbereich zeitweise ausgesetzt, bis 1978 im Hauptstudium, in das sich dann Studenten für die Fachrichtung Internationale Agrarentwicklung einschreiben konnten, und bis 1985/86 im Grundstudium.

Diese für eine universitäre Einrichtung bedenkliche Entwicklung bot andererseits Freiraum für die Forschung und unterstützte die Profilierung des Fachbereichs auf Fragen der internationalen Agrarentwicklung. Die Arbeit des Fachbereichs war gekennzeichnet durch vielfältige Forschungskooperationen in der Stadt, besonders mit Institutionen der Entwicklungszusammenarbeit, wie der Deutschen Stiftung für Entwicklungsländer, dem Deutschen Institut für Entwicklungspolitik und dem Deutschen Entwicklungsdienst. Besonders hervorzuheben ist aber die ausgeprägte internationale Forschungskooperation des Fachbereichs mit vielen Forschungseinrichtungen, wie den internationalen Agrarforschungszentren und Universitäten in den Tropen und Subtropen. Insgesamt konnte der Fachbereich bis zur Wiedervereinigung der Agrarwissenschaften in Berlin auf über 50 Forschungsprojekte in mehr als 30 Entwicklungsländern zurückblicken. Dazu kommt die Mitarbeit in internationalen Gremien der Wissenschaft und der Entwicklungspolitik. Auf anderen Gebieten gab es Forschungskooperationen mit dem Umweltbundesamt, der Biologischen Bundesanstalt für Land- und Forstwirtschaft und dem Deutschen Institut für Wirtschaftsforschung. Auf diese Weise festigte der Fachbereich seinen Ruf als ein führender Fachbereich zu Fragen der Agrarentwicklung in den Tropen und Subtropen.

Trotz jeweiliger Erfolge führten die getrennten Wege der Agrarwissenschaften in der geteilten Stadt zu einer latenten Krise in beiden Einrichtungen. Im Westen der Stadt setzten das fehlende agrarische Hinterland sowie die nahezu ausschließlich auf Fragen der Agrarentwicklung in den Tropen und Subtropen orientierte Forschung und Ausbildung dem studentischen Zulauf Grenzen. Im Osten der Stadt standen die Trennung der Agrarwissenschaften in Pflanzen- und Tierproduktion und fehlende materielle Mittel angesichts hoher Studentenzahlen einer allseitigen agrarischen Ausbildung im Wege. Auch wenn sich beide Seiten auf die bedeutende Berliner agrarwissenschaftliche Tradition der ehemals größten landwirtschaftlichen Ausbildungsstätte in Deutschland beriefen, konnte keine Einrichtung diese Tradition wirklich fortführen. Diese Chance kam erst im nicht mehr geteilten Berlin und wiedervereinten Deutschland.

Wiedervereinigung der Agrarwissenschaften nach 1990

Nach dem Fall der Mauer und der deutschen Wiedervereinigung ging es auch in den Agrarwissenschaften an der Humboldt-Universität um die Demokratisierung und Anpassung von Strukturen an die neuen Rahmenbedingungen, um die Abkehr von der bisher herrschenden Ideologie und um die Neuformulierung von Inhalten. In intensiven Gesprächsrunden engagierter Hochschullehrer, Mitarbeiter und Studenten wurde um neue, demokratische Strukturen gerungen. Dieser Prozess führte bald zu veränderten Organisationsformen: Aus den vier agrarwissenschaftlichen Sektionen wurden die drei Fakultäten für Veterinärmedizin, Nahrungsgüterwirtschaft und Lebensmitteltechnologie sowie Landwirtschaft und Gartenbau. Die wieder entstandene Fakultät für Landwirtschaft und Gartenbau bot sechs Studienrichtungen an: Pflanzenproduktion, Tierproduktion, Gartenbau, Wirtschafts- und Sozialwissenschaften des Landbaus, Fischproduktion sowie Studienrat für Landwirtschaft oder Gartenbau.

In der Lehre ging es neben dem Wegfall des marxistisch-leninistischen Grundlagenstudiums und der Befreiung von ideologischem Ballast vor allem um die Konzentration auf neue Forschungsinhalte. Waren diese bislang auf die Erfordernisse einer industriellen Großproduktion und eine auf Selbstversorgung zielende Agrarpolitik ausgerichtet, so rückten nun ökonomische und ökologische Aspekte in den Vordergrund. Marktorientierung, Wettbewerbsfähigkeit und die Integration in die internationale Agrarwirtschaft wurden zu zentralen Themen der ostdeutschen Landwirtschaft. Die neuen Rahmenbedingungen und Perspektiven zeigten sich besonders in der Entwicklung auf dem Arbeitsmarkt. Die Zahl der Arbeitskräfte im Agrarsektor sank innerhalb weniger Jahre auf ein Fünftel des ursprünglichen Niveaus, und gefragt wurden zunehmend höher qualifizierte Arbeitskräfte und Manager.

Dieser Hintergrund und diese Entwicklung haben in den Agrarwissenschaften an der Humboldt-Universität schnell zu einer intensiven Diskussion über neue Lehr- und Forschungsinhalte geführt. Die neuen Inhalte sollten durch ein interdisziplinäres Studium mit individuell zu wählenden Studienschwerpunkten vermittelt werden, bei dem einem einheitlichen 4-semestrigen naturwissenschaftlichen und ökonomischen Grundstudium ein 5-semestriges Hauptstudium folgte, das mit unterschiedlicher Spezialisierung die individuellen Wünsche und Fähigkeiten, aber auch die neuen Bedingungen des Arbeitsmarktes berücksichtigte.

Unmittelbar nach dem Fall der Mauer entwickelten sich Kontakte und Zusammenarbeit zwischen Agrarwissenschaftlern im Ost- und Westteil der Stadt. So wurden ökonomische Lehrveranstaltungen aus Dahlem an der Humboldt-Universität angeboten, und auch in Dahlem profitierte man von speziellen Lehrangeboten und Forschungsaktivitäten der Humboldt-Universität. Schnell reifte auf beiden Seiten die Einsicht, dass die Perspektive der Berliner Agrarwissenschaften nicht im Neben- oder gar Gegeneinander zweier agrarwissenschaftlicher Einrichtungen liegen könne, sondern die große Chance einer fusionierten gemeinsamen Agrarfakultät genutzt werden müsse. Unterschiedliche Meinungen wurden verständlicherweise im Hinblick auf deren Standort und den Schwerpunkt der Studienrichtungen vertreten. Die Struktur dieser neuen Fakultät sollte ein breites Spektrum an Disziplinen umfassen, wie es an der Landwirtschaftlichen Hochschule Berlin vorhanden war und der Berliner agrarwissenschaftlichen Tradition entsprach.

Inzwischen hatte der Wissenschaftsrat als zentrales Beratungsgremium für Bund und Länder eine Bestandsanalyse der Hochschulen und außeruniversitären Forschungseinrichtungen in der ehemaligen DDR bzw. den neuen Bundesländern vorgenommen und im März 1991 die Agrarwissenschaften an den drei Berliner Universitäten evaluiert. Die maßgebliche Empfehlung vom Juli 1991 war, die traditionellen und durch die Teilung Berlins getrennten landwirtschaftlichen Lehrstätten zu erhalten und schnell zusammenzuführen. Die neue Fakultät würde mit einer Ausstattung von 40 bis 45 Professuren zu den großen Agrarfakultäten gehören und in der Lage sein, alle wichtigen Fachgebiete abzudecken und auch lokale Spezialitäten wie den Gartenbau sowie die Fischwirtschaft und Gewässerbewirtschaftung anzubieten.[17] Dabei wurden die Leistungen der Institute auf beiden Seiten und die günstige Perspektive einer neuen modernen Fakultät am Standort Berlin hervorgehoben, die sich Zukunftsfragen der modernen Agrar- und Ernährungswirtschaft widmet und zudem neben Pflanzenbau, Nutztierhaltung und Agrarökonomie mit Gartenbau und Fischwirtschaft über ein besonderes Lehr- und Forschungsprofil verfügt.

Mit dem Fusionsgesetz vom Juni 1992 machte sich die Berliner Politik diese Vorstellung zu eigen, und der Prozess der Zusammenführung beider Einrichtungen konnte beginnen. Die noch weitergehende Vision eines „grünen Campus“ am Standort Berlin und der institutionellen Zusammenführung aller „grünen“ Wissenschaftsbereiche konnte dabei nicht verwirklicht werden. Unterschiedliche politische Interessen haben mit dem Fusionsgesetz dazu geführt, dass die Agrar- und Gartenbauwissenschaften der Humboldt-Universität zugeordnet wurden, die Veterinärmedizin der Freien Universität und die Lebensmitteltechnologie der Technischen Universität.

Zunächst arbeiteten an der Agrarfakultät der Humboldt-Universität seit Juni 1991 eine Personal- und Strukturkommission und seit November 1991 eine Struktur- und Berufungskommission, die besonders für Personalevaluierungen verantwortlich waren. Nach dem Inkrafttreten des Fusionsgesetzes 1992 war dann das Gründungskomitee, zu dem Vertreter der beiden Berliner agrarwissenschaftlichen Einrichtungen sowie externe Mitglieder unter Leitung von Gründungsdekan Erwin Reisch, dem ehemaligen Präsidenten der Universität Hohenheim, gehörten, für den Aufbau der neuen gemeinsamen Einrichtung zuständig. Mit der ersten Sitzung des Gründungskomitees am 4. Juli 1992 im historischen Hauptgebäude der Berliner Landwirtschaftlichen Hochschule in der Invalidenstraße 42 wurde der „Fachbereich für Agrar- und Gartenbauwissenschaften“ an der Humboldt-Universität eingerichtet, und es begann ein sich über nahezu zwei Jahre erstreckender Fusionsprozess.

In der Praxis bedeutete dies einen Marathon von 31 Sitzungen des Gründungskomitees. Besonders schwierig war es, den noch vorhandenen Personalbestand an das Strukturkon-

[17] Empfehlungen zu den Agrar-, Gartenbau-, Forst-, Haushalts- und Ernährungswissenschaften sowie zu Lebensmitteltechnologie und Veterinärmedizin an den Hochschulen der neuen Länder und Berlin vom 5. Juli 1991 (Drs. 327/91), Wissenschaftsrat Berlin 1991, S. 44–58, besonders S. 54.

zept des neuen Fachbereichs anzupassen; etwa 40 % des Personals kam in den Personalüberhang. Trotz aller Probleme führte die Fusion bald zu einer intensiven Zusammenarbeit und zu einer gemeinsamen Ausrichtung von Forschung und Lehre auf das neue Konzept der Agrarwissenschaften am Standort Berlin.

Das neue Konzept der Agrarwissenschaften an der Humboldt-Universität war gekennzeichnet durch eine breite disziplinäre Vielfalt und eine starke internationale Ausrichtung. In dieses Konzept konnten die Einrichtungen in Ost und West ihre Potenziale einbringen und durch Neuberufungen vor allem im ökonomischen Bereich ihr Potenzial ausweiten. Damit waren die strukturellen Voraussetzungen geschaffen, sich den Zukunftsfragen der Agrarwissenschaften in ihrer ganzen Breite zu widmen, wie es der historischen Idee und Entwicklung der Agrarwissenschaften am Standort Berlin entsprach.

Seit dem 8. Dezember 1993 nannte sich die neue Einrichtung wieder Fakultät, nämlich Landwirtschaftlich-Gärtnerische Fakultät. Mit sieben Instituten (Grundlagen der Pflanzenbauwissenschaften; Landwirtschaftlicher Pflanzenbau; Gärtnerischer Pflanzenbau; Grundlagen der Nutztierwissenschaften; Angewandte Nutztierwissenschaften; Agrarpolitik, Marktlehre und Agrarentwicklung; Landwirtschaftliche und Gärtnerische Betriebslehre), dem Seminar für Ländliche Entwicklung, drei selbständigen Fakultätsschwerpunkten (Internationale Agrarentwicklung, Ökologie der Agrarlandschaften, Frauen in der Ländlichen Entwicklung) und einem Verbund von mehreren landwirtschaftlichen und gartenbaulichen Versuchsstationen verfügte die neue Agrarfakultät über ein breites Forschungs- und Lehrspektrum. Auch von Seiten des Personals war sie mit 40 Professuren, 95 wissenschaftlichen Mitarbeitern und 300 technischen und Verwaltungsstellen recht gut ausgestattet. So war ein breit sortiertes Angebot von Studiengängen möglich: Agrarwissenschaften (mit den Studienrichtungen Pflanzenbauwissenschaften, Nutztierwissenschaften, Wirtschafts- und Sozialwissenschaften des Landbaus, Allgemeine Agrarwirtschaft, Internationale Agrarwirtschaft); Gartenbauwissenschaften (entweder pflanzenbaulicher, ökologischer, ökonomischer, technischer, internationaler oder urban-gartenbaulicher Schwerpunkt); Fischwirtschaft und Gewässerbewirtschaftung; Amt des Studienrates mit der beruflichen Fachrichtung Land- und Gartenbau.

Die neue Fakultät und die vielfältigen Ausbildungsangebote wurden gut angenommen: Seit Mitte der 1990er Jahre sind die Studentenzahlen wieder stark angewachsen und liegen seitdem bei etwa 1.500 Studenten. Unter den Agrarfakultäten Deutschlands nahm die Berliner Fakultät schnell und sichtbar ihren Platz ein.

Die Fusion der agrarwissenschaftlichen Ausbildungseinrichtungen aus Ost- und West-Berlin wurde von Anfang an aber auch kritisch in der Stadt und von außen betrachtet. Das lag zum einen an der Nachkriegsentwicklung und der Sicht (West-)Berlins als „Stadtstaat“: Wie konnte für eine Stadt der Ausbau der Agrarwissenschaften wichtig sein, hörte man, wo doch eine Hauptstadt ein spezielles Wissenschaftsprofil haben und nicht „Bauern“ ausbilden sollte? Zudem entspräche für Berlin die regionale und volkswirtschaftliche Bedeutung des Agrarumfeldes nicht mehr der Situation zur Zeit der Begründung der Agrarwissenschaften durch Thaer und ihrer Entwicklung im 19. und frühen 20. Jahrhundert.

Dem widersprachen nicht nur Agrarwissenschaftler, sondern viele Persönlichkeiten in Wissenschaft, Politik und Gesellschaft, geht es doch bei den Agrarwissenschaften heute um zentrale Zukunftsfragen der Gesellschaft: Wie können die globale Ernährung gesichert und dabei die natürlichen Lebensgrundlagen erhalten werden? Das sind sicherlich nicht nur, aber gerade auch agrarwissenschaftliche Fragen und mit ihrer internationalen Perspektive wesentliche Fragen für eine wissenschaftliche Einrichtung in der Hauptstadt Berlin. Mit ihrem disziplinübergreifendem Ansatz und der Verbindung von Theorie und Praxis sind die Agrarwissenschaften prädestiniert, solche Fragen zu bearbeiten, und sie profitieren dabei in Berlin von der Einbettung in ein vielfältiges Wissenschaftsumfeld. Allerdings ist es in einer Zeit, in der der Agrarbereich in Deutschland nur noch ein Prozent zum Sozialprodukt beiträgt und sich verstärkt neue Wissenschaftsfelder entwickeln, schwieriger geworden, solche Überlegungen zur Zukunftsrelevanz der Agrarwissenschaften zu kommunizieren.

Die inhaltliche Diskussion wurde in Berlin überlagert durch die Haushaltskrise des Landes, die seit 1995 in ihrem dramatischen Ausmaß weithin sichtbar wurde und die Entwicklung und Finanzierung der Berliner Universitätslandschaft und besonders der Agrarwissenschaften entscheidend beeinflusst hat. So kam es im Frühjahr 1996 erstmals zu dem politischen Vorschlag, die Landwirtschaftlich-Gärtnerische Fakultät an der Humboldt-Universität zu schließen, und seitdem wird die Debatte um Mittelkürzungen bei den Agrarwissenschaften geführt. 1996 war das Ergebnis eine Reduzierung der Fachgebiete um etwa ein Viertel. Auf der Grundlage eines Gutachtens der Hochschul-Informations-System GmbH Hannover sollte nunmehr die neue Struktur der Fakultät 31 Fachgebiete und insgesamt ca. 170 Stellen umfassen.[18] Trotz Zustimmung der Universitätsleitung zu dieser Entwicklungsplanung gab es dann 2004 einen erneuten Schließungsvorschlag aus der Universität, die nach dem Hochschulvertrag nunmehr für die Strukturentwicklung zuständig war. So kam es zu einer weiteren Streichung von Fachgebieten um etwa die Hälfte, und dieses Ergebnis ist die heutige finanzielle und strukturelle Grundlage der Agrarwissenschaften am Standort Berlin. Gegenüber dem Vorschlag des Wissenschaftsrats von 1991 ist die Landwirtschaftlich-Gärtnerische Fakultät heute mit lediglich einem Drittel der seinerzeit vorgesehenen Kapazität eine vergleichsweise kleine agrarwissenschaftliche Einrichtung.

Durch diese Kürzungen konnte die Vision einer disziplinär breit aufgestellten Agrarfakultät in Berlin, die ihre Tradition aufgreift und weiterführt, nicht mehr verwirklicht werden. Ein Blick auf einzelne Fächer zeigt, wie die Sparmaßnahmen zu großen Substanzverlusten geführt haben. So zählten nach dem Gutachten des Wissenschaftsrats von 1991 die Institu-

---

[18] HIS Hochschul-Informations-System GmbH, Entwicklungsplanung für die Landwirtschaftlich-Gärtnerische Fakultät der Humboldt-Universität zu Berlin, Hannover 2001.

te für Tierzüchtung und Haustiergenetik sowie Tierernährung zu den wissenschaftlichen Schwergewichten der Fakultät mit Arbeiten internationalen Standards und hoher Reputation. Heute dagegen ist „die Tierernährung bereits liquidiert, die Haustiergenetik und Tierzüchtung weitgehend und die Grünlandwirtschaft ebenfalls ganz".[19] Die Masterstudiengänge für Pflanzenbauwissenschaften und Nutztierwissenschaften wurden eingestellt. Im ökonomischen Bereich können die Agrarmarktlehre, die Agrarsoziologie und die Agrargeschichte nicht weitergeführt werden, und im pflanzenbaulichen Bereich fehlen künftig wichtige Fachgebiete wie Pflanzenzüchtung, Gemüsebau und Obstbau.

Die Auseinandersetzungen um den Erhalt und die Weiterentwicklung der Agrarwissenschaften an der Humboldt-Universität wurden auf vielen Ebenen geführt und haben zu neuen Kooperationen und Perspektiven geführt. Sie waren auch ein Kampf in der Öffentlichkeit und um die Öffentlichkeit. Hochschullehrer, Mitarbeiter und Studenten der Fakultät, voran der langjährige Dekan Ernst Lindemann, und darüber hinaus viele Befürworter in der Universität, in Stadt und Land und weltweit, haben sich nachdrücklich für den Erhalt der Agrarwissenschaften am Standort Berlin eingesetzt.

Die Debatte um die Zukunft der universitären Agrarwissenschaften ist kein Berlin-spezifisches Problem, sondern wird deutschlandweit und darüber hinaus geführt. Dabei geht es um die bekannten Fragen zu den Besonderheiten der Agrarwissenschaften im Vergleich zu anderen Wissenschaftsbereichen, wie sie immer wieder gestellt worden sind: um die Relevanz von angewandter Forschung im Vergleich zur Grundlagenforschung, um die Fokussierung von Disziplinen im Vergleich zu einer interdisziplinären Ausrichtung und um das Grundverständnis der Zusammensetzung von Disziplinen an einer Universität angesichts vielfältiger neuer Forschungsfelder. Es geht aber auch um Machtfragen in der Fortentwicklung der universitären Strukturen. „In dieser Situation läuft die Landwirtschaft an allen Standorten Gefahr, gegenüber den klassischen Fakultäten einer Volluniversität oder gegenüber modernen Wachstums-Disziplinen den Kürzeren zu ziehen."[20] Angesichts dieser Lage hat der Wissenschaftsrat im Jahr 2006 die Zukunft der Agrarwissenschaften an deutschen Universitäten untersucht und Strukturempfehlungen gegeben.[21] Unter einer Vollfakultät versteht er eine Einrichtung, an der die Agrarwissenschaften in ihrer ganzen Breite organisiert sind. An dieser „müssen agrarwissenschaftliche Kerngebiete (Tier, Pflanze, Boden, Wirtschafts- und Sozialwissenschaften) sowie standortspezifisch Querschnittsfächer (Umweltwissenschaften, Technik) mit grundlagen- und anwendungsbezogenen Professuren in

---

[19] Schönmuth, Georg, 200 Jahre Agrarwissenschaften in Berlin-Brandenburg, in: Blickpunkt Rind. Journal für Rinderzüchter in Berlin-Brandenburg (2006), H. 2, S. 45.

[20] Isermeyer, Folkhard, Kurswechsel in der Agrarpolitik – Umorientierung in der Agrarforschung? Braunschweig 2001, S. 5f. (Bundesforschungsanstalt für Landwirtschaft, Arbeitsbericht 4/2001).

[21] Empfehlungen zur Entwicklung der Agrarwissenschaften in Deutschland im Kontext benachbarter Fächer (Gartenbau, Forst- und Ernährungswissenschaften), Wissenschaftsrat Köln 2006, S. 93–96.

einer Tiefe vertreten sein, die jeweils einen fruchtbaren Diskurs gewährleisten kann".[22] Der Wissenschaftsrat stellt aber auch fest, dass eine Vollfakultät unter solchen Bedingungen auf Grund der erforderlichen Stellenausstattung nur noch für wenige Standorte eine realistische Option ist. Für die Berliner Agrarfakultät sieht er die notwendige kritische Masse für eine Vollfakultät nicht mehr als gegeben an und empfiehlt einerseits die Auflösung der Fakultät und gibt andererseits Empfehlungen für die Neustrukturierung der agrarwissenschaftlichen Forschung und Lehre in Berlin und im ostdeutschen Raum.

Heute wird die Relevanz der Agrarwissenschaften an der Universität und in Berlin weithin gesehen. Die Empfehlungen des Wissenschaftsrats aufgreifend, legte die Fakultät 2007 ein Positionspapier „Berliner Konzept der Agrarwissenschaften" vor, das nach intensiver Diskussion in der Universität die akzeptierte Grundlage für das künftige Berliner Profil der Agrarwissenschaften an der Humboldt-Universität darstellt. Dieses neue Profil wird bestimmt durch die Fokussierung auf zwei anerkannte und leistungsfähige Schwerpunkte: die naturwissenschaftlich-technischen Grundlagen der Agrarproduktion und die Agrarökonomie. Die agrarwissenschaftlichen Disziplinen sollen weiterhin zusammenarbeiten, um den besonderen Anforderungen des Faches gerecht zu werden. Darüber hinaus bleibt ein Merkmal der Berliner Agrarwissenschaften die intensive Vernetzung mit anderen Wissenschaftsbereichen in der Humboldt-Universität und in Berlin, aber auch im agrarwissenschaftlichen Umfeld in Brandenburg und im ostdeutschen Raum.

Entsprechend dem zukünftigen Profil konzentrieren sich die Agrarwissenschaften in Berlin disziplinübergreifend auf fundamentale und globale Ernährungs-, Entwicklungs- und Ressourcenprobleme zur Thematik „Klima, Boden und Nachhaltigkeit". Angesichts der Hauptstadtfunktion Berlins spielt dabei die Politikberatung auf nationaler und internationaler Ebene eine wichtige Rolle. Der weitere Ausbau der Zusammenarbeit mit anderen Wissenschaftsbereichen an der Humboldt-Universität wie der Geographie, den Wirtschaftswissenschaften, der Biologie und der Medizin ist im Gange, und ebenso hervorzuheben ist die intensive Zusammenarbeit in Forschung und Lehre mit agrarwissenschaftlichen Instituten der Leibniz-Gemeinschaft im regionalen Umfeld und in Halle/Saale sowie mit den Instituten der Bundesforschung. Die Forschungsaktivitäten entwickeln sich erfolgreich: Von 2003 bis 2007 konnten die Drittmitteleinwerbungen, trotz der Kürzungen, mehr als verdoppelt werden.

In der Lehre konzentrieren sich die Berliner Agrarwissenschaften auf die Masterstudiengänge „Agrarökonomik" (deutsch- und englischsprachig) und „Prozess- und Qualitätsmanagement" sowie auf die Bachelorstudiengänge zu den Agrar- und Gartenbauwissenschaften. Die Fakultät arbeitet an den internationalen Masterstudiengängen „Rural Development" und „Horticultural Science" mit. Neu und noch am Anfang ist die standortübergreifende

[22] Ebd., S. 73.

Zusammenarbeit im norddeutschen Raum beim Promotionskolleg „Agrarökonomik" und im Universitätsverbund „AgrosNet" mit den beiden anderen ostdeutschen Agrarfakultäten in Halle/Saale und Rostock. Ziel dieser Vernetzung ist es vor allem, in Ostdeutschland gemeinsame Studienprogramme anzubieten.

Profilierung, Integration und Vernetzung sind so die Berliner Antwort auf die veränderten Rahmenbedingungen und neuen Herausforderungen für die Agrarwissenschaften an diesem Standort. Das erstrebte Ziel, nach der Wiedervereinigung an der historischen Entwicklung anzuknüpfen und eine Agrarfakultät mit der ganzen Vielfalt agrarwissenschaftlicher Disziplinen aufzubauen, konnte nicht erreicht werden. Die aktuelle Entwicklung zeigt jedoch, dass das neue Modell der Agrarwissenschaften in Berlin zukunftsträchtig ist und den hohen Anforderungen an die Exzellenz wissenschaftlicher Einrichtungen an der Humboldt-Universität und am Standort Berlin gerecht wird.

Hans-Dietrich Schultz

Zwei Geographien oder eine? Heinz Sankes „System geographischer Wissenschaften“ im Dienst einer „klassenmäßigen“ Erziehung und Politik

Zur Ausgangslage der Geographie

Mit 1933 brach für viele Geographen eine Zeit eifrigen Bekennens an. Ungefragt offenbarten sie, seit langem für die nationalsozialistische Weltanschauung vorgeglüht zu haben. Doch wie sehr auch Opportunismus, Konformitätsdruck und politische Illusionen dazu motiviert haben mögen: Völlig grundlos geschah dies nicht. Vieles aus der Zeit davor wurde nur akzentuierter fortgesetzt. Die Formel von „Blut und Boden“ ging kritiklos auf die facheigene Synthese von „Mensch und Erde“ über, und für alle Lebensraumfragen beanspruchte man eine Leitkompetenz. Geographen rechtfertigten die Annexionen im Osten, träumten von einem Großraum Eurafrika und bewiesen, dass die Geographie eine „*aus dem innersten Kern heraus politische Wissenschaft*“ sei, die nur als solche gedeihen könne.[1] Die jahrzehntelange Vorherrschaft der Morphologie und der mechanischen Kausalität sollte einer ganzheitlichen völkischen Länderkunde weichen.

1947 bestätigte jedoch Carl Troll, der von 1930 bis 1938 in Berlin Kolonial- und Überseegeographie gelehrt hatte, bevor er an die Universität Bonn ging, seinen Kollegen dennoch, unter schwierigsten Bedingungen insgesamt respektable wissenschaftliche Arbeit geleistet zu haben. Sein Kunstgriff bestand darin, zwischen wahrer Geographie und „Verfälschungen“ zu unterscheiden, äußerliche Konzessionen an das Regime anzunehmen, einige wenige Geographen ganz oder zum Teil als *enfants terribles* ins Abseits zu stellen und die politisch engagierte Geopolitik als pseudowissenschaftlichen bösen Teil des Faches von der seriösen

[1] Schultze, Joachim Heinrich, Die Geographie als politische Wissenschaft, in: Zeitschrift für Erdkunde 4 (1936), S. 104–112, hier: S. 112, Hervorh. dort.

Politischen Geographie abzuspalten. Grenzverwischungen erklärte er sich aus der Sorge um Volk und Vaterland.[2]

Zeitgleich zu dieser tendenziellen Apologie der Geographie versicherten Fachvertreter aus allen Besatzungszonen auf einer Tagung in Bonn den Unterrichtsministerien, dass die Geographie „die Erziehung unserer Jugend in die richtige Bahn" lenken könne. Das Wissen über die wirtschaftlichen und geistigen Kräfte der Erde vermittle ein Weltbild, das „das eigene Land und Volk als ein lebendiges Glied der Gemeinschaft aller Völker" verstehe. Das Fehlen solchen Wissens habe „das deutsche Volk irregeleitet" und dazu gebracht, „in blindem Vertrauen den Weg zum Verderben" zu beschreiten.[3]

Diese Realitätsverdrängung mit Langzeitwirkung wurde durch die Entnazifizierungsverfahren noch verstärkt. Man sah sich als Opfer. Tatsächlich blieb kaum ein Geograph auf der Strecke. Das große Revirement fiel aus, auch in der SBZ/DDR.[4] So wurde zunächst in beiden deutschen Staaten die länderkundliche Tradition fortgesetzt, die als Krönung des Faches galt, international aber zunehmend an Reputation verlor. Trotz anfänglich noch gut funktionierender Netzwerke über die Systemgrenzen hinweg ging die fachliche Entwicklung jedoch auseinander. Das war vor allem das Werk Heinz Sankes, eines marxistischen Aktivisten der ersten Stunde an der Humboldt-Universität, auf den sich diese Studie, anderes zwangsläufig vernachlässigend, konzentriert. Von Berlin aus errang er durch seine vielfältigen wissenschaftspolitischen und gesellschaftlichen Funktionen maßgeblichen Einfluss auf die Entwicklung der gesamten DDR-Geographie an Hochschule und Schule.

Sankes Konzept der „Politischen und Ökonomischen Geographie"

Sanke, ein 1941 promovierter Diplomkaufmann der Wirtschaftshochschule Berlin, der während seines Studiums auch geographische Veranstaltungen besucht hatte, wurde nach Kriegsende sofort parteipolitisch aktiv, erst in der KPD, dann SED. 1948 übernahm er einen Lehrauftrag für Politische Ökonomie an der Wirtschaftswissenschaftlichen Fakultät der Berliner Universität. Ende des Jahres bestand er an der Universität die Lehramtsprüfung in Geographie. Sie fand nur mündlich statt, als Examensarbeit war die Dissertation anerkannt worden. 1950 folgte die Habilitation. Ein „bürgerlicher" Rezensent urteilte über die Arbeit,

---

2 Troll, Carl, Die geographische Wissenschaft in Deutschland 1933 bis 1945. Eine Kritik und Rechtfertigung, in: Erdkunde 1 (1947), S. 3–48.

3 Troll, Carl [Berichterstatter], Die Geographentagung in Bonn, in: Erdkunde 1 (1947), S. 206–208, hier: S. 208.

4 Vgl. Schelhaas, Bruno, Institutionelle Geographie auf dem Weg in die wissenschaftspolitische Systemspaltung: Die Geographische Gesellschaft der DDR bis zur III. Hochschul- und Akademiereform 1968/69, Leipzig 2004, S. 27.

sie sei eine „Kompilation einfachster Art“, die weder methodisch noch sachlich Neues biete.[5] Sie trug Sanke Leitung und Professur des an der Wirtschaftswissenschaftlichen Fakultät neu eingerichteten Instituts für Wirtschaftsgeographie ein, das 1951 in Institut für Politische und Ökonomische Geographie umbenannt wurde. Dieses Sanke-Institut und das seit 1887 an der Mathematisch-Naturwissenschaftlichen Fakultät bestehende Geographische Institut bildeten für die nächsten Jahre zusammen ein Fachgebiet. Die Methodik des Geographieunterrichts war an der Pädagogischen Fakultät angesiedelt.

Abb. 1 Heinz Sanke (1915–1997)

[5] Bartz, Fritz, [Rezension von] Heinz Sanke, Die Erdölwirtschaft des Imperialismus in ihren geographischen Grundlagen, in: Erdkunde 7 (1953), S. 238–239, hier: S. 239.

Seit den 1950er Jahren stand mit der II. Hochschulreform der DDR 1951/52 auch die ideologische Umgestaltung der Geographie an. In Schnellkursen wurden unter Sankes Regie an der Humboldt-Universität Dozenten für Politische und Ökonomische Geographie ausgebildet, die zunächst nur mit der Wahrnehmung einer Dozentenstelle betraut wurden (so genannte Wahrnehmungsdozenten). Promotion und Habilitation sollten nachgeliefert werden. Damit wollte Sanke seine Auffassung von Geographie an allen geographischen Instituten der DDR durchsetzen.[6] Roter Faden der Kritik Sankes am bürgerlichen geographischen Denken war der Vorwurf des *geographischen* Determinismus, den er allerdings nicht prinzipiell verurteilte. Durch seine „auf die Natur bezogenen ursächlichen Erklärungen" sei er vielmehr „zu einer gewichtigen Waffe der aufstrebenden Bourgeoisie gegen die absolutistischen und feudal-klerikalen Machthaber" geworden. Auch wenn er „häufig nur zufällig mit der Wirklichkeit" übereingestimmt habe, habe er für die Entwicklung des wissenschaftlichen Denkens „progressiv gegenüber den theologischen Interpretationen der feudal-klerikalen Ideologie" gewirkt.[7] Danach aber war er für Sanke zu einer Kapitalismus und Imperialismus stützenden Legitimationsideologie geworden, die bekämpft gehöre.

Gleich 1951 stellte Sanke apodiktisch klar, dass die marxistisch-leninistische Wissenschaft „einen konsequenten Kampf gegen die bürgerlichen Versuche" führe, „Gesetzmäßigkeiten der Natur und solche der Gesellschaft miteinander zu vermengen, [d. h.] die Entwicklung der Gesellschaft aus Gesetzmäßigkeiten erklären zu wollen, die für die Entwicklung der Natur charakteristisch" seien. Das geographische Milieu habe „lediglich beschleunigende[n] oder verlangsamende[n] Einfluß (…) auf den Entwicklungsgang der Gesellschaft", dieser erfolge über die Produktion, in welche die geographischen Bedingungen „als Produktionsmittel und Produktivkräfte" eingehen und die schon vorhandenen Produktivkräfte „fördern oder hemmen" würden. Da diese Einwirkung der geographischen Bedingungen jedoch von den Produktions- und Eigentumsverhältnissen abhängen würden, die Eigentumsverhältnisse aber wiederum von den politischen Machtverhältnissen, dürfe im Marxismus-Leninismus die ökonomische Geographie nicht in einem „nur ökonomischen – ökonomistischen" Sinne betrieben werden, sondern allein als „politische und ökonomische Geographie".[8]

Andererseits räumte Sanke ein, dass die ökonomische Geographie die physische Geographie nicht ersetzen könne, ja, sie sogar voraussetze. Nach wie vor bleibe es deren Aufgabe, die Gesetzmäßigkeiten des geographischen Milieus zu erfassen, während die ökonomische Geographie „die geographischen Bedingungen genau [zu] kennen und entsprechend der

6 Schelhaas, Institutionelle Geographie, 2004, S. 54f.

7 Sanke, Heinz, Wissenschaftstradition und Wissenschaftsaufgaben, dargestellt am Beispiel der Geographie, in: Humboldt Universität, Organ der Universitätsparteileitung der SED 38/165 vom 3. 11. 1965, S. 3–7, hier: S. 4.

8 Sanke, Heinz, Die Politische und Ökonomische Geographie im Dienst des Fortschritts und des Friedens, in: Zeitschrift für den Erdkundeunterricht 3 (1951), S. 315–318, hier: S. 215f.

herrschenden Gesellschafts- und Wirtschaftsformation politisch-ökonomisch [zu] bewerten" habe. Abgelehnt wurde von ihm dagegen, nach Art der „bürgerlichen Anthropogeographie (...) Beziehungen zwischen willkürlich ausgewählten Naturbedingungen und isoliert betrachteten gesellschaftlichen Funktionen unter Abstraktion von der Produktionsweise der materiellen Güter" herzustellen oder ein „Nebeneinanderstellen und Miteinandervermengen von natürlichen und gesellschaftlichen Gesetzmäßigkeiten" zu praktizieren, wie es für die „bürgerliche Länderkunde" typisch sei. Der Ausdruck „Gesellschaftsgeographie", den Eva Speer, Referentin für den Erdkundeunterricht im Deutschen Pädagogischen Zentralinstitut, vorgeschlagen hatte, kam für Sanke nicht in Frage, weil dies „ein Zurückweichen vor der bürgerlichen Anthropogeographie" bedeutet hätte.[9]

Von vornherein war Sankes „Politische und Ökonomische Geographie" als Kampfdisziplin in der Auseinandersetzung zwischen den politischen Systemen konzipiert, die auf der Seite des Fortschritts und des Friedens stand und anfangs auch für „die Einheit unseres Vaterlandes" eintrat. Ihr Gegner waren die „reaktionären geopolitischen Theorien, die als Bestandteile des Kosmopolitismus, der Ideologie des amerikanischen Imperialismus, in Westdeutschland und Westberlin immer mehr an Boden" gewännen und von hier in die DDR eindringen würden. So verurteilte Sanke die einheitliche Zielsetzung der zur Geopolitik gewordenen bürgerlichen Anthropogeographie, die „im Dienst der imperialistischen Kräfte" stehe, um deren „Streben nach Weltherrschaft" vorzubereiten und zu verteidigen und die kolonialen Eroberungen als naturbedingt zu rechtfertigen.[10]

In z. T. martialischem Ton kündigte Sanke an, „all diese reaktionären Theorien und Ideologien wissenschaftlich [zu] widerlegen", um ihnen „den Boden [zu] entziehen und sie [zu] zerschlagen". Davon überzeugt, dass die marxistisch-leninistische Wissenschaft gegenüber der „falschen Auffassung" der bürgerlichen Geographie über „die einzig richtige Lösung" verfügte, kündigte Sanke mit drohendem Unterton an, die „Politische und Ökonomische Geographie" „künftighin darüber" wachen zu lassen, „dass geopolitische Einflüsterungen schonungslos aufgedeckt, Beweihräucherungen reaktionärer Geographen in wissenschaftlichen Zeitschriften der Deutschen Demokratischen Republik nicht mehr unwidersprochen hingenommen und alle Versuche, die Lebensfragen unseres Volkes negieren zu wollen, kompromißlos zunichte gemacht" würden.[11] Dabei ging es Sanke um nichts Geringeres, als „Partei zu ergreifen im Dienst der objektiven Wahrheit".[12]

---

9 Sanke, Geographie im Dienst, 1951, S. 216; Speer, Eva, Über Inhalt und Ziel des Erdkundeunterrichtes in der deutschen demokratischen Schule, in: Zeitschrift für den Erdkundeunterricht 3 (1951), S. 49–57, hier: S. 50.

10 Sanke, Geographie im Dienst, 1951, S. 216f.

11 Ebd., S. 215, 217.

12 Sanke, Heinz, Über den Gegenstand der Politischen und Ökonomischen Geographie, in: Politische und Ökonomische Geographie, Berlin 1956, S. 1–15, hier: S. 1.

Überwacht und gestoppt werden sollten mit dieser Parteinahme alle Versuche, die Geographie auf traditionelle („bürgerliche") Weise durch eine Kombination von allgemeingeographischem und länderkundlichem Ansatz auf- und auszubauen, wie dies einige Disziplinvertreter planten. Für Sanke fielen diese „ältere[n] Geographen" schon aus ideologischen Gründen für eine Erneuerung des Faches aus, weil sie unfähig seien, im Sinne der „politischen und ökonomischen Geographie" zu arbeiten.[13] Dem in Jena lehrenden Schultze warf er anhand von dessen Lehrbrief „Großbritannien und Irland" Unwissenschaftlichkeit, Rassismus, die Verteidigung des britischen Imperialismus und eine Verleumdung der mit der DDR befreundeten Staaten vor.[14] Es verwundert, dass er ihm nicht auch seine einschlägigen völkischen Bekenntnisse aus der Zeit des „Dritten Reiches" vorhielt. Schultze entzog sich einer Auseinandersetzung mit Sanke und folgte 1955 einem Ruf an die Freie Universität Berlin; Neef, der damals in Leipzig lehrte und bis zu seiner Ablösung durch Sanke, 1957, Vorsitzender des Wissenschaftlichen Beirats für Geographie beim Staatssekretariat für Hoch- und Fachschulwesen war, wagte dagegen einen mutigen Schlagabtausch.

Auseinandersetzungen um die Länderkunde

Ohne Sanke zu erwähnen, legte Neef 1956 „die axiomatischen Grundlagen der Geographie" dar und bestimmte zu ihrem Gegenstand den „Teil der *vollen* irdischen Wirklichkeit mit aller Komplexität und Mannigfaltigkeit (...), der sich mit den Erscheinungsformen der Materie an der Erdoberfläche beschäftigt". Damit war die Geographie *ontologisch* fest verankert. Sie „müsste aufhören zu existieren, wenn die konkrete Wirklichkeit nur als Summe, als zufälliges Beieinander der einzelnen Gegenstände verständlich wäre. Doch da alle irdischen Objekte nur im Verband mannigfacher, gesetzmäßig geordneter Zusammenhänge existieren, die aus dem Einzelobjekt heraus nicht zu begreifen sind, sondern nur aus dem Gesamtgefüge heraus erschlossen werden können, bleibt die Geographie, was sie von jeher war; die Wissenschaft von der Mannigfaltigkeit der Erdoberfläche und ihrer einzelnen Teilgebiete." Wer sich aus dieser Verflochtenheit aller Gegenstände miteinander herauslöse, der verliere „den Anschluß an die Wirklichkeit".[15]

Die Geographie war demnach eine ewige Wissenschaft mit ewigem Gegenstand und ewiger Fragestellung, unabhängig von allem historischem Wandel und allen politischen Systemen. Ontologie stand gegen Ideologie, ein Absolutismus gegen den anderen! Und um

---

[13] Schelhaas, Institutionelle Geographie, 2004, S. 48f.

[14] Sanke, Heinz, Ein „sonderbarer" Lehrbrief der Geographie, in: Neues Deutschland, Berliner Ausgabe Vorwärts, Nr. 69 vom 23. 03. 1954, S. 6.

[15] Neef, Ernst, Die axiomatischen Grundlagen der Geographie, in: Geographische Berichte 1 (1956), S. 85–91, hier: S. 85f., Hervorh. dort.

diesbezüglich ja keine Irrtümer aufkommen zu lassen, erklärte Neef die Grundvorstellungen der Geographie zu „Axiomen", die weder bewiesen noch definiert werden könnten, da sie „mit den Dingen gegeben" seien. Sie seien „mit den Grundtatsachen der Erdoberfläche selbst identisch und geben daher Tatsachen wi[e]der, die mit der Existenz der irdischen Erscheinungen schlechterdings unlösbar verbunden sind". Mit anderen Worten: Über Axiome lässt sich nicht diskutieren, sie sind selbstevident, höchstens kann man gegen sie verstoßen! Ausdrücklich machte sie Neef für alle geographischen Wissenschaften „verbindlich", also auch für die ökonomische Geographie. Selbst für nicht-geographische Fächer gelte dies, sobald sie „die geographische Betrachtungsweise" anwenden würden. Werde hingegen eines der Axiome „missachtet oder bewusst verneint", so stelle sich „dieses Wissenschaftsgebiet außerhalb der geographischen Wissenschaft".[16]

Das war für den Dogmatiker Sanke zweifellos eine Herausforderung. Doch statt direkt auf Neef einzugehen, brachte er gegen diesen den Marxismus-Leninismus in Stellung, der davon ausgehe, dass „sowohl der Entwicklungsprozess in der Natur als auch die Bewegungsvorgänge in der Gesellschaft und in ihrer Wirtschaft (…) von objektiven, sich unabhängig vom Willen des Menschen vollziehenden Gesetzen dirigiert" werde, die vom Menschen nur erkannt aber nicht aufgehoben oder neu geschaffen werden könnten. Beide Gesetzmäßigkeiten stellten jedoch „inkommensurable Größen" dar, so dass es „unwissenschaftlich" sei, „die Entwicklung der Natur aus gesellschaftlich-ökonomischen Gesetzen und umgekehrt die Entwicklung der Gesellschaft und ihrer Wirtschaft aus Naturgesetzen erklären zu wollen". Somit könne es „keine einheitliche geographische Wissenschaft, keine *‚Einheitsgeographie‘* und ebenfalls keine in ihrem Sinne betriebene *Länderkunde* geben", sondern nur ein *„System geographischer Wissenschaften"*, das aus der *„Physischen Geographie"* und der *„Politischen und Ökonomische Geographie"* bestehe, wofür viele Marx- und einige Lenin-Zitate den begründenden Weltanschauungskontext abgaben. Beide Geographien seien „echte selbständige Disziplinen", wobei „erstere eine Naturwissenschaft, letztere eine Gesellschafts- und Wirtschaftswissenschaft" sei. Das schließe enge Beziehungen zwischen ihnen natürlich nicht aus.[17]

Neef überzeugte das nicht. *Erstens* gehe es Sanke um die Entwicklung der Gesellschaft, doch das sei Aufgabe der Gesellschaftswissenschaften, nicht der Geographie. Diese habe „nicht das gleiche noch einmal zu tun, sondern (…) zu prüfen, wie sich der Arbeitsprozess zwischen Mensch und Erde" darstelle, „welche Formen und Erscheinungen" er hervorrufe und „von welchen Bedingungen er in jedem Falle abhängig" sei. *Zweitens* spielten bei der „funktionellen Differenzierung eines Raumes" neben ökonomischen Produktionsvorgängen „vor allem auch Unterschiede des geographischen Milieus" eine Rolle. Wirt-

16 Ebd., S. 87, 91.

17 Sanke, Heinz, Über Inhalt, Stellung und Gliederung der Politischen und Ökonomischen Geographie, in: Geographische Berichte 1 (1956), S. 165–176, hier: S. 169, 175, Hervorh. dort.

schaftsgeographische Detailfragen setzten somit „eine intime Kenntnis des Zusammenspiels *aller* beteiligten Faktoren voraus", also physischer wie ökonomischer, aktueller wie früher wirksamer und in Reliktformen noch präsenter Faktoren. Aus ihrem „komplizierten Zusammenspiel" entstehe „eben das komplexe Gebilde materieller Art, das wir als Kulturlandschaft bezeichnen und in dem sich durch das Hinzutreten oder auch Vergehen kulturgeographischer Objekte die ständige Auseinandersetzung zwischen Mensch und Erde" vollziehe. Es sei „unmöglich, diese überall gegebene Realität als eine Art Hirngespinst bürgerlicher Geographie hinzustellen". *Drittens*, hier nahm Neef die Trollsche Perspektive ein, bestreite „niemand (...), dass mit geographischen Materialien in scheinwissenschaftlicher Weise Mißbrauch getrieben worden" sei, niemand auch, dass die Geographie sich dagegen „mit aller Deutlichkeit verwahren" müsse, doch gehe es nicht an, wegen dieses Missbrauchs Wissenschaften einfach aufzulösen und durch andere zu ersetzen. Über den geographischen Determinismus sei die Geographie ohnehin „auf der ganzen Welt längst hinaus".[18]

Gleich zu Beginn seiner Replik führte Neef außerdem die Gefährdung der geographischen Bildung in der Schule an, weil mit der Aufgabe der Einheit der Geographie die Gegenstände im Unterricht stark vereinzelt seien. Immer mehr Lehrer würden eine „Rückkehr zum länderkundlichen Prinzip im Unterricht" fordern, da dieses am bestes gestatte, „die der Geographie eigenen Bildungswerte zu vermitteln, nämlich in die vielfältigen Zusammenhänge der Erscheinungen wirklichkeitsnahe einzuführen".[19]

So blieb von Sankes Konzept bei Neef nichts mehr übrig, nur die unverhüllte Empfehlung, sich nicht länger als Geograph zu verstehen, d. h., den Geographen nicht mehr von außen ins Handwerk zu pfuschen. Der Geographie gehe es um die „materiellen geographischen Komplexe", nicht um „wirtschaftspolitische Funktionen", sie spreche „von geographischen Tatbeständen", nicht vom „objektiven Charakter der Gesetzmäßigkeiten der gesellschaftlichen Entwicklung". „Diese Verschiebung der Aspekte" mache deutlich, dass Sankes „Politische und Ökonomische Geographie" „sich nicht an der geographischen Realität" orientiere, „die geographischen Axiome nicht" anerkenne „und sich daher außerhalb der Geographie ihren Standort gesucht" habe – als eine „Gesellschaftswissenschaft".[20]

Natürlich ließ sich Sanke nicht von Neef aus der Geographie verweisen, doch hatte ihm die Kontroverse gezeigt, dass die Vertreter der bürgerlichen Ideologie noch immer stark genug waren, die endgültige Vorherrschaft der sozialistischen Ideologie im Fach zu verhindern. Speziell der Erdkundeunterricht schien, wie ihm die von Neef erwähnten Wünsche der Lehrer zeigten, der sozialistischen Erziehung in den Schulen „noch nicht voll gerecht" geworden zu sein, und dies „in einer Zeit", wo sich „in Nachwirkung der Ereignisse in Polen

18 Neef, Ernst, Zum Inhalt der Politischen und Ökonomischen Geographie. Diskussionsbemerkungen zu H. Sanke, in: Geographische Berichte 2 (1957), S. 22–27, hier: S. 24ff.

19 Ebd., S. 22.

20 Ebd., S. 27.

und Ungarn (1957) ideologische Unklarheiten und Schwankungen auf pädagogisch-methodischem Gebiet" mit „Tendenzen des Revisionismus" auf den verschiedensten Gebieten gezeigt hätten. So stellte Sanke noch einmal klar, dass die bürgerliche Länderkunde „zwangsläufig" bei einer aggressiven Geopolitik landen müsse und alle Versuche, „eine ‚progressive Länderkunde' im Rahmen einheitsgeographischer Vorstellungen" zu etablieren, *prinzipiell* zum Scheitern verurteilt seien.[21]

Speziell wandte sich Sanke gegen die neue funktionalistische Betrachtungsweise der bundesrepublikanischen Geographie, mit der sich das Fach angeblich (mit Trolls Worten) „aus den Fesseln des Naturalismus" befreit habe. Zwar gestatte die Berücksichtigung des sozialen Faktors ein Nebeneinander „von natürlichen und gesellschaftlichen Bedingungen, ihre funktionale Verknüpfung zu einem Komplex mit eigener Gesetzmäßigkeit", wie er etwa in der Kulturlandschaft zum Ausdruck komme, doch müsse „die Abstraktion der Produktionsweise der materiellen Güter (...) zwangsläufig zur Gewinnung ‚ewiger' Kategorien führen". Es stimme zwar, dass der Arbeitsprozess abstrakt gesehen, zu allen Zeiten und überall der gleiche sei, doch finde er immer „unter den ganz konkreten Bedingungen der jeweiligen Produktionsweise (...) und der ihr immanenten objektiven ökonomischen Gesetzmäßigkeiten" statt. Die funktionalistische Betrachtungsweise sei daher eine „neue idealistische Konstruktion", ein „Neodeterminismus", der den Schein erzeuge, dass die länderkundliche Geographie auf den Arbeitsprozess eingehe, doch tue sie dies nur rein formal. [22]

Für Sanke stand somit fest: „Die Länderkunde als Bestandteil der bürgerlichen Ideologie in der Geographie kann nicht in den Dienst des Aufbaus des Sozialismus in der Deutschen Demokratischen Republik gestellt werden." Dies gelte nicht nur für den „ausgesprochen reaktionären Typ" der bürgerlichen Länderkunde, sondern ebenso (hier war Neef gemeint) „für eine solche in äußerlich objektivistischem und neutralistischem Gewande", die in der Auseinandersetzung mit der bürgerlichen Länderkunde durch die Konzentration der Kritik auf die Geopolitik aus dem Blick geraten sei. So blieb die Länderkunde für Sanke, in welcher Gestalt auch immer, eine „Apologetik des Imperialismus", mindestens führe sie aber an eine solche heran; denn *erstens* verkenne sie die „objektiven – unterschiedlichen natürlichen und gesellschaftlichen – Entwicklungsgesetzmäßigkeiten", *zweitens* verwische sie die „reale politische, ökonomische und soziale Situation" und *drittens* lenke sie von den Problemen durch falsche Proportionierung der einzelnen Teile ab, z. B. durch eine Überbetonung der physischen Geographie. Sie dürfe auf keinen Fall im Erdkundeunterricht wieder zugelassen werden. Geschähe dies, würde man „der bürgerlichen Ideologie Tür und Tor (...) öffnen und den Boden des Marxismus (...) verlassen". Niemals dürften gesellschaftliche Tatbestände „im Rahmen natürlicher Raumeinheiten (Landschaften) behandelt werden", sondern

---

21 Sanke, Heinz, Die Länderkunde als Bestandteil der bürgerlichen Ideologie in der Geographie, in: Zeitschrift für den Erdkundeunterricht 10 (1958), S. 161–174, hier: S. 162, 168, 167.

22 Ebd., S. 165f.

nur „in Wechselwirkung mit den jeweiligen politisch-ökonomischen Raumeinheiten (administrativen Gebieten, Wirtschaftsgebieten)". Allein schon die Übernahme des Namens „Länderkunde" trage nur zur Unsicherheit bei.[23]

Die Instrumentalisierung der Fachgeschichte

Sankes Gewährsmänner im Kampf gegen die Länderkunde waren keine Geographen, sondern Marx, Engels, Lenin, anfangs auch Stalin. Dennoch zog er auch die Disziplingeschichte zur Absicherung seiner Position heran, für die er die Deutungshoheit beanspruchte. In seiner Antrittsrede als Rektor der Humboldt-Universität, 1965, präsentierte Sanke die DDR-Geographie als eine Fortsetzung der „rühmliche[n] Tradition der deutschen bürgerlichen Geographie", ergänzt durch „Ergebnisse der sowjetischen Geographie und anderer progressiver Auffassungen". Mit einem Zitat Walter Ulbrichts zur Geographie signalisierte er zugleich, dass seine Position den Segen der Partei hatte und quasi Staatsdoktrin war.[24]

Lichtgestalt der „bürgerlichen Geographie" war für Sanke der „größte und liebenswerteste aller deutschen Geographen", Alexander von Humboldt, dessen Menschheitsideal heute als proletarischer Internationalismus fortgesetzt werde. Er und Ferdinand von Richthofen, „der größte" Geograph nach ihm, hätten bereits materialistisch gedacht und im Prinzip die beiden unterschiedlichen geographischen Gesetzmäßigkeiten erkannt.[25] Bei Humboldt sei dies jedoch noch in idealistischem Gewande geschehen, und Richthofen sei teilweise wieder in den geographischen Determinismus zurückgefallen.[26] Dessen Nachfolger auf dem Lehrstuhl, Albrecht Penck, der die Quartärforschung in Deutschland etablierte und auch international als bedeutendster Vertreter der deutschen Geographie in der ersten Hälfte des 20. Jahrhunderts gilt, wurde von Sanke dagegen zwiespältig gesehen. Einerseits bescheinigte er ihm die erfolgreiche Fortsetzung der physischgeographischen Tradition Humboldts und Richthofens, ja sogar eine „gewisse Liberalität" bei allgemeinen anthropogeographischen Problemstellungen, andererseits aber habe er als „konservativer, fest in seiner Klasse verwurzelter Gelehrter" imperialistische und kolonialistische Ziele verfolgt und die „geopolitische Doktrin vom fehlenden Lebensraum" vertreten. Es sei „eine bittere Tatsache", dass

---

23 Ebd., S. 164, 169f., 172f.

24 Sanke, Wissenschaftstradition, 1965, S. 6f.

25 Sanke, Heinz, Alexander von Humboldts gesellschaftlich-geographische Auffassung (untersucht am „Kosmos"), in: Zeitschrift für den Erdkundeunterricht 11 (1959), S. 90–114, hier: S. 92, 103, 108; Sanke, Heinz, Gesellschaftlich-geographische Anschauungen der großen Geographen Berlins und seiner Universität, in: Forschen und Wirken, hrsg. von Göber, Willi und Herneck, Friedrich, Berlin 1960, Bd. 1, S. 319–338, hier: S. 331, 338.

26 Sanke, Anschauungen, 1960, S. 326, 332.

Penck „sich dem Faschismus beugte und dessen Machtansprüche und Eroberungsgelüste unterstützte, ja sich nicht einmal zur faschistischen Ideologie im Widerspruch befand".[27]

Die „Ehre der deutschen Geographie" sah Sanke durch Alfred Rühl gerettet, der sich das „wissenschaftliche und kulturelle Geisteserbe" Humboldts „am vollständigsten zu eigen" gemacht und tatsächlich die physische und die soziale Geographie als zwei getrennte Wissenschaften betrachtet habe. Bei seiner Aufgabenbestimmung der Wirtschaftsgeographie würden sich „bereits Elemente (...) der politischen und ökonomischen Geographie marxistisch-leninistischer Prägung" erkennen lassen. Besonders hob Sanke den Antifaschismus Rühls hervor und instrumentalisierte ihn so für die DDR-Geographie.[28]

Die Linie der Fehlentwicklung setzte Sanke mit Herder an, der „mechanisch-materialistische Auffassungen mit einer letztlich bestimmenden teleologischen Betrachtungsweise zu einem eklektischen, keiner und jeglicher Aussage fähigen Ganzen" vereint habe. Ritter, dem er ein „echtes Ringen um die Wahrheit und ehrliches Wollen" bescheinigte, habe im Anschluss an Herder direkt „den geographischen Determinismus und die Teleologie als eklektische Einheit in der deutschen Geographie" verankert.[29] Seine „europazentrische Anschauungsweise" habe „in letzter Konsequenz den ökonomischen Interessen und den ideologischen Vorurteilen der damaligen Bourgeoisie in Deutschland Rechnung getragen".[30] Positiv vermerkte Sanke, dass Karl Marx während seines Aufenthaltes in Berlin in Ritters Vorlesungen „die Bedeutung der geographischen Fakten für die gesellschaftliche Entwicklung" kennengelernt habe, und ferner, dass nicht Ritter, sondern Ratzel zum Apologeten des Imperialismus geworden sei.[31]

Allerdings seien alsbald „chauvinistischer Dünkel und rassistische Überheblichkeit sowie dann später auch eine ungezügelte Propaganda kolonialer Expansion" in die Geographie der Ritterschen Tradition eingekehrt. „Mit dem Übergang des Kapitalismus der freien Konkurrenz in den Monopolkapitalismus" hätten sich dann die von Ratzel begründeten „pseudowissenschaftlichen Disziplinen der bürgerlichen politischen Geographie und der Geopolitik" herausgebildet.[32] Ratzel habe „den geographischen Determinismus um den biologischen Faktor" erweitert und den Staat „gewissermaßen biologischen Gesetzen und einem biologischen Wachstum unterworfen". Seitdem stünden alle Teildisziplinen der Geographie des Menschen inklusive der „in äußerlich scheinbar harmloserem Gewan-

[27] Ebd., S. 334f. Zu Penck und die Berechtigung der Vorwürfe Sankes vgl. auch den Beitrag von Schultz zur Geographie in Band 5 der Universitätsgeschichte.

[28] Sanke, Anschauungen, 1960, S. 336f. Zu Rühl vgl. Schultz, Hans-Dietrich, Alfred Rühl – ein Nonkonformist unter den (Berliner) Geographen, in: Die Erde 134 (2003), S. 317–342.

[29] Sanke, Auffassung, 1959, S. 107.

[30] Sanke, Wissenschaftstradition, 1965, S. 5.

[31] Sanke, Anschauungen, 1960, S. 331 u. 333.

[32] Sanke, Heinz, Entwicklung und gegenwärtige Probleme der politischen und ökonomischen Geographie in der Deutschen Demokratischen Republik, Sitzungsberichte der Deutschen Akademie der Wissenschaften zu Berlin, Klasse für Philosophie, Geschichte etc. Jg. 1962, Nr. 4, Berlin, S. 8.

de auftretende[n] Länderkunde" „im Dienst der Zielsetzungen des deutschen Imperialismus".[33]

An diesen Wertungen, die hier nicht weiter kommentiert werden können, wird deutlich, dass Sanke Disziplingeschichte als Gericht verstand. Er, der Richter, verteilte die „bürgerlichen" Geographen *dichotomisch* auf einen progressiven und einen reaktionären Traditionsstrang, wobei ersterer in der DDR weiterverfolgt wurde. Hier bekam er Sinn und Ziel, während Sanke für sein eigenes Konzept durch den fortschrittlichen bürgerlichen Vorlauf die nötige historische Tiefe gewann, die ihm die legitimierende Gewissheit bot, an der Spitze eines unumkehrbaren dialektischen Prozesses zu stehen. Die reaktionäre Tradition wurde dagegen in der BRD fortgesetzt und ausgebaut, wodurch die bürgerliche Konkurrenz im eigenen Lager ebenfalls als reaktionär und historisch überholt erscheinen musste.

Mit dieser Version der historischen Erinnerung ignorierte Sanke jedoch, dass der Milieu-Determinismus der „bürgerlichen Geographie", wie von Neef korrekt behauptet, seit langem der Selbstkritik unterlag. Mehr noch: Einen konsequenten Geodeterminismus hat es nie gegeben. Immer wurde neben der Wirkung der geographischen Bedingungen auch die Willens- und Entscheidungsfreiheit des Menschen einkalkuliert, was oft mit einer verwirrenden Mehrdeutigkeit einherging. Erst Detailstudien könnten klären, welche Variante dominierte und was dahinter steckte. Sankes marxistische Sicht war dazu ungeeignet, auch wenn das von ihm produzierte Zerrbild der Fachgeschichte nicht einfach in allem falsch ist.

Neue Entwicklungen: Rückkehr der Länderkunde?

Nach 1970 geriet Sankes Kampf gegen die Länderkunde immer mehr in die Defensive und brach schließlich zusammen. Die neue wissenschaftspolitische Maxime des Marxismus-Leninismus hieß „Einheit der Wissenschaft", die „nur denkmöglich" sei „auf der Grundlage einer tatsächlichen Einheit von Natur und Gesellschaft".[34] Marx, den Sanke zu seinem Parteigänger erklärt hatte, erwies sich als Fehlgriff, wie ausgerechnet ein westdeutscher „bürgerlicher Geograph" ihm schon 1965 vorgehalten hatte.[35] Plötzlich stand er mit größerer Berechtigung für die „Integration von Natur- und Gesellschaftswissenschaft", die eine

[33] Sanke, Anschauungen, 1960, S. 334.

[34] Mocek, Reinhard u. a.: Thesen zum Symposion, in: Thaler, Burchard (Red.), Die Bedeutung des Marxismus-Leninismus für die Durchsetzung des Prinzips der Einheit der Wissenschaft, Wissenschaftliche Beiträge der Martin-Luther-Universität Halle-Wittenberg 6/A13, Halle (Saale) 1972, S. 13–26, hier: S. 14f.

[35] Sperling, Walter, Der Begriff der „Natur" bei Karl Marx und die Einheit der Geographie, in: Geographische Zeitschrift 53 (1965), S. 202–206, hier: S. 205f.

„wesentliche Grundlage" für die weitere Entwicklung der Geographie sei.[36] Das galt auch für die Schulgeographie. Sanke kam dem entgegen, indem er und sein Schüler Zimm „Verbundphänomene zwischen Ökonomischer Geographie und Physischer Geographie" – mit „wachsende[r] Tendenz"– feststellten und den „einheitlichen Forschungsgegenstand" der beiden Geographien hervorhoben. Zwar bestanden sie auf „Wahrung ihrer aus dem Disziplinbereich entspringenden Eigengesetzlichkeiten", plädierten aber für eine enge Zusammenarbeit im Rahmen „eines einheitlichen Forschungsthemas".[37]

Auch auf die regionale Geographie blickten die Autoren nun mit etwas anderen Augen. Sie vermittle nicht nur „die höchste Form der Erkenntnis des dialektischen Zusammenwirkens der Elemente und Faktoren innerhalb des physisch-geographischen oder des ökonomisch-geographischen Komplexes", sondern tue dies auch „unter Berücksichtigung der neueren Tendenzen der zunehmenden Integration der geographischen Wissenschaften".[38] Mehr Zugeständnisse gab es nicht. Stattdessen bekräftigte Sanke 1978 den spezifischen Charakter der beiden Gesetzmäßigkeiten und betonte, was „bürgerliche" Geographen schon in den 1930er Jahren erkannt hatten, dass „die Naturräume und die Wirtschafts- und Lebensräume der Gesellschaft (...) in der Regel (...) nicht deckungsgleich" seien. Darum könne es auch, „so wünschenswert es erscheinen möge, (...) keine ‚komplexe' regionale Geographie – im Sinne von vereinigter, vereinheitlichter oder ‚Einheits'-Geographie – und damit ebenfalls keine ‚komplexe' regionalgeographische Forschung geben".[39] Der Trend zur integrativen Einheit der Geographie ging jedoch über Sankes Einwände hinweg, wie 1986 eine Konferenz mit Gastvorträgen ausländischer Teilnehmer zum 100jährigen Bestehen des Geographischen Instituts an der Humboldt-Universität belegt, auf der Sanke, der 1980 emeritiert wurde, schon nicht mehr vortrug.

Zunächst hätten sich, konstatierten ein ökonomischer und ein physischer Geograph von der Humboldt-Universität, Alfred Zimm und Gerhard Markuse, in der DDR nach 1945 zwei Arten von Länderanalysen mit je eigener Methodik herausgebildet. Doch statt der erwarteten Zusammenarbeit des „gesetzmäßig Getrennten" sei „die jeweils eigenständige Entwicklung zu einer ständigen Eigenentwicklung geworden". Aus der Schule seien dann die ersten Anregungen gekommen, im Universitätsbetrieb „länderkundlich synthetisierende Fragen" zu behandeln. Das schien umso notwendiger, als dort „junge Absolventen nicht

36 Scholz, Dieter, Zur Integration von Natur- und Gesellschaftswissenschaft innerhalb der Geographie und ihrer Bedeutung für die sozialistische Raumordnung in der DDR, in: Thaler, Die Bedeutung des Marxismus, 1972, S. 178–181, hier: S. 181.

37 Sanke, Heinz/Zimm, Alfred, Zur Entwicklung der Geographie an der Humboldt-Universität zu Berlin, in: Geographische Berichte 72 (1974), S. 163–175, hier: S. 171.

38 Ebd., S. 167f.

39 Sanke, Heinz, Entwicklungstendenzen der regional- und auslandsgeographischen Forschung und Lehre in der DDR unter besonderer Berücksichtigung wissenschaftstheoretischer Aspekte, in: Geographische Berichte 86 (1978), S. 16–30, hier: S. 26.

selten den Fehler" gemacht hätten, „naturgebundene und gesellschaftlich determinierte Erscheinungen zur Ländercharakteristik recht beziehungslos nebeneinanderzustellen". Andere seien einem „geographischen Determinismus" oder umgekehrt „Vulgärökonomismus" verfallen. Der „‚Kunstgriff'", zueinander passende räumliche Ausschnitte einmal physisch-geographisch, das andere mal ökonomisch zu behandeln, habe zwar einen Fortschritt dargestellt, doch methodisch nicht weitergeführt. Da aber komplexe geographische Länderanalysen unumgänglich seien, habe man erkennen müssen, dass es eine dritte Art solcher Analysen gebe, die *erstens* auf den beiden anderen basiere, *zweitens* eine „regionale Darstellungsmethode" sei, „die geographische Individualität und Regelhaftigkeit eines Raumes übergreifend" durch „umfassende Nutzung von Kombinationseffekten" zu erfassen suche, *drittens* einen „deutlich anderen Gegenstand als die physisch- oder ökonomisch-geographische Länderanalyse" besitze und *viertens* zusammen mit diesen beiden ein „notwendiger Bestandteil der geographischen Wissenschaften" sei.[40]

Zwar hatte Inge Paulukat, die damalige Direktorin der Sektion Geographie, in ihrem Einführungsreferat noch den Nachweis der Unwissenschaftlichkeit der Einheitsthese der „bürgerlichen Länderkunde" als Sankes Verdienst herausgestellt,[41] doch war für Zimm und Markuse klar, „dass mit der komplexen Länderkunde in starkem Maße integrative Elemente der geographischen Wissenschaft wirksam" würden, für die freilich noch keine wissenschaftstheoretische Lösung in Sicht sei.[42]

Auf jeden Fall sollte das „länderkundliche Schema" der „bürgerlichen Geographie" vermieden werden. Am besten gehe man von der „zentrierenden Dominante" eines Raumes aus, in der sich dessen „Individualität" ausdrücke. Um diese Dominante zu bestimmen, müsse zunächst, jeweils für sich, eine eingehende physisch-geographische und ökonomisch-geographische Struktur-, Funktions- und Prozessanalyse unter Einbezug der Dynamik der zukünftigen Entwicklung vorgenommen werden. Bei der Darstellung erfolge jedoch keine getrennte Behandlung, da beide Bereiche „in dem Problembündel, das sich um die Dominante" schare, gleichsam verschwänden. Auch bedeute die Darstellung nach Dominanten, dass alles, was an verbundenen Abläufen „*außerhalb* der Dominanten" vorkomme, wegfallen müsse, es mithin keine „Allseitigkeit in der regionalen Komplexität" geben könne. Ebenso müssten die eigenständigen, also unverbundenen physisch-geographischen und ökonomisch-geographischen Prozesse unberücksichtigt bleiben, so dass die Regionaldarstellung nicht in der „komplexen regionalen Geographie" aufgehe. Auf diese Weise, schluss-

---

[40] Zimm, Alfred/Markuse, Gerhard, Positionen zur komplexen regionalen Auslandsgeographie, in: Wissenschaftliche Zeitschrift der Humboldt-Universität zu Berlin, Math.-Nat. Reihe 36 (1987), S. 205–208, hier: S. 205ff.

[41] Paulukat, Inge, Die Geographie an der Berliner Universität von 1810 bis 1986, in: Wissenschaftliche Zeitschrift der Humboldt-Universität zu Berlin, Math.-Nat. Reihe 36 (1987), S. 174–196, hier: S. 186.

[42] Zimm/Markuse, Positionen, 1987, S. 207.

folgerten Zimm und Markuse, sei „jede positivistische Überbetonung der Scheidung von Natur- und Gesellschaftswissenschaften im Geographischen“ ausgeschlossen und der „interdisziplinären geographischen Zusammenarbeit“ eine brauchbare Basis gegeben.[43]

Heinz Schulz, ebenfalls von der Humboldt-Universität, bestätigte auf derselben Konferenz: „Das Streben nach einer komplexen chorologischen – oder wie wir heute sagen würden – arealbezogenen Komposition aller geographischen Erscheinungen in ihren jeweiligen Besonderheiten und nach ihren Wechselwirkungszusammenhängen ist durchaus legitim und auch für uns heute eine zeitgemäße Aufgabe, die jedoch nur schwer zu lösen ist.“ Zwar seien die „irrationalistischen Deutungen“ und der „philosophische Reduktionismus“ zur Erfassung des „komplexen Wesens raumbezogener Ganzheiten“ und ihrer Genese abzulehnen, doch gebe es durchaus „Aufhebenswertes“ der „bürgerlichen Länderkunde“ und „lohnenswerte Anregungen“, um die noch immer unbeantwortet gebliebenen Fragen zu lösen.[44]

Man mag es kaum glauben: Was für Sanke noch *prinzipiell* unmöglich war, schien nun ohne weiteres zu gehen. Bis in die Begrifflichkeit hinein stand die marxistisch-leninistische Geographie kaum verhüllt in der Filiation bürgerlich-altgeographischen Denkens. Selbst die Beteuerung, dass diese Art der Länderanalyse nur eine Form der Darstellung sei, ist dem Kenner der „bürgerlichen Länderkunde“ ein Déjà-vu-Erlebnis! Die Folgen dieses Schwenks bekamen vor allem die Physischen Geographen zu spüren.

Physische Geographie unter Druck

Wie eingangs erwähnt, war die Geographie nach ihren beiden Hauptbereichen ursprünglich auf zwei Institute und zwei Fakultäten verteilt. Nachdem anfängliche Erweiterungsbemühungen gescheitert waren, signalisierte nur noch der Name „Geographisches Institut“ an der Mathematisch-Naturwissenschaftlichen Fakultät eine Vollgeographie, faktisch blieb sie auf die Physische Geographie reduziert. Deren Forschungsschwerpunkte setzten die Pencksche Tradition der Glazial- und Periglazialforschung fort, die international anerkannte Ergebnissen brachte. Klimaforschung und Regionale Hydrogeographie kamen mit eigenen Erfolgen ergänzend hinzu.

1966 fusionierten das Institut für Politische und Ökonomische Geographie und das Geographische Institut zum Geographischen Institut an der Mathematisch-Naturwissenschaftlichen Fakultät. Zusammen mit der Methodik des Geographieunterrichts und einem Rest der aufgelösten Geologie bildete es ab 1968 die Sektion Geographie, die Sanke bis 1975

---

43 Ebd., S. 207f., Hervorh. dort.

44 Schulz, Heinz, Die länderkundlichen Richtungen in der deutschsprachigen Geographie und die Leistungen von Norbert Krebs (1876–1947), in: Wissenschaftliche Zeitschrift der Humboldt-Universität zu Berlin, Math.-Nat. Reihe 36 (1987), S. 191–196, hier: S. 195f.

leitete. Der Lehrstuhl für Physische Geographie war nach 1945 meist vakant geblieben, nach 1971 für fast zehn Jahre, obwohl mit Manfred Hendl und Joachim Marcinek zwei habilitierte Nicht-Parteimitglieder zur Verfügung gestanden hätten. Er wurde erst 1980 mit einem Parteimitglied, Gerhard Markuse, besetzt.[45]

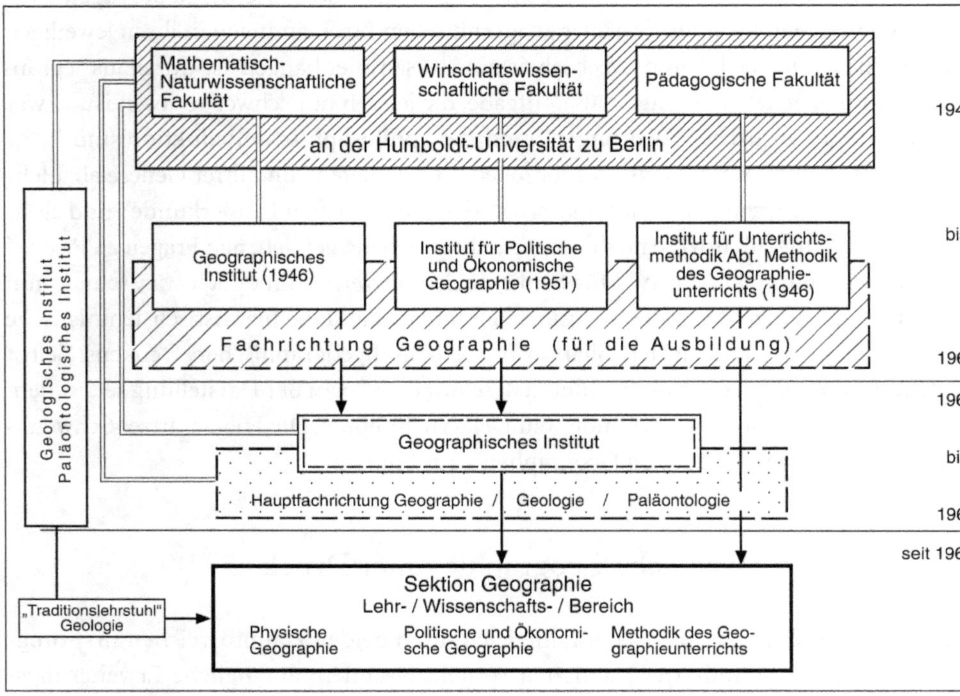

Abb. 2 Entwicklung der Geographischen Institute bis zur Sektionsgründung 1968

Für die Physische Geographie, die bis zur Fusion relativ unabhängig und ideologisch unbehelligt forschen konnte, brachte die Vereinigung in Verbindung mit der neuen integrativen Strategie die volle Inanspruchnahme ihrer Kapazitäten für die Erforschung der Naturraumpotentiale im Rahmen einer anwendungsorientierten territorialen Strukturforschung, so dass die Vernachlässigung bisheriger Arbeitsrichtungen unvermeidlich war. Durch außerdienstliche Wochenendaktivitäten versuchten die Betroffenen, den Anschluss an die internationale Entwicklung nicht zu verlieren. Ganz allmählich, ausgeprägter dann in den 1980er Jahren, kam es wieder zu einer breiteren Diversifizierung der

45 Vgl. Kokles, Gerd/Schultz, Hans-Dietrich, Zur Entwicklung der Physischen Geographie an der Humboldt-Universität zu Berlin bis 1990, in: Schultz, Hans-Dietrich, Quodlibet Geographicum. Einblicke in unsere Arbeit, Berliner Geographische Arbeiten 90, Berlin 1999, S. 1–24, hier: S. 8, 19.

physisch-geographischen Forschung. Unabwendbar aber war die stärkere Einbeziehung der Physischen Geographie in die „klassenmäßige Erziehung“[46] inklusive Wehrerziehung, nachdem hier Anfang der 1970er Jahre offiziell Defizite festgestellt worden waren. Es ging nach Heinz Schulz, dem damaligen Stellvertretenden Sektionsdirektor für Erziehung und Ausbildung, „vor allem“ darum, den „dialektisch-materialistische[n] Gesetzesbegriff und die Kategorie der objektiven Entwicklung auszuschöpfen“, „um naturgeographisches Wissen weltanschaulich im Leninschen Sinne als Element eines streitbaren Materialismus zu nutzen“.[47]

Am Beispiel des 2007 verstorbenen Klimageographen Manfred Hendl lässt sich exemplarisch zeigen, welch destruktivem Druck Wissenschaftler in der DDR ausgesetzt sein konnten.[48] Am 01. 02. 1967 ordnete der Institutsdirektor Horst Kohl, ein Sanke-Schüler, an, dass alle geplanten Publikationen vor Weitergabe an einen Verlag oder eine Redaktion erst dem zuständigen Abteilungsleiter und dem Institutsdirektor vorzulegen seien. Herbert Lembke, Leiter der Abteilung Physische Geographie, wertete dies in einem Schreiben an Kohl vom 15. 03. 1967 „als Eingriff in die Freiheit wissenschaftlicher Meinungsäußerung“ und verlangte eine genaue Festlegung der „Grenzen (...) möglicher Eingriffe“, sollte die Regelung tatsächlich auf einer Verordnung basieren. Anfang Februar hatte Hendl einen im Herbst des Vorjahres von der Zeitschrift für den Erdkundeunterricht angeforderten Aufsatz zum Klima Europas direkt bei der Redaktion abgeliefert. Eine längere Diskussion ergab Änderungswünsche, die Hendl mündlich mitgeteilt wurden. Darüber und über Konsequenzen, die er daraus ziehen werde, informierte er am 14. 08. 1967 den Institutsdirektor.

Beanstandet wurde an Hendls Beitrag, dass er Europa in einen mediterranen und einen außermediterranen Raum gegliedert habe und nicht nach sozialistischen und kapitalistischen Staaten. Dies zeuge „,nicht von politischer Einsicht‘“, sei aber irreparabel. Gestrichen werden sollten dagegen alle Daten, die sich auf Klimastationen der Bundesrepublik Deutschland bezogen, ebenso jede „westdeutsche“ Literatur. Ferner wurde untersagt, einen im Auftrag der US-amerikanischen Marineleitung herausgegebenen Meeresklima-Atlas als Quelle zu benutzen, was „,eine politische Verantwortungslosigkeit‘“ sei. Unangenehm aufgestoßen war ferner, dass die Literatur aus sozialistischen Ländern weniger häufig als solche aus kapitalistischen Ländern zitiert werde. Vorgeschlagen wurde, durch Weglassen von Quellenangaben unter den Tabellen und Zusammenfassen derselben en bloc, also Manipulation, am Ende ein besseres Zahlenverhältnis zu erreichen.

---

[46] Sanke, Heinz, Zur bisherigen, gegenwärtigen und zukünftigen Entwicklung der regional- und auslandsgeographischen Forschung und Lehre, in: Wissenschaftliche Zeitschrift der Humboldt-Universität zu Berlin, Math.-Nat. Reihe XXIX (1980), S. 135–143, hier: S. 137.

[47] Schulz, Heinz, Objektive Dialektik und Physische Geographie, in: Autorenkollektiv, Weltanschaulich-philosophische Aspekte der physischen Geographie, Gotha 1982, S. 48–70, hier: S. 70.

[48] Alle folgenden Informationen und Zitate zum „Fall“ Hendl verdanke ich Materialien, die mir freundlicherweise Manfred Hendl und seine Frau zur Verfügung gestellt haben, sowie Gesprächen mit ihnen.

Diese Forderungen empfand Hendl als so einschneidend, dass er erbost ankündigte, keinen Aufsatz mehr, bei dem er Alleinautor sei, an eine Zeitschrift zu geben, in deren Schriftleitung oder Beirat ein Mitglied der gegenwärtigen Direktion des Geographischen Institutes sitze. Ferner erklärte er die Anweisung des Institutsdirektors für nicht bindend, soweit es um Ergebnisse seiner privaten klimatologischen Forschung außerhalb des Geographischen Institutes gehe, und vermutete, dass Sanke das Beratungsergebnis „in der geschilderten negativen Richtung zumindest sehr maßgeblich beeinflusst" habe. Wohl zu Recht; denn als Mitglied des Redaktionskollegiums der Zeitschrift dominierte dieser die Beratungen und spielte gern seinen direkten Draht zum Politbüromitglied und Sekretär des ZK der SED, Kurt Hager, aus.

Die Vorwürfe selbst bedachte Hendl mit Spott und Ironie. Zur gewünschten Gliederung meinte er, es bedeute für ihn „eine überraschende Neuigkeit", „dass das Klima nunmehr anscheinend auch von Territorialgrenzen und Gesellschaftsordnungen abhängig sein soll". Von der Bundesrepublik heißt es lapidar, diese liege „immerhin (...) auf dem Territorium Europas". „Sachlich wichtige Stationsbeobachtungen" dürften „nicht einfach deshalb übersprungen werden, weil sie seit Jahrzehnten auf heute zufällig bundesrepublikanischem Gebiet liegen" bzw. „zufälligerweise von Wissenschaftlern der Bundesrepublik Deutschland gewonnen worden" seien, zumal gleichwertiger Ersatz fehle. Die Heranziehung der amerikanischen Marine-Quelle verteidigte er geschickt mit Verweis auf die sowjetische Wissenschaft, welcher „derart unverständliche und den wissenschaftlichen Wert einer Arbeit nur schädigende Bedenken fremd" seien, „wie ein Blick in Literaturverzeichnisse neuer und neuester Lehrbücher und Monographien" lehre. Selbst in sozialistischen Staaten würden „wichtige klimatologische und ozeanographische Werke zuweilen von militärischen Dienststellen publiziert", so ein Atlas vom Verteidigungsministerium der UdSSR. Schließlich stellte Hendl für die Referenzliteratur klar, dass „sich die Häufigkeit von Literaturzitaten der einen oder anderen Herkunft selbstverständlich nach dem Objekt und den dazu vorliegenden Untersuchungen richten" müsse. Im vorliegenden Fall, so das Ergebnis seiner akribischen Auszählung, betrage das Verhältnis 24 zu 23 zugunsten der kapitalistischen Literatur.

Dass er trotz der „sachlich durch nichts gerechtfertigte[n] und zu allem Überfluss diskreditierende[n] Eingriffe in die *wissenschaftliche Substanz* einer Arbeit" [von Hendl gesperrt] dennoch „dieses eine Mal" die geforderten Änderungen vornehme, sei allein dem Umstand geschuldet, den Lehrern rechtzeitig diese Informationen zur Verfügung zu stellen.[49]

Am 12. 09. 1967 beantragte der Geschäftsführende Direktor ein Disziplinarverfahren gegen Hendl. Die Unterscheidung zwischen privater und dienstlicher wissenschaftlicher Tätigkeit könne nicht akzeptiert werden, ebenso wenig, dass „die wissenschafts-politisch

---

[49] Vgl. Hendl, Manfred, Einführung in die Klimaverhältnisse Europas, in: Zeitschrift für den Erdkundeunterricht 19 (1967), S. 409–423. Wer vermutet schon diese Geschichte dahinter?

aktiven Professoren" von ihm diffamiert würden. Speziell dem Rektor der Humboldt-Universität, Sanke, werde „in indirekter und zum Teil sarkastischer Form eine ausgesprochen vulgäre Fehldeutung unterstellt". Der Text gipfelte in der Einschätzung, dass Hendl „der notwendigen erzieherischen Orientierung seiner wissenschaftlichen Tätigkeit offenbar nicht in ausreichendem Maße nachzukommen" beabsichtige. Frühere Stellungnahmen von ihm zu einem anderen Fall[50] hätten hoffen lassen, doch diesmal zeige er „eine Haltung, die einem ‚Vertreter reiner Wissenschaft' eigen" sei „und mit ihrer objektivistischen Note in Widerspruch zu den Erziehungsaufgaben eines Hochschullehrers" gerate.

Hendl erhielt eine „strenge Rüge" und wurde am 27. 11. 1967 als Mitglied des Direktoriums des Geographischen Institutes auf Antrag Kohls von Sanke abberufen. Durch seinen Einsatz für die III. Hochschulreform, 1968, und seine fachlichen Leistungen wurde die Strafe im Februar 1970 auf Antrag Sankes vorzeitig gelöscht. Im Oktober 1971 wurde er in den Sektionsrat gewählt. Doch trotz vielfacher Bestätigung, ein hoch qualifizierter und vorbildlicher Hochschullehrer zu sein, bekam er erst 1984 eine a. o. Professur. Der mutige Protest gegen politische Beeinflussung und Gängelung wissenschaftlichen Arbeitens hatte Hendls Karriere zwar nicht beendet, aber gebremst. Eine ordentliche Professur erhielt er, wie Marcinek, erst 1993 in der neuen Bundesrepublik.

Ausblick

Auch die „bürgerliche Geographie" der alten Bundesrepublik änderte sich. Schon 1947 zeichnete sich für Troll eine endgültige Loslösung der Kulturgeographie „aus dem einseitigen Naturkomplex" und ihre Verortung in den Geistes- und Sozialwissenschaften ab.[51] Die Konsequenzen für die länderkundliche Geographie wurden jedoch zunächst verkannt. Alle Wissenschaft steckt in Denkzwängen, die entscheiden, was wie gesehen wird. Widersprechendes wird angepasst, überformt oder ausgeblendet. Eine über Generationen eingeübte Denkform gibt die Wahrnehmung nicht so schnell frei. Erst 1968 befand Dietrich Bartels in etwas gewundener Diktion: Die „viel berufene Krise der Geographie" sei „primär" ein Problem „ihrer wissenschaftstheoretischen *Deutung*". „Besonders hemmend für eine Klärung" wirke sich dabei „die wenig zeitgerechte Voraussetzung der *einen* Geographie aus mit ihrer impliziten Forderung, das Fach durch eine übergreifende Gesamttheorie zu

---

50 Es ging um Hendls Grundriss einer Klimakunde der deutschen Landschaften, Leipzig 1966, der heftig kritisiert wurde, weil die damalige Abgrenzungspolitik der DDR keine gesamtdeutschen Bezeichnungen ertrug. Eine Neuauflage des rasch vergriffenen Werkes wurde verboten.

51 Troll, Geographentagung, 1947, S. 207.

kennzeichnen".[52] Der Kieler Geographentag, 1969, forcierte dann das Ende der „bürgerlichen Länderkunde" im „Westen" – auch ohne Marxismus. Von den studentischen Fachschaften kam der Ruf nach „Trennung von Physischer und Anthropogeographie". Eine „Gemeinsamkeit der Probleme" sei „nur künstlich aufrechtzuerhalten".[53]

In der Folgezeit lebten sich, gegenläufig zur Entwicklung in der DDR, in der Bundesrepublik die Physische Geographie und die Humangeographie immer mehr auseinander. Ihre Fragestellungen, Begriffssysteme und Methoden waren nicht mehr miteinander vereinbar, so dass es schließlich an manchen Hochschulstandorten zur institutionellen Trennung beider Geographien kam, während sie an anderen oft nur aus strategischen Gründen noch zusammenblieben.

Bei der Neustrukturierung der Geographie an der Humboldt-Universität nach 1990 wurden die Physische Geographie und die Humangeographie paritätisch besetzt, ergänzt durch die Geo(infor)matik und die Didaktik des Faches. In der Physischen Geographie konnten die Quartärforschung und die regionale Klimaforschung fortgeführt werden, in der Humangeographie an die bisherige Stadt-Umland-Forschung angeknüpft werden. Durch die von auswärts neu hinzugekommenen Berufungen wurden über Deutschland und Europa hinaus weitere Räume erschlossen und die *Internationalität* des Instituts gestärkt.

Da das Gespräch zwischen Physischen Geographen und Humangeographen am Geographischen Institut der Humboldt-Universität im Gegensatz zu Entwicklungen an anderen Standorten nie abgerissen ist, gelang es in den letzten Jahren, gemeinsame Projekte und neue Formen der Zusammenarbeit zu etablieren, die das Institutsprofil schärfen. Dazu gehören die *Großstadt- und Metropolenforschung* und der Bereich der *Umwelt und Lebensqualität in Schwellen- und Transformationsländern.*

Charakteristisch für die Geographie an der Humboldt-Universität ist ihre weltweite Vernetzung. Die räumlichen Schwerpunkte ihrer Forschungen liegen z. Zt. in Mittel- und Osteuropa, Südost- und Zentralasien sowie Nord-, Mittel- und Süd-Amerika. Mit zahlreichen Universitäten in Europa und Amerika bestehen vertragliche Beziehungen. Daneben bleibt, für den Institutsstandort naheliegend, Berlin-Brandenburg ein bevorzugter Adressenraum für die Forschung. Vielfältige Kooperationen, darunter mit dem Institut für Gewässerökologie und Binnenfischerei, dem Geoforschungszentrum Potsdam, dem Potsdamer Institut für Klimafolgenforschung, der Industrie- und Handelskammer und der Senatsverwaltung für Stadtentwicklung, unterstreichen die Verankerung des Instituts in der Wissenschaftslandschaft dieser Region.

---

[52] Bartels, Dietrich, Zur wissenschaftstheoretischen Grundlegung einer Geographie des Menschen, Erdkundliches Wissen 19, Wiesbaden 1968, S. 179, Hervorh. dort.

[53] Fachschaften, Bestandsaufnahme zur Situation der deutschen Schul- und Hochschulgeographie, in: Deutscher Geographentag Kiel 1969, Tagungsbericht und wissenschaftliche Abhandlungen, Wiesbaden 1970, S. 191–207, hier: S. 201.

Nur auf den ersten Blick steht der neuen Zusammenarbeit von Physischer und Humangeographie entgegen, dass Alfred Rühl, der gegen das „Dogma von der Einheitlichkeit der Geographie" angekämpft hatte, Namensgeber des 2003 bezogenen Institutsgebäudes in Berlin-Adlershof wurde; denn Rühl hatte zugleich jede schroffe Gegenüberstellung von Natur- und Geisteswissenschaften abgelehnt und die Physische Geographie sogar als eine der „wichtigsten Grundlagen" der „sozialen Geographie" bezeichnet.[54] Letzteres würde heute freilich kein Humangeograph mehr bestätigen; denn die wichtigste Grundlage einer „sozialen Geographie" sind die Sozialwissenschaften.

[54] Rühl, Alfred, Einführung in die Allgemeine Wirtschaftsgeographie, Leiden 1938, S. 32, 36.

Helmut Koch/Jürg Kramer

Die Mathematik nach 1945[1]

Einleitung und Überblick

Nach dem Ende des Zweiten Weltkriegs verlagerte sich der Schwerpunkt der Mathematik in die USA, auch dank der vielen Emigranten, die seit 1933 dorthin gegangen waren. Daneben gab es in Frankreich und in der Sowjetunion ebenbürtige Zentren der Mathematik.

In Berlin ging es 1945 um eine Wiederbelebung der Universität. Von den Mathematik-Dozenten aus der Zeit vor 1945 standen nur Hermann Ludwig Schmid und Kurt Schröder zur Verfügung. Schmid gelang es, Helmut Hasse nach Berlin zu holen. Hasse konnte einen großen Kreis begabter Schüler um sich scharen. Hierzu gehörten Herbert Benz, Wolfram Jehne, Martin Kneser, Hans-Wilhelm Knobloch, Heinrich-Wolfgang Leopoldt, Curt Meyer, Peter Roquette und Paul Wolf. Sie alle verließen jedoch zusammen mit Hasse Berlin, der 1950 einer Berufung an die Hamburger Universität folgte. Schmid nahm 1953 einen Ruf an die Universität Würzburg an. Er verließ Berlin zusammen mit seinen Assistenten Klaus Krickeberg, Erich Lamprecht und Heinz Orsinger. Die Mathematik an der Humboldt-Universität wurde teilweise durch Mathematiker weitergeführt, die aus Westdeutschland kamen: Heinrich Grell und Karl Schröter. Hans Reichardt kehrte aus der Sowjetunion zurück, wo er als Spezialist am Raketenprogramm gearbeitet hatte. Diese Mathematiker blieben bis zu ihrer Emeritierung an der Humboldt-Universität. Sie wurden in den 1970er Jahren durch eine neue Generation von Professoren abgelöst.

Der Übergang von der DDR in die Bundesrepublik nach 1990 erfolgte im Gegensatz zu vielen anderen Disziplinen ohne Verlust des Arbeitsplatzes für die prägenden Dozenten. Die Neuformierung des Instituts wurde von der Struktur- und Berufungskommission geleistet. Diese bestand aus drei Professoren des alten Instituts, Uwe Küchler, Herbert Kurke, Arno Langenbach, aus drei auswärtigen Professoren, Jochen Brüning, Hans Föllmer, Klaus Hulek, sowie aus jeweils einem Vertreter der Assistenten und der Studierenden. Das Ergebnis war die Erweiterung des Lehrkörpers auf 26 Professuren, der nach drei Sparrunden auf gegenwärtig 17 Professuren reduziert wurde. Das Bestreben der Kommission bestand darin, das

[1] Eine unserer wichtigsten Quellen bildet der Sammelband: Begehr, Heinrich G. W./Koch, Helmut/Kramer, Jürg/Schappacher, Norbert/Thiele, Ernst-Jochen (Hrsg.), Mathematics in Berlin, Basel 1998.

Gewicht der Mathematik an der Humboldt-Universität zu verstärken. Dies gelang durch die Berufung namhafter Wissenschaftler.

Die Zeit der sowjetischen Besatzung und der DDR 1945–1989

Nach der Kapitulation des Nazi-Regimes ging es um die Wiedereröffnung der Berliner Universität, die im Januar 1946 erfolgte. Das Mathematische Institut befand sich im Westflügel des teilzerstörten Universitätsgebäudes Unter den Linden 6. Außerdem gab es in Steglitz ein Zweigbüro, in dem die Arbeit bereits im Mai 1945 inoffiziell aufgenommen worden war. Der einzig verbliebene Ordinarius Erhard Schmidt befand sich zu dieser Zeit in Westdeutschland und kam 1946 nach Berlin zurück. Als einziger Dozent stand Hermann Ludwig Schmid ab Mai 1945 zur Verfügung. Kurt Schröder, Dozent seit 1939, war bis 1945 Mitarbeiter bei der Deutschen Versuchsanstalt für Luftfahrt (DVL) gewesen und erhielt bis 1946 Forschungsaufträge, ehe er Professor und Leiter des II. Mathematischen Instituts wurde. Schmid spielte eine wesentliche Rolle beim Wiederaufbau der Mathematik an der Berliner Universität.[2]

Schmid

Hermann Ludwig Schmid (1908–1956) wurde in Göggingen bei Augsburg geboren. Er studierte in München von 1927 bis 1932 Mathematik und Physik und war anschließend zwei Jahre im Schuldienst tätig. Er promovierte 1934 bei Hasse über ein Thema aus der Klassenkörpertheorie für Funktionenkörper über endlichem Konstantenkörper. Die Klassenkörpertheorie über algebraischen Zahlkörpern, d. h. die Theorie der abelschen Erweiterungen solcher Körper, war zu Beginn der zwanziger Jahre schon gut ausgearbeitet. Hasse gab einen Bericht über den Stand der Theorie auf der DMV-Jahrestagung in Danzig 1925.[3] Dies war eine Anregung für Friedrich Karl Schmidt (1901–1977), eine entsprechende Theorie für Funktionenkörper einer Variablen x über endlichem Konstantenkörper C, d. h. für Körper K, die endliche Erweiterungen des Körpers $C(x)$ der rationalen Funktionen in x mit Koeffizienten in C sind, zu entwickeln.[4] Zu dieser Theorie leistete Schmid einen wesentlichen Beitrag. Heute ist die Analogie von Zahlkörpern und Funktionenkörpern über endlichem

---

2 Jehne, Wolfram/Lamprecht, Erich: Helmut Hasse and Hermann Ludwig Schmid and their students in Berlin, in: Begehr, Heinrich G. W. u. a., Mathematics in Berlin, 1998, S. 143–149.

3 Hasse, Helmut, Bericht über neuere Untersuchungen und Probleme aus der Theorie der algebraischen Zahlkörper, Teil I, Teil Ia, Jahresbericht der DMV 35 (1926), 36 (1927).

4 Roquette, Peter, Class Field Theory in Characteristic p, its Origin and Development, in: Advanced Studies in Pure Mathematics 30 (2001), S. 549–631.

Konstantenkörper gut ausgearbeitet, man spricht von *globalen Körpern*. Schmid ging 1935 zu Hasse nach Göttingen und kam 1940 als Dozent an die Berliner Universität. 1946 wurde er zum ordentlichen Professor berufen. Es gelang ihm, Hasse nach Berlin zu ziehen. Außerdem wurde auf seine Initiative hin ein Forschungsinstitut für Mathematik an der *Deutschen Akademie der Wissenschaften zu Berlin* (DAW) eröffnet mit Erhard Schmidt als erstem Direktor.[5] 1953 folgte Schmid einem Ruf an die Universität Würzburg, wo er bereits 1956 verstarb. Das von ihm und Josef Naas (1906–1993) herausgegebene „Mathematische Wörterbuch" wurde ein Standardwerk, das in mehreren Auflagen bzw. Nachdrucken in der DDR und in der Bundesrepublik erschien.[6] Der Mathematiker Naas war von November 1946 bis April 1953 Direktor der DAW, ab 1953 Professor am Institut für Mathematik der DAW.

Hasse

Helmut Hasse (1898–1979) wurde in Kassel geboren. Von 1918 bis 1920 studierte er in Göttingen und ging dann zu Kurt Hensel nach Marburg. Hensel stellte ihm als Thema seiner Dissertation die Aufgabe zu untersuchen, wie die Darstellbarkeit einer rationalen Zahl a durch eine quadratische Form mit rationalen Koeffizienten mit der Darstellbarkeit in p-adischen Zahlen zusammenhängt. Hasse bewies, dass a in rationalen Zahlen dann und nur dann darstellbar ist, wenn a für alle Primzahlen p in p-adischen Zahlen sowie in reellen Zahlen darstellbar ist. Durch Hasse selbst und andere Mathematiker wurde später bewiesen, dass etwas Entsprechendes in vielen mathematischen Konstellationen stattfindet. Man spricht vom *Hasseschen Lokal-Global-Prinzip*. Hasse wurde 1925 ordentlicher Professor in Halle, 1930 Nachfolger von Hensel in Marburg und 1934 ging er nach Göttingen mit der Aufgabe, einen Rest des Ansehens der Mathematik an der Universität zu bewahren. Die britische Besatzungsmacht entließ ihn 1945 aus seiner Professur wegen „Nähe zum Nazi-Regime".

Hasse, der bis 1933 intensiv mit Emmy Noether und Richard Brauer zusammengearbeitet hatte, war der prominenteste deutsche Mathematiker, der bis in den Zweiten Weltkrieg hinein Anhänger des Nationalsozialismus blieb. Daher traf es ihn mehr als andere, die im Ausland weniger bekannt, aber stärker involviert gewesen waren. Hasse war also stellungslos und nahm daher das Angebot in Ostberlin an. Er arbeitete zunächst im Mathematischen Institut der DAW und hielt seine erste Vorlesung an der Universität im Sommersemester 1948. Im Jahre 1950 wurde ihm ein Lehrstuhl an der Universität Hamburg angeboten, den

[5] Die DAW zu Berlin verstand sich als Nachfolger der Preußischen Akademie der Wissenschaften, deren Mitglied E. Schmidt seit 1918 war.

[6] Vgl. Naas, Josef/Schmid, Hermann Ludwig, Mathematisches Wörterbuch mit Einbeziehung der theoretischen Physik. 2 Bde., Berlin 1984 und Stuttgart 1984 (unveränd. ND d. 3. Aufl. v. 1967).

er annahm. Seine Zeit an der Berliner Universität war also nur kurz. Er konnte allerdings einen großen Kreis begabter Schüler um sich scharen, die fast alle mit ihm nach Hamburg gingen, so dass sein Wirken für die DDR im Endeffekt negativ war. Diese verhielt sich ihm gegenüber auch nach 1950 loyal. Er blieb Ordentliches Mitglied der DAW und erhielt 1952 den Nationalpreis erster Klasse der DDR für sein Lehrbuch der Zahlentheorie, das 1949 in Ostberlin erschien und nach der Farbe des Einbands als *Blauer Hasse* bezeichnet wurde, zur Unterscheidung seines Lehrbuchs *Vorlesungen über Zahlentheorie,* das 1950 im Springer-Verlag erschien und die Bezeichnung *Gelber Hasse* erhielt. Hasse kam noch viele Jahre nach seinem Weggang aus Berlin zu Vorträgen an die Humboldt-Universität.

Hasse hatte in den zwanziger und dreißiger Jahren zusammen mit Emil Artin (1898–1962) eine führende Stellung in der Algebraischen Zahlentheorie und damit auch in Teilen der Algebra. Nachdem er an der Universität in Göttingen in seinem Bemühen, einen Teil des Ansehens der Mathematik zu retten, viel Zeit für administrative Aufgaben benötigte, war diese führende Stellung bereits im Abklingen. Im Krieg wirkte er als Marineoffizier und verlor so den Kontakt mit der weiteren Entwicklung der Mathematik. Emil Artin, mit einer Jüdin verheiratet, wurde deshalb 1937 aus dem Staatsdienst entlassen und emigrierte in die USA, wo er einen starken Einfluss auf die Entwicklung der Mathematik nahm. 1958 kam er wieder nach Hamburg, starb aber bereits 1962.

Hasses Wirken in Berlin galt vor allem dem Einbettungsproblem. Dabei handelt es sich um folgendes: Sei L/K eine normale Körpererweiterung mit Galoisscher Gruppe G (vgl. Koch/Kramer i. Bd. 4). Weiter sei H eine Gruppe, die einen Normalteiler N enthält, so dass G isomorph zur Faktorgruppe H/N ist. Dann ist ein Körper M gesucht, der eine normale Erweiterung von K mit einer Galoisschen Gruppe $\mathrm{Gal}(M/K)$ ist, die isomorph zu H ist, wobei $\mathrm{Gal}(M/L)$ auf N abgebildet wird. Ergebnisse hierzu kamen vor allem von einigen Berliner Schülern von Hasse.

Schüler von Hasse

Aus dem Kreis der Berliner Schüler Hasses gehen wir hier auf diejenigen ein, deren wissenschaftliches Werk von besonderer Bedeutung für die spätere Mathematik war.

Martin Kneser (1928–2006) ist der Sohn bzw. Enkel des Mathematikers Hellmuth Kneser bzw. Adolf Kneser. Er kam 1948 nach Berlin, um mit Hasse zu arbeiten, schrieb aber seine Dissertation 1950 bei Erhard Schmidt. Seine späteren Arbeiten knüpfen an Hasse an. Sie beziehen sich auf quadratische Formen und die Arithmetik algebraischer Gruppen. Als ein direktes Ergebnis seiner Berliner Zeit fand Kneser einen stark vereinfachten Beweis eines expliziten Reziprozitätsgesetzes von Igor Rostislavovich Shafarevich, der auch den von Shafarevich ausgeschlossenen Fall der 2-adischen Körper mit einschloss. Kneser ging 1951 nach Münster, von 1963 bis 1993 war er Ordinarius in Göttingen.

Curt Meyer und Heinrich-Wolfgang Leopoldt knüpften beide an das Werk *Über die Klassenzahl abelscher Zahlkörper* von Hasse an, das dieser schon vor seiner Zeit in Berlin, im August 1945, abgeschlossen hatte. Es wurde erst 1952 im Akademie-Verlag Berlin publiziert. Unter einem *abelschen Zahlkörper* versteht man dabei eine endliche normale Erweiterung des Körpers der rationalen Zahlen mit abelscher Galoisscher Gruppe. Diese Körper waren bereits Gegenstand der Untersuchungen von Kronecker. Bei Hasse ging es um die explizite Beschreibung einer wichtigen Invariante dieser Körper, der Klassenzahl. Meyer übertrug dieses Ergebnis auf abelsche Erweiterungen von quadratischen Zahlkörpern. Dabei kam noch stärker als bei Hasse die analytische Zahlentheorie ins Spiel. Leopoldt führte Hasses Untersuchungen über abelsche Zahlkörper weiter. Er fand eine explizite Beschreibung der Ganzheitsbasen und führte die Untersuchung der Klassenzahlen auf die Klassenzahlformel mod p. Daraus entwickelte sich der Begriff der p-adischen Zetafunktion. Meyer gehörte zu den Mathematikern, die bereits 1945 nach Berlin kamen. Er spielte eine besondere Rolle bei der Entwicklung der Mathematik in Berlin nach 1945, da er sowohl Schmidt als auch Hasse beim illegalen Übertritt über die Interzonengrenze behilflich war.

Peter Roquette knüpfte an ein Ergebnis von Hasse aus der Vorkriegszeit an: Diesem war es 1932 gelungen, eine Vermutung für Funktionenkörper K über endlichem Konstantenkörper C für den Fall, dass K/C das Geschlecht 2 hat, zu beweisen, welche das Analogon zur Riemannschen Vermutung ist. Der allgemeine Fall eines beliebigen Geschlechts von K/C war 1940 (publiziert 1948) von André Weil behandelt worden, der geometrische Methoden beim Beweis benutzt hatte. Roquette konnte 1951 einen algebraischen Beweis geben, der direkt an Hasses Vorgehen anschloss. Ein weiteres von Roquette behandeltes Thema ist die Anwendung von Nichtstandardarithmetik auf die Zahlentheorie. Dabei wird ein Zweig der Mathematischen Logik, die Modelltheorie, benutzt. So konnte er einen völlig neuen Beweis des berühmten Satzes von Siegel und Mahler über die Endlichkeit der ganzzahligen Punkte auf einer Kurve vom Geschlecht $g > 0$ geben.

Wolfram Jehne (*1927) knüpfte an Hasses Arbeiten zum Einbettungsproblem für Körpererweiterungen an. Wenn der Grundkörper ein Zahlkörper ist, sei M/L eine abelsche Erweiterung. Dann kann man fragen, wodurch die zu der Einbettung gehörige Kohomologieklasse gegeben ist. Dieses von Hasse gestellte Problem wurde von Jehne in seiner Diplomarbeit gelöst und 1952 publiziert. Shafarevich hatte das entsprechende Problem für p-adische Zahlkörper bereits 1949 gelöst; diese Arbeit war jedoch im Kreis der Hasseschüler nicht bekannt.[7]

7 Koch, Helmut, The History of the Theorem of Shafarevich in the Theory of Class Formations, in: Advanced Studies in Pure Mathematics 30 (2001), S. 87–105.

Die weiteren Mathematikprofessoren der Nachkriegszeit

Helmut Hasse war der einzige Mathematiker von Weltbedeutung, der in der Zeit von 1945 bis 1953 für die Berliner Universität gewonnen werden konnte. Die weiteren Professoren dieser Zeit hatten weit geringere internationale Bedeutung.

Kurt Schröder (1909–1978) studierte von 1928 bis 1933 an der Berliner Universität. 1933 promovierte er bei Ludwig Bieberbach und Erhard Schmidt und habilitierte sich 1939. Während des 2. Weltkriegs entwickelte er sich zu einem wichtigen Spezialisten der Strömungsmechanik. Er war von 1939 bis 1945 Mitarbeiter der Deutschen Versuchsanstalt für Luftfahrt in Berlin-Adlershof. Insbesondere arbeitete er über die Prandtlsche Tragflügeltheorie. 1946 wurde er ordentlicher Professor für Angewandte Mathematik und Direktor des II. Mathematischen Instituts der Berliner Universität. Schröder spielte eine führende Rolle in den Leitungsgremien der Mathematik in der DDR. Er war seit 1950 auch Direktor des Mathematischen Instituts der DAW, deren Ordentliches Mitglied er 1951 wurde. Von 1959 bis 1965 war er Rektor der Humboldt-Universität, zuvor Prorektor für Forschungsangelegenheiten, und von 1962 bis 1970 war er Vorsitzender der Mathematischen Gesellschaft der DDR.

Diese Leitungstätigkeit ließ ihm wenig Zeit für die eigenen Forschungen. So wird er in dem umfangreichen Sammelband *Entwicklung der Mathematik in der DDR,* erschienen 1974 zum 25. Jahrestag der Gründung der DDR, nur als Vorsitzender der Mathematischen Gesellschaft der DDR erwähnt. Zu seinen Vorlesungen an der Berliner Universität erschien er nach dem Zeugnis der Studierenden und Kollegen häufig unvorbereitet und musste sich selbst erst das Vorzutragende klar machen. Das gab allerdings seiner Vorlesung eine Lebendigkeit, da der Hörer sich selbst bemühen musste, den jeweiligen Sachverhalt zu klären.

Karl Schröter (1905–1977) kam 1948 aus Münster in Westfalen an die Humboldt-Universität. 1950 wurde er Gründungsdirektor des Instituts für Mathematische Logik. Dies gab den Rahmen für eine umfangreiche Forschung ab, als deren wichtigste Vertreter die folgenden zu nennen sind: Schröter selbst befasste sich mit der Theorie des logischen Schließens. Günter Asser untersuchte den Prädikatenkalkül, der maßgeblich für den berühmten Unvollständigkeitssatz von Kurt Gödel ist, der besagt, dass es kein endliches Axiomensystem gibt, mit dem man alle gültigen Sätze einer Theorie beweisen kann, welche die Arithmetik der natürlichen Zahlen enthält. Mit der Metatheorie der Mengenlehre befassten sich Kurt Hauschild, Dieter Klaua und Martin Kühnrich. Fritz Homagk arbeitete über Fragen der Intuitionistischen Logik. Schließlich erwähnen wir Andreas Baudisch und Wolfgang Rautenberg, die teilweise zusammen mit Hauschild über Mathematische Modelltheorie arbeiteten. 1954 gründete Schröter die „Zeitschrift für Mathematische Logik und Grundlagen der Mathematik“, deren Herausgeber er bis zu seinem Tod war. 1962 Korrespondierendes und 1964 Ordentliches Mitglied der DAW, war er auch Direktor des Mathematik-Instituts der Akademie sowie von 1968 bis zu seinem Tod Sekretär der Mathematischen Klasse.[8]

Heinrich Grell (1903–1974) kam 1948 aus Erlangen an die Berliner Universität. Er war Schüler von Emmy Noether und entwickelte die Kommutative Algebra weiter. Der wichtige Begriff des Quotientenringes geht auf ihn zurück. Da er 1935 aus der mathematischen Forschung ausscheiden musste, war es für ihn schwer, sich in der Entwicklung seit 1945 zu orientieren. Als seinen Schüler kann man wohl Lothar Budach bezeichnen, der den Begriff des Grellschen Präschemas einführte und damit eine Brücke von den Untersuchungen von Grell zur heutigen Algebraischen Geometrie im Sinne von Alexander Grothendieck baute. Darüber hinaus hatte Grell – ähnlich wie Schröder – viele Leitungsfunktionen inne, die ihm wenig Zeit für eigene Forschungen ließen: Dekan der Mathematisch-Naturwissenschaftlichen Fakultät, 1959–1964 Prorektor für Forschungsangelegenheiten an der Universität, 1964–1972 stellvertretender Generalsekretär der DAW, deren Korrespondierendes Mitglied er 1962 und Ordentliches Mitglied er 1964 wurde.

Hans Reichardt (1908–1991) studierte von 1928 bis 1931 an der Berliner Universität, wo die Vorlesungen von Issai Schur den größten Einfluss auf ihn hatten. 1931 ging Reichardt nach Marburg, um bei Hasse weiterzustudieren. 1934 promovierte er dort mit einer Arbeit über kubische Zahlkörper. Weiter befasste er sich mit Untersuchungen zum Umkehrproblem der Galoisschen Theorie. Er zeigte, dass für eine Primzahl $p > 2$ zu jeder endlichen p-Gruppe G über jedem Zahlkörper K von endlichem Grade über dem Körper der rationalen Zahlen eine normale Erweiterung L existiert, deren Galoissche Gruppe zu G isomorph ist. 1941 habilitierte sich Reichardt mit einer Arbeit über Diophantische Gleichungen. Er zeigte, dass für diese nicht immer das Hassesche Lokal-Global-Prinzip gilt. Insbesondere gibt er als Beispiel die Gleichung $2y^2 = x^4 - 17$ an, die für alle p-adischen Zahlkörper und in reellen Zahlen, aber nicht mit rationalen Zahlen lösbar ist.

Während des Zweiten Weltkriegs arbeitete Reichardt bei der Kriegsmarine und für Telefunken. 1946 wurde er als deutscher Spezialist in die Sowjetunion gebracht und hatte zusammen mit anderen deutschen Wissenschaftlern an Problemen der Raketentechnik zu arbeiten.[9] 1952 konnte er zurückkehren und wurde Professor an der Humboldt-Universität. Seine vorbildlichen Vorlesungszyklen über Algebra und Zahlentheorie sowie über Differentialgeometrie zogen eine große Anzahl von Studierenden an. In seiner Forschung wandte er sich nach dem Krieg der Differentialgeometrie zu und schrieb u. a. zwei Lehrbücher. Sein

---

8 Vgl. das Interview mit Karl Schröter in: Lange, Gert/Mörke, Joachim (Hrsg.), Wissenschaft im Interview, Leipzig/Jena/Berlin 1979, S. 201–209.

9 Zu den deutschen Raketenspezialisten in der Sowjetunion vgl. die Erinnerungen von Werner Albring, zu DDR-Zeiten wurde über diese Arbeiten höchstens im kleinen Kreis berichtet: Albring, Werner, Gorodomilia. Deutsche Raketenforscher in Rußland, Hamburg u. a. 1991.

wichtigster Schüler in der Differentialgeometrie ist Rolf Sulanke, der sich auch an der Entwicklung der Geometrie in Moskau und Budapest orientierte.

Die Schüler der Gründungsprofessoren

Für die Gründungsprofessoren, außer Hasse und Schmid, gilt in noch stärkerem Maße als für die letztgenannten, dass sie durch den Krieg aus der mathematischen Grundlagenforschung ausscheiden mussten und nach 1945 nicht den Anschluss an die internationale zeitgenössische Mathematik fanden. Hieraus ergab sich, dass sie kaum Themen für Dissertationen an Studenten und Assistenten vergeben konnten. Diese orientierten sich im sozialistischen Ausland, wobei Moskau und Leningrad besonders wichtig waren. Aber auch die Mathematik in Polen, Rumänien und Ungarn spielte eine Rolle. Da es verhältnismäßig wenig Mathematikprofessoren an der Humboldt-Universität gab, kamen auf diese eine größere Anzahl von Dissertationen und Habilitationen zu. Die Zeit von der Abgabe der Arbeit bis zu deren Beurteilung dauerte aus den angegebenen Gründen oft länger als ein Jahr.

1959 wurde das Institut für Reine Mathematik der DAW gegründet. Die Professoren Grell, Reichardt und Schröter wurden Direktoren an diesem Institut und gründeten Arbeitsgruppen für Algebra, Zahlentheorie und Mathematische Logik. Die Mitarbeiter dieser Arbeitsgruppen wirkten auch im Rahmen von Vorlesungen und Seminaren an der Humboldt-Universität.

Klaus Matthes (1931–1998) studierte an der Berliner Universität von 1948 bis 1954. Er orientierte sich zunächst an der Analysis und ist insofern als Schüler von Schröder zu bezeichnen. Er leitete bereits als Student und danach als Assistent ein Seminar über Funktionalanalysis, das 1954 die modernste Mathematik an der Humboldt-Universität bot. In den fünfziger Jahren hielt Boris V. Gnedenko (1912–1995) als sowjetischer Gastprofessor an der Universität u. a. Vorlesungen über Wahrscheinlichkeitstheorie. Dies war die Grundlage für die Forschungen auf diesem Gebiet in Berlin, die vor allem von Matthes und seinen Schülern betrieben wurden und hauptsächlich die Theorie der Punktprozesse betrafen. Diese Theorie ging aus den Bedürfnissen der Anwendungen hervor, z. B. der Rauscherscheinungen in Elektronenröhren. Matthes wurde 1963 Professor an der Universität Jena.

Lothar Budach (1935–2007) wurde 1969 ordentlicher Professor an der Humboldt-Universität. Er schied 1986 aus dieser Funktion aus und übernahm die Leitung des Forschungsbereichs Mathematik und Informatik an der Akademie der Wissenschaften der DDR. Von 1977 bis 1990 war er außerdem Sekretär der Klasse Mathematik der Akademie. Neben der Kommutativen Algebra arbeitete er in der Automatentheorie. 1975 gelang ihm die Lösung des Labyrinthproblems, das 1951 von Claude Elwood Shannon gestellt worden war.

Zum Kreis der Mathematiker um Grell ist auch Herbert Kurke zu zählen. Nach seinem Studium an der Humboldt-Universität arbeitete er von 1964 bis 1972 in der Forschungsgruppe Algebra des Mathematischen Instituts der Akademie der Wissenschaften der DDR. 1972 wurde Kurke ordentlicher Professor an der Humboldt-Universität. Sein Arbeitsgebiet war zunächst die Theorie der Henselschen Ringe, einer Verallgemeinerung der Ringe der ganzen Elemente von p-adischen Zahlkörpern, die in der modernen Algebraischen Geometrie als Lokalisierung wichtig ist. Ein Teil seiner Ergebnisse, die er zusammen mit Gerhard Pfister und Marko Roczen gefunden hat, wurde in der Monographie *Henselsche Ringe und Algebraische Geometrie* 1974 publiziert. Zusammen mit Thomas Friedrich bewies er 1982 den Klassifikationssatz, dass ein kompakter 4-dimensionaler Einstein-Raum positiver Skalarkrümmung entweder die Sphäre oder die komplex-projektive Ebene ist. Eine wichtige Rolle spielen schließlich auch seine Untersuchungen zur Klassifikation der Vektorbündel auf Algebraischen Mannigfaltigkeiten.

Rolf Sulanke habilitierte sich 1964 und wurde 1966 Dozent an der Humboldt-Universität. Er wurde erst 1975 zum Professor berufen. Ein Grund für die Verzögerung war sein Ausschluss aus der SED im Jahre 1956, nachdem er den Einmarsch der sowjetischen Truppen in Budapest erlebt und sich kritisch dazu geäußert hatte. Sulanke arbeitete mit dem ungarischen Mathematiker Alfréd Rényi zusammen über eine interessante Kombination von Geometrie und Wahrscheinlichkeit. Geometrische Wahrscheinlichkeiten spielen u. a. in Anwendungen in Physik, Biometrie und Geologie eine wichtige Rolle. Sulanke arbeitete auch mit dem Moskauer Mathematiker Arkadij L. Onischtschik zusammen, gemeinsam publizierten sie die Monographie *Algebra und Geometrie.*

Die weitere Entwicklung der Mathematik bis 1990

Im Laufe der siebziger Jahre gewannen Fragen der Analysis und der Angewandten Mathematik im Forschungsprofil der Mathematik an der Humboldt-Universität eine wachsende Bedeutung. Dabei wurde auch die internationale Zusammenarbeit, insbesondere mit den Staaten in Osteuropa, verstärkt.

Wir erwähnen zunächst Arno Langenbach. Er studierte von 1948 bis 1952 Mechanik an der Universität Leningrad und promovierte dort 1955 mit einer Arbeit über elastisch-plastische Torsion von Stäben. Diese Dissertation wurde von dem bekannten Mathematiker Solomon G. Michlin betreut. Danach war er Assistent bei Kurt Schröder an der Humboldt-Universität. 1962 wurde er Dozent und 1965 Professor für Angewandte Analysis an dieser Universität. Seine wichtigsten Forschungsergebnisse betreffen die Nichtlineare Funktionalanalysis.

Olaf Bunke studierte von 1954 bis 1959 Mathematik an der Humboldt-Universität und promovierte hier. Er ist Schüler von Klaus Matthes und Erna Weber (1897–1988), die von 1958 bis 1967 an der Humboldt-Universität als Professorin für Angewandte Statistik, insbesondere auf dem Gebiet der Biologie und Medizin, wirkte. Bunke habilitierte sich in Jena und kam 1967 als Nachfolger von Erna Weber an die Humboldt-Universität zurück. Bunke begründete die Theoretische Statistik an der Humboldt-Universität. Seine wichtigsten Arbeiten betreffen die Statistische Entscheidungstheorie und die Modellbildung in der Statistik. Bunke förderte aber auch die Angewandte Statistik. So hielt er Vorlesungen für Nichtmathematiker, insbesondere Mediziner, und gründete das Konsultationszentrum Statistik an der Humboldt-Universität.

Roswitha März studierte von 1960 bis 1965 Mathematik an der Universität Leningrad. Anschließend ging sie nach Karl-Marx-Stadt (Chemnitz), wo sie promovierte. 1980 wurde sie ordentliche Professorin für Numerische Mathematik an der Humboldt-Universität. Die Numerische Mathematik untersucht die Lösungen von Gleichungssystemen im Allgemeinen für Anwendungen in den verschiedensten Gebieten.

Uwe Küchler studierte von 1963 bis 1968 Mathematik an der Technischen Universität Dresden. Von 1970 bis 1971 absolvierte er ein Zusatzstudium im Fach Wahrscheinlichkeitstheorie an der Universität Moskau. 1978 habilitierte er sich an der Technischen Universität Dresden. Seit 1982 ist er Professor an der Humboldt-Universität. Er leistete wichtige Beiträge zur Angewandten Wahrscheinlichkeitstheorie in den Wirtschaftswissenschaften und in der Medizin.

Thomas Friedrich studierte von 1968 bis 1973 in Wroclaw (Polen). Seit 1973 arbeitet er an der Humboldt-Universität. Die Promotion bzw. die Habilitation (Promotion B) erlangte er 1974 bzw. 1979. Er wurde 1980 Dozent für Geometrie und ist seit 1987 ordentlicher Professor. Seine wichtigsten Forschungsergebnisse betreffen die Spektraltheorie von Dirac-Operatoren und ihre Beziehung zur Geometrie der unterliegenden Räume. Des Weiteren untersuchte er spinorielle Feldgleichungen der Theoretischen Physik. Wie bereits erwähnt, bewies er 1982 zusammen mit Kurke den Klassifikationssatz über kompakte 4-dimensionale Einstein-Räume positiver Skalarkrümmung.

Jürgen Leiterer studierte von 1964 bis 1968 Mathematik in Jena und Berlin und setzte das Studium von 1968 bis 1972 bei dem bekannten Mathematiker Israel Gohberg in Kishinev (Moldavien, Sowjetunion) fort. Danach arbeitete er im Institut für Mathematik der Akademie der Wissenschaften der DDR. 1989 wurde er Professor für Komplexe Analysis an der Humboldt-Universität.

Die Mathematische Optimierung an der Humboldt-Universität wurde durch die langjährige Gastprofessur (1967–1986) von František Nožička von der Karls-Universität Prag begründet. Zum Kreis seiner Schüler gehört Jürgen Guddat, der 1977 zum ordentlichen Professor an der Humboldt-Universität ernannt wurde. Im Mittelpunkt seiner Untersuchungen standen Fragen zu einparametrischen Optimierungsproblemen. Aus der durch Nožička gegründeten Schule ging auch Bernd Bank hervor, der in den neunziger Jahren zum Ersten Vizepräsidenten der Humboldt-Universität gewählt wurde. Der Ausbau der Mathematischen Optimierung in der DDR wurde durch den politischen Optimismus in den sechziger und siebziger Jahren begünstigt, dass man mit Hilfe der Operationsforschung die Probleme der sozialistischen Ökonomie lösen könnte.

Abschließend seien zwei Schicksale aus der Vorwendezeit, Konrad Gröger und Eberhard Kirchberg, erwähnt, welche nach der Wiedervereinigung rehabilitiert wurden. Konrad Gröger studierte von 1953 bis 1958 Mathematik an der Humboldt-Universität zu Berlin und war anschließend bis 1960 Aspirant am Institut für Angewandte Mathematik der Deutschen Akademie der Wissenschaften. Zusammen mit einem Kommilitonen setzte er ein Zeichen des Widerstandes gegen die DDR. Sie schrieben Flugblätter, um gegen negative Tendenzen des DDR-Regimes zu protestieren, und verteilten diese 1957/58 in der Humboldt-Universität. Erst eineinhalb Jahre später wurde Grögers Mittäterschaft von den DDR-Organen entdeckt. Er wurde zu acht Jahren Haft verurteilt, aber nach fünf Jahren vorzeitig freigelassen. Es gelang ihm nach der Entlassung wieder in der Wissenschaft zu arbeiten, zunächst im Institut für Physikalische Chemie und ab 1970 im Mathematischen Institut der Akademie der Wissenschaften der DDR. Gröger lieferte wichtige Beiträge zur Angewandten Analysis, es seien insbesondere seine Ergebnisse zu Reaktionsprozessen elektrisch geladener Teilchen hervorgehoben. 1993 wurde er C4-Professor an der Humboldt-Universität, später Dekan der Mathematisch-Naturwissenschaftlichen Fakultät II und Erster Vizepräsident der Humboldt-Universität.

Eberhard Kirchberg war bis 1981 Mitarbeiter des Mathematischen Instituts der Akademie der Wissenschaften der DDR. In diesem Jahr wurde er aus politischen Gründen in Zusammenhang mit der sogenannten Wahl zur Volkskammer der DDR aus dem Institut fristlos entlassen. Danach lebte er privat u. a. vom Verkauf seines PKWs. Nachdem seine finanziellen Hilfsmittel 1986 erschöpft waren, nahm er eine Stellung in der Computerabteilung eines Betriebes an. Erst zu diesem Zeitpunkt entschloss er sich, nach Westdeutschland auszureisen. Dies wurde möglich, nachdem er wegen politischer Aktivitäten ins Gefängnis gekommen war. Eberhard Kirchberg ist ein Vertreter der Funktionalanalysis und der Nicht-Kommutativen Geometrie. Von besonderer Wichtigkeit sind seine Untersuchungen über C*-Algebren. Nach einer Übergangszeit wurde er Assistent an der Universität Heidelberg und habilitierte sich dort mit den Ergebnissen, die er im Wesentlichen in der Zeit von 1981 bis 1986 erzielt hatte. 1992 wurde er auf Grund seiner international stark beachteten Ergebnisse zum C3-Professor an die Humboldt-Universität berufen.

Die Zeit nach der Wiedervereinigung Deutschlands

Die Neugründung des Instituts für Mathematik

Nach der Wiedervereinigung wurde das Institut für Mathematik der Humboldt-Universität wie alle anderen Universitätsinstitute der DDR neu gegründet. Alle bisherigen wissenschaftlichen Mitarbeiter verloren ihre Stellen, konnten sich aber auf die neu entstehenden Positionen bewerben. Im November 1991 wurde die Struktur- und Berufungskommission (SBK) gegründet, die bis März 1994 arbeitete. Die SBK modifizierte die vorgefundene Struktur behutsam, um den entlassenen Wissenschaftlern die Chance zur Neubewerbung zu lassen. Um die reiche Ausstattung mit erfahrenen wissenschaftlichen Mitarbeitern für Lehraufgaben nutzen zu können, wurde ein Stellenteilungsmodell eingeführt und gegen erhebliche Widerstände durchgesetzt; ebenso gelang es, die mathematische Spezialschule in modifizierter Form fortzusetzen. Die SBK legte dreizehn Lehrstühle fest, die – mit Ausnahme des Lehrstuhls für Mathematische Physik, dessen Besetzung sich zu lange hinzog, so dass er einer Kürzungsrunde 1998 zum Opfer fiel – jeweils mit einem C4-Professor besetzt wurden. Zusätzlich gab es an den Lehrstühlen im Allgemeinen noch eine C3-Professur. Die Einteilung der Mathematik in entsprechende Gebiete entsprach im Wesentlichen dem allgemeinen Standard, der auch in der DDR gültig gewesen war. Eine weitere C4-S-Professur erhielt der Direktor des *Weierstraß-Instituts für Angewandte Analysis und Stochastik* (WIAS). Es war 1992 in der Nachfolge des nach Artikel 38 des Einigungsvertrags geschlossenen Mathematischen Instituts der Akademie der Wissenschaften der DDR als Leibniz-Institut gegründet worden.

Auf Initiative und in der Verantwortung der Max-Planck-Gesellschaft wurden auf dem Gebiet der DDR insgesamt 27 Arbeitsgruppen mit dem Ziel gebildet, einen Teil des Forschungspotentials der Akademie der Wissenschaften der DDR direkt zu erhalten. Die Forschungsgruppe *Algebraische Geometrie und Zahlentheorie* des Mathematischen Instituts der Akademie der Wissenschaften der DDR war eine dieser jeweils für fünf Jahre befristeten Max-Planck-Arbeitsgruppen. Sie wurde an das Institut für Mathematik der Humboldt-Universität angeschlossen und der Leiter wurde C4-Professor, finanziert wie die Arbeitsgruppe durch die Max-Planck-Gesellschaft.

Als Ergebnis der Arbeit der SBK wurden 15 frühere Professoren des Mathematischen Instituts wieder berufen. Hinzu kamen elf auswärtige Berufungen, vier davon aus dem Mathematischen Institut der Akademie der Wissenschaften der DDR. Da auch ein größerer Teil der früheren Dozenten, Oberassistenten und Assistenten eine Position in dem neuen Institut erhielten, waren die kontinuierliche Arbeit und die Ausbildung der Studierenden gegeben. Nur einer der prägenden Professoren des früheren Instituts, Gerhard Pfister, verlor seine Professur. Sie wurde dem früheren Mitarbeiter des Akademie-Instituts, Ernst-Wilhelm Zink, zugesprochen. Pfister erhielt eine Berufung an die Universität Kaiserslautern.

Als Ergebnis entstand ein neues Institut durch Berufung erstklassiger Vertreter ihres Faches sowohl aus der früheren DDR als auch aus Westdeutschland und dem Ausland.

Das Institut für Mathematik in der Gegenwart

Seit 1994 musste das Institut (wie andere Teile der Universität) mehrere, erhebliche Sparmaßnahmen verkraften, im Zuge derer die Anzahl der Professuren von ursprünglich 26 auf

17 Stellen reduziert wurde (1994: Reduktion von 26 auf 24 Professuren; 1998: Reduktion von 24 auf 20 Professuren; 2004: Reduktion von 20 auf 17 Professuren). Das Institut war an großen Drittmittelprojekten maßgeblich beteiligt: an den Sonderforschungsbereichen *Differential Geometry and Quantum Physics* (SFB 288, 1992–2003, gemeinsam mit der Technischen Universität Berlin) und *Quantifikation und Simulation ökonomischer Prozesse* (SFB 373, 1994–2002, gemeinsam mit der Wirtschaftswissenschaftlichen Fakultät der Humboldt-Universität) sowie dem Graduiertenkolleg (GRK) *Geometrie und Nichtlineare Analysis* (GRK 46, 1993–2002).

Abb. 1 Johann von Neumann-Haus, Campus Adlershof, seit 2000 Sitz des Instituts für Mathematik

Im Jahr 2000 erfolgte der Umzug des Institutes nach Adlershof. Das Institut betrachtete diesen Umzug als Herausforderung, am neuen Standort an die vorhergehenden Erfolge anzuknüpfen. Im Rückblick darf gesagt werden, dass dies dem Institut gelungen ist. Die dazu verfolgte Strategie basierte im Wesentlichen auf den beiden folgenden Säulen: (a) neue Drittmittelprojekte mussten beantragt und eingeworben werden, (b) die stark reduzierte Zahl der Professorenstellen musste kompensiert werden.

(a) An erster Stelle beim Einwerben neuer Drittmittelprojekte steht sicherlich das DFG-Forschungszentrum *Mathematik für Schlüsseltechnologien* – Matheon –, das die Mathematik der Humboldt-Universität gemeinsam mit der Technischen Universität Berlin und der Freien Universität Berlin sowie den beiden außeruniversitären Einrichtungen, dem Weierstraß-Institut für Angewandte Analysis und Stochastik und dem Konrad-Zuse-Zentrum für Informationstechnik Berlin (ZIB), im Jahr 2002 für Berlin gewinnen konnte. Ein weiteres Großprojekt, das die Mathematik der Humboldt-Universität zu Beginn des Jahres 2005 als Sprecher-Universität einwerben konnte, ist der SFB 647 *Raum, Zeit, Materie.* Dazu kam im selben Jahr die Beteiligung des Instituts am SFB 649 *Ökonomisches Risiko.* Bei der Einwerbung von Graduiertenkollegs war das Institut ebenfalls erfolgreich: Im Jahr 2004 wurde das Internationale GRK 870 *Arithmetic and Geometry* und ein Jahr später das GRK 1128 *Analysis, Numerics, and Optimization of Multiphase Problems* etabliert, dazu kam 2006 die Beteiligung am Internationalen GRK 1339 *Stochastic Models of Complex Processes.* Der letzte Höhepunkt im Drittmittelerwerb war die Etablierung der *Berlin Mathematical School* (BMS), einer Berliner Mathematik-Graduiertenschule, die die Humboldt-Universität gemeinsam mit der Freien Universität Berlin und der Technischen Universität Berlin im Rahmen der Exzellenzinitiative von Bund und Ländern einwerben konnte.

(b) Zur Verbesserung der professoralen Stellenstruktur hat das Institut als erstes im Jahr 2002 drei Juniorprofessorenstellen ausgeschrieben und kurz danach besetzt. Ebenfalls im Rahmen der Förderung des wissenschaftlichen Nachwuchses warb das Institut die Nachwuchsgruppe *Spezielle Geometrien in der Mathematischen Physik* von der VolkswagenStiftung ein. Durch das DFG-Forschungszentrum Matheon sind am Institut in Ergänzung der beiden Matheon-Forschungsprofessuren weiter jeweils eine Nachwuchsgruppe im Bereich der *Angewandten Analysis* bzw. der *Numerischen Mathematik* eingerichtet worden. Im Rahmen einer Initiative zur Frauenförderung gelang es dem Institut im Jahr 2003 über das *Harnack-Professorinnen-Progamm* eine vorgezogene Berufung durch eine hervorragende Kandidatin zu realisieren. Eine weitere vorgezogene Berufung gelang dem Institut im Jahr 2007 im Rahmen des von der DFG geförderten *Heisenberg-Professoren-Programms,* mit Hilfe dessen der erste Heisenberg-Professor im Fach Mathematik in Deutschland an die Humboldt-Universität berufen werden konnte. Die letzte vorgezogene Berufung ließ sich im Bereich der Finanzmathematik dank der Unterstützung durch die Deutsche Bank verwirklichen: Zusammen mit der Humboldt-Universität und der Technischen Universität hat diese das *Quantitative Products Laboratory* (QPLab) ins Leben gerufen, an dem sowohl die Humboldt-Universität als auch die Technische Universität mit jeweils einer Stiftungsprofessur partizipieren. Zum Abschluss seien schließlich die drei S-Professuren im Bereich der *Angewandten Statistik* und der *Angewandten Analysis* erwähnt, die durch das WIAS finanziert werden und für das Institut von großer Bedeutung sind. Die aktuellste Initiative ist die Einrichtung der Brückenprofessur *Mathematische Physik* gemeinsam mit dem Institut für Physik zur Verstärkung des SFB 647.

Die gegenwärtigen Forschungsschwerpunkte des Instituts und ihre erstberufenen Fachvertreter nach 1990 sind:

Mathematische Logik	Ronald Jensen	1994
	Andreas Baudisch	1996
Algebra und Zahlentheorie	Helmut Koch	1992
	Ernst-Wilhelm Zink	1993
Algebraische Geometrie	Herbert Kurke	1992
	Rolf-Peter Holzapfel	1993
Differentialgeometrie und Globale Analysis	Rolf Sulanke	1992
	Thomas Friedrich	1992
	Helga Baum	1993
Komplexe Analysis	Jürgen Leiterer	1993
	Eberhard Kirchberg	1993
Mathematische Physik	Stelle gekürzt	
Angewandte Analysis	Konrad Gröger	1992
	Joachim Naumann	1993
	Jürgen Sprekels	1993
Analysis	Jochen Brüning	1995
	Frank Duzaar	1995
Numerische Mathematik	Roswitha März	1992
	Werner Römisch	1993
Optimierung	Jürgen Guddat	1992
	Bernd Bank	1993
	Bernd Kummer	1993
Wahrscheinlichkeitstheorie	Hans Föllmer	1994
	Uwe Küchler	1992
	Andreas Greven	1993
Mathematische Statistik	Olaf Bunke	1992
	Enno Mammen	1992
Mathematik und Didaktik	Jürg Kramer	1994
	Wolfgang Schulz	1993

Medizin

Cornelius Frömmel

Die Grundlagenwissenschaften der Medizin. Forschung und Lehre in der Charité nach 1945

Einleitung

Große Werke der Weltliteratur beginnen mit Sätzen, die Welten eröffnen: Tolstois „Anna Karenina" beginnt: „Alle glücklichen Ehen sind einander ähnlich; jede unglückliche Ehe ist unglücklich auf ihre Art." Goethes „Wahlverwandtschaften": „Eduard – so nennen wir einen reichen Baron im besten Mannesalter – Eduard hatte in seiner Baumschule die schönste Stunde eines Aprilnachmittags zugebracht, um frisch erhaltene Pfropfreise auf junge Stämme zu bringen."

Wie beginnt man die Geschichte einer Universität nach einer 12-jährigen Nacht in einer deutschen Hauptstadt? Nach einer finsteren Zeit, die den Beweis nicht schuldig geblieben ist, dass Gott in uns ist oder nirgends. Wie soll man eine solche Geschichte schreiben? Akribisch, zahlentoll, emotionslos, unangreifbar, oder als Geschichte des Hörensagens und Fühlens, nicht minder wahr, doch angreifbar. Ersteres ist sicher einem akademischen Werk, letzteres eher einer Erzählung, einem Roman verwandt. Das eine einem Historiker würdig – obwohl die Charité in allen ihren Dimensionen diesen Historiker noch nicht gefunden hat[1] und ich diese Rolle auch nicht beanspruche –, letzteres dem Romancier angemessen, welcher ich auch nicht bin. Ich bin Zeitzeuge, der wiederum ein wenig Biograph derjenigen ist, die die Berliner Hochschullandschaft nach dem zweiten Weltkrieg von Anfang an mindestens in Teilen mitgestaltet haben. Nennen wir mich den Historiographen, der vielleicht nur Geschichten aufschreiben kann, Geschichten der Grundlagenfächer der Medizinischen Fakultät der Humboldt-Universität. Der erste Satz meines Textes soll lauten: „Alle glücklichen Fakultäten sind einander ähnlich; jede unglückliche Fakultät ist unglücklich auf ihre Art."

---

[1] Eine neue Geschichte des Krankenhauses Charité liefern Bleker, Johanna/Hess, Volker (Hrsg.), Die Charité. Geschichte(n) eines Krankenhauses, Berlin 2010; eine erkennbar von seiner eigenen Rolle als Dekan vor 1990 geprägte, aber dennoch materialreiche Chronik, noch keine wissenschaftshistorische Analyse der Charité liefert David, Heinz, „… es soll das Haus Charité heißen …". Kontinuitäten, Brüche und Abbrüche sowie Neuanfänge in der 300-jährigen Geschichte der Medizinischen Fakultät (Charité) der Berliner Universität, 2 Bde., Berlin 2004. Beide Darstellungen empfehle ich in den materialen Aspekten für die Zeit nach 1945.

Die Charité ist seit fast 300 Jahren auf dem Weg ins akademische Glück, zurzeit ein wenig weiter von diesem entfernt als vor mehr als 100 Jahren, aber nicht ganz so weit wie vor 75 oder 50 oder 25 Jahren.

Wie beschreibt man Glück oder Unglück? Indem man sich auf Referenzen bezieht, die ein Modell der Universität und ein Muster guter Forschung abgeben, aber zugleich nicht fern sind der Traditionen, denen sich die Charité selbst zurechnete. Die Modelle, denen diese Geschichte der Charité nach 1945 folgt, entstammen den Texten von Wilhelm von Humboldt und der Biografie von Samuel Mitja Rapoport (1912–2006). Rapoport – jüdischer Abstammung – wurde 1912 in Odessa geboren. Er studierte in Wien Chemie und Biochemie. 1938 wurde sein Freund Jura Soyfer verhaftet und starb aufgrund der unmenschlichen Bedingungen im Konzentrationslager Buchenwald bei Weimar.[2] Nachdem Rapoport Wien 1938 in Richtung USA verlassen hatte, verbrachte er die wesentlichen Jahre seiner wissenschaftlichen Prägung in Cincinatti. Er lernte dort das kennen, was Wilhelm von Humboldt in der Berliner Universität hatte zum Leben erwecken wollen, was nach 1933 vollständig, nach 1945 weiterhin nahezu vollständig in Berlin und in Deutschland missachtet wurde: das Humboldtsche Ideal einer Universität. Der Tod dieses Ideals in Deutschland begann schleichend in den 20er Jahren, um endgültig in den 30ern in die Grube gestoßen zu werden und seiner Wiederbelebung letztendlich noch heute zu harren.

Im Rahmen der Amtseinführung von Walter Friedrich im Jahre 1949 als Rektor der Berliner Universität wurde mit der Namensgebung ‚Humboldt-Universität' das Engagement der Brüder Wilhelm und Alexander von Humboldt für die Berliner Universität gewürdigt. Damit war der Anspruch verbunden, eine „Volluniversität" zu entwickeln, die Geistes- und Naturwissenschaften und natürlich die Medizin einschloss, und zugleich die Einheit von Lehre und Forschung zu wahren. Obwohl die Schriften von Wilhelm von Humboldt, aber auch die seines Bruders Alexander in der DDR zugänglich und nicht im Giftschrank der Bibliotheken verschwunden waren, wurden sie immer verkürzt zitiert, reduziert auf die Einheit von Lehre und Forschung. Die Größe der Humboldtschen Vorstellungen besteht aber auch in dem Anspruch der Freiheit in Lehre und Forschung, und zwar bis an die Grenzen des Scheiterns. Ein halbwegs vollständiger Bezug auf Wilhelm von Humboldt müsste deshalb seine Distanz gegenüber der Rolle des Staates in der Universität ebenso einschlie-

---

[2] Vgl. Jarka, Horst (Hrsg.), Jura Soyfer. Das Gesamtwerk, Wien/München/Zürich 1980: „Jura Soyfer wird zuerst in die Polizeikaserne auf dem Rossauer Lände eingeliefert, später ins Landgericht überstellt. Zu einer Verhandlung kommt es nicht. Nach drei Monaten Untersuchungshaft wird er infolge der Allgemeinamnestie für „politische" am 17. Februar 1938 entlassen. Die Freiheit dauerte ganze 26 Tage. Beim Versuch, auf Schiern über die Schweizer Grenze zu gelangen, werden er und sein Freund Hugo Ebner am 13. März festgenommen. Beide werden nach Dachau transportiert, im Herbst nach Buchenwald überstellt, hier wird Soyfer Leichenträger und stirbt am 16. Februar an Typhus.", sowie: „Der Schutzhäftling (Jude) Jury Soyfer, geb. 08. 12. 1912, eingeliefert am 23. 06. 1938 (Dachau), ist am 16. 02. 1939 um 18:50 Uhr verstorben" (SS-Obersturmbannführer) (ebd., S. 16).

ßen wie den Begriff der Bildung: „Der Begriff der höheren wissenschaftlichen Anstalten, als des Gipfels, in dem alles, was unmittelbar für die moralische Cultur der Nation geschieht, zusammenkommt, beruht darauf, dass dieselben bestimmt sind, die Wissenschaft im tiefsten und weitesten Sinne des Wortes zu bearbeiten, und als einen nicht absichtlich, aber von selbst zweckmässig vorbereiteten Stoff der geistigen und sittlichen Bildung zu seiner Benutzung hinzugeben. Ihr Wesen besteht daher darin, innerlich die objektive Wissenschaft mit der subjektiven Bildung, äusserlich den vollendeten Schulunterricht mit dem beginnenden Studium unter eigener Leitung zu verknüpfen, oder vielmehr den Uebergang von dem einen zum anderen zu bewirken. Allein der Hauptgesichtspunkt bleibt die Wissenschaft.“[3]

Wilhelm von Humboldt versteht vor diesem Hintergrund die Universität als eine Organisation, die der Wissenschaft und dem Menschen dienen soll, und zwar durch ihre eigenen Funktionsprinzipien: „Um nun auf immer diesen Abweg zu verhüten, braucht man nur ein dreifaches Streben des Geistes rege und lebendig zu erhalten: einmal alles aus einem ursprünglichen Prinzip abzuleiten (wodurch die Naturerklärungen z. B. von mechanischen zu dynamischen, organischen und endlich psychischen im weitesten Verstande gesteigert werden); ferner alles einem Ideal zuzubilden; endlich jenes Prinzip und dies Ideal in eine Idee zu verknüpfen.“[4] Der Forschungsimperativ und die Orientierung an einem theoretisch strukturierten Wissen sind das eine, die spezifische Verfassung der Institution das andere: „(…) so sind Einsamkeit und Freiheit die in ihrem Kreise vorwaltenden Prinzipien.“ Dazu gehört ferner, „Da aber auch das geistige Wirken in der Menschheit nur als Zusammenwirken gedeiht, (…) so muss die innere Organisation dieser Anstalten ein ununterbrochenes, sich immer selbst wieder belebendes, aber ungezwungenes und absichtsloses Zusammenwirken hervorbringen und unterhalten.“[5] Ausgehend von diesen Prämissen, leitet er schließlich die Rolle des Staates ab: „(…) so hat er nur zu sorgen für Reichthum (Stärke und Mannigfaltigkeit) an geistiger Kraft durch die Wahl der zu versammelnden Männer und für Freiheit in ihrer Wirksamkeit.“[6]

Humboldt liefert für die hier folgende Darstellung insofern die überdauernde Vision, Rapoport kann die historische Möglichkeit ihrer Realisierung in der DDR verdeutlichen. Er war die prägende Persönlichkeit der medizinischen Grundlagenwissenschaften der Charité in drei Jahrzehnten der DDR und damit der Humboldt-Universität. Hier vertrat der aus Amerika zurückgekehrte Wissenschaftler die Biochemie. 1951 ergab sich für Rapoport, der

3 Humboldt, Wilhelm von, Ueber die innere und äussere Organisation der höheren wissenschaftlichen Anstalten in Berlin, in: ders., Werke, Ed. Flitner/Giel, Bd. IV, Stuttgart 1981, S. 255–266, hier: S. 255.

4 Ebd., S. 258.

5 Ebd., S. 255f.

6 Ebd., S. 259.

als überzeugter Kommunist vor dem McCarthyismus aus den USA geflohen war[7], durch Initiative der österreichischen kommunistischen Partei die Möglichkeit, eine Professur in der DDR an der Charité im Institut für Biochemie zu bekommen. Drei Jahre später besaß diese Einrichtung ein ausreichend großes Lehr- und Forschungspersonal, geprägt von den Ideen, die Rapoport aus den österreichischen und amerikanischen Erfahrungen mitgebracht hatte. Diese Vorstellungen waren deckungsgleich mit seinen Ideen über ein „sozialistisches Verhältnis" zwischen Lehrkörper und Studentenschaft – aber sie waren auch humboldtaffin.

Um seine Berufung 1952 hatte sich in der Medizinischen Fakultät ein Streit entzündet, der letztendlich zu seinen Gunsten ausging. Die anderen großen vorklinischen Einrichtungen, die Anatomie, aber insbesondere die Physiologie, waren auf Grund einer unglücklichen Berufungspolitik der Fakultät, aber auch des Staatssekretariats im Vergleich zur Biochemie deutlich benachteiligt. Durch Rapoport wurde die durch den Rücktritt des bisherigen Lehrstuhlinhabers für Biochemie, Karl Lohmann (Entdecker des ATP, d. i. das Adenosintriphosphat), frei gewordene Professur langfristig besetzt. Durch seine Lebenserfahrungen in der Zeit der braunen Machthaber in Österreich und Deutschland war Rapoport in seiner Haltung unverrückbar antifaschistisch und hoffte auf eine sozialistische bzw. kommunistische Gestaltung der Gesellschaft. In der fachspezifischen Lehre und in der Forschung der Ostberliner Grundlagenmedizin wurden in der Nachkriegszeit – ohne dass sich der Einzelne dessen immer bewusst war – anfangs moderne Universitätsprinzipien berücksichtigt, in denen, unterstützt durch philanthropische Elemente in der kommunistischen Bewegung, auch eine gewisse ‚Herzensbildung' bei den Studierenden der Medizin erreicht werden sollte, die aber im Vergleich zur kommunistischen „Erziehung" späterhin oft genug in den Hintergrund treten musste. Bedingt durch eine Reihe von Faktoren hatten sich – wie an vielen Stellen der DDR-Gesellschaft – zudem in der akademischen Gründer-Generation in der Grundlagenmedizin Reste bildungsbürgerlicher Verhaltensweisen einschließlich der Rituale gehalten, die mit denen, mit ihrer Tradition ungebrochen umgehenden anglo-amerikanischen Ländern vergleichbar sind. Rapoport stärkte dieses Milieu.

---

[7] Vgl. die biographischen Hinweise zu Samuel Mitja Rapoport: „*Former physician, biochemist, European Jewish émigré, and Communist who fled McCarthyite persecution in the United States...* Despite his gratitude towards the United States, which had offered him citizenship and work, Rapoport continued to be politically active as a member of the Communist Party. Had it not been for the anti-communist hysteria being whipped up in the United States in the 1950s, chiefly by Wisconsin senator Joe McCarthy, the Rapoports might not have left for Europe at all. As it was the couple attended a paediatric conference in Zurich in 1950, at a time when it was generally suspected that they would be invited to appear before the McCarthy committee investigating people's political past, and they decided to stay away. Rapoport rejected a job offer by the Weizmann Institute in Israel on the grounds that he wasn't a Zionist. He tried for a post in Vienna, but without success because of an American intervention, which left him and his wife – who was pregnant with their fourth child – unemployed for a year. In 1951 Humboldt University in East Berlin offered Rapoport the professorship and directorship of the Institute for Physiological Chemistry at the Charité. Gratefully he accepted political asylum as well as the chance to continue his work." (Zit. n. Tuffs, Annette, S. M. Rapoport, in: British Medical Journal [2004], S. 329, 353).

Es kann davon ausgegangen werden, dass in unmittelbarem Umfeld der Grundlagenfächer der Einfluss von Rapoport hoch genug war, durch die Nazizeit Vorbelastete fernzuhalten oder gehen zu lassen. Nur etwa 20 % Hochschullehrer, die bis 1945 an der Berliner Charité tätig waren, waren es aber nach einem unübersichtlichen Auf und Ab später nicht mehr. Auch wenn ich mich der Kritik aussetzen mag, zu sehr personen-zentriert zu schreiben und dabei für die theoretische Praxis der Grundlagenfächer im wesentlichen nur auf Rapoport einzugehen, fühle ich mich verpflichtet, dies so zu tun, da einerseits Geschichte durch Personen gemacht wird und er andererseits eine die Vorklinik der Charité dominierende Persönlichkeit war. In seiner Person kulminierte der von Wilhelm von Humboldt von Anfang an gesehene Widerspruch zwischen den Bedürfnissen der Wissenschaft und Kultur auf der einen Seite und, auf der anderen Seite, die Unfähigkeit von Staatslenkern, Universitäten zu steuern oder gar einzusehen, dass sie es auch wirklich lassen sollten. Rapoport kannte die notwendigen Bedingungen für die Forschung, für die Lehre und fühlte sich dem Staat DDR so verpflichtet, dass er dessen Vorstellungen durchzusetzen bereit war. Im Konfliktfall setzte er seine „politische Autorität" ein, um die akademischen Prozesse so gut es ging zu schützen; war dies nicht möglich, bewahrheitete sich die Vorhersage Humboldts, dass der Staat die universitären Prozesse störte.

Die Charité nach 1945

Der Versuch einer Periodisierung der Charité-Nachkriegsgeschichte, insbesondere der Grundlagenmedizin, ist nicht einfach, ja er muss weitgehend scheitern. Die Gründe dafür liegen in den beiden großen Zäsuren am Anfang (1949) und am Ende (1989) dieser Periode. Die Geschichte der Berliner Universitäten im 20. Jahrhundert knotet sich um 1950 und 1989 zusammen. In diesen Knoten wird die knapp über 50jährige Geschichte in einer für viele sichtbaren Wahrhaftigkeit (nicht Wahrheit) verkettet. Alle anderen Veränderungen, selbst der Mauerbau von 1961, erscheinen klein gegenüber diesen Zäsuren, auch weil die Rigidität des Systems in der Zwischenzeit für stabile und kontinuierliche Verhältnisse gesorgt hat. Nach anfänglichem Leistungszuwachs in den fünfziger Jahren folgt eine Phase, in der die Charité mit der internationalen, auch der westdeutschen Entwicklung, nicht mehr Schritt halten konnte, besonders wegen der materiell unzureichenden Situation, aber auch wegen der rigiden Geisteskontrolle. Dieser Abstieg konnte von einzelnen Persönlichkeiten zwar verzögert, aber nicht aufgehalten werden. Es mag verwunderlich erscheinen, aber vielleicht hat sich die medizinische Lehre in der DDR, ohne die konservativen deutschen Strukturen der Medizinerausbildung ganz zu verlassen, eher etwas modernisieren können als im übrigen Deutschland.

In den letzten Tagen des Zweiten Weltkrieges wurde unmittelbar auf dem Gelände der Charité, welches ja in der Nähe des Reichstages liegt, gekämpft. Zur gleichen Zeit wurden in Kellern und Bunkern Verletzte behandelt und operiert. Am 2. Mai 1945 kapitulierten die Reste der deutschen Truppen in Berlin nach zehntägigen schweren Kämpfen in der Stadt vor der Roten Armee, letztere besetzte zum gleichen Zeitpunkt die Charité. Das Ausmaß der Zerstörung der Charité zeigte sich nach der Einstellung der militärischen Auseinandersetzungen. Nur 10 % des Gebäudebestandes blieben unbeschädigt, etwa ein Drittel war leicht beschädigt, 40 % waren schwer, ein Fünftel war vollständig zerstört. Dies betraf Institute und Kliniken gleichermaßen. Schon am 2. Mai 1945 erließ der russische Garnisonschef Berlins, Nikolai Bersarin (1904–1945), den Befehl Nr. 01 zum Schutz aller Heilanstalten und des medizinischen Personals. In den nächsten sechs Wochen unterstand die Charité der Roten Armee. Anfang Oktober des gleichen Jahres wurde der Unterricht an der Krankenpflegeschule der Charité aufgenommen.

Die deutsche Kapitulation ist in der Nacht zum 09. Mai 1945 in Berlin-Karlshorst ratifiziert worden. Einen Monat später wird der Philosoph und Pädagoge Eduard Spranger zum kommissarischen Rektor der Berliner Universität ernannt. Diese Ernennung erfolgte durch das für Volksbildung zuständigen Magistratsmitglied Otto Winzer. Nach knapp drei Monaten Amtszeit wird Spranger abgesetzt und das Rektoratsbüro von Dahlem in den sowjetischen Sektor verlegt. Zu Beginn des Jahres 1946 wird die Berliner Universität der 4-Mächte-Kontrolle auf Befehl der Sowjetischen Militäradministration für Deutschland (SMAD) entzogen.

Trotz umfangreicher Zerstörungen an der Charité wurde der Befehl, die medizinische Versorgung und Verpflegung von Verwundeten und Kranken sicherzustellen, mehr oder weniger umgesetzt. Und die Not war groß: „Die Lage im Hinblick auf Gesundheit und Krankheit unmittelbar nach dem Krieg war entsetzlich. Diejenigen, die in Deutschland den Krieg überlebt hatten, waren durch ihre Erfahrungen von Mangel, Luftangriffen, Verletzungen und Krankheiten sowie durch das Leben in Ruinen und die tägliche Konfrontation mit dem Tod physisch und psychisch völlig erschöpft. Hunger war ein ernstes Problem. Die Lebensmittelrationierung der Nachkriegszeit lieferte, wie viele bitter klagten, zum Leben zu wenig und zum Sterben zu viel. Im Winter 1945/46 beliefen sich die Grundrationen durchschnittlich auf 750 bis 1200 Kalorien pro Tag, etwa die Hälfte dessen, was eine normale erwachsene Person benötigt.“[8]

Über 6.000 Verwundete und Erkrankte wurden in den zu Zweidrittel zerstörten Kliniken der Charité untergebracht. Die Berliner Universität, die 18 Jahre nach ihrer Gründung 1828 den Namen „Friedrich-Wilhelm-Universität“ erhielt und diesen bis 1945 trug, hatte Ende Februar – nach dem Wintersemester 1944/45 – ihren Lehrbetrieb eingestellt. Etwa ab Mitte Mai 1945 tagten die Reste der Fakultätsräte, die aus ihren Reihen die Dekane wählten. Diese schlugen dann Spranger als Rektor vor.

---

[8] Fulbrook, Mary, Das ganz normale Leben. Alltag und Gesellschaft in der DDR, Darmstadt 2008, S. 107.

Sowohl die Alliierten, als auch die zugelassenen Parteien (KPD, SPD, CDU, LDPD) waren sich einig, dass an den Universitäten die Reste der faschistischen Gewalt- und Gedankenherrschaft beseitigt werden mussten und die Erziehung der akademischen Jugend zu freien, kritisch denkenden Menschen, das Ziel sein sollte, wie das auch auf der Potsdamer Konferenz vom 17. Juli bis 2. August 1945 beschlossen worden war. Entsprechend dem Potsdamer Abkommen sollten auch die Universitäten „so überwacht werden, dass die nazistischen und militaristischen Lehren völlig entfernt werden und eine erfolgreiche Entwicklung der demokratischen Ideen möglich gemacht wird". Entnazifizierung und Entmilitarisierung standen deshalb gleichberechtigt neben der Demokratisierung der Bildungseinrichtungen. Am 3. September 1945 wurden die ersten Kurse für Studienanfänger, auch für solche die kein Abitur hatten, an der Berliner Universität eröffnet. Die Reform der Universitäten nahm ihren Anfang.

In der Universitätsgeschichte der DDR wurde von mehreren Hochschulreformen gesprochen: von der ersten Hochschulreform auf dem Gebiet der SBZ 1945, der zweiten 1950/51 und etwa 15 Jahre später, 1968, einer dritten. Neben dem Versuch eines ‚akademischen Neuanfangs' einschließlich Entnazifizierung auf deutschem Boden wurde im Falle der ersten Hochschulreform der Versuch unternommen auch ‚Arbeiter – und Bauernkinder' für ein Hochschulstudium zu gewinnen. Mit den Hochschulreformen erfolgte z. B. auch die Einführung der Pflichtveranstaltungen im Dialektischen und Historischen Materialismus einschließlich der politischen Ökonomie in alle Studienrichtungen. Der Kernpunkt der zweiten Hochschulreform war die Schaffung straffer Führungsstrukturen im Hochschulwesen. Dazu kamen organisatorische Maßnahmen wie u. a. die Einführung des Studienjahres und die Fixierung von verbindlichen Lehrplänen für die einzelnen Studiengänge. In der Mitte der sechziger Jahre wurde v. a. die Binnengliederung nach Sektionen eingeführt und auch die Hochschulen ‚reformiert'. Die Anführungsstriche sollen kennzeichnen, dass in dieser Abhandlung auch der Frage nachgegangen werden muss, ob wirklich etwas passiert ist, was die Bezeichnung Reform rechtfertigt.

Der Eröffnungstermin der Berliner Universität lag auf dem 20. 01. 1946, und zwar mit der Naturwissenschaftlichen, Mathematischen, Philosophischen, Medizinischen, Veterinärmedizinischen, Landwirtschaftlichen, Juristischen und Theologischen Fakultät, wobei der Festakt am 29. 01. 1946 gefeiert wurde. Allgemeine Grundlage war in Berlin der Wille der sowjetischen Militäradministration, der sich in den Papieren des Vereinigungsparteitages von KPD und SPD vom 21./22. 04. 1946 findet. Schon 1946 mutmaßte der „Tagesspiegel" wegen der dort formulierten Vorgaben, dass die Berliner Universität in naher Zukunft „aus der kulturellen Liste Deutschlands" gestrichen werden könne, wenn sie ihren Kurs der ‚proletarischen' Erneuerung fortsetze. Auch muss der Frage nachgegangen werden, inwieweit sich die Humboldt-Universität und ihre Fakultäten, einschließlich der Medizinischen, in den Strom der deutschen Hochschule einzupassen vermochten. Durch die auch im Dritten Reich vergleichsweise ungebrochene Tradition des Medizinstudiums verfügte die Medizinische Fakultät schon Anfang 1946 – wie die Veterinärmedizinische – über anerkannte Studienpläne und Lehrkonzeptionen. In der Medizin wurden zu diesem Zeitpunkt ca. 1.200 Studenten aufgenommen.

Konflikte – die Gründung der Freien Universität, Politisierung der Humboldt-Universität

Akademische Auszüge haben eine lange Tradition in der Geschichte der europäischen Universitäten und die Gründung der Freien Universität Berlin war ein akademischer Auszug. Mit der Entwicklung der Universitäten, beginnend im Mittelalter in Italien, bildeten sich rasch auch Streitigkeiten und Unruhen in den Universitätsstädten aus, die mit unterschiedlichen Mitteln ausgefochten wurden, wie dem Tumult vor der Universität, Streik, Boykott oder auch Auszug der Studierenden oder aller Universitätsangehörigen weg vom Universitätsort. Wenn ganze Universitäten aus verschiedenen Gründen von Auseinandersetzungen im Studienbetrieb bis hin zu Pest als Ursache aus ihren Heimatorten wegzogen, konnte es dazu kommen, dass sich an neuen Orten neue Universitäten gründeten. Teilauszüge, wie z. B. der Auszug der deutschen Professoren und Studenten aus Prag 1409, führten direkt zur Gründung der Leipziger Universität. Betrachtet man zusammenfassend die Anzahl von Auszügen im 15. bis 18. Jahrhundert, so sind die meisten eher als eine „pragmatische Reaktion", als ein Druckmittel zu betrachten.[9] Die Zahl der Studentenauszüge nahm zwischen 1650 und 1750 ab, um am Ende des 18. Jahrhunderts etwas zuzunehmen. Aber nicht nur studiumsorientierte, pragmatische Ziele, sondern durchaus auch politische Absichten wurden mit Studentenauszügen verfolgt. Insbesondere der Heidelberger Studentenauszug im Revolutionsjahr 1848 hatte eine politische (demokratische) Zielrichtung.

Genau hundert Jahre später kann Gleiches für den Auszug der Berliner Studenten und Hochschullehrer geltend gemacht werden, die sich vom sowjetischen Sektor Berlins zu dem englischen bzw. amerikanischen hin bewegten und die Freie Universität gründeten.[10] Die politischen Veränderungen nach 1945 hatten sich ja auch in der Berliner Universität, die im sowjetischen Sektor lag, bemerkbar gemacht. Die Proteste gegen die immer stärker werdende politische Einflussnahme auf die Berliner Universität wurden durch die sowjetische Geheimpolizei 1947 mit Verhaftungen von Studenten beantwortet. Als Reaktion darauf ergab sich die Forderung nach der Gründung einer Freien Universität. 1948 im Sommer

[9] Brüdermann, Stefan, Der Göttinger Studentenauszug 1790, in: Handwerkerehre und akademische Freiheit, hrsg. v. dems./Joost, Ulrich, Göttingen 1994, Lichtenbergstudienband 7, S. 18–22, hier: S. 21.

[10] Vgl. für den Zusammenhang umfassend jetzt Hansen, Reimer, Von der Friedrich-Wilhelms-Universität zur Humboldt-Universität zu Berlin. Die Umbenennung der Berliner Universität 1945 bis 1949 und die Gründung der Freien Universität Berlin 1948, Berlin 2010.

wurde der Aufruf zur Gründung der Freien Universität publiziert. Die Gründung selbst geschah am 4. Dezember 1948 im Steglitzer Kino Titania Palast und der Lehrbetrieb wurde im Wintersemester 1948/49 aufgenommen. Als erster Student überhaupt schrieb sich der Medizinstudent Kubicki in die Immatrikulationsliste der neu gegründeten Freien Universität ein. Der Vorlesungsbetrieb der Medizinischen Fakultät (nur Klinischer Teil) begann am 22. November 1948. Später wird die Vorklinik noch hinzugefügt. 1951 wechselte die gesamte Veterinärmedizinische Fakultät der Humboldt-Universität mit sieben Professoren, 30 Assistenten und 200 Studenten an die Freie Universität. Auch am Anfang der Freien Universität stand also das Humboldtsche Ideal der Gemeinschaft aus Lehrenden und Lernenden, verbildlicht zum Beispiel darin, dass bei der Gründungsfeier Studierende neben Professoren auf der Bühne saßen. Aber bald griffen die alten hierarchischen Strukturen deutscher Universitäten auch hier wieder um sich.

Die Startbedingungen für Universitäten, deren Fakultäten und Studenten waren nach dem Krieg und auch noch 1950 sehr schwierig. Die Entnazifizierung war dringend geboten, aber nicht nur von den Betroffenen wurde sie auch in ihrer eigenen Ambivalenz wahrgenommen: Die „Ausschaltung der Nazis (…) setzt neue Unfreiheit an die Stelle der alten. Aber das ist im Augenblick nicht zu vermeiden", so formulierte der Romanist Victor Klemperer 1945 in seinem Tagebuch.[11] Auch der herrschende Tonfall wurde mit dem heraufziehenden Kalten Krieg in den folgenden Jahren teilweise recht unakademisch[12] und näherte sich der von Klemperer 1945 antizipierten Lingua Quarti Imperii: „Ich muss allmählich anfangen, systematisch auf die Sprache des VIERTEN REICHES zu achten. Sie scheint mir manchmal weniger von der des DRITTEN unterschieden, als etwa das Dresdner Sächsische vom Leipziger. Wenn etwa Marschall Stalin der Größte der derzeit Lebenden ist, der genialste Stratege usw. oder wenn Stalin in einer Rede auf den Anfang des Krieges von Hitler, natürlich mit allergrößtem Recht, als von dem ‚Kannibalen Hitler' spricht. Jedenfalls will ich unser Nachrichtenblatt und die DEUTSCHE VOLKSZEITUNG, die mir jetzt zugestellt wird, genau subspeziell LQI studieren."[13]

Diese Sprache des „Vierten Reiches" findet sich auch an der Humboldt-Universität und ihren Fakultäten, z. B. wenn über unerwünschte Verhaltensweisen der Studierenden gesprochen wird, wie sie sich in Wahlen zeigt. „Der geringe politische Reifegrad der Mehrheit der Studenten widerspiegelte sich im Wahlergebnis. Die Wahlbeteiligung lag bei 80 Prozent;

---

11 Klemperer, Victor, Und so ist alles schwankend. Tagebücher Juni bis Dezember 1945, Berlin 1995, S. 31f.

12 Noch retrospektiv formuliert der Rektor der Universität 1985 vergleichbar kämpferisch: „In dieser Entwicklungsphase schritten konterrevolutionäre Elemente zu terroristischen Kampfmethoden. In der Nacht vom 2. zum 3. Juni 1950 legten proimperialistische Studenten in der Chirurgischen Tierklinik an der Veterinärmedizinischen Fakultät Feuer." (Klein, Helmut (Hrsg., in Zusammenarbeit mit Autorenkollektiv), Geschichte der Humboldt-Universität 1810–1985, S. 113.

13 So notiert Klemperer am 25. Juni 1945, vgl. Klemperer, Tagebücher Juni bis Dezember 1945, 1995, S. 31f. (Hervorh. dort).

etwa 6 Prozent der Stimmen waren ungültig. Die meisten Stimmen hatten die unter dem Deckmantel des ‚Akademikertums' und der ‚Unparteilichkeit' aufgetretenen Kandidaten gewonnen. Auch bei den folgenden Wahlen bis 1949 war dies der Fall. Der Studentenrat wurde zu einer Tribüne der politischen und ideologischen Meinungs- und Richtungskämpfe."[14]

Weiterhin ist für die fünfziger Jahre die Umgestaltung der hochschuleigenen Strukturen in Richtung eines ‚zentralistischen Führungsmusters' zu erwähnen – Und all das blieb auch in der Medizin für die nächsten 40 Jahre gültig.

Ist der Staatseinfluss im Rahmen des ‚Demokratischen Zentralismus' schon in der Universität eher wesensfremd, insbesondere dann, wenn der starken Führung kein – wie schon von Humboldt antizipiertes – wissenschaftsimmanentes Korrektiv in der Gemeinschaft der Lehrenden korrespondiert, wird es noch problematischer, wenn Wissenschaft mit ihren Erkenntnissen in den Sog des politischen Wollens und Bestimmens gerät, wenn wissenschaftliche Anschauungen und Hypothesen mit politischer Macht gestürzt oder gestützt werden. Aus der Sowjetunion kam, mit gestützt durch die Macht des Staates, ein massiver Angriff auf die Freiheit der Wissenschaft, in der medizinischen Grundlagenwissenschaft in Form der gegen die (wissenschaftliche) Genetik vorgebrachten Vorwürfe Lyssenkos. Obwohl in den Naturwissenschaften seltener, in den Gesellschafts- und Geisteswissenschaften fast durchweg präsenter (politischer) Vorgaben ergab sich daraus – neben den später immer deutlicher werdenden materiellen Unzulänglichkeiten – eine besondere Problematik für die reale Wissenschaft im realen Sozialismus: „Damals, 1950, ging es um Lyssenko. Mitja war ungeheuer aufgewühlt von den betrügerischen Machenschaften Lyssenkos und dessen Unterstützung seitens der Partei und der staatlichen Organe der UdSSR. Er wollte unbedingt einen Artikel gegen Lyssenko schreiben und vom Standpunkt der modernen Biologie gegen die Verunglimpfung der wissenschaftlichen Genetik auftreten. Aber die österreichische Parteiführung bat ihn, davon Abstand zu nehmen, um sie nicht in Schwierigkeiten zu bringen."[15] Wider bessere Einsicht – denn Genetik wurde in den wissenschaftlichen Kreisen, aber eben intern, hochgehalten und auch korrekt gelehrt (vgl. Schulz i. d. Bd.) – beugte man sich politischer Macht, wenn es doch um wissenschaftliche Fragen zu gehen hatte. Ein Sündenfall, der sich in den Naturwissenschaften mit Schweijkscher Mentalität erträglich gestalten und durch Forschung umgehen ließ, der aber in den Geistes-, Gesellschafts- und Wirtschaftswissenschaften für die betroffenen Disziplinen eine ernsthafte Bedrohung darstellte.

---

[14] Klein/Autorenkollektiv, Überblick, 1985, S. 106.

[15] Syllm-Rapoport, Ingeborg, Meine ersten drei Leben, Berlin 1997, S. 228.

Entwicklung der Charité 1951–1989

Die parallele Geschichte von Universitätsklinik, Pépinière und Charité wurde 1951 durch die Zusammenführung von Charité, den Universitätskliniken und den Grundlagenwissenschaften zur Medizinischen Fakultät (Charité) der Humboldt-Universität endgültig beendet. Dabei wurden auch ein Großteil der klassischen naturwissenschaftlichen Grundlagenfächer (Anatomie, Physiologie, Biologische und Physiologische Chemie, Biophysik) der Medizinischen Fakultät direkt zugeschlagen. Das Klinikum umfasste etwa 2.800 Betten, in denen 1951 27.000 Patienten stationär aufgenommen wurden. Schon zu diesem Zeitpunkt wurde eine, bis einige Jahre nach der „Wende" zu beobachtende große Zahl (fast 400.000) an Patienten ambulant behandelt.

Das Studienjahr 1951/52 begann an der Humboldt-Universität von da ab jedes Jahr, wie auch in den Schulen vom ersten bis zum letzten Schuljahr, Anfang September. Für die etwa 7.000 Studenten der Humboldt-Universität war es das erste Studienjahr, in dem entsprechend den Vorgaben der zweiten Hochschulreform Marxismus-Leninismus (ML) Pflicht war. Die Semesterstruktur wurde durch eine Studienjahresstruktur ersetzt und viele ‚altdeutsche' Freiheiten des Studiums wurden durch eindeutige, verbindliche Lehrpläne über Bord geworfen. Die Vorbehalte und – so die Einschätzung der politischen Führung im Hochschulwesen – ‚die gegnerischen Angriffe' bewirkten, dass an der Medizinischen und Veterinärmedizinischen Fakultät nur etwa jeder Vierte der Studierenden zu den Vorlesungen und Seminaren in Marxismus-Leninismus erschien.

Dabei waren Teile der Studienreform in dieser Zeit durchaus mit reformerischen Traditionen vereinbar, wie sie Rapoport z. B. aus den USA kannte: „Außerdem war es Mitjas Anliegen, Studenten, die einmal zum Medizinstudium zugelassen waren, auch so zu fördern, dass wissenschaftlich gebildete und humanistisch denkende und fühlende Ärzte aus ihnen wurden. Mitja (…) führte das Seminarsystem ein, bei dem Gruppen von 20 bis 25 Studenten einem Assistenten zugeteilt wurden. Der führte seine Seminargruppe bis zum Physikum und lernte ‚seine' Studenten während dieser Zeit ausgezeichnet kennen. In den Seminaren wurden Schwerpunkte der Vorlesung vertieft, Beziehungen des theoretischen Stoffes zur späteren medizinischen Tätigkeit hergestellt, Unklarheiten diskutiert und in Abständen die Kenntnisse und das Verständnis eines jeden Studenten überprüft."[16] Viele Jahre später wurden Seminare in den grundlagenmedizinischen Fächern auch in Deutschland (West) hoffähig. Auch dann kehren Begründungen wieder, die schon in frühen DDR-Zeiten von Reformern wie Rapoport für wichtig gehalten wurden und die zugleich, z. B. in der These des wechselseitigen Lernens von Lehrenden und Lernenden voneinander, auch Humboldt-

[16] Ebd., S. 282, S. 283 für das folgende Zitat.

schem Geist entsprechen: „Mitja bestand darauf, dass jeder Assistent sich an den Seminaren beteiligte, einerseits, weil auf diese Weise die Seminare nicht so groß sein mussten, aber auch, um das Wissen eines jeden Assistenten zu verbreitern und zu vertiefen. Ich halte das für ein ausgezeichnetes Prinzip, obgleich viele über ihre Lehrverpflichtungen murrten und sich auf ihr Forschungssemester freuten, in dem sie von Praktikums- und Seminartätigkeit befreit waren und sich voll und ganz den eigenen wissenschaftlichen Problemen zuwenden konnten."

Die Probleme der Lehre waren in anderer Hinsicht viel elementarer. Bedingt durch den sich aus dem Krieg ergebenden Mangel an Lehrbüchern und dem später folgenden Zurückbleiben der DDR in der wissenschaftlichen Entwicklung blieben moderne (später farbige) Lehrbücher über die ganzen 40 Jahre ein Problem. Oft genug mussten Hochschullehrer beauftragt werden, entsprechende Bücher für ihr Fachgebiet zu schreiben. Nicht so in der Biochemie/Molekularbiologie. Das Lehrbuch „Medizinische Biochemie" (1955) wurde ein großer Erfolg. Nicht nur, dass es an allen medizinischen und biologischen Fakultäten der DDR benutzt wurde, auch unzählige Studenten in Westdeutschland studierten daraus. Mehr als zwei Drittel jeder Auflage wurde in anderen deutschsprachigen Ländern verkauft. In zwanzig Jahren erlebte das Lehrbuch neun Auflagen mit insgesamt mehr als 60.000 Exemplaren. Ich wurde jahrzehntelang im In- und Ausland gefragt, ob ich mit dem Verfasser verwandt sei, und viele Ärzte aus West und Ost bekannten sich als Mitjas Biochemie-Schüler."[17]

Hier erscheint es angebracht der Frage nachzugehen, wie weit der Einfluss Einzelner – sei er positiv sei er negativ – in einem Wissenschafts- und Lehrsystem gehen konnte, insbesondere auch unter dem Aspekt, dass im Hochschulsystem der DDR als Ganzem elementare Regeln der Wissenschaft aus politischen Gründen verletzt waren. Eine erweiterte Form dieser Fragestellung ist: Kann es ein richtiges Leben der Wissenschaft und Lehre im falschen geben? Wie zwingend falsch ist das Leben im Falschen?

In Überlegungen zur „Idee der Universität"[18] sind solche Fragen auch nach 1945 ebenfalls neu behandelt worden: „Erste Voraussetzungen sind die Menschen, die sich an ihr zusammenfinden, deren Artung und Fähigkeiten. Zweite Vorraussetzung ist die Macht von Staat und Gesellschaft, durch deren Willen und deren Bedürfnisse die Universität erhalten wird (...) Dritte Voraussetzung sind die materiellen Mittel (...) Eine einzelne Universität hat ihren Charakter durch die Professoren, die an sie berufen werden (...) Nicht weniger als von den Professoren hängt das Universitätsleben ab von der Art der Studenten. Eine untaugliche Studentenmasse würde die besten Professoren unwirksam im Schulbetrieb versinken lassen. (...) In der Tat ist fast jederzeit eine Spannung, oft ein Kampf zwischen Staat und

---

17 Ebd., S. 303.

18 Jaspers, Karl, Die Idee der Universität, Berlin 1946, S. 91, 113f.

Universität. (...) Die Initiative muß in dem durch die Universität zur Erscheinung kommenden Geiste liegen. Von ihm aus muß dem Staat klar werden, was der Staat eigentlich will. Mit List Politik zu treiben, ist der Universität nicht nur ungemäß, sondern verderblich. Sie muß offen zeigen, was sie ist und will. Ihre Sache kann allein durch Wahrheit ohne alle Macht erzwingen, dass der Staat ihr folgt. (...) Jedes geheime Verhandeln einzelner mit dem Staate in Universitätsangelegenheiten ist ehrlos, das Beeinflussen der Entscheidungen durch persönliche Beziehungen zum Staatsbeamten ist intrigant. Beides verstößt gegen das Solidaridätsgelübde. Der vornehme staatliche Verwaltungsbeamte verschmäht solche Wege."

Rapoports Einfluss auf die Universität, auf die medizinische Ausbildung in der DDR ging weit über die Biochemie hinaus. Er war akademisch in den letzten Ausläufern deutsch-österreichischer Größe in der Wissenschaft ausgebildet worden, auf einem Gebiet (Biochemie), welches schon boomte und weitere Jahrzehnte großartiger Entwicklung vor sich hatte. Er wurde akademisch erwachsen in einem Umfeld in den USA, welches Humboldt besser verstanden hatte als die Deutschen selbst, und er war erfolgreich – heute würde man sagen – in der transnationalen Forschung (bench to bedside, d. h. bei ihm von der Stoffwechselanalyse des Zuckerabbaus zur Versorgung der amerikanischen Truppen mit Blutkonserven). Mit diesen Erfahrungen, seiner Internationalität brachte er ein Stück (wissenschaftliches!) Weltbürgertum und weltweit gültige (Wissenschafts-)Standards in die durch Krieg und deutschlandeigene (DDR-spezifische?) Spießigkeit zurückbleibende Forschung und Lehre nach Berlin. Entsprechend seiner politischen Überzeugung und seinem Zukunftsglauben setzte er sich für einen eigenen Weg der DDR ein, was z. B. zur Gründung einer DDR-eigenen biochemischen Gesellschaft 1964 führte. Gerade dieses wurde ihm von einigen westdeutschen Biochemikern, aber auch von zunächst nicht wenigen gesamtdeutsch-fühlenden DDR-Wissenschaftlern bis zu seinem Tode verübelt.

Strukturen der Grundlagenwissenschaften

Zur Grundlagenmedizin gehörten traditionell (man möchte fast sagen: wie seit Virchows Zeiten) drei große Fächer (Anatomie, Physiologie und Physiologische Chemie) und neben ML (praktisch unmittelbar nach Wiederaufnahme des Studienbetriebes eingeführt) die kleinen wie Biologie, Chemie und Physik, wobei letztere durch die Medizinische Fakultät selbst vorgehalten wurde (Institut für Medizinische Physik und Biophysik). Die anderen beiden Fächer wurden von den Naturwissenschaften (Sektionen Biologie bzw. Chemie) für die Medizin in der Lehre für Mediziner angeboten.

Bestimmend für die Lehre „Biologie für Mediziner" war schon sehr früh Günter Tembrock, der in seiner wunderbaren Art den Medizinstudenten (praktisch bis 2009 im Alter von 90 Jahren noch aktiv und damit mehr als 70 Jahre an der Berliner Universität) wie ein Gelehrter aus einer anderen Zeit vorkam: Unabhängig, frei denkend und lehrend, so wie es Humboldt gemeint haben könnte. Bei seiner Haltung gegenüber dem Marxismus-Leninismus, die er als eine mögliche Denkform (von vielen) betrachtete und dies auch ausreichend deutlich machte, bekam er selten die Hauptvorlesung der Biologie, sondern eher die Nebenveranstaltungen in der Medizin. Die Hervorhebung eines Kollegen der Biologie soll hier nicht nur seine Arbeitsleistung über die Jahrzehnte und seine Geradlinigkeit würdigen, sondern auch darstellen wie Aufrichtigkeit graduell möglich war und Zuneigung vieler Studenten auslöste, aber auch Argwohn hervorrief. Die studentische Parteiorganisation der SED der Charité hatte sich seit den Sechzigern mehrfach über die „positivistische Haltung von Prof. Tembrock" beschwert. Gott sei Dank ohne Konsequenzen.

Die Biologie hatte in den letzten Jahrzehnten in der DDR kein eigenes größeres Praktikum im Gegensatz zur Chemie, die in der Medizinausbildung ein umfangreiches Praktikum in den Räumen der Biochemie/Physiologie durchführte. Dies machte sich leicht, da die Grundlagenmedizin der Charité in dem Carré Hessische Straße/Invalidenstraße in der Nähe des Naturkundemuseums untergebracht war. Die Chemie befand sich in dem Gebäude, welches der Biochemie und Physiologie gegenüber lag, wobei die Biochemie erst in den 60er Jahren das Gebäude bezogen hat, vorher war sie in einem kleinen, nach dem Kriege fensterlosen Gebäude auf dem Hof der Hessischen Straße untergebracht. Die Chemie be-

Abb. 1 Straßenfront des Institutsgebäudes des Instituts für Physiologische Chemie und Biochemie, Hessische Straße, genutzt bis 1995

fand sich immer noch in dem Gebäude, das im Rahmen der Berufung vor ca. 100 Jahren von Emil Fischer (vgl. Reinhardt i. Bd. 5) gebaut worden war, und hat dieses erst mit dem Neubau in Adlershof, zehn Jahre nach der „Wende", verlassen. Das hatte auch die Konsequenz, dass die Chemieausbildung (nach der Fusion mit der Medizinischen Fakultät der Freien Universität) nicht mehr von der Chemie, sondern ebenfalls von der Medizinischen Fakultät und dann schwerpunktmäßig in Dahlem durchgeführt wurde. Die Tierhaltung für das Institut für Physiologische und Biologische Chemie und auch für das Physiologische Institut befand sich auf dem Hof und war in den letzten 20 Jahren der DDR bautechnisch in einem beklagenswerten Zustand, der nur kompensiert wurde durch die große Zahl aufopferungsvoll tätiger Tierpfleger. Die Biophysik befand sich in den Räumlichkeiten von Biologie/Physik hinter dem Naturkundemuseum, wo selbst 60 Jahre nach dem Krieg noch ein Teil des Gebäudes als Ruine ohne Dach stand. Mit den Neubauten (chirurgisch orientiertes Zentrum, etc.) wurde seit Ende der 70er Jahre und über die gesamten 80er Jahre das Zentrum für Experimentelle Medizin als Unterbringung für die Grundlagenfächer geplant, und zwar für Physiologie und Biophysik an neuen Standorten (erstere in der ehemaligen Universitätsfrauenklinik, letztere in der ehemaligen Bier'schen Chirurgischen Universitätsklinik), und die Renovierung der Anatomie. Alles ist erst nach der „Wende" realisiert worden.

Entwicklung der Grundlagenwissenschaften 1945–1989

Bevor im Folgenden der Versuch gewagt wird, eine Darstellung über mehr als 50 Jahre Grundlagenmedizin in der Charité weiter zu skizzieren, muss festgehalten werden, dass die Prinzipien, mit denen im Ostteil der Stadt nach 1945 eine (medizinische) Hochschullandschaft entwickelt wurde, in den folgenden Jahrzehnten durchgängig gültig blieben. Mit den sowjetisch geprägten Festlegungen der Jahre 1946 bis 1950 war das Wesentliche passiert, der erste und letzte große Schritt bis zur Wende 1989. Danach gab es zwar externe politische Veränderungen, diese waren auch größer als die internen Entwicklungen und Reformen der Universität und ihrer Gliederungen. Die damals formulierten Grundsätze der Organisation von Lehre und Forschung in der Medizin sind aber niemals in der DDR in Frage gestellt worden.

Nachdem diese Grundsätze bis 1950 festgelegt waren, überlagerten sich zwei Entwicklungslinien: Einerseits, geprägt durch persönliche Leistungsfähigkeit und internationale Kontakte, ergab sich die Möglichkeit der Mitgestaltung des wissenschaftlichen Erkenntnisprozesses und der Einführung moderner Lehrformen, andererseits wirkten die sich neu ergebenden materiellen Nachteile wegen der defizitären Wirtschaftsentwicklung der DDR. Da die Grundsätze bis 1989 unangetastet blieben, hat es praktisch nur wenige weitere Einflussgrößen gegeben. Einige politische Entwicklungen, insbesondere die Änderung der Berliner Verhältnisse, haben trotz ihres einschneidenden Charakters für die Bevölkerung (siehe z. B. Niederschlagung des Aufstandes in Ungarn 1956, Mauerbau 1961) die Wissenschaft nur indirekt betroffen. Trotzdem ist dieser Einfluss nicht vernachlässigbar, da durch die politischen Ereignisse das geistige Klima beeinflusst und die Freiheit des Denkens weiter eingeschränkt wurde. Auch die Charité und die gesamte Universität waren von solchen politischen Ereignissen immer wieder betroffen. Selbst jemand, der – wie z. B. Robert Havemann – zunächst unverdächtig sein konnte, Feind der DDR zu sein, hatte kaum Chancen, kritisches Nachdenken in die Wissenschaftslandschaft bzw. die Lehre einzubringen. Der 13. August 1961 stellte einen Einschnitt für die universitäre Landschaft Berlins der besonderen Art dar. Der Einfluss auf die weitere Entwicklung der Forschung, der sich aus dem Weggang von Personen ergab, war nun weggefallen, direkte Interaktionen mit Wissenschaftlern und Wissenschaftlerinnen der Bundesrepublik Deutschland waren stark eingeschränkt, so dass die inhärent notwendige Zusammenarbeit zwischen Wissenschaftlern weltweit stark reguliert über den Status „Reisekader“ geschehen musste. Im Nachhinein ist sicher: Die Mauer war für das Überleben der DDR unentbehrlich. Ohne sie konnte die DDR nicht überleben.

An der Charite wurde 1962/63 die klinische Ausbildung umgestaltet: „Ausgerüstet mit einem fundierten theoretischen Grundwissen und mit Erfahrungen in der praktischen ärztlichen Tätigkeit im Gesundheitswesen der DDR, sollte der Absolvent bereits während der ersten Assistenzjahre voll wirksam werden können.“[19] Um diesem Ziel nahe zu kommen, wurde der Unterricht am Krankenbett deutlich ausgeweitet. Dies war auch dadurch möglich, dass die Zahl der Lehrenden schrittweise bis 1989 erhöht wurde, so dass sie 1989/90 im Vergleich zu den Standards der BRD fast doppelt so hoch in Bezug zur Studierendenzahl war. Der Unterricht in der Vorklinik wurde stärker auf den späteren klinischen Ausbildungsabschnitt – bis hin zu integrierten Seminaren und anderen Veranstaltungen – ausgerichtet. Wie bei solchen Reformen üblich, dauerte es fast zehn Jahre, bis sich trotz des ‚demokratischen Zentralismus‘ das Neue durchsetzen konnte. Die verordnete höhere Stundenzahl in der Lehre (eine Lehrverpflichtungsverordnung im bundesrepublikanischen Sinne gab es nicht) traf auf eine verärgerte Reaktion der Lehrenden, die in der zunehmenden Stundenzahl damals schon eine „Gefährdung“ ihrer wissenschaftlichen Qualifizierung sahen. Auch wenn diverse Reformen erarbeitet und verkündet wurden, selbst wenn es um fünf oder sechs Jahre Studiendauer ging, oder das Diplom als Abschlusszeugnis (Mitte der 80er Jahre) eingeführt wurde, waren es keine Reformen, sondern Adaptionen eines bestehenden Systems.

Trotz günstiger personeller Ausstattung und unbefristeter oder mindestens langfristiger Arbeitsverträge waren die Probleme der medizinischen Lehre der Charité (DDR) durchaus vergleichbar mit denen der Bundesrepublik Deutschland. So heißt es z. B. im Perspektivplan

[19] Zit. n. Klein/Autorenkollektiv, Geschichte der Humboldt-Universität, 1985, S. 134.

für 1965 bis 1970 u. a.: „Die Integration von Vorklinik und Klinik sollte schrittweise erprobt werden. Dazu wird vorgeschlagen, zwischen einzelnen Fachgebieten der Vorklinik und klinischen Fächern Vereinbarungen zu treffen."[20] Auch in dem stark hierarchischen System des DDR-Hochschulwesens dauerte es länger als die geplanten fünf Jahre, um die geforderte Kooperation umzusetzen. Auch die Lehr- und Lernformen sollten verbessert werden, wobei, weil noch in den 70er Jahren Lehrbuchmangel weit verbreitet war, die Erstellung einer Vorlesungsmitschrift durch Studierende nicht nur wegen der Aktualität, sondern auch wegen der Vermittlung von ‚Standardwissen' ein Muss war. Die verpflichtende Nutzung von Studiengruppen (vier Mitglieder) als Lernstruktur und das prinzipiell und pflichtgemäß zu nutzende Angebot von Seminaren (20 Personen) praktisch in allen Fächern blieb über die 40 Jahre und – da dieses System der Ausbildung auch in den Achtzigern in der BRD um sich griff und zur Pflicht in vielen Fächern, insbesondere der Vorklinik, wurde – darüber hinaus verbindlich. Auch die Einführung von strukturiertem Selbststudium (‚Programmierten Unterricht') wurde über ein Jahrzehnt in den Siebzigern des 20. Jahrhunderts – mit durchschnittlichem Erfolg – vorangetrieben.

Im Rahmen von Reformen, z. B. in den Siebzigern, wurde das marxistisch-leninistische Grundlagenstudium fachspezifisch erweitert. Eingeführt wurden die interdisziplinären Komplexe ‚Medizin und Gesellschaft' (seit 1977 Geschichte der Medizin) sowie ‚Arzt und Gesellschaft'. Zu den Neuerungen gehörte es weiter, dass das Studium mit dem Erwerb des akademischen Grades eines Diplom-Mediziners abschlossen wurde und jeder Absolvent ein feierliches Gelöbnis ablegte (s. u.). Auch wurde in der Medizin versucht, das ‚Forschungsstudium' (eine spezielle Form der Gewinnung von wissenschaftlichem Nachwuchs) durch ein individualisiertes Medizinstudium mit Schwerpunktsetzung und Promotion zu etablieren; nach zwei Jahrgängen und einem knappen Dutzend von Absolventen wurde es wieder eingestellt. Für hervorragende Leistungen während des Studiums wurden in den letzten zwei Jahrzehnten Zusatz(leistungs)stipendien gezahlt. Die Höhe ging bis 200 DDR-Mark pro Monat, wovon man als Student durchaus, inklusive Miete, leben konnte.

Die Machtstrukturen der Institute bestanden aus einer Reihe paralleler Stränge, deren hierarchische Relation zueinander nicht immer eindeutig war. Es gab in allen Instituten die Institutsleitung, bei der neben den Direktoren/Direktorinnen (letztere eher selten) eine für den technischen Bereich bzw. finanziellen Bereich verantwortliche Kollegin mitwirkte und ein Stellvertreter des Direktors als zweites professorales Mitglied. Dieses Gremium traf die Entscheidungen, was die Mitwirkung in der Lehre, Planung und Beantragung von Geräten, Baumaßnahmen und Personal betraf. Parallel dazu und immer in Rücksprache zwischen diesen beiden Gremien existierte in den Instituten eine Parteileitung. In den meisten Fällen war die Mitgliedschaft in dieser Leitung identisch mit der Mitgliedschaft in der Leitung

[20] David, Charité, Bd. 2, S. 2004, S. 566.

des Institutes. Mit der Zeit nahm die Zahl der parteilosen Institutsdirektoren ab, so dass zum Zeitpunkt der „Wende" 1989 nur noch in der Physiologie das Direktorat zwischen einem parteilosen Kollegen und einem Mitglied der Partei zweijährlich wechselte und an den anderen nur noch Parteimitglieder (SED) an der Spitze der Institute standen. Deren wissenschaftliche Reputation hatte in keinem Falle das von Rapoport, der das biochemische Institut bis 1978 leitete. Neben den Parteigruppen gab es noch eine Gewerkschaftsleitung in den Instituten und auch an der Charité, die in einer Reihe von Fällen so agierte wie es ein Personalrat heute tut, allerdings im Stile der sozialistischen Demokratie, die auf vorgegebene Ziele eingeschworen war. Zu den jährlichen Ritualen gehörte die Aufstellung eines Planes, in welchem Publikationen, Einführungen von Methoden, etc. festgehalten wurden. Wie in der Wirtschaft wurden diese Pläne nie in vollem Umfang erfüllt bzw. konnten aufgrund verschiedener Unzulänglichkeiten nicht erfüllt werden. Diese Planungen – von Ausnahmen abgesehen – erreichten auch nicht das Niveau entsprechender international üblicher Forschungsprojekte oder der nach 1990 erstellten Drittmittelanträge.

Neben Lehre und Forschung wurden in den Instituten auch kulturelle Themen geplant; denn um im „sozialistischen Wettbewerb" zu bestehen, war es notwendig nachzuweisen, dass Kultur, z. B. in Form von Theater, Konzertbesuchen, Wanderungen, aber auch Jahresabschlussveranstaltungen (= Weihnachtsfeiern), nicht zu kurz kam. Auch Studenten hatten ähnliche Führungs- und Planungsstrukturen – im Regelfall auf Studienjahresbasis. Verantwortlich für die politische Führung waren sowohl die FDJ-Leitung des Studienjahres als auch der einzelne FDJ-Sekretär der Seminargruppen als die Studienjahres-Parteileitung. Wie bei den Instituten schon angedeutet, wurden auch die Studenten angehalten, kulturelle (und Sport-)Veranstaltungen zu besuchen. Seit 1982 existierte ein Orchester der Medizinischen Fakultät (Musici Medici), welches aus einer Kammermusikvereinigung der Vorklinik (*musica domestica biochemica*) hervorging. Auch hier gingen persönliche Wünsche, ehrliche altväterliche Kulturansichten und politische Vorgaben Hand in Hand.

Gebäude – Neubauten

Da die vorhandenen klinischen, aber auch vorklinischen Gebäude sowohl in ihrem technischen Zustand als auch in ihrer Funktionalität für die weitere Entwicklung hinderlich waren, wurde in den 70er Jahren – nach langer Vordiskussion auch über die endgültige Aufgabe des (grenznahen) Traditionsstandorts – ein Neubau beschlossen. Unter Einbeziehung der historischen Gebäude sollte er erst für die (chirurgischen) Kliniken der Charité am alten Platz errichtet werden, später dann auch als Zentrum für experimentelle Medizin (ZEM) in dem von der Klinik geräumten Gebäude, z. B. der Frauenklinik an der Tucholskystraße.

Am 8. Juli 1975 beschlossen das Politbüro des ZK der SED und der Ministerrat der DDR den Neubau und die Rekonstruktion der Charité. Nach eingehenden Studien (europaweite

Abb. 2 Bettenhaus

Analyse) entstand zwischen 1976 und 1982 ein zwanziggeschossiger Neubau, dass Chirurgisch Orientierte Zentrum (COZ, sog. ‚Bettenhochhaus'). Am 14. Juni 1982 wurde es von Erich Honecker persönlich eröffnet. Das ZEM dagegen blieb – wirtschaftlich bedingt – bis 1989 ein bloßer Zukunftstraum.

Nach der Errichtung des COZ wurden Baumaßnahmen selten, und wenn, dann über einen langen Zeitraum realisiert, z. B. die notwendige Generalsanierung der Heizung und der Praktikumsräume im Institut für Physiologie und Biochemie Ende der 70er/Anfang der 80er Jahre. Die Maßnahme wurde über Jahre geplant und über eine 2-jähige Bauzeit realisiert, da sowohl Arbeitskräfte als auch die Materialien nicht immer termingerecht zur Verfügung standen. Wie üblich mussten wegen des Arbeitskräftemangels die Institutionen

Mitarbeiter, auch ‚Postdocs', als Hilfskräfte zur Verfügung stellen. Das bedeutete u. a., dass das Institut für Physiologie und Biochemie Brandwachen für die renovierten Praktika, in denen Schweißarbeiten vorgenommen wurden, stellen mussten. In der Bauzeit waren Labore fast ein halbes Jahr nicht nutzbar. Das Praktikum für Biochemie fiel in einem Jahr komplett für die Medizinstudenten aus.

Arbeitsverhältnisse – Mitarbeiter und Professoren

Optimismus (...) das ist der Wahnsinn zu behaupten, dass alles gut sei,
auch wenn es einem schlecht geht.
Voltaire (Candide)

In zentral geplanten und geführten Staaten, wie einem kommunistischen des 20. Jahrhunderts, lassen sich deutliche Spuren der Nationalgeschichte wieder finden (ob genuin fortgeführt oder reimportiert). In unserem Zusammenhang ist es wichtig zu sehen, dass sowohl die medizinische Versorgung als auch die Ausbildung in der DDR in deutschen Traditionen fußte. Bismarcks Ideen, ja selbst ein Begriff wie ‚Volksgesundheit', konnten neben der Gesundheit des Einzelnen ihren Platz im Denken der DDR finden. „Die Idee der kollektiven Gesundheit und des Wohlbefindens der Gemeinschaft war in Deutschland tief verwurzelt, und sie war im ‚Dritten Reich' obendrein durch den Begriff der ‚gesunden Volksgemeinschaft' rassistisch pervertiert worden."[21] Diese Traditionen lassen sich aber weder nach 1945 noch im Alltag der Grundlagenfächer in der Medizinischen Fakultät unverändert wieder finden, sie „wurden überlagert von dem neuen sowjetischen Ideal der Gesundheit als einer Voraussetzung für höhere Produktivität oder Leistungsfähigkeit".

Bestand hatten dagegen Arbeitsstrukturen. Im Alltag in der Vorklinik, d. h. in den Grundlagenfächern der Medizin, gab es eine fast ewig anmutende Konstanz schon in der Arbeitsorganisation, sieht man davon ab, dass bis in die 60er Jahre noch sonnabends regelmäßig gearbeitet werden musste, bis dann die Fünf-Tage-Arbeitswoche auch in der DDR Einzug hielt. Die Regelarbeitszeit reichte von 7.45 Uhr bis 17.00 Uhr von Montag bis Freitag. Dabei war davon auszugehen, dass jede Frau und jeder Mann sie einzuhalten hatte, d. h. die klassischen Freiheiten der Professoren waren nicht fixiert und wurden auch nicht gelebt. Die Anwesenheitspflicht der Professoren war auch nicht, wie im übrigen Deutschland und in den reinen Forschungs- und Lehreinstitutionen, auf das unbedingt notwendige Maß, sprich Lehre, beschränkt. Die Professoren und Wissenschaftler hatten in der Kernarbeitszeit (und darüber hinaus) anwesend zu sein. Die Institute selbst waren, da Forschung sich

[21] Fulbrook, Alltag, 2008, S. 108f., 109 für das folgende Zitat.

auch in DDR nicht an die Arbeitszeiten hielt, zwischen 6.00 Uhr und 22.00 Uhr an den Wochentagen Montag bis Freitag und am Sonnabend von 08.00 Uhr bis 13.00 Uhr geöffnet. Da auch zu DDR-Zeiten in Laboren die Anwesenheit von mindestens zwei Personen gefordert war, wurde ein ‚Wissenschaftlicher (Abend-)Dienst', eingerichtet. Dieser Dienst wurde von den einzelnen Arbeitsgruppen gestellt. Die vier bis fünf Arbeitsgruppen je großes Institut (Anatomie, Biochemie, Physiologie) umfassten jeweils fünf bis zehn Wissenschaftler, die praktisch alle aus dem Haushalt der Charité finanziert wurden. Drittmittelfinanzierung von Personal war ein unbekannter Vorgang. Die technischen Mitarbeiter – deren Zahl in etwa der Zahl der Wissenschaftler entsprach – beließen es im Regelfall bei der Regelarbeitszeit.

Ein besonders erwähnenswertes Kapitel waren die Arbeitsverträge für die Mitarbeiterinnen und Mitarbeiter. Ganz gleich, ob technische Mitarbeiter oder wissenschaftliche – einschließlich der Professoren, es wurden, von ganz wenigen Ausnahmen abgesehen, immer unbefristete Arbeitsverträge über ganze Stellen abgeschlossen. Am Anfang (1955) waren in den großen Instituten (Anatomie, Biochemie, Physiologie) der Vorklinik weniger als zehn wissenschaftliche Mitarbeiter tätig; 1989 lag die Zahl je nach Institution (und Machteinfluss der Leitungen) zwischen 30 und 40. Nach modernen kapazitätsrechtlichen Gesichtspunkten waren das 30 % bis 40 % zuviel wissenschaftliche Mitarbeiter, was besondere Probleme bei der personellen Planung aufgrund der unbefristeten Verträge nach der „Wende" aufwarf. Diese größere Zahl reichte aus, um bei dem geringen Automatisierungsgrad einschließlich der geringen Zahl leistungsfähiger Rechner und Forschungstechnik in der Vorklinik ein durchschnittliches oder ein etwas schlechteres Forschungsniveau, verglichen mit entsprechenden Einrichtungen der alten Bundesländer, zu erhalten.

Bis auf die Professoren und Professorinnen, die auch in der Medizin selten genug von auswärts berufen wurden und oft ‚Eigengewächse' der Charité waren, hatte kein Wissenschaftler in seinem Arbeitsvertrag bei Arbeitsaufnahme die Klausel der internationalen Kooperationsfähigkeit – den „Reisekader-Status". Auch hier gab es Unterschiede in den Grundlageninstituten. Während im einflussreichsten Institut (Physiologische und Biologische Chemie) fast die Hälfte aller Wissenschaftler die Möglichkeit hatte, ins nicht-sozialistisches Wirtschaftsgebiet (NSW) zu fahren, in den seltensten Fällen von der DDR, sondern eher auf Einladung oder durch internationale wissenschaftliche Gesellschaften finanziert, waren es in den anderen großen Instituten oft nur 10 % bis 15 % der wissenschaftlichen Mitarbeiter, manchmal nur die Institutsleiter. Die Zusammenarbeit mit Instituten der östlichen Nachbarn ließ sich meist ohne größere Schwierigkeiten arrangieren, wobei insbesondere auf der sowjetischen Seite das Interesse, mit Institutionen in Deutschland (BRD), England oder Amerika zu kooperieren, größer war als mit Einrichtungen auf dem DDR-Territorium.

Fasst man zusammen, so bleibt festzuhalten: die meiste Zeit waren die Kollegen im Institut anwesend, selten Dienstreisen, manchmal Urlaub (15 bis 20 Arbeitstage), die eine Abwesenheit begründeten. Einmal in der Woche fanden, wie international üblich, Arbeitsgruppenbesprechungen mit Journal Club und Arbeitsberichten statt. Sicher am konsequentesten im Institut für Physiologische und Biologische Chemie, aber auch in den anderen Einrichtungen, fanden jeden Freitag (in früheren Zeiten, in denen sonnabends gearbeitet wurde, am Sonnabendmittag) Beratungen des Lehrkörpers (Professoren und Assistenten) zur Lehre statt. Dabei standen Fragen zur Durchführung der Lehre, Festlegung der Lernziele (z. B. gab es für alle Seminare der Biochemie aber auch in den anderen Fächern vorgegebene Lernziele, die in dem seminaristischen Gespräch zu behandeln waren) im Vordergrund, aber es wurde auch die ‚politisch-ideologische Entwicklung der Seminargruppen' diskutiert.

Den Studierenden wurden zu jedem Seminar drei bis fünf Fragen vorab zur Kenntnis gegeben, deren Teilaspekte in immer wiederkehrenden Fragerunden am Anfang des Seminars (SULK – ständige unterrichtsbegleitende Leistungskontrolle) abgefragt werden konnten (mussten). Die etwa 20 bis 25 Seminare, die thematisch das gesamte Spektrum der Biochemie in einem Studienjahr umfassten, fanden praktisch wöchentlich statt, wobei jeder Assistent ein Seminar pro Woche (zwei Unterrichtsstunden á 45 Minuten) zu führen hatte (nach 1990/91 erhöhte sich die Unterrichtsbelastung durch die Abnahme des Personals auf ca. zwei Seminare pro Woche und Assistenten). Noch intensiver war der Kontakt zwischen den Assistenten und Professoren während der etwa sechs- bis achtstündigen Praktika, die 10 Mal im Jahr stattfanden. Die Praktika wurden von den jeweiligen Seminarassistenten (einschließlich der Hochschullehrer) unmittelbar betreut.[22] Wiederum bedingt durch den starken Einfluss von Rapoport, waren Themen, die in anderen Universitäten dem Mutterfach der Physiologie zufielen, in Berlin der Physiologischen Chemie zugeordnet, z. B. Ernährung, Immunologie, Blut und Blutbestandteile (etc.). Da diese Seminare von allen Assistenten vom ersten Jahr des Eintritts in das Institut durchgeführt werden mussten, waren die zur Verfügung stehenden Modellmaterialien, die auch Elemente politischer Aussagen (z. B. zu Fragen der Ursachen des Hungers in dieser Welt oder zum Thema Ausbeutung des Menschen durch den Menschen) sowie zum Zitratzyklus (Hemmstoffe in Form von Halogenierten Fettsäuren als Sabotagegifte) enthielten, insgesamt eine Hilfe für die (jungen) Assistenten.

[22] Dies führt einmal zu der belustigt durch unsere Kollegen der FU wahrgenommen Situation, dass die zu einer Beratung vorzeitig ans biochemische Institut Anreisenden ins Praktikum kommen mussten, da fünf von sechs Hochschullehrern, mit denen sie sich treffen wollten, gerade im Praktikum waren. Eine solch große Zahl von Professoren vor Ort im biochemischen Praktikum war und ist für bundesrepublikanische Verhältnisse ungewöhnlich.

Forschung

Die weltweit sich entwickelnde Kultur des „Planens" von Forschung, sei es in Projekten (Drittmittel-Anträge) als auch in vernetzten und langfristigen Strukturen, spiegelte sich partiell auch in den Grundlagenwissenschaften, ohne die langfristigen Ziele je zu erreichen. Ein anderes Projekt der 80er Jahre, moderne medizinische Forschung durch eine entsprechende Aus- und Weiterbildung zu stärken, sollte durch die an sich verpflichtende Einführung eines Forschungsjahres in der Vorklinik bzw. klinisch theoretischen Einrichtungen der klinischen Facharztkandidatinnen der Charité verwirklicht werden. Der Realisationsgrad war aber geschätzt weniger als 10 %, auch bei den diversen Sparaktionen.[23]

Die „Biologie-Prognose" in den Siebzigern, ein weiteres Planungsvorhaben, stellte ein umfassendes wissenschaftspolitisches Papier dar, das aus eigenem Antrieb von Wissenschaftlern selbst erarbeitet worden war. Die sich dabei entsprechend der verschiedenen Bereiche ergebenden zentralen Arbeitskreise (etwa Genetik) und die nachfolgende Bildung von Forschungsverbänden, als wichtigster MOGEVUS (Molekulare Grundlagen der Vererbungs- und Stoffwechselprozesse), hätten bei entsprechenden Ressourcen etwas zeitgemäß Modernes hervorbringen können – blieben aber Papier. Die späteren Hauptforschungsrichtungen (HFR) ähnelten Sonderforschungsbereichen, wobei ihre Strukturen in den ersten Jahren nach ihrer Gründung Ende der 60er Jahre beispielhaft demokratisch waren; denn sie unterlagen lediglich der Selbstkontrolle der Forscher. Auch hier passten sich die vorgenommenen Forschungsziele bzw. Untersuchungen an die vorhandene Möglichkeiten an, während es für eine aussichtsreiche Forschung umgekehrt notwendig gewesen wäre, die Forschungsressourcen der gedanklichen Planung anzupassen.

Forschungsberichte der Charité blieben sich seit den Sechzigern vergleichsweise ähnlich. Immer wieder findet sich der Satz (mit Variationen): *In einzelnen Bereichen gelang es der medizinischen Forschung in der DDR Anschluss an das internationale Niveau zu erreichen.* Wissenschaftliche Schwerpunkte der Forschung an der Charité waren vor allem:

- Molekulare- und Zelluläre Biologie und Pathologie,
- Medizinische Biotechnologie,
- Herz-, Kreislauferkrankungen,
- Organ- und Gewebetransplantationen,
- Künstliche Organe,
- Neurowissenschaften.[24]

[23] „In allen Forschungskollektiven sind konkrete Überlegungen zur Reduzierung des Einsatzes von Bio- und Feinchemikalien noch im Jahr 1983 zu treffen und Vorschläge zur NSW-Importablösung von Bio- und Feinchemikalien sind bis hin zur Eigenproduktion zu machen." (David, Charité, Bd. 2, 2004, S. 895.)

[24] Ebd., siehe u. a. S. 873.

Im nationalen – sprich DDR – Vergleich mögen das Schwerpunkte gewesen sein, international fehlte die theoretische und methodische Engführung, dort war auch die Entwicklung deutlich weiter gegangen. Nur in einem Forschungsgebiet der Vorklinik gelang es Mitte der Siebziger, weltweit einen bleibenden Eindruck zu hinterlassen: Die Entwicklung der Kontrolltheorie für den Stoffwechsel, die Reinhard Heinrich mit Vater Samuel Mitja und Sohn Tom Rapoport veröffentlichte. Diese Theorie war ein Schritt in Richtung „Systembiologie". Sie basierte auf der Kombination von mathematischen Methoden (Differenzial-/Integralrechnung) und Stoffwechsel-Experimenten, insbesondere an roten Blutzellen durchgeführt. Sie ermöglicht die Vorhersage der Konzentration von Stoffwechselprodukten in Abhängigkeit von der Zeit.

Verglichen mit der aktuellen, im Westen üblichen wettbewerbsorientierten Wissenschaft bleibt festzuhalten, dass in der DDR der Leistungsdruck vergleichsweise gering war. Den deutlich stärksten Einfluss auf die Leistungsbereitschaft des einzelnen hatte die primäre Motivation, die aber in ihrer Verwirklichung durch die sich jeweils rasch herausstellenden materiellen Beschränkungen stark behindert wurde. Beginnend Ende der 70er und noch deutlicher in den 80er Jahren war die wirtschaftliche Situation so angespannt, dass moderne Forschungstechnologie kaum zu beschaffen war, so dass nur noch einzelne Institutionen damit zumindest partiell ausgerüstet werden konnten. Besonders in den späten 80er Jahren bestand die prinzipielle Möglichkeit, über Erwirtschaftung von „Devisen", die in der Krankenversorgung im Rahmen von klinischen Studien, aber auch in der Behandlung von Patienten aus dem Ausland erwirtschaftet wurden, die prekäre Situation zu begrenzen. In theoretischen Einrichtungen, wie denen in der Vorklinik, konnten Einnahmen durch Herstellung spezieller Forschungschemikalien erzielt werden – was aber nur im Einzelfall gelang. Nur ein kleiner Prozentsatz der Deviseneinnahmen der Charité konnte für den Kauf von Geräten verwendet werden. Der Rest wurde dem Staatshaushalt der DDR zugeführt. Das Geld (‚Westmark') für den Geräte-, aber auch für den Chemikalienkauf im NSW musste zusätzlich mit DDR-Mark gegenfinanziert werden, wobei ein Wechselkurs DM : DDR-Mark deutlich oberhalb des offiziellen – mit 1 : 1 angegeben – bis 1 : 4,55 angesetzt wurde. Bei Geräten aus der eigenen Produktion waren auch de facto mehrere Währungssysteme gegeben: es reichte nicht, dass Geld zu besitzen (DDR-Mark), sondern bei den meisten Geräten (und auch bei Bauten und Renovierungen) musste man in die „Bilanz" aufgenommen werden. Diese „Bilanzen" trugen der Verknappung der Ressourcen Rechnung, da sich das Geld im Regelfalle leichter auftreiben ließ.

Wiederum eine gewisse Ausnahme stellten einige wenige Institutionen der DDR (z. B. Akademieinstitute), aber auch die Charité dar, und in dieser das Institut für Physiologische und Biologische Chemie, da es in größerem Maße als andere Einrichtungen reguläre „Valuta-Mittel" zur Bestellung von Forschungschemikalien und auch für einige wenige Geräteinvestitionen besaß. Die Summen umfassten etwa 50.000 bis 100.000 DM über ein bis zwei Jahre, die Summe für andere Institute der Vorklinik betrug 1/10, in manchen Jahren wurden gar keine Mittel für Importe bereitgestellt. In der Humboldt-Universität wurde von Zeit zu Zeit die Devise ausgegeben; dass jemand, der für seine Forschung Devisen benötigte, falsch forschen würde! Tückisch für die antragsberechtigten Institutionen – neben der Biochemie waren es einige prestigeträchtige Projekte der Charité wie Organtransplantation in der Chirurgie oder Operationen mit Hilfe der Herz-Lungenmaschine – war nur, dass man die Chemikalien und Geräte zwei bis drei Jahre, bevor man sie benötigte, bestellen musste. Man kaufte also auf Vorrat, um die Forschung sicher zu stellen, von der man nicht genau wissen konnte, welche Fragen und Experimente zu dem späteren Zeitpunkt anstanden. Das führte zu einer umfangreicheren Lagerhaltung – auch von teuren Chemikalien, die nicht (nie) gebraucht wurden. Geräteplanungen (auch von in der DDR produzierten Geräten) mussten auch über eine ähnlich lange oder längere Frist erfolgen. Unter diesen Bedingungen war eine echte Projektplanung für die Forschung nur eingeschränkt möglich.

Dazu kamen noch Engpässe von simplen, auch in der DDR hergestellten, Chemikalien, wie z. B. Natriumchlorid. Bei deren Mangel konnte es vorkommen, dass der Wissenschaftler aus dem käuflichen Speisesalz durch Umkristallisation NaCl gewinnen wollte, was aber bei der generell schlechten Löslichkeit des handelsüblichen Salzes gründlich misslang. Ähnliches, was hier für die Chemikalien und Geräte gesagt wurde, trifft auf die Literaturversorgung zu. Nur dadurch, dass Rapoport Editor verschiedener internationaler biochemischer Zeitschriften war und diese damit dem Institut direkt zur Verfügung standen, war die Situation in der Molekularbiologie und Biochemie der Charité bis in die Achtziger recht gut. Die meisten anderen vorklinischen Institute hatten diese Möglichkeit nicht, so dass sie oft genug nur über Fernleihe aus einer Bibliothek Berlins oder der DDR insgesamt eine Kopie des gewünschten Artikels erhalten konnten. Durch die Staatsbibliothek und die Bibliothek der Akademie der Wissenschaften war die Literaturversorgung in Berlin insgesamt noch erträglich. Neue Zeitschriften, die sich den rasant entwickelten Teilgebieten der vorklinischen Forschung speziell widmeten, waren aber oft in der gesamten DDR nicht zu bekommen.

Struktur in den 1980er Jahren – die Diskrepanz von Anspruch und Realität

1981 umfasste die Charite, wie schon zehn Jahre zuvor und auch zehn Jahre später, 15 vorklinische und klinische Institute, 18 Kliniken bzw. Polikliniken, fünf selbstständige Abteilungen, zwei selbstständige Arbeitsgruppen sowie die Zentralapotheke, die Zentralbibliothek und die Medizinische Fachschule. Insgesamt waren über 5.000 Wissenschaftler, Ärzte, Naturwissenschaftler, Krankenschwestern, Pfleger, Zahntechniker, medizinisch-technische Assistentinnen, Sekretärinnen, Handwerker und Techniker verschiedener Bereiche (etc.) tätig. Die Zahl der Hochschullehrer (Professoren und Dozenten) – 180 –, aber auch die Zahl der Ärzte – 800 – war höher als sie heute für die gleiche Zahl an Patienten und Studierenden für notwendig erachtet wird. Die Charité hatte sowohl in den Grundlagenfächern als auch den Forschungsabteilungen der Kliniken (über die sich der Wissenschaftsrat bei seiner Begutachtung 1991 zustimmend geäußert hatte[25]) sehr viele Naturwissenschaftler, zählte man sie zusammen, waren es fast mehr als in den naturwissenschaftlichen Fakultäten.

Auch wenn für die gesamte Grundlagenmedizin immer wieder das Wort der international wettbewerbsfähigen Wissenschaft gebraucht wurde, konnte das nur in wenigen Einrichtungen tatsächlich geleistet werden. Summa summarum würde man einen guten deutschen Durchschnitt nur dem Institut für Biologische und Physiologische Chemie, den anderen vorklinischen Einrichtungen (trotz einiger bemerkenswerter Einzelleistungen, die auch mit Publikationen belegbar sind) dagegen nur ein unterdurchschnittliches Niveau bescheinigen. Die Schwierigkeiten im Forschungsprozess sind aber weniger vom Anspruch, von der Ideologie, her zu begründen, sondern es gilt auch für die Forschung, was für das Gesundheitssystem insgesamt gesagt worden ist: „Dass die humanitären Ziele des Gesundheitswesens der DDR nicht voll verwirklicht wurden, war grundsätzlich – wenn auch nicht im Ausmaß und im Charakter – auf dieselben Hindernisse zurückzuführen wie in jedem westlichen Wohlfahrtsstaat: unzureichende finanzielle Mittel bei steigenden Kosten, Anforderungen und Erwartungen; die Notwendigkeit, Rationierungssysteme einzuführen und Prioritäten zu setzen; Schwierigkeiten der Personalbeschaffung und Konflikte mit anderen politischen Bereichen wegen der Aufteilung der Mittel."[26]

Damit stellt sich natürlich die Frage, auch an den Zeitzeugen, wie man es denn aushalten konnte, mit Bevormundung, unzureichenden materiellen Ressourcen, mit einer Vielzahl politisch-ideologischer, das Denken beschränkender Veranstaltungen, mit der ‚Stasi', mit der Hoffnung auf eine ‚lichte Zukunft' bei der gleichzeitigen Erfahrung einer tristeren Realität und mit Vergrößerung des technologischen Abstandes zum Westen. Offenbar gilt auch hier: Was im Kleinen geht, geht auch im Großen: Wie viel Familien schleppen sich mit ungelösten Problemen der Paarbeziehung, der Kindererziehung, der Differenz zwischen eigenem Anspruch und tatsächlicher Verwirklichung durch das Leben. Aber wie im Bereich des Familiären geht so ein Mitschleppen von Problemen und ihre Verdrängung nicht dauerhaft.

Für das Wirken des Ministeriums für Staatssicherheit hätte ein jeder DDR-Bürger ein Steinchen für ein mögliches Mosaik beizutragen gewusst, aber nur wenige und fast gar keiner von denen, die in Amt und Würden, z. B. als Professoren, tätig waren, nahm zu DDR-

[25] Wissenschaftsrat, Empfehlungen zur Hochschulmedizin in den neuen Ländern und Berlin, Bonn 1991, S. 58.
[26] Fulbrook, Alltag, 2008, S. 131.

Zeiten ein solches Mosaik in Angriff. Die allgegenwärtige Präsenz war bekannt, aber trotzdem insgesamt wenig offenkundig. Dienstreisende und Leiter (heute als Führungskräfte bezeichnet) mussten regelmäßig und aus vielerlei Anlässen mit Vertretern der Staatssicherheit Kontakt und Auskunft pflegen. Darüber hinaus hatte die Staatssicherheit ein dichtes Netz der Information und Bespitzelung aufgebaut. Alle wichtigeren Gremien waren von Mitarbeitern und Informanten der Stasi unterwandert und alle Universitätsangehörigen mussten stets damit rechnen, dass sie beobachtet und Material über sie gesammelt wurde. Insgesamt erscheint die Dichte des Netzes inoffizieller Mitarbeiter – in jedem der vorklinischen Institute waren etwa ein bis drei entsprechende ‚Informanten' nach der Wende bekannt geworden – einzigartig unter den Diktaturen des 20. Jahrhunderts. 1989 gab es bei einer Einwohnerzahl von etwa 17 Millionen über 91.000 Mitarbeiter an hauptamtlichem Personal und etwa die doppelte Anzahl an inoffiziellen Mitarbeitern.

Zurück zur Frage, wie der Alltag in der Universität sich mit heiterer Gelassenheit ertragen ließ. Um das zu verstehen, zitiere ich ein Gebet, das dem in die USA emigrierten Theologen Reinhold Niebuhr zugeschrieben wird. Diese Sätze sind, wie viele Erkenntnisse, Dynamit in den Händen der einen und Grabesstille und Tod in den Köpfen der anderen:

Gott gebe mir die Gelassenheit,
Dinge hinzunehmen, die ich nicht ändern kann,
den Mut, Dinge zu ändern, die ich ändern kann,
und die Weisheit, das eine vom anderen zu unterscheiden.

Die Gefahren und Chancen dieses Textes stecken in der fehlenden Methode, zwischen den beiden Typen von „Dingen" zu unterscheiden: wer hätte gedacht, dass der waffenstrotzende, militärisch, polizeiamtlich und geheimdienstlich hochgeschützte Staat DDR zu den veränderbaren Dingen gehörte? In allen Instituten war die Grundstimmung in den letzten Jahren von dem Gefühl getragen, dass es so nicht weiter gehen könne. Es ging plötzlich nicht so weiter, wie bisher; womit sich die Mehrheit (98 %) der Vorklinikangehörigen abgefunden hatte. Aber eben nicht nur gedacht, sondern in der Realität: Aber es änderte sich alles.

Studenten, Studium, studentischer Alltag

Die Festlegung der in einem Studienjahr aufzunehmenden Studenten (kein Mensch in der DDR sagte, um dem Gender-Aspekt Rechnung zu tragen, ‚Studierende') und ihre Auswahl aus der auch in der DDR größeren Bewerberschar oblag einer dem Direktor für Erziehung und Ausbildung unterstehenden Kommission der Charité. Dabei spielten sowohl die Abiturnoten und die soziale Herkunft (Bevorzugung der Arbeiter- und Bauernkinder, wobei letztere sich nur sehr selten um ein Medizinstudium bewarben, sowie der Angehörigen der Armee und des Partei- und Regierungsapparates), aber auch Bewerbungsschreiben und -gespräche eine Rolle. Eine gerichtliche Überprüfung der Zahl der Studienplätze bzw. der Aufnahme ins Studium war ausgeschlossen, ein Weg über soziale Netzwerke (Partei/Staat) war in Ausnahmefällen gangbar. Da eine Verwaltungsgerichtsbarkeit in der DDR fehlte, war neben den sozialen Netzwerken als (einziger) weiterer Weg, seine Ansprüche gegen die ‚Behörden' durchzusetzen, das Eingabewesen. Die Bearbeitung dieser Eingaben, z. B. zur Erlangung eines Studienplatzes, erinnert ein wenig an Bittgesuche historischer Zeiten. Die Gewährung einer solchen Bitte gehorchte keinen nachprüfbaren Regeln.

In ständiger Wiederkehr fand die so genannte „Rote Woche" statt. Das war eine Woche, in der auf der kompletten Ideologieebene noch einmal versucht wurde, zum x-ten Mal ML-Weltanschauung zu vermitteln – aus heutiger Sicht eher befremdlich wirkend, aber es war ertragener Standard. Diese „Rote Woche" war jeweils die erste Woche nach den Sommerferien. Zu Beginn des Studienjahres wurden die Studenten eingestimmt, es wurden Themen vorgegeben, die die Sektion Marxismus-Leninismus entworfen hatte, und die Veranstaltungen wurden zum Teil gezwungenermaßen von den Fachwissenschaftlern, auch der Vorklinik, durchgeführt. Im Herbst wurde praktisch das Studium in allen Studienjahren, insbesondere aber das der Vorklinik, für ein bis zwei Wochen unterbrochen. Es ging zur Apfelernte oder Kartoffellese. Das waren Einsätze, z. B. im Falle der Charité in umliegenden Bezirken um Brandenburg, um den Arbeitskräftemangel, der in der DDR immer und überall herrschte, zu kompensieren. Wenn die Äpfel oder Kartoffeln reif wurden, schickte man die Studenten für etwa zwei Wochen zum Ernteeinsatz. Das hatte den Nebeneffekt, dass man die Leute in der Seminargruppe kennen lernte. Dazu kam noch der Studentensommer, d. h. Arbeitseinsätze in den ersten Studienjahren in Produktionsbetrieben, z. B. in der Wäscherei der Charité, später in Krankenhäusern über mehrere Wochen während der Sommerferien. Das Absolvieren von ganzen Pflegejahren vor dem Studium, mit vielen Ausnahmeregeln, diente sicher nicht nur dem Vertrautmachen mit der Welt des Krankenhauses, sondern war auch wieder eine kleine Abhilfe gegenüber dem Arbeitskräftemangel. Ein weiterer, für heutige deutsche Universitäten ungewöhnlicher Abschnitt eines Studiums waren die Lager zur militärischen Qualifizierung der männlichen Studenten für sechs oder zehn Wochen, oft in den während des Herbstes oder Frühjahres leerstehenden Kinderferienlagern. Bei Weigerung stand die Exmatrikulationsdrohung; die Studentinnen wurden in dieser Zeit ebenfalls in strukturierten Veranstaltungen „paramilitärisch" geschult (Sanitätswesen u. ä. m.). Zum vorklinischen Ausbildungsabschnitt gehörten auch wöchentlich zwei Pflichtstunden Sport, inklusive eines jährlichen Abschlusssportfestes. Während der Wegfall der erstgenannten Veranstaltungen nach der Wende freudig begrüßt wurde, ist das Absetzen des Sportes insbesondere aus medizinischer Sicht zu bedauern.

Aus den vorangehenden Passagen wird deutlich, dass neben dem „normalen" Studium, welches internationalen Ansprüchen gerecht wurde, eine Reihe zusätzlicher Veranstaltungen und „Maßnahmen" durchgeführt wurden, die den Grundansprüchen – einerseits ideelles Ziel in der Medizin, gute Ärzte auszubilden, und dem politischen Anspruch, aller auf die Entwicklung des Sozialismus einzuschwören – gerecht werden sollten. Dabei waren im vorklinischen Studienteil eher medizin-fremde Arbeitsleistungen zu erbringen, während im Klinischen Studienteil stärker auf den Arztberuf vorbereitet wurde. Die üblichen materiellen Beschränkungen der DDR dokumentierten sich in der Lehre am deutlichsten durch die unzureichende Versorgung mit (modernen) Lehrbüchern. In einigen Fächern gab es keine didaktisch zeitgemäßen Bücher (Physiologie), da niemand sie geschrieben hatte, oder sie waren aus Papiermangel nicht in ausreichender Zahl oder termingerecht am Anfang des Studienjahres gedruckt worden. Etwas weniger gravierend war, da der Innovationsgrad dieses Faches kleiner war als die der anderen beiden großen, die Situation in der Anatomie. Hier ärgerten sich die Studenten nur über die diversen Nomenklaturen der makroskopischen Anatomie, die bei den älteren Büchern von der geforderten abwich.

Am Ende des Studiums wurden über all die Jahre hinweg regelmäßig Absolventen-, späterhin auch Promotionsfeiern durchgeführt. Nach der Zeugnisübergabe – bei der die besten Studenten ausgezeichnet wurden – wurde das DDR-spezifische Gelöbnis gemeinsam gesprochen:

„In hoher Verpflichtung gegenüber der sozialistischen Gesellschaft und ihren Bürgern, eng verbunden mit der Deutschen Demokratischen Republik, meinem Vaterland, gelobe ich:
All mein Wissen und alle Kraft für das körperliche und geistige Wohlbefinden des Menschen sowie für die Heilung und Verhütung von Krankheiten voll einzusetzen
Stets bereit zu sein, medizinische Hilfe zu leisten, meine ärztlichen Aufgaben gewissenhaft zu erfüllen, mich dem Patienten gegenüber aufmerksam zu verhalten, ihm Sorge angedeihen zu lassen und das Arztgeheimnis zu wahren
Ständig meine medizinischen Kenntnisse und mein ärztliches Können zu vervollkommnen und mit meiner Arbeit zur Entwicklung der medizinischen Wissenschaft und Praxis beizutragen
Alle Vorzüge der sozialistischen Gemeinschaftsarbeit bewusst zu nutzen, im Interesse des Patienten meine Berufskollegen zu Rate zu ziehen und ihnen selbst niemals Rat und Hilfe zu verweigern
Die edlen Traditionen der Medizin meines Landes zu wahren und weiterzuentwickeln und mich in allen meinen Handlungen von der hohen Berufung des Arztes und seiner Verantwortung gegenüber dem Volk und dem sozialistischen Staat leiten zu lassen.
Ich erkläre feierlich, dieses mein Leben lang treu zu erfüllen."

Dieses Gelöbnis stand in einem auffälligen Abstand zu dem weltweit üblichen, auch als eine Konsequenz der Nürnberger Prozesse modernisierten Hippokratischen Eides der Deklaration von Helsinki/Genf.[27] Auffällig ist schon der Selbstbezug auf das kleine Ländchen DDR und mehr noch das Weglassen der ärztlichen Pflichten, die ohne Ansehen der Person geschehen sollen. Nicht dass die Humanität gegenüber jedermann negiert wurde. Schon in der Vorklinik im Rahmen historischer Betrachtungen wurde die Bedeutung dieser Pflichten als ein anzunehmendes ‚Erbe' angesprochen. Es wurde offenbar davon ausgegangen, dass eine Behandlung ohne Ansehen der Person dem Sozialismus/Kommunismus inhärent sei. Als Begründung wurde das ‚Aufheben der Klassenschranken in sozialistischen Gesellschaften' angeführt.

Zusammenfassend und rückblickend lässt sich für die Leistungen einer Universitätsklinik in Lehre, Forschung und Krankenversorgung festhalten: Die Lehre (oder soll man besser sagen ‚das Gelernte im Medizinstudium') entsprach sicher internationalen Anforderungen. Die medizinische Forschung war stärker Opfer der materiellen Situation und erzielte nur noch selten internationale Spitzenleistungen; dies trifft auch für die Grundlagenmedizin der Charité zu. Die medizinische Versorgung an der Charité war quantitativ den üblichen Maßstäben entsprechend, auch die Qualität war guter internationaler Standard, aber aus kapazitären Gründen war nicht jedermann das Notwendige zugänglich.

1989: Der friedliche Sturm – die „Wende"[28]

Der Fall der Mauer 1989 – sozusagen vor der Haustür der Charité – und die nachfolgende Deutsche Wiedervereinigung 1990 brachte für die Charité einen strukturellen Wechsel. Die Spannweite des Geschehens erstreckte sich von der Infragestellung des Fortbestands des traditionsreichen Universitätsklinikums Charité 1991/92 (die Freie Universität hatte zwei Universitätsklinika und eine Vorklinik, die bis zu 1.000 Studierende per anno aufnehmen konnte) bis zu der These, die Charité sei, wie die Humboldt-Universität, die einzige universitäre Einrichtung, die bleiben solle, da sich die Funktion der Freien Universität Berlin – die einer Demokratie angemessene universitäre Form zu demonstrieren – erfüllt habe, so dass

---

[27] „Bei meiner Aufnahme in den ärztlichen Berufsstand gelobe ich feierlich, mein Leben in den Dienst der Menschlichkeit zu stellen. Ich werde meinen Beruf mit Gewissenhaftigkeit und Würde ausüben. Die Erhaltung, und Wiederherstellung der Gesundheit meiner Patienten soll oberstes Gebot meines Handelns sein. Ich werde alle mir anvertrauten Geheimnisse wahren. Ich werde mit allen meinen Kräften die Ehre und die edle Überlieferung des ärztlichen Berufes aufrechterhalten und bei der Ausübung meiner ärztlichen Pflichten keinen Unterschied machen, weder nach Religion, Nationalität, Rasse noch nach Parteizugehörigkeit oder sozialer Stellung. Ich werde jedem Menschenleben von der Empfängnis an Ehrfurcht entgegenbringen und selbst unter Bedrohung meine ärztliche Kunst nicht in Widerspruch zu den Geboten der Menschlichkeit anwenden. Ich werde meinen Lehrern und Kollegen die schuldige Achtung erweisen. Dies alles verspreche ich feierlich auf meine Ehre."

[28] „Wende" – ist ein Begriff aus der LTI (Klemperer, Victor, LTI. Notizbuch eines Philologen, 4. Aufl., Leipzig 1975, S. 69).

jetzt nur noch eine Berliner Universität notwendig sei, also Rücknahme des akademische Auszuges von 1949. Schließlich wagte man in den frühen 1990er Jahren den Neubeginn der Humboldt-Universität und der Charité, mit dem Versuch, den humboldtschen Ideen wieder nahe zu kommen und dabei die Charité den Anforderungen der neuen Zeit anzupassen. Das bedeutete einerseits, überholte alte Strukturen und Denkweisen der DDR abzulegen, und andererseits, da die in (West-)Deutschland gültigen Gesetze und Formen der Forschungsförderung praktisch unverändert gültig wurden, begann gleichzeitig die Auseinandersetzung mit den wenig überzeugenden Lehrstrukturen der bundesdeutschen Medizin.

Eine der wesentlichen Frage, die die Gemüter bis heute beschäftigt, ist, wieso dieser Übergang nach dem Kalten Krieg, dem Fall des „eisernen Vorhangs", nach dem Ende des Ostblocks und dem Zusammenbruch eines Weltsystems sowohl im Großen (auf Staatsebene) als auch im Kleinen (in den Arbeitsgruppen der Forschungs- und Lehrinstitutionen) so vergleichsweise friedfertig vonstatten ging. Betrachtet man die verschiedenen Führungs- und Machtstrukturen der DDR, der Universität, der Charité und auch die Institute der Grundlagenmedizin, dann schienen diese für die Ewigkeit gemacht zu sein. Sowohl die offiziellen als auch die mehr informellen Machtstrukturen fielen ab dem Jahreswechsel 1989/90 recht schnell in sich zusammen und machten im ersten Jahr nach der „Wende" eine zeitlang zwar ungesetzlicher (die Gesetze wurden selbst gemacht), aber nichtsdestoweniger basisdemokratischer Elemente Platz. Nach nicht einmal elf Monaten nach der Wiedervereinigung Deutschlands kamen die institutionalisierten demokratischen Gremien, aber auch die Evaluationen an die Charité, wobei vor allem der Wissenschaftsrat mit seinen Begutachtungen den Geist der humboldtschen akademischen Selbstverwaltung hereinwehen ließ.

Die „Wende", der größte Umschwung in der Universitätsgeschichte nach 1950, die „unglaubliche" Öffnung der Grenze – insbesondere eben auch nach West-Berlin – berührte die Charité und ihre Einrichtungen unmittelbar. Als grenznahe Einrichtung und dicht am Brandenburger Tor gelegen, hatten die Mitarbeiter/-innen der Spätschicht am Donnerstag, den 09. 11. 1989, durchaus Schwierigkeiten nach Hause zu kommen oder aber gar keine Lust nach Hause zu gehen, sondern es ging gleich in der ersten Nacht auf die „Terra incognita" Berlin-West, bis zum Dienstbeginn des nächsten Tages. Die gefühlte Grundstimmung war, dass diese Öffnung nicht von langer Dauer sein wird, sondern dass die Tore bald wieder dicht gemacht würden. Nichts dergleichen geschah. Es dauerte nur wenige Wochen, dass die ersten Mitarbeiter/-innen – eher nicht die Wissenschaftler/-innen, eher nicht die Professoren/-innen, sondern die Pflegekräfte, und dabei die hoch spezialisierten (z. B. aus dem OP-Bereich) – kündigten und eine Arbeit in einem Krankenhaus jenseits der Sektorengrenze annahmen.

Von Dezember 1989 an überschlugen sich die Ereignisse. Klassische Fakultäts- und Krankenhausstrukturen überlagerten sich mit basisdemokratischen Bestrebungen, die alle vier Wochen stattfindenden Fakultätsratsitzungen begannen um 16.00 Uhr und dauerten fast bis Mitternacht – dieser Zustand sollte dann fast drei Jahre andauern. Neben dem Fakultätsrat entstand das Charité-Parlament[29] (ohne gesetzliches Mandat) sowie Institutsräte in den Instituten an Stelle der bisherigen Leitungen. Sehr schnell verschwanden aus dem Curriculum marxistisch-leninistische Studienanteile und wurden, meist ehrlich gemeint – der Bildung wegen – durch ein Studium generale ersetzt und es dauerte nicht einmal ein Studienjahr, bis im Oktober die Deutsche Einheit hergestellt war und Berlin zum Modellfall – zum Schmelztiegel – der neuen universitären Ordnung wurde. Dabei muss man sich vergegenwärtigen, dass Berlin mit Universitäten und Universitätsklinika nicht schlecht versorgt war. Das Jahr 1990 begann mit einer Reihe von wechselseitigen Besuchen an den Standorten, wo man vor Überraschungen nicht gefeit war. Die Beteiligten hatte kein Gefühl, kein Gespür dafür, wie es weitergehen würde. Es war nur eine Freude, dass man dabei sein konnte, die gepaart war – insbesondere auf der östlichen Seite – mit der Angst vor der Zukunft. Im Laufe des Frühjahrs, nach den Volkskammerwahlen in der DDR, deutete sich recht schnell an, dass ein gemeinsamer deutscher Staat mit gemeinsamen Wirtschaftsverhältnissen, auch gemeinsamen Universitätsverhältnissen, entstehen würde.

Dabei lief der Studienbetrieb ohne Abstriche weiter. Es grenzt ans Wundersame, dass die Universitätsmedizin der Neuen Bundesländer ohne Unterbrechungen und Gefährdungen sowohl die Lehre und Krankenversorgung weitergeführt als auch die Forschung aufgebaut hat. Dabei haben spezielle Programme der Bundesministerien insbesondere beim Aufbau der Forschung wichtige Unterstützung geleistet. Bei aller Würdigung der Ergebnisse soll aber auch nicht übersehen werden, welche Schmerzen verursacht worden sind. Festzustellen, ob diese Schmerzen sich allein dadurch ergaben, dass viele einen für die ‚Ewigkeit gemachten Rhythmus' aufgeben und sich selbst entscheiden mussten, oder durch Fehler, die bei der Gestaltung des Überganges verursacht wurden, ist im Einzelfall schwierig. Neben einer Unzahl von Beratungen, Meetings, eher auf der Ebene der ganzen Charité als in Instituten, ging der Alltag in den Instituten der Vorklinik mit Lehre und Forschung weiter.

[29] „In der Charité bildete sich im Winter 1990 ohne gesetzliche Grundlage ein Charité-Parlament, das nach einem Gruppenproporz mit 48 Hochschullehrern, 16 wissenschaftlichen Mitarbeitern, 16 Studierenden und 16 Repräsentanten des nichtwissenschaftlichen Personals besetzt war. Es wurde von etwa 5.000 Personen gewählt. Auch Parteigenossen konnten gewählt werden und wurden gewählt. Die Mehrheit von zwei Dritteln der Mitglieder gehörte jedoch einer reformwilligen Gruppe an, die sich ‚Vivat Charité'" nannte. Das Charité-Parlament hat in der Folgezeit alle wichtigen Entscheidungen getroffen. Sein Ziel war eine Erneuerung der Charité in personeller und struktureller Hinsicht, namentlich die Beseitigung der bisherigen ausgeprägt hierarchischen und an den Spitzen maßgeblich von der SED und vom Ministerium für Staatssicherheit gesteuerten Leitungsstruktur. Im Mai 1990 wählte das Parlament Professor Dr. *Harald Mau* zum Dekan, der dieses Amt dann fünf Jahre lang innehatte." (Raiser, Thomas, Schicksalsjahre einer Universität. Die strukturelle und personelle Neuordnung der Humboldt-Universität zu Berlin 1989–1994, Berlin 1998, S. 32, Hervorh. dort.)

Vorteilhaft war, dass viele Firmen schon vor der Währungs- und Sozialunion (Juli 1990) DDR-Mark im Tauschverhältnis 1 : 1 oder 1 : 2 beim Kauf von Chemikalien und Geräten annahmen und somit die materielle Basis der Forschung schlagartig besserten – Geld war genug vorhanden.

Auch innerhalb der Charité gab es ein hohes Maß an Differenzierung. Normal, modern, in manchen Bereichen international vergleichbar materiell ausgestatteten Instituten und Kliniken standen andere gegenüber, die normalen DDR-Standard, wie viele andere hochschulmedizinische Einrichtungen in der DDR, verkörperten. Die Personalausstattung war, verglichen sowohl mit den Forschungsleistungen – da wurde Unproduktivität sichtbar –, aber auch in Bezug auf die Zahl der Studierenden – hier wurde ein besseres Betreuungsverhältnis deutlich –, erkennbar zu hoch. So war die Zahl der Mitarbeiter des vorklinischen Faches Biochemie mit knapp 40 fast doppelt so hoch, wie es nach dem in Deutschland gültigen Kapazitätsrecht notwendig war.

Die „Wende": Chance oder vertane Chance?

Im Rückblick werden die Probleme des Übergangs vor allem an den Verfahren der Personalevaluation und -übernahme festgemacht.[30] Auch hier spielte die Charité eine besondere Rolle. „In der Charité scheinen von 100 Professoren nur vier negativ beurteilt worden zu sein. An der Charité standen Ende 1994 34 Berufungen aus den alten Bundesländern 49 aus den neuen gegenüber. Die aus den neuen Bundesländern Berufenen stammten fast alle aus der Charité selbst. Aber nur 13 von ihnen erreichten eine C4-Professur, während aus den alten Bundesländern 23 Bewerber auf eine C4-Professur berufen wurden. 36 Bewerbern aus den neuen, aber nur elf Bewerbern aus den alten Bundesländern wurde eine C3-Professur zuerkannt. Den Anteil der Berufenen im Vergleich mit der Gesamtzahl der 1989 vor der „Wende" an der Humboldt-Universität tätigen Hochschullehrer haben wir aufgrund unserer eigenen Ermittlung mit 60 von 341, das heißt 18 %, geschätzt."[31] Statistisch stellt sich die Situation wie folgt dar (vgl. Tab. 1):

30 Vgl. dazu insgesamt Vollrath, Sven, Zwischen Selbstbestimmung und Intervention – Der Umbau der Humboldt-Universität, Berlin 2008.

31 Raiser, Schicksalsjahre, 1998, S. 59ff.

Tabelle 1 Personalfluktuation an der Charité (Mitte) 1991/92*

Stichtag	Wissenschaftler	Sonst. Personal	Gesamt
31. 12. 1990	**1.434**	**4.202**	**5.636**
1991 Zugänge	181	789(4)	970(4)
1991 Abgänge	302(4)	970	1.272(4)
31. 12. 1991	**1.309**	**4.025**	**5.334**
1992 Zugänge	126	325	451
1992 Abgänge	217	611	828
31. 12. 1992	**1.218**	**3.739**	**4.957**

() innerbetriebliche Ab- und Zugänge
* Daten nach Raiser, Schicksalsjahre, 1998, S. 63

Konflikte blieben dabei nicht aus, und sie betrafen auch Personen, denen bei aller Anerkennung der DDR, die sie praktiziert hatten, gleichzeitig doch wissenschaftliches Ethos und Produktivität in der Forschung bescheinigt wurde – z. B. Samuel Rapoport. 1993 wurde in einer Sitzung der Struktur- und Berufungskommission der Vorklinik gefordert, dass dem Biochemiker Rapoport sofort der Dienstraum zu entziehen sei, um einen negativen Einfluss auf das Institut für Biochemie zu verhindern. 60 Jahre nach materialisiertem Judenhass nun dies, erinnert sich der Zeitzeuge – und Autor dieser Zeilen – und nur, weil Rapoport für sich Schlussfolgerungen aus seinen persönlichen Erfahrungen und der deutschen Geschichte gezogen hatte. Aber, sich irrend, dachte, dass im Osten Deutschlands eine neue Chance seinen Idealen Realität geben könne. Hat sich Rapoport aber mit der Idee eines lebensfähigen kommunistischen und gleichermaßen antifaschistischen Staatsgebildes auch wissenschaftlich diskreditiert? Oder hatte die neue Zeit genug Größe, Verdienste anzuerkennen, Fehler zwar zu konstatieren, aber ohne späte „Rache" zu üben? Sie hatte, erst im Ausland, später auch in Deutschland. Auch an der Charité. Als Belege können die Nachrufe in den Internationalen wissenschaftlichen Zeitschriften, aber auch das Symposium zu seinem 90. Geburtstag 2002 gelten.

Die Zeit seit 1990

Die Charité Mitte mit ihren vorklinischen Instituten – und bald muss man zur Klarstellung und die spätere Geschichte vorwegnehmend – die gesamte fusionsbedingte Riesen-Charité hatte nach 1989 einen respektablen Start in Lehre und Forschung und sich schnell den neuen Bedingungen gewachsen gezeigt. Mehrere Faktoren haben dies begünstigt: Sie hatte Größe nach Personen, Studienplätzen, Instituten, Kliniken; sie hatte schon in der „Vor-Wende-Zeit" Wissenschaftsmanager einer neuen Zeit eingesetzt; die politischen Rahmenbedingungen wurden durch die Senatoren für Wissenschaft auf Leistungsorientierung getrimmt (insbesondere durch Senator Erhardt); neue, sehr agile Wissenschaftler, die ersten neu berufenen Professoren an der Charité (z. B. Karl Einhäupl oder Gert Baumann) haben die Aufbruchsstimmung auch zu ihrer Grundhaltung gemacht. Als ein Glückszustand stellte sich schließlich die Abschätzung des Landeszuschusses der Charité-Mitte durch die Beamten der Senatsverwaltung heraus, der in vergleichbarer Höhe zu dem der medizinischen Einrichtung liegt.

Dann kam Dynamik in die Forschung. In der „Vor-Wende-Zeit" besaßen Mitarbeiter in Kooperation mit Kollegen aus der BRD nach Wissen des Autors zwei DFG-Projekte. Vier Jahre nach der „Wende" gab es, 1993, an der Charité – damals allein den Campus Mitte umfassend – 300 Drittmittelprojekte, davon 40 durch die DFG gefördert. Insgesamt wurden 1993 18 Mio. Drittmittel eingeworben. 1996 weisen die Medizinische Fakultät Campus Mitte und das Rudolf-Virchow-Klinikum eine Gesamtsumme von 53,8 Mio. DM auf und für 2000 eine Steigerung auf 88 Mio. DM, 2005 überstieg die Drittmittelsumme der vereinigten Standorte der Charité die 100-Mio.-Euro-Marke. Die Berufungen in der Vorklinik, die federführend von der Struktur- und Berufungskommission 1 durchgeführt wurden, erfolgten über drei Jahre. An allen großen Instituten, nachdem die Neuberufenen von auswärts sich eingelebt und die „Alt-Charitéler" Tritt gefasst hatten, wurden siebenstellige Drittmittelsummen eingeworben.

In der Anatomie wurde auf eine C4-Position als einziger ‚alter' Vorkliniksvertreter der Charité der hervorragende Hochschullehrer Prof. Johannes Staudt berufen, was sicher auch ein Teil Wiedergutmachung für die Behinderung seiner Arbeit in der DDR-Zeit war. Er verkörperte den hoch gebildeten Hochschullehrer, der seinen Beruf und damit die Studierenden sehr mochte. Im Übrigen wurden vier Professuren in der Anatomie mit Kollegen aus den alten Bundesländern besetzt. In den Folgejahren kam es, insbesondere in der Neuroanatomie (Prof. Robert Nitsch), zu einer rasanten Entwicklung der Forschung. In der Biochemie wurde eine C4-Position durch einen Heidelberger Kollegen (Prof. Peter-Michael Kloetzel) eingenommen, ein zweites Berufungsverfahren auf eine weitere C4-Position wurde später abgebrochen. Alle weiteren vier C3-Positionen wurden durch Kollegen, die bisher schon am Institut auf der Ebene von Privatdozenten beschäftigt waren, besetzt. Diese waren durchweg „Enkelschüler" von Rapoport und standen bis dahin in der zweiten Reihe des Institutes. Die bisherigen Professoren des Instituts für Biochemie wurden, bis auf einen (Jürgen Schulz), nur befristet weitergeführt, ein weiterer Wissenschaftler (Wolfgang Dubiel) der Biochemie wurde auf eine Professur ‚Experimentelle' Chirurgie an der Charité berufen. Im Institut für Physiologie schaffte keiner von den bisherigen Mitarbeitern den Sprung auf eine Professur. Alle ausgeschriebenen Stellen wurden von Wissenschaftlern der alten Bundesländer eingenommen. Dies gilt ebenso für die Biophysik und Medizinische Physik. Haushaltsbedingt wurde dann eine personelle Reduktion um etwa ein Drittel der Stellen notwendig, war aber ohne betriebsbedingte Kündigungen machbar. Durch frühe Einbeziehung scientometrischer Daten der Wissenschaft, hierbei insbesondere Publikationen und die Einwerbung von Drittmitteln, die nach 1990 zugänglich wurden, konnten die Verfahren der Evaluation der Wissenschaftler/-innen der Vorklinik hinreichend transparent und nachvollziehbar gestaltet werden. Professoren, die in der Hierarchie oben standen und auf diese Weise bessere Möglichkeiten zur Forschung in der DDR gehabt hatten, mussten sich strengere Maßstäbe gefallen lassen als Mitarbeiter, die mit eigenen Ideen Forschung im engen materiellen Rahmen entwickeln mussten. Die im Wissenschaftler-Integrationsprogramm (WIP) vorgesehene Integration von Wissenschaftlern der Akademie der Wissenschaften, insbesondere aus den Instituten in Berlin-Buch, gestaltete sich unter den finanziellen Rahmenbedingungen dagegen schwierig, auch aufgrund der in vielen Teilen der Universität zu bemerkenden Abneigung gegenüber den Kolleginnen und Kollegen der Akademieeinrichtungen. Diese Abneigung spürt man allenthalben auch in der Bundesrepublik im Verhältnis zwischen Max-Planck- und universitären Einrichtungen. Nur ein kleiner Teil der vorgeschlagenen Wissenschaftler konnte in die Medizinische Fakultät bzw. die Vorklinik integriert werden. Nach Auslaufen der Übergangsfinanzierung verblieben insgesamt nur zwei im Bereich der medizinischen Grundlagenwissenschaften.

Die räumliche Unterbringung der Grundlagenfächer hatte sich nach der „Wende" grundlegend geändert. Die Biophysik, die in den alten Räumen hinter dem Naturkundemuseum bzw. den Agrarwissenschaften untergebracht war, wurde in die Ziegelstraße ausgesiedelt (ehemalige Bier'sche Klinik). Die Physiologie (Johannes-Müller-Institut) wurde mit den neu berufenen Kollegen ebenfalls an die Ziegelstraße/Tucholskystraße (ehemalige Frauenklinik) verlegt. Die Biochemie zog 1995 aus ihren angestammten Räumen in der Hessischen Straße, inklusive des Praktikums (es verblieb nur die Lehre mit dem Hörsaal, den Seminarräumen und eine kleine Teilarbeitsgruppe im Gebäude), in die renovierten Räume der ehemaligen Physiotherapie an der Monbijoustraße, die vorher durch Max-Planck-Institute über einige Jahre genutzt wurden. Die infektionsbiologischen Max-Planck-Institute zogen gemeinsam mit dem Deutschen Rheumaforschungsinstitut in das neu errichtete Gebäude neben der Pathologie im Hauptcampus Charité Mitte um. Als einzige ist die Anatomie in den angestammten Räumen in der Philippstraße geblieben, die aber ebenfalls grundlegend unter Einschluss der Lehrflächen saniert worden sind. Teile der Biochemie (Strukturbiologie) wurden im Ida-Simon-Haus im Komplex Monbijoustraße/Tucholskystraße (ehemalige Universitäts-Frauenklinik), einem bio-technologischen Forschungszentrum der Immunologie, das in den letzten Jahren der DDR renoviert wurde, untergebracht. Somit waren alle vorklinischen Institute an neuen Orten in vollständig (Anatomie, Biochemie, Biophysik) oder partiell sanierten (Physiologie) Gebäuden untergekommen. Alle vorklinischen Einrichtungen nahmen eine rasante Entwicklung in Lehre und Forschung und konnten sich schon Ende der 90er Jahre des 20. Jahrhunderts in der Spitzengruppe entsprechender Institutionen behaupten. Diverse Großförderungen in Form von Graduiertenkollegs oder Sonderforschungsbereichen prägten ihr forscherisches Erscheinungsbild und mit dem Berliner Reformstudiengang, in dem die Vorklinik bei der Installierung tatkräftig mitwirkte, wurden auch in der Lehre Zeichen gesetzt.

Die Hochschullandschaft Medizin wies am Anfang der 90er Jahre folgende Standorte (von Nord nach Süd geordnet) auf:

- Berlin Buch, ein Forschungsstandort par exzellence: klinische Strukturen zusammen mit umfangreichen Grundlagenforschungseinrichtungen,
- das Weddinger Rudolf-Virchow-Klinikum, von seinem Namensgeber in seiner alten Struktur mit entworfen, heute eine moderner Campus, beginnend vor der „Wende", abgeschlossen in der Mitte der 90er Jahre,
- Charité alter Standort Mitte,
- Steglitz, benannt nach Benjamin Franklin, um die Verbindung mit den Förderern aus den USA deutlich zu machen,
- Vorklinik der Freien Universität in Dahlem.

Tabelle 2 Medizinische Fakultät (Charité): Wissenschaftliche Einrichtungen*

Klinische Fächer und Radiologie
– Anästhesiologie und Operative Intensivmedizin – Augenheilkunde – Chirurgisch orientierte Fächer – Dermatologie – Frauenheilkunde – Otto-Huebinger-Centrum für Kinder- und Jugendmedizin – Psychiatrie und Psychotherapie des Kindes- und Jugendalters – Innere Medizin und Allgemeinmedizin – Neurologie und Psychiatrie – Physikalische und Rehabilitative Medizin – Strahlenheilkunde und Radiologie
Theoretische und Klinisch-Diagnostische Fächer
– Endokrinologie – Genetik – Immunologie – Laboratoriumsmedizin – Mikrobiologie – Pathologie und Neuropathologie – Pharmakologie und Toxikologie – Biophysik – Rechtsmedizin – Transfusionsmedizin – Virologie
Vorklinische Fächer
– Anatomie – Biochemie – Physiologie
Zahnmedizin

Tabelle 2 Fortsetzung
Sonstige Einrichtungen
– Forschungszentren
Neurowissenschaftliches Forschungszentrum (NWFZ)
Biomedizinisches Forschungszentrum (BMFZ)
Koordinierungszentrum für Klinische Studien (KKS)
Herz-Kreislaufwissenschaftliches Forschungszentrum
Endokrinologisches Forschungs-Centrum „EnForCé“
Interdisziplinäres Institut für Biophysik und Bioinformatik (IBB)
– Berliner Medizinhistorisches Museum an der Charité
– Frauenspezifische Gesundheitsforschung
– Zentrum für Human- und Gesundheitswissenschaften (u. a. Sozialmedizin, Medizingeschichte, Pflegepädagogik)
– über gemeinsame Berufungen assoziierte Einrichtungen, u. a.:
Deutsches Herzzentrum (DHZB)
Institut für Tropenmedizin
Deutsches Rheumaforschungszentrum (DRFZ)
Max-Delbrück-Centrum für Molekulare Medizin (MDC)
Max-Planck-Institut für Infektionsbiologie (MPI)
Forschungsinstitut für Molekulare Pharmakologie (FMP)

* Standorte Berlin Mitte, Virchow-Klinikum, Berlin-Buch (Stand 2002)

Reformstudiengang Medizin

Mitte der 90er Jahre wurde die Zusammenführung der Standorte Mitte (Charité) und Wedding Wirklichkeit. Damit kam das Konzept des Berliner Reformstudiengangs Medizin an die Medizinische Fakultät der Humboldt-Universität. Dieses Konzept war ein Kind der Studentenstreiks 1988/89 an der FU[32] und harrte fast zehn Jahre lang seiner Umsetzung, am stärksten durch das Fehlen einer Erprobungsklausel in der Ärztlichen Approbationsordnung bedingt.

Das Konzept griff internationale Entwicklungen der letzten 30 Jahre auf, die insbesondere in den Niederlanden und in Nordamerika das selbst bestimmte, problemorientierte

[32] „Während dieses Studierendenstreiks gründete sich in der Medizinischen Fakultät die Inhalts-AG, die aus bis zu 400 Studierenden bestand, die die veranstaltungsfreie Zeit nutzten, Anfang 1989 das ‚Berliner Modell‘ eines reformierten Reformcurriculums zu entwerfen. Vom Berliner Senat wurde nach den Studentenunruhen ein Projekttutorienprogramm zur nachhaltigen Verbesserung der Lehre ausgelobt. Im Rahmen dieses Projekttutorium ‚Realisierung des Berliner Modells’ in welchen Stück für Stück der Berliner Reformstudiengang geplant wurde. (…) Seit 1999 läuft der Reformstudiengang an der Charité.“ (Schnabel, Kai/Müller, Thomas, Vom „Berliner Modell“ zum Reformstudiengang Medizin an der Charité. Aspekte der Umsetzung, in: Jahrbuch für Kritische Medizin: Qualifizierung und Professionalisierung, Hamburg 2002, S. 24–42, hier: S. 26).

Lernen in den Mittelpunkt des Medizinstudiums stellten. Im Studium wurde die inhaltlich immer schon artifizielle Trennung zwischen Vorklinik und Klinik aufgehoben. Diese neue Form des Medizinstudiums war zwar bei Diskussionen der Planer für einen Reformstudiengang mit den vorklinischen Einrichtungen der Freien Universität in Dahlem Anfang der 90er Jahre kritisch hinterfragt worden, auch die Vorklinik der Charité war skeptisch. Eine Reihe von Hochschullehrern aus allen Instituten (Anatomie, Biophysik, Biochemie, Physiologie) war aber bereit, sich dem Konzept experimentell zu nähern und den Versuch zu wagen. Nach zehnjähriger Laufzeit lässt sich – auch bei wissenschaftlicher Betrachtung und angesichts überaus positiver externer Evaluation – sagen, dass dieser Versuch erfolgreich war und ist: Die Absolventen sind mindestens so gut ausgebildet wie ihre Kolleginnen des Regelstudienganges, sie studieren zufriedener und sind nach dem Studium in den Krankenhäusern beliebt. Resümierend lässt sich sagen, dass die Charité eher zufällig und nicht frei gewählt zu einem innovativen Studiengang Medizin gekommen ist, ihn jetzt aber auch stützt und bewahrt.

Versuch eines Fazits

Eine Republik zu bauen aus den Materialien einer niedergerissenen Monarchie,
ist freilich ein schweres Problem.
Es geht nicht, ohne bis erst jeder Stein anders gehauen ist,
und dazu gehört Zeit.
Georg Christoph Lichtenberg

Bedenkt man diesen Satz Lichtenbergs, dann drängt sich die Frage auf, ob die 40 Jahre DDR mit ihren verstaatlichten Universitäten und ihrem verstaatlichten Denken eine verlorene oder eine notwendige Zeit der Verzögerung für eine spätere Entwicklung waren? War es ein notwendiger oder unnötiger Beweis, dass die Universitäten, deren Vision am Anfang des 19. Jahrhunderts geboren, unverändert ihren höchsten Wert aus der Verpflichtung zur unveräußerlichen Freiheit bis zum Scheitern beziehen? Was sagt die Geschichte?

Versucht man sich an einem Gesamteindruck der Charité und ihrer Grundlagenwissenschaften zur Zeit der DDR, so ist vor allem die kontinuierlich beibehaltene Einordnung unter die staatlich verordnete Ideologie des Marxismus-Leninismus und die Unterordnung unter die Staats- und Parteigewalt zu betonen. Im sozialistischen Staat waren die Freiheit von Kunst und Wissenschaft, Forschung und Lehre, wie sie Artikel 5 des Grundgesetzes garantiert, nur im Kleinen zu haben. Und die materielle Basis war sehr schmal. Versucht man jedoch sich an einem Gesamtbild der Charité und ihrer Grundlagenwissenschaften in der Zeit nach der DDR, so ist vor allem ihr Aufatmen unter den neuen Bedingungen zu betonen. Die Zeit der eigenen Wege war schnell zu Ende, die Verhältnisse des gewachsenen

Deutschlands, wie die Freiheit von Kunst und Wissenschaft, Forschung und Lehre, waren hochwillkommen, aber die verrechtlichte Situation und die Gängelungen der neuen Zeit wurden trauernd zur Kenntnis genommen. Da ein Drittel der Arbeitsplätze verloren gingen, in manchen Bereichen mehr (Gesellschaftswissenschaften 90 %), gelegentlich weniger (Klinische Medizin vielleicht 10 %), war ein Gefühl der Zweitklassigkeit unter den Wissenschaftlern weit verbreitet. War „die Intelligenz – das Opferlamm der Revolutionen?", ist „ihre abgebrannte Zündschnur – zu Asche zerfallen?" Jens Reich hält zu Recht bei dieser Frage fest: „Die anklagende Beschreibung vom Unrecht an den Helden der Revolution verdrängt, daß die gleiche Schicht Gehilfe und Komplize des alten Systems war und dafür jetzt die Quittung erhält."[33]

Dem äußeren Betrachter musste bei der Humboldt-Universität einschließlich der Charité die eigentümliche „Mischung von philanthropisch verbrämter, zugleich aber totalitär verfochtener Ideologie und zynischer Machtsicherung in nahezu jedem Detail" auffallen.[34] Für die Universität, die den Auftrag hatte, wissenschaftlich hoch qualifizierte und sozialistische Persönlichkeiten zu bilden und zu erziehen, galten die Grundsätze der Einheit von Theorie und Praxis sowie der Einheit von Lehre und Forschung, wie es das Bildungsgesetz von 1965 formulierte. Auch wenn man sich wünschte, neben der Lehre nicht „Erziehung", sondern „Bildung" gehabt zu haben, als Rahmenbedingung für eine universitäre Ausbildung, sind diese Thesen die schlechtesten nicht. Der große Widerspruch aber bestand im Bildungsziel und der fehlenden Freiheit in der Lehre, in der Forschung (und in der Kunst). Diese Zuckergussstruktur über einem System, das sich von der internationalen Entwicklung trotz anders lautender Bekenntnisse abgegrenzt hatte, verhinderte sowohl eine realistische Einschätzung von Innen, als auch von Außen. Damit erlitt der Universitätsbereich dasselbe Schicksal wie die DDR und der gesamt Ostblock.

Wenn die Medizin der Humboldt-Universität insgesamt (Charité) eine Sonderrolle spielen konnte, ist das wohl am ehesten darauf zurückzuführen, dass ein Anspruch auf Gesundheitsversorgung auf internationalem Niveau zu DDR-Zeiten formuliert worden war, wobei nicht außer Acht gelassen werden darf, dass diese Spitzenversorgung auch den oberen Zehntausend zu Gute kommen sollte. „Bezeichnend für die Gesundheitsversorgung der DDR-Bürger war eine merkwürdige Verbindung zwischen einem wirtschaftlichen Zwängen ausgesetzten Mitgefühl einerseits und einer gefühllosen Gleichgültigkeit gegenüber manchen menschlichen Auswirkungen der Wirtschaftspolitik andererseits."[35] Stark beeinflusst von Traditionen, vermischt mit neuen Ansprüchen eines sozialistischen Konzeptes, kam es in der DDR an den Universitäten und auch den Medizinischen Fakultäten zu seltsamen Mesalliancen. Aus pragmatischen Gründen, die sowohl mit wirtschaftlicher Produktivität

[33] Reich, Jens, Abschied von den Lebenslügen. Die Intelligenz und die Macht, Reinbek 1992, S. 8.
[34] Raiser, Schicksalsjahre, 1998, S. 27.
[35] Fulbrook, Alltag, 2008, S. 108.

und internationalem Prestige als auch mit humanem Mitgefühl zu tun hatten, bestand der Wunsch, ein hervorragendes Gesundheitssystem zu schaffen und auch die Ausbildung der Ärzte auf einem hohen Niveau zu garantieren. Die Verwirklichung dieser Ansprüche wurde durch schwere wirtschaftliche Zwänge, die anfangs noch durch die Situation nach einem Weltkrieg, später durch die unzureichende wirtschaftliche Entwicklung bedingt waren, belastet. Umfangreiche finanzielle Mittel wurden denjenigen gewidmet (Führungsschichten, junge Generation, Frauen), die Machtpositionen innehatten und deren wirtschaftliche oder ökonomische Bedeutung für die Zukunft und für die Wirtschaft von entscheidender Bedeutung war. Andere Gruppen – die geistig und körperlich Behinderten und die Alten – befanden sich in einer weit schlechteren Situation, wenn es um die Zuweisung knapper Mittel ging. Mit Ausnahme der Berliner Charité (aber eben ohne Zentrum für experimentelle Medizin) und einiger weniger großer neuer Bezirkskrankenhäuser waren die Krankenhausgebäude in dem DDR-üblichen schlechten Zustand.

Die Ostdeutschen, die DDR-Bürger, waren in ein System verwickelt, an dem sie sich beteiligen mussten. Es war eine importierte Diktatur mit einem antifaschistischen Ausgangspunkt. Ein solcher Ausgangspunkt liefert kein Wirtschaftskonzept und keine Vision, die in die Zukunft trägt, er ist eine notwendige Verneinung: Antifaschismus ist eine Voraussetzung für das Überleben einer menschlichen Gesellschaft, ein wirtschaftliches Konzept ist etwas anderes. Eine Begrenzung bekannter Gefahren eines kapitalistischen Systems durch extrem enge Grenzen der Freiheit (100 % Planung) erreichen zu wollen, hat die Teilnahme am internationalen Fortschritt in den medizinischen Grundlagenwissenschaften stark behindert, ja fast verhindert. Der sehr zentralisierte Staat mit seinen engen Machtzentren und seinem beengenden, einschnürenden Denken bildete sich auch in den Strukturen der Charité ab. Der Einzelne wähnte sich als Teil eines staatlichen Gebildes, in dem er sich schlimmstenfalls harmlos, bestenfalls sogar hilfreich und auf das Allgemeinwohl ausgerichtet fühlte. Dies wurde auch dadurch bestärkt, dass die Ärztinnen und Ärzte, die die Charité ausbildete, sehr wohl in der Lage waren, ihren Beruf erfolgreich auszuüben, und man die Weltwissenschaft, wenn nicht entscheidend voranzubringen vermochte, so doch wenigsten verstand.

Menschliche Gesellschaften neigen andererseits dazu, ihre Verfassung durch Mythen zu begründen. Deshalb ist es legitim zu fragen, ob sich der durch den hier vorgelegten Text durchziehende Mythos von den „Konsequenzen aus der deutschen Geschichte 1933–1945“ und das Votum für „Antifaschismus“ nicht als etwas Oberflächliches, Plakatives darstellt, allein zum Markieren eines Neuanfangs geeignet, aber selbst ohne wirkliche Konsequenzen, eher eine der Lebenslügen der DDR. Diese Frage stellt sich auch im Kleinen, für die Grundlagenmedizin der Charité. Betrachtet man die genutzten Gestaltungsmöglichkeiten in Lehre und Forschung in den 50er Jahren, so bleibt – trotz „Kalten Krieges“ – ein Gestaltungspotential zu konstatieren, das belegt, dass die Floskeln von „Antifaschismus“ und „neue Gesellschaftsform“ anfangs mehr waren als nur Oberfläche und ritualisierte Ansprache. Je länger die Zeit andauerte, umso weniger (vor)gegebene Strukturen und Entwicklungen hinterfragt wurden bzw. hinterfragt werden durften, umso mehr gingen Entwicklungschancen und wahre Haltung verloren. Dies dokumentiert sich schon darin, dass alle weiteren Entwicklungen innerhalb der Grundlagenmedizin der Charité im Wesentlichen nur Variationen zum Thema, aber keine echten Durchbrüche waren. Insgesamt ergab sich damit das Gefühl einer „eingefrorenen" Gesellschaft, in der alle Schichten die Feststellung weitgehend teilten, dass es so nicht weitergehen könne, doch Lösungen niemandem so recht einfallen wollten.

Nach der „Wende" wurde die Innovationsfreudigkeit der Charité und der Humboldt-Universität zwar stimuliert, durch die drohende Arbeitslosigkeit bei umfassendem Umbau der Strukturen aber zugleich enttäuscht. Dazu kam noch, dass Obrigkeitsgläubigkeit, Skepsis gegenüber demokratischen Gremien, Unkenntnis, wie Lobby-Arbeit funktioniert, und fehlende Einbindung in neue Netzwerke effizientes Handeln stark eingeschränkt haben. Während man in normalen Zeiten damit rechnen muss, dass für die Vorklinik maximal ein oder zwei Hochschullehrer im Jahr zu berufen sind, waren jetzt innerhalb von zwei Jahren 20 Professoren in der Charité, insgesamt über 100 Professoren, zu evaluieren bzw. neu zu besetzen. Dazu kam die Bewertung der wissenschaftlichen Mitarbeiter, in der Vorklinik über 100. Bald traf man auf „große und kleine Lichter, Idealisten, Opportunisten, Dogmatiker, Ketzer, Täter, Opfer, Ekel, Samariter – aber diese selten chemisch rein, neben moralischen Flachköpfen, opportunistische Koryphäen, brillante Charakterschweine und jede Menge mittelkluge graue Mitläufer."[36]

Die Phase des Übergangs war konflikthaft und kritisch, aber auch nach 1990 fand die Charité nicht dauerhaft ruhige neue Arbeitsformen. 2003 wurden die Pläne, alle Einrichtungen der Berliner Hochschulmedizin unter dem Dach der Berliner Charité zusammenzufassen, Wirklichkeit. Als Medizinische Fakultät von Humboldt- und Freier Universität weist die Charité Universitätsmedizin Berlin vier große Standorte (Campus Charité Mitte, Campus Benjamin Franklin, Campus Virchow-Klinikum und Campus Berlin Buch) auf. Mit ca. 14.500 Mitarbeitern gilt die Charité im Jahre 2007 als größtes Universitätsklinikum Europas. In den 3.240 Betten der Charité werden jährlich etwa 128.000 Patienten stationär behandelt. Mehr als eine Million Kranke werden pro Jahr ambulant versorgt. 7.500 Studierende sind für einen der elf Studiengänge eingeschrieben. Das Forschungspotential der Berliner Universitätsmedizin ist beeindruckend, aber sie ächzt unter ihren finanziellen Verpflichtungen und neuen Belastungen. Und das Ergebnis: „Alle glücklichen Fakultäten sind einander ähnlich; jede unglückliche Fakultät ist unglücklich auf ihre Art." Gibt es eine glückliche Medizinische Fakultät?

[36] Zimmer, Dieter E., Abwicklung als kurzer Prozess, in: Die Zeit, v. 01. 02. 1991.

Personenregister

Abbildungsverzeichnis

Autorenverzeichnis

Ash, Mitchell G.
Prof. Dr., Institut für Geschichte, Universität Wien

Borgolte, Michael
Prof. Dr., Institut für Geschichtswissenschaften, Humboldt-Universität zu Berlin

Bott, Marie-Luise
Dr., Institut für Geschichtswissenschaften, Humboldt-Universität zu Berlin

Bredekamp, Horst
Prof. Dr., Institut für Kunst- und Bildgeschichte, Humboldt-Universität zu Berlin

Brohm, Holger
Dr., Institut für Kulturwissenschaft, Humboldt-Universität zu Berlin

Dainat, Holger
PD Dr., Fakultät für Linguistik und Literaturwissenschaft, Universität Bielefeld

Ebisch, Sven
Diplom-Psychologe, Institut für Psychologie, Humboldt-Universität zu Berlin

Eckert, Andreas
Prof. Dr., Institut für Asien- und Afrikawissenschaften, Humboldt-Universität zu Berlin

Franke, Elk
Prof. (em.) Dr., Institut für Sportwissenschaft, Humboldt-Universität zu Berlin

Frömmel, Cornelius
Prof. Dr., Medizinische Fakultät, Georg-August-Universität Göttingen

Gerhardt, Volker
Prof. Dr., Institut für Philosophie, Humboldt-Universität zu Berlin

Häger, Astrid
Dr., Landwirtschaftlich-Gärtnerische Fakultät, Humboldt-Universität zu Berlin

Hardtwig, Wolfgang
Prof. (em.) Dr., Institut für Geschichtswissenschaften, Humboldt-Universität zu Berlin

HEINE, PETER
Prof. Dr., Institut für Asien- und Afrikawissenschaften, Humboldt-Universität zu Berlin

HERZBERG, GUNTOLF
Dr., Institut für Philosophie, Humboldt-Universität zu Berlin

HESSE, JAN-OTMAR
PD Dr., Institut für Wirtschafts- und Sozialgeschichte, Georg-August-Universität Göttingen

HOFFMANN, DIETER
Prof. Dr., Max-Planck-Institut für Wissenschaftsgeschichte, Berlin

JÄHNERT, GABRIELE
Dr., Zentrum für transdisziplinäre Geschlechterstudien, Humboldt-Universität zu Berlin

KASCHUBA, WOLFGANG
Prof. Dr., Institut für Europäische Ethnologie, Humboldt-Universität zu Berlin

KIRSCHKE, DIETER
Prof. Dr. Dr. h.c., Landwirtschaftlich-Gärtnerische Fakultät, Humboldt-Universität zu Berlin

KOCH, HELMUT
Prof. (em.) Dr., Institut für Mathematik, Humboldt-Universität zu Berlin

KRAMER, JÜRG
Prof. Dr., Institut für Mathematik, Humboldt-Universität zu Berlin

KRÖTKE, WOLF
Prof. (em.) Dr., Theologische Fakultät, Humboldt-Universität zu Berlin

LABUDA, ADAM S.
Prof. Dr., Institut für Kunst- und Bildgeschichte, Humboldt-Universität zu Berlin

LAITKO, HUBERT
Prof. (em.) Dr., Wissenschaftshistoriker, Philosoph, Berlin

MARKOVITS, INGA
Prof. Dr., School of Law, The University of Texas at Austin

NIPPEL, WILFRIED
Prof. Dr., Institut für Geschichtswissenschaften, Humboldt-Universität zu Berlin

NOACK, KARL-HEINZ
Dr., Landwirtschaftlich-Gärtnerische Fakultät, Humboldt-Universität zu Berlin

REINISCH, ULRICH
Prof. (em.) Dr., Institut für Kunst- und Bildgeschichte, Humboldt-Universität zu Berlin

RISCHBIETER, LAURA JULIA
Dr. des., Institut für Geschichtswissenschaften, Humboldt-Universität zu Berlin

RONACHER, BERNHARD
Prof. Dr., Institut für Biologie, Humboldt-Universität zu Berlin

RÜCKL, STEFFEN
Prof. Dr., Humboldt-Universität zu Berlin

SCHOLZE-IRRLITZ, LEONORE
Dr., Institut für Europäische Ethnologie, Humboldt-Universität zu Berlin

SCHULTZ, HANS-DIETRICH
Prof. Dr. Dr., Geographisches Institut, Humboldt-Universität zu Berlin

SCHULZ, JÖRG
Prof. Dr., Fachbereich Sozialwesen, Fachhochschule Jena

TENORTH, HEINZ-ELMAR
Prof. Dr., Institut für Erziehungswissenschaften, Humboldt-Universität zu Berlin

THOMAS, ALEXANDER
M. A., Institut für Geschichtswissenschaften, Humboldt-Universität zu Berlin

WOLLMANN, HELLMUT
Prof. (em.) Dr., Institut für Sozialwissenschaften, Humboldt-Universität zu Berlin

WREDE, HENNING
Prof. (em.) Dr., Winckelmann-Institut, Humboldt-Universität zu Berlin.

ZAHN, PETER
Prof. (em.) Dr., Institut für Bibliotheks- und Informationswissenschaft,
Humboldt-Universität zu Berlin

www.ingramcontent.com/pod-product-compliance
Lightning Source LLC
LaVergne TN
LVHW081337071026
849558LV00058B/200
* 9 7 8 3 0 5 0 0 4 6 7 1 6 *